EUROPA-FACHBUCHREIHE
für Farbtechnik und Raumgestaltung

Fachwissen Maler und Lackierer

Werkstoffe – Arbeitstechniken – Gestaltung

8. Auflage

VERLAG EUROPA-LEHRMITTEL · Nourney, Vollmer GmbH & Co. KG
Düsselberger Straße 23 · 42781 Haan-Gruiten

Europa-Nr.: 44368

Autoren des Buches „Fachwissen Maler und Lackierer"

Fritzsch, Andreas	Oberstudienrat	Reutlingen
Seeger, Thomas	Oberstudienrat	Darmstadt
Sirtl, Helmut	Studiendirektor	Reutlingen

Lektorat und Leitung des Arbeitskreises:
Helmut Sirtl
Für die Mitarbeit an der 1. bis zur 5. Auflage dankt der Arbeitskreis Herrn Peter Grebe.
Für die Mitarbeit an der 1. bis zur 3. Auflage dankt der Arbeitskreis Herrn Hans-Jörg Leeuw.
Für die Mitarbeit an der 1. bis zur 6. Auflage dankt der Arbeitskreis Herrn Stephan Lütten.

Bildbearbeitung:
Verlag Europa-Lehrmittel, Zeichenbüro, 73760 Ostfildern
Grafische Produktionen Jürgen Neumann, 97222 Rimpar

Bildentwürfe: Die Autoren
Fotos: Leihgaben der Firmen (Verzeichnis Seite 440)

Die Verwendung nur eines grammatikalischen Geschlechts bei Berufs- und Gruppenbezeichnungen wurde im Hinblick auf den Lesefluss gewählt. Sie stellt keine Meinungsäußerung zur Geschlechterrolle dar.

8. Auflage 2024, korrigierter Nachdruck 2026
Druck 5 4 3 2

Alle Drucke derselben Auflage sind parallel einsetzbar, da sie bis auf die Korrektur von Druckfehlern identisch sind.

ISBN 978-3-7585-4218-3

Bei Fragen zur Produktsicherheit wenden Sie sich bitte an produktsicherheit@europa-lehrmittel.de.

Satz: Grafische Produktionen Jürgen Neumann, 97222 Rimpar
Umschlag: Michael M. Kappenstein, 60594 Frankfurt a. M.
Mediacreativ, Hr. Kuhl, 40724 Hilden
Umschlagfotos: Helmut Sirtl
Druck: Himmer GmbH, 86167 Augsburg

Zuordnung der Lernfelder zu den Kapiteln dieses Lehrwerks

Dieses Lehrwerk ist fachsystematisch aufgebaut. Inhalte zu Lernfeldern sind meist in mehreren Kapiteln vorhanden. So findet der Lernende zur Verarbeitung eines Lackes sowohl Wichtiges in Kap. 11 als auch in Kap. 12. Dazu gehört auch Arbeits- und Umweltschutz (Kap. 14) und, je nach Kundenauftrag, das Thema Gestaltung (Kap. 16)

Das Arbeitsbuch des Verlags der Fachbuchreihe für Farbtechnik und Raumgestaltung **„Prüfungsvorbereitung aktuell"** enthält in Teil 1 lernfeldbezogene Kundenaufträge für den Einsatz im Unterricht.

INHALT DIGITAL+

- **Bilder-Paket:** Alle Bilder und grafischen Darstellungen des Buches sind entsprechend der Kapitel gegliedert
- **Verwendung der Abbildungen** zur Unterrichtsvorbereitung und zur Erstellung eigener Arbeitsmaterialien

Die ergänzenden digitalen Materialien finden Sie in unserem virtuellen Medienregal EUROPATHEK kostenlos unter

www.europathek.de

Öffnen Sie www.europathek.de auf Ihrem Gerät (PC/MAC, Smartphone oder Tablet). Melden Sie sich mit Ihrem Nutzerkonto (bestehend aus E-Mail-Adresse und Passwort) an. Sofern Sie noch nicht über ein eigenes Nutzerkonto verfügen, können Sie sich kostenlos registrieren.

Durch die Eingabe des folgenden Codes schalten Sie das Bilder-Paket in Ihrer EUROPATHEK frei.

VEL-54CX-JMD7-MN4T

Dieser Freischaltcode ermöglicht den Zugriff auf das Download-Paket für eine Dauer von 48 Monaten.

Das vorliegende Lehrwerk **„Fachwissen Maler und Lackierer"** in seiner 8. aktualisierten Auflage richtet sich an Maler und Lackierer in der Ausbildung sowie in der beruflichen Praxis. Es wurde nach der aktuellen Ausbildungsordnung und dem Rahmenlehrplan zum Ausbildungsberuf **Maler und Lackierer** und **Malerin und Lackiererin** gültig seit 2020, konzipiert und eignet sich bestens zum **Einsatz im lernfeldorientierten Unterricht**.

Inhalte aller Fachrichtungen wurden berücksichtigt, der Schwerpunkt des Lehrwerks liegt auf der Fachrichtung Gestaltung und Instandhaltung, die weitgehend den Maler- und Lackiererberuf repräsentiert. Auch die Grundlagen der Ausbildung zum **Fahrzeuglackierer** / zur **Fahrzeuglackiererin** werden im Buch berücksichtigt. Die Auszubildenden werden dazu angeregt, sich über ihren Kernberuf hinausgehend zu interessieren und zu informieren. Das Buch eignet sich zudem für den Einsatz an **Techniker-** und **Meisterschulen**. Zur **Prüfungsvorbereitung**, zum **Selbststudium** sowie als **Nachschlagewerk** ist es aufgrund seiner klaren Struktur zu empfehlen.

Kennzeichen dieses Buches ist die **übersichtliche und kompakte Darstellung der Inhalte**. Jedes Kapitel und jedes Unterkapitel bildet eine in sich abgeschlossene Einheit. Darum eignet sich dieses Buch zur selbstständigen Recherche. Durch seinen **fachsystematischen Aufbau** ermöglicht es strukturiertes Lernen. Der Bezug zum Unterricht nach **Lernfeldern** wurde betont. Die Texte in **schülergerechter Sprache** stehen in engem Zusammenhang mit vielen **Tabellen, Graphiken** und **Fotos**, wodurch der Lernende die fachlichen Zusammenhänge leicht begreift. Dadurch unterstützt dieses Buch auch den **Gedanken der Inklusion**, indem es die unterschiedlichen Lernfähigkeiten von Schülern berücksichtigt. Aufgrund des umfangreichen **Sachwortverzeichnisses** können Fachbegriffe zügig nachgeschlagen werden.

Das Lehrwerk ist nach folgenden Schwerpunkten gegliedert:

- Im **Kapitel 1** erfolgt die Einführung in den Beruf des Malers und Lackierers mit seinen Besonderheiten, sowie in den Umweltschutz.
- Die **Kapitel 2 bis 5** behandeln umfassend die für Maler und Lackierer gängigen Untergründe Metall, Holz, Kunststoff sowie mineralische Untergründe und deren Bearbeitung. Jedes Kapitel beginnt mit Informationen zum Untergrund. Daran schließen sich Kenntnisse zu seiner Vorbehandlung und seiner Beschichtung an. Dies entspricht der Vorgehensweise bei der Informationsbeschaffung bei einem Kundenauftrag in der Praxis sowie im schulischen Lernfeldunterricht.
- In den **Kapiteln 6, 7, 8 und 9** werden besondere Aufgabengebiete wie Trockenbau, Bearbeitung von Fußböden, Fachwerk und Wärmedämmung beschrieben.
- Neu ist das **Kapitel 10** zum Verfugen und Abdichten. Es unterstützt Maßnahmen der Wärmedämmung und Energieeinsparung.
- Das **Kapitel 11** behandelt die Beschichtungsstoffe und deren Bestandteile. Dazu gehören Unterkapitel zu den Trocknungsabläufen, Bedeutung der Schichten im Beschichtungssystem und Prüfmethoden. Eine Besonderheit bilden die **Technischen Merkblätter**, mit denen die Bearbeitung von Kundenaufträgen eingeübt werden kann. Sie wurden in Anlehnung an Merkblätter des Marktes entwickelt und stellen Informationen zu den wichtigsten Beschichtungsstoffen zur Verfügung.
- In den **Kapiteln 12 und 13** werden Arbeits- und Beschichtungsverfahren beschrieben, in technischer sowie gestalterischer Hinsicht.
- Dem auftragsübergreifenden Aspekt des Arbeits- und Umweltschutzes ist das **Kapitel 14** gewidmet.
- Im **Kapitel 15** liegt der Schwerpunkt neben mathematischen Grundlagen im Schreiben des Aufmaßes. Ergänzt wird dieses Kapitel durch die Grundlagen der Kosten- und Preisberechnung sowie der Lohnberechnung.
- **Kapitel 16** geht auf Gestaltungsfragen in Form und Farbe ein. Das Unterkapitel zum Technischen Zeichnen vermittelt Kenntnisse zum Planlesen und zum perspektivischen Zeichnen.
- Die **Kapitel 17 und 18** behandeln die Schwerpunktthemen Stilkunde und Schrift.
- Das Buch schließt mit den **Kapiteln 19 und 20** mit physikalischen und chemischen Grundlagen, die für das Verständnis der handwerklich orientierten Kapitel zur Untergrundbearbeitung von Bedeutung sind.

Durchgängig wurde im Lehrwerk auf die aktuellen Themen „Energieeinsparung" und „Vermeidung von CO_2-Emissionen" geachtet.

Die Autoren stehen im regen Austausch mit Lehrern und Schülern, sowie Vertretern des Handwerks. Alle Bereiche des Malerhandwerks werden laufend aktualisiert und didaktisch für Lernende aufbereitet
Einige Kapitel des Lehrwerks wurden neu konzipiert und aktualisiert, sodass die 8. Auflage zu vorhergehenden Auflagen nur begrenzt parallel verwendet werden kann. Die Überarbeitung zu dieser Auflage führte zu Verschiebungen der Seitenzahlen.

Unseren Lesern wünschen wir viel Freude und Erfolg bei der Erarbeitung und Vertiefung der Fachkenntnisse. Hinweise und Ergänzungen, die zur Weiterentwicklung des Buches beitragen, nehmen wir unter der Verlagsadresse oder per E-Mail (lektorat@europa-lehrmittel.de) dankbar entgegen.

Sommer 2024 — Autoren und Verlag

Die Verwendung nur eines grammatikalischen Geschlechts bei Berufs- und Gruppenbezeichnungen wurde im Hinblick auf den Lesefluss gewählt. Sie stellt keine Meinungsäußerung zur Geschlechterrolle dar.

Inhaltsverzeichnis

Inhaltsverzeichnis

1
Beruf des Malers und Lackierers
Lernfeld 1 – 12

1.1 Das Arbeitsfeld des Malers und Lackierers

Das Auftragsgebiet des Malers und Lackierers ist sehr vielfältig. Ob Einfamilienhaus oder Hochhaus, ob Privatbau oder Industriebau, ob Altbau oder Neubau, ob Innen- oder Außenraum, immer ist er gefordert **(Bild 1 bis 6)**.

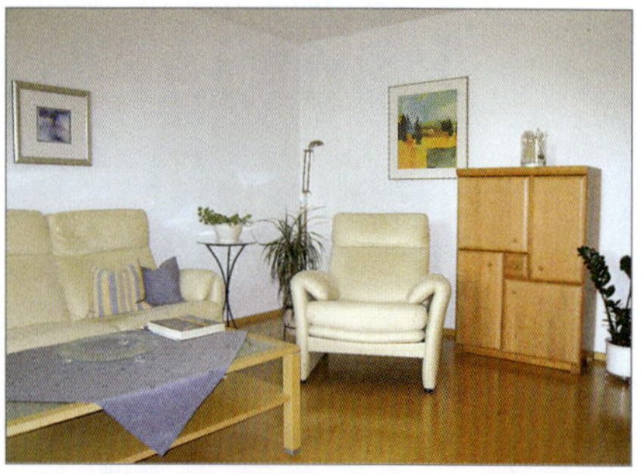

Bild 1 bis 3: Beispiele von Kundenaufträgen des Malers und Lackierers

Das Berufsfeld Farbtechnik und Raumgestaltung, insbesondere der Handwerksberuf des Malers und Lackierers, erfordert eine umfangreiche und hohe Handlungskompetenz zur Abwicklung jedes Kundenauftrags.

Der Maler und Lackierer muss alle Untergründe fachgerecht prüfen und beurteilen können. Er muss alle Werkzeuge, Geräte und Materialien fachlich richtig einsetzen. Er fertigt benötigte Skizzen, Farbentwürfe und Zeichnungen an. Die ausgeführten Arbeiten kann er fachgerecht berechnen. Er steht in Kontakt zu Kunden, Architekten und Behörden. Er arbeitet alleine und im Team und trägt zum Ansehen, damit auch zum Bestand, der Firma bei.

Für den Kunden ist er der Fachmann für Beschichtungen.

Bild 4 bis 6: Beispiele von Kundenaufträgen des Malers und Lackierers

Meist gibt es mehrere Gründe für die Beschichtung eines Objektes. An erster Stelle steht der Schutz vor schädlichen Einflüssen und damit die Erhaltung des Wertes. Beschichtungen dienen der Hygiene und dem Wohlbefinden. Farben verschönern die Umwelt des Menschen, sie helfen bei der Orientierung und kennzeichnen Gefahrenstellen **(Übersicht 1)**.

Die Aufgaben des Objektes werden verbessert

Gestaltung
Farbe verschönert unansehnliche Untergründe, z. B. durch die Gestaltung von Fassaden, Räumen und Arbeitsplätzen.

Kennzeichnung
Farbe hebt hervor oder lässt zurücktreten. Sie hilft unserer Orientierung, weist auf etwas hin und warnt vor Gefahren.

Der Mensch wird beeinflusst

Hygiene
Fast alle unbehandelten Untergründe verschmutzen leicht, sind aber nur mit Aufwand zu reinigen. Ein ebener und glatter Beschichtungsfilm verbessert die Reinigungsfähigkeit und somit die Hygiene.
Diese ist besonders wichtig in Wohnräumen, Bädern und Küchen sowie Krankenhäusern und bei Spielgeräten.

Das Objekt wird geschützt

Wetter
z. B. Temperaturwechsel, Feuchte in jeder Form (Wasser, Schnee, Tau, Nebel), UV-Strahlung

Mechanische Beanspruchung
z. B. Abrieb, Dehnung, Schlag

Chemikalien
z. B. Säuren, Laugen, Lösemittel, Öle, Treibstoffe

Schädlinge
z. B. Insekten, Pilze, Algenbefall. Vorbeugend oder bekämpfend

Übersicht 1: Gründe für die Beschichtung eines Objektes

Bei seiner Arbeit achtet der Maler auf Energieeinsparung und die Vermeidung von CO_2-Emissionen zum Erhalt unserer Erde.

Durch Arbeitsschutzmaßnahmen erhält er seine Gesundheit und die Gesundheit Anderer.

1.2 Ausbildung und Weiterbildung

Ausbildung im dualen System

Voraussetzung der dualen Ausbildung ist ein Ausbildungsvertrag zwischen dem Auszubildenden und einem Ausbildungsbetrieb.

Die praktische Ausbildung im Betrieb wird ergänzt durch den schulischen Teil der Berufsschule. Betrieb und Schule sind gleichberechtigte Partner im dualen Ausbildungssystem (Übersicht 1). Gesetzliche Grundlage der Ausbildung im Betrieb ist die Ausbildungsverordnung mit dem Ausbildungsrahmenplan und für die Berufsschule der Rahmenlehrplan.

Wegen der Spezialisierung mancher Betriebe werden in überbetrieblichen Ausbildungszentren der Handwerkskammern weitreichende berufspraktische Fertigkeiten vermittelt.

Je nach Bundesland erfolgen Gesellenprüfung und Abschlussprüfung als eine einzige Prüfung oder aber getrennt, nach Zusammenarbeit zwischen Handwerk und Schule.

Abschluss eines Ausbildungsvertrags

Inhalt:
- Genaue Berufsbezeichnung und Fachrichtung
- Ausbildungsdauer
- Ausbildungsvergütung u. a.

Ausbildungsbetrieb	**Berufsschule**
2- bis 3-jährige praktische Ausbildung im Betrieb	Schulbesuch mit theoretischer Ausbildung und ergänzender praktischer Ausbildung
Gesellenprüfung	Abschlussprüfung

Geselle/Gesellin
(nach Überreichung des Gesellenbriefs)

Übersicht 1: Duale Ausbildung im Handwerk

Der Maler und Lackierer schließt in der Regel nach 3 Jahren mit dem Gesellenbrief als **Geselle** die Ausbildung ab. Jugendlichen mit Behinderung ist gesetzlich eine reduzierte dreijährige Ausbildung zum **Bau- und Metallmaler** möglich. Diese wird unter sonderpädagogischen Gesichtspunkten durch qualifizierte Maßnahmeträger angeboten.

1. Jahr

Maler- und Lackierer, Fahrzeuglackierer

Gemeinsame berufliche Grundbildung für alle Berufe des Berufsfeldes

2. Jahr

Maler- und Lackierer/-in	**Fahrzeuglackierer/-in**
berufliche Fachbildung	**berufliche Fachbildung**
1. Zwischenprüfung für Maler und Lackierer	1. Zwischenprüfung für Fahrzeuglackierer

3. Jahr

Maler- und Lackierer/-in	Fahrzeuglackierer/-in
berufliche Fachbildung (je nach Fachrichtung): Energieeffizienz und Gestaltungstechnik; Gestaltung und Instandhaltung; Kirchenmalerei und Denkmalpflege; Ausbautechnik und Oberflächengestaltung; Bauten- und Korrosionsschutz	**berufliche Fachbildung**
Abschlussprüfung für Maler und Lackierer	Abschlussprüfung für Fahrzeuglackierer

Lernen lebenslang

Geselle/Gesellin

Fachrichtung Maler und Lackierer

Weiterbildungsmöglichkeiten z. B.
- Betriebswirt des Handwerks
- Vorarbeiter
- Baustellenleiter

Fachrichtung Fahrzeuglackierer

Weiterbildungsmöglichkeiten z. B.
- Karosserietechnik
- Korrosionsschutz
- Dellendoktor

Maler- und Lackierermeister/-in

Übersicht 2: Aus- und Weiterbildung im Berufsfeld Farbtechnik und Raumgestaltung an Schulen

Weiterbildung im Maler- und Lackiererhandwerk

Zusatzqualifizierungen im Beruf werden durch Weiterbildungslehrgänge ermöglicht.

Mit der Prüfung zum **Maler- und Lackierermeister** wird sowohl die Kompetenz zur Betriebsführung als auch die Qualifikation zum Ausbilden von Jugendlichen nachgewiesen. Außerdem beinhaltet der Meisterbrief die Zugangsberechtigung zu einem Hochschulstudium. Der Besuch einer Meisterschule oder eines Vorbereitungslehrgangs ist nicht zwingend vorgeschrieben, aber immer zu empfehlen.

Manche Meisterschulen ermöglichen auch die Weiterbildung zum **staatlich geprüften Betriebswirt** des Handwerks.

1.3 Geschichtliche Entwicklung

Der Wunsch des Menschen, seine Umgebung mit Farbe zu gestalten ist so alt wie die Menschheit selbst. Über die Jahrtausende haben die Menschen ihre Maltechniken immer weiter verfeinert und ständig neue Anwendungsbereiche für Farbgestaltungen geschaffen.

Erste Höhlenmalerei

Die ältesten Zeugnisse vom Umgang des Menschen mit Farbe sind die Höhlenmalereien. Berühmte Funde stammen aus Südfrankreich und Nordspanien. Die über 30 000 Jahre alten Malereien der Chauvet-Höhle in Südfrankreich gelten als die ältesten Höhlenmalereien der Welt **(Bild 1)**. Die über 400 Tierbilder zeigen u. a. Löwen, Pferde, Bären und Wollnashörner in künstlerisch hochwertigen Malereien. Häufig wurden Felsvorsprünge und Risse im Untergrund geschickt genutzt, um damit realistische Bilder zu schaffen.

Bild 1: Malereien in der französischen Chauvet-Höhle

Die Malereien zeugen von einem umfangreichen Wissen der Höhlenmaler über Maltechniken und das Anmischen von Farben. Der Auftrag der Farben erfolgte mit Pinseln aus Tierhaaren, Holzkohlestücken oder der Hand. Auch eine Art der frühen Spritztechnik mit hohlen Knochen wurde angewendet.

Die Höhlenmalereien sind vermutlich zu religiösen Zwecken erschaffen worden, da ein ständiger Aufenthalt von Menschen dort nicht festgestellt wurde.

Entwicklung im Altertum

Vor ca. 11 000 Jahren begannen die ersten Kulturen im heutigen Nahen Osten mit dem Bau von Häusern und Gebäuden. Durch das Auftragen von Farben wurden die Gebäude zum einen schöner und repräsentativer, zum anderen wurden so die Oberflächen geschützt. An diesen beiden wichtigen Gründen für die Gestaltung mit Farben hat sich bis heute nichts geändert.
Die ägyptische Hochkultur entwickelte vor ca. 5 000 Jahren das erste künstlich hergestellte Pigment (Ägyptisch Blau). Begonnen wurde mit ganzflächigen Beschichtungen, später wurden diese mit Ornamenten und Friesen ergänzt. An hervorragenden Flächen folgte dann die Gestaltung mit Bildern, wie z. B. in einer römischen Villa aus Pompeji **(Bild 2)**.

Bild 2: Wandgestaltung einer römischen Villa

Im Mittelalter

Im Mittelalter übernahmen die Mitglieder der Malerzünfte die unterschiedlichsten Oberflächengestaltungen **(Bild 5)**. Neben der künstlerischen Malerei wurden alle Tätigkeiten wie das Malen, das Verputzen, Schablonieren, Vergolden, Dekorieren und das Aufbringen von Schriften von Malern übernommen. Aus vielen Tätigkeitsbereichen entwickelten sich eigenständige Bezeichnungen wie z. B. der Weißmaler, der Tüncher oder Anstreicher, der Schildermaler und der Lackierer **(Bild 3 und 4)**.

Bild 5: Mittelalterliches Wappen der Malerzunft

Bild 6: Logo Verband Maler und Lackierer

Bild 7: Logo Verband Fahrzeuglackierer

Bild 3: Plakatwerbung von 1928

Das Berufsfeld heute

Unter dem Dach des Bundesverbandes Farbe, Gestaltung, Bautenschutz arbeiten neben Fachleuten für übliche Maler- und Lackierarbeiten (Gestaltung und Instandhaltung) verschiedene Spezialisten. Schon in der Ausbildung kann der Schwerpunkt auf eine Fachrichtung gelegt werden:

- Ausbautechnik und Oberflächengestaltung
- Bauten- und Korrosionsschutz
- Energieeffizienz und Gestaltungstechnik
- Gestaltung und Instandhaltung
- Kirchenmalerei und Denkmalpflege

Fahrzeuglackierer bilden im Bundesverband eine eigene Fachgruppe zur Wahrung ihrer besonderen Interessen.

Bild 4: Werbung für eine Autolackieranlage Anfang des 20. Jhd.

1.4 Organisationen für Arbeitgeber und Arbeitnehmer des Maler- und Lackiererhandwerks

Arbeitnehmer

Arbeitnehmer im Maler- und Lackiererhandwerk können freiwillig Mitglied in der Gewerkschaft ihrer Berufsgruppe werden.

Der **DGB** (Deutscher Gewerkschaftsbund) vertritt die Interessen von etwa sechs Millionen Mitgliedern, darunter auch Maler und Lackierer, durch die Einzelgewerkschaft IG BAU.

Die **IG BAU** (Industriegewerkschaft Bauen-Agrar-Umwelt) ist eine Basisorganisation mit zahlreichen Orts-, Stadt- und Kreisverbänden, Fach- und Betriebsgruppen. Laut Satzung erfolgt die Willensbildung der Mitglieder in den Bezirksverbänden. vertritt neben Arbeitnehmern des Maler- und Lackiererhandwerks auch andere Berufe des Baugewerbes (und des Forstgewerbes) nach innen und außen. Sie hilft bei allen Fragen rund ums Arbeitsleben. Der Beitrag beträgt 1,15 % des Monatseinkommens.

Arbeitgeber/Unternehmer

Das deutsche Maler- und Lackiererhandwerk ist durch den Bundesverband Farbe Gestaltung Bautenschutz organisiert und Mitglied der BFH (Bundesvereinigung der Fachverbände des Deutschen Handwerks) und des ZDH (Zentralverband des Deutschen Handwerks). Der Bundesverband setzt sich an der Basis aus den Mitgliedsbetrieben zusammen und ist auch auf europäischer Ebene mit anderen Spitzenverbänden in Kontakt.

Europäische Ebene

Union Internationale des Entrepreneurs de Peinture

Der 1954 gegründete europäische Malerfachverband UNIEP mit Sitz in Brüssel (www.uniep.org) vertritt 60 000 Betriebe in 15 europäischen Ländern mit 280 000 professionellen Malern und Lackierern. UNIEP repräsentiert die Maler-, Lackierer- und Raumausstatterbranche und setzt sich für deren Interessen ein. Vordringliche Themen der UNIEP sind Förderung der Bedeutung des Berufsfeldes in Europas Bausektor, Analyse von Risiken und Chancen auf dem europäischen Markt und Verbesserung der beruflichen Ausbildung und Weiterbildung.

Bundesebene

Bundesverband Farbe Gestaltung Bautenschutz

Der Bundesverband ist für Deutschland überregionaler Impulsgeber sowie Interessenvertreter und tritt weitgehend durch folgende Untergruppierungen in Erscheinung:

Ausschüsse	Bundesfachgruppen	Arbeitskreise	Betreute Einrichtungen
• Bildung • Sozialpolitik • Technik, Werkstoffe, Umwelt • Wirtschaft • Öffentlichkeitsarbeit	• Fahrzeuglackierer • Putz, Stuck, Trockenbau	• Schulen • Werkkunst • Korrosionsschutz • Sachverständige für Maler, für Fahrzeuglackierer	• Gütegemeinschaften • Gesellschaften • Institute • Stiftungen

Landesebene

17 Landesinnungsverbände

Baden-Württemberg, Bayern, Berlin-Brandenburg, Bremen Hamburg, Hessen, Mecklenburg-Vorpommern, Niedersachsen, Nordrhein, Rheinland-Pfalz, Saarland, Sachsen, Sachsen-Anhalt, Schleswig-Holstein, Südbaden, Thüringen, Westfalen.

Landesinnungsverbände vertreten ihre Mitglieder gegenüber der Landesregierung und den Landesbehörden. In den Wirtschaftsräumen ist der Markt oft unterschiedlich strukturiert.

Kreis- und Bezirksebene

389 Maler- und Lackiererinnungen

In Innungen schließen sich selbstständige Handwerksbetriebe gleicher Berufe zusammen, um ihre gemeinsamen Interessen zu fördern. Die Mitgliedschaft ist freiwillig. Aufgaben einer Innung sind:

- Pflege der Berufsehre, Förderung der Zusammenarbeit zwischen Meistern, Gesellen und Auszubildenden
- Regelung und Überwachung der Ausbildung, Abnahme von Gesellenprüfungen
- Erstellung von Gutachten und Vermittlung bei Streitigkeiten zwischen Mitgliedern und Auftraggebern

Kreishandwerkerschaften

sind der Zusammenschluss von Innungsfachverbänden verschiedener Berufe auf regionaler Ebene.

Etwa 42 000 Maler- und Lackierbetriebe sind Mitglieder.

1.5 Rechtliche Grundlagen des Malerhandwerks

In **Tabelle 1** werden die wichtigsten rechtlichen Grundlagenwerke des Handwerks aufgeführt.

Rechtliche Grundlagen der Auftragsabwicklung	
BGB Bürgerliches Gesetzbuch	Vertragsleistungen, die nicht ausdrücklich nach VOB vereinbart werden, unterliegen der Rechtsprechung nach BGB (z. B. Gewährleistung wegen Sachmängeln §§ 459 bis 493).
VOB Vergabe- und Vertragsordnung für Bauleistungen	Die VOB besteht aus drei Teilen: A: Allgemeine Bestimmungen für die Vergabe von Bauleistungen B: Allgemeine Vertragsbedingungen für die Ausführung von Bauleistungen C: Allgemeine Technische Vertragsbedingungen für Bauleistungen (z. B. DIN-Normen)
Rechtliche Grundlagen der fachlichen Auftragsausführung	
BFS-Merkblätter Bundesausschuss für Farbe und Sachwertschutz	Die technischen Richtlinien beschreiben die fachgerechte Ausführung von Beschichtungsarbeiten und sind somit eine wichtige Orientierungshilfe für Maler, Planer und Architekten.
DIN Deutsches Institut für Normung	Ursprünglich deutsche Normvorschriften, z. B. DIN 18363 VOB/C für Malerarbeiten. Die deutsche Sprachfassung einer europäischen Norm wird als DIN-EN-Norm bezeichnet.
EN Europäische Norm	Auf europäischer Ebene nach einem festgelegten Normungsprozess erlassene Norm, die auf nationaler Ebene übernommen werden muss.
ISO Internationale Organisation für Normung International Organization for Standardization	Auf internationalem Standard basierende Normen, die auch auf europäischer und nationaler Ebene übernommen werden und als DIN-EN-ISO-Normen bezeichnet werden.
Vorschriften der Werkstoffhersteller (Technische Merkblätter)	Herstellerfirmen geben Informationen zur Verarbeitung ihrer Werkstoffe, die vom Verarbeiter einzuhalten sind, da ansonsten Gewährleistungsansprüche nicht berücksichtigt werden können. Im Beschichtungsaufbau sollten deshalb nach Möglichkeit nur Werkstoffe eines Herstellers verarbeitet werden.
Rechtliche Grundlagen der Ausbildung	
HwO Handwerksordnung	Sie beinhaltet die Ausübung des Handwerks, die Berufsbildung, Aussagen zu Meisterbrief und Meistertitel, Organisation des Handwerks sowie Bußgeld-, Übergangs- und Schlussvorschriften.
BBiG Berufsbildungsgesetz	Es regelt die Berufsausbildung im dualen System (Ausbildung in Betrieb und Schule), die Maßnahmen zur Vorbereitung auf den Beruf, die Fortbildung und die berufliche Umschulung.
Ausbildungsordnung	In der Ausbildungsordnung sind die Dauer der Ausbildung, der Ausbildungsberuf, die Ausbildungsinhalte (Ausbildungsrahmenplan) sowie die Prüfungsanforderungen festgelegt.
Prüfungsordnung	In der Prüfungsordnung sind die Prüfungsteile (Praxis, Theorie), der zeitliche Prüfungsrahmen, der Prüfungsablauf und die Gewichtung der Prüfungsanteile zur Bewertung verbindlich vorgeschrieben.
Rahmenlehrplan	Der Rahmenlehrplan umfasst die schulischen Inhalte, die bezogen auf die Handlungssituation in der betrieblichen Praxis umgesetzt werden müssen. Er umfasst 12 Lernfelder für die Vollausbildung zum Maler und Lackierer.
Rechtliche Grundlagen für das Arbeitsverhältnis	
Tarifrecht	In Tarifverträgen ist das Arbeitsverhältnis zwischen Arbeitgeber und Arbeitnehmer geregelt. Der Lohntarifvertrag regelt die Bezahlung, der Manteltarifvertrag die sozialen Bedingungen (z. B. Urlaub, Arbeitszeit, etc.).
Vorschriften zur Unfallverhütung	Die Einhaltung des Tech. Arbeitsschutzes wird von der Berufsgenossenschaft überwacht. Technischer Arbeitsschutz: • Gewerbeordnung • Arbeitsschutzgesetz/Arbeitssicherheitsgesetz • Maschinenschutzgesetz • Geräte- und Produktionssicherheitsgesetz • Arbeitsstättenverordnung • Unfallverhütungsvorschriften • Gefahrstoffverordnung Sozialer Arbeitsschutz: • Jugendarbeitsschutzgesetz • Mutterschutzgesetz • Schwerbehindertengesetz • Arbeitszeitgesetz • Bundesurlaubsgesetz • Ladenschlussgesetz

Tabelle 1: Rechtliche Grundlagen des Handwerks

1.6 Umweltschutz in der Arbeitswelt des Malers und Lackierers

Hochwasserkatastrophen, wachsendes Ozonloch, weltweite Klimaveränderungen, Verschmutzung der Meere, Belastung der Grundwasservorräte, Zunahme der Schadstoffe in der Luft ... – die Schäden an den natürlichen Lebensgrundlagen für Mensch, Tier- und Pflanzenwelt sind unübersehbar, sodass die Notwendigkeit des Umweltschutzes heute außer Frage steht.

Es gehört zur Handlungskompetenz des Malers und Lackierers ökologische Aspekte in seinem Handeln zu berücksichtigen. Kosten müssen sich dadurch nicht zwangsläufig erhöhen (Tabelle 1).

Ökologische Kompetenz		Einsparung von ...
• Bei der Beratung der Kunden • Bei fachkundiger Ausführung umweltfreundlicher Beschichtungen • Bei Maßnahmen zur Einsparung von Energie • Als fortschrittlicher Betrieb mit umfassendem Umweltkonzept	führt zur ➔	• Energiekosten • Wasser- und Abwassergebühren • Reinigungsmitteln • Materialverbrauch • Abfallgebühren und Entsorgungskosten

Tabelle 1: Betrieblicher Umweltschutz

Gesetzliche Grundlagen

Noch ist das Umweltrecht über zahlreiche Gesetze und Verordnungen verstreut, z. B. das

- Bundesimmissionsschutzgesetz (BImSchG),
- Chemikaliengesetz (ChemG),
- Kreislaufwirtschaftsgesetz (KrWG),
- Wasserhaushaltsgesetz (WHG),
- Bundesnaturschutzgesetz (BNatSchG)

Emission und Immission

Unter Emission versteht man den Ausstoß von Schadstoffen aus Anlagen oder durch technische Vorgänge. Immission ist die Einwirkung von Schadstoffen auf lebende Organismen (Menschen, Tiere, Pflanzen) oder Gegenstände (Gebäude), siehe Bild 1.

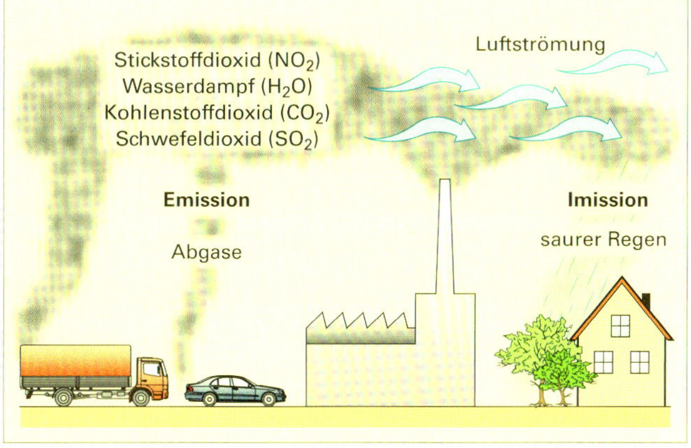

Bild 1: Emissionen und Immissionen

Für viele Stoffe wurden zulässige Emissions- und Immissionskonzentrationen, sog. Grenzwerte, festgelegt. Auch für nichtstoffliche Belastungen wie Schall oder Strahlung gibt es Grenzwerte.

Verursacherprinzip und Nachhaltigkeit

- **Verursacherprinzip**: Wer Umweltbelastungen oder Umweltschäden verursacht, hat die Kosten für deren Vermeidung bzw. Beseitigung zu tragen. Dies ist die Grundlage der Gesetze und Verordnungen zum Umweltschutz.
- **Nachhaltigkeit**: Die Natur muss dauerhaft intakt gehalten werden. Zustand und Wert des Naturvermögens sollen an die kommenden Generationen so übergeben werden, wie sie von den Eltern übernommen wurden. Nachhaltig ist beispielsweise die Herstellung von Wärmedämmstoffen, wenn der gesamte Energieaufwand von der Rohstoffgewinnung über den Transport bis zur Herstellung und Entsorgung geringer ist als die erzielte Energieeinsparung und keine ökologischen Schäden durch Entsorgung und Emissionen zu erwarten sind. Nicht nachhaltig ist, wenn durch eine Absauganlage die Raumluft verbessert, dafür aber die Atmosphäre belastet wird.

Bautenschutz und Energieeinsparung

- Die Erhaltung von Bauwerken, Fahrzeugen und anderen Sachwerten wäre ohne Beschichtungen nicht denkbar. So würde beispielsweise eine Stahlbrücke ohne Korrosionsschutzanstrich in wenigen Jahren zusammenrosten und ihre Tragfähigkeit schnell verlieren. Ohne Beschichtungen halten Holzkonstruktionen der Witterung nur bedingt stand. Selbst Beton benötigt einen Schutzanstrich.
- Ein weiteres Kernthema des Umweltschutzes ist das Einsparen von Energie. In der Bundesrepublik Deutschland wird noch immer der größte Anteil der Energie für Heizzwecke verbraucht. Durch sinnvolle Wärmedämmung kann der Bedarf an Heizenergie verringert und damit gleichzeitig die Luftbelastung und der CO_2-Gehalt reduziert werden. Ein vom Maler und Lackierer angebrachter Wärmedämmputz spart nicht nur wichtige, begrenzt vorhandene Rohstoffe, er hilft auch gegen den Treibhauseffekt, der durch die CO_2-Zunahme hervorgerufen wird. Feuchte Wände leiten Wärme besser und führen zu unnötigem Wärmeverlust. Beschichtungen, die das Eindringen von Wasser oder Feuchtigkeit verhindern, tragen deshalb ebenfalls zum Schutz der Umwelt bei.

Ökologie: Diese Wissenschaft erforscht die Wechselbeziehungen zwischen Lebewesen (Menschen, Tiere, Pflanzen) und ihrem Lebensraum (Natur, unsere Erde, Klima) = den Haushalt der Natur. Das Zusammenspiel aller Faktoren nennt man Ökosystem.
Ökonomie: Diese Wissenschaft erforscht wirtschaftliches Handeln, d. h. die zur Verfügung stehenden Mittel (z. B. Rohstoffe, Geld) möglichst sinnvoll, rationell und ertragreich zu verwenden.

1.7 Ablauf eines Kundenauftrags

Der Malerbetrieb erhält seine Aufträge entweder direkt von privaten Kunden oder von einem Architekturbüro. Das hat Auswirkungen auf die Kalkulation, die Ausführung und die Abrechnung des Auftrages **(Übersicht 1)**.

Privater Kunde (Familie Lütten)	**Öffentlicher Auftraggeber** (Behörde, Firma u. a.)
Angebot eines Malerbetriebes. Angebote verschiedener Betriebe lassen sich ohne Leistungsverzeichnis nicht miteinander vergleichen.	Architekt übernimmt Kostenkalkulation und Terminplanung Architekt erstellt ein **Leistungsverzeichnis,** in dem alle Arbeiten exakt beschrieben werden. Nur so können Angebote verschiedener Firmen miteinander verglichen werden. Architekt verschickt das Leistungsverzeichnis an verschiedene Malerfirmen
	Maler Maier kalkuliert seinen Preis für die Arbeiten / Maler Franz kalkuliert seinen Preis für die Arbeiten / Maler Schulz kalkuliert seinen Preis für die Arbeiten
Direktauftrag an einen Malerbetrieb	Architekt vergleicht die Preise. Der günstigste Anbieter erhält den Auftrag.
Die Arbeiten werden ausgeführt. Danach Abnahme der fertigen Arbeit durch den Auftraggeber.	
Abrechnung nach dem Aufwand (Stunden und Material), den die Malerfirma hatte.	Die fertiggestellte Fläche wird mit dem Aufmaß berechnet. Abrechnung nach fertig bearbeiteter Fläche. (Wie lange der Maler dafür gebraucht hat wird nicht berücksichtigt.)
Kunde zahlt	

Übersicht 1: Möglichkeiten der Auftragsvergabe

Ablauf des Kundenauftrags im Betrieb

Im Malerbetrieb laufen die meisten Aufträge gleich ab. **Bild 1** ordnet die einzelnen Tätigkeiten in den betrieblichen Gesamtzusammenhang ein.

1. Informieren
- Kundenwünsche erfragen (Termin, Preisrahmen, Rechnungsabwicklung)
- Objekt prüfen (+ dokumentieren)
- Kunden beraten
- Auftrag bestätigen

2. Planen
- Mögliche Arbeitswege abwägen
- Zeit- und Materialbedarf ermitteln
- Kosten ermitteln

3. Entscheiden
- Optimalen Arbeitsweg wählen
- Personaleinsatz klären
- Material bestellen
- Termin festlegen

4. Ausführen
- Arbeitsplatz einrichten und sichern
- Arbeiten ausführen
- Termin einhalten
- Arbeitsplatz aufräumen

5. Kontrollieren
- Abnahme des Auftrages durch den Kunden
- Wahre Kosten und Aufwand mit dem Planungsergebnis vergleichen

6. Bewerten
- Nachkalkulation
- Aus Fehlern lernen
- Mitarbeiter loben/tadeln

Kontakt zum Kunden halten

Bild 1: Ablauf der Auftragsabwicklung

Die einzelnen Phasen sind von unterschiedlicher Länge. Bei kleineren Aufträgen können die ersten Phasen durch eine langjährige Berufspraxis miteinander verschmelzen und werden nicht mehr getrennt wahrgenommen. Ein professionell durchgeführter und zeitsparender Ablauf eines Auftrages bringt dem Unternehmer Gewinn.

Ablaufes eines Kundenauftrags am Beispiel

Das Gebäude Steinstraße 8 liegt im Randbereich Frankfurts. Es wurde 1985 erbaut.

Die Fassade (mineralischer Putz, mit Altbeschichtung) ist weitgehend intakt, aber abgewittert.

Nach einem Telefonat besucht Maler Föll den Kunden, Herrn Hager, und rät ihm, dass die Fassade in einem hellen Ockerfarbton aus der Farbkarte gestrichen wird. Der Sockel wird etwas dunkler abgesetzt.

Bild 1: Das Auftragsobjekt

Es liegt ein Kalkzementputz (Mörtelgruppe P 2) als Untergrund vor. Die Altbeschichtung mit Dispersions-Silikatfarbe ist bis auf wenige feine Risse in gutem Zustand aber leicht verschmutzt. Das Gerüst erstellt eine Gerüstbaufirma.

Maler Föll wird die Fassade mit dem Hochdruckreiniger reinigen und nach dem Schließen der Risse mit Silikonharzfarbe zweimal streichen. Die Fassade ist etwa 130 m² groß. Dafür werden etwa 3 Eimer Silikonharzfarbe benötigt, Arbeitszeit voraussichtlich 5 Tage für zwei Arbeiter und den Lehrling.

Nach der genauen Kalkulation aufgrund des Aufmaßes erhält Herr Hager das Angebot über 4500,00 €. Dieser erteilt den Auftrag.

Jetzt kann geplant werden, wann angefangen wird. Herr Hager will zuvor noch eine neue Kupferdachrinne anbringen lassen. Material zum Streichen ist genug im Lager.

Am Montag will Maler Föll beginnen. Abends sollte alles einmal gestrichen sein. Wenn am Mittwoch Fritz und Karl die Fassade weiß streichen, wird Fritz am Freitag mit dem Sockel alleine fertig.

Material und Werkzeug können in einem verschließbaren Kellerraum gelagert werden. Der Gehsteig vor dem Haus muss nicht gesperrt werden. Das Gerüst ist sicher.

Im Laufe der Woche wird die Fassade gereinigt und zweimal gerollt. Keine besonderen Vorkommnisse. Das Wetter bleibt schön, kein Regentag. Den Sockelton mischt Karl.

Nach jedem Arbeitstag wird aufgeräumt. Abdeckpapier, Klebestreifen usw. landen im Abfall-Container.

Farbreste werden am Ende zur Entsorgung in die Werkstatt mitgenommen.

Abends füllen Fritz, Karl und Tarik ihre Wochenzettel aus, die sie am Wochenende im Büro abgeben. Auch die verbrauchten Werkstoffmengen werden erfasst.

Herr Hager begutachtet mit dem Meister die fertige Fassade und ist sehr zufrieden. Alle bekommen ein Trinkgeld.

Jetzt schreibt Maler Föll die Rechnung und schickt sie an Herrn Hager.

Nachdem Herr Hager bezahlt hat, kommt alles zu den Akten.

Maler Föll rechnet noch mal alles nach, um zu sehen, wie viel er an diesem Auftrag verdient hat.

Für Werbeaktionen, Weihnachtsgrüße usw. speichert Maler Föll alles im Computer.

Objekt besichtigen
Kundenwünsche erfragen, Beratung

Untergrund prüfen +
Maßnahmen festlegen

Arbeiten planen und entscheiden

Kostenvoranschlag/
Angebot erstellen und zusenden

Auftragserteilung abwarten

Terminplan/Ablaufplan mit
dem Kunden und betroffenen
Handwerkern abstimmen

Arbeitsfolge klären
Mitarbeiter informieren

Arbeitsplatz einrichten und sichern

Ausführen der Arbeiten

Nach jedem Arbeitstag
Arbeitsstelle aufräumen

Wochenzettel ausfüllen

Abnahme der fertigen Arbeit
durch den Kunden

Rechnung schreiben und zusenden

Zahlungseingang kontrollieren

Wahre Kosten ermitteln
(Nachkalkulation).

**Der Auftrag ist abgeschlossen.
Kontakt zum Kunden halten.**

1.8 Werkstatt und Arbeitsplatz des Malers und Lackierers

Ob Neubau oder Altbau, Küche oder Treppenhaus – der Maler und Lackierer arbeitet meist vor Ort und weniger in der Werkstatt. Einige Malerbetriebe arbeiten nur auf Baustellen.

In der Regel gehören zu einem Malerbetrieb die Räume aus **Übersicht 1 und Bild 1**.

Malerbetrieb			
Büro	Werkstatt	Sozial- und Sanitärbereich	Lager und Außenlager

Übersicht 1: Die Räume eines Malerbetriebes

Betriebsgröße, Vorschriften und örtliche Gegebenheiten haben Einfluss auf Größe und Ausstattung.

In Wohn- und Mischgebieten dürfen sich störende Handwerksbetriebe (Lärm, Staub, Geruch) nicht niederlassen. Sie gehören in ein Gewerbe- oder Industriegebiet.

Alle Vorschriften zum Arbeits- und Umweltschutz sind einzuhalten. Umfassende Auskunft erhält man über das örtliche Bauamt und den Landesinnungsverband.

Büro und Kundenempfang

Es kann ein Raum reichen. Besser ist ein Büro für die Firmenleitung und zusätzliche Räumlichkeit für Kundenempfang und -beratung.

Werkstatt

Für Arbeiten, die hier schneller und sauberer ausgeführt werden sollen, als es auf der Baustelle möglich ist. Hier wird alles bereitgestellt, was auf der aktuellen Baustelle benötigt wird.

Der Werkstattraum braucht einen Nassbereich mit Abfluss, eine Mischbank in Fensternähe und Abstellmöglichkeiten für beschichtete Objekte. In der Werkstatt ist Ordnung oberstes Gebot. Der Zugang sollte ebenerdig möglich sein. Eine Teilung der Werkstatt in einen Bereich für Schmutzarbeiten und einen Bereich für saubere Arbeiten kann sinnvoll sein.

Sozial- und Sanitärbereich

Mitarbeiter brauchen Raum zum Umziehen und Waschen, zum Essen und Ausruhen sowie zum Deponieren persönlicher Wertsachen.

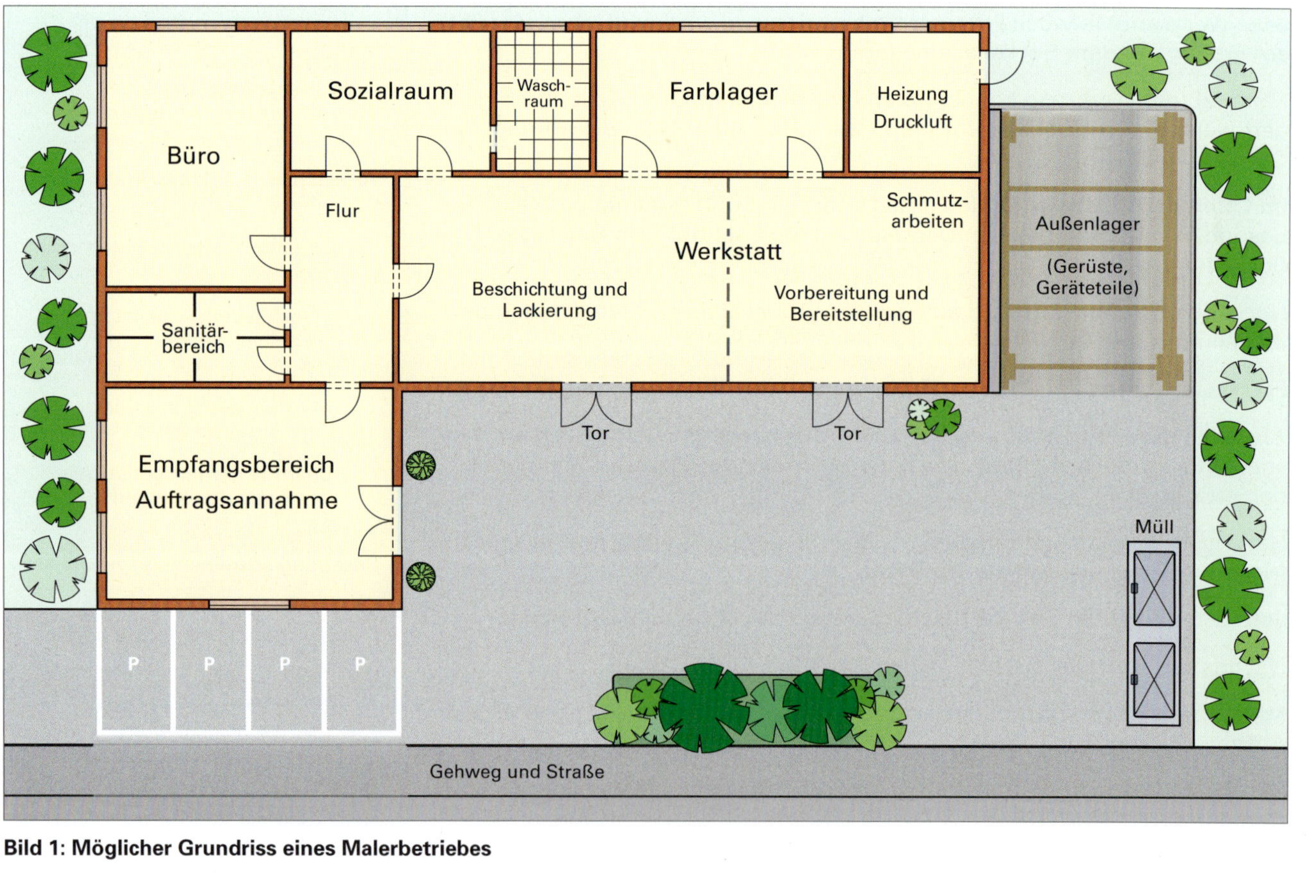

Bild 1: Möglicher Grundriss eines Malerbetriebes

Lager

Es dient als Aufbewahrungsort für Werkstoffe und Geräte, die nicht gerade gebraucht werden oder als Vorrat zur Verfügung stehen sollen.

Lagerräume müssen auf kurzem Wege erreichbar sein.

Arbeits- und Umweltschutz sind einzuhalten, z. B. Fluchtwege, Brandschutz, Waschanlage mit Abscheidung, ausliegende Betriebsanweisungen.

Ordnungssysteme im Lager:

- Nach Material- und Gerätegruppe
- Nach Kundenauftrag
- Nach Dringlichkeit
- Nach Verwechslungsrisiko.

Lagerung ohne System und Ordnung führt zu Verwechslungen und erhöhter Unfallgefahr.

Bild 1: Betriebsanweisungen

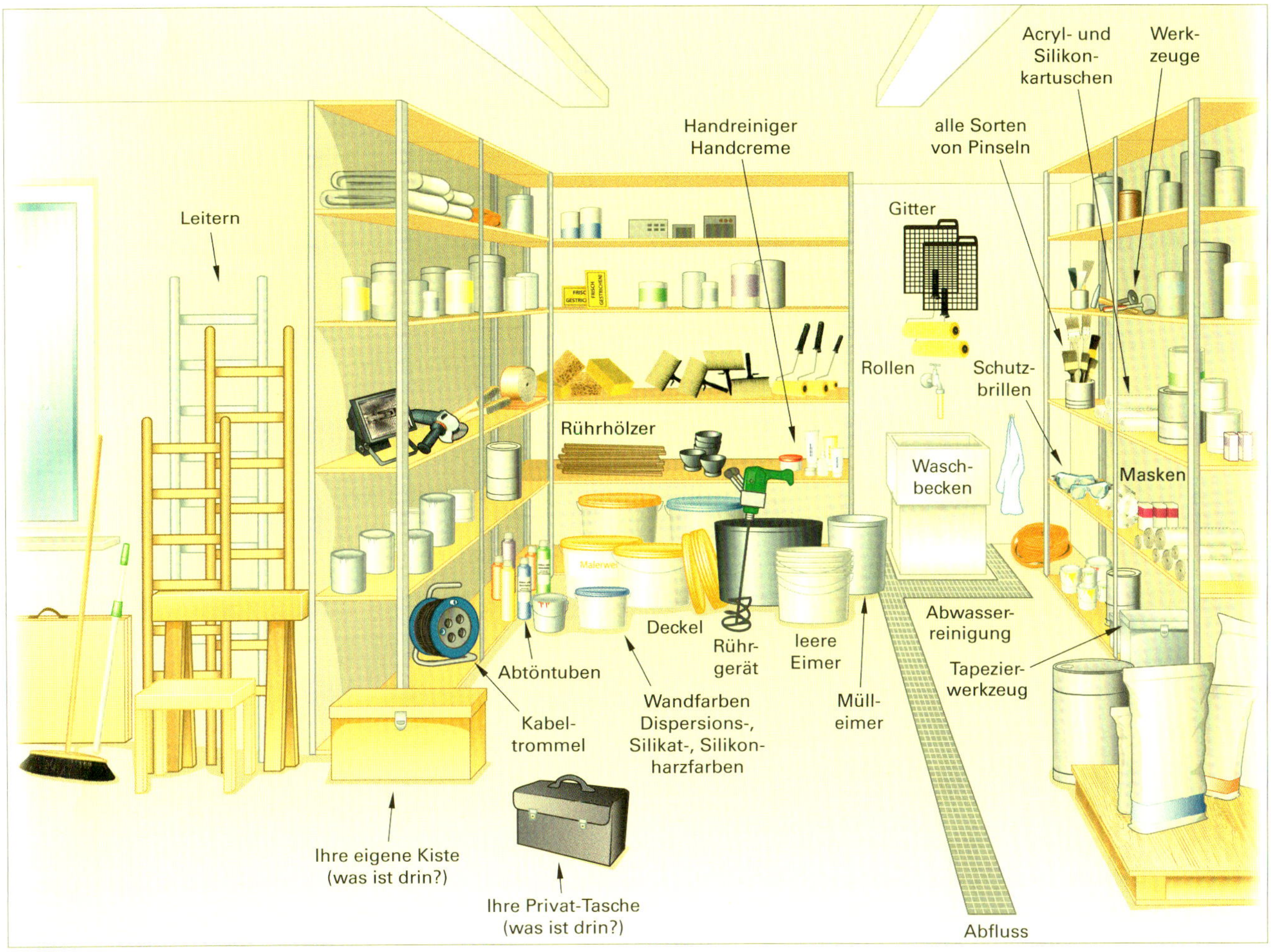

Bild 2: Lagerhaltung im Malerbetrieb

Außenlager

Meist für sperrige Objekte. Auch hier gelten die Regeln der Lagerhaltung. In überdachten Bereichen lagern Dinge, die nicht direkt dem Wetter ausgesetzt werden sollen. Schlösser, Ketten etc. schützen vor Diebstahl.

Arbeitsplatz Baustelle

Auch hier ist immer Ordnung zu halten. Gesetzliche Vorschriften sind einzuhalten (Warnhinweise, Lagerung).

Arbeitsmittel so lagern, dass Unbefugte und Kinder keinen Zugriff haben. Auf größeren Baustellen einen abschließbaren Raum einrichten, auch um Diebstahl zu verhindern.

Im Freien sind Arbeiten an Gehwegen abzusichern. Stromführende Freileitungen sind vom Stromlieferanten abzusichern. Darüber hinaus ist ein Abstand von 3,00 m einzuhalten.

An Gerüsten ist nach Feierabend das unbefugte Aufsteigen zu verhindern (z. B. Leiter entfernen, Brett auf die Leiter binden).

Abfälle sind mitzunehmen und fachgerecht zu entsorgen.

1.9 Betriebsorganisation

Der Unternehmer organisiert seinen Betrieb so, dass mit allen Faktoren (Mitarbeiter, Maschinen, Materialien, Zeit, Kapital) das optimale Ergebnis erzielt wird (**Tabelle 1**). Dabei stehen die folgenden Ziele im Vordergrund:

- Kapitalgewinn
- Auslastung, Ausweitung des Betriebes
- Ansehen auf dem Markt
- Versorgung der Mitarbeiter

Gesetzliche Vorschriften müssen dabei eingehalten werden, z. B. Umweltschutzvorschriften, Wettbewerbsregeln u. a. Das Erreichen der Ziele wird durch Maßnahmen der Qualitätssicherung unterstützt.

1.9.1 Organisation eines Malerbetriebes

Geschäftsführung

Der Unternehmer, meist der selbstständige Meister, trägt nach außen die Verantwortung für den Betrieb und bestimmt das Profil des Unternehmens.

Er kümmert sich um das Marktgeschehen, neue Aufträge, das Abwickeln der Aufträge, das Erstellen von Rechnungen, alle Zahlungs- und Rechnungseingänge und vieles mehr.

Um Stellen mit Bewerbern zu besetzen, die in das Bild der Firmenphilosophie passen, ist Menschenkenntnis erforderlich.

Verwaltung

Fachkräfte erledigen die kaufmännischen Aufgaben, z. B. Buchhaltung, Lohn und Gehaltsabrechnung.

Rechtsberatung

Um objektiv und korrekt arbeiten zu können, sollte diese nicht an Weisungen der Geschäftsleitung gebunden sein.

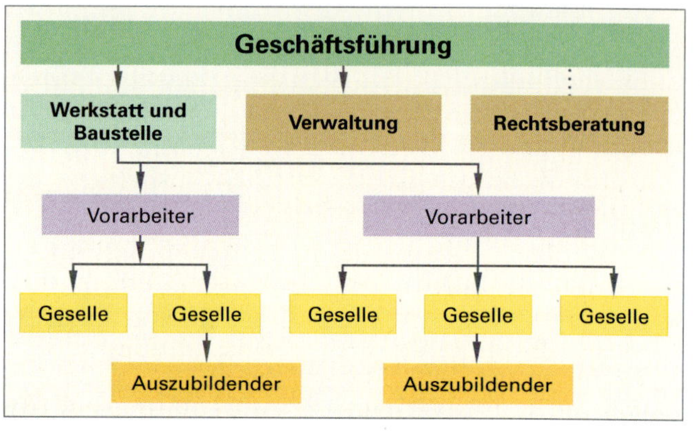

Bild 1: Organigramm eines Malerbetriebes

Zielorientierung	Alle Mitarbeiter verfolgen die Ziele und Werte der Leitlinien der Geschäftsführung.
Klarheit und Übersichtlichkeit	Regelungen müssen in Sprache und Darstellung klar und übersichtlich sein, z. B. durch Organisationspläne, die Unterweisung der Betroffenen u. a.
Eindeutige Aufgabenzuordnung	Zu jeder Arbeitsstelle gehört eine genaue Arbeitsstellenbeschreibung. Hier sind alle Aufgaben und Zuständigkeiten erfasst, auch Besonderheiten wie z. B. die Aufgabe als Verantwortlicher für Arbeitssicherheit.
Koordination	Arbeitsschritte müssen koordiniert, d. h. aufeinander abgestimmt werden. In zertifizierten Betrieben sind alle Abläufe festgelegt und beschrieben worden, ein wichtiger Punkt des Qualitätsmanagements.
Flexibilität	Organisatorische Regelungen müssen den jeweiligen Bedürfnissen angepasst werden können, z. B. Regelungen für Notdienste.
Kontrolle	Zur Minimierung von Fehlern, meist durch den Meister oder Vorarbeiter.

Tabelle 1: Grundsätze der Betriebsorganisation

Weisungen von „oben“ nach „unten“ oder Meldungen von „unten“ nach „oben“ folgen immer den Verbindungslinien im Organigramm des Betriebes (**Bild 1**). So gehen keine wichtigen Informationen verloren.

Aufgrund der Betriebsorganisation über ein Organigramm weiß jeder Mitarbeiter, wem er Anweisungen geben darf und wessen Anweisungen er zu befolgen hat. So lassen sich viele Konflikte zwischen Mitarbeitern vermeiden.

1.9.2 Der Kunde

Der abgestimmte Einsatz von Verhalten, Kommunikation und Erscheinungsbild des Malerbetriebes nach innen und außen (Corporate Identity) verschafft dem Betrieb Bedeutung auf dem Markt und wirbt Kunden.

Jeder zur Zufriedenheit des Kunden ausgeführte Auftrag ist die beste Werbung für einen Betrieb. Darüber hinaus kann der Betrieb durch Werbemaßnahmen, wie Anzeigen in der Tagespresse, Internetauftritt oder auch durch eine professionelle Kampagne, in der Öffentlichkeit auf sich aufmerksam machen.

Die Ausrichtung des Denkens und des Handelns aller Betriebsangehörigen auf den Kunden und seine Bedürfnisse bezeichnet man als Kundenorientierung.

Hohe Kundenzufriedenheit führt zu hoher Kundenbindung und sichert weitere Aufträge (**Bild 2**).

Bild 2: Auswirkung der Kundenzufriedenheit

1.9.3 Der Mitarbeiter

Gut ausgebildete und motivierte Mitarbeiter sind das größte Kapital eines Malerbetriebes.

Der Unternehmer stellt seine Mannschaft unter Beachtung vielfältiger Gesichtspunkte zusammen:

- **Qualifikation für die ausgeschriebene Stelle**
  In kleinen und mittleren Betrieben muss ein Maler und Lackierer jede anfallende Arbeit ausführen können.
- **Positive Einstellung zur Arbeit**
  Falsche Erwartungen und eine negative Einstellung zur Arbeit fördern Konflikte im Betrieb.
- **Soziale Anpassung an das bestehende Team**
  Der Arbeitsfriede kann empfindlich gestört werden, wenn der neue Mitarbeiter mit neuen Ideen plötzlich viel Bewährtes ändern will.
- **Wertevorstellung**
  Lebensbestimmende Werte der Mitarbeiter (Anstand, Moral u. a.) sollten den Zielen der Firmenphilosophie entsprechen. So wird die Sorge um die Umwelt nur dann glaubwürdig, wenn der Mitarbeiter auch privat entsprechend handelt.

Zur Kundenzufriedenheit tragen die Mitarbeiter des Malerbetriebes entscheidend bei durch:

- **Ausführung der Arbeit nach Kundenvorstellung**
  Bei der Auftragsannahme sind besonders Preis- und Terminvorstellungen zu klären. Eine korrekte Arbeitsausführung muss selbstverständlich sein.
- **Kundenorientiertes Verhalten und kundenorientierte Kommunikation**
  Maler stehen in direktem Kundenkontakt bei der Ausführung ihrer Aufgaben, da der Bereich der Privatkunden immer mehr zunimmt. Verhalten und Kommunikation spielen zusammen, da sowohl das gesprochene Wort als auch das Verhalten und die „Körpersprache" vom Gesprächspartner wahrgenommen wird (Tabelle 1).
- **Verschwiegenheit und Anstand**
  Die Wohnung des Kunden ist absoluter Intimbereich. Oft hinterlässt der Kunde den Schlüssel und ist während der Arbeiten nicht anwesend. Der Mitarbeiter darf weder das fremde Eigentum genauer inspizieren noch sich daran vergreifen. Was er in der Wohnung zu sehen bekommt, unterliegt absoluter Schweigepflicht.

Kommunikation	Verhalten
• Genau zuhören • Kunden aussprechen lassen • Fragen und Probleme ernst nehmen • Auf Wünsche eingehen • Fachbegriffe erklären • Kritik annehmen	• Dem Kunden zuwenden • Freundliche Mimik • Blickkontakt herstellen • Dem Kunden Zeit widmen • Hilfsbereitschaft zeigen • Anstandsregeln beachten (Grüßen, Wohnung sauber betreten, Rücksicht, Respekt...)
• Ein negatives persönliches Befinden (z. B. privater Ärger, Sorgen) soll vom Kunden nicht wahrgenommen werden. • Kommt es zu Fehlverhalten (auch der Kunde kann sich verletzend danebenbenehmen), so ist zu raten, das Problem mit dem Meister zu besprechen. Auch ein Gespräch zu einem späteren Zeitpunkt, wenn sich der Ärger gelegt hat, kann Sachverhalte klären. • Zusagen einhalten, besonders Termine.	

Tabelle 1: Verhalten beim Kunden

Teamarbeit

Teamarbeit, d. h. die Zusammenarbeit mehrerer Mitarbeiter zur Lösung eines Problems, hat sich in Betrieben durchgesetzt. Je nach Betrieb kann Teamarbeit unterschiedlich organisiert sein. Die Mitarbeiter kleinerer Malerbetriebe können sich genauso als Team verstehen wie die Mitglieder von Arbeitsgruppen eines Großbetriebes.

Um in einem Team erfolgreich zu arbeiten, sind neben der Fachkompetenz von allen Beteiligten zusätzlich Fähigkeiten erforderlich, siehe Tabelle 2.

Für die Teamarbeit förderlich	Für die Teamarbeit hinderlich
• Ein gutes Betriebsklima • Die klare Festlegung der Ziele des Teams • Probleme offen im Team diskutieren • Fähigkeit zur Selbstkritik • Entscheidungen übereinstimmend treffen • Gutes Vertrauensverhältnis unter den Teammitgliedern	• Das Engagement der Kollegen ausnutzen und diese für sich arbeiten lassen • Konkurrenzdenken • Überheblichkeit (Arroganz) einzelner Teammitglieder • Angst, die eigene Meinung zu äußern • Mangelnde Kommunikation untereinander

Tabelle 2: Kriterien für eine gute Teamarbeit

Nicht immer ist Teamarbeit die beste Lösung.
Es wurde der Arbeitseinsatz beim Tauziehen untersucht. Dabei zeigte sich folgendes:
Zog nur 1 Mann, so brachte er 100 % Leistung. Je mehr Leute zogen, umso geringer die Leistung des Einzelnen. Bei 8 Personen eines Tauzieh-Teams lag sie beim Einzelnen nur noch bei 50 %.
Fazit: Für bestimmte Arbeiten ist abzuwägen, ob diese ein Spezialist nicht besser alleine ausführt.

Für Unzufriedenheit im Team kann auch die Zusammensetzung des Teams die Ursache sein. Nicht immer handelt es sich um persönliche Mängel eines Einzelnen. So kann es zwischen zwei dominanten Personen im Team zu Führungskämpfen auf Kosten der Teamarbeit kommen. Es lassen sich einige interne Probleme vermeiden, wenn der Unternehmer die Arbeitsteams aus Leuten bildet, die sich auch privat gut verstehen und schätzen.

Viel Ärger kann vermieden werden, wenn man sich an folgenden Grundsatz hält: Lobe vor Anderen, kritisiere alleine.

Bevor das Ansehen eines Betriebes Schaden nimmt, wird der Unternehmer den Mitarbeiter entlassen. In der Regel erfolgt im Vorfeld zuerst die Abmahnung. Diebstahl und Tätlichkeit sind *immer* Gründe zu einer fristlosen Kündigung.

1.10 Kundenorientiertes Qualitätsmanagement

Unter dem Begriff Qualitätsmanagement (QM) versteht man alle aufeinander abgestimmten Tätigkeiten zum Leiten und Lenken eines Unternehmens in Bezug auf die Qualität der Arbeit. In der DIN EN ISO 9000 bis 9004 werden die Begriffe des Qualitätsmanagements definiert.

DIN EN ISO 9000: Grundlagen und Begriffe zum Qualitätsmanagement

DIN EN ISO 9001: Anforderung an ein Qualitätsmanagementsystem bei der Erfüllung von Kundenaufträgen

DIN EN ISO 9004: Leitfaden und Anregungen für Anforderungen, die über die DIN EN ISO 9001 hinausgehen.

Oberstes Ziel ist die Kundenzufriedenheit. Alle Tätigkeiten des Malerbetriebes werden konsequent kundenorientiert ausgerichtet. Ziel ist die Verbesserung der Qualität von Produkten und Dienstleistungen mit der Absicht, die Wünsche des Kunden zu erfüllen oder zu übertreffen. Das Maß für den Grad der Zielerreichung ist die Kundenzufriedenheit in Bezug auf Qualität, Termin und Preis.

Zertifizierung

Entscheidet sich die Unternehmensleitung für die Zertifizierung, so beauftragt sie unabhängige Sachverständige. In einer Vorabinformation wird dem Malerbetrieb mitgeteilt welche Kriterien zur Qualitätssicherung überprüft werden. Üblicherweise erfolgt ein Probelauf, damit im Vorfeld schon Mängel behoben werden können.

Dann erfolgt die eigentliche Zertifizierung innerhalb eines Tages.

Die Überprüfung umfasst nach **Tabelle 1** alle Bereiche des Betriebes.

Erfassung der Betriebsdaten	
Größe Verantwortliche	Räumlichkeit Auftragsstruktur u. a.
Erfassung betrieblicher Gegebenheiten	
Gesamteindruck	
Sauberkeit	Umgangston u. a.
Organisation	
Organisationsstruktur Fortbildungsmaßnahmen (z. B. für Sicherheit, für Entsorgung und Umweltschutz)	Werbemaßnahmen Stellenbeschreibungen Qualitätsstandards Zuständigkeiten u. a.
Kundenkontakt	
Leistungsangebot Auftreten beim Kunden Serviceleistungen Umgang mit Beschwerden	Preistransparenz Termineinhaltung einheitliche Arbeitskleidung Kundenkontakt u. a.
Arbeitsplatz (Werkstatt, Baustelle), Arbeitsausführung	
Organisation und Verteilung der anstehenden Aufträge Dokumentation der Arbeiten Umgang mit Gefahrstoffen Qualitätsprüfung	Einhaltung von Sicherheitsauflagen Maschinen- und Gerätepflege Abfallkonzept u. a.

Tabelle 1: Prüfpunkte

Nachdem der Betrieb in allen Bereichen gründlich analysiert wurde, werden die vom Überprüfer vergebenen Punktzahlen addiert. Erreicht der Betrieb eine bestimmte Punktzahl, so erhält er das Zertifikat. Dieses dokumentiert, dass die Qualitätsfähigkeit des Betriebes nach DIN EN ISO 9001 überprüft wurde und der Norm entspricht.

Der Zertifizierungsvorgang wird in der Regel alle 3 Jahre wiederholt. Dazwischen gibt es interne Überwachungsbesprechungen, sogenannte Audits.

Zur Umsetzung der Ziele wird ein **Qualitätsmanagement-Handbuch** erstellt.

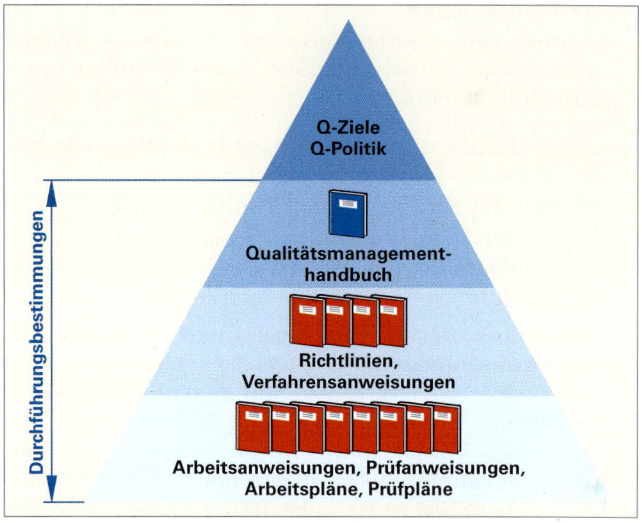

Bild 1: Dokumentationspyramide eines Qualitätsmanagementsystems

Qualitätsmanagement-Handbuch		
Malerwerkstätte und Lackierfachbetrieb	**Sicherheitsunterweisung**	Ausgabe 2 Gültig ab: 03/03 Seite: 1 von 1

Der / Die Mitarbeiter / in ______________________

wurde über den Arbeitsschutz am Arbeitsplatz mündlich unterwiesen.

Dabei wurden ausführlich die 4 Betriebsanweisungen gemass § 20 GefStoffV für den Arbeitsbereich des Mitarbeiters in der Werkstatt behandelt.

Insbesondere wurden folgende Punkte besprochen:

- O Schutzmassnahmen, Lagerung, Handhabung und Entsorgung
- O Massnahmen bei Unfällen und Bränden
- O Schleifarbeiten
- O Entfetten und Reinigen
- O Spachtelarbeiten
- O Grundieren und Vorlackieren
- O Decklackieren

Datum:_______ . _______ . 20__

VERSICHERUNG:
Ich habe obige Unterweisung erhalten, verstanden und werde danach handeln.

____
Unterschrift Mitarbeiter / in

Die Unterweisung erfolgte durch: ______________________

____
Unterschrift Unterweisender

Bild 2: Beispiel eines Formulars aus einem Betriebshandbuch

Darin findet jeder Mitarbeiter Richtlinien und Verfahrensanweisungen mit Detailinformationen zu Abläufen im Betrieb, zu Arbeitsabläufen, zu Prüfungen und Kontrollen (**Bild 1**).

Jeder Mitarbeiter verpflichtet sich, die Richtlinien und Anweisungen einzuhalten (**Bild 2**).

2
Metallische Untergründe und ihre Beschichtung

Lernfeld 1, 3, 5, 9, 12BK

2.1 Metalle als Untergrund

Der Einsatz von Metallen ist aufgrund ihrer Eigenschaften von besonderer Bedeutung. Viele der Eigenschaften bleiben aber nur dauerhaft erhalten, wenn das Metall geschützt wird. Für diese Aufgabe haben sich Berufe entwickelt wie der Korrosionsschützer, der Maler und Lackierer und der Fahrzeuglackierer.
Metalle liegen als Beschichtungsuntergrund und als selbstständige Objekte mit besonderer Funktion vor **(Bild 1 bis 3)**.

Bild 1: Metalle am Gebäude

Bild 2: Eingangstor

Bild 3: Eisenbahnbrücke

2.1.1 Aufbau der Metalle

Alle Metalle bilden beim Erstarren aus dem schmelzflüssigen Zustand Kristalle. Dabei nehmen die Atome ihren Platz im Kristall nach bestimmten Regeln ein.

Metallbindung

Metallatome besitzen an den Atomkern fest gebundene Elektronen und auf der äußeren Schale ein oder mehrere „freie" Elektronen. Diese freien Elektronen sind im Metall frei beweglich.
Die elektrischen Anziehungskräfte zwischen den negativ geladenen Elektronen und den positiv geladenen Metallionen (Ion: **siehe Kap. 20.1.2**) bewirken den festen Zusammenhalt und damit die Festigkeit des metallischen Werkstoffes, sowie die elektrische Leitfähigkeit.
Fließen die freien Elektronen im Metall, so nennt man dies „elektrischen Strom".
Diese Art der Bindung zwischen den Metallionen und den freien Elektronen nennt man Metallbindung, weil sie für alle Metalle kennzeichnend ist **(Bild 4)**.

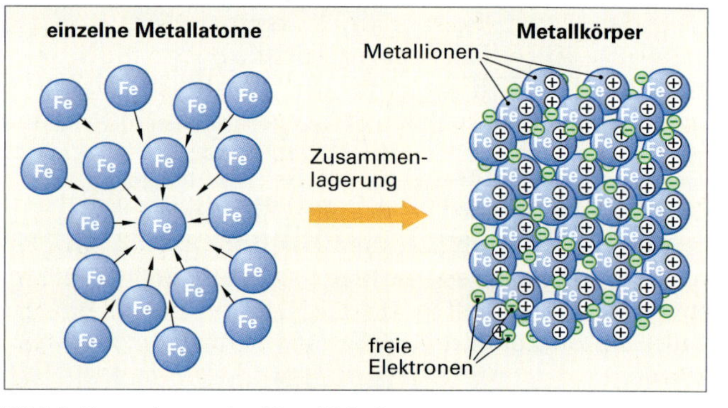

Bild 4: Entstehung der Metallbindung

Gefüge des Metalls

Metalle bestehen aus einzelnen, unregelmäßig begrenzten Kristallen, den Kristalliten oder Körnern. Die einzelnen Körner stoßen an den Korngrenzen zusammen. Im Schliffbild einer polierten und geätzten Metallfläche erkennt man unter dem Mikroskop die Körner und die Korngrenzen, die sich als dünne Linien zwischen den Körnern abzeichnen **(Bild 5)**.
Der Aufbau des Gefüges hat wesentlichen Einfluss auf die Eigenschaften der Metalle, z. B. auf Festigkeit, Härte und Korrosionsverhalten **(Bild 6)**.

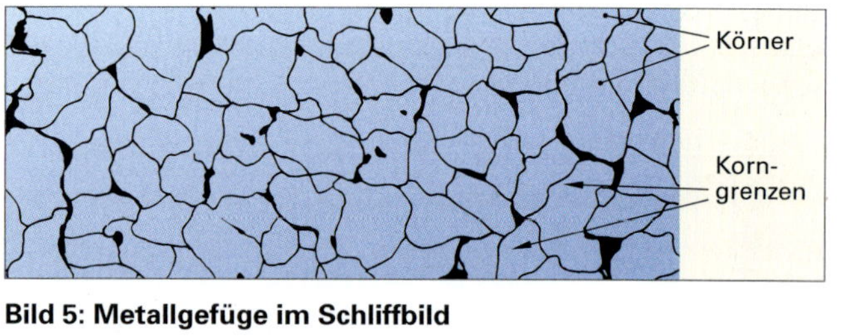

Bild 5: Metallgefüge im Schliffbild

Legierungen

Häufig werden Metalle nicht in reiner Form, sondern gemischt in Form von Legierungen verwendet. Dabei verteilen sich die Atome des Legierungsmetalles im Kristallgitter des Metalles zur Mischkristall-Legierung.
Eine Legierung besitzt andere Eigenschaften als das reine Metall. Es reichen schon geringe Anteile des Legierungsmetalles.
So handelt es sich bei Stahl um Eisen mit Kohlenstoffanteilen und bei Edelstahl um Stahl mit Anteilen von z. B. Chrom und Nickel.

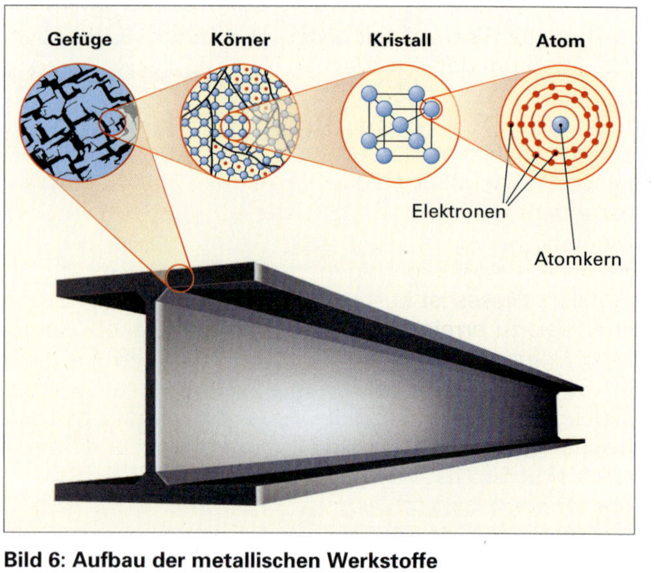

Bild 6: Aufbau der metallischen Werkstoffe

2.1.2 Einteilung der Metalle

Die Einteilung der Metalle kann unter verschiedenen Gesichtspunkten erfolgen:

Eisenmetalle und Nichteisenmetalle (Tabelle 1 und 2)
Eisenmetalle sind in der Metallbranche von größerer Bedeutung als alle anderen Metalle. Eisen besitzt als Element die chemische Abkürzung Fe, darum wird diese Gruppe auch als Fe-Metalle bezeichnet.
Eisenmetalle werden unterteilt in
- Stahl:
  Dieser ist schmiedbar, walzbar, umformbar. Sein Kohlenstoffgehalt liegt unter 2 %.
- Eisen-Gusswerkstoffe (Gusseisen):
  Gusseisen ist aufgrund des Kohlenstoff-Gehalts von über 2 % nicht schmiedbar, walzbar oder umformbar.
  Alle anderen Metalle fallen unter die Gruppe der Nichteisenmetalle, auch abgekürzt als NE-Metalle bezeichnet.

Leichtmetalle – Schwermetalle (Tabelle 2)
Liegt das Merkmal der Beurteilung eines Metalls in seinem Gewicht, folglich seiner Dichte, so ist diese Einteilung sinnvoll. Leichtmetalle vermindern das Gewicht von Konstruktionsteilen und sorgen beim Einsatz am Fahrzeug für geringeren Energieverbrauch.

Edelmetalle – Unedle Metalle (Tabelle 2)
Im Allgemeinen schließt man aus dem Begriff auf den Wert des Metalls, edel = teuer. Diese Einteilung dient aber auch dem Verständnis der elektrochemischen Abläufe, die zur Zerstörung oder dem Schutz von Metallen führen.

Reine Metalle – Legierungen (Tabelle 3)
Reine Metalle sind Elemente. Durch Mischen von Metallen durch Schmelzen entstehen Metallsorten mit Eigenschaften, die von dem Ausgangsmetall abweichen.

Eisenmetalle	
Eisengusswerkstoffe Nicht schmiedbar und nicht walzbar, Kohlenstoffgehalt über 2 %	**Stahl** Schmiedbar und walzbar, Kohlenstoffgehalt unter 2 %
Gusseisen mit Lamellengraphit (Grauguss)	Stahlguss
Gusseisen mit Kugelgraphit	Unlegierter Stahl
Temperguss	Nichtrostender Stahl
Stahlguss	Legierter Stahl

Tabelle 1: Einteilung von Eisenmetallen

Eisenmetalle	Nichteisenmetalle
Baustahl Gusseisen Legierte Stähle	Kupfer Cu Aluminium Al Blei Pb Zink Zn
Leichtmetalle	**Schwermetalle**
Aluminium Al Natrium Na Titan Ti Magnesium Mg	Blei Pb Gold Au Chrom Cr
Edelmetalle	**Unedle Metalle**
Gold Au Silber Ag Platin Pt	Mangan Mn Aluminium Al Magnesium Mg

Tabelle 2: Weitere Möglichkeiten der Einteilung von Metallen

	Messing	Bronze	Stahl	Edelstahl
beteiligte Metalle	Kupfer und Zink	Kupfer und Zinn	Eisen und Kohlenstoff	Eisen, Chrom und Nickel

Tabelle 3: Legierungen

2.2 Herstellung von Eisen und Stahl

In der Natur kommt Eisen in Verbindungen als Eisenerz vor.
Im Hochofen wird bei Temperaturen von bis zu 1 600 °C und der Zugabe von Koks, Kalkstein und weiteren Stoffen aus Eisenerz das Eisen gewonnen. Es handelt sich dabei um den chemischen Vorgang der Reduktion, da Sauerstoff entzogen wird.
Anschließend werden dem Roheisen im Konverter Kohlenstoff und die Eisenbegleitstoffe entzogen. Eisenbegleitstoffe beeinflussen die Qualität des Stahls. Je nach Kohlenstoffanteil im Stahl unterscheidet man Gusseisen und Stahl.
Die bei der Reduktion eingebrachte Energie steckt nun im Eisen. Dieses ist bestrebt, wieder das niedrige Energieniveau zu erreichen, welches es als Eisenerz hatte. Darum geht es, sobald möglich, wieder Verbindungen mit Sauerstoff (Oxidation) ein. Das Ergebnis ist dem Eisenerz ähnlich, es ist der Rost. Darum läuft der chemische Vorgang der Rostung freiwillig ab und muss durch eine Beschichtung verhindert werden (Bild 1).
Alteisen und Schrott werden gesammelt. Nach dem Sortieren kann daraus wieder durch Schmelzen und Reinigen Stahl gewonnen werden.

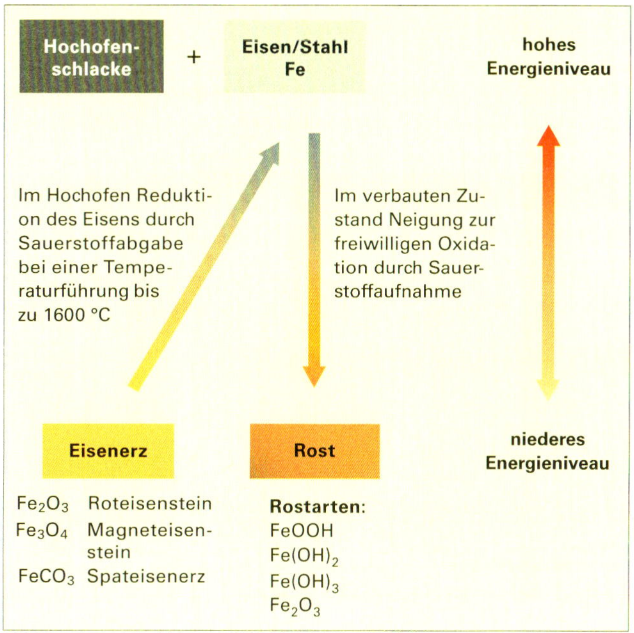

Bild 1: Eisenerz – Eisen – Rost

2.3 Eigenschaften und Korrosion von Metallen

2.3.1 Eigenschaften von Eisen und Stahl

Eisen/Stahl ist

- elastisch und zäh,
- hart und dicht (Dichte ca. 7,8),
- magnetisch,
- elektrisch leitfähig,
- wärmeleitfähig,
- nicht formstabil. Es besitzt große Wärmedehnung (Die Längendehnung bei 10 °C Temperaturerhöhung beträgt auf 10 m 1,19 mm),
- nicht beständig. Es rostet, es korrodiert.

Aufgrund der aufgelisteten Eigenschaften ist Eisen/Stahl ein wichtiger Konstruktionswerkstoff.

Diese Eigenschaften sind für tragende, aber auch nichttragende Bauteile von großer Bedeutung.

Einige Eigenschaften können sich in der Anwendung negativ auswirken.

Durch Legieren lassen sich die Eigenschaften von Stahl in weiten Bereichen beeinflussen.

2.3.2 Chemische und elektrochemische Vorgänge bei der Korrosion

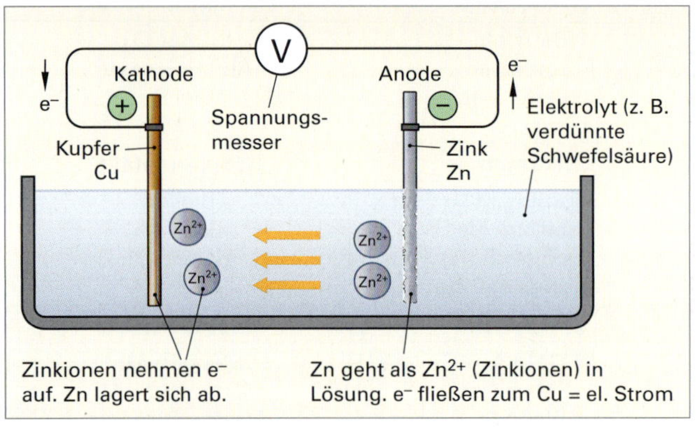

Bild 1: Galvanisches Element

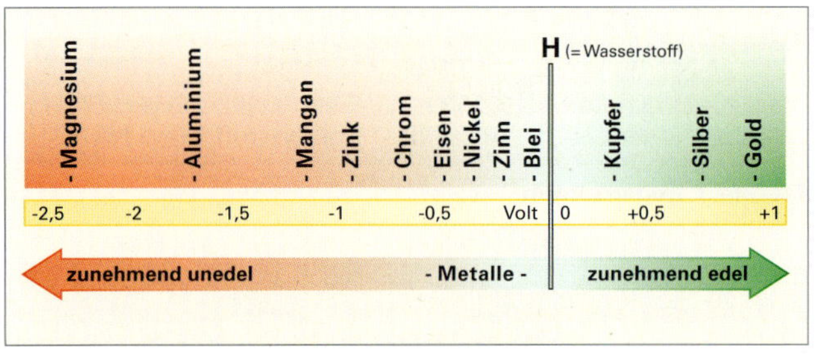

Bild 2: Elektrochemische Spannungsreihe

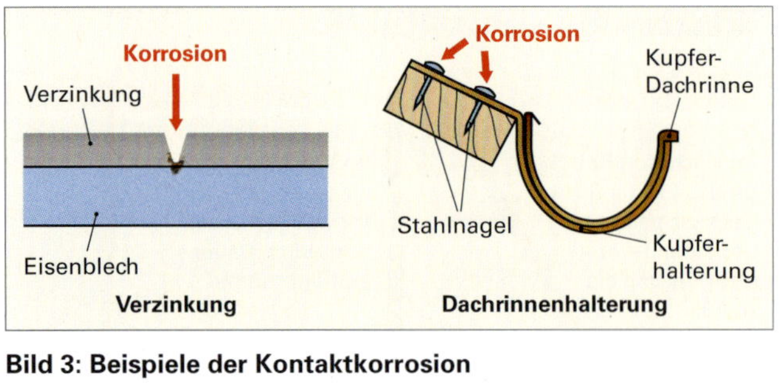

Bild 3: Beispiele der Kontaktkorrosion

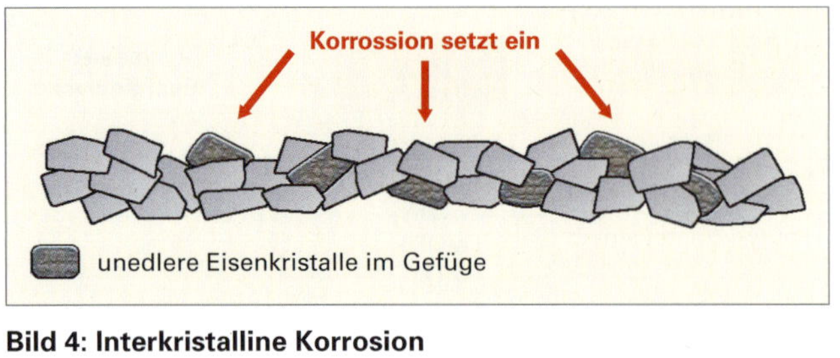

Bild 4: Interkristalline Korrosion

Korrosion

Unter Korrosion versteht man allgemein die Reaktion eines Werkstoffes mit seiner Umgebung, die eine messbare Veränderung des Werkstoffs bewirkt und zu einer Beeinträchtigung der Funktion eines Bauteils oder Systems führen kann (DIN EN ISO 8044). Korrosion tritt an Metallen auf. Der Begriff ist jedoch ebenfalls gebräuchlich für Veränderungen an der Oberfläche von anderen Werkstoffen. So können sich Steine und Beton unter dem Einfluss von Säuren (saurer Regen) zersetzen. Man spricht dann von Betonkorrosion.

Die Korrosion von Eisen und Stahl nennt man Rostung.

Elektrochemische Korrosion

Von zwei Metallen ist immer eines mehr oder weniger edler als das andere. Stehen beide Metalle miteinander über eine Elektrolytlösung in Verbindung, d. h. einer elektrisch leitenden Flüssigkeit wie saurer Regen, Meerwasser oder Handschweiß, so entsteht ein galvanisches Element. Durch Elektronenfluss wird das unedlere Metall zerstört und das edlere Metall bleibt erhalten. Zwischen gleich edlen Metallen fließt kein Strom **(Bild 1)**.

Anhand der elektrochemischen Spannungsreihe ist erkennbar, wie edel die Metalle sind. Es lässt sich erkennen, bei welcher Paarung welches Metall zerstört und welches geschützt wird **(Bild 2)**.

Beispiel:

Zink schützt Eisen (Eisen ist edler als Zink)

Kupfer zerstört Eisen (Eisen ist unedler als Kupfer)

Aluminium ist zwar unedler als Eisen und oxidiert darum schneller. Da sein Korrosionsprodukt aber sehr dicht ist und kaum Feuchte und Sauerstoff durchlässt, ist Aluminium beständiger als Eisen.

Kontaktkorrosion. Sind ein edles und ein unedles Metall über einen Elektrolyt leitend verbunden, so ergibt sich Kontaktkorrosion.

Bild 3 zeigt Praxisbeispiele:

- Verzinkung von Stahlblech
- Dachrinnenhalterungen
- Verschraubungen, Vernietungen, Halterungen

Interkristalline Korrosion. Sie läuft ab, wenn der Stahl in seiner Zusammensetzung nicht einheitlich ist. Liegen edlere und unedlere Kristalle nebeneinander, so liegen im Metall selbst galvanische Elemente vor, über die der Stahl korrodiert **(Bild 4)**.

Chemische Korrosion

Durch direkten Einfluss von Säuren, Salzen und anderer Chemikalien, die auf Stahl einwirken, wird die Korrosion ausgelöst, ja sogar beschleunigt.

So entstehen über das Abgas SO_2 sogenannte Sulfatnester. Mit Wasser und Sauerstoff entsteht aus einem SO_2-Molekül ein Rostmolekül, aber auch neue Schwefelsäure, die wiederum über ein Sulfatnest ein Eisenmolekül in Rost umwandelt. Über diesen Kreislauf korrodieren durch 1 SO_2-Molekül viele Eisenmoleküle.

Laugen gehören nicht zu den rostfördernden Chemikalien. Sie verhindern die Rostung. So bleibt z. B. der Stahl im Beton vor Rost geschützt, solange der Beton alkalisch ist.

2.3.3 Erscheinungsformen der Korrosion

Das Rosten von Stahl wird beeinflusst von

- dem Sauerstoffanteil der Luft,
- Feuchte in jeder Form (Wasser, Tau, Schnee, Nebel),
- Chemikalien,
- der Umgebungstemperatur.

Eisen, Sauerstoff und Wasserstoff ergeben das Korrosionsprodukt Rost. Die verschiedenen Rostarten liegen nebeneinander in unterschiedlichen Anteilen vor (Bild 1). Optisch weist dunkler Rost auf hohen Wassergehalt hin, heller Rost auf geringen Wassergehalt.

In der Praxis wirken die Auslöser und Förderer der Korrosion unterschiedlich zusammen, die Einflüsse überlagern sich und führen zu den verschiedenen Erscheinungsformen (Bild 2).

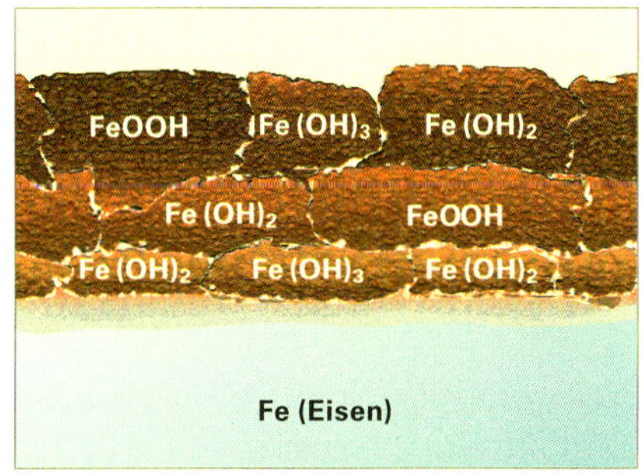

Bild 1: Die Rostschicht auf Stahl

- Flugrost — Ganzflächig beginnende Rostung oder eingeflogene rostende Metallpartikel
- Flächenrost: — Ganzflächig fortgeschrittene Rostung
- Lochfraß: — Punktuelle, tiefe Roststellen
- Rostpusteln: — Von einem Punkt sich ausbreitende Rostung
- Plattenrost: — Sich abhebende, feste Rostschichten
- Fadenkorrosion: — Fadenförmige Ausbreitung des Rostes unter der Beschichtung
- Spaltkorrosion: — Korrosion in Verbindungsritzen
- Unterrostung: — Rostbildung unter der Beschichtung
- Durchrostung: — Rostbildung durch die Beschichtung hindurch
- u. a.

Die Erscheinungsform hat Einfluss auf die Art und Weise der Entrostung und die Art und Weise der Wiederherstellung eines tragenden Untergrundes.

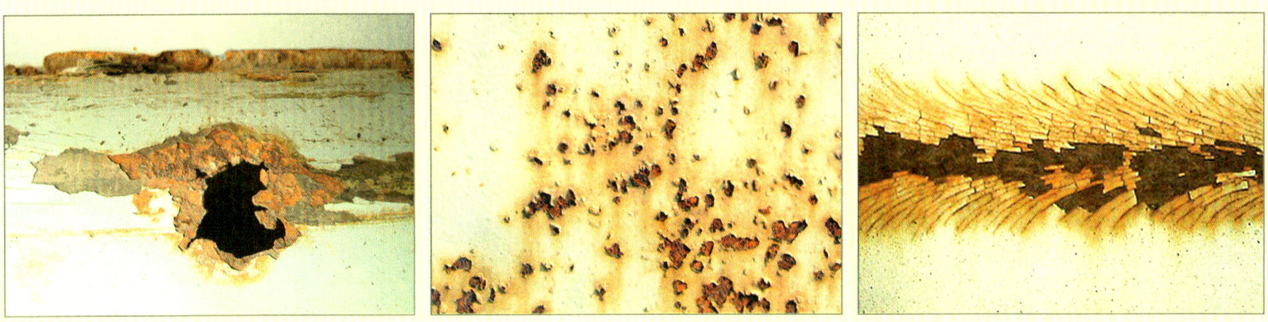

Bild 2: Eine Auswahl der Erscheinungsformen von Rost

2.3.4 Walzhaut und Zunder

Walzhaut. Bei der Herstellung von Stahlteilen oxidiert der Stahl an der Oberfläche rasch unter Sauerstoffaufnahme. Es bildet sich eine bläulich glänzende Schicht auf der Stahloberfläche, die Walzhaut (Bild 3).

Zunder. Er entsteht durch schnelle Sauerstoffaufnahme beim Schweißen von Stahlteilen.

Diese Oxidschichten sind wasserfrei, im Gegensatz zu Rost. Sie sind edler als Rost und ermöglichen interkristalline Korrosion. Sie rosten kaum, müssen aber von der Stahloberfläche entfernt werden, da sie bei Wärme ein anderes Dehnungsverhalten besitzen als Stahl. Dies hat zur Folge, dass Walzhaut und Zunder nach und nach abblättern.

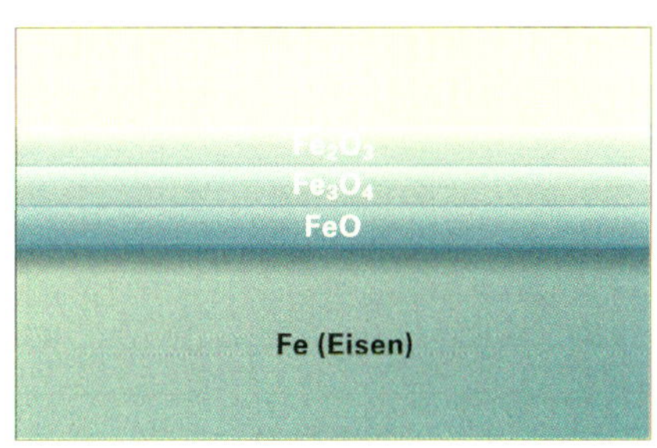

Bild 3: Walzhaut auf Stahl

2.4 Vorbereitung von Stahl zur Beschichtung

2.4.1 Einflüsse auf die Qualität einer Rostschutzbeschichtung

Die Maßnahmen des Korrosionsschutzes beginnen bereits vor der Bearbeitung durch den Maler und Lackierer. Dieser entscheidet nach der Prüfung des Objektes, was zur Untergrundvorbereitung zu tun ist, und legt das Beschichtungssystem fest, welches den Anforderungen entspricht.

Darüber hinaus braucht der Maler und Lackierer weitere Informationen, um den Auftrag kundengerecht planen und ausführen zu können, insbesondere bei Objekten des schweren Korrosionsschutzes (**Tabelle 1**).

Planungspunkte, die auf die Qualität der Ausführung Einfluss haben	Sonstige mögliche Planungspunkte zum Auftrag (Auswahl)
• Art der Konstruktion Konstruktiver Korrosionsschutz • Umweltbedingungen • Objektbelastung • Arbeitsbedingungen • Zustand, Untergrundvorbereitung • Beschichtungssystem • Schichtdicke des Beschichtungssystems • Applikationsverfahren	• Entsorgung der Abfälle • Gestaltung • Gesetzliche Vorgaben • Zugänglichkeit der Konstruktion • Sondermaßnahmen (Einhausen, Belüften, Sichern, Absperren) • Ist Teilbearbeitung vor der Montage möglich? • Terminvorgaben • Mitarbeitereinsatz klären • Verantwortung zuordnen • Abschlagszahlungen vereinbaren • Kontrollüberwachung

Tabelle 1: Planungspunkte zu Korrosionsschutzaufträgen

Schwerer Korrosionsschutz

Darunter versteht man Korrosionsschutzmaßnahmen an Objekten wie Brücken, Tanks oder großen Stahlkonstruktionen (**Bild 1**). Bei solchen Großobjekten stehen Schutz und Nutzungsdauer im Vordergrund. Fehler bei den Korrosionsschutzmaßnahmen können schlimme Folgen haben. Ein durchgerosteter Chemikalientank, eine eingestürzte Eisenbahnbrücke können Menschen und der Umwelt große Schäden zufügen und für den Maler- und Lackierer-Betrieb den Ruin bedeuten. Aufträge dieser Größenordnung werden deshalb häufig an Spezialfirmen vergeben. Auch das Geländer am Einfamilienhaus muss fachgerecht bearbeitet werden. Schäden haben hier aber bei Weitem nicht die gleiche Tragweite.

Bild 1: Schwerer Korrosionsschutz

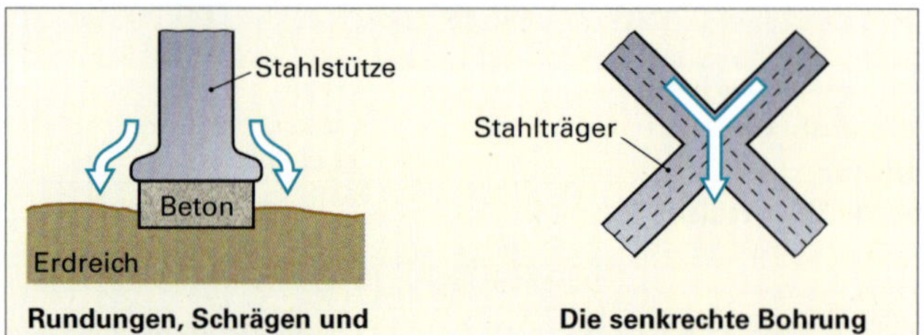

Rundungen, Schrägen und Trennung vom Erdreich schützen Stahlobjekte vor Korossion.

Die senkrechte Bohrung im Zwickel einer Trägerkonstruktion lässt Wasser ablaufen.

Bild 2: Konstruktiver Korrosionsschutz

Konstruktiver Korrosionsschutz

Vor der Bearbeitung ist das Objekt zu prüfen. Das besondere Augenmerk gilt der Konstruktion an sich. Bei der Planung und Erstellung der Stahlkonstruktion können bereits Fehler gemacht werden, die einen dauerhaften Korrosionsschutz durch die Beschichtung unmöglich machen.

Beispiele für mangelhaften konstruktiven Korrosionsschutz (**Bild 2**):

- Stahlstützen stehen ungeschützt im Erdreich.
  Ein Korrosionsschutz wird nur erreicht, wenn der Schutz das gesamte Objekt umhüllt. Feuchte, die zur Rostung führt, ist im Erdreich reichlich vorhanden.
- Die Konstruktion lässt Wasser nicht ablaufen.
  Bohrlöcher an den entscheidenden Stellen lassen Wasser ablaufen. Es sammelt sich dann auch kein Schmutz an, der Wasser länger bindet. Abgeschrägte Flächen verhindern, dass Wasser stehen bleibt.
- Das Objekt weist scharfe Kanten auf.
  Auf scharfen Kanten bleibt bei der Beschichtung weniger Material liegen als auf einer Fläche. Diese Kanten rosten bald aufgrund der zu geringen Abdeckung.

Gerade an kleinen Objekten am Bau wird darauf oft zu wenig geachtet. Stellt der Maler und Lackierer Mängel fest, so muss er schriftlich reklamieren und/oder die Schadensquelle muss beseitigt werden.

Umweltbedingungen

Sie spielen bereits bei der Planung eine Rolle, um unter den Gegebenheiten wie Wind, Wetter, Feuchte, Chemikalien etc., die zugesicherte Lebensdauer der Beschichtung gewährleisten zu können.
Nach DIN EN ISO 12944 werden umgebungsbedingte Belastungen unterschieden (Tabelle 1, Bild 1).

Objektbelastung

Jedes Objekt ist individuell auf seine besondere Belastung hin zu prüfen (Tabelle 1).
Je länger die Beschichtung das Objekt vor Rostung schützt, umso geringer sind die Kosten der Renovierung in der Zukunft. Im schweren Korrosionsschutz gelten häufig vereinbarte Gewährleistungsfristen bis 10 Jahre. Über 10 Jahre sollten keine Vereinbarungen getroffen werden. Zu groß ist die Unsicherheit für den Maler und Lackierer darüber, was in diesem Zeitraum geschehen kann.
In trockenen, beheizten Wohnräumen kann Stahl in der Regel ohne besondere Berücksichtigung des Korrosionsschutzes beschichtet werden.

Ausführungsbedingungen

Bei der Planung der Arbeitsausführung ist auf die Besonderheiten der Tages- und der Jahreszeit zu achten. Frühmorgens kann Tau auf der Konstruktion liegen, im Herbst ist mit höherer Feuchte zu rechnen als im Sommer.
Vor der Bearbeitung ist jede Form von Feuchte gründlich zu entfernen. Dies kann durch das Abreiben mit einem Lappen erfolgen, wenn zu erwarten ist, dass die Arbeitsausführung bei Trockenheit geschehen kann. Ansonsten ist es besser, mit den Arbeiten auf schöneres Wetter zu warten.

Kategorie	Belastung	Beispiel
C1	unbedeutend	Beheizter Wohnraum
C2	gering	Lagerhalle
C3	mäßig	Bad
C4	stark	Chemieanlage, Hallenbad Stadtluft
C5 I	sehr stark (Industrie)	Chemieanlage Industriewerkstatt
C5 M	sehr stark (Meer)	Geländer einer Hafenanlage
Im 1	Süßwasser	Schleusenanlage Wasserkraftwerk
Im 2	Meer- oder Brackwasser	Schleuse im Hafenbereich
Im 3	Erdreich	Rohre und Behälter im Erdreich

Tabelle 1: Umweltbedingte Belastung

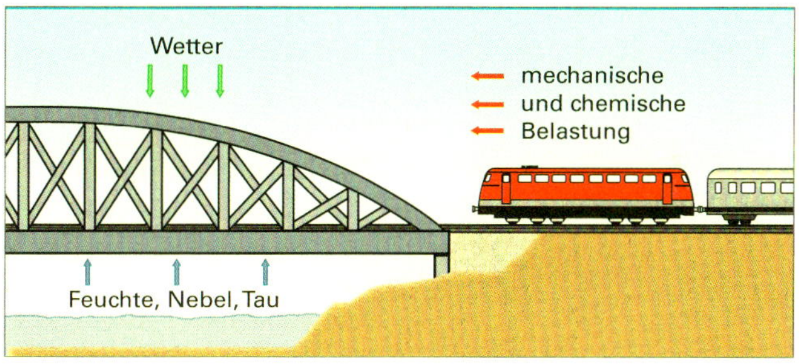

Bild 1: Umweltbedingungen am Beispiel

Umweltschutzmaßnahmen, Arbeitsschutz

Beim Strahlen von 100 m² Fläche können bis zu 4000 kg Abfall anfallen. Altbeschichtungen enthalten oft bleihaltige Pigmente, der Abfall ist als Sondermüll zu entsorgen.
Besonders im schweren Korrosionsschutz sind neben fachlicher Qualifikation Schwindelfreiheit und Sorgfalt bei der Sicherung der eigenen Person wichtig. Der Mitarbeiter muss sich und andere vor Absturz, Haut- und Augenschäden, Elektrizitätsschäden, Vergiftungen und Schäden durch Stäube schützen. Werkzeuge und Werkstoffe sind gegen Herunterfallen zu sichern. Sondermaßnahmen wie das Einhausen, d. h. das komplette Umhüllen eines Arbeitsbereiches, oder das Sperren von Straßen können nötig sein.
Bei der Neuerstellung von Objekten dieser Kategorie, z. B. Brücken und ähnliche Konstruktionen, findet häufig die Beschichtung der Teile im Werk statt, sodass nach der Montage nur mehr auszubessern ist. Bei der Planung der Konstruktion muss immer berücksichtigt werden, dass alle Bereiche zur Kontrollüberwachung und für Überholungs- oder Erneuerungsbeschichtungen gesichert zugänglich sind.

2.4.2 Untergrundprüfung und -vorbehandlung von Stahl

Vor der Beschichtung muss nach VOB der Untergrund beurteilt und geprüft werden.
Stahl ist mit baustellenüblichen Methoden auf Rost, Fette, Öle und Verunreinigungen zu prüfen. Am bereits beschichteten Stahl ist zusätzlich die Haftung der Altbeschichtung zu prüfen (Tabelle 2).

Untergrund-mangel	Zunder und Walzhaut	Rost	Verunreinigung, Fette, Öle	Haftung der Altbeschichtung	Überarbeitbarkeit der Altbeschichtung
Prüfmethode	Augenschein Kratzprobe Prüfung mit Kupfersulfatlösung	Augenschein	Augenschein Befühlen Benetzen mit Wasser	Kratzprobe Gitterschnittprüfung und Klebebandtest (siehe Kap. 11.2)	Augenschein Lösemitteltest (mit Lösemitteln der vorgesehenen Überarbeitungs-beschichtung)
Erkennung	Bläulich gefärbte, dichte Oberfläche platzt leicht ab Kupferverfärbung bei walzhaut- und zunderfreiem Untergrund	Rotbraune Färbung. Aussehen je nach Erscheinungsform (siehe S. 27)	Dunkle Flecken Schmierige Oberfläche Wasser perlt ab	Altanstrich splittert ab	Oberflächenstörung durch Blasen, Risse etc. Verfärbung der Watte oder des Lappens

Tabelle 2: Untergrundprüfung von Stahl

Bild 1: Rost unter dem Mikroskop

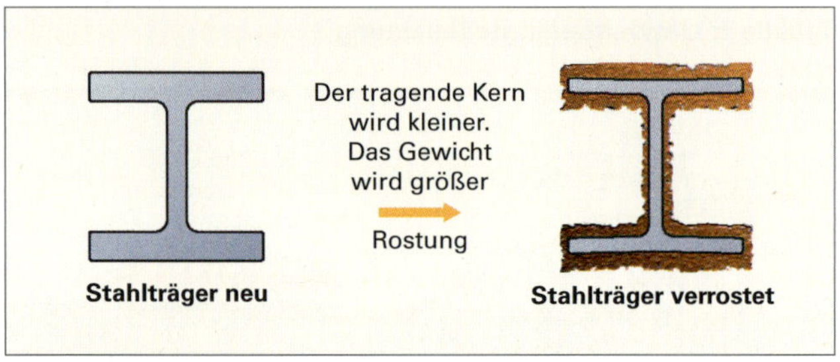

Bild 2: Verlust der Haltbarkeit durch Rostung

Bild 3: Betonabsprengung durch Volumenvergrößerung der Armierung beim Rosten

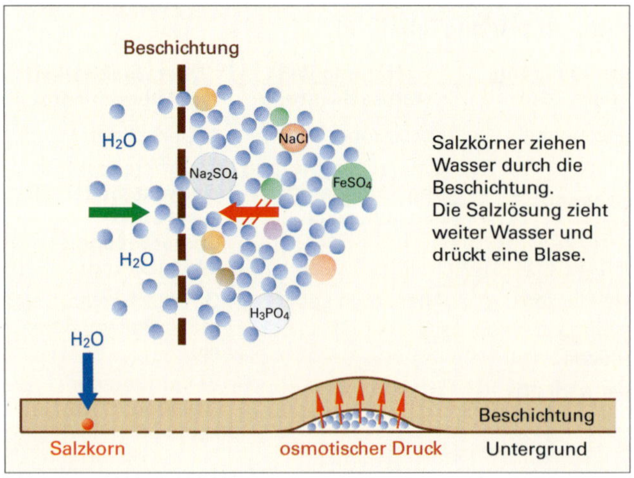

Bild 4: Osmose

Zunder und Walzhaut

Bei der Stahlherstellung entstehen beim Abkühlen Eisenoxidschichten mit anderer Wärmedehnung. Diese können bei Temperaturwechsel vom Stahl abplatzen. Darum müssen sie restlos entfernt werden (**siehe Kap. 2.3.4**).

Rost

Es ist das Ziel der Forschung, fest haftenden Rost schützend beschichten zu können. Noch ist es nicht so weit und Rost muss je nach gefordertem Oberflächenvorbereitungsgrad entfernt werden. Die Gründe dafür sind:

- Rost ist schuppig und porös.
  Er bildet keinen festen Untergrund für die Beschichtung. Er lässt Feuchte und Sauerstoff hindurch diffundieren, sodass die Rostung weiter fortschreiten kann (**Bild 1**).
- Rost ist wasserhaltig.
  Im Rostmolekül sind die Komponenten enthalten, die die Rostung bewirken. Die Rostung wird unter der Beschichtung weiter ablaufen.
- Rost vergrößert das Volumen.
  Verrosteter Stahl besitzt ein um etwa ⅓ größeres Volumen als Stahl. Beschichtungen werden zerstört, Betonabdeckungen abgesprengt. Mit dem größeren Volumen vergrößert sich auch das Gewicht (**Bild 2 und 3**).
- Rost besitzt kaum Festigkeit.
  Stahl wird häufig gerade wegen seiner Festigkeit eingesetzt. Eine Stahlkonstruktion verliert durch Rostung an Festigkeit, gleichzeitig erhöht sich ihr Gewicht. Folge: Die Konstruktion bricht unter ihrem eigenen Gewicht zusammen (**Bild 2**).

Verunreinigungen, Fette und Öle

Zum kurzzeitigen Schutz vor Rost sind Bleche oder Metallteile häufig eingefettet. Sie müssen mit geeigneten Lösemitteln, besser mit Reinigungsmitteln, rückstandslos gereinigt werden. Ideal ist bei größeren Objekten die Reinigung mittels Dampfstrahlen. So wird der Verbrauch von Lösemitteln der Umwelt zuliebe vermieden. Der heiße Dampf verdunstet, bevor das Metall rostet. Andere Verunreinigungen erfordern entsprechende Maßnahmen wie Schleifen, Abwaschen etc.

Haftung der Altbeschichtung

Altbeschichtungen können grundsätzlich nur überarbeitet werden, wenn sie ausreichend haften. Abblätternde Altbeschichtungen sind zu entfernen, zumindest in den Bereichen mangelnder Haftung.

Überarbeitbarkeit der Beschichtung

Quillt der Überholungsanstrich oder löst er die Altbeschichtung an, so muss die Altbeschichtung entfernt werden, falls nicht ein anderes Beschichtungssystem infrage kommt.
Sind Blasen vorhanden, so ist der Altanstrich ebenfalls zu entfernen. Die Ursache können osmotische Vorgänge sein, ausgelöst durch Salze unter der Beschichtung.

Osmose

Liegen in Gasen oder Flüssigkeiten verschiedene Konzentrationen vor, so versuchen diese sich auszugleichen. Dabei diffundieren sie auch durch halbdurchlässige Membranen und Schichten (**Bild 4**). Salze ziehen Wasser. Dieser Vorgang läuft immer weiter, da die Salzkonzentration immer höher als die des Wassers ist. Je mehr Wasser hineingezogen wird, umso weniger Platz besteht. Die Folge ist Blasenbildung.

2.4.3 Rostgrade, Oberflächenvorbereitungsgrade

Zur Ermittlung von Aufwand und Kosten der Untergrundvorbereitung ist entscheidend, wie verrostet der Untergrund vorliegt und wie er nach der Entrostung aussehen soll. Ein stark verrosteter Untergrund muss, um eine metallisch blanke Oberfläche zu erhalten, mit wesentlich höherem Aufwand entrostet werden, als ein kaum verrosteter Untergrund.

Rostgrade

Nach DIN EN ISO 12 944 unterscheidet man für unbeschichtete Stahlflächen vier Rostgrade (Tabelle 1).

Die Zuordnung des Rostgrades erfolgt anhand von fotografischen Vergleichsmustern (Bild 1 bis 4).

Rostgrad	Beschreibung der Rostgrade
A	Weitgehend bedeckt mit festhaftendem Zunder und/oder fest haftender Walzhaut. Im Wesentlichen frei von Rost
B	Walzhaut und Zunder beginnen abzublättern. Beginnende Rostbildung
C	Walzhaut und Zunder sind weggerostet oder lassen sich abschaben.
D	Es sind wenige Rostnarben zu sehen. Walzhaut und Zunder sind weggerostet. Zahlreiche Rostnarben sind sichtbar.

Tabelle 1: Rostgrade für unbeschichtete Stahlflächen

Bild 1: Rostgrad A

Bild 2: Rostgrad B

Bild 3: Rostgrad C

Bild 4: Rostgrad D

Nach DIN EN ISO 4628 unterscheidet man für beschichtete Stahlflächen sechs Rostgrade (Tabelle 2).

Die Zuordnung des Rostgrades erfolgt ebenfalls anhand von fotografischen Vergleichsmustern oder überschlägiger Erfassung der mit Rost bedeckten Fläche.

Rostgrad	Rostfläche ca.	Rostgrad	Rostfläche ca.
Ri 0	0 %	Ri 3	1 %
Ri 1	0,05 %	Ri 4	8 %
Ri 2	0,5 %	Ri 5	40 % bis 50 %

Tabelle 2: Rostgrade für beschichtete Stahlflächen

Oberflächenvorbereitungsgrade

Der Oberflächenvorbereitungsgrad besagt, wie sauber von Rost die Stahloberfläche nach der Entrostung sein soll. Das Aussehen der Oberfläche nach der Entrostung ist, wenn nicht gerade metallisch blanke Oberfläche gefordert wird, vom vorliegenden Rostgrad vor der Entrostung abhängig, aber auch vom Entrostungsverfahren und dem eingesetzten Strahlgut. Die Bilder 5 und 6 zeigen Strahlergebnisse mit Schmelzkammerschlacke. Beide Oberflächen liegen für die Beschichtung in geeigneter Weise vor.

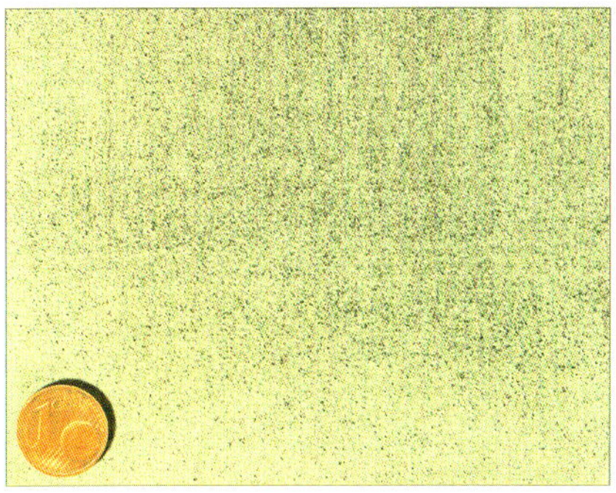
Bild 5: Oberflächenvorbereitungsgrad Sa 2 ½, ausgehend von Rostgrad A

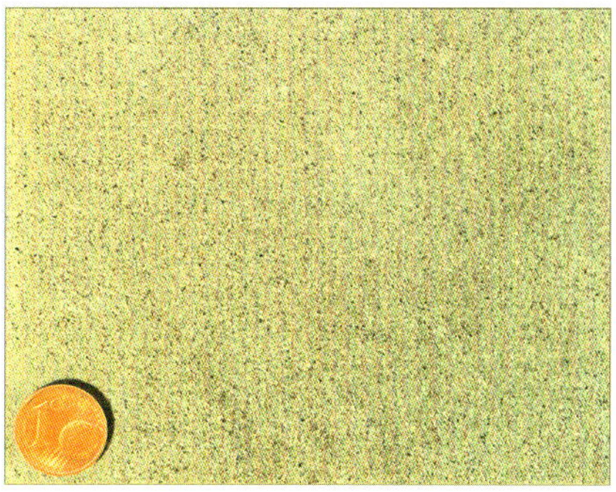
Bild 6: Oberflächenvorbereitungsgrad Sa 2 ½, ausgehend von Rostgrad C

Bild 7: Handentrostung, ausgehend vom Rostgrad C

Die Abbildung 7 zeigt die Oberfläche nach Handentrostung, Die dunklen Stellen im Bild zeigen kein blankes Metall, sondern sind von der Bürste polierter Rost. Ein solcher Zustand ist deshalb noch schlechter als der Oberflächenvorbereitungsgrad St 2 und für nachfolgende Beschichtungen in aller Regel unzureichend (siehe Tabelle 1, Seite 32).

Oberflächenvorbereitungsgrade nach DIN EN ISO 12944 (**Tabelle 1**) schreiben zusätzlich vor, welches Entrostungsverfahren für den entsprechenden Reinheitsgrad gefordert wird, z. B.

- Sa: Strahlen
- St: Hand- oder maschinelle Entrostung
- Fl: Flammstrahlen
- Be: Beizen

Der vorangestellte Buchstabe P bedeutet partiell = teilweise, in Teilbereichen.

Entrostungsverfahren	Oberflächenvorbereitungsgrad	Merkmale
Strahlen	Sa 1	Nur loser Zunder, lose Walzhaut, loser Rost, lose Beschichtung und lose artfremde Verunreinigungen sind entfernt.
	Sa 2	Zunder, Walzhaut, Rost und die gesamte Beschichtung sind nahezu entfernt.
	Sa 2 ½	Zunder, Rost und die gesamte Beschichtung sind weitgehend entfernt. Nur noch leichte Schattierungen sichtbar.
	Sa 3	Zunder, Rost und die gesamte Beschichtung sind vollständig entfernt. Metallisch blanke Oberfläche
Partielles Strahlen (partiell = in Teilbereichen)		Intakte und haftende Beschichtung wird gereinigt und leicht überstrahlt.
	P Sa 2	Übrige Oberfläche wie Sa 2
	P Sa 2 ½	Übrige Oberfläche wie Sa 2 ½
	P Sa 3	Übrige Oberfläche wie Sa 3
Hand- oder maschinelle Entrostung	St 2	Die Oberfläche ist frei von loser Walzhaut, losem Zunder, losem Rost und losen artfremden Verunreinigungen. Nach der Nachreinigung ist ein schwacher Metallglanz zu sehen.
	St 3	Die Oberfläche ist frei von loser Walzhaut, losem Zunder, losem Rost und losen artfremden Verunreinigungen. Nach der Nachreinigung ist Metallglanz zu sehen.
Partielle Hand- oder maschinelle Entrostung		Intakte und haftende Beschichtung wird gereinigt und leicht überstrahlt.
	P St 2	Übrige Oberfläche wie St 2
	P St 3	Übrige Oberfläche wie St 3
Partielles maschinelles Schleifen	P Ma	Die Oberfläche ist frei von loser Walzhaut, losem Zunder, losem Rost und losen artfremden Verunreinigungen. Nach der Nachreinigung ist ein schwacher Metallglanz zu sehen.
Flammstrahlen	Fl	Zunder, Walzhaut, Rost und Beschichtungen sind weitgehend entfernt. Nur noch leichte Schattierungen sichtbar.
Beizen mit Säuren (industriell)	Be	Zunder, Walzhaut, Rost und Beschichtungen sind vollständig entfernt.

Tabelle 1: Oberflächenvorbereitungsgrade nach DIN EN ISO 12944

In öffentlichen Ausschreibungen wird in der Regel der Oberflächenvorbereitungsgrad Sa 2 ½ vorgeschrieben. Eine Firma kann folglich nur dann den Auftrag ausführen, wenn sie die Möglichkeit besitzt, mittels Strahlen zu entrosten.

2.4.4 Entrostungsverfahren

Die Wahl des Entrostungsverfahrens hängt im Wesentlichen vom Zustand der Oberfläche ab, vom geforderten Oberflächenvorbereitungsgrad, vom Objekt und dem aufzubringenden Beschichtungssystem (**Tabelle 2**).

Arbeitsverfahren	Mechanische Verfahren			Thermische Verfahren	Chemische Verfahren	
Verfahren	Handentrostung	Maschinelle Entsorgung	Strahlen	Flammstrahlen	Beizen mit Säuren	Rostumwandler, Penetriermittel, Roststabilisatoren
	• Pickhammer • Schaber • Schleifpapier • Drahtbürste	• Rotierende Drahtbürste • Rundschleifmaschine • Winkelschleifmaschine • Nadelpistole	• Freistrahlen • Schleuderstrahlen • u. a.	• Injektor-Kammbrenner mit 3 200 °C. Maschinelles Nachbürsten erforderlich	Vorwiegend industrielles Verfahren mit Tauchbecken für Kleinteile	Aufgrund unsicherer Wirkung für tragende Bauteile nicht zu empfehlen
Nachreinigung	Abbürsten, abkehren, abblasen mit öl- und wasserfreier Druckluft, besser absaugen				Nachspülen, neutralisieren und gegebenenfalls passivieren	

Tabelle 2: Entrostungs- und Reinigungsverfahren

Entrostung von Hand und mit Maschinen

Die Rostentfernung erfolgt durch Einwirkung von Kraft, die den Rost vom Untergrund trennt. Mit Maschinen ist eine wesentlich höhere Leistung erreichbar, als mit menschlicher Kraft **(siehe Kap. 12.8)**.

Strahlen und Strahlmittel

Mittels Druckluft bis zu 6 bar wird feinkörniges Strahlmittel auf den Untergrund, das Strahlgut, geschleudert und löst den Rost mechanisch ab. Im Ergebnis ist das Strahlen kaum mit anderen Verfahren zu übertreffen.

Strahlgeräte gehören heute zur Standardausrüstung eines Betriebes. Die Entscheidung, ob eine transportable oder stationäre Anlage sinnvoll ist, ergibt sich aus den zu erwartenden Aufträgen **(Bild 1 und 2)**.

In der Strahlanlage muss der Anwender ein geeignetes Strahlmittel einsetzen.

Die Grundformen der Strahlmittel sind: rund, kantig oder zylindrisch. Dieses Merkmal wird immer als Zusatz in der Strahlmittelsorte geführt. Verwendet werden auch die nicht eindeutigen englischsprachigen Begriffe „shot" für runde und „grit" für kantige Strahlmittel.

Strahlmittel für die Entrostung und Entzunderung sind fast ausschließlich metallischer oder nichtmetallischer Natur **(Tabelle 1)**. **Siehe auch Kap. 12.10.**

Auswahlkriterien für Strahlmittel:

- **Runde Strahlmittel** hämmern auf die Oberfläche, spitze Strahlmittel schlagen sie auf.
- **Harte Strahlmittel** zerspringen leicht. Weiche Strahlmittel verformen sich mehrmals.
- **Kleine Strahlkörner** gelangen besser in die Rautiefe der Stahloberfläche als große Strahlkörner. Sie besitzen eine geringe Tiefenwirkung, aber hohe Flächenleistung.
- **Im Freien**, bei Strahlmittelverlust, ist harte, preiswerte Hochofenschlacke zu empfehlen, **in stationären Anlagen** mit mehrfachem Umlauf ist relativ weicher Stahlschrot wirtschaftlicher **(Bild 1 und 2)**.

Bei Strahlarbeiten ist auf vorschriftsmäßige Schutzkleidung und Schutzausrüstung zu achten.

Beim Strahlen von 10 m^2 Fläche können bis zu 400 kg Abfall anfallen. Enthalten Altbeschichtungen bleihaltige Pigmente, so ist der Abfall als Sondermüll zu entsorgen.

Flammstrahlen

Dies bedeutet Rostentfernung mit einem Injektor-Kammbrenner. Die Acetylen-Sauerstoff-Flammen erzeugen 2 000 °C und erhitzen den Stahl auf 100 bis 300 °C. Durch unterschiedliche Wärmedehnung von Rost und Stahl springt der Rost vom Stahl ab. Zusätzlich reduziert die hohe Flammtemperatur den im Rost gebundenen Sauerstoff. Einsatz im schweren Korrosionsschutz.

Bild 1: Stationäre Strahlanlage für Kleinteile

Bild 2: Stationäre Strahlanlage für Nutzfahrzeuge

Metallische Strahlmittel	Nichtmetallische Strahlmittel
• Gussschrot • Stahlkies • Drahtkorn • Kupferschlacke	• Hochofenschlacke • Normal- und Edelkorund • Siliziumcarbid • Glasperlen • Nussschalen • Quarzsand (wegen der Gefahr der Staublunge (Silikose) Einsatz nur mit besonderen Schutzmaßnahmen)

Tabelle 1: Auswahl von Strahlmitteln

Rostumwandler

Chemische Stoffe wandeln Rost in unproblematische Substanzen um. Produkte auf der Basis von Phosphorsäure erzeugen eine schützende Eisenphosphatschicht. Reste des Rostumwandlers müssen gut mit Wasser abgespült werden.

Bei den unterschiedlichen Anteilen verschiedener Rostarten in der Rostschicht bleibt unklar, ob nach der Anwendung alle Rostmoleküle umgewandelt wurden. Das erforderliche Nachwaschen mit Wasser birgt gerade an unzugänglichen Stellen die Gefahr der erneuten Rostung. Rostumwandler sind für Stahlbauten vom Fachverband nicht zugelassen.

In der Entwicklung befinden sich Restrostprimer auf der Basis von tannathaltigen Emulsionen. Diese blockieren die Rostung. Die Entrostung nach St 2 ist ausreichend. Die Überarbeitung kann mit allen gängigen Bindemitteln erfolgen.

2.5 Beschichtung von Stahl

2.5.1 Schichten im System und Schichtdicke

Grundbeschichtung	Deckbeschichtung
• Benetzung des Stahls • Haftung auf dem Stahl • Haftbrücke zur Deckbeschichtung • Muss/sollte/kann vor Rost schützen, je nach Bindemittel • Muss begrenzt wetterbeständig sein	• Haftung auf der Grundbeschichtung • Wetterbeständig • Widerstandsfähig gegen mechanische Belastung • Widerstandsfähig gegen chemische Belastung

Tabelle 1: Aufgaben der Schichten

Ein Korrosionsschutzsystem besteht aus zwei Grundbeschichtungen und zwei Deckbeschichtungen. Diese ergeben gemeinsam die korrosionsschützende Wirkung (**Tabelle 1**).

Shopprimer und Washprimer gelten nach DIN nicht als Grundbeschichtung.
Shopprimer: Fertigungsbeschichtung im Werk. Die Schicht von etwa 25 µm bietet 6 bis 12 Monate Schutz. Sie muss schweißbar sein.
Washprimer: Sie dienen in einer Schicht von 5 bis 10 µm als Haftvermittler.

Dickschichtsysteme

In hoher Schicht auftragbare Beschichtungen können Schichten im System einsparen. Diese Materialien sind als Dickschichtsysteme im Handel. Mehr als zwei konventionelle Schichten werden jedoch nicht ersetzt (**Bild 1**). Vorteile sind die Zeiteinsparung und die leichtere Verarbeitung. Sie decken Kanten gut ab und tropfen nicht bei der Verarbeitung. Pigmente setzen sich in der Dose nicht so schnell ab. Es handelt sich um thixotrop eingestellte Materialien, häufig kombiniert mit hoher Strukturviskosität, d. h., der Lack ist zäher eingestellt.

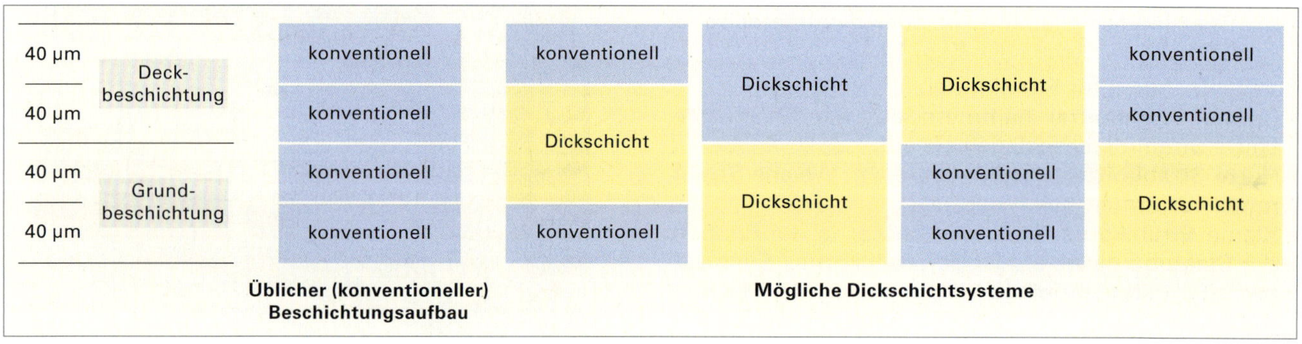

Bild 1: Schichtenaufbau im Beschichtungssystem

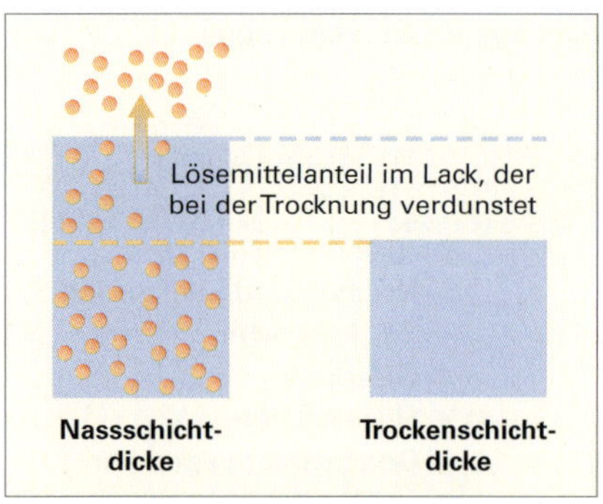

Bild 2: Nass- und Trockenschicht

Schichtdicke und Objektbelastung

Die Schichtdicke wird in µm (Mikrometer) = 1/1000 mm angegeben.
Man unterscheidet Trocken- und Nassschichtdicke (**Bild 2**).
Die Trockenschichtdicke gibt die Dicke der schützenden Schicht an und ist für die Korrosionsschutzwirkung ausschlaggebend.

Mit einem Beschichtungsdurchgang eines konventionellen Systems erzielt man etwa 40 µm Trockenschicht, demnach etwa 160 µm bei 4 Schichten. Je nach Notwendigkeit kann durch einen weiteren Beschichtungsgang eine höhere Trockenschicht erzielt werden.

Die DIN EN ISO 12944 gibt an, welche Trockenschichtdicke zu verschiedenen Bindemittelsystemen bei entsprechender Objektbelastung der Kategorie C2 bis Im 3 gefordert wird. Angaben in µm (**Tabelle 2**).

Kategorie	Belastung	Alkydharz	Acrylharz	PVC	Chlorkautschuk	Epoxidharz	Polyurethanharz
C2	Gering	80 bis 200	100 bis 160	160	160	120 bis 160	80
C3	Mäßig	120 bis 240	160 bis 240	160 bis 240	160 bis 240	120 bis 240	120 bis 240
C4	Stark	200 bis 240	240 bis 280	240 bis 280	240 bis 280	200 bis 320	200 bis 320
C5 I	Sehr stark (Industrie)				200	200 bis 320	200 bis 320
C5 M	Sehr stark (Meer)				200	200 bis 320	200 bis 320
Im 1	Süßwasser					380 bis 540	380 bis 540
Im 2	Meer- oder Brackwasser	Für diese Belastungen ungeeignet				380 bis 540	380 bis 540
Im 3	Erdreich					380 bis 540	380 bis 540

Tabelle 2: Soll-Trockenschichtdicken von ausgewählten Korrosionsschutzsystemen in µm

2.5.2 Beschichtungssysteme

Bindemittelbasis

Die Hauptaufgabe des Korrosionsschutzes trägt das Bindemittel. Für die entsprechende Belastung eignen sich die Bindemittel der **Tabelle 1**.

Je nach Bindemittelbasis ist die Beschichtung:

- **einkomponentig** (Alkydharz) oder **zweikomponentig** (EP, PUR)
- **lösemittelhaltig** (Alkyd, PUR) oder **wasserverdünnbar** (Acrylatdispersion)
- **reversibel** (PVC) oder **irreversibel** (EP, PUR)
- **aktiv rostschützend** (Öl + Zinkchromat) oder **passiv rostschützend** (PUR + Metallpigmente)

Die Bindemittelbasis bestimmt nicht nur wesentlich die Eigenschaften des Beschichtungsstoffes, sondern auch seine Verarbeitung und Überarbeitung.

Belastung durch	Bindemittel
Wetter und einfache mechanische Einflüsse	Leinöl Alkydharz Acrylharz (lösemittelhaltig) Bitumenkombinationen Dispersionslackfarben PVC, Polymerisatharze
Wasser	Chlorkautschuk Bitumenkombinationen
Hohe mechanische und chemische Einflüsse	Epoxidharze (für die Grundbeschichtung) Polyurethanharze (für die Deckbeschichtung)
Hitzeeinwirkung (500 °C)	Phenolharz Ethylsilicat

Tabelle 1: Bindemittel im Korrosionsschutz

Pigmente

Einige Pigmente wirken rostschützend, alleine oder über chemische und elektrochemische Wechselwirkungen mit dem Bindemittel. Immer kommt es darauf an, dass Wasser und Sauerstoff den Untergrund nicht erreichen. Pigmente mit mehrfacher Wirkungsweise sind besonders geeignet **(Tabelle 2)**.

Wirkungsweise		Beispiele
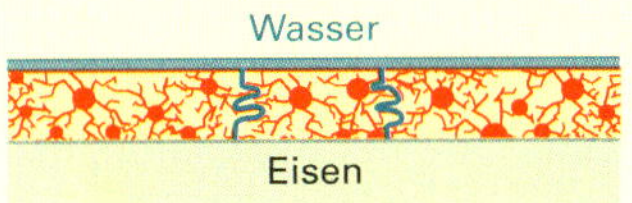	**Aktive Pigmente** Mit freien Ölsäuren im Bindemittel bildet das Pigment wasserunlösliche Metallseifen. Das Bindemittel muss dafür Öl enthalten.	Zinkweiß, Zinkstaub, Bleicyanamid, Calciumplumbat, Bleimennige
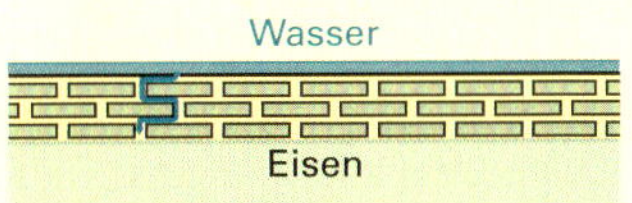	**Schuppen-Pigmente** Der Weg des Wassers zum Untergrund wird länger. Diese Pigmente sind zusätzlich sehr beanspruchbar und schützen vor Beschädigung.	Zinkstaub, Aluminium, Eisenglimmer, Graphit
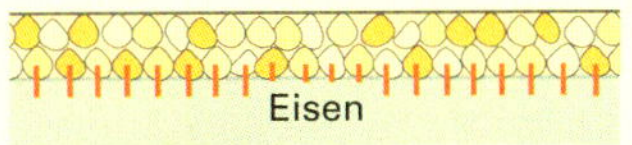	**Passivierende Pigmente** Durch elektrochemische Vorgänge zwischen Pigment und Eisen wird das Eisen vor Rost geschützt **(siehe Kap. 2.3.2)**.	Bleicyanamid, Zinkstaub, Zinkweiß, Zinkchromat, Bleimennige
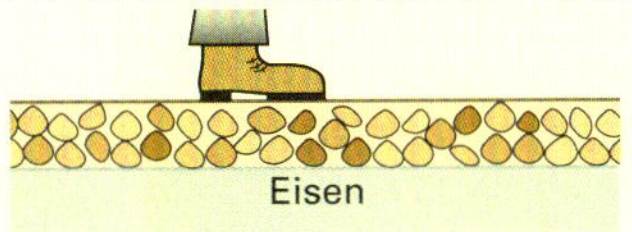	**Widerstandsfähige Pigmente** Sie werden im Decklack bei hoher Beanspruchung des Objektes bevorzugt. Für kurzzeitigen Korrosionsschutz wird in der ersten Schutzbeschichtung oft Eisenoxidrot eingesetzt.	Zinkstaub, Aluminium, Eisenglimmer, Graphit

Tabelle 2: Pigmente im Korrosionsschutz

Bleihaltige Pigmente werden wegen ihrer Giftigkeit nicht mehr eingesetzt.
Rostschutzpigmente wirken vorwiegend in der Grundbeschichtung. Im schweren Korrosionsschutz werden widerstandsfähige Schuppenpigmente auch in der Deckbeschichtung eingesetzt. Beim Einsatz von Zweikomponenten-Bindemitteln entscheidet heute häufig der Farbton der Pigmente und nicht deren rostschützende Wirkung.

Zinkstaubfarben

Damit das Pigment Zinkstaub seine passivierende Wirkung entfalten kann, muss es möglichst in direktem Kontakt zum Stahl stehen. Die Zinkstaubfarben enthalten daher nur etwa 5 bis 10 % Bindemittel (EP-Ester, Vinylharze, Ethylsilicat), gerade so viel, dass das Pigment gebunden ist. Zinkstaubfarben sind widerstandsfähig, bei chemischer Belastung sind zusätzliche oder andere Schutzsysteme erforderlich. Sie werden mit 10 bis 100 µm Trockenschicht aufgetragen. Darüber hinaus sind Kohäsionsbrüche möglich.
Eingesetzt werden Zinkstaubfarben als Grund- und/oder Deckbeschichtung auf blankem Stahl, zum Ausbessern von Zinkblech, für Unterwasserbeschichtungen, für hitzebeständige und stark beanspruchte Beschichtungen.
Sehr guten Schutz bietet die Verzinkung mit reinem Zinkmetall **(siehe Kap. 2.7.1)**.

Wassersysteme im Korrosionsschutz

Lösemittel bewirken keinerlei Korrosionsschutz, da sie die schützende Trockenschicht bald nach der Applikation verlassen haben. Aus Umweltschutzgründen werden heute Beschichtungssysteme auf Wasserbasis angeboten. Gegen Rostung sind diese leicht alkalisch eingestellt. Da Wasser schlecht benetzt, langsam verdunstet und frostempfindlich ist, ist die Akzeptanz noch gering.

2.5.3 Applikationsverfahren und Verarbeitung

Ob die Beschichtung durch Streichen, Spritzen o. Ä. erfolgt, liegt im Ermessen des Fachmannes. Wird allerdings ein bestimmtes Verfahren im Technischen Merkblatt vorgeschrieben, so muss es unbedingt eingehalten werden. Für Grundbeschichtungen wird Streichen empfohlen, da das Material besonders gut in die raue Stahloberfläche gedrückt wird, sodass eine gute Benetzung stattfindet. Deckbeschichtungen können gestrichen, gerollt oder gespritzt werden. An hohen Bauteilen ist Spritzen wegen der Luftbewegung höchstens im Airlessverfahren möglich. Im Fahrzeuglackierbereich wird grundsätzlich gespritzt.

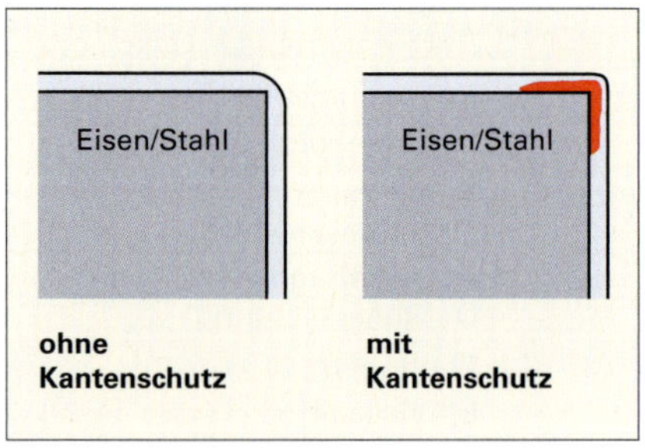

Bild 1: Kantenschutz

Wesentliche Hinweise zur Verarbeitung der Werkstoffe stehen im Technischen Merkblatt. Grundsätzlich ist Folgendes zu beachten:

- Die Applikation hat sofort nach der Entrostung zu erfolgen. Durch mechanische Krafteinwirkung ist die Stahloberfläche besonders aktiviert. Schnell kann sich Flugrost bilden.
- Nach dem Entrosten muss gründlich abgestaubt werden. Erfolgen bei größeren Objekten, z. B. einem Brückengeländer, das Entrosten und Grundieren abschnittsweise, so ist auf Abstand zu achten, damit Roststaub nicht in die nasse Grundierung gelangt.
- Während der Ausführung der Korrosionsschutzarbeiten und der Trocknung der Schichten darf keine Feuchte an den Untergrund gelangen. Haftungs- und Rostprobleme wären die Folge. Jahreszeit, Tageszeit, Luftfeuchte und örtliche Wetterbedingungen spielen dabei eine große Rolle.
- Ist ein Zwischenschliff nötig, so ist darauf zu achten, dass Kanten nicht durchgeschliffen werden.
- Auf Kanten, Nietenköpfen etc. bleibt bei der Applikation weniger Material liegen als auf der Fläche. Deshalb wird häufig ein Kantenschutz vorgeschrieben. Dadurch wird auch hier die vorgeschriebene Schichtdicke eingehalten (**Bild 1**).
- Die Schichtdicke ist bei der Verarbeitung regelmäßig zu überprüfen. Nach der Trocknung erfolgt die Messung der Trockenschicht an verschiedenen Stellen des Objektes.

2.5.4 Instandhaltungsstrategien

Je nach Schutzdauer des Beschichtungssystems (kurz: 2 bis 5 Jahre, mittel: 5 bis 15 Jahre, lang: über 15 Jahre) fallen Instandsetzungsmaßnahmen an. Man unterscheidet

- Standardausbesserung: Erneuern (Ausflecken) von Fehlstellen, 5 bis 10 % der Fläche
- Teilerneuerung: Nach Ausbessern von Fehlstellen erfolgt mindestens eine Deckbeschichtung auf der gesamten Fläche.
- Vollerneuerung: Die Altbeschichtung wird vollständig entfernt. Das Objekt wird neu beschichtet.

Je nach Strategie erfolgen die Instandsetzungsmaßnahmen kurzperiodisch oder langperiodisch, d. h. in kürzeren oder längeren Zeitabständen. Der Vergleich zeigt, dass die kurzperiodische Instandsetzung wirtschaftlicher ist als die langperiodische Instandsetzung (**Tabelle 1**).

Nach ... Jahren	Kurzperiodische Instandsetzung	Zeitaufwand Zeit- und Kostenfaktor	Langperiodische Instandsetzung (Jahre)	Zeitaufwand Zeit- und Kostenfaktor
15	Standardausbesserung	1	Keine Maßnahme	–
25	Teilerneuerung 10 % Ausfleckarbeit + eine Deckbeschichtung	1,5	1. Vollerneuerung	4
45	Vollerneuerung	4	2. Vollerneuerung	4
	6,5-mal Kosten + 1-mal Strahlschutt		8-mal Kosten + 2-mal Strahlschutt	

Tabelle 1: Vergleich von Instandhaltungsstrategien

2.5.5 Schutz von Stahl durch andere Überzüge

Außer durch Beschichtungen kann Stahl auch mit anderen Überzügen vor Korrosion geschützt werden, wenn diese Wasser und Sauerstoff dauerhaft vom Stahl fernhalten (**Tabelle 2**).

Überzüge	Verfahren	Beispiel
Organische Überzüge	Überziehen Beschichten	Kunststofffolien, Platten Beschichtungssysteme
Metallische Überzüge	Schmelztauchen Thermospritzen Galvanisieren Plattinieren	Feuerverzinkung von Stahlblech Zinkspritzen Verchromen Vergolden
Anorganische Überzüge	Phosphatieren Emaillieren	Zinkphosphatschicht auf Fahrzeugblech Sanitärbereich

Tabelle 2: Korrosionsschutzüberzüge

2.6 Brandschutzbeschichtung auf Stahl

Stahl gehört nach DIN 4102 zur Klasse A1 der nichtbrennbaren Baustoffe **(siehe Kap. 3.5)**. Bei brandüblichen Temperaturen von 500 °C und mehr verliert Stahl seine statische Festigkeit. Dies ist schon nach einer Branddauer von etwa 15 min möglich. Einstürze von Lagerhallen und Stahlkonstruktionen können zu hohen Sach- und Personenschäden führen **(Bild 1)**.
Brandschutzbeschichtungen, als Teil des vorbeugenden Brandschutzes, verlängern die Standfestigkeit von Stahlbauteilen, sodass das Objekt mindestens der Feuerwiderstandsklasse F 30 zugeordnet werden kann **(Tabelle 1)**.

Bild 1: Brandschaden

U/A-Wert

Das Verhalten eines Bauteils bei Hitze hängt von seiner Masse und Form ab. Eine feingliedrige Stütze mit großer Oberfläche bietet bei Feuer geringere Stabilität als eine dicke, massive Stütze mit wenig Oberfläche.
Mit dem *U/A*-Wert wird die Hitzeempfindlichkeit eines Bauteils beschrieben und wie folgt berechnet:

$$U/A\text{-Wert} = \frac{\text{Umfang des Bauteils (in m)}}{\text{Querschnittsfläche des Bauteils (in m}^2\text{)}}$$

Je größer der *U/A*-Wert, umso geringer die Feuerwiderstandsdauer.
Stahlbauteile mit einem *U/A*-Wert unter 300 m^{-1} können mit hierfür zugelassenen Dämmschichtbildnern in die Feuerwiderstandsklasse F 30 eingestuft werden. Die *U/A*-Werte zu Stahlprofilen lassen sich auch aus Tabellen entnehmen. In den Tabellen wird auch berücksichtigt, ob das Feuer den Stahlträger nur von einer bzw. zwei Seiten oder rundum belasten kann.

Feuerwiderstandsklasse	Feuerwiderstandsdauer	Benennung
F 30 F 60	30 min und mehr 60 min und mehr	Feuerhemmend
F 90 F 120	90 min und mehr 120 min und mehr	Feuerbeständig
F 180	180 min und mehr	Hoch feuerbeständig

Tabelle 1: Feuerwiderstandsklassen

Dämmschichtbildner und ihre Verarbeitung

Brandschutzbeschichtungen auf Stahl werden fast ausschließlich mit Dämmschichtbildnern ausgeführt. Diese bestehen aus dem Bindemittel und Treibmitteln. Unter Hitzeeinwirkung, etwa ab 120 °C, bilden sich durch das Treibmittel aufgrund von Gasentwicklung Hohlräume. Das Material schäumt auf und es bildet sich eine 2 bis 3 cm dicke Dämmschicht. Diese poröse Schicht wirkt wärmeisolierend und verzögert die Aufheizung des Stahls **(Bild 2)**, sodass die Feuerwiderstandsklasse F 30 erreicht wird.
Aufgrund der Bedeutung ihrer Funktion, müssen Dämmschichtbildner behördlich zertifiziert sein. Der Zulassungsbescheid muss an der Verarbeitungsstätte vorliegen. Er enthält Angaben zum Einsatzbereich, zur Eignung für offene oder geschlossene Profile, zur Verarbeitung und Bauüberwachung.

Bild 2: Aufschäumvorgang

Vor Beginn der Beschichtungsarbeiten muss der Stahluntergrund korrosionsschutzgerecht vorliegen, in der Regel nach Normreinheitsgrad Sa 2½. Verzinkter Stahl ist mit ammoniakalischer Netzmittelwäsche zu reinigen und mit Schleifvlies anzuschleifen **(siehe Tabelle 2, Seite 38)**.
Das Brandschutzsystem, vorgegeben vom Hersteller, besteht aus:

- Grundbeschichtung (Korrosionsschutzbeschichtung)
  Diese muss mit der Brandschutzbeschichtung verträglich sein und gut haften.
- Brandschutzbeschichtung
  Verarbeitung bei trockenem Wetter nach Herstellerangabe
- Endbeschichtung
  Diese schützt vor Feuchte und sonstigen Umwelteinflüssen. Mit ihr kann das Objekt farbig gestaltet werden.

Die jeweils vorgegebenen Auftragsmengen ergeben die erforderlichen Schichtdicken laut Zulassungsbescheid. Diese sind nach der Trocknung zu überprüfen.
Die Ausführung von Brandschutzbeschichtungen darf nur durch vom Hersteller geschultes Personal vorgenommen werden.
Alle brandschutzbeschichteten Stahlkonstruktionen müssen mit einem Schild mit wichtigen Angaben zum Brandschutzsystem gekennzeichnet sein **(Bild 3)**.

Brandgeschützt mit **Feurio Außen**
für Stahlstützen/ Stahlträger

Die Brandschutzbeschichtung „Feurio Außen", entsprechend der Zulassung des IfBt vom 27.08.2004, Zul.Nr: Z-10.10-101, wurde in .... Schichten am .... durch die Firma .... (Firmenstempel) aufgebracht.
Für den Decklack wurde „Feurio Außen – Schutzlack" verwendet. Im Jahre .... ist der Deckanstrich zu überprüfen. Die Ausbesserung des Deckanstrichs darf nur mit geeigneten Anstrichmitteln erfolgen.
KEINE WEITEREN ANSTRICHE AUFBRINGEN, DA SONST DIE BRANDSCHUTZWIRKUNG BEEINTRÄCHTIGT WERDEN KANN

GEWO-Materialschutz GmbH
Palmenweg 3, 72770 Reutlingen

Bild 3: Kennzeichnungsschild

2.7 Nichteisenmetalle als Untergrund

2.7.1 Zink und verzinkter Stahl

Zink ist ein Schwermetall, das aus zinkhaltigen Erzen gewonnen wird. Durch seine Stellung in der elektrochemischen Spannungsreihe schützt es Stahluntergründe vor Korrosion. Beim Oxidationsvorgang von Zink bildet sich eine schützende Zinkoxid- und Zinkcarbonatschicht aus.

Die Beschichtung von verzinktem Stahl ist aufgrund der heutigen Umweltbelastung zu empfehlen. Durch sauren Regen bilden sich wasserlösliche Salze, die den Zinkabbau beschleunigen.

Titanzink, die Legierung von Zink mit Titan- und Kupferanteilen, wird als Blech für Dachrinnen, Dacheindeckungen, Abdeckungen u. a. eingesetzt. Diese Bleche werden in der Regel nicht beschichtet.

Von den drei Verzinkungsverfahren ist die Feuerverzinkung das häufigste **(Tabelle 1)**.

Verfahren	Feuerverzinkung	Elektrolytische Verzinkung	Flammspritzverzinkung
Durchführung der Verzinkung	Gebeizte, d. h. ein bis zwei Minuten in einem Säurebad behandelte Gegenstände werden in ein etwa 450 °C heißes Zinkbad getaucht. Stahlbleche werden im Sendzimir-Verfahren vorgeglüht und im Tauchverfahren verzinkt.	= Galvano-Verzinkung Gebeizte Gegenstände werden als Kathode in ein Zinksalzbad getaucht. Anode ist eine Platte aus Elektrolytzink.	Zinkpulver oder Zinkdraht wird durch elektrischen Strom oder Gasflamme geschmolzen und mittels Spritzpistole auf den Gegenstand geschleudert. Dort verschmelzen die Zinktröpfchen nur begrenzt.
Objekte	• Bandverzinkung von Blechen für Dächer, Fassaden und Abdeckungen • Stückverzinkung von Stahlteilen wie Geländer, Behälter	• Kleinteile wie Bolzen und Schrauben • Anwendung in der Automobilindustrie	• Sperrige Objekte • Fest stehende Stahlkonstruktionen
Schichtdicke	• Bandverzinkung: bis 20 µm • Stückverzinkung: 50 bis 150 µm	2,5 bis 10 µm	50 bis 100 µm
Aussehen	• Glatte Oberfläche • Beim Erkalten bildet sich mit Sauerstoff die sogenannte Zinkblume **(Bild 1)**	• Mattgraue Oberfläche • Keine Zinkblume	• Rauhe, poröse, daher saugende Oberfläche • Mattgraues Aussehen • Keine Zinkblume

Tabelle 1: Arten von Zinküberzügen

Bild 1: Zinkblume

Untergrundprüfung und -vorbereitung

Die Untergrundprüfung beschränkt sich auf sichtbare und erkennbare Mängel. Altanstriche sind auf Tragfähigkeit und Haftung zu prüfen. Schon bei Gt 02 der Gitterschnittprüfung **(siehe Kap. 11.12.1)** ist die gesamte Altbeschichtung zu entfernen. Roststellen des Stahls durch beschädigte Verzinkungen sind gründlich zu entrosten und mit geeigneten Beschichtungsstoffen auszubessern. Mit Zinkstaubfarbe in Sprühdosen können auch kleinere, punktuelle Ausbesserungen, z. B. nach Schäden durch Montagearbeiten, ausgeführt werden.

Zink verhält sich als Untergrund anders als Stahl. Bei der fachlich korrekten Bearbeitung müssen die besonderen Eigenschaften des Zinks berücksichtigt werden **(Tabelle 2)**.

Problematik/ Untergrundschaden	Erkennung	Maßnahme
Zink ist nicht dauerhaft säure- und laugenbeständig	Nicht erkennbar = Wissen	Nicht abwittern lassen, sondern möglichst schnell beschichten. Nicht mit Salzsäure absäuern, da sich sonst mit Zink Zinkchlorid bildet, ein hygroskopisches Salz.
Der Zinkuntergrund ist mit Fetten, Ölen usw. verunreinigt	Sichtbar	Die Reinigung mit organischen Lösemitteln ist aus Gründen des Umweltschutzes nicht zu empfehlen. Für neue und alte Zinkuntergründe wird die **ammoniakalische Netzmittelwäsche** empfohlen.
Zink korrodiert. Es bilden sich an der Luft Zinkoxide und Zinkcarbonat (Weißrost).	Sichtbar	Vorgehensweise: Ansetzen eines Gemisches aus 10 l Wasser, ½ l 25%iger Ammoniumlösung (Salmiak) und 2 Kronenkorken eines Netz- oder Spülmittels. Zinkoberfläche mit Kunststoffvlies und dem Gemisch nass schleifen, bis ein feiner Schaum entsteht. Diesen 10 Minuten einwirken lassen und nochmals schleifen. Dann gründlich mit klarem Wasser abspülen und trocknen. Arbeitsschutz: Gummihandschuhe und Schutzbrille. Zu große oder komplizierte Konstruktionen können alternativ mit dem Hochdruckreiniger oder durch **Sweepen** (leichtes Strahlen, ohne die Verzinkung zu beschädigen) gereinigt werden.
Zink bildet mit Öl an der Grenzschicht Zinkseife (Zinkstearat).	Nicht erkennbar = Wissen	Nur für Zink geeignete Beschichtungssysteme verwenden.

Tabelle 2: Vorbereitende Maßnahmen auf Zink

Beschichtung

Die Auswahl des Beschichtungssystems für die Erstbeschichtung richtet sich nach der Beanspruchung des Objektes. Das Schutzsystem für Stahl, bestehend aus Verzinkung und Beschichtung, nennt man Duplex-System. Damit wird die Lebensdauer des Bauteils erheblich verlängert. Man kann von einem Synergieeffekt des **Duplex-Systems** sprechen. 1 Verzinkung + 1 Beschichtungssystem = 3fache Haltbarkeit.
Auch für die Beschichtung von Zink sind Dickschichtsysteme im Handel (siehe Kap. 2.5.1).

Greift der Maler und Lackierer nach fachlich korrekter Untergrundvorbereitung zur üblichen Rostschutzgrundierung für die Grundbeschichtung, so sind Schäden vorprogrammiert. In direktem Kontakt zu Zink dürfen nur Beschichtungsstoffe stehen, die kein Öl enthalten. Zink und Öl bilden Zinkstearat. Dieses hebt die Haftung auf Zink auf. Alkydharzgrundierungen sind somit ungeeignet (Bild 1 und 2).

Folgende Beschichtungssysteme sind für die Beschichtung von Zink geeignet (Tabelle 1). Besondere Belastung kann zusätzliche Schichten erfordern.

Beschichtungssystem	Hinweise
2 × Zinkhaftgrund + 1 × Alkydharz	• üblich belastbar • Zinkhaftgrund auf Alkydharzbasis ist in der Regel mit Polyurethan modifiziert, um die Fettsäuregruppen des Öls, die für die Zinkstearatbildung verantwortlich sind, abzusättigen.
2 × Zinkstaubanstrich	• Durch die graue Farbe des Zinkstaubs sind kaum Farbnuancen möglich. • Optimaler Schutz
2 × Polymerisatharzlack	• Z. B. auf PVC-Basis • Üblich belastbar
2 × Bitumenölkombinationslack	• Sehr gut feuchtebelastbar. • Heute sind Produkte auf Acryl-, PVC- oder PUR-Basis vorzuziehen.
2 × Dispersionsfarbe	Möglich, aber nicht zu empfehlen. • gute Haftung • verschmutzt leicht
2 × EP-Grund + 2 × Acrylharzlack	Üblich belastbar
2 × EP-Grund + 2 × PUR-Lack	Zweikomponentensystem für hohe Belastung

Tabelle 1: Beschichtungssysteme für Zinkuntergründe

Bild 1: Haftungsschaden auf Zink

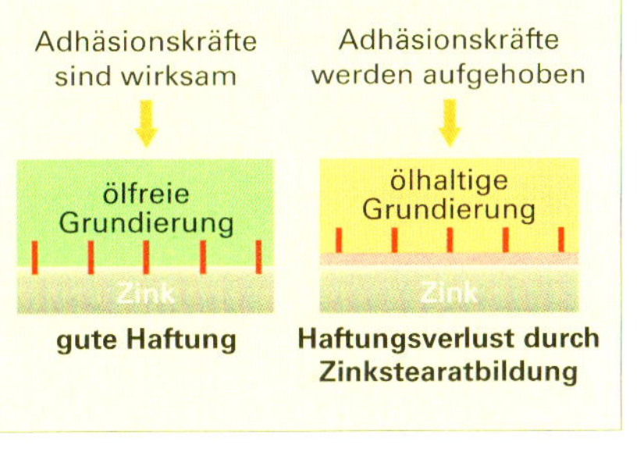

Bild 2: Wirkung von Zinkstearat

2.7.2 Aluminium

Aluminium wird mit hohem Energieeinsatz aus dem Mineral Bauxit gewonnen. Erst durch Legieren mit anderen Elementen wie Kupfer, Magnesium, Silicium und Zink erhält reines Aluminium die für die technische Anwendung erforderliche Festigkeit und Härte (Bild 3).
An der Luft bildet Aluminium sehr schnell eine dünne, dichte, festanhaftende Oxidschicht. In Moleküldicke kommt die Oxidation fast zum Stillstand und lässt kaum noch Sauerstoff hindurch. Unter normalen atmosphärischen Bedingungen muss Aluminium daher nicht beschichtet werden. Die schützende Oxidschicht ist jedoch gegen Säuren und Laugen nicht beständig. Unter heutigen Umwelteinflüssen ist eine Beschichtung ratsam, ebenso bei zu erwartendem Kontakt mit alkalischen Stoffen.
Ablagerungen von Eisenpartikeln auf Aluminiumblechen zerstören Aluminium punktuell (Lochfraß), da Eisen edler als Aluminium ist (siehe Kap. 2.3.2). Auch aus diesem Grund ist eine Beschichtung empfehlenswert.

Bei der Verarbeitung von alkalischen Bau- und Beschichtungsstoffen, wie Kalk, Zement, Silikatfarbe, müssen Aluminiumflächen gut abgedeckt werden. Ätzflecken lassen sich nicht mehr vom Aluminium entfernen.

Unbeschichtete Aluminiumflächen dürfen im Haushalt nicht mit alkalischen Reinigern behandelt werden.

Eloxiertes Aluminium

Die dünne Oxidschicht des Aluminiums kann durch elektrische Oxidation um das Hundertfache verstärkt werden (elektrisch oxidiertes Aluminium = Eloxal). Die Eloxalschicht ist farblos, zur dekorativen Gestaltung kann sie eingefärbt werden. Die Zerstörung von Aluminium wird durch das Eloxieren erheblich verzögert.

Untergrundprüfung

Sie beschränkt sich auf sichtbare und erkennbare Mängel. Altanstriche sind auf Tragfähigkeit und Haftung zu prüfen (siehe Tabelle 1, Seite 40).

Bild 3: Fensterblech aus Aluminium

Problematik/ Untergrundschaden	Er-kennung	Maßnahme
Verunreinigt, alt und verwittert	Sichtbar	Mit Schleifpapier abschleifen, keine zu grobe Körnung verwenden. Dann reinigen.
Aluminium ist nicht laugenbeständig	Nicht sichtbar = Wissen	Nicht mit ammoniakalischer Netzmittelwäsche reinigen. Für Aluminiumteile wird folgende Vorbehandlung empfohlen: Handreinigung mit Kunststoffschleifvlies und Nitroverdünnung. Nachreiben mit einem sauberen Lappen. Dann mit einem lösemittelgetränkten Lappen abwischen, bis dieser nicht mehr grau gefärbt wird. Für große Flächen (Fassaden) eignet sich der Einsatz des Dampfstrahlreinigers mit Zusatz eines schwachen Phosphatreinigers. Die Fläche ist mit klarem Wasser nachzureinigen. Dann mit einem lösemittelgetränkten Lappen abwischen, bis dieser nicht mehr grau gefärbt wird.
Beschädigungen	Sichtbar	Möglichst wegen schlechter Haftung nicht spachteln. Wenn nötig, dann auf der EP-Grundierung mit UP-Spachtel.

Tabelle 1: Vorbereitende Maßnahmen auf Aluminium

Beschichtung

Die Auswahl der Beschichtung richtet sich nach der Beanspruchung. Grundsätzlich ist eine EP-Grundierung zu empfehlen, um Haftprobleme zu vermeiden (**Tabelle 2**).

Beschichtungssystem	Hinweise
1 × EP-Grund + 2 × PUR-Lack	Sehr belastbar
1 × EP-Grund + 2 × Alkydharz	Üblich belastbar
1 × EP-Grund + 2 × Polymerisatharz	Üblich belastbar

Tabelle 2: Beschichtungssysteme für Aluminiumuntergründe (Auswahl)

2.7.3 Kupfer

Kupfer wird aus Kupferkies (Kupfererz) gewonnen. Das Schwermetall erhält die für die technische Anwendung erforderliche Festigkeit und Zähigkeit durch Legieren mit Zink, Zinn, Nickel oder Blei. Kupfer wird am Bau gerne wegen seines Aussehens eingesetzt.
Anfangs glänzt Kupfer rötlich, an der Luft bildet sich eine matte, bräunliche Oxidschicht. Bei erhöhter Luftfeuchte bildet sich unter Einwirkung von Kohlendioxid eine grünliche Patina. Durch sauren Regen bilden sich lösliche Salze, die Kupfer schwarz färben.
Zum Schutz müssen Abdeckungen, Dachrinnen und sonstige Objekte aus Kupfer am Bau nicht beschichtet werden. Eine neue Farbgebung, die Beschriftung und Gestaltung von Kupferflächen können Gründe für eine deckende Beschichtung sein. Soll der Kupferfarbton erhalten bleiben, ist eine farblose Beschichtung zu empfehlen.

Untergrundvorbehandlung

Problematik/ Untergrundschaden	Erkennung	Maßnahme
Verunreinigt, alt und verwittert	Sichtbar	Nicht mit ammoniakalischer Netzmittelwäsche reinigen. Für Kupferteile wird folgende Vorbehandlung empfohlen: Auftragen einer Lösung aus 10%iger Salzsäure in Spiritus. Schleifen mit Kunststoffschleifvlies. Gründlich mit klarem Wasser nachwaschen. Salzsäure ätzt. Haut-, Augen- und Atemschutz sind wichtig! Für gute Lüftung ist zu sorgen!

Tabelle 3: Untergrundvorbereitung von Kupfer

Beschichtung

Mit Öl reagiert Kupfer zu Kupfersalzen. Daher sind ölhaltige Beschichtungsstoffe wie Alkydharz für Kupfer nicht geeignet.
Bei der Beschichtung mit Klarlack bleibt ein ungleichmäßiges, fleckiges Aussehen der Fläche sichtbar. Soll diese gleichmäßig erscheinen, so ist die Fläche vor der Beschichtung gleichmäßig in einer Richtung fein zu schleifen und anschließend sofort zu beschichten (**Tabelle 4**).

	Beschichtungssystem	Hinweise
Deckende Beschichtung	1 × EP-Grund + 1 × PUR-Lack 1 × EP-Grund + 1 × Acryllack (2K)	Sehr belastbar Sehr belastbar
Farblose Beschichtung	Nitrokombilack (Zaponlack) 1 × EP-Grund + 1 × Acryllack (2K)	Gering belastbar Sehr belastbar

Tabelle 4: Beschichtungssysteme für Kupferuntergründe (Auswahl)

2.8 Metalle am Fahrzeug und ihre Beschichtung

In diesem Buch erfolgt lediglich eine kurze Übersicht zu Metall für Fahrzeuglackierer, da sich dieses Fachbuch vorwiegend an Maler wendet. Für Fahrzeuglackierer steht ein spezielles Fachbuch zur Verfügung.

2.8.1 Stahlteile, Stahlbleche

Stahl ist der am häufigsten verwendete Werkstoff zur Herstellung der Karosserie, z. B. des Rahmens, des Unterbodens und des Seitenaufprallschutzes. Außerdem kommen Werkstoffe wie Aluminium und Kunststoff zum Einsatz (**Bild 1**).

Hohe Festigkeit und geringes Gewicht sind im Karosseriebau Vorgaben, um höhere Sicherheit und geringeren Benzinverbrauch zu erreichen. Dieses erfordert:

- Geringere Blechdicke durch den Einsatz hochfester Stahlbleche
- Verschweißung des Stahls auf Stoß. Durch den Wegfall von Überlappungsbereichen wird weniger Stahl gebraucht.
- Einbau von Tailored Blanks

Bild 1: Einsatz verschiedener Stähle und anderer Werkstoffe am Fahrzeug

Hochfestes Stahlblech

Dieser Überbegriff umfasst Stähle mit höherer Streckgrenze und damit höherer Festigkeit. Dem Stahl werden bei der Herstellung mittels Mikrolegierungstechnik gezielt Metalle wie Niob, Titan und Vanadium beigemischt.

Tailored Blanks

Dies ist die englische Bezeichnung für maßgeschneiderte Bleche (Platinen). Unterschiedliche hochfeste Blechqualitäten werden kombiniert, um in der speziellen Anwendung optimale Karosseriefestigkeit, Energieaufnahme und optimalen Korrosionsschutz bei Unfällen zu erzielen.

2.8.2 Serienlackierung

Die Bearbeitung der Rohkarosse erfolgt prozessgesteuert unter immer gleich bleibenden Bedingungen (**Bild 2**).

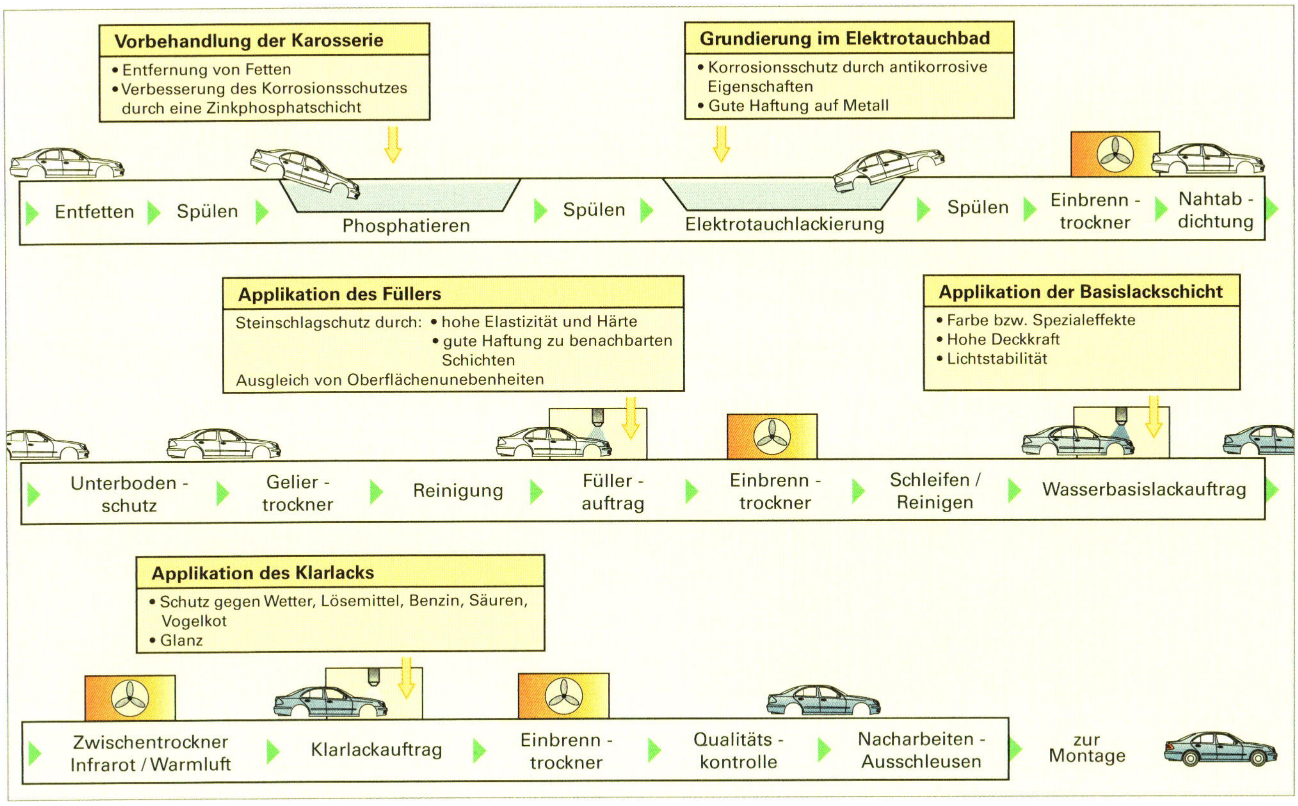

Bild 2: Ablauf der Fahrzeug-Serienlackierung

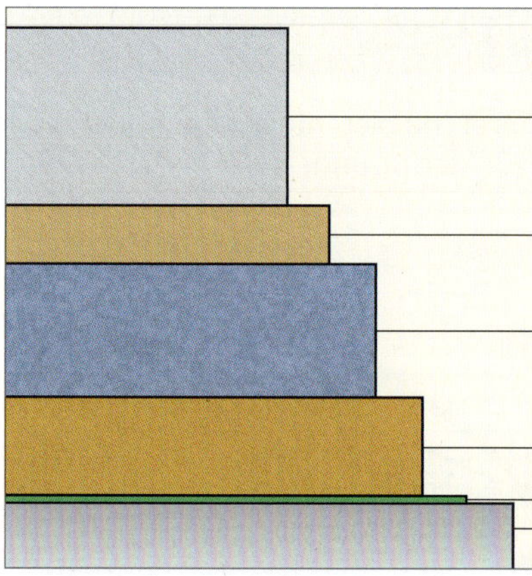

Bild 1: Aufbau der Werkslackierung

Nach der Vorreinigung und Entfettung wird durch die Phosphatierung eine dünne Eisenphosphatschicht erzielt, die die Haftung und den Korrosionsschutz verbessert. Diese zählt nicht als Schicht im Schichtenaufbau. Der Einsatz wasserverdünnbarer Produkte ersetzt nach und nach Lacke mit umweltschädlichen Lösemitteln. Zusätzliche Arbeitsgänge, die in den Produktionsablauf integriert sind:

- Nahtversiegelung
- Unterbodenschutz
- Hohlraumkonservierung

Kunststoffteile und Kleinteile können in diesem Ablauf nicht mitbearbeitet werden. Sie werden in der Regel außerhalb des Werkes angefertigt, beschichtet und an das Montageband geliefert.

Schichtenaufbau

Der Aufbau einer Serienlackierung, auch Original- oder Werkslackierung genannt, besteht in der Regel aus 4 Schichten: Grundierung – Füller – Basislack – Klarlack **(Bild 1)**.

Applikationsverfahren

In der Serienlackierung arbeitet man mit Applikationsverfahren, deren Einsatz im Bereich der Reparaturlackierung nicht möglich ist. Dazu gehören die anodische und die kathodische Tauchlackierung (ATL und KTL) sowie Lackierautomaten, Rotationsglocken und Spritzroboter **(Tabelle 1)**.
Konventionelle Spritzverfahren kommen begrenzt zum Einsatz.

Verfahren	Bild	Erklärung	
Tauchlackierung (ATL, KTL)		Die positiv geladenen Lackteilchen wandern im Becken zur negativ geladenen Karosserie und schlagen sich dort nieder. Die Härtung zur wasserunlöslichen Schicht erfolgt anschließend im Trockenofen.	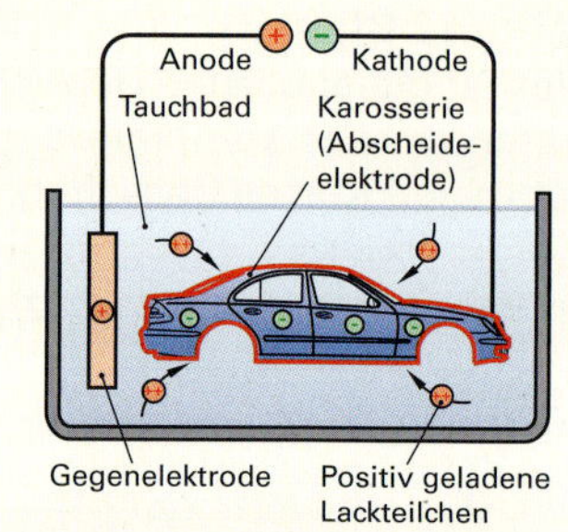
Lackierautomaten Rotationszerstäubung		Das Beschichten erfolgt mit Lackierautomaten, häufig mit Rotationszerstäubung. Dabei wird der Lack über sich extrem schnell drehende Rotationsglocken in feinsten Teilchen abgeschleudert. Durch elektrostatische Anziehung gelangen diese auf das Objekt.	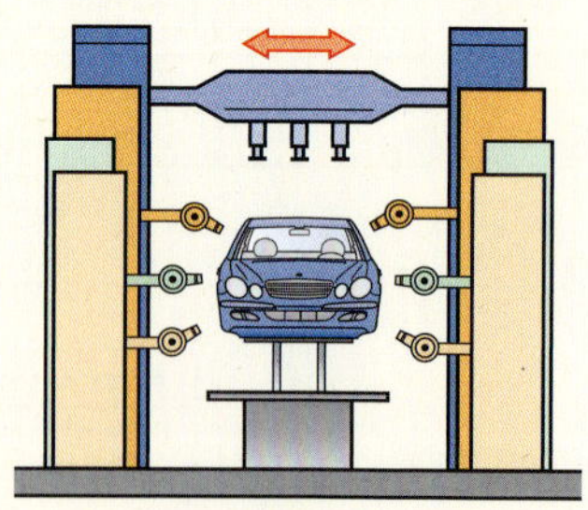
Spritzroboter		Der Auftrag des Lackes erfolgt über programmierte Spritzroboter, die im Gegensatz zum Menschen viel gelenkiger sind, nie krank werden und die Lackierung immer im gleichen Ablauf ausführen. Dies erfordert einen präzisen Standort der Karosserie bei der Lackierung.	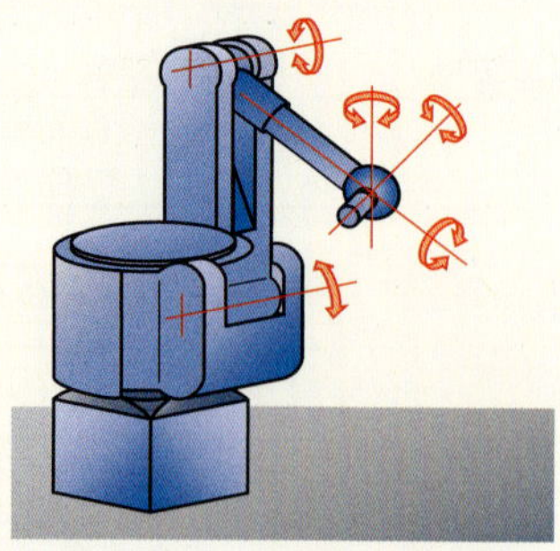

Tabelle 1: Beschichtungsverfahren in der Serienlackierung

Eine besondere Rolle spielt die Qualitätssicherung. Sie erfolgt durch eine Begleitkarte am Fahrzeug und durch spezielle Kontrollen am Band.

2.8.3 Reparaturlackierung

Die gute Optik und die optimale Schutzwirkung der Serienlackierung wird auch bei der Reparaturlackierung erzielt. Der Schwerpunkt bei der Reparaturlackierung liegt im handwerklichen Können. Jeder Kundenauftrag erfordert eine angepasste Problemlösung. Diese hängt ab von

- Art und Umfang des Schadens,
- der vorliegenden Altbeschichtung der Serienlackierung,
- den individuellen Wünschen des Kunden.

Autoreparaturlacke müssen sich von Lacken der Serienlackierung unterscheiden. Das Fahrzeug liegt komplett mit Reifen, Scheiben, Innenausstattung etc. vor. Trocknungsverfahren mit Temperaturen über 60 °C und industrielle Technologien wie das Tauchen etc. sind deshalb nicht anwendbar.

Die Lackindustrie bietet spezielle, in der Rezeptur abweichend, Autoreparaturlacke an, damit die Reparaturlackierung handwerklich erstellt werden kann.

Auftragsabwicklung

Heute erfolgt die Erstellung eines Kostenvoranschlages häufig über spezielle Computerprogramme (Kalkulationssoftware). Der Kunde bringt sein beschädigtes Fahrzeug und holt es instandgesetzt wieder ab. Die Auftragsabwicklung, z. B. mit der Versicherung, regelt der Fahrzeuglackierbetrieb.

Name
Straße / Hausnummer
PLZ / Ort
Telefon / Telefax
Firmenstempel

☐ Reparatur - Aufnahmeauftrag
☐ Angebot
☐ Rechnung
Terminvereinbarung
Kennzeichen | Baujahr
Typ / Modell ☐ 2-türig ☐ 4-türig ☐ Kombi
Gebrauchsspuren
☐ leichte ☐ mittlere ☐ starke

Diagnoseprotokoll bei Auftragaufnahme
Vorschäden an Karosserie und Lack

LINKS RECHTS

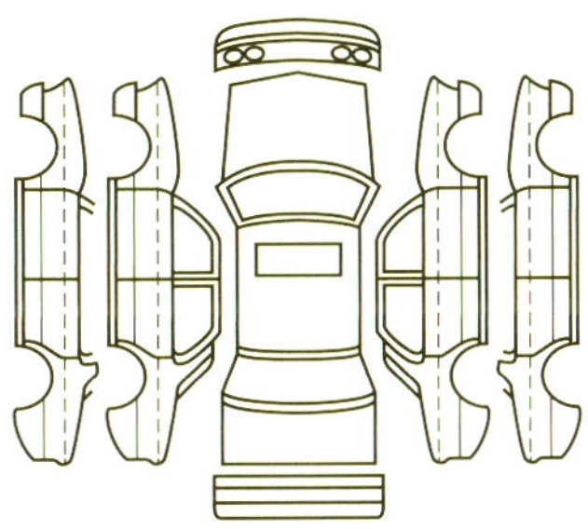

K = Kratzer D = Dellen S = Steinschläge
R = Rost A = Abplatzungen E = Einrisse

Zu erwartender Preisrahmen €

Gewünschte Zahlungsart ☐ Bar ☐ Überweisung

Fertigstellung
Datum Uhrzeit

Unterschrift des Kunden o. seines Beauftragten

Auftrag angenommen
Datum Unterschrift

Arbeitskarte
Instandsetzung und Lackierung

Instandsetzung	Auftrag	AW	**Lackierung**	Auftrag	AW
Frontklappe			Frontklappe		
Frontblech			Frontblech		
Windlauf vorn			Windlauf vorn		
Kotflügel vorn L			Kotflügel vorn L		
Kotflügel vorn R			Kotflügel vorn R		
Tür vorn L			Tür vorn L		
Tür vorn R			Tür vorn R		
Tür hinten R			Tür hinten R		
Tür hinten L			Tür hinten L		
Einstiegschweller R			Einstiegschweller R		
Einstiegschweller L			Einstiegschweller L		
Seitenwand hinten R			Seitenwand hinten R		
Seitenwand hinten L			Seitenwand hinten L		
Abschlussblech			Abschlussblech		
Windlauf hinten			Windlauf hinten		
Heckdeckel			Heckdeckel		
Hecktür			Hecktür		
Wagendach			Wagendach		
Wagendach seitl. L			Wagendach seitl. L		
Wagendach seitl. R			Wagendach seitl. R		

Einzelheiten

Arbeitswerte gesamt
1 Arbeitsstunde = 10 AW (Arbeitswerte)
1 AW = €

Preisangabe	€
MwSt	€
Preisangabe incl. **MwSt**	€

Kfz nach Reparatur ordnungsgemäß übernommen
Datum Unterschrift

Dieser Auftrag wird auf Grund unserer allgemeinen Geschäftsbedingungen erteilt

Bild 1: Werkstattauftragsformular

Die Auftragsabwicklung beginnt mit der Auftragsannahme (**Bild 1**). Sie umfasst folgende Punkte:

- Feststellen des Schadensumfanges und dessen Dokumentation mittels Schadensprotokoll und Foto. Dabei ist auch auf versteckte Schäden zu achten, wie Schweißverbindungen, Karosserieknotenpunkte usw.
- Ermitteln des Reparaturweges
- Ermitteln des Material- und des Zeitbedarfs
- Auftragsbestätigung durch den Kunden, Klärung der Bezahlung (auf eigene Rechnung, Abwicklung über Versicherung) und sonstige Vereinbarungen (Termin etc.)

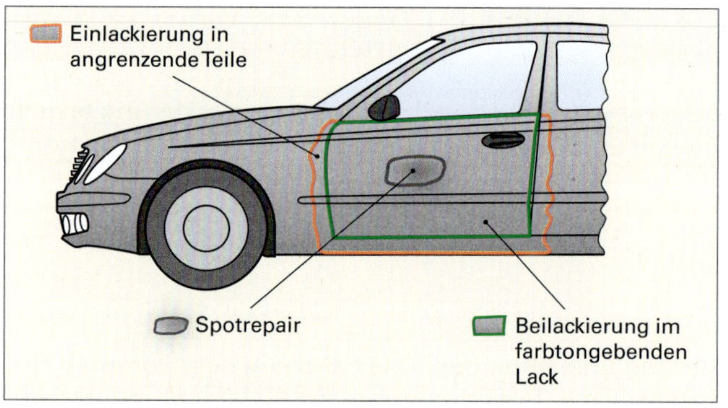

Bild 1: Reparaturlackiertechniken

Reparaturwege

Je nach Schaden können Ausbauarbeiten, Ausbeularbeiten oder der Einbau von Neuteilen erforderlich sein. Die Reparaturlackiertechnik wird schadensabhängig festgelegt und ausgeführt (**Bild 1**). Diese kann z. B. sein:

- Schadensbehebung bei Kleinschäden in der Fläche durch Spot-Repair
- Beilackierung der Schadensstelle im farbtongebenden Lack im Teil und anschließende komplette Lackierung mit Klarlack
- Beilackierung des beschädigten Teils mit gleichzeitiger Einlackierung in die angrenzenden Teile zwecks Farbtonangleichung

Die Ausführung der Reparaturlackierung erfolgt meist in mehreren Arbeitsschritten (**Übersicht 1**). Es folgen die Finisharbeiten, d. h. die abschließende optische Aufbereitung des lackierten Teils/des Fahrzeuges durch Reinigen und Polieren. Dann wird das Fahrzeug dem Kunden übergeben.

- Schadstelle großflächig mit Siliconentferner reinigen
- Farbton ermitteln
- Schadstelle mit Excenterschleifmaschine P 80 bis P 120 ausschleifen
- Delle mittels Zugverfahren (z. B. Zughammer, Airpuller) herausziehen, Nachschliff P 150 bis P 180
- Ausblasen, Schleifstaub mit Siliconentferner beseitigen
- Schadstelle mit UP-Spachtelmasse spachteln
- Nach Trocknung des Polyesterspachtels mit Handschleifblock P 80 bis P 120 und Nachschliff P 150 bis P 180 „auf Fläche" schleifen
- Ausblasen, Schleifstaub mit Siliconentferner beseitigen
- Schadstellenbereich abdecken
- Schadstelle grundieren und matt ablüften lassen, trocknen
- Füller auftragen und matt ablüften lassen
- Füller 20 bis 30 min bei 60 °C trocknen oder 10 min mit IR-Trocknung
- Kontrollschwarz auftragen
- Füller mit Excenter schleifen (P 400 bis P 500) und Staubabsaugung
- Schleifstaub mit Siliconentferner beseitigen
- Basislack auftragen und matt ablüften lassen
- Klarlack auftragen und matt ablüften lassen
- Lackierung 30 bis 40 min bei 60 °C trocknen oder durch Lufttrocknung
- Abdeckmaterial entfernen
- Finisharbeiten ausführen

Übersicht 1: Arbeitsablauf am Beispiel des abgebildeten Schadens

2.8.4 Weitere Metalle am Fahrzeug

Verzinkter Stahl

Das Verzinken von Karosserien oder einzelnen Partien wird heute von immer mehr Herstellern angewandt, da Zink durch seine schützende Schicht und seine Eigenschaften (**siehe Kap. 2.7.1**) den Korrosionsschutz verbessert.
Die dünne Zinkschicht kann aber auch hier zur schlechten Haftung von Lackierungen führen. Darum ist der Untergrund gründlich zu entfetten und mit Schleifvlies anzuschleifen. Nach nochmaliger Reinigung kann gespachtelt oder grundiert werden. Im Technischen Merkblatt muss vermerkt sein, dass diese Produkte, die in direktem Kontakt zum Zink stehen, auch für verzinkte Untergründe geeignet sind. Der weitere Aufbau der Lackschicht erfolgt wie üblich.

Aluminium

Aluminium wird im Automobilbau zunehmend zur Gewichtsreduzierung eingesetzt.
Neben Struktur-, Fahrwerks- und Motoranbauteilen gewinnt der Einsatz im Bereich von Außenteilen an Bedeutung. Probleme bei der Reparatur bereiten die niedrigere Elastizitätsfähigkeit im Vergleich zu Stahlblechen und die dreifach größere Wärme- und Stromleitfähigkeit. Aluminiumteile werden besser geklebt, da die Festigkeit eines Schweißpunktes um die Hälfte niedriger ist als bei Stahl.
Aluminium rostet zwar nicht durch, ist aber nicht chemikalienbeständig. Daher ist die Beschichtung von Felgen erforderlich.
Eingelagerte Stahlteilchen führen zur Kontaktkorrosion. Zum Schleifen darf deshalb nur Schleifpapier verwendet werden, das zuvor nicht für Stahl verwendet wurde. Werkzeuge und Geräte müssen aus Edelstahl bestehen. Schleifarbeiten an Aluminium sind strikt getrennt von Schleifarbeiten an Stahlteilen auszuführen.
Vor der Beschichtung ist der Untergrund zu entfetten und anzuschleifen. Nach nochmaliger Reinigung kann gespachtelt oder grundiert werden. Im Technischen Merkblatt muss vermerkt sein, dass diese Produkte, die in direktem Kontakt zum Aluminium stehen, auch dafür geeignet sind. Der weitere Aufbau der Lackschicht erfolgt wie üblich.

3
Holzuntergründe und ihre Beschichtung

Lernfeld 1, 2, 5, 9

3.1 Holz als Untergrund

Mit der folgenden Übersicht können Maler und Lackierer erkennen, welcher Untergrund, welche Holzart vorliegt. Holzarten unterscheiden sich in den Eigenschaften und dadurch in ihrer Verwendung.

3.1.1 Holzarten

Europäische Nadelhölzer

Holzart	Erkennen der Holzart	Besondere Eigenschaften und Beschichtung	Häufige Verwendungen	Rohdichte* kg/m³
Tanne (Weißtanne) 	Reifholzbaum, gelblich weißes, nicht glänzendes Holz, keine Harzgallen, kaum Harzgeruch **Kernholz** **Reifholz** **Splintholz** **Siehe Kap. 3.1.4**	Die Eigenschaften sind ähnlich denen der Fichte, durch geringeren Harzgehalt jedoch noch geringere Witterungsbeständigkeit als Fichte. Beschichtung: nach Grundierung problemlos zu beschichten.	Die Verwendung von Tannenholz ist vergleichbar mit der Fichte. Für sichtbare Holzverkleidungen wird es kaum verwendet, da es matt und weniger dekorativ ist.	 450
Fichte (Rottanne) 	Reifholzbaum, gelblich bis rötlich weiß glänzendes Holz mit deutlichen Jahresringen, im Schnittholz viele Harzgallen, intensiver Harzgeruch bei frisch geschnittenem Holz	Das Holz ist weich bis mittelhart und lässt sich mit dem Fingernagel eindrücken. Durch seine langen Holzfasern ist das Holz sehr tragfähig. Unbehandelt nicht witterungsbeständig. Beschichtung: Harzgallen entfernen, nach Grundierung problemlos zu beschichten.	Hervorragendes und kostengünstiges Nutzholz für alle tragenden Bauteile, die nicht der Witterung ausgesetzt sind: z. B. Kanthölzer für Dachstühle und Deckenbalken etc. Ebenso verwendbar für Holzverkleidungen.	 450 – 470
Kiefer (Föhre) 	Kernholzbaum mit gelblich bis rotbraunem Kern, Splint gelblich weiß, starke und markante Zeichnung, harzreich, intensiver Harzgeruch bei frisch geschnittenem Holz.	Deutlich härter als Fichtenholz und sehr harzreich, das Kernholz ist witterungsbeständig. Beschichtung: Splintholz stark bläueempfindlich, jedoch leicht zu imprägnieren. Beschichtung: austretendes Harz entfernen, nach Grundierung problemlos zu beschichten.	Kiefernholz ist ein beliebtes und dekoratives Holz für Möbel und Innenausbau. Es besitzt eine ausreichende Härte für Treppen und Fußböden sowie gute Witterungsbeständigkeit für Fenster, Türen und Tore.	 520
Lärche 	Kernholzbaum mit braunrotem Kernholz und hellgelbem Splint, harzreich, intensiver Harzgeruch bei frisch geschnittenem Holz.	Schwerstes und härtestes einheimisches Nadelholz, sehr harzhaltig, gute Witterungsbeständigkeit. Beschichtung: Vor der Beschichtung austretendes Harz entfernen, nach Grundierung problemlos zu beschichten.	Lärchenholz ist im Innen- und Außenbereich vielseitig verwendbar: Innen aufgrund seiner Härte auch für Böden und Treppen geeignet, außen aufgrund seiner Witterungsbeständigkeit auch geeignet für Terrassenböden, Holzverschalungen, Türen und Fenster.	 590

Europäische Laubhölzer

Holzart	Erkennen der Holzart	Besondere Eigenschaften und Beschichtung	Häufige Verwendungen	Rohdichte* kg/m³
Buche 	Reifholzbaum, gelbliches bis rötliches Holz ohne besonders auffällige Zeichnung.	Hartes Holz mit guter Abriebfestigkeit (wichtig für Böden). Beschichtung: problemlos. Buche quillt und schwindet jedoch stark und ist nicht witterungsbeständig.	Buchenholz ist ein vielseitiges Holz für hoch beanspruchte Anwendungen ausschließlich im Innenbereich: z. B. Möbel, Treppen, Bodenbeläge.	 720
Eiche 	Kernholzbaum mit stark unterschiedlicher Färbung von hellem Splint- und dunklem Kernholz, deutliche Jahresringe. Frisch geschlagenes Holz riecht stark nach Gerbsäure.	Eiche ist ein schweres und hartes Holz. Es schwindet wenig und ist sehr witterungsbeständig (Venedig steht seit 800 Jahren auf Eichenholz). Eichen wachsen langsam, wodurch das Holz sehr teuer ist. Der hohe Anteil an Gerbsäure kann zu Beschichtungsproblemen führen.	Eichenholz ist sehr vielseitig: Es ist dekorativ und beliebt für Möbel. Wegen seiner Härte und dem geringen Schwindverhalten optimal für Treppen, Böden und Parkett. Unverzichtbar ist es für Bauteile, die starker Witterung und ständiger Feuchte ausgesetzt sind.	 750

Außereuropäische Hölzer

Holzart	Erkennen der Holzart	Besondere Eigenschaften und Beschichtung	Häufige Verwendungen	Rohdichte* kg/m³
Hemlock	Ein bis zu 30 m hoher Nadelbaum aus Nordamerika, Splint und Kern gelblichgrau mit feinen Jahresringen, nahezu harzfrei und nahezu geruchlos.	Weiches Holz, nicht witterungsbeständig, schwindet jedoch wenig. Beschichtung: schwer zu imprägnieren, sonst problemlos zu beschichten.	Das Holz wird nahezu astfrei geliefert und im Innenausbau verwendet.	 480
Teak	Das sehr beliebte Holz wird heute in vielen tropischen Ländern kultiviert. Splintholz gelblichgrau, Kernholz gelbbraun, das Holz fühlt sich leicht fettig an.	Sehr festes Holz mit geringem Quell- und Schwindverhalten. Sehr witterungsbeständig. Beschichtung: wegen seiner Inhaltsstoffe problematisch.	Wegen seiner außergewöhnlichen Witterungsbeständigkeit für Gartenmöbel, Schiffs- und Wasserbau.	 680
Meranti Dark Red	Das Holz kommt aus Südostasien. Splintholz gelblichgrau, Kernholz rotbraun mit einem schlichten grobporigen Holzbild.	Mäßig fest und hart mit einer geringen Witterungsbeständigkeit. Beschichtung: problemlos.	Für dekorative Möbel und Innenausbau, bedingt auch für Treppen, Fenster und Türen.	 710

Nur Holz aus nachhaltiger Forstwirtschaft, bei der im gleichen Maße aufgeforstet wie abgeholzt wird, garantiert den Erhalt der Wälder auf der Erde. Der Weltforstwirtschaftsrat (Forest Stewardship Council) zertifiziert Hölzer, bei deren Bewirtschaftung ökologische und soziale Mindeststandards eingehalten werden, mit dem FSC-Zeichen (Bild 1).

FSC ©

Bild 1: FSC-Zeichen

* Die Rohdichte beschreibt das Gewicht von lufttrockenem Holz in kg je 1 m³ (kg/m³). Das leichteste Holz ist Balsaholz mit ca. 100 kg/m³. Das schwerste Holz, das Pockholz, ist mit 1200 kg/m³ schwerer als Wasser.

3.1.2 Holz, ein nachwachsender Rohstoff

Fotosynthese und Wachstum des Baumes

Als **Fotosynthese** wird der Vorgang bezeichnet, durch den alle Pflanzen in der Lage sind, mittels der Energie des Sonnenlichts und Kohlendioxid Sauerstoff herzustellen **(Bild 1)**. Bis zum Auftreten der ersten grünen Pflanzen gab es auf der Erde keinen Sauerstoff. Erst durch die Fotosyntheseleistung der Pflanzen wurde die Erdatmosphäre langsam mit Sauerstoff angereichert. Damit wurde die Grundlage für die Atmung von Tieren und Menschen gelegt und deren Leben ermöglicht. Eine bedeutende Rolle beim Ablauf der Fotosynthese spielt das Chlorophyll, das Blattgrün, somit die Blätter am Baum. Auch Nadeln von Nadelbäumen sind Blätter.

Zum Wachsen benötigt der Baum **Wasser**, denn es löst **Nährstoffe** im Boden und transportiert diese in den Baum. Ein großer Laubbaum kann pro Tag bis zu 500 Liter Wasser im Stamm aufwärts transportieren.

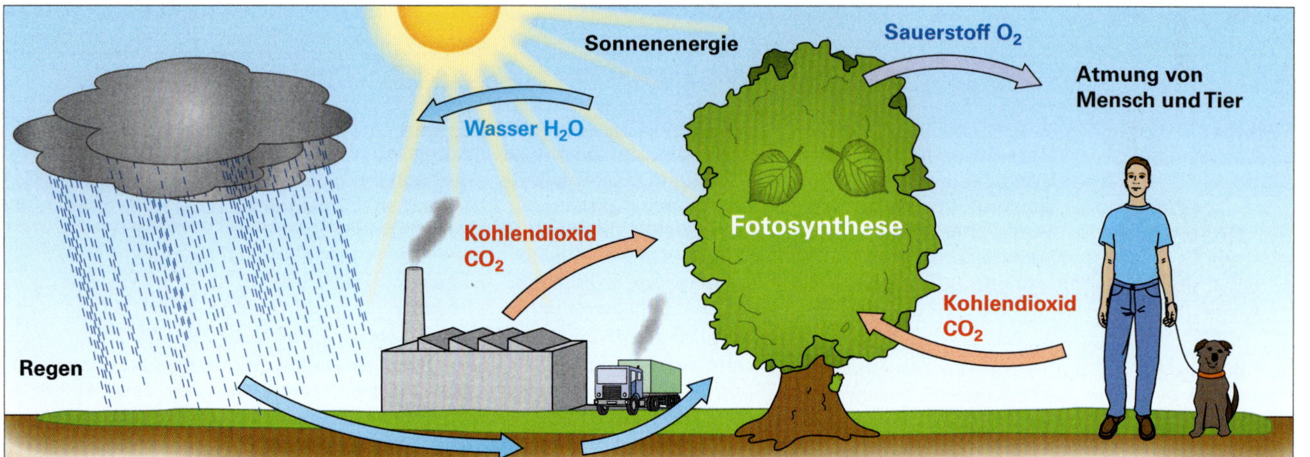

Bild 1: So wächst ein Baum

Ökonomische Bedeutung unserer Wälder

Ökonomie = Lehre vom wirtschaftlichen Handeln

Holz ist ein natürlich nachwachsender Rohstoff, der nicht industriell hergestellt werden kann. Jeder Baum hat unterschiedliche Holzeigenschaften. Dies ermöglicht eine breit gefächerte Anwendung. Holz ist im Baugewerbe unverzichtbar, z. B. zur Erstellung von Holzhäusern, für Dachkonstruktionen oder stützende Elemente im Haus, Außen- und Innenschalungen, Bodenbeläge usw. Holz wird darüber hinaus für die Herstellung von Möbeln, Musikinstrumenten, Kinderspielzeug und vielem mehr verwendet.

Die Wälder Deutschlands decken fast 50 % des einheimischen Holzbedarfs und sind somit ein wichtiger Wirtschaftsfaktor.

Ökologische Bedeutung unserer Wälder

Ökologie = Lehre von den Wechselbeziehungen der Natur

Zu wenig Wald, kranker Wald und Monokulturen (der Wald besteht nur aus 1 Baumart) stören das ökologische Gleichgewicht und beeinflusst/verändert/schadet unserem Lebensraum. Einige Beispiele dazu nennt **Übersicht 1**.

Bessere Luftqualität, da durch Fotosynthese, O_2 entsteht, das der Mensch zum Atmen braucht.	Gesunder Bergwald schützt vor Lawinen und Bodenerosion (Bodenabtragung)	Wälder sind Erholungsraum für Menschen und Lebensraum für Tiere und Pflanzen.	Der Wald ist Wasserreservoir für die Trinkwasserversorgung.

Übersicht 1: Beispiele zu der Bedeutung des Waldes

Eine intakte Natur ist für den Menschen Quelle der Erholung. Wälder, Baumbestand, Alleen gestalten unsere Landschaft und tragen zum Heimatgefühl bei.

3.1.3 Holzbestandteile

Die Bestandteile der Hölzer sind je nach Holzart unterschiedlich. Dadurch ergeben sich auch unterschiedliche Eigenschaften der Hölzer, z. B. enthält Tannenholz im Gegensatz zu Fichtenholz weniger Harz und riecht deshalb nicht so intensiv nach frischem Holz. Der Vorteil: Tannenholz ist unproblematischer für Beschichtungen als Fichtenholz. Der Nachteil: Tannenholz ist weniger witterungsbeständig. In **Tabelle 1** sind die Holzbestandteile zusammengefasst.

H	O	L	Z
Harz	**Öl**	**Lignin**	**Zellulose**
> 1 %	> 1 %	ca. 20 % bis 40 %	ca. 60 % bis 80 %
Harze mindern die Wasseraufnahme und machen so das Holz beständiger gegen Witterungseinflüsse. Harze werden bei ca. 60 °C flüssig und können dann dichte Anstriche absprengen.	Öle, Farbstoffe und Gerbstoffe **Öle** verdünnen das Harz und geben dem Baum seinen typischen Harzgeruch. **Farbstoffe** geben dem Holz seinen Farbton. **Gerbstoffe** werden besonders im Kernholz eingelagert. Sie schützen das Holz vor Holzschädlingen wie Pilzen und Insekten.	Das Lignin (von lateinisch *lignum* = Holz) ist der Stoff, der aus einer gewöhnlichen Pflanzenzelle eine Holzzelle macht. Er wird zwischen den Zellwänden eingelagert und macht das Holz hart und druckfest. Ungeschütztes Holz vergraut, da Lignin durch UV-Licht abgebaut wird. Vergrautes Holz kann nicht beschichtet werden.	Zellulose und Hemizellulose sind die Hauptbestandteile von pflanzlichen Zellwänden. Sie bilden das Holzgerüst und geben dem Holz seine Zugfestigkeit.

Tabelle 1: Holzbestandteile

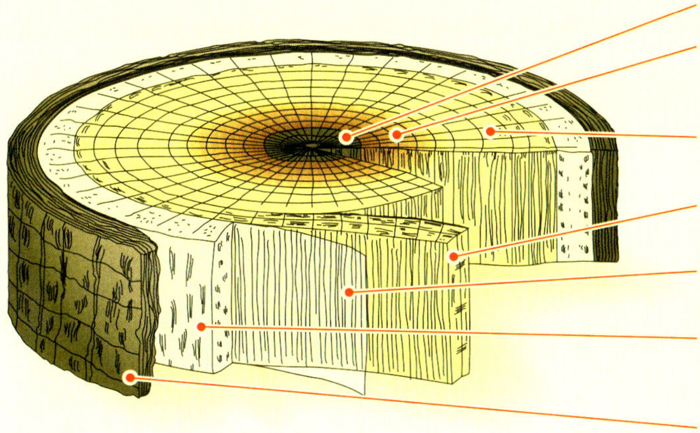

Bild 1: Horizontalschnitt durch einen Baumstamm

Jahresringe

Entstehung der Jahresringe

Im Kambium entstehen jedes Jahr neue Holzzellen durch Zellteilung **(Dickenwachstum des Baumes, Bild 1)**. Da im Frühjahr/Sommer große = helle Zellen, im Winter aber kleinere = dunkle Zellen gebildet werden, zeigt sich diese Struktur in den Jahresringen. Warme, feuchte Jahre führen zu größerem Wachstum des Baumes und damit zu breiteren Jahresringen als trockene und kalte Jahre.

Dendrochronologie

Vergleicht man das Verhältnis der Jahresringe untereinander mit exakten Tabellen der Wachstumsphasen der letzten Jahrhunderte, lässt sich das Alter von Holzbauteilen exakt bestimmen **(Bild 2)**. Dieses Verfahren nennt man Dendrochronologie (griechisch: *dendros* = Baum, *chronos* = Zeit, *logos* = Wort/Sinn).

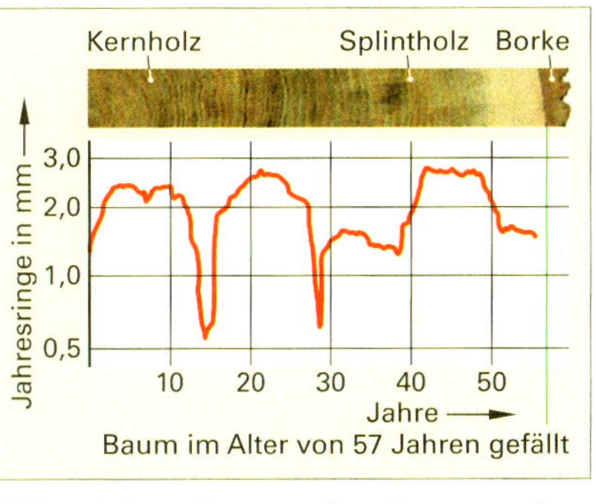

Bild 2: Jahresringe zur Bestimmung des Alters von Holzbauteile

3.1.4 Innerer Aufbau des Holzes

Kern- und Splintholz

Kernholz bildet sich durch die Ablagerung von Ölen und Gerbstoffen im Innern des Baumstammes. Das Kernholz wird dadurch härter und widerstandsfähiger als das Splintholz.

Bei einigen Holzarten unterscheiden sich Splint- und Kernholz farblich **(Tabelle 1)**.

Kernholzbaum: Das Kernholz ist dunkler als das Splintholz.

Reifholzbaum: Das Kernholz unterscheidet sich farblich kaum vom Splintholz.

Splintholzbaum: Der Baum bildet kein Kernholz.

Kernholzbaum	Reifholzbaum	Splintholzbaum
Eiche Kiefer Lärche	Fichte Tanne Rotbuche	Birke Ahorn Weißbuche

Kernholz Splintholz	Reifholz ohne Farbunterschied	ausschließlich Splintholz

Tabelle 1: Splint-, Kern- und Reifholzbäume

Mikroskopische Struktur von Holz

Holz besteht aus einer Vielzahl von länglichen Zellen. Sie werden unter dem Mikroskop deutlich sichtbar **(Bild 1)**.

Vereinfacht kann man sich die Holzstruktur als ein Bündel von Strohhalmen vorstellen.

Darum unterscheiden sich die Eigenschaften von Holz je nach Faserrichtung.

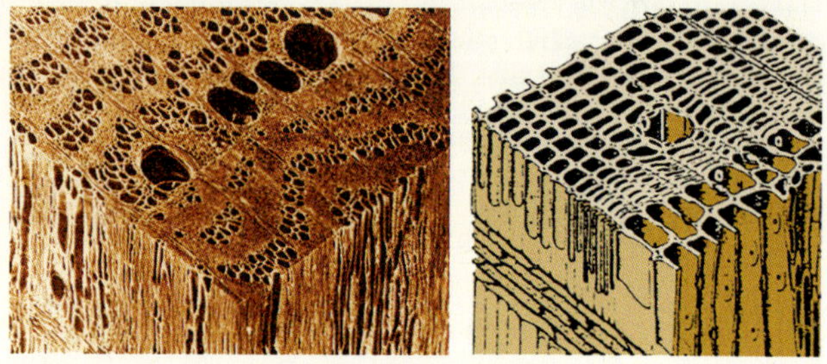

Bild 1: Holzstruktur unter dem Mikroskop

3.1.5 Eigenschaften aller Hölzer

Holz ist wärmeisolierend und brennbar. Die Eigenschaften wie Druck- und Zugfestigkeit, sowie die Saugfähigkeit unterscheiden sich erheblich, wenn man das Holz in Faserrichtung oder quer zur Faser betrachtet (Tabelle 2 und 3).

1. Druckfestigkeit	2. Zugfestigkeit	3. Saugfähigkeit
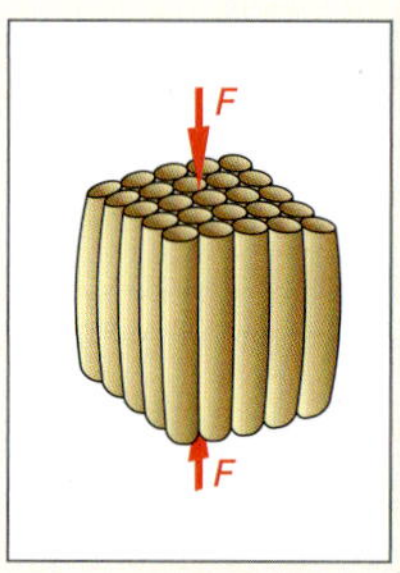 	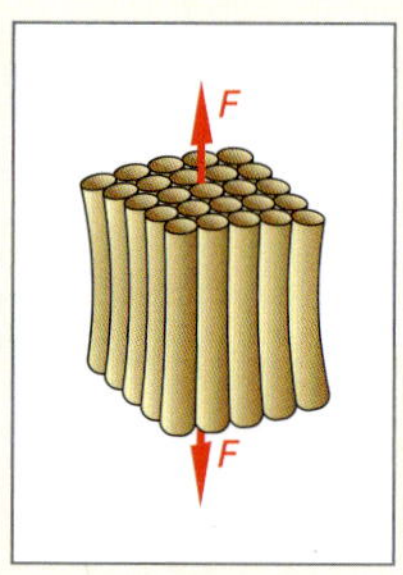 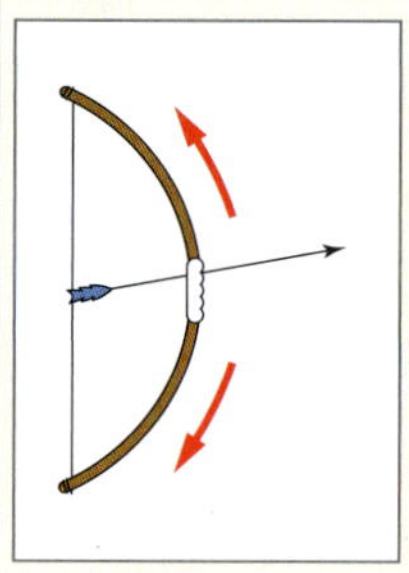	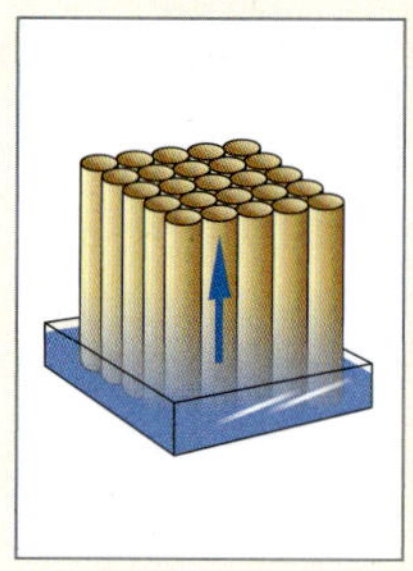 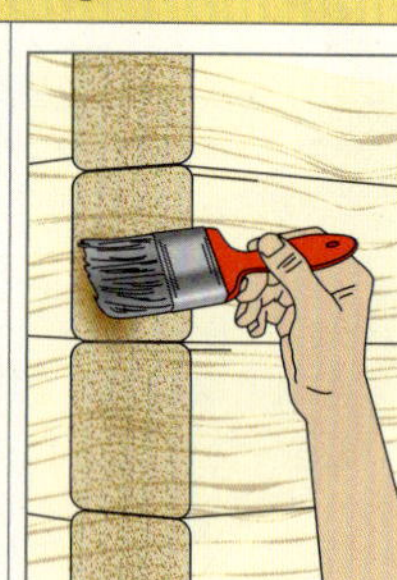
In Faserrichtung ist das Holz sehr druckfest. Es trägt große Lasten.	In Faserrichtung ist das Holz zugfest.	In Faserrichtung saugt das Holz viel Feuchte.

Tabelle 2: Eigenschaften des Holzes in Faserrichtung

1. Druckfestigkeit	2. Zugfestigkeit	3. Saugfähigkeit
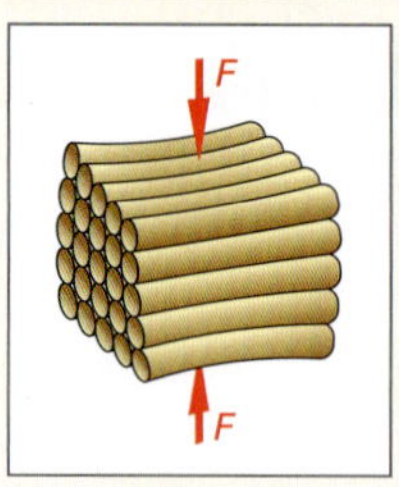 	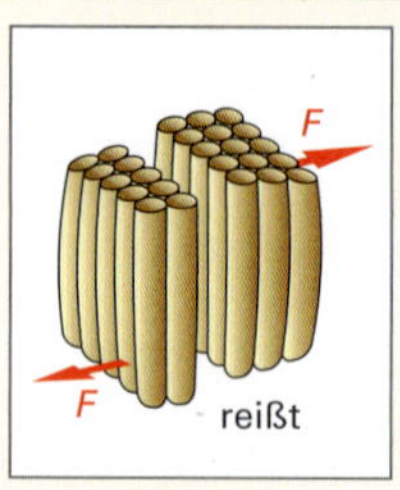 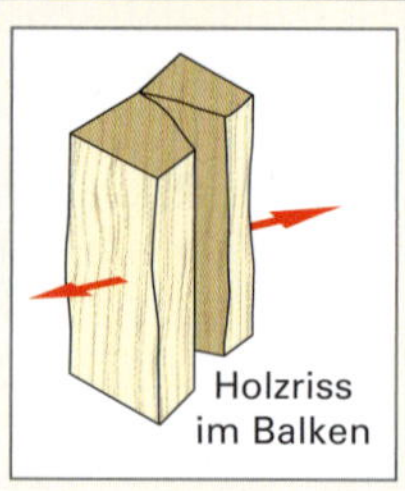	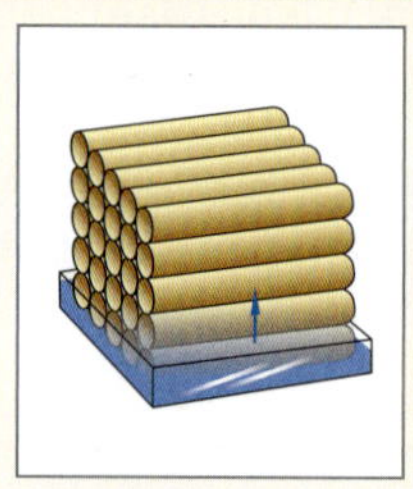 
Quer zur Faser ist das Holz weniger druckfest.	Quer zur Faser ist das Holz wenig zugfest.	Quer zur Faser saugt das Holz weniger Feuchte.

Tabelle 3: Eigenschaften des Holzes quer zur Faser

3.1.6 Holzfeuchte

Quellen und Schwinden

Der lebende Baum nimmt viel Wasser auf, um Nährstoffe transportieren zu können. Es befindet sich als gebundenes Wasser in den Fasern der Zellwände und als freies Wasser in den Hohlräumen (Bild 1).

Wird das Holz nach dem Fällen des Baumes und dem Zusägen trocken gelagert, verdunstet das freie Wasser in den Hohlräumen recht schnell. Es bleibt nur noch das gebundene Wasser in den Fasern. Diesen Punkt nennt man **Fasersättigungspunkt** (Bild 2). Bei weiterer Trocknung unterhalb des Fasersättigungspunktes beginnt das Holz zu schwinden – es wird kleiner (Bild 3). Darrtrockenes Holz enthält kein Wasser mehr (Bild 4). Durch die erneute Aufnahme von Wasser beginnt das Holz zu quellen.

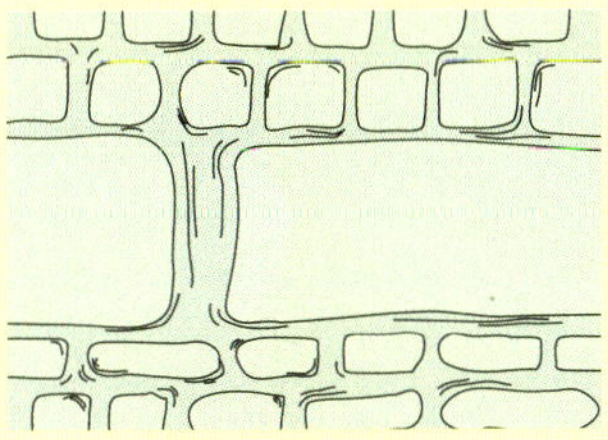

Bild 1: Lebender Baum, 50 % bis 150 %

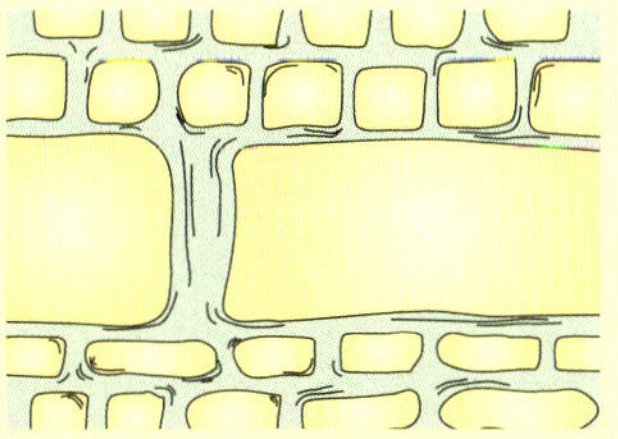

Bild 2: Fasersättigungspunkt, ca. 30 %

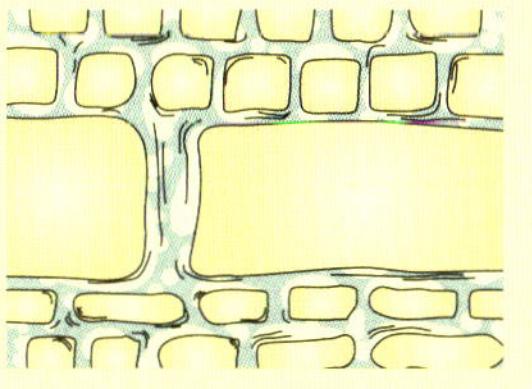

Bild 3: Lufttrockenes Holz, ca. 15 %

Bild 4: Darrtrockenes Holz, 0 %

Kein Schwinden

Solange nur das freie Wasser aus dem Holz verdunstet, ändern sich weder Volumen noch Größe und Länge des Holzes. Das Holz schwindet nicht. Durch den hohen Wassergehalt ist eine Beschichtung nicht möglich.

Schwinden/Quellen

Erst wenn das gebundene Wasser aus den Holzfasern entweicht, beginnt das Holz seine Größe zu verändern. Darrtrockenes Holz nicht beschichten, da es immer quillt.

Schwinden:	Das Holz gibt Feuchte ab, es wird kleiner.	**= „Arbeiten des Holzes"**
Quellen:	Das Holz nimmt Feuchte auf, es wird größer.	

Quell- und Schwindmaße

Wie stark Holz arbeitet, hängt von drei verschiedenen Faktoren ab:

- **Relative Luftfeuchte** (Tabelle 1).
  Die Holzzellen können Feuchte aus der Luft aufnehmen und abgeben (= Holzzellen sind hygroskopisch). Schon nach kurzer Zeit stellt sich das Holz auf die umgebende Luftfeuchte ein.
- **Richtung im Holz** (Bild 5).
  In Faserrichtung arbeitet das Holz deutlich weniger als quer zur Faser. Besonders bei Bodenlegearbeiten muss dieses Verhalten berücksichtigt werden. Während das Holz in Faserrichtung nur bis 0,4 % quellen und schwinden kann, sind es quer zur Faser je nach Holzart 4 % bis 12 % (Bild 5).
- **Holzart.**
  Von den einheimischen Hölzern weist Buchenholz das größte Quell- und Schwindverhalten auf.

Relative Luftfeuchte in %	Holzfeuchte in %						
90	21,1	21,0	21,0	20,8	20,0	19,8	19,3
80	16,2	16,0	16,0	15,8	15,5	15,1	14,9
70	13,2	13,1	13,0	12,8	12,4	12,1	11,8
60	11,0	10,9	10,8	10,5	10,3	10,0	9,7
50	9,4	9,2	9,0	8,9	8,6	8,4	8,0
40	7,8	7,7	7,5	7,3	7,0	6,6	6,3
30	6,2	6,1	5,9	5,6	5,3	5,0	4,7
Temp. in °C	10	15	20	25	30	35	40

Tabelle 1: Holzfeuchte in Abhängigkeit zur relativen Luftfeuchte

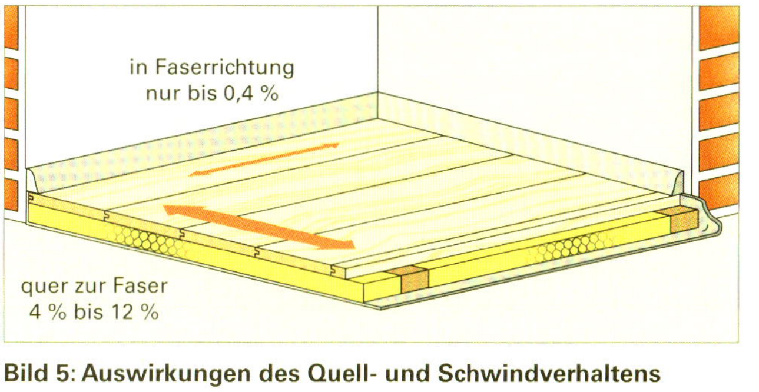

Bild 5: Auswirkungen des Quell- und Schwindverhaltens

Maßnahmen, um das Arbeiten von Holz zu begrenzen

Durch geeignete Beschichtungssysteme kann der Maler die Aufnahme von Feuchte durch das Holz wirksam und nachhaltig begrenzen. Viele Holzbauteile wie Türen und Fenster sind ohne eine qualifizierte Beschichtungstechnik nach heutigen Standards nicht herstellbar.

Holzfeuchte von Bauteilen

In der Regel ist bei verbautem Holz mit einer Holzfeuchte zu rechnen, die nicht dem zulässigen Grenzwert entspricht, je nach Umgebungsfeuchte **(Tabelle 1)**. Liegt sie darunter, ist dies kein Problem. Liegt sie darüber, vermindert die Feuchte im Holz die Eindringtiefe von Beschichtungen und somit die Qualität der Beschichtung. Dann muss der Maler warten, bis das Holz getrocknet ist.

Außenteile, direkt bewittert	20 % bis 30 %
„Trockenes" Bauholz im Verkauf	max. 20 %
Außenteile unter Dach	10 % bis 18 %
Wohnräume, nicht ständig beheizt	12 % bis 15 %
Wohnräume, ständig beheizt	5 % bis 12 %

Tabelle 1: Holzfeuchte verschiedener Bauteile

Holzfeuchtemessung

Die Messung der Holzfeuchte wird mit einem Holzfeuchtemessgerät **(Bild 1)** durchgeführt. Das Gerät misst den elektrischen Widerstand zwischen zwei Elektroden. Sehr trockenes Holz setzt dem elektrischen Strom einen größeren Widerstand entgegen (leitet den elektrischen Strom schlechter) als feuchtes oder nasses Holz. Je größer der Feuchtigkeitsgehalt im Holz ist, umso geringer ist der elektrische Widerstand.

Bei der Messung müssen die Elektroden mindestens 5 mm tief ins Holz gedrückt werden. Die Messung sollte immer an einer unauffälligen Stelle durchgeführt werden, da die Elektroden die Oberfläche leicht beschädigen.

Bild 1: Holzfeuchtemessgerät

Maßhaltigkeit, Holzfeuchte und Beschichtung

Verändern Objekte aus Holz durch Quellen und Schwinden ihre Form, so können sie ihre Funktion verlieren. Die Unterscheidung der Bauteile in „maßhaltige Bauteile", „begrenzt maßhaltige Bauteile" und „nicht maßhaltige Bauteile" hilft dem Maler und Lackierer bei der Auswahl des geeigneten Beschichtungssystems **(Tabelle 2)**.

Maßhaltige Bauteile	Begrenzt maßhaltige Bauteile	Nicht maßhaltige Bauteile
	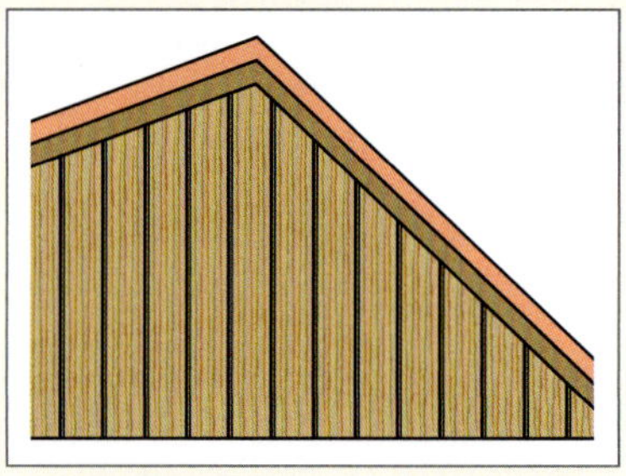	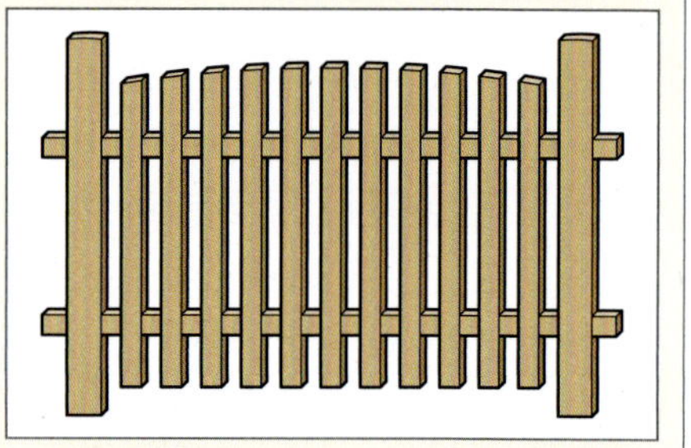
Fenster und Türen dürfen ihre Maße nur in sehr geringem Maße verändern, da sie sonst klemmen und nicht mehr richtig schließen würden. Bei maßhaltigen Bauteilen sind Maßänderungen nur in sehr geringem Umfang zugelassen. Geeignete Anstrichsysteme verhindern die Aufnahme von Feuchtigkeit in das Holz und können so das Arbeiten des Holzes begrenzen.	Bei Verbretterungen und Holzverschalungen mit Nut und Feder sind Maßänderungen durch das Quellen und Schwinden des Holzes in begrenztem Umfang zulässig.	Für Verbretterungen und Holzverschalungen, bei denen sich die einzelnen Holzbretter überlappen, sind die Maßänderungen nicht begrenzt. Ebenso unterliegen Zäune und Gartentore aus Holz keinen Beschränkungen.
Laut BFS-Merkblatt darf die Holzfeuchte bei Beschichtung nicht über 13 ± 2 % betragen		Laut BFS-Merkblatt darf die Holzfeuchte bei Beschichtung nicht über 18 % betragen

Tabelle 2: Maßhaltigkeit von Bauteilen aus Holz

Angaben zum Feuchtegehalt in Technischen Merkblättern richten sich auch nach dem Beschichtungssystem. Dieses kann wasser- oder lösemittelhaltig, filmbildend oder diffusionsoffen sein und somit unterschiedlichen Feuchteaustausch während und auch noch nach der Beschichtung zulassen.

In der Praxis haben sich für diffusionsoffene Beschichtungssysteme auf nicht maßhaltigen Holzbauteilen Holzfeuchten von ca. 20 % als geeignet erwiesen – sowohl bei Nadelholz als auch bei Laubholz. Bei deckenden Beschichtungen auf maßhaltigen Bauteilen ist die Holzfeuchte bei Nadelhölzern 15 % und bei Laubhölzern 12 % in 5 mm Tiefe gemessen nicht zu überschreiten (VOB/C DIN 18363 Maler- und Lackierarbeiten, Abschnitt 3.1.1). Es kann nur von Vorteil sein, wenn diese Holzfeuchtigkeitswerte auch bei nicht maßhaltigem Holz eingehalten werden.

Mit steigender Holzfeuchtigkeit verschlechtert sich die Verankerung der Beschichtungen in den Holzfasern. Ist eine Holzfeuchtigkeit im Bereich der Fasersättigung erreicht, so kann sich weder eine wasserbasierte noch eine lösemittelhaltige Grundierung, Imprägnierlasur oder Bläueschutzgrundierung ausreichend verankern. 25 % Holzfeuchte sind die absolute Obergrenze.

3.1.7 Holzwerkstoffe

Arten von Holzwerkstoffen

Holzwerkstoffe (Übersicht 1) wurden entwickelt, um zwei wesentlichen Nachteilen von Vollholz entgegenzuwirken: dem Quellen und Schwinden (Veränderung der Größe des Holzes durch Aufnahme und Abgabe von Feuchte) sowie die durch den Durchmesser des Baumes begrenzte Größe der Bretter.

So werden großflächige Holzbauteile wie z. B. Holzplatten für Türen (Bild 1) und Schränke sowie Verlegeplatten und Dämmstoffe für den Innenausbau meist aus Holzwerkstoffplatten hergestellt.

Bild 1: Türblatt und Rahmen aus Holzwerkstoff

Holzwerkstoffe		
Furnier-Werkstoffe Lagerholz-Werkstoffe	Span-Werkstoffe	Faser-Werkstoffe
Furnier-Schichtholz Sperrholz Tischlerplatte Multiplex-Platte Siebdruckplatte	Spanplatten Spanstreifenholz OSB-Platte	Hartfaserplatte (HB) Mitteldichte Faserplatte (MDF) Weichfaserplatte Holzwolleplatte

Übersicht 1: Holzwerkstoffe

Furnier-Schichtholz

Furnierplatten bestehen aus kreuzweise aufeinandergeleimten Furnieren. Furniere sind dünne Holzblätter, die durch Sägen oder Schälen aus einem Vollholzstamm hergestellt werden (Bilder 2 und 3).

Durch die kreuzweise Anordnung der Holzlagen werden das Schwinden und Quellen begrenzt, da das Holz in Faserrichtung deutlich weniger schwindet und quillt als quer zur Faser (Schwindmaße: in Faserrichtung ca. 0,1 % bis 0,4 %; quer zur Faser ca. 8 % bis 12 %). Der Schichtenaufbau erfolgt immer in ungerader Zahl. So verläuft die Maserung auf beiden Seiten in die gleiche Richtung. Die kreuzweise Verleimung nennt man „Absperren“, daher der Name „Sperrholz“.

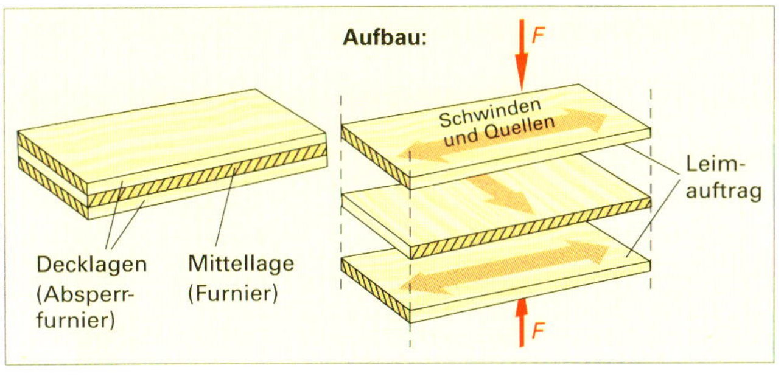

Bild 2: Aufbau einer dreilagigen Furnierplatte

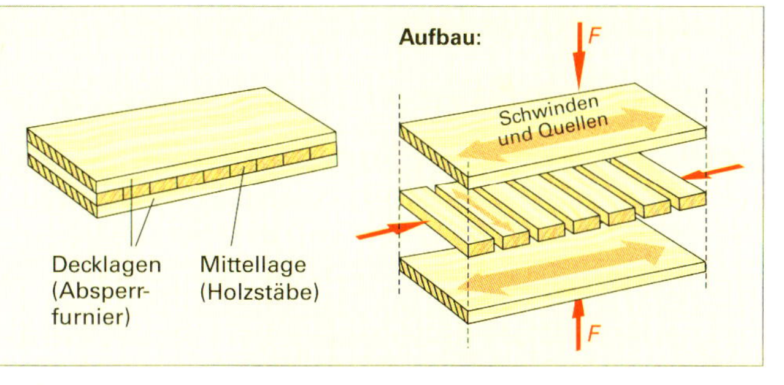

Bild 3: Aufbau einer Tischlerplatte

Lagenholz-Werkstoffe

Furniersperrhölzer sind auch unter der Bezeichnung Bau-Furniersperrholz (BFU) und ab einer Dicke von mindestens 12 mm als Multiplexplatten im Handel.

- **Die Tischlerplatten** (Bild 4) – auch Mittellagensperrholz oder Baustabsperrholz, BST – besteht ebenfalls aus mindestens drei Lagen. Die beiden Sperrfurniere schließen eine Mittellage aus Holzleisten ein.
- **Multiplexplatten** (Bild 5) sind hochwertige, aus mehreren Lagen verleimte Sperrholzplatten mit vielfältigen Anwendungsmöglichkeiten für den Innenausbau und zur Möbelherstellung. Im Bootsbau werden 10 bis 20 Schichten mit Kleber verleimt und durchtränkt und widerstehen so auch der Feuchte.
- **Siebdruckplatten** (Bild 6) sind wasserfest verleimte und mit Phenolharz beschichtete, sehr hochwertige und teure Sperrhölzer. Sie eignen sich auch für starke Beanspruchungen, z. B. für Betonschalungen und im Anhänger- und Fahrzeugbau.

Bild 4: Tischlerplatte

Bild 5: Multiplexplatte

Bild 6: Siebdruckplatte

Span-Werkstoffe

Spanplatten **(Bild 1 und 3)** entstehen durch die Verarbeitung preisgünstiger, geringwertiger Hölzer. Mit Leim besprühte Holzspäne werden durch Druck und Hitze zu einer Platte gepresst. Die meisten Spanplatten werden in drei Schichten hergestellt (Mehrschichtplatte), wobei die beiden äußeren Schichten aus feineren und dichter gepressten Spänen bestehen. Dadurch ergibt sich eine höhere Festigkeit der Platte. Bei Verlegeplatten wird rundum ein Nut-und-Feder-Profil angefräst. Sie sind unter den Bezeichnungen V100 (mit feuchtebeständiger Verleimung) und V20 erhältlich.

Je nach Anforderung können sie pressblank oder furniert geliefert werden. Im Möbel- und Innenausbau erfüllen die kostengünstigen Platten hohe Anforderungen, da sie bei den im Innenraum vorkommenden Feuchtigkeitsschwankungen nur wenig quellen und schwinden. Meist werden sie für Möbel, Türen, Küche und Innenausbau mit aufgeklebten Deckfurnieren verarbeitet. Für die Verwendung in Türen werden häufig Röhrenspanplatten verwendet, um das Gewicht des Türblattes zu senken.

Bild 1: Spanplatte

OSB-Platten (Bild 2 und 4) OSB steht für „Oriented Strand Board". Dabei werden grobe Holzspäne („Strands") ausgerichtet („Oriented") und in mindestens drei Lagen verpresst und verleimt. Durch die kreuzweise Verleimung haben sie Ähnlichkeiten mit den Sperrhölzern und weisen eine höhere Festigkeit als die Spanplatten auf.

Bild 2: OSB-Platte

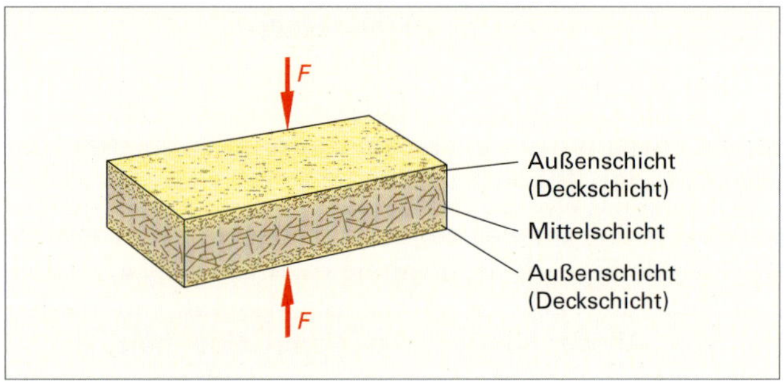

Bild 3: Aufbau einer Spanplatte

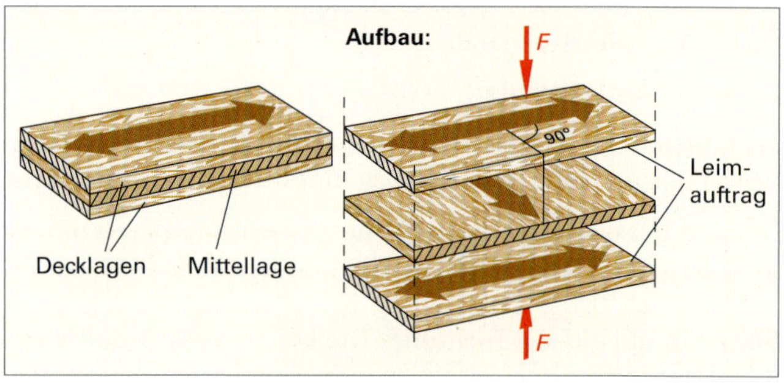

Bild 4: Aufbau einer OSB-Platte

Faser-Werkstoffe

Holzfaserplatten werden aus Holz und anderen zellulosehaltigen Fasern hergestellt. Sie halten durch die Verfilzung der zerfaserten Rohstoffe zusammen. Bei einigen Platten wird zusätzlich Klebstoff beigefügt. Durch unterschiedliche Pressdrücke und Temperaturen oder eine nachträgliche Oberflächenbehandlung können sie den sehr unterschiedlichen Verwendungszwecken angepasst werden.

Holzfaserplatten erkennt man daran, dass an der Schmalseite (Stirnseite) keine typische Holzmaserung wie z. B. bei einer Tischler- und Spanplatte zu erkennen ist.

- **Hartfaserplatten (Bild 5)** haben eine raue und eine glatte Seite und werden häufig für Rückseiten von Möbeln, in Schubläden und im Innenausbau verwendet.
- **Mitteldichte Holzfaserplatten (MDF) (Bild 6)** (MDF = Medium Density Fibreboard) haben sehr glatte Oberflächen und eine homogene Faserstruktur. Sie werden im Möbel- und Innenausbau verwendet und können sehr gut lackiert werden.
- **Weichfaserplatten/poröse Holzfaserplatten (Bild 7)** werden meist zur Schall- und Wärmedämmung in Wänden und unter Fußböden eingesetzt.
- **Holzwolleplatten (Bild 8)** bestehen aus zement- oder magnesitgebundenen langfaserigen Holzspänen. Sie erfüllen verschiedenste Anforderungen an Wärmedämmung, Schallschutz und Brandschutz und können sowohl innen als auch außen verwendet werden. Häufig werden sie sichtbar an Kellerdecken und als Putzträger verwendet. Als Abdeckung von Rollladenkästen isolieren sie gegen Kälte. Aufgrund ihres Aussehens werden sie vielerorts „Sauerkrautplatten" genannt.

Bild 5: Hartfaserplatte

Bild 6: Mitteldichte Holzfaserplatte

Bild 7: Weichfaserplatte

Bild 8: Holzwollplatte, „Sauerkrautplatte"

3.2 Vorbereitung von Holzuntergründen zur Beschichtung

3.2.1 Untergrundprüfung von Holz und Holzkonstruktionen

Ein einwandfreier Untergrund ist Voraussetzung für die Qualität jeder Beschichtung. Die Untergrundprüfung bei Holzkonstruktionen beschränkt sich meist auf die Erkennung sichtbarer Mängel:

Untergrundprüfung/Holzfehler		Prüfmethode	Vorbereitung des Untergrundes
Feuchtigkeit		Mit dem Holzfeuchtemessgerät (siehe Kap. 3.1.6)	Holz trocknen bzw. warten, bis das Holz getrocknet ist.
Vergrautes Holz		Augenschein	Das UV-Licht der Sonne zerstört bei ungeschütztem Holz das Lignin, wodurch das Holz vergraut. Vergrautes Holz muss vor der Beschichtung abgeschliffen werden.
Risse im Holz		Augenschein	Kleinere Risse im Innenbereich können nach dem Grundieren verkittet oder mit 2K-Material verspachtelt werden. Durch das Arbeiten des Holzes ist das Verspachteln im Außenbereich immer problematisch. Größere Risse in Holzbalken müssen vom Zimmermann mit Holz ausgespänt werden.
Harzgallen und Holzinhaltsstoffe		Augenschein	Harz verflüssigt sich bei 50 – 60 °C (Sonneneinstrahlung) und tritt aus. Harzgallen mit Verdünnung gründlich auswaschen. Bei einigen Holzarten können sich auch Farbstoffe, Öle oder Gerbstoffe auf der Oberfläche absetzen. Dann muss die Oberfläche z. B. mit Aceton gereinigt und mit Sperrgrund behandelt werden.
Lose Äste	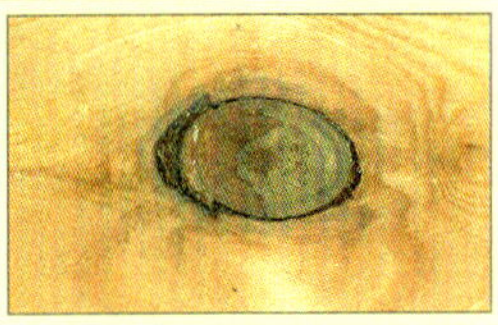	Augenschein	Lose Äste müssen vom Schreiner/Tischler ausgebohrt und diese Löcher dann mit Holzdübeln geschlossen werden. Aus optischen Gründen ist ein deckender Anstrich zu empfehlen.
Holzschädlinge		Augenschein (siehe Kap. 3.2.3)	Wird ein Befall von Holzschädlingen (Pilze oder Insekten) festgestellt, müssen spezielle Holzschutzmaßnahmen ergriffen werden (siehe Kap. 3.2.3). Um einen erneuten Befall zu verhindern, müssen die Ursachen geklärt und beseitigt werden.
Scharfe Kanten **Kantenflucht**	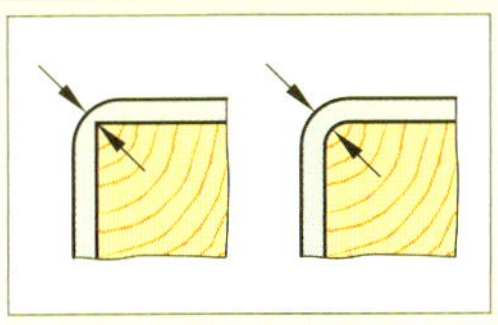	Augenschein	Bei scharfen Kanten besteht die Gefahr, dass weniger Anstrichstoff auf der Kante verbleibt (Kantenflucht). Kanten durch Schleifen runden (Radius mindestens 2 mm).
Unzureichende Ablaufneigung	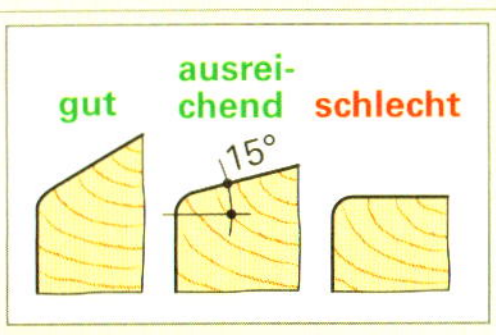	Augenschein	Bei Profilen mit einer Ablaufneigung unter 15° bleibt Regenwasser unnötig lange auf der Oberfläche stehen. Das Wasser kann in kleinste Risse oder Fugen eindringen und die Beschichtung absprengen. Die Ablaufneigung muss durch den Schreiner/Tischler korrigiert werden.
Offene Holzverbindungen		Augenschein	Offene Holzverbindungen entstehen meist durch Schwindbewegung im Holz. Nach dem Imprägnieren können kleine Risse im Innenbereich verkittet oder mit 2K-Material verspachtelt werden.
Holzdübel **Keilzinkungen**		Augenschein	Bei intakten Holzdübeln und Keilzinkungen besteht nur ein optischer Mangel. Ein deckender Anstrich ist zu empfehlen.

3.2.2 Altanstriche beurteilen und entfernen

Alle Beschichtungen werden mittels 3 verschiedener Prüfmethoden auf ihre Tragfähigkeit geprüft:

- **Augenschein:** Blasen, lose Anstrichteile und Risse sind eindeutige Anzeichen, dass der Anstrich nicht mehr haftet und für Neubeschichtungen nicht tragfähig ist.
- **Kratzprobe** (Bild 1): Mit dem Spachtel wird mit mäßigem Druck an einer unauffälligen Stelle eingekratzt. Splittern Anstrichteile ab oder ist die Kratzspur ausgezackt, muss der Anstrich entfernt werden.
- **Klebebandtest** (Bild 2): Ein ca. 5 cm langer Klebestreifen wird fest angedrückt und ruckartig wieder abgezogen. Wenn sich keine Anstrichteile lösen, ist der Untergrund tragfähig.

Bild 1: Kratzprobe

Bild 2: Klebebandtest

Tragfähige Altanstriche

Tragfähige Altanstriche werden angeschliffen und mit einem geeigneten Beschichtungssystem überarbeitet.

Nicht tragfähige Altanstriche

Nicht tragfähige Altanstriche müssen restlos entfernt werden.

- **Mechanisches Abschleifen** (Bild 3): Das Abschleifen erfolgt entweder mit der Hand (mit Spachtel, Drahtbürste, Schleifpapier) oder maschinell (mit Winkelschleifer, Schwingschleifer, Excenterschleifer). Es können nahezu alle Farben und Lacke ohne aufwendige Vorbereitungen entfernt werden. Für große, gut zugängliche Flächen ist dieses Verfahren recht aufwendig. Arbeitsschutz beachten!
- **Thermisches Abbrennen** (Bild 4): Eingesetzt werden Gasabbrenngeräte oder elektrische Heißluftföns. Mit diesem Verfahren können gleich mehrere Schichten von Öl- und Alkydharzlacken entfernt werden. Acryllacke und Lasuren lassen sich nicht so leicht abbrennen. Durch die Hitze kann es zu Verfärbungen/Verbrennungen der Holzoberfläche kommen, weshalb nachfolgende Beschichtungen pigmentiert ausgeführt werden sollten. Arbeitsschutz beachten!
- **Chemisches Ablaugen**: Lauge eignet sich zur Entfernung aller Öl- und Alkydharzfarben. Durch längere Einwirkzeiten (z. B. durch das Abdecken mit Folie) können mehrere Schichten je Arbeitsgang entfernt werden. Nach dem Entfernen der Altanstriche muss die Oberfläche mit Wasser gereinigt werden. Die Laugen können einige Holzarten stark verfärben und sind für furnierte Hölzer ungeeignet. Die Abfälle müssen getrennt entsorgt werden. Arbeitsschutz beachten!
- **Physikalisches Abbeizen** (Bild 5): Abbeizmittel aus organischen Lösemitteln quellen die Altanstriche an und eignen sich für alle Farben und Lacke, je nach Zusammensetzung. Nach dem Entfernen der Altanstriche muss die Oberfläche mit Lösemittel gereinigt werden. Arbeits- und Umweltschutz beachten!

Bild 3: Mechanisches Abschleifen

Bild 4: Thermisches Abbrennen

Bild 5: Abbeizen

3.2.3 Holzschädlinge und Holzschutz

Holz befindet sich im natürlichen Kreislauf der Natur von Wachsen, Sterben und Verfallen. Im Wald bieten tote und umgefallene Bäume vielen Insekten und Pilzen Lebensraum. Diese setzen Holz im Laufe der Zeit vollständig um.

Auch das in Gebäuden verbaute Holz kann von Insekten und Pilzen befallen und zerstört werden. Die meisten Holzschädlinge sind jedoch den Verhältnissen im Wald angepasst und finden in verbautem Holz keine Lebensgrundlage. **Übersicht 1** zeigt die wichtigsten Holzschädlinge, die verbautes Holz befallen können.

Holzschädlinge

- **Insekten**
  - Hausbock
  - Nagekäfer
- **Pilze**
  - Echter Hausschwamm
  - Brauner Kellerschwamm
  - Tannenblättling
  - Bläuepilz

Übersicht 1: Holzschädlinge in verbautem Holz

Großen Einfluss auf den Lebensraum von Holzschädlingen haben:
- Feuchte
- Temperatur

Insekten gedeihen vom Ei bis zum Käfer etwa ab 8 % Holzfeuchte, Schimmelpilze benötigen mindestens 18 %, holzzerstörende Pilze ab 20 %. An Instituten der Fraunhofer-Gesellschaft, der führende Organisation für angewandte Forschung, wurden diese Werte ermittelt. Besonders gefährdet ist Holz im kritischen Bereich, in dem sich beide Schädlingsarten wohlfühlen **(Bild 1)**.

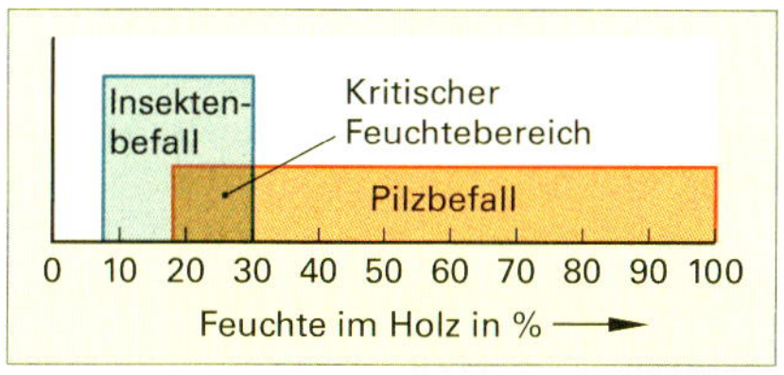

Bild 1: Kritischer Feuchtebereich

Holzschädigende Insekten

Das Leben von Insekten läuft in vier Phasen ab: Eier werden im Holz abgelegt, die Larve ernährt sich vom Holz, als Puppe verändert sie sich, es schlüpft der Käfer **(Bild 2)**.
Bemerkenswert: Vom Hausbock werden bis zu 400 Eier ins Holz gelegt. Das Leben als Larve währt etwa 2 bis 10 Jahre, in denen die Larve nur frisst.

Da man den Käfer nur selten beobachten kann, wird die Käferlarve im befallenen Holz oft fälschlicherweise als „Holzwurm" bezeichnet.

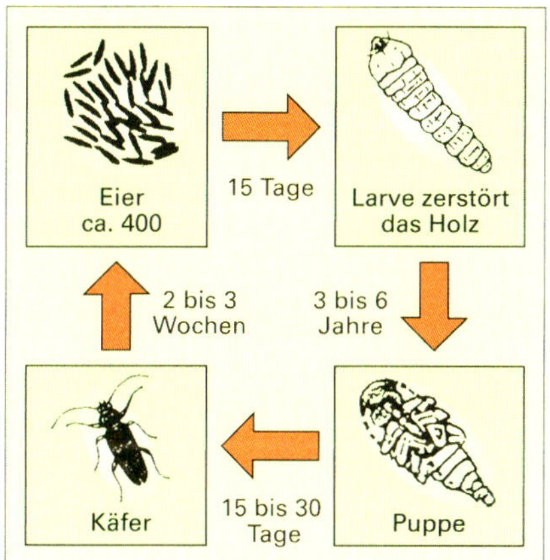

Bild 2: Lebenszyklus des Hausbocks

Hausbock. Er ist das gefährlichste holzzerstörende einheimische Insekt. Gerne befällt er unbeheizte Dachböden. Seine Larven bleiben immer dicht unter der Holzoberfläche, so wird seine Zerstörungsarbeit meist erst spät erkannt **(Bild 3)**. Der Käfer verlässt durch große ovale Ausfluglöcher das Holz.

Nagekäfer. Der gewöhnliche Nagekäfer (auch Anobie) befällt bevorzugt Splintholz. Der Befall ist an vielen runden Löchern mit 1 bis 2 mm Durchmesser, aus denen feines Bohrmehl fällt, zu erkennen **(Bild 4)**. Ideale Bedingungen findet er häufig in Kellern, leerstehenden Gebäuden, Kirchen und auf Dachböden. An Möbeln befällt er häufig Möbelfüße zuerst.

Bild 3: Ausfluglöcher des Hausbocks

Bekämpfung von holzschädigenden Insekten

Vorbeugende Maßnahmen wie regelmäßiges Heizen und Lüften ersparen in Räumen die Bekämpfung. Stark befallenes Holz muss auf seine Tragfähigkeit geprüft und, wenn nötig, ausgetauscht werden.
Zur Bekämpfung im Holz stehen mehrere Verfahren zur Verfügung:

- **Heißluftverfahren.** Das gesamte Holz muss bis zum Kern auf über 55 °C für mindestens 60 Minuten erwärmt werden. Dafür ist eine Wärmekammer einzurichten. Befallene Gebäudeteile oder Dachstühle werden provisorisch gedämmt und aufgeheizt.
- **Begasung mit Stickstoff oder giftigen Gasen.** Dieses Verfahren wird fast ausschließlich für Kunstwerke in Museen und Kirchen eingesetzt.
- **Mikrowellen.** Durch die Bestrahlung mit Mikrowellen werden Käfer und Larven im Holz schneller erhitzt als das Holz selbst, aufgrund des höheren Feuchtegehalts. Die tödliche Temperatur von 55 °C ist für die Schädlinge schnell erreicht.
- **Chemische Bekämpfungsmittel.** Diese Mittel können gestrichen oder in die Löcher eingebracht werden. Vorgeschriebene Schutzmaßnahmen sind zu treffen. Was der Larve schadet, schadet auch dem Menschen.

Nach der Bekämpfung darf keine Larve im Holz überlebt haben.

Bild 4: Schadbild des Nagekäfers

Holzschädigende Pilze

Bei Gebäudepilzen unterscheidet man

- **Sporen**
  Sie verbreiten sich puderartig durch die Luft, neue Pilze können entstehen. Sie sind ein Atemgift und schaden der Gesundheit.
- **Fruchtkörper**
  In ihm werden die Sporen gebildet (**Bild 1**).
- **Mycelien**
  Haut- oder wurzelähnliche Stränge und Fäden verbreiten den Pilz. In Abständen bilden sich neue Fruchtkörper aus (**Bild 2**).

Pilze gedeihen am besten bei Feuchte und ruhender Luft. So werden häufig Kellerräume und Scheunen, aber auch Zäune und Hölzer mit Bodenkontakt befallen.
Diffusionsdicht beschichtete Objekte, in die über einen Riss Feuchte eindringen kann, z. B. Fensterläden, können von Pilzen befallen werden. Unter der Beschichtung vermodert das Holz und verliert seine Festigkeit.

Echter Hausschwamm. Er ist der gefährlichste Hauspilz mit der größten Zerstörungskraft. Der Fruchtkörper ist rötlich mit weißem Zuwachsrand. Die weißen Mycelstränge lassen sich leicht vom Holz lösen. Sie brechen mit einem Knacken. Alte Fruchtkörper verströmen einen penetrant modrigen Geruch. Der echte Hausschwamm zerstört den tragenden Teil des Holzes, die Zellulose. Die weiße Zellulose verschwindet, das vergilbende Lignin bleibt übrig, darum die Braunfärbung. Das Lignin zerfällt in Form kleiner Würfel. Besonders gefährlich ist der echte Hausschwamm, da er in der Lage ist, Feuchte über weite, auch holzfreie, Strecken zu transportieren. Trifft er dann wieder auf trockenes Holz, so befeuchtet er es und zerstört es. Da die starken Mycelien sogar Mauerwerk durchdringen, können ganze Gebäude in kürzester Zeit zerstört werden.

Brauner Kellerschwamm (Braunfäule, Bild 3). Auch dieser Pilz baut Zellulose ab. Häufig bildet sich kein Fruchtkörper aus. Man erkennt den Pilz an seinen braunschwarzen, wurzelähnlichen Mycelien, die sich nur schwer vom Holz lösen lassen. Unter optimalen Bedingungen kann er am Tag 1,5 cm wachsen.

Tannenblättling (**Bild 5**). Dieser Pilz wird auch „Fensterholzpilz" genannt, da er vorwiegend außen verbautes Holz wie Fensterbänke, Dachgesimse, Fachwerkbalken und Zäune befällt. Er bevorzugt liegende, von Staunässe durchfeuchtete und warme, sonnenbeschienene Hölzer. Das Holz wird von innen heraus zerstört durch Abbau der Zellulose, erkennbar an der intensiven Braunfärbung.

Bläuepilz = Besonderheit. Dieser Pilz zerstört das Holz nicht, sondern führt zu einer grau-bläulichen Verfärbung. Die Festigkeit des Holzes bleibt erhalten. Der Bläuepilz lässt aber das Holz doppelt so viel Wasser aufnehmen wie normal.
Von Bläue befallenes Holz wird für trockene Unterkonstruktionen oder Holztreppen, die mit Teppich bespannt werden, durchaus verwendet.
Wird bläuebefallenes Holz gestrichen, so kann die Blaufärbung durch die Beschichtung schlagen. Die Blaufärbung ist daher, wenn möglich, auszuschleifen (**Bild 4**).

Bekämpfung von holzschädigenden Pilzen

Grundsätzlich wird durch Austrocknung dem Pilz die Lebensgrundlage entzogen: = Heizen und Lüften. Damit neuerlicher Befall verhindert wird, muss die Ursache der Feuchte ermittelt und behoben werden. Befallene Teile müssen ausgetauscht werden, mit Ausnahme des Bläuepilzes.
Fast aussichtslos ist die Bekämpfung des **Echten Hausschwamms**.
Sie darf nur von ausgewiesenen Fachbetrieben durchgeführt werden. In einigen Bundesländern muss der Befall bei der Bauaufsichtsbehörde gemeldet werden.
Alle befallenen Teile müssen mindestens 1 m über den sichtbaren Befall hinaus entfernt werden und sicher verschlossen entsorgt werden. Vom Schwamm berührte Mauerteile müssen abgeflammt und mit wirksamen Fungiziden behandelt werden.
Nicht zerstörte Mycelreste und Sporen können selbst nach jahrelanger Ruhezeit wieder aktiv werden.

Bild 1: Fruchtkörper des echten Hausschwamms

Bild 2: Wurzelartige Mycelien des Kellerschwamms

Bild 3: Durch Braunfäule zerstörtes Holz

Bild 4: Von Bläue befallenes Holz

Bild 5: Der Tannenblättling zeigt eine fortgeschrittene Innenfäule an.

3.2.4 Vorbeugender Holzschutz

Vorbeugender Holzschutz

Beim Holzschutz wird zwischen dem bekämpfenden Holzschutz und dem vorbeugenden Holzschutz unterschieden. Der bekämpfende Holzschutz ist bei festgestelltem Schädlingsbefall notwendig **(siehe Kap. 3.2.3)**.

Für tragende und aussteifende Bauteile aus Holz ist nach den Landesbauordnungen der einzelnen Bundesländer ein vorbeugender Holzschutz nach DIN 68800 vorgeschrieben. Ziel des vorbeugenden Holzschutzes ist es, Holzbauteile vor dem Befall tierischer und pflanzlicher Holzschädlinge zu schützen. Der vorbeugende Holzschutz kann durch baulichen oder chemischen Holzschutz gewährleistet sein **(Übersicht 1)**.

Vorbeugender Holzschutz	
Baulicher Holzschutz	Chemischer Holzschutz

Übersicht 1: Vorbeugender Holzschutz

Baulicher Holzschutz

Viele Holzschäden können durch baulich-konstruktiv richtigen Einbau nach den folgenden Prinzipien vermieden werden:

- Wahl einer für die spätere Wetterbeanspruchung geeigneten Holzart **(Tabelle 1)**
- Baulicher (= konstruktiver) Schutz der Holzteile vor dauerhafter Feuchtigkeit **(Übersicht 2)**
- Holzteile immer mit dem Feuchtegehalt einbauen, der sich später durch die Umgebung ergibt.
- Holz vor dem Einbau vollständig von Rinde und Bast befreien.

Resistenzklasse		Holzarten
1	Sehr dauerhaft	Teak, Palisander
2	Dauerhaft	Eiche, Edelkastanie
3	Mäßig dauerhaft	Lärche, Douglasie
4	Wenig dauerhaft	Fichte, Tanne
5	Nicht dauerhaft	Buche, Pappel, Birke

Tabelle 1: Resistenzklassen nach DIN 68364, EN 350

Wahl der Holzart

Einige Holzarten haben eine natürliche Resistenz gegen Insekten- und Pilzbefall. Sie wird in den Resistenzklassen nach DIN 68364 angegeben **(Tabelle 1)**. Dabei bezieht sich dieTabelle nur auf das Kern- und nicht auf das Splintholz der verschiedenen Holzarten. Je stärker ein Bauteil der Witterung ausgesetzt ist, umso höher sollte die Resistenzklasse der verwendeten Holzart sein.

Baulicher (= konstruktiver) Schutz der Holzteile vor dauerhafter Feuchtigkeit

Um Holz vor dauerhafter Feuchtigkeit zu schützen, hat sich die Einhaltung folgender Konstruktionsprinzipien bewährt:

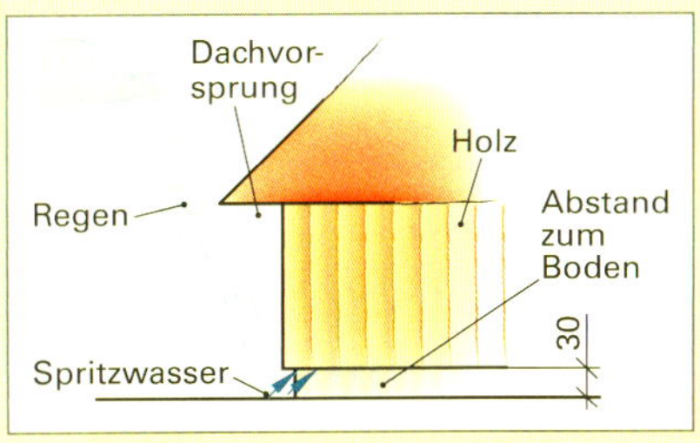

1. Ein großer Dachvorsprung hält die Fassade trocken. Mit Spritzwasser ist besonders im Bereich der unteren 30 cm zu rechnen.

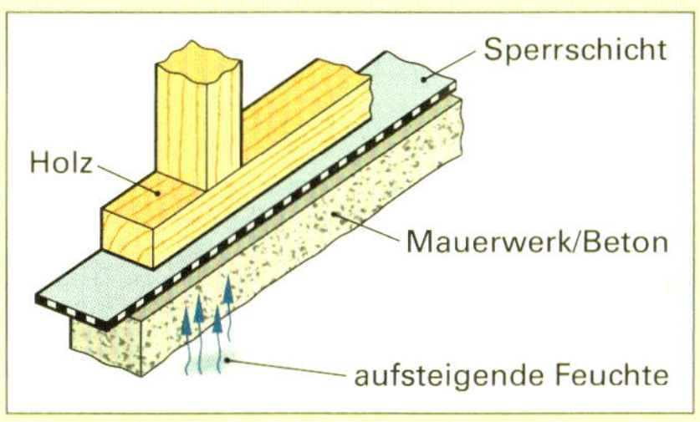

2. Holzbauteile, die auf Mauerwerk oder Beton aufliegen, müssen durch eine Sperrschicht (z. B. Bitumenpappe) vor aufsteigender Feuchte geschützt werden.

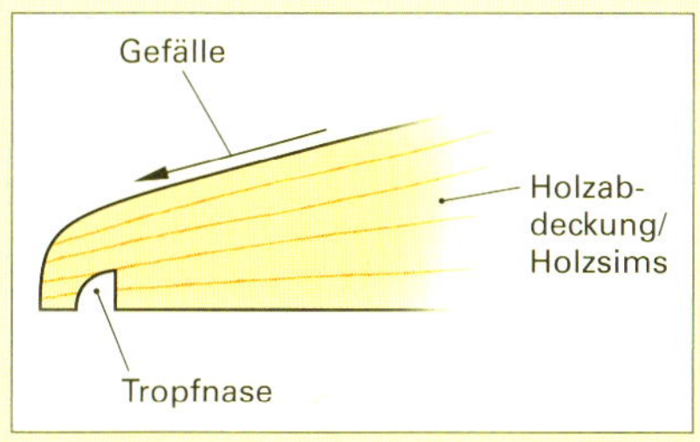

3. Alle bewitterten Holzflächen sollten mit einem Gefälle über 15° ausgebildet sein. Die „Tropfnase" verhindert, dass Wasser von unten in das Holz eindringt.

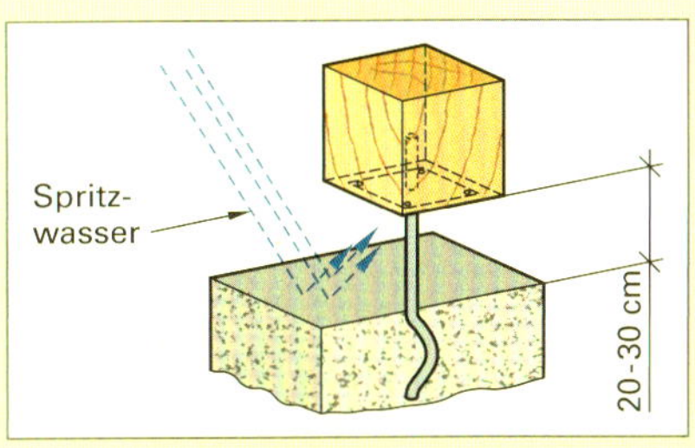

4. Der Stützenfuß im Freien verhindert aufsteigende Feuchte und eine dauernde Durchfeuchtung durch Spritzwasser.

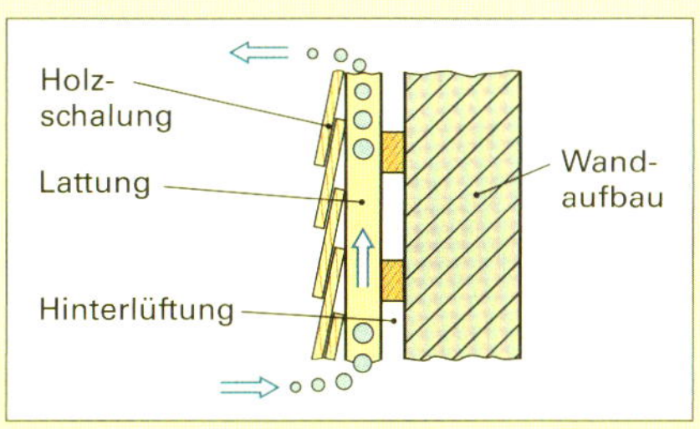

5. Alle bewitterten Hölzer müssen allseitig gut belüftet sein, damit Feuchte wieder entweichen kann.

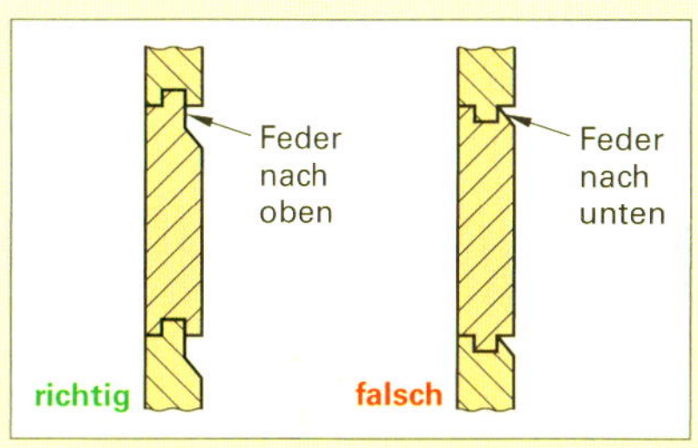

6. Bei Nut-und-Feder-Schalungen zeigt die Feder nach oben, damit sich kein Wasser in der Nut sammeln kann.

Übersicht 2: Baulicher Holzschutz

Holz, das durch einen konstruktiv falschen Einbau gefährdet ist, kann nicht dauerhaft vom Maler und Lackierer geschützt werden. Er muss konstruktive Mängel erkennen und gegebenenfalls vor Beginn der Arbeiten schriftlich Bedenken anmelden.

Gebrauchsklassen nach DIN EN 335

Für tragende Holzbauteile sind in der DIN EN 335 (2013-06) Gebrauchsklassen festgelegt, die verschiedene Gebrauchsbedingungen widerspiegeln.

In der Neufassung der DIN 68800 werden die (alten) Gefährdungsklassen durch die (neuen) Gebrauchsklassen ersetzt.

Das Bauteil ist der Witterung ausgesetzt?						
nein			ja			ja
Wird gelegentlich feucht?			Erd- Süßwasserkontakt?			Meerwasserkontakt?
nein		ja	nein		ja	ja
Insektengefährdung?			Wasseranreichung?			
nein	ja		nein	ja		
GK 0	GK 1	GK 2	GK 3.1	GK 3.2	GK 4	GK 5

Tabelle 1: Gebrauchsklassen (GK)

Die Einordnung des Objekts in eine Gebrauchsklasse liegt beim Planer/Anwender. Fachkenntnis ist daher unbedingt nötig. Fehleinschätzung kann falsche Maßnahmen oder den Einsatz ungeeigneter Holzschutzmittel bedeuten, die zu Schäden führen können.

Chemischer Holzschutz (nach überarbeiteter DIN 68800-3)

Biozidprodukte (im üblichen Sprachgebrauch Gifte) sind notwendig zur notwendig zur Bekämpfung von Organismen, sind jedoch je nach Wirkstoff und Konzentration für die Gesundheit von Mensch oder Tier schädlich. Bei verantwortungsvollem Einsatz tragen sie zur Hygiene bei.

Als Biozidprodukt gelten Produkte die direkt auf Schadorganismen wirken, wie Desinfektionsmittel, Isektizide, Rodentizide und Holzschutzmittel auch solche Produkte, die Schädigungen vorbeugen sollen.

Baulicher, konstruktiver Holzschutz hat absoluten Vorrang vor chemischem Holzschutz.

Grundsatz: So viel wie nötig, aber so wenig wie möglich.

Umgekehrter Begründungszwang:

Wer einen chemischen Holzschutz verwendet, muss sich rechtfertigen und nicht derjenige, der keinen verwendet. Es kann sogar als Mangel ausgelegt werden, wenn ein baulicher Holzschutz gleichwertig möglich gewesen wäre. So können durch chemischen Holzschutz später hohe Entsorgungskosten der behandelten Hölzer entstehen. Nicht zuletzt ergibt sich dadurch auch eine höhere Schädigung der Umwelt.

Tragende Holzbauteile sollen nur noch dann behandelt werden, wenn eine tatsächliche Gefahr von Insekten- oder Pilzbefall besteht.

Dies ist in der Regel **nicht** der Fall, wenn:

- die Holzfeuchte unter 10 % liegt
- oder das Holz jederzeit kontrollierbar ist (sichtbare Hölzer)
- oder das Holz durch eine geeignete Bekleidung geschützt ist (z. B. verputzt).

Neue und alte Kennzeichnung von Holzschutzmitteln

Bisher wurde die Zulassung grundsätzlich durch das Deutsche Institut für Bautechnik (DIBt) erteilt. Holzschutzmittel wurden nach deren Einsatzgebieten unterteilt.

Mit Umsetzung der Biozid-Richtlinie beziehungsweise der sie ablösenden Biozid-Verordnung änderte sich das Verfahren über das Inverkehrbringen von Biozid-Produkten. Diese Aufgaben übernimmt nun die Bundesanstalt für Arbeitsschutz und Arbeitsmedizin (BAuA).

- **Bisherige Prüf- und Gütezeichen dürfen nicht mehr verwendet werden.**
- **Die (alt)bekannten Kurzbezeichnungen Iv, P, W, E u. a. kommen nicht mehr zum Einsatz, befinden sich aber oft noch auf Altgebinden.**

Kz	Bedeutung
Iv	Gegen Insekten vorbeugend wirksam
Ib	Gegen Insekten bekämpfend wirksam
P	Gegen Pilze vorbeugend (Fäulnisschutz)
W	Der Witterung ausgesetzte Holzkonstruktion
E	Für Holz unter extremen Beanspruchungen (ständiger Erd- oder Wasserkontakt sowie Schmutzablagerungen in Rissen und Fugen)
S	Geeignet zum Streichen, Spritzen oder Tauchen

Nicht mehr gültig!

Tabelle 2: Alte Kennzeichnung von Holzschutzmitteln

Gegenwärtig können in Deutschland verkehrsfähige Holzschutzmittel an einer Registriernummer der BAuA erkannt werden. Diese fünfstellige Zahl, der der Buchstabe „N" vorangestellt ist, muss auf jedem Gebinde aufgebracht sein. Nach Erteilung der Zulassung wird die Registriernummer durch eine Zulassungsnummer ersetzt.

Entsprechend der Biozid-Verordnung dürfen nur genehmigte Biozidprodukte im Handel sein, die in der sogenannten Unionsliste der genehmigten Biozid-Wirkstoffe aufgeführt sind.

Auf der Webseite der BAuA gibt es das Biozidverzeichnis, welches alle von der BAuA zugelassenen Holzschutzmittel samt den deklarierten Anforderungen enthält.

Arten chemischer Holzschutzmittel

Zum Schutz des Holzes werden Holzschutzimprägnierungen mit giftigen Wirkstoffen oder wasserlösliche Holzschutzsalze verwendet **(Tabelle 1)**.

Sie besitzen eine hohe Eindringtiefe, bilden kaum Schicht, da sie ihre Wirkung im Inneren des Holzes entfalten sollen.

Holzschutzimprägnierungen	Wasserlösliche Holzschutzsalze	Bläueschutz
Sie werden meist für Holzverkleidungen außen, Fenster, Türen und Zäune verwendet, mit anschließendem Lasuraufbau. Sie reduzieren das Quell- und Schwindverhalten des Holzes. Holzschutzimprägnierungen sind sowohl auf Wasserbasis als auch auf Lösemittelbasis erhältlich. Sie sind mit transparenten Eisenoxiden pigmentiert. Diese schützen das Holz vor UV-Strahlung. Je nach Oxid feuern sie den Holzfarbton an. Mengenanteil der Wirkstoffe im Bindemittel z. B. 0,95 % Propiconazol und 0,02 % Flufenoxuron oder 0,30 % 3-Iod-2-Propinylbutylcarbamat 0,60 % Propiconazol	Schwermetallhaltige Verbindungen, die im Innen- und Außenbau vorwiegend für tragendes Gebälk bereits vom Zimmermann behandelt wurden. Wirkstoffe: CK-Salz = Kupfersalze, Chromate CKA-Salz = Kupfersalze mit Arsenverbindungen, Chromate CKB-Salz = Kupfersalze mit Bor-Verbindungen Chromate SF-Salz = Silicofluoride CKF-Salz = Kupfersalze mit Fluorverbindungen Chromate	Rohe bläuegefährdete Hölzer von Nadelbäumen im Außenbereich, Außenseiten von Fenstern und Außentüren müssen mit einem Bläueschutzmittel vorbehandelt werden. Dies gilt sowohl für die Erstbeschichtung als auch bei der Renovierung für rohe Stellen. Die Verwendung eines Bläueschutzes ist ausschließlich von der Holzart und nicht von der vorgesehenen Beschichtung (Dünnschichtlasur, Dickschichtlasur, deckende Beschichtung) abhängig. Mengenanteil der Wirkstoffe im Bindemittel z. B. 0,50 % 3-Iod-2-Propinylbutylcarbamat 0,30 % Tebuconazol oder 0,24 % Propiconazol 0,75 % 3-Iod-2-Propinylbutylcarbamat

Tabelle 1: Holzschutzmittel

Verarbeitung chemischer Holzschutzmittel

Holzschutzmittel sollen möglichst tief in das Holz eindringen. Die Wahl des Applikationsverfahrens richtet sich nach Objekt, dessen Handhabung und Zugänglichkeit:

- **Streichen, Spritzen.** Dadurch lässt sich nur ein Oberflächenschutz mit geringer Eindringtiefe erzielen. Gerade an verbautem Holz ist ein anderes Verfahren häufig nicht einsetzbar.
- **Tauchen, Tränken.** Je nach Verweildauer in einer mit Holzschutzmittel gefüllten Wanne erfolgt ein Randschutz (bis 10 mm Eindringtiefe) oder ein Tiefenschutz (über 10 mm Eindringtiefe). Das Objekt muss bewegt werden können und in eine Wanne passen.
- **Kesseldruckimprägnierung.** Bei diesem industriellen Verfahren werden gleiche Objekte, z. B. Palisadenhölzer, in den Druckkessel eingefahren und dieser dicht verschlossen. Dort wird das Holz zuerst einem Vakuum ausgesetzt und während 30 bis 180 Minuten im Holz enthaltene Luft abgezogen. Nach dem Fluten mit Holzschutzmittel folgen, je nach Dimension und Holzart, 3 bis 8 Stunden Druck von bis zu 8 bar. Je nach Druck werden Eindringtiefen von 3 cm bis zum Vollschutz erreicht.

Gefahren im Umgang mit Holzschutzmitteln

Im Technischen Merkblatt angegebene Schutzmaßnahmen sind einzuhalten, z. B.:

- Gut belüften, Atemschutz tragen
- Hautkontakt vermeiden, Schutzhandschuhe tragen
- Augen schützen, Schutzbrille tragen
- Nur in Arbeitspausen essen oder trinken
- Erdreich und Wasser rein halten
- Reste als Sondermüll entsorgen

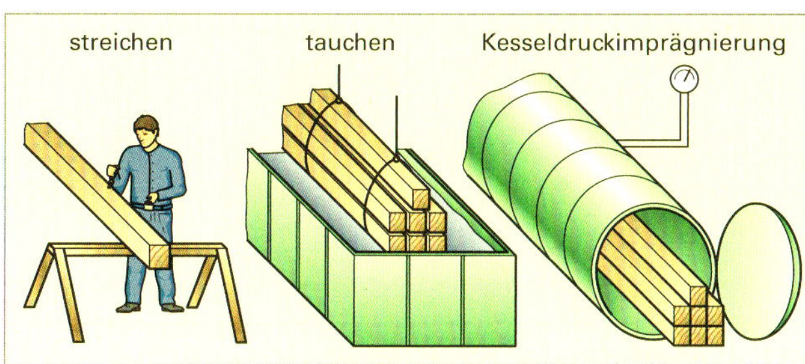

Bild 1: Verarbeitungsverfahren von Holzschutzmitteln

3.3 Beschichtung von Holzuntergründen im Innenbereich

3.3.1 Offenporige Beschichtungssysteme für den Innenbereich

Holzlasuren

Holzlasuren sind imprägnierend und wasserdampfdurchlässig. Sie schützen die Oberfläche vor Verschmutzung. Die Holzmaserung bleibt durchscheinend. Lösemittelhaltige Holzlasuren besitzen als Bindemittel Alkydharz, wasserverdünnbare Lasuren Acrylharz mit einer Pigmentierung, die das vorliegende Holz im Farbton verstärkt. Dickschichtlasuren bilden höheren Film als normale Lasuren. Dadurch lassen sie sich leichter mit dem Staubtuch wischen.

Verarbeitung. Meist mit dem Pinsel. Satt auftragen, damit sich das Holz vollsaugen kann. Läufer vermeiden. Dünnflüssige Lasuren sind heute kaum mehr im Handel. Alle Lasuren sind thixotrop eingestellt.

Öle

Nur trocknende Öle können eingesetzt werden. Öle trocknen durch Aufnahme von Sauerstoff sehr langsam, auch bei guter Belüftung. Geölte Oberflächen sind nur begrenzt beanspruchbar. Reines Leinöl ist nur für gering beanspruchte Flächen geeignet. Hartöle enthalten zusätzlich pflanzliche Öle und teilweise Wachse.

Öle „öffnen" die Oberfläche das Holzes (ähnlich einem fettigen Papier), wodurch Farbe und Maserung des Holzes besonders zur Geltung kommen.

Verarbeitung (**Bild 1 bis 4**). Vor seiner Bearbeitung muss das Holz trocken, geschliffen und gewässert sein. Durch das Befeuchten mit Wasser stellen sich die Fasern des Holzes auf. Nach dem Trocknen wird mit feinem Schleifpapier nachgeschliffen. So erhält man eine sehr glatte Holzoberfläche. Dann wird das Öl mit einem Pinsel oder Lappen aufgetragen. Nach kurzer Einwirkzeit muss überschüssiges Öl mit einem trockenen Lappen aufgenommen werden.

Ölhaltige Lappen können sich selbst entzünden und müssen deshalb nach Gebrauch einzeln und offen zum Trocknen aufgehängt oder in einem luftdicht verschlossenen Behälter gelagert werden.

Bild 1: Schleifen und Wässern

Bild 2: Auftrag mit Pinsel oder Lappen

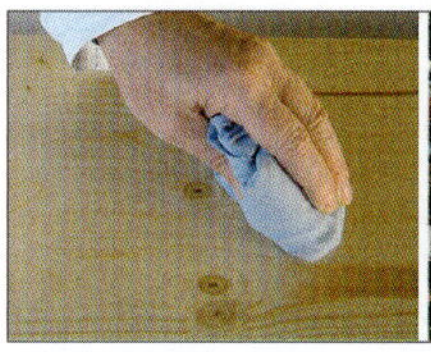

Bild 3: Überschüssiges Öl entfernen

Bild 4: Lappen trocknen lassen

Wachse

Holzwachse verleihen Möbeloberflächen einen matten, seidigen Glanz. Kombiniert mit Ölen sind die Flächen etwas höher beanspruchbar, z. B. auf Fußböden. Holzwachse verschließen die Poren der Holzoberfläche und schützen so vor Eindringen von Feuchte und Verschmutzung. Eine weitere Schutzwirkung bilden sie nicht. Pigmentierte Wachse geben dem Untergrund eine besondere Wirkung, z. B. Antikwachse.

Verarbeitung. Der Auftrag erfolgt mit Pinsel oder Lappen. Dann wird das Wachs in die Holzporen eingerieben. Überschüssiges Wachs muss restlos abgenommen werden, sonst klebt die Fläche. Nach guter Trocknung wird mit einer Glätt- oder Rosshaarbürste in Maserrichtung poliert.

3.3.2 Schichtbildende Beschichtungssysteme für den Innenbereich

Schichtbildende Systeme bieten neben Schutz vor Feuchte auch mechanischen Schutz (Kratzfestigkeit, Abriebbeständigkeit). Dazu müssen sie die Untergrundbewegungen des Holzes mitmachen und vor Ort mit einfachen Verarbeitungsverfahren (Streichen, Rollen) verarbeitbar sein. Das Spritzverfahren bereitet in Wohnungen Probleme, Objekte wie Türblätter, Möbel u. a. können dann nur in der Werkstatt bearbeitet werden.

Alkydharzlacke

Sie eignen sich sehr gut für maßhaltige Bauteile, da sie sehr blockfest sind, d. h. sie verkleben, später nach guter Trocknung, nicht Fensterrahmen und Fensterflügel. Durch ihren Ölanteil sind sie lange offen und können gut mit dem Pinsel verarbeitet werden. Weiße Alkydharzlacke neigen zur Vergilbung. Als „Venti-Lack" können sie auch diffusionsoffen eingestellt werden.

Üblicher Schichtaufbau: Grundierung – Vorlack – Decklack.

Acryldispersionslacke

Diese sind wasserverdünnbar und weitgehend frei von Lösemitteln, daher besonders geeignet für den Einsatz in Wohnungen, Kinderzimmern, Krankenzimmern und Allergikerhaushalten. Sie werden gestrichen oder gerollt. Für diese Lacke gibt es besondere Pinsel.

Polyurethanharzlacke

Dieser ein- oder zweikomponentige Lack ist besonders strapazierfähig. Fußböden, Tischplatten, auch Möbel werden damit beschichtet. Vor Ort wird er meist gestrichen, in Werkstätten gespritzt.

Spachteln

Sollen Flächen absolut eben und glatt sein, so kann dies durch Spachteln erzielt werden. Die Schicht muss immer sehr dünn gespachtelt werden, als relativ bindemittelarme Schicht im System ist sie eine Schwachstelle. Mit Alkydharzspachtel wird auf der Grundierung gespachtelt. UP-Spachtel kann nur auf neuen, unbeschichteten Holzflächen gespachtelt werden.

3.3.3 Beizen

Beizen färben Hölzer ein, erhalten dabei aber die Maserung. Mit Beizen können Farbunterschiede angeglichen werden. Das Holz muss unbehandelt vorliegen. Vorsicht: Mit Holzmehl und Bindemittel ausgebesserte Risse nehmen keine Beize mehr an. An Holz, das keine Beize mehr aufnehmen kann, können Farbtonangleichungen nur mit Lasuren erzielt werden.
Da Beize in das Holz eindringt, erfolgt keine Schichtbildung, nur eine Einfärbung (Bild 1).
Der Oberflächenschutz erfolgt mit einem Klarlackaufbau je nach Beanspruchung.

Arten von Beizen

Echtbeizen (auch Räuchern)

Die älteste Art des Beizens kann nur bei stark gerbsäurehaltigen Hölzern wie Eiche oder Nussbaum angewandt werden. Durch den Auftrag von ammoniak (salmiakgeist)-haltiger Beize reagieren die Gerbstoffe mit Luftsauerstoff zu dunklen, braunen bis schwarzen und sehr lichtechten Salzen. Beim „Räuchern" wird das Holz ca. 6 – 12 Stunden Ammoniakdämpfen ausgesetzt, wodurch sich die Farbentwicklung besser steuern lässt. Viele „altdeutsche Eichenmöbel" wurden auf diese Weise behandelt.

Durch das Echtbeizen entsteht ein positives Beizbild, bei dem das hellere Frühholz in helleren Farbtönen bleibt als das von Natur aus dunklere Spätholz.
Vorsicht: Die entstehenden Dämpfe sind gesundheitsschädlich!

Bild 1: Farbtonveränderung von Holz, ohne dass die natürliche Charakteristik verloren geht

Chemische Beizen (auch Doppelbeizen)

Bei allen anderen, nicht so gerbsäurehaltigen Hölzern muss zunächst die gerbsäurehaltige Vorbeize aufgebracht werden. Als zweiter Schritt wird die Nachbeize aufgetragen. Durch die chemische Reaktion mit den Gerbstoffen entwickelt sich langsam der Farbton. Es entsteht ein positives Beizbild.

Farbstoffbeizen

Wesentlich leichter in der Anwendung sind die Farbstoffbeizen (Bild 2). Sie enthalten Farbstoffe, die sich in und auf den Holzfasern ablagern. Eine chemische Reaktion mit den Inhaltsstoffen des Holzes findet nicht statt. Insofern handelt es sich hierbei eigentlich um ein Färben des Holzes. Der Vorteil der Farbstoffbeizen ist die auf dem Markt angebotene Farbvielfalt. Farbbeizen werden u. a. angeboten als Antik-, Rustikal- oder Hartholzbeize.

Da das hellere Frühholz mehr Farbstoffe aufnimmt als das dunklere Spätholz, entsteht ein unnatürlich wirkendes, negatives Beizbild.

Bild 2: Farbtonvielfalt von Farbstoffbeizen

Kombinationsbeizen

Sie bestehen aus einer Kombination aus farbbildenden Chemikalien und Pigmenten, wodurch ein gemischtes Farbbild entsteht. Sie werden als Fertigbeizen angeboten und sind relativ einfach in der Anwendung. Im Fachhandel werden häufig auch Kombinationen aus Farbstoffbeize und Überzug als Kombinationsbeize angeboten.

Verarbeitung von Beizen mit chemischer Reaktion (Echtbeizen, Chemische Beizen, Kombinationsbeizen)

- **Vorbereitung:** Beizen greifen Metalle stark an. Deshalb müssen vor dem Beizen alle metallischen Beschläge entfernt werden. Außerdem dürfen keine Pinsel mit metallischen Pinselzwingen oder Blechgebinde verwendet werden, da durch Rost schnell unansehnliche Flecken entstehen können.
  Die Holzoberflächen müssen gründlich geschliffen, gewässert, nachgeschliffen und sorgfältig entstaubt werden (siehe Kap. 3.3.1). Harzhaltige Hölzer sind zu entharzen. Die zu beizenden Flächen sollten waagerecht gelegt oder es sollte von unten nach oben gearbeitet werden, damit keine Streifen entstehen.
- **Vorbeizen:** Die Vorbeize wird satt in Faserrichtung aufgetragen und dann quer zur Faser verteilt. Nach kurzer Einwirkzeit wird sie mit weißer Putzwolle verrieben und überschüssige Beize wird wieder in Faserrichtung abgenommen. Vorgebeizte Flächen nicht mit der Hand berühren, um Fleckenbildung zu vermeiden! Vor dem Nachbeizen dürfen die Flächen nicht geschliffen werden.
- **Nachbeizen:** Die Nachbeize wird erst nach vollständigem Trocknen der Vorbeize aufgebracht und wie die Vorbeize aufgetragen. Nach ausreichender Trocknungszeit (in der Regel über Nacht) muss die gebeizte Fläche grundiert und farblos beschichtet werden. Ein Zwischenschliff ist nicht erforderlich.

3.4 Beschichtung von Holzuntergründen im Außenbereich

Im Außenbereich wird Holz durch **Regen, Schnee** und in Erdnähe von Staunässe belastet. Damit es nicht vermodert, muss es als Maßnahme des vorbeugenden Holzschutzes durch Beschichtungen geschützt werden.
UV-Strahlung im Sonnenlicht heizt Untergründe je nach Absorptionsverhalten des Farbtons unterschiedlich auf **(Tabelle 1)**. Im Holz eingeschlossenes **Wasser** drückt als Dampf mit enormer Kraft nach außen und führt zu Beschichtungsschäden. Darum ist das Eindringen von Wasser in Holz durch eine Schicht zu verhindern. Oder der Wasserdampf kann durch offene Poren entweichen, bei entsprechendem Beschichtungssystem.
Eine **natürliche Vergrauung** durch UV-Strahlung ist an unbehandeltem Holz von Scheunen und Almen zu sehen. Durch Regen wird durch UV-Strahlung abgebautes Lignin ausgewaschen, die Zellulose liegt silbrig glänzend frei. Mit ausreichendem konstruktivem Feuchteschutz überdauert das Holz Jahrzehnte ohne Funktionsverlust.

Farbton	Max. Temp.
Weiß	ca. 40 °C
Gelb	ca. 50 °C
Rot	ca. 60 °C
Blau und Grün	ca. 70 °C
Schwarz	ca. 80 °C

Tabelle 1: Erwärmung der Oberfläche durch Sonneneinstrahlung

3.4.1 Offenporige Beschichtungssysteme für den Außenbereich

In der Regel enthalten Holzlasuren für außen Fungizide und/oder Insektizide. Holzschutzlasur für außen darf nicht innen verwendet werden.

Imprägnierlasuren
Lösemittelhaltige Holzlasuren besitzen als Bindemittel Alkydharz, wasserverdünnbare Lasuren Acrylharz. Diese Lasuren wirken feuchteregulierend, indem sie das Holz vor eindringendem Wasser schützen und es gleichzeitig diffusionsoffen belassen.
Wegen ihres geringen Festkörpers von unter 30 % müssen sie entweder mehrmals aufgetragen werden oder mit einer Dickschichtlasur überarbeitet werden.
Lasursysteme im Außenbereich bauen sich schon nach 2 bis 3 Jahren ab. Somit sind die Überarbeitungsintervalle recht kurz. Bei einer besonderen Belastung, z. B. an Fenstern im 4 oder 5. Stockwerk, sind sie nicht mehr zu empfehlen.

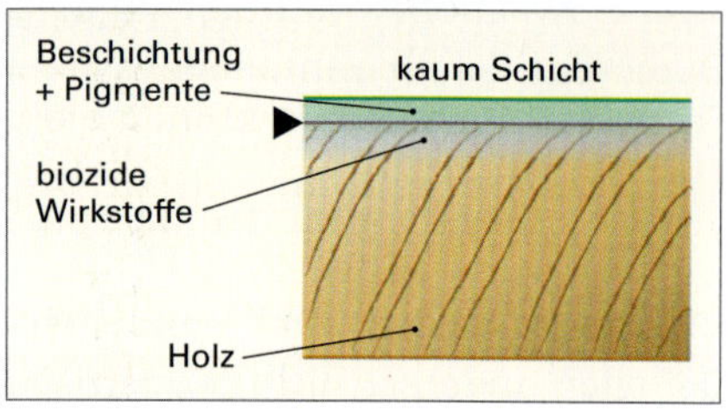

Bild 1: Imprägnierlasur

Dickschichtlasuren
Sie bilden höheren Film als normale Lasuren. Mehrfache Überarbeitung führt zu einer deckenden Schicht, die bei Belastung abblättern kann. Sie eignen sich als Schlussbeschichtung für maßhaltige Bauteile wie Fenster und Türen.

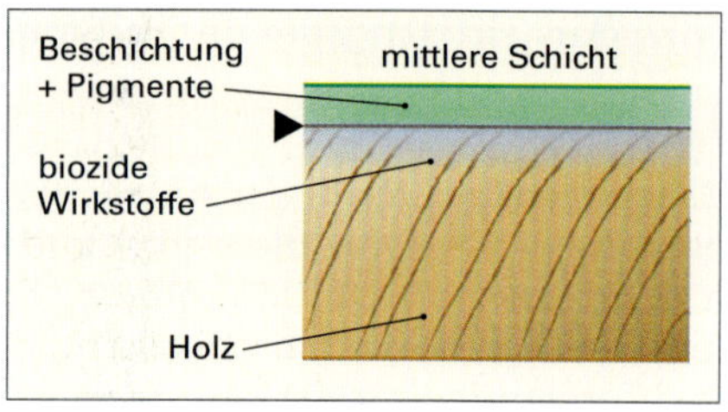

Bild 2: Dickschichtlasur

Verarbeitung. Meist mit dem Pinsel. Satt auftragen, damit sich das Holz vollsaugen kann. Holz besonders an der Sägestelle (Stirnholz) sättigen.

3.4.2 Schichtbildende Beschichtungssysteme für den Außenbereich

Schichtbildende, dichte Systeme bieten Schutz durch Schicht, sie enthalten keine Fungizide oder Insektizide. Bei Renovierungsarbeiten sollten rohe, gefährdete Holzstellen, z. B. die Wetterschenkel von Holzfenstern, mit Bläueschutz behandelt werden **(siehe Kap. 2.3.3)**. Das Beschichtungssystem muss alle Untergrundbewegungen des Holzes mitmachen ohne zu reißen. Dringt durch einen Riss Feuchte ein, so kann der Wasserdampf nicht entweichen, Anstrichschäden sind vorhersehbar. Besonders Holzverkleidungen mit der Bewegung der Nut- und Federbretter sollten nie mit schichtbildenden Systemen im Außenbereich beschichtet werden.

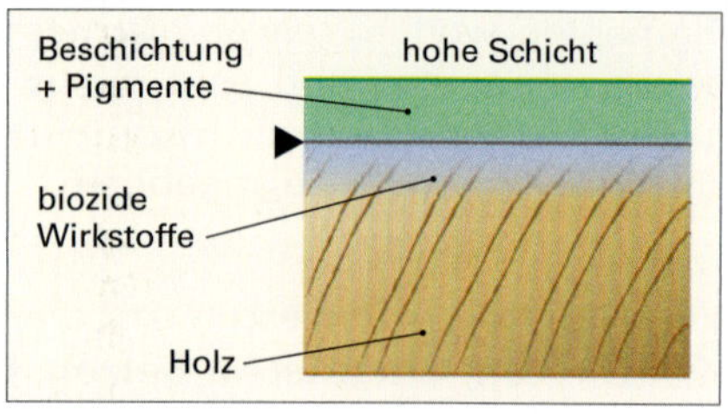

Bild 3: Deckende Beschichtung

Alkydharzlacke
Sie eignen sich sehr gut für maßhaltige Bauteile. Durch ihren Ölanteil sind sie lange offen und können gut mit dem Pinsel verarbeitet werden. Weiße Alkydharzlacke neigen zur Vergilbung. Als „Venti-Lack" können sie auch diffusionsoffen eingestellt werden. Üblicher Schichtaufbau: Grundierung – Vorlack – Decklack.

Acryldispersionslacke
Diese sind wasserverdünnbar und weitgehend frei von Lösemitteln. Ein idealer Werkstoff für Dachuntersichten. Sie werden gestrichen oder gerollt. Für diese Lacke gibt es besondere Pinsel.

Nie außen Spachteln
Löcher und Risse an Altbaufenstern können nach dem Grundieren mit Kitt verschlossen werden. Vor dem Grundieren würde das rohe Holz das Leinöl aufsaugen, es würde beim Trocknen des Kittes fehlen. Vom Spachteln mit Alkydharzspachtel ist abzuraten. Diese hochgefüllte, daher trockene Schicht macht Untergrundbewegungen nur begrenzt mit, die Beschichtung reißt und verliert ihre Schutzwirkung.

3.4.3 Beschichtung von Holzfenstern

Holzfenster sind maßhaltige Bauteile mit relativ substanzarmer, aber komplizierter Konstruktion (Bild 1). Fensterrahmen dürfen nicht unbehandelt eingebaut werden, eine Aufgabe für den Fensterbauer.

Untergrundprüfung

Siehe Kap. 3.2.1 zur Untergrundprüfung von Holz.
An neuen Fenstern müssen die Kanten leicht gerundet sein, damit genügend Beschichtungsstoff darauf liegen bleiben kann. Dieser konstruktive Holzschutz, wie auch geschrägte Wetterschenkel, liegt im Aufgabenbereich des Fensterbauers. Fehlerhafte Schreinerarbeit ist schriftlich zu bemängeln.

Immer sind folgende Teile am Fenster zu überprüfen:

- Beschläge
- Fugen
- Funktion
- Dichtungen
- Verglasung

Bei Mängeln kann erst mit der Arbeit begonnen werden, wenn der Mangel behoben ist. Bei Überholungsanstrichen muss das vorliegende Beschichtungssystem überprüft werden (Tabelle 1). Fenster von Altbauten sind fast immer mit Alkydharzlack beschichtet, bei neueren Fenstern kann es auch Acryldispersionslack sein.

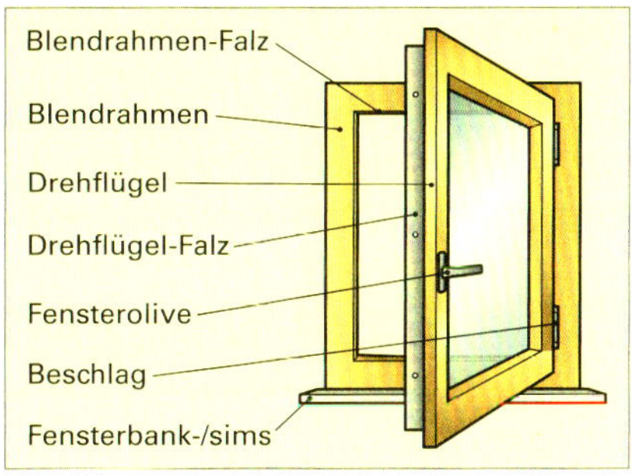

Bild 1: Fensterteile

	Acryl-dispersions-lacke	Alkydharz-lacke
Erkennung	Lösbarkeit mit Nitro-Verdünnung	Keine Lösbarkeit mit Nitro-Verdünnung

Tabelle 1: Erkennung der vorhandenen Beschichtung

Untergrundvorbereitung und Beschichtungsaufbau

- Anschleifen bis zum tragfähigen Untergrund
- Bläueschutz auf rohe Holzstellen streichen
- Grundieren, auch in dem Falz der ausgebrochenen Verkittung
- Verkittung ausbessern und nach der Trocknung grundieren
- Zwischenbeschichtung und Schlussbeschichtung

Beschichtungssysteme für Fenster zeigt Tabelle 2.

		Deckende Beschichtungen		Lasierende Beschichtungen	
		Acryldispersionslack (wasserverdünnbar)	Alkydharzlack* (lösemittelhaltig)	Acryldispersionslasur (wasserverdünnbar)	Alkydharzlasur (lösemittelhaltig)
Vor Einbau und Verglasung	Grundbeschichtung**	Grundierung mit bioziden Bestandteilen nach Resistenzklasse des Holzes (siehe Kap. 3.2.4)		Imprägnierlasur mit bioziden Bestandteilen nach Resistenzklasse des Holzes (siehe Kap. 3.2.4)	
	1. Zwischenbeschichtung	Dispersionslackfarbe	Alkydharzlackfarbe	Dünn- od. dickschichtige Holzlasur auf Acrylbasis	Dünn- od. dickschichtige Holzlasur auf Alkydharzbasis
Nach Einbau und Verglasung	2. Zwischenbeschichtung	Dispersionslackfarbe	Alkydharzlackfarbe	Dickschichtlasur auf Acrylbasis	Dickschichtlasur auf Acrylbasis
	Deckbeschichtung	Dispersionslackfarbe	Alkydharzlackfarbe	Dickschichtlasur auf Acrylbasis	Dickschichtlasur auf Acrylbasis

* Meist als diffusionsoffene Venti-Lacke (siehe Kap. 11)
** Die Innenflächen von Fenstern müssen keinen Holzschutz mit bioziden Bestandteilen erhalten.

Tabelle 2: Beschichtungssysteme für maßhaltige Bauteile

Empfohlene Intervalle für Überholungsanstriche

Ein vorzeitiger Beschichtungsschaden hängt ab von der Art der Beschichtung, der Farbe der Beschichtung und von der Bewitterung. Holzfenster in exponierter Lage (Gebäude auf einer Anhöhe, Fenster über dem 3. Stockwerk, Fenster nach Westen) müssen in kürzeren Zeitabständen überarbeitet werden (Tabelle 3).

		Deckende Beschichtungen		Lasierende Beschichtungen	
Beanspruchung des Fensters	Farbton	farblos/hell	mittel/dunkel	farblos/hell	mittel/dunkel
Nicht direkt bewittert		über 5 Jahre	über 5 Jahre	2 bis 3 Jahre	3 bis 5 Jahre
Leicht bewittert		über 5 Jahre	3 bis 5 Jahre	nicht zu empfehlen	3 bis 5 Jahre
Stark bewittert		3 bis 5 Jahre	2 bis 3 Jahre	nicht zu empfehlen	nicht zu empfehlen

Tabelle 3: Intervalle für Überholungsanstriche bei Holzfenstern

Der Maler und Lackierer übernimmt die Gewährleistung für die fehlerfreie Ausführung der Arbeit. Wenn eine Beschichtung aufgrund hoher Wetterbelastung vorzeitig überarbeitet werden muss, so liegt kein Garantiefall vor. Vergleich: Auch abgenutzte Bremsbeläge am Fahrzeug sind kein Garantiefall.

3.5 Brandschutzbeschichtung auf Holz

Feuerwiderstandsklassen

Nach DIN 4201 und der europäischen Norm EN 13501 müssen Bauteile einem Feuer für einen gewissen Mindestzeitraum standhalten, damit sich Menschen aus dem Gebäude retten können, bevor dieses in sich zusammenbricht. Diese Anforderung an einzelne Bauteile ist in Feuerwiderstandsklassen mit der Zeitangabe in Minuten angegeben (z. B. F 90: Das Bauteil muss einem Feuer mindestens 90 Minuten standhalten) **(Tabelle 1)**. Dieser Anforderung sind Holzbauteile eher gewachsen als Bauteile aus Stahl. Stahl verliert bei den hohen Temperaturen eines Brandes schnell an Festigkeit und knickt in sich zusammen. Holz brennt im Vergleich dazu sehr langsam (ca. 1,5 cm je Seite und Stunde) und verliert selbst unter großer Hitze nur sehr langsam seine Tragfähigkeit.

Feuerwiderstandsklasse	Dauer, wie lange ein Bauteil Feuer und Hitze widerstehen können muss
F30	30 Minuten
F60	60 Minuten
F90	90 Minuten
F120	120 Minuten

Tabelle 1: Feuerwiderstandsklassen

Brandstoffklassen

Neben den Feuerwiderstandsklassen werden die Baustoffe in brennbare und nicht brennbare Baustoffe unterteilt **(Tabelle 2)**. Um die Ausbreitung von Bränden zu verlangsamen oder Rettungswege zu sichern, wird von den Bauaufsichtsbehörden häufig die Baustoffklasse B2 für Holzbauteile vorgeschrieben. Holz gehört zu den normal oder leicht entflammbaren Baustoffen (B2, Furniere B3).

	Baustoffklasse nach DIN 4201 (EN 13501)			Beispiele
A	nicht brennbare Baustoffe	A1 (A1)	nicht brennbar	z. B.: Eisen, Stahl, Beton, Steine
		A2 (A2)	geringe brennbare Anteile	z. B.: Gipskarton, Rockwool (Steinwolle)
B	brennbare Baustoffe	B1 (B)	schwer entflammbar	z. B.: zementgebundene Holzbauplatten
		B2 (D)	normal entflammbar	z. B.: Holz- und Holzwerkstoffe
		B3 (F)	leicht entflammbar	z. B.: dünne Holzfurniere

Tabelle 2: Baustoffklassen

Um den Brandschutzbestimmungen zu genügen, können Holzbauteile verputzt oder mit einer Brandschutzbeschichtung versehen werden.

Bild 1 und 2: Brandversuch

Brandschutzbeschichtungen

Brandversuch **(siehe Bilder 1 und 2)**. Die linke Seite des Häuschens wurde mit einer Brandschutzbeschichtung versehen, die rechte Seite nicht.
Brandschutzbeschichtungen bilden bei Temperaturen ab ca. 120 – 150 °C eine 20 – 30 mm dicke wärmedämmende Schaumschicht. Dieser mikroporöse Kohlenstoffschaum schützt das Holz vor dem Zugriff der Flammen. Das Holz kann dadurch die Baustoffklasse B1 (schwer entflammbar) und die Feuerwiderstandsklasse F30 erreichen.

Die Verarbeitung von Brandschutzbeschichtungen erfordert eine besondere Sorgfalt und muss nach Herstellerangaben erfolgen. Die Brandschutzwirkung hängt von der aufgebrachten Trockenschichtdicke ab und muss den Auflagen der Bauaufsichtsbehörden entsprechen. Es dürfen nur bauaufsichtlich zugelassene und vom Institut für Bautechnik geprüfte Brandschutzbeschichtungen verwendet werden. Die verschiedenen Systeme bestehen aus drei Schichten:

- Grundierung/Holzschutz
- Brandschutzaktive Schicht (vorgeschriebene Schichtdicke einhalten, Objekt allseitig beschichten)
- Überzugslack

Auf dem Markt werden transparente und farbige Systeme angeboten. Der Verarbeiter muss vom Hersteller in die Verarbeitung eingewiesen werden.

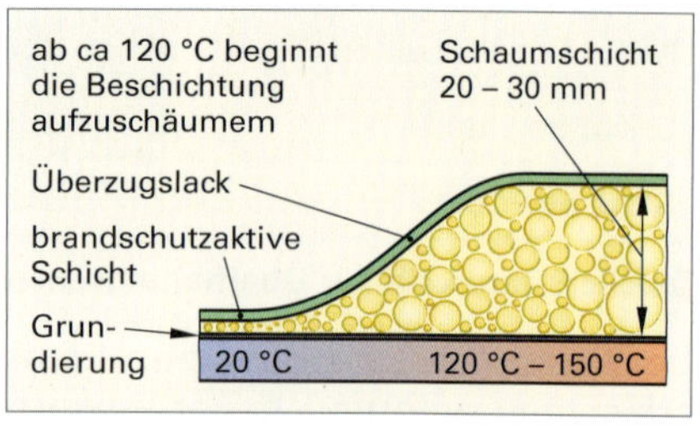

Bild 3: Brandschutzbeschichtung

4
Untergründe aus Kunststoff und ihre Beschichtung

Lernfeld 1, 2, 5, 9

4.1 Kunststoffe als Untergrund

In vielen Bereichen sind Kunststoffe anderen Werkstoffen überlegen. Im Bauwesen werden Bauteile wie Fenster und Türen, die früher überwiegend aus Holz hergestellt wurden, heute wegen ihrer wartungsfreundlichen Eigenschaften **(Tabelle 1)** auch aus Kunststoffen gefertigt.

Als Beschichtungsuntergründe sind Kunststoffteile eher problematisch. Da Kunststoffe weitgehend wetterbeständig sind, ist eine Beschichtung, um sie funktionstüchtig zu halten wie z. B. bei Holz, nicht zwingend notwendig. Dennoch gibt es Gründe für einen Anstrich:

- **Farbgestaltung**
  Viele Kunststoffe haben einen Eigenfarbton, der nur eine begrenzte Einfärbung mit Pigmenten in der Herstellung zulässt.
- **Untergrundschutz**
  Beschichtungen schützen Kunststoffe vor Sonneneinstrahlung und UV-Licht-Belastung.
- **Verminderung der Verschmutzungsneigung**
  Unbeschichtete Kunststoffe neigen zu elektrostatischer Aufladung durch Reibung, so dass Schmutzpartikel angezogen werden.
- **Verringerung der Weichmacherwanderung**
  Weichmacher verbessern die Verformbarkeit, verlassen aber im Laufe der Zeit den Kunststoff.

Kunststoff	Holz
Umwelteinflüsse haben geringen Einfluss auf die Funktionalität von Kunststoffen	Holz muss gegen Witterungseinflüsse geschützt werden.
Leicht zu bearbeiten durch Kleben, Verschmelzen, Sägen, Biegen, usw.	Holz ist ähnlich vielseitig verarbeitbar wie Kunststoff. Die Verbindung durch Schmelzen ist jedoch nicht möglich.
Vielfältig einsetzbar als Untergrund, Lack, Kleber, Folie, Faser, usw.	Holz ist vorwiegend als Beschichtungsuntergrund für den Maler und Lackierer von Interesse.
Die Eigenschaften sind steuerbar; Verarbeitung zu hartem, weichem, elastischem Werkstoff, usw.	Holz liegt als Naturstoff vor. Die Eigenschaften und die Verwendung hängen von der jeweiligen Holzart ab.

Tabelle 1: Kunststoff und Holz im Vergleich

4.1.1 Herstellung von Kunststoffen

Alle Kunststoffe sind organischer Natur, d. h. sie besitzen ein Kohlenstoffgerüst (C) mit angelagertem Wasserstoff (H). Weitere angelagerte Bestandteile können sein z. B. Sauerstoff (O), Stickstoff (N), Chlor (Cl), Schwefel (S) **(Bild 1)**. **Siehe dazu auch Kap. 20.**

Je nach Anordnung und Kombination ergeben sich unterschiedliche Kunststoffe.

Die Ausgangsstoffe werden vorwiegend aus den Rohstoffen Erdöl, Erdgas und Kohle gewonnen. So sind im Erdöl etwa 1 000 verschiedene Kohlenwasserstoffe enthalten. Aus dieser Vielzahl müssen als Erstes geeignete Substanzen gewonnen werden.

Daraus wird dann der Kunststoff „zusammengebaut". Somit sind die Ausgangsstoffe der Natur entnommen, das Ergebnis aber ist vom Menschen erstellt worden, somit ein künstlicher Stoff, ein Kunststoff.

Das Kohlenstoffatom hat die Eigenschaft, mit Wasserstoffatomen riesige Moleküle (Makromoleküle) bilden zu können **(Bild 2)**. So können Moleküle/Stoffe hergestellt werden, die die Natur mit ihren Gegebenheiten (Temperaturbereiche, Druckbereiche, Aufeinandertreffen von Rohstoffen u. a.) nicht erzeugen kann = Kunststoffe. Dies kann nur durch eines von drei Verfahren geschehen:

- Polymerisation
- Polykondensation
- Polyaddition

Die Verbindung der Monomeren zum Polymer erfolgt dabei über Doppelbindungen oder funktionelle Gruppen **(siehe Kap. 20.2.8)**.

Auf anderem Wege lassen sich Kunststoffe nicht herstellen. Moleküle ohne funktionelle Gruppen oder Doppelbindungen lassen sich nicht miteinander verbinden.

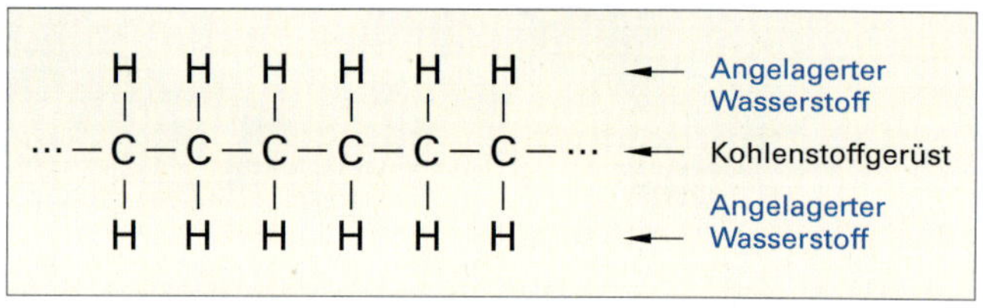

Bild 1: Typischer Kunststoffaufbau in der Darstellungsweise des Chemikers

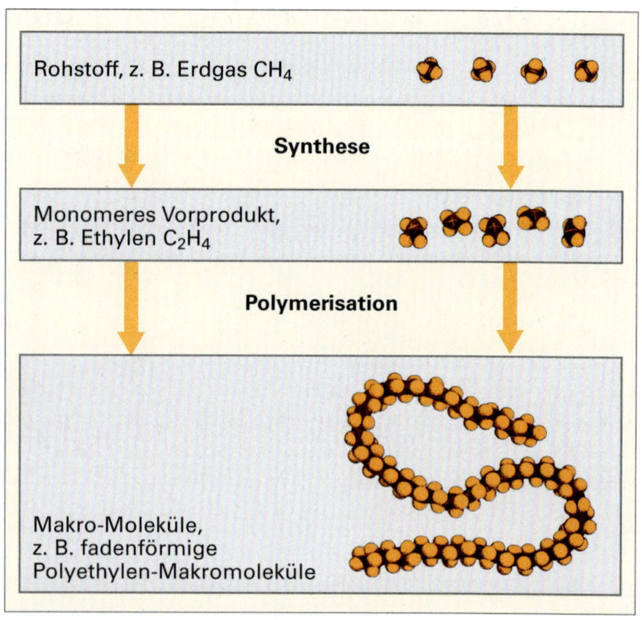

Bild 2: Vom Molekül zum Makromolekül

4.1.2 Einteilung von Kunststoffen

Die Makromoleküle (Polymere) sind die Grundbausteine der Kunststoffe. Ihr Aufbau bestimmt je nach Größe, Gestalt, Anordnung und Bindung der Makromoleküle die Eigenschaften eines Kunststoffes. Aufgrund der vielen Möglichkeiten gibt es unzählige Kunststoffe auf dem Markt.

All diese Kunststoffe lassen sich im Wesentlichen in 3 Gruppen zusammenfassen:

- Plastomere, häufig auch als Thermoplaste bezeichnet
- Duromere, häufig auch als Duroplaste bezeichnet
- Elastomere

Thermoplastische Kunststoffe bestehen aus unvernetzten Makromolekülen. Die Fäden liegen unverbunden wie Spaghetti neben- und durcheinander. Bei den Duromeren und Elastomeren sind die Fäden miteinander verbunden, sodass ein vernetztes Gitter entsteht, das letztendlich theoretisch aus einem einzigen Polymer bestehen kann. Duromere sind engmaschig vernetzt, Elastomere weitmaschig mit dehnbaren Bereichen (Tabelle 1).

Plastomere (Thermoplaste)	**Duromere (Duroplaste)**	**Elastomere (Elastoplaste)**
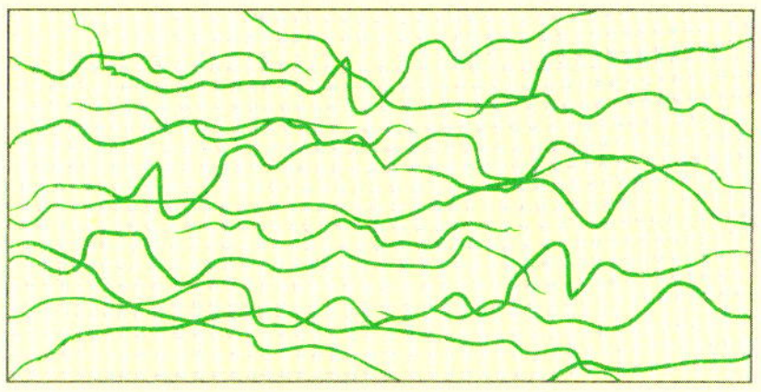	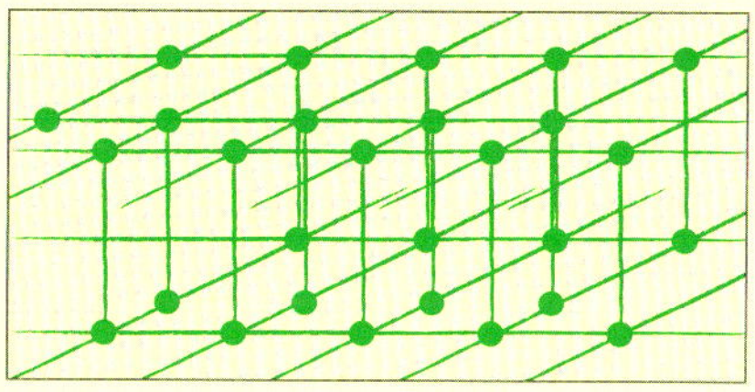	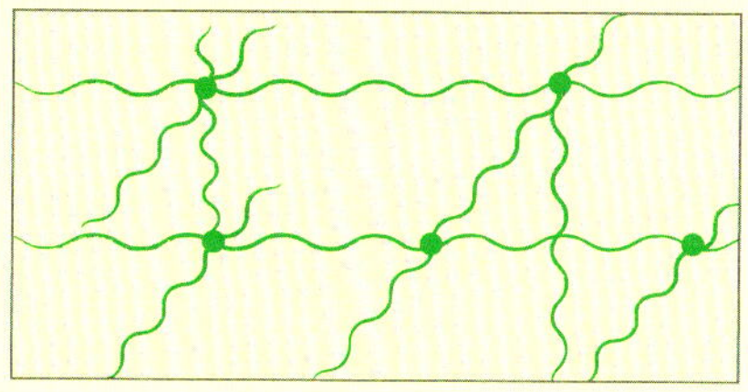
nicht vernetzt	vernetzt	
• Fadenstruktur • Linear oder verzweigt • Warm verformbar • Wieder einschmelzbar	• Netzstruktur • Engmaschig vernetzt • Nicht verformbar • Nicht wieder einschmelzbar	• Netzstruktur • Weitmaschig vernetzt • Dauerelastisch • Nicht wieder einschmelzbar

Beispiele: • Polyethylen PE • Polypropylen PP • Polyvinylchlorid PVC • Polystyrol PS • Polyamid PA	Beispiele: • Polyurethan PU oder PUR • Epoxid EP • Ungesättigter Polyester UP	Beispiele: • Styrol-Butadien-Kautschuk • Silastomer (Silicon) SI • Polysulfidkautschuk SR
Die meisten der heute am Bau verwendeten Kunststoffe fallen unter diese Gruppe, da sie umformbar und recyclebar sind.	Sie können nur einmal in Form gebracht werden und dann nur noch spanend bearbeitet werden. Duromere sind sehr widerstandsfähig gegen Wärme. Sie schmelzen nicht, bis sie letztendlich verbrennen. Sie werden auch als Gehäuseteile eingesetzt.	Zu den Elastomeren gehören alle Arten von vernetztem Kautschuk. Anwendungen finden sie als Dichtungen oder Fugenmasse.

Tabelle 1: Einteilung der Kunststoffe

Im Wesentlichen unterscheidet man unvernetzte Kunststoffe und vernetzte Kunststoffe. Allein die Kenntnis, ob ein Kunststoff vernetzt oder nicht vernetzt ist, gibt Auskunft über grundsätzliche Möglichkeiten der Herstellung (Tabelle 2), der Anwendung und der Eigenschaften.

Elastomere stellen deshalb vorwiegend eine Untergruppe der Duromere mit elastischen Eigenschaften dar.

nicht vernetzt	**vernetzt**
1. Die Grundstoffe eines Kunststoffes liegen vor	
2. Herstellung des Kunststoffes (Granulat) 3. Verarbeitung des Kunststoffes zu beliebigen Kunststoffteilen	2. Direkte Herstellung des vorgesehenen Kunststoffteils aus den Grundstoffen

Tabelle 2: Herstellung von Kunststoffen

Plastomere und Duromere werden wegen ihrer unterschiedlichen Eigenschaften mit verschiedenen Verfahren zu Formteilen verarbeitet. Elastomere werden je nach ihrer chemischen Nähe zu Duromeren oder Plastomeren in ähnlichen Verfahren verarbeitet. Bei der Verarbeitung zu Kunststoffformteilen werden häufig Pigmente, Füllstoffe und Zusatzstoffe (z. B. Weichmacher) zugegeben.

4.1.3 Verarbeitung von Duromeren zu Formteilen

Duromere

Zwei flüssige Stoffe werden miteinander vermischt. Der Kunststoff entsteht nach dem Mischen und der anschließenden chemischen Reaktion zwischen den Rohstoffen. Das Ergebnis kann nicht mehr verändert werden oder ohne Zerstörung weiterverarbeitet werden.

Verarbeitungsverfahren	Erklärung	Beispiele
Gießen	Eine Form wird befüllt und bleibt bis zur Aushärtung geschlossen (**Bild 1**).	Formteile z. B. Aschenbecher, Deckel, Gehäuse
Schäumen	Den Rohstoffen wird ein Treibmittel zugegeben. Eine Form wird befüllt und bleibt bis zur Aushärtung geschlossen.	Schaumstoffe, Dämmmaterial
Beschichten	Nach dem Mischen der Komponenten (Stammlack und Härter) kann das Material eine begrenzte Zeit (Tropfzeit) verarbeitet werden.	2K-Lacke
Laminieren	Zur Verbesserung der Eigenschaften werden Glasfasern in Faserform zugegeben oder als Matten schichtweise eingebettet (**Bild 2**).	Formteile z. B. Spoiler, Karosserieteile, Bootskörper, Gehäuse

Tabelle 1: Verarbeitungsverfahren für duromere Kunststoffe

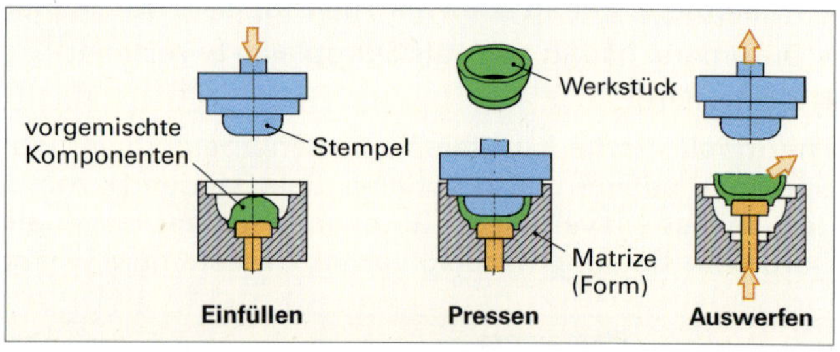

Bild 1: Formteilherstellung durch Gießen

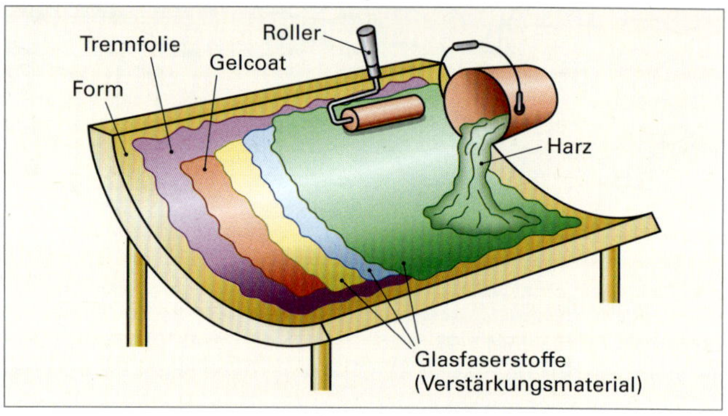

Bild 2: Formteilherstellung durch Handlaminieren

Bild 3: Bruchstück einer glasfaserverstärkten Motorradverkleidung

Faserverbundkunststoffe (FVK)
Glasfaserkunststoffe (GFK)

Duromere sind meist hart, spröde und brechen leicht. Eingebettete Fasern bewirken eine Verbesserung der mechanischen Eigenschaften des Kunststoffes. Bei Unfällen nehmen sie am Fahrzeug Energie auf (**Bild 3**).
Eingebettet werden Fasern, Faserschnitzel, Matten oder Rovings (Faserbündel, Faserstränge).
Durch die Verwendung einer Form lassen sich im **Handlaminierverfahren** auf einfache Art und Weise viele Objekte frei gestalten, z. B. Boote, Motorradverkleidungen, Gehäuse (**Bild 2**).
Die Form wird zuerst mit einem Trennmittel behandelt. Dann wird eine Gelcoatschicht aufgetragen, damit sich später das Gewebe nicht durchzeichnet.
Auf die angetrocknete Gelschicht wird das Harz aufgetragen und die erste Verstärkungslage eingelegt. Es erfolgt die Tränkung der Schicht mit Harz. Mit einer Rolle wird die Lage verdichtet und entlüftet. Nass-in-nass folgt eine weitere Schicht Harz + Gewebe. Dieser Vorgang wird so oft wiederholt, bis das Objekt die gewünschte Dicke aufweist. Nach dem Aushärten und dem Entnehmen aus der Form erfolgt die Oberflächenbearbeitung. Andere Formteile werden aus Kunststoffen hergestellt, die mit sehr kleinen Fasern versetzt sind. Zu ihrer Herstellung wird das Harz-Fasergemisch in die gewünschte Form gepresst. Nach der Härtung ist das Formteil fertig und muss noch oberflächenbearbeitet werden. Durch Laminieren können auch Löcher und Risse in Kunststoffteilen überbrückt werden.

Carbonfasern

Seit einiger Zeit verwendet man in Faserverbundkunststoffen auch **Kohlenstofffasern** (= Carbonfasern), die 30 % leichter als Aluminium und zugleich fester als Glasfasern sind. Diese werden mit dem Kunststoff Polyamid (Marke: Kevlar) verbunden. Die Kunststoffteile sind hochbelastbar.
Carbonfasern kommen am Bau noch selten vor.

4.1.4 Verarbeitung von Plastomeren zu Formteilen

Zuerst wird der Kunststoff als Rohmasse in Form von Granulat hergestellt (Bild 1). Zur Verarbeitung im gewählten Verfahren wird das Granulat erwärmt, aufgeschmolzen und in die gewünschte Form gebracht.

Verarbeitungsverfahren	Erklärung	Beispiele
Spritzgießen	Der in der Spritzgussmaschine aufgeschmolzene Kunststoff wird in eine Form gepresst. Die Produktion erfolgt Stück für Stück im Takt (Bild 2).	Scheinwerfergehäuse, Außenspiegel, Legosteine, Bierkästen
Extrudieren	Der in der Spritzgussmaschine aufgeschmolzene Kunststoff wird nicht in eine Form, sondern durch eine Formdüse gepresst. Die Produktion erfolgt fortlaufend.	Rohre, Rollladenrippen
Blasen	Beim Extrudiervorgang wird durch die Düse Druckluft in das weiche Kunststoffrohr eingeblasen und dieses bis zum Folienschlauch geweitet.	Folien, Tragetaschen
Walzen	Der Kunststoff läuft über immer enger stehende, erwärmte Walzen.	Platten, dicke Folien
Schäumen	Der Kunststoff enthält ein Treibmittel. Er wird in eine Form gegeben und erwärmt.	Dämmmaterial, Schaumstoffe
Durch neuerliche gezielte Erwärmung, insbesondere von dicken Folien, können weitere wichtige Produkte hergestellt werden.		
Tiefziehen	Über einer Form wird die Folie erwärmt und über Vakuum in die Form gezogen (Bild 3)	Abdeckungen, Becher, Behälter
Schweißen	Durch Erwärmen verbinden sich Teile beim Verschmelzen.	Taschen
Blasen	Druckluft presst den erwärmten Kunststoffschlauch in die Form (Bild 4).	Flaschen, Becher

Tabelle 1: Verarbeitungsverfahren für plastomere Kunststoffe

Bild 1: Kunststoffgranulat

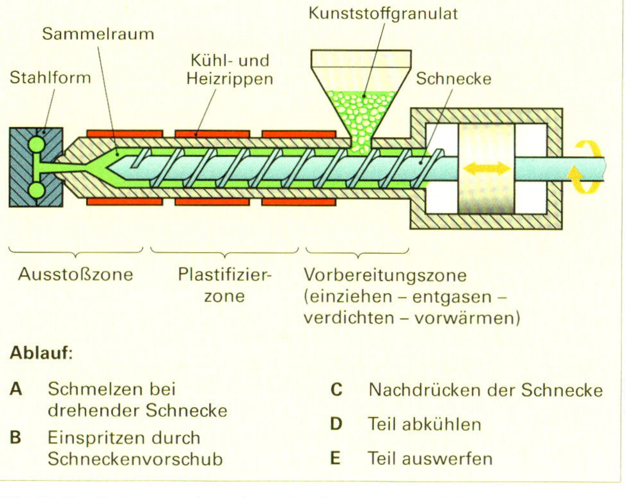

Bild 2: Funktionsweise einer Spritzgussmaschine

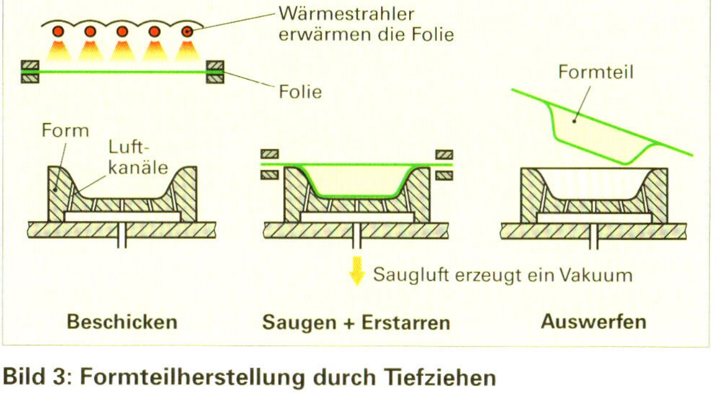

Bild 3: Formteilherstellung durch Tiefziehen

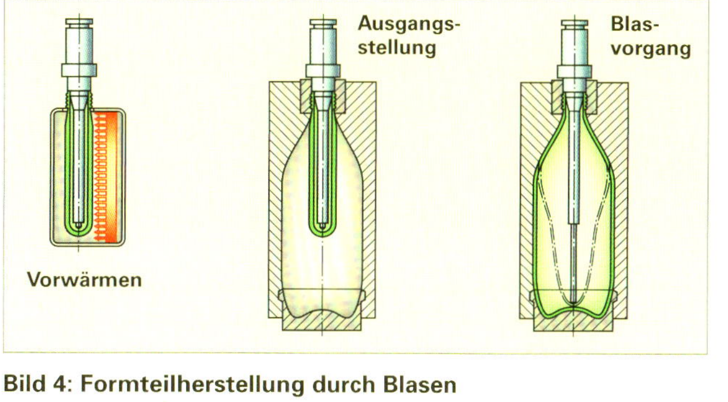

Bild 4: Formteilherstellung durch Blasen

Memory-Effekt

Im Kunststoff liegen die Makromoleküle verknäuelt vor. Wird der Kunststoff gewalzt, tiefgezogen oder geblasen, so werden die Makromoleküle gegen ihren Willen gestreckt. Bei Wärme kehren die Makromoleküle wieder in ihre Ausgangsform zurück, da sie sich an ihren Ausgangszustand erinnern.

Ein tiefgezogener Becher wird bei längerer Erwärmung im Ofen wieder zur Folienscheibe mit gleicher Kreisform wie vormals unter dem Wärmestrahler.

Siehe dazu auch Kap. 12.22 zur Verarbeitung von Beschriftungsfolien.

Bei der Schadensbearbeitung kann sich der Maler und Lackierer den Memory-Effekt zunutze machen.
Werden eingedrückte Dellen an Kunststoffteilen mit dem Föhn vorsichtig erwärmt, können diese mehr oder weniger wieder verschwinden. Nach dem Fönen wird der Kunststoff mit kaltem Wasser wieder abgekühlt.

4.2 Erkennen von Kunststoffen

Noch bis vor wenigen Jahren wurden einfache Verfahren zur Erkennung von Kunststoffen herangezogen. **Tabelle 1** gibt eine Übersicht zu den baustellenüblichen Prüfungen.

	Duromere	Plastomere	Elastomere
Lösemittelprobe (Nitroverdünnung)	Keine Reaktion auf Lösemittel	Werden gelöst	Quellen
Schleifprobe	Stauben	Schleifpapier setzt sich zu	Krümeln
Flammprobe Von der Anwendung ist abzuraten, da die Oberfläche zersetzt wird.	**Polyurethan (PU):** blaue Flamme, zieht Fäden, riecht nach verbrannten Haaren **Polyester (UP):** helle Flamme, rußend, riecht süßlich (Styrol)	**Polyvinylchlorid (PVC):** grüne Flamme, stark rußend, riecht stechend **Polyethylen (PE):** helle Flamme, tropfend, riecht nach Paraffin (Kerze)	Nicht schmelzbar

Tabelle 1: Erkennen von Kunststoffen

Da es mittlerweile eine Vielzahl von Kunststoffen für die unterschiedlichsten Anwendungsbereiche gibt, wird grundsätzlich davon abgeraten, auch aus Gründen der Gewährleistung, sich auf die Eigenanalyse zu verlassen. Außerdem wird bei o. g. Prüfungen das Kunststoffobjekt meistens beschädigt. Von der Flammprobe ist auch aus gesundheitlicher Hinsicht abzuraten, da bei der Verbrennung von Kunststoffen gesundheitsschädliche Verbrennungsprodukte entstehen.

Aufschluss über die Kunststoffart kann eine alte Rechnung geben oder die Kennzeichnung, die vom Hersteller werksseitig vorgenommen wurde. Es handelt sich hierbei immer um genormte Abkürzungen. **Tabelle 2** listet häufig verwendete Kunststoffe auf und beschreibt ihre Verwendung und Überstreichbarkeit (laut BFS-Merkblatt Nr. 22).

Kunststoff		Verwendung	Überstreichbarkeit	
			● ja	● nein
Plastomere				
Hart-PVC	Polyvinylchlorid, hart	Rohre, Sockelleisten, Fenster, Türen, Dachrinnen, Kabelkanäle	●	
PS	Polystyrol	Bauplatten, Dämmplatten	●	
PMMA	Polymethylmethacrylat	Acrylglas, Rohre, Bauplatten	●	
PE	Polyethylen	Folien, Kabelkanäle, Fallrohre, Dachrinnen, Möbeloberflächen		●
PP	Polypropylen	Möbeloberflächen, Bauplatten, Rohre		●
ABS	Acrylnitril-Butadien-Styrol	Möbeloberflächen, Rohre, Bauplatten		●
PA	Polyamid	Möbel, Rohre		●
Weich-PVC	Polyvinylchlorid, weich	Kabel, Verkleidungen		●
Duromere				
MF	Melaminformaldehyd	Möbel- und Türoberflächen	●	
PF	Phenolformaldehyd	Fensterbänke, Möbeloberflächen, Bauplatten	●	
PUR	Polyurethan	Türprofile, Fenster, Kabelkanäle, Möbeloberflächen	●	
UP	Ungesättigter Polyester	Bauteile, Rohre, Möbeloberflächen	●	
Elastomere				
SR	Polysulfidkautschuk	Elastische Dichtungsmasse für Anschluss- und Bauteilfugen		●
SI	Silastomer (Silicon)	Elastische Dichtungsmasse für Anschluss- und Bauteilfugen		●

Tabelle 2: Kunststoffe und anwendungstechnische Merkmale

Der Fachmann kann häufig vom Handelsnamen auf die Kunststoffart schließen.

Z. B.:
- Nylon®, Perlon® = Polyamid
- Kevlar® = aromatisches Polyamid (Aramid)
- Hostalen® = Polyethylen
- Plexiglas® = Polymethylmethacrylat
- Styropor® = Polystyrol

4.3 Vorbereiten von Kunststoffuntergründen zur Beschichtung

Vor der Bearbeitung kann das Kunststoffobjekt wie folgt vorliegen:

- Es ist verschmutzt und verunreinigt.
- Es ist mit einer Altbeschichtung versehen.
- Am Neuteil befinden sich Trennmittel an der Oberfläche.
- Witterung legte bei GFK die eingelagerten Fasern frei.
- Weichmacherwanderung führte zur Versprödung des Kunststoffes.

Die meisten Untergrundveränderungen lassen sich per Augenschein, also durch Betrachten, erkennen.

Die wichtigsten Untergrundprüfungen an Kunststoffobjekten sind in **Tabelle 1** aufgelistet.

Prüfung auf	Methode
Kunststoffart	• Wenn möglich beim Hersteller nachfragen und/oder auf Kennzeichnung achten. • Achtung: Kunststoffzerstörende Prüfung (**siehe Kap. 4.2**) meiden, oder an unbeachteten Stellen, z. B. in einer Falz, durchführen. • Bei unbekanntem Kunststoff Beschichtungsprobefläche anlegen. Verträglichkeit mit dem vorgesehenen Beschichtungsstoff prüfen.
Verwitterung	• Nach Augenschein • Durch Kratzprobe auf Entfernbarkeit • Durch Reiben oder Kratzprobe mit einem Lappen auf Entfernbarkeit der Verwitterungsprodukte
Trennmittel	• Durch Befühlen. Manche Oberflächen fühlen sich ölig oder wachsartig an. • Durch Benetzung mit Wasser. Auf Trennmitteln perlt Wasser ab.
Altbeschichtung	• Mit Gitterschnittprüfung nach DIN EN 2409 und Klebebandtest auf Haftfestigkeit prüfen (**siehe Kap. 11.12**). • Auf Verträglichkeit mit dem vorgesehenen Beschichtungsstoff prüfen.

Tabelle 1: Untergrundprüfungen von Kunststoffoberflächen

Altbeschichtung entfernen

Wenn die Altbeschichtung nicht haftet, muss sie meist vollständig entfernt werden. Die Entschichtung erfolgt mit dem Exzenterschleifer. Vom Entschichten mit Abbeizern oder durch Hitze ist abzuraten. Abbeizer greift häufig den Kunststoff an, Hitze mit dem Föhn führt schnell zur Untergrundverformung.

Schleifen

Damit keine Riefen in die Kunststoffoberfläche geschliffen werden, dürfen nur feinkörnige Schleifmittel verwendet werden, z. B. feines Schleifvlies (Scotch Brite Type S ultra fine) oder Nassschleifpapier der Körnung P 600 und höher. Am besten lassen sich duromere Kunststoffe schleifen. Dabei entsteht weißer Schleifstaub. Plastomere Kunststoffe schmieren beim Schleifen, da sie durch die Reibungswärme weicher werden und dann das Schleifpapier leicht zusetzen.

Bei GFK muss vermieden werden, dass die eingebetteten Fasern beim Schleifen freigelegt werden.
Schleifen führt zur elektrischen Aufladung des Kunststoffteils, es zieht Staub an. Darum möglichst den Schleifstaub abwaschen und das Objekt trocknen lassen, nicht trockenreiben.

Reinigen

Immer müssen auf neuen Kunststoffteilen vorhandene Trennmittel, Fette, Öle entfernt werden. Diese können lösemittel- oder wasserlöslich sein. Aufgrund elektrostatischer Aufladung muss mit Antistatic-Kunststoffreiniger gereinigt werden. Der Einsatz eines Antistatictuches ist zu empfehlen.

Bei viel Schmutz oder großflächiger Reinigung verwendet man eine ammoniakalische Netzmittellösung, siehe **Bild 1**. Vom Reinigen mit Lösemittel ist abzuraten.

Ammoniakalische Netzmittellösung:

Wasser	10 Liter
+ Salmiak	25 %
+ Netzmittel (z. B. Pril)	1 Spritzer

+ fusselfreier Lappen
(z. B. Mikrofasertuch)

Bild 1: Rezeptur der ammoniakalischen Netzmittellösung

Spachteln

Im Allgemeinen dient das Spachteln zum Glätten der Oberfläche. Wenn möglich sollte darauf verzichtet werden. Spachtelstellen sind immer Schwachstellen im Beschichtungssystem.

Beim Herstellungsprozess von duromeren Formteilen entstehen vereinzelt Hohlstellen, auch Lunkerstellen genannt. Diese müssen mit UP-Spachtelmasse gefüllt werden.

Untergrund absperren gegen Weichmacherwanderung

Kunststoffe können Weichmacher enthalten. Diese wandern im Lauf der Zeit aus dem Kunststoffteil. Die Grundierung (Plastoflex-Primer, Kunststoffprimer, 2K-Plasticprimer) muss diese Weichmacher absperren, um die Weichmacherwanderung zu verhindern.

4.4 Beschichtung von Kunststoffuntergründen am Bau

Grundsätzlich müssen vom Beschichtungssystem die folgenden Anforderungen erfüllt werden. Während Verträglichkeit und Haftung nur für die direkt im Kontakt mit dem Kunststoff stehende Grundierung wichtig sind, muss die Dehnbarkeit von allen Schichten im System gewährleistet sein.

Vertäglichkeit	Haftung	Dehnbarkeit
Lösemittel in der Grundierung können den Kunststoff anlösen.	Die erste Schicht auf dem Kunststoff muss zum Beschichtungssystem eine Haftbrücke bilden.	Das Beschichtungssystem muss die Bewegungen des Untergrundes mitmachen.

Das größte Problem stellt die Haftung zwischen Untergrund und Beschichtungsstoff dar. Spezielle Haftvermittler, vor allem 2K-Epoxidharz-Grundierungen, haben sich auf vielen Kunststoffuntergründen bewährt.

Weiße maßhaltige Kunststoffbauteile wie Fenster und Türen dürfen nicht zu dunkel beschichtet werden, um einen Aufheizeffekt und damit das Verziehen der Bauteile zu vermeiden.

Tabelle 1 und 2 geben Aufschluss über Beschichtungsstoffe für Kunststoffe und deren Beanspruchungsqualität.

Legende: ● (rot) Nicht geeignet; ● (gelb) Bedingt geeignet; ● (grün) Geeignet

Untergründe	2K-PUR Polyurethanharz	2K-EP Epoxidharz	2K-Acrylharz	PVC Polymerisatharz	Alkydharz	Dispersionslackfarbe	Dispersionsfarbe
Polyvinylchlorid (Hart-PVC)	geeignet	geeignet	geeignet	geeignet	geeignet	geeignet	geeignet
Polystrol (PS)	nicht geeignet	nicht geeignet	nicht geeignet	nicht geeignet	nicht geeignet	geeignet	geeignet
Phenolformaldehyd (PF)	geeignet	geeignet	geeignet	geeignet	geeignet	geeignet	geeignet
Melaminformaldehydharz (MF)	geeignet	geeignet	geeignet	geeignet	geeignet	geeignet	geeignet
Harnstoffharz (HF)	geeignet	geeignet	geeignet	geeignet	geeignet	geeignet	geeignet
Ungesättigter Polyester (UP)	geeignet	geeignet	geeignet	geeignet	geeignet	geeignet	geeignet
Polyurethan (PUR)	geeignet	geeignet	geeignet	geeignet	geeignet	geeignet	geeignet
Epoxid (EP)	geeignet	geeignet	geeignet	geeignet	geeignet	geeignet	geeignet
Polymethylmethacrylat (PMMA)	geeignet	geeignet	geeignet	geeignet	geeignet	geeignet	geeignet
Polyamid (PA)	geeignet	geeignet	geeignet	geeignet	geeignet	geeignet	geeignet
Polyethylen (PE)	geeignet	geeignet	geeignet	geeignet	geeignet	geeignet	geeignet
Polypropylen (PP)	geeignet	geeignet	geeignet	bedingt geeignet	geeignet	geeignet	geeignet

Tabelle 1: Beschichtungen auf Kunststoffuntergründen

Beschichtung	Beanspruchungsgrad
Dispersionsfarben	Für normale klimatische Bedingungen, neigen zum Verschmutzen; z. B. für die farbliche Angleichung von Fallrohren an Hausfassaden geeignet.
Dispersionslackfarben	Für normale klimatische Bedingungen; höherwertig als Dispersionsfarben; polyurethanverstärkte Acryllacke sind hochwertig und leicht zu reinigen.
Alkydharzlackfarben	Für normale Belastungen; ergeben optisch hochwertige Beschichtungen und sind leicht zu reinigen.
Polymerisatharzlackfarben	Für normale Wetterbelastung; bedingte Beständigkeit gegen den Einfluss von Chemikalien.
Epoxidharzlackfarben	Für hohe mechanische und chemische Beanspruchung geeignet; beständig gegen Wasserdauerbelastung; neigen bei Sonneneinstrahlung zum Kreiden.
Polyurethanharzlackfarben	Für hohe mechanische und chemische Beanspruchung; beständig gegen Wasserdauerbelastung und klimatische Bedingungen.
2K-Polyacrylatfarben	Für sehr hohe mechanische Beanspruchung; beständig gegen Wetter-, Wasser- und Chemikalienbelastung.

Tabelle 2: Belastbarkeit von Beschichtungen auf Kunststoff

4.5 Beschichtung von Kunststoffen am Fahrzeug

4.5.1 Bearbeiten von Kunststoffneuteilen am Fahrzeug

Die Bedeutung von Karosserieteilen aus Kunststoff nimmt im modernen Fahrzeugbau stetig zu. Preisdruck, Gewichtsoptimierung, die Verformbarkeit und Energieabsorption im Falle eines Crashs sowie die Korrosionsbeständigkeit sind wesentliche Gründe, die für die Verwendung von Kunststoffen sprechen.

Zirka 30 % Materialanteil eines Mittelklassewagens bestehen aus Kunststoff. Etwa zwei Drittel davon entfallen auf die Innenausstattung, ein Drittel auf elektrische Bauteile, das Fahrwerk und die Karosserie. Mit den Ansprüchen an das Design der Fahrzeuge wächst auch der Käuferwunsch, Karosserieteile aus Kunststoff in Wagenfarbe zu lackieren **(Bild 1 und 2)**.

Bild 1: Stoßfänger, unlackiert

Bild 2: Stoßfänger, lackiert

Verwendete Kunststoffe am Fahrzeug

Um die Materialeigenschaften zu verbessern, werden Kunststoffe für den Fahrzeugbau auch miteinander gemischt **(Tabelle 1)**. Obwohl diese nach DIN ISO 11469 seit dem Jahr 2003 gekennzeichnet sein müssen, wäre die Beschichtung für den Fahrzeuglackierer äußerst schwierig, müsste er Beschichtungsstoffe und Kunststoffart jeweils aufeinander abstimmen. Insofern wird die Arbeit dadurch erleichtert, dass von den Fahrzeuglackherstellern universelle Kunststoffbeschichtungssysteme angeboten werden.

Reinigen von Kunststoffoberflächen

Karosserieteile aus Kunststoff, z. B. Stoßfänger und Verkleidungen, werden in hohen Stückzahlen hergestellt. Dies geschieht meistens durch das Pressen in Formen. Um die gepressten Teile anschließend leicht aus der Form entnehmen zu können, werden die Kunststoffformen mit Trennmittel eingesprüht. Es handelt sich hierbei meistens um Silicone, Wachse oder Polyvinylalkohol-Lösungen. Diese kommen auch an der Oberfläche neuer Formteile vor und müssen vor einer Beschichtung entfernt werden.

Dies geschieht mit einem weichen sauberen Tuch und Kunststoffreiniger. Nach dem Ablüften werden die Karosserieteile eine Stunde lang bei 60 °C in der Trockenkabine gelagert, was in der Fachsprache als Tempern bezeichnet wird und wodurch die Treibmittel aus den Teilen gezogen werden. Danach wird ein weiterer Reinigungsvorgang mit Antistatik-Reiniger durchgeführt. Bei der Reinigung mit Lösemitteln muss beachtet werden, dass die Kunststoffe PPO-PS, PPO-PA, ABS und PC lösemittelempfindlich sind.

Schleifen von Kunststoffteilen

Um keine Riefen in die Kunststoffoberfläche zu schleifen, werden nur feinkörnige Schleifmittel verwendet, z. B. Nassschleifpapier der Körnung P 600 bzw. feines Schleifvlies. Am besten lassen sich Duromere schleifen (starre Kunststoffe), erkennbar am weißen Schleifstaub. Plastomere schmieren beim Schleifen, weil sie durch die Reibungswärme weicher werden. Flexible Kunststoffe wie die Elastomere sind zwar schleifbar, krümeln aber stark und produzieren einen dunklen Schleifstaub.

Kunststoff	Kurzzeichen	Karosserieteile
Acrylnitril-Butadien-Styrol	ABS	Dachspoiler, Kühlergrills, Radkappen, Zierleisten, Motorradverkleidungen, Blenden
Acrylnitril-Butadien-Styrol/Polyphenylenoxid	AB/PPO	Stoßstangen, Frontspoiler, Kühlergrills
Glasfaserverstärkter Kunststoff	GFK	Stoßstangen, Motorhauben, Frontspoiler, Türschweller, Leisten, Kühlergrills
Honda-Mischpolymerisat	HP	Stoßstangen, Leisten
Polyamid	PA	Stoßstangen, Dachspoiler, Türschweller, Leisten, Tankklappen, Kühlergrills
Polybutylenterephtalat	PBT	Stoßstangen
Polycarbonat	PC	Stoßstangen, Frontspoiler, Seitenverkleidungen, Leisten, Kühlergrills, Stoßfänger, Radkastenverbreiterungen
Polycarbonat/Acrylnitril-Butadien-Styrol	PC/ABS	Dachspoiler
Polyoximethylen	POM	Leisten
Polypropylen	PP	Stoßstangen, Frontspoiler, Türschweller, Leisten, Kühlergrills
Polypropylen/Ethylen-Propylen-Dien-Mischpolymerisat	PP/EPDM	Radkappen, Spiegelgehäuse, Heckklappen
Polyphenylenoxid-Polyamid	PPO-PA	Radkappen, Spiegelgehäuse, Heckklappen
Polyphenylenoxid-Polystyrol	PPO-PS	Radkappen, Spiegelgehäuse, Heckklappen
Polyurethan	PUR	Stoßstangen, Dachspoiler, Türschweller, Leisten, Kühlergrills

Tabelle 1: Karosserieteile aus Kunststoff

4.5.2 Reparatur beschädigter Kunststoffteile

Beschädigungen können sein: Kratzer, Abschürfungen, Verformungen, Risse und Durchbrüche sowie abgebrochene Halter und Befestigungselemente. Gängige Reparaturverfahren sind:

- **Thermische Rückverformung**
  Diese ist nur an Plastomeren möglich. Durch den Memory-Effekt werden bei kreisender Bewegung mit dem Föhn über der Delle Moleküle wieder in ihre ursprüngliche Form gebracht.
- **Armieren/Kleben**
  Der Riss ist an den Enden mit je einem Loch mit etwa 5 bis 8 mm Durchmesser anzubohren, um ein Weiterreißen zu verhindern. Dann wird der Riss v-förmig ausgeschliffen/gefräßt und so die Klebefläche vergrößert. Der absolut saubere Riss wird dann mit Kleber aus einem Reparatursystem gefüllt, zur Verstärkung Glasfasergewebe eingebettet (= Armierung) und weitgehend geglättet. Wichtig: dies muss von beiden Seiten erfolgen. Ausgebrochene Halterungen werden geklebt, die Bruchstelle mit Armierung versteift.

Leichte Kratzer im Lack, Abschürfungen unter 1 mm	Kratzer bis in den Kunststoff, tiefer als 1 mm	Schwere Beschädigungen, Sicherheitsrelevante Teile nicht reparieren!
	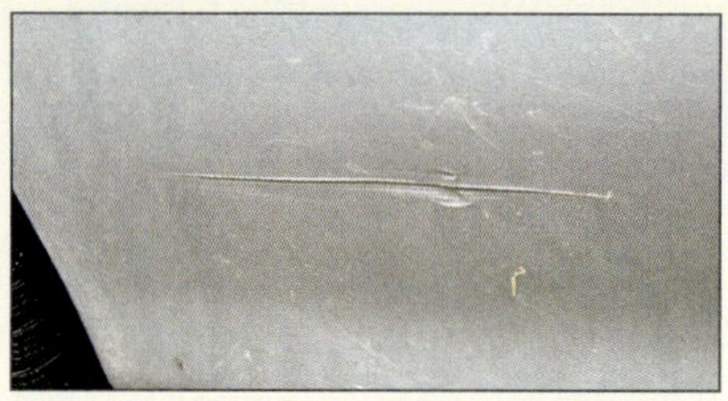	
Schleifen mit Exzenterschleifen und P 120-Schleifpapier bis zum blanken Kunststoff	Wenn möglich: Thermische Rückführung mit dem Heißluftföhn	Rissenden anbohren
		Riss ausschleifen
Haftvermittler aufsprühen	Kunststoff blank schleifen mit P 120, auch die Kratzer müssen beschichtungsfrei sein	Von beiden Seiten kleben und armieren
		Schleifen P 120
Feinspachteln	Haftvermittler aufsprühen	Spachteln bis zur glatten Oberfläche
Schleifen mit P 120		
1 x Kunststoff-Lackprimer, dann Lackieren		

Tabelle 1: Reparaturschritte an beschädigten Kunststoffteilen

4.5.3 Beschichtungsaufbau auf neuem Kunststoffteil

Arbeitsschritt	Werkstoffe	Hilfsstoffe und Hilfsmittel
Tempern		Bei 60 °C 1 Stunde
Reinigen		Kunststoffreiniger, fusselfreier Lappen
Schleifen (möglichst nicht)		1. Grobschliff (P 120 bis P 150) 2. Feinschliff (P 360 bis P 400) Unbeschädigte Kunststoffe mit P 600 oder feinem Schleifvlies, z. B. Scotch Brite Typ S ultrafine (grau)
Reinigen		Kunststoffreiniger, fusselfreier Lappen
Tempern (eventuell mehrmals)		Bis über die maximale Trocknungstemperatur hinaus
Grundieren Ablüften Trocknen	Grundierung/Haftprimer	
Spachteln (möglichst nicht)		UP-Spachtel (für Reparaturstellen)
Füllern Ablüften Trocknen	Elastifizierter 2K-Füller	Bei manchen Systemen ist elastifizierendes Additiv zuzugeben
Uni-Lackierung		
Decklack auftragen Ablüften Trocknen	2K-Lack (HS)	Bei manchen Systemen ist elastifizierendes Additiv zuzugeben oder Effekt-Additiv für Strukturen
2-Schicht-Lackierung		
Basislack auftragen Ablüften Trocknen	Wasserverdünnbarer 2K-Basislack (Acryl/PUR-Basis)	Bei manchen Systemen ist elastifizierendes Additiv zuzugeben oder Effekt-Additiv für Strukturen
Klarlack auftragen Ablüften Trocknen	2K-Klarlack (Acryl/PUR-Basis) HS/lösemittelverdünnbar oder wasserverdünnbar	Bei manchen Systemen ist elastifizierendes Additiv zuzugeben oder Effekt-Additiv für Strukturen

Tabelle 2: Arbeitsgänge und Beschichtungsaufbau einer Kunststofflackierung

5
Mineralische Untergründe und ihre Beschichtung

Lernfeld 1, 5, 7, 11, 12BK

5.1 Einteilung mineralischer Untergründe

Mineralien sind Steine, Erden, Metalle... fast alle festen Bestandteile unserer Erde. Mineralien leben und wachsen nicht. Sie gehören darum nicht zu den organischen Stoffen (den lebenden Stoffen), sondern gehören zu den anorganischen Stoffen, d. h. sie bilden den toten Bereich der Natur.

Als die Erde entstand, bestand sie aus flüssigem Magma, das im Laufe von Jahrmillionen an der Oberfläche zur Erdkruste erstarrte. Im Innern besteht die Erde ab 1200 km (gesamter Erdradius = etwa 6300 km) immer noch aus flüssigem Magma, das über Vulkane auch heute noch als Lava an die Erdoberfläche gelangen kann. Jedes Gestein hat seinen Ursprung im Magma (**Bild 1**).

Verwitterung ergibt Kies und die verschiedenen Bodenarten.
Druck und Verfestigung ergeben Gestein.

Durch **Verschiebungen der Erdkruste** falten sich Gebirge auf. Druck und Hitze pressen das Gestein = Schieferung.

Bild 1: Entstehung der Mineralien

Gebrannte Baustoffe. Manche Mineralien, z. B. Ton oder Lehm, können durch Brennen in einem Ofen zu einem festen Stoff gebrannt werden.

Gebundene Baustoffe. Einige mineralische Stoffe lassen sich durch bestimmte Verfahren zu einem neuen Mineral, einem künstlichen Stein, verbinden. Meist werden dabei weitere Mineralien (Sand, Kies) zugegeben.

Eine Übersicht über die mineralischen Stoffe, die im Bauwesen von Bedeutung sind, zeigt **Übersicht 1**.

Mineralische Untergründe		
Natürlich	**Künstlich**	
	Gebrannt	Gebunden
Erstarrungsgestein: Granit, Basalt, Porphyr, Bims **Ablagerungsgestein:** Sandstein gelb/rot, Kalkstein, Travertin **Umwandlungsgestein** Marmor, Gneis, Schiefer	**Ziegelei-Erzeugnisse:** Ziegelstein Dachziegel Backstein = gebackener Ziegel **Tonwaren:** Fliesen, Klinker, Steingut	**Putze:** Gipsputz, Kalkputz, Zementputz **Beton:** Normalbeton, Stahlbeton, Porenbeton, Leichtbeton, Spritzbeton **Kalksandstein** **Platten:** Faserzementplatte, Gipsplatte, Gipsbauplatte
Bedeutung für den Maler und Lackierer		
Als Sockel, Sims, Verkleidung, Denkmal Selten deckend zu bearbeiten, meist hydrophobierend, damit das Aussehen erhalten bleibt.	Als verklinkerte Wand, Backsteinwand Selten zu bearbeiten, oft nur wegen der Fuge. Bearbeitung meist farblos hydrophobierend, damit das Aussehen erhalten bleibt.	Als oberste Schicht auf der Wand, oder als Wand selbst **= wichtigste Gruppe für den Maler und Lackierer.** Diese Untergründe müssen dauerhaft geschützt und verschönert werden.

Übersicht 1: Mineralische Baustoffe

5.1.1 Mauerwerk

Um eine stabile Wand zu erhalten reicht es nicht Mauersteine aufeinanderzuschichten. Dafür müssen die Mauersteine mit einem Mörtel verbunden/verklebt werden, im Außenbereich meist mit Kalkzementmörtel oder Zementmörtel.

Wenn die verwendeten Natur- oder Kunststeine ihren ursprünglichen Oberflächencharakter behalten sollen, werden sie nicht verputzt oder beschichtet. Ein solches Mauerwerk wird als Sichtmauerwerk bezeichnet. Für Sichtmauerwerk werden besonders an repräsentativen Gebäuden Natursteine verwendet, meist in Platten aus Kostengründen. An Wohngebäuden werden häufig Klinkerriemchen angebracht.

Mauerwerk und Naturstein

Natursteine werden in Steinbrüchen gewonnen und entweder in ihrer natürlichen Form bruchrau verwendet oder nach Verarbeitung durch den Steinmetz, der sie behaut oder sägt. Art und Grad der Steinbearbeitung bestimmen den Fugenverlauf und den Oberflächencharakter des Mauerwerks. Beispiele zeigen Bild 1 bis 3.

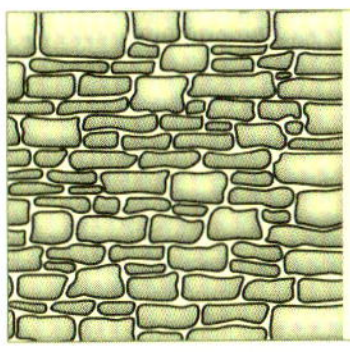

- Bruchraue Steine
- Fugen vermörtelt
- Bearbeitete Ecksteine

Bild 1: Bruchsteinmauerwerk

- Verspringende Lagerfugen
- Behauen im Fugenbereich

Bild 2: Schichtmauerwerk, hammerrecht

- Steine allseitig und rechtwinklig behauen
- Ungefähr gleiche Schichthöhe

Bild 3: Quadermauerwerk

In den europäischen Baustilepochen wurde an Kirchen und anderen Gebäuden aus Sandstein die Oberfläche des Steins mit dem Meißel strukturiert. Dies nennt man scharrieren, den Meißel Scharriereisen.

Festigkeitsklassen: Heutige Umwelteinflüsse, insbesondere die Umweltbelastung durch sauren Regen, greifen viele Natursteine an. Harte Steinarten widerstehen länger.

Siehe dazu Kap. 5.3.2.

Härtegrad nach Mohs →				
3	3-4			7
Kalkstein Travertin	Sandstein (wenig Quarzanteil)	Dolomit Marmor	Sandstein (Quarzanteil über 90 %)	Porphyr Granit

Tabelle 1: Festigkeitsklassen von Natursteinen

Mauerwerk aus gebrannten und gebundenen Baustoffen

Die meisten Kunststeine saugen aufgrund ihres Aufbaus Wasser auf, siehe Kap. 5.2.4. Darum muss Rohmauerwerk zeitnah verputzt und beschichtet werden. Feuchte ist der Feind jeder Bausubstanz.

	Kalkstein	Ziegel	Klinker	Porenbetonstein	Gipsstein

Herstellung	Kalk + Quarzsand werden unter Dampfdruck gehärtet.	Lehm oder tonhaltige Stoffe werden bei 900 bis 1200 °C gebrannt	Ton + Zuschläge sintern (verschmelzen) bei ca. 1500 °C Erstarrung zu glasartiger Masse	Zement+ Quarzmehl + Aluminiumpulver (zur Porenbildung) Härtung unter Dampfdruck	Aus Gipsgestein (siehe Kap. 6.2) In Formen gegossen z. B. als Stuck oder als aufgezogene Putzschicht
Eigenschaften	• Glatt, hart, fest • Frischer Kalksandstein schwindet; erst nach 6 Monaten beschichten!	• Bedingt frostbeständig • Witterungsbeständig • Chemikalienbeständig	• Dicht, hart • Kaum saugend • Witterungsbeständig • Chemikalienbeständig	• Geringe Festigkeit • Stark saugend • Nur langsame Austrocknung	• Stark saugend • Empfindlich gegen Feuchtigkeit; nur innen verwenden!

Tabelle 2: Kunststeinarten

Mörtel

Mörtel und Putze unterscheiden sich in Details der Rezeptur. Mörtel hat vorwiegend die Aufgabe, Mauersteine zu verbinden, zu verkleben. Vorsicht, Mörtelfugen sind Schwachstellen. Auch über sie kann Feuchte ins Bauwerk dringen.

5.1.2 Putz

Ein Putz braucht immer einen Untergrund, auf den er aufgetragen wird. Er bildet nie alleine die Wand. Eine Putzschicht reicht in der Regel nicht aus. Ein systematischer Aufbau ist erforderlich (**Bild 1**). Je nach Notwendigkeit erfolgt eine Grundbeschichtung mit einer Haftschlämme oder einem Putzgrund.

Aufgaben von Putzen

Putze werden aus folgenden Gründen auf Mauerwerk aufgetragen

- Zum Glätten des Untergrunds. Mauerwerk ist meist rau und uneben und sieht meist nicht schön aus.
- Aus Gründen der Hygiene. Ungeziefer kann sich leicht in den Fugen verstecken.
- Um das Mauerwerk zu schützen. Vor Feuchte, Wärme, Kälte und Witterung besonders im Außenbereich.
- Sie stellen einen beschichtungsfähigen Untergrund dar.
- Sie können durch ihre Struktur zur Gestaltung der Wand beitragen.
- Zur Verbesserung der Dämmeigenschaften der Wand.

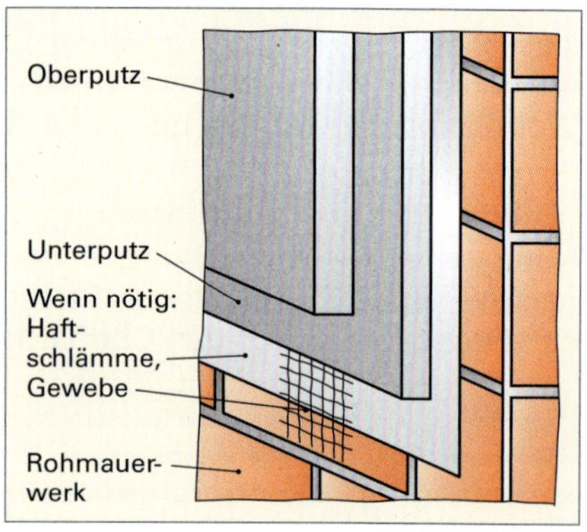

Bild 1: Üblicher Putzaufbau

Zusammensetzung von Putzen

Ähnlich einem Beschichtungsstoff besteht ein Putz aus Bindemittel, füllenden Stoffen und einer Verdünnung, die nach der Verarbeitung verschwindet. Da Putze auf meist senkrechte Flächen aufgezogen werden, müssen sie in ihrer Konsistenz eher pastös sein.

Bestandteile	Beispiele	Aufgaben der Bestandteile
Bindemittel	Kalk Kalkzement Zement Gips Kalkgips Acryldispersion	Das Bindemittel ist der wichtigste Bestandteil im Putz. Er stellt die Verbindung zum Untergrund her, verbindet die Bestandteile und bestimmt die grundsätzlichen Eigenschaften des Putzes. Gipsputz ist wasserlöslich.
Zuschlagstoffe	Unterschiedliche Sandarten In Kunststoffputzen wird farbiges Granulat eingesetzt.	Die Größe der Sandkörner (Kornstärke) bestimmt die Feinheit bzw. die Rauigkeit der Putze. Putze mit größeren Sandkörnern können in dickeren Schichten aufgezogen werden. Gipsputz enthält meist keinen Sand, ist darum an der sehr glatten Putzfläche in Innenräumen erkennbar.
Zusatzstoffe	Besondere Chemikalien Pigmente	Diese Stoffe verbessern z. B. Haftung, Dichtfähigkeit, Frostbeständigkeit u. a. Pigmente dienen der Farbgebung.
Wasser	Möglichst sauberes Wasser	Wasser beeinflusst das Fließverhalten und die Verarbeitbarkeit von Putzen. Je nach Bindemittel wird das Wasser benötigt, um den Putz zu härten. Dafür wird es in den Putz eingebaut, d. h. es bleibt nach der Erhärtung im Putz.

Tabelle 1: Bestandteile von Putzen und deren Aufgaben

Erhärten von Putzen

Putze erhärten an der Luft durch Einbinden von Wasser. Je nach Bindemittel erfolgt die Härtung nach den chemischen Abläufen aus **Tabelle 2**. Überschüssiges Wasser verdunstet.

Carbonatisierung		Hydraulische Härtung	
Erhärtung durch Aufnahme von CO_2 aus der Luft.		Erhärten durch Einbinden der Wassermoleküle in ein Kristallgitter. Die Erhärtung erfolgt auch unter Wasser.	
Luftkalk Aus Kalkmilch $Ca(OH)_2$ entsteht Kalkstein $CaCo_3$. **Wasserkalk** Überwiegend Lufttrocknung, aber mit Anteilen an Hydraulefaktoren.	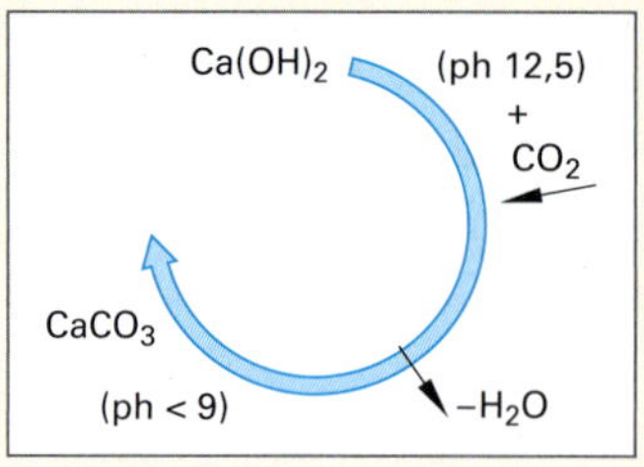	**Hochhydraulische Kalke** mit hohen Anteilen an Hydraulefaktoren **Zement** **Gips** **Anhydrid** Mit Hydraulefaktoren	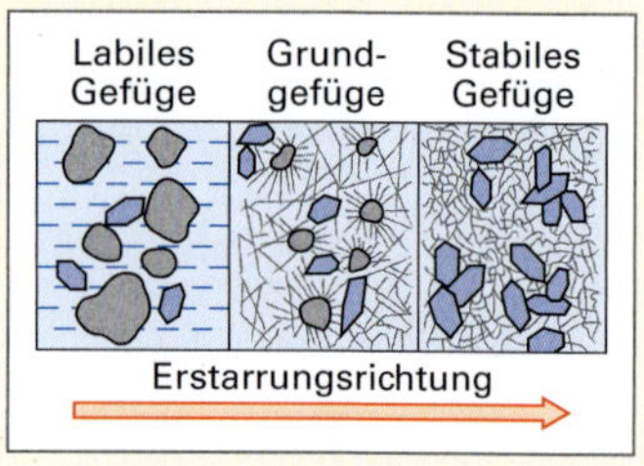

Tabelle 2: Putzerhärtung

Hydraulefaktoren. Dies sind Bestandteile, die Wassermoleküle in die Kristallstruktur von hydraulisch härtenden mineralischen Bindemitteln einbauen. Häufige Hydraulefaktoren sind: Kieselsäure (SiO_2), Tonerde (Al_2O_3), Eisenoxid (Fe_2O_3) und Magnesiumcarbonat ($MgCO_3$). Sie ermöglichen die Erstarrung auch unter Wasser.

Einteilung von Putzen

Einteilungskriterien für Putze			
Bindemittel	Funktion	Putzmörtelgruppen nach DIN EN 998-1	Verarbeitung und Oberflächenstruktur

Einteilung nach dem Bindemittel

Diese Einteilung ist für den Fachmann von großer Aussage. Die wichtigsten Putze gehören zu den mineralischen Putzen (**Tabelle 1**). Weitere Putze beschreibt **Tabelle 2**.

Mineralische Putze	Untergruppen	Mischungsverhältnis	Eigenschaften und Anwendungen	
Kalkputz	a) Luftkalk b) Wasserkalk (wenig Hydraulefaktoren) c) Hydraulischer Kalk (enthält Tonanteile)	Kalk : Sand 1 : 3 bis 4	Saugend, geringe Festigkeit, wasserdampfdurchlässig, nur gering mechanisch beanspruchbar, alkalisch Vorwiegend **Außenputz** für **historische Gebäude**	
Kalk-Zement-Putz	a) Hochhydraulischer Kalk (hoher Anteil an Hydraulefaktoren) b) Kalkzement	Kalk : Sand 1 : 3 bis 4 Kalk : Zement : Sand 2 : 1 : 10	Schwach saugend, gering wasserdampfdurchlässig, strapazierfähig, alkalisch Vorwiegend **Außenputz**	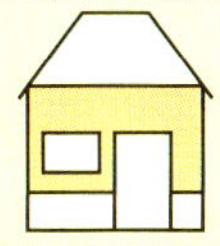
Zementputz	a) Zement mit Kalk b) Zement	Zement : Kalk : Sand 4 : 1 : 12 bis 16 Zement : Sand 1 : 3 bis 4	Kaum saugend, hart, fest, strapazierfähig, sehr alkalisch Vorwiegend **Sockelputz**	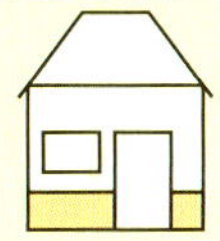
Gipsputz	a) Gips b) Gipssand c) Gipskalk d) Kalkgips	Nur Gips Gips : Sand 1 : 1 bis 3 Gips : Kalk : Sand 1 : 1 : 3 bis 4 Gips : Kalk : Sand 2 : 5 : 15 bis 20	Saugend, wasserlöslich, gute Dämmwerte, neutral, wasserdampfdurchlässig Nur als **Innenputz,** aber nicht für Feuchträume	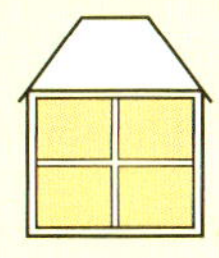

Tabelle 1: Mineralische Putze

Putze	Bestandteile	Eigenschaften	Anwendungsbereich
Silikatputze	Kaliwasserglas + max. 5 % Kunststoffdispersion	Alkalisch, wetter- und feuerbestänig, diffusionsfähig	Innen und außen, z. B. in der Baudenkmalpflege oder auf WDVS
Siliconharz-putze	Siliconharzdispersion + Kunststoffdispersion + Zuschläge	Geringe Wasseraufnahme, wetter- und verschmutzungsbeständig, diffusionsfähig	Innen und außen. Ihre Bedeutung nimmt zu.
Lehmputze	Lehm (Ton) und feinkörniger Sand	Physikalisch trocknend, diffusionsfähig, feuchteregulierend, wasserlöslich	Innen, für ökologische Bauweise zu empfehlen
Kunststoff-putze	7 % bis 8 % Kunststoffdispersion + mineralische Anteile (Sand) oder + Kunststoffgranulat	Beschichtung mit Putzcharakter, diffusionsfähig, elastoplastisch	Innen und außen, z. B. als Sockelputz oder auf WDVS

Tabelle 2: Weitere Putzarten

Einteilung nach der Funktion

Der Putzname wird durch eine herausragende Eigenschaft oder Anwendung geprägt (**Tabelle 3, Bild 1**).

Bezeichnung	Beschreibung
Sanierputz	Putze mit engen Kapillaren, in denen Salze kristallisieren und darum nicht so schnell an die Oberfläche gelangen.
Feuchtraumputz	Aufgrund ihres Kapillargefüges und der porösen Struktur sind sie in der Lage, Feuchtigkeit zu regulieren.
Akustikputz	Spritzputz mit porösem Charakter. Geblähte Zuschlagstoffe absorbieren den Schall.
Armierungsputz	Zur Aufnahme von Spannungen, mit Faserarmierung oder Aufbau mit Gewebeeinbettung.
Wärmedämmputz	Leichtgewichtige Zuschläge (z. B. Polystyrol) speichern die Wärme und wirken dämmend.
Magnetputz	Kunstharzgebundene Dünnschichtputze mit Metallsanden

Tabelle 3: Besondere Putzanwendungen

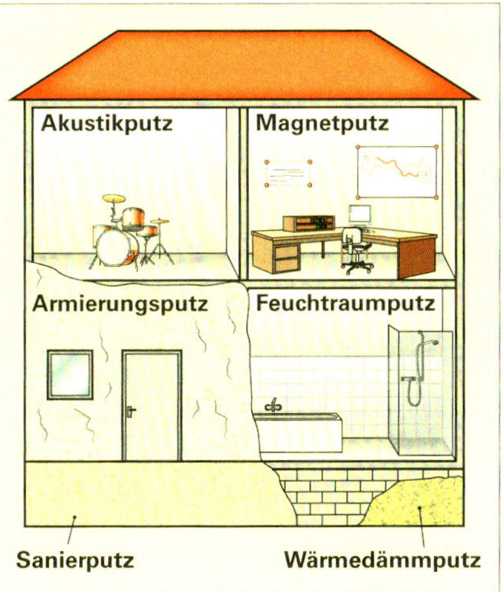

Bild 1: Besondere Putzanwendungen

Einteilung in Putzmörtelgruppen und Normen

Die Einteilung der Putzmörtel nach DIN 18550 in P I bis P V nach ihren Bindemitteln Kalk, Kalk-Zement, Zement und Gips ist nicht mehr gültig.
Die neue europäische Norm EN 998-1 kennt die alten Bezeichnungen nicht mehr, sie unterscheidet Putzmörtel nach Art der Eigenschaften und/oder Verwendungszweck (**Tabelle 1**).

Putzmörteleinteilung nach der neuen DIN EN 998-1		
Normalmörtel	GP	General Purpose Mortar
Leichtmörtel	LW	Light Weight Mortar
Edelputzmörtel	CR	Coloured Render
Einlagenputzmörtel für außen	OC	One Coat Mortar
Sarnierputzmörtel	R	Renovation Mortar
Wärmedämmputzmörtel	T	Thermal Mortar

Tabelle 1: Zuordnung der Putzmörtel nach europäischer Norm

Putzmörteleinteilung nach der alten DIN 18550		
P	I	Kalkmörtel
P	II	Kalk-Zementmörtel
P	III	Zementmörtel
P	IV	Gipsmörtel
P	V	Anthydritmörtel
Die einzelnen Gruppen mit ihren Untergruppen gaben Aufschluss über die Beschaffenheit der enthaltenen Bindemittel und das Mischungsverhältnis von Bindemittel zu Zuschlag.		

Nicht mehr gültig! aber mit Aussage

Tabelle 2: Alte DIN 18550

Die Einteilung nach DIN EN 998-1 erfolgt nach den Kriterien der **Tabelle 3**.

Eigenschaften	Kategorie	Klassifizierung
Druckfestigkeit (nach 28 Tagen) CS Sie bezeichnet die Widerstandskraft gegen eine Druckbelastung, bezogen auf eine definierte Fläche. Ist der Druck größer als die Druckfestigkeit des Putzes, so wird dieser zerstört. Die Einheit ist Newton pro mm^2.	CS I	0,5 bis 2,5 N/mm^2
	CS II	1,5 bis 5,0 N/mm^2
	CS III	3,5 bis 7,5 N/mm^2
	CS IV	> 6,5 N/mm^2
Kapillare Wasseraufnahme W Durch seine Oberflächenspannung wird Wasser in kleinste Kanäle (Kapillaren) gezogen. Je geringer der Kapillardurchmesser, desto höher steigt das Wasser. Gemessen wird die Wasseraufnahme in einer bestimmten Zeitspanne pro m^2.	W 0	Nicht festgelegt
	W 1	$0 \leq 0{,}4$ $kg/m^2/min$
	W 2	$0 \leq 0{,}2$ $kg/m^2/min$
Wärmeleitfähigkeit T Sie beschreibt, wie viel Wärme durch den Putz geleitet wird. Dämmstoffe haben eine sehr geringe Wärmeleitfähigkeit. Sie wird gemessen in Watt pro m und Kelvin.	T 1	$\leq 0{,}2$ W/mK
	T 2	$\leq 0{,}1$ W/mK

Tabelle 3: Einteilung der Putzmörtel nach EN 998-1

Mörtelgruppen nach DIN V 18550

Die Einteilung der Putzmörtel nach DIN EN 998-1 lässt keinen Rückschluss auf die Zusammensetzung oder das Bindemittel zu. Zur Information für Fachhandwerker und Planer wurden als Hinweis auf die Bindemittelart die bisher bekannten Putzmörtelgruppen in die neue DIN V 18550 (V = Vornorm) aufgenommen, siehe **Tabelle 2**.
Mit der Einteilung in P I bis P IV sind in DIN V 18550 keine Anforderungen mehr an die Druckfestigkeit verbunden. Die Einteilung erfolgt ausschließlich nach der Mörtelart.

DIN EN 13279

Diese Europäische Norm legt die Eigenschaften und Leistungsmerkmale pulverförmiger Produkte mit **Gips** als Bindemittelbasis für Bauanwendungen fest. Dies schließt werksgemischten Gipstrockenmörtel (Werktrockenmörtel) zum Verputz von Decken und Wänden innerhalb von Gebäuden ein, der eine fertige Oberfläche bildet, die weiter behandelt werden kann. Gips-Trockenmörtel werden wie folgt klassifiziert:

- B1 – Gips-Putztrockenmörtel
- B2 – gipshaltiger Putztrockenmörtel
- B3 – Gipskalk-Putztrockenmörtel
- B4 – Gipsleicht-Putztrockenmörtel
- B5 – gipshaltiger Leicht-Putztrockenmörtel
- B6 – Gipskalkleicht-Putztrockenmörtel
- B7 – Gips-Trockenmörtel für Putz mit erhöhter Oberflächenhärte

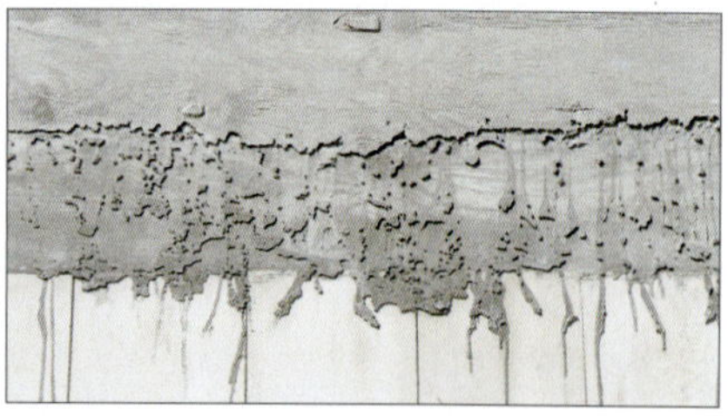

Bild 1: Gipsputz nur für innen, erkennbar an der glatten Oberfläche

DIN 18558

In dieser Norm werden **Kunststoffputze** wie folgt eingeteilt:

- P Org 1 (für außen und innen)
- P Org 2 (für innen)

Die Abkürzung „Org" bedeutet „organisch" und bezieht sich auf die zugesetzten Bindemittel.
Kunststoffputze besitzen als Bindemittel eine Polymerdispersion, der mineralische Zusätze wie z. B. Sand zugegeben werden. Bei **reinen Kunststoffputzen** ist nicht nur das Bindemittel künstlich, sondern auch die Zusätze. Anstelle mineralischer Stoffe wie Sand beinhalten sie Kunststoffgranulat. So sind auch hochfarbige Putze in Blau, Rot etc. möglich, der mineralische Charakter besteht nicht mehr.

DIN EN 13914

Die DIN EN 13914 beschreibt in Teil 1 Planung, Zubereitung und Ausführung von Außenputzen, in Teil 2 von Innenputzen. Sie beinhaltet das Verputzen auf neuen und alten Putzgründen sowie die Instandhaltung und Ausbesserung vorhandener Putze.

5.1.3 Beton

Zusammensetzung des Betons

Mischung aus -	Grundrezept
Zement Zement ist das Bindemittel des Betons. Es besteht aus Kalkstein,Ton, Sand, Eisenerz und Aluminiumanteilen. Diese Bestandteile werden gemischt, gebrannt und anschließend feinpulvrig zermahlen.	2 Teile
Zuschlagstoffe Mischung aus Sand, Kies und Split, je nach Einsatzgebiet des Betons. Für die Festigkeit des Betons ist die Einhaltung der Sieblinie wichtig, d. h. die richtige Abstimmung der Korngrößen der Zuschlagstoffe.	6 Teile
Wasser Wasser bildet mit Zement den Zementleim, der die Gesteinskörnung verbindet. Wasser wird zur Härtung des Betons benötigt und chemisch eingebaut (siehe Seite 82).	1 Teil

Schon in der Antike verwendeten die Römer einen Baustoff, der unserem heutigen Beton sehr ähnlich war. Sie nannten ihn „opus caementitium" (siehe Kap. 17.1.5, Seite 383).

Bild 1: Betonbestandteile und Betonmischer

Wasser-Zement-Wert (W/Z-Wert)

Optimal ist ein W/Z-Wert von 0,45 bis 0,75. Bei zu hohem Wert kann überschüssiges Wasser nicht gebunden werden, wandert an die Oberfläche und schafft Kapillarporen, welche die Betonfestigkeit mindern. Bei zu geringem Wert fehlt Wasser zum Härten. Die Folgen sind in beiden Fällen Festigkeitsabnahme und Schwindverhalten.

W/Z-Wert:
1 : 2 = 0,5

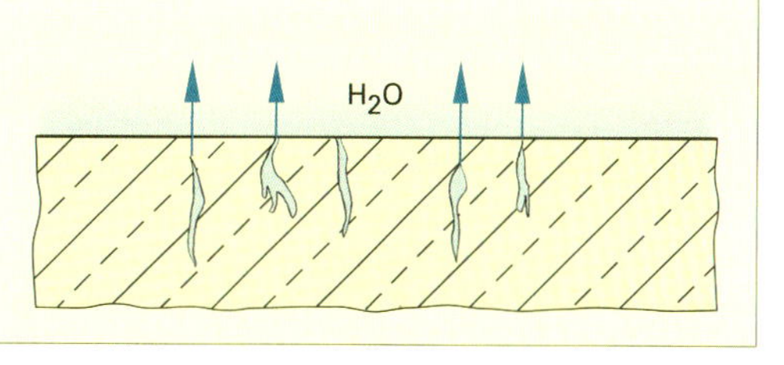

Bild 2: Kapillarbildung ist zu vermeiden

Einteilung des Betons

Nach der Betonart	Rohdichte	Zuschläge, Gesteinskörnung
Leichtbeton (LightConcrete)	0,8 – 2,0 kg/dm^3	Bims, Blähton, Lava
Normalbeton (üblich „Beton" (Concrete))	> 2,0 – 2,6 kg/dm^3	Sand, Kies, Split, Hochofenschlacke
Schwerbeton (Concrete)	> 2,6 kg/dm^3	Eisenerz, Eisengranulat, Schwerspat (Baryt)

Nach der Armierung	Stahleinlage, Stahlmatten	Bewehrter Beton	Spannbeton
Als Armierung, auch Bewehrung genannt, bezeichnet man die Verstärkung von Betonbauteilen zur Erhöhung der Tragfähigkeit. Dabei handelt es sich um einen Verbundwerkstoff.			

Nach der Oberfläche	Schalungsrauer Beton	Sichtbeton	Waschbeton
Beton wird in eine Form gegossen, die Verschalung. Diese bestimmt das Aussehen der Oberfläche. Bei Waschbeton wird die Gesteinskörnung durch eine spezielle Oberflächenbehandlung freigelegt.			

Beton- und Betonstahlbauer müssen weitere Einteilungen kennen, z. B. nach Druckfestigkeit, nach Verarbeitung, nach Exposition u. a.

Besonderheiten zu Beton

Beton ist alkalisch

Frischer Beton ist stark alkalisch, d. h. er wirkt als Lauge. Der pH-Wert liegt bei 12,5 (**Bild 1**). Beim Umgang mit Zement/Beton ist die **PSA** einzusetzen: die Schutzbrille gegen Augenverätzungen, Handschuhe und Handpflege gegen rissige Haut durch Entfettung.

Armierungsstahl ist im alkalischen Beton vor Korrosion geschützt, bereits laufende Rostung wird gestoppt.

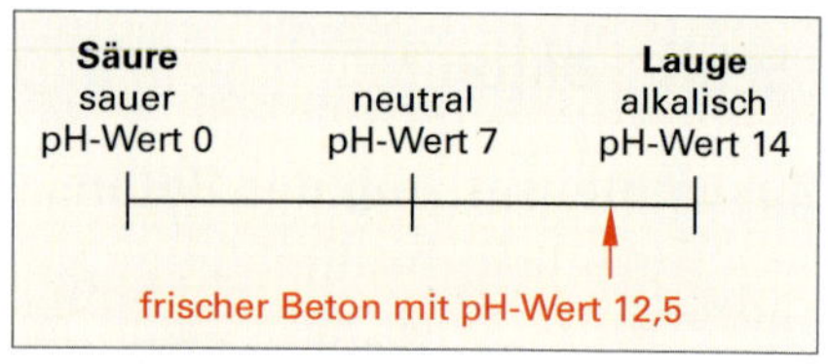

Bild 1: pH-Wert von Beton

Umweltbelastung

Die Zementindustrie ist ein Hauptverursacher des Klimawandels.

Weltweit werden jährlich 4,1 Milliarden Tonnen Zement hergestellt, der im Mittel etwa 60 % CaO enthält. Damit ergibt sich durch das Freisetzen des im Kalk gebundenen Kohlendioxids, selbst bei optimaler Prozessführung, ein Ausstoß von mindestens drei Milliarden Tonnen CO_2 oder etwa 6 bis 8 % des jährlichen CO_2-Ausstoßes.

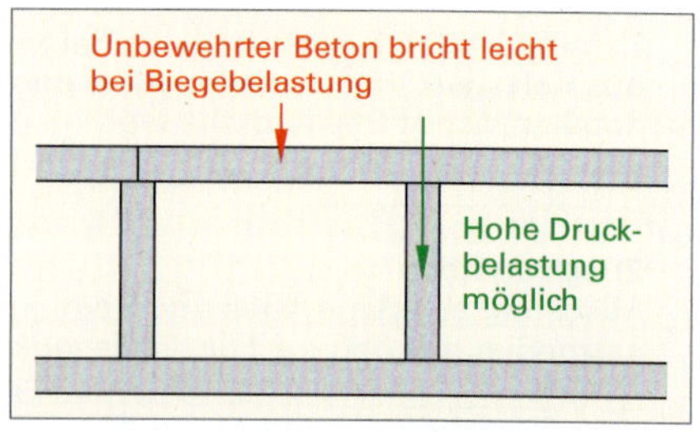

Bild 2: Beton unter Belastung

Beton ist sehr druckfest, aber weniger zug- und biegefest

Betonpfeiler stützen ein hohes Gewicht ohne Beschädigung. Normalbeton hat etwa eine Druckfestigkeit von wenigstens 20 Newton pro Quadratmillimeter (N/mm^2).

Quer liegende Träger würden ohne Stahleinlage brechen. Die Zugfestigkeit beträgt nur rund ein Zehntel seiner Druckfestigkeit. Im Skelettbau ist in einem Querträger mit 5 m Spanne fast so viel Stahl wie Beton (**Bild 2**).

Beton baut beim Erhärten Wasser ein (Hydratation)

Das Gemisch aus Zement und Wasser, der Zementleim, verändert beim Erhärten seine Konsistenz und wird zu festem Zementstein. Dazu wird Wasser in den Beton eingebaut (siehe W/Z-Wert). Die im Beton enthaltenen Gesteinszuschläge bleiben beim Härten des Betons unverändert und spielen bei der chemischen Reaktion keine Rolle.

Carbonatisierung (Bild 3)

Durch Kohlendioxidaufnahme verliert Beton im Laufe der Zeit seine alkalische Wirkung. Von außen nach innen wird Beton nach und nach neutral.

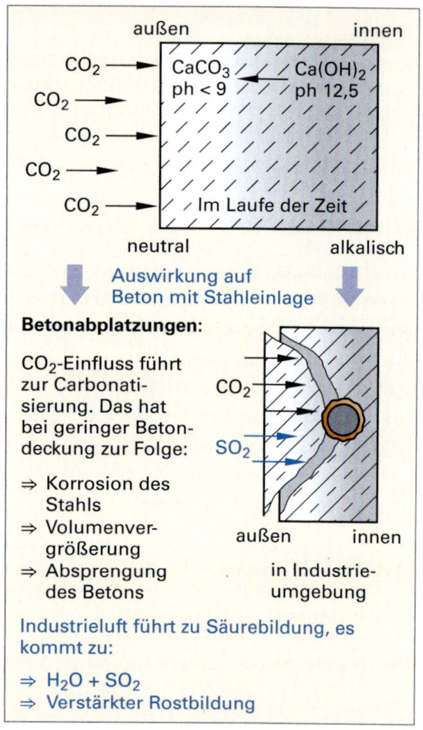

Bild 3: Carbonatisierung von Beton

Gefahr der Rostung von Eisenbewehrungen im Beton

Tragende Betonteile werden fast immer zur Erhöhung der Zugfestigkeit mit Eisenstäben oder Eisenmatten versehen. Je nach Einsatz ist die Abdeckung der Armierung durch Beton vorgeschrieben und muss unbedingt eingehalten werden, denn bei fortschreitender Carbonatisierung in neutraler Umgebung ist die Stahleinlage nicht mehr geschützt. Sie beginnt zu rosten, das Rostvolumen nimmt auf das 2,5-Fache zu und sprengt darüberliegenden Beton ab. Die Betonzerstörung nimmt ihren Lauf. Siehe **Seite 106**, Betoninstandsetzung. Vorbeugend schützt eine CO_2-dichte Beschichtung vor Korrosion der Stahleinlage.

Verarbeitung von Beton

Beton braucht eine Verschalung, in die er sofort nach dem Mischen in breiigem Zustand eingefüllt wird. Schalbretter müssen vor dem Befüllen gut mit Schalöl behandelt werden, damit sie sich später gut entfernen lassen. Die Struktur der Verschalung prägt die Struktur der Betonoberfläche. Die Verschalung wird nach der Erhärtung des Betons entfernt. Bei den Römern vor 2000 Jahren bestand die „Verschalung" aus 2 Mauern in entsprechendem Abstand. Dazwischen wurde die Zementmischung eingefüllt. Die Mauern blieben für immer stehen.

Während und nach dem Verfüllen des Betons muss dieser verdichtet werden. Durch das Verdichten werden die Lufteinschlüsse ausgetrieben, damit ein dichtes Betongefüge mit wenigen Luftporen entsteht. Rütteln, Schleudern, Stampfen, Stochern, Spritzen und Walzen sind je nach Betonkonsistenz und Einbaumethode geeignete Verdichtungsverfahren. Bei unzureichender Verdichtung verbleiben Hohlräume, sogenannte Lunker. Bei oberflächennaher Ansammlung von grobem Kies entstehen Kiesnester. Lunker und Kiesnester verringern die Qualität des Betons (**Bild 4 und 5**).

Bild 4: Lunker

Bild 5: Kiesnester

5.1.4 Glas

Auf die Herstellung von Glas, genauer Silikatglas verstanden sich schon Griechen und Römer. Die Herstellung großformatiger und fehlerfreier Scheiben war zunächst nicht möglich. Große Flächen wurden aus kleinen Glasstücken mit Bleiruten, zusammengesetzt (Bleiverglasung von Kirchenfenstern und Butzenscheiben in historischen Gaststätten), siehe **Bild 1**.

Heute können dank industrieller Verfahren Glasscheiben in jeglicher Größe und Qualität hergestellt werden.

Bestandteil	Aufgabe	Anteil
Quarzsand SiO_2	Hauptbestandteil	60 %
Kalk $CaCO_3$	Ergibt Härte und Glanz	25 %
Alkalien Soda, Pottasche	Senken den Schmelzpunkt	15 %
Metalloxide	Bestimmen die Farbe	2,5 %

Tabelle 1: Glaszusammensetzung

Bild 1: Bleiverglasung

Zusätzlich können etwa 2,5 % Altglas zugegeben werden.

Diese Stoffe werden gemahlen, gemischt und zwischen 1200 °C und 1600 °C geschmolzen.

Herstellung von Glaserzeugnissen

Glas ist durch die Anordnung seiner Moleküle ein amorpher Werkstoff. Festes Glas wird durch Hitze erst weich, dann immer flüssiger (wie Honig).

Je nach Endprodukt wird die Glasschmelze unterschiedlich zu Produkten verarbeitet.

Glasart	Herstellungsverfahren	Verwendung
Hohlglas	Blasen, Gießen oder Schleudern der Schmelze	Trinkgläser, Schraubdeckelgläser, Beleuchtungskörper, Laborgläser
Floatglas	Ziehen oder Gießen der Glasschmelze	Fensterglas, Spiegelglas
Emaille	Abkühlung der Schmelze im Wasserbad, anschließendes Vermahlen und erneutes Brennen nach dem Auftragen	Schmelzüberzug aus Glas (Glasur) auf Metall oder Keramik
Glasfaser	Pressen der Schmelze durch Spinndüsen führt zur Faserbildung.	Glasfasermatten, Glasfasergewebe (Wandbeläge)

Tabelle 2: Glasherstellung

Eigenschaften von Glas

Glas kann heute in seinen Eigenschaften verändert werden. Einige Merkmale haben alle Silikatgläser gemeinsam:

Glas ist in dünner Schicht weitgehend transparent. Es ist zerbrechlich, hält auf der Fläche jedoch hohe Belastungen aus. Im kalten Zustand ist es sehr formstabil. Glas ist geschmacksneutral und gasdicht. Glas kann recycelt werden. Glaseigenschaften führten auch zu den Namen „Acrylglas", „Plexiglas" oder „Wasserglas". Diese Werkstoffe haben jedoch nichts mit Glas zu tun.

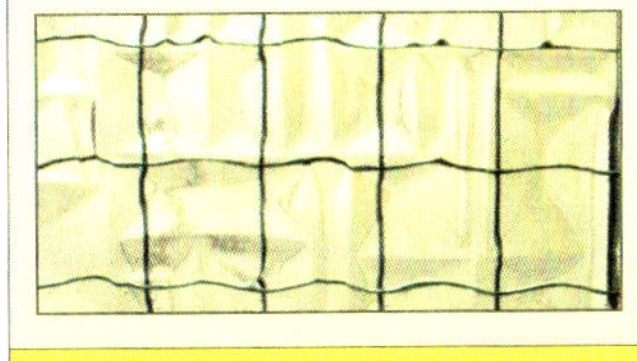			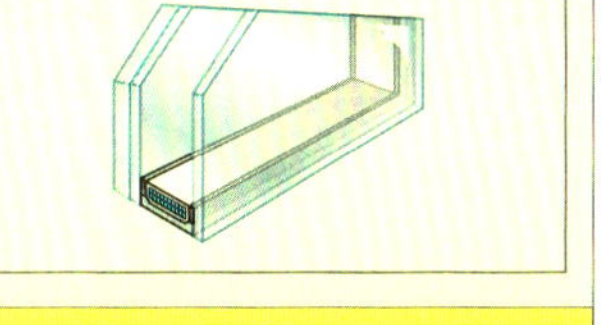
Drahtglas	**Wärmeschutzglas**	**Sicherheitsglas**	**Schallschutz- und Brandschutzglas**
Ein in das Glas eingearbeitetes Drahtnetz hält bei Glasbruch die Splitter zusammen.	Wärmeschutzglas ist mit einer Metallschicht bedampft, die Sonnenstrahlen reflektiert und somit das Eindringen von Wärmestrahlung verhindert.	Einscheibensicherheitsglas zerfällt bei Glasbruch in stumpfe Krümel. Bei Verbundglas sind die Scheiben mit einer Kunststofffolie verklebt. Bei Bruch bleiben die Splitter an der Folie kleben (z. B. Windschutzscheibe).	Mindestens zwei unterschiedlich dicke Glasscheiben sind miteinander verbunden. Die Scheibenhohlräume sind mit Spezialgas gefüllt, bei Brandschutzglas mit einem Hitze absorbierenden Gel.

Tabelle 3: Glasanwendung

5.2 Vorbereitung mineralischer Untergründe zur Beschichtung

5.2.1 Untergrundprüfung

Ein Untergrund kann nur dann beschichtet werden, wenn er fest, trocken, saugfähig und frei von Verschmutzungen ist (**Tabelle 1 und 2**).

Prüfen auf ...		Prüfmethoden	Maßnahmen
	Verschmutzung	Augenschein	Schmutz durch geeignete Maßnahmen entfernen: • Abfegen, abbürsten • Wasserstrahlen
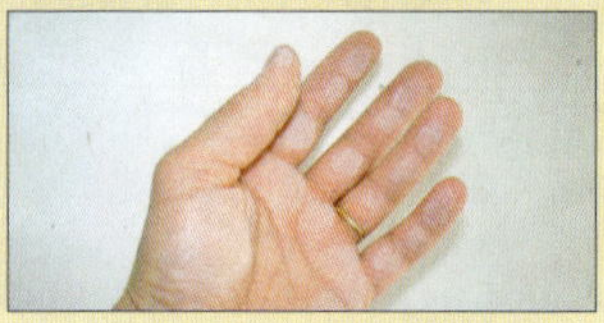	Festigkeit	Abreiben mit der Hand Kratzprobe mit Malerspachtel	Stark sandende Putze nicht beschichten und evtl. komplett entfernen Leicht sandende Putze mit Grundiermaterial festigen
	Saugfähigkeit	Benetzungsprobe Mit Wasser besprühen	Zu dichte Oberflächen anrauen, dicht geriebene Putzoberfläche (Sinterschichten) entfernen Zu saugfähige Untergründe mit geeignetem Grundiermittel behandeln
	Bewuchs: • Algen • Schimmel • Moos	Augenschein	Mechanisch entfernen und mit Bioziden gegen pflanzliche Mikroorganismen behandeln: • Fungizide (Mittel gegen Pilze) • Algizide (Mittel gegen Algen und Moose)

Tabelle 1: Allgemeine Prüfung für mineralische Untergründe

Prüfen auf ...		Prüfmethoden	Maßnahmen
	Alkalität	ph-Wert bestimmen: • Messgerät • Indikatorpapier	Frische Zementputze erst nach vier Wochen beschichten: Untergründe durch Fluatieren neutralisieren Nur alkaliresistente Beschichtungsstoffe verwenden
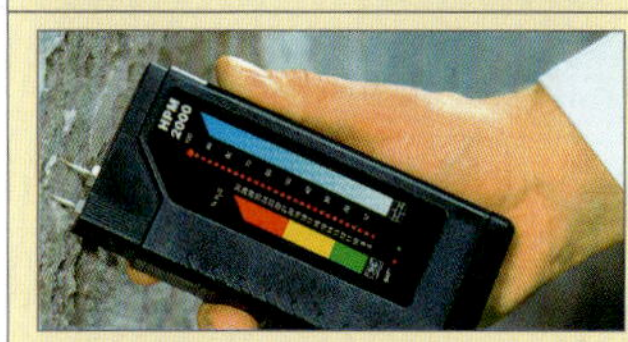	Feuchte	Augenschein Feuchtemessgerät Abdeckfolie beschlägt	Ursachen beseitigen: • Trockenlegen • Abdichten • Trocknen lassen
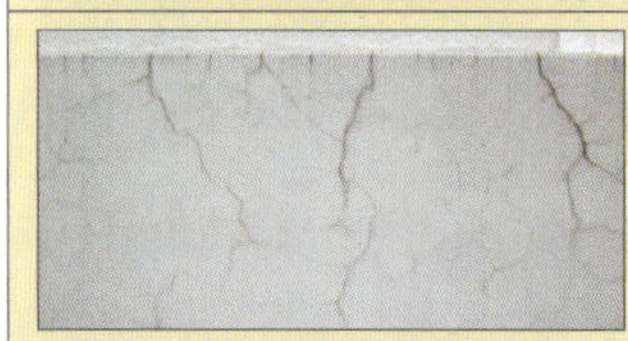	Risse	Augenschein, feine Risse werden durch Benetzung sichtbar.	Je nach Rissart: • Rissüberbrückend elastisch beschichten • Größere Risse mit Armierungssystem sanieren • Baudynamische Risse: den Fachmann fragen
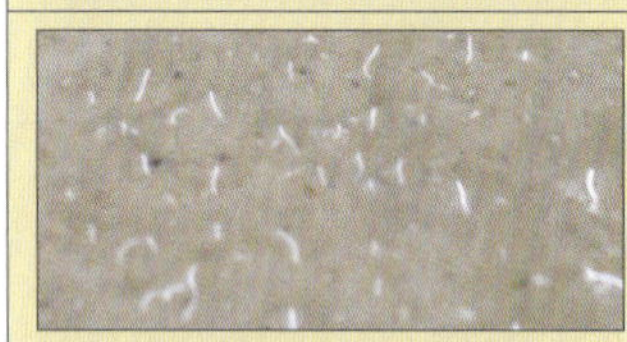	Sinterschichten	Benetzungsprobe Wasser perlt ab.	Sinterschichten mechanisch entfernen
	Festigkeit ⇒ Ausbrüche ⇒ Hohlräume ⇒	Gitterritzprüfung Augenschein Klopfprobe	Mürbe und lose Putzstellen abschlagen, Hohlräume und Ausbruchstellen mit Füllmörtel und Spachtelmasse verfüllen

Tabelle 2: Spezielle Prüfung für Putzuntergründe

Die folgenden mineralischen Untergründe erfordern besondere Prüfverfahren (Tabelle 1 und 2).

Mauerwerk

Prüfen auf ...		Prüfmethoden	Maßnahmen
	Ausbrüche Fugenschäden	Augenschein Klopfprobe	Erodierte und lose Steinpartikel entfernen und mit mineralischem Steinkitt ausbessern. Vollständig zerstörte Steine erneuern. Fugen mit Fugenmörtel verfüllen.
	Salzaus-blühungen	Augenschein	Mechanisch durch trockenes Abbürsten entfernen. Nicht durch Wasserstrahlen reinigen, da durch das eindringende Wasser erneut Salze ausgeschwemmt werden. Ursache feststellen und beseitigen.

Tabelle 1: Untergrundprüfung für Mauerwerk

Beton

Prüfen auf ...		Prüfmethoden	Maßnahmen
	Betondeckung der Bewehrung	Elektromagne-tisches Messgerät (Profometer)	Bei zu geringer Betondeckung außen (< 3 bis 4 cm nach DIN 1045) geeignetes Betonschutzsystem gegen eindringende Gase und saure Feuchtigkeit aufbringen.
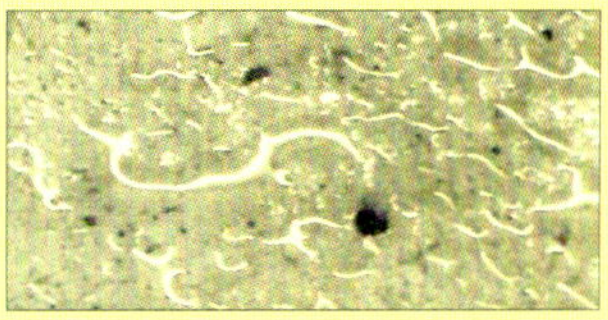	Schalöl-rückstände	Benetzungsprobe	Perlt das Wasser ab, muss eine Salmiak-Netzmittel-wäsche durchgeführt werden.
	Rostfahnen	Augenschein	Rostfahnen deuten auf Korrosion der Bewehrungs-stähle hin. Betroffene Stellen freilegen, Bewehrungs-stahl entrosten und Betoninstandsetzung durchfüh-ren.
	Oberflächen-festigkeit	Kratzprobe mit hartem Gegenstand	Wird die Oberfläche bei mäßigem Druck beschädigt, müssen lose Teile entfernt werden, z. B. durch Hoch-druckstrahlen.
	Druckfestigkeit Hohlräume	Rückprallhammer Abklopfen mit dem Hammer	Nicht intakte Stellen und Hohlräume abklopfen und instand setzen. Bei Hohlklang betroffene Stellen abschlagen und Ausbrüche verfüllen.
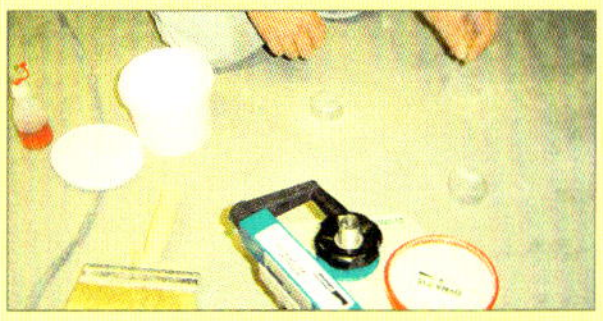	Abreißfestigkeit	Haftzuggerät	Bei zu geringer Zugfestigkeit des Betons (< 1,0 N/mm^2) von einer Beschichtung absehen und zuvor eine Betoninstandsetzung durchführen.
	Carbonati-sierungstiefe	Frische Ausbruch-stellen mit Phenol-phtaleinlösung besprühen.	Verfärbung unterhalb der Carbonatisierung durch Reaktion von Phenolphtalein mit alkalischem Ze-ment/Beton. Nicht verfärbter Bereich wird gemessen und so die Carbonatisierungstiefe ermittelt.

Tabelle 2: Untergrundprüfung für Beton

5.2.2 Untergrundvorbereitung

Je nach Beschaffenheit des mineralischen Untergrundes muss dieser vor einer Beschichtung gereinigt, aufgeraut, geglättet oder abgetragen werden. Dazu stehen unterschiedliche Arbeitsverfahren zur Verfügung **(siehe Kap. 12.4 bis 12.7)**.

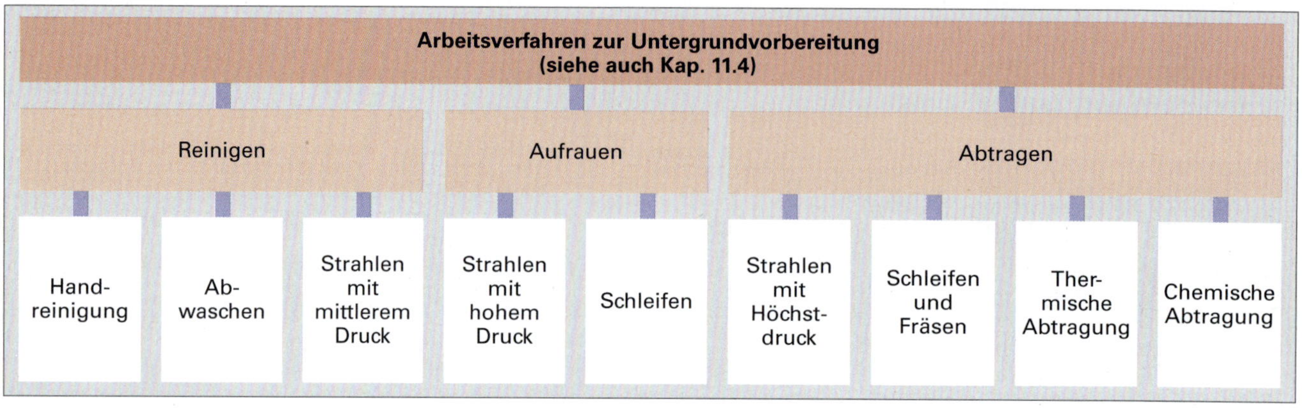

Übersicht 1: Reinigen, Aufrauen und Abtragen von mineralischen Untergründen

Reinigen

Zum Entfernen von störenden Substanzen von der Untergrundoberfläche.

Handreinigung

Geeignet, wenn der Schmutz oder trockene Salze leicht zu entfernen sind.

Abwaschen

Empfindliche Oberflächen, die keinen hohen Strahldruck vertragen, wie z. B. mürbe Sandsteine, werden mit einem weichen Wasserstrahl abgespritzt, evtl. unter Verwendung einer nicht zu harten Wurzelbürste.

Strahlverfahren

Eine beliebte Reinigungsmethode ist das Strahlen mit Wasser in einem Druckbereich von ca. 80 bis 200 bar **(Bild 1)**. Reinigungskraken und Rotationsdüsen intensivieren die Reinigungsleistung. Bodenteller vermindern die Verschmutzung angrenzender Flächen. Ein schonendes, trockenes und umweltfreundliches Verfahren ist das Trockeneisstrahlen **(Bild 2)**.

Bild 1: Nassstrahlen

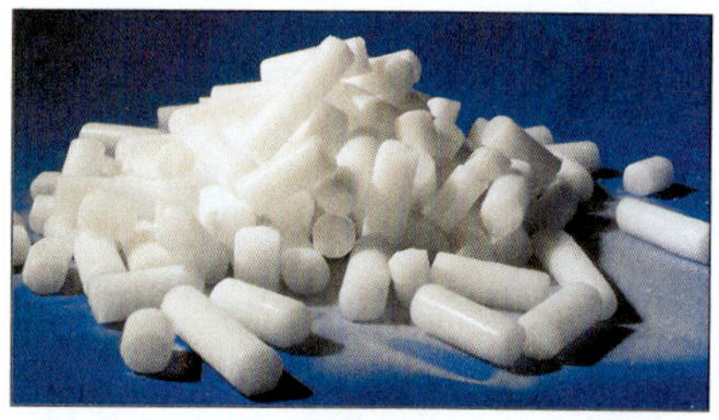

Bild 2: Trockeneispellets

Aufrauen

Zur Verbesserung der Haftung von Beschichtungen auf Untergründen.

Strahlen

Druck, Strahlmittel (Wasser, Festkörper, Schlacke etc.) und Oberflächenhärte bestimmen den Grad der Aufrauung. Durch Hochdruck-Wasserstrahlen mit 200 bis 500 bar werden auch härtere mineralische Untergründe aufgeraut. Weiche Oberflächen werden mit geringerem, harte Oberflächen mit höherem Druck bearbeitet. Durch das kombinierte Strahlsaugverfahren **(Bild 3)** wird die Umweltbelastung reduziert, da Strahlmittel und Schmutzpartikel wieder aufgesaugt werden.

Schleifen

Mit Schleifmaschinen, die mit unterschiedlichen Schleifmitteln und Schleiftellern bestückt werden können, lassen sich mineralische Untergründe aufrauen, aber auch glätten, wenn dies z. B. wegen Putzunebenheiten notwendig ist. Maschinen mit integrierter Staubabsaugung und Teleskoparmen erleichtern das Arbeiten und tragen zum Gesundheitsschutz bei **(Bild 4)**.

Bild 3: Strahlsaugverfahren

Bild 4: Schleifgiraffe

Abtragen

Mürbe, nicht tragfähige Oberschichten werden bis zum tragfähigen Untergrund abgetragen.

Strahlen
Das Höchstdruckstrahlen mit Wasser ermöglicht die Entfernung von Putzen und Beschichtungen (**Bild 1 und Kap. 12.9**). Ab ca. 1000 bar Wasserdruck wird selbst Beton nicht nur aufgeraut, sondern effektiv abgetragen (**Bild 2**). Auch Festkörperstrahlen ermöglicht die Entfernung hartnäckiger mineralischer Schichten. Die Umweltbelastung durch Staubentwicklung ist aber hier besonders groß. Beim Strahlsaugverfahren werden Strahlmittel und Schmutzpartikel wieder aufgesaugt. Zur Optimierung der Arbeitsergebnisse bzw. zur Staubreduzierung werden auch gemischte Nass-Festkörper-Strahlverfahren (Schlemmstrahlen) eingesetzt.

Bild 1: Höchstdruckstrahlen

Bild 2: Betonabtragung

Schleifen und Fräsen
Mit Schleif- bzw. Fräsmaschinen (**Bild 3**), die mit besonders harten rotierenden Schleifvorrichtungen aus Spezialstahl ausgestattet sind, lassen sich harte mineralische Schichten, z. B. Zementestriche, abtragen.

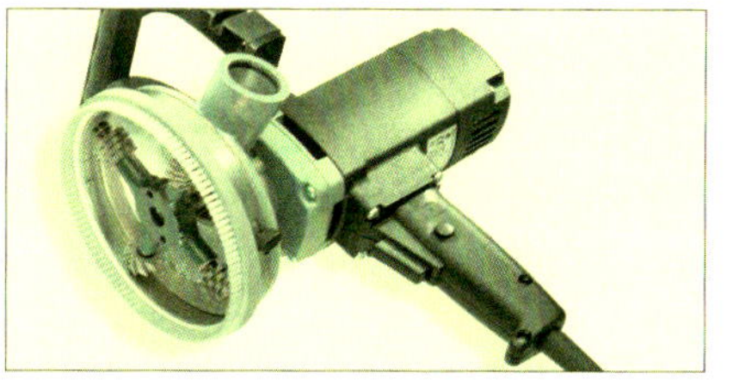
Bild 3: Fräse

Thermische Abtragung
Beim Flammstrahlen (ca. 3 000 °C) werden durch Hitze mürbe Betonbestandteile entfernt.

Chemische Abtragung
Altbeschichtungen lassen sich von mineralischen Untergründen auch mit Abbeizfluiden entfernen. Dieses Verfahren ist jedoch sehr umwelt- und gesundheitsbelastend und eignet sich deshalb nicht für große Flächen. Die abgebeizte Farbschicht ist als Sonderabfall zu beseitigen und die behandelten Flächen müssen vor einer Neubeschichtung gründlich mit Wasser nachgewaschen bzw. abgestrahlt werden.

Neutralisieren und Isolieren

Fluate
Kalk- und Zementputze sind im frischen Zustand alkalisch. Werden Beschichtungsstoffe verarbeitet, die durch Alkalität zerstört werden, muss der Untergrund zunächst neutralisiert werden. Das geschieht mit Fluatlösungen, in Flusssäure gelöste Metallsalze und Wasser. Fluate, die mehrere Metallsalze enthalten, werden Mehrfachfluate genannt.

Folgende Arbeitsgänge und Mischungsverhältnisse sind üblich:

1. Mischungsverhältnis mit Wasser 1 : 4
2. Mischungsverhältnis mit Wasser 1 : 2
3. Mischungsverhältnis mit Wasser 1 : 1

Zwischen den Arbeitsgängen das Fluat ausreagieren lassen. Die Neutralisation ist dann erfolgt, wenn keine Bläschen mehr entstehen.

Fluate ätzen: Arbeitshandschuhe und Schutzbrille tragen!

Verdünnen von Fluaten: Immer Wasser vorlegen, dann die Säure zugeben!

Die Wirkung besteht darin, dass saure Stoffe mit alkalischen Stoffen reagieren und die Alkalität aufheben. Nach dem Fluatieren muss gründlich mit Wasser nachgewaschen werden, um einen eventuellen Säureüberschuss zu beseitigen. Fluatlösungen festigen auch mürbe Kalk- und Zementputze und dienen als Absperrmittel.

Alaune
Sollen Gips- und Lehmuntergründe gefestigt bzw. abgedichtet werden, benutzt der Maler und Lackierer die ebenfalls mit Wasser verdünnbaren Alaune (Aluminiumsalze).

Kunststoffdispersions-Absperrmittel/wasserverdünnbarer Tiefgrund
Neben Fluaten werden auch Kunststoff-Dispersionen als Absperrmittel verarbeitet. KD-Absperrmittel sind für viele Untergründe geeignet. Ihre isolierende Wirkung basiert darauf, dass sie einen dichten Film bilden. Es muss jedoch beachtet werden, mit welchen Beschichtungsstoffen weitergearbeitet wird, da KD-Absperrmittel z. B. die Verkieselung von Silikatfarben mit dem mineralischen Untergrund verhindern. Das würde als Folge zu Haftfestigkeitsstörungen führen.

Lösemittelhaltige Absperrmittel/lösemittelhaltiger Tiefgrund
Nikotin- und Wasserflecken lassen sich mit lösemittelhaltigen Absperrmitteln isolieren. Als Bindemittel werden Polymerisatharze und schnell trocknende Nitrozellulose verwendet. Sie bilden einen dichten Film, auf dem nur mit organischen Beschichtungsstoffen, also nicht mit mineralischen, weitergearbeitet werden kann.
Vorteil: sehr schnelle Trocknung. Keine Verzögerung bei hoher Luftfeuchte.
Nachteil: gesundheitsschädigend, umweltschädigend.

5.2.3 Untergrund- und Beschichtungsschäden

Risse

Risse kommen nahezu in jedem Bauteil vor. In vielen Fällen sind sie mit dem Auge kaum zu erkennen und stellen keine Gefahr dar. Ob eine Risssanierung ausgeführt werden muss, hängt von der Art der Risse und der Rissbreite ab. Die Rissbreite lässt sich sehr einfach mit einem Rissbreitenmaßstab **(Bild 1)** beurteilen. Risse < 0,2 mm sind in der Regel unbedenklich für nachfolgende Beschichtungen.

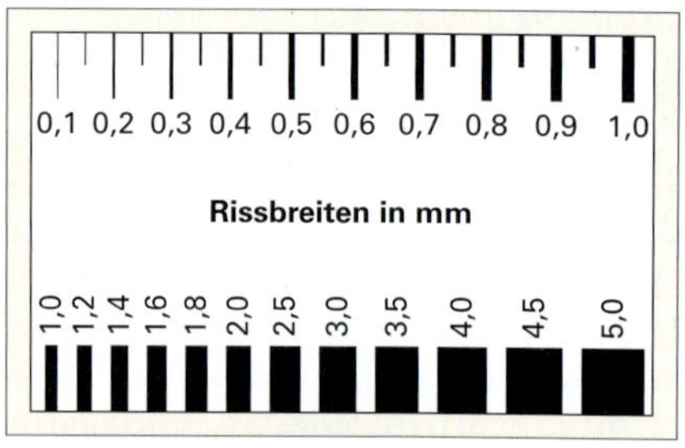

Bild 1: Rissbreitenmaßstab

Risse sind nicht immer ein Mangel. In manchen Bauteilen ist die Rissbildung eine kalkulierte Größe, so z. B. bei Betonbauteilen. Ein weiteres Beurteilungskriterium ist die Auswirkung des Risses auf die Funktionstüchtigkeit des Bauteils.

Aufgrund von Temperatur- und Feuchtigkeitsschwankungen kommt es zu Veränderungen der Rissflanken. Rissüberbrückende Beschichtungen müssen elastisch sein, um die Bewegungen mitzumachen. Dabei ist auch die Schichtdicke zu berücksichtigen. Sie sollte die Rissbreite um ca. ein Dreifaches übersteigen.

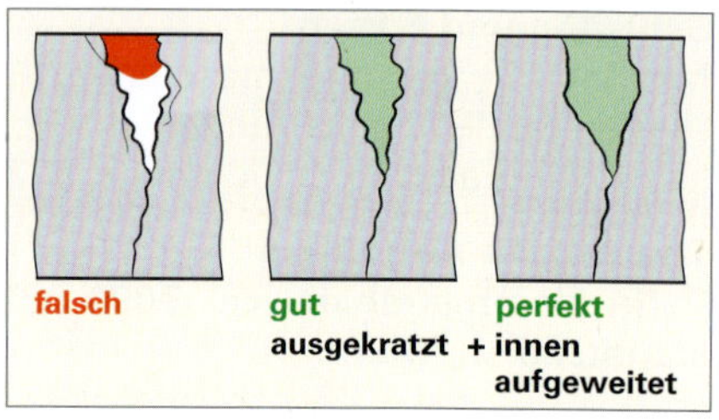

Bild 2: Rissbearbeitung

Die Aktivität von Rissen wird mit einer Gipsmarke überprüft: Ein Streifen aus Gips wird je nach Rissbreite mit 1 bis 10 mm Dicke (nicht zu dick auftragen!) und 1 bis 10 cm Breite über dem zu prüfenden Riss aufgebracht. Nach der Durchtrocknung kann man sehen, ob der Riss sich in der Gipsmarke fortsetzt und noch aktiv ist.

Schmale Risse können mit elastischen Beschichtungssystemen überbrückt werden. Bei Überschreiten bestimmter Rissbreiten oder einer Häufung von Rissen muss ein Gewebe in die Beschichtung eingebettet werden. Der Riss kann unterhalb des Gewebes arbeiten, ohne dass die Rissstruktur an der Oberfläche sichtbar wird. Breitere Risse werden in einem Winkel von 45° bis 60° aufgeweitet bzw. ausgekratzt **(Bild 2)**. Risse, die mit Gips oder Zement geschlossen werden, müssen oft mit Wasser vorgenässt werden, da sonst die Wand der Spachtelmasse Wasser entzieht, das zum Härten benötigt wird.

Das BFS-Merkblatt (Bundesausschuss für Farbe und Sachwertschutz e. V.) unterscheidet sieben Rissüberbrückungssysteme **(Tabelle 1)**.

	Arbeitsschritt I	Arbeitsschritt II	Arbeitsschritt III	Arbeitsschritt IV	Arbeitsschritt V	Arbeitsschritt VI
System I Plastoelastische Dispersion	Grundbeschichtung	Zwischenbeschichtung	Schlussbeschichtung			
System II Plastoelastische Dispersion	Grundbeschichtung	1. Zwischenbeschichtung	2. Zwischenbeschichtung	Schlussbeschichtung		
System III Plastoelastische Dispersion	Grundbeschichtung	Auftrag Spachtelmasse	Eventuell Zwischenbeschichtung	Schlussbeschichtung		
System IV Dehnbarer Kunstharzputz	Grundbeschichtung	Zwischenbeschichtung	Kunstharzputz	Schlussbeschichtung		
System V Elastisches Kunststoffgewebe	Grundbeschichtung	1. Zwischenbeschichtung mit Einbettungsmasse	Einbetten von Kunststoffgewebe	2. Zwischenbeschichtung	Schlussbeschichtung oder Kunstharzputz	
System VI Glasfaservlies	Grundbeschichtung	1. Zwischenbeschichtung, plastoelastische KD-Farbe	Einbettung von Glasfaservlies	2. Zwischenbeschichtung, nass in nass, gefüllte KD-Farbe	Schlussbeschichtung	
System VII Teilarmierung (Streifenarmierung)	Ausweiten des Risses	Grundbeschichtung der Rissflanken	Verfüllen des Risses, elastisch	Zwischenbeschichtung im Rissbereich	Einbetten von Kunststoffgewebe	Weiter mit System II bis VI, je nach Erfordernis

Tabelle 1: Rissüberbrückungssysteme

Vor einer sachgerechten Risssanierung muss die Ermittlung der Rissart (**Tabelle 1**) erfolgen. Erst dann kann das richtige Rissüberbrückungssystem ausgewählt werden.

Rissart		Mögliche Ursache	Schadensbeseitigung
Haarrisse verlaufen an der Putzoberfläche. Sie werden durch Benetzen sichtbar (**Bild 1**).	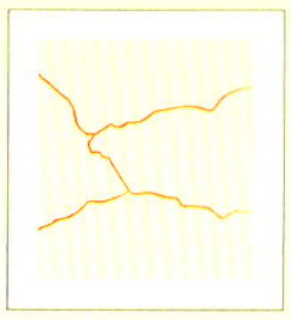	• Bindemittelanreicherung an der Putzoberfläche, zu starkes Abreiben • Zu schneller Wasserentzug aus oberster Putzlage • Anreicherung von feinen, gleichkörnigen Sanden in oberster Putzlage	Untergrund reinigen, grundieren und mit plastoelastischen Werkstoffen beschichten. Rissüberbrückungssysteme I bis V
Schwundrisse sind netzartige Risse, die durch die ganze Putzschicht gehen (**Bild 2**).	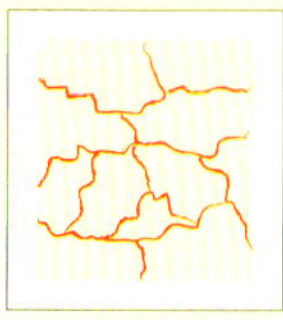	Schneller Wasserentzug während der Erhärtung, z. B. durch • zu hohe Temperatur/Sonne, • Luftzug, • stark saugenden Untergrund.	Untergrund reinigen, grundieren und mit plastoelastischer Spachtelmasse abspachteln, evtl. Gewebe einbetten, plastoelastisch beschichten. Rissüberbrückungssysteme I bis V
Fugenrisse folgen den Mauerwerksfugen (**Bild 3**).		• Fugen unsachgemäß ausgebildet • Mauerwerk nicht ausgetrocknet • Nicht geeigneter Fugenmörtel	Reinigen und grundieren, Risse und Ausbruchstellen mit Spachtelmasse bzw. Dichtstoff schließen, Kunststoffgewebe einbetten und beschichten. Rissüberbrückungssysteme II, III, V, VI
Wandbildnerrisse verlaufen im Grenzbereich unterschiedlicher Baustoffe (**Bild 4**).	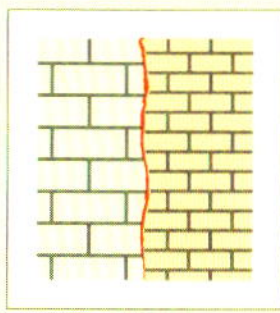	Hervorgerufen durch das Ausdehnungsverhalten unterschiedlicher Baustoffe.	Sanierung wie bei Fugenrissen Rissüberbrückungssysteme II, III, V, VII
Bautechnische Risse verlaufen im Bereich aufeinandertreffender Bauteile, z. B. Stürzen (**Bild 5**).	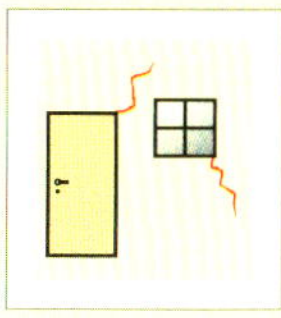	Bei Zug- und Druckspannungen von angrenzenden Bauteilen	Architekt fragen. Nach Freigabe: Rissüberbrückungssysteme III, V, VI
Baugrundabhängige Risse gehen bis tief ins Mauerwerk oder sogar ganz durch das Mauerwerk (**Bild 6**)	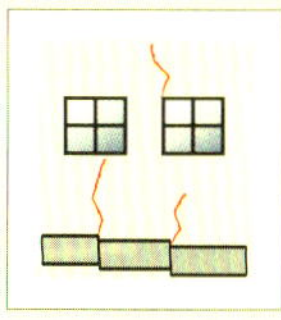	Verursacht durch Veränderungen des Baugrundes, z. B. Hohlräume, Erschütterungen etc.	Architekt fragen. Nach Freigabe: Rissüberbrückungssysteme V, VII.

Tabelle 1: Rissarten

Bild 1: Haarrisse

Bild 2: Schwundrisse

Bild 3: Fugenrisse

Bild 4: Wandbildnerrisse

Bild 5: Bautechnische Risse

Bild 6: Baugrundabhängige Risse

5.2.4 Feuchte in der Bausubstanz

Diffusionsoffene Bausubstanz sorgt für einen ausgeglichenen und gesunden Feuchtehaushalt im Gebäude. Zu viel Feuchte im Bau schadet der Bausubstanz und den Bewohnern, siehe **Übersicht 1**.

Ursachen

- Mangelhafte Baukonstruktion
- Gebäudeschäden
- Kondensationsfeuchte
- Salztransport durch Feuchte
- Kein Putzauftrag, keine Beschichtung
- Falsches Beschichtungsmaterial

Feuchte in der Bausubstanz

Folgen für die Bausubstanz

- Abwitterung
- Bei Frost Absprengwirkung
- Schimmelbildung, Befall durch Mikroorganismen
- Abplatzende Beschichtung
- Verringerte Wärmedämmung
- Ausblühungen (Salze an der Oberfläche)

Folgen für die Bewohner

- Einfluss auf das Raumklima, das Wohlbefinden
- Gesundheitsgefährdung durch Schimmelpilze
- Schnelle Wärmeableitung, daher höhere Energiekosten
- Hässliches Aussehen der Wandflächen

Übersicht 1: Feuchte in der Bausubstanz

Wetterbelastung, direkte Wasserbelastung

Gebäude sind dem Wetter ausgesetzt. Baustoffe werden primär nach ihrer Funktion im Gebäude ausgewählt, z. B. nach ihrer statischen Eigenschaft, ihres Dämmvermögens. Das unterschiedliche Saugverhalten gegen Wasser durch Wetterbelastung wird durch einen Putzauftrag egalisiert. **Übersicht 2** zeigt, welche Wassermenge eine unverputzte Fassadenfläche in 1 Stunde bei durchschnittlichem Regen aufnehmen kann.

Baustoff	m²	Dauer der vollst. Durchfeuchtung	Aufnahme je m²
Normalbeton	7,30	Nicht messbar	0,08 l
Kalksandstein	17,00	13 Std.	3,5 l
Lochziegel	10,00	10 Std.	4,8 l
Gasbeton	6,30	1 Std.	7,0 l
Vollblock-Bims	4,20	20 Min.	19,0 l
Gesamtfläche	**44,80**		

Normalbeton	—	—
Kalksandstein	3,5 l/m² : 13 Std. · 17,00 m²	4,58 Liter
Lochziegel	4,8 l/m² : 10 Std. · 10,00 m²	4,80 Liter
Gasbeton	7,0 l/m ² : 1 Std. · 6,30 m²	44,10 Liter
Vollblock-Bims	19,0 l/m² · 4,20 m²	79,80 Liter
Wasseraufnahme nach 1 Std.		**133,28 Liter**

Übersicht 2: Feuchteeinwirkung auf Gebäudeteile

Feuchte, die von außen über den Boden, das Dach und die Wände ins Gebäude eindringt, kann nur dauerhaft aufgehalten werden, indem die Ursachen beseitigt werden.

Tabelle 1 zeigt Arten der Feuchtebelastungen und mögliche Maßnahmen.

Aufsteigende Feuchte	Eine Horizontalsperre in der Wand verhindert das Aufsteigen der Feuchte. Möglichkeiten: • Auftrennen der Wand und Einfügen einer Isolierfolie • Anbringung von Bohrlöchern, durch die Wasserdampf entweichen kann. Kaum wirksam. • Verputzen der Wandinnenseite mit Sanierputz-WTA. Dieser ist hochporös und kann Salze einlagern. Leider nur bis zur Sättigung.
Drückende Feuchte	Wasser/Feuchte drückt auf die eingegrabenen Wände. Die Wände müssen freigelegt werden, dann erhalten sie eine Sperrbeschichtung auf Bitumenbasis. Das zusätzliche Anbringen von druckfesten Wellplatten verbessert die Wärmeisolation und schützt vor mechanischer Verletzung der Sperrschicht.
Wasserschäden	Die Schadenstelle (defekte Dachrinne, Rohrbruch) ist zu reparieren, dann Bautrocknung
Feuchteeintritt durch Baufehler	Auf horizontalen Flächen bleibt das Wasser stehen und dringt leicht durch Abwitterung der Beschichtung in feinste Risse ein. Eine Blechabdeckung hilft oder die Abschrägung der Fläche, z. B. eines Simses.

Tabelle 1: Feuchteeinzug in Gebäudeteile und deren Verhinderung

Schadensbilder durch Feuchteeinwirkung (Beispiele)

Ablaufspuren

Wasser der undichten Dachrinne transportiert den Rost der Dachrinnenbefestigung.

Unbeschichteter Lunker

Wasser und schädigende Gase können ungehindert in den Beton eindringen und so die Carbonatisierung beschleunigen.

Schadhafte Balkonabdichtung

Der undichte Balkonbelag führt zu Abplatzung an der Balkonunterschicht.

Moosbefall

Der poröse Fugenmörtel saugt Regen auf und behält die Feuchte lange. Als Folge zeigt sich verstärkte Moosbildung.

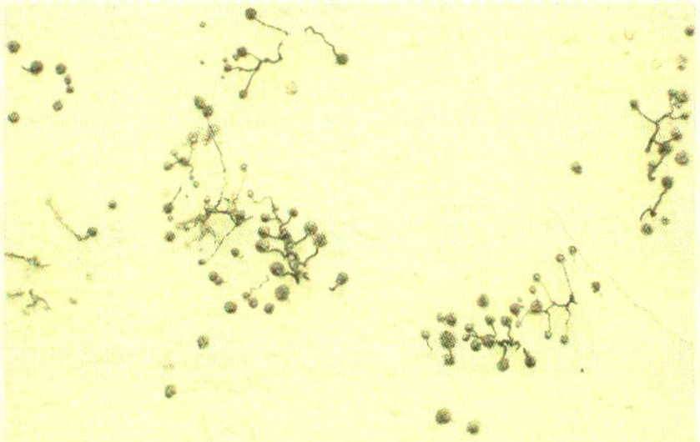

Klettersporen

Die Haftfüßchen von Kletterpflanzen dringen in den Putz bzw. die Beschichtung ein. Vor einem Fassadenanstrich müssen sie entfernt werden.

Vergrünung

Die Feuchtigkeitsbelastung der Gebäudedecke führt zu einem verstärkten Befall durch Schimmel, Algen und Moose.

Natursteinkorrosion

Zersetzung von Sandstein durch dauerhafte Feuchtigkeitsbelastung. Der Kristallisationsdruck durch Salze führt zu Steinabsprengungen.

Wärmeströmung

Ausströmende warme Raumluft kondensiert an der kalten Außenwand. Folge: Verschmutzung, Algenwuchs, Schimmelbildung.

Mangelnde Haftung

Der Renovierungsanstrich wurde auf einem nicht tragfähigen, kreidenden Altanstrich ausgeführt.

Aufsteigende Feuchtigkeit

Im Untergrund aufsteigende Feuchte drückt durch Verdunstung (Wasserdampfdruck) die Beschichtung ab.

Ausblühungen

Aus der Wand verdunstendes Wasser transportiert die Salze an die Oberfläche, wo sie als Ausblühungen sichtbar werden.

Drückende Feuchte

Eindringendes Wasser durch die nicht abgedichtete Rückseite der Wand drückt durch Verdunstung den Verputz ab.

Kondensationsfeuchte/Wärmebrücken vermeiden

Warme Luft kann mehr Feuchte aufnehmen als kalte Luft. (**Siehe Kap. 9.2** und Stichworte: **Taupunkt, relative und absolute Luftfeuchte**). Kommt warme Luft mit kalten Oberflächen in Berührung, fällt die Feuchte aus der Luft aus und schlägt sich an kalten Oberflächen als Kondensationsfeuchte nieder. Sind die Außenwände eines Gebäudes schlecht wärmegedämmt (kalt), gibt die warme Raumluft dort Feuchte ab. Besonders in Raumecken befinden sich Wärmebrücken, deren Feuchte zu Schimmelbefall führen kann.

Maßnahmen

Wärmedämmverbundsysteme verhindern kalte Innenseiten der Außenwände. Richtiges Heizen und Lüften vermindert ebenfalls Kondenswasser. 10 bis 15 min lang weit geöffnete Fenster führen zum kompletten Austausch der feuchten Luft. Keller sollten im Sommer wenig gelüftet werden, denn die Feuchte in der warmen Luft von außen schlägt sich an den kühlen Kellerwänden nieder. Deshalb riechen Keller oft muffig oder zeigen Schimmelbefall.

Salztransport steuern

Bei schlechter Abdichtung gegen Bodenfeuchte dringt Wasser aus dem Boden über Kapillaren ins Mauerwerk ein und schleppt dabei die im Boden reichlich vorhandenen Salze mit (**siehe Kap. 20.2.5**). In normalem Mauerwerk sind im Allgemeinen vorher keine oder nur wenige lösliche Salze vorhanden. Verdunstet das Wasser aufgrund unterschiedlicher Feuchtesättigung von Mauerwerk und Außenluft, so lagern sich die Salze unter der Beschichtung an und zerstören Putz und Beschichtung.

Bild 1: Schaden im Sockelbereich durch Ausblühungen

Maßnahmen

Ausblühungen müssen trocken entfernt werden.

Sanierputze verlangsamen den Salztransport. In den Kapillaren kristallisieren die Salze aus, bevor sie die Oberfläche erreichen. Ist der Putz salzgesättigt, muss er erneuert werden. Er dient somit als „Opferputz". Feuchteregulierungsputze bleiben dauerhaft erhalten. Sie leiten die Salzkristalle an die Oberfläche und trocknen sehr schnell. Dort können die Salze trocken abgebürstet werden.

Die Ursachen zu beseitigen erfordert meist bauliche Maßnahmen, z. B. die Abdichtung zum Erdreich hin oder die Ableitung aufsteigender Feuchte. Reine Malerarbeiten sind meist nicht auf Dauer wirksam.

5.2.5 Bautrocknung

Wasserschäden durch Regen, Rohrbruch etc. sind teuer, zeitintensiv und nervenraubend. Nach Abpumpen und Absaugen muss die Feuchte aus der Bausubstanz entfernt werden, um die Wohnqualität wieder herzustellen. Wasser, das unter einen schwimmenden Estrich gelaufen ist, kann Jahre dort wirken und zu Folgeschäden führen. Darum werden Luftentfeuchter aufgestellt (**Bild 2**), die bis zu 80 Liter Wasser am Tag aus der Luft sammeln. Der Einsatz dieser Geräte ist auch sinnvoll, wenn Wände in Neubauten zu feucht zur Bearbeitung sind.

Funktionsprinzip des Luftentfeuchters

Warme Luft kann mehr Wasser aufnehmen als kalte Luft. Wenn kalte, trockene Luft erwärmt wird und sofort unter den Estrich oder in den Raum geblasen wird, so nimmt sie dort Feuchte auf. Im Luftentfeuchter wird diese feuchte Raumluft angesaugt, über einen Verdampfer geleitet und unter den Taupunkt abgekühlt. Der überschüssige Wasserdampf kondensiert zu flüssigem Wasser, dieses wird abgeleitet. Ein Kreislauf, der so lange läuft, bis die Feuchte beseitigt ist.

Bei Feuchte unter Estrichen werden Löcher gebohrt und über Schläuche die trockene Warmluft eingeblasen. Die feuchte Warmluft dringt in den Raum, dort wird sie angesaugt … siehe oben.

Nach den Trocknungs- bzw. Entfeuchtungsarbeiten ist der Maler und Lackierer kompetenter Partner für die Renovierungsarbeiten.

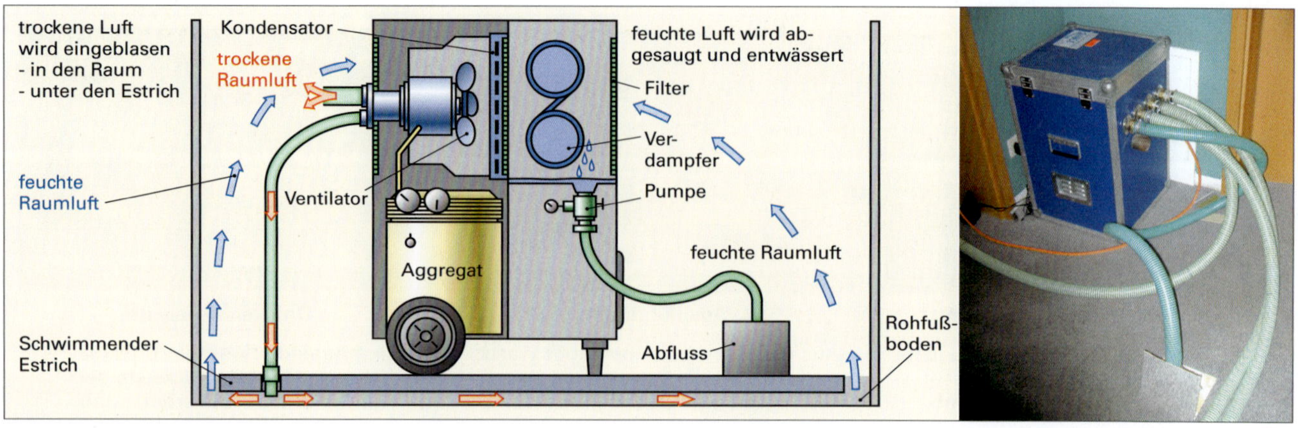

Bild 2: Bautrocknung

5.3 Bearbeitung und Beschichtung mineralischer Untergründe

5.3.1 Einflüsse auf die Wahl des Beschichtungssystems

Mineralische Untergründe liegen dem Maler in verschiedener Form vor. Die Wahl des Beschichtungssystems richtet sich nach den Zielen der Beschichtung. Diese Ziele hängen ab von der:

- Art und Optik (Tabelle 1)
- Beanspruchung (Tabelle 2)
- Vielfalt am Objekt (Tabelle 3, Bild 3)

Bild 1: Dekorativ verklinkerte Fassade

Bild 2: Waschbeton und Balkone aus Normalbeton (beschichtet) am Hochhaus

Bild 3: Ziegelstein, Beton und Zementfaserplatten am Neubau

	Abdecken des Untergrundes	Durchscheinen des Untergrundes	Das Aussehen soll erhalten bleiben	Beschichtung
Mauerwerk aus Naturstein, Sichtbeton, Waschbeton	Für Objekte werden diese Untergründe meist wegen des Aussehens und des Charakters gewählt. Diese optischen Eigenschaften sollten erhalten bleiben und sollten nicht zugedeckt werden. Es bleibt sonst nur die Struktur des Steins erhalten.	Eine gute Lösung zur Angleichung von Farbschwankungen in der Fassade durch ausgewechselte neue Steine. Der Charakter des Steins bleibt erhalten.	Naturstein wird häufig gerade wegen des Aussehens für Wände oder als Verkleidung in Form von vorgehängten Platten gewählt. Da einige Steinarten saugen, Beton nicht carbonatisieren darf, muss hier ein Schutz erfolgen.	Für deckende Beschichtungen können alle Systeme für Putze etc. verwendet werden. Die Haftung kann eine besondere Vorarbeit erfordern. Einschränkungen ergeben sich bei Beton als Untergrund. Für lasierende Systeme haben sich Lasuren auf Silikatbasis etabliert. Naturstein, Fliesen, Klinker, ... alle sehr dichten Untergründe werden in der Regel nicht beschichtet. Eine deckende Beschichtung erfolgt nur dann, wenn es aufgrund des Zustandes nicht anders möglich ist. Es ist aber die Fuge zu behandeln, meist farblos.
Putz, Beton	Diese Untergründe sehen in der Regel nicht schön aus und sollen einen anderen Farbton erhalten.	Selten. Über Lasuren erhält die Fläche ein ungleichmäßiges, lebendiges Aussehen.	Selten. Sichtbeton siehe oben.	

Tabelle 1: Ziele der Beschichtung, ausgehend von der Art und Optik des mineralischen Untergrundes

	Der Untergrund ist schädigenden Stoffen aus der Luft ausgesetzt	Der Untergrund ist vor Einflüssen weitgehend geschützt	Beschichtung
Fassadenbeschichtung	Fassaden sind dem Wetter und der Natur ausgesetzt. In Städten häufig mit Graffiti verunstaltet.	Von innen eindiffundierender Wasserdampf muss durch die Außenbeschichtung entweichen können.	In der Regel erfolgt außen eine schichtbildende Beschichtung mit hoher Schutzwirkung. Besondere Beanspruchung kann besondere Maßnahmen, z. B. eine zusätzliche Beschichtung erfordern. Darum werden Hochhäuser häufig verkleidet oder verglast und nicht durch den Maler und Lackierer bearbeitet. In Wohnräumen muss die Beschichtung mindestens wasserdampfdurchlässig sein.
Innenraumbeschichtung	Bei Industrieräumen, Werkstatträume oder öffentlich zugänglichen Räumen ist auf deren besondere Anforderungen zu achten, z. B. Hygiene, Beanspruchung, Schmiereien.	An Außenwänden ist innen eine dampfdichtere Beschichtung bauphysikalisch günstiger.	

Tabelle 2: Ziele der Beschichtung, ausgehend von der Beanspruchung des Objekts

	Gleichartiger (homogener) Untergrund	Mehrere verschiedene Untergründe (inhomogen)	Beschichtung
Beschichtung am Neubau	Jeder mineralische Untergrund hat seine besonderen Eigenschaften.	Die Beschichtung muss mit ihren Eigenschaften auf mehreren Untergründen möglichst gleich gut geeignet sein.	Nach dem Verputzen liegt ein einheitlicher Untergrund vor. Unterschiedliche Untergrundbewegungen, eventuell auch Rissüberbrückung, müssen bei der Wahl des Beschichtungssystems bedacht werden.
Beschichtung am Altbau	Kein Problem, wenn der Untergrund fachgerecht vorbereitet wurde.	Durch Um- und Ausbaumaßnahmen liegen verschiedene Baustoffe mit verschiedenen Eigenschaften vor (Mischbauweise).	

Tabelle 3: Ziele der Beschichtung, ausgehend von der Vielfalt der Untergründe am Objekt

5.3.2 Bearbeiten von Sichtmauerwerk

Witterungseinflüsse wie Regen, Sonne, Temperaturschwankungen und Luftverunreinigungen greifen auch Gestein an. In der Natur ist die langsame Zerstörung, die Erosion, ein normaler Vorgang. Naturstein an Gebäuden soll aber dauerhaft erhalten bleiben und ist daher dauerhaft zu schützen.

Granit und Marmor sind harte, dichte Gesteine und müssen meist nicht geschützt werden.

Gelber und roter Sandstein besteht aus von der Natur zusammengepresstem Sand mit Kalk als Bindemittel. Der Farbton entsteht durch Eisenoxide. Dieser Stein ist nicht besonders dicht und hart, folglich gut zu bearbeiten. Darum wurde er in der Vergangenheit für Kirchen, Denkmäler, Fassaden des Historismus, sowie deren Dekorationselemente (Säulen, Simse, Figuren, Sockel u. a.) verwendet. Dieser Stein muss heute geschützt werden (**Bild 1**).

Ziegel, Kalksandstein und Sichtbeton sind künstliche Steine, deren natürliches Aussehen meist erhalten bleiben soll. Als saugende Untergründe müssen sie geschützt werden.

Steinschädigende Umwelteinflüsse

Saurer Regen. Kohlendioxid CO_2, Stickoxide (NO, NO_2) und Schwefeldioxid SO_2 ergeben mit Feuchte Säuren. Diese Säuren greifen den Stein an, indem sie Kalk in wasserlösliche Stoffe, z. B. Calziumhydrogencarbonat oder Mauersalpeter umwandeln. Da diese Stoffe gerade in heutiger Stadt- und Industrieluft in hoher Konzentration vorkommen, greifen sie Sandstein an und zerstören jahrhundertealte Kulturbauten.

Durchfeuchtung/Frostabsprengungen. Feuchte kann über Risse und Fugen eindringen, Wasser vergrößert beim Gefrieren sein Volumen. Gerät Wasser in Poren oder Risse, so können Steinteile abgesprengt werden.

Salzschäden. Einige im Stein befindliche Salze ziehen Wasser. Der Hydratationsdruck durch die Volumensvergrößerung führt zu Absprengungen.

Mikroorganismen. Manche Mikroorganismen (Algen, Schimmel) setzen Schwefelsäure oder Salpetersäure frei. So ergibt sich der gleiche Effekt wie mit saurem Regen. Bei Trockenheit sterben sie nicht ab, sondern sind nur inaktiv.

Bild 1: Schaden am Naturstein

Schutz von Sichtmauerwerk

In der Regel wird Naturstein aufgrund des Aussehens gewählt, dieses soll erhalten bleiben. Darum ist die deckende Beschichtung unpassend. Eine filmbildende Beschichtung stört dazu den Feuchtehaushalt im Naturstein. Über Poren und Kapillaren werden Schadstoffe bis tief in den unbehandelten Stein hineingezogen.
Als farblose (oder lasierende) Behandlung kommen nach den Vorarbeiten zwei Verfahren in Betracht:

- Steinfestigung
- Hydrophobierung

Vorarbeiten. Das Objekt ist erst mit Wasser, kalt oder warm, zu reinigen. Nach gründlicher Untersuchung werden Fugen mit fertigem Fugenmörtel ausgebessert.
Kleine Schäden am Stein können durch Restauriermörtel ausgebessert werden. Für große Schäden ist der Steinmetz zuständig. Ein Algizid schützt vor Algen und Moosbefall.
Neue Steine können mit Lasuren auf Silikatbasis im Farbton angeglichen werden.

Steinfestigung (**Bild 2**). Die Verwitterung von Sandstein hat im Stein keine klare Grenze. Wird der Stein nicht bis zum harten Kern gefestigt, so bricht die gefestigte Schicht vom ungefestigten Inneren des Steins. Erfolgt die Steinfestigung unsachgemäß, so ist der Schaden nach der Festigung größer als vorher. Darum gehören eine genaue Untergrundanalyse und viel Sachverstand zur richtigen Steinfestigung.
Zur Steinfestigung eignen sich Kieselsäureester. Im Stein reagieren sie mit Feuchte. Es entstehen Kieselgele, die in ihrer chemischen Struktur dem silikatischen Bindemittel von Naturstein ähnlich sind.

Hydrophobierung. Silikonimprägnierungsmittel (Silane, Siloxane) hydrophobieren den Stein, d. h. Wasser perlt ab, ohne dass eine Schicht vorliegt, es dringt nicht in den Stein ein. Ist der Stein sehr dicht, ist eine Hydrophobierung nicht sinnvoll.
Der Materialauftrag erfolgt am Objekt von unten nach oben satt mit der Gartenspritze, Bürste oder im Airlessverfahren. Der Verbrauch liegt zwischen 0,2 und 2 l/m², je nach Saugverhalten des Steins.
Direkte Sonneneinstrahlung bei der Arbeit ist zu vermeiden.

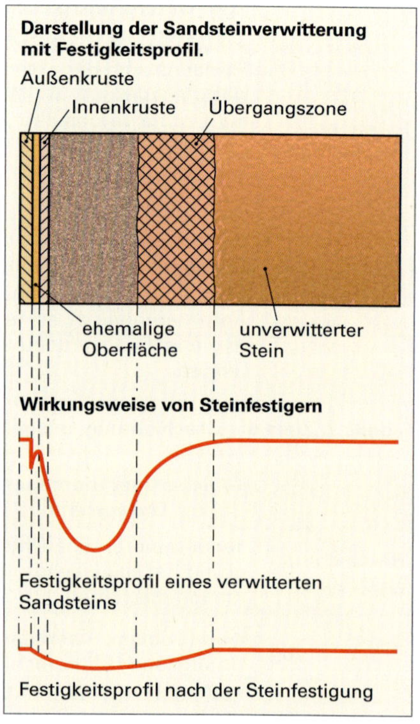

Bild 2: Festigkeitsprofil im Stein

5.3.3 Putze und ihre Verarbeitung

Putzkelle

Zum Durchmischen und Anwerfen des Putzmörtels

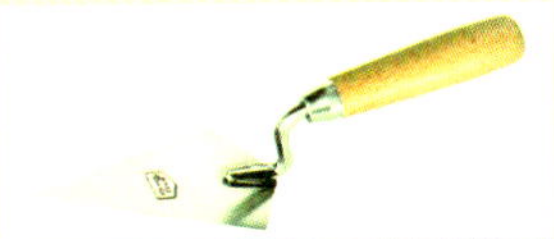

Spitzkelle

Zum Einbringen des Putzmörtels in Ecken und zum Glätten schwer zugänglicher Stellen

Glättkelle (Traufel)

Zum Verpressen und Glätten des angeworfenen Putzes bzw. zur weiteren Oberflächenbearbeitung

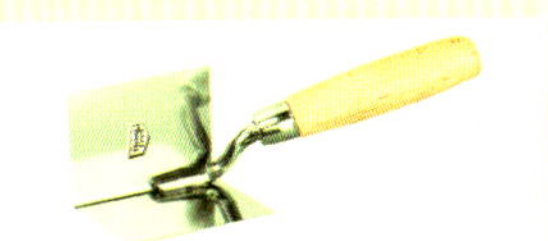

Eckkelle

Zum sauberen Einbringen von Putz und Spachtelmasse in Bauteilecken

Reibebrett

Wie die Traufel zum Glätten des Putzes; je nach Putzart (z. B. Reibeputz) auch zur Oberflächenstrukturierung

Durch das Verputzen wird Mauerwerk in seiner Funktion verbessert (**siehe Kap. 5.1.2**). Die Wand etc. muss auf Eignung als Putzträger geprüft werden. Wenn erforderlich, ist nach DIN 18202 auch auf Einhaltung der Maßtoleranzen zu prüfen.
Auf sehr dichten Untergründen kann es nötig sein, vor dem Verputzen eine Haftschlämme oder zum Überbrücken von Rissen eine Armierung vorzulegen.
In DIN V 18550, Abschnitt 7.3.2 ist die mittlere Dicke und die zulässige Mindestdicke von Putzen bzw. Putzsystemen angegeben, z. B. für Außenputze mindestens 20 mm/ 15 mm.
Bei handwerklichem Verputzen ist es auch Fachleuten nicht möglich, eine vollständig glatte und maßhaltige Oberfläche über große Wandflächen zu erhalten.

Putzarbeiten im Innenbereich

In Innenräumen wird rohes Mauerwerk meist mit Kalk- oder Gipsputz verputzt. Kalkputz enthält Sand, Gipsputz nicht. Mit Gipsputz lassen sich darum sehr glatte Oberflächen ohne Körnung abziehen. Kalkzement- oder Zementputz sind innen nur in feuchtebelasteten Räumen sinnvoll.
Qualitätsstufen: Von Q1 (Mindestanforderung) bis Q4 (erhöhte Anforderung). Ohne besondere Vereinbarung gilt Q2 (Standardanforderung).
Nachfolgend kann die verputze Fläche beschichtet, tapeziert oder mit einem Dekorputz versehen werden Richtwert: Vor der Weiterbearbeitung 14 Tage trocknen lassen.

Putzarbeiten im Außenbereich

In der Regel besteht der Putzaufbau aus mineralischem Unterputz und Oberputz (**Übersicht 1**). Außenputz darf keine Gipsanteile enthalten, Gips ist wasserlöslich.
Die Haftung eines mineralischen Putzes kann durch einen Zementspritzbewurf deutlich verbessert werden. Bei Sanierputz darf der Spritzbewurf aber nur halb deckend sein.

Unterputz +	Armierungsputz +	Oberputz
Der Unterputz, meist Kalkzementputz (z. B. Knauf UP 210) bildet die Haftbrücke zwischen Untergrund und Oberputz. Grobe Unebenheiten werden bereits ausgeglichen. Wärmedämmputze erfüllen ihre Aufgabe in der Regel in der Unterputzschicht. Putzauftrag 10-35 mm.	**Wenn nötig** Mit der Zahnkelle 5 mm dick auftragen. Das Armierungsgewebe als Bahn oder Streifen in die nasse Putzschicht einbetten und mit Armierungsmörtel glätten. Das Gewebe besteht aus Kunststoff oder besonders stabilem Textilglas je nach Rissüberbrückung und Beanspruchung.	Der Oberputz auf Mineralbasis muss in seinen Eigenschaften auf den Unterputz abgestimmt sein. Er muss wasserabweisend sein. Werden Oberputze beschichtet, so erhält das Gebäude einen zusätzlichen Wetterschutz. Dies wird auch für pigmentierte Oberputze empfohlen, außer für besondere Deko-Putze.
Putzauftrag 10 – 35 mm. Trocknungszeit mind. 1 Tag/mm (Richtwert). Abhängig auch von Temperatur und Feuchte.	Zusätzliche Standzeit von mindestens 7 Tagen vor Auftrag des Oberputzes.	Bei 20 °C und 65 % rel. LF nach 24 h oberflächentrocken. Meist nach 3 bis 4 Tagen beschichtbar.

Übersicht 1: Aufbau des Putzsystems für außen

Putze werden entweder manuell mit der Glättkelle aufgezogen oder maschinell aufgespritzt, z. B. außen und in Neubauten. Nach dem Auftragen werden sie weiterbearbeitet. Glatte Oberflächen werden durch feinkörnige Putze und durch Abreiben mit einer Schwammscheibe oder einem Filzbrett erreicht, raue bzw. unebene Putzstrukturen erzielt man mit grobkörnigen Putzen und den entsprechenden Strukturierungswerkzeugen (**Übersicht 2**).

Filzscheibe

Zum gleichmäßigen Abreiben des angefeuchteten Putzes

Nagelbrett

Zum Aufrauen und Freilegen von Zuschlägen bei Kratzputz

Gipserbeil

Zum Abschlagen von alten Putzschichten

Kardätsche

Zum großflächigen Abziehen des aufgespritzten bzw. angeworfenen Putzmörtels

Übersicht 2: Werkzeuge für Verputzarbeiten

Putze können, abhängig von ihrer Zusammensetzung und ihrer Kornstruktur sowie den verwendeten Werkzeugen, auf verschiedene Weise strukturiert werden (Tabelle 1).

Bezeichnung	Beschreibung
Kratzputz	Nach dem Auftragen wird der angezogene Putz mit einem Nagelbrett aufgeraut. 
Reibeputz	Wird auf Kornstärke aufgetragen und mit einem Kunststoffreibebrett abgerieben. 
Kellenstrichputz	Wird mit der Kelle aufgetragen, verdichtet und durch Kellenschlag strukturiert. 
Streichputz	Wird mit Flächenstreicher oder Bürste aufgetragen und durch Bürstenstrich strukturiert. 
Rollputz	Wird mit der Rolle aufgetragen und mit Rollwerkzeugen (z. B. Erbslochwalze) strukturiert. 
Spritzputz	Mit der Putzmaschine mehrlagig aufgespritzter, feinkörniger Putz. 
Scheibenputz	Putz, der mit dem Filzbrett abgerieben wird. Die Sandkörner hinterlassen dabei eine Rillenstruktur. 
Glättputz	Feinkörniger Putz, mit Filzscheibe abgerieben und mit Glättkelle nachgeglättet. Die bindemittelangereicherte Oberfläche führt oft zu Schwindrissen. 
Waschputz	Zuschläge werden an der Oberfläche mit einer weichen Bürste freigewaschen. Nach der Erhärtung erfolgt die Reinigung mit verdünnter Salzsäure. 
Sgraffito	Mehrlagige, farbige Putze werden aufgetragen und vor dem Abbinden ausgekratzt. So entstehen Putzornamente. 

Tabelle 1: Putzstrukturen

5.3.4 Beschichtungsstoffe für mineralische Untergründe

Der Maler und Lackierer wählt den Beschichtungsstoff aus dem Angebot der Hersteller. Alle gängigen Beschichtungsstoffe werden in **Kapitel 11.5** in ihrer Zusammensetzung und Bedeutung behandelt.
Nach ihrer unterschiedlichen Beanspruchbarkeit unterscheidet man Innenwandfarben und Fassadenfarben.

Innenwandfarben: Darunter versteht man Anstrichstoffe, die in ihrer Zusammensetzung bei normaler Belastung in Räumen beständig sind. Für Industrieräume und Werkstätten muss beurteilt werden, ob diese Qualität hier ausreicht.

Fassadenfarben: Diese Farben sind meist hochwertiger und teurer, da sie für Wetterbelastung mit besonderer Beanspruchung geeignet sein müssen. So sind Dispersions-Fassadenfarben häufig Biozide (Fungizide, Algizide) zugemischt. Sie sollten nicht in Innenräumen verarbeitet werden.

Bild 1: Silikatfarbanstrich am denkmalgeschützten Gebäude

Vorwiegend setzt der Maler und Lackierer auf mineralischen Untergründen drei Produktlinien ein (**Tabelle 1**).

Silikatfarben		Silikonharzfarben	Dispersionsfarben
Reine Silikatfarbe	Dispersionssilikatfarbe	Qualität je nach Dispersionsanteil	Auf unterschiedlicher Kunststoffbasis. Sehr gut: Reinacrylatfarbe
• Die Verarbeitungsmenge muss am Vorabend angesetzt werden. • Der Untergrund muss absolut sauber vorliegen, damit Farbe und Untergrund verkieseln können. • Die Vorgehensweise an der Fassade muss strategisch geplant werden. Trocknet die Silikatfarbe an einer Stelle an, so gibt es sichtbare Ansätze. Nicht bei Sonneneinstrahlung verarbeiten. • Auftrag durch Streichen mit der Bürste. • Sehr alkalisch. • Die biozide Wirkung lässt allerdings im Laufe der Zeit nach.	• Wird als 1 Gebinde geliefert und ist gut zu lagern. • Es wird mit Fixativ verdünnt. • Auftrag durch Streichen oder Walzen. • Alkalisch • Stuckateure verwenden gerne Egalisationsfarbe, eine Silikatfarbe mit bis zu 20 % Dispersionsanteil. Sie kann nach 5 bis 10 Jahren mit Dispersionssilikatfarbe oder Silikonharzfarbe überstrichen werden.	• Gut zu lagern und leicht verarbeitbar. • Qualitätsunterschiede durch den Dispersionsanteil. Dieser ist nötig, damit die Pigmente gebunden werden. • In der Menge ist der Dispersionsanteil nicht definiert. • Besonders geeignet für Mischmauerwerk. • Gering alkalisch. • Die selbstreinigende Wirkung des „Lotuseffekts" ist umstritten. Silikonharzfarben lassen jedoch Wasser an der Oberfläche schneller abfließen, dadurch bieten sie keinen günstigen Nährboden für Algen und Moose.	• Gut zu lagern und leicht verarbeitbar. • Verwendung innen und außen. • Vielseitig einsetzbar, da Dispersionsfarben in verschiedenen Qualitätsstufen und Glanzgraden angeboten werden. • Elastisch, daher sind auch Systeme zur Rissüberbrückung auf Dispersionsbasis im Handel. • Neutral • Erweichen unter Sonneneinstrahlung etwas. Beschichtete Fassaden neigen daher zur Verschmutzung. • Nach etwa 10 Jahren ist die Beschichtung mit der härteren Dispersionssilikatfarbe oder der Silikonharzfarbe möglich.
• Für außen. • Besonders geeignet für denkmalgeschützte Objekte.	• Für außen.	• Für außen. • Als hydrophobierender Anstrich auf feuchtebelasteten Untergründen.	• Für innen und außen.

Tabelle 1: Beschichtungsstoffe und ihre Anwendung auf mineralischen Untergründen

Seltener oder nur für bestimmte Anwendungszwecke kommen folgende Beschichtungsstoffe zum Einsatz:

- **Kalkfarbe:** Für innen in historischen und denkmalgeschützten Gebäuden. Außen ist sie gegen sauren Regen nicht beständig.
- **Zementfarbe:** Diese sehr harte Beschichtung ist nur auf absolut sauberen, harten Putzuntergründen möglich, z. B: im Sockelbereich außen auf Zementputz oder direkt auf Beton.
- **Leimfarbe:** Nur für innen und für Flächen mit geringer Beanspruchung. Leim ist wasserlöslich.
- **Polymerisatharzfarbe:** Als Isolieranstrich.
- **Lehmfarbe:** Besonders umweltfreundlicher Beschichtungsstoff für innen.

5.3.5 Qualitätskriterien von Innenwandfarben und Fassadenfarben

Qualitätskriterien von Innenwandfarben

Bis etwa 1920 verarbeiteten Maler im Innenraum vorwiegend Leimfarbe. Als unpigmentierte Dispersionen auf dem Markt kamen, wurden diese gerne vom Maler den Leimfarben zugegeben. Dadurch wurde die Feuchtempfindlichkeit von Leimfarbenbeschichtungen verringert und die Wischbeständigkeit erhöht.

Diese „veredelte Leimfarbe" wurde als Binderfarbe bezeichnet.

Als im Laufe der folgenden Jahre die ersten pigmentierten Dispersionsfarben zu kaufen waren, wurde die Bezeichnung Dispersionsfarbe aber auch für Binderfarben mit unterschiedlichem Dispersionsanteil verwendet. Mit der DIN 53 778 wurde die Qualität einer Dispersionsfarbe erstmals definiert: waschbeständig, scheuerbeständig. Allerdings nur für weiße Innenfarbe und nur gültig in Deutschland.

Seit 2001 gilt die DIN EN 13 300. Diese Norm betrifft erweitert alle weißen und farbigen Innenfarben und Innenputze, also nicht nur Dispersionsfarben.

Wandfarben besitzen je nach Bindemittel und Pigmentierung Qualitätsstufen für alle Kundengruppen. Als Maler und Lackiererprofi sollte man immer zum besten Material greifen. Dann ist das Risiko minimal, dass z. B. wegen fehlenden Deckvermögens ein Anstrich mehr als kalkuliert aufgebracht werden muss. Will der Kunde die Wandfarbe selbst bereitstellen, so sollte der Maler und Lackierer im Voraus den Kunden beraten.

Die DIN EN 13 300 unterscheidet folgende Merkmale einer Wandfarbe:

- Anwendung (z. B: Isolierwirkung, Streiflichtempfindlichkeit)
- Bindemitteltyp (z. B. Acrylharz, Silikat, Vinylharz)
- Nassabriebbeständigkeit
- Kontrastverhältnis (Deckvermögen)
- Glanz
- Maximale Korngröße

Die Tabellen in **Übersicht 1** beschreiben die wichtigsten Qualitätsmerkmale.

Nassabriebbeständigkeit (Reinigungsfähigkeit)

Klasse	Nassabrieb/Hübe	Alte DIN 53778
1	< 5 µm bei 200 Hub	
2	≥ 5 µm bei 20 µm bei 200 Hub	Scheuerbeständig
3	≥ 20 µm bei 70 µm bei 200 Hub	Waschbeständig
4	< 70 µm bei 40 Hub	
5	≥ 70 µm bei 40 Hub	

Die Bestimmung des Nassabriebs erfolgt nach DIN EN ISO 11 998 im Scheuerprüfgerät durch Ermittlung der Dickenabnahme der Schicht durch die Prüfung.
Sehr nassabriebbeständige Dispersionsfarben werden häufig als Latexfarben bezeichnet. Dabei ist der Begriff Latexfarbe kein Qualitätsmerkmal und wird in keiner Norm beschrieben oder definiert.

Kontrastverhältnis (Deckvermögen)

Klasse	Kontrastverhältnis	
1	≥ 99,5 %	Die Einstellung in die Klassen erfolgt über die Herstellerangaben zur Ergiebigkeit in m²/l.
2	≥ 98 bis 99,5	
3	≥ 95 bis 98	
4	< 95 %	

Die Bestimmung des Deckvermögens erfolgt nach VdL-Richtlinie 09. Messung der Deckfähigkeit in definierten Schichtdicken auf Kontrastkarten über Weiß und Schwarz. Dabei entspricht z. B. ein Kontrastverhältnis der folgenden Klassen ca. einer Ergiebigkeit von Klasse 1 – ab 7 m² je Liter, von Klasse 2 - 5 bis 7 m² je Liter.

Glanzgrad

Bezeichnung	Messwinkel	Reflexionswert
Glänzend	60°	≥ 60
Mittlerer Glanz	60° 85°	< 60 ≥ 10
Matt	85°	< 10
Stumpfmatt	85°	< 5

Das Glanzmessgerät misst, wie viel von der auftreffenden Lichtintensität gerichtet auf eine Silizium-Fotodiode reflektiert wird. Der vom Untergrund absorbierte Anteil wird dabei berücksichtigt.
„Mittlerer Glanz" darf auch weiterhin als seidenmatt und seidenglänzend bezeichnet werden.

Maximale Korngröße

Bezeichnung	Korngröße	Produkte
Fein	< 100 µm	Innenfarbe
Mittel	< 300 µm	Streichputze
Grob	< 1500 µm	Feine Strukturputze
Sehr grob	> 1500 µm	Grobe Strukturputze

In der Klassifizierung nach maximaler Korngröße wird die Größe des größten Teilchens der Innendispersion ermittelt. Die strukturlosen Beschichtungsstoffe für Wände und Decken besitzen in der Regel eine Korngröße bis max. 100 µm und sind somit „fein". Diese Einteilung ist besonders für die maschinelle Verarbeitung der Produkte wichtig.

Übersicht 1: Qualitätskriterien von Innenwandfarben

Qualitätskriterien von Fassadenfarben

Fassadenfarben sind dem Wetter ausgesetzt. Von großer Bedeutung für ihre Qualität ist das Verhalten bei Feuchte, das Verhalten bei Algen- und Pilzbefall, sowie bei Einwirkung von UV-Strahlen und Chemikalien.
Die DIN EN 1062 regelt die Qualität von Fassadenfarben. Sie gilt für wasserverdünnbare und lösemittelverdünnbare Systeme auf mineralischen Werkstoffen oder Beton im Außenbereich.

Die DIN EN 1062 klärt folgende Punkte:

- Beschreibung
- Glanzgrad (Reflektormeterwert)
- Schichtdicke
- Korngröße
- Wasserdampfdurchlässigkeit
- Wasserdurchlässigkeit
- Rissüberbrückung
- Kohlendioxiddurchlässigkeit

In **Tabelle 1** werden die wichtigsten Qualitätsmerkmale aufgelistet.

Beschreibung	Es ist das Bindemittel zu nennen, das maßgebend die Eigenschaft bestimmt, z. B. Acrylatharz, Epoxidharz. Wasserglas, gelöschter Kalk, Vinylharz u. a.
Glanzgrad	Klasseneinteilung von G1 (glänzend) bis G3 (matt), gemessen mit einem Reflektometer
Schichtdicke	Klasseneinteilung von E1 (≤ 50 µm) bis E5 (> 400 µm), errechnet aus dem Verbrauch. Angaben dazu sind im Datenblatt Verbrauch in l/m², Ergiebigkeit in m²/l oder Schichtdicke.
Korngröße	Klasseneinteilung von S1 (fein) bis S4 (sehr grob). Die Korngröße beeinflusst die Oberflächenstruktur des Beschichtungssystems.
Wasserdampf-durchlässigkeit	Klasseneinteilung von V0 (keine Anforderung) und V1 (hoch) bis V3 (niedrig). Die Wasserdampf-Diffusionsstromdichte bestimmt die Masse Wasserdampf, die innerhalb einer bestimmten Zeit durch die Beschichtung diffundieren kann. Anhand dieses Wertes lässt sich der Einfluss der Beschichtung auf das Feuchteverhalten des Untergrundes beurteilen
Wasserdurch-lässigkeit	Klasseneinteilung von W0 und W1 (hoch) bis W3 (niedrig). Je kleiner der W-Wert, umso größer ist der Widerstand der Beschichtung gegen das Eindringen von Wasser.
Rissüber-brückung	Klasseneinteilung von A0 und A1 (> 100 µm) bis A5 (> 2500 µm). A0 stellt keine Anforderungen an die Beschichtung als Rissüberbrückung, A5 sehr hohe Anforderungen.
Kohlendioxid-durchlässigkeit	Klasseneinteilung C0 (keine Anforderung) und C1.

Tabelle 1: Qualitätskriterien von Fassadenfarben

Kennzeichnung

Durch den Hersteller muss zumindest im Technischen Merkblatt eine Bezeichnung für das Produkt erfolgen.

Beispiel (**Bild 1**): Matte Fassadenfarbe mit geringem Verbrauch/m², feiner Korngröße für glattes Oberflächenbild, mittlerer Wasserdampfdurchlässigkeit, mittlerer Wasserdurchlässigkeit, keine Anforderung an Rissüberbrückung und CO_2-Durchlässigkeit.

EN 1062-1 G3 E2 S1 V2 W2 A0 C0

- Glanz (Reflektormeterwert) – G3
- Schichtdicke – E2
- Korngröße – S1
- Wasserdampf-Diffusionsstromdichte – V2
- Durchlässigkeit für Wasser – W2
- Rissüberbrückung – A0
- Kohlenstoffdioxid-Durchlässigkeit (CO_2) – C0

Bild 1: Beispiel der Kennzeichnung von Fassadenfarbe

Feuchtehaushalt und Fassadenbeschichtung

Den Zusammenhang zwischen Wasseraufnahme, Wasserabgabe und der Diffusionsfähigkeit von Wasserdampf durch die Beschichtung nennt man Feuchtehaushalt (**Bild 2**).

Wasser im Untergrund wird bei Sonneneinstrahlung zu Wasserdampf. Es entsteht ein Dampfdruck, der durch dichte Beschichtungen hindurch nicht entweichen kann, die Beschichtung platzt ab. Durch diffusionsoffene Beschichtungen, die unter dem Mikroskop wie ein Sieb aussehen, können die Wassermoleküle hindurchwandern. Je geringer der sd-Wert ist, umso besser funktioniert der Gasaustausch. Natürlich hängt dies auch von der aufgetragenen Schichtdicke ab.

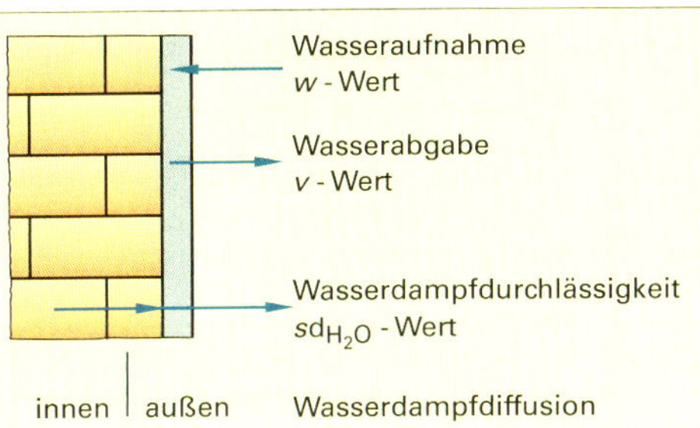

$$W = kg / (m^2 \cdot h^{0,5})$$

h Zeit in Stunden

$$V = kg / (m^2 \cdot h^{0,5})$$

h Zeit in Stunden

$$sd = \mu \cdot s$$

μ Diffusionswiderstandszahl
s Dicke der Beschichtung in m

Bild 2: Faktoren des Feuchtehaushaltes einer Beschichtung

Beispiel Silikonharzfarbe:

ø einer Pore der Siliconharzfarbe	1/10 000 mm
ø eines Wassertropfens	mindestens 1 mm
ø eines Wasserdampf-Moleküls	1/25 000 000 mm

Die Poren einer Silikonharzfarbe sind folglich 2500-mal größer als ein Wasserdampfmolekül.

Überstreichbarkeit

Es gilt die Regel: **Weich auf hart.**

Wenn man weiß, welche Beschichtung vorliegt, so kann mit dem gleichen Beschichtungsstoff oder mit einem weicheren Beschichtungsstoff überarbeitet werden.

Wählt man dagegen eine härtere Beschichtung zum Überarbeiten, so reißt die Beschichtung, sobald sich die weichere Untergrundbeschichtung bewegt.

Weich ↑	Dispersionsfarbe Polymerisatharzfarbe Silikonharzfarbe Dispersionssilikatfarbe	Dispersionsfarben verspröden im Laufe der Zeit, Sie werden also härter, sodass sie bei einer Renovierung nach etwa 8 Jahren mit Silikonharzfarbe oder Dispersionssilikatfarbe überstrichen werden können. Die Überarbeitung mit reiner Silikatfarbe käme nicht in Frage. Sie wäre zu hart.
Hart	Reine Silikatfarbe	

Besondere Eigenschaften

Durch ihre natürlichen Eigenschaften und/oder Zugabe spezieller Pigmente oder Zusatzstoffe können Beschichtungsstoffe für mineralische Untergründe besondere Anforderungen erfüllen.

Denkmalschutz

Erhaltenswerte historische Gebäude stehen häufig unter Denkmalschutz. Ein mattes, mineralisch aussehendes Erscheinungsbild, wie früher nur möglich, wird gefordert. Darum dürfen sie oftmals nur mit mineralischen Werkstoffen beschichtet werden. Silikatfarbe eignet sich sehr gut. Zusätzlich verkieselt sie mit dem Putzuntergrund (siehe Verkieselung). Kalkfarben wandeln sich in schwefelsaurer Industrieluft in wasserlöslichen Gips um und werden deshalb von Kirchenmalern und Restauratoren ausschließlich im Innenbereich eingesetzt.

Verkieselung

Die Moleküle der Silikatfarben verbinden sich mit den Molekülen von kalk- und zementhaltigen Untergründen zu einer kristallinen Struktur. Diesen Vorgang nennt man Verkieselung. Dadurch kommt es zu einer extrem guten Haftung und zu einer Verfestigung des Untergrunds. Da auf Gips eine Verkieselung nicht möglich ist, sind Silikatfarben für die Beschichtung von Gipsuntergründen ungeeignet. Dispersionssilikatfarben verkieseln nur zum Teil und können auf Gipsputz verarbeitet werden.

Hydrophobierung

Silikonharzemulsionen eignen sich für den Feuchtigkeitsschutz von Gebäuden. Sie bilden keinen geschlossenen Anstrichfilm, sondern sind mikroporös. Dadurch kann Feuchtigkeit aus dem Mauerwerk schnell wegtrocknen. Gleichzeitig sind sie hydrophob (wasserabweisend), sodass Regenwasser an der Fassade leichter abläuft. Eine Hydrophobierung wirkt allerdings nicht bei Tauwasserbelastung, sodass es auch auf Silikonharzfarben zur Algenbildung aufgrund hoher Feuchtigkeitsaufnahme kommen kann.

Abdichtung/Isolierung

Um Gebäudeteile vor eindringender Feuchtigkeit in besonderem Maße zu schützen, müssen feuchtigkeitsdichte Beschichtungen aufgebracht werden. Geeignet sind bituminöse Anstrichstoffe sowie Zementfarben mit Dichtungszusatzmitteln. Um das Durchschlagen von Wasserrändern oder Nikotinflecken zu vermeiden, werden Isolierbeschichtungen, z. B. aus lösemittelhaltigem Polymerisatharz, verwendet. Sie sind diffusionsdicht und nur da geeignet, wo kein Gasaustausch stattfinden muss. Meist sind sie lösemittelhaltig und daher geruchsintensiv.

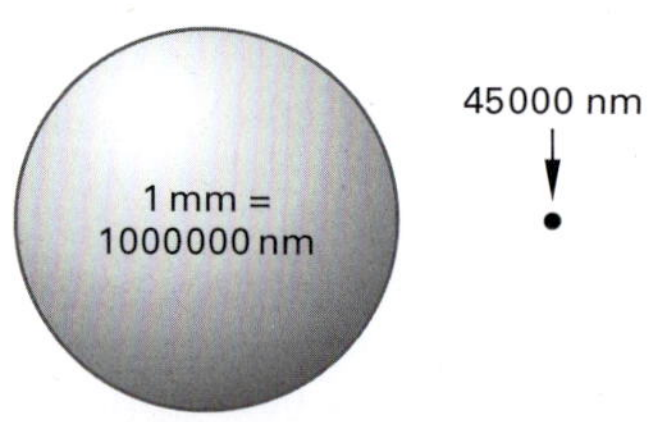

Thermokeramik

Die Eigenschaften wärmespeichernder Beschichtungen beruhen auf der Nanotechnologie. Durch das extreme Verkleinern von Teilchen in den Nanobereich (< 0,000001 mm) verändern sich die Eigenschaften von Stoffen. Mineralische Nanoteilchen vergrößern die Oberfläche, sodass mehr Wärme gespeichert werden kann. Wände trocknen schneller aus, Schimmelbildung wird reduziert. Thermokeramische Beschichtungen ergänzen Wärmedämmsysteme, können sie aber nicht ersetzen.

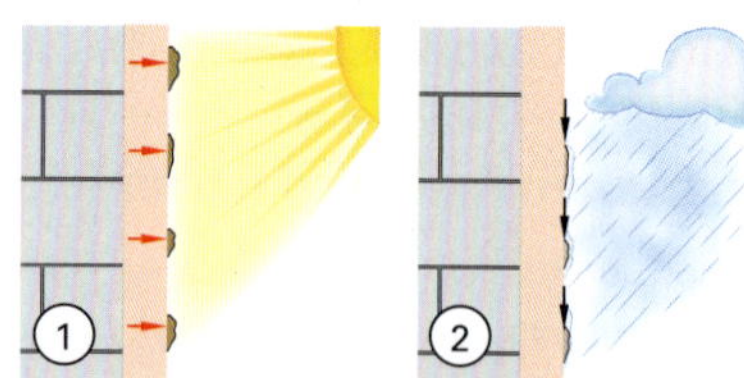

Fotokatalyse

Spezialpigmente, die als Katalysatoren wirken, werden durch Tages- oder durch künstliches Licht im Anstrichfilm aktiviert und bauen an der Beschichtungsoberfläche die Schadstoffe ab. Dies führt innen zu einer besseren Raumluft. Außen werden fotokatalytische Fassadenfarben wegen ihrer Reinigungswirkung eingesetzt. Die aktiven Pigmente bauen an der Beschichtungsoberfläche unter Lichteinfluss Schmutzpartikel ab, die anschließend durch den Regen unterspült und abgewaschen werden. Da sich diese Pigmente nicht abbauen, bleibt die Wirkung lange erhalten.

5.3.6 Betonschutz und Betoninstandsetzung

Beton *kann* beschichtet werden, damit er schöner aussieht. Er *muss* beschichtet werden, damit er im Außenbereich durch Witterungseinflüsse nicht zerstört wird (Bild 1).

Betonschutzmaßnahmen

Um den Prozess der Carbonatisierung zu verzögern, sind folgende Maßnahmen möglich:

- **Ganzflächige Spachtelung**. So werden Kiesnester und Lunkern verschlossen.
- **Beschichtung mit einer CO_2-Sperre**, die CO_2 nicht durchlässt. Darauf kann Dispersionsfarbe oder Silikonharzfarbe gestrichen werden.
- **Ein Putzauftrag.** Damit sich der Putz gut aufziehen lässt, ist ein sandgefüllter Haftgrund vorzustreichen.

Wird ein Schaden erst nach größeren Betonabsprengungen bearbeitet, so sind meist umfangreiche Sanierungsarbeiten nötig (Bild 2)

Ein als Betonschutz geeignetes System

- muss Gase von außen am Eindringen hindern.
- muss Wasser, in Form von Wasserdampf, von innen nach außen diffundieren lassen.
- muss Risse bis 0,15 mm im Beschichtungssystem überbrücken können.

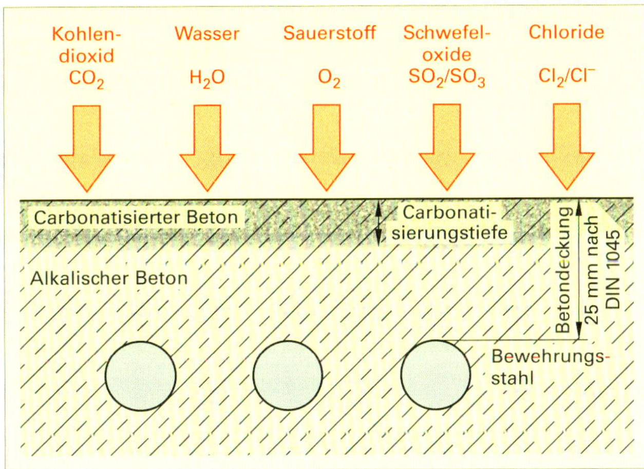

Bild 1: Witterungseinflüsse auf Stahlbeton

Bild 2: Einschalung einer Balkonbrüstung

Regelwerke für Oberflächenschutzsysteme

- **ZTV-ING**, „Zusätzliche technische Vertragsbedingungen und Richtlinien für Ingenieurbauwerke"
- **VV TB**, „Verwaltungsvorschriften Technische Baubestimmungen"
  Seit 2017 werden die alten Bauregellisten (BRL) der Bundesländer ersetzt, meist nach Vorlage der M VV TB (Musterverordnung).
- **TR Instandhaltung**, „Technische Regeln Instandhaltung von Betonbauwerken", Teil 1 und Teil 2, sind seit 2021 eingeführt.
- **EN 1062**, Titel der Normenreihe: „Beschichtungsstoffe und Beschichtungssysteme für mineralische Substrate und Beton im Außenbereich".
- **EN 1504-9**, Regeln zu Produkten und Systemen für den Schutz und die Instandsetzung von Betontragwerken

In den Bezeichnungen der Tabelle 1 bedeutet OS Oberflächenschutzsystem.

Bezeichnung nach TR Instandhaltung	Bezeichnung nach ZTV-ING	Art und Anwendungsbereich der Beschichtung
OS 1	(OS A)	Hydrophobierung
OS 2	(OS B)	Beschichtung ohne Spachtelung für nicht begeh- und befahrbare Flächen
OS 4	(OS C)	Beschichtung auf nicht begeh-/befahrbaren Flächen mit Kratz- bzw. Ausgleichsspachtelung und erhöhter abdichtender Funktion
OS 5 a OS 5 b	(OS DII) (OSDI)	Beschichtung auf nicht begeh-/befahrbaren Flächen mit Kratz- bzw. Ausgleichsspachtelung und mit geringer Rissüberbrückung
OS 7	(TL/TP-BEL-EP)	Beschichtung für begeh-/befahrbare Flächen unter Schichten mit Abdichtungsfunktion
OS 9	(OS E)	Beschichtung auf nicht begeh-/befahrbaren Flächen mit Kratz- bzw. Ausgleichsspachtelung mit hoher Rissüberbrückungsfähigkeit
OS 10	(TL/TP-BEL-B3)	Beschichtung mit Dichtungs- und Rissüberbrückungsfunktion unter Deckbeschichtungen für begeh-/befahrbare Flächen
OS 11	(OS F)	Beschichtung für begeh-/befahrbare Flächen mit der Fähigkeit zur Überbrückung dynamischer Risse
OS 13	(–)	Beschichtung für begeh-/befahrbare und mechanisch belastete Flächen mit der Fähigkeit zur Überbrückung nicht dynamischer Risse

Tabelle 1: Klassifizierung der Oberflächenschutzsysteme

Werkstoffe und Arbeitsverfahren der Betoninstandsetzung

Zeichnen sich Rostfahnen, Aufwölbungen oder Abplatzungen auf der Betonoberfläche ab, so ist der Bewehrungsstahl infolge einer zu geringen Betondeckung und der Carbonatisierung des Betons korrodiert. Dann kann der Beton nur durch umfangreiche Betoninstandsetzungsmaßnahmen saniert werden **(Tabelle 1)**. Zum Einsatz kommen speziell für den Zweck geprüfte, geeignete Werkstoffe.

Aus technischen Gründen, aber auch aus Gründen der Gewährleistung, muss der Maler und Lackierer immer in einem Beschichtungssystem bleiben, d. h. nur aufeinander abgestimmte Werkstoffe eines Herstellers verwenden.

Weitere Arbeitsstoffe zur Betoninstandsetzung sind Mörtel, Korrosionsschutzwerkstoffe und Haftschlämmen **(Tabelle 1)**. Beschichtungsstoffe der Betoninstandsetzung sind die Werkstoffe, die aus anstrichtechnischer Sicht oberflächennah zum Einsatz kommen. Bei der Ermittlung der technischen Werte (Diffusionsfähigkeit = *sd*-Wert), sind der Beschichtungsaufbau und die Gesamtschichtdicke des Systems zu berücksichtigen.

1. Freilegen der Bewehrung	
Der korrodierte Bewehrungsstahl wird mindestens 20 mm in den nicht korrodierten Bereich freigelegt. Die Ausbruchstellen werden im Winkel von ca. 45° abgeschrägt. Für die Entfernung der Betondeckung über dem korrodierten Stahl sind folgende Verfahren geeignet: ● Stemmen mit elektrischen oder pneumatischen Stemmwerkzeugen (Kleinere Stellen mit dem Bohrhammer, größere mit der Betonfräse) ● Festkörperstrahlen (mit Partikelstrahlgut oder Schlacken 6 bar bis 12 bar) ● Wasserhöchstdruckstrahlen (ab 850 bar) 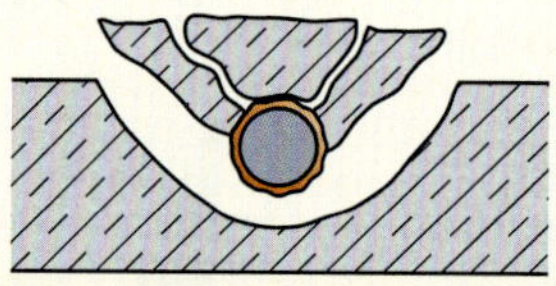	
2. Entrosten der Bewehrung	
Der freigelegte Bewehrungsstahl wird nach Oberflächenvorbereitungsgrad Sa 21/2 entrostet (DIN 55928, Teil 4). Der geforderte Oberflächenvorbereitungsgrad von Sa 21/2 kann ausschließlich durch Strahlen erreicht werden. Geeignet sind: ● Festkörperstrahlen mit Korund, Stahlkies oder Schlacke. ● Wasserstrahlen mit Mehrstrahldüsen, wenn mit mineralischem Korrosionsschutz weitergearbeitet wird. 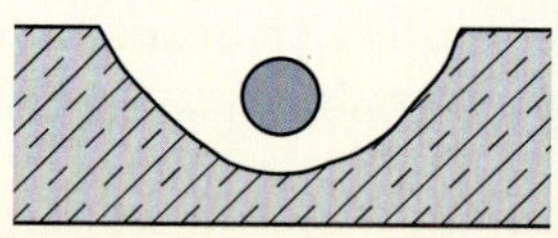	
3. Korrosionsschutz auftragen	
Der gereinigte Stahl muss vor Rost geschützt werden. Kunststoffvergütete mineralische Korrosionsschutzwerkstoffe haben mittlerweile die 2-Komponenten-Epoxidharze ersetzt, da sie in der Anwendung unproblematischer sind und eine bessere Haftfestigkeit zu den nachfolgenden mineralischen Werkstoffen erzielen. Aufgrund ihrer Alkalität (pH ca. 12,5) bieten sie einen natürlichen Rostschutz. Zum Auftragen werden gebogene Flachpinsel (Heizkörperpinsel) verwendet. Den pulvrigen, zementgebundenen und kunststoffvergüteten Korrosionsschutz in kaltem Wasser zu einer klumpenfreien Masse mit einem langsam laufenden Rührwerk anrühren. Danach in 2 Arbeitsgängen auftragen: ● 1. Arbeitsgang: Unmittelbar auf den gereinigten, matt-feuchten Bewehrungsstahl ● 2. Arbeitsgang: Gewährleistet die Porenfreiheit und die Mindestschichtdicke. 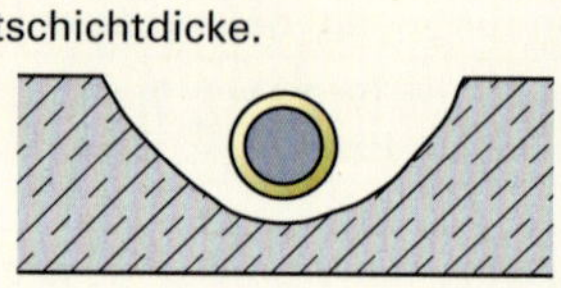	

Tabelle 1: Schritte der Betoninstandsetzung

4. Autragen der Haftschlämme

Kunststoffvergütete Zementschlämme wird mit einem Flächenstreicher flächendeckend aufgetragen und in den Untergrund eingebürstet.

Die Haftschlämme ist oftmals mit dem Korrosionsschutz identisch. Dadurch wird der Bedarf an unterschiedlichen Werkstoffen reduziert und der Verbund (Haftfestigkeit) zwischen Korrosionsschutz und Haftschlämme verbessert.

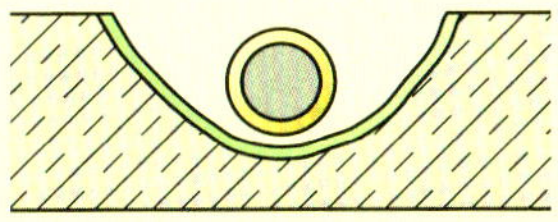

5. Ausbruchstellen verfüllen

Kunststoffmodifizierter Zementmörtel (PCC – Polymer Cement Concrete) wird mit Traufel und Glätter oder mit der Putzmaschine (bei Spritzmörtel, Spritzbeton) in die Ausbruchstelle eingebracht und durch Druck verdichtet. Die maximal aufzubringende Schichtdicke (abhängig von der Korngröße der Zuschlagstoffe) ist zu beachten. Im Fall tieferer Ausbruchstellen in mehreren Lagen arbeiten.

Geeignete Verfüllwerkstoffe:

- Beton
- Reaktionsmörtel (PC[2])
- Zementmörtel
- Zementmörtel und Beton mit Kunststoffzusatz (PCC[3])
- Spritzbeton mit Kunststoffzusatz (SPCC[1])
- Spritzleichtbeton (DIN 18551)
- Leichtbeton (DIN 4119)
- Spritzbeton
- Spritzmörtel

Bei Reaktionsmörteln die **Topfzeit** (Zeitspanne, in der der Mörtel verarbeitbar ist) beachten. Bei Beton mit geringer Dichte spezielle Werkstoffe verwenden, z. B. Leichtbeton oder Spritzleichtbeton.

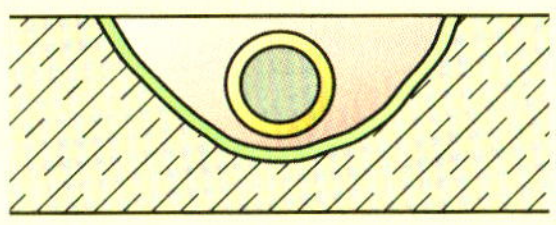

6. Planspachtelung ausführen

Zum Schutz und zur Egalisierung der Oberfläche wird eine Flächenspachtelung mit der Glättkelle ausgeführt.

Je nach Material und Zusammensetzung können Feinspachtelmassen planeben abgezogen oder zur Anpassung an den Untergrund modelliert werden.

Folgende Werkstoffe werden für Flächenspachtelungen verwendet:

- Zementgebundene Spachtelmassen mit Kunststoffvergütung
- Dispersionsgebundene Spachtelmassen mit Zementvergütung
- Spachtelmassen auf Basis Reaktionsharze (EP, PUR, Acrylate)

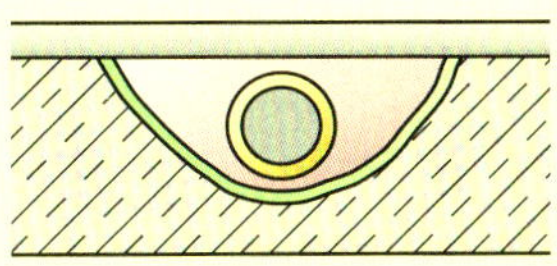

7. Schutzbeschichtung auftragen

Zum Schutz gegen Feuchte und eindringende Gase wird eine Schutzbeschichtung im Streich-, Roll- oder Airlessspritzverfahren ausgeführt. Sie muss den vorgeschriebenen Diffusionswiderständen für Wasserdampf und Kohlendioxid entsprechen und amtlich zugelassen sein. Folgende Werkstoffe kommen infrage.

Für die Grund- (1), Zwischen- (2) und Schlussbeschichtung (3):

- Kunststoffdispersionen
- Reaktionsharze (Epoxi, Acrylate Polyurethan)
- Polymerisatharze

Als Grundierung neben den genannten ebenfalls geeignet:

- Lösungen auf Basis, Silanen und Siloxanen
- Kombinationsprodukte (Silane, Siloxane mit Polymerisatharzen)

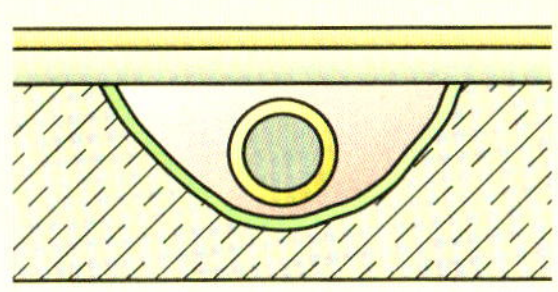

Tabelle 1: Schritte der Betoninstandsetzung

[1] SPCC: Spray polymer concrete [2] PC: Polymer concrete [3] PCC: Polymer cement concrete

Aufmaß und Abrechnung von Betoninstandsetzungsarbeiten

Für die Berechnung von Betoninstandsetzungsarbeiten hat sich die Abrechnung nach den laufenden Metern der Bewehrungsstähle in den freigelegten Reparaturbereichen bewährt, weil unter Berücksichtigung von Länge und Tiefe der Ausbruchstelle der Verbrauch der Werkstoffe und die Arbeitsgänge sehr gut nachvollziehbar sind **(Bild 1 bis 6)**.

Grundsätzlich wäre auch die Abrechnung nach der Anzahl der Reparaturstellen oder nach Quadratmetern möglich. Diese Verfahren sind jedoch ungünstiger, da die Tiefe der Reparaturstelle schwer zu berücksichtigen ist. Außerdem lässt sich ein Flächenaufmaß nicht exakt erstellen, da die Umrisslinien der Reparaturstellen vom Verlauf der Bewehrungsstähle abhängen und somit keinen geometrisch nachvollziehbaren Flächenverlauf haben.

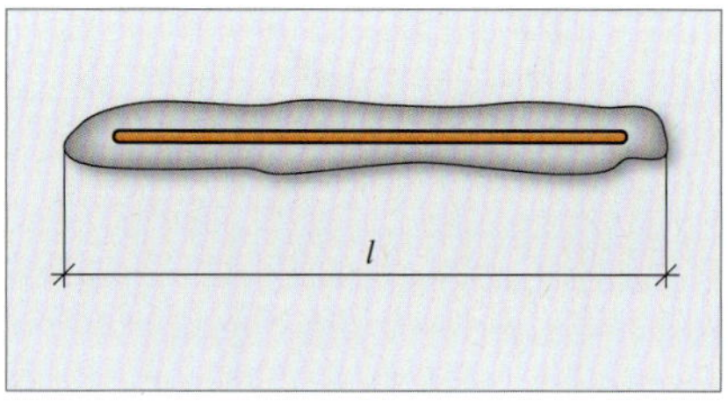

Bild 1: Einfache Länge

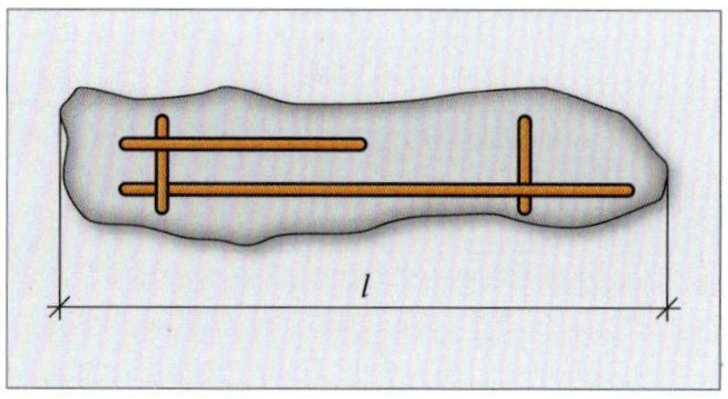

Bild 2: Einfache Länge

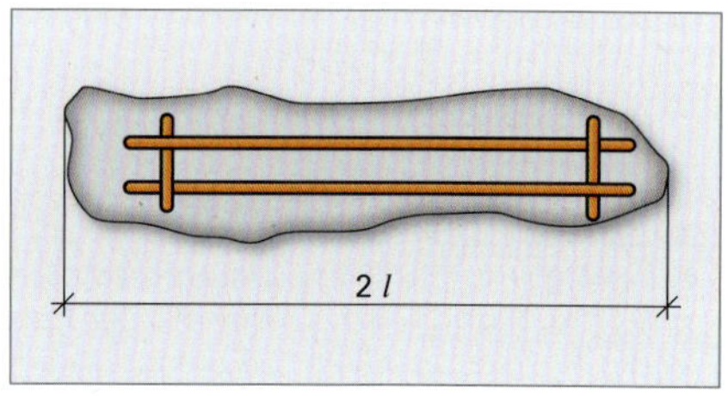

Bild 3: Länge • 2

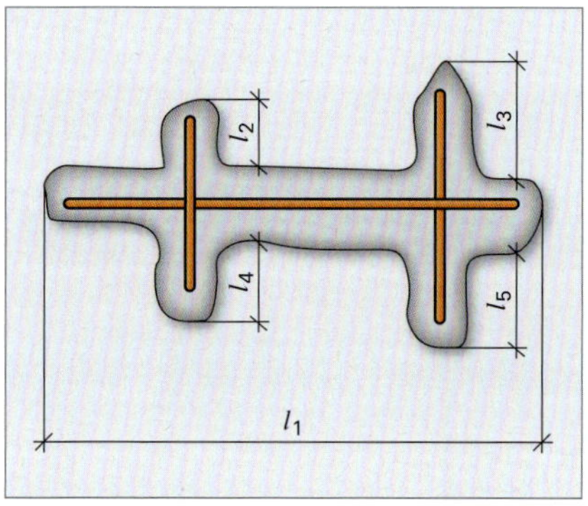

Bild 4: Länge = l_1 + l_2 + l_3 + l_4 + l_5

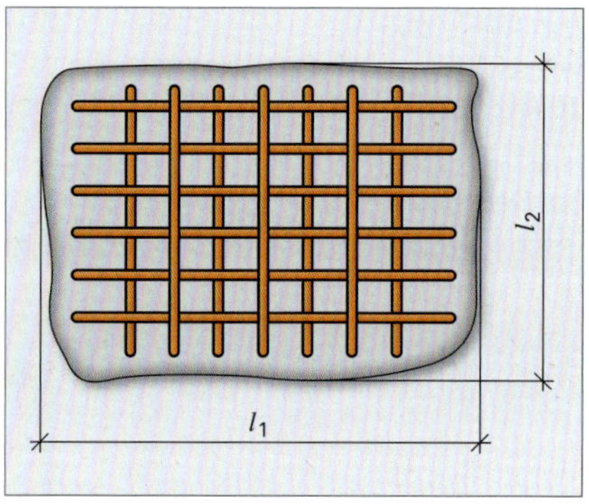

Bild 5: Länge = Anzahl • l_1 + Anzahl • l_2

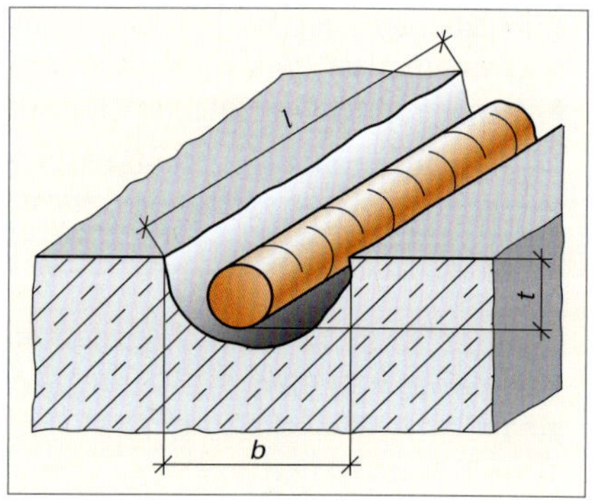

Bild 6: Ausbruchtiefe in mm

Beispielrechnung:

l_1 = 1,25 m
l_2 = 0,30 m
l_3 = 0,40 m
l_4 = 0,30 m
l_5 = 0,35 m

1,25 + 0,30 + 0,40 + 0,30 + 0,35
= **2,60 m**

Beispielrechnung:

l_1 = 1,20 m
l_2 = 0,90 m

6 · 1,20 + 7 · 0,90 = 7,20 + 6,30
= **13,50 m**

Gesamtverbrauch für den Mörtel:
Länge · Breite (ergibt m²) · Tiefe (in mm)

Beispielrechnung:

l_1 = Verbrauch (Füllmörtel):
1,6 kg/m² pro mm Schichtdicke
l = 1,75 m b = 0,15 m t = 24 mm
Fläche: 1,75 · 0,15 = 0,26 m²
Gesamtverbr.: 1,6 · 0,26 · 24 = **9,98 kg**

- Die Ausbruchtiefe wird für die Berechnung des Füllmörtels benötigt. Die Herstellerangaben beziehen sich in den meisten Fällen auf einen Verbrauch in Kilogramm pro Quadratmeter. Für den Gesamtverbrauch wird dieser Wert auf die einzelnen Ausbruchflächen bezogen und mit der jeweiligen Ausbruchtiefe in mm multipliziert (beabsichtigte Abweichung in den Einheiten).
- Bei ungleichmäßig tiefen Ausbrüchen wird die größte Bearbeitungstiefe ermittelt und berechnet.
- Wird nach Flächenmaß abgerechnet, so wird das kleinste umschriebene Rechteck berücksichtigt **(Bild 7)**.
- Entrostung und Korrosionsschutz des Bewehrungsstahls werden gesondert abgerechnet.
- Reprofilierte Kanten werden gesondert abgerechnet.

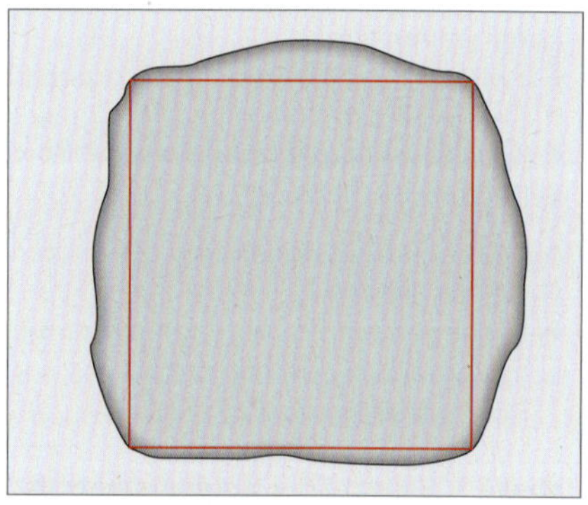
Bild 7: Berechnungsgrundlage Flächenmaß

5.3.7 Bearbeiten von Porenbeton

Porenbeton (veralteter Begriff: Gasbeton) ist trotz seines Namens keine Betonart, da er nicht wie Beton herkömmliche Zuschläge wie Sand und Kies, sondern stattdessen fein gemahlenes Quarzmehl enthält. Bekannt sind diese Bausteine unter dem Markennamen Ytong®.

Bestandteile	Herstellung
Zement 1 Teil + gebrannter Kalk 1 Teil + Quarzmehl Flugasche 4 Teile + Aluminium-pulver	• Vermischen der Bestandteile unter Zugabe von Wasser zu einer Mörtelmischung. • Durch Zugabe von Aluminiumpulver bilden sich nach ca. 15 min kleine Gasblasen. • Einfüllen des Mörtels in Formen. Nach kurzer Zeit erreicht die angesteifte Masse ihr Endvolumen. • Schneiden von Steinen, Blöcken, Platten mit Metalldraht. • Härten der Teile nach 6 bis 12 Stunden unter Dampfdruck von ca. 10 bar und ca. 200 °C in einem Autoklaven (Bild 2).

Übersicht 1: Bestandteile und Herstellung von Porenbeton

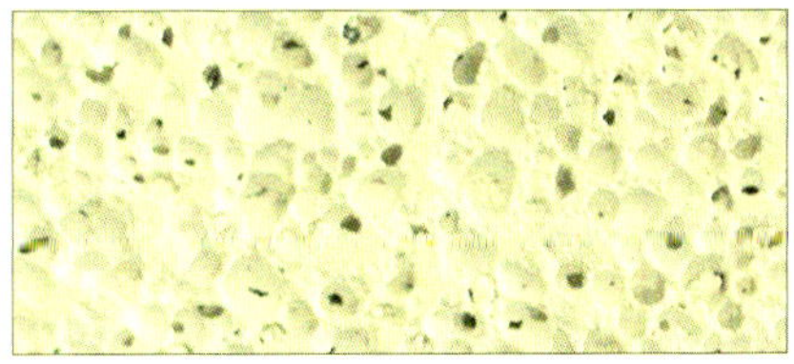

Bild 1: Porenstruktur

Bild 2: Autoklav

Eigenschaften

- Porenbeton besitzt einen sehr niedrigen Kennwert der Wärmeleitfähigkeit λ von 0,11 W/mK bis 0,06 W/mK (siehe Kap. 9.1.3).
- Hohe Tragfähigkeit bei geringem Gewicht.
- Die Schalldämmung ist eher mäßig.
- Leider nisten sich in den porösen Gängen des Baustoffes gerne Ameisen ein.
- Sehr gut ist die hohe Feuerwiderstandsdauer von bis zu 360 Minuten. 1200 °C auf der einen Seite einer 15 cm dicken Wand führte nach sechs Stunden auf der dem Feuer abgewandten Seite nur zu etwa 70 °C Wandtemperatur. Darum sind Brandwände F90 in der Mindestwanddicke von 175 mm aus Montage-Bauteilen möglich.

Bild 3: Säbeblatt zum Sägen von Porenbetonsteinen

Verarbeitung im Trockenbau

Bauteile aus Porenbeton werden mit oder ohne Bewehrung hergestellt.

Porenbeton-Bauteile lässt sich leicht verarbeiten. So erfordert die Vermauerung von Plansteinen kein besonderes handwerkliches Talent. Die Steine können mit einer Handsäge (Bild 3) oder einer Bandsäge zugeschnitten werden. Die Grenzflächen müssen vor der Mörtelung angefeuchtet werden, damit das Wasser nicht zu schnell wegschlägt und den Härtungsprozess des Dünnbett-Mörtels negativ beeinflusst wird.

Im Innenausbau werden Porenbeton-Bausteinreste gerne zum Verfüllen von Hohlräumen verwendet. Die Stückgröße lässt sich leicht zuschlagen. Man spart Zement zum Verfüllen.

Porenbeton saugt sehr leicht Feuchte auf. Deshalb müssen Außenwände aus Porenbeton immer mit einer Putzschicht versehen werden. Um Spannungen aus dem Mauerwerk aufnehmen zu können, muss der Putz immer weicher sein, als der Stein darunter. Alle Putzhersteller bieten spezielle Leichtputze für Porenbeton-Mauerwerk an. Zementputze hingegen sind nicht geeignet.

Beschichtung

Wegen der geringen Druckfestigkeit von Porenbeton sind Systeme zu empfehlen, die relativ spannungsarm trocknen.

Im Innenbereich können Wände nach Vorbehandlung mit einer Aufbrennsperre (gegen vorzeitiges Absaugen von Wasser) und nach Verspachteln oder Verputzen mit Acryl-Dispersionsfarbe beschichtet werden.

Für außen bietet ein Hersteller seine dickschichtige Schutzbeschichtung auf Acryldispersions-Basis für Porenbeton-Wandplatten wie folgt an:

- Geeignet als Neu- und Renovierungsbeschichtung.
- Gut füllend, strukturegalisierend, strukturgebend, wetterbeständig, diffusionsfähig, geringe kapillare Wasseraufnahme, faserverstärkt, robuste, belastbare Oberfläche; spannungsarm, geschmeidige Verarbeitung, lösemittelfrei, geruchsarm, wasserverdünnbar. Mit vorbeugendem Schutz gegen schnellen Algen- und Pilzbefall.

5.3.8 Sanierung von Asbestzement-Werkstoffen

Asbestzement ist ein Verbundwerkstoff, der aus Zement und natürlich vorkommenden mineralischen Asbestfasern besteht. In der Vergangenheit wurden sie aufgrund ihrer Beständigkeit gegen Säuren und Hitze und ihrer hohen Zugfestigkeit vielen Werkstoffen zugegeben.
Am Bau wurden vorwiegend Asbestzementplatten („Eternit"-Platten) und Spritzasbest eingesetzt, aber auch in Bodenbelägen (Fußboden-Flexplatten mit asbesthaltigem Bitumenkleber) und als möglicher Bestandteil in Putzen und Spachtelmassen.
Die Fasern sind sehr klein (ø 3 µm, Länge über 5 µm) und lungengängig und können zu Lungenkrebs führen (**Bild 1**). Theoretisch reicht dafür das Einatmen einer einzigen Faser. Deshalb dürfen heute asbesthaltige Werkstoffe nicht mehr verarbeitet werden.
Um sich vor Asbest schützen zu können, muss es als solches erkannt werden (**Bild 2**). Gerade bei der Altbausanierung wird oft nicht so genau hingesehen, ob Asbest vorliegt. So lassen sich Terminverzögerungen vermeiden. Es liegt im Interesse des Mitarbeiters, Asbest selbst zu erkennen.
Hält man ein faseriges Bruchstück in eine Flamme, so bleibt Asbest unverändert, Zellulose oder Kunststoff brennt oder schmilzt.

Bild 1: Asbestfaser

Bild 2: Erkennen von Asbestfasern

Beschichtung

Reinigungsarbeiten an unbeschichteten Asbestzementplatten sind nach TRGS 519 verboten, auch deren Beschichtung, selbst ohne Reinigung. Beschichtete Oberflächen können mit drucklosem Wasserstrahl vorsichtig gereinigt werden. Die Erneuerung einer Beschichtung ist möglich, aufgrund der unzureichenden Reinigungsfähigkeit und des folglich fehlenden haftfähigen Untergrundes nicht zu empfehlen.
Eine Beschichtung ist billiger Erhalt hochgefährlicher Bausubstanz – bis zum endgültigen Abbruch.

Abbruch und Entsorgung

Von verbauten Produkten, bei denen die Asbestfasern noch vollständig umhüllt sind, geht in der Regel keine Gefahr aus, so auch von beschichteten Oberflächen. In Deutschland liegen heute noch 300- bis 500 Millionen qm Asbestplatten vor, die laut Gesetz so bleiben dürfen, solange man sie nicht bohrt, beschichtet oder bricht. Dann muss in der Regel unter aufwendigen Gesundheitsschutz-Maßnahmen saniert werden.
Die Sanierungsarbeiten dürfen nur von Fachfirmen nach vorheriger behördlicher Genehmigung ausgeführt werden. Arbeitsschutzmaßnahmen, insbesondere der Atemschutz sind strengstens einzuhalten (**Bild 3**). Um zu vermeiden, dass Asbestfasern in die Umgebungsluft gelangen, wird der betroffene Bereich hermetisch abgedichtet.

Bild 3: Fachgerechte Entsorgung von Asbestzementplatten

5.3.9 Beschichtung von Faserzementplatten und Betondachpfannen

Plattenbeschichtungen

Wegen der Gesundheitsgefährdung wurden Asbestzementwerkstoffe durch andere Faserzementwerkstoffe abgelöst. Neue Zementplatten können vom Maler und Lackierer bedenkenlos beschichtet werden.
Frischer Zementwerkstoff ist hoch alkalisch. Die meisten Beschichtungsstoffe sind nur für schwach alkalische Untergründe geeignet. Insofern ist vor einer Beschichtung zunächst der ph-Wert zu messen und der Beschichtungsstoff auf seine Eignung hin zu überprüfen bzw. beim Hersteller zu erfragen. Nicht eingebaute Faserzementplatten, die nur einseitig beschichtet werden, neigen wegen der Trocknungsspannung zum Verziehen. Deshalb müssen sie unbedingt allseitig beschichtet werden.

Bild 4: Dachbeschichtung im Airlessverfahren

Dachbeschichtungen

Unansehnliche Dächer aus Betondachsteinen, die technisch noch intakt sind, können gut beschichtet werden. Somit entfällt eine aufwendige Dachsanierung aus optischen Gründen.
Untergrundvorbereitung. Gründliche Reinigung der Dacheindeckung mit dem Hochdruckreiniger (ca. 160 bar).
Beschichtungsaufbau. Die Behandlung mit einem Biozid ist zu empfehlen. Grundierung und Beschichtung erfolgen mit Kunststoffdispersionen auf Acrylatbasis im Streich-, Roll- oder Airlessverfahren.
Bei der Arbeit auf Dächern muss sich der Mitarbeiter gegen Absturz sichern (**Bild 4**).

6
Trockenbau und Innenausbau

Lernfeld 1, 6, 12AO, 12GI

6.1 Das Konzept des Trockenbaus

Trockenbauarbeiten ermöglichen individuelle Wohnraumgestaltungen. Da keine Feuchte in das Gebäude eingetragen wird, eignet sich der Trockenbau ideal für den Innenausbau bestehender Bausubstanz.

Typische Trockenbau-Arbeiten (**Bild 1**):

- Ausbau von Dachböden
- Einziehen von Wänden und Raumteilern
- Abhängen von Decken
- Verkleiden unebener Wände
- Bodenverlegung u. a.

Anforderungen an den Wärme-, Schall- und Brandschutz können erfüllt werden. Auch komplizierte Konstruktionen sind möglich, erfordern aber den Fachmann.

Grenzen werden bei Feuchte erreicht, da die Trockenbau-Baustoffe meist wasserempfindlich sind. Darum sind Trockenbaumaßnahmen ausschließlich im Innenbereich möglich. Außerdem sind Konstruktionen des Trockenbaus mechanisch nicht hoch belastbar. Sie eignen sich nicht als tragende Bauteile.

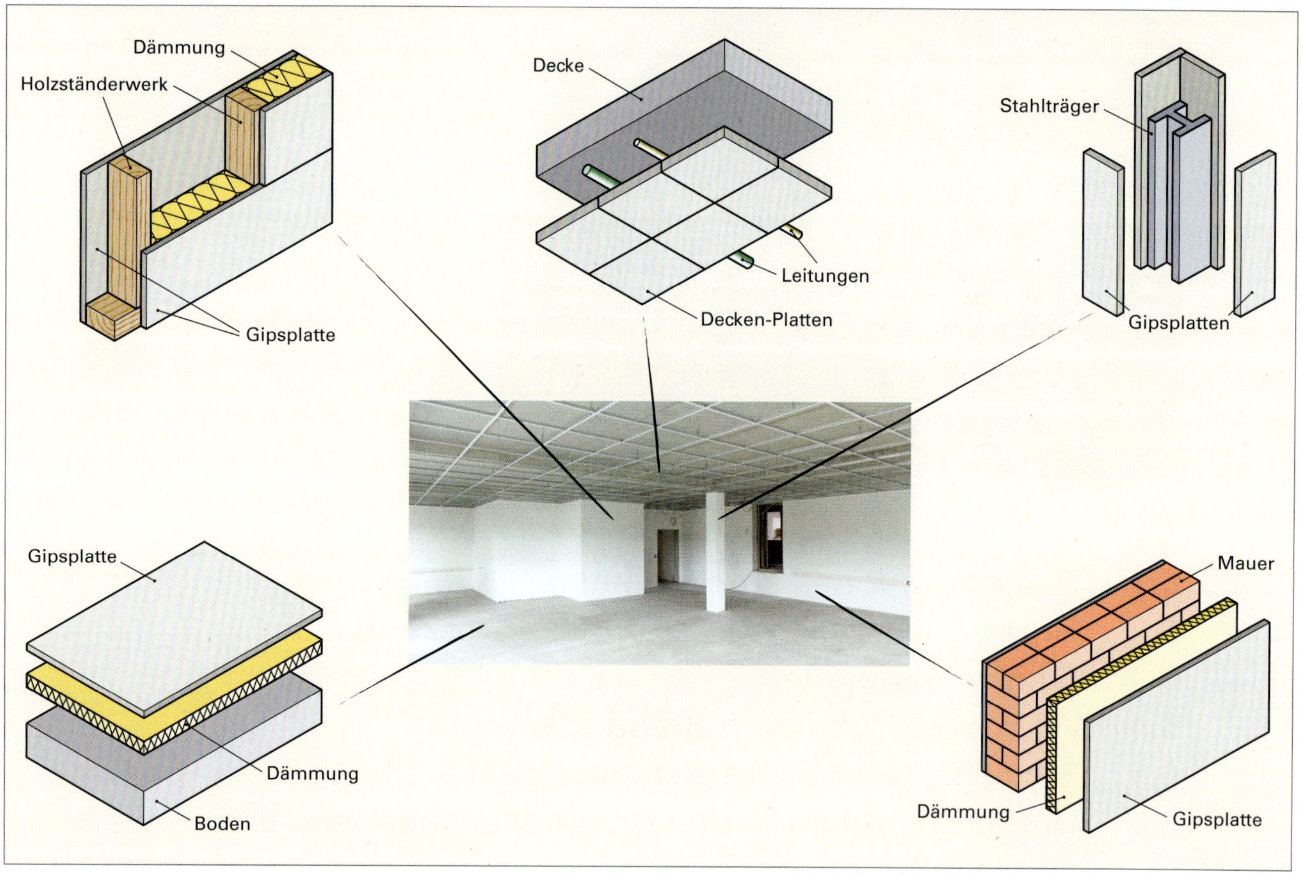

Bild 1: Anwendungsgebiete des Trockenbaus

Auftragsplanung

In der Regel sind bei Aufträgen zum Trockenbau auch andere Handwerker beteiligt, z. B. Elektriker sind für elektrische Anlagen zuständig, Gas- und Wasserinstallateure für die Verlegung von Leitungen.

Selten können Maler- und Lackierbetriebe alle Leistungen selbst erledigen. Betriebe, die vernetzt mit anderen Handwerkern im Hintergrund alle Arbeiten untereinander abstimmen, sind im Wettbewerbsvorteil. Für Kunden ist es immer ein Vorteil, wenn nur 1 Handwerker der Ansprechpartner für den gesamten Auftrag ist.

Gerade bei Sanierungsmaßnahmen kommt es immer wieder zu Überraschungen, sei es eine Zuleitung an falscher Stelle oder der fachmännische Anschluss von Wasserleitungen. Flexibilität, d. h. schnelles, unkompliziertes Reagieren aller beteiligten Handwerker verhindert Terminverzögerung.

Trockenbauarbeiten werden oft nach der Rohbauerstellung in Neubauten ausgeführt, aber immer häufiger bei der Sanierung von Altbauten, die oft bereits bewohnt werden, z. B. bei Dachausbauten oder Badsanierungen. Arbeiten in der eigenen Wohnung sind eine große Belastung für den Kunden. Darum sind Terminzusagen einzuhalten. Es ist besser, großzügiger zu terminieren anstatt zu knapp. Kunden werden den Betrieb lobend weiterempfehlen.

6.2 Gips und andere Werkstoffe des Trockenbaus

Gips

Gips ist der wichtigste Grundstoff des Trockenbaus. Er verfügt über ausgezeichnete Eigenschaften (Übersicht 1).

Eigenschaften von Gips				
Gips ist von Natur aus neutral.	Gips reguliert das Raumklima.	Gips gibt im Brandfall Wasser ab.	Gips ist umweltfreundlich und recycelbar.	Gips ist seit der Antike bekannt und bewährt.

Übersicht 1: Eigenschaften von Gips als Baustoff

Nachteile von Gips:

- Gips ist wasserlöslich. Darum kann Gips nicht im Außenbereich eingesetzt werden. Regen und Wetter lösen ihn auf.
- Gips vergrößert nach dem Anmachen mit Wasser sein Volumen um 1 bis 2 % zu. Glatt abgezogene Spachtelflächen bilden feine Beulen. So ergeben sich aber auch Vorteile. Gips presst sich im Riss an die Riss-Grenzflächen, Gipsputze und Gipsestriche haben keine „Schwindrisse".

Naturgips und Anhydrit. Gipsgestein wird in Steinbrüchen gewonnen (Bild 1). Diese Gipslager entstanden vor 100 bis 200 Millionen Jahren, als gelöster Gips in Meerwasser beim Verdunsten des Wassers in flachen Buchten sedimentierte (sich absetzte).

Chemische Bezeichnung und Formel von Gips: **Calziumsulfat $CaSO_4 \times 2\,H_2O$**
Das Wasser im Gips wird als Kristallwasser bezeichnet.

Durch geologische Abläufe und Druck verlor Gips das Kristallwasser und es entstand **Anhydrit $CaSO_4$**.

Sobald Anhydrit mit Wasser in Berührung kommt, verwandelt es sich langsam wieder in Gips. Dieses Kristallwasser ist eine Wasserreserve im Baustoff zum Brandschutz.

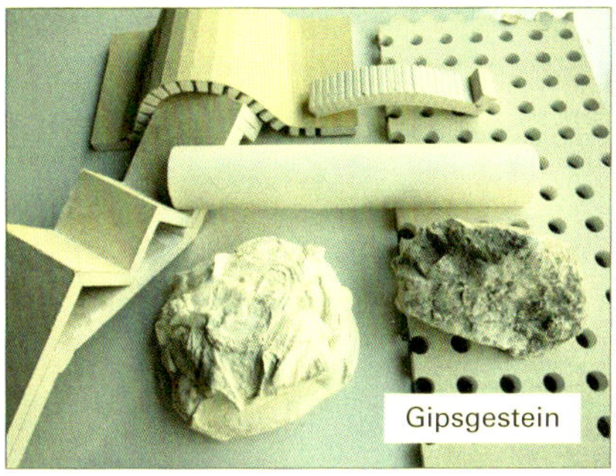

Bild 1: Gips als Rohstoff und Trockenbauelement

REA-Gips. Seit 1983 müssen Kohlekraftwerke zur Luftreinhaltung mit Rauchgasentschwefelungsanlagen (REA) ausgerüstet sein. Es ist ein einfaches, nasses Reinigungsverfahren mit natürlichem Kalk, bei dem als Endprodukt feuchter, feinteiliger Rauchgasgips – REA-Gips – anfällt, der direkt als Rohstoff von der Baustoffindustrie eingesetzt werden kann. REA-Gips entsteht nach den gleichen Gesetzmäßigkeiten wie Naturgips und ist chemisch mit Naturgips identisch.

Gips =

$$CaSO_4 \times 2\,H_2O$$

Kristallwasser

Einsatz von Gips:

- **Als Putz.** Gips wird auf Untergründen wie Beton und Mauerwerk eingesetzt. Durch seine Wasserlöslichkeit darf er nur innen (nie außen) verarbeitet werden. Gips muss kein Sand zugesetzt werden, darum ist seine Oberfläche sehr glatt im Vergleich zu anderen Putzarten.
- **Als Spachtelmasse.** Auf mineralischen Untergründen im trockenen Innenbereich ist Gips ein idealer Werkstoff zum Füllen von Rissen, Dellen etc., und Einbetten von Rissüberbrückungsbändern (Bild 2).
- **NICHT als Bindemittel** in Beschichtungsstoffen. **NICHT mit Zement mischen.** Es entstehen Treibsalze, die zu Bauschäden führen können.
- **Im täglichen Leben.** Durch seine neutralen Eigenschaften wird Gips bis heute zum Stabilisieren bei Knochenbrüchen verwendet (Gipsverband).
  Im Brot vom Bäcker kann ein geringer Gipsanteil für Stabilität sorgen.

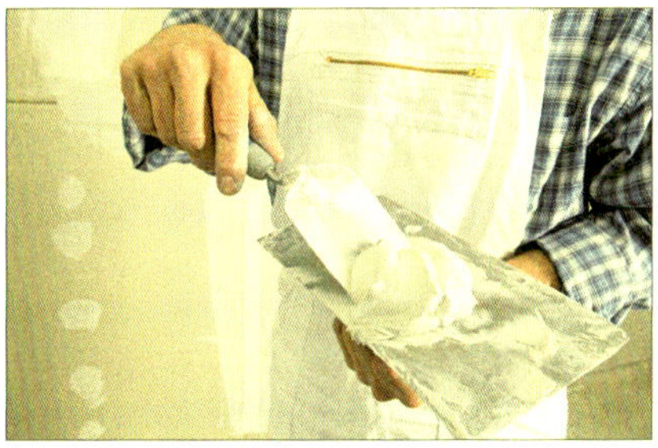

Bild 2: Zur Verarbeitung angemachter Gips

Weitere Werk- und Baustoffe im Trockenbau

Im Trockenbau werden für systemtragende Grundkonstruktionen Kanthölzer, heute vorwiegend Metallprofilleisten aus verzinktem Stahl verwendet. Plattenware kann auch aus Lehm (Lehmbauplatten) bestehen oder aus Holz, wie Spanplatten, Holzfaserplatten, Sperrholzplatten oder OSB-Platten.

6.3 Trockenbauplatten

Haupteinsatzgebiet von Trockenbauplatten ist vorwiegend die Beplankung von Wandkonstruktionen im Innenausbau. **(Übersicht 1)**. Gips ist vorrangiger Werkstoff für Platten. Auch Holzwerkstoffe werden verwendet **(siehe Kap. 3.1.7)**.

Platten aus Gips und Zuschlägen			
Gipsplatten	Gipsfaserplatten	Verbundplatten	Gipsbauplatten
Platten mit ummanteltem Gipskern	Der Gips einer Gipsfaserplatte ist mit Glas- oder Zellulosefasern versetzt. Diese Platten besitzen keine Kartonummantelung. Dennoch sind Gipsfaserplatten in der Regel stabiler als Gipsplatten.	Auf einer Seite der Gipsplatte ist eine Dämmschicht für Wärme- oder Schallschutz angebracht.	Reine Gipsplatten für Wände ohne Unterkonstruktion

Andere Trockenbauplatten		
Akustikplatten	Fußbodenplatten	Platten aus Holzwerkstoff
Häufig geschäumte Platten aus Kunststoff mit strukturierter, rauer, häufig gelochter Oberfläche zur Schallschluckung **(siehe Kap. 19.5.2)**	Vorgefertigte Platten aus Holzwerkstoffen oder Gips mit Trittschallschutzschicht **(siehe Kap. 7.3)**	Mit Furnier-, Lagenholz-, Span- und Faser-Werkstoffen aus Holz lassen sich viele Probleme beim Innenausbau lösen.

Übersicht 1: Die wichtigsten Trockenbauplatten

Gipsplatten

Diese Platten werden am häufigsten im Innenausbau zur Beplankung von Konstruktionen für Trennwände oder zur Verkleidung von Wandflächen, Pfeilern u. a. eingesetzt.

Sie bestehen aus einem Gipskern, der einschließlich der Längskanten mit einem Karton ummantelt ist. Der Karton ist mit dem Gipskern fest verbunden und wirkt wie eine Zugbewehrung **(Bild 1)**.

Erfunden wurden sie 1894 in Amerika, seit 1938 werden Gipsplatten auch in Europa hergestellt.

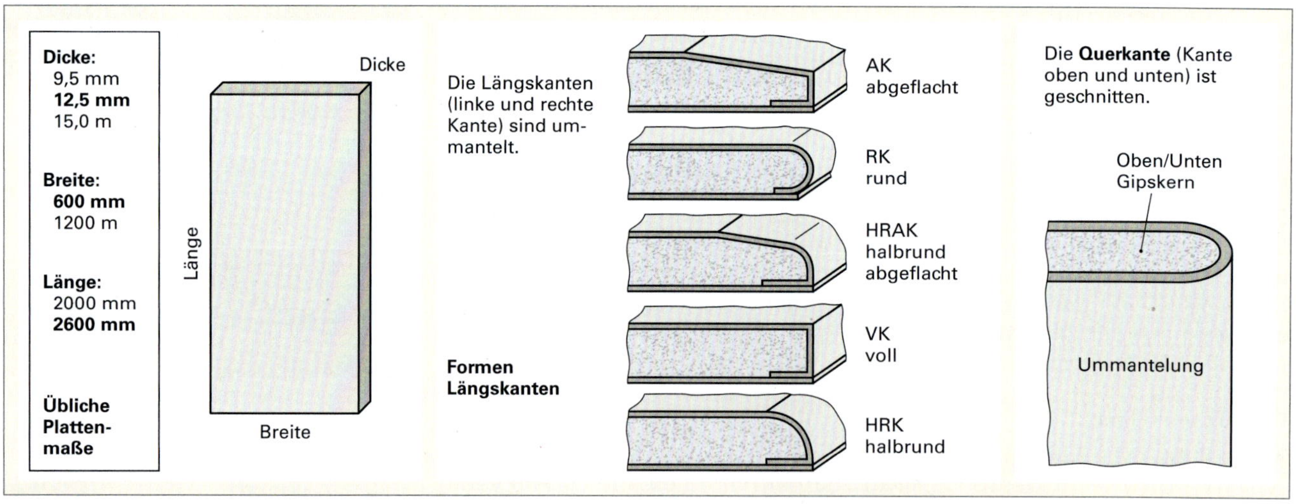

Bild 1: Maße und Kantenausbildung von Gipsplatten

Maßnahmen vor der Verarbeitung von Gipsplatten:

- Die Gipsplatten müssen hochkant getragen werden **(Bild 2)** und vorsichtig abgesetzt werden, um Kanten- oder Eckbeschädigungen zu vermeiden.
- Platten auf ebenem Untergrund auf Lagerhölzern mit einem Abstand von etwa 35 cm ablegen.
- Gelagerte Gipsplatten (wie alle Gipsprodukte) trocken lagern und vor Feuchte schützen.
- Tragfähigkeit des Untergrundes beachten. 25 Gipsplatten mit einer Dicke von 12,5 mm wiegen etwa 250 kg/m^2 = 2,5 kN/m^2. Nach DIN 1055-3 ist bei Decken in Rohbau-Wohnungen eine Nutzlast von 1,5 kN/m^2 anzusetzen. Darum können nur maximal 15 Platten hier gelagert werden.
- Gipsplatten vor hoher Lichteinwirkung schützen. Es besteht die Gefahr der Vergilbung. Vergilbte Platten dürfen an Sichtflächen nicht verlegt werden.

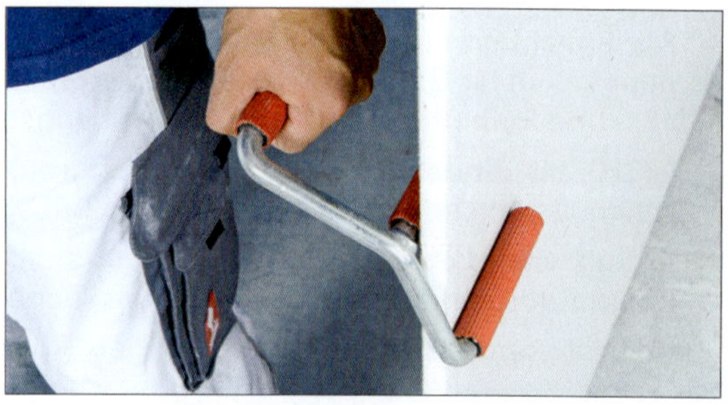

Bild 2: Traghilfe für Gipsplatten

Arten von Gipsplatten

Gipsplatten werden nach der Europäischen Norm EN 520 gekennzeichnet **(Übersicht 1)**, in Deutschland auch nach DIN 18 180. Diese wurde 2014 der EN 520 angepasst. Hersteller geben meist beide Kennzeichnungen an.

Plattenart/-typ	Kenn-zeichnung	Verwendung/Anwendungsbereich
Standard-Gipsplatte	Typ A	Entspricht der „alten" Standard-Platte GKB
Gipsplatte mit definierter Dichte	Typ D	Mindestrohdichte von 800 kg/m³
Gipsplatte für die Beplankung von Außenwandelementen (Sheathing Board)	Typ E	Keine nationale Entsprechung (engl. Sheathing Board, = Verschalungsplatte)
Gipsplatte mit verbessertem Gefügezusammenhalt bei hohen Temperaturen	Typ F	Feuerschutzplatte, nach deutschen Standards muss eine Feuerschutzplatte zusätzlich den Anforderungen des Typ D genügen.
Gipsplatte mit reduzierter Wasseraufnahmefähigkeit (H1, H2 und H3)	Typ H	• Aufgrund der unterschiedlichen klimatischen Bedingungen in Europa werden 3 Anforderungsniveaus unterschieden (H1, H2, H3). • Die in Deutschland übliche Qualität (max. 10 % Wasseraufnahme) entspricht H2.
Gipsplatte mit erhöhter Oberflächenhärte	Typ I	Etwaige Entsprechung: „Hartgipsplatten" (Diamant, Duraline, LaDura)
Gipsplatte mit erhöhter Biegezug-Bruchfestigkeit	Typ R	
Gipsplatte als Putzträgerplatte von Gipsputzen	Typ P	Entspricht GKP

Übersicht 1: Gipsplatten nach DIN EN 520

Die letzten beiden Ziffern des Jahres, in dem die Kennzeichnung angebracht wurde → **06**

Plattentyp und -dicke sowie Nummer der europäischen Norm → **Gipsplatte DFH2 – 12,5 – DIN EN 520**

Angaben zu geregelten Eigenschaften z. B. Brandverhalten und Anhang der Norm, nach der das Brandverhalten geregelt ist →

Brandverhalten:	A2-s1, d0 (B)
Wasserdampf-Diffusionswiderstand:	10
Wärmeleitfähigkeit:	0,25 W/(m · K)
Scherfestigkeit je Befestigung:	730 N

Diese Eigenschaften werden maßgeblich durch den Einbau und die Wahl des Systems beinflusst. → Luftschalldämmung:, Stoßwiderstand:, Schallabsorption: } siehe Rigips System-Dokumentation

Plattenart nach DIN 18180 → **Gipsplatte GKFI – DIN 18 180**

Plattenart/-typ	Kennzeichnung	Verwendung/Anwendungsbereich
Gipskarton-Bauplatte	GKB Farbaufdruck Blau Kartonfarbe Graugelb	• Beplankung von Montagewänden, abgehängten Decken (Montagedecken), Bekleidung von Wänden und Decken als Trockenputz • In Räumen aller Art ohne besondere Anforderungen
Gipskarton-Feuerschutzplatte	GKF Farbaufdruck Rot Kartonfarbe Graugelb	• Wie bei GKB, jedoch mit Anforderungen an den baulichen Brandschutz bezüglich Feuerwiderstandsdauer der Bauteile • In Räumen im Dachgeschoss, Fluren, Heizräumen
Gipskarton-Bauplatte, imprägniert	GKBi Farbaufdruck Blau Kartonfarbe Grün	• Wie bei GKB, jedoch mit Anforderungen an den Feuchteschutz durch verzögerte Wasseraufnahme • In Räumen im Kellergeschoss, Küchen, Bad
Gipskarton-Feuerschutzplatte, imprägniert	GKFi Farbaufdruck Rot Kartonfarbe Grün	• Wie bei GKF, jedoch mit Anforderungen an den Feuchteschutz durch verzögerte Wasseraufnahme • In Garagen, Durchfahrten, Lagerräumen
Gipskarton-Putzträgerplatten	GKP Farbaufdruck Blau Kartonfarbe Grau	• Alle Putzträger für Nassputz an Wänden und Decken • In Räumen aller Art

Übersicht 2: Kennzeichnungen von Gipsplatten nach DIN 18 180

6.4 Wandkonstruktionen in Ständerbauweise

Wände haben unterschiedliche statische, bauphysikalische und raumtrennende Funktionen.

Manche schützen vor Wind und Wetter, Feuchte, Hitze und Kälte. Manche sollen Anforderungen des Brandschutzes, des Wärmeschutzes und des Schallschutzes erfüllen. Immer sollen sie Lebens- oder Funktionsbereiche voneinander trennen.

Wände tragen den darüberliegenden Teil des Gebäudes. Darum unterscheidet man –

- Tragende Außenwände
- Tragende Innenwände
- Nichttragende Innenwände

Siehe **Bild 1** und **Tabelle 1**.

Achtung! Die Statik darf durch den nachträglichen Einbau von Wänden durch zu hohes Gewicht nicht gestört werden. Im Zweifel ist ein Statiker zurate zu ziehen.

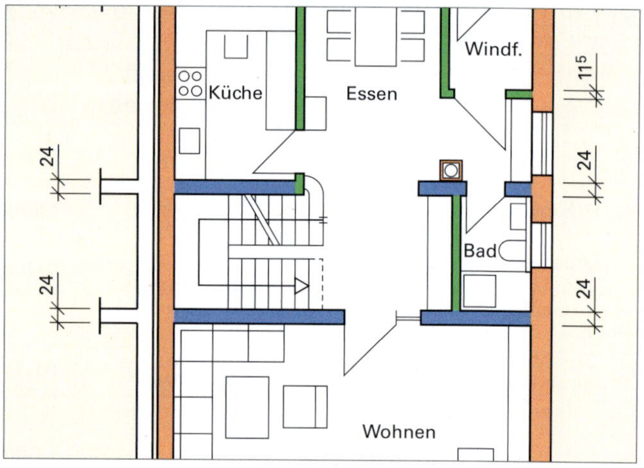

Bild 1: Tragende und nichttragende Wände in einem Gebäude

Tragende Innenwände	• Sie müssen mind. 11,5 cm stark sein (ohne Putz etc.). • Sie werden im Rohbau erstellt (z. B. gemauerte Wände) und liegen oft in Etagen übereinander. • Sie haben eine aussteifende Funktion für das Gebäude selbst oder dienen der Knickaussteifung. • Pfeiler gehören zu tragenden Innenwänden. • Sie dürfen nur in Rücksprache mit einem Baustatiker verändert oder entfernt werden (Einsturzgefahr!).
Nichttragende Innenwände	• Diese werden lediglich durch ihre Eigenlast beansprucht. • Sie haben keine tragende Funktion für das Gebäude selbst. • Sie können zu jeder Zeit im Nachhinein in Ständerbauweise (auch Montage- oder Trockenbauweise genannt) erstellt werden. • Sie ermöglichen eine optimale und individuelle Gestaltung eines Grundrisses.

Tabelle 1: Tragende und nichttragende Wände

Trockenbauer konstruieren und montieren nichttragende Wände in bereits bestehende Räumlichkeiten.

Dafür erstellen sie ein Grundgerüst, das im Anschluss mit Gipsplatten beplankt wird. Man unterscheidet Einfachständerwände und Doppelständerwände (**Übersicht 1**).

Am einfachsten ist der Einbau einer Wand ohne Öffnungen. Türöffnungen erfordern besondere Konstruktionsteile. Soll die Wand Installationsteile, z. B. für Sanitäreinrichtungen aufnehmen, so spricht man von Installationswänden, **siehe Kap. 6.6**.

Einfachständerwand

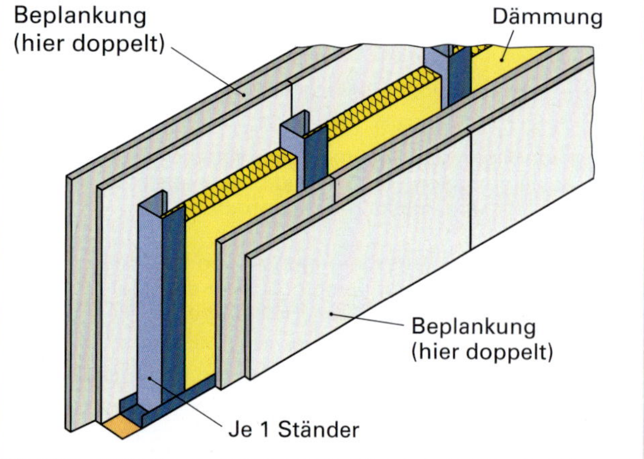

Die Ständer der Unterkonstruktion sind in einer Ebene angeordnet. Zwischen den Ständern werden die Hohlräume mit Dämmmaterial gefüllt und elektrische Leitungen verlegt. Einfachständerwände sind nur gering beanspruchbar. Eine doppelte Beplankung verbessert die Steifheit der Wand.

Doppelständerwand

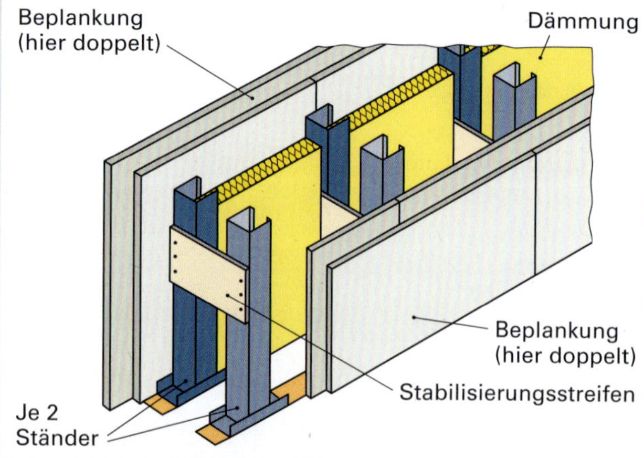

Die Unterkonstruktion besteht aus zwei im Abstand stehenden, getrennten Ständerreihen. Zwischen den Ständern werden die Hohlräume mit Dämmmaterial gefüllt und elekrische Leitungen verlegt. Doppelständerwände sind in sich stabiler und können Konstruktionsteile des Rohbaus aufnehmen.

Übersicht 1: Einfachständerwand und Doppelständerwand

6.5 Erstellen einer Ständerkonstruktion

6.5.1 Profilleisten aus Metall und deren Einsatz

Für Metallkonstruktionen sind verschiedene Profile im Handel erhältlich. Diese bilden ein System für Wand und Decke (**Übersicht 1**). Nach DIN 18 182 sind Profilleisten genormt, es ist aber trotzdem ratsam, beim Einkauf bei einem Hersteller zu bleiben.

Bei den Profilen aus Stahlblech wird zwischen den folgenden wesentlichen Profilarten unterschieden:

Übersicht 1 zeigt die Querschnitte und gibt dazu die Flanschhöhe, Stegbreite und Länge an.

UW U-Form, Wand

Länge (m): 2,0 / 4,0
Stärke (mm): 0,6

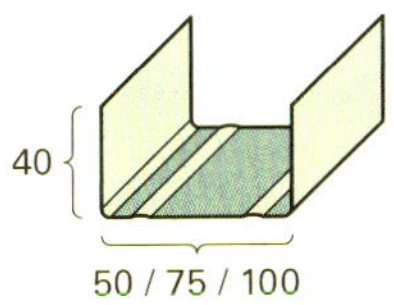

(mm)

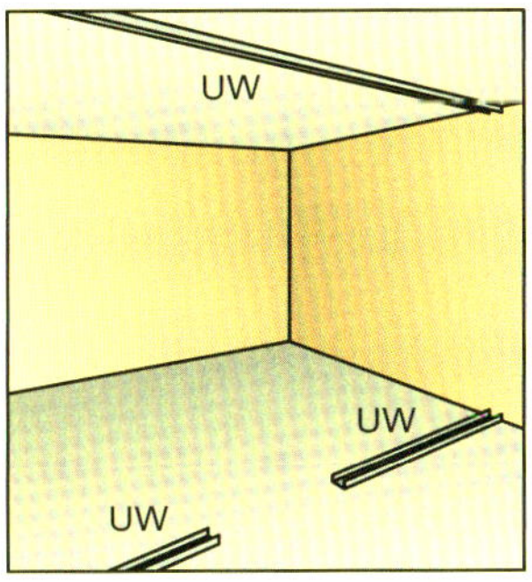

Das U-förmige Rahmenprofil ist das Randprofil für **Wände**.

CW C-Form, Wand

Länge (m): 2,6 / 3,0 / 3,5
Stärke (mm): 0,6

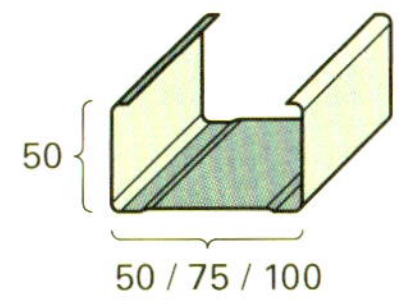

(mm)

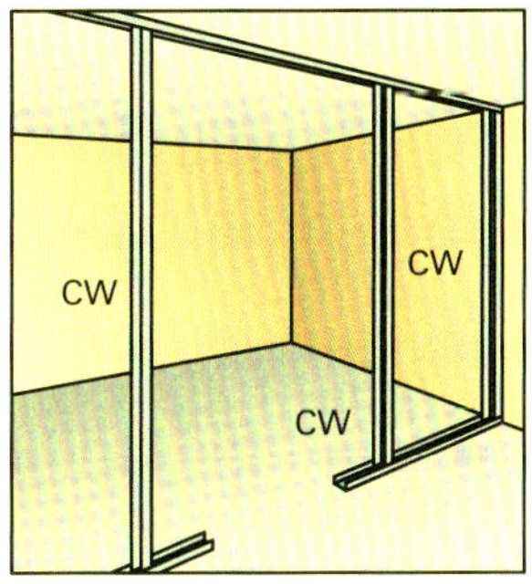

C-förmiges Rahmenprofil, das in die UW-Profile für **Wände** eingestellt wird

UA U-Form, Aussteifung

Länge (m): 2,6 / 3,0
Stärke (mm): 2,0

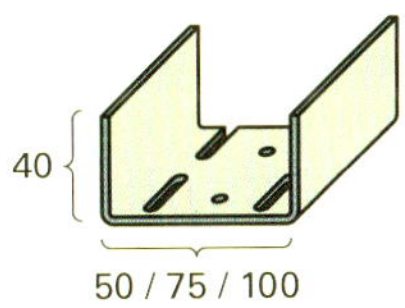

(mm)

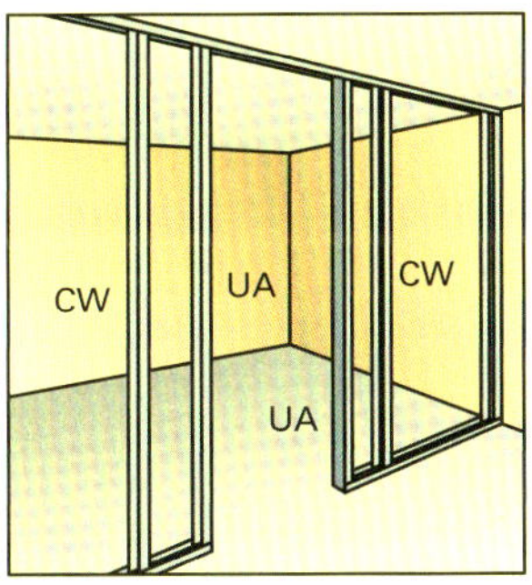

Rahmenprofil zur Aussteifung von **Wänden**, um Türen und Installationen

MW M-Form, Entkopplung

Länge (m): 3,0 / 3,5
Stärke (mm): 0,6

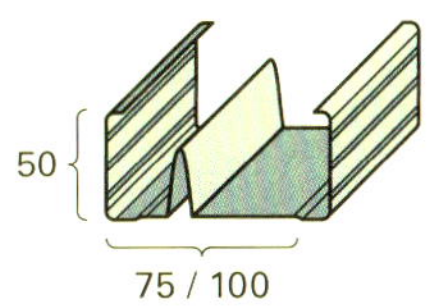

(mm)

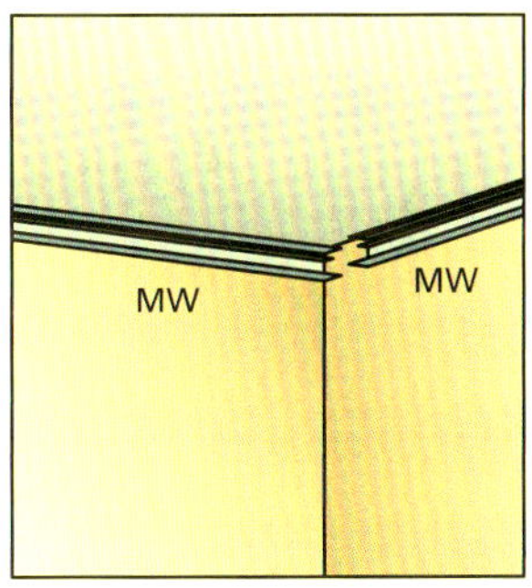

Stabilisierendes Ständerprofil für **Wände**, auch als **Decken**profil zur Schallschutzentkopplung von Holzkonstruktionen

UD U-Form, Decke

Länge (m): 3,0
Stärke (mm): 0,6

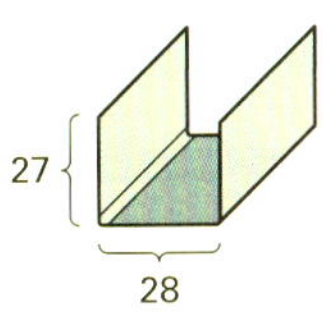

(mm)

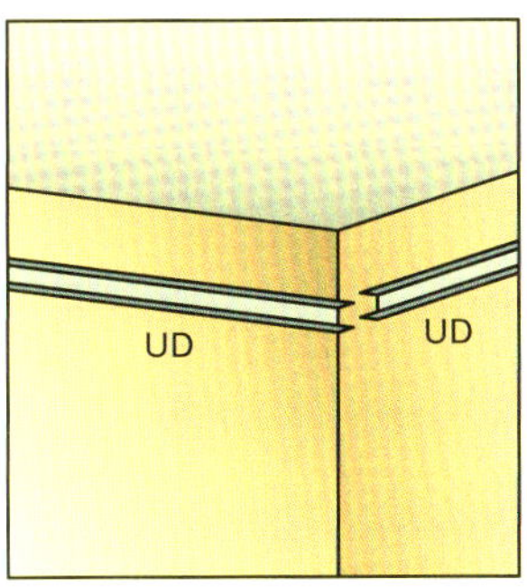

Das U-förmige Rahmenprofil ist das Randprofil für **Decken**.

CD C-Form, Decke

Länge (m): 2,6 / 3,1
Stärke (mm): 0,6

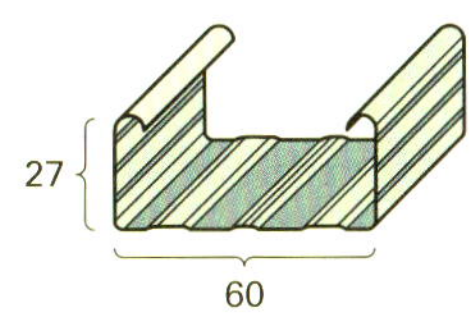

(mm)

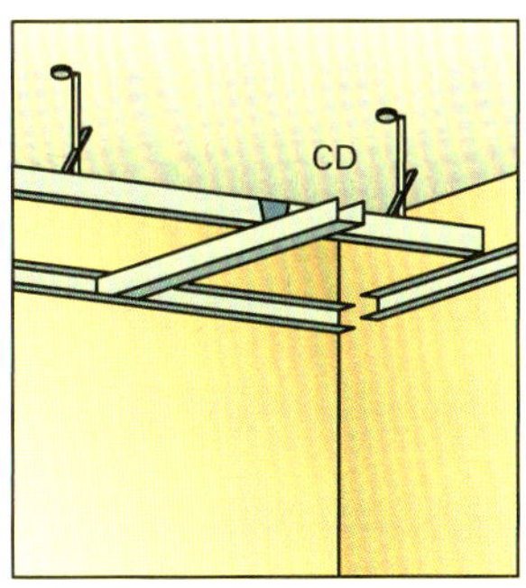

C-förmiges Rahmenprofil zum Abhängen von Decken als Grund- und Tragprofil einsetzbar

Übersicht 1: Ständerkonstruktion – Ständerprofile

Wanddicke (Bild 1)

Diese beträgt bei Montage einer Einfachständerwand mindestens

Stegbreite des Profils + 2 x Plattendicke

Bei Montage einer Doppelständerwand:

- Die Ständer werden nur durch einen Dämmstreifen voneinander getrennt.

2 x Stegbreite des Profils + 2 x Plattendicke

- Die Ständer stehen auf Abstand und werden durch Stabilisierungsstreifen getrennt

2 x Stegbreite des Profils + Ständerabstand + 2 x Plattendicke

Bei **Doppelbeplankung** muss mit **4 x** Plattendicke gerechnet werden.

Wandhöhe

Übliche Raumhöhen können mit einer Profillänge erreicht werden. Darüber hinaus können Profile bis max. 5,10 m verbunden und stufenlos verlängert werden. Dabei ist auf ausreichende Überlappung zu achten (Bild 2).

Werkzeuge für den Trockenbau

Neben den üblichen Werkzeugen wie Cuttermesser, Wasserwaage, Spachtel u. a. werden die folgenden Werkzeuge der Übersicht 1 im Trockenbau eingesetzt.

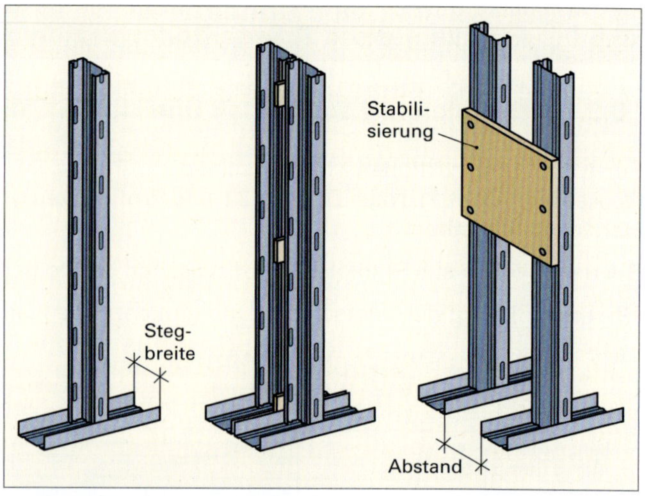

Bild 1: Wanddicke in Abhängigkeit von den Profilen

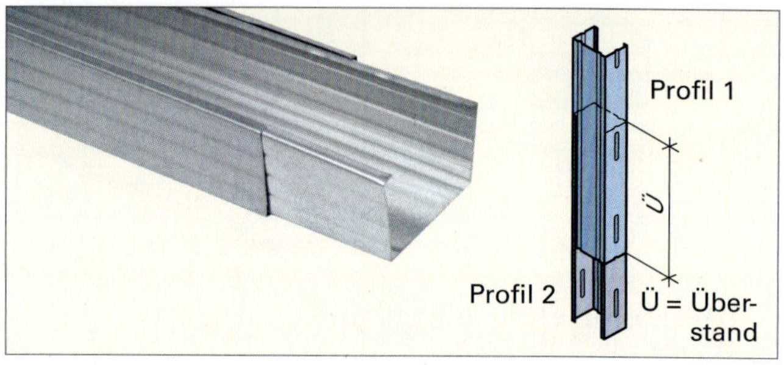

Bild 2: Verlängern und Verbinden von Profilen

Hohlwanddosenfräser	Crimperzange	Blechschere	Kantenhobel
	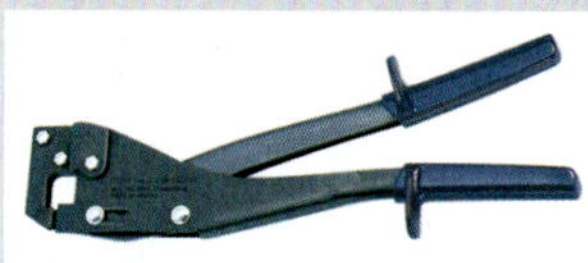	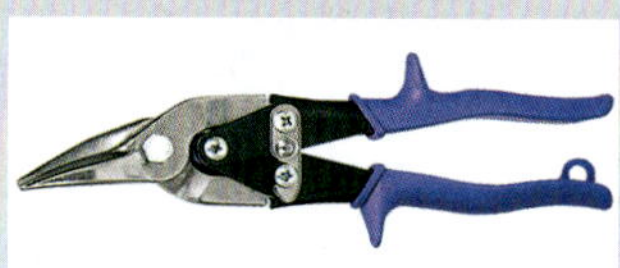	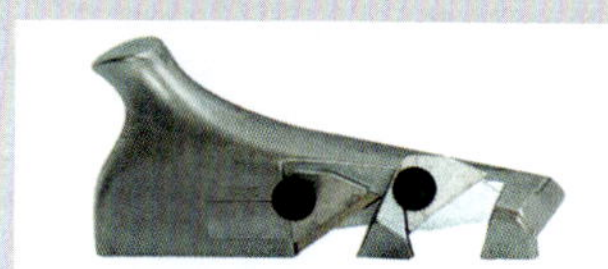
Bohrersatz zum Schneiden von Öffnungen in die Gipsplatten	Mit dieser Zange werden die Profilleisten verbunden.	Damit werden Profile abgelängt.	Beim Zuschneiden der Gipsplatten entsteht eine raue Kartonkante. Diese wird damit geglättet.

Übersicht 1: Werkzeuge für den Trockenbau

Schrauben für den Trockenbau

Im Trockenbau wird je nach Einsatzbereich mit verschiedenen Schnellbauschrauben gearbeitet (Übersicht 2). Die schwarzfarbige Phosphatierung schützt die Schrauben vor Rostung durch den Gips und lässt sie besser gleiten.

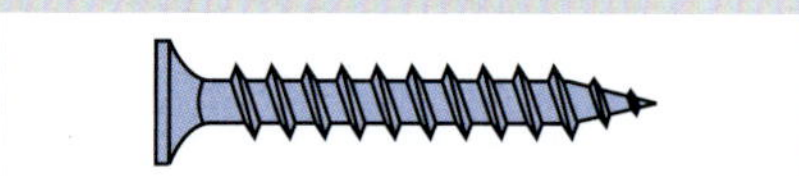	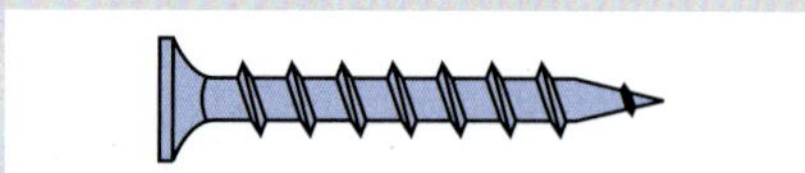	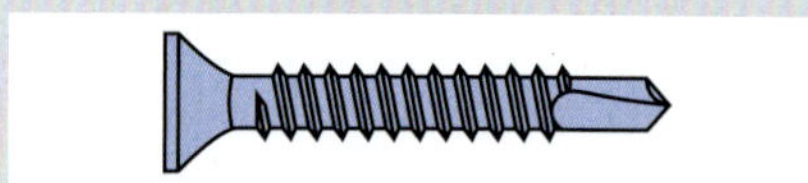
Schnellbauschraube mit Feingewinde für Gipskartonplatten auf Metallunterkonstruktion bis 0,7 mm Blechdicke	**Schnellbauschraube mit Grobgewinde** für Gipskartonplatten auf Holzunterkonstruktion	**Schnellbauschraube mit Bohrspitze** für Gipskartonplatten auf Metallunterkonstruktion bis 2 mm Blechdicke

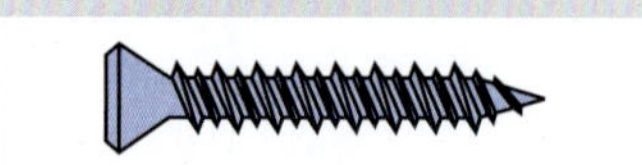	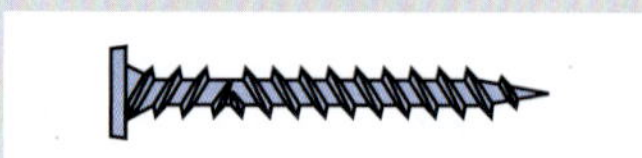	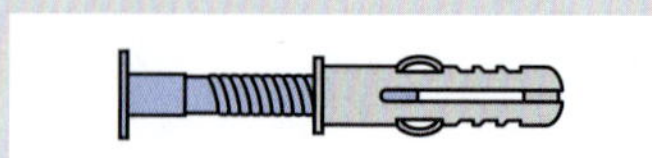	
Schnellbauschraube mit Fräsrippen und Hoch-Tief-Gewinde für Gipsfaserplatten	**Diamantplattenschraube** mit gegenläufigem Gewinde zum Befestigen von Hartgipsplatten	**Drehstiftdübel** zum Befestigen der UW- und CD-Profile an Boden, Decke und Wand	**Blechschraube** zum Verschrauben von CD-Profilen an Direktabhängern

Übersicht 2: Schrauben für den Trockenbau

6.5.2 Montageschritte einer Wand mit Metallprofilen und Doppelbeplankung

Vor Beginn der tatsächlichen Wandmontage müssen Vorbereitungen getroffen werden (1, 2, 3).

1 Konstruktion im Maßstab zeichnen.

2 Materialbedarf ermitteln und bereitstellen.

3 Arbeitsplatz einrichten. Auf Ordnung, PSA usw. achten.

Arbeitsschritte der Montage einschließlich Beplankung (4 bis 14). Der abschließende Arbeitsschritt 15 darf nicht vergessen werden.

4

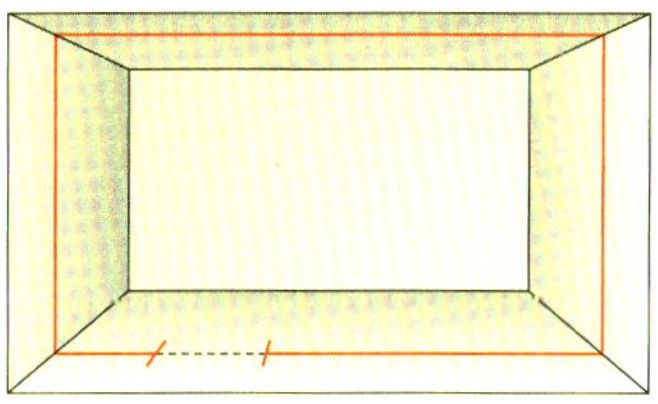

Wandverlauf exakt mit Wasserwaage, Lot etc. einmessen und markieren. Auch die Türposition markieren.

5

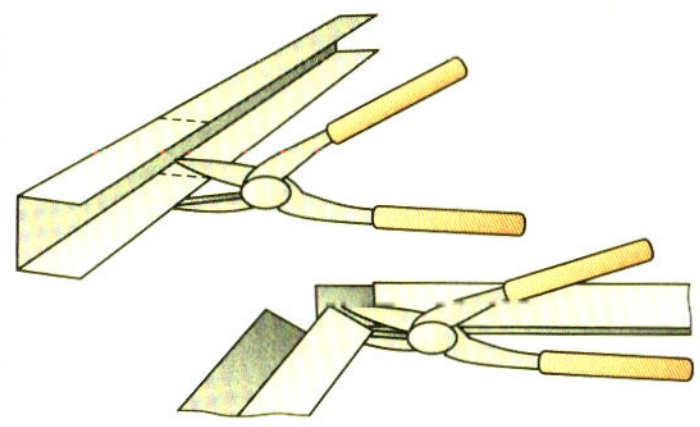

Profile mit einer Blechschere nach Plan zuschneiden. Bei Einsatz einer Säge entsprechendes Sägeblatt verwenden.

6

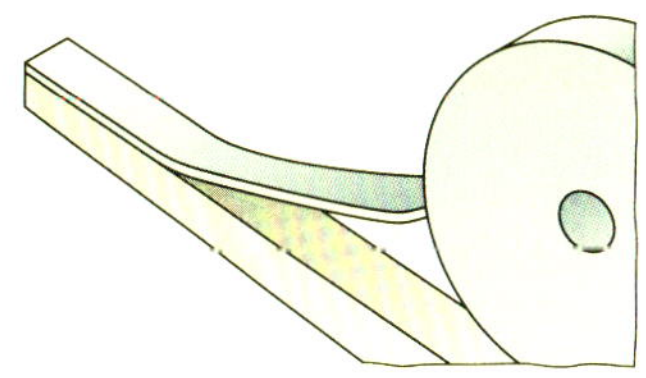

UW-Profil: Decke und Boden
CW-Profile: Wände
Diese Profile mit Wandkontakt mit Dichtungsband bekleben.

7

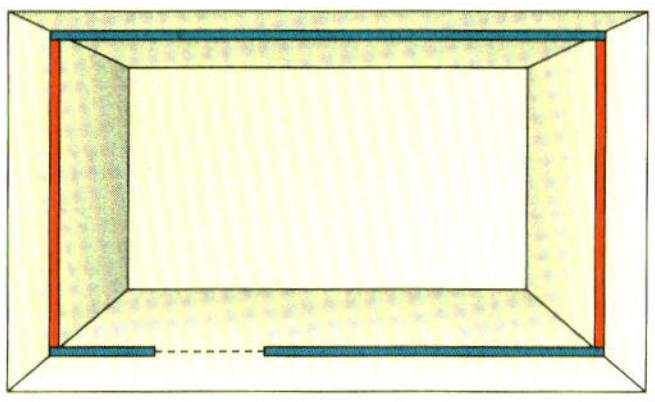

Profile entlang des markierten Verlaufs verschrauben (Dübel, Schrauben).
UW-Profile: Decke und Boden
CW-Profile: Wände
Max. Abstand der Schrauben an Wänden: 1,00 m,
Boden und Decke: 0,80 m.

8

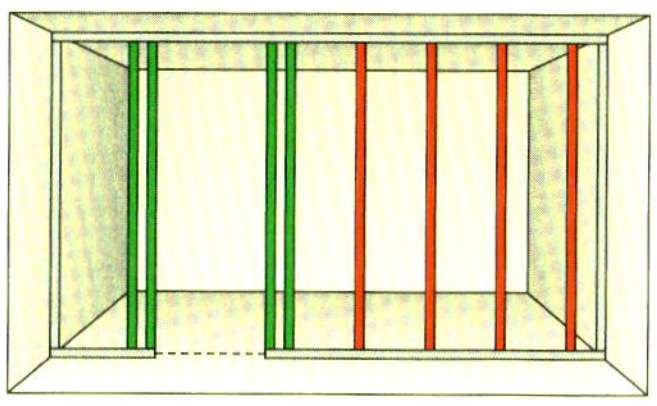

CW-Profile in die UW-Profile einsetzen. Abstand mittig je halbe Gipsplattenbreite. Diese CW-Profile sollten etwa 1,5 cm kürzer als das lichte Raummaß sein. Im Türbereich UA-Profile in Verbindung mit Türpfostensteckwinkeln einsetzen.

9

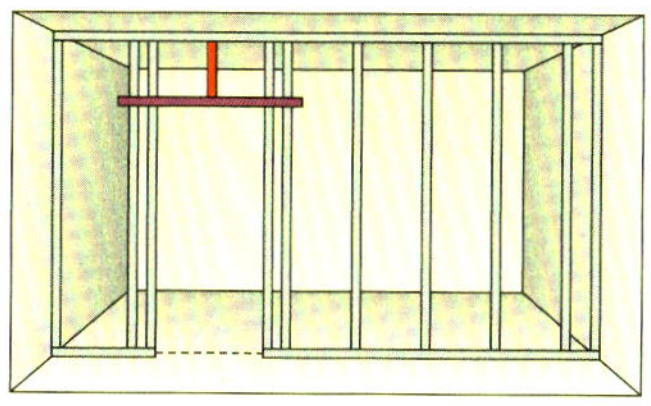

Türsturzprofil über das UA-Profil schieben und fixieren. Danach die UA-Profile im Boden- und Deckenbereich mit Türpfostensteckwinkeln befestigen. CW-Profile über dem Türsturz weiterführen. Der Plattenstoß darf später nicht auf einem UA-Profil erfolgen.

10

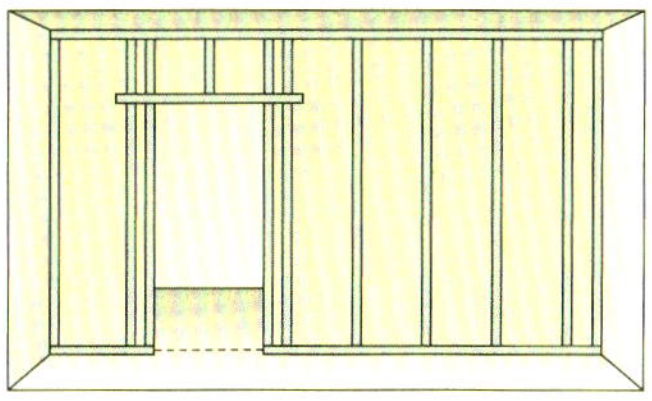

Konstruktion auf einer Seite beplanken. Mit einer ganzen Platte beginnen. Plattenstöße immer mittig auf den Profilen.

11

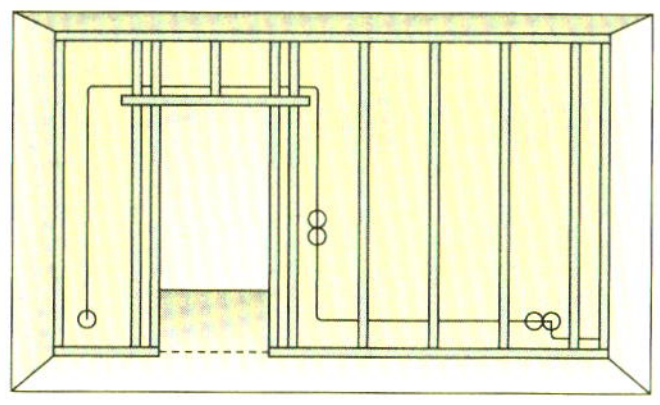

Einlegen von Versorgungsleitungen.
Öffnungen dafür in die Gipsplatten schneiden.

12

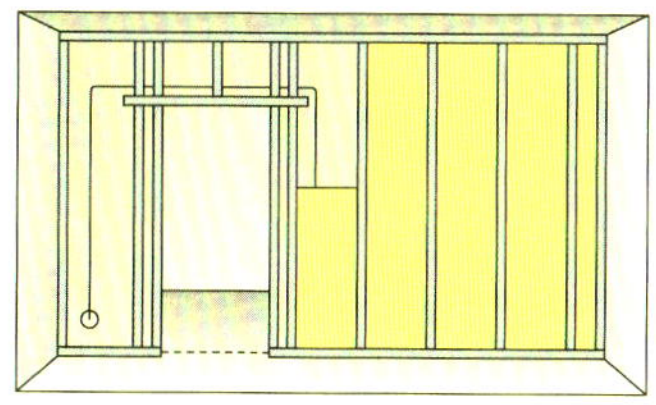

Konstruktion mit Dämmmaterial vollflächig füllen. Achtung: Atemschutz und Hautschutz.

13

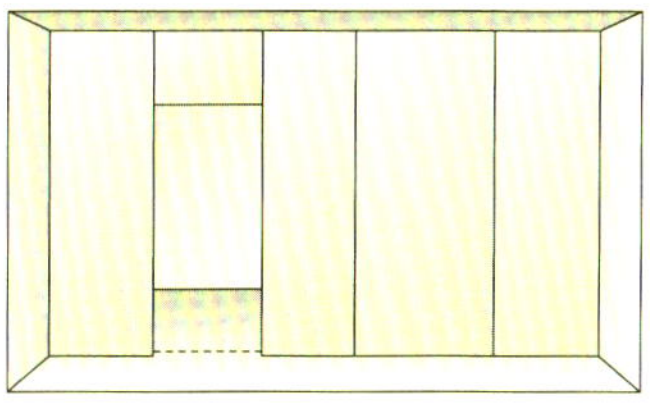

Konstruktion durch Beplankung der zweiten Seite schließen.

14

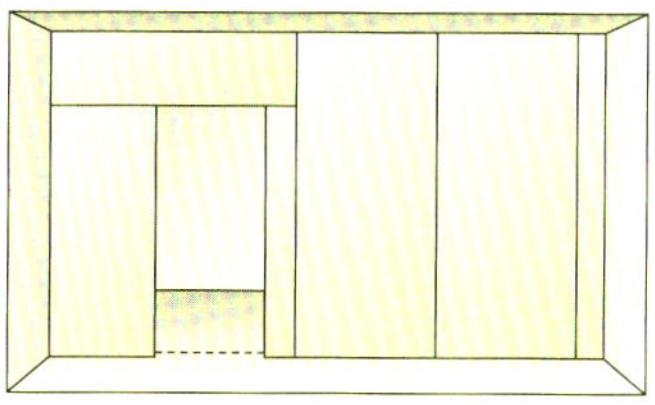

Zweite Lage Gipsplatten montieren. Auf Versatz achten.

15

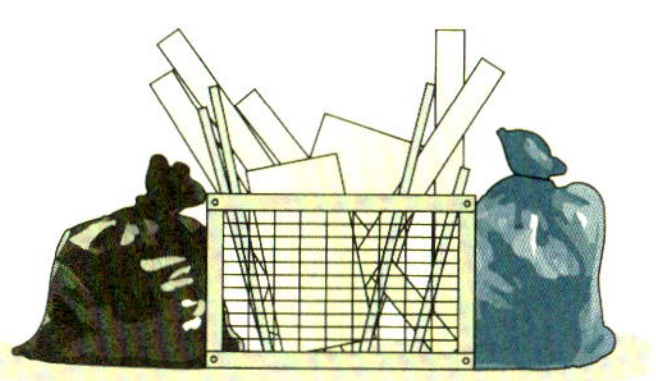

Arbeitsplatz aufräumen.

6.6 Unterkonstruktion von Vorwandinstallationen und abgehängten Decken

Vorwandinstallationen

In Vorwandkonstruktionen werden Einbauteile integriert, z. B. Waschbecken, WC, Badewanne. Dafür muss der Fachmann meist individuelle Konstruktionen erstellen **(Bild 1)**.

Diese Konstruktionen werden wesentlich mehr belastet als Trennwände.

Ein Wand-WC muss nicht nur sein Eigengewicht tragen, sondern auch das Gewicht eines darauf sitzenden Menschen. Und das über Jahre, ohne dass sich die Halterung durch die Hebelwirkung neigt.

Darum sind UA-Profile oder vorgeschriebene Profile von Herstellern der Einbauteile zu verwenden, die die Last tragen können.

Die Hohlräume nehmen Leitungen auf (el. Strom, Wasser). Es ist ratsam, anschließend Hohlräume im Bereich der Belastung mit Gips-Wandbauplatten oder Baustein-Resten zu füllen und gründlich zu vermörteln.

Störende Schallübertragung muss verhindert werden.

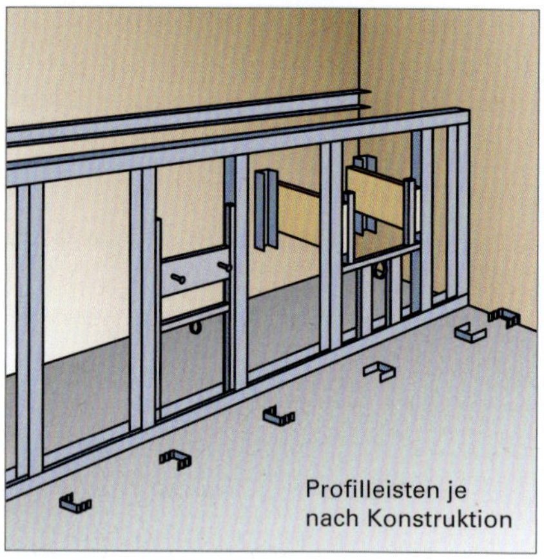

Bild 1: Vorwandkonstruktion

Deckensysteme

Je nach Konstruktionsart werden leichte Deckenbekleidungen auf Unterlattung **(Bild 3)** und abgehängte Unterdecken unterschieden **(Bild 2)**. Deckenkonstruktionen besitzen nur eine geringe Tragfähigkeit, wenn sie nicht direkt an der Decke angebracht werden. MW-Profile sind hier geeignet. Die raumabschließende Deckenlage kann aus Bauplatten oder Nut- und Federbrettern bestehen. Die Beplankung muss quer zur Tragkonstruktion angebracht werden. Kreuzfugen und fliegende Stöße müssen vermieden werden. Die Randanschlüsse können starr oder frei ausgeführt werden.

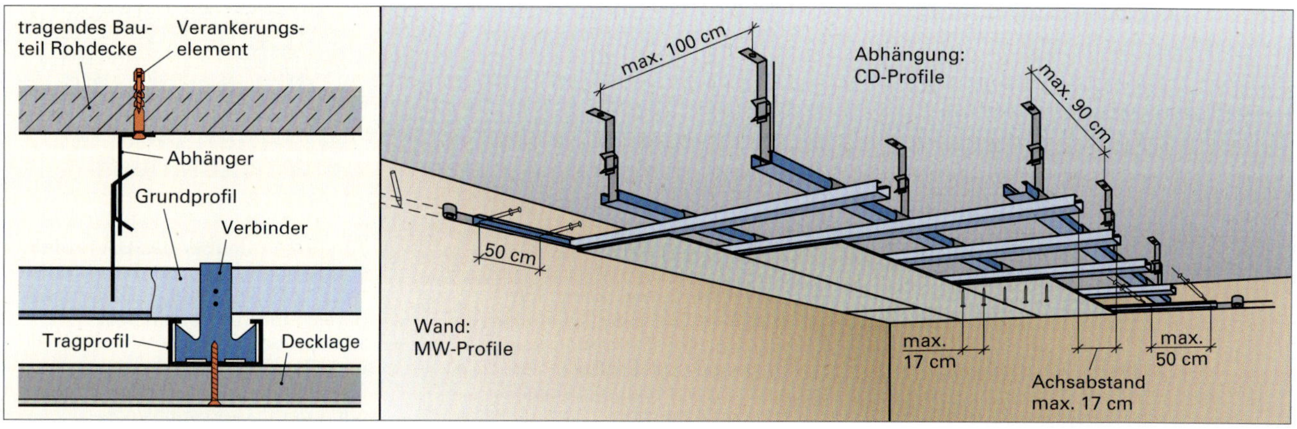

Bild 2: Abgehängte Deckenkonstruktion mit Bekleidung

6.7 Holz im Trockenbau

Unterkonstruktionen aus Holz

Bei Wandkonstruktionen und Deckenlattungen kommt auch Holz zur Anwendung **(Bild 3)**. In der Regel werden dabei Kanthölzer und/oder Holzlatten über geeignete Metallwinkel miteinander verschraubt. Achtung: nicht genagelt!

Es muss Holz der Sortierklasse S10 sein. Es muss verwindungsfrei sein. Geeignete Holzfeuchte 7 % bis 14 %.

Unterkonstruktionen in üblich genutzten Wohnräumen bedürfen keiner Bearbeitung gegen Feuchte und Holzschädlinge. Nut- und Federbretter für Holzverkleidungen sind meist vorbeschichtet.

Platten aus Holz

Vollholz verzieht sich. Darum kommen Holzwerkstoffe in Plattenform im Innenausbau und Trockenbau zum Einsatz **(siehe Kap. 3.1.7)**:

- Sperrholzplatten
- Tischlerplatten
- OSB-Platten
- Hartfaserplatten
- Weichfaserplatten
- Multiplexplatten
- Holzwolleplatten
- Spezialplatten für Trockenfußboden

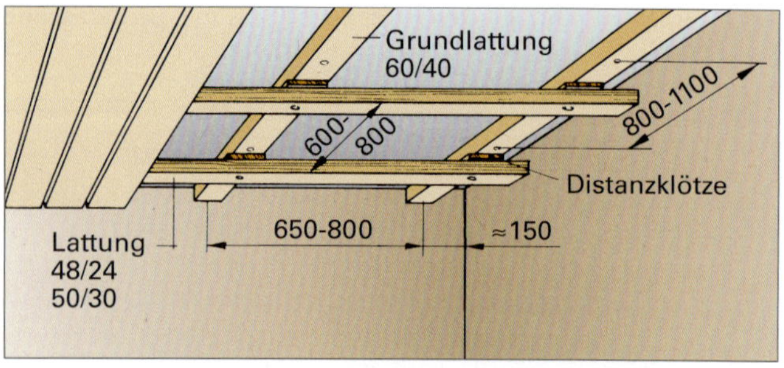

Bild 3: Holz-Unterlattung für eine Deckenbekleidung

Viele Holzwerkstoffplatten sind so feuchteempfindlich, dass sie nur dort eingebaut werden dürfen, wo sie dauerhaft vor Feuchte geschützt sind.

6.8 Montage von Gipsplatten

Die Ständerkonstruktion wird beplankt. So nennt man das Montieren von Gipsplatten. Es sind immer Platten gleicher Bauart für 1 Objekt zu verwenden.

Gipsplattenkonstruktionen müssen von anderen Bauteilen (Wand Decke, Boden) getrennt werden. Die Trennung erfolgt durch Trennstreifen, offene oder verdeckte Fugen.

Ständerkonstruktionen können längs (hochkant) oder quer beplankt werden. Bei der Beplankung müssen die Gipsplattenkanten immer mittig auf einem Ständer enden. Nur so können sie verschraubt und sauber verspachtelt werden (Bild 1). Hersteller empfehlen einen Abstand der CW-Profile von mittig 62,5 cm.

Es kann einfach und doppelt beplankt werden. Doppelt beplankte Ständerwände sind in sich steifer und stabiler.

Gipsplatten werden mit besonderen Schnellbauschrauben auf die Metallkonstruktion geschraubt, siehe Seite 116. Schnellbauschrauben durchdringen die Metallträger, verschrauben ohne Vorbohren und sorgen mit flachem Schraubenkopf für bündiges Versenken. Schraubabstände und Schraubenlänge zeigt Bild 2. Ein Akkuschrauber mit magnetischem Schraubhalterkopf erleichtert die Arbeit sehr.

Wenn möglich in Räumen Gipsplatten montieren, die über die gesamte Raumhöhe reichen. Wenn das nicht möglich ist, sind die Platten mindestens 40 cm zu versetzen.

Ausschnitte für Installationszwecke werden mit Stichsäge, Hohlwanddosenfräser oder Cuttermesser geschnitten/gesägt. Rohre und Leitungen müssen mindestens 10 mm Abstand von der Gipsplatte haben, die Hohlräume sind entsprechend der späteren Raumnutzung abzudichten.

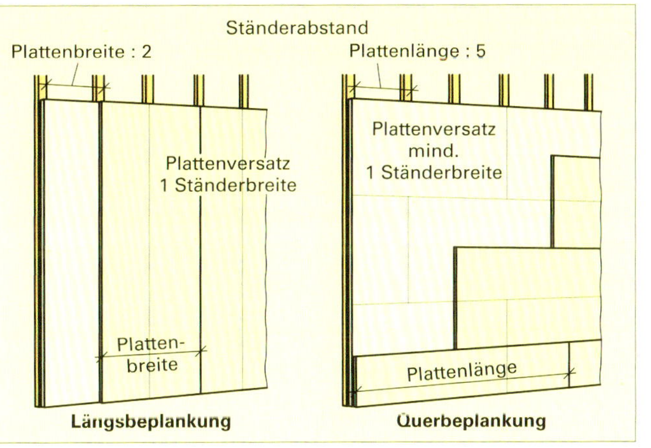

Bild 1: Plattenbreite und Ständerabstand und Versatz

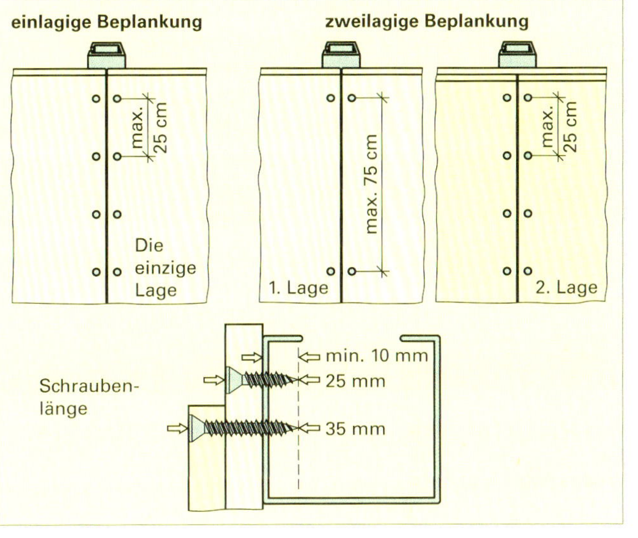

Bild 2: Verschraubung der Gipsplatten auf Metallständer

6.9 Bekleiden von Wänden mit Gipsplatten

Da beim Anbringen von Gipsplatten unregelmäßige, schwierige Untergründe geglättet werden und anschließend einen guten Untergrund für das Tapezieren oder Beschichten darstellen, spricht man auch von Trockenverputzung.

Der Untergrund muss ausreichend tragfest, von hinten schlagregenfest und von unten gegen aufsteigende Feuchte geschützt sein. Darauf ist besonders in Altbauten zu achten.

Kalkputz ist als Untergrund nicht geeignet und muss entfernt werden. Frischer Beton muss mindestens 28 Tage alt sein, bevor Gipsplatten angesetzt werden. Glatte Untergründe können mit einem Putzgrund griffiger werden, saugende Untergründe mit einer Grundierung normal saugend.

Montage

In der Regel werden Gipsbatzen auf der Rückseite der liegenden Gipsplatte aufgetragen und als Streifen in ausreichender Dicke verteilt (Bild 3). Dann wird die Gipsplatte auf Unterlegkeile an die Wand gekippt, angedrückt und mit der Wasserwaage ausgerichtet. Platten werden direkt aneinandergesetzt. Je nach Ebenheit der Wand kann eine Unterkonstruktion nötig sein. Dann müssen die Platten verschraubt werden.

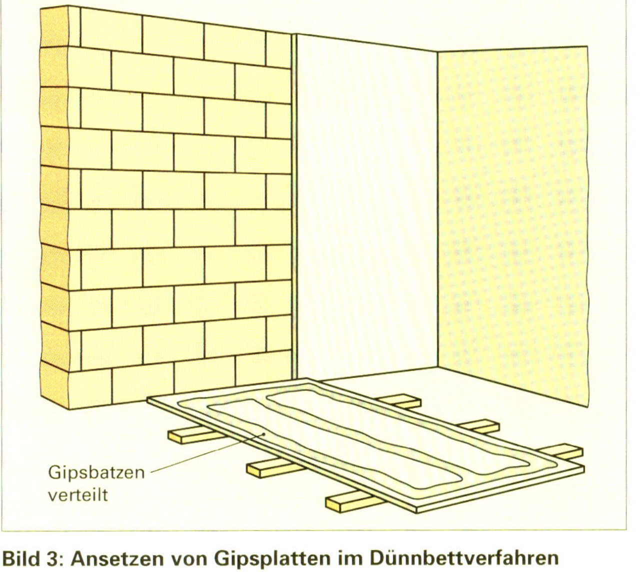

Bild 3: Ansetzen von Gipsplatten im Dünnbettverfahren

6.10 Gips-Wandbauplatten

Gips-Wandbauplatten sind nach DIN EN 12 859 massive Bauplatten aus Stuckgips. Damit lassen sich massive Wände bis zu 10 cm ohne Unterkonstruktion allein mit Gipskleber errichten. Diese Wände sind nicht Teil der tragenden oder aussteifenden Gebäudekonstruktion, sondern dienen allein der Raumbildung.

Die 60, 80 bzw. 100 mm dicken massiven Gips-Wandbauplatten sorgen vor allem für die Dämmung des Direktschalls. Bauteile aus Gips-Wandbauplatten können in Abhängigkeit von ihrer Dicke bereits in einschaliger Ausführung Anforderungen an den Feuerwiderstand bis F 180-A erfüllen.

Einbau und Bearbeitung einer Gips-Wandbauplatte

Am Bodenanschluss sind Bitumendämmstreifen in Wandstärke und an den Wand- und Deckenanschlüssen jeweils Presskorkstreifen anzubringen. Die erste Lage ist mit der Nut nach unten bzw. zur Wand lot- und fluchtgerecht einzubauen.

Die Wände benötigen keinen Putz und werden im Fugenbereich oder ganzflächig gespachtelt. Auf sehr trockenen Platten kann es durch schnellen Wasserentzug zum „Aufbrennen" der Gips-Spachtelmasse kommen, d.h. zur Störung der Hydratation, dem Wachstum der Gipskristalle für die Verkrallung im Untergrund sowie zur Erreichung der Normfestigkeit **(siehe Seite 80)**. Abhilfe: Benetzen mit Wasser (nur bei hydratisierenden Spachtelmassen) oder das Aufbringen von das Saugverhalten vermindernden und egalisierenden Grundierungen. Die Wände können nach Spachtelarbeiten und Grundierung beschichtet oder tapeziert werden.

Eine Alternative sind Bausteine aus Porenbeton. **Siehe Kap. 5.3.7.**

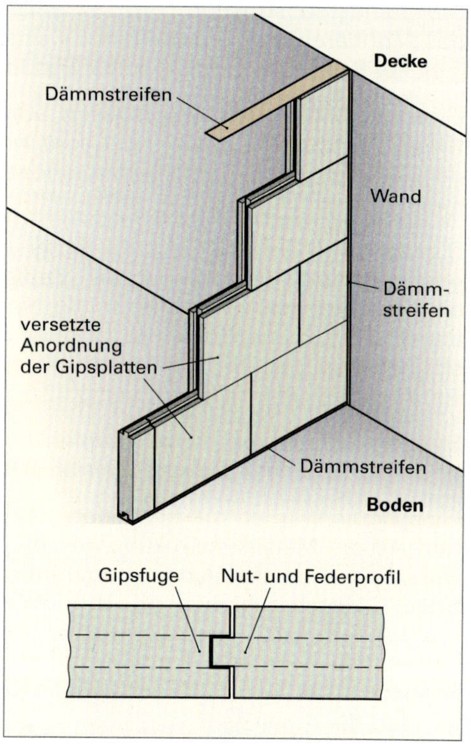

Bild 1: Montageschema einer Wand aus Gips-Wandbauplatten

6.11 Verspachtelung von Gipsplatten

Die Verspachtelung sorgt für eine ebene Oberfläche und bereitet den Untergrund für eine Beschichtung vor.

Spachtelmassen

Im Handel wird eine Vielfalt an Fugenfüllern angeboten:

Gipshaltige Fugenfüller	Gipsfreie Fugenfüller (Jointfiller)
Diese werden pulverförmig geliefert und mit Wasser angemacht. Die Verarbeitungszeit beträgt 30 bis 40 Minuten.	Sie enthalten organische Bindemittel und Armierungsfasern. Sie werden mit Wasser angemacht. Bei 8 Stunden Verarbeitungszeit trocknen sie innerhalb von 24 Stunden.

Bewehrungsstreifen

Stoßen zwei Gipsplatten aneinander, so ist in die Spachtelmasse ein Bewehrungsstreifen einzuspachteln. So lässt sich eine spätere Rissbildung vermeiden. Bewehrungsstreifen müssen sehr dünn sein, damit sie nicht auftragen und die geglättete Oberfläche stören. Bewehrungsstreifen sind aus Glasfaser, Papier oder als selbstklebende Bewehrungsgitterstreifen im Handel. Werden Kantenschutzleisten etc. (**Bild 3 bis 5**) angebracht, so müssen auch diese Teile so eingespachtelt werden, dass die Oberfläche glatt ist.

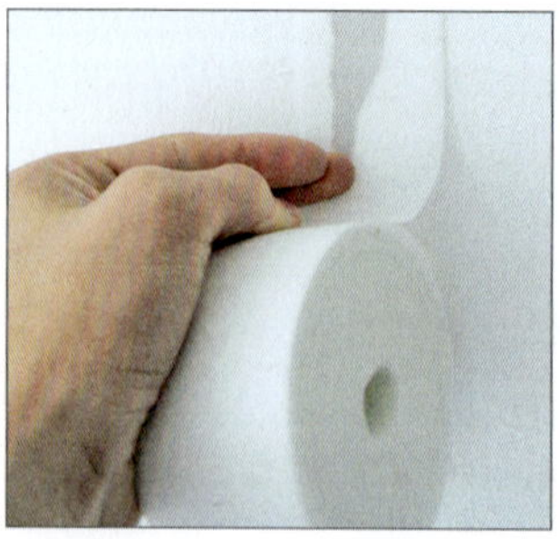

Bild 2: Bewehrungsstreifen

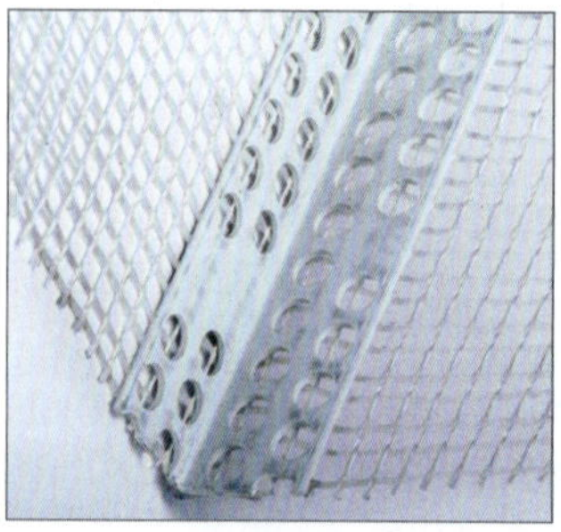

Bild 3 bis 5: Besondere Profilleiste aus Kunststoff, Kantenschutzleiste, Kunststoffgewebe

Qualitätsstufen der Verspachtelung

Die Ansprüche an die Oberfläche nach der Verspachtelung richten sich nach der vorgesehenen Beschichtung und den zu erwartenden Lichtverhältnissen. Es werden 4 Ausführungsstufen unterschieden, siehe **Übersicht 1**. Wird keine Qualitätsstufe vereinbart, so gilt die Ausführung einer Standardbeschichtung (Q 2) als vereinbart.

Q 1 Grundverspachtelung (Fugenverschluss)	Q 2 Standardverspachtelung	Q 3 Verspachtelung mit erhöhten Anforderungen	Q 4 Verspachtelung für höchste Anfoderungen
Geeignet für: • Flächen ohne besondere Anforderungen • Für die erste Beplankungslage (bei mehrlagiger Beplankung)	Geeignet für: • Mittel/grob strukturierte Wandbekleidungen • Matte, füllende Beschichtungen (z. B. Dispersionsanstrich) • Oberputze >1 mm	Geeignet für: • Fein strukturierte Wandbekleidungen • Nicht strukturierte Beschichtungen • Oberputze <1 mm	Geeignet für • Glatte oder strukturierte Wandbekleidungen mit Glanz, Lasuren und Beschichtungen bis zum mittleren Glanz • Stuccolustro oder andere Glättetechniken

Q 1 = Füllen der Stoßfugen	Q 1 + Feinspachteln	Q 2 + Breites Ausspachteln	Q 2 + breites Ausspachteln der Fugen und vollflächiges Spachteln (bis 3 mm Schichtdicke)
Füllen der Stoßfugen und Überziehen der sichtbaren Teile der Befestigungsmittel (Schraubenköpfe). Ein Verziehen des Spachtelmaterials über die Fuge hinaus ist zu vermeiden.	Stufenloser Übergang der Plattenoberflächen. Prüfung mit hellem künstlichem Schräglicht. Bei Betrachtung aus nächster Nähe oder bei Streiflicht dürfen Unebenheiten in der Oberfläche sichtbar sein.	Breites Ausspachteln der Fugen, scharfes Abziehen der Kartonoberfläche mit Spachtelmasse zum Verschließen der Poren. Auch bei Stufe 3 sind bei Streiflicht sichtbar werdende Abzeichnungen nicht auszuschließen.	Soweit Lichteinwirkung – z. B. Streiflicht – das Erscheinungsbild der fertigen Oberfläche beeinflussen kann, werden unerwünschte Effekte (z. B. wechselnde Schattierungen auf der Oberfläche oder minimale örtliche Markierungen) weitgehend vermieden.
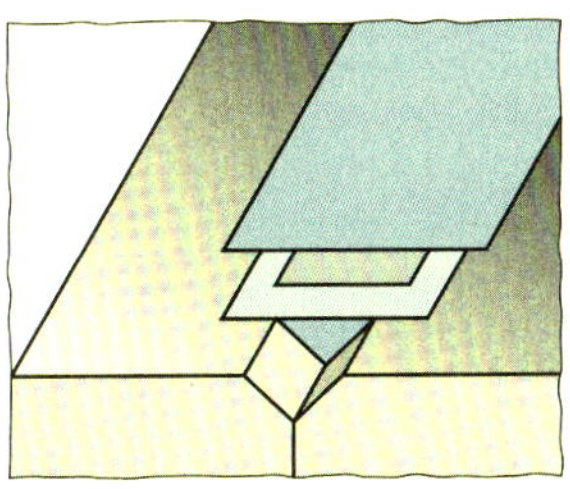		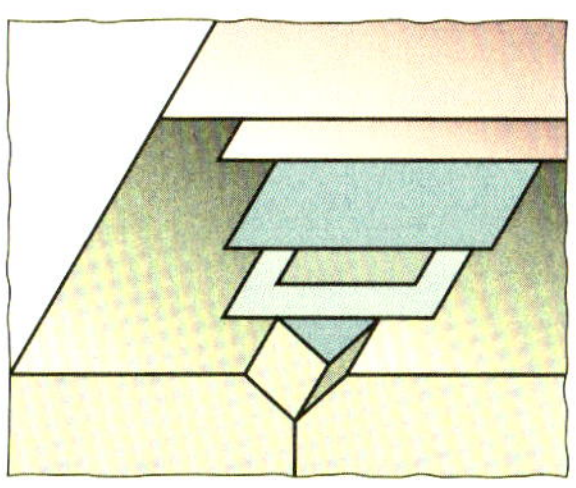	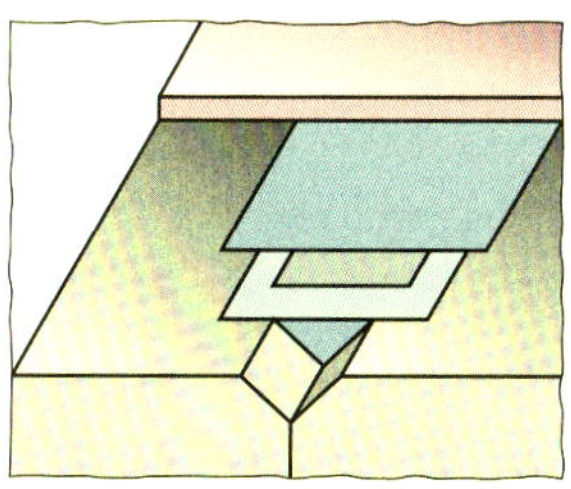

Übersicht 1: Qualitätsstufen 1 - 4

Eine Beurteilung der gespachtelten Oberfläche ist in der Regel erst nach Fertigstellung der Beschichtung möglich. Daher ist bei besonders hohen Ansprüchen an die Qualität der nachfolgenden Beschichtung die Ausführungsstufe der Verspachtelung dem erwünschten Ergebnis entsprechend auszuwählen (besonders bei schwierigen Lichtverhältnissen). Eine doppelte Beplankung reduziert Unebenheiten in der Oberfläche im Vergleich zu einfacher Beplankung. Bei Ausführungen gemäß Stufe 3 oder 4 sind die Ebenheitstoleranzen zu vereinbaren.

6.12 Untergrundprüfung und Grundierung

Vor dem Grundieren der Gipsplatten muss der Untergrund auf Beschaffenheit und Eignung geprüft werden. Die Prüfungskriterien sind in Anlehnung an das BFS-Merkblatt Nr. 12, Teil 2 in der **Tabelle 1** zusammengestellt.

Prüfung auf	Prüfmethode	Erkennung	Maßnahmen und Empfehlungen
Oberflächengüte	Augenschein	• Nicht ausreichende Qualitätsstufe (Q2 bis Q4)	• Bedenken sind anzumelden. • Nachspachteln. • Evtl. muss eine andere Beschichtung/Tapezierung ausgewählt werden, bei der die mangelnde Oberflächenqualität der Plattenoberfläche nicht durchschlägt.
Feuchte	Augenschein	• Feuchte Flächen • Wasserränder und Fleckenbildung	• Ursachen beseitigen. • Nasse Stellen abtrocknen lassen, ggf. lüften und heizen. • Prüfen, ob eine ausreichende Kartonhaftung vorhanden ist. • Wasserflecken und Wasserränder absperren.
Haftung des Kartons	Augenschein	• Blasenbildung	• Eine Erkennung ist erst nach der Vorbereitung des Untergrundes möglich. • Bei örtlich begrenzten Auslösungen des Kartons können die Blasen aufgeschnitten, die freigelegten Flächen grundiert und mit einer auf die Beschichtung abgestimmten Spachtelmasse beigespachtelt werden. • Bei großflächigen Ablösungen muss die Gipsplatte ausgewechselt werden.
Vergilbung des Kartons	Augenschein	• Gelbe bis braune Verfärbungen des Kartons • Durchschlagen bzw. -bluten nach der Beschichtung	• Vergilbte Platten nicht verarbeiten! • Sind vergilbte Platten verarbeitet, müssen die betroffenen Flächen mit Absperrbeschichtungsstoff vorbehandelt werden.
Verschmutzung	Augenschein	• Markierungen mit Kopierstiften, Markierstiften usw. • Schleifstaubablagerungen	• Flächen mit Absperrbeschichtungsstoff vorbehandeln. • Flächen absaugen.
Risse	Augenschein	• Stoßfugenrisse • Risse in den Anschlussbereichen	• Bedenken anmelden. • Fehler beheben. • Bei Haarrissen im Stoßfugenbereich sind nachträglich besondere Maßnahmen zu vereinbaren.
Schimmelpilzbefall	Augenschein	• Dunkler Bewuchs	• Die Ursache liegt nicht in der Platte. • Plattenrückseite und Unterkonstruktion ebenfalls prüfen. Wird hier Befall festgestellt, sind Bedenken anzumelden wegen möglicher bauphysikalischer Ursachen. • Befallene Platten austauschen. Kleinerer Befall nur an der Oberfläche ist sanierfähig (bis 0,5 m^2).
Korrosion der Befestigungsmittel	Augenschein	• Rostflecken	• Plattenrückseite und Unterkonstruktion ebenfalls prüfen. Wird hier Befall festgestellt, sind Bedenken anzumelden wegen möglicher bauphysikalischer Ursachen. • Befestigungsmittel austauschen.

Tabelle 1: Untergrundprüfung von Gipsplatten

Verspachtelte Oberflächen sind im Normalfall der Untergrund für Oberflächenbeschichtungen und Wandbekleidungen (z. B. Anstriche, Tapezierungen an Decken und Wänden). Deshalb sind die Ausführungsarten der unterschiedlichen Leistungsbereiche Trockenbau (Verspachtelung) und Malerarbeiten (Beschichtung, Tapezierung) aufeinander abgestimmt auszuschreiben.

Eine Grundierung vor den Beschichtungsarbeiten ist notwendig, weil das unterschiedliche Saugverhalten von Platte und Fugen egalisiert werden muss. Auch die Haftfähigkeit wird verbessert.

Zu beachten ist:

- Eine Vermischung der Dispersionsfarbe mit Grundiermittel ist unzulässig und keinesfalls mit einem pigmentierten Grundiermittel gleichzusetzen. Einem transparenten Grundiermittel dürfen zur Erkennung der Streichspur maximal 5 % Dispersionsfarbe zugesetzt werden.
- Das Grundiermittel darf den Untergrund nicht vollständig absperren, sondern soll dafür sorgen, dass der Untergrund, je nach weiterer Bearbeitung, die passende Saugfähigkeit aufweist. Transparente Grundiermittel dürfen nach der Trocknung keinen glänzenden Film bilden.

7
Bearbeiten von Fußböden

Lernfeld 1, 2, 9

7.1 Aufbau von Fußböden

Fachleute unterscheiden 2 Angaben zum Fußboden:

Rohfußboden RFB ▼: Er nimmt die Lasten auf und bildet die Tragschicht. Bei Neubauten besteht er meist aus Stahlbeton. Aber auch andere Rohfußböden werden eingebaut, z. B. auf Holzbalkenlage. RFB ist das Maß seiner obersten Kante (auch OKRFB = **O**ber**k**ante **R**oh**f**uß**b**oden).

Fertigfußboden FFB ▽: Ab der Oberkante Rohfußboden plus der Dicke des Fußbodenaufbaus ergibt sich das Maß der obersten Kante des Fertigfußbodens (auch OKFFB = **O**ber**k**ante **F**ertig**f**uß**b**oden).

Altbau: Die Summe der Schichten des Fußbodenaufbaus bewirkt eine Differenz in der Raumhöhe. Dies fällt in der Regel nicht auf. Türen, Treppen usw. sind jedoch bereits auf eine bestimmte Bodenhöhe eingebaut. Ist der neue Fußboden im Aufbau dicker oder dünner, so bedeutet dies oft umfangreiche Maßnahmen aufgrund der neuen Fußbodenhöhe.

Neubau: Auch wenn der Fußboden noch nicht verlegt wurde, brauchen Handwerker Sicherheit, wenn exakte Höhen einzuhalten sind, z. B. beim Einbau von Steckdosen oder Türzargen. In Neubauten wird darum auf Veranlassung der Bauleitung meist an den Innenraumwänden der Meterriss angebracht. Dies ist eine Markierung, die die Höhe von genau 1 m über der späteren Oberkante des fertigen Fußbodens (OKFF) angibt.

Ein Maler, der einen Fußbodenbelag verlegen soll, muss vor der Ausführung der Arbeit überprüfen, ob die Oberfläche des Estrichs die richtige Höhe hat. Dabei hilft der Meterriss. Ist der Estrich zu hoch oder zu tief, so muss er Bedenken anmelden, da er das Maß der OKFF nicht einhalten kann.

Fußbodenaufbau auf Beton

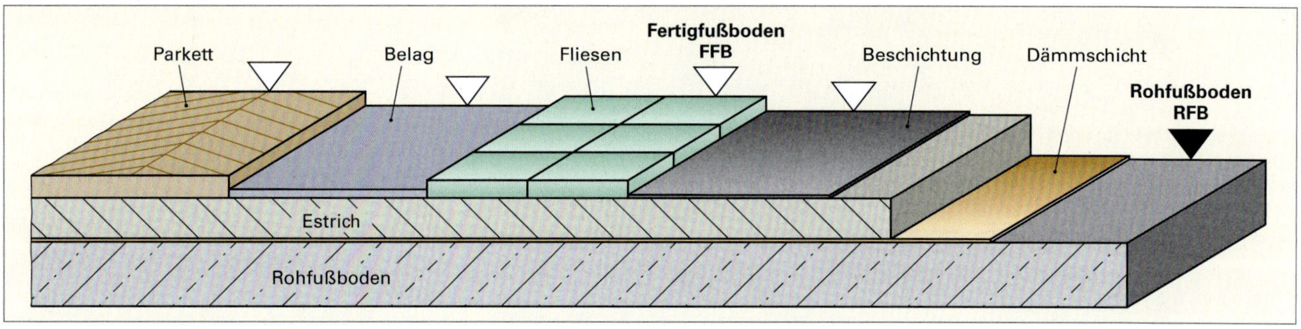

Bild 1: Fußbodenaufbau auf Betonplatte

Estrich: Außer in besonders genutzten Räumen, wie Garagen, Lagerhallen und Werkstätten, liegt meist auf dem Rohfußboden aus Beton ein Estrich vor. Nassestriche erstellen ausgebildete Estrichleger. Ein Trockenestrich kann auch vom Maler und Lackierer verlegt werden, siehe Kap. 7.2 und 7.3.

Dämmschicht und andere Zwischenlagen: Je nach Konstruktionsart des Estrichs und den örtlichen Gegebenheiten müssen unter dem Estrich Wärmedämm-, Schalldämmschichten oder auch dicke PE-Folien, z.B. als Trenn- oder Gleitlage, Dampfbremse oder Dampfsperre eingebaut werden. Was eingebaut werden muss, entscheidet der Architekt. Die Dicke einer Dämmschicht muss in der Höhe im Aufbau berücksichtigt werden.

Nutzschicht: Sie besteht aus einem Bodenbelag oder einer Beschichtung. Geschliffen und poliert kann der Estrich auch als Nutzschicht verwendet werden.

Fußbodenaufbau auf Holzbalken

Der Bodenaufbau ruht auf Holzbalken. Auf Holzfußböden verlegt der Maler und Lackierer Trockenestriche auf die alte Dielung oder auf darauf verlegte OSB-Platten. Ohne Beratung durch Sachverständige oder Architekten ändert er besser nichts am Aufbau des vorliegenden Fußbodens.

Je nach Trockenestrich-Aufbau liegt eine andere Oberkante des fertigen Fußbodens (OKFF) vor.

Durch Einbau der Trockenbauelemente wird die Decke schwerer. Dies kann die Statik des Gebäudes beeinflussen.

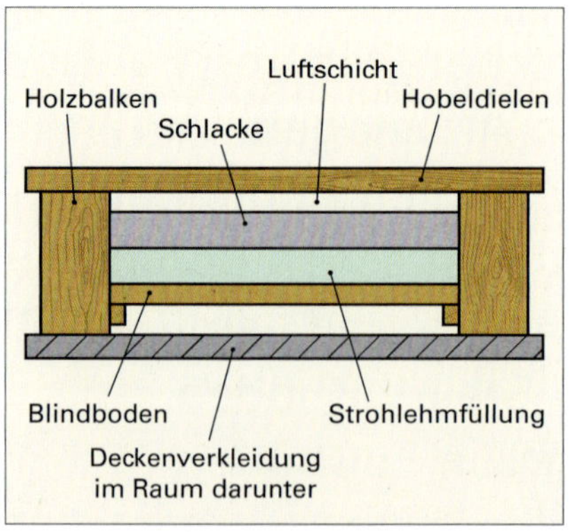

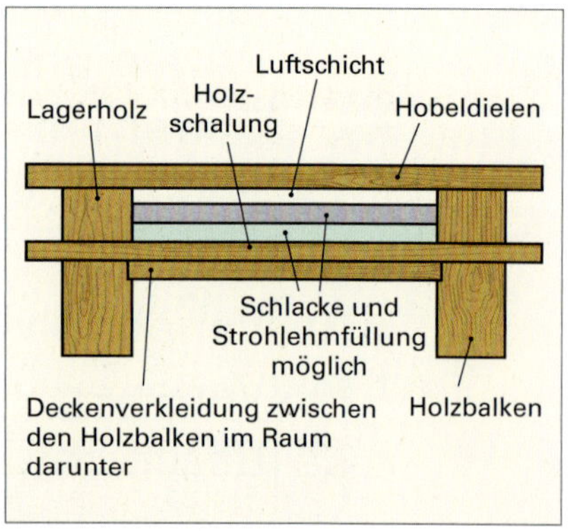

Bild 2 und 3: Historische Fußbodenkonstruktion auf verkleideten oder freiliegenden Decken

Vorsicht! In der Regel kann der Aufbau des vorliegenden Fußbodens von Grund auf leider nicht fachmännisch beurteilt werden, er liegt eingebaut vor. Dann sind Bedenken anzumelden oder ein Sachverständiger zurate zu ziehen. Fehler an der Dämmung bei Fußböden, die über Erdreich oder kalten Räumen belegt werden sollen, führen oft später wg Kondenswasserbildung zu Schäden.

7.2 Nassestriche

Rohfußböden in Räumen werden fast immer mit einem Estrich versehen, meist als Nassestrich. Diese Arbeit wird von ausgebildeten Estrichlegern fachmännisch ausgeführt. Die Bestandteile des Estrichs, in der Regel mineralisch, werden mit Wasser zum breiigen Mörtel vermischt und anschließend verarbeitet.

Aufgaben des Estrichs

- Ausgleichen von Unebenheiten der Rohdecke, weil die Maßtoleranzen nach DIN 18202 für Estrich kleiner sind als für Rohdecken.
- Dient der Aufnahme von Bodenbelägen jeglicher Art oder als Grundlage für Beschichtungen.
- Kann bei entsprechendem Aufbau zur Raumbeheizung beitragen (Fußbodenheizung).

Estricharten nach DIN 18560-2

Calciumsulfatestrich CA Als Fließestrich CAF ●	Für innen im Wohnungsbau häufigster Estrich-Untergrund. Besteht aus Gips mit Kiessand. Aussehen: Seidenmatt, hellgrau. Hohe Biegsamkeit, Zug- und Druckfestigkeit, kein Schwinden, aber feuchteempfindlich Früher wurde Calciumsulfatestrich als **Anhydritestrich** (AE) bezeichnet.	
Gussasphaltestrich AS	Für innen im Wohnungs-, Gewerbe- und Industriebau. Besteht aus Bitumen, Kalkstein und Quarzsand/Quarzmehl. Aussehen: schwarz, seidenglänzend.	Fließestriche ● werden in den Raum gepumpt und verteilen sich fast von alleine. Alle anderen Estriche müssen nach dem Einpumpen noch verteilt und eben abgezogen werden.
Kunstharzestrich SR	Für Feuchträume. Sehr hochwertiger, belastbarer Estrich durch Beimischung von Kunstharzen (EP, PUR, UP, PMMA) und Quarzsand. Teuer.	
Magnesiaestrich MA	Für innen im Gewerbe- und Industriebau. Besteht aus Magnesiumhydroxid/-chlorid mit Quarzsand/Quarzmehl. Er erhärtet schwindungsfrei.	
Zementestrich CT ◖	Für innen im Wohnungsbau. Besteht aus Zement mit Kiessand. Er erhärtet langsam, schwindet ungleich, d. h. er schüsselt leicht und sackt etwas ein.	

Übersicht 1: Estricharten nach DIN 18560-2

Konstruktionsarten nach DIN 18560-2

unterscheidet man nach ihrer Verbindung zum tragenden Untergrund und nach ihrer Funktion, siehe Übersicht 2.

Verbundestrich

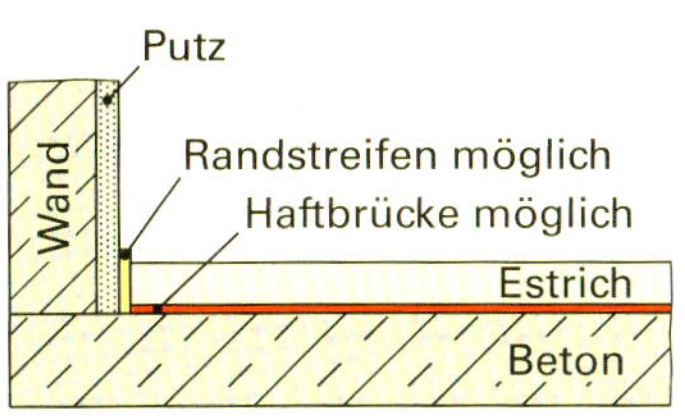

Der Estrich ist mit dem Tragbeton fest verbunden. Für Keller, Garagen und Werkstätten.

Estrich auf Trennlage

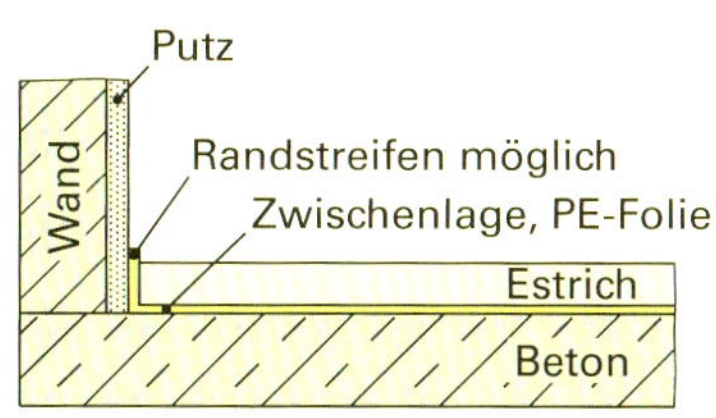

Der Estrich ist vom tragenden Untergrund durch eine dünne Zwischenlage, z. B. dicke PE-Folie, getrennt.

Estrich auf Dämmschicht

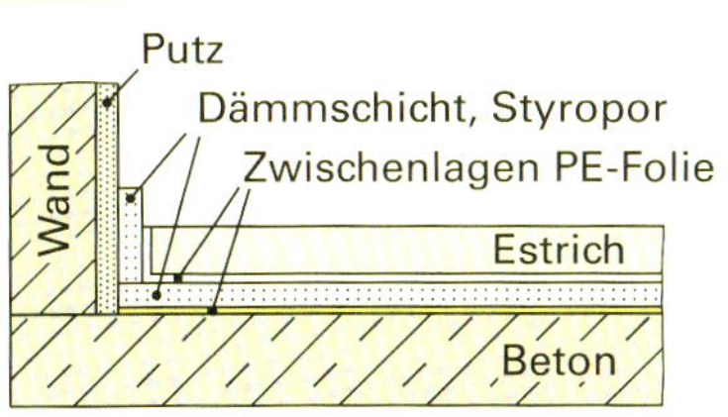

Übliche Bezeichnung: „Schwimmender Estrich" Der Estrich liegt ohne Berührung von Boden und Wand frei auf der Dämmschicht, meist geschäumte Polystyrol-Platten (Styropor). Verringert Schallübertragung. In Wohnungen.

Heizestrich

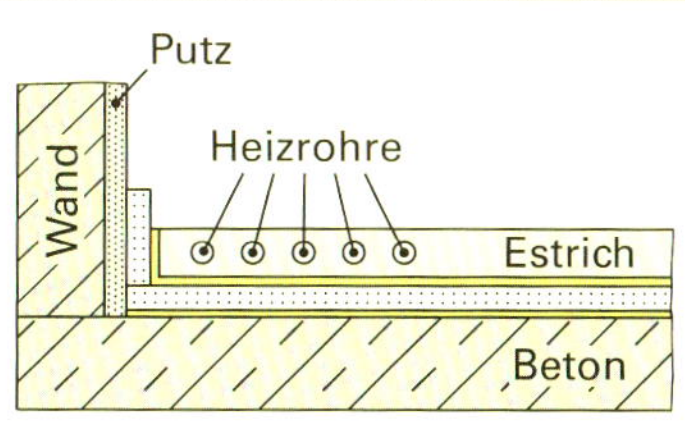

Ausführung als Estrich auf Dämmschicht. Die Heizrohre werden – je nach Produktsystem – entweder im oberen Bereich der Dämmstoffschicht oder direkt im Estrich verlegt. Dickere Dämmung zum Rohboden hin ist sinnvoll.

Übersicht 2: Estrichkonstruktionen

7.3 Trockenestriche

Trockenestrich oder Fertigteilestrich besteht aus vorgefertigten Plattenelementen.

Die Estrichplatten werden schwimmend auf einer Trockenschüttung verlegt oder auf Lagerhölzern bzw. Deckenbalken verschraubt. Auf glatten Betonböden eignen sich als Unterlage auch Polystyrolschaumplatten (Styropor).

Trockenestrich benötigt einen ebenen Untergrund. Dieser wird meist durch eine Trockenschüttung hergestellt, die gleichzeitig als Dämmschicht dient. Als Schüttmaterial verwendet man porige Werkstoffe wie Blähton, Blähschiefer, Perlite (aufgeblähtes Vulkangestein).

Das Plattenmaterial besteht aus Zement-, Gips- oder Holzwerkstoffen **(Tabelle 1)**. Faserverstärkte Platten weisen eine höhere Biegezugfestigkeit auf. Als Fasermaterial kommen Holz, Papierfasern, Kunststoffe oder Textilien infrage.

Bei nicht dichtem Unterboden wird zuerst eine Folie als Rieselschutz ausgelegt z. B. bei fugenbetontem Dielenboden. Dann wird das Schüttmaterial eingefüllt. Leisten in Schütthöhe links und rechts an der Wand (oder in Zwischenabständen) erleichtern das gleichmäßige Abziehen mit einer Schiene. Auf dem glatten Untergrund werden die Platten im Verband verlegt, d. h. mit versetzten Stößen. Die Platten besitzen meist Nut und Feder **(Bild 1)**.

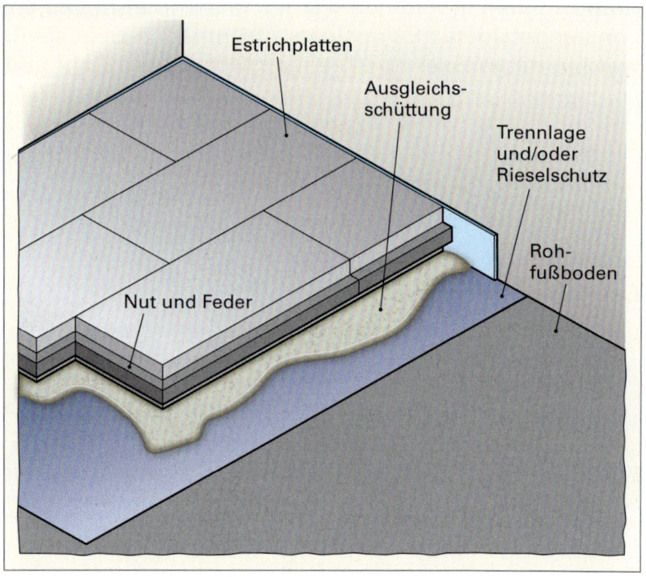

Bild 1: Fußbodenaufbau mit Trockenestrich, verlegt im Versatz

Fertigestrichplatten		
Zementgebundene Platten	Gipsgebundene Platten	Holzwerkstoffplatten
Zementplatte Faserzementplatte Betonplatte	Gipsplatte, 3-lagig **(Bild 2)** Gipsfaserplatte	Spanplatte OSB-Platte

Tabelle 1: Werkstoffe für Fertigestrichplatten

Bild 2: Dreilagige Gipsplatte mit Teppichboden auf Styroporunterlage

Einsatzbereiche

Besonders in der Altbausanierung sind Trockenestriche sehr geschätzt, da keine zusätzliche Feuchte in das Gebäude eingebracht wird. Somit entfallen Feuchtemessungen und Wartezeiten für nachfolgende Belagarbeiten. Wegen des geringen Gewichtes der Platten (außer Betonplatten) ergeben sich nur selten statische Probleme. Trockenestriche sind daher bei Dachausbauten besonders zu empfehlen **(Bild 3)**. Der Trockenestrich kann sofort belegt werden **(Bild 2)**.

Trockenestrich sollte nicht über kalten Räumen oder Erdreich verlegt werden. Kondenswasserbildung führt langfristig zu Bauschäden. Eine Dampfsperre ist somit überflüssig, wenn nicht sogar schädlich.

Im Industriebau werden häufig Betonbodenplatten verlegt, die je nach Ausführung auch mit dem Gabelstapler befahrbar sind.

Für Bürobereiche ist ein Fußbodenaufbau als Hohlboden möglich, z. B. für darunterliegende Kabelverlegung.

Bild 3: Dachausbau mit Fertigteilestrich

7.4 Einteilung von Bodenbelägen

Der Bodenbelag ist der Nutzbelag auf dem Fußboden eines Raumes. Aus der Vielzahl der angebotenen Bodenbeläge ist der Belag zu finden, der den Wünschen des Auftraggebers am nächsten kommt. **Übersicht 1** zeigt eine Übersicht über die wichtigsten Bodenbeläge.

Teppiche, die nur ausgelegt werden, gelten als Wohntextilie und gehören nicht zu den Bodenbelägen.

Bodenbeläge

Textile Bodenbeläge	Nichttextile Bodenbeläge		
Teppichböden	Elastische Bodenbeläge	Hartbeläge	Mineralische Beläge
Webteppiche	Homogene Kst. beläge	Dielenböden	Keramische Fließen
Tuftingteppiche	Heterogene Kst. beläge (mehrschichtig)	Parkettböden	Terrazzo
Nadelvliesbeläge	PVC-Beläge	Laminatböden	Natursteine
	Linoleum		
	Kunstharzböden (Beschichtung)		

Übersicht 1: Einteilung der Bodenbeläge

Je nach Einbauort sind die Anforderungen an einen Bodenbelag verschieden. Folgende Punkte spielen eine Rolle:

- Raumgestalterische Überlegungen
- Gesundheitliche Aspekte
- Die Belastung/Belastbarkeit des Belags
- Der Pflegeaufwand

Kunden sind entsprechend zu beraten. Es ist ratsam, Besprechungsergebnisse schriftlich festzuhalten.

7.5 Kennzeichnung und Klassifizierung von Bodenbelägen

Elastische, textile und laminierte Bodenbeläge werden auf ihre Beanspruchbarkeit geprüft und gekennzeichnet. Die DIN EN 685 beschreibt die Nutzungsbereiche für Wohnungsbau, Gewerbe und Industrie. **Übersicht 2** erklärt den Aufbau der Kennzeichnungen.

Das Kennzeichen zeigt den **Nutzungsbereich** als Gebäudesymbol und die **Nutzungsbelastung** über die Anzahl von Personensymbolen. Die Kombination lässt sich allen genutzten Räumen und Bodenbelägen zuordnen.

Übersicht 2: Kennzeichnung von Bodenbelägen

Die Piktogramme stehen für 10 Klasseneinteilungen für die Nutzung und erleichtern die Wahl des geeigneten Belages **(Tabelle 1)**.

Wohnung	Klasse 21 Klasse 22 Klasse 23	Räume mit geringer Nutzung, wie z. B. Schlafzimmer, Gästezimmer Räume mit mittlerer Nutzung, wie z. B. Wohnraum, Eingangsbereich Räume mit starker Nutzung, wie z. B. Kinderzimmer, Flur, Esszimmer
Gewerbe	Klasse 31 Klasse 32 Klasse 33 Klasse 34	Räume mit geringer Nutzung, wie z. B. Hotelzimmer, Einzelbüro, Konferenzraum Räume mit mittlerer Nutzung, wie z. B. Klassenzimmer, Boutique, Hotelzimmer Räume mit starker Nutzung, wie z. B. Großraumbüro, Schule, Kaufhaus Räume mit sehr starker Nutzung, wie z. B. Kaufhaus, Mehrzweckhalle, Lagerraum
Industrie	Klasse 41 Klasse 42 Klasse 43	Räume mit geringer Nutzung, wie z. B. Elektronikwerkstatt, Feinmechanikwerkstatt Räume mit mittlerer Nutzung, wie z. B. Lagerraum Räume mit starker Nutzung, wie z. B. Produktionshallen, Lagerhallen

Tabelle 1: Kennzeichnung nach DIN EN 14 041

In DIN EN 14 041 sind Kennzeichnungen von Zusatzeigenschaften der genannten Belagsarten festgelegt. Eine Auswahl zeigt **Tabelle 1**.

Komfortklasse LC1-LC5 (5 Klassen) *Luxury class*	**Stuhlrolleneignung** *Castor chair use*	**Antistatisch** *Electrical behavior*	**Beständig gegen Punktbelastung** *Indentation-residual*
Treppeneignung *Stairs use*	**Gesamtdicke** *Total thickness*	**Brandklasse** (11 Klassen) *Reaction to fire*	**Fleckbeständigkeit** *Staining resistance*
Nutzschichtdicke *Thickness of wear layer*	**Ableitfähigkeit** *Electrical behaviour*	**Geeignet für Fußbodenheizung** *Thermal conductivity*	**Chemikalienbeständigkeit** *Chemical resistance*

Tabelle 1: Kennzeichnung nach DIN EN 14 041 (Auswahl)

7.6 Prüfen und vorbereiten von Fußböden vor der Belegung

Vor dem Belegen oder Beschichten müssen Fußböden, gleich welcher Art, geprüft werden. Sie müssen

- fest,
- eben,
- gleichmäßig saugend,
- trocken,
- rissfrei,
- tragfähig sein.

Abdichtung

Siehe dazu DIN 18533. Maler müssen sich vergewissern, dass sie Bodenbeläge nicht auf zu kalten Fußböden verlegen (z. B. Kaltraum, kaltes Erdreich, auskragender Fußboden eines Erkers). Sonst sind Bedenken anzumelden. Der Maler kann diesen Mangel nicht beheben.

Feuchteempfindliche Estriche oder Beläge werden durch Kondenswasser geschädigt, Teppichböden schimmeln.

Maßtoleranzen, Ebenheit

Nach DIN 18202 erfolgt die Überprüfung der Maßtoleranzen mit Messlatte und Messkeil. Je nach Messpunktabstand unterscheiden sich die maximal zulässigen Stichmaße (**siehe Bild 1** und **Tabelle 2**).

Bei Überschreiten der Werte ist eine Ausgleichsspachtelung nötig. Die im Handel erhältlichen selbstnivellierenden Spachtel- und Ausgleichsmassen verlaufen glatt nach dem Einspachteln. Wegen der Trockenspannung sind Schichtdickenvorgaben der Hersteller einzuhalten.

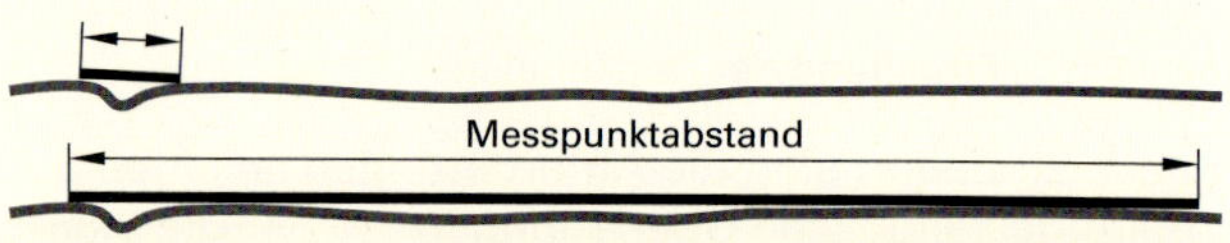

Abstand der Hochpunkte	maximal zulässiges Stichmaß	Abstand der Hochpunkte	maximal zulässiges Stichmaß
0,10 m	2 mm	2,00 m	6 mm
0,50 m	3 mm	2,50 m	7 mm
1,00 m	4 mm	3,00 m	8 mm
1,50 m	5 mm	3,50 m	9 mm

Bild 1: Maßtoleranzen nach DIN 18533

Risse

Rissbildungen lassen sich in Estrichen durch Augenschein erkennen **(Bild 2)**.

Feine Haarrisse, die bei der Erstarrung von Estrichen an der Oberfläche entstehen, haben keinen Einfluss auf den nachfolgenden Belag.

Breite Risse müssen fachgerecht aufgeweitet und mit 2-Komponenten-Gießharz (Epoxid- oder Acrylatharz) verpresst werden. Vor der Aushärtung müssen ausgebesserte Stellen mit Quarzsand bestreut werden, damit Kleber oder Spachtelmassen hier Halt finden. Für besonders breite Risse empfehlen sich zusätzlich Estrich-Sanierklammern. Sie werden sofort nach dem Ausgießen mit Harz quer zum Riss in den ausgefrästen Schlitz gedrückt. Dieser muss etwa 1/2 bis 2/3 der Estrichstärke tief sein. Der Abstand zwischen den Schlitzen sollte etwa 20 bis 30 cm betragen.

Bild 2: Haarrisse im Estrich

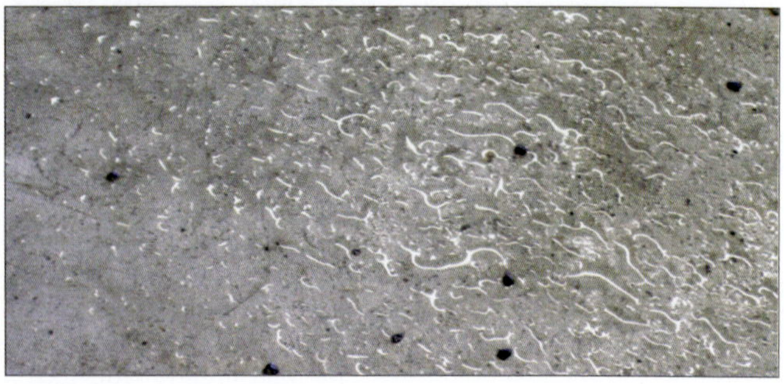

Bild 3: Benetzungsprobe

Saugfähigkeit

Die Saugfähigkeit lässt sich durch eine Benetzungsprobe ermitteln, bei der destilliertes Wasser aufgesprüht wird. Perlt das Wasser ab **(Bild 3)**, so ist die Oberfläche dicht. Ein poröser Untergrund saugt das Wasser auf.

Für Abhilfe sorgt eine auf den Untergrund und die nachfolgende Arbeit abgestimmte Grundierung.

Besondere Estrichprüfungen

Hochwertige Belags- und Beschichtungsarbeiten erfordern besondere Prüfmaßnahmen, die den rechtlichen Bestimmungen entsprechen müssen.

Haftzugprüfung

Auf den zu prüfenden Untergrund wird mittels Epoxidharzkleber eine Scheibe aufgeklebt. Nach der Aushärtung des Klebers wird die Scheibe mit dem Haftzuggerät **(Bild 1)** abgezogen. Aus dem Verhältnis der Abreißkraft zur Scheibenfläche wird die Haftzugfestigkeit des Untergrundes in N/mm^2 bestimmt, die in der Regel 1,5 N/mm^2 betragen muss. Die Messungen werden an mehreren Punkten des zu beschichtenden Bodens vorgenommen. Kein Einzelwert darf 1,0 N/mm^2 unterschreiten.

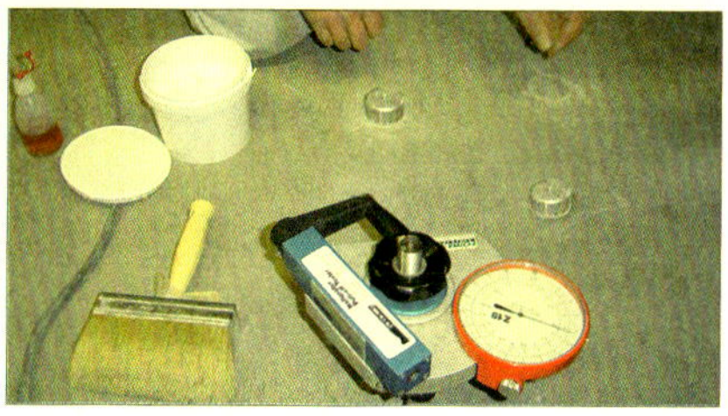

Bild 1: Haftzuggerät

Prüfen auf Druckfestigkeit

Die Oberflächenhärte lässt sich mit einem Härteprüfer testen, der nach dem Gitterritzverfahren funktioniert. Durch die Rückprallprüfung, nach DIN 1048 mit dem Rückprallhammer **(Bild 2)** ausgeführt, kann anhand der Rückprallstrecke auf die Betonfestigkeit geschlossen werden. Hierbei wird ein Schlagbolzen mittels Federkraft auf die Oberfläche geschleudert. Je härter der Untergrund, desto stärker ist der Rückprall. Diese Methode ist allerdings nicht sehr exakt, weil z. B. Einflüsse wie Durchfeuchtung und Carbonatisierung das Ergebnis verfälschen.

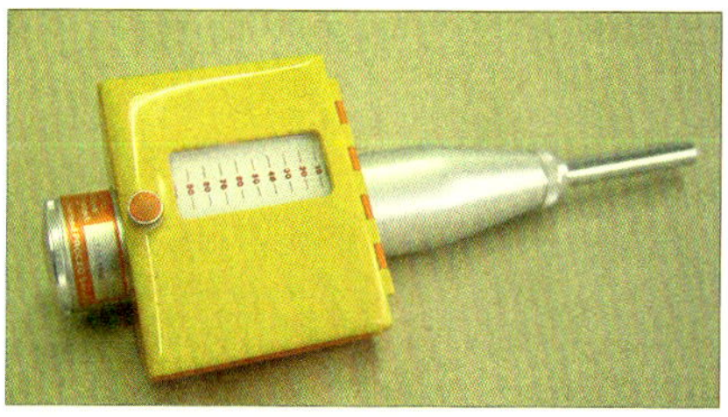

Bild 2: Rückprallhammer

Feuchtemessung

Elektronische Feuchtemessgeräte sind zur Vorprüfung sinnvoll. Juristisch anerkannt ist die Feuchtigkeitsmessung mit dem CM-Gerät (CM = Calciumcarbid-Methode) **(Übersicht 1)**. Eine zertrümmerte und gewogene Estrichprobe aus dem mittleren Bereich des Estrichs wird in eine Druckflasche mit einer Carbidampulle und Stahlkugeln gegeben. Durch das Schütteln der Flasche zerbricht das Glas der Ampulle. Das entweichende Carbid geht unter Druckentwicklung mit der Estrichfeuchte eine chemische Verbindung ein. Der Druck wird mittels eines auf der Flasche angeschraubten Manometers gemessen. Aus dem Verhältnis von Gesteingewicht zu Gasdruck kann der Feuchtegehalt der Estrichprobe ermittelt werden. Die an mehreren Stellen durchgeführte Messung darf für eine dampfdichte Beschichtung die Werte der **Tabelle 1** nicht überschreiten.

Estrich	Max. zulässige Feuchtigkeit
Zementestrich	2,0 %
Zementheizestrich	1,8 %
Anhydritestrich	0,5 %
Anhydritheizestrich	0,3 %

Tabelle 1: Feuchtetoleranzen für Estriche

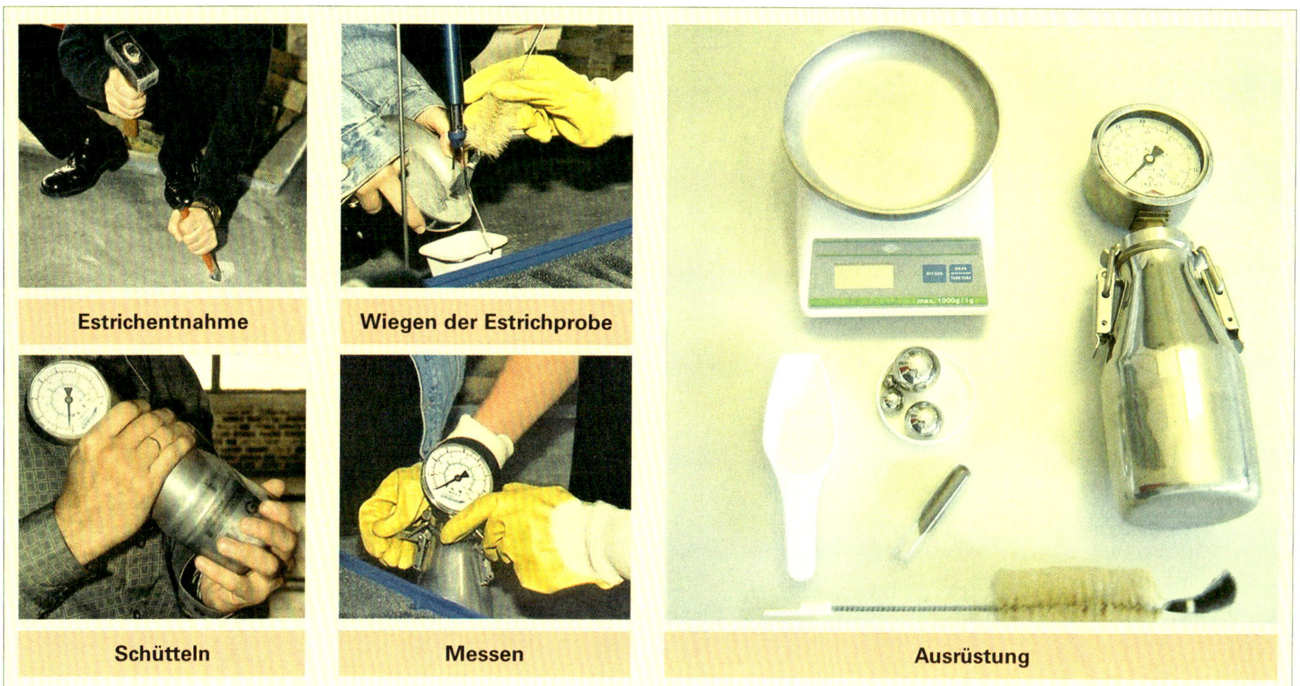

Übersicht 1: CM-Feuchtemessung

7.7 Entfernen von Altbelägen

Altbeläge müssen in der Regel entfernt werden. Immer ist diese Arbeit mit Schmutz und Staub verbunden. Die persönliche Schutzausrüstung ist zu benutzen: Atemschutz, Handschuhe, Arbeitskleidung.

Altbeläge ohne feste Verbindung zum Untergrund können meist problemlos entfernt werden.

Wird bei fest haftenden Altbelägen der Untergrund beschädigt, können zusätzliche Vorarbeiten erforderlich sein.

Laminat- oder Parkettböden

Diese Beläge mit Nut- und Federverklebung werden mit der Tauchsäge in Bahnen geschnitten. Dann lassen sie sich leicht entfernen. Im Click-System verlegtes Parkett lässt sich auch ohne Sägen herausreißen.

Textile Bodenbeläge

Teppichböden können oft im Stück oder mit dem Cuttermesser zerschnitten stückweise herausgerissen werden. Achtung: Atemschutz tragen wegen des angesammelten Staubs im Teppich.

Bei fest haftender Verklebung wird ein Bodenstripper eingesetzt (Bild 1). Es kostet schon genug Kraft, die Reste an unzugänglichen Stellen von Hand mit dem Fußbodenschaber zu entfernen.

Bild 1: Entfernung von Bodenbelägen mit dem Bodenstripper

Elastische Bodenbeläge lassen sich ebenfalls herausreißen oder mit dem Bodenstripper entfernen.

Alte Kleber- und Belagreste werden mit einer Bodenfräse entfernt (Bild 2). Auch hier nie ohne Atemschutz arbeiten. Niemals soll man versuchen, die Reste mit Lösemitteln zu entfernen, da dadurch die Kleberreste in den Untergrund gerieben werden. Außerdem schadet man seiner Gesundheit und der Umwelt.

Bild 2: Arbeiten mit der Bodenfräse

Altbeschichtungen

Harte Altbeschichtungen müssen angeschliffen werden. Erfolgt dann eine Überholungs- oder Erneuerungsbeschichtung, so gilt auch hier:

Eine Beschichtung reißt auf einer weicheren Altbeschichtung. Muss die Altbeschichtung entfernt werden, so ist das Kugelstrahl-Verfahren zu empfehlen, um einen sauberen Untergrund zu erhalten.

Asbesthaltige Bodenplatten

Zwischen 1960 und 1970 wurden sehr häufig asbesthaltige Floor-Flex-Platten mit asbesthaltigem Bitumenkleber verlegt. Diese sind erkennbar als leicht splitternde, dünne Bodenplatten mit schwarzbrauner, splitternder Kleberschicht.

Entfernung nach IFA. Das Institut für Arbeitsschutz der Deutschen Gesetzlichen Unfallversicherung (IFA) führt ein Verzeichnis über geprüfte Arbeitsverfahren mit geringer Asbestfaserexposition nach TRGS 519. Darunter findet sich auch ein solches zur Entfernung von Vinyl-Asbest-Platten. Darin ist festgelegt, welche Voraussetzungen ein Verfahren erfüllen muss, um als geprüft zu gelten. Nachzulesen in der BG-Information BGI 664.

Bild 3: Ausgleichsspachtelung

Danach erfolgen Prüfung und Vorbereitung des gereinigten Untergrundes für den neuen Belag (siehe Kap. 7.6 und Bild 3).

7.8 Verlegen von textilen Bodenbelägen

Vor- und Nachteile von Teppichböden

Mit Teppichböden wirken Räume wohnlicher. Sie sind warm, trittschalldämpfend. In Kinderzimmern oder den Wohnungen älterer Menschen können sie Stürze abfedern. Allergiker sollten allergikerfreundliche Ausführungen wählen, denn Teppichböden binden den Staub. Ein absolut hygienisches Putzen ist nicht möglich. Heute gibt es hoch strapazierfähige Teppichböden dank neuer Kunststoffe und hoher Teppichdichte (Noppenzahl). Je nach Einsatzort muss geklärt werden, ob der Teppichboden für Belastung durch Stuhlrollen, Treppen etc. konzipiert wurde **(siehe Kap. 7.5)**.

Aufbau textiler Bodenbeläge

Teppichböden bestehen aus drei Komponenten **(Bild 1)**:

- **Flor- oder Polschicht**
  Die Flor- oder Polschicht bildet die Nutzschicht aus Naturfaser oder Kunstfaser.
- **Trägergewebe**
  Es besteht meist aus Polypropylenfasern oder Jute.
- **Rücken**
  Hochwertige Teppichböden sind immer mit einem Geweberücken ausgestattet **(Bild 2)** Nicht so hochwertige Teppichböden besitzen oft einen Schaumrücken aus Polyurethan oder Naturlatex. Rückenschaum zersetzt sich im Laufe der Zeit.

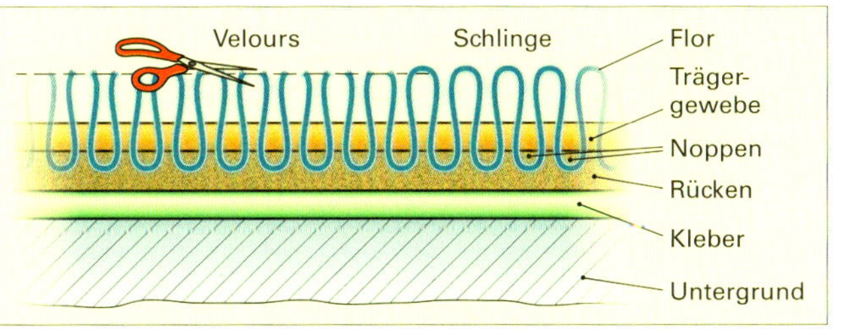

Bild 1: Aufbau eines getufteten Bodenbelages

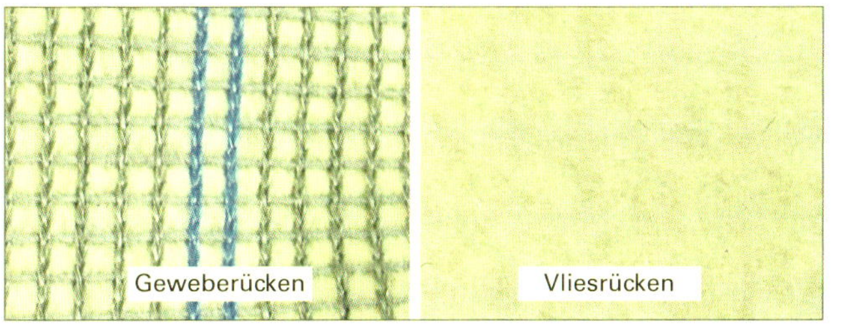

Bild 2: Teppichbodenrücken

Herstellung von Teppichböden

Trägergewebe und Nutzschicht können unterschiedlich miteinander verbunden werden:

- **Tufting**
  Garn wird mit Nadeln als Schlinge **(Bild 3)** in eine Trägerschicht genadelt. Zur Fixierung wird rückseitig eine Beschichtung aufgebracht. Durch unterschiedliche Polhöhen lassen sich reliefartige Muster erzeugen.

  Die Schlingen werden entweder so belassen, dann spricht man von einem Schlingenteppich oder auch Bouclé.

  Werden die Schlingen angeschoren, so stehen die Faserenden frei nach oben. Ein solcher Teppich heißt Schnittflorteppich oder auch Velours **(Bild 4)**.
- **Beflockung**
  Unter der Trägerschicht werden durch eine gegenpolige Platte elektrostatisch aufgeladene Fasern angezogen. Sie haften senkrecht in der aufgebrachten Klebermasse und ergeben eine Veloursoberfläche. Die Fasern besitzen eine Länge von unter 1 mm.
- **Kleben**
  Flormaterial wird auf ein klebebeschichtetes Trägergewebe aufgebracht. Bei der Klebepoltechnik entstehen ausgeprägte Rippen, die quer zur Rollenlänge verlaufen.
- **Nadeln**
  Beim Nadelvliesboden **(Bild 5)** werden unregelmäßig übereinander gelegte Fasern miteinander vernadelt und anschließend chemisch (durch Anlösen) oder thermisch (zum Anweichen) miteinander verbunden. Nadelvlies wird entweder glatt oder durch Klebepoltechnik in Rippenstruktur hergestellt.

Bild 3: Schlinge

Bild 4: Getufteter Velours

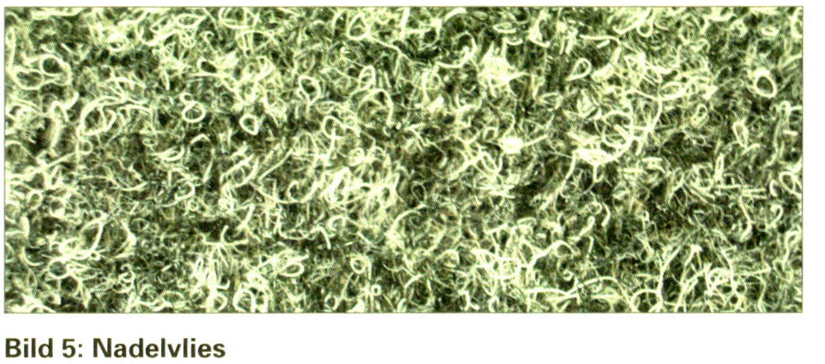

Bild 5: Nadelvlies

Wichtige Einflüsse auf die Kaufentscheidung

Noppenzahl

Die Anzahl der Polnoppen pro Quadratmeter ist ein wichtiges Merkmal für die Qualität eines Teppichbodens. Je dichter die Struktur umso hochwertiger der Teppich. Bei erstklassigen Teppichböden liegt die Anzahl oft über 100.000 Noppen, bei einfachem Velours zwischen 50.000 bis 100.000. Ein Velours zählt demnach mit der Angabe von 97.000 bis 255.000 schon zur oberen Qualitätskategorie. In dieser Reihe bedient feinster Velours mit einer Polnoppendichte von 250.000 bis 620.000 erstklassige Standards.

Nutzungsklasse und Zusatzeignungen

Ein Teppich sollte stets den Lauf- und Beanspruchungseigenschaften Ihres Bodens entsprechen, siehe Kap. 7.5.

Das **GUT-Signet** wird von der „Gemeinschaft umweltfreundlicher Teppichboden e.V." vergeben. Teppiche, die das Gut-Signet tragen, dürfen die festgelegten Grenzwerte in Hinblick auf Schadstoffe, Emission und Geruch nicht überschreiten.

Bild 1: Teppichkennzeichen

Das **TÜV-Umweltsiegel** zeichnet industriell hergestellte Produkte aus, die in Herstellung, Gebrauch und Verwertung die Umwelt schonen. Hierbei müssen die Produkte festgelegte Vergabekriterien nach dem Umweltstandard UT 21 erfüllen.

Faserart der Nutzschicht

Die Nutzschicht oder der Pol textiler Bodenbeläge besteht aus pflanzlichen, tierischen oder synthetischen Fasern.

- **Pflanzliche Fasern:** Es werden Jute, Sisal **(Bild 2)** und Kokos verwendet. Textile Beläge aus pflanzlichen Fasern sind sehr strapazierfähig. Die Oberfläche ist grob, rau und spröde.
- **Tierische Fasern:** Die tierischen Fasern bestehen aus Wolle **(Bild 3)**, Seide oder Tierhaar (z. B. Ziegenhaar). Die größte Verbreitung haben Teppichböden aus Schafwolle. Das natürliche Wollfett (Lanolin) wirkt schmutzabweisend. Beläge aus Tierfasern sind nicht besonders mechanisch belastbar, aber von hohem Wohnkomfort.
- **Synthetische Fasern:** Als synthetische Fasern kommen Polyamid **(Bild 4)**, Polyester, Polyacryl und Polypropylen infrage. Synthetische Fasern sind beständig gegen Verrottung. Sie laden sich elektrostatisch auf. Polyamid hat wollähnlichen Charakter und dient auch zur Herstellung von Nadelvlies.

Bild 2: Sisal

Bild 3: Berber (Schafwolle)

Bild 4: Velours (Polyamid)

Die Art der Faser entscheidet auch über die **Reinigungsfähigkeit.**
Synthetische Fasern sind homogen aufgebaut, ein dünn gezogener Kunststoffstrang. Z. B. Rotwein bleibt zwischen den Fasern, es besteht die Chance, diese Flecken entfernen zu können. Natürliche Fasern können durch ihren inneren, gewachsenen Aufbau in sich Feuchte aufnehmen. Rotweinflecken lassen sich darum leider aus Wollteppichen kaum restlos entfernen **(Bild 5)**.

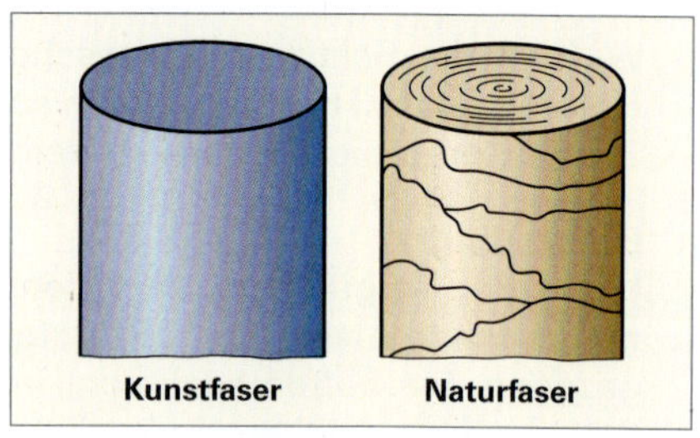

Bild 5: Faseraufbau

Design

Helfen Sie dem Kunden bei Farb- und Musterwahl durch ihre Gestaltungskompetenz. Kleine Vorlagen kann sich der Kunde oft nicht großflächig im Raum vorstellen, es kann zu Fehlentscheidungen kommen.

Verlegen von Teppichböden vorbereiten

- Für den Raum ist ein Plan zu zeichnen, wie die Teppichbahnen ausgelegt werden sollen, damit wenig Verlust entsteht. Teppichbahnen sind immer in gleicher Florrichtung zu verlegen. Um die Florrichtung zu erkennen ist die Hammerprobe geeignet **(Bild 6)**. Der Hammer hüpft in Florrichtung.
- Belag ausrollen und grob unter Zugabe von ca. 10 cm an den Rändern zuschneiden. Dazu verwendet man Haken- und Trapezklingen.
- Jetzt den Belag in Kanten eindrücken und exakt mit Hakenklinge und Cuttermesser einschneiden. Die Bahnen werden mit Doppelnahtschnitt auf Stoß aneinandergefügt. Bei Veloursböden wird der Doppelnahtschnitt mit Gleitfußmesser von unten ausgeführt.

Bild 6: Hammerprobe (Bild 5)

Verlegetechniken für textile Bodenbeläge

Je nach Anspruch und Belastungsanforderungen werden textile Bodenbeläge auf unterschiedliche Weise mit dem Untergrund verbunden:

- **Loses Verlegen**
  Die lose Verlegung sollte nur für vorübergehende Nutzung gewählt werden, z.B. auf einem Messestand, wenn die leichte und schnelle Wiederaufnahme im Vordergrund steht. Für Dauernutzung ist sie ungeeignet, da bei Belastung der Bodenbelag zur Wellenbildung neigt. Es können nur Einzelbahnen ohne Nahtschnitt ausgelegt werden.
- **Verkleben mit doppelseitigem Klebeband**
  Diese Verbindung ist ebenfalls nur für die vorübergehende Nutzung geeignet. Klebestreifen im Randbereich verhindern Stolperfallen, aber nicht die Wellenbildung. Bei Wiederaufnahme des Teppichbodens muss sich das Klebeband rückstandsfrei vom Boden entfernen lassen.
- **Fixieren**
  Fixierungen werden mit einer Bodenwalze auf den Untergrund aufgetragen. Sie sind reversibel, können also mit Wasser wieder angelöst werden. Dadurch ist eine einfache Wiederaufnahme möglich. Der Untergrund wird nicht beschädigt, der Teppichboden jedoch unbrauchbar.
- **Verkleben:** Die kraftschlüssige Verbindung des Teppichbodens mit dem Untergrund durch Dispersionsklebstoffe ist die häufigste Verlegeart.
  Der zugeschnittene Belag wird bis zur Hälfte zurückgeschlagen. Kleber mit Zahnspachtel auftragen. (Bild 1 und 2) Dann muss der Kleber nach Herstellerangabe ablüften.
  Der Teppich wird in den abgelüfteten Kleber abgerollt und mit einer geeigneten Walze oder einem abgerundeten Holz angedrückt.
  Nun wird mit der anderen Hälfte des Fußbodens/des Teppichbelags ebenso verfahren. Der Belag soll mehrere Stunden unbelastet ausliegen, damit sich Wellen glätten können.
- **Verspannen**
  Diese Verlegung ist aufwendig und schwierig auszuführen. Der Teppichboden wird an einer Randleiste befestigt und in einem bestimmten Ablauf im Raum verspannt, ohne Haftung auf dem Fußboden.
- **Magnetisches Verlegen**
  Selten. Magnetisierte Ferritpulver in der Bodenbelagseite und Eisenbestandteile im Untergrund führen zu dauerhaftem Halt.

Besondere Werkzeuge für die Verlegung textiler Bodenbeläge zeigen die Bilder 3 bis 6.

Bild 1: Ablauf der Teppichverlegung

Bild 2: Kleberauftrag mit der Zahnspachtel

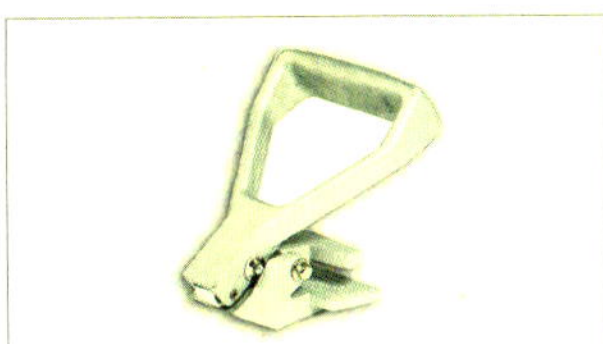
Bild 3: Rissgriff zum Belagentfernen

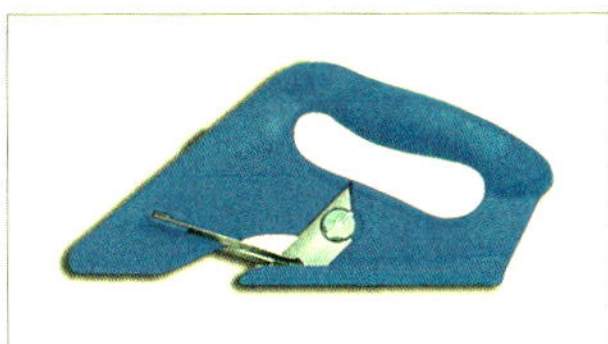
Bild 4: Gleitfußmesser für Doppelnahtschnitt

Bild 5: Streifenschneider für Randstreifen

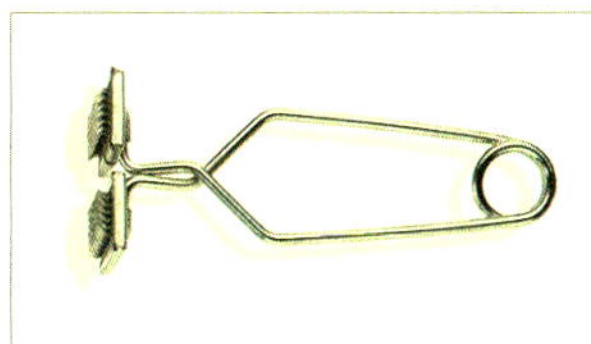
Bild 6: Nahtklammer zum Schließen von Nähten

7.9 Verlegen von elastischen Bodenbelägen

Elastische Bodenbeläge eignen sich für den Wohnbereich wie auch für Geschäftsräume und öffentliche Gebäude, wie z.B. Schulen, Krankenhäuser, Sporthallen, Küchen, Büros. Durch die glatte Oberfläche sind elastomere Oberflächen leicht zu reinigen, erfüllen somit höchste hygienische Ansprüche. Diese Böden sind sehr strapazierfähig und einfach auf großen Flächen zu verlegen. Die umfangreiche Muster- und Farbenvielfalt ist beeindruckend (Bild 7). Eine ungünstige Umweltbilanz wird durch Langlebigkeit ausgeglichen.

Die wichtigsten Gruppen elastischer Bodenbeläge sind

- PVC- und CV-Beläge,
- Polyolefinbeläge,
- Elastomerbeläge,
- Linoleum,
- in erweitertem Sinne auch Kork, = die dicke, weiche Rinde von Korkeichen.

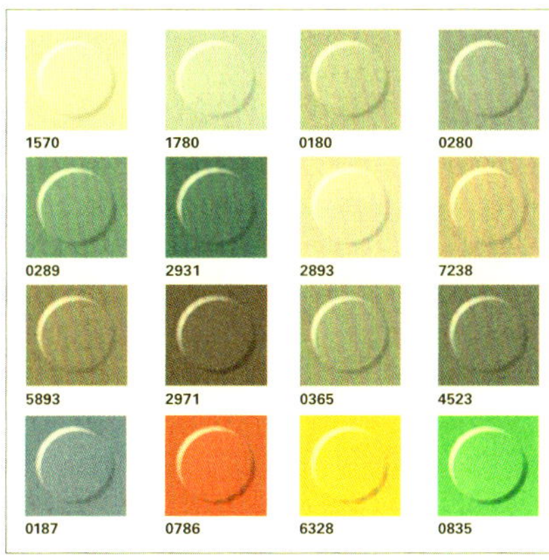

Bild 7: Farbvielfalt elastischer Bodenbeläge

PVC-(Polyvinyl und CV)-Beläge

PVC-(Polyvinyl und CV)-Beläge (Cushioned Vinyl) werden homogen (eine oder mehrere Schichten gleichen Materials), oder heterogen (mindestens zwei Schichten unterschiedlichen Materials) als Platten- oder Bahnenware hergestellt. Heterogene Beläge haben eine Trägerschicht aus Kork, Jute, Polyesterschicht oder Schaumstoff, bei CV-Belägen aus geschäumten PVC. PVC ist ein thermoplastischer Kunststoff mit einem Weichmacheranteil von 40 %. Mit moderner Drucktechnik können selbst natürliche Oberflächen täuschend echt nachgebildet werden.

PVC-Belag (Holznachbildung)

Elastomer-Beläge

Diese „Gummibeläge" bestehen aus künstlichem oder natürlichem Kautschuk. Durch ihre Molekülstruktur sind sie sehr elastisch und ideal für hoch strapazierbare Fußböden in Flur- und Eingangsbereichen, von Wohnblöcken und in Industriegebäuden. Sie sind kratzunempfindlich, maßstabil, unempfindlich gegen Glut und kurzzeitig resistent gegen verdünnte Säuren, Laugen, Öle und Fette. Die Einteilung erfolgt in homogene und heterogene Beläge, Elastomerbeläge mit Unterschicht aus Schaumstoff und Gumminoppen mit profilierter Oberfläche.

Elastomerbelag

Polyolefin-Beläge

Polyolefin-Beläge bestehen aus chlorfreien Kunststoffen, z. B. aus Polypropylen, Polyethylen; Polyisobutylen. Zur Verbesserung der elastischen Eigenschaften sind sogenannte innere Weichmacher (z. B. Ethylen-Vinylacetat) hinzugefügt. Zu den weiteren Bestandteilen zählen Farb- und Füllstoffe. Um die Oberfläche zu schützen, wird der Belag zusätzlich mit einer Acryldispersion oder einer Polyurethanbeschichtung versehen. Polyolefinbeläge sind umweltfreundlicher und gesundheitsfreundlicher als PVC-Beläge.

Linoleum

Linoleum besteht aus Leinöl, Kalksteinmehl, Jute, Holz- und Korkmehl und somit aus einem hohen Anteil nachwachsender Rohstoffe. Die Mischung aus Leinöl und Harzen bildet das Bindemittel. Wegen des Kork- und Holzanteils ist Linoleum feuchteempfindlich. Laugeneinwirkung führt zur Verseifung des Leinöls und damit zur Zerstörung des Belags. Die feinporige Oberfläche ist schmutzempfindlich, Linoleum ist sehr umweltfreundlich und erfreut sich steigender Beliebtheit.

Übersicht 1: Elastische Bodenbeläge

Verkleben von elastischen Bodenbelägen

Im Vergleich mit anderen Belägen sind PVC und Linoleum sehr dünn. Daher muss der Untergrund für das Verlegen eines Kunststoffbodens besonders eben sein. Nach Prüfen der Fertigungsnummer und Fertigungsreihe werden die Bahnen zum Akklimatisieren 24 Stunden ausgelegt. Dann erfolgt der passgenaue Zuschnitt mit geringem Wandabstand. So vermeidet man spätere Falten.

Bild 1: Bodenwalze

Es erfolgt immer vollflächige Verklebung mittels Dispersionskleber (Acryl-Polymer dispergiert in Wasser) oder Zweikomponentenkleber (Epoxid, Polyurethan). Die Bahnen werden zurückgeschlagen, der Kleber mit der Zahnspachtel auf dem Boden aufgetragen. Nach dem Ablüften wird der Belag auf den Kleber gerollt und mit einer Bodenwalze (50 bis 70 kg) **(Bild 1)** angedrückt.

Belagbahnen sind zum Schutz vor Feuchte thermoplastisch zu verfugen, umgangssprachlich „verschweißt". Nach dem Zuschneiden mittels Doppelnahtschnitt wird die Naht mit einem Fugenhobel vergrößert und ein Schmelzdraht in die Fuge eingeführt. Mit einem Handschweißgerät wird dieser erhitzt und der Boden somit dicht verschlossen.

Bild 2: Viertelmondmesser

Nach dem Erkalten erfolgt das bündige Abstoßen mit dem Viertelmondmesser **(Bild 2)**.

7.10 Verlegen von Holz- und Laminatfußböden

Früher wurden häufig einfache Dielenböden aus Massivholz auf Fußböden verlegt, Brett versetzt neben Brett, Wer es sich leisten konnte, ließ Parkett verlegen. Unter Parkett versteht man Holzleisten, die zu einem Muster zusammengelegt werden (Übersicht 1).

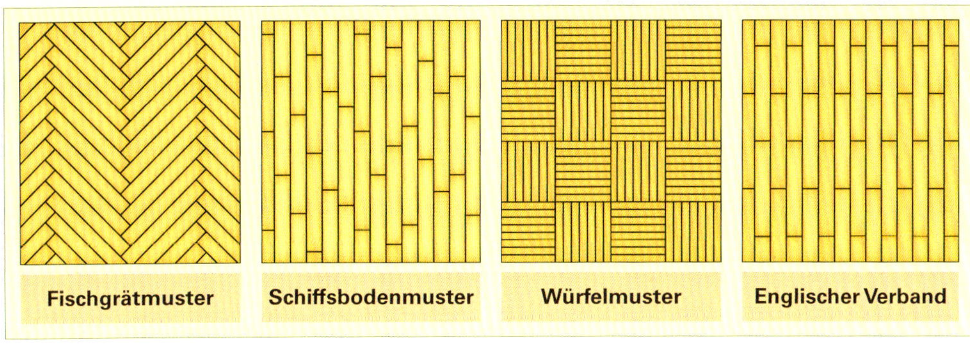

Übersicht 1: Parkettverlegemuster

Kirsche	31 N/mm^2
Eiche	34 N/mm^2
Buche	35 N/mm^2
Ahorn	36 N/mm^2
Bambus	40 N/mm^2
Merbau	44 N/mm^2

Tabelle 1: Brinellhärte

Parkettböden lassen Räumen exklusiv und immer gemütlich erscheinen. Parkett wirkt beständig, wertvoll und attraktiv, auch nach Jahren mit Gebrauchsspuren. Die mechanische Belastbarkeit der Nutzschicht ist von der Brinellhärte des Holzes abhängig (Tabelle 1). Je höher die Zahl, umso härter das Holz. Extrem beanspruchbar ist Parkett aus hartem Stirnholz. Nicht immer liegt Naturholz als Nutzschicht vor, alle Holzarten sind auch als Kunststoff-Dekorschicht auf Laminatboden erhältlich. Maler und Lackierer verlegen Fertigparkett und Laminatböden.

Fertigparkett

Durch geringe Konstruktionshöhe ist es auch für die Sanierung von Altbaufußböden geeignet. Die Parkettelemente sind etwa 2,40 m lang und 20 cm breit. Fertigparkett gibt es als Schiffsboden oder in Dielenoptik. Der Aufbau von Fertigparkett verhindert das Verziehen des Holzes (Bild 1). Der Aufbau ist dreilagig. Siehe dazu Kap. 3.1.7.

Die Nutzschicht des Fertigparketts besteht aus massivem 3 bis 4 mm dickem Holzfurnier und ist werkseitig bereits versiegelt oder geölt.

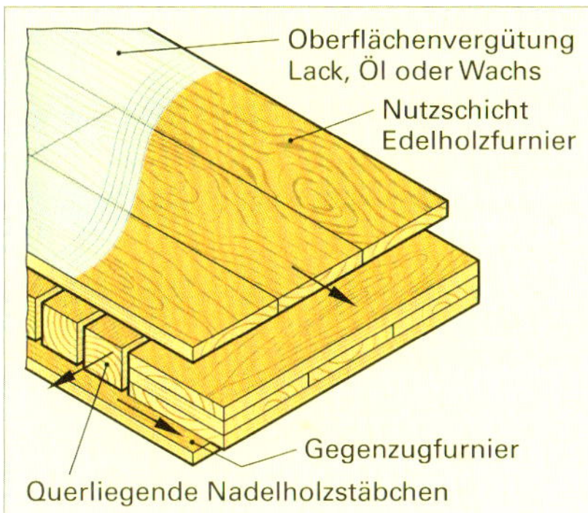

Bild 1: Aufbau Fertigparkett

Laminatfußböden

Nur Naturholz ist Holz, aber nicht jeder Kunde legt Wert auf die Ehrlichkeit des Werkstoffes, Laminat ist die preiswerte Variante zum Parkettboden. Es ist sehr strapazierfähig, aber eben leider kein Holz. Es sieht nur so aus.

Die Konstruktionshöhe von Laminatböden ist in der Regel geringer als die von Fertigparkett. Als Trägerplatten werden Span-, MDF- oder HDF-Platten verwendet. Auf die Trägerplatte wird eine Dekorfolie aufgeleimt. Auf das Laminatdekor wird industriell die begehbare Nutzschicht aus Melaminharz aufgetragen, die sehr verschleißfest ist. Laminatdekore werden im Druckverfahren hergestellt, nicht nur in Holzoptik, sondern auch in Stein- oder Fliesenoptik.

Um ein Verwerfen des Laminats zu verhindern, wird eine Gegenzugfolie auf die Unterseite geklebt.

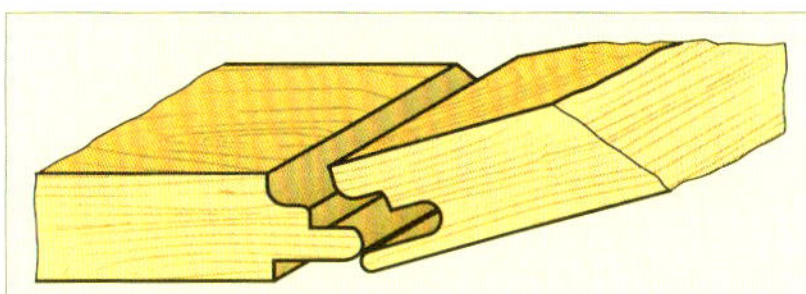

Bild 2: Click-System

Verlegetechnik von Parkett- und Laminatfußböden

Diese Fußböden werden in der Regel schwimmend verlegt. Nach der Untergrundvorbereitung wird eine Folie ausgelegt. Darauf kommt die Dämmung gegen Trittschall aus Polystyrol-, Weichfaser- oder Korkplatten. Die Verlegerichtung richtet sich nach den Raumproportionen. Dabei ist auf Lichteinfall längs zur Verlegung zu achten.

Heute wird Fertigparkett mit einer besonderen Nut- und Federverbindung (Click-System) (Bild 2) verlegt, wodurch die frühere Fugenverleimung überflüssig wird.

Bei der schwimmenden Verlegung der Elemente muss auf einen Wandabstand von mindestens 10 mm geachtet werden, damit sich der Fußboden bei Feuchteaufnahme nicht aufwölbt. Während der Verlegung wird der richtige Wandabstand durch Abstandskeile sichergestellt.

Die Verlegung erfolgt im Versatz. Geht man vor, wie in Bild 3 dargestellt, lassen sich Reste weitgehend vermeiden. Die letzte Reihe muss in der Breite zugesägt werden. Auch hier ist der Wandabstand einzuplanen.

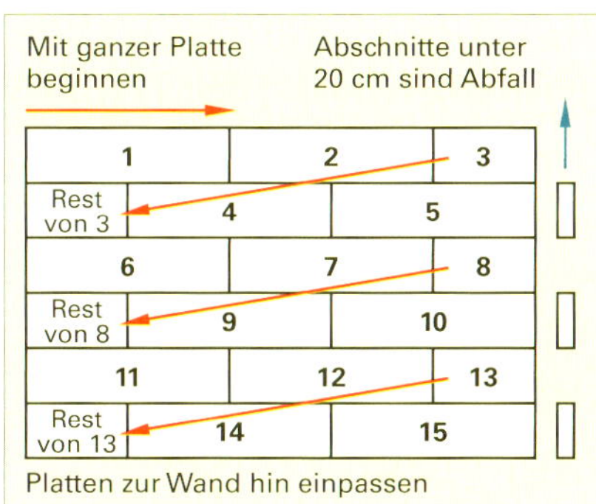

Bild 3: Verlegeplan

Für den Kunden: Fertigparkett ist feuchteempfindlich. Wasser kann durch die Fugen eindringen, darum ist immer nur feucht zu wischen.

7.11 Verlegen von Steinfußböden

Das Verlegen von Fliesen aus Naturstein oder Kunststein auf Fußböden im Wohnbereich ist aus folgenden Gründen beliebt:

- Natürliches und dekoratives Aussehen
- Gute Wärmeleitung bei Fußbodenheizungen
- Beanspruchbar

Ohne Fußbodenheizung muss in Kauf genommen werden, dass man auf diesen Böden ohne Schuhwerk schnell kalte Füße bekommt.

Steinfliesen können im Dünnbettverfahren verlegt werden, d. h. sie können auf glatten Böden geklebt werden.

Bild 1: Granit

Fliesen aus Naturstein

Man unterscheidet Natursteinfliesen mit geschliffenen, polierten Oberflächen und gesägten Kanten für einen eleganten Wohnraum oder grob belassene Natursteinplatten für einen rustikalen und/oder mediterranen Innenraum.

Steinböden müssen mit Fleckenschutz gepflegt werden.

Marmor. Marmor besteht aus Kalk mit mineralischen Bestandteilen. Kalkhaltige Gesteine sind sehr empfindlich gegen Säuren und besitzen nur eine geringe bis mittlere Härte. Marmor kommt in den Farben Weiß, Gelb, Grün, Rot und Schwarz vor. Seine Struktur ist glasartig und je nach Marmorart amorph bis kristallin. Weißer Marmor ist immer kristallisiert.

Granit (Bild 1). Granit ist ein relativ grobkristallines Erstarrungsgestein und reich an Quarz und Feldspaten, aber auch an dunklen Mineralien, zum Beispiel Glimmer.
Granit ist äußerst hart und gegen die meisten Säuren beständig.

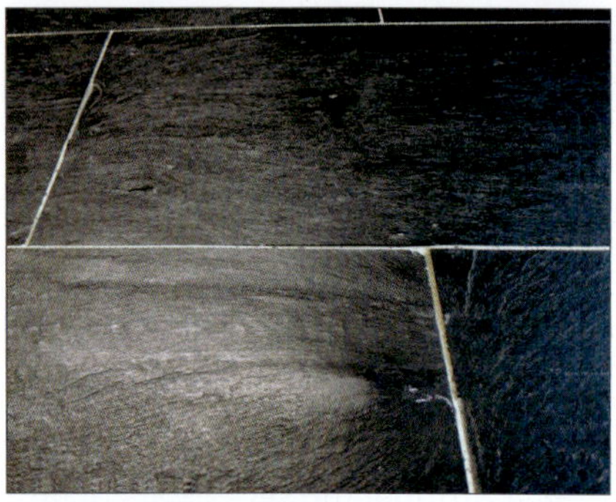

Bild 2: Schieferplatten mit Spaltoberfläche

Schiefer (Bild 2). Als Schiefer bezeichnet man ein Umwandlungsgestein, das entweder aus den Tiefengesteinen, aber auch aus Ablagerungsgesteinen entstanden ist. Schiefer ist der einzige Naturstein, der im Innenbereich mit gespaltener Oberfläche, also naturrau, verlegt werden sollte. Die Spaltoberfläche ergibt eine sehr ausdrucksstarke Optik in dunklem Grau.

Travertin. Er ist über Jahrmillionen aus Kalkablagerungen von Süßwasserquellen entstanden als poriges Ablagerungsgestein. Im Innenbereich werden Travertin-Natursteinfliesen überall dort eingesetzt, wo warme, ansprechende Natursteinböden und Natursteinwände gefragt sind.

Bild 3: Feinsteinzeug

Fliesen aus gebranntem Kunststein

Steingut. Steingut besteht aus Ton, Quarz und Kalk, die bei 1000 bis 1100 °C gebrannt und danach glasiert werden. Es nimmt bis zu 10 % Wasser auf und ist daher nicht frostbeständig. Meist werden damit Wände gefliest.

Steinzeug. Es besteht aus Ton, Quarz und Feldspat und wird bei höherer Temperatur gebrannt. Wegen des Feldspatanteils wird das Gefüge dichter. Die Wasseraufnahme liegt bei 3 %, Steingut ist somit frostbeständig.

Feinsteinzeug (Bild 3). Werden Ton, Quarz und Feldspat fein vermahlen und bei 1250 °C gebrannt, so entsteht ein sehr dichtes Gefüge mit einer Wasseraufnahme von 0,1 %. Darum ist Feinsteinzeug frostbeständig, hart, hoch belastbar und beanspruchbar.

Untergrund- und Arbeitsvorbereitung

Steinplatten brechen, wenn der Untergrund nicht plan- und formstabil ist. Die Verlegung erfolgt darum meist auf Estrich. Alte Fliesen können auch mit neuen Fliesen überklebt werden, wenn der Kleber haftet. Der Untergrund muss sauber, trocken, rissfrei und fest sein.

Vor dem Verlegen der Platten muss ein Verlegeplan erstellt werden. Die Verlegung kann parallel (zur Wand) oder diagonal erfolgen (Bild 4). Im Randbereich sollte keine Fliese unter der halben Fliesenbreite verlegt werden müssen.

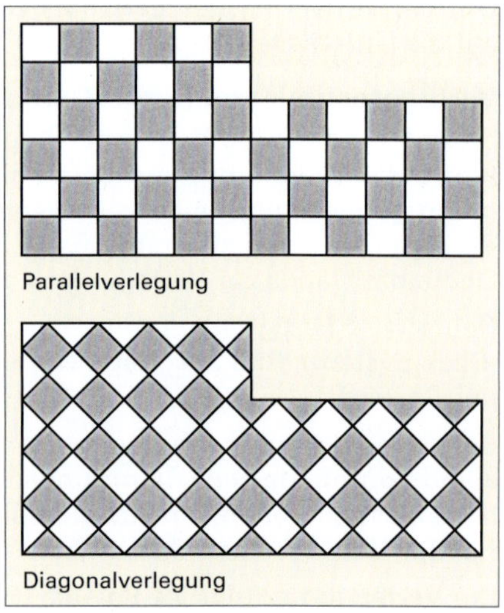

Bild 4: Möglichkeiten der Fliesenverlegung

Fliesenkleber

Fliesenkleber werden in Pulverform oder als Fertigkleber geliefert (Übersicht 1).

Hydraulisch härtende Fliesenkleber auf Zementbasis sind üblich. Es darf nur die vorgeschriebene Wassermenge zugegeben werden (siehe Wasserzementwert Kap. 5.1.3). Falls der Kleber eindickt, wird kein Wasser zugegeben, sondern maschinell umgerührt.

Die Verarbeitungszeit bei + 20 °C beträgt ca. 2 bis 3 Stunden.

Zusammensetzung		
Dünnbettkleber	Dispersionskleber	Flexkleber
Zement als hydraulisches Bindemittel, mineralische Zuschläge, organische Zusätze (Kunststoffanteil)	Flüssige Kunststoff-Dispersionen, enthält meist mineralische Zusätze	Flüssige Kunststoff-Dispersionen mit besonders hohem Kunststoffanteil, enthält mineralische Zusätze
Lieferform		
Lieferung als Trockenmörtel. Mit Wasser anmachen.	Sie werden gebrauchsfertig im Eimer geliefert.	Lieferung als Trockenmörtel oder Fertigkleber.

Übersicht 1: Arten von Fliesenklebern

Klebetechniken

Das rationellste und schnellste Klebeverfahren ist das Floating-Verfahren. Beim Buttering-Floating-Verfahren erreicht man eine größere Sicherheit hinsichtlich der Verklebung (Übersicht 2).

Die Fliesen müssen immer vollflächig eingebettet werden. Über Hohlräumen können sie bei Belastung brechen.

Floating	Der Klebemörtel wird auf den Untergrund aufgetragen und mit der Zahnkelle oder Zahnspachtel abgekämmt (Bild 1).
Buttering	Der Klebemörtel wird auf die Rückseite der Fliese aufgetragen, mit der Zahnspachtel abgekämmt und auf den Untergrund gesetzt (Bild 2).
Buttering-Floating	Kombinierte Arbeitsweise der beiden oben genannten Verfahren.

Übersicht 2: Klebe-Verfahren

Verlegearbeit

- Erstellen eines Verlegeplans im gewünschten Muster.
- Schnüre im rechten Winkel auf dem Boden zum Einfliesen spannen und befestigen.
- Fliesen anritzen mit dem Fliesenschneider und brechen oder sägen im Feuchten wegen der Staubentwicklung.
- Ansetzen des Klebers, meist eines mineralischen Fliesenklebers auf Zementbasis. Nach einer Reifezeit von ca. 15 Minuten nochmals aufrühren und verarbeiten.
- Verlegen der Platten nach einem der oben genannten Verfahren (Bild 1 und 2).
- Jede Fliese wird leicht schiebend angedrückt, damit der Kleber vollflächig unter der Fliese verteilt ist.
- Abstandhalter/Fugenkreuze werden gesetzt, damit alle Fugen die gleiche Breite besitzen.
- Mit der Wasserwaage wird die Planebenheit überprüft.

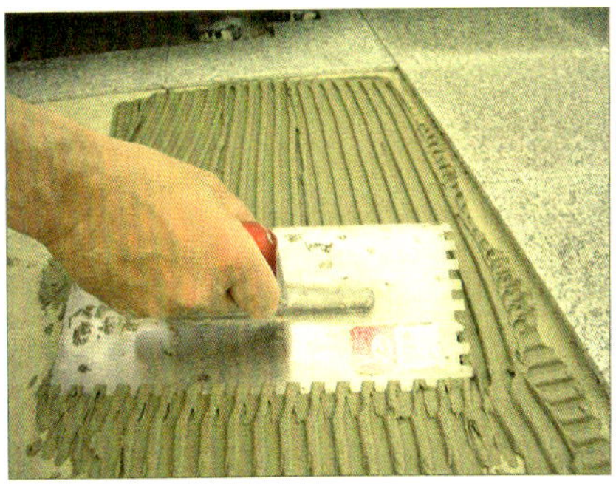

Bild 1: Floating-Verfahren

Bild 2: Buttering-Verfahren

Bild 3: Verfugen

- Je nach Temperatur ist der Fliesenbelag nach ca. 24 Stunden begehbar und nach 2 bis 3 Tagen verfugbar.
- Nach dem Trocknen wird mit der Moosgummischeibe Fugenzement in die Fugen eingerieben und abgezogen. Überschüssiges Material wird mit einem feuchten Schwamm abgewischt. Die Fuge darf dabei nicht ausgewaschen werden (Bild 3).
- Der verbleibende Zementschleier wird nach dem Trocknen mit einem weichen Tuch entfernt.
- Die umlaufende Fuge zur gefliesten Wand wird mit Silikon aus der Kartusche ausgefugt. Danach wird mit einem Netzmittel (ähnlich einem Spülmittel) und einem umgedrehten Löffel die Fuge abgezogen.
- Ungeflieste Wände erhalten meist mit der Fliesenarbeit eine Fußleiste aus dem gleichen Fliesenmaterial.

7.12 Beschichtung von Fußböden

Estriche können zwar unbeschichtet genutzt werden, aber dann können Fette, Öle und Schmutz eindringen und nur durch aufwendige Verfahren (z. B. Kugelstrahlen) wieder entfernt werden. Einfacher ist der Schutz durch eine undurchlässige, reinigungsfähige und dazu mechanisch belastbare Beschichtung **(Übersicht 1)**. Folgende Objekte werden meist beschichtet:

- Im Wohnungsbau z. B. Garagen, Keller und Auffangbecken für grundwasserschädigende Flüssigkeiten
- Im Gewerbe- und Industriebau, in Produktions-, Lager- und Ausstellungshallen
- Weitere Anwendungsbereiche sind z. B. die Beschichtung von Parkhäusern sowie ableitfähige Spezialbeschichtungen in EDV-Räumen.

Abhängig von der Schichtdicke werden vier Arten des Estrichschutzes unterschieden (nach Definition des Deutschen Betonvereins):

Imprägnierung	Versiegelung	Beschichtung	Belag
Nicht filmbildend; kleidet die Hohlräume und Kapillaren aus und schützt vor Feuchtigkeit; transparent, Charakter des Untergrundes bleibt erhalten; fungiert bei nachfolgender Versiegelung bzw. Beschichtung als Grundierung.	Filmbildend, Schichtdicke 0,1 bis 0,3 mm	Schichtdicke 0,3 bis 5 mm Je nach Schichtdicke wird zwischen Dünn- und Dickbeschichtung unterschieden: Dünnbeschichtung: 0,3 bis 1,0 mm Dickbeschichtung: 1,0 bis 5,0 mm	Die fließfähige Masse ergibt eine Schichtdicke > 5 mm, die durch Einmischen von Zuschlagstoffen (Sand) erreicht wird. Der Begriff **Belag** bezieht sich, abweichend vom normalen Sprachgebrauch, hier auf die flüssige Beschichtung **ab 5 mm Schichtdicke!**

Übersicht 1: Arten des Estrichschutzes

Der Schutz des Untergrundes hängt von der Schichtdicke des Beschichtungssystems und dem verwendeten Werkstoff ab **(Tabelle 1)**. Auf Fußböden, die besonderen Belastungen ausgesetzt sind, werden grundsätzlich Reaktionsharze, also zweikomponentige Beschichtungssysteme, eingesetzt. Epoxidharzbeschichtungen neigen zwar in Deckbeschichtungen zum Kreiden, ist aber die Schutzwirkung entscheidend, so wird dieser äußerst minimale Schichtabbau in Kauf genommen. Hochglänzende Beschichtungen sind in Industrieanlagen und Parkhäusern meist nicht oberstes Ziel.

Die Haftung einer Beschichtung auf dem Untergrund wird mit der Haftzugprüfung an mehreren Stellen des Fußbodens ermittelt. Kein Einzelwert darf unter 1,0 N/mm^2 liegen, der Durchschnittswert nicht unter 1,5 N/mm^2.

Bindemittel	Eigenschaften
Acrylat-Kunststoffdispersionen	Umweltfreundlich, leicht zu verarbeiten; speziell geprüfte Systeme werden im Wohnungsbau für die Beschichtung von Ölauffangwannen verwendet; thermoplastisch; Weichmacherwanderung, deshalb nicht für Garagenböden geeignet (Reaktion mit Gummireifen).
Epoxidharze (EP)	In der Regel sehr gute Haftung zum Untergrund, hohe Widerstandsfähigkeit gegen mechanische Belastung, beständig gegen Treibstoffe, Schmierstoffe, Streusalz und Laugen. Weniger gute Beständigkeit gegen Säuren und chlorierte Kohlenwasserstoffe, gegen andere Lösemittel ausreichend beständig. Neigen im Außenbereich zum Kreiden. Meistens vergilbungsfrei, relativ unempfindlich gegen Feuchtigkeit aus dem Untergrund. Bei feuchtigkeitsempfindlichen Estrichen (Anhydrit, Magnesit) wasseremulgierte (lösemittelfreie) Systeme einsetzen, da diese diffusionsoffener sind. Erhärtung erfolgt schwindungsfrei.
Methylmethacrylatharze (MMA)	In der Regel gute Haftung am Untergrund, widerstandsfähig gegen mechanische und leichte chemische Belastung. Unempfindlich gegen Treib-/Schmierstoffe und Streusalze, weniger gegen Lösemittel. Vergilbungsfrei, lösemittelhaltig mit intensivem Geruch. Schwinden während des Trocknens.
1K-Polyurethanharze (PUR)	Lösemittelhaltig, Erhärtung durch Feuchteaufnahme aus der Umgebungsluft; seltener als 2K-Systeme; Verwendung für transparente Imprägnierungen.
2K-Polyurethanharze (PUR)	Gute Haftung am Untergrund, beständig gegen chemische Angriffe, insbesondere durch Säuren, weniger gut gegen Laugen. Gegen Lösemittel beständig, außer gegen aromatische Lösemittel und chlorierte Kohlenwasserstoffe; neigen häufig zum Vergilben. Erhärten schwindungsfrei.
Ungesättigte Polyesterharze (UP)	Mechanisch hoch belastbar; leichte Chemikaliendauerbeständigkeit, besonders gegen Säuren; gut beständig gegen Salze, Treib-/Schmierstoffe; vergilbungsfrei, empfindlich gegen Restfeuchte; schwinden während des Trocknens.

Tabelle 1: Beschichtungsstoffe für Fußböden

Bodenbeschichtungen mit Flüssigkunststoffen sind im Gewerbe- und Industriebereich bedeutend. Große Flächen können völlig fugenfrei „belegt" werden. Die Oberflächen sind bei der Verwendung von 2K-Produkten unempfindlich gegen mechanische Beanspruchung und gegen den Einfluss vieler Chemikalien. Auch gestalterische Ansprüche werden durch eine entsprechende Farbenvielfalt der Beschichtungsstoffe und die Möglichkeit der Farbchip-Einstreuung erfüllt, sodass Industrieböden aus Flüssigkunststoffen sogar im gehobenen Ausstellungsbereich vorzufinden sind (Bild 1). Die Ausführung großflächiger Beschichtungen erfordert hohes fachliches Können.

Bild 1: Hochwertige 2K-Beschichtung

Mischen und Rühren

2K-Reaktionsharze trocknen und erhärten nur in Verbindung mit dem jeweiligen Härter, der im vorgeschriebenen Mischungsverhältnis zugegeben werden muss. Härter und Stammlackgebinde sind vom Hersteller mengenmäßig aufeinander abgestimmt. Bei zu wenig Härterzugabe bleibt die Beschichtung klebrig, bei zu viel Härter wird sie zu spröde und neigt dadurch zur Rissbildung.

Beim Ansetzen kleinerer Mengen ist es deshalb ratsam, mit einer elektronischen Waage zu arbeiten, wenn es sich beim Mischungsverhältnis um Gewichtsanteile (kg) handelt. Sind Volumenanteile (l) angegeben, werden die Anteile mit einem geeigneten Gefäß, z. B. einem Litermaß, abgemessen. Die Komponenten werden maschinell mit geeignetem Rührquirl oder Zwangsmischer bei niedriger Drehzahl, gründlich zu einer homogenen Masse verrührt, damit keine Luft eindringen kann (Bild 2). Lufteinschlüsse in der fertigen Beschichtung führen zu einer optischen und technischen Qualitätsminderung.

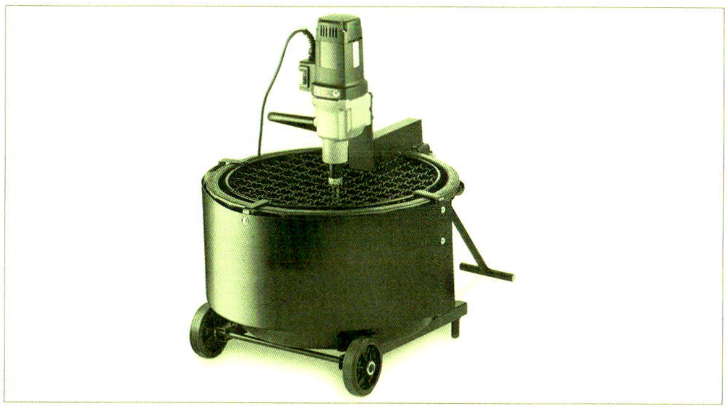

Bild 2: Rührgerät

Nach dem Mischen der Grundkomponenten können Zuschlagstoffe wie Quarzsand und geeignete Lösemittel zur Einstellung der Verarbeitungskonsistenz zugegeben werden. Diese Komponenten dürfen keine Wasseranteile enthalten, weil dadurch die Topfzeit verkürzt wird.

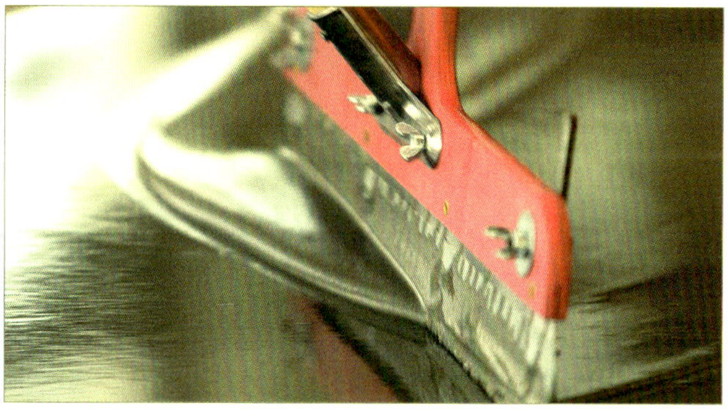

Bild 3: Selbstverlaufende Beschichtung

Topfzeit und Verarbeitung

Sind Stammlack und Härter erst einmal miteinander vermischt, setzt unmittelbar eine chemische Reaktion zwischen den beiden Komponenten ein. Am Ende dieses Reaktionsprozesses erfolgt die plötzlich eintretende Erhärtung unter starker Wärmeentwicklung.

Die Topfzeit ist die Zeitspanne, in der die Mischung verarbeitet werden muss. Sie kann zwischen einer Stunde und einem ganzen Arbeitstag liegen, je nach den verwendeten Harzen und Härtern.

Dünnbeschichtungen werden mit geeigneten Walzen aufgetragen, Dickbeschichtungen und Beläge, die durch das Auffüllen mit Sand selbstverlaufend sind, lassen sich sehr gut mit einem Rakel verteilen (Bild 3). Da es bei der Verarbeitung dickschichtiger Werkstoffe leicht zu Lufteinschlüssen kommt, werden die noch flüssigen Beschichtungsflächen mit einer Igelwalze abgerollt und entlüftet. Mit Nagelschuhen können die noch feuchten Flächen betreten werden (Bild 4).

Bild 4: Nagelschuhe und Igelwalze

Anwendungsbereiche für Fußbodenbeschichtungen

Industriebodenbeschichtungen

Fußbodenbeschichtungen für Gewerbe und Industrie müssen äußerst widerstandsfähig gegen chemische (Säuren, Laugen, Lösemittel) und mechanische Belastungen (Staplerverkehr) sein. In repräsentativen Bereichen werden auch hohe Ansprüche an die Optik gestellt (**Bild 1**).

Bild 1: Industriebodenbeschichtung

Parkhausbeschichtungen

Befahrbare Beschichtungen in Parkhäusern und Tiefgaragen sind mechanischen und chemischen Einflüssen (Schmier- und Treibstoffen) ausgesetzt. Ebenfalls sind sie rissgefährdet. Die Anforderungen für Parkhausbeschichtungen sind in den Regelwerken OS F und OS 11 beschrieben. Verschleißfestigkeit und Rissüberbrückung müssen in jedem Fall gewährleistet sein.

Es dürfen nur geprüfte Beschichtungssysteme zum Einsatz kommen. Eine Mindestschichtdicke ist vorgeschrieben. Diese wird durch einen entsprechenden Beschichtungsaufbau oder aber auch durch gefüllte Einschichtsysteme erzielt. Zur Rissüberbrückung werden Elastiksysteme mit Gewebeeinbettung verwendet. Rutschminderung lässt sich durch Einstreuen von Quarzsand in die noch feuchte Beschichtung erreichen. Durch eine zusätzliche Deckversiegelung wird die Reinigungsfähigkeit verbessert.

Leitfähige Beschichtungen

Laboratorien und Produktionsräume mit empfindlichen elektronischen Bauteilen und EDV-Räume stellen erhöhte Anforderungen an die elektrostatische Ableitfähigkeit von Beschichtungen. Solche Beschichtungssysteme sind in DIN EN 61340 erfasst. Nach dem Grundieren werden Kupferbänder umlaufend im Wandbereich durch einen Elektrofachmann aufgeklebt. Anschließend wird eine leitfähige Zwischenbeschichtung aufgetragen. Die Ableitfähigkeit muss gemessen werden, bevor die Schlussbeschichtung ausgeführt wird. Ist die Ableitfähigkeit zu gering, werden zusätzliche Erdanschlüsse installiert.

Gewässerschutzsysteme

Betriebe, in denen Chemikalien gelagert, umgefüllt oder verwendet werden, müssen ihre Böden so beschichten, dass austretende Chemikalien zurückgehalten und am Versickern gehindert werden. § 19 des Wasserhaushaltsgesetzes regelt die Vorschriften für Gewässerschutzsysteme, die in Abhängigkeit zu den aufzufangenden Flüssigkeiten den Kriterien von **Übersicht 1** entsprechen müssen.

- Chemische Beständigkeit
- Rissüberbrückung
- Mechanische Belastbarkeit
- Elektrostatische Ableitfähigkeit
- Untergrundhaftung
- Planebenheit
- Reinigungsfähigkeit
- Rutschsicherheit
- Reparaturfreundlichkeit
- Gestaltungsmöglichkeit
- Witterungsbeständigkeit

Übersicht 1: Anforderungen an Gewässerschutzsysteme

Balkonbeschichtungen

Neben der Nutzung sind Planungs- und Ausführungsfehler verantwortlich für Schäden an Balkonen. Unsachgemäß ausgeführte Bewegungsfugen, beschädigte Abdichtungen und Risse im Belag führen zur Durchfeuchtung des Balkonbauteils und erfordern entsprechende Gegenmaßnahmen.

Balkoninstandsetzung. Ist der Untergrund nicht mehr ausreichend tragfähig, werden umfangreichere Instandsetzungsarbeiten notwendig. Wichtig ist in jedem Fall die Ausführung eines Gefälles, z. B. mit PCC-Reparaturmörtel, damit sich kein Stauwasser bildet. Je nach Anforderung wird dann eine flüssigkeitsdichte 2K-Beschichtung oder ein wasserdurchlässiger Kunstharz-Steinbelag auf Folienabdichtung ausgeführt. Bei der Ausführung von Abdichtungen und Übergängen zu angrenzenden Bauteilen (**Bild 2**) ist Sorgfalt geboten.

Bild 2: Unsachgemäß ausgeführte Übergänge

Abdichten von rissigen Fliesenbelägen. Viele Balkonböden sind mit Fliesen belegt, die durch Risse im Belag oder in den Fugen undicht geworden sind. Ist der Untergrund tragfähig und die Fliesenverklebung noch intakt, kann eine Abdichtung des Belags mit elastischen Beschichtungsstoffen erfolgen. Ist die Optik des Fliesenbelags noch ansprechend, wird eine transparente Polyurethan-Versiegelung ausgeführt. Quarzsandzugabe vermindert die Rutschgefahr. Durch farbige Beschichtungen, z. B. auch mit Chipeinstreuung, lässt sich die Attraktivität des Balkonbodens wiederherstellen.

8
Fachwerk
Lernfeld 2, 3, 11, 12KD

8.1 Fachwerk als Untergrund

8.1.1 Entwicklung des Fachwerkbaus

Der Fachwerkbau **(Bild 1)** entwickelte sich aus den frühen Pfahlbauten, deren Holzstützen im Erdreich eingegraben waren. Um das vorschnelle Faulen der Pfosten im Erdreich zu verhindern, wurden dann die Pfosten auf Steine gestellt. Die neuen Wandkonstruktionen mussten mit schräg gestellten Hölzern, den Streben, ausgesteift und stabilisiert werden. Das Konstruktionsprinzip der Fachwerkbauten war erfunden. Seine Blüte erlebte der Fachwerkbau vom 14. bis zum 17. Jahrhundert. Es wurden große und repräsentative Gebäude wie Rat- und Zunfthäuser, aber auch Bürger- und Bauernhäuser als Holzfachwerke von Zimmerleuten erstellt. Eine einzigartige Baukunst entwickelte sich, die das Aussehen vieler unserer Städte und Dörfer bis heute prägt. Unterschiedliche Regionen entwickelten ihre für Landschaft und Menschen typischen Fachwerkarten **(Tabelle 1)**. Das Handwerk hat diese stolze Tradition über viele Generationen weiterentwickelt und bewahrt. Alte Fachwerkhäuser sind Zeugen unserer Geschichte und Baukultur.

Bild 1: Fachwerkhaus

8.1.2 Fachwerkarten

Durch ihre unterschiedliche Gestaltung lassen sich die vielen Arten der Fachwerke bestimmten Regionen zuordnen:

	Fachwerkart	Schmuckelemente
 **Niedersächsisches Fachwerk**	**Niedersächsisches Fachwerk** (Norddeutschland) Charakteristisch ist eine sehr enge Ständerstellung mit stehenden Rechtecken als Gefache. Dadurch sind weniger Streben zur Aussteifung notwendig. Beim „Niederdeutschen Hallenhaus" wird ganz auf Streben verzichtet. Typisch sind auch Einzelverstrebungen der Pfosten durch Fußstreben oder Fußwinkelhölzer mit reichen Schnitzereien. Häufig reichen die Fenster bis an das Rähm. Bei vielen Sichtfachwerken werden für die Ausfachungen Ziegelsteine verwendet.	 **Geschnitzte Holzbrüstungstafeln** **Fußbänder**
 **Fränkisches Fachwerk**	**Fränkisches Fachwerk** (Mitteldeutschland) Eine etwas weitere Ständerstellung als beim niedersächsischen Fachwerk und ein regelmäßiges Fachwerkbild sind kennzeichnend. Häufige Verwendung von teilweise gebogenen Zierhölzern in den Gefachen, z. B. Rauten, Andreaskreuze, Andreaskreuz mit Raute. Die Streben sind meist paarweise angeordnet, oft gebogen oder als Mannfiguren (dreiviertelhohe und symmetrische Strebenpaare an den Pfosten) ausgebildet. Bei den Holzverbindungen dominiert das Verzapfen.	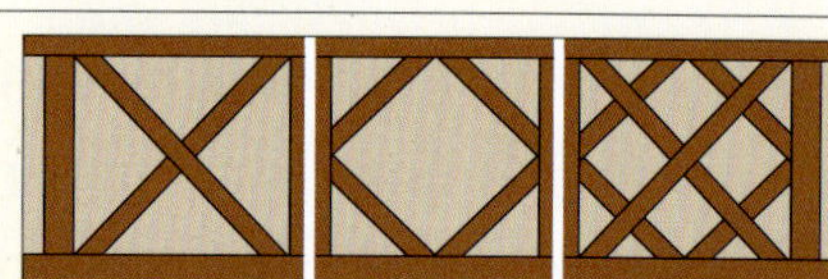 **Andreaskreuz** **Raute** **Andreaskreuz und Raute**  **Andreaskreuz mit Kreis** **Andreaskreuz aus geb. Hölzern (Feuerbock)**
 **Alemannisches Fachwerk**	**Alemannisches Fachwerk** (Süddeutschland) Das alemannische Fachwerk weist große und häufig unregelmäßige Pfostenabstände auf. Die Querschnitte der Pfosten sind entsprechend mächtig, häufig findet sich ein doppelter Rähm. Auch eine Stellung der Pfosten direkt auf dem Fundament ist üblich. Die Gefache stellen sich, anders als im niedersächsischen Fachwerk, als liegende Rechtecke dar. Die Streben werden häufig als schwäbisches „Männle", „Weible" oder „Kindle" ausgestaltet und sehr aufwändig mit Rähm und Pfosten überblattet.	 **Schwäbisches** **„Männle"** **„Weible"** **„Kindle"**

Tabelle 1: Beispiele verschiedener Fachwerkarten

8.1.3 Abtragung der Lasten

Fachwerke sind Skelettkonstruktionen, bei denen nicht die gesamte Wandfläche wie bei einer Mauerwerkswand, sondern nur einzelne Balken und Pfosten die Lasten des Gebäudes abtragen. Im Bauzustand lässt sich das Traggerüst eines Fachwerkhauses am besten begutachten (Bild 1). Die Anordnung dieser Skelettkonstruktion bestimmt die Struktur des Gebäudes und das Aussehen der Fassade. Elemente wie Fenster und Türen müssen sich an diesem Konstruktionsraster orientieren. Die Ausfachungen haben eine untergeordnete statische Funktion.

Die Ableitung der Kräfte und Lasten wird von Holzbalken übernommen und in die Fundamente weitergeleitet. Die Lasten, denen ein Gebäude standhalten muss, sind:

- **Eigenlasten:** die Lasten des Gebäudes selbst
- **Verkehrslasten:** die Lasten durch die Benutzung des Gebäudes, z. B. durch Bewohner und Hausrat
- **Wind-** **und** **Schneelast**

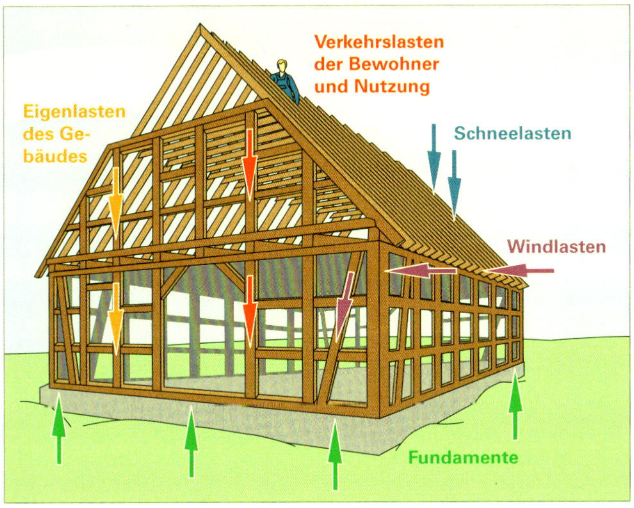

Bild 1: Abtragung der Lasten in einer Fachwerkwand

8.1.4 Teile der Fachwerkwand

Senkrechte Hölzer übernehmen die senkrechten Kräfte des Gebäudes, also die Eigen-, Verkehrs- und Schneelasten. Senkrechte Hölzer sind die Pfosten/Ständer, je nach Lage als Wand- oder Eckpfosten bezeichnet.

Waagerechte Hölzer wie Schwelle (unten) und Stockschwelle bzw. Rähm (oben) fixieren die Pfosten und verteilen die Lasten der aufliegenden Deckenbalken. Die Riegel unterteilen die Gefache, damit keine zu großen Mauerwerksverbände entstehen. Bei Fenstern unterscheidet man Brüstungs- (unten) und Sturzriegel (oben).

Diagonale Hölzer wie Streben, Büge oder das Andreaskreuz dienen zur Aussteifung der Konstruktion. Sie nehmen die seitlich drückenden Windlasten auf und leiten sie in die Fundamente. Ohne die diagonalen Hölzer würde das Gebäude wie ein Kartenhaus in sich zusammenbrechen.

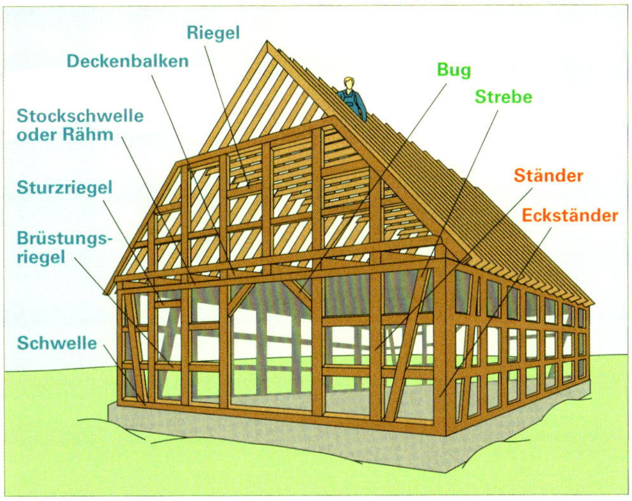

Bild 2: Bezeichnung der Teile einer Fachwerkwand

Knotenpunkte und Verbindungen

Zur hohen Kunst des Fachwerkbaus gehören die zimmermannsmäßigen Holzverbindungen. Hierbei werden die Hölzer ohne den Einsatz von Metallteilen kraftschlüssig zusammengefügt.

Die einzelnen Knotenpunkte und Verbindungen zwischen den Balken und Pfosten sind darum gelenkig ausgebildet (Bild 3 und 4). Um jedem Sturm sicher standhalten zu können, sind deshalb die aussteifenden diagonalen Hölzer wie die Streben von zentraler Bedeutung. In einigen Fachwerkhäusern Norddeutschlands fehlen die Streben. Die Windlasten werden dort durch eine engere Balkenstellung und durch die ausgemauerten Gefache aufgenommen.

Um Schäden durch dauerhafte Feuchte und Staunässe zu vermeiden, darf sich kein Wasser in Zapfenlöchern sammeln. Bei Sanierungsarbeiten müssen gefährdete und nach oben offen stehende Zapfenlöcher mit Holz fachgerecht ausgefüllt werden.

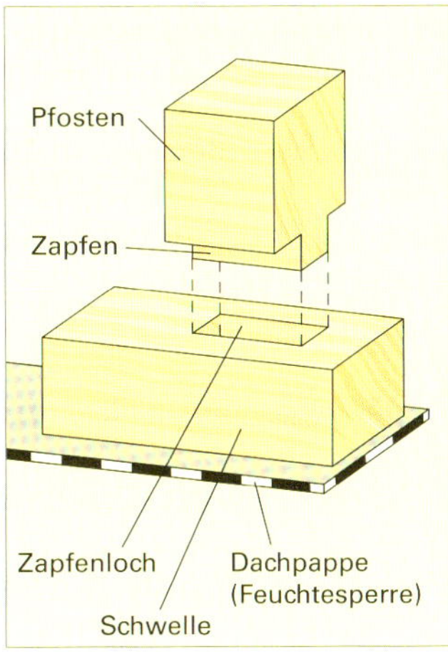

Bild 3: Einfacher Zapfen

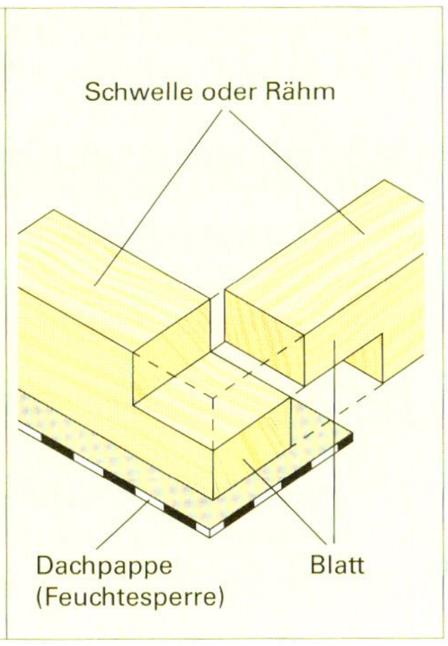

Bild 4: Geblattete Ecke

Durch die gelenkigen Holzverbindungen können Fachwerkkonstruktionen auch starke Bewegungen aufnehmen, ohne dass sie zusammenbrechen. Deshalb gelten Fachwerkhäuser als erdbebensicher.

8.1.5 Die Gefache

Die Felder zwischen den Balken nennt man Gefache. Sie können mit verschiedenen Materialien ausgefacht (gefüllt) werden.

Ausfachungen mit Lehm (Bild 1)
Ursprünglich wurden Gefache häufig mit dem nahezu überall verfügbaren und günstigen Lehm geschlossen. Für die Sanierung denkmalgeschützter Fachwerke und als Naturbaustoff im Sinne ökologischen Bauens gewinnt Lehm heute wieder an Bedeutung. Für die Verarbeitung werden in die Gefache zunächst senkrechte Hölzer aus Eichenholz (Staaken) eingepasst. Auf ein enges Flechtwerk aus Weiden- oder Haselnussruten wird der Lehm in mehreren Lagen aufgebracht. Die Lehmgefache werden anschließend mit Lehmputz (Lehm mit gehäckseltem Stroh) beschichtet. Gefache aus Lehm sind elastischer als Gefache aus Steinen und können so die Bewegungen der Holzbalken sehr gut aufnehmen.

Ausfachungen mit Steinen (Bild 2)
In einigen Gegenden sind bei den Fachwerkhäusern die Gefache mit Steinen ausgemauert. In Norddeutschland wird Sichtfachwerk z. B. mit Ziegelmauerwerk ausgefacht. Für verputzte Wände wurden je nach Möglichkeit Ziegel oder Natursteine verwendet. Da die Steingefache die Bewegungen des Holzes weniger gut aufnehmen können, entstehen natürliche Fugen zwischen dem ausgemauerten Gefache und den Holzbalken. Um die entstehenden Fugen zu dichten und um das Herausfallen der Steine zu verhindern, kann rings um die Innenseite des Gefachs eine Dreikantleiste aufgenagelt werden.

Putze
In vielen Fällen waren Fachwerkwände vollständig verputzt und nicht als sichtbares Fachwerk konstruiert. Dadurch wurde das Holz vor Schlagregen geschützt. Im 18. und 19. Jahrhundert wurde in einigen Orten das Verputzen von Fachwerken aus Gründen des Brandschutzes angeordnet. In der zweiten Hälfte des 20. Jahrhunderts hat man viele alte Fachwerkkonstruktionen wieder freigelegt, was in der Folge häufig zu Bauschäden führte. Früher verputzte Fachwerke sind an den vielen kleinen Einkerbungen in den Holzbalken leicht zu erkennen, in denen sich der Putz verankern konnte (Bild 3). Grundsätzlich sollte nur solches Fachwerk freigelegt werden, das als Sichtfachwerk konstruiert und gebaut wurde.

Sollen Fachwerke vollflächig verputzt werden, wird über dem Holzbalken zunächst eine bituminierte Pappe befestigt. Ein Flachrippenstreckmetall wird dann als Putzträger über den Balken befestigt (Bild 4). Die Befestigung darf nur an den Gefachen erfolgen, um die Bewegungen des Holzes nicht zu behindern.

Bei sichtbarem Fachwerk werden nur die Gefache verputzt. Die Putzoberfläche sollte weder stark vor der Ebene der Fachwerkbalken liegen noch dahinter. Der Anschluss vom Putz zu den Holzbalken muss besonders sorgfältig ausgeführt werden.

Im Idealfall weicht der Putz unterhalb des Fachwerkbalkens etwas zurück (Bild 5). Über dem Balken wird er hingegen etwas stärker aufgebracht und bildet eine Tropfkante (Bild 6). So bleibt gewährleistet, dass nicht unnötig Wasser in die Fuge zwischen Balken und Putz eindringt. Auf keinen Fall darf die Fuge zwischen Holzbalken und Putz dauerelastisch verfugt werden!

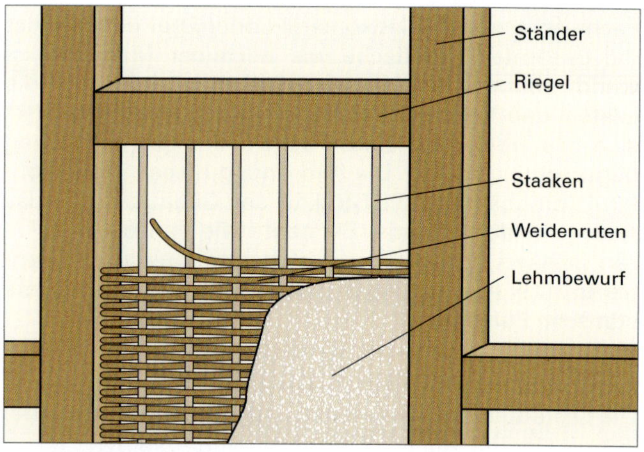

Bild 1: Ausfachung mit Lehm

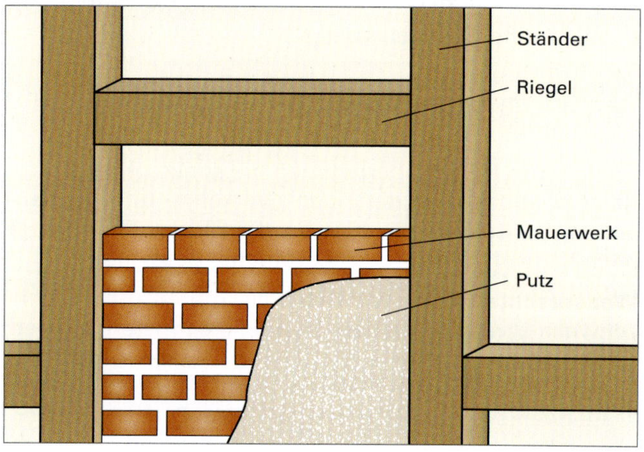

Bild 2: Ausfachung mit Steinen

Bild 3: Balken eines früher verputzten Fachwerks

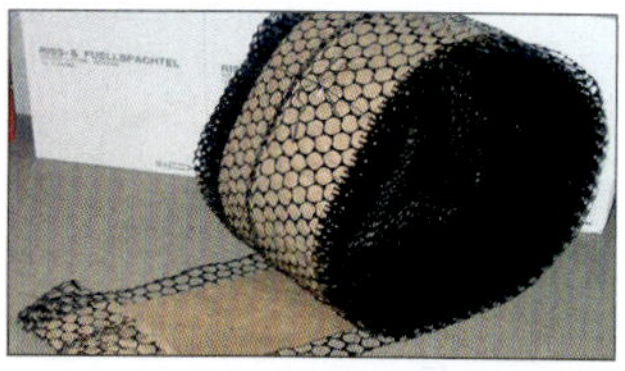
Bild 4: Putzträger über einem Fachwerkbalken

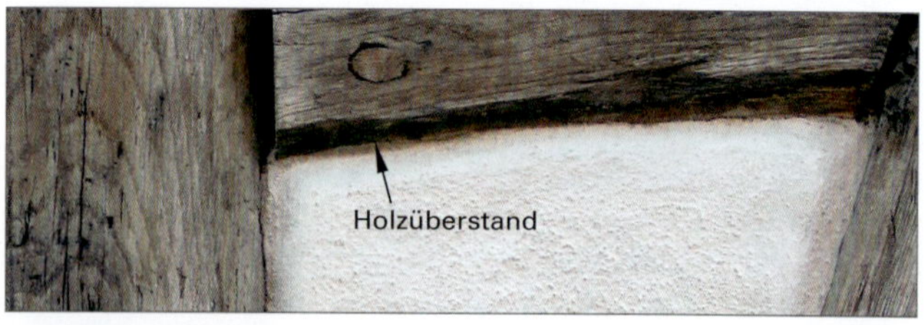

Bild 5: Putzabschluss unterhalb des Balkens

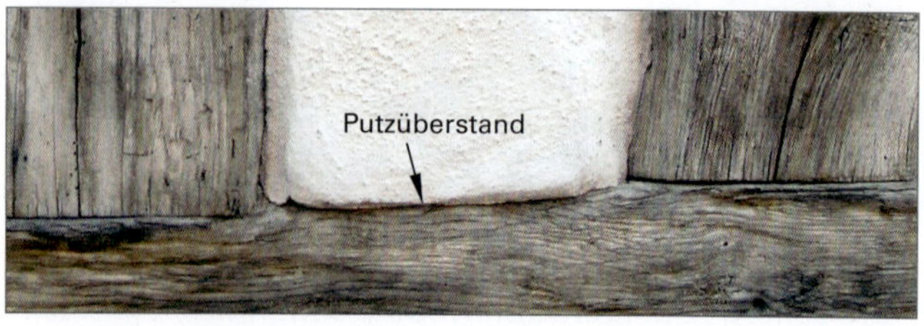

Bild 6: Putzabschluss oberhalb des Balkens

8.2 Sanierung von Fachwerk

8.2.1 Bestandsaufnahme

Vor Ausführung der Arbeiten muss eine sorgfältige Bestandsaufnahme durchgeführt werden, damit historische und handwerklich wertvolle Konstruktionen und Bemalungen nicht leichtfertig zerstört werden. Häufig stellt sich dabei heraus, dass schon bei früheren Umbauten die harmonische Struktur des Fachwerkgefüges verletzt wurde. Dann sollte eine Wiederherstellung des ursprünglichen Zustandes angestrebt werden.
Bei Gebäuden, die ganz oder teilweise unter Denkmalschutz stehen, müssen alle geplanten Maßnahmen mit der Denkmalbehörde beraten und abgestimmt werden.

8.2.2 Wärmedämmung am Fachwerkbau

Bei der Sanierung alter Bausubstanz sollen meist auch die Heizkosten durch das Aufbringen einer Wärmedämmung reduziert werden, obwohl bei denkmalgeschützten Gebäuden die gesetzlich geforderten Wärmedämmmaßnahmen auf Antrag entfallen können. Eine Wärmedämmung lässt sich sowohl auf der Außenseite als auch auf der Innenseite der Außenwand aufbringen, dies aber nur mit Bedenken.
Eine **Außendämmung** verdeckt das Fachwerk, ist aber bauphysikalisch weitgehend unproblematisch (siehe Kap. 9.5). Ein außen aufgebrachtes Wärmedämmverbundsystem hat jedoch eine sehr homogene Oberfläche. Sie nimmt dem Gebäude seine Unebenheiten, seine Patina und damit seinen ursprünglichen Charakter. Eine **Innendämmung** ist deshalb für viele Bauherren und Denkmalschutzbehörden eine Alternative. Der übliche Aufbau sieht eine Dampfsperre auf der Innenseite des Fachwerks vor (siehe Kap. 9.6.1). Dadurch wird aber das Trocknen der Fachwerkwand nach innen behindert. Ein diffusionsoffener Aufbau mit Holzfaserplatten in Verbindung mit einem Lehmputz des Innenraumes ermöglicht dem Fachwerk gute Trocknungsmöglichkeiten bei allen Wetterlagen (Bild 1).

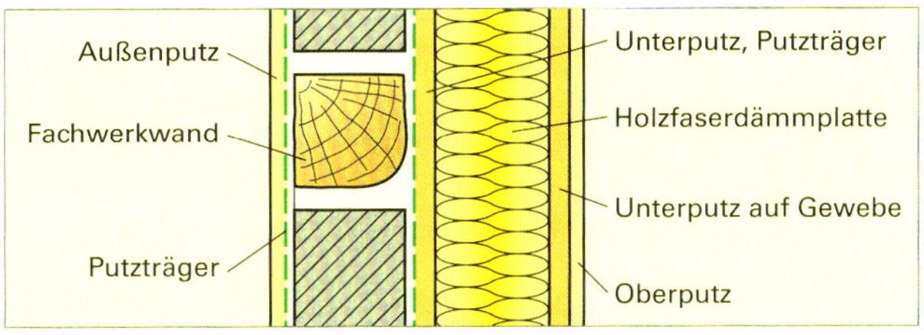

Bild 1: Innendämmung mit Lehmputz

8.2.3 Sanierung der Fachwerkhölzer

Die Untergrundprüfung von Holz erfolgt wie in Kapitel 3.2.1 beschrieben.

Schadhaftes Holz muss vom Zimmermann durch Holz gleicher Art ersetzt werden (Bild 2). Ebenso müssen offene Zapfenlöcher mit Holz ausgebessert werden, damit sich hier kein Wasser sammeln kann, das zu dauerhafter Nässe führt.

Risse in den Balken des Fachwerks entstehen durch das natürliche Arbeiten im Holz. Holzrisse, in denen sich kein Wasser sammeln kann, sind unproblematisch. Sie werden vom Maler ausgestrichen, um die Wasseraufnahme des Holzes zu begrenzen. Risse, bei denen die Gefahr von Wasseransammlung besteht, müssen vom Zimmermann ausgespänt werden (Bild 3). Zum Ausspänen wird sehr trockenes Holz gleicher Art gewählt. Wenn das Holz die Feuchtigkeit der Umgebung annimmt, beginnt es zu quellen und schließt den Riss dicht ab.
Zum Schließen von Holzrissen dürfen keine dauerelastischen Fugendichtmassen wie Silikon oder Acryl verwendet werden!

Bild 2: Schadhaftes Holz ausbessern

Bild 3: Risse im Holzfachwerk ausspänen

8.2.4 Sanierung der Gefache

Die Sanierung von Putz- und Steinuntergründen ist unproblematisch. Nach der Untergrundprüfung mineralischer Untergründe (siehe Kap. 5.2.1) muss immer ein fester Halt des Gefachs im Wandverband geprüft werden.

Fugen zwischen Gefache und Holzbalken
Durch die unterschiedlichen Bewegungen von Holzbalken und Gefachen entstehen an deren Übergang immer kleine Fugen und Risse. Bei Schlagregen dringt Wasser ein, das durch die offenen Fugen auch wieder entweichen kann. Durch konstruktiven Holzschutz (auskragende Geschosse, große Dachvorsprünge und Tropfkanten) muss die Durchfeuchtung begrenzt werden. Auf keinen Fall darf die äußere Fuge zwischen Holzbalken und Putz dauerelastisch verfugt werden, da eindringendes Wasser nicht mehr schnell genug austrocknen könnte. In der Folge führt Staunässe zu einer schnellen Zerstörung der Holzbalken.

8.3 Farbigkeit von Fachwerk

8.3.1 Historische Entwicklung der Bemalung

Die meisten Fachwerkhäuser erhielten über die Jahrhunderte keine farbigen Beschichtungen. Um die Wasseraufnahme der Fachwerkhölzer zu begrenzen, wurden diese teilweise mit Leinöl gestrichen. Sonne und Regen gaben den Hölzern schnell eine silbergraue Patina **(Bild 1)**.

Bei konstruktiv richtigem Einbau (große Dachvorsprünge, gemauerte Sockel) sind Anstriche nicht notwendig, um die Lebensdauer der Fachwerke nennenswert zu erhöhen. Der Anstrich dient in erster Linie der Verschönerung und Gestaltung.

Die farbliche Gestaltung von Fachwerkbauten begann im Wesentlichen erst in der Renaissance um 1500. Zunächst wurden nur herrschaftliche und herausgestellte Gebäude farblich behandelt. Später wurden dann, zunächst in den Städten, immer mehr Fachwerke farbig, bis die Farbigkeit um 1600 ihren ersten Höhepunkt erreichte. In dörflichen Strukturen blieben die meisten Fachwerke aus Kostengründen jedoch noch bis ins 19. Jahrhundert ohne farbige Anstriche.

Historische Untersuchungen am Holz ergaben, dass damals fast ausschließlich rote, gelbe und graue Farben im süddeutschen Fachwerkbau verwendet wurden. Da der Maler alle Farben selber anmischte, unterschieden sich die Farben in ihren Nuancen und gaben Straßen und Städten ein harmonisches Farbbild. Die Gefache wurden fast ausschließlich glatt verputzt und weiß gekalkt.

Für die gelben und roten Farben verwendete man Ocker und Englischrot aus heimischen Erdpigmenten. Grau wurde meist aus Holzkohle mit dem Bindemittel Kalk-Kasein hergestellt. Für Verzierungen wie die Begleitstriche wurden auch teurere grüne und blaue Pigmente eingesetzt.

Teils aus modischen, teils aus brandschutztechnischen Gründen wurden im 19. Jahrhundert viele Fachwerkhäuser verputzt.

Durch die Wiederentdeckung der historischen Fachwerke im 20. Jahrhundert wurden viele Fachwerke freigelegt und farbig gestaltet. Häufig bestimmte die Vielfalt der auf dem Markt angebotenen Farben und nicht historische Untersuchungen fortan die Farbigkeit der Fachwerke.

Bild 1: Historisches Fachwerk ohne farbige Beschichtung

Bild 2: Fachwerkkonstruktion auf gemauertem Kellergeschoss

8.3.2 Grundsätze der Farbgestaltung

Die farbliche Gestaltung historischer Gebäude ist in der Regel Aufgabe der Denkmalpflegers. Der Denkmalpfleger durchsucht die Archive der Stadt nach historischen Quellen über das Gebäude und wertet Farbbefunde am Gebäude aus. Farbreste findet er häufig an schwer zugänglichen Stellen, etwa unter der Traufe oder in Holzrissen. Wenn Zeugnisse von dem untersuchten Gebäude fehlen, werden vergleichbare Objekte aus der Gegend herangezogen.

Aus Sicht des Denkmalpflegers sollte immer eine Wiederherstellung der historischen Farbfassung angestrebt werden.

Bei der Gestaltung muss berücksichtigt werden, dass die Holzbalken im Fachwerk nicht nur konstruktiv, sondern auch farblich den Gesamteindruck dominieren **(Bild 2)**. Die Gefache treten, durch ihren meist weißen Anstrich, dahinter zurück. In der Farbe abgestimmte Fensterläden setzen Akzente **(Bild 3)**.

Bild 3: Fensterläden gestalten die Fassade mit

8.3.3 Beschichtung der Gefache

Die Beschichtung der Gefache ist vom Untergrund abhängig. Sehr alte Gefache bestehen häufig aus Lehmputzen. Diese werden mit Kalkanstrichen bearbeitet und bleiben sehr diffusionsoffen.

Heute werden meist Kalk- und Kalkzementputze verwendet. Zur Beschichtung sollten keine wasserabweisenden (hydrophobierenden) Anstrichsysteme wie z. B. Silikonharzfarben verwendet werden, da durch die geringere Wasseraufnahme des Putzes vermehrt Schlagregen in die Fugen zwischen Holz und Gefach läuft. Der Beschichtungsaufbau erfolgt diffusionsoffen, wie für mineralische Untergründe. Für diese Aufgabe sind Silikatfarben besonders geeignet (Bild 1).

Bild 1: Anstrich des Gefaches mit Silikatfarben

8.3.4 Begleitstriche und Ritzer

Begleitstriche: Bei vielen historischen Gebäuden wurde der Putz der Gefache über die „Waldkante" (nicht begradigte Rundungen des Baumstammes) der Holzbalken gezogen. Der Maler strich nun die Balkenfarbe einige Zentimeter in das Gefach hinein und begradigte somit das Erscheinungsbild des Fachwerkes. Der Balken wurde durch den farbigen Strich begleitet (Bild 2).

Ritzer: Teilweise wurde auf der Grenze von der Balkenfarbe zur Gefachfarbe zusätzlich eine dünne Konturlinie gezogen.

Bild 2: Begleitstriche im Gefach

8.3.5 Beschichtung alter Hölzer

Historische Beschichtungen auf Holz waren Leinölanstriche und Anstriche auf Kalk-Kasein-Basis.

Auf den meisten Fachwerken finden wir aber keine historischen Anstriche, sondern Farbaufträge der letzten Renovierung. Nicht alle eingesetzten Anstriche sind diffusionsoffen genug und damit für den Einsatz auf Fachwerken geeignet.

Zunächst müssen alte Beschichtungen auf ihre Tragfähigkeit (Kapitel 3.2.2) und auf ihre Wasserdampfdurchlässigkeit hin geprüft werden. Bei mehreren übereinanderliegenden Altanstrichen ist davon auszugehen, dass der Anstrichfilm nicht ausreichend diffusionsoffen ist. Die Altanstriche müssen dann entfernt werden.

Zum Entfernen der Altanstriche dürfen keine Hochdruckreiniger oder Beizen verwendet werden, um das Holz nicht übermäßig mit Feuchtigkeit zu belasten. Die Altanstriche werden thermisch abgebrannt oder mechanisch abgefräst bzw. geschliffen (Kapitel 3.2.2).

Eventuell vorhandene Spachtelmassen müssen aus Rissen und Fugen ausgekratzt werden, da sie Wasser, das in das Holz gelangt, im Holz halten und zu großen Zerstörungen des Fachwerks führen (Bild 3).

Der neue Beschichtungsaufbau erfolgt offenporig für begrenzt maßhaltige Außenbauteile. Bei historischen Gebäuden werden oft Bindemittel und Pigmente aus älteren Epochen des Gebäudes verwendet.

Bild 3: Durch Spachtelmassen und falsche Anstrichsysteme zerstörter Fachwerkbalken

8.4 Aufmaß von Fachwerk

Das Aufmaß von Fachwerken erfolgt nach DIN 18 363 und ist in der VOB Teil C aufgeführt:

Aufmaßregeln für Fassaden/Sockel/Gefache:
Wird eine Fläche von Fachwerkbauteilen wie z. B. Rahmen oder Pfosten unterbrochen, werden diese übermessen, wenn die Balken unter 30 cm breit sind. Dies gilt auch bei herausstehenden Vorlagen aus Holz oder Stahlbeton. Öffnungen werden bei einer Fläche von über 2,50 m² abgezogen.

Demnach dürfen begrenzende Eckständer etc. nicht übermessen werden, da es sich nicht um Unterbrechungen handelt.

Aufmaßregeln für die Balken des Fachwerks:
Die Fachwerk-Holzteile werden nach Längenmaß extra berechnet. Überkreuzungen dürfen übermessen werden. Die Balken werden getrennt nach Bauart und Breite berechnet.

Es ist zu empfehlen, beim Eintrag in das Aufmaßformular eine Systematik einzuhalten, um nicht Balken zu vergessen, z. B. zuerst alle horizontalen Teile, dann alle vertikalen Teile und zum Schluss die Diagonalen u. a.

Beispiel (Übersicht 1, Tabelle 1)

Das dargestellte Sockelgeschoss (gelbe Umrandung) soll neu beschichtet werden. Die Berechnung erfolgt nach folgenden Positionen:

Pos. 1: Gefache des Sockelgeschosses reinigen und beschichten
Pos. 2: Balken bis 20 cm reinigen und beschichten
Pos. 3: Balken von 20 bis 28 cm reinigen und beschichten

Übersicht 1: Aufmaßregeln zu Fachwerkfassaden

Pos	Bezeichnung	+	–	Rechnung	Messgehalt	Abzug	Reiner Messgehalt
1	Gefache Sockelgeschoss	1		(8,80 – 2 × 0,24) × (2,65 – 2 × 0,26)	17,72		
			1	2,00 × 2,20		4,40	**13,32 m²**
2	Balken bis 20 cm	2		3,40 – 0,24 – 0,22	5,88		
		2		0,90	1,80		
		1		2,00	2,00		
		4		0,70 + 0,14 + 1,10 + 0,14 + 0,05	8,52		
		2		1,25	2,50		**20,70 m**
3	Balken 20 bis 28 cm	2		3,40	6,80		
		1		8,80	8,80		
		4		2,65 – 2 × 0,26	8,52		**24,12 m**

Tabelle 1: Aufmaß einer Fachwerkfassade

9 Wärmedämmung

Lernfeld 10, 12EG

9.1 Grundlagen des Wärmeschutzes

Wir brauchen Wärmeschutz, weil ...

- Heizenergie heute noch vorwiegend durch das Verbrennen von Öl und Gas erzeugt wird. Dabei kommt es zu hohen CO_2-Emissionen, die maßgeblich am Klimawandel beteiligt sind und das ökologische Gleichgewicht der Natur stören.
- über 70 % des gesamten Energieverbrauches privater Haushalte zum Heizen der Wohnräume gebraucht werden **(Bild 1)**. Das kostet viel Geld.
- man sich in ungedämmten Wohnungen nicht wohlfühlt.
  In einem Raum mit kalten Wänden empfinden wir die Lufttemperatur kälter als sie eigentlich ist. Dazu kommt es zu unangenehmen Luftzirkulationen. Auch Schimmel kann sich leicht an kalten Wänden bilden, da Feuchte in warmer Raumluft an kalten Wänden kondensiert.

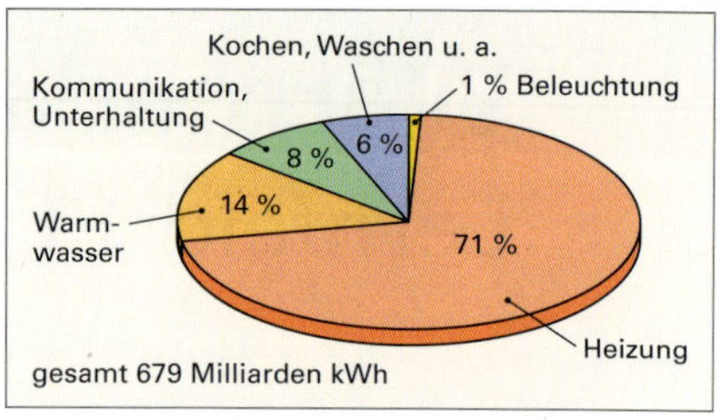

Bild 1: Energieverbrauch privater Haushalte in Deutschland

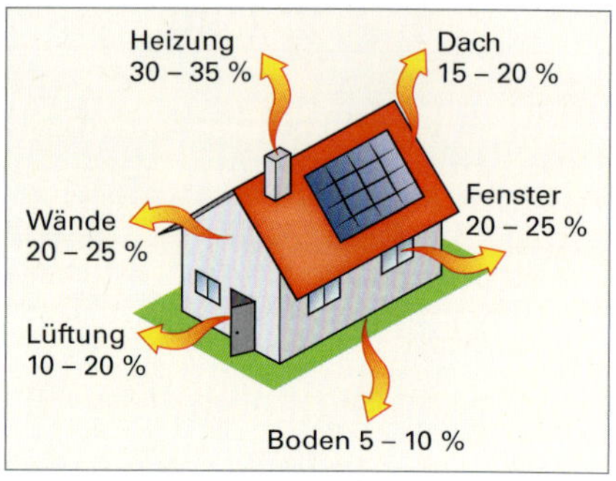

Bild 2: Wärmeverlust eines üblichen Einfamilienhauses

9.1.1 Gesetzliche Grundlagen

Die wichtigsten Vorschriften sind die

- Energieeinsparverordnung (EnEV)
- DIN 4108 „Wärmeschutz im Hochbau"

Ziele der Vorschriften:

- Verringerung der CO_2-Emission
- In Altbauten Energieeinsparung **(Bild 2)**
- In Neubauten:
  - Senkung des Energieverbrauchs nach verbindlichen Regeln.
  - Erstellung einer Energiebilanz. Energieverluste werden mit den Energiegewinnen eines Gebäudes verrechnet **(Übersicht 1)**.

Energiegewinne	Solaranlage Wärmepumpe Sonneneinstrahlung u. a.	Unter Berücksichtigung von Bauart, Klimazone, Luftdichtheit des Gebäudes, Wärmebrücken u. a.
minus	–	
Energieverluste	Raumheizung Raumkühlung Energie für Pumpen etc. Lüftungsanlagen u. a.	
Ergebnis: Angaben im Energieausweis		

Übersicht 1: Energiebilanz eines Gebäudes

Die aktuell gültigen energetischen Anforderungen sind ein Zwischenschritt hin zum so genannten „Niedrigstenergiegebäude", das ab dem Jahr 2021 europaweit als Neubaustandard gelten soll.
Gute Architekten berücksichtigen bei der Hausplanung auch die Umgebung **(Übersicht 2)**.

Häuser ohne Schutz durch Bäume, Häuser oder das Gelände haben hohe Wärmeverluste durch den Wind. Dafür profitieren sie von ungehinderter Sonneneinstrahlung.

Geschützt stehende Häuser haben geringere Wärmeverluste durch den Wind. Eine Verschattung führt zu geringerer Sonneneinstrahlung. Laubbäume hingegen lassen die Sonne im Winter ans Haus.

Übersicht 2: Energetischer Einfluss der Gebäudeumgebung

Für Altbauten müssen Mindestwerte für den Wärmedurchgang (U-Werte) einzelner Bauteile eingehalten werden, z. B. für Dächer und Wände. Zur Einhaltung sind Bauherren aber nur dann verpflichtet, wenn sie mehr als 20 % eines Bauteils verändern oder austauschen.

Energieausweis

Für alle Wohn- und Geschäftshäuser, die verkauft oder neu vermietet werden, muss mit dem Energiepass der Wärmebedarf je Quadratmeter Wohnfläche dokumentiert werden **(Bild 3)**. So können Käufer und Mieter die Energiekosten des Gebäudes abschätzen.

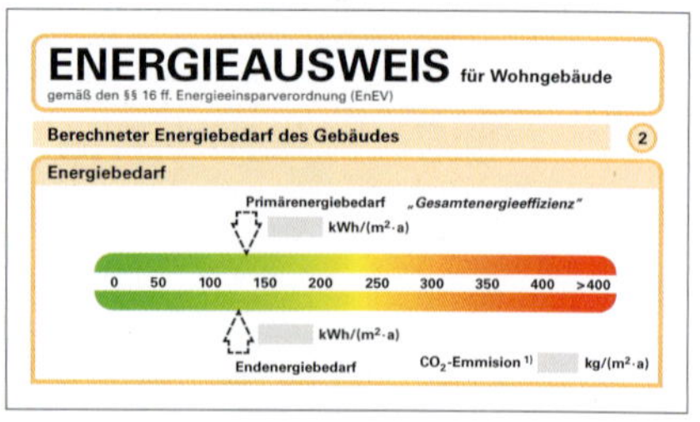

Bild 3: Energieausweis

Abrechnung des regionalen Energieanbieters

Jeder Hausbesitzer oder Mieter erhält mit der Abrechnung für Strom, Wasser, Müll eine Übersicht über seinen persönlichen Verbrauch an Energie. Meist wird zum Jahresverbrauch auch der Verbrauch des Vorjahres genannt. Jeder Bürger kann so erkennen, ob er zum Schutze von Ressourcen und des Klimas beiträgt.

Die schönsten Gesetze und Pläne zur Rettung unseres Planeten sind Makulatur, wenn sich der Einzelne nicht auch ohne gesetzlichen Zwang Mühe gibt.

9.1.2 Wärmetransport und Wärmespeicherung

Wärmeleitung

Wärmeenergie soll im Haus/im Raum möglichst lange gehalten und nicht durch die Wände, Fenster usw. abgeleitet werden. Grundsätzlich gilt:

Dichte, schwere Materialien leiten Wärme besser als poröse und leichte Materialien. Schlechte Wärmeleiter sind gute Dämmstoffe.

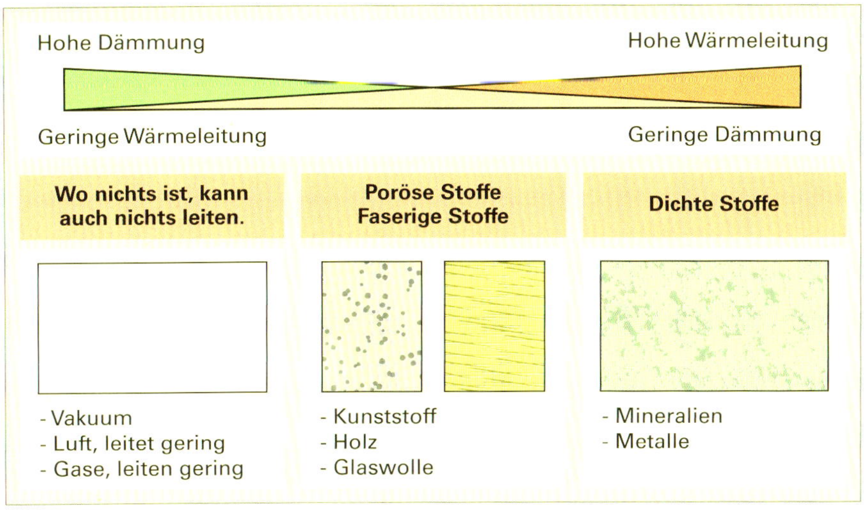

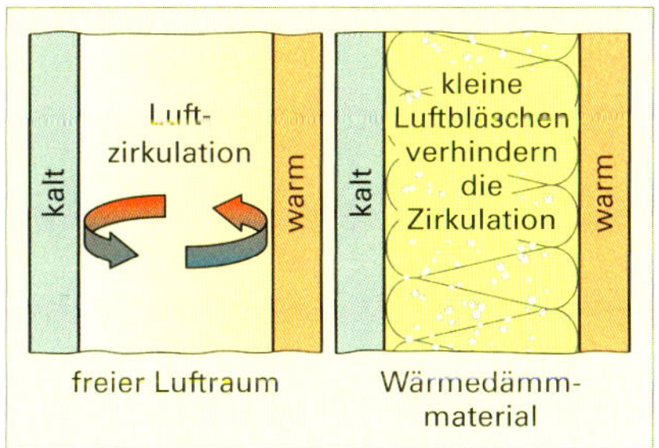

Bild 1: Wärmedämmmaterialien schließen Luft in vielen Hohlräumen ein und verhindern Zirkulation

Wärme ist Molekülbewegung (siehe Kap. 19.4). Der Abstand der Moleküle ist der Grund, dass dichte Stoffe diese Bewegungsenergie schneller von Molekül zu Molekül weitergeben können als Stoffe mit großen Molekülabständen oder Hohlräumen im Gefüge (Bild 1).

Darum

- fühlt sich eine Steintreppe trotz Raumtemperatur immer kalt an.
- ist der Zwischenraum der Scheiben in Isolierfenstern mit einem Edelgas (Argon, Krypton) gefüllt.
- müssen Dämmstoffe, und viele Baustoffe auf der Baustelle vor Nässe geschützt werden.

Vergleiche:

- Vögel plustern sich im Winter auf. Die Körperwärme wird durch die Luft im Gefieder langsamer abgeleitet. Im Sommer bei Hitze sorgen enganliegende dichte Federn für schnellen Wärmeaustausch.
- Die Thermosflasche hält die Wärme des Tees durch eine doppelte Wandung mit Vakuum.
- Ein brennendes Streichholz kann ohne Schmerz bis zum Abbrennen gehalten werden, einen erhitzten Draht lässt man fallen.
- Maler setzen sich oft in Pausen auf Dämmstoffe. Die gespürte Wärme ist die eigene Körperwärme, die nicht abgeleitet wird.

Wärmeströmung

An Fenstern sind ab und zu die Dichtungsbänder zu prüfen. Versprödete Dichtungen lassen Wärme entweichen. Prüfung der Dichtheit: Bei Luftzug flackert eine brennende Kerze. Aus Gründen der Raumhygiene sind Räume täglich zu lüften, siehe Kap. 9.8. Dies ist Sache des Bewohners. Zur Optimierung sind in vielen Großobjekten (z.B. Wolkenkratzer) die Fenster nicht mehr zu öffnen. Das Lüften erfolgt über die zentrale Klimaanlage.

Wärmespeicherung

In Gebäuden dienen schwere und massive Bauteile als Wärmespeicher.
In einer großen Masse, z.B. einer dicken Wand, steckt sehr viel Bewegungsenergie, folglich Wärmeenergie. Umgeben von dämmenden Stoffen kann man diesen Zustand lange erhalten, ansonsten kühlt die Wand aus.

Wärme kann in einem Gebäude länger gehalten werden, wenn die Außenfläche, über die die Wärme entweicht, möglichst klein gehalten wird. Dies ist bereits bei der Gebäudeplanung vom Architekten zu berücksichtigen.

Je größer das Verhältnis von Fläche zu Umfang ist, umso mehr Wärme wird abgeleitet.

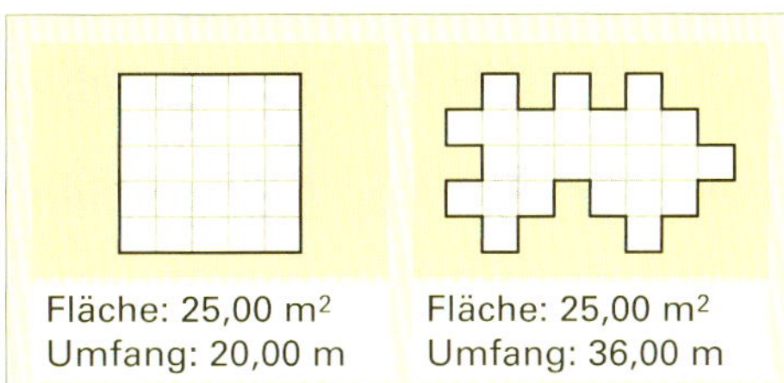

Massive Bauteile eines Gebäudes speichern die Sonnenenergie des Tages und geben sie zeitversetzt in der Nacht wieder ab (Bild 2). Dadurch entsteht ein ausgeglichenes und angenehmes Wohnklima. Fehlt einem Gebäude die Möglichkeit Wärme zu speichern (Lager, Baracken, Wohnwägen), müsste die Raumtemperatur ständig mit Heizungs- oder Klimaanlage energieaufwändig korrigiert werden.

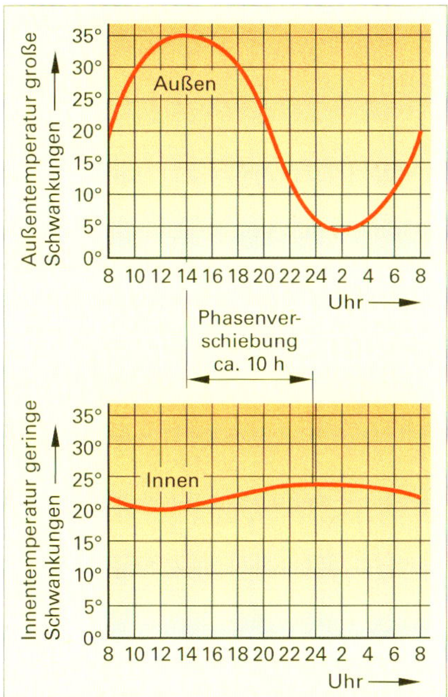

Bild 2: Vergleich der Außentemperatur zur Raumtemperatur

9.1.3 Kennwerte des Wärmeschutzes

Wärmeleitfähigkeit λ (Wärmeleitwert)

Die Wärmeleitfähigkeit λ gibt die Wärmemenge an, die in 1 Stunde durch einen Würfel mit einer Kantenlänge von 1,00 m bei einem Temperaturunterschied von 1 Kelvin hindurchgeleitet wird.

Einheit: W/mK
(Watt geteilt durch Meter × Kelvin)

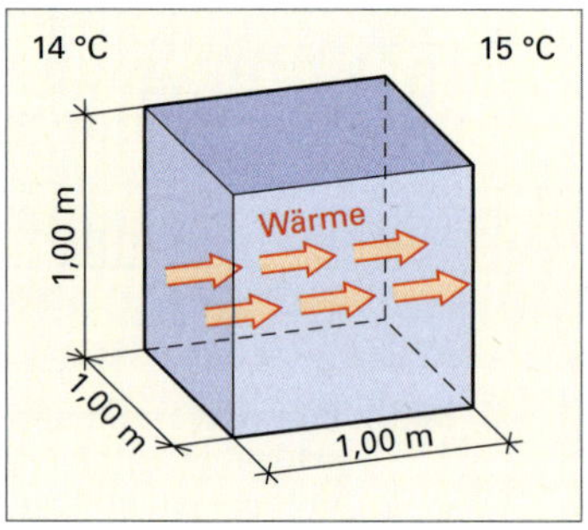

λ ist ein materialbezogener Kennwert

Die Tatsache, dass dichte Stoffe weniger dämmen als Stoffe mit Luft in Poren und zwischen Fasern, kann mit λ in einer exakten Zahl für jeden Baustoff erfasst werden.

Baustoff	Rohdichte in kg/m³	Wärmeleitfähigkeit λ W/m · K
Vakuumdämmelemente	–	0,004
Luft	–	0,026
Mineralfaserdämmstoffe	20	0,035
Polystrol-Hartschaum (EPS)	20	0,035
Zellulosedämmstoff	30	0,040
Nadelholz	600	0,13
Leichthochlochziegel	800	0,39
Kunstharzputz	1 100	0,70
Kalksandstein	1 600	0,79
Normalbeton	2 400	2,10
Stahl	7 850	60,00

Tabelle 1: Rechenwerte der Wärmeleitfähigkeit

Bild 1 in Kap. 9.5 zeigt, wie dick Baustoffe sein müssten, um gleich zu dämmen.

Wärmeleitfähigkeitsgruppe WLG
Wärmeleitfähigkeitsstufe WLS

Grundsätzlich werden nur Dämmmaterialien einer Wärmeleitgruppe zugeordnet.

Ein Bauteil der Wärmeleitgruppe 035 entspricht einem Kennwert von 0,035 W/mK, der Zahl λ hinter dem Komma.

Im Zuge der EU-Normharmonisierung wird die Bezeichnung WLG durch WLS ersetzt.

Die Einteilung nach WLS erfolgt in 1er-Schritten, z. B. WLS 019 oder WLS 035.

Die Einteilung nach WLG erfolgt in 5er-Schritten, z. B. WLS 035 oder WLS 040.

Handelsübliche Mineralwolle ist mit WLS 032 oder WLG 035 gekennzeichnet.

Wärmedurchlasskoeffizient U-Wert

Dieser Wert gibt die Wärmemenge an, die in 1 Stunde durch ein Bauteil oder eine Wandkonstruktion von 1 m² und einer bestimmten Dicke (je nach Aufbaudicke am Gebäude) hindurchgeleitet wird.

Einheit: W/m²K
Watt geteilt durch Quadratmeter × Kelvin

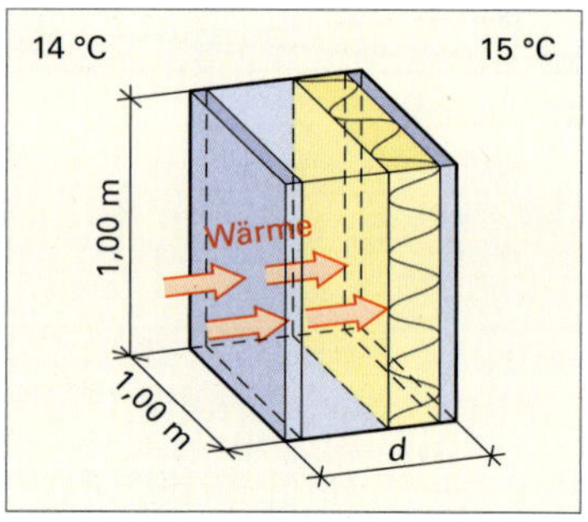

Der U-Wert ist ein konstruktionsbezogener Kennwert

Bestehen Außenwandaufbauten aus mehreren Baustoffschichten, so beschreibt der U-Wert die Wärmeleitung dieses Aufbaus (**Bild 1**).

Bauteil Außenwand	U-Wert
Außenwand Energieeffizienzhaus	0,18 W/m²K
Außenwand nach EnEV	0,28 W/m²K
Außenwand nach Wärmeschutzverordnung von 1995	0,45 W/m²K
Einfache Außenwand im Altbau	0,50 W/m²K

Tabelle 2: Verordnete Anforderungen an Bauteile

Bauteil Fenster	U-Wert
Fenster sind oft Schwachstellen in der Dämmung.	
2-fach Isolierglas	1,30
Verbundfenster	3,00
Alte Einfachverglasung ist kaum dämmend.	5,00

Tabelle 3: U-Werte von Fenstern

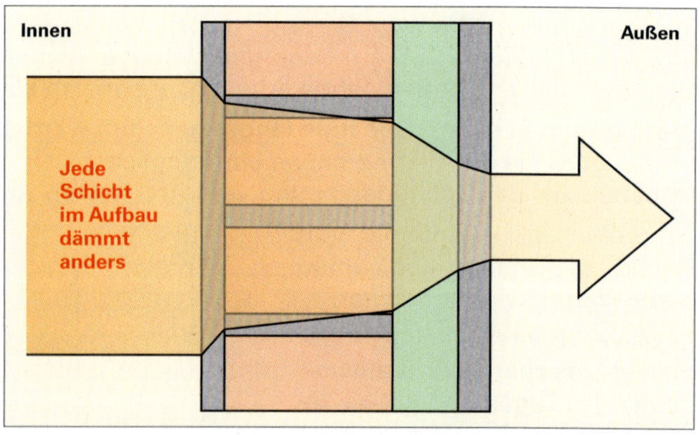

Bild 1: Wärmedurchgang durch eine Außenwand

Kelvin ist die Einheit/die Gradeinteilung der Temperatur, beginnend am absoluten Nullpunkt (= – 273 °C), an dem alles erstarrt. So ergeben sich keine Minustemperaturen. 0 °C ist folglich 273 K. Über Hitzefrei an Schulen kann ab 298 Kelvin gesprochen werden. Die Größe der Einheit ist gleich. 1 K = 1 °C.

9.2 Einfluss der Feuchte auf die Wärmedämmung

Feuchte ist Gift im Bau. Siehe Kap. 5.2.4. Feuchte im Bau verringert den Effekt von Wärmeschutzmaßnahmen. Dieses Kapitel erklärt die Zusammenhänge.

9.2.1 Relative Luftfeuchte, Taupunkt und Kondenswasser

Feuchte in der Luft

Luft enthält immer einen Anteil an Wasser in Form von Wasserdampf. Deshalb spricht man von Luftfeuchte.

Man unterscheidet:

- Absolute Luftfeuchte
- Maximale Luftfeuchte (siehe Kap. 19.2.6)
- Relative Luftfeuchte

Relative Luftfeuchte

Wieviel Wasser sich gerade in unserer Umgebungsluft befindet, ist „relativ", d.h. abhängig von folgenden Faktoren:

- Von der Temperatur. Warme Luft kann mehr Wasserdampf aufnehmen als kalte Luft.
- Von der Feuchtemenge, die zur Verfügung steht.

Wieviel Feuchte die Luft maximal aufnehmen kann, zeigt Bild 1 in Abhängigkeit von der Temperatur. Den Punkt, an dem die Luft das Wasser nicht mehr aufnehmen kann, nennt man Taupunkt.

Luftfeuchte in Gebäude

Wasserdampf ist Teil der Luft. Zusätzlich zur vorhandenen Luftfeuchte wird Feuchte durch die Bewohner und die Raumnutzung in das Gebäude eingebracht. In einem 4-Personen-Haushalt werden täglich bis zu 10 Liter Wasser an die Raumluft abgegeben, siehe Tabelle 1.

Bewohner können mit dem Hygrometer die Luftfeuchte im Raum messen. Der Mensch empfindet eine relative Luftfeuchte von ca. 40 % bis 70 % als behaglich, siehe Bild 2. Zu hohe Feuchte ist Nährboden für Schimmel und senkt die Behaglichkeit. Lüften hilft.

Kondenswasser

Am Taupunkt, auch Sättigungspunkt genannt, besteht 100 % relative Luftfeuchte.
Zusätzliche Feuchte wird in der Luft nicht als Dampf gehalten sondern als flüssiges Wasser abgegeben.
Das Abscheiden von Flüssigkeit aus der Luft nennt man „kondensieren".

Ursachen für Kondensation von Wasserdampf:

- Übersättigung der Raumluft mit Wasserdampf, z.B. in Bädern nach heißem Duschen
- In Wohnräumen kondensiert Wasserdampf meist durch Abkühlung der Raumluft.
  Ungedämmte Wände kühlen schneller ab als gedämmte Wände und sorgen für kalte Raumwände.
- Mangelhafte Luftzirkulation hinter Möbeln an Außenwänden.
- **Wärmebrücken.** Diese werden oft Kältebrücken genannt, weil es an diesen Stellen eben kalt ist. Der Fachbegriff Wärmebrücken leitet sich allerdings davon ab, dass an solchen Stellen die Wärme besser aus dem Raum abfließen kann. Wärme wandert zur Kälte.
  Ursache sind Konstruktionsmängel am Gebäude, die die Dämmung überbrücken oder Raumecken (Bild 3).
  An diesen Stellen bilden sich oft Schimmelpilze oder Stockflecken.

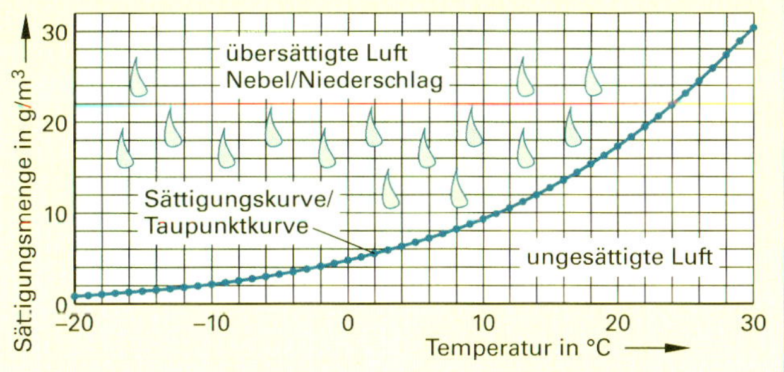

Bild 1: Feuchtegehalt der Luft

Verursacher	Feuchteabgabe in g
Mensch, Schlaf	30 bis 50 g/Stunde
Mensch, mittelschwere Arbeit	100 bis 200 g/Stunde
Mensch, schwere Arbeit	200 bis 300 g/Stunde
Kochen, je nach Wasseranteil	60 bis 1200 g/Tag
Topfpflanze, je nach Pflanzenart	5 bis 15 g/Stunde
Wäsche, 4,5 kg/t geschleudert	50 bis 200 g/Stunde
Wannenbad	700 g/Bad
Duschbad	2600 g/Bad

Tabelle 1: Feuchteabgabe in Räumen bei Zimmertemperatur

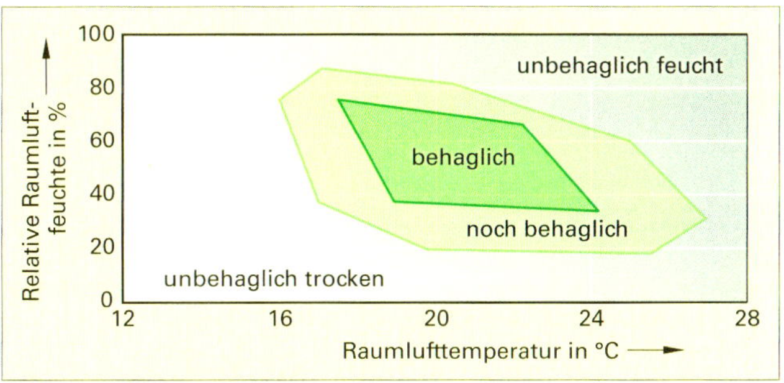

Bild 2: Behaglichkeitsdiagramm

Kondenswasser im täglichen Leben:

- In der Natur als Tau, Wolkenbildung, Nebel.
- An heißen Tagen Nässe außen am kalten Bierglas
- „Schwitzwasser" am Badspiegel nach einer heißen Dusche

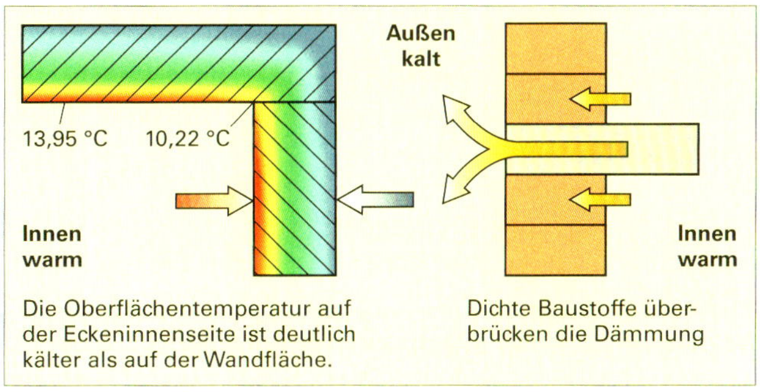

Bild 3: Wärmebrücken an Außenwänden

9.2.2 Wasserdampfdiffusion und sd-Wert

Abhängig von der Wetterlage ist die Luftfeuchte der Raumluft häufig höher als die Luftfeuchte der Außenluft. Aufgrund des physikalischen Gesetzes, dass sich unterschiedliche Konzentrationen ausgleichen, entsteht ein Dampfdruck von innen nach außen. Die äußerst kleinen Wasserdampfteilchen wandern durch übliche Baustoffe, um diesen Konzentrationsunterschied auszugleichen. Diesen Vorgang nennt man „diffundieren" **(Bild 1)**.

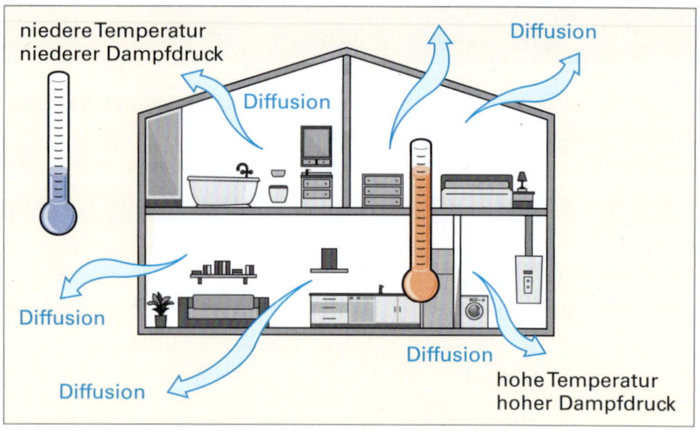

Bild 1: Wasserdampf durchdringt Bauteile

Wasserdampfdiffusionswiderstandszahl µ

Der µ-Wert (sprich mü-Wert) ist ein Materialkennwert, der erfasst, welchen Widerstand ein Material der Wasserdampfdiffusion entgegensetzt. Als Vergleich dient der Widerstand einer Luftschicht gleicher Dicke.

Beim Wandaufbau muss jede Schicht (z. B. Innenputz + Mauerwerk + Außenputz + Außenanstrich) von innen nach außen diffusionsoffener sein als die Schicht zuvor. Sonst bilden sich z. B. bei Außenfarben Blasen.

Bauteil	µ (m)
Luft	1
Gipsmörtel	10
Polystyrol-Hartschaum (EPS)	30
Kalkzementmörtel	15/35
Nadelholz	40
Silikatfarbe	70
Beton	100
Kunstharzputz	200
Innendispersionsfarbe	500
Dispersionslack	10 000
Alkydharzlack	15 000
PUR-Lack	40 000
PVC-Folie 1 mm	50 000

Tabelle 1: Beispiele der Wasserdampfdiffusionswiderstandszahl µ verschiedener Werkstoffe

sd-Wert

s steht für Strecke, d steht für Diffusion.

Als Vergleich dient der Widerstand einer unbewegten Luftschicht gleicher Dicke. Die Einheit ist m. Der sd-Wert ist am Bau von größerer Bedeutung als die Widerstandszahl μ, da mit ihm ein Bezug zu der tatsächlichen Bauteilstärke erfolgt. Dafür wird der Widerstandsfaktor mit der Schichtdicke in m multipliziert.

Beispiel: Innenraumdispersion, Schichtdicke 200 µm, µ-Wert 500

Lösung: sd = 500 × 200 µm = 100 000 µm = 0,1 m = 10 cm

Der sd-Wert = der Wasserdampfwiderstand dieser Dispersionsfarbe mit 200 µ Auftrag entspricht dem Wasserdampfwiderstand einer Luftschicht von 10 cm.

Je kleiner der sd-Wert, umso geringer der Widerstand, umso wasserdampfdurchlässiger sind der Baustoff, der Dämmstoff oder die Beschichtung.

Der Gesamt-sd-Wert eines Wandaufbaus ergibt sich aus der Addition der einzelnen sd-Werte der Schichten.

Bei Dachkonstruktionen und Gebäudesanierungen kommen häufig **Dampfbremsen** und **Dampfsperren** zum Einsatz **(Bild 2)**.

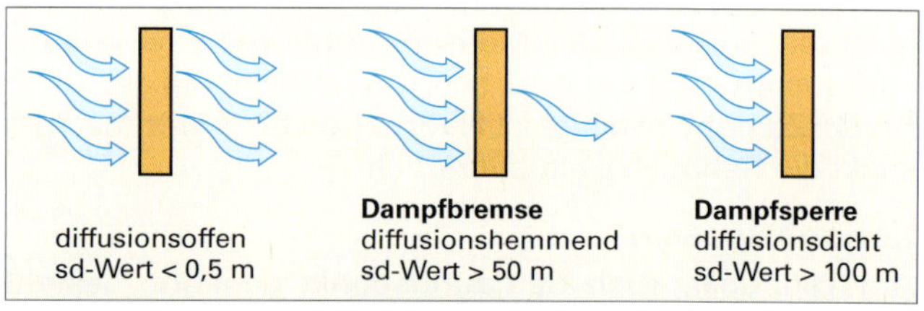

Bild 2: Dampfbremse, Dampfsperre

9.3 Aufspüren von Wärmedämmmängeln

Alle seit 2002 gebauten Häuser müssen nach den Vorgaben der EnEV gebaut sein.

Bei Altbauten ist der Wärmeschutz häufig nicht auf dem Stand der Technik. Erst mit der Renovierung und dem Umbau, oder aus Einsicht Heizenergie zu sparen ergibt sich die Frage, wo Defizite an der Gebäudehülle bestehen. Sind es die Fassade, das Dach, die Fenster oder mangelnde Dichtung?

Ingenieurbüros für Bauphysik klären die Sachverhalte mittels:

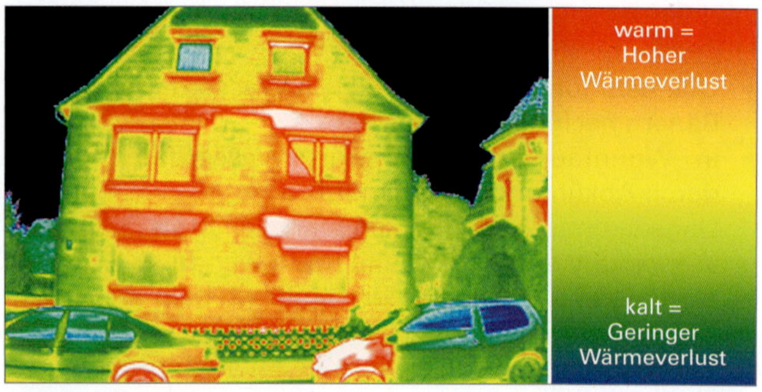

Bild 3: Thermografieaufnahme

Thermographie

Die Aufnahme mit einer Wärmebildkamera zeigt die Schwachstellen der Wärmedämmung des Gebäudes. Warme Flächentemperaturen werden in Rottönen, kalte Flächentemperaturen werden in Blautönen dargestellt **(Bild 3)**.

Blower-Door-Test

Damit wird die Dichtigkeit eines Gebäudes überprüft. Mit einem Ventilator wird im Gebäude ein Über- oder Unterdruck erzeugt und die Luftdichtigkeit gemessen. Schon eine Leckstelle in der Größe eines Geldstückes kann während eines Winters zur Bildung von bis zu 30 Litern Kondenswasser führen.

9.4 Wärmedämmmaterialien

Je nach Verwendungszweck werden verschiedene Arten von Dämmstoffen eingesetzt. Eine Einteilung zeigt **Übersicht 1**.

Platten	Matten/Filze	Schüttungen
Polystyrol-Hartschaum (EPS, XPS) Polyurethan-Hartschaum Holzfaser/Holzwolle Mineralfasern Kork	Glaswolle Steinwolle Polyesterfaservlies Kokosfaser Schafwolle	Perlite Zelluloseflocken Blähglimmer Glimmerschiefer Holzspäne

Übersicht 1: Einteilung von Dämmstoffen

9.4.1 Kennzeichen auf Wärmedämmmaterialien

Anwendungsgebiet und Produkteigenschaft

Die Kurzzeichen nach DIN 4108-10 auf dem Dämmstoff helfen dem Handwerker bei der Wahl des geeigneten Dämmstoffes, da diese sich in Anwendungsgebieten und Eigenschaften sehr unterscheiden, siehe **Tabellen 1 und 2**.

Kurzzeichen	Anwendungsgebiet	Anwendungsbeispiel
DAD	Dach, Decke	Außendämmung von Dach und Decke, Dämmung unter Deckungen
DAA		Außendämmung von Dach oder Decke, vor Bewitterung geschützt
DI		Unterseitige Innendämmung der Decke oder des Daches, abgehängte Decke
DEO		Innendämmung unter Estrich ohne Schallschutzanforderungen
DES		Innendämmung unter Estrich mit Schallschutzanforderungen
WAB	Wand	Außendämmung der Wand hinter Bekleidung
WDV		Fassadendämmung im Wandbereich
WI		Innendämmung der Wand
WTR		Dämmung von Raumtrennwänden
PW	Keller	Außen liegende Dämmung (Perimeterdämmung) von Wänden gegen Erdreich

Tabelle 1: Anwendungsgebiete von Wärmedämmungen (nach DIN 4108-10) (Auswahl)

Kurzzeichen	Produkteigenschaft	Beschreibung	Anwendungsbeispiel
dk	Druckbelastbarkeit	Keine Druckbelastbarkeit	Zwischensparrendämmung
dg		Geringe Druckbelastbarkeit	Unter Estrich im Wohnbereich
wk	Wasseraufnahme	Keine Anforderungen	Innendämmung
wd		Wasseraufnahme durch flüssiges Wasser und/oder Diffusion	Perimeterdämmung
sk	Schalltechnische Eigenschaften	Hohe Zusammendrückbarkeit, Trittschalldämmung	Wenn keine schalltechn. Anforderungen
sh		Hohe Zusammendrückbarkeit, Trittschalldämmung	Unter schwimmendem Estrich

Tabelle 2: Produkteigenschaften von Wärmedämmungen (nach DIN 4108-10)

Wärmeleitfähigkeit

Angabe der Wärmeleitfähigkeitsgruppe (WLG) oder der Wärmeleitfähigkeitsstufe (WLS). Siehe dazu **Kap. 9.1.3**. Übliche Dämmstoffe liegen zwischen WLG 025 und WLG 050.

Brandverhalten

Angabe der Baustoffklasse nach DIN 4102 und EN 13 501 (**Tabelle 3**).

Baustoffklasse nach DIN 4201 (EN 13 501)		
Nicht brennbare Baustoffe	A1 (A1)	Nicht brennbar
	A2 (A2)	Geringe brennbare Anteile
Brennbare Baustoffe	B1 (B/C)	Schwer entflammbar
	B2 (D/E)	Normal entflammbar
	B3 (F)	Leicht entflammbar

Tabelle 3: Baustoffklassen

CE-Zeichen

Dieses stellt die Qualitätsüberwachung der Dämmstoffe sicher.

Weitere Angaben auf dem Dämmstoff sind je nach Art und Anwendung z. B. Angaben zur Dämmdicke, Zusammendrückbarkeit, maximalen Verkehrslast, Steifigkeit u. a..

9.4.2 Wärmedämmmaterialien auf dem Markt

Einige Dämmstoffe dieser Aufstellung sind breit einsetzbar und haben sich auf dem Markt als wärmedämmender Baustoff durchgesetzt. Andere eignen sich nur für bestimmte Dämmaufgaben oder sind aus anderen Gründen im Verhältnis sehr teuer. Klar, dass mit zunehmender Dicke der Dämmplatte nicht nur die Dämmwirkung, sondern auch der Preis steigt.

1 m^2 Mineralwolle mit 10 cm Dicke kostet z. B. zwischen 5,00 und 45,00 €, expandiertes Polystyrol zwischen 10,00 und 35,00 € und Schafwolle zwischen 11,00 und 30,00 €, dagegen das Hightech-Produkt Aerogel zwischen 180,00 bis 1500 €.

Die Kosten für die Dämmstoffe müssen immer in Verbindung zum gesamten Arbeitsaufwand zur Anbringung des Systems gesehen werden. Zur Kundenberatung gehört, dem Kunden im Vergleich der Einbaukosten und der Einsparung an Öl oder Gas einen Einblick zu verschaffen, ob und wann sich die Kosten amortisieren (ausgleichen).

Die Reihenfolge der folgenden Dämmstoffe entspricht nicht der Bedeutung auf dem Markt, der Dämmeigenschaften oder anderen Kriterien und ist nicht vollständig.

Polystyrol-Hartschaumplatten (0,035 W/mK)
Aus Erdöl hergestellter Kunststoff.

- **Expandiertes Polystyrol (EPS) weiß**
  Die Bezeichnung „Styropor" ist eine geschützte Markenbezeichnung von BASF. Erkennbar sind die geschäumten, in Platte geformten Kunststoffkügelchen.
  Weit verbreiteter Dämm-Kunststoff in der Außendämmung mit WDVS und als Trittschalldämmung unter Estrichböden. Preiswert und einfach zu verarbeiten.
- **Extrudiertes Polystyrol (XPS), meist grünlich oder violett eingefärbt**
  Druckbelastbarer als EPS und feuchtebeständig. Meist Einsatz als Perimeterdämmung, z. B. an Kelleraußenwänden.

Bild 1: Extrudiertes Polystyrol

Mineralwolle (0,040 W/mK)
Der Begriff „Wolle" bezeichnet Fasern ohne besondere Verdichtung. Die dicke, leichte Faserpackung dämmt durch die eingeschlossene Luft. Als Rolle bis 20 cm Bahnendicke für die Dachdämmung oder als Platte für Wände und Böden geeignet. Auch geeignet als Füllung von Ständerwänden.

- **Glaswolle**
  Aufgeschmolzenes Glas wird zu dünnen Fasern geschleudert.
- **Steinwolle**
  Stein schmilzt bei 1500 °C, dann wird die Schmelze zu Fasern geschleudert.

Mineralwolle ist ein nicht brennbarer Dämmstoff und beständig gegen Schimmel, Fäulnis und Ungeziefer. Glasfasermatten waren lange durch das faserverklebenden Bindemittel Phenol-Formaldehyd gelb. Heute bestimmen Bindemittel auf Naturbasis den Farbton: braun **(Bild 3)**.

Faserbruchstücke sind äußert klein, seit dem Jahr 2000 jedoch nicht mehr unter 3 µm, so dass durch Einatmen keine Krebs-Gefahr mehr von diesem Dämmstoff ausgeht. Auf der Haut führen Glasfaserbruchstücke zu unangenehmen Juckreiz. Darum PSA und Ganzkörperschutz tragen. Material nicht werfen. Nicht reißen oder sägen, sondern mit sehr scharfer Klinge schneiden. Nicht kehren, sondern saugen.

Bild 2: Mineralwolle

Schafwolle (0,040 W/mK)
Gereinigte Rohwolle wird zu Vlies verfilzt und kann bei gleichbleibender Wärmeleitfähigkeit bis zu 30 % Feuchte aufnehmen. Ein Naturprodukt, das zur Vorbeugung gegen Insekten- und Schimmelpilzbefall von einigen Herstellern mit Flammschutzmittel Borax behandelt wurde. Als Zwischensparrendämmung oder als Füllung von Ständerwänden. Im Handel als Matten oder Stopfwolle.

Vakuum-Dämmelemente (VIP) 0,007 W/mK erreichbar
Vakuumdämmplatten besitzen ein mikroporöses Kernmaterial, das in einer dünnen, luftdichten Hülle vakuumiert (annähernd) ist. Dadurch wird eine außergewöhnlich hohe Dämmwirkung bei extrem geringer Dämmdicke erzielt. In allen Bereichen einsetzbar. Teuer. Die Elemente werden maßgefertigt und können nicht zugeschnitten werden.

Bild 3: Vakuum-Dämmelemente

Aerogel 0,02 W/mK
Aerogel ist ein hochporöser Hightech-Dämmstoff, bei dem bis zu 99,98 % des Volumens aus Poren besteht. Am verbreitetsten sind Aerogele auf Silikatbasis. Einer der bisher besten Wärmedämmstoffe. Einsatz in WDVS oder im Innenraum als Verbundplatte.

Holzfaserdämmplatten 0,045 W/mK
Diese Platten bestehen aus in Plattenform gepresstem zerfasertem Nadelholz (Bild 1). Als Klebstoff in den Platten dienen die holzeigenen Harze. Zum Schutz gegen Fäulnis und zur Verbesserung des Brandschutzes wird Ammoniumsulfat beigemengt. Sie sind relativ weich und werden nach Verlegung mit Putz und Armierungseinlage versehen.

Bild 1: Holzfaserdämmplatten

Dämmstoffe aus Zellulose 0,040 W/mK
Die Zelluloseflocken bestehen aus mindestens 80 % Altpapier (Bild 2). Diese werden in Hohlräume von Dach oder Wand eingeblasen, dadurch ist kein aufwändiges Anpassen der Dämmung notwendig. Meist mit Borax gegen Insekten, Verrottung oder Brand behandelt. Verarbeitung nur durch qualifizierte Fachbetriebe.

Bild 2: Zelluloseflocken

Perlit 0,040 W/mK
Perlit ist ein vulkanisches Gestein, welches durch einen thermischen Prozess stark aufgebläht wird. Durch den Einsatz von Bindemitteln lassen sich Perlit-Dämmplatten herstellen. Das Granulat kann zur Dämmung des Daches, zur Kerndämmung von Wänden und als Schüttung für Fußböden im Trockenbau eingesetzt werden.

Polyurethanplatten (0,025 W/mK)
Aus Erdöl hergestellter Kunststoff. Durch Aufschäumen entsteht ein geschlossenzelliger Dämmstoff. Die Hartschaumplatten werden vorwiegend in Rollladenkästen verwendet, der Dämmstoff häufig auch industriell appliziert als Sandwich hinter Alu-Verkleidungen.

PUR ist auch als Montageschaum für kleinere Hohlraumdämmungen auf dem Markt.

9.4.3 Werkzeuge für Wärmedämmarbeiten

Übersicht 1 zeigt eine Auswahl von Werkzeugen, die bei Wärmedämmarbeiten gebraucht werden.

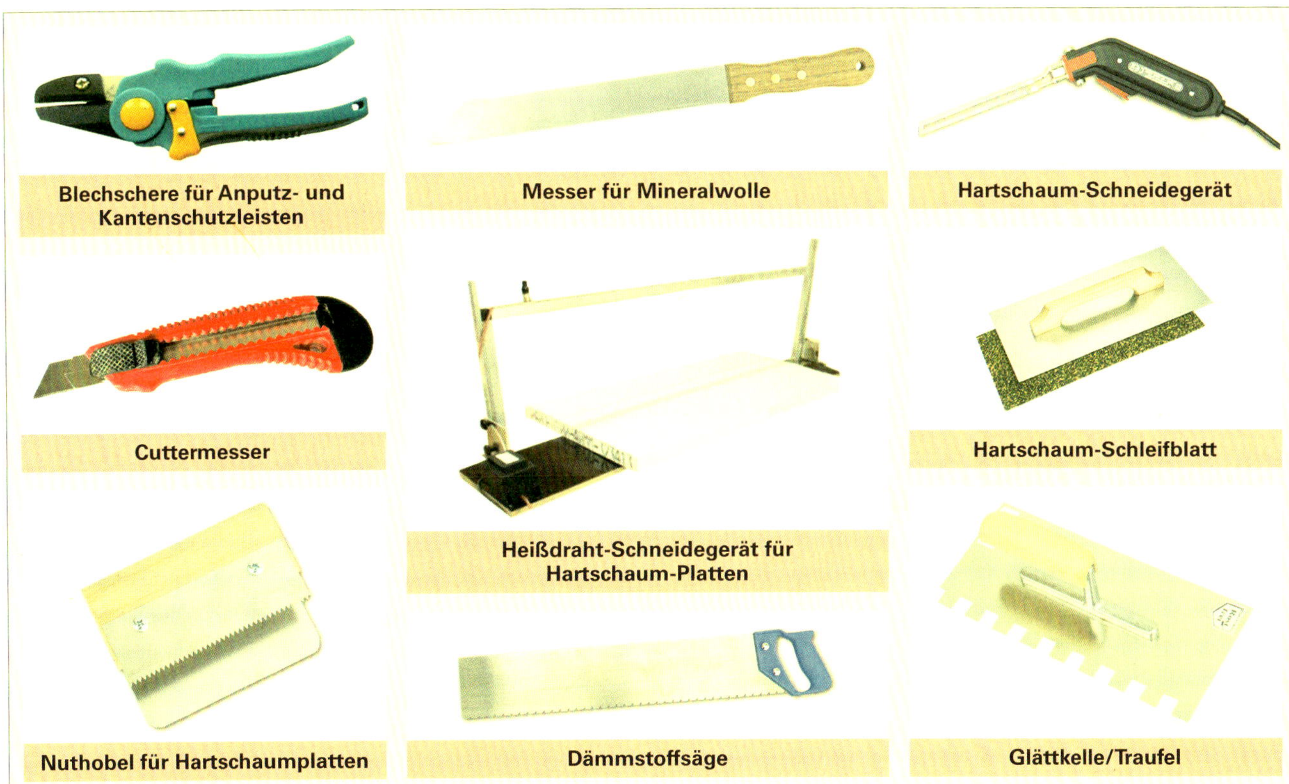

Übersicht 1: Werkzeugen für Wärmedämmarbeiten

Dämmstoffzuschnitte müssen exakt ausgeführt werden. Darum müssen Dämmstoffmesser immer äußerst scharf sein. Es ging schon mancher Finger verloren.

Der Draht des Thermogerätes zum Zuschneiden wird sehr heiß, der schmelzende Kunststoff riecht. Darum muss bei Wärmedämmarbeiten die persönliche Schutzausrüstung eingesetzt werden.

9.5 Wärmedämmkonstruktionen

Die **Übersicht 1** zeigt den Temperaturverlauf in Wänden mit verschiedenen Dämmaufbauten. Der Temperaturverlauf führt zur Verschiebung des Taupunkts, somit zur Verschiebung des Punktes im Aufbau, wo Feuchte kondensieren kann. Eine Dampfsperre darf bei üblichem Raumklima nicht kälter als 10 °C werden und muss wärmer als 12,6 °C sein, wenn die Bauteile Oberflächen besitzen, auf denen Schimmel wachsen kann.
Die 0 °C-Linie zeigt an, welche Bereiche der Wand bei Frost so kalt werden, dass das in den Baustoffporen enthaltene Wasser gefrieren kann.

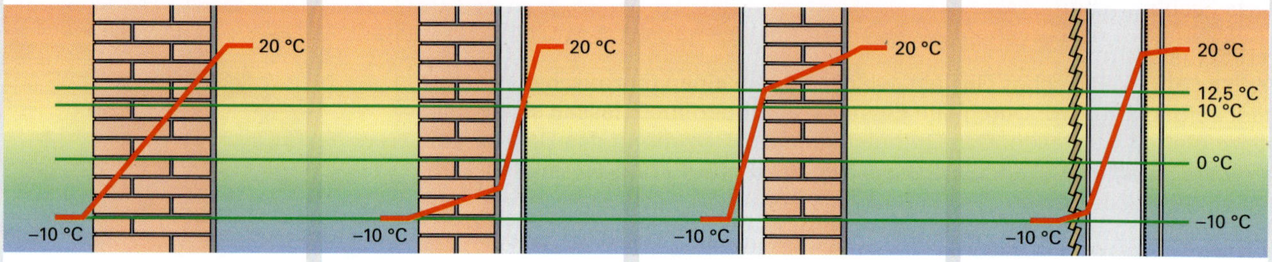

Massive Außenwand ohne zusätzliche Dämmschicht	Massive Außenwand mit Innendämmung	Massive Außenwand mit Außendämmung	Leichtbauwand
Je geringer die Rohdichte ist, desto besser ist die Wärmedämmung. Kondensat: Je nach Stein in der Wand und/oder an der inneren Oberfläche der Wand. Schlimmel: Je nach Stein an der inneren Oberfläche.	Die Mauer entfällt als Wärmespeicher. Schnelles Aufheizen der Räume und schnelles Abkühlen. Kondensat: An den verbleibenden Wärmebrücken und ohne Dampfsperre auch auf der Innenseite der Massivwand. Schimmel: An den Kondensatstellen.	Optimale Lage der Dämmschicht. Die Mauer dient als Wärmespeicher. Kondensat: In klaren Winternächten außen auf dem Außenputz und bei zu dampfdichtem Außenputz im Grenzbereich zwischen Dämmschicht und Außenputz. Schimmel: Algen und in der Folge Schimmel außen auf dem Außenputz.	Kein Wärmespeicher. Schnelles Aufheizen der Räume und schnelles Abkühlen. Kondensat: Ohne Dampfsperre oder bei beschädigter Dampfsperre auf der Innenseite der äußeren Bekleidung der Dämmschicht. Schimmel: An den Kondensatstellen.

Übersicht 1: Dämmsysteme

Massive Wände ohne Wärmedämmkonstruktion

Je dichter und schwerer ein Stein ist, umso besser leitet er die Wärme. Je kleiner λ des Steins, umso besser die Dämmung, siehe **Kap. 9.1.3**. Hohlblocksteine erzielen heute durchaus eine gute Dämmung, die Hohlräume können zusätzlich Dämmstoffe enthalten.

Die Außenwand eines Wohnhauses müsste anstelle einer 0,36 m Wand bei gleicher Dämmeigenschaft eine Dicke von 1,84 m Normalbeton besitzen **(Bild 1)**. Man stelle sich die Fensteröffnungen in ihrer Wirkung vor.

Die dicken Wände historischer Kirchen und Gebäude aus Granit oder Kalksandstein waren aus statischen Gründen nötig, d. h. damit das Gebäude unter der eigenen Last nicht zusammenbrach.

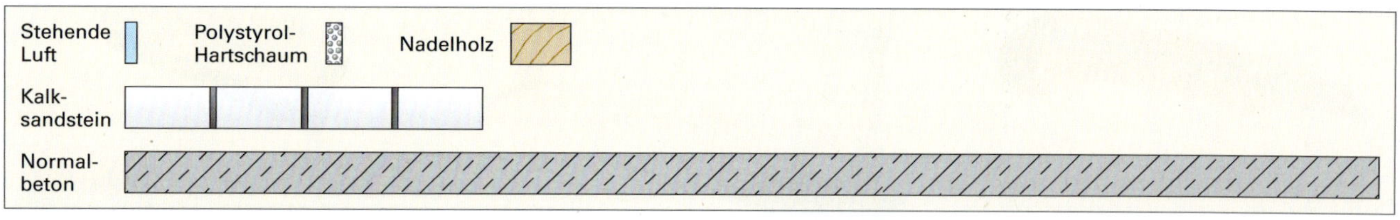

Bild 1: Vergleich der Wärmedämmeigenschaft

9.6 Innendämmung

Im Allgemeinen sind vom Maler und Lackierer die Außenwände von Räumen zu dämmen, eine Dämmung der Decke dann, wenn der Dachstuhl unausgebaut und ungedämmt ist. Im Zuge von Renovierungsarbeiten dämmen Maler und Lackierer auch Dachkonstruktionen von innen.

9.6.1 Innendämmung von Außenwänden

Wenn möglich ist immer eine Außendämmung vorzuziehen. Eine Innendämmung wird meist dann angebracht,
- wenn eine Außendämmung der Fassade nicht möglich ist, z. B. Fassaden unter Denkmalschutz stehen.
- wenn nur eine Wohnung gedämmt werden soll und nicht das gesamte Gebäude.
- wenn Gebäude nur zeitweise beheizt werden. So muss nur die Raumluft erwärmt werden und nicht auch noch die Wände.
- wenn ein Dachboden zu Wohnraum ausgebaut wird.

Eine Innendämmung muss nicht wetterbeständig sein und ist daher meist preiswerter als eine Außendämmung.

Die Wand selbst bleibt kalt, in der Wand liegende Wasserleitungen sind im Winter nicht geschützt. Bei Innendämmungen ist der Temperaturverlauf in der Wand von großer Bedeutung. Schon bei einer relativ dünnen Innendämmung wird die Innenseite der Massivwand so kalt, dass dort die Taupunkttemperatur der Raumluft unterschritten wird. Dann entsteht Kondenswasser, der Nährboden für Schimmelbildung. Darum ist der fachgerechte Einbau einer Dampfbremse erforderlich.

Nachteilig ist auch, dass durch den Aufbau der Innendämmung der Raum kleiner wird.

Die Innendämmung ist eine Trockenbaumaßnahme. Systeme auf dem Markt lassen sich in der Regel montieren, sodass bei Renovierungsarbeiten kein Wasser in die Wohnung eingetragen wird. Somit sind gedämmte Innenräume meist sofort wieder zu nutzen.

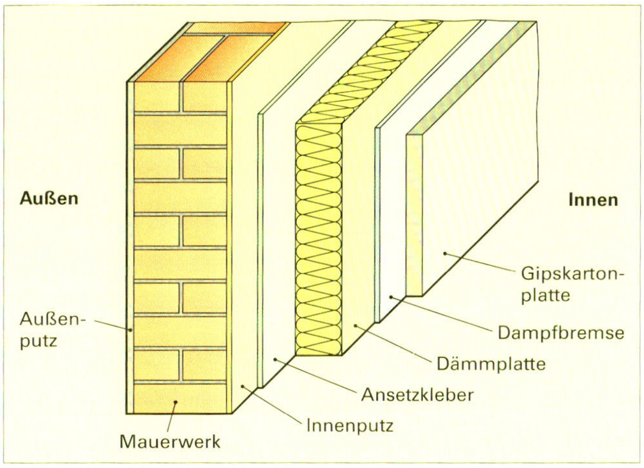

Bild 1: Aufbau einer Innendämmung

Aufbau einer Innendämmung

Bild 1 zeigt den üblichen Aufbau einer innengedämmten Außenwand. Massive Innenwände und Geschossdecken müssen mit in die Wärmedämmmaßnahmen im Anschlussbereich an die Außenwand eingebunden werden, um Kondenswasser zu vermeiden.
Eine Bekleidung mit einer Verbundplatte, die auf 50 cm in den Raum hineinreicht, reduziert Energieverluste durch Wärmebrücken (Bild 2).

Bei jeder Innendämmung müssen auch alle Fensterleibungen umlaufend gedämmt werden. Wärmebrücken sind zu vermeiden.

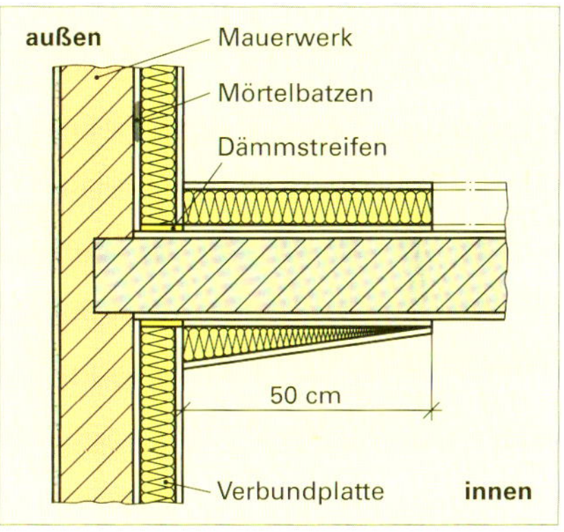

Bild 2: Einbinden von massiven Innenwänden in die Dämmung

Dämmsysteme im Innenraum

Gipskartonverbundplatte

Auf die Rückseite der Gipskartonplatte ist Mineralwolle oder Polystyrol-Hartschaum (EPS) als Dämmschicht kaschiert (Bild 3). Je nach Anforderung sind Verbundplatten mit einer Dampfbremse zwischen Dämmplatte und Gipskartonplatte versehen. Besonders bei Dicken von über 6 cm ist eine Dampfbremse sinnvoll.

Die Verbundplatten werden mit Mörtelbatzen auf die Wand geklebt. Die Platten müssen mit Dämmstreifen von Boden und Wänden getrennt werden. Die Stöße der Platten müssen luftdicht verspachtelt werden.

Bild 3: Gipskartonverbundplatten

Thermotapete

Die wenige Millimeter dicke Dämmschicht aus Polystyrol erhöht die Oberflächentemperatur und kann die empfundene Raumtemperatur erhöhen. Kaum Energieeinsparung, aber Gefahr der Schimmelbildung. Als Wärmedämm-Maßnahme nicht zu empfehlen.

Freistehende Vorsatzschalen

Vorsatzschalen werden meist mit frei vor der Wand stehenden Metallprofilen (CW-Profil) montiert. Die Metallprofile sollen die Außenwand nicht berühren, um Wärmebrücken zu vermeiden. Der Zwischenraum wird mit Mineralwolle vollständig ausgedämmt, siehe Bild 4. Eine Dampfbremse aus PE-Folie ist erforderlich. Gipskartonplatten bilden den raumseitigen Abschluss.

Bild 4: Montage von Vorsatzschalen

Kalziumsilikatplatten

Diese Platten haben im Vergleich keinen so guten Dämmwert (0,050 bis 0,065 W/mK) wie andere Dämmstoffe, sind aber in besonderen Fällen gut geeignet, z.B. wenn viel Raumfeuchte aufgenommen werden muss oder wenn diese Feuchte schnell wieder austrocknen soll. Auch geeignet, wenn keine Dampfsperre verbaut werden soll. Die Platten werden innen direkt auf die Außenwand geklebt und dann verspachtelt.

Schaumglasplatten

Platten aus Schaumglas sind unter der Markenbezeichnung Foamglas im Handel. Ihr Dämmwert beträgt 0,04 bis 0,05 W/mK. Platten aus Schaumglas besitzen eine geschlossene und wasserdichte Zellstruktur. Sie verrotten nicht.

Systeme mit Lehmputzen

Lehmputz kann Feuchte aufnehmen und wieder abgeben, er ist diffusionsoffen. Das Material Lehm dämmt nicht besonders, ist aber ein sehr guter Wärmespeicher.
Auf die zu dämmende Fläche wird ein Lehmputz aufgetragen. In den frischen Lehmputz werden die Holzfaserplatten hineingedrückt und anschließend in der Wand verdübelt. Die Dämmplatten können direkt anschließend mit Lehm verputzt werden **(Bild 1)**.

Dämmplatten auf Aerogelbasis

Der Hightech-Dämmstoff Aerogel ermöglicht maximale Isolierung bei minimaler Dicke. Der Dämmaufbau ist um ein Vielfaches schlanker als herkömmliche Systeme und bedeutet einen erheblichen Raumgewinn. Teuer.

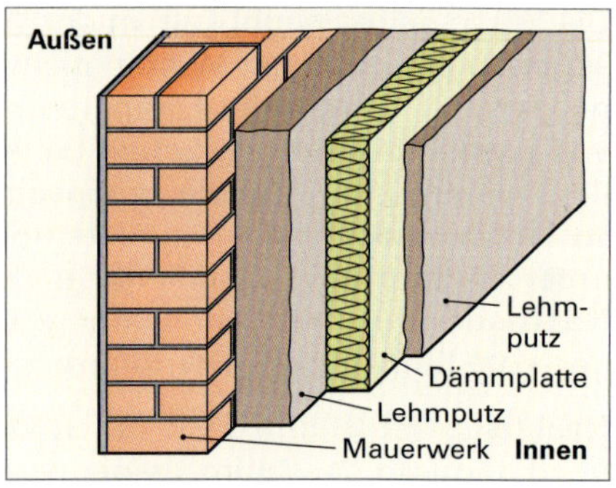

Bild 1: Dämmsystem mit Lehmputz und Holzfaserplatten

9.6.2 Innendämmung im Dachausbau

Zwischensparrendämmung

Diese ist bei nachträglichem Dachausbauten üblich. Die Dämmung wird von innen zwischen den Sparren montiert, also den von der Traufe zum First laufenden Balken bzw. Trägern des Dachstuhls.

Untersparrendämmung

Die Dämmung wird von innen unter den Sparren montiert.
Ist bereits eine Zwischensparrendämmung vorhanden, so ist sie eine gute Ergänzung und verbessert den Wärmeschutz, je nach Material und Dicke der Dämmung.

Aufsparrendämmung

Diese wird oberhalb der Dachsparren und von außen angebracht. Durchgehende Dämmschicht, daher sehr effektiv.
Eine sehr aufwändige Dachdeckerarbeit. Genehmigungspflichtig, da der Dachfirst höher kommt.

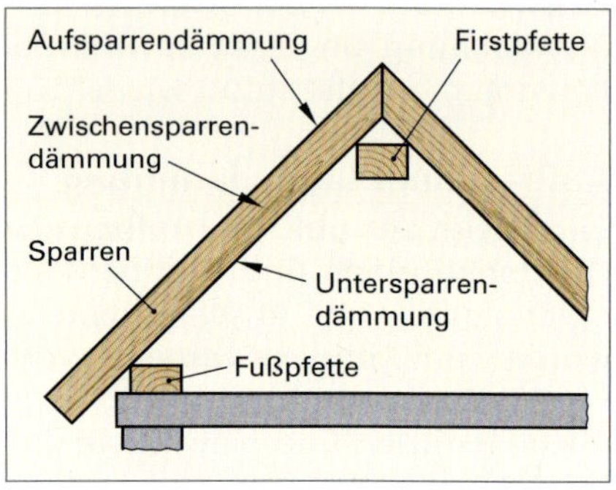

Bild 2: Möglichkeiten der Dachdämmung

Aufbau und Arbeitsschritte der Zwischensparrendämmung

Die Zwischensparrendämmung setzt voraus, dass das Dach dicht und in Ordnung ist. Im Zweifel ist der Dachdecker zu Rate zu ziehen.
Zuerst ist der Dachstuhl von innen freizulegen. Leere Dachstühle sind grob auszukehren.
In der Regel ist altes Dämmmaterial zu entfernen, meist in größerer Menge. Siehe Info-Feld unten.

Zur Dämmung werden meist Mineralfaser-Dämmmatten oder Matten aus Naturfasern verwendet. Je nach Tiefe der Sparren sind Matten bis zu 20 cm Dicke möglich. Die Dämmelemente werden etwas größer zugeschnitten als die Sparrenbreite und dann zwischen die Sparren geklemmt. Jede Lücke ist zu füllen um Wärmebrücken zu vermeiden.

Die Innenseite der Dämmung wird mit einer zusätzlichen, luftdichten Folie vor Feuchte geschützt, die durch übermäßige Kondensation entstehen kann. Diese Dampfsperre wird auf die Sparren getackert. Die Bahnen müssen absolut dicht mit Spezialklebebändern verklebt werden, ebenso Anschlüsse und Durchstöße von Rohren. Die Konterlattung wird längs der Sparren aufgeschraubt (früher genagelt). Leitungen sind spätestens jetzt einzulegen. Dann erfolgt die Verbretterung oder nach Anbringen von Gipskartonplatten die Beschichtung nach Wunsch des Kunden.

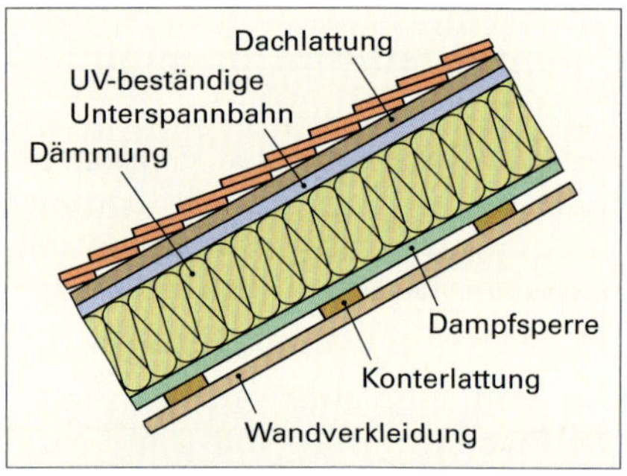

Bild 3: Aufbau der Zwischensparrendämmung

Bild 4: Der Profi beim Aufspannen und Verkleben der Dampfsperre

Vorsicht beim Dachausbau:
Der Kontakt mit Mäusekot ist nicht nur unangenehm, sondern auch gefährlich, da Mäuse über ihren Kot den Hanta-Virus übertragen. Hantaviren können beim Menschen zu hochfiebrigen Infekten mit Nierenversagen führen.
Auch beim Entsorgen von Glas- oder Steinwolle, die vor 2000 n. Chr. verbaut wurde, ist immer äußerste Vorsicht geboten. Die Faserbruchstücke können äußerst klein sein (bis unter 3 µm) und dadurch lungengängig und krebserregend. Auf der Haut führen sie zu Juckreiz. Ein Teilchen im Auge kann oft nur durch Bohren entfernt werden. Darum

- PSA und Ganzkörperschutz tragen.
- Material nicht werfen
- Dämmmatten nicht reißen oder sägen, nur mit sehr scharfer Klinge schneiden.
- Dämmmatten nicht kehren, sondern saugen. Die Faserreste stehen mehrere Stunden in der Luft.

Alte Dämmstoffe müssen in luftdichten Säcken beim Wertstoffhof entsorgt werden. Der Beleg ist als Beweis der fachgerechten Entsorgung aufzuheben.

9.7 Außendämmung

Eine Außendämmung der Fassade an Gebäuden ist der Innendämmung weit überlegen.
Vorteile:

- Die Gefahr der Kondenswasserbildung und damit der Schimmelbildung in Räumen ist deutlich geringer.
- Die Außenwand kühlt bei niedrigen Außentemperaturen nicht aus. Sie dient als Wärmespeicher für die Wohnräume und senkt den Energieverbrauch erheblich.
- Rohre und Leitungen liegen innerhalb der gedämmten Wand. Die Gefahr von Frostschäden sinkt erheblich.
- Eine wärmere Oberflächentemperatur der Wand macht Innenräume behaglicher.
- Die Energiekosten werden sicher weiterhin steigen.
- Es ist ein gutes Gefühl, einen Beitrag zum Erhalt unserer Erde geleistet zu haben.

Von Nachteil sind die hohen Kosten. Es besteht die Möglichkeit staatliche Zuschüsse zu erhalten.

Möglichkeiten der Wärmedämmung an Außenwänden:

- Wärmedämmverbundsysteme
- Vorgehängte Fassaden
- Wärmedämmputze
- Kerndämmung

9.7.1 Wärmedämmverbundsysteme WDVS

1957 wurde erstmals ein Gebäude mit einem WDVS versehen.

Ein WDVS ist immer ein Systemaufbau (**Bild 1**):

- Klebemasse/Klebemörtel (wenn nötig weitere Befestigungsmittel)
- Dämmplatte
- Unterputz mit Armierungsgewebe
- Oberputz
- Schlussbeschichtung

Nur als ganzes System erhalten WDVS nach behördlichen Prüfverfahren die bauaufsichtliche Zulassung. Nur als vollständiges Dämmsystem dämmen sie maximal effektiv und erfüllen nicht zuletzt Sicherheits- sowie Brandschutzvorschriften. Komponenten verschiedener Systeme dürfen nicht kombiniert werden.

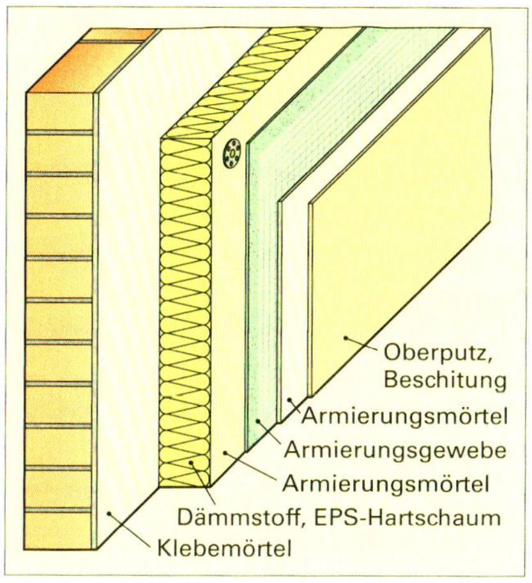

Bild 1: Aufbau eines WDV-Systems

Planung des WDV-Systems

Die 2 folgenden Dämmsysteme bestimmen fast 90 % des gesamten WDVS-Marktes:

Mineralische WDVS	Organische WDVS
Die Dämmschicht besteht aus Mineralwollplatten, z. B. Steinwolle. Diese Systeme sind nicht brennbar. Sie sind für Hochhäuser über 22 m und öffentliche Gebäude wie Krankenhäuser vorgeschrieben.	Dämmung durch Polystyrol-Hartschaumplatten (EPS). Diese Systeme sind elastischer. Sie sind kostengünstiger aber brennbar. Darum sind Bereiche aus nichtbrennbarer Mineralwolle vorgeschrieben

Bild 2: Diese Fassade erfordert eine sehr gute Planung der Dämmung

Dämmstoffe wie Holzweichfaser oder Hanf sind die wesentlichen Vertreter ökologischer Dämmstoffe.

Planung vor Ort an der Fassade

Die Fassade ist auf Änderungsbedarf durch die Dicke der Dämmung zu prüfen, z. B.

- der Abstand zu Dachüberständen,
- Einfluss auf Fensterbänke und Fensteröffnungen,
- Regenrohre,
- Klingelanlage,
- Geländer und vieles mehr.

Am einfachsten werden WDVS geklebt oder, wenn die Tragfähigkeit des Untergrunds nicht ausreicht, zusätzlich verdübelt, **siehe Seite 162**.

Der Untergrund darf nicht feucht sein. Bei Neubauten müssen die Estrich- und Innenputzarbeiten abgeschlossen sein. Bei der Altbausanierung muss der Untergrund von Schmutz und Algenbefall gereinigt werden. Während der gesamten Verarbeitungs- und Trockenphase dürfen die Temperaturen nicht unter 5 °C sinken.

Perimeterdämmung (Dämmung erdberührter Bauteile)

Im Bereich von Keller und Sockel müssen druckbeständige und feuchteunempfindliche Platten verlegt werden. Diese Platten werden außerhalb der Dichtungsebene, meist auf einer Abdichtung mit kunststoffmodifizierter Bitumendickbeschichtung angebracht (Bild 1).
Geeignet: Extrudiertes Polystyrol (XPS), PUR-Hartschaum

Bild 1: Perimeterdämmung

Dämmplatten anbringen

Zuerst ist eine Sockelschiene anzubringen (Bild 2). Die Schiene dient als unterer Abschluss und muss absolut waagerecht ausgerichtet sein. Sie muss mindestens 30 cm über dem Erdreich liegen. An den Gebäudeecken sind die Sockelschienen auf Gehrung zu schneiden.
Bei tragfähigen Untergründen werden die Dämmplatten mit einem dafür geeigneten Klebemörtel befestigt. Wird geklebt und zusätzlich gedübelt, gehören Dübel zum System, die keine Kältebrücken bilden, versenkt verschraubt werden und mit einer Dämmstoffscheibe abgedeckt werden.
Die Verklebung erfolgt vollflächig oder mit der Randwulst-Punkt-Methode, bei der ein 5 cm breiter Randstreifen und zwei bis drei 15 cm große Batzen aufgetragen werden.
Die Verlegung der Platten erfolgt von unten nach oben im Verband. Es dürfen keine Kreuzfugen entstehen. An Gebäudeecken werden die Platten verzahnt. Um Wärmebrücken zu vermeiden müssen die Platten dicht gestoßen werden. Entstehen Fugen, müssen diese nachträglich sorgfältig mit Füllschaum (nie Klebemörtel), ab 5 mm mit Dichtmaterial verfüllt werden, um Wärmebrücken zu vermeiden.
Nach dem Trocknen werden Plattenstöße plangeschliffen.

Bild 2: Setzen der Sockelschiene

Putzschicht

Die Putzschicht ist die erste witterungsbeständige Schicht im Aufbau. Es können mineralisch oder organisch gebundene Putze verwendet werden. Soll ein Anstrich mit Silikatfarbe erfolgen, so muss der Oberputz mineralisch gebunden sein.

Das Putzsystem besteht aus:
Unterputz/Armierungskleber + Armierungsgewebe + Oberputz

Der Armierungsmörtel wird mit einer Stärke von 2 bis 3 mm auf der Oberfläche der Fassadendämmplatten glatt und gleichmäßig aufgetragen und verteilt. Auf dem frisch aufgetragenen Mörtel wird nun das Armierungsgewebe mit einer Überlappung von 10 cm an den Stößen aufgelegt. Das Gleiche gilt nun für die Gewebeeckwinkel. Anschließend wird die zweite Mörtelschicht in einer Dicke von ca. 1 bis 2 mm aufgetragen. Das Armierungsgewebe darf anschließend nicht mehr sichtbar sein.

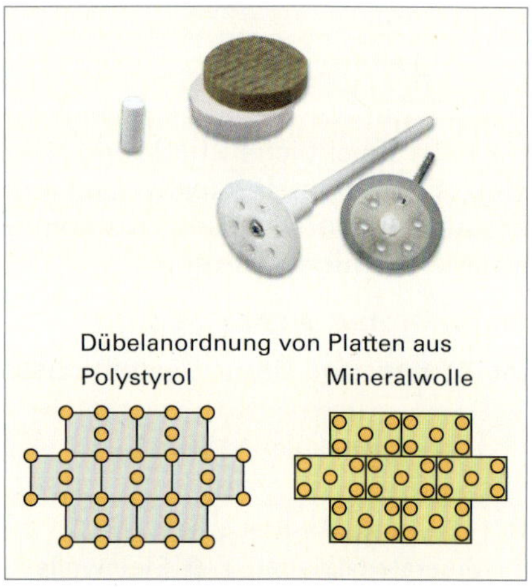

Bild 3: Verkleben und Dübeln von Dämmplatten

Schlussbeschichtung

Nach ausreichender Trocknung des Oberputzes erfolgt die Beschichtung. Ein eingefärbter Oberputz kann einen Arbeitsgang einsparen. Bei Beschichtungen auf WDVS darf der Hellbezugswert (HBW) bzw. TRS-Wert nicht unter 20 liegen, siehe Kap. 16.2.3.
Außer mit einer Beschichtung kann das WDV-System auch mit Flachverblendern oder keramischen Belägen versehen werden. Die bauphysikalischen Auswirkungen (Gewicht, Dämmwirkung) sind vorher zu klären.

9.7.2 Alternativen zur Dämmung mit WDV-Systemen

Vorgehängte, hinterlüftete Fassaden

Bei einer vorgehängten hinterlüfteten Fassade sind die Funktionen klar getrennt in Wetterschutz, Hinterlüftung, Wärmedämmung und tragender Wand. Sie muss auf eine Unterkonstruktion montiert werden.
Als Hinterlüftung wird der Luftraum zwischen der Fassadenverkleidung und der tragenden Wand oder der Fassadenverkleidung und der Wärmedämmung verstanden. Hier kann die Luft ungehindert von unten nach oben zirkulieren und Feuchte abtransportieren (Bild 4).

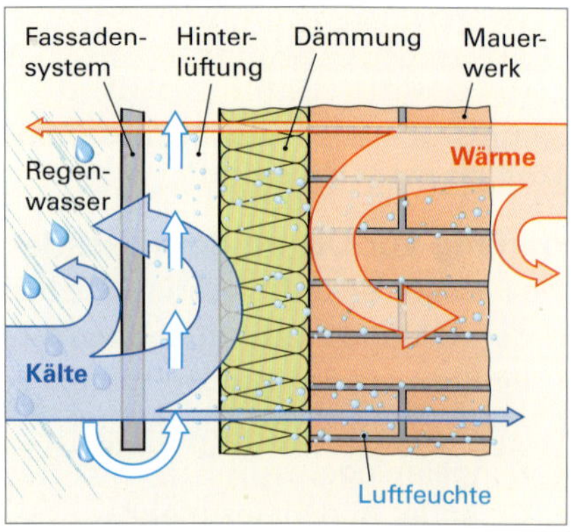

Bild 4: Vorgehängte, hinterlüftete Fassade

Kerndämmung

Dies ist eine bauliche Maßnahme, in der Regel bei Neubauten durch den Maurer. Solche Häuser haben praktisch zwei Außenwände: die äußere Außenwand und eine innere Tragwand. Zwischen den Wänden besteht ein Hohlraum. Diesen Hohlraum füllen Dämmplatten oder es werden Dämmstoffe eingeblasen.

Wärmedämmputz

Wärmedämmende Putze können nur als Unterputz aufgetragen werden. Dem Unterputz auf Kalk- oder Zementbasis wird ein Leichtzuschlag in Form von Polyesterkügelchen, bei mineralischen Dämmputzen Perlite oder bei Hochleistungsdämmputzen Aerogel, sowie ein Luftporenbildner zugesetzt. Dieser Unterputz ist nicht genügend wasserabweisend und benötigt eine entsprechende Oberschicht.

Als Oberputze können diffusionsoffene Edelputze, Silikatputze oder Silikonharzputze aufgebracht werden. Die Verarbeitung erfolgt in der Regel als Spritzputz. Je nach System kann eine Schicht bis 150 cm aufgetragen werden. Ab 5 cm allerdingst nur lagenweise in mehreren Schichten.

Bild 1: Applikation eines Wärmedämmputzes

9.7.3 Brandschutz im WDVS

Ein Fassadenbrand bricht meist in unmittelbarer Nähe zum Haus aus (Müll, Holzstapel) oder in Wohnungen (Elektrogeräte, Fehlverhalten). Durch ein Feuer im Innern platzen Fensterscheiben, so dass der Brand mit Temperaturen bis 900 °C auf die Fassade überspringen kann.

Etwa 2/3 aller WDV-Systeme basieren auf expandierten Polystyrol EPS. Dieser Kunststoff ist schwer entflammbar und somit in Baustoffklasse B1.

In Deutschland enthalten EPS-Dämmstoffe immer Flammschutzmittel, wenn sie für Fassadenanwendungen eingesetzt werden. Im Brandfall schmilzt flammgeschütztes EPS zunächst. Graues EPS (mit Grafitanteil) und moderne Putzsysteme verringern die Brandlast und Intensität eines Brandes nochmals.

Bei Häusern, deren oberstes begehbares Geschoss in sieben Metern Höhe und darüber beginnt, sind sogenannte Brandriegel vorgeschrieben **(Bild 2)**. Sie bestehen meist aus nichtbrennbarer Stein- oder Mineralwolle. Bei mehrstöckigen Gebäuden umschließen die horizontal angebrachten Brandriegel jedes zweite Stockwerk der mit EPS gedämmten Fassade.

Über Fenstern und Türen kann ein „Sturzschutz" aus Mineralfaserplatten ein Ausbreiten von Feuer verhindern **(Bild 3)**. Erforderlich ist ein 20 cm breiter und 30 cm überstehender Streifen oberhalb der Öffnung.

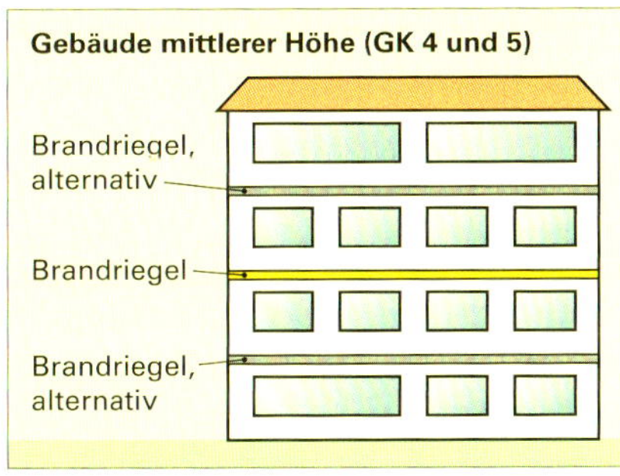

Bild 2: Brandriegel

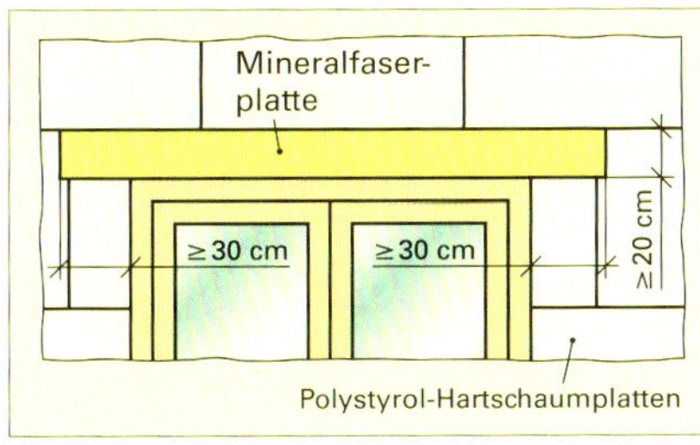

Bild 3: Sturzschutz

9.8 Richtig lüften und heizen

Bewohner können durch richtiges Lüften und Heizen zur Energieeinsparung und Vermeidung von Feuchteschäden beitragen. Möglichst sollte die relative Luftfeuchte in Räumen 65 % nicht übersteigen, im Winter können schon 40 % zu viel sein.

Richtig lüften:

- Wenn die Raumluft viel Feuchte aufnehmen musste, sollte zeitnah gelüftet werden, z.B. nach Kochen, Duschen, vielen Personen im Raum etc.
- Ständig gekippte Fenster in beheizten Räumen erhöhen den Energieverbrauch unnötig. Besser ist ein Stoßlüften nach Bedarf **(Tabelle 1)**. Dies gilt nicht für gekippte oder offene Fenster in unbeheizten Schlafräumen.
- Kellerräume sollten nur gelüftet werden, wenn die Außentemperatur kälter als die Raumtemperatur ist.
- Wäsche möglichst im Freien trocknen.

Richtig heizen:

- Auch wenig genutzte Räume sollten immer leicht beheizt werden. Türen zu beheizten Räumen sind immer geschlossen zu halten.
- Im Schlafzimmer sollte nachts das Fenster gekippt stehen oder die Raumtemperatur nicht unter 16 °C sinken.
- Wenn die Raumtemperatur nachts gesenkt wird, muss vorher immer ausreichend gelüftet werden.
- Senkt man die Raumtemperatur um 1 °C, so spart man 6 % Heizenergie!

Fensterstellung/Lüftungsart		Ungefähre Dauer der Lüftung für einen Luftwechsel
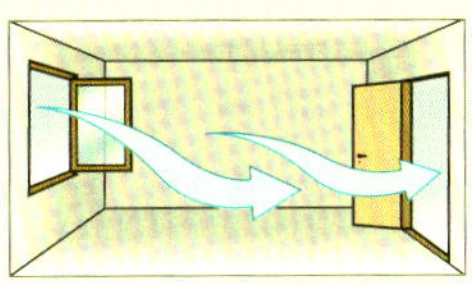	Gegenüberliegende Fenster/Türen ganz offen (Querlüftung)	ca. 4 Minuten
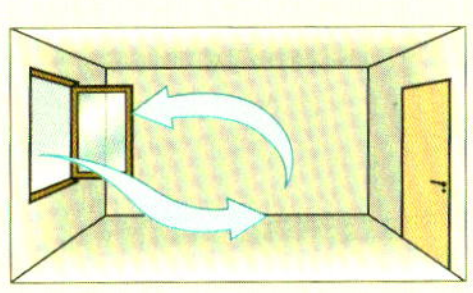	Fenster ganz offen	ca. 10 Minuten
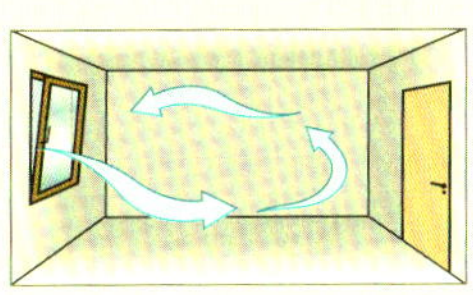	Fenster gekippt	ca. 60 Minuten

Tabelle 1: Wirkung natürlicher Lüftung

9.9 Schimmel an Wänden

Schimmel macht krank. Eine Schimmelpilzbildung wird meist erst wahrgenommen, wenn sich dunkle, meist schmierige Flecken auf Oberflächen bilden oder es im Raum muffig riecht.

Schimmel braucht zum Leben Feuchte. Stehende, warme Raumluft lässt Schimmel auf feuchten Wänden bestens gedeihen. Seine Gesundheitsgefährdung ergibt sich aus der Übertragung der mikroskopisch kleinen Schimmelsporen durch die Luft, die eingeatmet wird **(Bild 1)**. Viele Menschen reagieren allergisch auf Schimmelpilzsporen.

Für Schimmelbefall gibt es zwei Ursachen:

Das Verhalten der Bewohner. Dauerhaft geschlossene Fenster und unsachgemäße Lüftungs- und Heizgewohnheiten, sowie zu dichtes Stellen von Möbeln an Außenwände behindern den Luftaustausch.

Bautechnische Ursachen. Undichte Bauteile und Mängel in der Abdichtung des Baus zum Erdreich lassen Feuchte eindringen. Abgewitterte Beschichtungen lassen die Fassade Feuchte saugen **(Kap. 5.2.4)**. In der Raumluft enthaltener Wasserdampf kondensiert an Wärmebrücken.

Darum bildet sich Schimmel häufig an folgenden Stellen:

- Raumecken, die an Außenbereiche angrenzen
- Wandflächen hinter Möbeln
- Schlafräume
- Dichtungsfugen in Bad und Küche

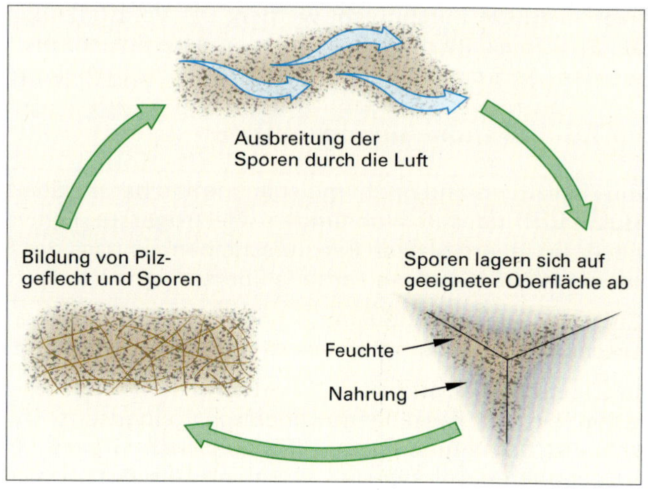

Bild 1: Entwicklungskreislauf von Schimmelpilzen

Schimmelbekämpfung

Wer Sanierungsarbeiten ausführt, darf selbst nicht allergisch auf Schimmel reagieren.

Im Zuge von Renovierungsarbeiten führt der Maler und Lackierer einfache Sanierungsarbeiten durch **(Übersicht 1)**, muss aber erkennen, ob er für den vorliegenden Schadensumfang fachlich kompetent ist. Sonst rät er dem Kunden zur Beauftragung einer Spezialfirma.

Ohne eine Untersuchung der Ursachen der Schimmelbildung und deren Beseitigung kann der Maler und Lackierer allein durch seine Malerarbeit Schimmelbildung auf Dauer nicht verhindern. Da die Wohnweise der Bewohner zur Schimmelbildung beiträgt, ist ein Gespräch mit dem Kunden über schimmelvorbeugende Wohnweise (lüften, reinigen...) wichtig. Es muss sachlich und ohne Schuldzuweisung erfolgen.

Je nach Größe des Befalls muss ein Sachverständiger mit der Beurteilung und Planung der Sanierung beauftragt werden.

Reinigung und Sanierung durch den Maler- und Lackierer-Fachbetrieb	←	Kleiner Befall (bis 0,5 m²)	**Schimmelpilz wird erkannt**	Großer Befall	→	Die Reinigung und Sanierung führt ein Fachbetrieb mit besonders geschulten Fachkräften durch.

↓

Ausführung

- Türen zu anderen Räumen schließen, abdichten.
- Arbeiten unbedingt bei weit offenen Fenstern ausführen. So werden die Schimmelsporen nach draußen gelüftet.
- Zum eigenen Schutz Haushaltshandschuhe anziehen, gegebenenfalls eine Atemschutzmaske P2- oder P3-Filter tragen, Schutzbrille als Spritzschutz aufsetzen.
- Entsorgen, was entsorgt werden kann, z. B. Polstermöbel, Teppiche
- Tapeten entfernen, befallene Silikonfugen entfernen, Reste in fest verschlossenen Beuteln zum Restmüll geben.
- Flächen abwischen oder absaugen.
- Flächen mit Haushaltsreiniger reinigen.
- Anschließend Flächen mit 70 % Alkohol abreiben.

- Einfaches Überstreichen des Schimmels mit sogenannten Antischimmelfarben reicht nicht!
- Das Anstrichsystem darf für den Schimmelpilz keine verwertbaren Nährstoffe enthalten. Geeignete Wandfarben sind entsprechend ausgewiesen. Alkalische Beschichtungssysteme wirken biozid (Kalk, Silikatfarbe), sind aber eher für außen geeignet.
  Alkalität in Wandfarben nimmt im Laufe der Zeit ab. Eine Beschichtung kann neuen Befall auf Dauer nicht verhindern.

- Tapetenreste, Lappen etc. in geschlossenen Beuteln sammeln und als Restmüll entsorgen.
- Nach der Arbeit duschen.
- Arbeitskleidung in geschlossenen Beuteln sammeln und zur Reinigung geben.

Übersicht 1: Vorgehensweise bei Schimmelpilzbefall

10
Verfugen und Abdichten
Lernfeld 1, 2, 6, 9, 12AO

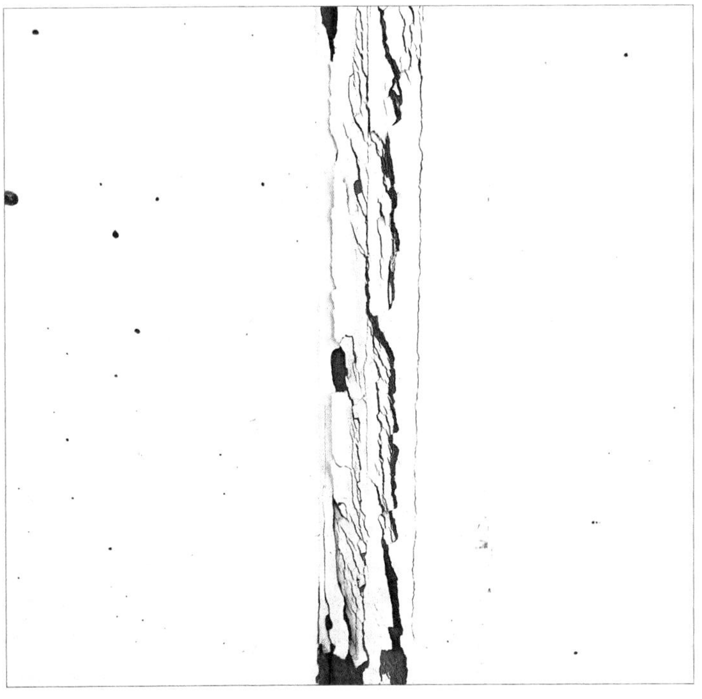

10.1 Grundlagen der Fugentechnik

Maler und Lackierer beschichten Flächen, die von Fugen unterbrochen sind oder verfugen selbst, z. B. beim Verlegen von Fliesen zu den angrenzenden Wänden.

Eine Fuge ist ein Spalt oder Zwischenraum zwischen zwei Teilbereichen am Bau oder zwischen Bauteilen und Materialien, siehe DIN 52460.

Eine Fuge

- ergibt sich aus der Konstruktion des Baues.
- wird aus einem bautechnischen Zweck absichtlich gesetzt.
- kann auch der Gestaltung dienen, etwa als Schattenfuge.

Bild 1: Anschlussfuge

Bild 2: Bauteilfuge

Mindestens 1 Mitarbeiter im Betrieb sollte einen Fugen-Lehrgang besucht haben und seine Kenntnisse teilen.

Verfuger ist kein Ausbildungsberuf im dualen System. Meist verfugt jeder die bei seiner Arbeit anfallenden Fugen selbst.

10.1.1 Kräfte in Fugen

Kippkräfte	Druckkräfte	Zugkräfte	Scherkräfte
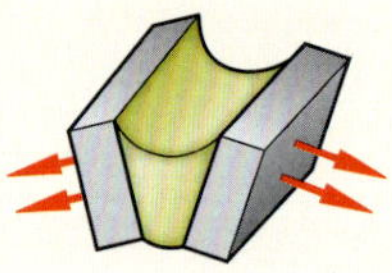	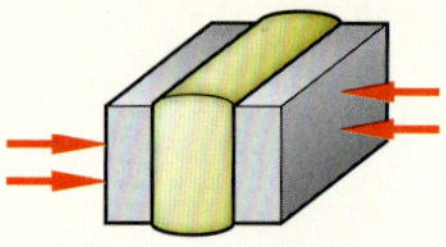	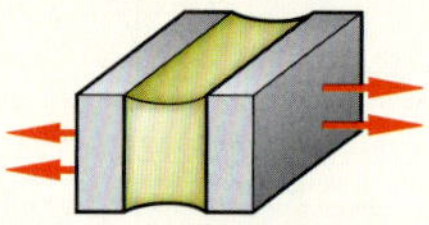	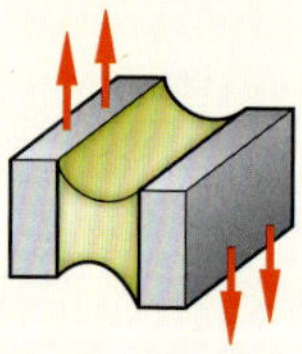

Übersicht 1: Kräfte in Fugen

Am Bau sind Bewegungen nicht zu vermeiden (**Übersicht 1**). Untergrundbewegungen und Spannungen in großen Bauteilen führen zu Rissen, wenn konstruktiv nicht gezielt eine Fuge eingeplant wird. Am Bau liegen immer verschiedene Werkteile nebeneinander, oft aus verschiedenen Baustoffen. Entstehende Spalten sind mit einem Material zu schließen, welches die Bewegungen mitmacht.

10.1.2 Fugenarten

Am Bau unterscheidet man im Wesentlichen zwei Fugenarten. Siehe **Tabelle 1**.
Meist beziehen sich die Fugenarten-Bezeichnungen auf Einsatzgebiet, Funktion oder Eigenschaften.

Bauteilfuge	Als Bauteilfuge bezeichnet man eine Fuge zwischen Bauteilen aus dem gleichen Material, z. B. aneinandergesetzte Betonelemente oder Fugen zum Spannungsausgleich.
Bewegungsfuge	Eine Fuge zur Unterbrechung von Bauteilen, um Spannungsrissen vorzubeugen. Diese Risse entstehen durch unterschiedliche Bewegungen der angrenzenden Flächen durch Wärmedehnung, Dehnung durch Feuchteaufnahme.
Besondere Fugenarten-Bezeichnungen	
Sanitärfuge:	Fuge im Bereich von Bädern und Nassräumen
Brandschutzfuge:	Nicht brennbare und rauchdichte Bauteil- und Bewegungsfuge in größeren Bauwerken
Trockenbaufuge:	Fugen durch das Stoßen von Trockenbauelementen
Arbeitsfuge:	Fuge wegen Einschränkungen beim Erstellen großer Bauteile, z. B. beim Betonieren
Hochbaufuge:	Sonderform der Fassadenfuge
Dehnungsfuge:	Bewegungsfuge
Wartungsfuge:	Verschleißt eine Fuge durch chemische oder physikalische Beanspruchung, so muss sie regelmäßig überprüft werden.
Scheinfuge:	Dekorative Fuge ohne direkte Funktion
Schattenfuge:	Angedeutete Scheinfuge, meist zwischen Wand und Decke. Notwendig bei holzverkleideten Decken.
Bautrennfuge:	Fugenabstand zwischen Gebäuden
Glasfuge:	Fuge im Fensterbau am Glas

Tabelle 1: Fugenarten

10.1.3 Fugendichtstoff-Arten

Fugen am Bau werden meist mit Dichtstoffen = dehnbaren Kunststoffen abgedichtet Für starre Fugen, z. B. zwischen Mauerziegeln, werden Zementmörtel verwendet, aber auch hier sind Kräfte am Bau zu berücksichtigen.

Der Markt stellt eine breite Palette an Dichtstoffen bereit, meist mit Angaben zum Einsatzbereich. Bei der Dichtstoffentwicklung werden die jeweils auftretenden Kräfte berücksichtigt, siehe **Tabelle 1**.

Der Dichtstoff darf auch über längere Zeit nicht in sich reißen oder sich vom Bauteil lösen.

plastisch

Plastische Dichtstoffe verformen sich unter Krafteinwirkung. Lässt diese Kraft nach, so behalten sie die neue Form.

Zulässige Verformung: max.: 5 %

Vergleich: Kaugummi

elastisch

Auch elastische Dichtstoffe verformen sich unter Krafteinwirkung. Lässt diese Kraft nach, so kehren sie in ihre Ausgangsform zurück.

Zulässige Verformung: max.: 20 %

Vergleich: Gummiband

plastoelastisch
elastoplastisch

Hersteller kombinieren für den Einsatzzweck von Dichtstoffen beide Eigenschaften bis zum optimalen Ergebnis.

Die erstgenannte Eigenschaften überwiegt.

Vergleich: Knetmasse. Diese behält erst die Form, im Lauf der Zeit wirken langsam die Rückstellkräfte.

Meist wird von Herstellern als Eigenschaft „dauerelastisch" oder „dauerplastisch" angegeben.

Die wichtigsten Dichtstoffe am Bau:

Dichtstoff	Beschreibung
Polyurethan-Dichtstoffe	Dichtstoffe mit hoher Weiterreißfestigkeit und hoher Reißdehnung für den Hoch- und Tiefbau. Das Rückstellvermögen beträgt in der Regel > 70 %.
Silikon-Dichtstoffe	Silikon ist wasserundurchlässig und -abweisend, daher besonders geeignet in Sanitärbereichen. Fugen dauerhaft elastisch. Dichtstoffe mit hoher UV-Beständigkeit, guter Glashaftung und geringer Weiterreißfestigkeit. Das Rückstellvermögen beträgt fast 100 %.
Acryl-Dichtstoffe	Wässrige, plastoelastische Acryl-Dispersionen mit geringer Bewegungsaufnahme, hohem Schwund und eingeschränkten Hafteigenschaften. Für Innenfugen mit geringer Beanspruchung geeignet sowie zum Ausfüllen von Fugen und Anschlüssen im Bereich aller herkömmlichen Materialien am Bau. Acryl dichtet nicht gegen Wasser und andere Flüssigkeiten ab. Rückstellvermögen bis 50 %
Hybrid-Dichtstoffe	Hybrid-Dichtstoffe kombinieren die Vorteile von Polyurethan- und Silikon-Produkten in einer neuen Produktart. Einsatz im Innen- und Außenbereich möglich.
Sulfid-Dichtstoffe	Dichtstoffe auf Basis Polysulfid, bekannter Markennamen „Thiokol", sind elastische, zweikomponentige Baudichtstoffe zur Abdichtung von Boden- und Wandfugen. Die nach Aushärtung des Dichtstoffs elastische Fugenabdichtung kann Fugenbewegungen bis 35 % der Ausgangsfugenbreite aufnehmen.
Leinöl-Kitt	Einziger Dichtstoff, bei dem die historische Bezeichnung beibehalten wird. Einsatz auch im Glaserhandwerk zum Einglasen von Fensterscheiben. Kann überstrichen werden.

10.1.4 Beschichtung von Dichtstoffen

Dichtstoffe besitzen eine Eigenfarbe, die nicht immer in das Gestaltungskonzept des Objektes passt. Die Möglichkeit des Überstreichens ist jedoch nicht immer gegeben. Während elastische Dichtstoffe bis zu 25 % Bewegung aufnehmen können, erreichen Beschichtungen in der Regel maximal 7 %.

Auch wenn Anstrich und Dichtstoff verträglich sind, dürfen darum Dichtstoffe nicht ganzflächig überstrichen werden. Sonst treten auf jeden Fall im Laufe der Zeit Risse in der Beschichtung auf (siehe Seite 165).

Ein direkter Kontakt zum Dichtstoff ergibt sich aus der notwendigen **überlappenden Begrenzung von maximal 1 mm** am Fugenrand.

Zur Verträglichkeit von bereits vorhandenen Beschichtungen mit Dichtstoffen kann meist keine absolute Empfehlung abgegeben werden. Im Zweifel den Hersteller fragen.

10.2 Verfugen am Hochbau

10.2.1 Abdichten von Fugen mit Dichtstoffen

Dichtstoffe müssen in Dehnungsfugen alle Bewegungen der Fuge aufnehmen können. Dafür eignet sich vorwiegend elastischer oder elastoplastischer Dichtstoff.
Die Verfugungsarbeiten sind zu dokumentieren.

Ausführung

- Die Fugen-Mindestbreite für Bewegungsfugen im Hochbau beträgt 10 mm.
- Vorhandener, schadhafter Dichtstoff und Füllmaterial müssen gründlich entfernt werden.
- Fugenumgebung und Fugenflanken von Verschmutzungen und unverträglichen Beschichtungen reinigen.
- Fugenränder abkleben und die vorbereiteten Fugen mit einem geschlossenzelligen Schaumstoffprofil hinterfüllen. Der Durchmesser der Rundschnur ist dann richtig, wenn sie mit etwas Druck eingebracht werden kann. Die Rundschnur verhindert, dass Dichtstoff auf starrem Fugengrund haftet.
- Fugenflanken mit geeignetem Primer lückenlos grundieren.
- Einbringen des einkomponentigen oder zweikomponentigen Dichtungsmaterials. Beim Ausspritzen der Fuge die Kartusche möglichst nicht absetzen.
- Nach dem Ausspritzen und Andrücken wird innerhalb der offenen Zeit die Fuge geglättet, meist nach etwa 5 min. Dies erfolgt mit Wasser oder bei Siliconen mit Spülmittelwasser.
- Klebebänder unmittelbar nach dem Glätten abziehen, um ein Aufreißen der sich bildenden Haut zu vermeiden.

Unbedingt Dreiflankenhaftung vermeiden!
Nur wenn der Dichtstoff an zwei starren Flanken haftet, wird die Verformung des Dichtstoffes nicht behindert

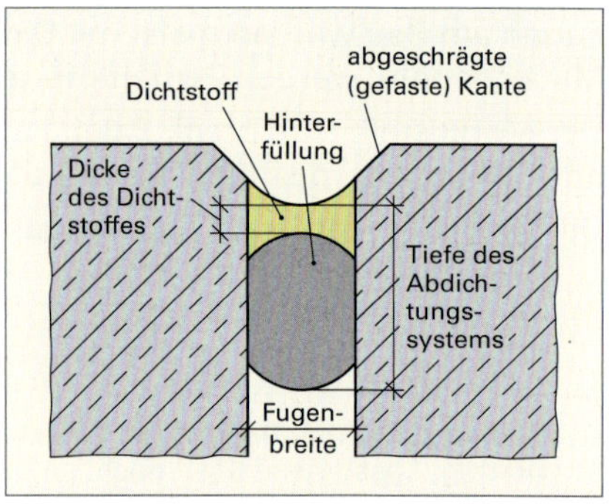

Bild 1: Korrekter Aufbau der Verfugung

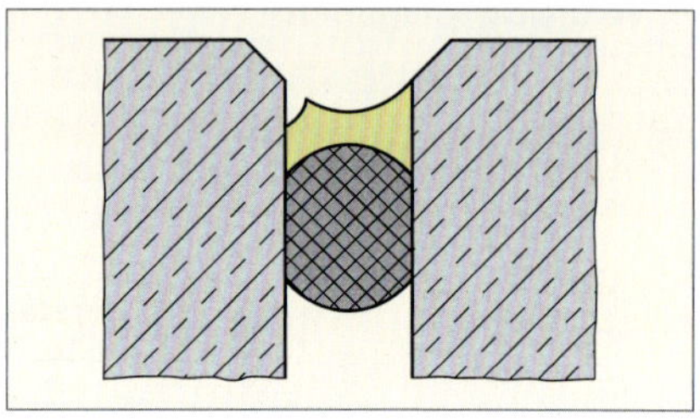
Bild 2: Adhäsionsschaden

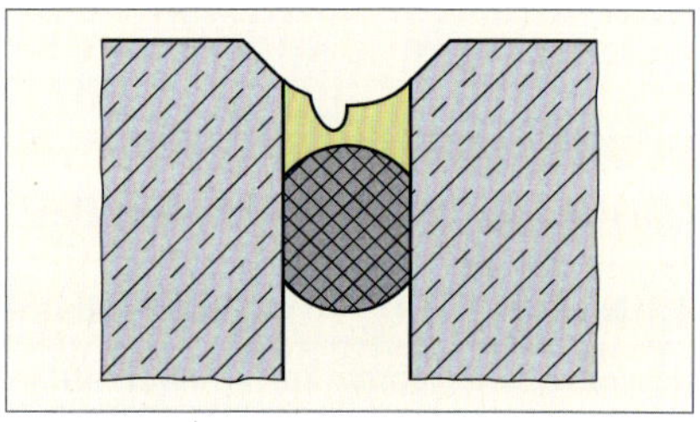
Bild 3: Kohäsionsschaden

10.2.1 Abdichten von Fugen mit Elastomer-Fugenbändern

Flächige Abdichtung mit Elastomer-Fugenband	Elstomer-Fugenband als Schlaufe verlegt	Instandsetzung einer schadhaften Fugenabdichtung
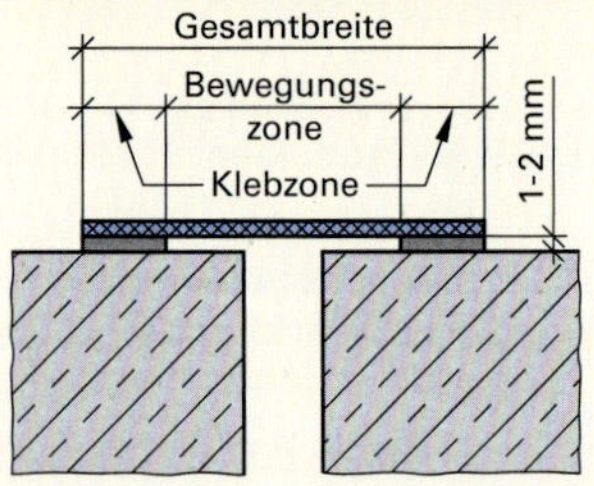	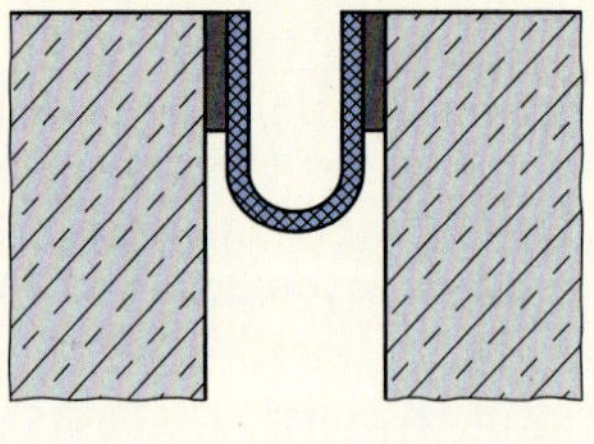	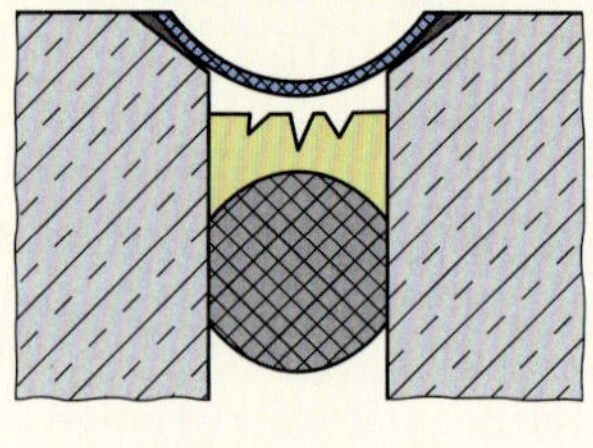

Bilder 4 bis 6: Einsatz von Elastomer-Fugenband

Ausführung

- Die Fugen-Mindestbreite für Bewegungsfugen im Hochbau beträgt 10 mm.
- Der Untergrund muss sauber, verträglich und tragfähig sein. Besonders der Bereich der Klebflächen muss absolut sauber sein.
- Klebebereich mit Klebeband abgrenzen
- Klebeflächen mit geeignetem Primer oder Sperrgrund gleichmäßig und blasenfrei vorstreichen. Herstellerangaben beachten.
- Fugenband in das Klebebett einlegen und andrücken. Das Fugenband muss satt mit der gesamten Klebezone im Klebstoff liegen, sodass an allen Stellen die Klebschichtdicke mindestens 1 mm bis 2 mm beträgt. Das Andrücken erfolgt von der Mitte zum Rand, sodass der überschüssige Klebstoff auf das glatte Abdeckband austritt
- Der seitlich ausgetretene Klebstoff ist noch vor der Aushärtung durch Abziehen des Klebebandes zu entfernen.
- Danach sind die Randbereiche des Bandes bei eventuell noch austretendem Klebstoff fasenförmig abzuglätten.

10.3 Abdichtung mit Kompriband

Kompriband besteht aus polyurethanbasiertem Schaumstoff, der mit einem wasserabweisenden Kunstharzpolymer durchimprägniert, zusammengedrückt (vorkomprimiert) und aufgerollt wird.

Kompriband muss nicht an Fugenflanken haften, sondern hält durch Druck auf die Fugenflanken. Diese Dichtbänder passen sich den Oberflächen an. Die Fugenflanken müssen weitgehend eben und parallel sein. Bei Ausbrüchen ist ein Glattstrich nötig.

Der Mindestkomprimierungsgrad (max. zulässige Expansion) wird durch die vom Hersteller vorgegebene obere Toleranzgrenze definiert und darf niemals überschritten werden.

Dichtbänder der Beanspruchungsgruppe BG1 sind für die ungeschützte Außenanwendung geeignet. Sie sind schlagregensicher bis zu einem Differenzdruck von mind. 600 Pa.

Dichtbänder der Beanspruchungsgruppe BG2 sind ebenfalls für die Außenanwendung geeignet, dürfen aber nur abgedeckt vor direkter Bewitterung, z. B. mit Verleistungen verbaut werden. Sie sind schlagregensicher bis zu einem Differenzdruck von 300 Pa.

Ausführung

Zur Verarbeitung wird das Dichtband abgerollt und in die saubere, glatte Fuge eingelegt.

Beim Zuschnitt sollte eine Dehnungsreserve von 1 % bis 2 % eingeplant werden. Oder es wird mit leichter Stauchung eingelegt und dann abgeschnitten.

Nicht um Ecken legen. Das Band expandiert zeitverzögert in der Fuge. Darum an einigen Stellen beim Einlegen vorübergehend mit Keilen fixieren.

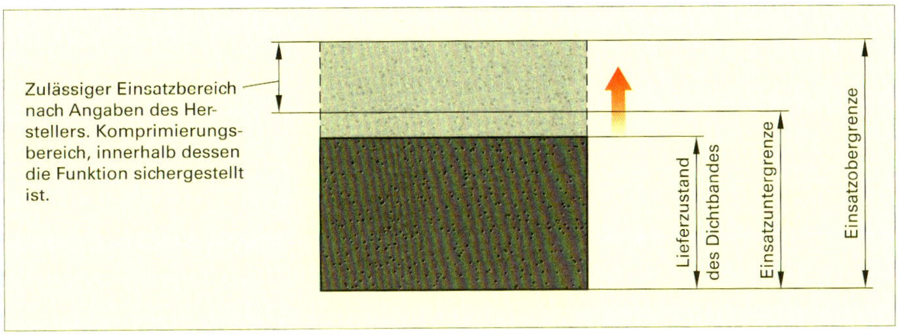

Bild 1: Einsatz von Kompriband. Quelle IVD-Merkblatt 27

10.4 Dichtungsprofile an Fenstern und Türen auswechseln

Die Dichtungen zwischen Blendrahmen und Fensterflügel werden bei jedem Schließen des Fensters zusammengedrückt und damit belastet. Auch Schmutz, Temperaturschwankungen und die UV-Strahlung lassen das Material altern und verspröden. Die Folge sind undichte Fenster und unnötiger Energieaufwand beim Heizen. Je nach Fenstertyp verfügen die Dichtungen über unterschiedliche Profile, die genau in die vorhandene Nut passen. Beim Wechsel sollten die gleichen Profile wiederverwendet werden, um die spätere Dichtheit abzusichern. Bei bekannten Fenstern finden sich die passenden Dichtungen im Fachhandel oder auch direkt beim Hersteller.

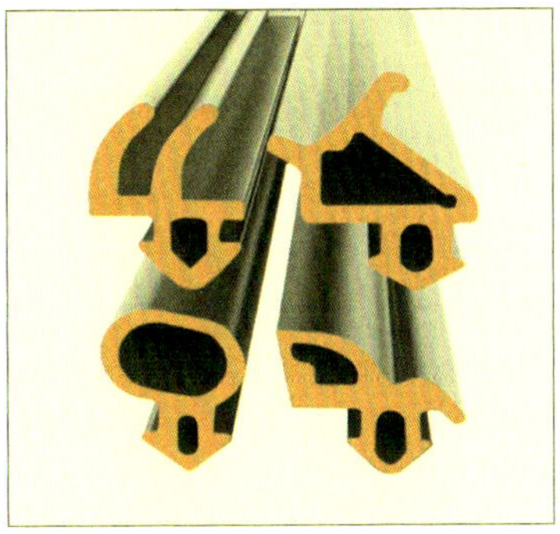

Bild 2: Auswahl an Profilen

Ausführung

- Fensterflügel aushängen und flach auf weicher Unterlage lagern. Beginnend an einer Ecke die Dichtung aus der Dichtungsnut ziehen.
- Nut mit einem milden Reinigungsmittel reinigen und gut trocknen.
- Dichtband von der Mitte aus in die Nut eindrücken und bis zur Ecke führen. Dort das Ende mit der Gehrungszange in einem Winkel von 45 Grad (Einstellung an der Zange) einschneiden. Die Dichtung etwa einen halben Zentimeter über die Ecke führen.
- Dichtung auf korrekten und vollständigen Sitz kontrollieren.
- Das letzte offene Ende über den Anfang der Dichtung legen und dann mit ein bis zwei Millimeter Überstand gerade abschneiden.

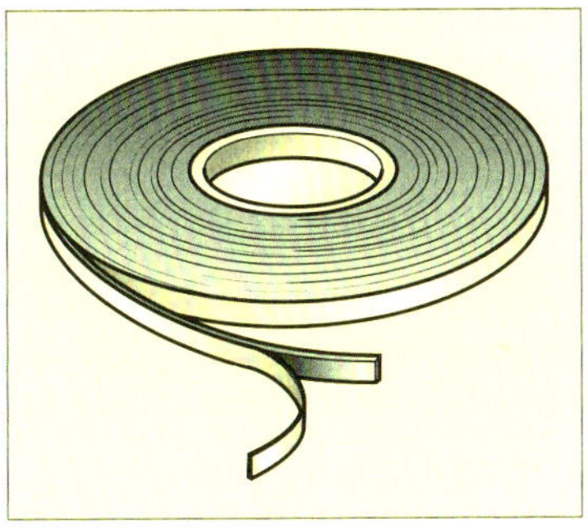

Bild 3: Selbstklebendes Dichtband

Alternativen

- In alten Fensterelementen ohne Dichtung kann ein Fensterbauer nachträglich eine Fuge einfräsen, in die sich dann die Dichtung einsetzen lässt.
  Teuer.
- Austausch durch Fenster nach dem Stand der Technik.
- Von begrenzter Wirkungsdauer, je nach Wiedererholvermögen des Schaumstoffes können in die Falz des Fensters selbstklebende Dichtbänder gegen Zugluft helfen.
  Preiswert.

10.5 Abdichtung von Fugen im Sanitär-Innenbereich

Fliesenflächen in Bädern, Hygieneräumen oder auf Fußböden werden mit relativ starren Zementmörteln verfugt, denen häufig ein Kunststoffanteil zugemischt wurde, der das Material flexibler macht und zugleich die Flankenhaftung zu den Fliesen verstärkt.

Verbindungsfugen zu anderen Bauteilen werden mit elastischen Fugenmassen/Dichtstoffen gefüllt. Hier entstehen weit höhere Bewegungen.

Fugendichtstoffe im Sanitärbereich

Im Innenbereich ist kaum mit thermischen Längenänderungen zu rechnen, die auszugleichen sind. Wichtig ist eine hohe mechanische Festigkeit und Chemikalienbeständigkeit des Dichtstoffes. Die Verfugung muss leicht zu reinigen sein.

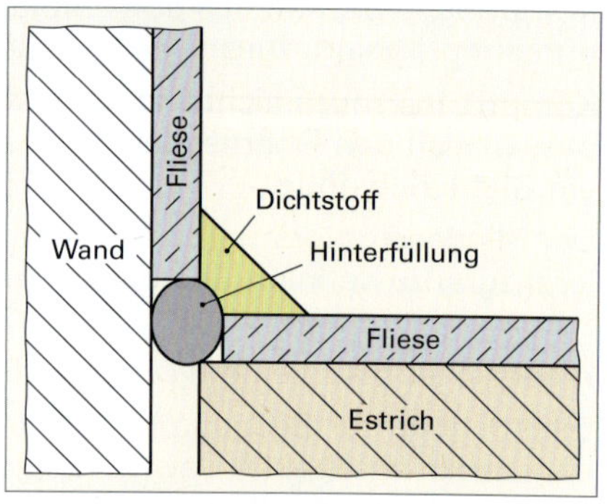

Bild 1: Korrekte Ausführung einer Verbindungsfuge

Einkomponentige Silikondichtstoffe (meist essigsäurevernetzt) sind dauerhaft elastisch, wirken antibakteriell gegen Schimmel in Feuchträumen begrenzte Zeit. Es entsteht eine glatte, gut zu reinigende Fuge. Zieht sich beim Entfernen wie Kaugummi und lässt sich am Stück entfernen.

Acryldichtstoffe sind im Handel, aber eher für Malerarbeiten geeignet.

Reißt bei Sanierungsarbeiten die Dichtung nach wenigen Zentimetern immer wieder ab, so handelt es sich um Acryl.

Bild 2: Ausführung der Verfugung

Ausführung

Die Fugen-Mindestbreite für Sanitärfugen beträgt 5 mm.

Ausführung im Sanitärbereich im Wesentlichen wie außen, jedoch vorsichtiger, damit Fliesen nicht beschädigt werden.

Fuge und Umgebung gut reinigen und Fugenränder abkleben. Fugen mit einem geschlossenzelligen Schaumstoffprofil hinterfüllen, auch bei schmalen Dreiecksfugen, um die Dreiflankenhaftung zu verhindern.

Beim Ausspritzen der Fuge mit Dichtungsmaterial möglichst nicht absetzen.

Dichtstoff innerhalb der offenen Zeit leicht andrücken. Nach etwa 5 min Fuge mit Finger oder Teelöffel und Spülmittelwasser glätten. Klebebänder unmittelbar nach dem Glätten abziehen, um ein Aufreißen der sich bildenden Haut zu vermeiden. Beim Glätten von horizontalen Fugen darf keine Hohlkehle entstehen.

10.6 Lieferform von Dichtungsmassen und Verarbeitung

Dichtungsmassen werden in Kartuschen gehandelt. Übliches Volumen 310 ml.

Kartuschen oberhalb des Gewindes aufschneiden, Kunststoffdüse entsprechend der Fugenbreite (schräg) abschneiden und aufschrauben. Danach die Kartusche in die Kartuschenpresse einlegen und den Dichtstoff blasenfrei in die Fuge spritzen.

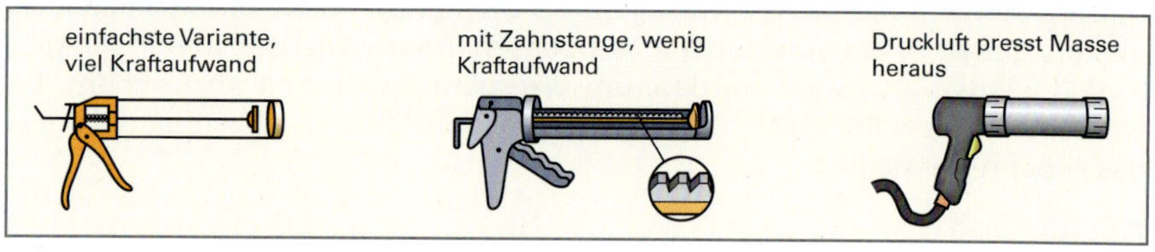

Bild 3: Kartuschenpressen

Materialbedarf: Fugenbreite [cm] x Fugendicke [cm] x 100 cm = Bedarf in ml/m

10.7 Mauerwerksfugen

Die **vertikalen Stoßfugen** befinden sich zwischen den Köpfen der Steine innerhalb einer Mauerlage; die **horizontalen Lagerfugen** liegen zwischen den Steinlagen.

Auch Mörtelfugen sind Schwachstellen am Bau, über die Feuchte in den Bau gelangen kann. Üblicherweise wird dies durch das

- **Verputzen** und anschließende Beschichten verhindert.
- **Belegen mit Klinker- oder Steinriemchen** verhindert.

Für das Verfugen von Riemchen wird spezieller Riemchen-Fugenmörtel verwendet.
In der Regel ist der Riemchen-Fugenmörtel wasserabweisend.
Silikonimprägnierung, satt aufgetragen, läuft am Verblender weitgehend ab, dringt aber in das Fugenmaterial ein und schützt diese zusätzlich.

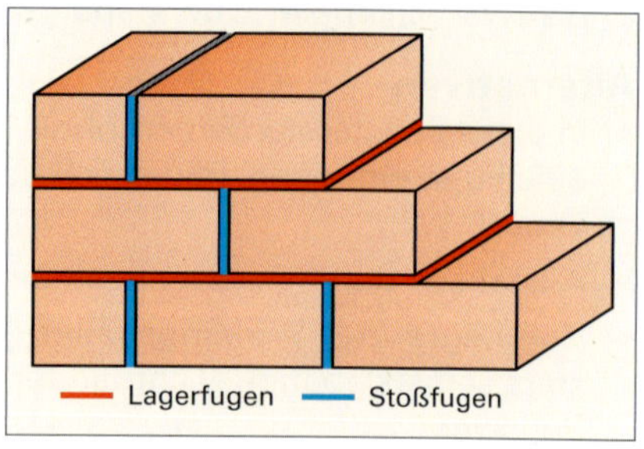

11
Werkstoffe und Hilfsstoffe

Lernfeld 1 – 12

11.1 Zusammensetzung von Beschichtungsstoffen

Die Vielfalt der Lackrezepturen schätzen Fachleute auf etwa 500 000. Dies ergibt sich aus den unterschiedlichen Aufgaben der Beschichtungen. Alle Beschichtungsstoffe sind sich jedoch in ihrer Zusammensetzung sehr ähnlich. Ihre Grundbestandteile sind immer Bindemittel, Lösemittel, Pigmente und Hilfsstoffe, auch Additive genannt **(Bild 1)**.
Jeder Bestandteil hat seine besondere Aufgabe **(Tabelle 1)**.

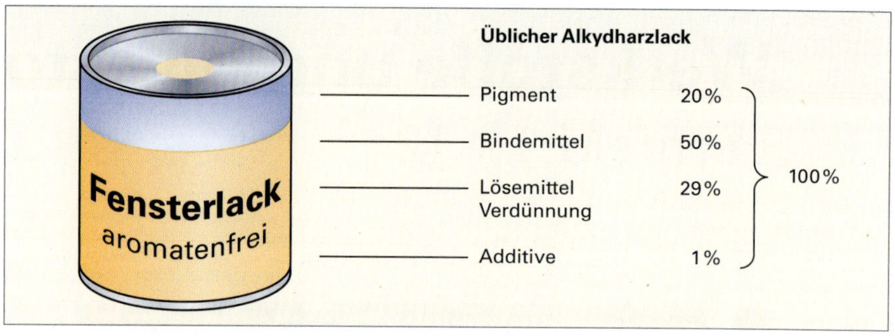

Bild 1: Zusammensetzung eines Anstrichstoffes

Bestandteil	Aussehen	Erklärung	Beispiele
Bindemittel		Das Bindemittel ist der wichtigste Bestandteil des Anstrichstoffes. Es bildet den festen Anstrichfilm und bestimmt wesentlich die Eigenschaften wie Abriebbeständigkeit, Chemikalienbeständigkeit usw. Es haftet auf dem Untergrund und verklebt die Pigmente.	Alkydharz Acrylharz Epoxidharz Chlorkautschuk Nitrozellulose
Pigmente		Pigmente sind kleine, feste Teilchen mit einem Durchmesser von etwa 1/1000 mm. Sie sind im Bindemittel und im Lösemittel unlöslich. Sie geben dem Lack den Farbton und die Fülle.	Titandioxid Ruß Ocker Eisenoxidrot Phthalocyaningrün
Lösemittel, Verdünnung		Lösemittel lösen das feste Bindemittel und verdünnen es, damit es verarbeitet werden kann. Nach der Verarbeitung muss es verdunsten. Es entscheidet daher mit über die Trocknungsgeschwindigkeit des Anstriches.	Terpentinersatz Testbenzin Xylol Butylacetat Aceton
Additive	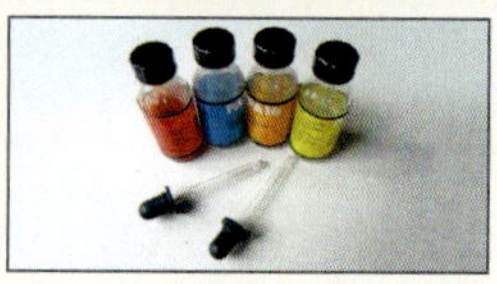	Additive wirken im Lack wie Medizin im Menschen. Die Zugabe geringer Mengen verbessert bestimmte Eigenschaften wie Verlauf, Härte und Durchtrocknung.	Hautverhinderungsmittel Sikkativ Verdickungsmittel Fungizide Insektizide

Tabelle 1: Bestandteile eines Anstrichstoffes

Festkörper
Der Lack aus **Bild 1** besitzt einen filmbildenden Anteil von 71 %. Diesen Anteil nennt man Festkörper. Er besteht weitgehend aus Pigmenten und Bindemittel. Additive fallen kaum ins Gewicht, da es sich um äußerst kleine Mengen handelt, die nicht immer zum Festkörper beitragen. Sie tragen nicht zum Festkörper bei, wenn sie nach Erfüllung ihrer Aufgabe verdunsten und nicht mehr im Beschichtungsfilm vorliegen.

High-Solid-Lack
In diesen Lacken beträgt der Festkörper 80 % bis 90 %. Da der Lösemittelanteil dadurch reduziert ist, ist dieser HS-Lack umweltfreundlicher als übliche Lacke.

Flüchtiger Anteil, VOC
Das Lösemittel ist der flüchtige Anteil des Lackes, der nach der Verarbeitung verdunstet. Im Lack aus **Bild 1** beträgt er 29 %. In Lacken werden heute noch meist organische Lösemittel, englisch: volatile organic compounds (VOC), eingesetzt. Da diese der Gesundheit und der Umwelt schaden, muss der VOC-Anteil gesenkt werden.

Name des Beschichtungsstoffes
Die Bezeichnung des Lackes nach dem Bindemittel vermittelt dem Fachmann die wesentlichen Eigenschaften des Lackes. Sie ist anderen Bezeichnungen vorzuziehen, da diese meist nur eine Information liefern **(Tabelle 2)**.

Einteilung	Beispiel
• nach dem Bindemittel	• Epoxidharzlack, Acryllack, 2-K-Lack
• Nach dem Einsatzgebiet: • Nach der Funktion im Aufbau: • Nach dem Lösemittel/der Verdünnung: • Nach der Trocknung: • Nach der Oberfläche: • Nach der Beanspruchbarkeit: • Nach dem Farbton:	• Fassadenfarbe, Fensterlack, Bautenlack • Grundierung, Füller, Decklack • Wasserlack, lösemittelhaltiger Lack • lufttrocknender Lack, ofentrocknender Lack • Mattlack, Hochglanzlack, Hammerschlaglack • chemikalienbeständiger Lack, kratzfester Lack • grüner Lack, roter Lack, Klarlack

Tabelle 2: Bezeichnung von Beschichtungsstoffen

11.2 Die Herstellung eines Lackes

Eigentlich ist es ganz einfach, einen Lack herzustellen. Es ist wie Kuchen backen. Man besorge sich ein Rezept, dazu alle Zutaten, rühre sie zusammen und fertig ist der Lack. So einfach ist es aber nur auf den ersten Blick.

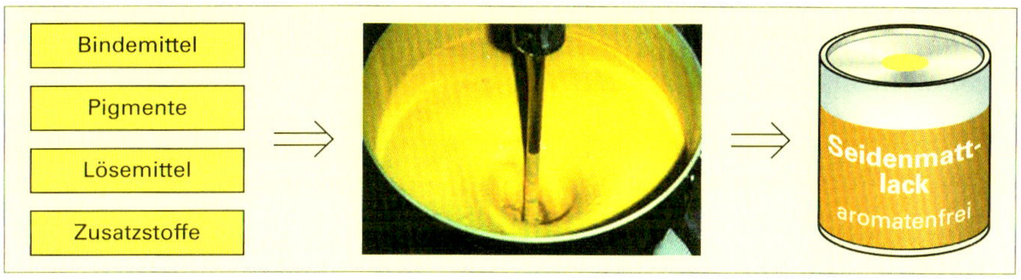

Bild 1: Von den Bestandteilen zum Lack

Die Bestandteile des Beschichtungsstoffes werden zusammengerührt (**Bild 1**). Dabei verbinden sie sich nicht chemisch miteinander, sondern bilden ein Gemenge.

Bild 2: Dissolver

Einflüsse auf die Lackqualität

Rohstoffe, Mengenanteile, Reihenfolge

Aus dem umfangreichen Angebot an Bindemitteln, Pigmenten usw. müssen die Stoffe und deren Mengenanteile gefunden werden, die zum gewünschten Ergebnis führen. Auch die Reihenfolge, in der die Bestandteile gemischt werden, beeinflusst das Ergebnis. Mit der Durchführung von Reihenversuchen (**Übersicht 1**) und deren Abprüfung auf die wichtigsten geforderten Eigenschaften arbeitet sich der Lacklaborant an das optimale Rezept heran. Eine Rezeptur kann durchaus bis zu 20 Bestandteile enthalten (**Übersicht 1**).

3 verschiedene Bindemittel	= 3 Dosen
jeweils Bindemittelanteil 40 %, 50 %, 60 %	= 3 x 3 Dosen
und jeweils in 3 Farbtönen	= 3 x 3 x 3 Dosen
	= 27 Dosen

Übersicht 1: Beispiel einer Versuchsreihe

Das Pigment

Die Bestandteile eines Klarlackes lassen sich leicht zusammenrühren. Probleme bereitet das Pigment. Die feinen Pigmentteilchen bilden Klumpen (Agglomerate), die sich kaum zu den gewünschten Aggregaten auseinanderrühren lassen (**Übersicht 2**). In einem Gramm Pigment können Haftkräfte von bis zu einer Tonne wirken. Diese Kraft kann von Hand nicht aufgebracht werden.

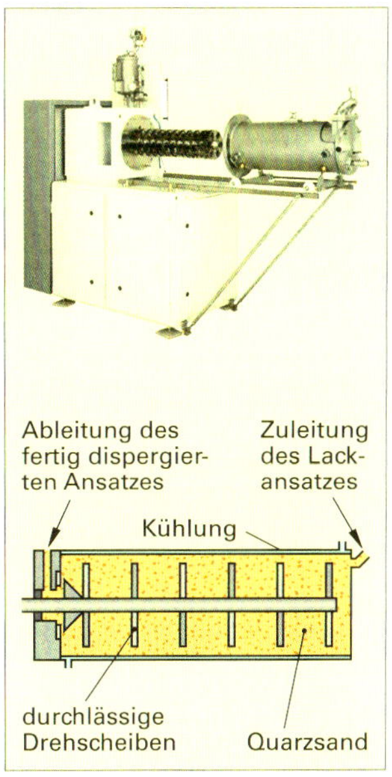

Bild 3: Perlmühle, Aussehen und Funktionsprinzip

Kristalle, die Einzelteilchen der Pigmente, können in den verschiedensten Formen vorliegen.	Sie lagern sich flächig zu Aggregaten zusammen.	Die Aggregate bilden über Ecken und Kanten Agglomerate.
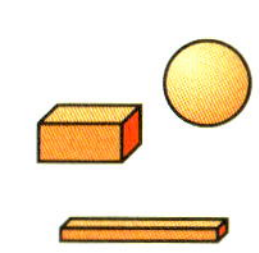	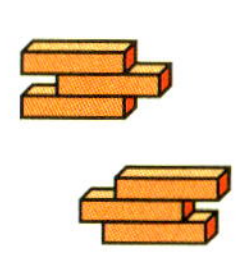	

Übersicht 2: Teilchenarten der Pigmente

Zusätzlich lässt sich das Pigment nur schwer durch das Bindemittel benetzen. So ist zum Beispiel die Benetzung von Ruß mit Wasser durch Einrühren von Hand nicht zu erreichen.

Mit einem schnellen Rührwerk, dem Dissolver, wird zuerst das Pigment in einen Teil des Bindemittels mit bis zu 9000 Umdrehungen pro Minute eingerührt (**Bild 2**). Im Anschluss wird der Mischansatz abgerieben. Die Reibung zerlegt die Agglomerate in gewünschte Aggregate und benetzt das Pigment mit dem Bindemittel. Den Vorgang des Abreibens nennt man auch Dispergieren. Früher wurden dafür offene Dreiwalzen verwendet. In Lackfabriken verdunsteten dabei sehr viele Lösemittel und schadeten Gesundheit und Umwelt. Heute sind vorwiegend geschlossene und fortlaufend arbeitende Sand- und Perlmühlen im Einsatz. Der Lackansatz wird durch bewegten Sand gedrückt (**Bild 3**). Das Ende des notwendigen Dispergiervorgangs lässt sich über die Messung der geforderten Kornfeinheit erkennen.

Nach dem Abreiben werden alle anderen Stoffe nach Rezept dazugemischt. Im Anschluss muss die Viskosität eingestellt werden. Vor der Freigabe, der Genehmigung zur Produktion des Lackes müssen alle geforderten Eigenschaften in Ordnung sein (**Bild 4**). Dann wird der Lack abgefüllt und ausgeliefert.

Bild 4: Abprüfen der Lackeigenschaften im Labor

Jede neue Produktion wird vor der Auslieferung geprüft und ein Rückmuster fünf Jahre lang aufbewahrt.

11.3 Einteilung der Beschichtungsstoffe

Es gibt mehrere Möglichkeiten, die vielen Beschichtungsstoffe zu sortieren und in Gruppen einzuteilen, z. B. nach Farbton, Einsatzgebiet oder Trocknung.

Die Einteilung der Beschichtungsstoffe nach dem Bindemittel ist sinnvoll, da die Eigenschaften der Beschichtungsstoffe weitgehend vom Bindemittel abhängen (**Tabelle 1**).

Gruppe	Bindemittel		Einsatz in Beschichtungsstoffen	Chemische Zugehörigkeit
Mineralische Bindemittel	• Kalk • Weißzement • Wasserglas • Silikonharz		• Kalkfarbe • Zementfarbe • Silikatfarbe • Dispersionssilikatfarbe • Silikonharzfarbe	Anorganisch (Silikonharz ist teils anorganisch, teils organisch).
Dispersionen	• Polyvinylacetat • Polyvinylpropionat • Styrol-Butadien • Acrylate		• Dispersionsfarben und „Wasserlacke"	Organisch
Leime	• Tierische Leime • Pflanzliche Leime • Kasein		• Leimfarbe, Kleister • Malfarben	
Öle	• Leinöl • Holzöl		• Ölfarben	
Harzartige Bindemittel	Naturharze	• Bernstein • Kopal • Dammar • Balsamharz • Kolophonium • Schellack	• Naturharzfarben	
	Veredelte Naturprodukte	• Zellulosenitrat • Asphalt/Bitumen • Chlorkautschuk	• Nitrolack • Asphalt- u. Bitumenlack • Chlorkautschuklack	
	Kunstharze	• Polymerisatharze • Silikonharz • Alkydharz • Acryllack • Epoxidlack • Polyurethanharz • Ungesättigter Polyester • Harnstoff-Melamin-Phenolharz	• Polymerisatharzlack Vinylharzlack • Silikonharzlack • Alkydharzlack • Acryllack • Epoxidharzlack • Polyurethanharzlack • Polyesterlack • Säurehärtender Lack	

Tabelle 1: Die Gruppen der Bindemittel

In Kapitel 6.5 werden die Bindemittel nach ihrem Einsatz in Beschichtungsstoffen behandelt.

Kunstharzlack

Die Bezeichnung „Kunstharzlack" sollte von Fachleuten nicht mehr verwendet werden. Mit der Entwicklung von Alkydharz gelang es, Naturharze künstlich nachzubauen, dazu mit besseren Eigenschaften. Anfangs gab es nur Alkydharz als Kunstharz. In dieser Zeit wurde der Begriff „Kunstharzlack" für Alkydharzlacke geprägt. Da heute verschiedene Kunstharze eingesetzt werden, ist die Bezeichnung Kunstharzlack zu allgemein.

Lack, Lasur, Imprägnierung

Beschichtungsstoffe lassen sich durch Bindemittelart und Rezeptur so herstellen, dass sie einen Film auf dem Untergrund bilden (Lack), nur teilweise einen Film bilden und teilweise in den Untergrund eindringen (Lasur) oder gar keinen Film bilden, indem sie ganz in den Untergrund eindringen (Imprägnierung).

Als Lasur bezeichnet man auch Material, welches den Untergrund nicht vollständig abdeckt, sodass der Untergrund durchscheint.

11.4 Das Bindemittel im Beschichtungsstoff

Verarbeitbarkeit
Abriebfestigkeit
Dehnbarkeit
Korrosionsschutz
Härte
Wetterbeständigkeit
Glanzgrad
Trocknung / Härtung
Chemikalienbeständigkeit
Gesundheits- und Umweltgefährdung
Wasserdampfdurchlässigkeit
Wisch-, Wasch-, Scheuerbeständigkeit
u. a.

Übersicht 1: Eigenschaften, die einen Einfluss auf die Auswahl des geeigneten Bindemittels haben können

Das Bindemittel bildet den festen Anstrichfilm. In ihm ist das Pigment eingebettet.

Alle Eigenschaften, außer dem Farbton, sind vom Bindemittel abhängig (**Übersicht 1**). Der Farbton der Beschichtung kann durch die Eigenfarbe eines Bindemittels beeinflusst werden. Je farbloser das Bindemittel, umso besser.

Von besonderer Bedeutung ist seine Haftung auf dem Untergrund. Ohne Haftung der Beschichtung sind die weiteren Eigenschaften wertlos.

Häufig werden in Beschichtungsstoffen mehrere Bindemittel kombiniert, um die Eigenschaften der Beschichtung zu optimieren.

Die Einteilung der Beschichtungsstoffe in **Kapitel 10.3** erfolgte nach dem Bindemittel. Die Bindemittelgruppen können nochmals zu drei Gruppen zusammengefasst werden. Diese drei Gruppen unterscheiden sich wesentlich und begründen wichtige Eigenschaften von Beschichtungsstoffen (**Tabelle 1**).

Gelöste Harze und Kunststoffe	**Kunststoffe in Dispersionen**	**Mineralische Bindemittel**
Natur-, Kunstharzlacke, Zweikomponentenlacke, Ölfarben	Dispersionsfarben, Kleber, wasserverdünnte Lacke („Wasserlacke“)	Kalkfarbe Zementfarbe, Silikatfarbe
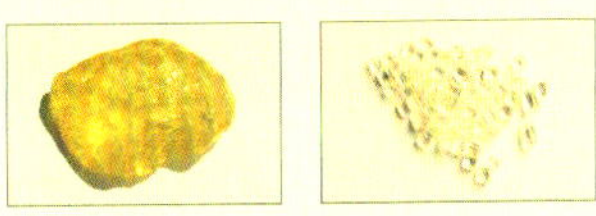 **+ Lösemittel** Harz/Kunststoff Das Bindemittel, ein Harz oder Kunststoff, wird in Lösemittel gelöst. Die Bindemittelmoleküle schwimmen frei beweglich im Lösemittel. 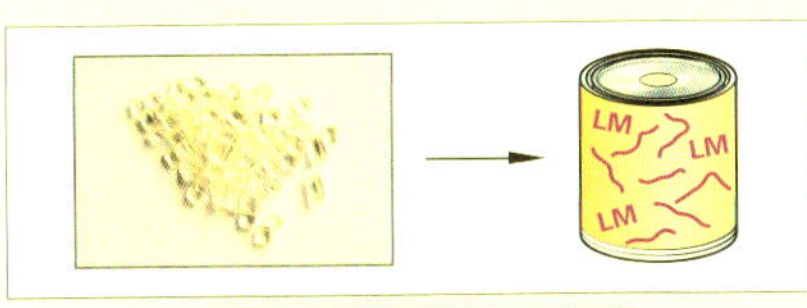 Nach der Verarbeitung trocknet die Beschichtung durch das Verdunsten des Lösemittels = **physikalische Trocknung** 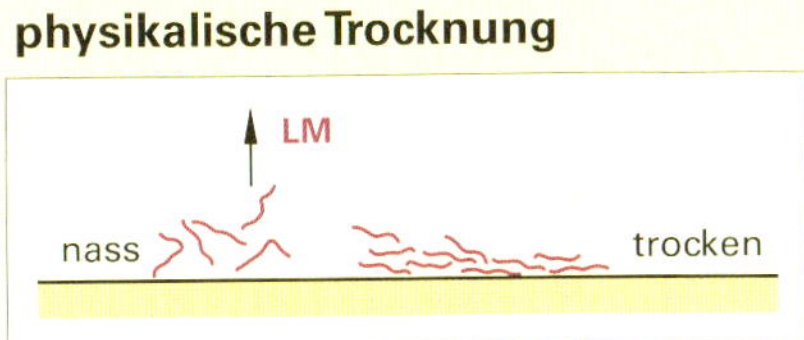 Besonderheiten: Zweikomponentenlack, Öle Die Moleküle verbinden sich zusätzlich zu einem Großmolekül. Dies erfolgt durch einen weiteren Stoff (Sauerstoff, Härter) **= chemische Trocknung/Härtung**	 **+ Wasser** Harze oder Kunststoffe können in Wasser nicht gelöst werden. Das Bindemittel wird als feines Pulver hergestellt. Wird dieses Pulver in Wasser gegeben, so schwimmen die Kunststoffkügelchen ungelöst im Wasser. Ein Gemisch von festen Teilchen ungelöst in einer Flüssigkeit nennt man Suspension. Der Überbegriff lautet: **Dispersion.** 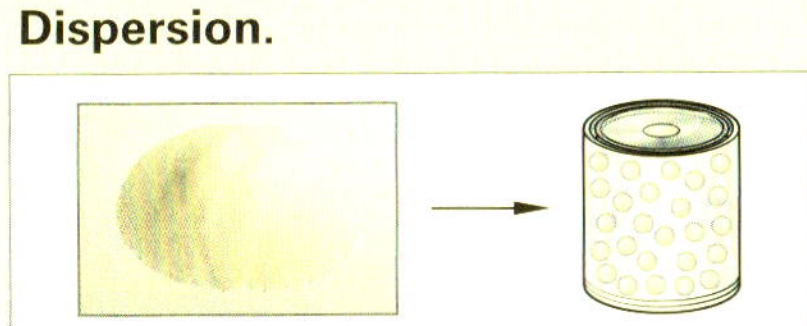 Nach der Verarbeitung verdunstet das Wasser und die etwas weichen Kunststoffkügelchen verschmelzen zum dichten Film. Diesen Trocknungsverlauf nennt man **Kalter Fluss.** 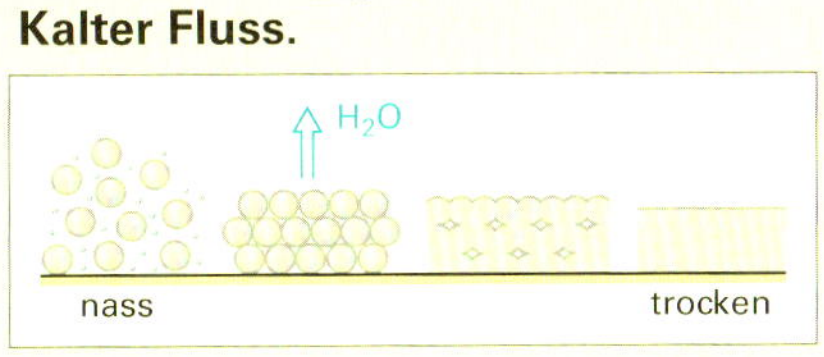	 Gesteine (Mineralien) werden umgewandelt, sodass sie als Beschichtungsstoff verarbeitet werden können. Beispiel: Zement: Kalk, Ton und Quarzsand werden bei 1400 °C geschmolzen. Nach der Verarbeitung entsteht wieder der harte, wasserunlösliche Stein. • Kalkfarbe wird zu Kalkstein. • Silikatfarbe wird zu Kieselstein. • Zementrohstoffe werden zu Zement, einem neuen „Gestein“. Besonderheiten: Silikonharzfarbe, Dispersionssilikatfarbe Organische Anteile und Dispersionen beeinflussen die mineralischen Eigenschaften dieser Farben.
Lacke und Dispersionen sind von großer Bedeutung für Maler und Lackierer sowie für Fahrzeuglackierer.		Anstriche mit mineralischen Bindemitteln sind für Maler und Lackierer von Bedeutung.

Tabelle 1: Einteilung der Bindemittel

11.5 Bindemittel und Beschichtungsstoffe

11.5.1 Kalk und Kalkfarben

Kalkstein kommt in der Natur häufig vor. Der Kalkstein wird gebrochen und gemahlen. Beim Brennen bei 1400 °C verändert das Gestein seine chemische Struktur zu gebranntem Kalk. Der gebrannte Kalk ist wasserlöslich. Nach Zugabe von Wasser, dem Löschen, kann der gelöschte Kalk als Bindemittel eingesetzt werden. Nach der Verarbeitung härtet er durch Carbonatisierung. Dabei wird CO_2 aus der Luft aufgenommen. Dieses CO_2 wurde beim Brennen ausgetrieben. Das zugegebene Wasser verdunstet. Es entsteht wieder Kalkstein, nun aber als dünne Schicht auf der Wand **(Bild 1)**.
Hydraulische Kalke härten nicht nur durch Carbonatisierung, sondern auch durch chemischen Einbau von Wasser.
Kalk ist ein alkalisches Bindemittel. Alkalität, die Wirkung von Laugen, bedeutet immer Gefahr für Augen und Haut, aber auch Schutz vor Algen, Moos und Schimmel. Im Laufe der Zeit verringert sich die Alkalität.
Besonders beim Löschen des Kalkes ist Vorsicht geboten: Es wird immer der gebrannte Kalk ins Wasser gegeben, nie umgekehrt.
Kalk ist ein wichtiges Bindemittel in Putzen und Beschichtungsstoffen **(Tabelle 1)**.

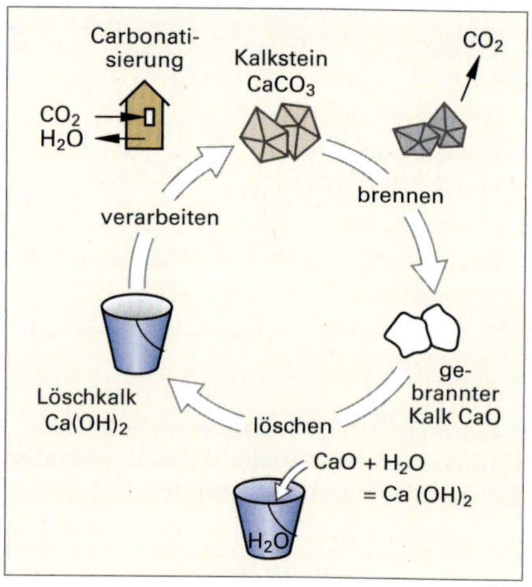

Bild 1: Der Kalkkreislauf

Kalkputz	Kalk wird mit Wasser und Sand zu Mörtel angerührt. Je nach Kalkart und Mischung unterscheidet man: **Mörtelgruppe P I:** Luftkalkmörtel, Wasserkalkmörtel, hydraulischer Kalkmörtel **Mörtelgruppe P II:** hoch hydraulischer Kalkmörtel, Kalkzementmörtel **Mörtelgruppe P III:** Zementmörtel mit Kalkzusatz
Kalkfarbe	Kalkfarbe besteht aus gelöschtem Kalk als Bindemittel und beigemischten Zusätzen. Durch die weiße Eigenfarbe können beim Mischen mit kalkechten Pigmenten nur Pastelltöne erreicht werden. Zusätze wie Leinöl verbessern die Streichbarkeit. Kalkfarben werden oft noch in Stallungen und hygienischen Bereichen verwendet. Ihre Bedeutung für Beschichtungen im Außenbereich ist gering. Industrieluft wandelt nach und nach Kalk in wasserlöslichen Gips um.

Tabelle 1: Kalk als Bindemittel in Werkstoffen

11.5.2 Zement und Zementfarben

Das mineralische Bindemittel Zement kommt in der Natur nicht vor.

Zu seiner Herstellung werden Kalkstein und Ton im richtigen Verhältnis miteinander vermischt und bei 1400 °C gesintert. Der so entstandene Zementklinker wird zum fertigen Zementpulver aufbereitet. Durch Zusätze ergeben sich die verschiedenen Zementsorten. Die wichtigste Zementsorte ist Portlandzement. Durch Eisenoxide und weitere Stoffe ergibt sich der typische Grauton.

Zement ist ein hydraulisches Bindemittel. Das Wasser, mit dem der Zement verarbeitungsfähig angemischt wird, wird bei der Härtung chemisch eingebaut. Es entstehen steinharte Kristalle. Überschüssiges Wasser verdunstet. Zement ist alkalisch. Alkalität, die Wirkung von Laugen, bedeutet immer Gefahr für Augen und Haut, aber auch Schutz vor Algen, Moos und Schimmel. Zement ist ein wichtiges Bindemittel für Putze und Bauteile aus Beton **(Bild 2)**. Aus Zement werden auch Anstrichstoffe hergestellt **(Tabelle 2)**.

Bild 2: Betonteil, zum Teil mit Verschalung und Bewehrungsstahl

Zementputz	**Mörtelgruppe P III b:** Zement + Wasser + Sand **Mörtelgruppe P II b und P III a:** Zement mit Kalk gemischt Zementputz braucht einen Trägeruntergrund, ist sehr hart und beständig. An Neubauten wird er oft im Sockelbereich gegen Feuchte verwendet.
Beton	Beton = Zement + Wasser + Kies/Sand (+ Stahleinlage, Bewehrung) Beton braucht keinen Trägeruntergrund. Der flüssige Beton wird in eine Form, die Verschalung, gegossen. Nach der Erhärtung kann diese entfernt werden und das Betonobjekt steht frei **(Bild 2)**. Lange Zeit war man der Ansicht, dass Beton als „Kunststein" ungeschützt bleiben kann. Heute weiß man, dass auch Beton durch Beschichtungen geschützt werden muss.
Zementfarbe	Verwendet wird Weißzement, eine Zementsorte ohne grau färbende Bestandteile. Beschichtungen mit Zementfarben sind sehr hart, spröde, sehr widerstandsfähig und alkalisch. Sie werden vom Maler und Lackierer selten eingesetzt.

Tabelle 2: Zement als Bindemittel in Werkstoffen

11.5.3 Wasserglas und Silikatfarben

Bild 1: Kali-Wasserglas als Bindemittel

Das Bindemittel Wasserglas entsteht durch Verschmelzen von Quarzsand und Pottasche bei 1 300 °C. Es sieht aus wie Eis **(Bild 1)**. Es wird vom Hersteller in heißem Wasser gelöst und kann dann als Bindemittel (Fixativ) für Silikatfarben eingesetzt werden **(Tabelle 1)**.

Silikatfarben härten chemisch durch Verkieselung mit mineralischen Putzen (außer auf Gipsputz). Dabei verdunstet das Wasser und CO_2 wird aus der Luft aufgenommen. Die Silikatfarbe verbindet sich innig mit dem Putzuntergrund. Wasserglas ist alkalisch. Alkalität, die Wirkung von Laugen, bedeutet immer Gefahr für Augen und Haut, aber auch Schutz vor Algen, Moos und Schimmel. Glas, Keramik, Aluminium und Pflanzen müssen vor der Verarbeitung abgedeckt werden.

Silikatfarben sind gasdurchlässig. Sie eignen sich nicht zum Schutz von Beton, da CO_2 nicht vom Beton ferngehalten wird.

Reine Silikatfarbe	Es werden zwei Gebinde/Komponenten geliefert **(Übersicht 1)**. Die Mischung ergibt die verarbeitbare Silikatfarbe. Bereits einen Tag vor der Verarbeitung muss das Farbpulver im Fixativ 1 : 1 eingesumpft werden. Zum Verdünnen wird Fixativ (kein Wasser!) nach Herstellerangabe zugegeben. Der Schlussanstrich erfolgt unverdünnt. Das angesetzte Material ist nur begrenzte Zeit verarbeitbar. Reine Silikatfarbe ist sehr beständig, hart, spröde, alkalisch, wasserdampfdurchlässig und umweltfreundlich. Durch die Alkalität ist nur eine begrenzte Farbtonauswahl möglich. Durch die matte, mineralische Oberfläche wird reine Silikatfarbe an historischen Gebäuden bevorzugt. Als Lasur eignet sie sich zur farblichen Angleichung von Natursteinausbesserungen. Reine Silikatfarben erhärten chemisch. Mit mineralischen, kalkhaltigen Untergründen können sie verkieseln. Man versteht darunter die kristalline Versteinerung mit dem Untergrund. Auf Gipsputz kann reine Silikatfarbe nicht eingesetzt werden, sie platzt ab.
Dispersions-Silikatfarbe	Wird der Silikatfarbe vom Hersteller Kunststoffdispersion zugegeben, so verändern sich die Eigenschaften malerfreundlich. Sie kann als Einkomponentenfarbe geliefert werden und ist bis zu einem Jahr lagerfähig. Zum Verdünnen kann Wasser eingesetzt werden. Die Verarbeitung ist dann einfacher. Die weiteren Eigenschaften entsprechen weitgehend den Eigenschaften der reinen Silikatfarbe. Einsatzgebiete sind neben mineralischen Fassaden auch die Beschichtung von Raufasertapeten in Innenräumen. Der Anteil an Dispersion ist auf maximal 5 % begrenzt. Bei einem Dispersionsanteil über 5 % darf im Werkstoffnamen das Wort „Silikat“ nicht mehr verwendet werden.
Sol-Silikatfarbe	Ein neuartiges Bindemittel auf Silikatbasis, kombiniert mit Kunststoffdispersion, ermöglicht Anstriche auf mineralischen Untergründen mit einer Altbeschichtung auf Dispersions- oder Silikonharzbasis.
Egalisations-farbe	Es handelt sich dabei um eine Silikatfarbe mit etwa 20 % Dispersionsanteil oder mehr. Da sie bei diesem Dispersionsanteil nicht mehr die Bezeichnung „Silikat“ im Werkstoffnamen führen darf, ist sie unter dem Namen Egalisationsfarbe oder EG-Farbe im Handel. Sie wird vom Stuckateur gerne auf neuen Putzen eingesetzt. Mit Dispersions-Silikatfarbe kann sie überarbeitet werden.

Fixativ (Kaliwasserglas)	**Farbpulver**
=	=
Bindemittel	ausgewählte, alkalibeständige Pigmente und Füllstoffe

Übersicht 1: Bestandteile der reinen Silikatfarbe

Tabelle 1: Wasserglas als Bindemittel in Werkstoffen

11.5.4 Silikonharz und Silikonharzfarben

Silikonharz wird aus den Rohstoffen Quarz und Methylenchlorid hergestellt. Dabei entsteht ein Bindemittel mit mineralischem Silizium-Sauerstoff-Gerüst und organischen Anteilen in Form von Ketonen. Die Silikonmoleküle können in unterschiedlicher Größe hergestellt werden.

- **Silikonöle**
  Die sehr kleinen Moleküle liegen in flüssiger Form vor. Silikonöle mit reaktiven, vernetzbaren Gruppen werden als Dichtungsmassen im Sanitärbereich eingesetzt.
- **Silane, Siloxane**
  Diese etwas größeren Moleküle sind ebenfalls flüssig. Sie eignen sich als wasserabweisende Imprägnierung für Beton und als Hydrophobierungsmittel.
- **Silikonharze**
  Um ein Vielfaches größer sind die Moleküle der Silikonharze. Sie sind zähflüssig bis fest und können in Lösemitteln gelöst werden. Das Harz ist in Wasser unlöslich. Silikonharz kann jedoch als Emulsion wasserverdünnbar hergestellt und verarbeitet werden. Diese Produkte werden für die Beschichtung von Fassaden verwendet **(siehe Tabelle 1, Seite 178)**.

Silikonharz-farben	Diese enthalten zum Großteil Silikonharze als Bindemittel. Da Silikonharz jedoch Pigmente und Füllstoffe nur unzureichend binden kann, werden Anteile von Kunststoffdispersionen zugegeben. Je nach Menge und Art der Kunststoffdispersion sowie der weiteren Bestandteile kann die Qualität der Silikonharzfarben variieren. Silikonharzfarben sind mikroporös. Wasserdampfmoleküle sind etwa 2500-mal kleiner als die Mikroporen. Darum sind Silikonharzfarben wasserabweisend und gleichzeitig sehr gut wasserdampfdurchlässig. Weitere Eigenschaften sind tuchmatte Optik und geringe Verschmutzungsneigung. Einsatzgebiete sind mineralische Untergründe, bevorzugt Mischmauerwerk.
Silikonharz-Imprägnier-mittel	Imprägniermittel dringen in den Untergrund ein und reduzieren Wasseraufnahme und Saugvermögen. Hydrophobes Verhalten lässt Wasser an der Oberfläche abperlen. Es bildet sich keine nennenswerte Schicht. Die Optik des mineralischen Untergrundes bleibt erhalten. Vorwiegend werden heute Siloxane eingesetzt. Die wasserklare Flüssigkeit muss satt auf den Untergrund aufgetragen werden, damit dieser sich vollsaugen kann. Einsatzgebiete sind mineralische Putze und Beton. An Klinkerfassaden werden die Fugen mit Silikonharz-Imprägniermittel behandelt. Es wird auch hier satt auf die ganze Fassade aufgetragen.
Silikonöle	Sie sind als Trennmittel für Verschalungen und als Additiv für besseren Lackverlauf im Einsatz. Maler und Fahrzeuglackierer fürchten Silikonöle auf zu beschichtenden Untergründen, da Anstrichstoffe auf Silikonverunreinigungen nicht haften und abperlen.

Tabelle 1: Silikon als Bindemittel in Werkstoffen

11.5.5 Kunststoffdispersionen und Dispersionsfarben

Der Begriff Dispersion bedeutet „Gemenge". Darunter versteht man die unlösliche Verteilung eines Stoffes in einem anderen Stoff. Unterbegriffe sind Emulsion (flüssig in flüssig) oder Suspension (fest in flüssig) **(siehe Kap. 20.1.4)**.

Der Maler und Lackierer versteht unter einer Dispersion die feinste Verteilung eines Kunststoffpulvers in Wasser **(Bild 1)**. Zuerst wird das Kunststoffpulver durch Polymerisation hergestellt. Kleinste Moleküle verbinden sich zu Makromolekülen, die Kügelchen „wachsen" bis zur gewünschten Teilchengröße.

Bild 1: Vom Kunststoff zur Dispersion

Wird das Kunststoffpulver in Wasser gegeben, so hat die Mischung ein milchig weißes Aussehen. Stabilisatoren und Emulgatoren halten die Dispersion stabil.

Kunststoffe in Dispersionen sind z. B. Polyvinylacetat, Polyacrylate, Styrol-Butadien und Mischpolymerisate aus verschiedenen Kunststoffen. Je nach Teilchengröße unterscheidet man grobdispers (ø 1 bis 3 mm), mitteldispers (ø 0,3 bis 1 mm) und feindispers (ø um 0,2 mm).

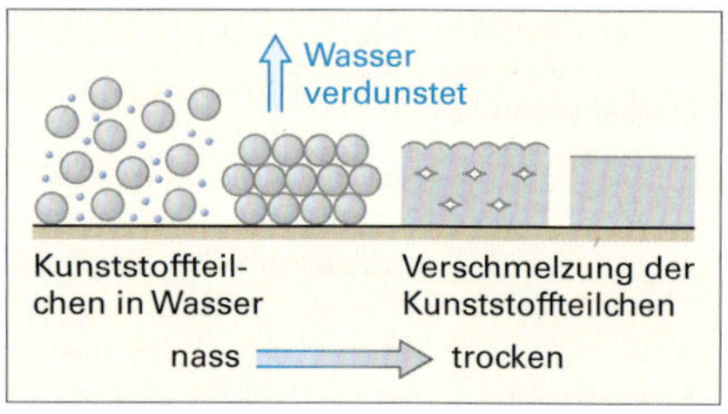

Bild 2: Kalter Fluss

Nach der Verarbeitung von Dispersionen verdunstet der Wasseranteil. Die etwas weichen Kunststoffkügelchen schmelzen ineinander und bilden den dichten Film **(Bild 2)**. Bildhafter Vergleich ist das Verschmelzen von Karamellbonbons. Diesen Trocknungsvorgang nennt man kalten Fluss.

Unter 5 °C verfilmen die Kunststoffteilchen nicht mehr ideal. Darum muss die Verarbeitungstemperatur, auch die Objekttemperatur, über 5 °C liegen.

Kunststoffdispersionen sind in der Anwendung vielfältig **(Tabelle 1 und Tabelle 2, Seite 179)**. Sie sind gesundheits- und umweltfreundlich. Umweltschützer stört, dass bei der Herstellung der Kunststoffkügelchen durch die Polymerisation noch Monomere übrig bleiben, die nach der Verarbeitung aus dem Beschichtungsfilm verdunsten und der Gesundheit schaden. Es liegt im Interesse der Hersteller, den Anteil dieser sogenannten „Restmonomere" kleinzuhalten. Dispersionen sind wegen der Gefriergefahr vor Frost geschützt aufzubewahren.

Dispersions-farbe	Gibt man zur Kunststoffdispersion Pigment, Füllstoffe und Additive, so erhält man eine Dispersionsfarbe. Weiße Dispersionsfarbe ist relativ einfach zusammenzurühren. Bei farbigen Dispersionsfarben erschweren die Pigmente die Herstellung **(siehe Kap. 11.2)**. Der Name „Dispersionsfarbe" ist geschützt. Nur wenn die Mindestanforderungen nach DIN EN 13300 (bisher DIN 53778) erfüllt sind, darf die Farbe diesen Namen tragen. Dispersionsfarben sind waschbeständig (Nassabriebklasse 3 nach DIN EN 13300) oder scheuerbeständig (Nassabriebklasse 2 nach DIN EN 13300). Wischbeständigkeit erfüllt die Mindestanforderung nicht. Der Glanzgrad reicht von matt bis hochglänzend. Dispersionsfarben sind wasserverdünnbar und als Beschichtung für nahezu alle Untergründe geeignet, lagerbeständig, aber nicht frostbeständig. Dispersionsfarben können in hoher Schicht aufgetragen werden. Ein Anstrich ergibt 200 – 300 µm Schichtdicke. Die Schicht ist begrenzt wasserdampfdurchlässig. In den ersten Jahren nach der Verarbeitung ist der Beschichtungsfilm noch thermoplastisch. Er wird weich bei Erwärmung.

Tabelle 2: Kunststoffdispersionsfarbe

Je nach Bindemittelart, Pigment und Füllstoffen sowie deren Anteilen können Dispersionsfarben unterschiedlicher Qualität und für spezielle Anwendungen hergestellt werden (Tabelle 1).

Putzgrundiermittel	Dieser Tiefgrund eignet sich bei anschließendem Dispersionsfarbanstrich. Wasserverdünnbare Acrylharzdispersionen werden heute den lösemittelhaltigen Produkten aus Umweltschutzgründen meist vorgezogen. Allerdings können sie bei Minustemperaturen gefrieren.
Wandfarbe für innen	Leimanteile verdicken das Wasser und verhindern, dass sich das Pigment absetzt. Leime sind wasserlöslich. Waschbeständigkeit muss jedoch auch hier gewährleistet sein.
Latexfarbe	Man versteht darunter eine scheuerbeständige, hochglänzende Dispersionsfarbe mit wenig Füllstoffen und mehr hochwertigem Bindemittel. Die Oberfläche ist wasserabweisender und reinigungsfähiger als bei üblicher Dispersionsfarbe. Sie wird in Nass- und Hygienebereichen bevorzugt eingesetzt.
Fassadenfarbe	Es kommen nur hochwertige Dispersionen zum Einsatz. Reine Acrylatdispersionen sind von hoher Qualität. Es ist daher auf die Bezeichnung „100 % Reinacrylat" zu achten. Diese Dispersionsfarben decken Kanten und Putzkörner gut ab und sind besonders wetter- und chemikalienbeständig.
CO_2-Sperre	Hochwertige Dispersionen, die verhindern, dass CO_2 durch die Beschichtung dringt, werden als Isolierbeschichtung in der Betoninstandsetzung verwendet.
Armierungsfarbe	Kurze Kunststofffasern in der Dispersionsfarbe überbrücken feine Risse. Gegen größere Risse müssen jedoch Armierungsgewebe eingebettet werden. Armierungsfarben müssen Rissbewegungen mitmachen und sind meist plastoelastisch.
Kunststoffputz	Wird der Dispersion Kunststoffgranulat zugegeben, so erhält man ein Putzmaterial, das viel elastischer als mineralische Putze ist. Das Kunststoffgranulat ist eingefärbt. So sind auch grüne, rote und gelbe Putze mit hoher Farbigkeit möglich.
Dispersionslack, „Wasserlack"	Es handelt sich um spezielle Dispersionen für Holz und/oder Metall, deren Kunststoffteilchen etwa 30-mal feiner als die in üblichen Dispersionsfarben sind. Dispersionen auf Acryl- und/oder Polyurethanbasis verdrängen im Fahrzeuglackierbereich nach und nach lösemittelhaltige Lacke. Diese Lacke enthalten aber noch bis zu 10 % Lösemittel, damit die Filmbildung zu besonders glänzenden, glatten Oberflächen führen kann.
Dispersionslasur	Der Einsatz lasierender Pigmente ergibt eine Dispersionslasur für Holzuntergründe. Lasuren, die transparente Eisenoxidpigmente mit UV-Schutzwirkung enthalten, sind für außen geeignet.

Tabelle 1: Dispersionsfarben-Varianten

11.5.6 Leime, Leimfarben und Kleister

Leime werden aus natürlichen Rohstoffen gewonnen, z. B. aus Knochen, Haut (tierische Leime), Quark, Milch (Caseinleime), Kartoffeln (Stärkeleim, -kleister) oder Holz (Zelluloseleim, -kleister). Lediglich Kleister zum Tapezieren ist heute noch von größerer Bedeutung im Malerhandwerk (Tabelle 2).

Leime bestehen aus kürzeren Molekülen als Kleister und sind mit weniger Wasser lösbar. Bei gleicher Wassermenge ist Leim niedrigviskos (dünnflüssig), Kleister dagegen hochviskos (dickflüssig).

Leime/Kleister eignen sich nur für den Innenbereich. Sie trocknen durch die Verdunstung des Wassers physikalisch und können mit Wasser wieder angelöst werden, sind also reversibel. Leime/Kleister sind ein idealer Nährboden für Schimmelpilze.

Tapetenkleister	Wasserunlösliche Zellulose wird durch chemische Umwandlung in Methylzellulose wasserlöslich. Das Kleisterpulver wird nach Herstellerangabe auf der Packung in Wasser eingerührt und ist nach einer Weichzeit und anschließendem kräftigem Durchrühren gebrauchsfertig. Spezialkleister für schwere Tapeten enthalten einen Dispersionsanteil, der die Klebkraft verstärkt.
Leimfarbe	Möglich ist der Einsatz im Innenbereich, wenn der Kunde mit einem wischfesten Anstrich zufrieden ist. Auf keinen Fall sollten Leimfarben im Außenbereich, in Feuchträumen und im Hygienebereich verarbeitet werden. Leimfarben können fertig bezogen oder selbst hergestellt werden. Kreide wird mit Wasser zu einem Farbbrei gerührt. Getrennt davon wird Leim in Wasser im Verhältnis 1 : 25 eingerührt. Am nächsten Tag kann die Leimfarbe angerührt werden. Das Mischungsverhältnis Farbbrei zu Leimlösung 1 : 1 ergibt wischfeste Leimfarbe, das Mischungsverhältnis 1 : 0,5 ergibt nichtwischfeste Leimfarbe, einst für Decken bevorzugt. Während der Verarbeitung, in nassem Zustand, deckt Leimfarbe äußerst schlecht, nach dem Trocknen aber sehr gut (siehe Kap. 11.8.5, Seite 195). In vergangenen Zeiten kam mancher Maler und Lackierer auf die Idee, der Leimfarbe Dispersionen (Tiefgrund, Dispersionsfarbe) zuzugeben, um die Abriebfestigkeit zu erhöhen. Diese Beschichtungen waren dann auch weniger wasserlöslich. Ein ähnlicher Effekt ergibt sich, wenn die Leimfarbe nicht abgewaschen, sondern mit Tiefgrund gefestigt wurde und solche Altschichten vorliegen.
Binderfarbe	Als die ersten Dispersionen etwa um 1930 entwickelt wurden, kamen Leimfarben mit Dispersionsanteil auf den Markt. Diese Werkstoffe wurden als Binderfarbe bezeichnet. Ihre Qualität lag über der von Leimfarben, aber unter der Qualität von Dispersionsfarben.

Tabelle 2: Leime und Kleister als Bindemittel in Werkstoffen

11.5.7 Öle und Ölfarben

Aufgrund ihrer chemischen Zusammensetzung bilden Öle eine eigene Stoffgruppe. Unter den Ölen kann die Gruppe der trocknenden Öle in Lacken eingesetzt werden **(Tabelle 1)**. Dazu gehören Leinöl, Holzöl, Sojaöl und andere. Die verschiedenen Öle enthalten unterschiedliche Fettsäuren. Diese Fettsäuren beeinflussen wesentlich die Eigenschaften der Öle.

Öle trocknen sehr langsam, meist in Tagen. Es bildet sich ein elastischer, oft weicher Beschichtungsfilm, der im Farbton nach und nach gelbstichig wird. Öle sind durch Laugen zerstörbar. Dieser Vorgang heißt „Verseifung". Öle sind mit Testbenzin und Terpentin verdünnbar.

Nichttrocknende Harze werden oft in Alkydharz als Additiv eingesetzt, um die Dehnbarkeit zu verbessern.

Bild 1: Leinöl, aus Flachssamen gewonnen

Leinöl	Leinöl ist das einzige Öl, das heute für Beschichtungsstoffe als alleiniges Bindemittel eingesetzt wird. Hergestellt wird es aus den Samen des Flachses. Die Samen werden ausgepresst, danach das Öl aufbereitet **(Bild 1)**. Reines Leinöl trocknet sehr langsam und ist erst nach 4 bis 7 Tagen durchgetrocknet. Beim Trocknen nimmt das Öl Sauerstoff aus der Luft auf, wodurch sich die kleinen Ölmoleküle zu einem Makromolekül verbinden. Diesen Trocknungsverlauf nennt man chemische Trocknung oder oxidative Trocknung. Der Trocknungsvorgang kann beschleunigt werden, indem Sauerstoff in erhitztes Öl eingeblasen wird und dieses voroxidiert. **Leinöl-Standöl** ist ein durch Erhitzen eingedicktes Leinöl. **Leinölfirnis** ist Leinöl, dem Trockenstoffe zugesetzt wurden.
Ölfarben	Reine Ölfarbe spielt heute keine besondere Rolle mehr. Werden Öle in anderen Bindemitteln oder Lacken eingesetzt, so beeinflusst das Öl deren Eigenschaften. Insbesondere in Alkydharzlacken werden Öle eingesetzt, um die Trocknung zu steuern und elastische Schichten zu erhalten. Die negativen Eigenschaften des Öls müssen dann in Kauf genommen werden (Vergilbung, Verseifbarkeit).
Ölkitt	Kreide mit Leinöl vermengt ergibt den knetbaren Ölkitt. Dieser wird auch heute noch zum Schließen von Löchern und Rissen im Holz sowie zur Fensterverglasung eingesetzt, da er nicht schwindet.

Tabelle 1: Öl als Bindemittel in Werkstoffen

11.5.8 Naturharze und Naturharzfarben

Harz ist ein Bestandteil des Baumes zum Verkleben von Verletzungen. Es tritt aus dem Bauminneren an die Oberfläche. Dort verdunstet das baumeigene Lösemittel und das Harz wird fest und schützt.
Heute besitzen Naturharze nur noch geringe Bedeutung **(Tabelle 2)**. Der weltweite Bedarf an Lacken kann durch Naturharze unmöglich gedeckt werden. Sie sind teuer und als natürliches Produkt in der Qualität nicht immer gleich. Außerdem müssen sie erst gefunden werden.

Rezente Harze
Diese Harze stammen von lebenden Bäumen, z. B. Dammar, Kolophonium, Balsame **(Bild 2)**. Durch Restlösemittel im Harz sind die rezenten Harze ziemlich weich.

Fossile Harze
Die Harze von längst abgestorbenen Bäumen bezeichnet man als fossile Harze. Beispiele sind Kopal und Bernstein. Fossile Harze sind hart.

Bild 2: Helles Kolophonium und dunkleres Balsamharz

Naturharzfarben	Naturharzfarben sind häufig als Bio-Lacke im Handel. Sie beinhalten in der Regel Naturharze. Diese sind umwelt- und gesundheitsfreundlich, können aber nicht den Schutz der heutigen Hightech-Kunstharze bieten. Für extrem beanspruchte Objekte (Industriebereich, Fahrzeuge) sind sie ungeeignet.

Tabelle 2: Naturharze als Bindemittel in Werkstoffen

11.5.9 Schellack

Eine Besonderheit unter den natürlichen Bindemitteln ist der Schellack. Es handelt sich dabei um die Ausscheidung der Lackschildlaus. Getrocknet und in Spiritus gelöst kann es als Bindemittel dienen.
Die Lackschildlaus wurde schon im alten China gezüchtet, der Schellack für hochwertige Lackierungen verwendet. Heute wird Schellack noch in Polituren eingesetzt.

11.5.10 Zellulosenitrat und Nitrolacke

Die veresterte Zellulose, das Bindemittel, wird korrekt als Zellulosenitrat bezeichnet, der Name Nitrozellulose hat sich jedoch eingebürgert. Sie benötigt zum Lösen viel Lösemittel, sodass bei reinen NC-Lacken der Festkörpergehalt meist nur höchstens 30 % beträgt. Geeignete Lösemittel sind, je nach Moleküllänge, Kohlenwasserstoffe, Ester und Alkohole. Wegen des hohen Lösemittelanteils verschwinden diese Lacke nach und nach vom Markt.
Nitrozellulose ergibt schnell trocknende, gut haftende, dünne, wetter- und chemikalienbeständige Lackfilme (Tabelle 1).

Reiner Nitrolack (NC-Lack)	Dieser Lack trocknet sehr schnell (physikalisch durch Verdunstung der Lösemittel) und bildet sehr dünne, harte und spröde Lackfilme. Der Lackfilm ist reversibel. Reine NC-Lacke sind heute noch als Einlassgrund, Schnellschliffgrund für den Innenausbau mit Holz oder als lösemittelhaltiger Tiefgrund für Putz-Untergründe im Handel sowie als Fingernagellack. NC-Anteile werden auch oft in Möbelpolituren eingesetzt. Als Zaponlack bezeichnet man Überzugslacke für Messing und Kupfer. Ihre Blüte hatten diese Lacke in den 1930er-Jahren für die Beschichtung von Fahrzeugen. Durch ihre kurze Trockenzeit wurde damals die Lackierung am Fließband möglich. Zum Lösen der Nitrozellulose wurde ein spezielles Lösemittelgemisch entwickelt: die Nitroverdünnung.
Nitrokombilack (NCKb-Lack)	Wird der Nitrozellulose Alkydharz (bis 50 %) zugegeben, so erhöht sich der Festkörper und höhere Schichten mit höherer Fülle sind erreichbar. Lange Zeit besaßen diese Lacke in der Fahrzeugreparatur-Lackierung große Bedeutung. Eingesetzt werden sie heute noch zur Möbelbeschichtung und als Lacke in Sprühdosen.

Tabelle 1: Zellulosenitrat als Bindemittel in Werkstoffen

11.5.11 Asphalt/Bitumen und deren Lacke

Bild 1: Einsatz einer EP-Bitumen-Kombination

Asphalt und Bitumen sind Rückstände aus der Erdöldestillation. Sie werden aufbereitet und in Testbenzin gelöst. Bei Bedarf werden sie mit weiteren Bindemitteln kombiniert. In reiner Form trocknen sie physikalisch.
Problematisch ist die Neigung, bei Erwärmung zu erweichen.
Flecken auf der Kleidung lassen sich kaum entfernen. Werden sie mit üblichen Lacken überarbeitet, so schlagen Flecken durch. Durch den weichen Beschichtungsfilm kommt es in Folgeanstrichen zur Rissbildung.
Ihre Anwendung im Maler- und Lackiererhandwerk ist begrenzt (Tabelle 2).

Asphalt-/ Bitumenlacke	Asphalt-/Bitumenlacke sind sehr wasserbeständig und gut chemikalienbeständig. Die Einsatzgebiete am Bau sind begrenzt. Die Farbpalette reicht nur von schwarz bis braun. Einsatzgebiete sind Dachrinnen innen, Abflussrohre sowie Dichtungsanstriche am Rohbau.
EP-Bitumen-Kombination	Mit Epoxid kombinierte Bitumenlacke können in hoher Schicht aufgetragen werden, sind zäh, äußerst wasserbeständig und mechanisch beanspruchbar. Einsatzgebiete sind Schiffsbau, Hafenanlagen, Schleusen und Kläranlagen (Bild 1)

Tabelle 2: Asphalt/Bitumen als Bindemittel in Werkstoffen

11.5.12 Polymerisate und Polymerisatharzlacke/Vinyllacke

Werden Kunststoffe (Polymerisate) mit kurzen Molekülketten hergestellt, so können diese in Lösemitteln gelöst werden. Nach der Verarbeitung verdunstet das Lösemittel, die Trocknung erfolgt physikalisch. Die Beschichtung ist reversibel.
Diese Lacke werden auch als Vinyllacke bezeichnet (Tabelle 3).

PVC-Lack (Polyvinylchloridlack)	Diese Kunststofflacke eignen sich zur Beschichtung von Metallen, Kunststoffen und mineralischen Untergründen. Typisches Anwendungsbeispiel ist die Beschichtung von Dachrinnen außen und Geländern mit Altkupfer-Effekt. Mit dem Untergrund kommt es zu keiner chemischen Wechselwirkung.
PVAc-Lack (Polyvinylacetatlack)	

Tabelle 3: Polymerisate als Bindemittel in Werkstoffen

11.5.13 Chlorkautschuk und Chlorkautschuklack

Kautschuk, ob natürlich oder künstlich hergestellt, ist als Bindemittel ungeeignet. Wird er jedoch mit Chlorgas behandelt, so entsteht ein Bindemittel: der Chlorkautschuk, abgekürzt CIK (**Tabelle 1**). In der Lackherstellung müssen dem spröden Chlorkautschuk weichmachende Stoffe, z. B. Weichmacher, Weichharze, Alkydharz, zugegeben werden.

Chlorkautschuklacke sind chemikalienbeständig und wasserbeständig, aber unbeständig gegen Lösemittel, Fette und Öle. Bei der Verarbeitung ziehen Chlorkautschuklacke Fäden. Die Trocknung erfolgt physikalisch.

Chlorkautschuk mit ringförmigen Molekülen nennt man Cyclokautschuk. Als Lösemittel eignet sich dann Testbenzin.

Beschichtungsstoff für Wasserbecken	Der Lack für Schwimmbecken wird aus optischen Gründen blau- bis grünpigmentiert verkauft. (Man stelle sich eine Schwimmbeckenbeschichtung in Rot vor!)
Straßenmarkierungsfarbe	Der Lack eignet sich für weniger belastete Markierungen. Für stark belastete Markierungen, z. B. auf Autobahnen, wird weiß eingefärbter Epoxid-Spezialmörtel bevorzugt.

Tabelle 1: Chlorkautschuk als Bindemittel in Werkstoffen

11.5.14 Silikonharz und Silikonharzlack

Silikone sind siliziumorganische Stoffe, die aus Quarzsand und Kohle hergestellt werden. Mit kurzen Molekülketten eignen sie sich als Bindemittel.

Wasserabweisendes Imprägnierungsmittel	Es eignet sich für mineralische Untergründe, deren Oberflächenaussehen optisch erhalten bleiben soll. Die Wasserdampfdurchlässigkeit bleibt bestehen.
Hoch temperaturbeständiger Korrosionsschutzlack	Mit diesem Lack sind bis 600 °C hitzebeständige Beschichtungen möglich.

Tabelle 2: Silikonharz als Bindemittel in Werkstoffen

11.5.15 Alkydharz und Alkydharzlack

Die Rohstoffe zur Herstellung von Alkydharz sind mehrwertige Alkohole und organische Di- oder Tricarbonsäuren. Würden nur diese Bestandteile miteinander verkocht werden, so entstünde durch Veresterung ein Polyester.

Als dritte Komponente kommt der natürliche Rohstoff Öl dazu, der mit verkocht wird, wodurch schließlich das Alkydharz entsteht (**siehe Tabelle 1, Seite 183**).

Durch die Vielzahl der Kombinationsmöglichkeiten von Alkoholen, Säuren und Ölen sowie derer Anteile im Lack lassen sich Alkydharze in schier unbegrenzten Variationen mit speziellen Eigenschaften herstellen.

Von besonderer Bedeutung ist im Alkydharz das Öl (**Tabelle 3**). Wegen der Trocknung des Öls durch Sauerstoffaufnahme aus der Luft kann der Lack nach der Verarbeitung am Objekt bei Normaltemperatur trocknen. Es liegt beim Hersteller, das geeignete Öl einzusetzen. Alkydharze mit Sojaöl vergilben kaum und eignen sich für Heizkörper- und Weißlacke, Holzöl ist wasserbeständiger als Leinöl und eignet sich für Außenlacke.

Bild 1: Anwendungsbeispiel für Alkydharzlack

	Öl-Anteil	Verdünnung	Trocknung	Einsatzgebiete	Verarbeitung
Langölig	Über 60 %	Testbenzin	Lufttrocknend	Bautenlacke (**Bild 1**) • für Holz und Metall. • für innen und außen.	Streichen
Mittelölig	40 % bis 60 %	Übergangsbreich			
Kurzölig	Unter 40 %	Spezial-Lösemittel	Ofentrocknend	Industrielacke, Einbrennlacke	Spritzen

Tabelle 3: Einteilung der Alkydharzlacke nach dem Ölanteil

Alkydharzlack	Alkydharzlacke sind für Maler und Lackierer von sehr großer Bedeutung. „Kunstharzlacke", „Bautenlacke" und die speziellen Fenster-, Heizkörper- oder Türenlacke sind in der Regel Alkydharzlacke. Alkydharzlacke besitzen Eigenschaften, die wesentliche Verbesserungen gegenüber den Ölfarben aufweisen. Alkydharzlacke trocknen schneller, sind härter, neigen weniger zum Kräuseln und sind besser laugen- und säurebeständig. Durch den Ölanteil müssen auch weniger gute Eigenschaften in Kauf genommen werden: Trocknung im Stundenbereich, Vergilbung und Versprödung im Laufe der Zeit, Chemikalienempfindlichkeit. Alkydharzlacke trocknen physikalisch und chemisch.
Modifizierter Alkydharzlack	Wird bei der Herstellung des Alkydharzes ein vierter Bestandteil mit gekocht, z. B. Styrol, Acryl, Epoxid oder Silikon, so lassen sich dadurch bestimmte Eigenschaften des Lackes verbessern, wie Schlagfestigkeit, Trocknung oder Lichtbeständigkeit.
Alkydharzkombinationen	Alkydharz + Harnstoffharz = SH-Lack, säurehärtender Lack. Salzsäure oder Phosphorsäure löst die Härtung aus. Alkydharz + Nitrozellulose oder Chlorkautschuk oder Vinylharze. Das Alkydharz verbessert im Lackfilm die Dehnbarkeit.

Tabelle 1: Alkydharz als Bindemittel in Werkstoffen

11.5.16 Acrylharz und Acrylharzlack

Bild 1: Anwendungen von 2K-Acryllack am Fahrzeug

Die Herstellung von Acrylharz erfolgt durch Polymerisation aus Acrylsäureestern oder Methacrylsäureestern. Dabei entstehen Molekülketten, die je nach Steuerung, kürzer oder länger sind.
Kurze Acrylmoleküle können in geeigneten Lösemitteln gelöst werden. Von besonderer Bedeutung sind in dieser Gruppe die vernetzbaren Acrylharze.
Bei 2K-Acryllack sind die kurzen Acrylketten der Stammlack. Der Härter (Isocyanat) vernetzt die kurzen Moleküle zum Makromolekül. So entsteht das Bindemittel der 2K-Acryllacke (Tabelle 2).
Lange Acrylketten können nicht mehr gelöst werden, weder in Lösemitteln noch in Wasser. Die bei der Polymerisation entstehenden Kunststoffteilchen (fest) werden in Wasser (flüssig) fein verteilt. Die Stoffverteilung fest in flüssig nennt man Dispersion, in diesem Falle Kunststoffdispersion.

Sehr lange Acrylketten ergeben in Formen Kunststoffteile, Platten etc. Im Handel befindet sich dieser Kunststoff als Acrylglas. Das bekannteste Produkt ist „Plexiglas®".

Die Eigenschaften des Acrylharzes kann man am besten über das verwandte Acrylglas kennenlernen. Acrylharz ist glasklar und vergilbungsfrei, hart und zäh, hochglänzend und sehr beständig gegen Chemikalien.

Zweikomponenten-Acryllack	Maler und Lackierer verwenden diese lösemittelhaltigen Lacke für hochwertige Lackierungen. Für Fahrzeuglackierer ist er das wichtigste Material für Deck- und Klarlacke am Fahrzeug (Bild 1). Für Zweikomponentenprodukte gelten besondere Verarbeitungshinweise (siehe Kap. 11.6). Trocken und fest wird der Lack durch chemische Härtung.
Lösemittelhaltiges Acrylharz-Isoliermittel	Diese Lacke eignen sich zum Absperren und Isolieren von Wasserflecken, Nikotinflecken sowie Teer. Wegen des Lösemittelgehalts sollten sie nicht für größere Flächen eingesetzt werden.
Dispersionsfarbe auf Acrylbasis für Wände	Reine Acrylatdispersionen sind von hoher Qualität. Es ist daher auf die Bezeichnung „100 % Reinacrylat" zu achten. Diese Farben besitzen eine gute Haftung, kleben nicht und decken Kanten und Putzkörner gut ab. Die Trocknung erfolgt physikalisch durch „Kalten Fluss". Mit Styrol modifizierte Acryldispersionen sind ebenfalls unter der Bezeichnung „Acryldispersion" im Handel, allerdings ohne den Begriff „rein".
Dispersionslack	Es handelt sich um spezielle Dispersionen für Holz und/oder Metall, deren Kunststoffteilchen etwa 30-mal feiner als die in üblichen Dispersionsfarben sind. Diese Lacke sind umweltfreundlich. Bei der Verarbeitung sind spezielle Pinsel mit Nylon- oder Perlonborsten zu verwenden, die das wässrige Material besser halten als Naturborsten. „Wasserlacke" auf Acryldispersions-Basis gewinnen in der Fahrzeuglackierung aus Umweltschutzgründen immer mehr an Bedeutung. In der Qualität reichen sie schon nahe an die lösemittelhaltigen Acryllacke heran. Alle bekannten Hersteller von Fahrzeuglacken bieten Produktlinien auf Dispersionsbasis an.

Tabelle 2: Acrylharz als Bindemittel in Werkstoffen

11.5.17 Epoxidharz und Epoxidharzlacke

Epoxidharze sind künstliche Harze, die in flüssiger oder fester Form vorliegen können. Das Epoxidharz wird durch Polykondensation aus Epichlorhydrin und Bisphenol A hergestellt. Epoxidharze härten durch Zugabe von Aminen, aber auch von Polyisocyanaten, durch Polyaddition aus.
Lacke und Materialien auf Epoxidharzbasis sind gesundheits- und umweltschädlich.
In der Chemie, aber auch in der Anwendung, wird Epoxid häufig mit EP abgekürzt.

Eingesetzt wird Epoxidharz als Bindemittel in Anstrichstoffen **(Tabelle 1)**, als Klebstoff, als Spezialmörtel und als Rohstoff zur Herstellung von Formteilen.

Epoxidharz verfügt über geringen Schwund, außerordentliche Haftung, hohe Härte und Abriebfestigkeit sowie über sehr gute Chemikalienbeständigkeit **(Bild 1)**.

Bild 1: Anwendungsbeispiel von Epoxidharz auf einem Fußgängerüberweg

Zweikomponenten-Epoxidharzlack	Der Mischungsansatz von Stammlack und Härter kann in der vom Hersteller angegebenen Topfzeit verarbeitet werden. Das Einstellen der Verarbeitungsviskosität erfolgt mit Spezialverdünnung. Aufgrund der hervorragenden Eigenschaften wird 2K-Epoxidharzlack besonders dort eingesetzt, wo eine hohe Beanspruchung erfolgt, z. B. im schweren Korrosionsschutz, für Betonfußböden und für Unterwasserbeschichtungen. Wegen der ausgezeichneten Haftung wird er als Grundierung für problematische Untergründe eingesetzt, z. B. für Kunststoffuntergründe, pulverbeschichtete Untergründe, Zinkuntergründe, selten jedoch in Decklacken, da er zum Kreiden neigt. Unter 10 °C härtet 2K-Epoxidharzlack nicht einwandfrei durch, daher ist er über 15 °C zu verarbeiten.
EP-Flüssigkunststoff	Diese Bezeichnung beschreibt 2K-EP-Lack, der keine Lösemittel enthält. Der Festkörper liegt somit nahe bei 100 %.
Wasserverdünnbarer Epoxidharzlack	Diese Emulsionen oder Dispersionen sind ebenfalls Reaktionslacke und müssen wie die lösemittelhaltigen 2K-EP-Lacke vor der Verarbeitung mit dem geeigneten Härter gut vermischt werden. Die Eigenschaften sind im Vergleich zu 2K-EP-Harzlack allgemein etwas schlechter. Vorwiegend werden sie für Betonböden in Garagen, Lagerhallen etc. verwendet. Sie eignen sich hier auch für Untergründe in feuchtem Zustand.
Epoxidharzester-Lack	Wird Epoxidharz mit Fettsäuren verestert, so entsteht ein Bindemittel, welches keinen Härter benötigt. Die Trocknung dieses Lackes erfolgt wie beim Alkydharz über die Aufnahme von Sauerstoff aus der Luft.
2K-EP-Kleber	Durch die hervorragende Haftung und die innere Festigkeit sind diese Kleber auch für schwer verklebbare Stoffe geeignet.

Tabelle 1: Epoxidharz als Bindemittel in Werkstoffen

11.5.18 Polyurethanharz und Polyurethanharzlacke

Polyurethanharze bestehen aus Polyester bzw. Polyether und Polyisocyanat. Beide Stoffe verbinden sich chemisch nach dem Mischen zum Polyurethanharz. Da das Harz dann nicht mehr veränderbar ist, werden die beiden Ausgangsstoffe als Stammlack und Härter geliefert und vor der Verarbeitung gemischt. Danach erfolgt die Härtung. Lacke auf Polyurethanbasis sind gesundheits- und umweltschädlich.
In der Chemie und vom Lackhersteller wird Polyurethanharz häufig mit PUR oder PU abgekürzt. Früher wurden diese Lacke nach den Markenbezeichnungen „Desmophen®“ (Stammlack) und „Desmodur®“ (Härter) als DD-Lacke bezeichnet. Einsatzgebiete für Polyurethanharz sind Beschichtungsstoffe, Kleber, Schaumstoff, Kunststoff-Formteile und Fasern.
Die Eigenschaften von Polyurethanharz sind im Allgemeinen hervorragend. Sie sind hochglänzend, wetterbeständig, abriebfest und chemikalienbeständig **(Bild 2)**.

Bild 2: Einsatz von 2K-PUR-Lack auf Holzparkett

Zweikomponenten-Polyurethanharzlack	Der Mischungsansatz aus Stammlack und Härter kann in der vom Hersteller angegebenen Topfzeit (bis zu 1 Tag) verarbeitet werden. Das Einstellen der Verarbeitungsviskosität erfolgt mit Spezialverdünnung. Polyurethanharzlacke werden besonders im schweren Korrosionsschutz, für Betonfußböden und für Holzparkett eingesetzt. Bewährt hat sich der Beschichtungsaufbau: EP-Grund/PUR-Lack.
PUR-Flüssigkunststoff	Dieser Lack enthält kein Lösemittel oder aber reaktionsfähige Lösemittel, die Bestandteil der Lackschicht werden. Der Festkörper liegt somit nahe bei 100 %
2K-PUR-Acryllack	Der Acrylharzanteil im Stammlack beeinflusst die Lackeigenschaften. Von Bedeutung ist dieser Lack in der Fahrzeuglackierung.
Feuchtigkeitshärtender PUR-Lack	Dieser Lack wird nur als Stammlack geliefert. Der Härter, die zweite Komponente, ist die Feuchte der umgebenden Luft. Die relative Luftfeuchte sollte zwischen 30 und 70 % liegen. Da er nicht UV-beständig ist, ist er als Decklack nicht geeignet.
Wasserverdünnbarer 2K-PUR-Lack	Isocyanat, der Härter, ist ursprünglich nicht wasserlöslich. Dieses Problem wurde gelöst: Die milchig trüben Dispersionen trocknen durch kalten Fluss, gleichzeitig erfolgt die chemische Härtung. Die Topfzeit liegt zwischen 0,5 und 4 Stunden. Diese Lacke werden vorwiegend in der Industrie verarbeitet, weniger im Handwerk.

Tabelle 1: Polyurethanharz als Bindemittel in Werkstoffen

11.5.19 Ungesättigte Polyester und Polyesterlacke

Bild 1: Polyesterbeschichtung

Polyesterharze werden unterschieden in ungesättigte und gesättigte Polyesterharze. Die vorwiegend im Handwerk verarbeiteten ungesättigten Polyesterharze werden häufig mit UP abgekürzt. Gesättigte Polyesterharze werden meist zu Textilfasern verarbeitet, selten in Lacken. Lacke und Materialien auf Polyesterbasis sind gesundheits- und umweltschädlich.
Ungesättigte Polyesterharze werden in Styrol gelöst und als Stammlack geliefert. Der Härter, es handelt sich um Peroxide, löst die chemische Reaktion (Polymerisation) aus, bei der sich das ungesättigte Polyesterharz mit dem Styrol zum festen Polyesterharz verbindet.
Verwendet wird ungesättigter Polyester als Beschichtungsstoff, Gießharz, in Spachtelmassen und für Fasern und Formteile aus Kunststoff (**Tabelle 2**).
Seine Eigenschaften sind hoher Glanz und Polierfähigkeit. Der Film ist hart und widerstandsfähig, glasklar, hitzebeständig, jedoch nicht schlagfest.

Ungesättigter Polyesterlack	Stammlack und Härter werden getrennt geliefert und vor der Verarbeitung im angegebenen Mischungsverhältnis gut vermischt. Der Mischungsansatz kann in der vom Hersteller angegebenen Topfzeit verarbeitet werden. Diese Topfzeit ist mit 20 bis 30 Minuten relativ kurz. Achtung: Beim Ansetzen der Mischung wird das Gebinde durch die einsetzende chemische Reaktion sehr heiß! Da der lösende Stoff, das Styrol, kaum verdunstet, sondern bei der chemischen Härtung in den Beschichtungsfilm eingebaut wird, kann Polyesterlack in sehr hohen Schichtdicken aufgetragen werden. Der Festkörper beträgt fast 100 %. Ungesättigte Polyesterlacke werden besonders in der Holz- und Möbelbeschichtung sowie für Metalluntergründe eingesetzt (**Bild 1**). Auf exotischen Hölzern und Hölzern mit hohem Gerbstoffgehalt hat sich folgender Beschichtungsaufbau bewährt: PUR-Grund/UP-Lack.

Tabelle 2: Polyester als Bindemittel in Werkstoffen

11.5.20 Harnstoff-, Melamin-, Phenolharz und säurehärtende Lacke

Das Bindemittel der säurehärtenden Lacke (abgekürzt SH-Lacke) ist Harnstoff-, Melamin- oder Phenolharz, meist in Kombination mit Alkydharz. Es sind ein-, aber auch zweikomponentige SH-Lacke im Handel (**Tabelle 3**).

Säurehärtender Lack	Der Lackfilm haftet gut, ist hart und ausreichend beständig gegen Chemikalien. Er besitzt nur geringe Elastizität. Eingesetzt werden SH-Lacke vorwiegend auf Holz, in der Beschichtung von Schul- und Büromöbeln, weiterhin als Einbrennlacke auf Metallen.

Tabelle 3: Harnstoff-, Melamin- und Phenolharz als Bindemittel in Werkstoffen

11.6 Zweikomponentenlacke und ihre Verarbeitung

Zweikomponentenlacke gelten im Maler- und Fahrzeuglackiererhandwerk als Lacke von höchster Qualität. Wenn extrem beanspruchte Objekte oder Problemuntergründe auch nach Probebeschichtungen nicht mit Zweikomponentenlacken beschichtet werden können, so sollte der Fachmann die Gewährleistung oder gar den Auftrag ablehnen.

Zweikomponentenlacke:
- Epoxidharzlack
- Polyurethanharzlack
- Ungesättigter Polyesterlack
- Polyurethan-Acrylharzlack

Der Verarbeiter bezieht die beiden Komponenten als Stammlack und dazugehörigen Härter **(Tabelle 1)**. Nach dem Vermischen von Stammlack und Härter setzt eine chemische Reaktion ein, die beide Stoffe miteinander verbindet **(Kapitel 20.2.8)**. Im Idealfall schützt nach Ablauf der chemischen Reaktion ein einziges Riesenmolekül (Makromolekül) den Untergrund **(Bild 1)**.
Darum werden die Zweikomponentenlacke auch als Reaktionslacke bezeichnet.

Harz/Lack	Stammlack	Härter
Acryl	Gelöste Acrylharze	Polyisocyanate, Amine als Katalysator
Polyester	Ungesättigter Polyester in Styrol	Peroxide
Polyurethan	Polyester, Polyether	Polyisocyanate
Epoxid	Gelöste Epoxidharze	Amine, Polyisocyanate

Tabelle 1: Arten und Bestandteile von 2K-Lacken

Bild 1: Chemischer Ablauf beim Ansetzen eines 2K-Lackes

Beschichtungsstoffe mit nur einer Komponente müssen vor der Verarbeitung lediglich auf Verarbeitungsviskosität eingestellt werden. Meist muss bei üblichen Lacken nur die Dose geöffnet werden und das Material kann nach dem Aufrühren verarbeitet werden. Zweikomponentenlacke sind auf Grund ihres Aufbaus schwieriger im Umgang.

Folgende Punkte sind beim Einsatz von 2K-Lacken zu beachten:

Mischungsverhältnis

Über- oder Untervernetzung ist eine mögliche Ursache für spätere Schäden an der Lackierung. Darum muss das vom Hersteller angegebene Mischungsverhältnis von Stammlack und Härter genau eingehalten werden. Ist eine genaue Viskositätseinstellung erforderlich, so wird der Spezialverdünnungsanteil mit angegeben.
Nach Herstellerangabe im Technischen Merkblatt oder auf der Dose bezieht sich das Mischungsverhältnis auf das Volumen oder das Gewicht.
Um Fehler beim Ansetzen zu vermeiden, gehen Hersteller verschiedene Wege:
- Die gelieferten Gebinde entsprechen dem Mischungsverhältnis und dürfen nur komplett gemischt werden. Darauf ist bei der Bestellung zu achten.
- Messstäbe mit genauen Einfüllangaben werden mitgeliefert **(Bild 2)**. Achtung! In konisch zulaufenden Behältern stimmen die abgemessenen Mengen nicht mehr mit dem Mischungsverhältnis überein!
- Messbecher mit Einteilung sind im Handel erhältlich.

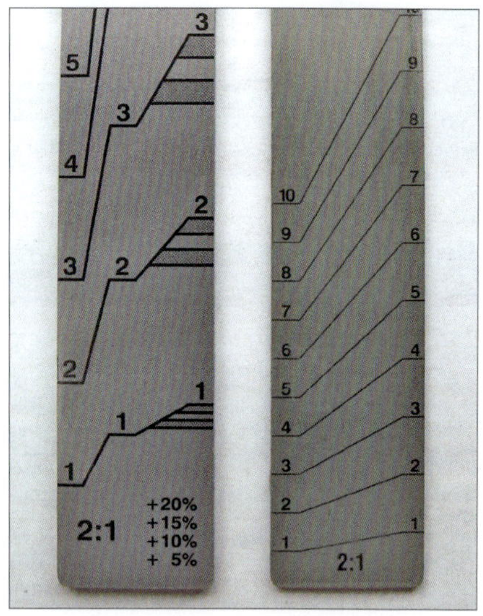

Bild 2: Einteilung auf Messstäben

Mischvorgang

Die beiden Komponenten sind innig miteinander zu vermischen. Stammlack- und Härtermoleküle müssen zueinanderfinden, damit sie miteinander chemisch reagieren können. Mit dem Mischen beginnt die chemische Reaktion der Härtung. Hersteller geben oft im Technischen Merkblatt an, dass das Material vor der Verarbeitung umzutopfen ist.

Topfzeit

Unter Topfzeit versteht man die Zeitspanne, in der das angesetzte Material verarbeitet werden kann. Mit Ablauf der Topfzeit wird der Mischungsansatz sulzig und muss entsorgt werden.

Gefahr für Gesundheit und Umwelt

Die Bestandteile der 2K-Lacke sind gefährliche Haut- und Atemgifte. Bei der Verarbeitung ist für gute Belüftung zu sorgen oder es ist ein Atemschutz zu tragen. Schutzhandschuhe verhindern das Eindringen der Bestandteile des 2K-Lackes in die Haut. 2K-Lacke sind entzündlich, manche sogar leicht entzündlich. Reste müssen umweltgerecht entsorgt werden **(Bild 3)**.

Bild 3: Kennzeichen weisen auf die Gefahren durch 2K-Lacke hin

11.7 Lösemittel

11.7.1 Aufgaben und Eigenschaften der Lösemittel

Reines Bindemittel	Bindemittel + Lösemittel

Die Bindemittel-Moleküle liegen dicht beieinander und können nicht von ihrem Platz verschoben werden.	Das Lösemittel bewirkt, dass die Bindemittel-Moleküle aneinander vorbeigleiten können.
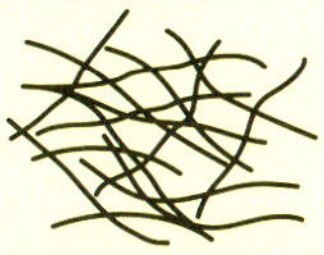	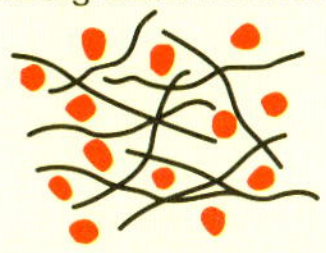

Bild 1: Der Lösevorgang

Lösemittel müssen lösen und verdünnen

Fast alle harzartigen Bindemittel liegen in fester Form vor und müssen zur Herstellung eines Lackes in den flüssigen Zustand gebracht werden. Auch für die weitere Verarbeitung ist in der Regel der flüssige Zustand nötig.

Mit geeignetem Lösemittel wird das Bindemittel aufgelöst. Auflösen oder Lösen bedeutet, dass sich die Moleküle des Lösemittels zwischen die Moleküle des Bindemittels schieben. Dabei werden die Bindemittelmoleküle chemisch nicht verändert (**Bild 1**).

Beim Lösen eines Stoffes in einem Lösemittel wird dieser in Moleküle zerlegt. Zugleich umgeben sich diese Teilchen mit Lösemittelmolekülen. Die Kräfte zwischen den Molekülen des reinen Stoffes werden beim Lösevorgang aufgespalten und durch neue Wechselwirkungskräfte zwischen Stoff und Lösemittel ersetzt. Der Einsatz eines ungeeigneten Lösemittels verhindert diesen Vorgang (**Bild 2**).

Bild 2: Ungeeignetes Lösemittel zerstört den Anstrichstoff (Glasplattenablauf)

Lösen unterscheidet sich vom Verdünnen im Vorgang nicht wesentlich. Verdünnen beschreibt eine weitere Stufe der Viskosität von hochviskos zu niedrigviskos.

Lösemittel müssen verdunsten

Lösemittel müssen nach der Verarbeitung den Beschichtungsstoff wieder verlassen, sonst würde die Beschichtung nass bleiben. Je mehr Lösemittel dem Lack zugesetzt wurde, umso weniger Bindemittel ist in der Nassschicht enthalten. Die Trockenschicht ist nach dem Verdunsten der Lösemittel dünner. Lösemittel verdunsten bei Umgebungstemperaturen. Sie gehen vom flüssigen in den gasförmigen Zustand über. Unter Umständen muss zum Erreichen des gasförmigen Zustandes Wärme im Trockenofen zugeführt werden. Bei der Herstellung des Lackes muss der Lacklaborant bereits Einsatzgebiet und Verarbeitungsverfahren berücksichtigen und entsprechende Lösemittel oder Lösemittelgemische anbieten, mit denen der Maler und Lackierer die angestrebten Trocknungseigenschaften praxisgerecht erreichen kann. Eine Ausnahme bildet das Lösemittel Styrol. In ungesättigtem Polyesterharz wird es bei der Härtung chemisch eingebaut und zum Bestandteil des Lackfilms.

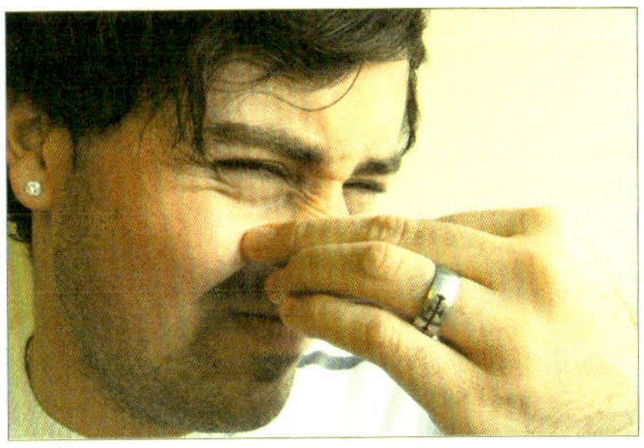

Bild 3: Organische Lösemittel schaden der Gesundheit

Lösemittel sind gesundheitsschädlich und umweltschädlich

Bei den meisten organischen Lösemitteln müssen diese schlechten Eigenschaften in Kauf genommen werden, wenn man sie einsetzen will. Vom Gesetzgeber wurden als Folge entsprechende Verordnungen erlassen und lösemittelreduzierte oder lösemittelfreie Lacke immer dringlicher eingefordert. Die Schädlichkeit der Lösemittel ist ein so wichtiger Punkt, dass er in **Kapitel 14.4** gesondert behandelt wird (**Bild 3**).

Lösemittel sollten farblos sein

Lösemittel sollten so farblos wie möglich sein, ebenso wie die Bindemittel. Sonst ist die Herstellung von rein weißen Lacken oder glasklaren Klarlacken nicht möglich, da färbende Moleküle im Lackfilm verbleiben.

11.7.2 Wasser als Lösemittel

Wasser ist reichlich vorhanden, ungiftig, preiswert und unbrennbar. Dies sind Eigenschaften, die für den Einsatz in Lacken ideal sind. Harze und Kunststoffe können in Wasser aber leider nicht gelöst werden (**Kapitel 19.1.5**). In Dispersionen ist Wasser Verdünnungsmittel, z. B. in wasserverdünnbaren Lacken („Wasserlacke").

Wasser ist ein anorganischer Stoff mit der chemischen Formel H_2O. Aus dem chemischen Aufbau ergeben sich seine Eigenschaften. Wasser ist sehr flüssig, verdunstet aber trotzdem recht langsam. Es besitzt eine hohe Oberflächenspannung und benetzt schlecht. Ursache sind Kräfte zwischen den Wassermolekülen.

Darum müssen bei der Verarbeitung wasserhaltiger Lacke längere Ablüftzeiten eingehalten werden und die Trocknung verläuft langsamer. Auf die Trocknungsgeschwindigkeit hat die relative Luftfeuchte Einfluss, da bereits mit Wasser gesättigte Luft nur schwer weiteres Wasser aufnehmen kann.

11.7.3 Einteilung und Verwendung der wichtigsten organischen Lösemittel

Organische Lösemittel lassen sich nach ihrem chemischen Aufbau in Gruppen zusammenfassen. Der chemische Aufbau bestimmt die Verwendbarkeit eines Lösemittels. Die **Tabelle 1** zeigt eine Auswahl an Lösemitteln, die in Lacken eingesetzt werden.

Lösemittel-Gruppe		Beispiele	Verwendung
Kohlenwasserstoffe	Aliphatische Kohlenwasserstoffe	• Testbenzin	• Lösemittel für Ölfarbe, Alkydharzlack, Asphalt-, Bitumenlack
	Aromatische Kohlenwasserstoffe	• Benzol • Toluol • Xylol • Styrol • Solvent Naphta	• Lösemittel für Ölfarbe, Alkydharzlack, Chlorkautschuklack, Acrylharzlack, Polymerisatharzlack, Nitro- und Nitrokombilack, Epoxidharzlack
	Terpen-Kohlenwasserstoffe	• Terpentinöl • Dipenten	• Lösemittel und Verlaufsmittel für Ölfarbe, Alkydharzlack, Naturharzfarbe
	Hydrierte Kohlenwasserstoffe	• Tetralin • Dekalin	• Lösemittel für Alkydharzlack • Abbeizmittel
	Halogen-Kohlenwasserstoffe	• Dichlormethan (Methylenchlorid) • Trichlorethylen	• Reinigungs- und Abbeizmittel
Alkohole		• Methanol • Ethanol, Spiritus • Isopropanol • Propanol • Butanol	• Lösemittel für Nitro- und Nitrokombilack, Epoxidharzlack
Ester		• Methylacetat • Ethylacetat • Butylacetat • Isobutylacetat	• Lösemittel für Nitro- und Nitrokombilack, Epoxidharzlack, Polyurethanharzlack, Polymerisatharzlack, Chlorkautschuklack u. a.
Ketone		• Aceton • Methylethylketon • Methylisobutylketon • Cyclohexanon, Anon	• Lösemittel für Nitro- und Nitrokombilack, Epoxidharzlack, Polyurethanharzlack, Polymerisatharzlack, Chlorkautschuklack u. a.

Tabelle 1: Lösemittelgruppen und deren Einsatzgebiete

11.7.4 Herstellung von organischen Lösemitteln

Destillation

Destillieren erfolgt nach dem Prinzip des Abdampfens. Lösemittelhaltige Stoffe werden erhitzt, bis das Lösemittel entweicht **(Bild 1)**. Der Lösemitteldampf wird eingefangen und abgekühlt. So erhält man das reine, flüssige Lösemittel.

Im Erdöl sind mehrere Lösemittel enthalten. Die Gewinnung dieser Lösemittel erfolgt durch fraktionierte Destillation, bei der die unterschiedlich schnell verdunstenden Lösemittel, die im Erdöl vorliegen, voneinander getrennt werden **(Tabelle 2)**.

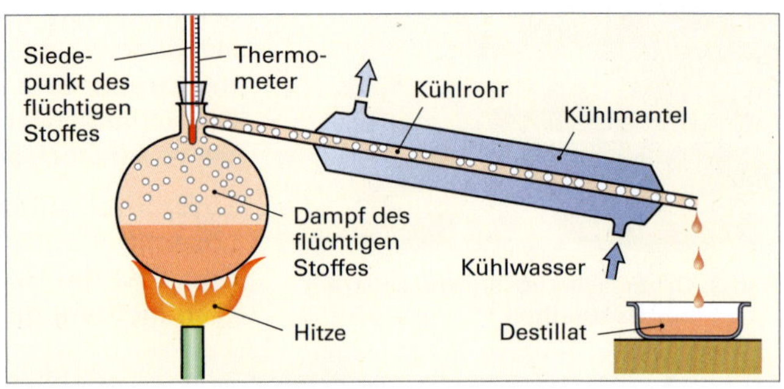

Bild 1: Prinzip der Destillation

Synthese

Synthese ist der Zusammenbau von Molekülen durch chemische Reaktionen. Die Natur liefert Stoffe, deren chemische Bestandteile nach Zusammenbau als Lösemittel eingesetzt werden können.

Beispiele dafür sind Kohlenwasserstoffe, Alkohole, Ester, Ketone.

Stoffe, in denen Lösemittel enthalten sind	Daraus destilliert man z. B. folgende Lösemittel
Baumharz	Terpentinöl
Erdöl	Benzine, Testbenzin
Steinkohlenteer	Toluol, Xylol

Tabelle 2: Lösemitteldestillation aus Naturstoffen

11.7.5 Merkmale und Kenndaten der Lösemittel

Aus der unterschiedlichen chemischen Zusammensetzung der Lösemittel ergeben sich Eigenschaften, die

Bild 1: Gesundheitsgefährdung durch absinkende Lösemittel

- über den Einsatz in Beschichtungsstoffen entscheiden.
- den Trocknungsvorgang beeinflussen.
- der Gesundheit des Verarbeiters schaden.

Dichte

Unter Dichte versteht man das Verhältnis der Masse zum Volumen. Die Dichte entspricht dem Gewicht von 1 dm^3 in kg. Lösemittel besitzen eine Dichte unter 1,0 kg/dm^3 und sind somit leichter als Wasser mit der Dichte 1,0 kg/dm^3. Der geringfügige Einfluss von Temperatur und Druck fällt dabei kaum ins Gewicht.
Lösemitteldämpfe besitzen eine größere Dichte als Luft, sind somit schwerer als Luft. Deshalb sinken Lösemitteldämpfe zu Boden und müssen von dort abgesaugt werden. Sonst besteht Vergiftungs- und Explosionsgefahr (Bild 1).

Flüchtigkeit	Lösemittel	Verdunstungszahl	Flammpunkt
leichtflüchtig VZ unter 10	Diethylether Aceton Toluol	1 2,1 6,1	– 40 °C 19 °C 5 °C
mittelflüchtig VZ 10 bis 35	Xylol Ethylacetat	13,5 29	25 °C – 4 °C
schwerflüchtig VZ 35 bis 50	Terpentinöl Testbenzin	38 60 bis 70	32 °C 39 °C
	Wasser	80	

Tabelle 1: Flüchtigkeit und Flammpunkt einiger Lösemittel

Siedebereich, Siedepunkt (SP)

Der Siedepunkt ist die Temperatur, bei der ein flüchtiges Lösemittel vom flüssigen in den gasförmigen Zustand übergeht. Von Bedeutung ist der Siedepunkt bei der Gewinnung der Lösemittel aus Erdöl durch fraktionierte Destillation. Man unterscheidet die Siedebereiche der Niedrigsieder (SP bis 100 °C), Mittelsieder (SP 100 bis 150 °C) und Hochsieder (SP über 150 °C).

Flüchtigkeit, Verdunstungszahl (VZ)

Nach der Verarbeitung des Beschichtungsstoffes müssen Lösemittel die Beschichtungsschicht verlassen.
Das Maß für die Verdunstungsgeschwindigkeit ist die Verdunstungszahl. Sie gibt an, um ein Wievielfaches das Lösemittel langsamer als Diethylether (VZ = 1) verdunstet.
In Tabelle 1 ist erkennbar, warum wasserverdünnbare Lacke langsamer trocknen als Lacke mit Lösemitteln.

Flammpunkt

Der Flammpunkt ist die Temperatur, bei der sich ein Lösemittel-Luft-Gemisch entwickelt, das sich entzünden lässt (Tabelle 2).

Gefahrenklasse nach VbF	Flammpunkt nach VbF	Beschreibung nach Betriebssicherheitsverordnung (nach EU-Gefahrstoffrecht)
A I	< 21 °C	< 0 °C: hochentzündlich < 21 °C: leichtentzündlich
A II	21 °C bis 55 °C	Entzündlich
A III	55 °C bis 100 °C	Nicht mehr geregelt
Wasserlöslich B	< 21 °C	< 0 °C: hochentzündlich < 21 °C: leichtentzündlich 21 °C bis 55 °C: entzündlich

Tabelle 2: Gefahrenklassen alt und neu

Gefahrenklasse

Lösemittel wurden lange nach der Verordnung über brennbare Flüssigkeiten (VbF) eingeteilt. Diese weicht von der heute gültigen Betriebssicherheitsverordnung (Betr.SichV) leicht ab. Danach gibt es nur noch 3 Gefahrenklassen

- hochentzündlich
- leichtentzündlich (siehe Tabelle 2)
- entzündlich

Die Zugehörigkeit zu einer Gefahrenklasse entscheidet bei Lacken und Lösemitteln über den Umgang, aber auch über Lagerungsvorschriften und Versicherungsprämien.

AGW-Werte

Mit der Novelle der Gefahrstoffverordnung sind 2005 alle bisher gültigen technischen Richtkonzentrationen (TRK-Werte) und Maximale Arbeitsplatzkonzentrationen (MAK-Werte) außer Kraft gesetzt worden.
Der neu eingeführte AGW-Wert (Arbeitsplatzgrenzwert) eines Stoffes gibt dessen Konzentration am Arbeitsplatz an, die bei gesunden Menschen im erwerbsfähigen Alter bei normaler Vollzeittätigkeit nicht zur Gesundheitsschädigung führen sollte (Kap. 14.5.1). Gemessen wird er in ml/m^3.
Je kleiner der AGW-Wert, umso gefährlicher ist das Lösemittel (Tabelle 3).

Lösemittel	Arbeitsplatzgrenzwert ml/m^3
Aceton	50
Toluol	50
Xylol	100
Ethylacetat	400
Diethylether	400
Ethanol	500
Vergleich: Ethylchloracetat	1 (darum kein Einsaz in Lacken)

Tabelle 3: AGW-Werte einiger Lösemittel

11.7.6 Lösemittel, Nichtlöser und Verdünnung

Testbenzin ist ein Lösemittel. Wird es einem Nitro-Lack zugegeben, wird dieser sulzig und unbrauchbar. **Tabelle 1** gibt Auskunft darüber, warum Testbenzin trotzdem ein Lösemittel ist. Tabelle 1 klärt auch, warum die Nitroverdünnung nicht Nitrolösemittel heißt.

Lösemittel, Löser	Verdünnung	Nichtlöser
Als Lösemittel bezeichnet man einen Stoff, der andere Stoffe, z. B. Bindemittel, lösen kann. Nicht jedes Lösemittel löst jedes Bindemittel. Löst es ein bestimmtes Bindemittel nicht, so ist es in diesem Fall ein Nichtlöser.	Verdünnungen sind Lösemittelgemische aus verschiedenen Lösemitteln und Nichtlösern.	Es handelt sich zwar um Lösemittel, in der speziellen Anwendung lösen sie nicht, daher der Name Nichtlöser. Sie werden auch als Verschnitt- oder Streckmittel bezeichnet.
Beispiel: Testbenzin In Alkydharzlack ist Testbenzin ein Löser.	**Beispiel: Testbenzin** In einer Verdünnung ist Testbenzin ein Bestandteil der Lösemittel-Mischung.	**Beispiel: Testbenzin** In Nitrolack ist Testbenzin ein Nichtlöser.

Tabelle 1: Unterscheidung Lösemittel – Verdünnung – Nichtlöser

Verdünnungen auf dem Markt

- **Universalverdünnungen (Bild 1)**
  Sie bestehen aus verschiedenen Lösern und Nichtlösern, sodass für viele Lacke in der Verdünnung ausreichend Löser enthalten sind.
- **Spezialverdünnungen**
  Sie werden mit dem Lack zusammen entwickelt und verkauft. Wenn eine Spezialverdünnung vom Hersteller vorgeschrieben ist, darf keine andere eingesetzt werden.
- **Reinigungsverdünnungen**
  Sie eignen sich zum Entfetten. Zum Händereinigen sind sie ungeeignet.
- **Nitroverdünnungen**
  Sie sind als Verdünnung für Nitrolacke kaum mehr im Einsatz. Im Betrieb dienen sie zum Reinigen, da sie schnell verdunsten.
- **Desinfektionsmittel für Hände**
  Desinfektionsmittel wirken durch das Lösemittel Alkohol, 60-80%, in Wasser. Auf Dauer können sie die Haut schädigen.

Bild 1: Universalverdünnung

Gründe für das Mischen von Verdünnungen

Zwei Gründe sprechen für Herstellung und Einsatz von Verdünnungen:

- **Beeinflussung des Trocknungsverlauf**
  Die richtige Verdünnung sorgt für optimalen Trocknungsverlauf. Die Verdunstung eines reinen Lösemittels verläuft linear, d. h. gleichmäßig über die Zeit **(Bild 2)**.
  Im Lack ergibt die Mischung von Lösemitteln häufig nicht den linearen Verlauf im Mittelwert. Die Lösemittel beeinflussen sich gegenseitig. Die Verdunstung verläuft in einer Kurve.
  Die optimale Mischung für das jeweilige Anwendungsgebiet wird über Versuche ermittelt.
  Beispiel: Verdünnungen A und B aus **Bild 2**:
  Für senkrechte Flächen (Geringe Läuferneigung, schnelle An- und Durchtrocknung) eignet sich die Verdünnung A. Die Verdünnung B eignet sich für einen Lack für waagerechte Flächen (längere Offenzeit, dadurch sind größere Flächenteile bei optimalem Verlauf bearbeitbar).
- **Preis des Beschichtungsstoffes**
  Wie beim Benzin steigen die Preise für Lösemittel mit der Verknappung des Erdöls. Teure Lösemittel werden deshalb mit billigem Lösemittel verschnitten. So wird die Verdünnung billiger.

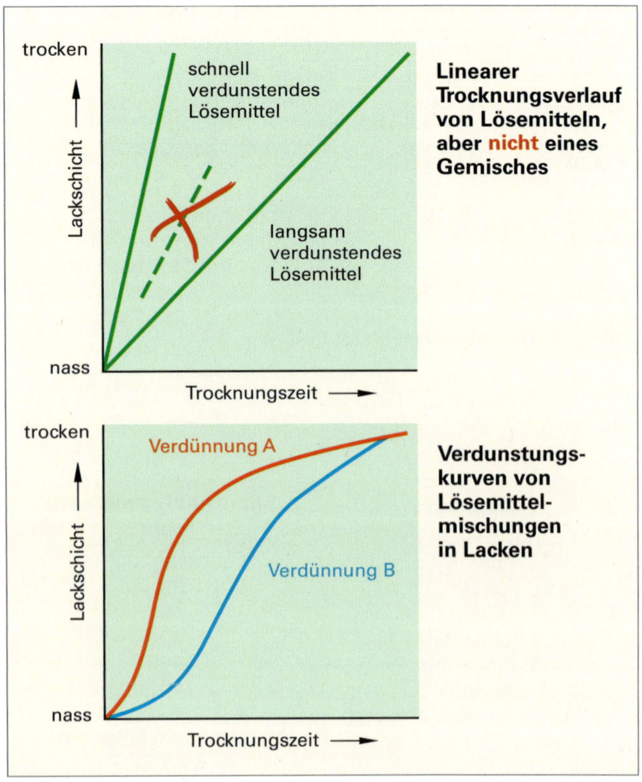

Bild 2: Trocknungsverlauf von Lösemitteln und Verdünnungen

11.7.7 Gefahren und Schutz im Umgang mit Lösemitteln

Grundsätzlich ist beim Umgang mit Lösemitteln oder lösemittelhaltigen Stoffen größte Vorsicht geboten. Insbesondere zwei Eigenschaften machen Lösemittel gefährlich: Lösemittel sind brennbar/explosiv und gesundheitsschädlich (**Übersicht 1**).

Lösemittel sind brennbar/explosiv

Brennen/Explodieren

Im flüssigen Zustand sind Lösemittel brennbar.
Bei Lösemitteldampf wird mit der Entzündung schlagartig die gesamte Energie des Brennvorgangs frei, er explodiert. Jeder Brenn- oder Explosionsvorgang verbraucht Sauerstoff. Von dessen Konzentration hängt es neben der Zündtemperatur ab, ob sich das Lösemittel-Luft-Gemisch entzündet. Entsorgungsversuche von Lösemitteln oder lösemittelhaltiger Stoffe durch Verbrennen im Ofen führen beim Entzünden unweigerlich zur Explosion im Kamin. Hochgefährlich ist auch der Versuch, mit Lösemitteln ein Feuer in Gang zu setzen.

Maßnahmen:

- In der Nähe von Lösemitteln und während der Verarbeitung von lösemittelhaltigen Produkten darf kein offenes Feuer oder Zündfunke entstehen.
- Rauchverbot
- In Lichtschaltern entsteht beim Schalten ein Funke. Deshalb sind in lösemittelbelasteten Räumen exgeschützte Schalter vorgeschrieben.
- Der Feuerlöscher muss greifbar sein. Ein Lösemittel-Brand darf nicht mit Wasser gelöscht werden. Lösemittel sind leichter als Wasser.
- Lösemittelgetränkte Lappen im Freien trocknen oder in dicht verschlossenen und unbrennbaren Behältern aufbewahren.

Lösemittel sind gesundheitsschädlich

Lösemittel narkotisieren

Als Dämpfe werden Lösemittel eingeatmet, gelangen in die Lunge und stören das zentrale Nervensystem. Angenehmer oder unangenehmer Geruch sagt nichts über die Gefährlichkeit.

Maßnahmen:

- Während und nach der Arbeit ist gut zu lüften.
- Kann nicht für ausreichende Belüftung gesorgt werden, ist ein Atemschutz nach DIN 3181 mit der Kennzeichnung A zu verwenden.

Lösemittel greifen Gewebe an

Haut und Augen sind vor Lösemittel zu schützen. Die Haut wird bei Kontakt entfettet, rissig und anfällig für Hautkrankheiten.

Maßnahmen:

- Geeignete Handschuhe schützen die Hände.
- Eine Schutzbrille schützt vor Spritzern.

Lösemittel sind giftig

Lösemittel dürfen nicht in den Magen gelangen.

Maßnahmen:

- Lösemittel sind sicher in geschlossenen, unverwechselbaren Behältern aufzubewahren.
- Sie dürfen flüssig nicht in die Kanalisation und die Natur gelangen.
- Unbefugte (Kinder!) dürfen Lösemittelbehälter nicht erreichen.

Kennzeichnungen helfen bei der Gefahreneinschätzung und beim Ergreifen notwendiger Maßnahmen.

Übersicht 1: Gefahren von Lösemitteln und Schutzmaßnahmen

Bild 1: Angaben im Sicherheitsdatenblatt

Sicherheitsdatenblatt

Zu allen Lösemitteln und Stoffen, die Lösemittel enthalten, ist neben dem Technischen Merkblatt auch das Sicherheitsdatenblatt beim Hersteller erhältlich. Es gibt wichtige Auskünfte zum Werkstoff (**Bild 1**).

11.8 Farbmittel

Farbgebende Stoffe müssen in einem Beschichtungsstoff nicht unbedingt enthalten sein. Um Untergründe zu schützen, ist ein Lack ausreichend, der lediglich aus Bindemittel und, je nach Notwendigkeit, Lösemittel besteht. Häufig ist die Transparenz und Klarheit eines Lackes sogar oberstes Ziel, z. B. beim Klarlack der Zweischicht-Metalleffektlackierung.

Soll jedoch das Aussehen des Untergrundes verdeckt oder soll das Objekt farbig gestaltet werden, so müssen Stoffe zugegeben werden, die Farbton und ausreichendes Deckvermögen in der Beschichtung aufweisen.

Bild 1: Pigmentpulver

11.8.1 Pigmente, Farbstoffe und Füllstoffe

Farbgebende Stoffe in Lacken sind fast ausschließlich Pigmente **(Bild 1)**. Unter dem Sammelnamen „Farbmittel" fallen auch die Farbstoffe, die in den Lacken des Maler und Lackierers aber in reiner Form kaum eingesetzt werden. Füllstoffe sind mit den Pigmenten verwandt **(Übersicht 1)**.

Farbstoff	Farbmittel	Pigment
Farbstoffe sind in Lösemitteln und/oder Bindemitteln **lösliche** organische Farbmittel.		Pigmente sind in Lösemitteln und/oder Bindemitteln **unlösliche** organische oder anorganische Farbmittel.
Ihre Größe ist kaum messbar. Da der Farbstoff bis auf Molekülgröße aufgelöst wird, liegt der Durchmesser unter 1/100 000 mm.	Sammelname für alle farbgebenden Stoffe nach DIN 55 943 und DIN 55 945	Pigmente können in verschiedenen Formen vorliegen (Blättchen, Stäbchen etc.). Der Durchmesser liegt etwa bei 0,4 µm bis 0,5 µm.
Farbstoffe setzen sich wegen ihres äußerst geringen Gewichts nicht ab. Sie decken den Untergrund nicht ab, wirken lasierend. Farbstofflösungen sind eingefärbte, durchsichtige Flüssigkeiten. 	**Füllstoff** Füllstoffe werden auch als Extender oder Verschnittmittel bezeichnet. Wie die Pigmente sind Füllstoffe in Lösemittel und/oder Bindemittel unlösliche Farbmittel. Sie besitzen auch die gleichen Eigenschaften wie Pigmente. Wesentliche Unterschiede zu der Gruppe der Pigmente sind • Geringeres Farbvermögen • Meist größere Teilchen zur Verbesserung des Füllvermögens	Pigmente setzen sich wegen ihres Gewichtes ab. Sie decken den Untergrund ab. Pigmente geben dem Lack den Farbton. Pigmente geben dem Lack Fülle. 
Einsatzgebiete: • Zum Einfärben von Textilien • In Filzstiften und Tinten • Zum Teil in Beizen, Lasuren und Imprägnierungen • Nach „Verlackung" als Pigment	**Einsatzgebiete:** • In Beschichtungsstoffen • Zum Strecken teurer Pigmente in Lacken und Malfarben	**Einsatzgebiete:** • In Beschichtungsstoffen • In Malfarben und Malstiften • In Kunststoffen • In Druckfarben

Übersicht 1: Pigmente, Farbstoffe und Füllstoffe

11.8.2 Farbstoffe

Gewinnung von Purpur im Altertum:
Einige Schneckenarten sondern in den Kiefernhöhlen einen gelblichen Saft ab, den Rohstoff für Purpur.
Die Schnecken wurden schon bei den Römern gesammelt, zerstampft und 10 Tage in fauligem Harn gekocht. Dem Sud wurde dann Honig zugesetzt. Mit diesem Sud wurde die Wolle behandelt. Durch Oxidation an der Luft entwickelte sich der Farbstoff. 12 000 Schnecken ergaben 1,4 Gramm Purpur. Purpurfarbstoff war wertvoller als Gold. Nur die Reichsten konnten sich mit Purpur gefärbte Gewänder leisten.

Farbstoffe auf Teerbasis		
Anilin-farbstoffe	Naphthol-farbstoffe	Alizarin-farbstoffe
Herstellung durch Destillation von		
Leichtöl (Anilin, Benzol)	Mittelöl (Naphthalin, Naphthol)	Schweröl (Anthrazen, Alizarin)

Tabelle 1: Teerfarbstoffe

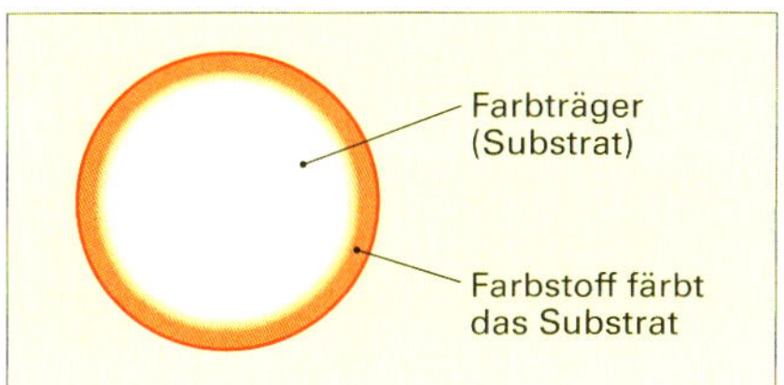

Bild 1: Verlackung

Farbstoffe werden wegen ihrer Löslichkeit kaum in Beschichtungsstoffen verwendet, da mit ihnen keine deckenden Beschichtungen möglich sind. Ihr Einsatz ist auf Beizen zum Einfärben von rohem Holz beschränkt. Sie werden hauptsächlich zum Einfärben von Textilien, von Kunststoffen und Lebensmitteln verwendet.
Farbstoffe wie Indigo, Purpur, Kermes oder Krapp sind schon seit 2 000 Jahren bekannt. Um 1860 wurden aus Teer die Anilin-, Naphthol- und Alizarinfarbstoffe entwickelt **(Tabelle 1)**.
Heute gibt es mehrere tausend Farbstoffe, z. B. Nitroso-, Azo-, Diazo-, Diphenylmethan-, Xanthen-, Thiazol-, Azinfarbstoffe und Phthalocyanine.

Vom Farbstoff zum Pigment

Verlackung. Unlösliche, schlecht färbende Füllstoffe oder Pigmente können mit dem löslichen Farbstoff dauerhaft eingefärbt werden. So entsteht ein unlösliches Pigment im Farbton des Farbstoffes. Diesen Herstellungsprozess nennt man Verlackung. Das Ergebnis heißt Farblack, nicht zu verwechseln mit Lackfarbe **(Bild 1)**.
Durch Verlackung hergestellte Pigmente sind meist nicht sehr hitzebeständig. Beim Glühen verbrennt der Farbstoff, der Farbton des Substrats erscheint.

Chemische Reaktion mit Metallsalzen. Pigmente lassen sich auch durch eine chemische Reaktion von Farbstoffen mit Metallsalzen herstellen.

Teerpigmente. Künstlich organische Pigmente, deren Ausgangsprodukt Teer ist, besitzen hohe Farbigkeit und werden gerne in Fahrzeugdecklacken eingesetzt.
Zur Gruppe der Teerpigmente gehören
- Azo-Pigmente
- Phthalocyanin-Pigmente
- Carbonyl-Pigmente
- Trophenyl-Pigmente

Teerpigmente besitzen ein hohes Färbevermögen und werden meist gemeinsam mit anorganischen Pigmenten eingesetzt.

11.8.3 Füllstoffe

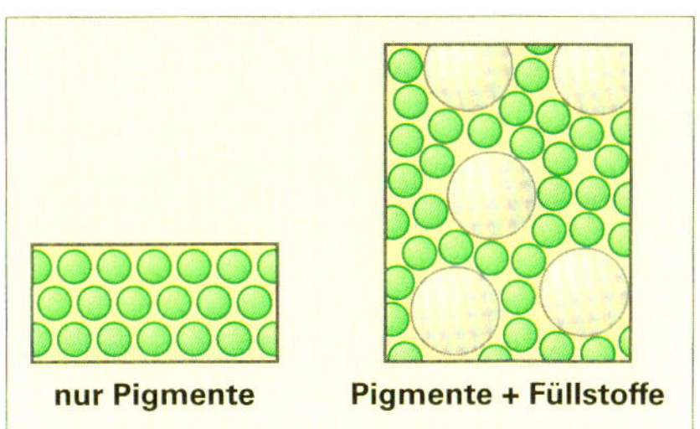

Bild 2: Füllstoffe erhöhen das Volumen und das Füllvermögen

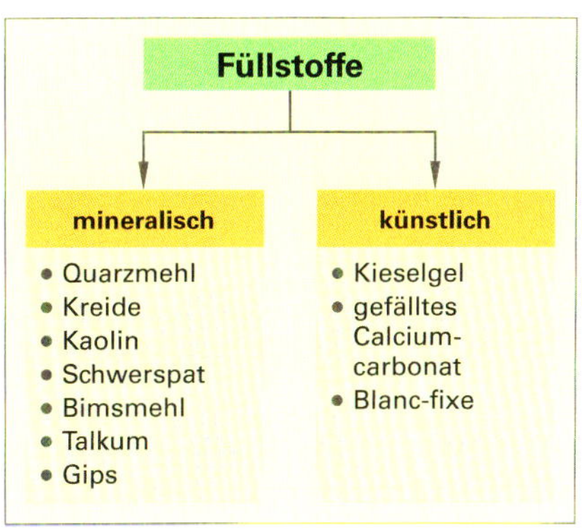

Bild 3: Füllstoffe

Mineralien, die in Lacken kaum färben, bilden eine eigene Gruppe, die Füllstoffe. Quarzmehl, Kreide und Schwerspat (künstlicher Schwerspat heißt Blanc-fixe) gehören zur Gruppe der Füllstoffe **(Bild 3)**.

Einsatz von Füllstoffen

- Zur Verlackung von Farbstoffen
  Siehe oben
- Gute Pigmente sind teuer. Die hochfärbende Eigenschaft sehr guter Pigmente kann meist nicht voll genutzt werden. So fällt es nicht weiter auf, wenn das teure Pigment mit billigen Füllstoffen vermischt und gestreckt wird.
- In Spachtelmassen und Kitten ist eine gute **Fülle** ein wesentliches Qualitätsmerkmal. Auch Vorlacke enthalten neben Pigmenten einen Anteil an Füllstoffen um Schleifspuren zu füllen. Verschiedene Korngrößen verbessern das Füllvermögen **(Bild 2)**.
- Füllstoffe entscheiden auch mit über die Ziehbarkeit, Schleifbarkeit und Durchtrocknung von Spachtelmassen.

Je mehr feste Pigmente und Füllstoffe im Beschichtungsfilm eingebaut sind, umso höher ist die Schichtdicke. Mit einer hohen Schichtdicke ist meist eine Verbesserung der mechanischen Belastbarkeit verbunden.
Die Zugabe von Pigmenten und Füllstoffen erreicht jedoch ihre Grenze, wenn das Bindemittel diese Stoffe nicht mehr umhüllen kann. Die Dehnbarkeit der Beschichtung wird geringer, die Beschichtung spröder, der Schutz der Schicht geringer.
Stoffe, die durch ihre grobe Körnung die Oberfläche einer Beschichtung strukturieren, werden nicht als Füllstoffe bezeichnet.

11.8.4 Einteilung der Pigmente

Die Einteilung der Pigmente in Gruppen ist in die DIN 55944 „Farbmittel" eingebettet. Die Einteilung berücksichtigt auch historische Begrifflichkeiten und Einsatzbereiche (Tabelle 1).

Pigmentgruppen nach DIN 55944			
Anorganische Pigmente		**Organische Pigmente**	
Natürliche anorganische Pigmente (Erdpigmente)	z. B. **Weißpigmente** Kreide Quarz Talkum Schwerspat z. B. **Buntpigmente** Ocker Grünerde Terra di Siena Erdpigmente werden häufig in Kunststoffdispersionsfarben eingesetzt, aber auch in Lacken.	Natürliche organische Pigmente	z. B. Sepia Kasslerbraun Indigo Diese Gruppe ist von geringer Bedeutung. Sie sind nicht lichtbeständig und decken schlecht. Lediglich Kasslerbraun wird vom Maler und Lackierer für Maserierarbeiten eingesetzt.
Künstliche anorganische Pigmente (Mineralpigmente)	z. B. **Weißpigmente** Titandioxid Zinkweiß Lithopone z. B. **Schwarzpigmente** Eisenoxidschwarz z. B. **Buntpigmente** Eisenoxidrot Chromgelb Chromrot Ultramarinblau Kobaltblau Titandioxid ist das am meisten verwendete Weißpigment. Viele Pigmente sind durch Schwermetallbestandteile gesundheitsschädlich.	Künstliche organische Pigmente	z. B. Permanentgelb Phthalocyaningrün Hansagelb Paliogenblau Heliogengrün Dioxazinviolett Diese Pigmente werden entweder synthetisch hergestellt (Pigmentfarbstoffe) oder durch Verlackung eines Substrats mit einem Farbstoff (Farblack). Hochfarbige Decklacke für Fahrzeuglackierer enthalten meist einen hohen Anteil an diesen Pigmenten.
Metallische Pigmente (Bronzen)	z. B. Zinkstaub Eisenglimmer Aluminium Als reine Metalle sind diese Pigmente sehr beanspruchbar.		
Kohlenstoff-Pigmente (Ruße)	z. B. Graphit Ruß (in vielen Variationen) Ruß ist das ideale Schwarzpigment. Eigentlich müsste Ruß zur Reihe der organischen Pigmente gehören, da organische Stoffe verbraucht werden.		

Weitere Einteilungsmöglichkeiten
Je nach Bedarf kann die Einteilung der Pigmente auch erfolgen nach:

- **Farbe**
  Weißpigmente, Schwarzpigmente, Rotpigmente, u. a.
- **Eigenschaften**
  Gesundheitsschädliche Pigmente, Füllstoffe, lichtbeständige Pigmente u. a.
- **Einsatzgebiet**
  Pigmente für Lacke, Pigmente für Kunststoffe, Korrosionsschutzpigmente u. a.
- **Herstellung**
  Synthetische Pigmente, natürliche Pigmente u. a.

Tabelle 1: Einteilung der Pigmente

11.8.5 Aufgaben und Eigenschaften der Pigmentierung

Ziel der Pigmentierung ist es, den Untergrund zu verschönern und/oder zu schützen. Für den Anwender ist die Pigmentierung der Beschichtungsstoffe in der Regel unbekannt, außer, er rührt seine Farbe selbst an wie früher. Heute wählt der Lacklaborant die Pigmentierung nach Vorgabe der Eigenschaften des Lackes (siehe Lackherstellung). Dabei berücksichtigt er:

- Lichtechtheit
- Verträglichkeit mit dem Bindemittel
- Verträglichkeit mit anderen Pigmenten
- Dispergierbarkeit
- Chemikalienbeständigkeit
- mechanische Beanspruchbarkeit u. a.

Im Technischen Merkblatt finden sich selten Angaben zur Pigmentierung und den sich daraus ergebenden Eigenschaften der Beschichtung. In der Folge sollen einige Punkte besprochen werden, die Auswirkungen auf den Anwender und seine Arbeit haben.

Deckvermögen

Ein Pigment deckt gut, wenn es im trockenen Anstrichfilm fähig ist, Farbton und Farbtonunterschiede des Untergrundes abzudecken. Wichtig ist die deckende Wirkung eines Lackes unter Anwendungsbedingungen. Im Schichtenaufbau kann dafür gesorgt werden, dass extreme Farbtonunterschiede vermieden werden. Ein dunkler Untergrund wird bis zum weißen Decklack bereits weiß grundiert und weiß vorlackiert. Bei besonderen Pigmentierungen kommt der farbige Effekt der Oberfläche im Zusammenspiel von Füllerfarbton und Decklack zustande.

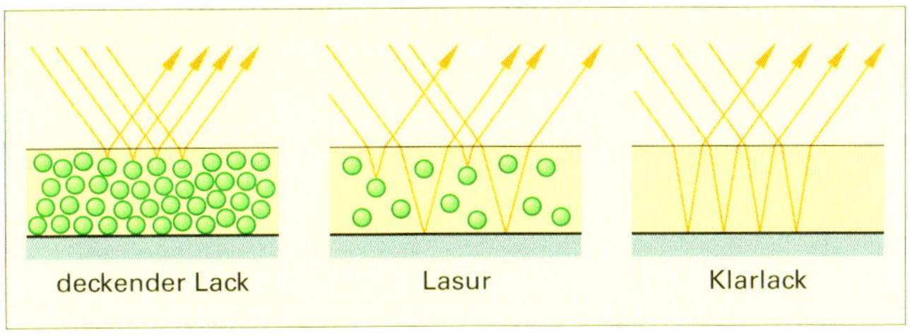

Bild 1: Verlauf von Lichtstrahlen im Beschichtungsstoff

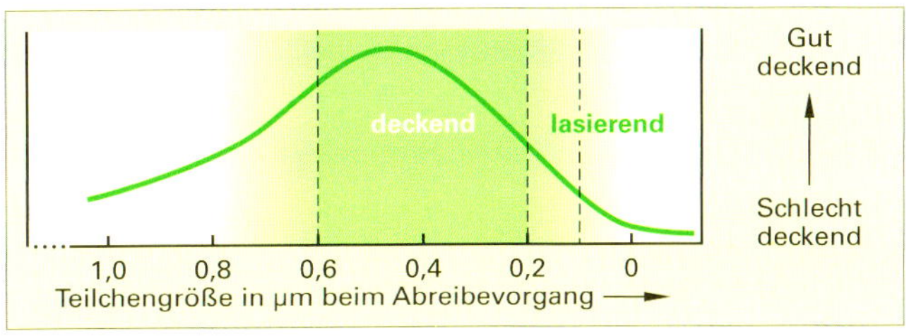

Bild 2: Teilchengröße und Deckvermögen

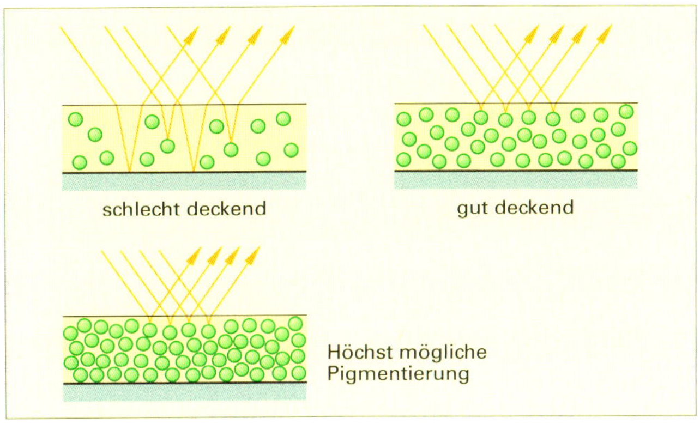

Bild 3: Teilchendichte und Deckvermögen

Bindemittel		**Pigmente/Füllstoffe**	
Leinöl	1,48	Titandioxid R	2,70
Alkydharz	1,55	Titandioxid A	2,55
Nitrozellulose	1,50	Zinkweiß	2,00
		Schwerspat	1,64
Weitere Brechzahlen		Kreide	1,57
Wasser	1,33	Ultramarinblau	1,50
Luft	1,0003		
Vakuum	1,0000		

Tabelle 1: Brechzahlen

Ob ein Lack deckt oder lasierend erscheint hängt davon ab, ob die Lichtstrahlen den Untergrund erreichen und die reflektierten Lichtstrahlen ins Auge gelangen (**Bild 1**). (**Siehe Kap. 19.3**).

Einflüsse auf das Deckvermögen (Bild 2 und 3)

Teilchengröße. Je kleiner die Pigmentteilchen sind, umso besser decken sie. Die Idealgröße liegt bei 0,2 µm bis 0,6 µm. Unter 0,2 µm wird das Deckvermögen wieder schlechter. So kleine Pigmente eignen sich für Holzschutzlasuren und Transparentlacke. Sie färben, aber sie decken nicht.

Pigment-Dichte. Je mehr Pigmente im Lack enthalten sind, umso besser ist das Deckvermögen. Wird sehr hoch pigmentiert, so ragen Pigmentteilchen aus dem Bindemittelfilm heraus, die Oberfläche ist rau und matt. Vorlacke werden maximal pigmentiert und mit Füllstoffen versehen, um gut zu füllen. Da der Schlusslack noch folgen muss, erspart eine raue Oberfläche das Anschleifen. Wetterbeständigkeit ist nicht Aufgabe des Vorlackes. Es kann nur soviel Pigment in den Lack gegeben werden, wie das Bindemittel im festen Film umhüllen kann, da sonst die Eigenschaften der Beschichtung schlechter werden (Wetterbeständigkeit, Dehnbarkeit, Glanz u. a.).

Brechzahl. Dringt ein Lichtstrahl in einen dichteren Stoff ein, so wird er an der Grenzfläche gebrochen. Je größer die Differenz der Brechzahlen von Pigment und Bindemittel, umso besser deckt das Pigment (**Tabelle 1**). Man spricht von einem Füllstoff bei einer Differenz von unter 0,2. Leimfarbe deckt bei der Verarbeitung nicht (Differenz Kreide – Wasser), sondern erst nach dem Trocknen sehr gut (Differenz Kreide – Luft).

PVK, Pigmentvolumenkonzentration

Die PVK gibt das Verhältnis des Pigmentvolumens zum Gesamtvolumen der filmbildenden, nicht flüchtigen Anteile im Lack an.

Beispiele von PVK-Werten handelsüblicher Farben:

Kunstoffdispersionsfarbe Außen	PVK 45 %
Kunststoffdispersionsfarbe Innen	PVK 60 %
Alkydharzlack	PVK 15 %

Als kritische Pigmentvolumenkonzentration (KPVK) wird die höchstmögliche Pigmentierung bezeichnet, ab der die Qualität der Beschichtung wegen Überpigmentierung nachlässt. Das Bindemittel kann darüber hinaus kein weiteres Pigment mehr optimal umhüllen.

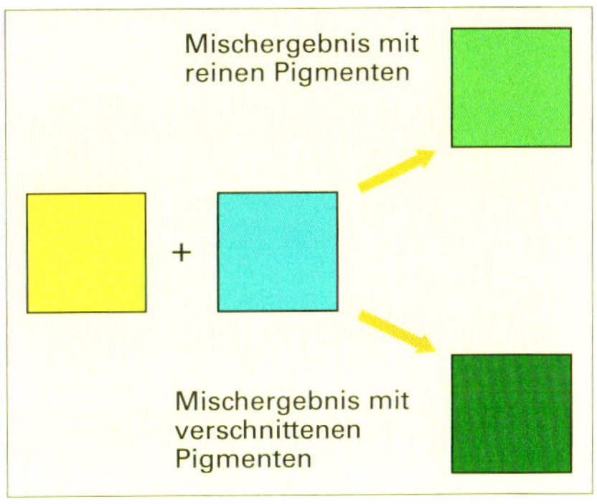

Bild 4: Färbevermögen

Färbevermögen

Gibt man einen Tropfen schwarze Abtönfarbe in eine Dose mit weißem Lack, so ist die Färbung erkennbar. Ein Tropfen weiße Dispersionsfarbe in Schwarz gegeben, bleibt ohne Wirkung. In der Mischung mit anderen Pigmenten verhalten sich Pigmente unterschiedlich. Je kleiner die Pigmentteilchen umso besser ihr Färbevermögen. Abtönfarben enthalten gut färbende, reine Pigmente in hoher Konzentration. In getönten Beschichtungsstoffen werden teure, hochfärbende Pigmente bei der Herstellung oft bis an die Grenze mit billigeren Pigmenten gestreckt. Negativ fällt dies auf, wenn damit neue Farbtöne gemischt werden sollen, siehe **Bild 4**.

Pigmente sind extrem kleine Teilchen. Es kann mit bloßem Auge unmöglich erkannt werden, ob es sich z. B. bei einem Grünton um ein reines Pigment oder eine Mischung gelber und blauer Pigmente handelt.

Gesundheitsgefährdung/Umweltschutz

Pigmente, die Schwermetalle enthalten, sowie viele künstlich organische Pigmente sind gesundheits- und umweltschädlich. Heute sind einige Pigmente, z. B. Bleimennige, Bleiweiß, Chromgelb weitgehend verboten oder vom Markt verschwunden. Altbeschichtungen stammen aber häufig aus Zeiten, als die Gesundheitsgefährdung durch giftige Pigmente nicht beachtet wurde.

Darum sind grundsätzliche Regeln beim Schleifen von Altbeschichtungen zu beachten: Staubmaske tragen, nach der Arbeit gründlich Hände waschen. Gefährliche Stäube sind abzusaugen. Kehren wirbelt den Staub unnötig auf.

Korrosionsschutzwirkung

Die rostschützende Wirkung eines Beschichtungssystems kann durch das Pigment alleine (widerstandsfähige Pigmente, Schuppenpigmente, passivierende Pigmente) erfolgen, aber auch in Verbindung mit dem geeigneten Bindemittel (aktive Pigmente).

Rostschutz durch chemische Vorgänge kann durch Chemikalien gestört werden. Im Korrosionsschutz setzt man inzwischen weitgehend auf dichte und mechanisch hoch belastbare Bindemittel und Pigmente **(siehe Kap. 2.5.2)**.

11.8.6 Die Herstellung von Pigmenten

Einige Pigmente kommen in der Natur vor. Andere Pigmente werden durch chemische Reaktionen hergestellt. Der Farbton solcher Pigmente wird sozusagen „erfunden“.

Pigmentgruppe	Verfahren	Gewinnung, Beispiel
Natürliche anorganische Pigmente	Abbau	Erdpigmente werden durch Abbau aus der Natur gewonnen. Große Mengen werden mit dem Bagger abgebaut, seltene Pigmente, z. B. Pigmente für die Restauration historischer Malereien, werden mit der Schaufel abgegraben. Das Gestein wird zuerst im Backenbrecher zerkleinert, dann fein gemahlen. Erden werden gereinigt und aufbereitet. Anschließend werden sie getrocknet, eventuell geglüht, gemahlen und gesiebt.
Künstliche anorganische Pigmente	Fällungsverfahren	Lösliche Metallsalze werden gelöst. Diese Lösungen können klare Flüssigkeiten sein. Beim Mischen entsteht durch eine chemische Reaktion ein unlöslicher Niederschlag – das Pigment **(Bild 1)**. Der Pigmentbrei wird getrocknet und bei Bedarf gemahlen. Beispiele: Lithopone, Chromgelb, Kadmiumrot. Chromgelb verändert bei Zugabe von Lauge den Farbton von gelb zu rot. Mit dosierter Zugabe von Lauge lassen sich alle Farbtonvarianten von Gelb bis Rotorange herstellen.
	Chloridverfahren	Wird Titanerz mit Chlor umgesetzt und anschließend erhitzt, so entsteht Titandioxid.
	Oxidieren	Zink reagiert beim Verdampfen mit Sauerstoff. Durch rasches Abkühlen entsteht Zinkoxid.
	Schmelzen	Die Schmelze aus Ton, Schwefel und Soda ist das Pigment Ultramarinblau.
	Rösten	Durch Rösten wird dem Eisenoxidgelb chemisch gebundenes Wasser ausgetrieben. Es entsteht Eisenoxidrot.
Metallpigmente		Reine Metalle oder Legierungen werden fein gemahlen und poliert.
Kohlenstoffpigmente		Durch die unvollständige Verbrennung von Öl oder Gas entsteht Ruß **(Bild 2)**.
Künstliche organische Pigmente	Chemische Herstellung	Komplizierte chemische Abläufe sind nötig, um aus Teerölen Pigmente zu gewinnen **(Bild 3)**.
	Verlackung	Durch Verlackung wird ein Farbträger mit einem Farbstoff eingefärbt. Es entsteht ein Pigment im Farbton des Farbstoffes.

Tabelle 1: Pigmentherstellung

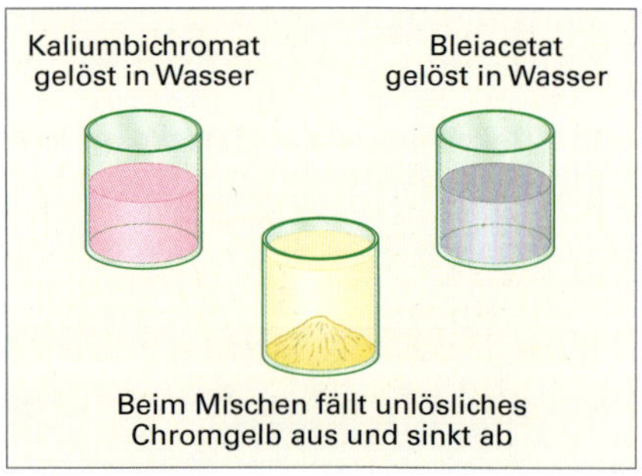

Bild 1: Herstellung eines Pigmentes durch das Fällungsverfahren

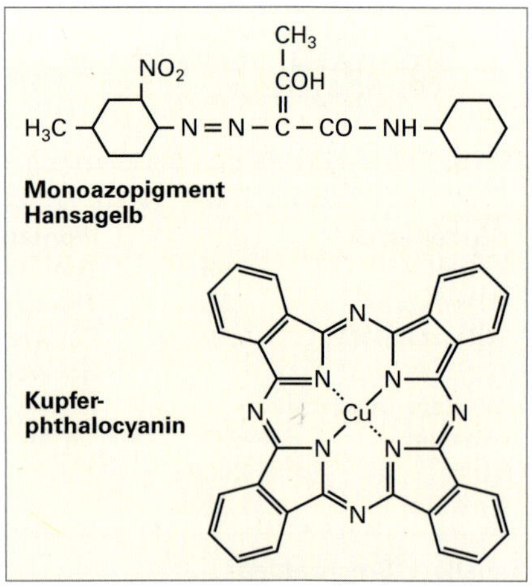

Bild 3: Chemische Formeln künstlich organischer Pigmente

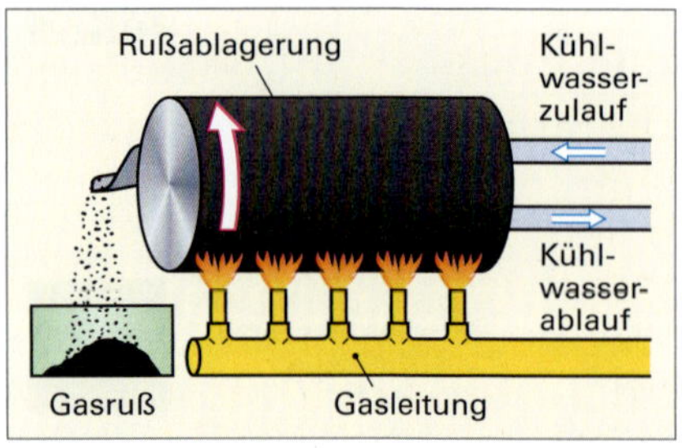

Bild 2: Herstellung von Ruß-Pigmenten

11.8.7 Besondere Pigmente für Effektlacke

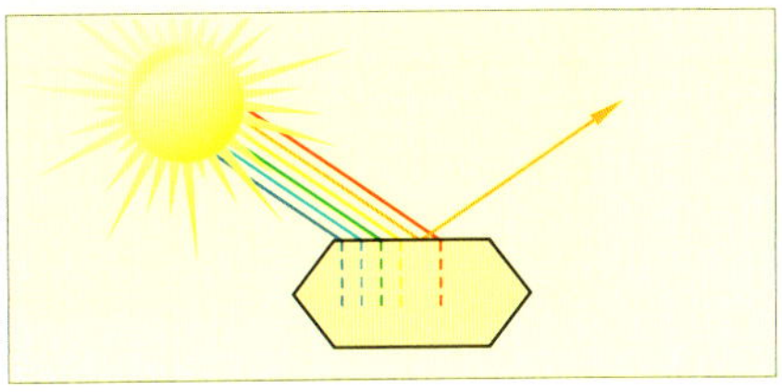

Bild 1: Strahlengang im Pigment

Übliche Pigmente besitzen einen einzigen Farbton. Dieser entsteht durch Reflexion und Absorption von Lichtwellen **(Bild 1, Kap. 18.3.3)**. Innerhalb der Farbtonpalette diese Gruppe der Absorptionspigmente gibt es kaum mehr Überraschungen durch Neuentwicklungen.

Um aufzufallen und neue Anwendungen zu erschließen wurden neue Pigmente entwickelt, die besondere Effekte aufweisen. Die Entwicklung begann etwa um 1970.

Es wurden verschiedene Wege beschritten **(Bild 2)**.

Ursache des Effektes

Der Effekt erfordert meist einen weißen Untergrund, Füller

Farbtonsteigerung
- Tagesleucht-Pigmente (Fluoreszierende Pigmente)

Nachleuchten
- Nachleucht-Pigmente (Phosphoreszierende Pigmente)

Reflexion
- Metalleffekt-Pigmente
- MIO-Pigmente
- Phthalocyanin-Schuppenpigment
- Graphit-Pigmente
- Perlglanz-Pigmente

Interferenz
- Flip-Flop-Pigmente
- Perlglanz-Pigmente
- Perlmutt-Pigmente
- Glitter-Pigmente
- Holographie-Pigmente

Farbstoffe im Klarlack
- Zusätzlich zur Pigmentierung erfolgt eine Einfärbung der Schichten im Aufbau.

Bild 2: Wirkungsweisen von Effektpigmenten

Die Entwicklungsschiene der radioaktiven Stoffe, die durch radioaktive Strahlung dauerhaft selbst leuchten, wurde schon lange wegen der hochgradigen Gefährlichkeit der Strahlung aufgegeben. Sie gehören heute nicht in die Gruppe der Pigmente.

Tagesleuchtfarben (Fluoreszenz)

Im Tageslicht sind neben den sichtbaren Lichtstrahlen auch Ultraviolett-Strahlen (UV-Strahlung) enthalten. Diese Wellen sind vom menschlichen Auge nicht wahrnehmbar, wirken sich aber beim Menschen bei intensiver Einstrahlung als Sonnenbrand aus. Diese Wellen werden durch das Pigment in sichtbare Wellen umgewandelt. Dadurch erhöht sich die Intensität des ursprünglichen Farbtons über das natürliche Maß hinaus. Der Farbton wirkt dadurch intensiver (Signalfarben) **(Bild 3)**.

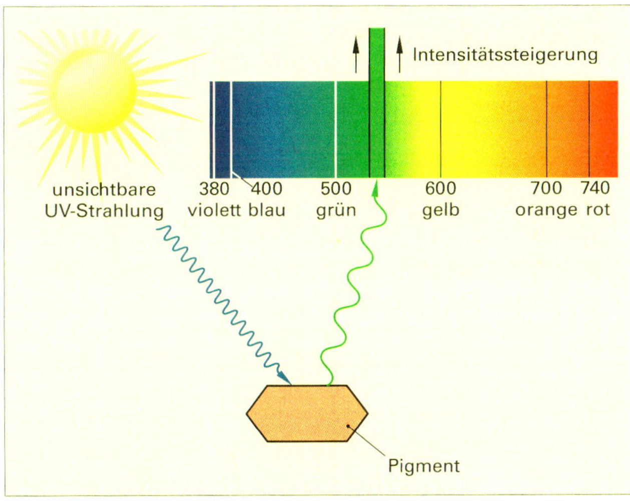

Bild 3: Wirkungsweise von Tagesleuchtfarben

Tagesleuchtfarben werden immer auf weißen Grund aufgetragen, um möglichst alle Wellen zu reflektieren. Tagesleuchtpigmente sind nicht wetterbeständig. Sie sind auch nicht UV-stabil, da sie bei UV-Einstrahlung dauernd Energie umwandeln müssen. Darum müssen sie durch einen Klarlack geschützt werden. Sie bleichen schon nach kurzer Zeit aus.

Tagesleuchtpigmente sind häufig in Klebefolien eingebettet. Ihr Einsatz an Fahrzeugen ist nach der Straßenverkehrsordnung genehmigungspflichtig. Wird ein Fahrzeug damit ohne Genehmigung beschichtet, verliert es sofort seine Betriebserlaubnis.

Üblicherweise sind sie Fahrzeugen mit besonderen Rettungsaufgaben vorbehalten **(Bild 4)**.

Unter Lichtquellen, die keinen UV-Licht-Anteil im Spektrum haben, bleibt der Farbton normal.

Werden in einem dunklen Raum von einer „Lichtquelle" nur UV-Strahlen abgestrahlt (gängige Bezeichnung: Schwarzlicht), so werden nur diese Pigmente sichtbar, ein Show-Effekt in Discos.

Bild 4: Anwendungsbeispiel Tagesleuchtfarbe am Rettungsfahrzeug

Nachleuchtende Pigmente (Phosphoreszenz)

Lichtenergie wird im normalen Pigment sofort reflektiert oder in Wärme umgewandelt. Nachleuchtende Pigmente können die Lichtenergie bis zu 24 Stunden speichern und das Licht nach und nach abgeben **(Bild 1)**.

Mit nachleuchtenden Anstrichen werden Fluchtwege markiert. Als Pulver lässt sich das nachleuchtende Pigment in jeden Klarlack einrühren und verarbeiten. Nachleuchtende Pigmente werden auch in Kunststoffteilen z. B. Feuerwehrhelmen eingesetzt.

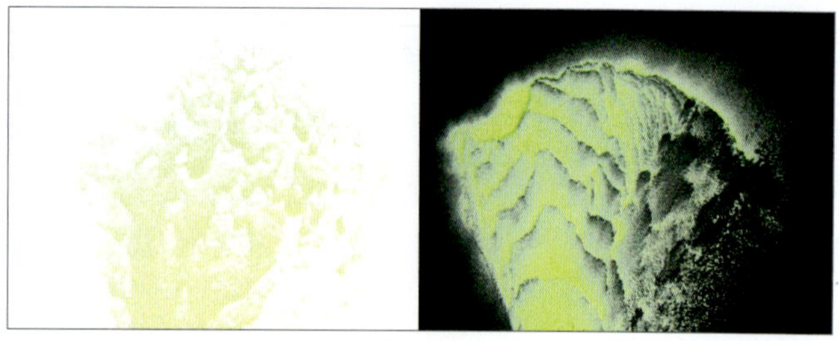

Bild 1: Nachleuchtendes Pigment

Metalleffekt-Pigmente

Es handelt sich meist um dünne Aluminium-Plättchen. Diese reflektieren das Licht an den flachen Seiten. Der Effekt ändert sich je nach Betrachtungswinkel und nach Lage der Teilchen. Man spricht vom Effekt-Flop, einem metallischen Hell/Dunkel-Flop.

Die Plättchen richten sich im Lack parallel aus. So ist der Effekt am schönsten, der Flop erfolgt ausgeprägt. Ein unsauberer, wolkiger Effekt lässt auf ungleichmäßige Ausrichtung der Teilchen schließen **(Bild 1)**.

Je mehr Pigmente im Lack enthalten sind, umso schöner der Effekt. Wird zu viel Aluminiumpulver in den Basislack gegeben, so werden an der Oberfläche die Aluminium-Plättchen nicht mehr abgedeckt. Ein schützender Klarlackauftrag ist darum unumgänglich **(Bild 2)**. Je größer die Teilchen umso gröber der Effekt. Dafür gibt es Bezeichnungen wie z. B. Raureifeffekt **(Bild 3)**.

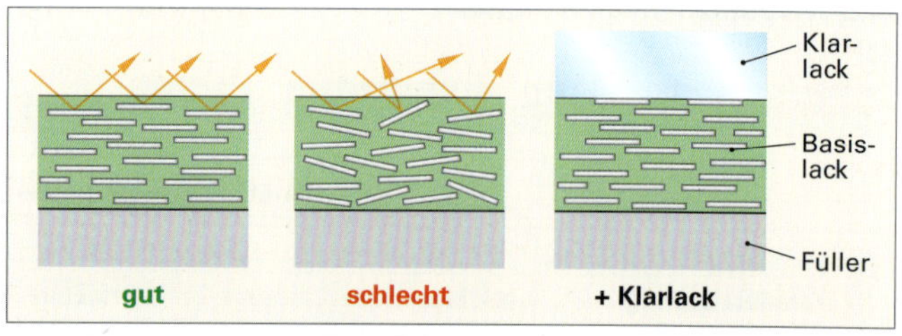

Bild 2: Lage der Metalleffekt-Pigmente

Bild 3: Raureif-Pigment

MIO-Pigmente

Üblicherweise sind MIO-Pigmente korrosionsschützende Eisenglimmerpigmente. Sechseckige Eisenglimmeroxid-Plättchen mit glatter Oberfläche, zehnmal dicker als Aluminium für den Metalleffekt, reflektieren auch über die Seitenflächen und geben einen besonderen Effekt **(Bild 4)**.

Graphit-Pigmente

Graphitpigmente besitzen einen schwarzen Farbton, vergleichbar mit den herkömmlichen Schwarzpigmenten, aber glänzender. **Bild 5** zeigt, wie sich Graphit-Pigment vom normalen Ruß-Pigment unterscheidet.

Mischt man Graphit-Pigmente mit Interferenzpigmenten, erhält man eine funkelnde Oberfläche und einen Glanz, der sich deutlich von Standard-Schwarzpigmenten abhebt.

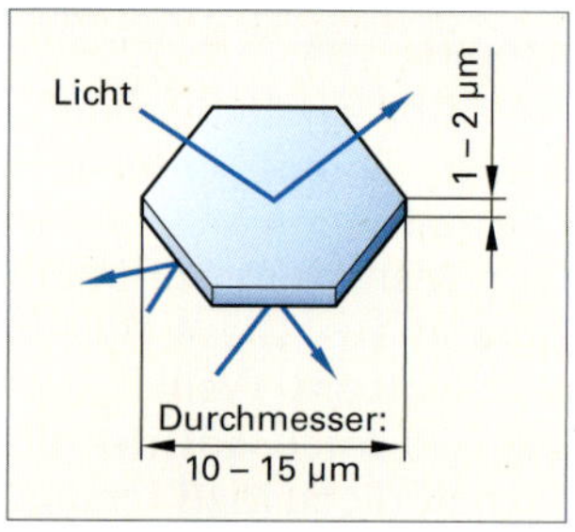

Bild 4: Reflexion am MIO-Pigment

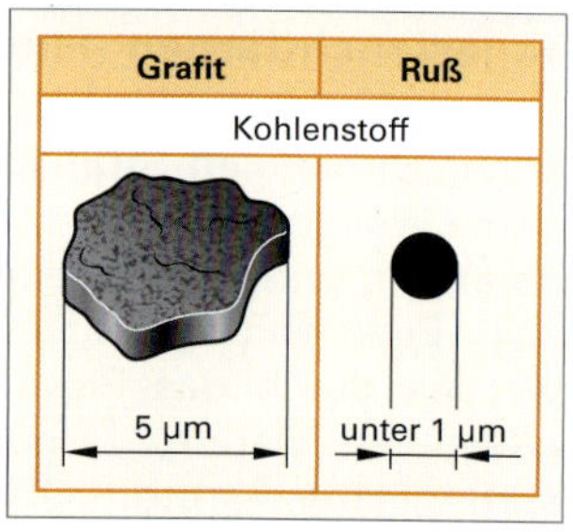

Bild 5: Graphit-Pigment und Ruß im Vergleich

Interferenz-Pigmente

Interferenzpigmente wechseln den Farbton je nach Betrachtungswinkel. Das Zusammenspiel aus Reflexion und Brechung gibt diesen Pigmenten ihr besonderes Aussehen.

Unter Interferenz versteht man die Überlagerung von Wellen: Wie bei den Wellen, die man im Wasser durch den Einwurf zweier Steine erzeugt, werden bei der Überlagerung bestimmte Wellen verstärkt und andere ausgelöscht oder abgeschwächt. Welche Wellenlängen verstärkt und welche ausgelöscht werden, ist abhängig vom Einfallswinkel des Lichts, des Betrachtungswinkels. Die Lichtwellen reflektieren an verschiedenen Flächen des Pigmentteilchens und überlagern sich zum Farbton **(Bild 6)**.

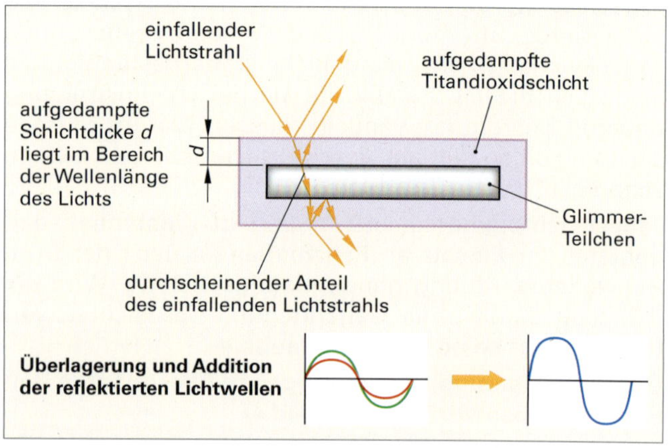

Bild 6: Strahlengänge am Interferenzpigment

Interferenzpigmente sind auch unter der Bezeichnung Flip-Flop-Pigmente im Handel.

Interferenzpigmente bestehen meist aus einem Mica-Teilchen (mineralischer Glimmer), das zwischen 0,1 µm und 0,4 µm meist mit Titandioxid (TiO_2) oder Eisenoxiden (Fe_2O_3) bedampft wurde. Der Farbeffekt hängt von der Schichtdicke der Bedampfung ab.

Bild 1: Effektlack mit Interferenzpigmenten

Bild 2: Interferenzfarben in der Natur

Farbspiele durch Interferenz beherrscht die Natur schon lange, wie an dem bei uns heimischen Rosenkäfer (cetonia aurata) in Bild 2 deutlich zu sehen ist. Die ersten Interferenzpigmente wurden entwickelt, nachdem man an den Erscheinungen der Natur nachgeforscht hat, wie diese zustande kommen. Beispiele für weitere Interferenzerscheinungen sind das Schimmern einer Öllache oder das Farbspiel im Innern einer Muschel.

Interferenz- und Perlglanz-Pigmente für Lacke und Kunststoffe sind unter folgenden **Markennamen** bekannt: Iriodin®, Colorstream®, Xirallic® (Fa. Merck), Glacier™, Frost White Lumina®, Black Olive™, Firemist®, Mearlite®, Metasheen®, MagnaPearl® (Fa. BASF) und andere.

Perlglanzpigmente

Perlglanzpigmente sind lichtechte Glimmer. Sie bestehen aus transparenten Plättchen mit hoher Brechzahl. Durch Mehrfachreflexion des Lichtes wird ein Glanz bewirkt, wie er für Perlen charakteristisch ist. Häufig werden sie der Gruppe der Interferenzpigmente zugeordnet, da meist Reflexion und Interferenz gemeinsam den Effekt ergeben.

Perlmutt-Pigmente

Der typische Perlmutteffekt wird heute durch transparente Glimmer-, Aluminium- oder Siliziumplättchen erzielt, die mit einem Metalloxid beschichtet wurden.

11.8.8 Pigmente in Gestaltungstechniken

Oberflächeneffekte in Wandbeschichtungen und Lacken ergeben sich nicht nur durch den Einsatz extra gefertigter Pigmente.

Bis zur industriellen Pigmentherstellung mit Qualitätsgarantie konnte die Feinheit eines Pigmentes nur durch Muskelkraft beim Abreiben erreicht werden. Die Pigmente waren mit 20 – 40 µm ziemlich grobkörnig und deckten schlecht. Es mussten mehrere Schichten aufgetragen werden, bevor der Untergrund abgedeckt war. Die Reflexion an den Pigmenten erfolgte nun jedoch in den verschiedenen Schichten. Dies gab der Oberfläche Tiefe und Leben durch lasierende Transparenz.

Farben-Hersteller greifen oft historische Techniken auf und bieten Werkstoffe für Effekt-Techniken nach neuem Konzept an. Dabei führt neben der Pigmentierung der Schichtaufbau und die Auftragsweise zum individuellen Oberflächenerlebnis.

Im Fahrzeuglackierbereich haben sich neben der **Zweischicht-Lackierung** (Metalleffekt), **Mehrschicht-Effektlackierungen** etabliert.

Im Basislack sind die Effektpigmente. Der darauffolgende Klarlack wurde mit Farbstoffen getönt (Bild 3). So entstehen neue Effekte, z. B. der Candy-Effekt. Ein zusätzlicher Klarlack schützt den Aufbau.

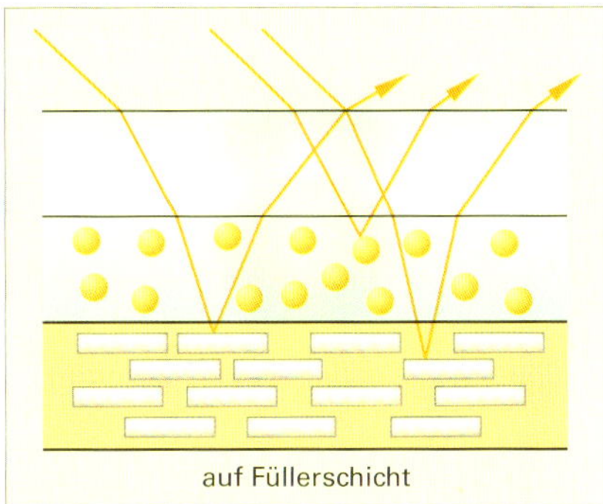

Bild 3: Strahlengang

Überprüfen des Effektes eines Effektlackes

Alle Effektpigmente besitzen einen Hell-Dunkel-Flop (Metalleffektpigmente) oder einen Farbflop (Interferenzpigmente). Der Effekt ändert sich je nach Betrachtungswinkel. Die coloristische Bewertung ist unter mehreren Betrachtungswinkeln durchzuführen. Beim visuellen Vergleich werden zwei Musterplatten vor dem Körper abgekippt (Bild 4).

Bild 4: Überprüfung des Effekt-Flops

11.9 Additive

Additive, auch Zusatzstoffe genannt, werden meist bei der Herstellung dem Beschichtungsstoff zugegeben.

Ihre Wirkung entspricht der einer Medizin beim Menschen. Am besten ist es, wenn das Lackrezept so gut ist, dass Additive erst gar nicht gebraucht werden. Geht es aber um die Verbesserung ganz bestimmter Eigenschaften, so werden geeignete Additive in möglichst kleiner Menge zugegeben, da ein Additiv Nebenwirkungen auslösen kann, sodass der Einsatz eines weiteren Additivs notwendig ist **(Bild 1)**.

Bild 1: Additive

11.9.1 Additive in Kunststoff-Dispersionsfarben

Aufgrund des Einsatzes von Wasser treten andere Probleme auf als bei lösemittelverdünnbaren Beschichtungsstoffen. Diese können weitgehend mit Additiven behoben werden. Nicht alle Additive sind immer nötig. Auf optische Aufheller und Konservierungsstoffe kann bei umweltfreundlichen Dispersionsfarben durchaus verzichtet werden.

Netzmittel

Wasser hat eine hohe Oberflächenspannung. Darum werden Pigmente und Kunststoffteilchen von Wasser schlecht benetzt. Pigmente und Füllstoffe können sich leicht absetzen. Dagegen helfen Polyphosphate.

Verdickungsmittel

Wasser ist niedrigviskos. Pigmente und Füllstoffe setzen sich schnell ab und die Verarbeitung ist erschwert. Darum werden in Außen-Dispersionsfarben Polyacrylate, in Innen-Dispersionsfarben auch Zelluloseleim eingesetzt, um die Viskosität zu erhöhen.

Entschäumer

Netzmittel schäumen. Kleinste Bläschen entstehen beim Verarbeiten durch Rollen und stören die Eigenschaften der Beschichtung. Entschäumer auf Mineralölbasis verhindern die Schaumentwicklung.

Antifrostmittel

Frost zerstört die Dispersion. Zugabe von Äthylglykol verzögert dies.

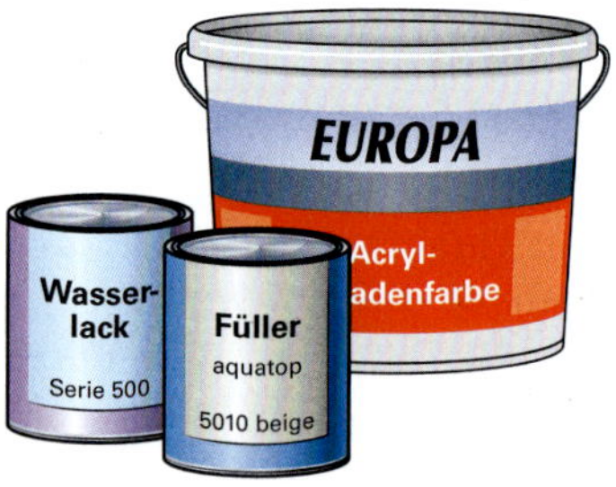

Konservierungsstoffe

Wasser kann schnell faulen. Gegen Bakterien helfen z. B. Ammoniak und Phenolverbindungen. Ammoniak verzögert auch das Rosten von Blechbehältern.

Optische Aufheller

Um weiße Dispersionsfarben noch weißer erscheinen zu lassen, können optische Aufheller zugegeben werden.
In umweltfreundlichen Dispersionsfarben wird meist darauf verzichtet.

Weichmacher

Der Beschichtungsfilm wird dehnbarer. Zugemischte Weichmacher sind im Beschichtungsfilm nicht gebunden und wandern nach und nach aus der Schicht (äußere Weichmachung).
In Copolymerisation sind weichmachende Anteile chemisch im Molekül eingebaut (innere Weichmachung).

Filmbildungsstoffe

Ein geringer Lösemittelanteil (Testbenzin, Alkohol) quillt die Kunststoffteilchen leicht an. So können sie leichter im kalten Fluss zusammenschmelzen.
Es gibt lösemittelfreie Dispersionsfarben auf dem Markt.

Übersicht 1: Additive in Dispersionsfarben

11.9.2 Additive in Lacken

Lack-Problem	Additiv und Wirkungsweise
Der Lack trocknet schlecht.	**Trockenstoff, Sikkativ** Sikkative sind Metallseifen, die die Sauerstoffaufnahme beschleunigen. Darum wirken sie nur in Lacken, die Öl enthalten und chemisch durch Sauerstoffaufnahme trocknen, also in Ölfarben oder Alkydharzlack. Die Trocknung ölfreier Lacke lässt sich über das Lösemittel steuern.
In der Dose bildet der Lack eine Haut.	**Hautverhinderungsmittel** In Dosen mit Ölfarben und Alkydharzlack bildet sich durch Sikkativanreicherung an der Oberfläche leicht eine Haut. Das Additiv fängt den Sauerstoff ab. Beim Verarbeiten verdunstet es, sodass es die Trocknung nicht beeinflusst.
Der Lack verläuft nicht zur störungsfreien Oberfläche.	**Verlaufmitttel** Silikonöle entspannen und glätten die Oberfläche. Der Verlauf kann auch über das Lösemittel gesteuert werden.
Das Pigment setzt sich ab. 	**Netzmittel** Sie verringern die Oberflächenspannung, sodass Pigmente durch das Bindemittel besser benetzt werden. **Verdickungsmittel** Je hochviskoser der Lack ist, umso langsamer erfolgt das Absetzen des Pigmentes. **Antiausschwimmmittel** Antiausschwimmmittel verhindern das Entmischen. Ausschwimmen erkennt man am frisch gestrichenen Lack. Wird nach kurzer Zeit nochmals mit dem Pinsel durchgezogen, so wird hier der graue Lack für kurze Zeit heller, dann wieder dunkler wie die umgebende nasse Lackschicht. Lösemittelströmungen im trocknenden Lackfilm tragen leichte Pigmente wie Ruß an die Schichtoberfläche und trennen den Ruß vom schwereren Titandioxid. Unangenehm macht sich das Auschwimmen beim Nachmischen bemerkbar. Der nasse Farbton entspricht nicht dem trockenen.
Der Lack ist zu flüssig.	**Thixotropiermittel** Dieses Additiv baut zwischen den Molekülen Wasserstoffbrücken auf und macht den Lack gel-artig. Diese Kräfte wirken nur im Ruhezustand. Beim Verarbeiten verhält sich der Lack flüssig.
Der Glanzgrad stimmt nicht.	**Mattierungsmittel** Wachs- und Ölemulsionen, mit dem Lack unverträgliche Stoffe, legen sich beim Trocknen auf die Oberfläche der Beschichtung. Diese wird etwas rau und matt. Eine Glanzsteuerung über die Pigmentierung ist nicht zu empfehlen, da Pigmente dann ungeschützt aus dem Lackfilm ragen.
Der Lackfilm vergilbt, kreidet, versprödet rasch.	**Lichtschutzmittel, UV-Absorber** Dieses Additiv wirkt wie eine Sonnenschutzcreme, besteht auch aus den gleichen Substanzen. Es fängt die UV-Strahlen ab. Diese Aufgabe übernehmen auch transparente Eisenoxide.
Der Lackfilm ist zu hart, er reißt.	**Weichmacher (Elastifizierer)** Er wirkt wie ein Lösemittel, das nicht verdunstet. Der Lackfilm wird dadurch elastischer. Sie sind im Lack nicht chemisch gebunden (Äußere Weichmachung). Nach und nach wandern Weichmacher aus der Beschichtung. Dies kann verhindert werden, wenn Weichmacher bei der Harzherstellung chemisch mit eingebaut werden (Innere Weichmachung). Dauerhaft wirken auch Weichharze. Sie wandern nicht. Weichmacher werden vom Maler und Lackierer bei der Kunststofflackierung zugegeben.
Lacke für Holz: Der Untergrund soll beeinflusst werden.	**Fungizide, Insektizide** Holzschutzmittel enthalten diese gegen Pilze und Insekten wirkenden Stoffe. Über die Beschichtung gelangen sie in den Untergrund. Vorsicht: Was Insekten schadet, schadet auch dem Menschen! Holzschutzmittel für außen dürfen nicht innen verarbeitet werden.

Tabelle 1: Additive in lösemittelhaltigen Lacken

Diese Probleme können sich in lösemittelhaltigen Lacken ergeben. Probleme in wasserhaltigen Lacken erfordern unter Umständen andere Additive (siehe Kap. 11.9.1).

11.10 Trocknungsabläufe in Beschichtungsstoffen

Jeder flüssige Beschichtungsstoff muss nach der Applikation trocknen. Bei der Trocknung wird der flüssige Lack fest. Üblicherweise versteht man darunter Abläufe unter Luftbeteiligung. Ist keine Luft beim Trocknungsvorgang nötig, so ist es besser, den Vorgang als Härtung zu bezeichnen. Eine Übersicht zeigt **Bild 1**.

Trocknung

Trocknung **mit** Luftbeteiligung ← → Chemische Härtung **ohne** Luftbeteiligung

Physikalische Trocknung	Chemische Trocknung	Kalter Fluss	Verkieselung	Carbonatisierung	Hydraulische Härtung	Polymerisation	Polykondensation	Polyaddition
• Leimfarbe • Kleister • Nitrolack • Bitumenlack • Acrylharzlack • u. a.	• Trocknende Öle • Ölfarben ohne Lösemittel • Acrylharzlack	• Dispersionen (Farben, Lacke, Kleber)	• Silikatfarbe	• Kalkfarbe	• Zementfarbe	• Kunststoffe: - PE-Herstellung - PVC-Herstellung	• Alkydharzherstellung	• Epoxidharzlack • Polyurethanharzlack • Acryllack (2K)

■ = nur für mineralische Untergründe, unbedeutend für Fahrzeuglackierer

Bild 1: Übersicht über Trocknungsabläufe

11.10.1 Physikalische und chemische Trocknung

Physikalische Trocknung

Je schneller das Lösemittel verdunstet, umso schneller trocknet der Anstrichstoff **(Bild 2)**. Die Verdunstungszahl gibt Auskunft über die Verdunstungsgeschwindigkeit. Meist sorgen mehrere Lösemittel für den gewünschten Trocknungsverlauf. Das Bindemittel wird dabei nicht chemisch verändert, es bleibt das gleiche Molekül. Darum handelt es sich bei dieser Trocknung um einen physikalischen Vorgang.

Der Anstrichfilm ist reversibel (wiederanlösbar). Das Lösemittel schiebt sich wieder zwischen die Bindemittelmoleküle.

Beispiele: Leimfarbe, Kleister, Nitrolack, Asphalt-/Bitumenlack, Chlorkautschuklack, Polymerisatharzlack

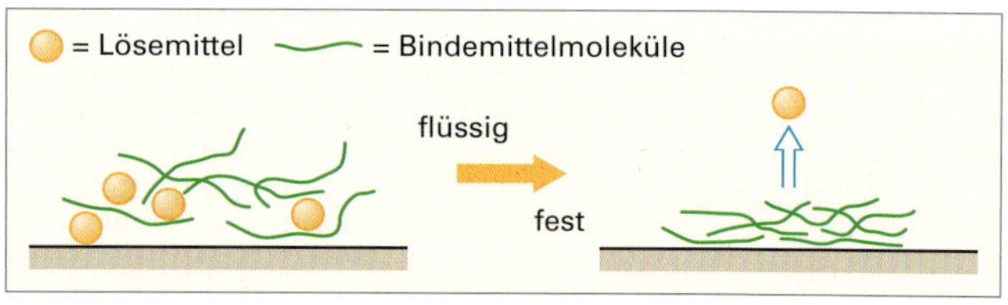

Bild 2: Physikalische Trocknung

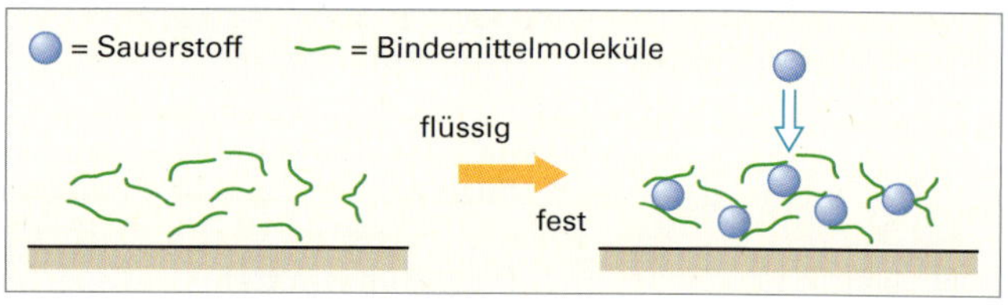

Bild 3: Chemische Trocknung

Chemische Trocknung

Das Bindemittel Öl nimmt Sauerstoff aus der Luft auf. Die Ölmoleküle sind sehr klein. Darum ist das Öl flüssig. Durch Sauerstoff-Aufnahme verbinden sich die Moleküle zu Makromolekülen (Groß-Molekülen) und der Anstrich wird fest **(Bild 3)**. Die Trocknung verläuft relativ langsam. Reine Ölfarben brauchen bis zu 1 Woche, um grifffest zu sein. Der Anstrichfilm ist irreversibel (nicht wieder anlösbar). Von entsprechenden Lösemitteln wird das Bindemittelgerüst an beliebigen Stellen geknackt und zerstört.

Beispiele: Trocknende Öle und Ölfarben

Gemischte Trocknung

In der Praxis wirken bei der Trocknung von Anstrichstoffen oft die chemische und physikalische Trocknung zusammen. So verdunstet bei Alkydharzlack das Lösemittel physikalisch, während gleichzeitig die chemische Trocknung über das Öl einsetzt. Alle Beschichtungsstoffe, die Öl oder Alkydharz enthalten, trocknen sowohl physikalisch wie auch chemisch.

11.10.2 Kalter Fluss

Die Trocknung von Dispersionsfarben, Dispersionslacken und Dispersionsklebern verläuft rein physikalisch. Während das Wasser verdunstet lagern sich die Kunststoffteilchen zusammen und verschmelzen, ohne sich chemisch zu verändern. Diesen Vorgang bezeichnet man als „Kalten Fluss". Der Anstrichfilm ist beständig gegen Wasser **(Bild 4)**.

Wasserverdünnbare, zweikomponentige Acryl-, Epoxid- oder Polyurethanlacke sind ebenfalls Dispersionen. Ihnen muss jedoch Härter zugegeben werden. Parallel zum Kalten Fluss setzt die chemische Härtung ein.

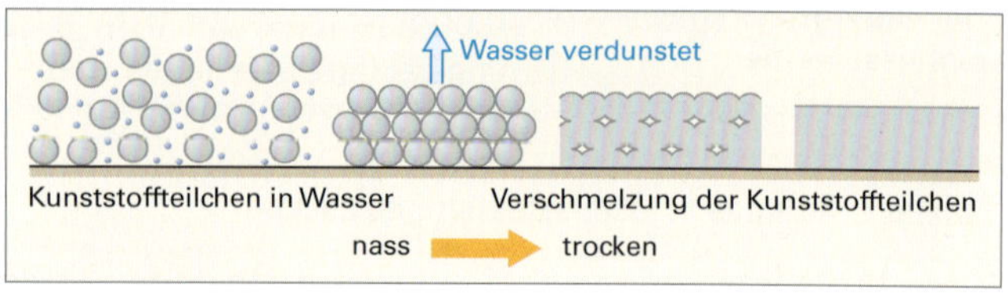

Bild 4: Kalter Fluss

11.10.3 Trocknung mineralischer Bindemittel

Mit diesen Farben werden vom Maler und Lackierer mineralische Untergründe beschichtet.

Verkieselung	Carbonatisierung	Hydraulische Härtung
Silikatfarbe	Kalkfarbe	Zementfarbe/Zement, Beton
Silikatfarbe verkieselt untrennbar mit mineralischen Putzen, außer mit Gips. Auf Gips darf Silikatfarbe nicht gestrichen werden. Beim Trocknungsvorgang wird aus der Luft CO_2 aufgenommen. Das Wasser der Silikatfarbe verdunstet physikalisch.	Kalkfarbe nimmt beim Trocknen aus der Luft CO_2 auf und gibt Wasser ab. Damit wird der Prozess rückgängig gemacht, mit dem aus Kalkstein Kalkfarbe hergestellt wurde. So entsteht beim Trocknen eine dünne Kalksteinschicht auf der Wand.	Wasser wird beim Härtungsvorgang in den Zement eingebaut. Ohne Feuchte kommt es zu keiner Härtung. Beim Betonieren ist der Wasserzementwert daher von großer Bedeutung. Überschüssiges Wasser muss verdunsten.

Tabelle 1: Trocknung von Kalkfarbe, Silikatfarbe und Zementfarbe

11.10.4 Chemische Härtung

Es gibt nur drei Verfahren, mit denen sich kleine Moleküle verbinden lassen: Polymerisation, Polykondensation und Polyaddition. Dafür müssen bestimmte Voraussetzungen im Molekülaufbau vorliegen (siehe Kap. 20.2.8).
Alle Zweikomponenten-Lacke härten chemisch. Bei der chemischen Härtung von Lacken ist keine Luft nötig. Die Härtung erfolgt alleine über die chemische Reaktion von zwei oder mehr Stoffen. Anfangs liegen die kleinen Moleküle noch verarbeitbar als flüssiger Lack vor. Mit dem Mischen der zwei Komponenten beginnt die chemische Reaktion. Es bilden sich Großmoleküle (Makromolekül). Es entsteht der feste, „trockene" Beschichtungsfilm.
Beispiele Polyaddition: Epoxidharzlack, Polyurethanharzlack. Beispiel Polymerisation: Ungesättigter Polyesterlack.
Eine Ausnahme bildet der einkomponentige Polyurethanharzlack. Der Härter ist der in der Luft enthaltene Wasserdampf. Enthalten Zweikomponentenlacke zusätzlich Lösemittel, so läuft parallel zur chemischen Härtung die physikalische Trocknung ab.

11.10.5 Trocknungsablauf und Trocknungsbeschleunigung

Trocknungsstufen
Für den Verarbeiter von Beschichtungsstoffen sind vier Trocknungsstufen von Bedeutung (Tabelle 2). Die Dauer der Phasen hat Einfluss auf die Einsatzmöglichkeiten. So muss ein Lack auf stehenden Flächen relativ schnell anziehen, da sich sonst Läufer bilden können.

Trocknungsbeschleunigung
Eine Verkürzung der Trocknungszeit bedeutet schnellere Auftragserledigung und schnellere Nutzung des beschichteten Objektes. Tabelle 3 zeigt eine Übersicht über mögliche Verfahren.

1	Anziehen	Bis zu diesem Zeitpunkt kann die Lackschicht verlaufen.
2	Staubtrocken	An der Oberfläche bildet sich ein Häutchen.
3	Grifffest	In der Umgangssprache der trockene Zustand.
4	Durchgetrocknet	Der Anstrichfilm ist hart und beanspruchbar.

Tabelle 2: Trocknungsstufen

Wärmeströmung = Luftbewegung + Temperatur	An der Luft oder im Trockenofen verdunstet das Lösemittel und/oder startet die chemische Reaktion. Luftbewegung transportiert verdunstetes Lösemittel ab. Eine Temperaturerhöhung um 10 °C führt zu einer drei- bis viermal schnelleren Trocknung.	
Einsatz von Lösemitteln	Schnell verdunstende Lösemittel/Verdünnungen führen zu einer schnelleren Trocknung. Für viele 2K-Lacke sind „lange" und „kurze" Verdünnungen auf dem Markt.	
Sikkativierung	Die Sauerstoffaufnahme von Öl wird durch Sikkative beschleunigt. Der Einsatz in Beschichtungsstoffen, die kein Öl enthalten, ist wirkungslos.	
Infrarotstrahlung	Die IR-Wellen dringen in die Beschichtung ein und werden am Untergrund in Wärme umgewandelt. Am Objekt entstehen Temperaturen bis zu 300 °C. Die Verdunstung des Lösemittels erfolgt von innen nach außen.	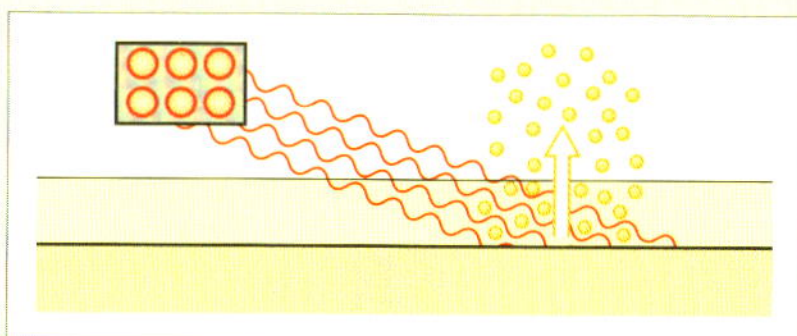
UV-Strahlung, Elektronenstrahlung	Industrielle Beschichtungen von Blech bis zum Pappbecher können durch UV-Strahlung in 20 bis 30 Sekunden getrocknet werden. Diese Lacke dürfen nicht pigmentiert vorliegen. Elektronenstrahlhärtung erfolgt in Zehntelsekunden mit speziellen Lacken.	

Tabelle 3: Verfahren zur Trocknungsbeschleunigung

11.11 Die Schichten im Beschichtungssystem

Ein Beschichtungssystem besteht in der Regel aus mehreren Schichten mit besonderen Aufgaben. **Bild 1** zeigt den üblichen Schichtenaufbau einer Lackierung auf Holz, Metall oder Kunststoff im Vergleich zum Beschichtungsaufbau mit Dispersionsfarbe auf mineralischen Untergründen.

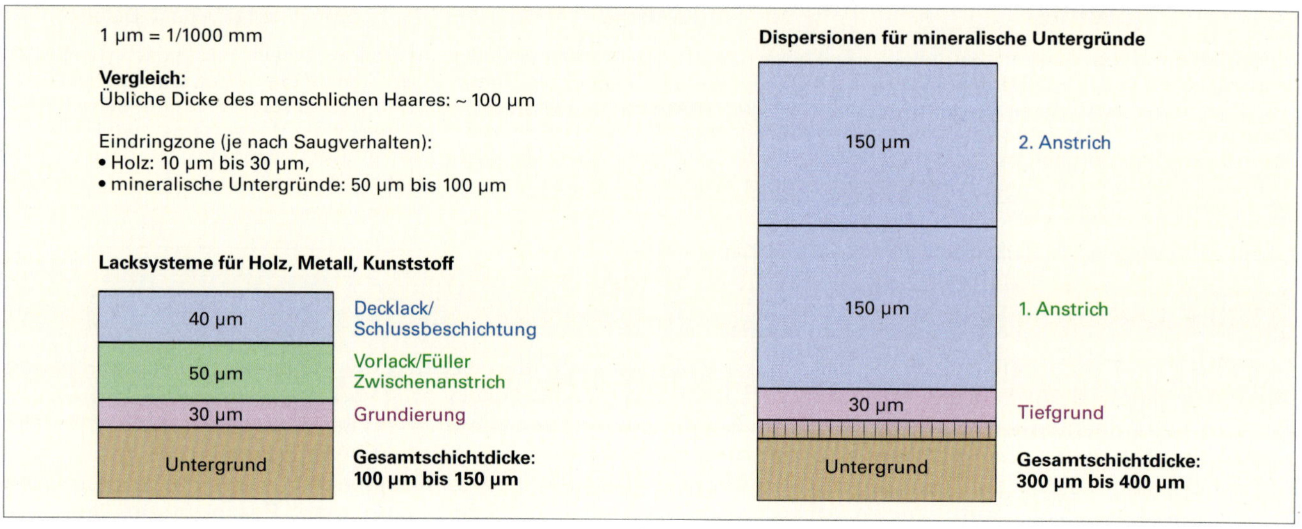

Bild 1: Schichtenaufbau im Beschichtungssystem

Grundierung

Die Grundierung ist die erste Schicht auf dem Untergrund. Aufgaben und das Auftragen der Grundierung hängen von der Beschaffenheit des Untergrundes ab **(Tabelle 1)**.

Poröse Untergründe z. B. Putz, Beton, Holz, Gipskarton		Dichte Untergründe z. B. Metalle, Glas, Kunststoff	
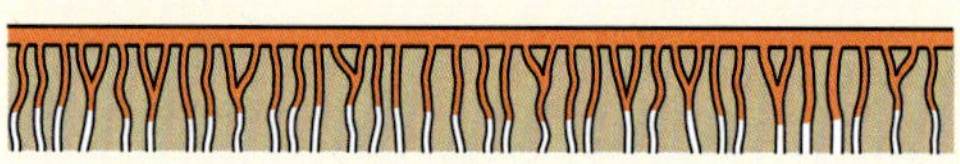		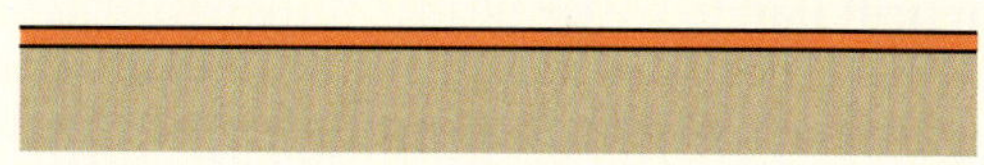	
Das dünnflüssige Grundiermittel dringt durch die offenen Poren in das Kapillar-System ein. Es vermindert die Saugfähigkeit des UG und festigt ihn. Wirkstoffe können eingebracht werden, z. B. Fungizide in Holz. Die Eindringtiefe ist vom Saugverhalten des Untergrundes abhängig. Sie geht jedoch nicht über 1 bis 2 mm hinaus, so dass der Begriff Tiefgrund irreführend ist. Auf poröse Untergründe werden Grundierungen satt aufgetragen, damit sich die Kapillaren vollsaugen können.		Die Grundierung sorgt für Haftung. Sie ist Brücke zwischen Untergrund und Beschichtung. Korrosionsschutz wird durch den Einsatz von Korrosionsschutzpigmenten erfüllt. Grundierungen sind immer gleichmäßig dünn mit 1 Schicht aufzutragen. Grundierungen müssen ca. 10 bis 20 min ablüften. Primer: engl. Bezeichnung für Grundierung Washprimer: engl. Bezeichnung für Haftgrund	
Grundierung/Tiefgrund mit Lösemittel	Einkomponentengrundierung, z. B. auf Nitrozellulose-Basis	**1K-Grundierungen**	Einkomponentengrundierung, z. B. auf Alkydharzbasis
Grundierung/Tiefgrund ohne Lösemittel	Unpigmentierte Dispersionen, farblos auftrocknend (Kalter Fluss)	**2K-EP-Grundierungen**	Zweikomponentengrundierung auf Epoxidharz-Basis

Tabelle 1: Grundierung und Untergrund

Vorlack, Füller

Der Maler und Lackierer spricht von Vorlack, der Fahrzeuglackierer von Füller.

Diese Beschichtungsstoffe enthalten viel Füllstoff und Pigment, damit leichte Untergrund-Unebenheiten, Poren und Schleifspuren gefüllt werden. Auf stark saugendem Untergrund, z. B. bei UP-Spachtelung, wirken sie isolierend.

Die trockene Oberfläche ist durch die hohe Pigmentierung etwas rau. Dies sorgt für gute Haftung des Decklackes. Die Füllerfarbe beeinflusst häufig den Farbton der Decklackierung, darum bieten Hersteller Füller in verschiedenen Graustufen an, die der Helligkeit der Lackierung entsprechen **(Bild 1)**. Effektlacksysteme müssen fast immer weiß vorgefüllert werden, damit möglichst viele Lichtwellen reflektiert werden.

Vorlack für Holz am Bau	Einkomponentenwerkstoff auf Alkydharzbasis. Normal oder HS (High-Solid = hoher Festkörper, wenig Lösemittel).
Füller für Teile am Fahrzeug	2K-Füller auf EP-Basis. Als Schleiffüller (üblich gegen Unebenheiten und Schleifspuren), HS-Füller (mit hohem Festkörper) Nass-in-nass-Füller (der Auftrag Grundierung und Füller nass-in-nass erspart einen Trocknungs- und Schleifvorgang) Tönfüller (mit Unilack abtönfähiger Füller zur Farbtonangleichung an den Decklack).

Decklack, Schlussbeschichtung

Diese letzte Schicht muss vor Wetter, mechanischer und chemischer Belastung etc schützen. Je nach Beanspruchung enthält der Lack als Bindemittel Alkydharz, Acrylharz oder ein 2K-Bindemittel (UP, PUR. Acryl, selten EP). Sie sorgt für

- **Härte.** Sie ist Voraussetzung gegen mechanische Belastung.
- **Glanz.** Die Pigmente müssen komplett im Bindemittel eingelagert sein. Hochglanz kann nur durch eine absolut glatte Oberfläche erreicht werden.
- **Farbton/Effekt.** Effekte kommen am besten durch ihre Einbettung in absolut klare Bindemittel wie Acrylharz zur Geltung.

Einschicht-verfahren	Für einfarbige Lackierungen (Unilackierungen). Diese eine Lackschicht erfüllt sämtliche Aufgaben der Decklackierung.
Zweischicht-verfahren	Für Metallic- und Effektlackierungen, auch für besonders hochwertige Unilackierungen. Zuerst wird eine farb- und/oder effektgebende Schicht aufgetragen. Danach erfolgt die Beschichtung mit einer schützenden Klarlackschicht. Beide Schichten erfüllen in ihrer Kombination die Aufgaben des Decklackes.

Schichtdicke

Die Gesamtschichtdicke setzt sich aus den Schichtdicken der einzelnen Schichten zusammen. Die Schichtdicke wird als Trocken- und/oder Nassschichtdicke angegeben und in µm = 1/1000 mm gemessen (µm: sprich Mikrometer).

Die **Nassschichtdicke** ist für die Verarbeitung von Bedeutung. Der Verbrauch in ml entspricht der Nassschichtdicke in µm (Bild 1).

Die **Trockenschichtdicke** gibt die Dicke der schützenden Schicht an, z. B gegen Korrosion oder mechanische Beanspruchung. Sie ist um den Anteil der Lösemittel im Beschichtungsstoff geringer als die Nassschicht. Je geringer der Lösemittelanteil, umso geringer ist die Differenz zwischen Nass- und Trockenschichtdicke.

Werden 60 ml je m² aufgetragen, so wird eine Nassschichtdicke von 60 µm nass erreicht. Dies entspricht einem Verbrauch von 60 ml/m².

Besitzt der Lack einen Festkörper von 50 %, so bleibt die Hälfte, also 30 µm, als schützende Trockenschicht übrig.

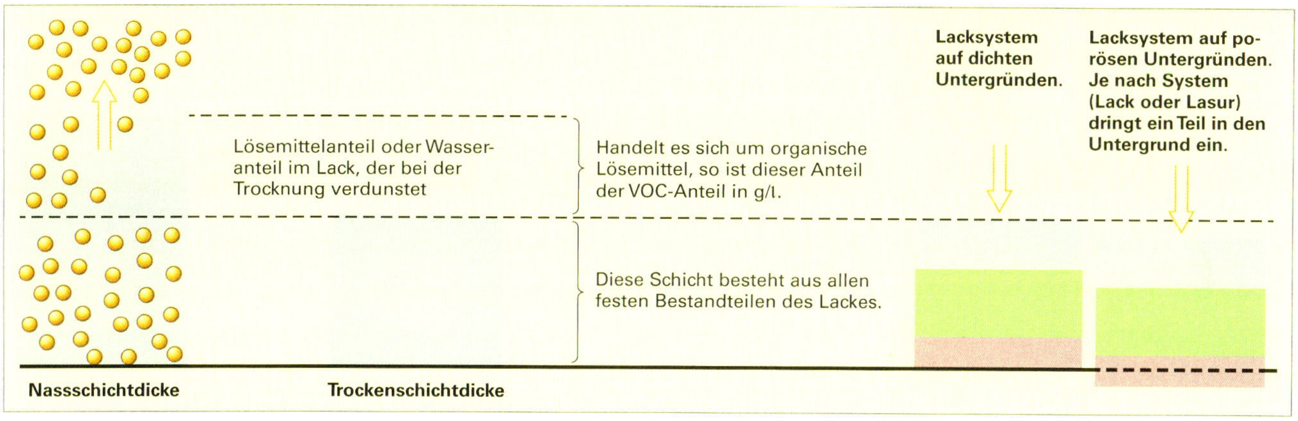

Bild 1: Zusammenhang Nass- und Trockenschichtdicke

Spachtelmasse

Spachtelmassen sind hoch gefüllte Beschichtungsstoffe. Neben Pigmenten enthalten sie einen hohen Anteil an Füllstoffen. Dadurch wird der Werkstoff pastös und ist in diesem Zustand nicht mehr zu streichen oder zu spritzen.

Um Unebenheiten zu füllen dürfen sie nur wenig oder gar kein Lösemittel enthalten. Dies hängt vom eingesetzten Bindemittel ab. Lösemittelanteile können die Verarbeitbarkeit erleichtern, verringern aber den Festkörper und damit die Fülle der Spachtelmasse. Die Spachtelschicht „fällt ein".

Spachtelmassen müssen in der Verarbeitung gut ziehbar und nach dem Trocknen gut schleifbar sein. Es sollte immer versucht werden, Spachtelmasse so dünn wie möglich aufzutragen.

Als „trockenste" Schicht im System ist Spachtelmasse häufig die Ursache von späterer Rissbildung. Darum sollte man möglichst ohne Spachtelschicht im Beschichtungsaufbau auskommen.

	KH-Spachtel	Nitro-Spachtel	Polyester-Spachtel	Acryl-Spachtel
	• Er enthält Alkydharz als Bindemittel. • Geeignet zum Ausbessern und Überziehen von Holz im Innenbereich.	• Das Bindemittel ist Zellulosenitrat. • Für schnelles Ausbessern. Hoher Lösemittelanteil	• 2K-Material • Für blankes/grundiertes Holz und Metall	• Dispersionsspachtel für Risse in mineralischen Untergründen
Trocknung	chemisch + physikalisch	physikalisch	chemische Härtung	Kalter Fluss
Trocknung	normal	sehr schnell	schnell	normal
Fülle	normal	sehr gering	sehr hoch	normal

Tabelle 1: Die wichtigsten Spachtelmassen

11.12 Prüfungen zur Qualitätssicherung

Der Maler und Lackierer sowie der Kunde brauchen Sicherheit, dass zugesagte oder selbstverständliche Eigenschaften der Beschichtung eingehalten werden.

Die Auswertung von Prüfungen am Lack und am Lackfilm erfolgt vor der Verarbeitung, nach der Applikation oder nach der Trocknung **(Tabelle 1)**. Die Prüfungen tragen zur Qualität der Beschichtung, und damit zur Kundenzufriedenheit, bei.

Prüfungen am Lack in der Lackfabrik	Der Kunde/Maler und Lackierer erhält das Material, das über die zugesagten Eigenschaften verfügt. Anwendungsbezogene Prüfungen im Labor stehen im Vordergrund (Wetterbeständigkeit, Dehnbarkeit, Härte, Rostschutz, Trocknungsverlauf, Glanzgrad, Haftung innerhalb des Beschichtungssystems u. a.) Außerdem werden allgemeine Produktdaten ermittelt (Viskosität, Dichte, Kornfeinheit, Deckvermögen, Flammpunkt u. a.). Immer gleiche Qualität gewährleistet Sicherheit für den Verarbeiter.
Werkstattübliche Prüfungen am Lack	Die Art der Verarbeitung sowie Untergrund- und Umgebungsbedingungen erfordern die Überprüfung und Einstellung der Viskosität des bereitgestellten Lackes. Die Verarbeitungsangaben im Technischen Merkblatt und auf der Dose sind einzuhalten.
Werkstattübliche Prüfungen am Untergrund	Vor der Bearbeitung ist der Untergrund zu prüfen. Jeder Untergrund besitzt besondere Eigenschaften. Altbeschichtungen sind auf Haftung, Tragfähigkeit und Verträglichkeit mit dem neuen Beschichtungsmaterial zu überprüfen.
Werkstattübliche Prüfungen an der fertigen Beschichtung	Über eine Probebeschichtung kann die erforderliche Nassschichtdicke ermittelt werden, damit nach der Applikation die gewünschte Trockenschichtdicke vorliegt. Nach Möglichkeit werden zur Qualitätsüberprüfung der fertigen Beschichtung (Härte, Dehnbarkeit, Haftung u. a.) zerstörungsfreie Prüfmethoden gewählt. Zerstörende Prüfmethoden schädigen die Beschichtung und müssen wieder ausgebessert werden.

Tabelle 1: Prüfungen zur Qualitätssicherung

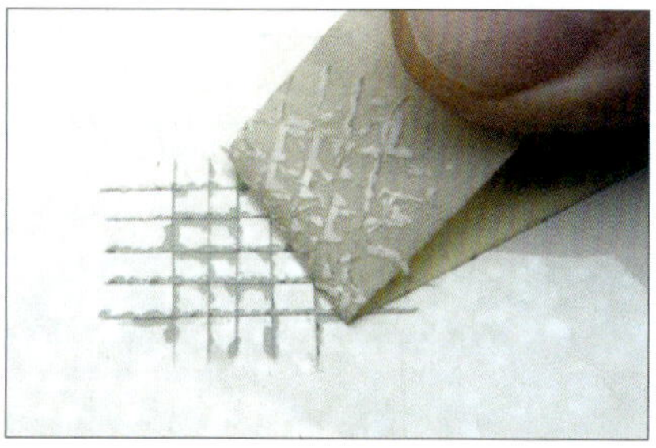

Bild 1: Klebebandtest

Schichtdicke in µm	Schnittabstand in mm
bis 60	1 mm
60 bis 120	2 mm
über 120	3 mm

Tabelle 2: Schnittabstand

11.12.1 Prüfung der Haftung

Klebebandtest

Auf die Beschichtung wird ein Klebeband geklebt, angedrückt und ruckartig abgezogen. Auf mineralischen Putzen lässt sich damit die Haftung von Altbeschichtungen gut prüfen, aber auch auf Lackflächen. Am Abriss lässt sich auch erkennen, ob ein Untergrundmangel vorliegt. Die Prüfung erfolgt häufig in Verbindung mit der Gitterschnittprüfung **(Bild 1)**.

Gitterschnittprüfung

Sie erfolgt nach DIN EN ISO 2409 mit einem Mehrschneidenmesser. Mindestens 6 Schnitte werden im rechten Winkel in die Beschichtung bis zum Untergrund durchgehend gezogen. Auf der Baustelle kann dies mit einem einschneidigen Messer (z. B. Cuttermesser) geschehen. Die Abstände der Schnitte sind in Abhängigkeit zur Schichtdicke zu setzen **(Tabelle 2)**. Im Vergleich **(Tabelle 3)** erfolgen die Ermittlung des Gitterschnittkennwertes und die Beurteilung der Haftung.

Gitterschnitt-kennwert	Gt 0	Gt 1	Gt 2	Gt 3	Gt 4	Gt 5
Abbildung	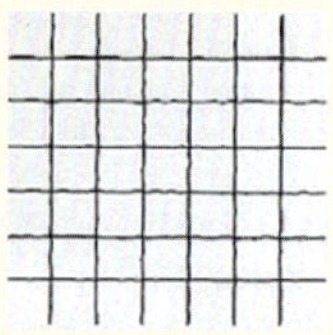	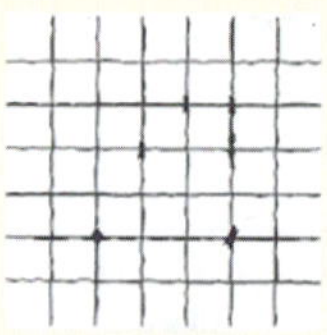	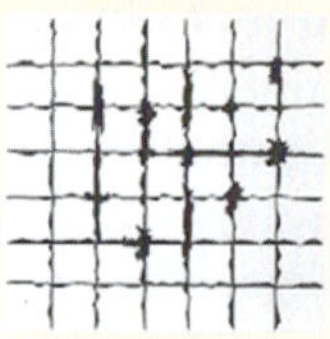			
Beschreibung	Vollkommen glatte Schnittränder, keine Abplatzungen	Kleine Splitter sind an den Schnittpunkten abgeplatzt. Die abgeplatzte Fläche beträgt ca. 5 % der Teilstücke.	Kleine Absplitterungen an den Schnittpunkten und/oder den Schnitträndern. Die abgeplatzte Fläche beträgt ca. 15 % der Teilstücke.	Abplatzungen an den Schnittpunkten und/oder den Schnitträndern. Die abgeplatzte Fläche beträgt ca. 35 % der Teilstücke.	Abplatzungen an den Schnittpunkten und/oder den Schnitträndern. Die abgeplatzte Fläche beträgt ca. 65 % der Teilstücke.	Abplatzungen, die nicht in Gt 4 eingestuft werden können oder darüber hinausgehen.
Haftung	Sehr gut	Gut	Mäßig	Schlecht	Sehr schlecht	Äußerst schlecht

Tabelle 3: Auswertung der Gitterschnittprüfung

11.12.2 Prüfung der Viskosität

DIN-Becher
Vorwiegend zum Einsatz im Labor.

Tauchauslaufbecher
Für die Anwendung im Malerhandwerk ist dieses Prüfverfahren gut geeignet.

In beiden Verfahren wird die Auslaufzeit von 100 ml Lack durch eine 4-mm-Düse in Sekunden gemessen (Bild 1).

Der DIN-Becher ist mit einem Stativ absolut horizontal zu justieren und die eingefüllte Lackoberfläche mit einer Glasscheibe glatt abzuziehen (darum der Überlaufrand). Mit Wegnahme des Fingers von der Auslaufdüse beginnt die Zeitmessung.

Der Tauchauslaufbecher ist einfacher zu handhaben. Er wird in das Material eingetaucht und herausgezogen.

Beim Einsatz des DIN-Bechers wird die Zeit bis zum Abreißen des Lackfadens gemessen, beim Tauchauslaufbecher die Zeit, bis die Öffnung von oben sichtbar aufreißt.

Die Messung ist bei 20 °C durchzuführen.

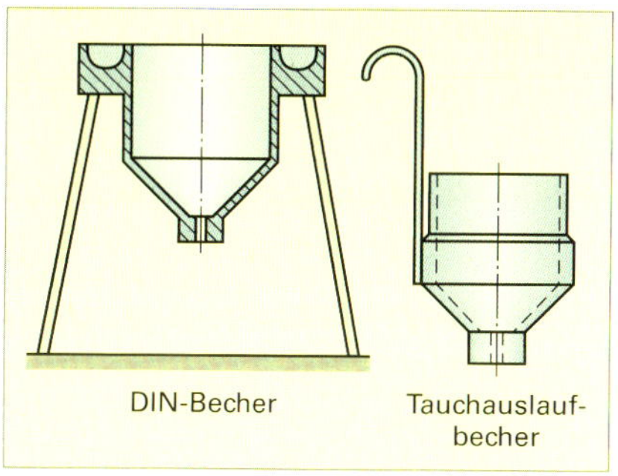

Bild 1: Geräte zur Viskositätsmessung

11.12.3 Prüfung der Schichtdicke

Zu unterscheiden sind die Messung der Nass- und der Trockenschicht.

- **Nassschichtdickenmessung mit dem Messrad**

Zwischen den Führungsscheiben des Gerätes befindet sich eine konzentrische Scheibe, die bei Berührung mit der Lackoberfläche die Nassschichtdicke angibt (Bild 2).

Das scheibenartige Messgerät wird auf dem nassen Film abgerollt und das Ergebnis ausgewertet.

- **Nassschichtdickenmessung nach Rossmann**

Das kammartige Messgerät besitzt in der Zahnung unterschiedliche Höhen in µm. Beim Aufsetzen des Gerätes wird in µm die erste Zahnung ermittelt, die die Anstrichschicht berührt und in ihrer Höhe der Schichtdicke des Lackauftrages entspricht (Bild 2).

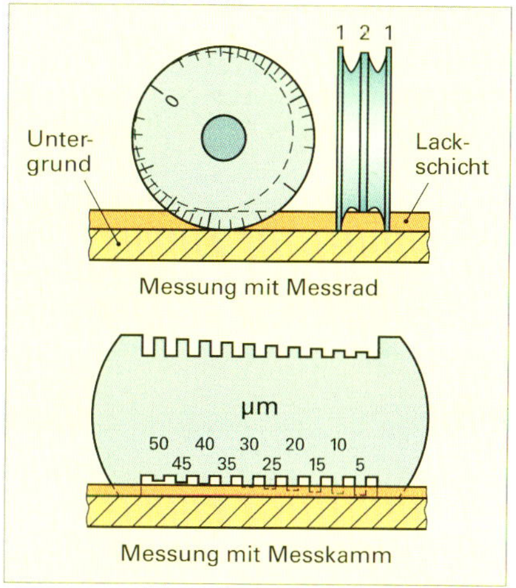

Bild 2: Prinzipien der Nassschichtdickenmessung

- **Magnetische Trockenschichtdickenmessung**

Gemessen wird die Verringerung magnetischer Kräfte von Eisen und Stahl durch die isolierende Beschichtung. Dieses Verfahren ist nur auf Eisen und Stahl einsetzbar.

In der Regel ist die Messung der Trockenschicht nur bei Metall zerstörungsfrei möglich.

- **Trockenschichtdickenmessung nach Rossmann**

Die Anstrichschicht wird bis zum Untergrund an einer kleinen Stelle freigelegt. Gemessen wird der Höhenunterschied zwischen Anstrichoberfläche und Untergrund (Bild 3).

- **Trockenschichtdickenmessung im Keilschnittverfahren**

Diese Methode eignet sich für die Messung der Trockenschicht auf allen Untergründen. Ein keilförmiger Schnitt in vorgegebenem Winkel macht den Schichtaufbau sichtbar. Von der Schnittbreite kann auf die Schichtdicke umgerechnet werden (Bild 3).

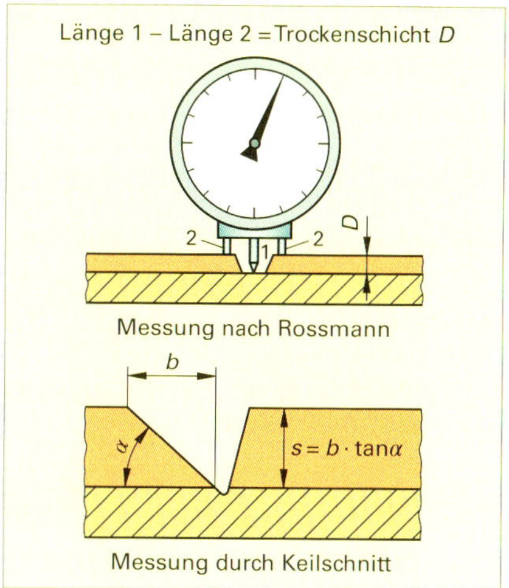

Bild 3: Prinzipien der Trockenschichtdickenmessung

11.12.4 Prüfung der Deckfähigkeit

Diese Prüfung erfolgt in der Regel im Labor. Kontrastkarten mit Schwarz-Weiß-Muster geben Auskunft über das Deckvermögen sowohl auf sehr dunklem als auch auf sehr hellem Untergrund (Bild 4).

Dabei spielt die Schichtdicke des aufgetragenen Materials eine wichtige Rolle.

Weitere Prüfmethoden, vorwiegend für die Anwendung im Labor, werden in diesem Buch nicht behandelt.

Bild 4: Kontrastkarten

Technisches Merkblatt
Dispersan innen
Hochwertige Dispersionsfarbe nach DIN EN 13300

Colori-Werke
Hannover

Produktbeschreibung

Dispersan innen ist eine lösemittelfreie und weichmacherfreie Dispersionsfarbe auf Kunstharz-Dispersions-Basis (Polyvinylacetat-Copolymer) nach DIN EN 13300, diffusionsfähig und leicht verarbeitbar.
Seidenglänzend
Nassabrieb Klasse 1, für innen
Weiß oder farbig, geruchsneutral, strapazierfähig
Vom TÜV-SÜD mit dem Gütezeichen „schadstoffgeprüft“ versehen
Dichte ca. 1,27 g/cm^3

Anwendungsbereich

Geeignet für alle Flächen im Innenbereich z. B. aus Putz, Beton, Gipskarton, Raufaser usw.

Verarbeitungshinweise

Verarbeitung, Werkzeugreinigung und Lagerung:
Dispersan innen kann im Streich-, Roll- und Airlessverfahren verarbeitet werden. Je nach Erfordernis durch die Untergrundbeschaffenheit mit 5 – 10 % Wasser verdünnbar. Abtönfarben auf Acryl-Basis sind geeignet. Verarbeitungstemperatur nicht unter + 5 °C Luft- und Objekttemperatur.
Werkzeuge sofort nach Gebrauch mit Wasser auswaschen.
Kühl, frostfrei und gut verschlossen lagern.
Verträglichkeit:
Nicht mit andersartigem Material, z. B. Silikatfarben, mischen.
Verbrauch:
Ca. 120 bis 160 ml/m^2. Der exakte Verbrauch ist über Probeauftrag am Objekt zu ermitteln.
Trocknung (bei + 20 °C und 65 % rel. LF):
4 bis 6 Std.: oberflächentrocken und überarbeitbar
3 Tage: voll belastbar

Lieferform

15-l-Gebinde

Sicherheitsangaben

Spritznebel nicht einatmen!
PSA verwenden!

Daten zum Airless-Spritzen

Düsenbohrung: 0,53 – 0,63 mm, Druck: ca. 150 bar
Spritzwinkel: 40° bis 80°
Verdünnung: 5 % bis 10 %

Beschichtungsaufbau

Untergrundvorbereitung:
Der Untergrund muss fest, trocken, sauber, tragfähig und frei von Ausblühungen, Sinterschichten und Trennmitteln sein. Vorhandene Beschichtungen sind auf Tragfähigkeit zu prüfen. Leimfarben sind abzuwaschen. Lackflächen gut anschleifen.

Beschichtung:

Untergrund	Grundbeschichtung	Zwischenbeschichtung	Schlussbeschichtung
Normal saugende Untergründe, z. B. Kalkzementputz, intakte Dispersionsfarbanstriche, Raufaser	– – –	1 × Dispersan Innen	1 × Dispersan Innen
Gipskartonplatten, Gipsputz	Nach Bedarf 1 × Tiefgrund		
Nicht saugende, glatte Lackflächen	1 × Haftgrund		
Stark saugende Untergründe, z. B. weiche Gipsputze, sandende Putze Kalksandsteinmauerwerk	1 × Tiefgrund		
Porenbeton innen	Grundierkonzentrat		

Hinweis

Bei Gefahr von durchschlagenden Flecken bei unbehandelten Gipskartonplatten ist nach BFS-Merkblatt Nr. 12 eine zusätzliche absperrende Beschichtung durchzuführen. Raue Oberflächen sind vor dem Beschichtungsaufbau mit Spachtelmasse zu glätten.

Technisches Merkblatt
Dispersions-Fassadenfarbe Difas 100
Hochwertige Dispersionsfarbe nach DIN EN 13 300

Colori-Werke
Hannover

Produktbeschreibung

100 % Reinacrylat-Dispersionsfarbe
Hoch wetterbeständig, matt, diffusionsfähig, wasserverdünnbar
Dichte ca. 1,5 kg/l

Anwendungsbereich

Für wetterbeständige und dauerhafte Fassadenanstriche auf allen mineralischen Untergründen, z. B. Putz (MG PII, PIII), Beton, Faserzement sowie organisch gebundene Putze und Dispersionsfarbenanstriche.
Speziell zur Beschichtung auf organisch gebundenen Putzen im WDV-System anwendbar.
Im Innenbereich als Grundanstrich für die Colori-Creativ-Techniken einsetzbar.

Verarbeitungshinweise

Verarbeitung, Werkzeugreinigung und Lagerung:
Difas 100 kann im Streich-, Roll- und Airlessverfahren verarbeitet werden.
Je nach Erfordernis durch die Untergrundbeschaffenheit mit 5 % bis 10 % Wasser verdünnbar. Abtönfarben auf Acryl-Basis sind geeignet. Verarbeitungstemperatur nicht unter + 5 °C Luft- und Objekttemperatur.
Werkzeuge sofort nach Gebrauch mit Wasser auswaschen.
Kühl, frostfrei und gut verschlossen lagern.
Verträglichkeit:
Nicht mit andersartigem Material, z. B. Silikatfarben, mischen.
Verbrauch:
Ca. 140 bis 160 ml/m². Der exakte Verbrauch ist über Probeauftrag am Objekt zu ermitteln.
Trocknung (bei +20 °C und 65 % rel. LF):
Überarbeitbar nach ca. 12 Stunden

Lieferform

Weiß: 2,5 l, 5 l, 10 l, 15 l
Farbsystem zusätzlich im 1-l-Gebinde

Sicherheitsangaben

Spritznebel nicht einatmen!
PSA verwenden!
Siehe Sicherheitsdatenblatt

Daten zum Airless-Spritzen

Düsenbohrung: 0,53 – 0,63 mm, Druck: ca. 150 bar
Spritzwinkel: 40° bis 80°
Verdünnung: 5 % bis 10 %

Beschichtungsaufbau

Untergrundvorbereitung:
Der Untergrund muss fest, trocken, sauber, tragfähig und frei von Ausblühungen, Sinterschichten und Trennmitteln sein. Vorhandene Beschichtungen sind auf Tragfähigkeit zu prüfen.
Beschichtung:

Untergrund	Grund-beschichtung	Zwischen-beschichtung	Schluss-beschichtung
Normal saugende Untergründe, z. B. Außenputz (MG PII, PIII)	Tiefgrund (Wasser)	1 × Difas 100	1 × Difas 100
Intakte organische Beschichtungen, z. B. Dispersionsfarben, Kunstharzputze, Polymerisatharzanstriche	1 × Haftgrund		
Stark saugende Untergründe, z. B. weiche Gipsputze, sandende Putze, Kalksandsteinmauerwerk	1 × Tiefgrund (Lösemittel) oder 1 × Tiefgrund (Wasser)		
Unbehandelte, asbestfreie Faserzementplatten	2K-EP-Haftgrund		

Hinweis

Farbige Beschichtungen im WDV-System mit Hellbezugswert über 20 ausführen.
Zum Einsatz auf Asbestzementplatten siehe Angaben im Praxismerkblatt 12

Technisches Merkblatt
Silikata-Mineral
Dispersionssilikatfarbe für mineralische Untergründe

Keck Mineralfarbwerk Süddeutschland

Produktbeschreibung	Einkomponentige, matte Fassadenfarbe auf Silikatbasis nach VOB, DIN 18363. Wetterbeständig, hoch wasserdampfdurchlässig, hydrophob ausgerüstet zum Schutz vor übermäßiger Wasseraufnahme des Untergrundes. Werkstoffbasis: Kaliwasserglas mit organischen Stabilisatoren. Dichte ca. 1,43 kg/l
Anwendungsbereich	Für tragfähige, mineralische Untergründe, z. B. Putz (MG PIc,PII, PIII). Kalksandsteinmauerwerk sowie Silikat- und Mineralfarbenbeschichtungen. Besonders geeignet für die Beschichtung historischer und denkmalgeschützter Gebäude.
Verarbeitungshinweise	**Verarbeitung, Werkzeugreinigung und Lagerung:** Verarbeitbar im Streich- und Rollverfahren Verarbeitungstemperatur nicht unter + 8 °C Luft- und Objekttemperatur. Nicht bei starker Sonneneinstrahlung, starkem Wind oder sehr hoher Luftfeuchte verarbeiten. Werkzeuge nach Gebrauch sofort mit Wasser reinigen. Kühl und frostfrei lagern. **Verträglichkeit:** Nur mit gleichartigen Materialien mischen. Abtönen mit Silikat-Abtönfarbe. **Verbrauch:** Ca. 130 bis 150 ml/m² je Anstrich. Probeanstrich empfehlenswert. **Trocknung (bei +20 °C und 65 % rel. LF)** Trocknung durch Verkieselung mit dem mineralischen Untergrund Überarbeitbar nach frühestens 12 Stunden Vollständige Verkieselung nach mehreren Tagen Umgebung, besonders Glas, Aluminium, Klinker, Naturstein und Pflanzen, sorgfältig abdecken. Risse mit Silikata-Mineral + Quarzsand schließen.
Lieferform	5-l-Gebinde, 15-l-Gebinde
Beschichtungsaufbau	**Untergrundvorbereitung:** Der Untergrund muss fest, trocken, sauber, tragfähig und frei von Ausblühungen, Sinterschichten und Trennmitteln sein. Vorhandene Altbeschichtungen sind auf Tragfähigkeit zu prüfen. Pilz- und algenbefallene Flächen reinigen und mit Keck-Fungizid nachbehandeln. **Grundanstrich:** Normal und schwach saugende Untergründe mit einem Gemisch aus Silikata-Grund, Wasser und Silikata-Mineral im Verhältnis 1 : 1 : 1 grundieren. Stark und ungleichmäßig saugende Untergründe 2 x nass in feucht mit Silikata-Grund 1 : 1 grundieren. **Zwischenanstrich und Schlussanstrich** Silikata-Mineral
Sicherheitsratschläge	Darf nicht in die Hände von Kindern gelangen. Nur in gut belüfteten Bereichen verwenden. Geeignete Schutzhandschuhe tragen. Bei Augenkontakt Augen mit Wasser gut ausspülen und den Arzt aufsuchen. Gefahrenhinweis: reizt die Haut.

Technisches Merkblatt
Silikata-Grund
Grundier- und Verdünnungsmittel im Silikatsystem

Keck Mineralfarbwerk Süddeutschland

Produktbeschreibung	Wasserverdünnbares Grundier- und Verdünnungsmittel auf Silikatbasis (Kaliwasserglas)
Anwendungsbereich	Zur Vorbereitung mineralischer Untergründe für nachfolgende Silikatbeschichtungen
Verarbeitungshinweise	**Anmischen:** mit kaltem, klarem Wasser im angegebenen Verhältnis mischen. **Verbrauch:** ca. 100 ml/m² je Anstrich, unverdünnt **Trocknung:** wie Silikata-Mineral. Überarbeitbar nach frühestens 12 Stunden. Umgebung, besonders Glas, Aluminium, Klinker, Naturstein und Pflanzen, sorgfältig abdecken. Risse mit Silikata-Mineral + Quarzsand schließen.
Lieferform	5-l-Gebinde, 10-l-Gebinde
Beschichtungsaufbau	**Untergrundvorbereitung:** wie Silikata-Mineral. Verwendung als Grundierung im Verhältnis nach Angabe Technisches Merkblatt Silikata-Mineral.
Sicherheitsratschläge	Wie Silikata-Mineral

Technisches Merkblatt

Siliconos Z

Silikonharzfarbe für mineralische Untergründe

Silico-Production Dresden

Produktbeschreibung

Hoch wasserabweisende, mikroporöse Silikonfassadenfarbe auf Basis Silikonharzemulsion in Kombination mit Acrylat-Copolymer-Dispersion.
Wetterbeständig, matt
Gegenüber Wasserdampf und Kohlendioxid ausgezeichnet diffusionsfähig
Wasserverdünnbar
Dichte ca. 1,5 kg/l

Anwendungsbereich

Für wetterbeständige, wasserabweisende und diffusionsfähige Fassadenanstriche auf allen mineralischen Untergründen, z. B. Putz (MG PII, PIII), Beton, Faserzement sowie organisch gebundene Putze und Dispersionsfarbenanstrichen.
Speziell zur Beschichtung auf organisch gebundenen Putzen im WDV-System anwendbar.

Verarbeitungshinweise

Verarbeitung, Werkzeugreinigung und Lagerung:
Siliconos Z kann im Streich-, Roll- und Airlessverfahren verarbeitet werden.
Je nach Erfordernis durch die Untergrundbeschaffenheit mit 5 – 10 % Wasser verdünnbar. Abtönfarben auf Acryl-Basis sind geeignet. Verarbeitungstemperatur nicht unter + 5 °C Luft- und Objekttemperatur.
Werkzeuge sofort nach Gebrauch mit Wasser auswaschen.
Kühl, frostfrei und gut verschlossen lagern.
Verträglichkeit:
Nicht mit andersartigem Material, z. B. Silikatfarben, mischen.
Verbrauch:
Ca. 160 – 180 ml/m². Der exakte Verbrauch ist über Probeauftrag am Objekt zu ermitteln.
Trocknung (bei + 20 °C und 65 % rel. LF):
Überarbeitbar nach ca. 12 Stunden.

Lieferform

Weiß: 15 l
Farbsystem zusätzlich im 2,5-l-Gebinde

Sicherheitsratschläge

Spritznebel nicht einatmen!
PSA verwenden!
Siehe Sicherheitsdatenblatt.

Beschichtungsaufbau

Untergrundvorbereitung:
Der Untergrund muss fest, trocken, sauber, tragfähig und frei von Ausblühungen, Sinterschichten und Trennmitteln sein. Vorhandene Beschichtungen sind auf Tragfähigkeit zu prüfen.

Beschichtung:

Untergrund	Grundbeschichtung	Zwischenbeschichtung	Schlussbeschichtung
Schwach saugende Untergründe außen, intakte organische Beschichtungen, z. B. Dispersionsfarben, Kunstharzputze, Polymerisatharzanstriche	1 × Silikonos-Grundierfarbe		
Stark saugende Untergründe, z. B. Kalksandsteinmauerwerk, saugende intakte mineralische Beschichtungen	1 × Silikonos-Spezialkonzentrat 1 : 9 verdünnt	Siliconos Z	Siliconos Z
Unbehandelte, asbestfreie Faserzementplatten	2K-EP-Haftgrund		

Hinweis

Farbige Beschichtungen im WDV-System mit Hellbezugswert über 20 ausführen.
Zum Einsatz auf Asbestzementplatten siehe Angaben im Praxismerkblatt 12.

Technisches Merkblatt
Alkydix Venti
Hochwertiger Fensterlack auf Alkydharzbasis

Farbus Lacke

Produktbeschreibung	Aromatenarmer Alkydharzlack, ventilierend
Anwendungsbereich	Grund-, Zwischen- und Schlussanstrich auf Holz- sowie Metall- und Hart-PVC-Fenstern. Für maßhaltige Bauteile, z. B. Türen im Außenbereich, geeignet.
Zusammensetzung	Alkydharz, Titandioxid, Talkum, Testbenzine, Additive, Trockenstoffe
Lieferform, Verpackung	Gebrauchsfertig in Gebinden zu 375 ml, 750 ml, 2,5 l
Angaben zum Produkt	Weiß (ca. RAL 9010), glänzend, Dichte ca. 1,15 kg/l, Festkörper 71 %, Viskosität ca. 50 Sek. (DIN 53211, 6 mm, 20 °C), Flammpunkt 25 °C, Lagerfähigkeit: in nicht angebrochenen Gebinden mindestens 3 Jahre bei kühler und trockener Lagerung.
Verbrauch	Ca. 90 ml/m^2, 1 Liter reicht für 12 m^2. Einfluss der Saugfähigkeit des Untergrundes durch Probeanstrich ermitteln.
Trocknungszeit	Staubtrocken nach ca. 3 Stunden, grifffest nach ca. 4 Stunden, überarbeitbar nach ca. 7 Stunden, durchgetrocknet nach 1 bis 2 Tagen. Niedere Temperaturen und hohe Luftfeuchte verzögern die Trocknung. Holzinhaltsstoffe in tropischen Hölzern können die Trocknung verzögern.
Verdünnung	Terpentinersatz/Testbenzin
Verarbeitung	Streichen mit Naturborstenpinsel, Rollen mit Schaumstoffwalze, Spritzen. Holzfeuchte bei maßhaltigen Bauteilen: 11 % bis 15 %, bei begrenzt und nicht maßhaltigen Bauteilen maximal 18 %. Verarbeitungstemperatur mind. + 5 °C
Sicherheitshinweise	**Lager- und Transportvorschriften:** VbF entfällt. **Gefahrenkennzeichnung:** Entzündlich Darf nicht in die Hände von Kindern gelangen. Dämpfe/Aerosole/Spritznebel nicht einatmen. Nur in gut belüfteten Bereichen verwenden. Mit dem Produkt getränkte Lappen können sich aufgrund oxidativer Trocknung selbst entzünden. Für Notfälle: Beratungsstelle für Vergiftungserscheinungen, Berlin, Telefon 030 192 40 Weitere Informationen: siehe Sicherheitsdatenblatt. Produktreste dürfen nicht in Erdreich, Gewässer oder Kanalisation gelangen. Nur restentleerte Gebinde zum Recycling geben. Materialreste können nach dem Abfallschlüssel Nr. 080102 entsorgt werden.
Beschichtungsaufbau	**Vorarbeiten:** Alle Untergründe müssen sauber, trocken, staubfrei, fettfrei und rostfrei sein. **Grundierung:** Beim Überholungsanstrich müssen zunächst schlecht haftende Altanstriche entfernt werden. Gut haftende Altanstriche sind zu säubern und anzuschleifen. Schadstellen sind wie unbehandelte Untergründe zu grundieren: Rohes Holz innen: 1 x Alkydix Venti, 10 % verdünnt Rohes Holz außen, Fenster: 1 x Alkydix Holzschutzgrund und 1 x Alkydix Venti Eisen und Stahl: 2 x Alkydix Rostschutzgrund NE-Metalle: 2 x Alkydix Haftgrund Hart-PVC: 2 x Alkydix Grundierung XA **Zwischen- und Schlussanstrich:** 2 x Alkydix Ventil
Spritzdaten	

	Viskosität 4 mm	Düse	Druck
Niederdruck	25 bis 30 s	1,5 bis 1,8 mm	Ca. 0,5 bar
Hochdruck	25 bis 30 s	1,5 bis 1,8 mm	Ca. 3 bar
Airless	Unverdünnt	0,28 bis 0,33 mm	Ca. 160 bar

Technisches Merkblatt

Acryl-Aqualack

Wasserverdünnbarer Acrylharzlack für den Innen- und Außenbereich

Farbus Lacke

Produktbeschreibung	Weiße, glänzende Reinacrylatdispersion
Anwendungsbereich	Feuchtigkeitsregulierender Zwischen- und Schlussanstrich für innen und außen. Für maßhaltige Bauteile, z. B. Fenster und Türen, im Außenbereich geeignet. Für grundierte NE-Metalle geeignet. Für grundiertes Eisen/Stahl nur innen geeignet.
Zusammensetzung	Reinacrylat-Dispersion, Titandioxid, Wasser, Glycole, Additive, Konservierungsmittel
Lieferform, Verpackung	Gebrauchsfertig in Gebinden zu 750 ml und 2,5 l
Angaben zum Produkt	Weiß, abtönbar mit Acryl-Aqua-Abtönfarben Wasserverdünnbar, geruchsarm, umweltschonend, glänzend, Dichte ca. 1,2 kg/l, Festkörper ca. 90 %
Verbrauch	Ca. 90 bis 120 ml je Anstrich, 1 Liter reicht je nach Untergrundsaugfähigkeit für 8 bis 10 m^3.
Trocknungszeit	Bei 20 °C, 65 % rel. LF staubtrocken nach ca. ½ Stunde, klebfrei nach 2 bis 3 Stunden, überarbeitbar nach ca. 15 Stunden. Niedere Temperaturen und hohe Luftfeuchte verzögern die Trocknung.
Verdünnung	Falls erforderlich mit Wasser, max. 5 %
Verarbeitung	Vorzugsweise im Streichverfahren, Pinsel mit synthetischen Borsten verwenden.
Sicherheitshinweise	Die üblichen Sicherheitsmaßnahmen sind auch bei schadstoffarmen Lacken einzuhalten. Für Kinder unzugänglich aufbewahren. Spritznebel nicht einatmen. Während und nach der Verarbeitung gründlich belüften oder Atemschutz verwenden. Produktreste nicht in Kanalisation, Gewässer oder Erdreich gelangen lassen.
Untergrund-vorbereitung	Der Untergrund muss fest, trocken, sauber, tragfähig und frei von Trennmitteln sein. **Holz** Anschleifen und gründlich entstauben. Harzausblutungen mit Nitroverdünnung auswaschen. Lose und schlecht haftende Altanstriche entfernen. Tragfähige Altanstriche gründlich anschleifen. Falls erforderlich Fenster mit Bläueschutz behandeln. **Eisen/Stahl, NE-Metalle** Der Untergrund muss frei von Rost und Oxidationsprodukten vorliegen. **Hart-PVC** Der Untergrund muss frei von Abbauprodukten vorliegen.
Beschichtungsaufbau	(siehe Tabelle)

Beschichtungsaufbau

	Grundanstrich	Zwischenanstrich	Schlussanstrich
Holz innen und außen			
maßhaltig und begrenzt maßhaltig, unbehandelt	Acryl-Grund (Wasser) oder Acryl-Grund (Lösemittel)	Acryl-Grund (Wasser) oder Acryl-Grund (Lösemittel)	Acryl-Aqualack
maßhaltig und begrenzt maßhaltig, mit intakter Altlackierung	Acryl-Grund (Wasser) oder Acryl-Grund (Lösemittel) für Schadstellen		
Eisen und Stahl innen			
Eisen und Stahl unbehandelt	Alkydix Rostschutzgrund (Lösemittel)	Acryl-Grund (Wasser) oder Acryl-Vorlack (Wasser)	Acryl-Aqualack
Eisen und Stahl mit Werksgrundierung	Alkydix Rostschutzgrund (Lösemittel) für Schadstellen		
Eisen und Stahl mit intakter, tragfähiger Altlackierung			
NE-Metalle, Hart-PVC innen und außen			
Zink und verzinkte Bauteile	2K-EP-Primer (Wasser)	Acryl-Aqualack	Acryl-Aqualack
Aluminium, Hart-PVC usw. unbehandelt			
intakte, tragfähige Beschichtung	2K-EP-Primer (Wasser) für Schadstellen	Acryl-Grund (Wasser)	

Technisches Merkblatt

Epoxfloor

Hoch belastbare Beschichtung für Produktionsbereiche

EP-LACKE
Ludwigsburg

Produktbeschreibung

Epoxfloor ist ein zweikomponentiges, lösemittelfreies Beschichtungsmittel auf EP-Basis mit niedriger Pigmentierung für hochgefüllte, selbstverlaufende Kunststoffbeschichungen. Epoxfloor besitzt gute Abrieb-, Biegezug- und Druckfestigkeit, gute chemische Beständigkeit und kann in variabler Schichtdicke aufgetragen werden.
Farbton: grau lasierend nach RAL 7030. Sonderfarbtöne sind möglich.

Anwendungsbereich

Geeignet zur Herstellung von Beschichtungen auf Fußböden aus Beton oder Zementestrich in Lager- und Werkshallen, für Verladerampen und Waschplätze.

Lieferform

Gebinde mit 1 l, 2 l, 5 l

Produktdaten, Produkteigenschaften

Dichte ca. 1,4 kg/l , mit Quarzsand gefüllt ca. 1,7 kg/l
Nach 7 Tagen Aushärtung bei 23 °C Druck- und Biegefestigkeit, Reißdehnung, Abrieb, Brandverhalten nach Prüfnormen sehr gut.
Beständig u. a. gegen Wasser, Salzlösungen, Säuren, Laugen, Benzine, Öle, Waschmittel.
Kurzzeitig temperaturbeständig bei ca. 150 °C.

Mischungsverhältnis, Mischanweisung

Epoxfloor: 80 Gew.-Teile Komponente A, 20 Gew.-Teile Komponente B
Vor dem Mischen beide Komponenten mit elektrischem Rührgerät (ca. 300 – 400 UpM) gut aufrühren. Mischdauer mindesten 3 min. Gemischtes Material umfüllen und nochmals kurz durchmischen.

Beschichtungsaufbau, Materialverbrauch

Aufbau	Materialverbrauch pro m² bei einer Schichtdicke von		
	1,5 – 2,5 mm	2,5 – 3 mm	3 – 5 mm
Grundierung	Epoxgrund 50 0,3 – 0,5 kg Mit Quarzsand 0,4 – 0,7 mm ca. 1,0 kg absanden	Epoxgrund 50 0,800 kg Mit Quarzsand 0,7 – 1,2 mm ca. 0,2 kg absanden	Epoxgrund 50 0,800 kg Mit Quarzsand 0,7 – 1,2 mm ca. 0,2 kg absanden
Schluss-be-schichtung	Epoxfloor 0,8 – 1 kg Quarzsand 0,1 – 0,3 mm 0,8 kg – 1 kg	Losen Sand abkehren oder absaugen. Epoxfloor 1,2 kg Quarzsand 0,1 – 0,3 mm 1,2 kg	Losen Sand abkehren oder absaugen, Epoxfloor 1,2 – 1,8 kg Quarzsand 0,1 – 0,3 mm 0,8 kg – 1 kg

Verarbeitungshinweise zu
- Beschaffenheit des Untergrundes
- Oberflächen-vorbereitung
- Verarbeitungs-methoden
- Luft- und Unter-grundtemperatur
- Verarbeitungs- und Trockenzeiten

Der Untergrund muss ausreichend tragfähig sein (mind. C12/15 oder ZE30), eben, fest, trocken (Feuchte max. 4 %) und frei von losen und absandenden Teilen. Sind vorhandene Schichten nicht ausreichend tragfähig, so sind diese durch Strahlen oder Fräsen zu entfernen. Das gut gemischte Material wird aufgegossen und mit der Traufel in der geforderten Schichtdicke gleichmäßig verteilt. Die frisch aufgezogene Schicht muss mit der Stachelwalze nachgerollt/entlüftet werden. Bei 10 °C bis 30 °C verarbeitbar, relative Luftfeuchte max. 80 %.

Verarbeitungstemperatur	+ 10 °C	+ 20 °C	+ 30 °C
Epoxgrund Epoxfloor (1 : 1 Quarzsand)	30 – 50 min ca. 30 min	15 – 20 min ca. 20 min	5 – 10 min ca. 10 min
Wartezeiten zwischen Grundierung und Beschichtung			
	24 h – 4 Tage	6 h – 2 Tage	5 h – 1 Tag
Aushärtung epoxfloor			
Begehbar	3 Tage	2 Tage	30 h
Leicht belastbar	6 Tage	4 Tage	3 Tage
Voll belastbar	10 Tage	7 Tage	5 Tage

Epoxfloor ist nach dem Anschleifen mit Epoxidharz-Flüssigkunststoffen überarbeitbar.
Geräteinigung mit Verdünnung Spezial X1

Schutzmaßnahmen

Es sind die Gefahrenhinweise und Sicherheitsratschläge auf dem Gebinde zu beachten. Während der Arbeiten und der Austrocknung in geschlossenen Räumen und Gruben etc. für ausreichende Belüftung sorgen. Offenes Feuer oder andere Zündquellen in dieser Zeit unbedingt vermeiden. Die Vorschriften der Berufsgenossenschaften sind grundsätzlich einzuhalten. Verdünnungen oder flüssige Materialreste sind wassergefährdend und dürfen nicht in Kanalisation/Gewässer und Erdreich gelangen. In jedem Fall müssen Reste ordnungsgemäß entsorgt werden. Siehe auch Sicherheitsdatenblatt.

Technisches Merkblatt

Purfloor VOC

Farblose 2K-PU-Versiegelung für Parkett, Holz und Treppen

Lackfloor AG
Köln

Produktbeschreibung

Zweikomponenten-Polyurethanlack
Seidenmatt oder glänzend, sehr hohe Abriebfestigkeit, beständig gegen Haushaltschemikalien bei kurzer Einwirkung, schnell trocknend, aktueller VOC-Wert: 500 bis 550 g/l

Anwendungsbereich

Sehr gut geeignet für stark bis sehr stark beanspruchte Weich-, Hart- und Exotenhölzer im Innenbereich (Parkett, Holzböden, Treppen).
Nicht geeignet für Holzpflaster, Dielen und nicht schubfest verklebtes Stab- oder Mosaikparkett.

Lieferform

Gebinde mit 500 ml, 1 l, 2 l, 5 l

Mischungsverhältnis, Mischanweisung, Topfzeit

Purfloor VOC und Purfloor-Härter nach gründlichem Aufrühren im Mischungsverhältnis 1 : 1,5 mischen und innig verrühren. Nach dem Mischen in ein neues Gebinde umfüllen.
Der Mischungsansatz ist innerhalb von zwei Stunden zu verarbeiten.
Verarbeitungstemperatur nicht unter +15 °C und nicht über + 30 °C

Trocknung

Trockenzeit nach dem Spachtelverfahren ca. 1 Stunde, nach dem Roll- und Streichverfahren ca. 6 Stunden. Vor der Überlackierung muss die Fläche gleichmäßig trocken sein. Die fertig versiegelte Fläche ist nach ca. 12 Stunden vorsichtig begehbar, nach 10 Tagen voll belastbar mit Teppichboden und/oder Möbeln.
Je mehr der frisch versiegelte Boden in den ersten Tagen geschont wird, desto höher ist die Lebensdauer der Beschichtung.
Die Trockenzeiten beziehen sich auf 20 °C und 55 % rel. Luftfeuchte. Veränderte Bedingungen, schlechte Belüftung und höhere Schichtdicke beeinflussen die Trockenzeit

Verdünnung Werkzeugreinigung

Ausschließlich Purfloor-Spezialverdünnung verwenden. Arbeitsgeräte sofort nach Gebrauch reinigen.

Untergrund-vorbereitung

Um eine einwandfrei Oberfläche zu erhalten, ist der letzte Schliff mit Körnung 100/120 auszuführen. Zur Beschichtung muss der Untergrund sauber, trocken, frei von Staub, Silikon, Wachs und Öl sein.
Exotenhölzer können wegen ihrer Inhaltsstoffe nur mit dem Lack-Härter-Gemisch, verdünnt mit ca. 10 – 20 % Purfloor-Spezialverdünnung, vorgrundiert werden.

Beschichtungsaufbau

Der Materialauftrag kann im Spachtel-Roll- und Streichverfahren erfolgen.
Gesamtverbrauch mindestens 360 g/m² (Grundierung + Deckschicht).

Grundierung	Zwischenbeschichtung	Schlussbeschichtung
2 × Purfloor Dickspachtel im Spachtelverfahren auftragen, Schichtdicke je Auftrag ca. 60 µm.	Purfloor VOC/Purfloor Härter-Gemisch im Roll- oder Streichverfahren auftragen	Zwischenschliff mit Körnung 120/150 entstauben, dann Purfloor VOC/Purfloor Härter-Gemisch im Roll- oder Streichverfahren auftragen
1 × Purfloor-Grund im Roll- oder Streichverfahren auftragen. Schichtdicke ca. 100 – 120 µm.		
1 × Purfloor VOC/Lackfloor Härter-Gemisch mit ca. 10 – 20 % Lackfloor-Spezialverdünnung im Roll- oder Streichverfahren auftragen. Schichtdicke ca. 100 – 120 µm.		

Lagerfähigkeit

Originalverpackte Gebinde mindestens 1 Jahr lagerfähig bei kühler und trockener Lagerung. Purfloor-Härter ist feuchteempfindlich. Angebrochene Gebinde bald aufbrauchen.

Sicherheitshinweise

Für Kinder unzugänglich aufbewahren. Während und nach der Verarbeitung gut belüften. Spritznebel nicht einatmen. Bei Berührung mit der Haut sofort mit Wasser abspülen. Flüssige Materialien, Materialreste, Verdünnung nicht in Kanalisation und Erdreich gelangen lassen. Nur restentleerte Gebinde zum Recycling geben.
Die Vorschriften über den Umgang mit brennbaren Flüssigkeiten sind zu beachten.
R- und S-Sätze, die Gefahrgutklassifizierung sind im Sicherheitsdatenblatt und auf dem Gebinde zu lesen und zu beachten.

Pflege

Nach 14 Tagen kann der beschichtete Boden mit handelsüblichen Parkettreinigungs- und Parkettpflegemitteln behandelt werden. Für Schäden durch unsachgemäße Pflege und Reinigung kann keine Haftung übernommen werden.
Fordern Sie die Lackfloor-Broschüre „Bodenpflege" an.

Technisches Merkblatt

Acryclear HS VOC

HS-Klarlack für die Fahrzeuglackierung

Carpaint-Industries Europe

Produktbeschreibung

Festkörperreicher 2K Acryl Klarlack
Klarlack für das 2-Schicht-System mit Acryl Basic H2O oder Acryl Basis HS
Er bietet eine harte und dauerhafte Oberfläche.
Hervorragender Verlauf bei ausgezeichnetem Lackstand
Exzellenter Glanz
Sehr gute Polierbarkeit
VOC-Wert in spritzfertiger Form 420 g/l (bei EU-Grenzwert 420 g/l)

Produkte und Zusatzprodukte

Carpaint Acryclear HS VOC
Härter HS lang, Härter HS normal, Härter HS kurz
Verdünnung CP Rapido, Verdünnung CP Standard, Verdünnung CP Long

Grundstoffbasis

Carpaint Acryclear HS VOC: Acrylatharz — Härter HS: Polyisocyanate

Lieferform

In Gebinden zu 1 l und zu 5 l

Mischanweisung, Mischungsverhältnis

Mit Messstab: Messstab X1
Nach Volumen:
Volumenanteile: Acryclear HS VOC 2, Härter HS 1

Spritzviskosität

18 bis 20 Sek., DIN 53 211, bei 20 °C

Topfzeit

Bei 20 °C mit Härter HS lang: 5 Stunden
mit Härter HS normal: 2 bis 2,5 Stunden
mit Härter HS kurz: 1 Stunden
Die Härterzugabe sollte unmittelbar vor der Verarbeitung erfolgen. Im Schnellen System muss der Klarlack sofort nach der Zugabe von Härter und Verdünner verarbeitet werden.

Verarbeitung

Bei der Verarbeitung soll die Kabinen- und Materialtemperatur zwischen +18 °C und +25 °C betragen.
Zwei geschlossene Spritzgänge ergeben 50 µm bis 75 µm Trockenschicht bei einer Zwischenablüftzeit von 5 min bis 7 min.
Keine Ablüftzeit bei Kombikabine, 5 min Ablüftzeit bei separatem Trockenofen.

Düsengröße und Spritzdruck

HVLP

Spritzpistole	Düsengröße (mm)	Spritzdruck (bar)
Sata RP 3000	1,2 bis 1,3	2 (Eingangsdruck)
DeVilbiss Gti, Luftkappe 110	1,3 bis 1,4	0,7 (an der Düse)

Reinigung der Arbeitsgeräte

Mit Verdünnung CP oder Nitroverdünnung CP

Trocknung

Acryclear HS VOC+	Härter HS lang		Härter HS normal		Härter HS kurz	
Bei Objekttemperatur von	50 °C	70 °C	50 °C	70 °C	50 °C	70 °C
Ofentrocknung Zeit	80 min	25 min	70 min	20 min	50 min	15 min
Montagefest	Nach Abkühlung					
Lufttrocknung Zeit						
Staubfrei	60 min		40 min bis 50 min		20 min bis 30 min	
Grifffest	8 Stunden		6 Stunden		4 Stunden	
Montagefest	16 Stunden		16 Stunden		12 Stunden	
IR	Kurzwelle 8 min bis 15 min bei voller Leistung Abhängig von Farbton und Gerätetyp					

Lagerung, Lagerstabilität

Vor Frost schützen.
Vor Hitze schützen.
Lagerstabilität HS VOC und Verdünnung CP: 48 Monate (Originalgebinde, 20 °C)
Lagerstabilität Härter HS: 12 Monate (Originalgebinde, 20 °C)

Kennzeichnung

Kennzeichnung nach GefStoffV. Siehe Angaben auf dem Gebinde-Etikett.

Sicherheitshinweise

Alle Carpaint Härter enthalten Isocyanate. Verarbeitungsfähige Anstrichstoffe, die Isocyanat enthalten, reizen die Schleimhäute, die Atmungsorgane und können Überempfindlichkeiten auslösen. Spritznebel und Dämpfe dürfen nicht eingeatmet werden. Es sind die Informationen der Berufsgenossenschaft der chem. Industrie „Verarbeiten von Beschichtungsstoffen (BGR 500 Teil 2, Kapitel 2.29)" und Gefahrenhinweise auf dem Gebinde zu beachten. Materialreste sind ordnungsgemäß zu entsorgen. Siehe Sicherheitsdatenblatt.

Technisches Merkblatt

Härter HS

Härter/Hardener für die Fahrzeuglackierung

Carpaint-Industries Europe

Produktbeschreibung	Folgende Carpaint-Härter HS stehen zur Verfügung:

	Spritzraum-Temperatur	Größe der Reparatur
Härter HS lang	30 °C bis 40 °C	Groß / Glanzlackierung
Härter HS normal	25 °C bis 35 °C	Groß / liegende Flächen
Härter HS kurz	ca. 20 °C	Teile / senkrechte Flächen

	In der Regel wird der längere Härter für größere Objekte und bei höheren Verarbeitungstemperaturen eingesetzt. Für kleinere Objekte und bei niedrigen Verarbeitungstemperaturen sollte der kürzere Härter eingesetzt werden.
Einsatzmöglichkeiten	Haftvermittler (2K-Sealer) Füller (Carpaint-Füller, Carpaint-Grundierfüller) Decklack (Carpaint 2K-Uni-Mischlacke) Klarlack (Carpaint Acryclear MS, Carpaint Acryclear HS VOC)
Grundstoffbasis	Polyisocyanate
Hinweise	Die Härter reagieren mit Luftfeuchte und Wasser. Dadurch verlieren sie ihre Härtereigenschaften. Härterbehälter müssen daher nach Gebrauch sofort luftdicht verschlossen werden.
Lieferform	In Gebinden zu 200 ml, 500 ml, 1 l und 5 l
Lagerung Lagerstabilität	Vor Frost schützen. Vor Hitze schützen. 12 Monate (nicht angebrochenes Originalgebinde bei 20 °C)
Kennzeichnung	Kennzeichnung nach GefStoffV. Siehe Angaben auf dem Gebinde-Etikett.
Sicherheitshinweise	Alle Carpaint Härter enthalten Isocyanate. Beachten Sie bei der Verarbeitung das „Merkblatt über den Umgang mit PUR-Anstrichstoffen" der Berufsgenossenschaft. Verarbeitungsfähige Anstrichstoffe, die Isocyanat enthalten, reizen die Schleimhäute, die Atmungsorgane und können Überempfindlichkeiten auslösen. Spritznebel und Dämpfe dürfen nicht eingeatmet werden. Es sind die Gefahrenhinweise des Sicherheitsdatenblattes und die Gefahrenhinweise auf dem Gebinde zu beachten. Materialreste sind ordnungsgemäß zu entsorgen. Siehe ebenfalls Sicherheitsdatenblatt.

Technisches Merkblatt

Verdünnung CP

Verdünnungen/Thinner für die Fahrzeuglackierung

Carpaint-Industries Europe

Produktbeschreibung	**Verdünnung CP Long** Ganzlackierungen im Pkw- und Lkw-Bereich, besonders bei hohen Verarbeitungstemperaturen über 25 °C **Verdünnung CP Standard** Geeignet für alle Flächengrößen, Verarbeitungstemperatur bis 25 °C **Verdünnung CP Rapido** Geeignet für die Lackierung von Einzelteilen bis zur Teillackierung. Verarbeitungstemperatur nicht über 20 °C
Einsatzmöglichkeiten	Haftvermittler (2K-Sealer) Grundierung (Carpaint 1K-Grundierung) Füller (Carpaint-Füller, Carpaint-Grundierfüller) Decklack (Carpaint 2K-Uni-Mischlacke) Klarlack (Carpaint Acryclear MS, Carpaint Acryclear HS)
Inhaltsstoffe	Xylol, Butylacetat, n-Butanol, Aceton, Ethylacetat, Ethanol
Lieferform	In Gebinden zu 500 ml, 1 l und 5 l
Lagerstabilität	Vor Frost schützen. Vor Hitze schützen. 48 Monate (nicht angebrochenes Original-Gebinde bei 20 °C)
Kennzeichnung	Kennzeichnung nach GefStoffV. Siehe Angaben auf dem Gebinde-Etikett.
Sicherheitshinweise	Es sind die Gefahrenhinweise des Sicherheitsdatenblattes und die Gefahrenhinweise auf dem Gebinde zu beachten. Materialreste sind ordnungsgemäß zu entsorgen. Siehe Sicherheitsdatenblatt.

Technisches Merkblatt
EPX-Grund LM
Haftvermittelnde Grundierung

Carpaint-Industries Europe

Produktbeschreibung	Rostpassivierender zweikomponentiger Haftgrund auf Epoxidharzbasis. Matt, schnell trocknend, beständig gegen Fette, Öle, schwache Säuren, schwache Laugen und viele Lösemittel. Leicht verarbeitbar und überarbeitbar mit handelsüblichen Alkyd-, Acryl-, Epoxid-, Polyurethan-, Polymerisatharzlacken usw.
Anwendungsbereich	Haftvermittler für Beschichtungen im Außen- und Innenbereich, z. B. auf Zink, verzinktem Stahl, Aluminium, Pulverlacken, Coil Coating, Wandfliesen, überstreichbaren Kunststoffen, 2K-Beschichtungen. Besonders geeignet für Stahlteile, an die hohe mechanische und chemische Ansprüche gestellt werden.
Lieferform	Kombigebinde 500 ml, 1 l, 2 l
Mischungsverhältnis Mischvorgang	Stammlack- und Härtergebinde werden verbunden geliefert. Keine Teilmengen mischen. Dose öffnen, Innenboden durchstoßen. Anschließend Härterdosenaufsatz entfernen. Dies entspricht: 3,5 Volumenteil EPX-Grund LM + 1 Gewichtsteil Härter MS Standard Gründlich mischen und umtopfen.
Verdünnung	Falls erforderlich mit EP-Spezialverdünnung, maximal 5 %
Verarbeitung	Der angemischte EPX-Grund LM kann nach einer Vorreaktionszeit von 10 Minuten im Streich-, Roll- oder Spritzverfahren verarbeitet werden. Topfzeit ca. 8 Stunden.
Verbrauch	Ca. 120 g/m^2 Ermittlung der genauen Verbrauchsmenge durch Probeauftrag am Objekt.
Trocknung	Angaben gültig bei 20 °C und 65 % rel. Luftfeuchte. Überarbeitbar nach ca. 6 Stunden. Nach 48 Stunden muss zur Überarbeitung gründlich angeschliffen werden. Temperatur und Luftfeuchte beeinflussen die Trockenzeit.
Sicherheitshinweise	Es gelten die Angaben im Sicherheitsdatenblatt. Während der Arbeiten ist für gute Be- und Entlüftung zu sorgen.

Technisches Merkblatt
EPX-Grund H_2O
Wasserverdünnbare Grundierung

Carpaint-Industries Europe

Produktbeschreibung	Wasserverdünnbarer zweikomponentiger Haftgrund auf Epoxidharzbasis. Hervorragend haftend, sehr beständig, geruchsarm, schnell trocknend. Geeignet für die Beschichtung mit Alkyd-, Acryl-, Epoxid-, Polyurethan-, Polymerisatharzlacken usw.
Anwendungsbereich	Haftvermittler und Grundierung für außen und innen auf nicht saugenden, starren Untergründen, z. B. auf Zink, verzinktem Stahl, Aluminium, überstreichbaren Kunststoffen, Wandfliesen, Pulverlacken, 2K-Beschichtungen und Alkydharzbeschichtungen.
Lieferform	Kombigebinde 500 ml, 1 l, 2 l
Mischungsverhältnis Mischvorgang	Stammlack- und Härtergebinde werden verbunden geliefert. Keine Teilmengen mischen. Dose öffnen, Innenboden durchstoßen. Anschließend Härterdosenaufsatz entfernen. Dies entspricht: 4 Volumenteil EPX-Grund H_2O + 1 Volumenteil Härter MS Standard Gründlich mischen und umtopfen.
Verdünnung	Falls erforderlich mit Wasser, maximal 5 %
Verarbeitung	Der angemischte EPX-Grund H_2O kann im Streich-, Roll- oder Spritzverfahren verarbeitet werden. Nach dem Anmischen sofort verarbeiten. Topfzeit ca. 1,5 Stunden.
Verbrauch	Ca. 140 g/m^2 Ermittlung der genauen Verbrauchsmenge durch Probeauftrag am Objekt.
Trocknung	Angaben gültig bei 20 °C und 65 % rel. Luftfeuchte. Klebfrei nach ca. 5 Stunden. Überarbeitbar nach ca. 14 Stunden. Nach 48 Stunden muss zur Überarbeitung gründlich angeschliffen werden.
Sicherheitshinweise	Es gelten die Angaben im Sicherheitsdatenblatt. Während der Arbeiten ist für gute Be- und Entlüftung zu sorgen.

12 Arbeits- und Beschichtungsverfahren

Lernfeld 1 – 12

12.1 Arbeits- und Beschichtungsverfahren als Systeme

Arbeits- und Beschichtungsverfahren des Maler und Lackierers sind nie alleine, sondern immer als System von aufeinander abgestimmten Techniken und Werkstoffen und Maßnahmen zu verstehen **(Übersicht 1)**.

Ziele der Beschichtung/Kundenwunsch

Beanspruchung | Aussehen | Lebensdauer | Preisvorstellungen | Umweltschutz

Genaue Untergrunderkennung

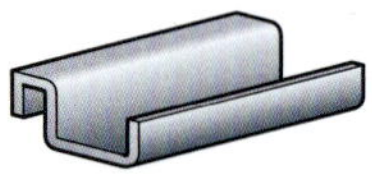

Metall
z. B.
Eisen/Stahl
Zink
Aluminium

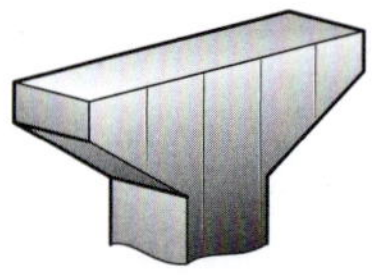

Mineralische Untergründe
z. B.
Stein
Beton
Putz

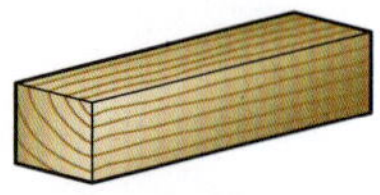

Holz
z. B.
Holzart
Massivholz
Holzwerkstoff

Kunststoff
z. B.
Duromer
Plastomer
Elastomer

Altbeschichtung
z. B.
Alkydharzlack
Acryllack
Epoxidharzlack

Ist der Untergrund frei von Mängeln?
Kann die Altbeschichtung überarbeitet werden?

Der Untergrund muss sein, z. B.:

fest | sauber | gleichmäßig saugend | trocken | rissfrei | neutral | haftend

Maßnahmen der Untergrundvorbereitung zur Beschichtung, z. B.:

Reinigen | Schleifen | Entschichten | Strahlen | Spachteln

Wahl des Beschichtungssystems

z. B. Alkydharz, EP, Acryl ...
einkomponentig – zweikomponentig
wasserverdünnbar – lösemittellöslich

Wahl des Beschichtungsaufbaus

z. B. Grundieren – Vorlackieren – Lackieren
2 Grund-, 2 Deckbeschichtungen
Tiefgrund + 2 x Beschichtung

Wahl des Beschichtungsverfahrens, z. B.:

Hochdruckspritzen | Streichen | Airlessspritzen | Rollen | Tauchen | Fluten

Wahl nötiger Werkzeuge, Geräte und Hilfsmittel, z. B.:

Abdeckfolie | Klebeband | Leiter/Gerüst | Spritzpistole | Schleifmaschine | Pinsel

Maßnahmen zur Arbeissicherheit und zum Umweltschutz, z. B.:

Absperren | Hautschutz | Abfallentsorgung | Augenschutz | Atemschutz | Wasserschutz

Ausführung nach Plan

Übersicht 1: Arbeits- und Beschichtungsverfahren im System

Wie wichtig es ist, dass alle Überlegungen aufeinander abgestimmt werden, zeigen folgende Fälle:

Fall 1: Ein neuer mineralischer Untergrund wurde nach der Untergrundvorbereitung mit wasserverdünnbarem Tiefgrund vorgestrichen. Eine Beschichtung mit reiner Silikatfarbe war daraufhin nicht mehr möglich Eine harte Schicht auf einer weichen Schicht führt zum Abblättern, außerdem ist keine Verkieselung mehr möglich.

Fall 2: Der Kunde wünschte eine hochwertige Hochglanzlackierung seiner Türen. Die Türblattflächen wurden vom Gesellen mit einer Kunststoffrolle gewalzt. Der Kunde reklamierte die störende Struktur.

Fall 3: Ein verzinktes Eisengeländer wurde nach der ammoniakalischen Netzmittelwäsche mit üblicher Rostschutzgrundierung grundiert. Später reklamierte der Kunde die mangelnde Haftung der Beschichtung. Ölhaltige Rostschutzgrundierung für Stahl bildet auf Zink im Laufe der Zeit eine Trennschicht aus Zinkstearat, die Haftung der Beschichtung wird aufgehoben.

Entscheidungen zum Auftrag werden am besten während einer Objektbesichtigung vor Ort in Absprache mit dem Kunden getroffen. Maßnahmen sind mit Kosten verbunden. Es ist immer besser, dafür das Einverständnis des Kunden zu haben.

Vorüberlegungen am Beispiel:

Renovierung der Holzverkleidung (Bild 1)

- Der Balkon befindet sich im ersten Stock und ist von außen leicht zugänglich.
- Die Balkonverkleidung wird abmontiert, in der Werkstatt bearbeitet und dann wieder anmontiert. Dies bedeutet Zeiteinsparung, kein Schmutz beim Kunden. Der Auftraggeber ist mit den höheren Kosten einverstanden. Kaputte Bretter werden auf Rechnung neu beim Schreiner bestellt und ersetzt.
- Die alte Lasur ist weitgehend abgebaut, das Holz ist stellenweise stark verwittert, obwohl die Wetterbelastung vor Ort normal ist.
- Der Kunde wünscht eine helle Lasur. Das Aufbringen einer Lasur ist möglich.
- Die Holzteile müssen gründlich geschliffen werden. Eine helle Lasur ist nur möglich, wenn die Balkonbretter 1 mm abgehobelt werden. Im Anschluss Kanten unbedingt rundschleifen.

Bild 1: Beschichtungsbeispiel Balkonverkleidung

- Beschichtungsaufbau: 1 × Bläueschutz, 2 × Imprägnierlasur, 1 × Dickschichtlasur
- Applikationsverfahren: Tauchen, damit sich das Holz vollsaugen kann.
- Roststellen an der Haltkonstruktion aus Stahl werden nach der Demontage ausgebessert. Durch das Abmontieren ist alles gut zugänglich. Die gesamte Konstruktion wird dann 2 × mit Polymerisatharzlack, Dickschicht, Altkupfer beschichtet.
- Abdeckarbeiten entfallen.

12.2 Neubeschichtung, Überholungsbeschichtung und Erneuerungsbeschichtung

Bei der Beurteilung des Objektes muss der Maler feststellen, ob ein neu hergestelltes Bauteil zu beschichten ist (Neubeschichtung) oder ob das Objekt bereits beschichtet vorliegt. Bei einer Überholungsbeschichtung kann die Altbeschichtung weitgehend auf dem Untergrund verbleiben. Zeigt aber die Prüfung, dass eine Überholungsbeschichtung nicht möglich ist, so muss eine Erneuerungsbeschichtung erfolgen (Tabelle 1). In jedem Falle ist der Untergrund zu prüfen und für die Beschichtung vorzubereiten.

Neubeschichtung	Überholungsbeschichtung	Erneuerungsbeschichtung
Eine Neubeschichtung erfolgt auf unbeschichtete, neue Untergründe. Ein Beschichtungssystem wird nach Herstellerangabe aufgetragen.	Kann eine Beschichtung auf die Altbeschichtung aufgebracht werden, so spricht man von einer Überholungsbeschichtung. Voraussetzung ist, dass die Prüfung ergibt, die alte Beschichtung erfüllt noch ihre Funktionen. Stellenweise Ausbesserungen können nötig sein. Gründe für einen Überholungsanstrich: • Ausbleichen • Kreiden • Verunreinigungen • Verschleißspuren • Anderer Farbtonwunsch	Eine Erneuerungsbeschichtung erfolgt, wenn der bestehende Anstrich so große Mängel aufweist, dass eine Überholungsbeschichtung ungeeignet ist. Die alte Beschichtung wird restlos entfernt. Dann wird ein neues Beschichtungssystem aufgetragen.

Tabelle 1: Beschichtungsarten

Die Entscheidung Überholungs- oder Erneuerungsbeschichtung stellt höhere Anforderungen an die Fachkompetenz des Maler und Lackierers als die Neubeschichtung.

Mit der Entscheidung zur Überholung oder Erneuerung verbinden sich andere Arbeitsschritte und Kosten. Aufträge dieser Art lassen sich schlechter kalkulieren als Neubeschichtungen. Dafür muss im Kostenvoranschlag eine Kostenspanne eingeplant werden.

Die Erstbeschichtung neuer Objekte und von Flächen an Neubauten erfordern meist wesentlich weniger Abdeckarbeiten als Überholungs-und Erneuerungsarbeiten an bereits genutzten Objekten in eingerichteter Umgebung (Wohnung, Haus). Nur selten können diese Arbeiten in der Werkstatt erledigt werden.

12.3 Untergrundmängel und baustellenübliche Prüfungen

Der Maler und Lackierer hat die Pflicht, den Untergrund vor der Beschichtung zu prüfen, siehe Auszug aus der DIN 18363, **Bild 1**.

Prüft er nicht und bearbeitet den Untergrund, so haftet er für die Ausführung seiner Arbeit. Seine Prüfpflicht umfasst sichtbare Mängel. Versteckte Mängel kann er nicht erkennen, dafür haftet er auch später nicht.

Beispiel: Er kann erkennen, dass der Putzuntergrund zu weich für die Beschichtung ist.

Beispiel: Er kann nicht erkennen, ob die Betonabdeckung über der Stahlarmierung nach Vorschrift erfolgte.

„Der Auftragnehmer hat bei seiner Prüfung Bedenken insbesondere geltend zu machen bei ungeeigneter Beschaffenheit des Untergrundes, nicht tragfähigen Grund- und Altbeschichtungen, ungeeigneten klimatischen Bedingungen, Unebenheiten, die die technischen und optischen Anforderungen an die Beschichtung beeinträchtigen."

Bild 1: Auszug VOB Teil C Maler und Lackierarbeiten (DIN 18 363, 3.1.10)

Für Schäden durch versteckte Mängel kann er nicht haftbar gemacht werden. Erkennt der Maler und Lackierer bei der Untergrundprüfung einen Mangel, den er über seine Vorarbeiten nicht beseitigen kann, so muss er schriftlich Bedenken beim Auftraggeber anmelden, dann erfolgt folgender Ablauf, bevor der Maler und Lackierer weiterarbeiten kann. Auf keinen Fall sollte er eigenmächtig einen anderen Handwerker beauftragen.

Beispiel 1:
Vor dem Tapezieren werden Wasserflecken an der Wand festgestellt, die durch eine defekte Dachrinne entstehen.
Schritt 1: Der Maler und Lackierer informiert den Auftraggeber.
Schritt 2: Der Auftraggeber lässt die Dachrinne reparieren.
Schritt 3: Der Maler erledigt den Auftrag.

Beispiel 2:
Die neuen Holzfenster eines Wohnhauses sind deckend zu beschichten. Die Kanten wurden nicht gebrochen (abgerundet). Eine Beschichtung deckt die Kanten nicht ab, Beschichtungsschäden sind recht schnell zu erwarten.
Schritt 1: Der Maler und Lackierer informiert den Auftraggeber.
Schritt 2: Der Auftraggeber gibt dem Schreiner Gelegenheit, nachzubessern.
Schritt 3: Der Schreiner bessert nicht nach.
Schritt 4: Der Auftraggeber beauftragt den Maler und Lackierer, das Brechen der Kanten auf Rechnung auszuführen.
Schritt 5: Der Maler und Lackierer erledigt die Vorarbeit und dann den Auftrag. Die Rechnung für das Brechen der Kanten schickt er an den Auftraggeber (Dieser rechnet mit dem Schreiner ab).

Grundsätzlich müssen Untergründe vor einer Beschichtung folgende Eigenschaften besitzen:
- fest, tragfähig
- trocken
- rissfrei
- sauber
- eben
- frei von aggressiven Stoffen
- neutral je nach vorgesehener Beschichtung

Je nach Untergrundart sind besondere Mängel zu erwarten. Eine Auswahl zeigt die **Tabelle 1**. Eine genaue Betrachtung erfolgt im Kapitel zum entsprechenden Untergrund.

Metall	Holz	Mineralische Untergründe		Kunststoff
		Putz	Beton	
Korrosion Fette, Öle Walzhaut	Wuchs Äste Holzinhaltsstoffe (Harz, Gerbstoffe) Insekten- oder Pilzbefall	Festigkeit Sanden Risse Algen, Moos Ausblühungen Sinterschicht	Festigkeit Alkalität Lunkern Schalöl Sinterschicht	Trennmittel Lunkern Glasfaserabdeckung

Tabelle 1: Typische Untergrundmängel

Viele Mängel lassen sich durch Befühlen und nach Augenschein = Betrachten erkennen. Prüfgeräte sind nur sinnvoll, wenn sie baustellentauglich sind.
Es liegt auch im Interesse der Hersteller von Beschichtungsstoffen, wenn ihre Produkte fachgerecht auf geeignete Untergründe aufgetragen werden.
Darum hat z. B. die Fa. Caparol einen **Prüfkoffer für mineralische Untergründe** (**Bild 2**) zusammengestellt, der vom Maler bezogen werden kann.
Dieser Prüfkoffer enthält alle wichtigen Gegenstände zur Untergrundprüfung wie Alkalitätsindikator, Salzsäure, Fluat, nötige Chemikalien (Sulfat-, Chlorid-, Eisenreagenz), Messlupe, Maßband, Cuttermesser, Infrarot-Thermometer, Rissbreitenmesser, Hammer, Flachmeißel, Pinzette, Schraubbehälter für Proben u. a. und kann durch Geräte zur Feuchtemessung ergänzt werden.

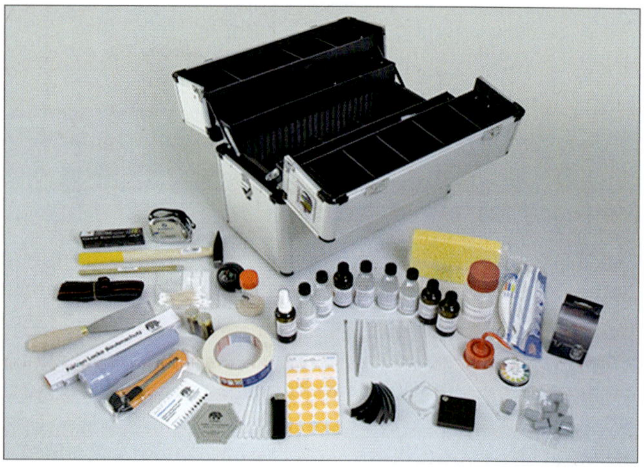

Bild 2: Caparol-Prüfkoffer für mineralische Untergründe

Tabelle 1 zeigt Prüfmethoden, die einfach und schnell anzuwenden und trotzdem aussagekräftig sind. Sie erfordern keine aufwendigen Prüfgeräte wie im Lacklabor (siehe Kap. 11.2). Baustellenübliche Prüfungen gehören zum normalen Leistungsumfang des Malers und Lackierers und können daher nicht gesondert abgerechnet werden.

Prüfmethode	Ausführungen und Hinweise	Prüfung auf ...
Prüfen durch Riechen (Sensorik)	Über die Sinnesorgane nimmt man Abweichungen vom Normalzustand wahr.	• Pilzbefall (muffigen Geruch) • Feuchte im Raum (Klamme Kälte) u. a.
Fühlen mit der Hand	Die empfindlichen Fingerkuppen nehmen jede Unregelmäßigkeit wahr.	• Rauigkeit • Struktur u. a.
Prüfung nach Augenschein	Durch das Betrachten fallen bereits Schäden am Untergrund auf.	• Schmutz • Risse • Korrosion • Äste im Holz u. a.
Klopfprobe	Hohlstellen oder nicht haftende Beschichtungen klingen anders als intakte Untergründe.	• Haftung von Altbeschichtungen • Haftung des Putzes auf dem Mauerwerk u. a.
Wischprobe	Mit der Hand oder einem Lappen wird über die Oberfläche gewischt.	• Kreiden • Sanden • Verschmutzung
Kratzprobe/ Gitterschnitt	Ein Cuttermesser oder eine Spachtel zum Kratzen am Untergrund sind immer zur Hand. Professioneller ist der Gitterschnitt mit Klebebandtest.	• Haftung
Feuchtemessung	Wird eine durchsichtige Folie auf den Untergrund geklebt, so beschlägt diese bei Wärme, wenn Feuchte enthalten ist. Präziser ist ein Feuchtemessgerät.	• Feuchte in der Wand • Feuchte im Holz
Benetzungsprobe	Beim Bespritzen mit Wasser werden saugende Stellen dunkler. Dichte Untergründe und Lackflächen lassen Wasser abperlen.	• Risse • Saugverhalten • Benetzbarkeit
Alkalitätsmessung	Die Alkalität wird mit Indikatorpapier auf angefeuchtetem Untergrund durchgeführt. Die Verfärbung gibt Auskunft.	• Lauge (alkalisch) = blau • Säure = rot • Keine Verfärbung = neutral
Lösemittelprobe	Mit einem lösemittelgetränkten Lappen wird über die Fläche gerieben und der Abrieb beurteilt.	• Verträglichkeit • Quellverhalten • Art der Altbeschichtung

Tabelle 1: Baustellenübliche Prüfmethoden

Zur Untergrundbeurteilung gehört auch die Ermittlung der Schadensursache. So kann bei einer feuchten Wand die Ursache eine defekte Dachrinne sein. Dann wäre eine Isolierung der feuchten Wand nicht von Dauer. Es ist immer besser, die Ursachen eines Mangels zu hinterfragen und zu beseitigen, als dessen Erscheinung.

12.4 Abdecken, Abkleben und Schützen

Bereits im Vorfeld sind nötige Abdeckarbeiten einzuplanen. Die Vorbereitungsarbeiten an Untergründen verursachen meist Staub und Schmutz. Auch bei der Ausführung der Arbeit kann es zu schädigenden Belastungen von Natur und Mensch kommen, z. B durch Overspray bei Spritzarbeiten. Ziele des Abdeckens sind:

- **Schutz:** Keine Beschädigungen durch Schmutz, Lack und Feuchte am Umfeld während der Arbeit.
- **Sauberkeit:** Nachträgliche Reinigungsarbeit wird reduziert oder ganz vermieden.
- **Zeiteinsparung:** Fast alle Arbeiten können nach dem Abdecken des Umfeldes schneller ausgeführt werden.

Übliche Maßnahmen:

- Abdecken der Umgebung (Fußboden Möbel, Pflanzen)
- Schließen von Fenstern und Türen
- Absaugung am Gerät
- Einsatz einer Luftreinigungsabsaugung
- Einsatz der PSA

Schwarz-Weiß-Trennung bei Sanierungsarbeiten

Bei besonderer Staubentwicklung oder der Gefährdung der Umgebung muss unter Umständen die Arbeitsstelle mit einer Konstruktion, z. B. durch Staubschutzwände, abgeschottet werden (Bild 1). Die Trennung von belasteten und unbelasteten Bereichen nennt man Schwarz-Weiß-Trennung.
Bei folgenden Sanierungsarbeiten kommt es sowohl beim Ausbauen als auch bei Schleifarbeiten zu gesundheitsschädlichen Stäuben:

- Entrostungsarbeiten (Schwerer Korrosionsschutz, Betoninstandsetzung)
- Bearbeitung asbesthaltiger Untergründe (siehe Kap. 5.3.8)
- Sanierungsmaßnahmen bei besonderem Schimmelbefall
- Bearbeitung holzschutzmittelbelasteter Hölzer u. a.

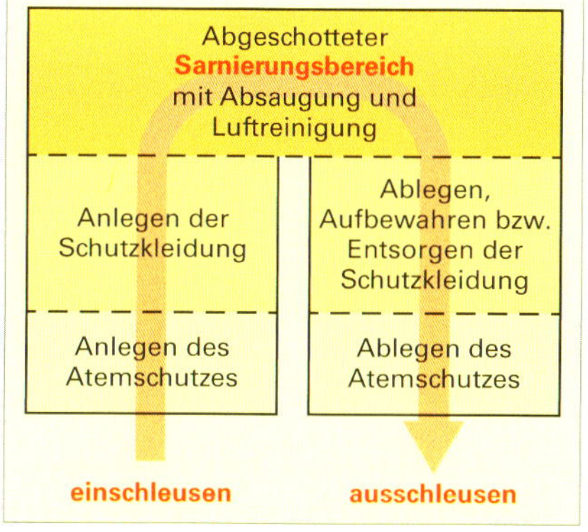

Bild 1: Zugang zum Sanierungsbereich durch Schleusen

Abdeckmaterialien

Zum Abdecken werden meist Folien, Papiere oder Vliese verwendet. Damit diese an Ort und Stelle bleiben, werden sie mit Klebeband fixiert. Auf gute Fixierung ist bei Arbeiten zu achten, wenn Luftbewegung zu erwarten ist:

- bei Arbeiten im Freien
- bei Wind
- bei Arbeiten mit Druckluft (Strahlen, Hochdruckreinigen).

Löst sich das Abdeckmaterial, so wird es durch Staub oder Spritznebel unterwandert. Wird direkt in der Nähe der Abdeckung gearbeitet, muss darum mit Klebeband dicht abgeklebt werden (**Bild 1**).

Fast alle Abdeckmaterialien werden als gefaltete Planen oder als Rollenware angeboten. Ob das Abdeckmaterial wieder verwendet werden kann, liegt im Ermessen des Fachmanns (Verschmutzung, Zuschnitt, neuer Einsatz).

Die Abdeckarbeit ist eine bezahlpflichtige Leistung, wenn Verbrauchsmaterial benutzt wird.

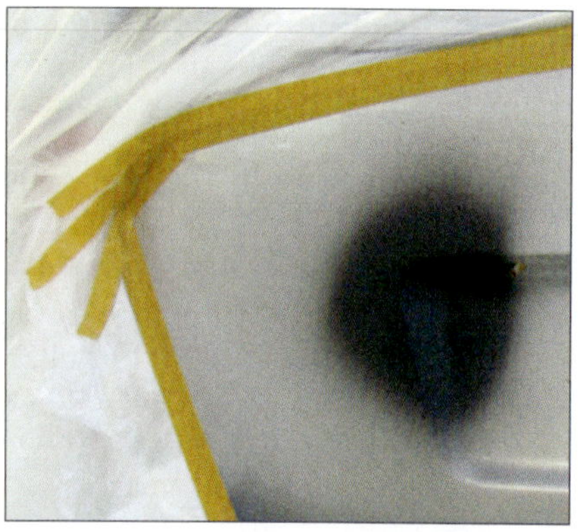

Bild 1: Abkleben vor dem Spritzen

Abdeckfolie

Diese Folien aus Polyethylen erlauben ein schnelles und flächendeckendes Abdecken von Untergründen jeder Art. Räume können damit meist komplett auf einmal ausgelegt werden (**Bild 2**).

Unterschiede zwischen den handelsüblichen Folien:

Gefaltete Plane oder Rolle:
- z. B.: 4,00 m Breite x 5,00 m Länge
- z. B.: 2,00 m Breite auf 0,50 cm gefaltet x 50,00 m Länge

Dicke:
- „dünn“: 0,007 mm
- „allround“: 0,001 mm bis 0,02 mm
- „dick“: 0,03 mm bis 0,05 mm

Dichte:
- HDPE (High Density Polyethylen)
- LDPE (Low Density Polyethylen)

Dicke und Dichte haben großen Einfluss auf die Reißfestigkeit der Folie. Je dünner die Folie ist, umso leichter kann sie nach dem Auslegen verrutschen.

Bild 2: Abdeckfolie (LDPE)

Noppenfolie

Diese Folie besteht aus 2 Lagen Polyethylenfolie mit eingeschlossenen, etwa 10-Cent-großen Luftpölsterchen. Sie eignet sich zum Ausliefern lackierter Teile. Zum Abdecken von Fußböden sollte sie nicht verwendet werden (**Bild 3**).

Maler-Abdeckvlies

Abdeckvlies eignet sich optimal für alle Renovierungsarbeiten. Das Abdeckvlies ist aus einer speziell angefertigten Fasermischung genadelt. Die Verwendung von High-Tech Fasern verleihen diesem Vlies eine extrem hohe Saugkraft. Die Unterseite des Vlieses besteht aus einer Polyethylenfolie (PE-Folie). Dadurch liegt die Folie auf dem Boden rutschfest an und lässt keine Feuchte durch (**Bild 4**).

Dieses Malervlies bietet optimalen Schutz für Holz, Laminat, Stein, Marmor und Teppichböden gegen Verkratzen, Nässe, Staub und Schmutz.

Maler-Abdecktuch

Dieses Abdeckvlies ohne Polyethylenfolie lässt Feuchte durch. Es eignet sich für die Auslieferung lackierter Teile und zum Abdecken von Möbeln.

Antirutschvlies

Dieses Vlies wird vorwiegend als Zwischenlage unter leicht rutschenden Teppichen verwendet.

Abdeckmaske

Das vollflächige Abkleben bezeichnet man als „maskieren“. Türen und Fenster werden häufig maskiert. Spezielle Folien mit Klebeband vereinen schnelles Abkleben und Abdecken in einem Arbeitsgang (**Bild 5**).

Bild 3: Noppenfolie

Bild 4: Abdeckvlies

Bild 5: Abdeckarbeit mit dem Handmasker

Klebebänder

Klebebänder (engl. tape) sind Hightech-Produkte. Ihre Eigenschaften sind den unterschiedlichen Untergründen angepasst. Für ein gutes Endresultat ist die Auswahl des richtigen Klebebandes für den jeweiligen Anwendungszweck wichtig. Bei Klebebändern gibt es enorme Qualitätsunterschiede, es kommt auf Details im Aufbau des Klebebandes an, die man dem Band nicht sofort ansieht (**Bild 1 und Übersicht 1**). Das Ergebnis beim Dehnen, Reißen oder Andrücken des Klebebands gibt Auskunft über dessen Qualität.

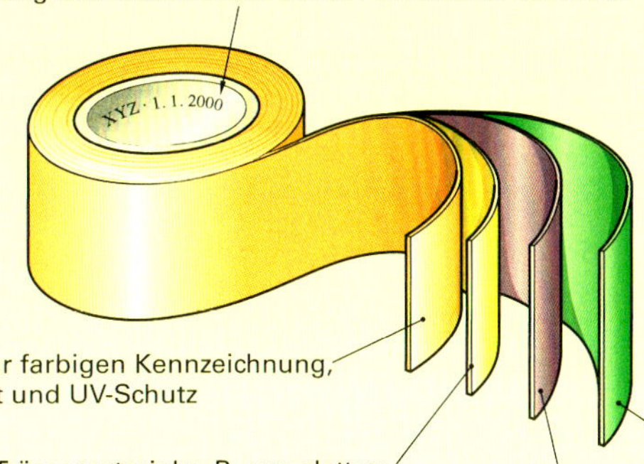

Bild 1: Aufbau und Eigenschaften von Klebebändern

Das Universalklebeband für jeden Zweck gibt es nicht.

Für alle Anforderungen bieten Hersteller geeignete Klebebänder.

Für Maler und Lackierer sind vorwiegend die Klebebandarten der **Übersicht 1** von Bedeutung.

Malerkrepp mit Papierträger	Kostengünstiges Klebeband für Malerarbeiten im Innenbereich. Spätestens nach 7 Tagen abziehen. Es weicht bei wasserhaltigen Beschichtungsstoffen an.
Goldband (Washi Tape)	Dünnes Klebeband mit mittlerer Klebekraft. Für Malerarbeiten im Innen- und Außenbereich. Kann bis 120 Tage verklebt sein und kann immer noch abgezogen werden.
Abdeckband aus Reispapier	Dünn, konturenscharf, leicht reißbar, haftet bis zu 6 Monate im Innen- bzw. 3 Monate im Außenbereich.
PVC Putzerband	Für das Abgrenzen von Putzarbeiten. Es ist quergerillt, lässt sich dadurch präziser abreißen.
PVC Konturenband	Vinylband, welches sich hervorragend zum Kleben von engen Radien und Kurven eignet. Sauberes Kantenergebnis beim Lackieren, Malern oder Airbrushen.
Wasserlinienband	Für lange gerade Linien bei Mehrfarblackierungen. Es ist zudem gut geeignet für lackierte oder gemalte Designstreifen, Dekore, Wasserlinien an Booten und Yachten.
Zierstreifen	Diese werden in vielen Farben und Breiten angeboten. Zierstreifen, die aus mehreren Folienteilen bestehen, sind auf einer Trägerfolie aufgetragen.
Gaffa Tape, Panzerband	Es besitzt eine sehr hohe Klebekraft, geeignet zum Abdichten, z. B. beim Dachausbau. Nicht geeignet zum Abkleben für Lackierarbeiten.
Doppelseitiges Klebeband	Einsatz bei der Verlegung/Fixierung von Teppichböden mit glatter Unterseite. Für Bastel- und Dekorationsarbeiten.
Gitterband	Einsatz im Trockenbau. Wird in Füllstoff eingebettet. Nicht zum Abkleben, dient der Rissüberbrückung in Putzen.
Filamentband	Mit eingelagerten Glasfasern. Einsatz als Verpackungsband, nicht zum Abkleben für Lackierarbeiten.
PVC Isolierband	Wird im elektronischen Bereich verwendet. Damit lassen sich elektrische Leitungen kennzeichnen, reparieren und bündeln.

Übersicht 1: Klebebänder für Maler und Lackierer

Abkleben

Das scharfe Begrenzen von beschichteten Flächen ist laut VOB Pflicht: „Alle Anschlüsse an Türen, Fenstern, Leisten, Sockeln, Profilen, Beschlägen, Einbauteilen und dergleichen sind scharf zu begrenzen." (VOB Teil C). Man kann auch von Hand beschneiden, z. B. Fensterholz mit Lack zur Glasscheibe hin angrenzen, dies aber nur bis zu einer gewissen Qualitätsstufe. An Altbaufenstern ist dies möglich, aber nicht bei einer Zierlinie am Fahrzeug.

Für ein Abkleben sprechen 2 Gründe:

- Zeiteinsparung
- exakte, gerade und scharfe Abgrenzung.

Demgegenüber spielen die Kosten für Klebeband keine große Rolle.

Das Abkleben ist eine besondere Maßnahme und kann gesondert abgerechnet werden.
Auf fast allen zu beschichtenden Untergründen kann abgeklebt werden, wenn folgende Regeln befolgt werden:

Untergrund	Die zu beklebenden Untergründe müssen in sich fest sein. So lassen sich z. B. sandende Untergründe nicht abkleben. Kritisch sind Klebungen auf Polyethylen, Polypropylen, Gummi, Silikon, Marmor und Granit sowie Zink und Kupfer. Manche Stein- oder Metallflächen reagieren mit dem Kleber und können hässliche Spuren hinterlassen. Damit Klebebänder haften, muss die Oberfläche trocken, frei von Staub, Öl, Oxiden, Trennmitteln und anderen Verunreinigungen sein. Wenn kalte Werkstücke aus dem Lager in die warme Werkstatt kommen, kann sich Kondenswasser bilden und die Haftung stören.
Klebeband-Anwendung	Die günstigste Verarbeitungstemperatur (Objekt- und Umgebungstemperatur) liegt zwischen + 15 °C und + 25 °C. In der Regel treffen die Anwendungsbereiche für Klebebänder zu. Im Zweifel sollte eine Probeklebung erfolgen, um die Verträglichkeit von Untergrund und Klebeband zu testen. Dazu wird das Klebeband an einem Muster fest angedrückt und nach einiger Zeit ruckartig abgezogen. Eine Probebeschichtung zeigt, ob das Klebeband durchdrungen oder unterwandert wird. Die Festigkeit und Randschärfe ist direkt abhängig vom Kontakt, den der Kleber zu der zu beklebenden Oberfläche aufbaut. Andrücken von Hand oder mit einer Rakel verbessert den Kontakt und verhindert Unterlaufen.
Entfernung	Das Klebeband legt sich mit der Zeit immer dichter an den Untergrund. Viele Klebebänder haften dann so gut, dass sie sich nicht mehr problemlos entfernen lassen. Darum sollten sie nach dem Antrocknen des Beschichtungsstoffes möglichst zeitnah abgezogen werden. Die Entfernung alter Klebebändern erfolgt leicht, wenn man sie mit einem Fön erwärmt. Der Kleber wird dadurch weich. Bei richtiger Anwendung ist dies aber nicht nötig. Klebebänder nie ruckartig abziehen (außer bei Klebebandtest). Klebebänder im Winkel unter 45° abziehen, nicht über 90°. 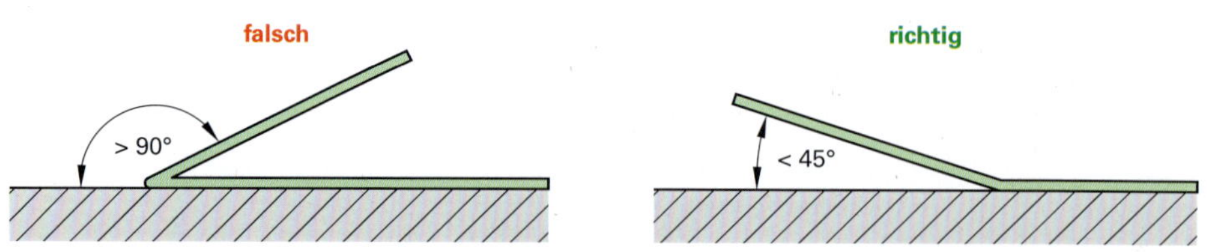 UV-Strahlung versprödet Schichten im Klebeband. Kleberrückstände müssen mühselig entfernt werden. Kleberreste lassen sich fast immer mit Aceton oder milden Lösemitteln entfernen. Das gewählte Lösemittel darf den Untergrund nicht anlösen.

Übersicht 1: Anwendungsratschläge zu Klebebändern

12.5 Reinigungsarbeiten

Nur ein sauberer Untergrund kann beschichtet werden. Schmutz und andere Verunreinigungen verhindern die Haftung einer Beschichtung und müssen entfernt werden.

Einfache Reinigungsarbeiten gehören zum Leistungsumfang des Malers und Lackierers und können nicht extra in Rechnung gestellt werden.

Besondere Reinigungsarbeiten, wie das Freilegen von Untergründen **(Bild 1)** sind besondere Leistungen, die vom Auftraggeber gesondert vergütet werden.

Bild 1: Die Fassade muss vor der Bearbeitung freigelegt werden, eine besondere Reinigungsarbeit

Wahl des geeigneten Reinigungsverfahrens

Man wählt das Reinigungsverfahren, welches möglichst schnell und umfassend zum bearbeitbaren Untergrund führt. Es wäre nicht sinnvoll, erst mal abzuwaschen, um anschließend zu entschichten.

Einfaches Reinigen lässt sich mit Aufrauen oder Entschichten verbinden **(Tabelle 1)**.

Reinigen	• Abstauben, abwischen • Abwaschen mit Wasser (+ Zusätze) • Reinigen mit Lösemitteln • Hochdruckreinigen mit mittlerem Druck (bis 150 bar)
Reinigen + Aufrauen	• Hochdruckreinigen mit hohem Druck (bis 500 bar) • Schleifen • Ansäuern mit stark verdünnter Salzsäure
Reinigen + Abtragen	• Strahlen • Schleifen • Fräsen • Thermische Abtragung (Abbrennen) • Anlösende Abtragung (Abbeizen)

Tabelle 1: Reinigungsverfahren

Einfache Reinigung

Jeder Untergrund, alt oder neu, muss gereinigt werden. Meist reicht die trockene Reinigung mit dem Staubbesen aus **(Bild 2)**. Je perfekter die Oberfläche nach der Beschichtung sein muss, umso sauberer muss sie vorliegen. Wird Staub in eine Schlusslackierung eingearbeitet, so ist das Lackierergebnis rau und unansehnlich. In solchen Fällen werden Staubbindetücher eingesetzt **(Bild 3)**.

Untergründe können trocken oder nass (mit Wasser) gereinigt werden **(Tabelle 2)**. Bei Sanierungsarbeiten wird die Staubentwicklung schon durch Befeuchten der Oberfläche spürbar verringert.

Bild 2: Staubbesen

Bild 3: Staubbindetuch

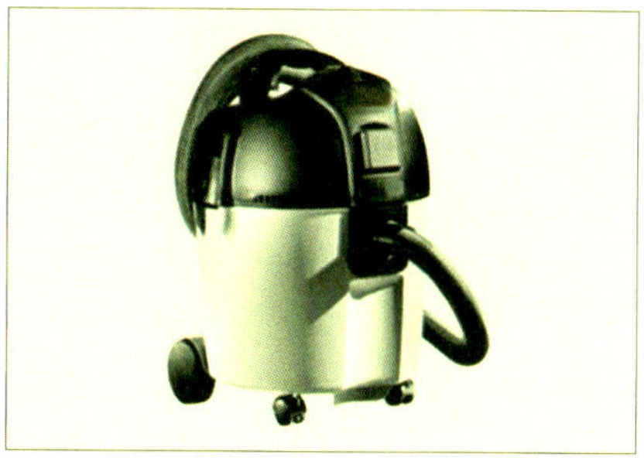

Bild 4: Absaugegerät

Reinigung mit Wasser + Zusätzen

Zusätze wie Spülmittel können dazu beitragen, Schmutz zu lösen. Danach ist gut mit klarem Wasser nachzuwaschen. Je nach Zusatz ist das Wasser aufzufangen und zu entsorgen.

Zink- oder Kunststoffuntergründe werden durch die ammoniakalische Netzmittelwäsche gereinigt = Wasser + Spülmittel + Ammoniak **(siehe Kap. 4.3)**.

Reinigung mit Lösemittel

Andere Reinigungsmittel sind vorzuziehen, da Lösemittel die Umwelt und die Gesundheit schädigen.

Beim Entfetten von Stahl ist der Reinigungserfolg durch die schnelle Verdunstung von Nitroverdünnung sofort erkennbar. Reinigen mit Lösemitteln ist nur für kleine Flächen akzeptabel.

Trockenreinigung	• Für alle Untergründe geeignet • Keine Wartezeiten • Staubentwicklung erfordert Schutzmaßnahmen (Geräte mit Absaugung, Einsatz von Absauggeräten (**Bild 4**)) • PSA-Einsatz nach Notwendigkeit
Nassreinigung	• Trockenzeiten bis zur Weiterarbeit müssen eingeplant werden • Schmutz wird besser gelöst • Keine Staubentwicklung • Schmutzwasser muss entsorgt werden • PSA-Einsatz nach Notwendigkeit • Vorsicht! Wasser leitet elektrischen Strom

Tabelle 2: Trocken- und Nassreinigung

12.6 Entschichtungsverfahren in der Übersicht

Sind Altbeschichtungen ganz oder teilweise nicht tragfähig, so muss entschichtet werden. Einen Überblick über übliche Entschichtungsverfahren gibt **Übersicht 1**.

Meist reicht eine Entschichtung bis auf gut haftende Reste der Altbeschichtung, z. B. bei der Vorbereitung von Metalluntergründen **(siehe Kap. 2.4.3)**.

Ist die Altbeschichtung mit der Neubeschichtung nicht verträglich, muss komplett und porentief entschichtet werden, z. B. bei gewünschter Fassadenbeschichtung mit reiner Silikatfarbe und vorliegender Dispersions-Altbeschichtung. Dann ist zu überlegen, ob nicht ein anderes Produkt mit weniger Entschichtungsaufwand bei ähnlichem Fassadenschutz zu empfehlen ist.

Entschichtungsverfahren					
physikalisch					chemisch
Mechanisch	**Nur Wasser**	**Wasser + Strahlmittel**	**Thermisch**	**Anlösen**	**Alkalisch**
Schleifen Kratzen Schaben Fräsen Waschen	Hochdruck Höchstdruck Kalt Heiß Dampf	Nassstrahlen Niederdruck- Rotation Trockeneis (CO_2, nicht H_2O)	Abföhnen Flammstrahlen Abflammen Trockeneis (CO_2, nicht H_2O)	Abbeizen mit Lösemitteln	Ablaugen mit Lauge

Übersicht 1: Übliche Entschichtungsmöglichkeiten des Malers und Lackierers

12.7 Mechanische Entschichtung

Das Entschichten von Hand erfordert vom Arbeiter Kraftaufwand. Bei großen Flächen lässt daher die Arbeitsgeschwindigkeit oder die Qualität der Entschichtung nach. Darum entschichtet heute der Maler nur noch kleine Objektflächen von Hand. Er verwendet dafür Werkzeuge, die in den **Bildern 1 bis 6** gezeigt werden.

Wenn möglich, werden heute Maschinen eingesetzt. Beispiele zeigen die **Bilder 7 und 8**. Schleifmaschinen eignen sich je nach Schleifmittel zum Entschichten, aber auch zum Ab- oder Anschleifen. Leichte und handliche Geräte schonen die Kräfte des Arbeiters. Arbeiten auf längere Zeit mit schwerem Gerät in ungünstiger Arbeitsposition (z. B. Entschichten über Kopf) schaden der Gesundheit.

Nur in wenigen Fällen ist auch heute noch das Entschichten von großen Flächen von Hand unvermeidbar, z. B. beim Abwaschen von Leimfarbanstrichen in Innenräumen.

Übliche Malerspachtel, die der Maler und Lackierer immer bei sich hat.

Multifunktionsspachtel zum Stoßen, Kratzen etc. von allen Farb- und Schmutzresten.

Tapeten- und Bodenschaber mit scharfer Klinge zum Abstoßen.

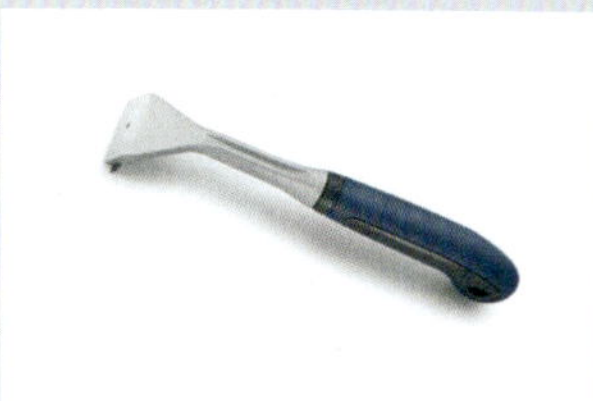

Farbschaber mit scharfer Klinge reißen die Lackschicht auf.

Drahtbürste mit gebündelten Stahldrähten oder Messingborsten. Geeignet für grobe Reinigungsarbeiten. Stahlflächen werden aufgrund ihrer Rautiefe nur oberflächlich entschichtet.

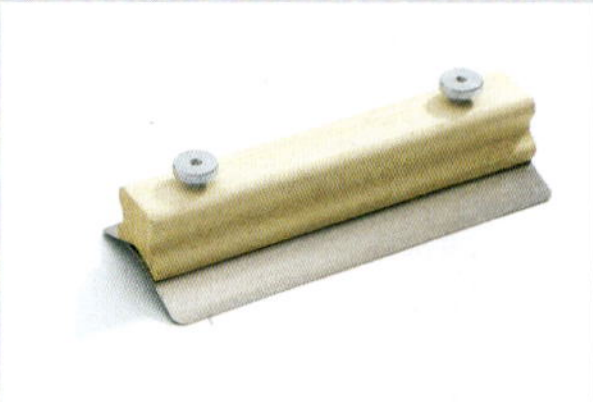

Flächenhobel zur gleichmäßigen Glättung von Putzunebenheiten. Zur Vorbereitung zum Tapezieren hochwertiger Tapeten reicht die Oberflächenqualität nicht aus.

Sanierungsfräse zum groben Abtragen je nach Aufsatz für viele Untergründe, z. B. zur Vorbereitung von Wandflächen oder Entschichtung von Fußböden.

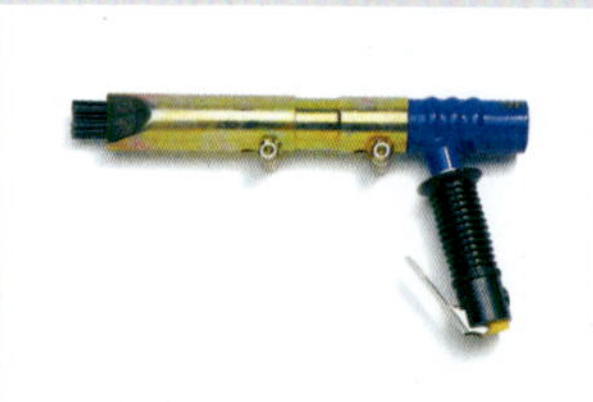

Druckluftbetriebene Nagelpistolen oder Nadelpistolen werden für grobe Sanierungsarbeiten (Beton, Korrosionsschutz) eingesetzt, Nägel oder Nadeln hämmern auf den Untergrund. Sie passen sich dem Untergrund an.

Bild 1 bis 8: Werkzeuge zum Entschichten

12.8 Schleifen

Schon die Steinzeitmenschen erkannten den Unterschied zwischen stumpf und scharf und versuchten mit Sandstein ihren primitiven Waffen Schärfe zu verleihen. In Australien schleifen die Ureinwohner (Aborigines) bis heute noch, indem sie Sand in ein großes Blatt streuen und ihren Bumerang darin reiben.

12.8.1 Vom Grob- zum Feinstschliff und zum Polieren

Schleifen ist ein materialabtragendes Verfahren zur Bearbeitung von Oberflächen mit Schleifmitteln, manuell mit der Hand oder mit Schleifmaschinen vom groben Entfernen von Farbresten bis zum Feinstschliff **(Tabelle 1)**.
Ziel des Schleifens ist es,

- unebene Untergründe zu glätten und zu ebnen,
- Verunreinigungen durch Schleifen abzutragen,
- glatte Untergründe aufzurauen, um die Adhäsionsfläche für nachfolgende Beschichtungen zu vergrößern,
- einen perfekten Schichtaufbau zu erreichen, denn eine perfekte Oberfläche lässt sich erst durch ein perfektes Schleifbild erzeugen,
- durch Schleifen die Oberflächen zu verschönern (Schleiflacktechnik und Polieren).

Vorbereitung von Oberflächen	Grobschliff	Zwischenschliff	Feinschliff	Feinstschliff und Polieren
Vollständige Entfernung von alten Anstrichschichten bis auf festhaftende, verträgliche Lackreste. Werkstücke lassen sich mit dem Trennschleifer auftrennen.	Ausgangssituation ist eine unebene Oberfläche, der Grobschliff verleiht dem Werkstück eine relativ raue Ebene.	Ausgangssituation ist der noch strukturierte Untergrund nach dem Grobschliff. Mit einer feineren Körnung werden die Erhebungen gleichmäßig abgetragen.	Ausgangssituation ist eine zwischengeschliffene oder beschichtete Oberfläche. Mit Schleifkörnungen von fein bis superfein werden die Rautiefen vermindert, ohne die Oberflächenstruktur grundlegend zu verändern.	Veredelung der Oberflächenoptik (spiegelnder Glanz), besonders im Bereich der Autolackierung
Körnung P 40 – P 80 oder Bürstenaufsätze	Körnung P 80 – P 120	Körnung P 120 – P 320	Körnung P 360 – P 400 und Schleifvliese	Körnung P 1000 – P 4000 und Polierpasten

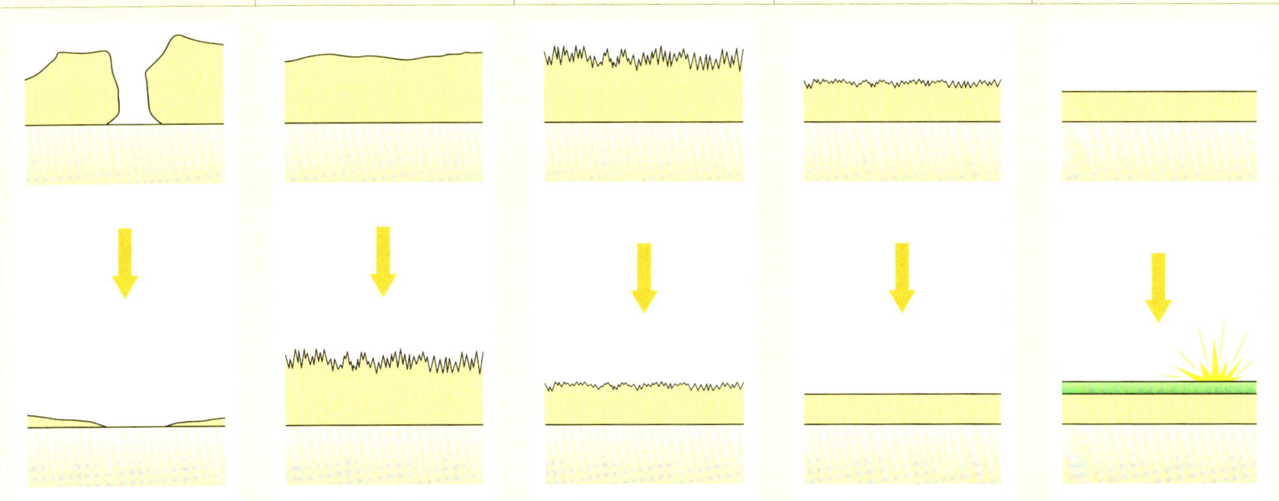

Tabelle 1: Vom Grob- zum Feinschliff

Die Wahl der Körnung richtet sich nach dem Untergrund und dem Ziel des Schleifens. Zum Entfernen einer Schicht erhält man mit grobem Schleifmittel eine grobe Oberfläche, kommt damit jedoch schnell zum Schleifergebnis. Vor der Lackierung wählt man sehr feines Schleifmittel, damit keinerlei Schleifspuren in der Lackierung sichtbar werden.

Darum wird im Laufe des Beschichtungsaufbaus in Abstufungen der Körnungen von grob zu fein geschliffen.

Wird eine Beschichtung mit groben Schleifpapier vorgeschliffen, so können durch weiteres Schleifen mit feinerem Schleifmittel die Riefen wieder ausgeschliffen werden. Der Sprung von einer Körnung zur nächsten sollte weniger als 100 betragen sonst ist der Schleifaufwand zum guten Ergebnis zu groß. Die Staffelung der Schleifkörnung wird auch als „Schleifleiter" bezeichnet.

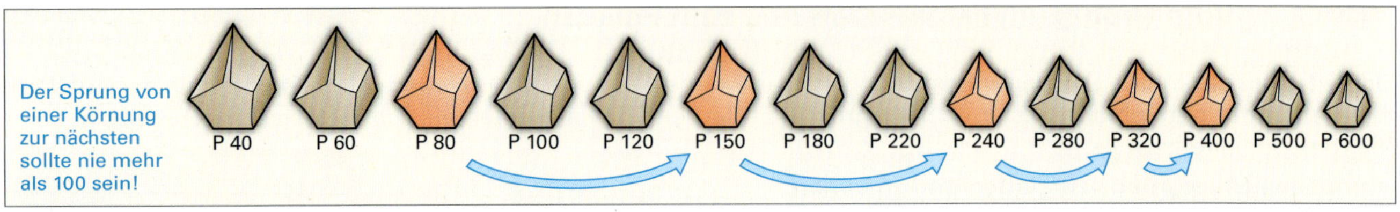

Bild 1: Überspringen von Körnungen

12.8.2 Maschinenschliff und Handschliff

Maschinen bringen bei langem Schleifen eine konstant höhere Kraft beim Schleifen auf als der Mensch. Dies erleichtert dem Maler und Lackierer die Arbeit. Heute sind kleine und leichte Geräte auf dem Markt, so dass auch das Arbeiten über Kopf relativ einfach ist.

Von Hand werden vorwiegend kleine Flächen geschliffen oder Flächen, die schwer zugänglich sind.
In der Regel erfolgt auch das Nachschleifen von Hand. Das Gefühl in den Fingerspitzen zeigt dem Maler und Lackierer deutlicher den Stand des Schleifergebnisses als das Schleifen mit Maschinen.
Der Druck ist punktweise ungleichmäßig von Finger zu Finger. Mit Hilfsmittel kann dies ausgeglichen werden, z. B.

- für glatte Flächen Schleifklötze, Schleifmittelhalter.
- für gewölbte Flächen: Schleifmittelhalter mit Schwammkissen.

So wird auch die Haut der Finger weit weniger belastet.

Die Fingerspitzen sind äußert empfindlich und signalisieren kleinste Unebenheiten. Die Empfindlichkeit kann noch gesteigert werden, wenn man die Fingerspitze beim Prüfen mit dünner Kunststofffolie umhüllt, da so der Reibungswiderstand wegfällt.
In der Fahrzeugendkontrolle werden nach dieser Erkenntnis Spezialhandschuhe zum Ertasten kleinster Lackierfehler verwendet.

12.8.3 Trocken- und Nassschliff

Die Entscheidung für Nass- oder Trockenschliff ist grundsätzlich vom Untergrund abhängig. Alle saugenden Untergründe müssen trocken geschliffen werden.
Innerhalb des Beschichtungsaufbaus mit Lack ist Nass- oder Trockenschliff möglich. Nass geschliffen wird bevorzugt vor dem Lackieren zum Erzielen hochwertiger Flächen, z. B. von Türblättern.
Polyesterspachtel ist immer trocken zu schleifen. Beim Nasschliff nimmt Polyesterspachtel Wasser auf.
In den letzten Jahren wird immer weniger nass geschliffen, da durch die Entwicklung feinster Schleifmittel Schleifschlamm als zusätzliches Schleifmittel beim Schleifvorgang keine Rolle mehr spielt, ansonsten die Vorteile des Trockenschliffs überwiegen **(Tabelle 1)**.

Nassschliff mit Wasser	Trockenschliff
• **Höhere Standzeit.** Das Schleifpapier setzt sich nicht so schnell zu. • **Der Schleifschlamm** wirkt als feinstes Schleifmittel beim Schleifen mit. • **Erschwerte Arbeitskontrolle.** Wasser und Schleifschlamm behindern die Sicht auf die zu bearbeitende Fläche. • **Hohes Fehlerrisiko durch Wassereinschluss.** Die Oberfläche muss vor der weiteren Beschichtung trocken sein. Sonst führt das eingeschlossene Wasser zu Beschichtungsschäden. • **Wartezeiten.** Die Oberfläche muss genügend Zeit haben, damit die aufgenommene Feuchte ausdunsten kann. • **Lackierfehler durch Schleifschlamm.** Besonders in Kanten und Falzen bleibt nach der Reinigung mit klarem Wasser oft Schleifschlamm zurück. Darauf haftet die folgende Beschichtung nicht. • **Verwendung besonderer Schleifmaschinen.** Wasser darf nicht ins Gehäuse der Schleifmaschine eindringen. Davor müssen die Geräte konstruktiv geschützt sein.	• **Feinstes Schleifbild.** Mit feinsten High-Tech-Schleifmitteln können äußerst feine Schleifbilder erzielt werden. • **Gute Arbeitskontrolle.** Die geschliffene Fläche ist jederzeit sichtbar und fühlbar. • **Absaugung nötig.** Damit der gesundheitsgefährdende Staub nicht eingeatmet wird. Schleifstaub kann das Schleifpapier schnell zusetzen. • **Weniger Lackierfehler.** Der Reinigungsaufwand durch Abstauben ist geringer und unproblematischer als beim Nassschliff. • **Weniger Zeitaufwand.** Trockenzeiten fallen nicht an. Es kann direkt nach dem Schleifen beschichtet werden.
Arbeitssicherheit	
Wird längere Zeit nass geschliffen, besonders bei Schleifarbeiten von Hand, sind die Hände unbedingt mit wasserdichten Handschuhen zu schützen. Ansonsten weicht die Haut auf und wird anfällig für Entzündungen.	Der entstehende Schleifstaub muss abgesaugt werden, möglichst nahe bei der Entstehung d. h. am Schleifteller. Immer gelangt Schleifstaub in die Umgebung. Auch hier sind Absaugvorrichtungen zu benutzen. Bei unzureichender Absaugung ist eine Atemschutzmaske zu tragen.

Tabelle 1: Vergleich der Schleifverfahren

12.8.4 Schleifmittel

Schleifmittel (engl. abrasives) sind Hartstoffkörner, die Werkstoffe abtragen können. Eine Grunderkenntnis des Mineralogen Mohs war: Harte Werkstoffe ritzen weiche Werkstoffe. Daraus folgt: Ein Schleifmittel muss immer härter sein als das zu bearbeitende Material. Die Härteskala von Mohs zeigt den Härtegrad von Aluminiumoxid und Siliciumcarbid, zwei Mineralien, die oft in Schleifmitteln verwendet werden (Tabelle 1).

Alle Schleifmittel sollten bestimmte Grundanforderungen erfüllen:

- Schleifmittel sollten hart und möglichst zäh sein, damit der Materialabtrag eindeutig auf der Seite des Werkstücks liegt und die Schleifkörner über längere Zeit eine einmal gegebene Schärfe behalten.
- Schleifmittel sollten thermische Beständigkeit haben, damit das Schleifkorn sowohl den hohen Bearbeitungstemperaturen, als auch den schnellen Temperaturwechseln standhalten kann.
- Schleifmittel sollten chemisch beständig sein, damit auch bei höheren Drücken und Temperaturen im Zusammenwirken mit Luft, Kühlschmierstoff oder Werkstoff des Werkstücks keine chemischen Verbindungen entstehen, die das Korn schwächen könnten.

Schleifmittel sind in verschiedensten Formen und Formaten erhältlich (Übersicht 1):

Härtegrad nach Mohs	Mineral	Absolute Härte nach Rosiwal	Bemerkungen
1	Talkum	0,03	Mit dem Fingernagel schabbar
2	Gips	1,25	Mit dem Fingernagel ritzbar
3	Calcit	4,50	Mit einer Kupfermünze ritzbar
4	Fluorit	5,00	Mit einem Messer leicht ritzbar
5	Mangan	6,50	Mit einem Messer noch ritzbar
6	Orthoklas	37,00	Mit einer Stahlfeile ritzbar • Glaspapier
7	Quarz	120,00	Ritzt Fensterglas • Flintpapier
8	Topas	175,00	Schmuckstein
9	Korund	1 000,00	• Aluminiumoxid (chemischer Name von Korund) • Siliciumcarbid
10	Diamant	140 000,00	Härtestes natürlich vorkommendes Mineral

Tabelle 1: Härtegrade von Schleifmitteln

Schleifpapier
Die Schleifkörner sind auf einem flexiblen Trägermaterial verklebt (hier in Rollenform)

Klettschleifpapier
Für den Einsatz mit Schleifmaschinen ist die Rückseite des Schleifpapiers mit Klettrücken augestattet.

Schleifvlies
In einem Nylonvlies sind Schleifkörner eingebunden, Vliese sind besonders flexibel zu handhaben.

Schleifschwamm
Die Schleifkörner sind auf der Oberfläche eines Schwammes aus Kunststoff angebracht.

Stahlwolle
Ein feines Metallgespinst ist zu einem wollknäuelähnlichen Gebilde geformt.

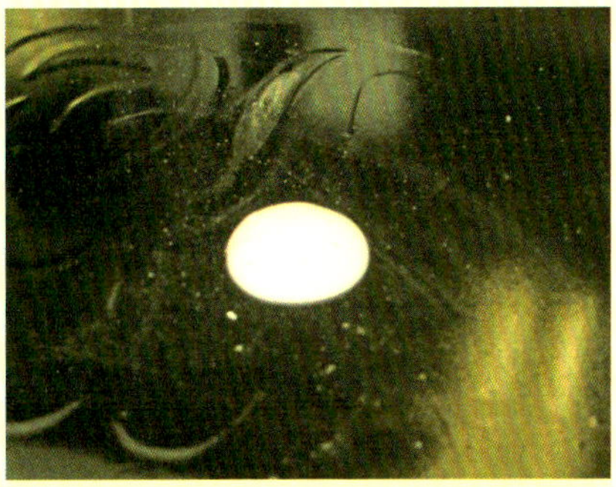

Schleifpaste
Die Feinstschleifkörner sind in einer Flüssigkeit verteilt, zum Polieren von Lackflächen.

Übersicht 1: Formen von Schleifmitteln

Schleifmittel unterscheiden sich wie folgt:

Schleifkornträger

Papier dünn: flexibel mit hoher Anpassungsfähigkeit dick: hart und stabil für den Maschinenschliff	A	sehr dünn	ca. 70 g/m²
	B	dünn	ca. 100 g/m²
	C	mittel	ca. 120 g/m²
	D	dick	ca. 150 g/m²
	E	sehr dick	ca. 220 g/m²
Leinen / Gewebe sehr reißfest	J	leichte Qualität	
	K	schwere Qualität	
	U	0,38 mm dick	
Fiber, hart und stabil für den Maschinenschliff			

Bindesystem und Antihaftschicht von Schleifmitteln

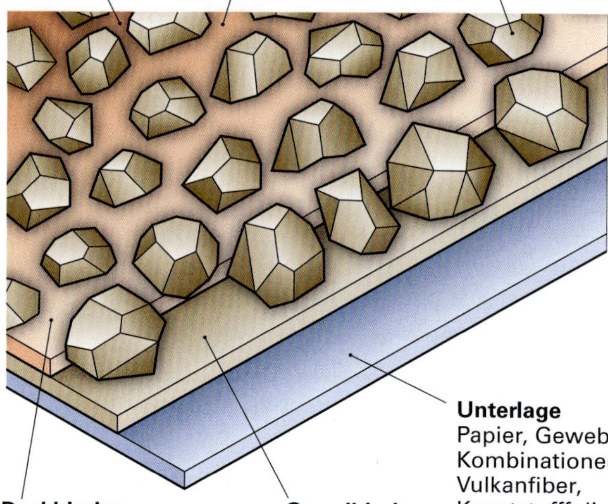

Schleifkornarten

Aluminiumoxid (Korund): blockig, zäh, hohe Standzeiten auf „harten Materialien", Härte 9,4 nach Mohs

Siliciumcarbid: scharf, spröde, sehr „schnittig" auf „weichen Materialien", Härte 9,6 nach Mohs

Schleifkörner sind in sich meist massiv. Sie können auch aus winzigen Splittern bestehen, so dass beim Abrieb immer wieder scharfe Kanten zum Einsatz kommen.

Schleifkorngröße/Feinheitsgrad

Die Größen der einzelnen Körner sind nach den Normen der **FEPA** (Fédération Européenne des Fabricants de Produits Abrasifs) eingeteilt. Die Standardgrößen umfassen 25 verschiedene Körnungen, Kennbuchstabe **P**.

P 8 bis P 80	sehr grob (extra coarse)
P 100 bis 120	grob (coarse)
P 120 bis P 220	mittel (medium)
P 220 bis P 320	fein (fine)
P 320 bis P 360	sehr fein (very fine)
P 400 bis P 500	super fine
P 500 bis P 600	ultra fine

Mikrokörnungen reichen bis P 5000.

Offene und geschlossene Streuung

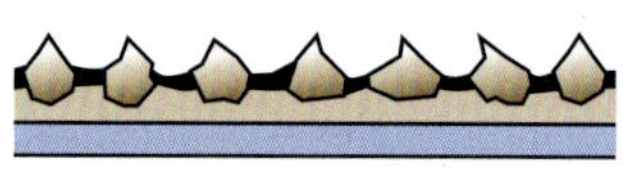

Wenig Schleifkörner:
Wenn die Unterlage zwischen 50-70% mit Schleifkörnern bedeckt ist, spricht man von einer **offenen Streuung**.

Je offener die Streuung, desto besser die Abtragsleistung.

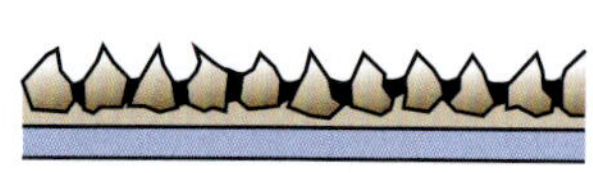

Viele Schleifkörner:
Wenn die Unterlage zu mehr als 70% mit Schleifkörnern bedeckt ist, spricht man von einer **geschlossenen Streuung** (dichte Streuung).

Je geschlossener die Streuung, desto besser die Oberflächengüte.

Weitere Schleifmittel sind Schleifvlies, Schleifwolle, Schleifpasten und in erweitertem Sinne Polierpasten.

Schleifvlies

Es besteht aus Nylonfasern, die mit Harzen zusammengehalten werden. Die Schleifkörner sind im Harz eingebettet. Es eignet sich zum Glätten, Reinigen und Anrauen, jedoch nicht zum Abschleifen und Abtragen von Altbeschichtungen. Es ist flexibel zu handhaben, z.B. an Kanten und Rundungen.

Schleifwollen

Aus Stahlgespinst, Messinggespinst oder Haar

Schleifpasten, Poliermittel

Feinste Schleifmittel in Emulsionen, Polituren enthalten zusätzliche Wachse und Öle.

Aufbau Schleifvlies

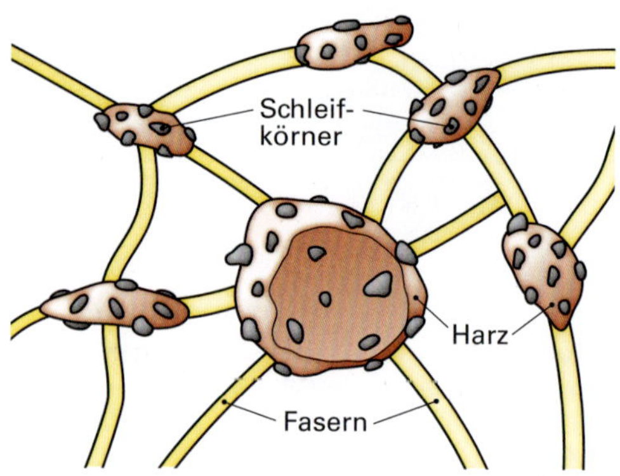

12.8.5 Schleifmaschinen

Je nach Schleifaufgabe und Objekt kommen verschiedenen Schleifmaschinen zum Einsatz. Diese sind mit Kabel/Akku strombetrieben oder arbeiten mit Druckluft.
Schleifmaschine, Schleifteller und Schleifpapier bilden das Schleifsystem.

Schleifmaschine	Beschreibung	Bewegung	Schleifspur
	**Rutscher/Schwingschleifer** Schleifen mit schwingender Bewegung des Schleiftellers. Sie verkanten nicht so leicht. Sie eignen sich für fast alle Malerarbeiten.	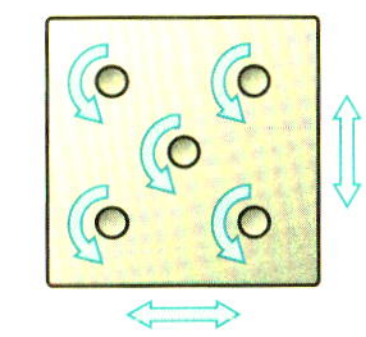	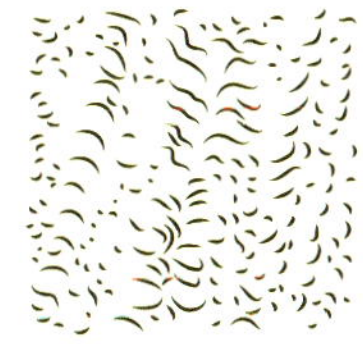
	**Exzenterschleifer** Bieten 2 Bewegungen in 1 Gerät. Das Einsatzspektrum ist groß, da je nach Schleifteller sowohl Schleifarbeiten als auch Polierarbeiten möglich sind.	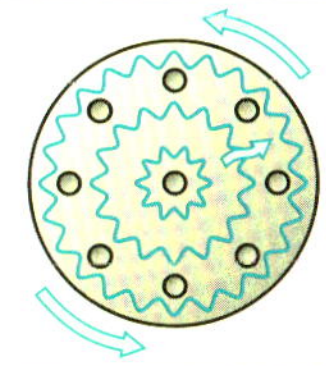	
	**Deltaschleifer** Eignen sich besonders für Profile und Ecken. Sie sind handlich und gut geeignet für Fenster und Verkleidungen. Schleifbild wie beim Rutscher.	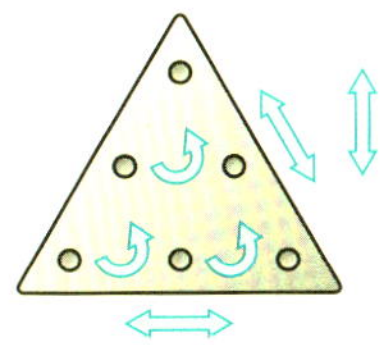	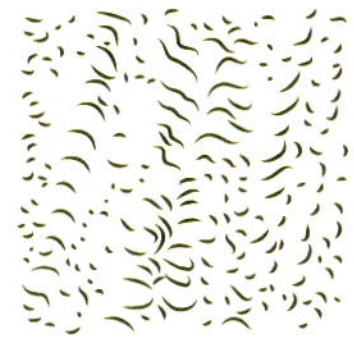
	**Rotationsschleifer** Schleifen mit rotierender Bewegung. Sie sind auf hohen Materialabtrag ausgelegt.	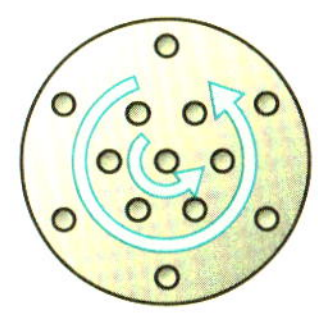	
	**Bandschleifer** Sind Schleifmaschinen für glatte, große Flächen. Die Bewegung des Schleiftellers ist linear. Industrieller Einsatz für Holz und Metall.	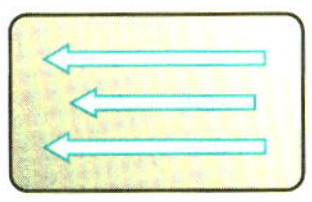	

Übersicht 1: Schleifmaschinen

Schleifteller/Schleifschuh

Diese sind hart oder weich, je nach Einsatzgebiet. Gerätehersteller bieten zu den Schleiftellern passende Schleifscheiben an. Für den schnellen Wechsel sind Schleifteller und Schleifscheiben meist mit Kletthaftung versehen. Die Scheibe muss den Schleifteller genau abdecken, sonst ist dieser schnell kaputt.

Schleifpapier/Schleifscheiben

Moderne Geräte verfügen über eine Absaugung über den Schleifteller. Beim Aufbringen der Schleifscheibe müssen die Löcher der Schleifscheibe genau über den Löchern des Schleiftellers positioniert werden. Wird die Schleifscheibe runtergeschruppt, kann die Oberfläche des Schleiftellers beschädigt werden, ebenso, wenn Schleifpapier beim Schleifen den Schleifteller nicht mehr ausreichend abdeckt.
Trennscheiben oder Schruppscheiben werden oft ohne Schleifteller in geeigneten Maschinen eingespannt.

Bild 1 und 2: Schleifteller mit Absaugung

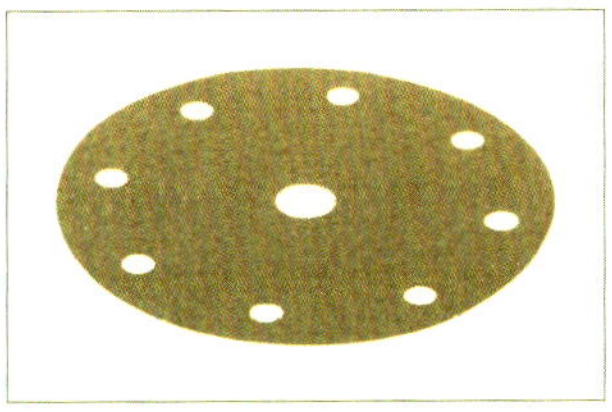

Bild 3 und 4: Schleifscheibe und Polierscheibe

12.9 Hochdruckreinigung

Bild 1: Arbeiten mit dem Hochdruckreiniger

Trifft Wasser mit hohem Druck auf den Untergrund, so wird Schmutz etc. abgesprengt. Die Hochdruckreinigung kann auf allen wasserbeständigen Untergründen eingesetzt werden, unter der Bedingung, dass das Wasser der Umgebung nicht schadet.

Die Druckerzeugung erfolgt meist über einen Kolbenmotor. Für das Ergebnis sind folgende Faktoren ausschlaggebend:

- **Arbeitsdruck.** Mit 80 bis 150 bar zum Reinigen von Flächen. Mit 500 bar werden Lackschichten abgetragen. Dabei kann jedoch auch der Untergrund beschädigt werden. Ab 500 bar kann die Pistole vom Arbeiter nicht mehr längere Zeit frei gehalten werden. Geräte mit hoher Druckleistung benötigen Kompressoren von Anhängergröße (Bild 1). Der Arbeitsdruck entscheidet primär über den Wasserverbrauch (400 l/h bis 7000 l/h)
- **Beheizbarkeit.** Warmes oder heißes Wasser reinigt besser als kaltes Wasser. Heißwassergeräte arbeiten mit einer Wassertemperatur bis 80 °C oder einer Dampfstufe bis 140 °C.
- **Aufprallwinkel.** Zum Reinigen ist der Strahl nie direkt im rechten Winkel auf die Fläche zu richten. Ein Lackuntergrund könnte beschädigt werden (z. B. bei Reinigen eines Fahrzeuges).
- **Düsenart.** Es kommen verschiedene Düsenarten zum Einsatz, siehe Bild 2.
- **Zusätze.** Diese lösen den Schmutz. Das Schmutzwasser muss dann aber aufgefangen werden (siehe unten).

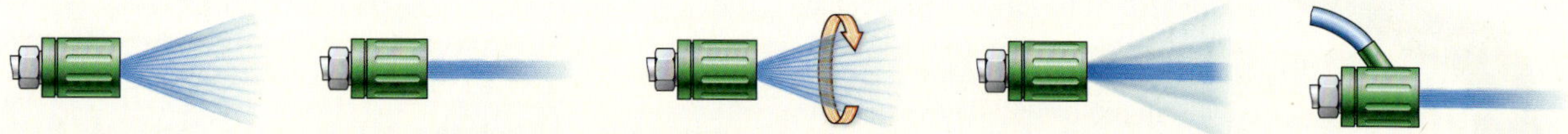

Die **Flachstrahldüse** erzeugt einen aufgespreizten Strahl (z. B. 15°, 30° oder 60°).

Bei der **Punktstrahldüse** (Rundstrahldüse) ist der Strahl nicht aufgespreizt (0°). Die Düse erzeugt einen extrem harten Punktstrahl.

Die **Turbodüse** (Rotordüse, Dreckfräse) erzeugt einen rotierenden Punktstrahl, dessen Radius immer größer wird, je weiter man vom Untergrund entfernt ist.

Bei der **Variodüse** kann der Strahlwinkel von 0° bis 90° stufenlos eingestellt werden.

Bei der **Venturidüse** befindet sich seitlich eine Öffnung, durch die das Strahlmittel aufgrund der Sogwirkung mitgerissen wird.

Bild 2: Düsenarten für Hochdruckreiniger

Arbeits- und Umweltschutz

Zum eigenen Schutz ist bei der Arbeit unbedingt Sicherheitskleidung zu tragen. Diese umfasst Schutzanzug, Helm, Sicherheitsschuhe und Gehörschutz. Die Reinigungslanze darf unter Druck nie auf andere Personen gerichtet werden. Mit 500 bar wird Kleidung zerfetzt, das Wasser durch die Haut geschossen, der Fuß etc. regelrecht aufgepumpt. Dies führt zu langem Arbeitsausfall bis hin zur Amputation oder zum Tod.

Ab einer Fassadenreinigung ab ca. 300 m^2 muss das Schmutzwasser je nach Regelung der Stadtverwaltung aufgefangen werden. Wird nur mit reinem Wasser gereinigt, so reicht ein wirksames Absetzbecken und ein Filtervlies, um Farbreste zu entfernen, bevor das Wasser über die Kanalisation ins Klärwerk geleitet wird. Einleitung in öffentliche Anlagen sind genehmigungspflichtig (Bild 3).

Erfolgt die Fassadenreinigung mit Wasser oder chemischen Zusätzen, so muss das Schmutzwasser über Folien, Rinnen und Absetzbecken aufgefangen werden. Gereinigt wird es in behördlich zugelassenen Abwasservorbehandlungsanlagen, in denen Chemikalien neutralisiert werden.

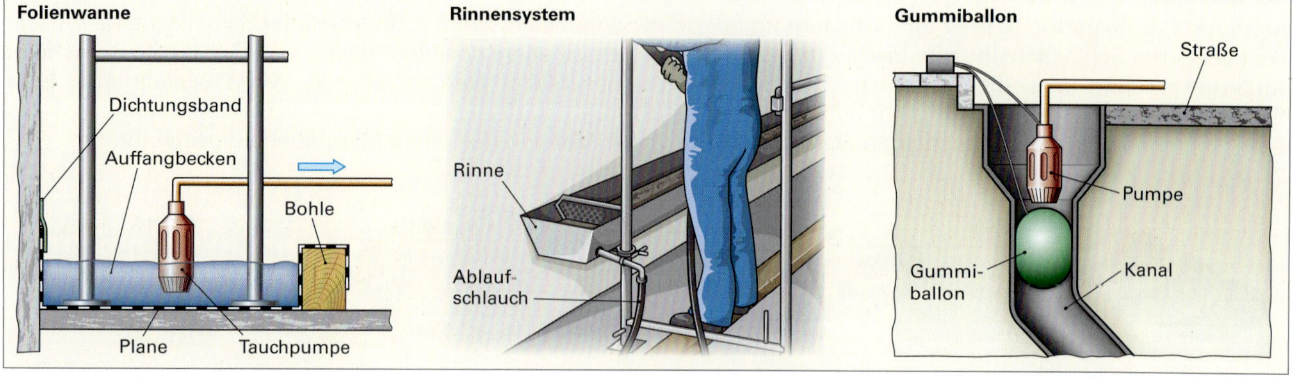

Bild 3: Maßnahmen zum Auffangen des Schmutzwassers bei der Fassadenreinigung

12.10 Strahlverfahren

Mittels Strahlverfahren können Untergründe porentief von Schmutz und von Altbeschichtungen befreit werden. Feinkörniges Strahlmittel wird mit Druckluft bis zu 6 bar auf den Untergrund, das Strahlgut, geschleudert und löst mechanisch die Altbeschichtung. Das Strahlen ist im Ergebnis kaum mit anderen Verfahren zu übertreffen. Wird in einer Ausschreibung im Korrosionsschutz Normreinheitsgrad Sa 2 ½ verlangt, so *muss* gestrahlt werden **(siehe Kap. 2.4.3)**.

Bild 1: Strahlmittel

Eine Auswahl von Strahlmitteln zeigt **Bild 1**.

Die Grundformen der Strahlmittel sind: rund, kantig und zylindrisch. Diese Eigenschaften werden auch immer als Zusatz in der Strahlmittelsorte geführt. Verwendet werden auch die nicht eindeutigen englischsprachigen Begriffe „shot" für runde und „grit" für kantige Strahlmittel.

Neben der Form sind Größe und Härte des Strahlmittels von Bedeutung für das Strahlergebnis (**Bild 2**):

- Runde Strahlmittel hämmern auf die Oberfläche, spitze Strahlmittel schlagen sie auf.
- Harte Strahlmittel zerspringen leicht. Weiche Strahlmittel verformen sich mehrmals.
- Kleine Strahlkörner gelangen besser in die Rautiefe der Stahloberfläche als große Strahlkörner. Sie besitzen eine geringe Tiefenwirkung, aber hohe Flächenleistung.

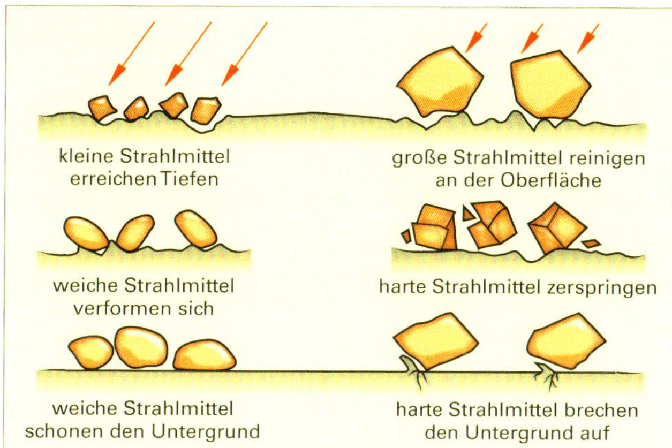

Bild 2: Wirkungsweise der Strahlmittel

Im Freien, bei Strahlmittelverlust, ist harte, preiswerte Hochofenschlacke zu empfehlen, in stationären Anlagen mit mehrfachem Umlauf ist relativ weicher Stahlschrot wirtschaftlicher.

Strahlverfahren

- **Nassstrahl-Verfahren.** Für empfindliche Flächen, z. B. Sandstein oder Muschelkalk, ist das Nassstrahlen von Vorteil. Strahlmittel ist in den Wasserstrahl eingemischt und prallt schonender auf den Untergrund.
- **Trockenstrahl-Verfahren.** Dieses Verfahren hat sich im Handwerk für Entrostungs- und andere Strahlarbeiten etabliert. Dabei kommt es aber zur Staub-Entwicklung. Beim Trockenstrahl-Verfahren unterscheidet man drei Verfahren, siehe **Übersicht 1**:

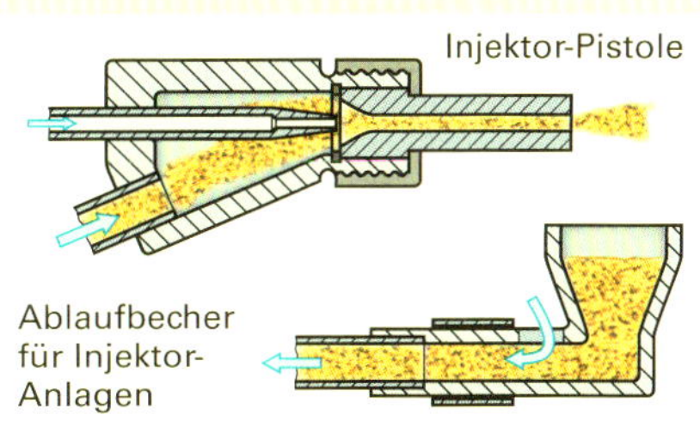

Injektoranlagen

Strahlmittel wird mit Druckluft in der Pistole und zusätzlicher Drucklufteinteilung auf ca. 10 m/sec beschleunigt. Die Anlagen sind transportabel und auch für feine Strahlarbeiten geeignet.

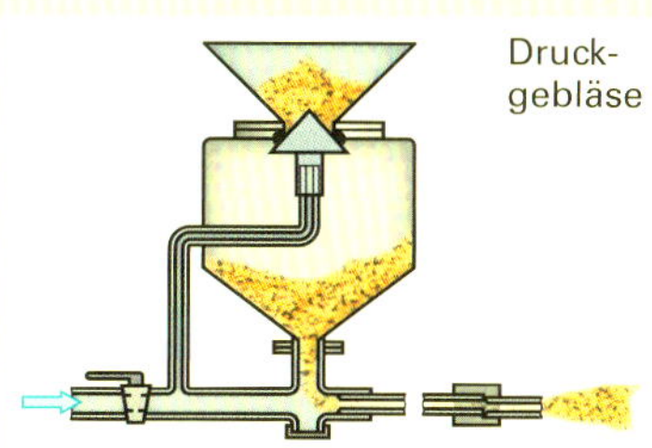

Anlagen mit Druckgebläse

Vorwiegend stationäre Anlagen, in der Druckluft Strahlmittel beigemischt werden. Je nach Beschleunigungsstrecke und Druck sind Aufprallgeschwindigkeiten über 40 m/sec erreichbar.

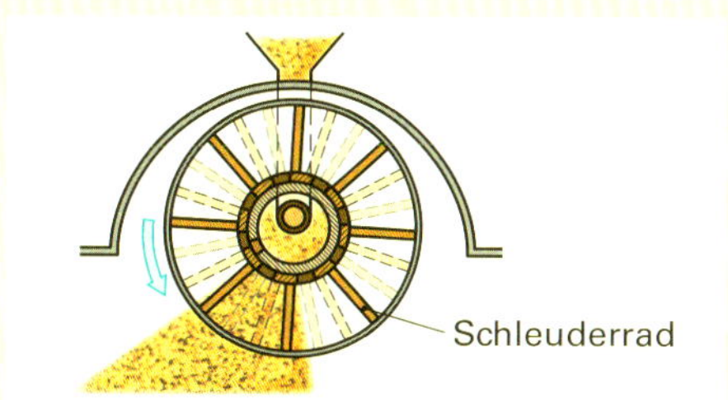

Schleuderrad-Anlagen

In diesen stationären Anlagen wird das Objekt am Schleuderrad vorbeibewegt. Hohe Leistungen bei hoher Streuung mit einem Durchsatz bis zu 80 kg Strahlschrot/min. Ungeeignet für feine Arbeiten. Aufprallgeschwindigkeiten bis zu 80 m/sec.

Übersicht 1: Strahlverfahren

Schutzmaßnahmen. Bei Strahlarbeiten ist auf vorschriftsmäßige Schutzkleidung und Schutzausrüstung zu achten. Der Strahl darf nie auf andere Personen gerichtet werden. Arbeiten an Gerät und Ausrüstung dürfen nur ohne Druckbetrieb erfolgen.

12.11 Thermische Entschichtung unter Einsatz von Hitze

Hitze lässt sich zum Entschichten von Flächen sinnvoll nutzen wie z. B. beim Flammstrahlen oder beim Abföhnen von Altbeschichtungen. Das Wasser beim Hochdruckreinigen kann ebenfalls erhitzt werden, um eine bessere Reinigungswirkung zu erzielen (**Übersicht 1**):

Abföhnen

Altbeschichtungen auf Lackbasis lassen sich durch einen Heißluftföhn erweichen, die weiche Schicht wird mit einem langen, hitzebeständigen Spachtel abgeschabt. Achtung: Altbeschichtungen können beim Erwärmen giftige Dämpfe freisetzen! Auch der Untergrund (insbesondere Holz und dünne Bleche) kann unter der Hitzeeinwirkung leiden. Auch Holzschutzgifte, die unter dem Lack liegen, lösen sich bei der Hitze und dürfen nicht eingeatmet werden.

Abbrennen/Flammstrahlen

Beim Entzundern und Entrosten von Stahl werden die unterschiedlichen Ausdehnungskoeffizienten bei Wärme zwischen Stahl, Zunder und Rost ausgenutzt. Unter Hitze werden die Partikel vom blanken Stahl abgelöst/ abgesprengt.

Dabei verdampft auch die Feuchte in den Poren des Rostes. Die dabei auftretende Volumenänderung bewirkt zusätzlich ein Ablösen bzw. Lockern des Rostes.

Abdampfen

Heißes Wasser dringt aufgrund der höheren Molekülbewegung schneller in wasserlösliche Schichten ein. Der Dampf muss jedoch gezielt das Objekt erreichen, schnell und ohne Abkühlung. Dies wird meist durch Druck auf den Wasserdampf erreicht.

Durch heißen Wasserdampf lassen sich z. B. Tapeten sehr gut ablösen. Das Gerät wird direkt auf die Wand aufgesetzt. So wirkt der heiße Dampf ohne Verlust.

Übersicht 1: Thermische Entschichtung mit Hitze

12.12 Thermische Entschichtung unter Einsatz von Kälte

Beim Entschichten mit Trockeneis wird Kälte eingesetzt.

Der in einer Strahlpistole erzeugte Unterdruck saugt die Trockeneis-Pellets an, beschleunigt sie auf 300 m/s und strahlt sie auf die zu reinigende Oberfläche. Während der Kontaktzeit zieht sich die Verschmutzung durch die starke CO_2-Unterkühlung (– 79 °C) zusammen und versprödet. Durch die entstandene Thermospannung löst sich die Schicht vom Grundmaterial. Mithilfe der Geschwindigkeit der nachfolgend auftreffenden Pellets wird die Beschichtung dann vollständig abgetragen.

Beim Trockeneisstrahlen entstehen außer dem abgesprengten Schmutz keine Rückstände. Das zu Gas gewordene CO_2 entweicht in die Luft. Die Trockeneis-Pellets sind nicht abrasiv, d. h., es wird beim Strahlen kein Material abgetragen (**Übersicht 2**).

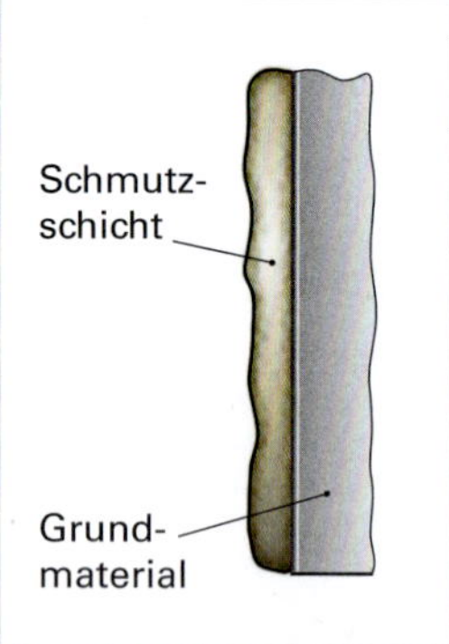

Vor der Reinigung

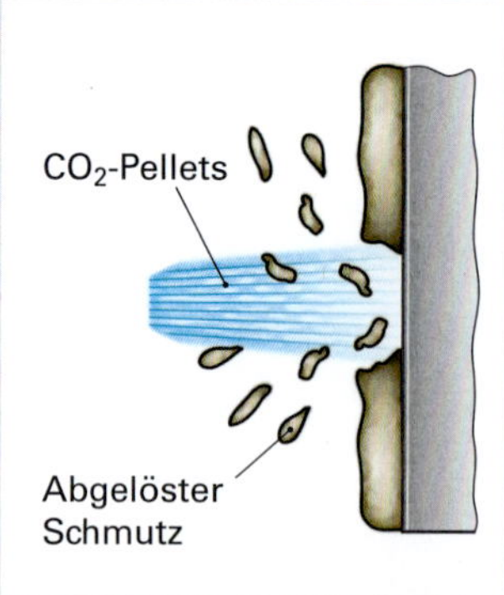

Während der Reinigung

Nach der Reinigung

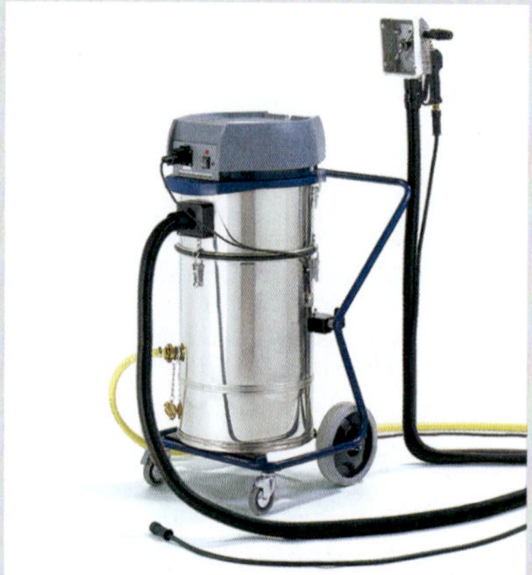

Übersicht 2: Thermische Entschichtung mit Kälte

12.13 Chemisches Ablaugen und physikalisches Abbeizen

Treppengeländer, furnierte Möbel, Putze und Gesteine, Stuckierungen oder Holzschnitzarbeiten sind Objekte, die ohne Substanzverlust oder Substanzschädigung entschichtet werden sollen. Dafür eignet sich das Abbeizen. Die Abbeizmittel können flüssig oder pastenförmig sein. Man unterscheidet im Wesentlichen 2 Gruppen:

- Alkalische Ablaugmittel
- Lösemittelhaltige Abbeizmittel

Der Untergrund muss gegen diese Stoffe beständig sein. Metalle, mineralische Untergründe und Holz können gut abgebeizt werden.
Abbeizrückstände sind als Sondermüll zu entsorgen.
Kunststoffe sind in der Regel lösemittelempfindlich, folglich sollten sie nicht abgebeizt werden, sondern in einer anderen Technik entschichtet werden.

Bild 1: Angequollene Lackschicht

Alkalische Ablauger

Natron- oder Kalilaugen zerstören ölhaltige Lacke, indem sie die Fettsäuren des Öles in wasserlösliche Seifen umwandeln, ein chemischer Vorgang, genannt Verseifung. Darum sind sie nur zum Entschichten ölhaltiger Lacke einsetzbar. Wenn z. B. alte Möbel vor 1900 zu renovieren sind, kann der Maler immer davon ausgehen, dass Ölfarben vorliegen. Hier kann er alkalische Ablauger einsetzen. Alkydharzlacke für Beschichtungen am Bau beinhalten einen hohen Anteil an Öl (60 % – 80 %) und können mit Lauge entfernt werden. Die lösemittelhaltigen Ablauger sind jedoch einfacher zu handhaben und werden meist den alkalischen Ablaugern vorgezogen.
Bewegliche Objekte wie Möbel oder Fensterläden sollten stationär in industriellen Ablaugereien entschichtet werden. Dann ist gewährleistet, dass die Entschichtung unter Beachtung des Umweltschutzes erfolgt.
Nach der Anwendung alkalischer Ablaugmittel muss der Untergrund mit einer schwachen Säure neutralisiert werden.

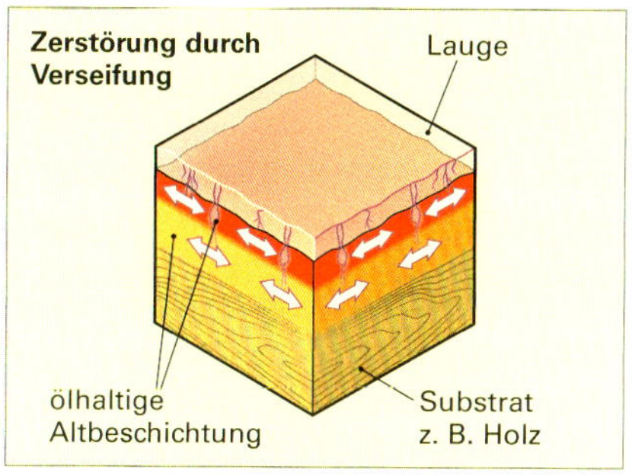

Bild 2: Entschichtung mit Laugen

Lösemittelhaltige Abbeizmittel

Diese Abbeizer werden auch „Abbeizfluide" genannt. Sie werden u. a. als Farbentferner, Fassadenreiniger und Graffitientferner angeboten. Für Kunststoffe sind diese Abbeizer nicht geeignet. Die eingesetzten Lösemittel quellen die Lackschicht an, ein physikalischer Vorgang. Es findet keine chemische Reaktion statt.
Eingesetzt werden Mischungen aus hoch- und niedermolekularen Aromaten und Aliphaten, vorwiegend Aceton, Glykoläther, Glykolätherester und Ester. Jede Mixtur ergibt eine andere Wirkung.
Verdickungsmittel sorgen dafür, dass die Lösemittel an senkrechten Flächen nicht ablaufen. Zugegebene Wachse und Paraffine schwimmen nach dem Auftragen an die Oberfläche und verhindern, dass die Lösemittel allzu schnell verdunsten. Das Auflegen einer Folie auf den Abbeizer hat gleiche, bessere Wirkung (**Bild 4**).
Nach dem Abbeizen muss die Fläche mit Lösemitteln nachgereinigt werden, je nach Untergrund kann auch mit Wasser nachwaschen werden.

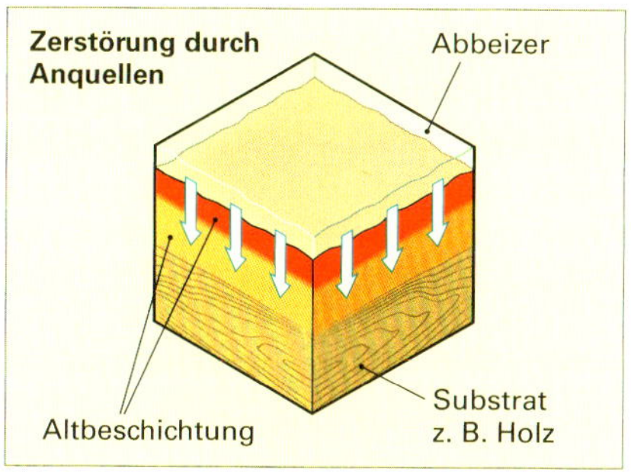

Bild 3: Entschichtung mit Lösemitteln

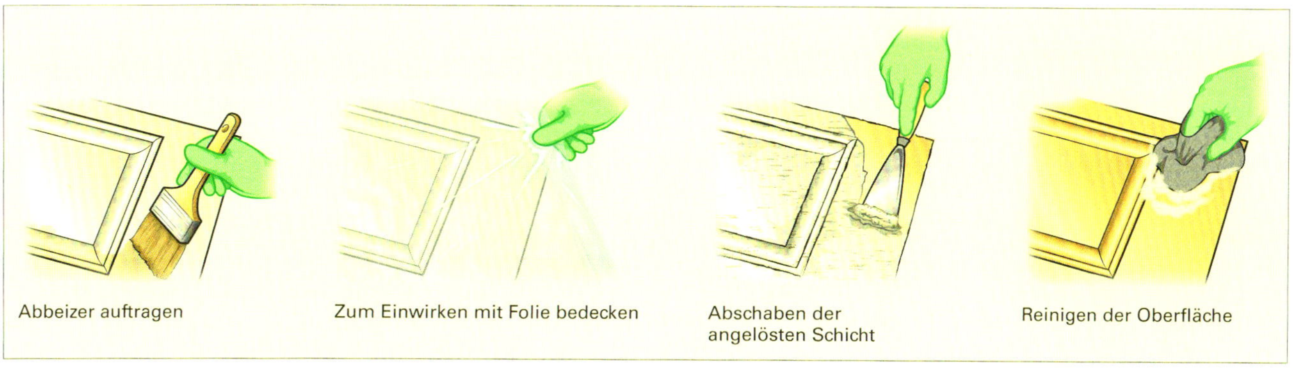

Bild 4: Arbeitsschritte des Abbeizens mit lösemittelhaltigen Abbeizmitteln

Methylenchloridhaltige Abbeizer

Diese sind wegen ihrer Gefahr für Gesundheit und Umwelt nicht mehr zugelassen. In der Regel sind für alle Beschichtungen, die mit dichlormethanhaltigen Abbeizmitteln entfernt werden können, auch geeignete wirksame dichlormethanfreie Abbeizmittel im Handel.

	Alkalische Abbeizmittel	Lösemittelhaltige Abbeizmittel
Bestandteile	• Kalilauge • Natronlauge • Zusatz möglich Methylzellulose (Kleister)	Organische Lösemittel • Aliphaten • Aromaten Besser: • Biologisch abbaubare Lösemittel Zusätze • Methylzellulose (Kleister) • Paraffin (Wachs)
Wirkungsweise	Chemischer Vorgang der Verseifung	Physikalischer Vorgang des Lösens und Anquellens
Einsatzbereiche	Alle Beschichtungen, die Öl enthalten • Ölfarben • Alkydharzlack	Je nach Lösemittel für • alle Lacke und • Dispersionen
Erkennung	• Lauge verfärbt Indikatorpapier Blau • Anwendungsversuch	• Lösemittel sind neutral, keine Verfärbung des Indikatorpapiers • Geruch
Verarbeitungs-hinweise	• Naturborsten werden zerstört • Leichtmetalle werden angegriffen • Mit Wasser ist nachzuwaschen • Holz wird dunkel, es muss anschließend mit Säure neutralisiert werden • Sicherheitsvorschriften beachten	• Satt auftragen • Mit Lösemittel nachwaschen • Vorsicht bei Kunststoff-Untergründen • Sicherheitsvorschriften beachten

Tabelle 1: Entschichtungsverfahren mit Abbeizern

12.14 Entfernung von Graffiti

Graffiti sind auf Fassaden gesprayte schriftähnliche Zeichen und Bilder, meist anonym und unerlaubt angebracht. Ob Graffiti Kunst sein können, hängt vom Betrachter ab **(Bild 1)**. Meist sind es Schmierereien, die möglichst schnell entfernt werden sollten, damit die Fassade nicht als freigegeben zum Besprayen betrachtet wird und neue Schmierereien dazukommen.
Abhängig vom Untergrund kann der Maler und Lackierer die Schmiererei

- überstreichen.
- entfernen und überstreichen.
- entfernen und den Untergrund unsichtbar schützen.

Sockelbereiche aus Naturstein oder verputzte Fassadenteile sollen von Graffiti gereinigt werden und zusätzlich vor weiterem Besprayen unsichtbar geschützt werden. Die Reinigung erfolgt mit dem Hochdruckreiniger in Verbindung mit einem Entferner. In schweren Fällen kann auch das Strahlen erforderlich sein.

Bild 1: Graffiti, Gestaltung oder Schmiererei?

Reinigung mit Chemikalien

Diese Reiniger enthalten organische Lösemittel. Sie schieben sich in die Lackschicht und quellen das Graffiti an. Ein Anteil an Säuren bewirkt einen ph-Wert von 4 bis 5. Darum sind die Augen zu schützen.
Auf porösem Untergrund ist ein Vorversuch sinnvoll. Je dichter der Untergrund, umso einfacher ist die Entfernung. Der Reiniger wird reichlich (400 $g/m)^2$ mit Pinsel oder Roller aufgetragen. Nach einer Einwirkzeit von 30 min bis 2 h kann alles abgeschabt, abgespritzt oder abgestrahlt werden. Es muss gut mit Wasser nachgespült werden, der Einsatz eines Hockdruckreinigers erleichtert die Arbeit. Der Vorgang ist je nach Notwendigkeit zu wiederholen. Handarbeit mit der Wurzelbürste würde die Verschmutzung übermäßig in den Untergrund reiben.
Gegen letzte Farbschatten wird ein Schattenentferner aufgestrichen, der nach der Einwirkzeit ebenfalls mit dem Hochdruckreiniger abgewaschen wird.
Abschließend wird die gesamte Fläche, auch ungereinigte Bereiche, mit dem Hochdruckreiniger von Schmutz gereinigt.

Schützen

Die gereinigte Fläche wird mit einer diffusionsoffenen Schutzschicht imprägniert. Bei weiterem Besprayen liegen dann Lackteilchen und Pigmente oder Farbstoffe nur an der Oberfläche und können so leichter entfernt werden. Der Zeitaufwand beträgt dann nur etwa 10 bis 20 % einer Komplettreinigung.
Man unterscheidet

- **permanente (dauerhafte) Schutzbeschichtungen,** die eine Reinigung überstehen. Dazu gehören EP- und PUR-Systeme, vernetzte Siloxane oder modifizierte Acrylate.
- **temporäre Schutzbeschichtungen,** die beim Reinigen mit entfernt werden und darum neu aufgetragen werden müssen, z. B. Wachse und Acrylate.
- **kombinierte Systeme**, auch als semipermanente Systeme oder Zweischichtsysteme bezeichnet. Die untere Schicht bleibt erhalten, die obere Schicht wird beim Reinigen entfernt und muss erneuert werden.

12.15 Spachteln und Verputzen

12.15.1 Verarbeiten von Spachtelmassen

Spachtelmassen dienen zum Glätten von Untergründen. Die verschiedenen Spachtelmassen werden in Kap. 11.11 vorgestellt.
Als Schicht im Beschichtungsaufbau muss die Spachtelmasse für den jeweiligen Untergrund geeignet sein. Dabei ist zu beachten, ob laut technischem Merkblatt auf den blanken Untergrund oder auf grundierten Untergrund gespachtelt wird.

Untergrund	Geeignete Spachtelmasse
Holz	Kunstharzspachtel auf Alkydharzbasis, Nitrospachtel, Polyesterspachtel (UP-Spachtel)
Kunststoff	Polyesterspachtel (UP-Spachtel)
Metall	Kunstharzspachtel auf Alkydharzbasis, Nitrospachtel, Polyesterspachtel (UP-Spachtel)
Mineralische Untergründe	Innen: Gips, Acrylspachtel Außen: Zementhaltige Spachtelmassen. Acrylspachtel

Tabelle 1: Untergrund und geeignete Spachtelmasse

Bild 1: Polyesterspachtel immer mit Handschuhen verarbeiten

Spachtelmassen, die Lösemittel enthalten
- müssen immer in dicht verschlossenen Behältern aufbewahrt werden. Offene Kunstharzspachtel-Gebinde werden deshalb mit Wasser abgedeckt. Nitrospachtel ist deshalb in kleinen Dosen oder in Tuben im Handel.
- fallen ein, d. h. beim Trocknen verringert sich die Schicht.

Polyesterspachtel
- muss als 2K-Spachtel nach Angabe angesetzt werden.
- Ist gesundheitsgefährdend (siehe Kap. 11.6).
- fällt beim Trocknen nicht ein.

Acrylspachtel
- ist eine extrem hoch gefüllte Dispersion.
- wird zum flächigen Spachteln in Innenräumen wie auch zum Schließen von Rissen innen und außen verwendet.

Spachtelmassen für mineralische Untergründe:
Zementhaltige und kunststoffvergütete Spachtelmassen können auch außen verwendet werden.
Gips ist wasserlöslich. Daher darf er nur in trockenen Innenbereichen eingesetzt werden.

- Pulverware muss zuerst angemacht, d. h. mit Wasser angemischt werden. Das Pulver ist in eine entsprechende, saubere Wassermenge einzurühren. Nach kurzer Einsumpfzeit kann bis zur Verarbeitungskonsistenz Wasser zugegeben werden. Die Spachtelmasse muss zur Verarbeitung klumpenfrei sein.
- Wände, die gespachtelt werden, müssen vor aufsteigender und rückseitig einwirkender Feuchte geschützt sein.
- Der Untergrund muss fest, trocken und sauber sein. Spachtelarbeiten dürfen nie auf gefrorenen Untergründen ausgeführt werden. Bei der Verarbeitung muss die Temperatur von Untergrund, Spachtelmasse und Luft darum über + 5 °C liegen.
- Steif werdendes Material darf nicht mehr verarbeitet werden und nicht durch Wasserzugabe oder Durchrühren verflüssigt und damit – nur scheinbar – verarbeitungsfähig gemacht werden.
- Gefäße und Werkzeuge sind sofort nach Gebrauch mit Wasser zu säubern. Zurückbleibende Spachtelreste verschmutzen die neue Anmischung und können deren Verarbeitungszeitraum verkürzen.
- Unterschiedliches Saugvermögen von verspachtelten Stellen zum Untergrund kann eine Grundierung erfordern.
- Bei Sandzugabe ist der Begriff „Mörtel“ anstelle „Spachtelmasse“ üblich.

12.15.2 Spachtelwerkzeuge

Für die Verarbeitung von Spachtelmassen stehen die Spachtelarten nach Übersicht 1 zur Verfügung. Eine glatte Spachteloberfläche kann nur erreicht werden, wenn die Spachtelkante des Werkzeuges absolut glatt und sauber ist.

Japanspachtel
Hergestellt aus Stahl oder Kunststoff mit verschiedenen Biegsamkeiten. Für alle Spachtelarbeiten.

Malerspachtel
In verschiedenen Breiten. Zum groben, kleinflächigen Spachtelauftrag. Eher ein Universalgerät Auch Einsatz zum Kratzen, Abstoßen, auch Flaschen öffnen etc.

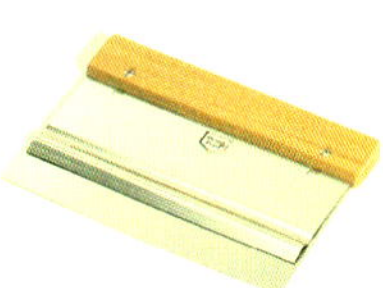

Doppelblatt-Spachtel
Zum Auftragen und Verteilen von Spachtelmassen. Das 2., kleine Blatt beeinflusst die Flexibilität des größeren Blattes.

Breitspachtel
Geeignet für großflächigen Auftrag von Spachtelmassen.

Übersicht 1: Spachtelwerkzeuge

12.15.3 Zahnkellen und Zahnspachteln

Einige Spachtelmassen und Klebstoffe werden mit Zahnkellen aufgetragen. Die Zahnungen sind unterschiedlich ausgeprägt, sodass sich mit der Tiefe und dem Abstand der Zahnlücken die Menge des Klebers/Putzes regulieren lässt **(Tabelle 1)**. Wird die Zahnspachtel beim Arbeiten zu flach oder zu steil gehalten, so verfälscht dies den vorgeschriebenen Materialauftrag.

		a (mm)	*b* (mm)	*c* (mm)	*γ* (°)
A1	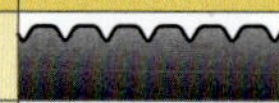	0,50	1,50	1,10	55
A2		1,30	1,70	1,40	55
A3	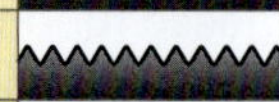	0,40	1,60	1,50	55
B1		2,60	2,40	2,00	55
B2		2,00	3,00	2,55	55
B3		3,30	3,70	3,25	55

a Zahnbreite bzw. Kerbenabstand
b Zahnlückenbreite bzw. Kerbenbreite
c Zahnlückentiefe bzw. Kerbentiefe
γ Kerbwinkel

Tabelle 1: Zahnungen

12.15.4 Kellen und Glätter

Zum Antragen und Verteilen von Putzen werden Glätter und Kelle benutzt **(Bild 1)**. Der Glätter setzt sich aus einem Blech (ca. 13 × 28 cm) und einem daran angebrachten Griff zusammen. Das Blech ist aus rostfreiem Edelstahl hergestellt. Die Griffe können aus Holz oder Kunststoff bestehen.

Für einfache Auftragsarbeiten verwendet man nichtabgerundete Blätter, für ansatzlose Oberflächen sind abgerundete Blätter erhältlich. Für Ecken sind Sonderformen erhältlich **(Übersicht 1)**.

Dekoputze werden in Kornstärke aufgezogen (bei einer Korngröße von 3 mm wird der Putz 3 mm dick aufgetragen), anschließend wird die Oberfläche z. B. mit einer Kunststoffkelle strukturiert. Durch den Widerstand beim Reiben wird das Material verdichtet. Das Reiben verursacht ein „Rollen" von Sandkörnern oder kleinen Steinen in der Materialstruktur, wodurch Lufteinschlüsse aus dem Material kommen und somit ein Verdichten erreicht wird. Reibebretter müssen einen Abrieb haben, damit genügend Widerstand beim Reiben entsteht.

Bild 1: Glätter und Kelle zum Auftragen von Putz, anschließend wird gerieben

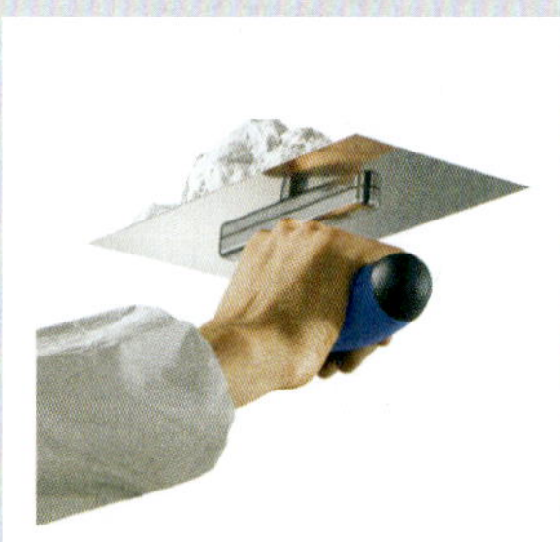

Glätter (Glättekelle, Traufel) zum Antragen und Glätten von Putzen und Spachteln

Stuckateur-Spachtel (Kelle) zum Antragen von Putz und Spachtelmassen

Eckenkelle außen zum Bearbeiten von Putzen in Außenecken

Eckenkelle innen zum Bearbeiten von Putzen in Innenecken

Venezianer Glättekelle mit abgerundeten Kanten für hochwertige Glättetechniken

Kunststoff-Kelle zum Abscheiben von Putzen

Kunststoff-Reibebrett mit Schwammgummi-Belag zum Glätten von Putzen

Abziehlatte

Übersicht 1: Werkzeuge zum Verputzen, Verdichten und Strukturieren

12.16 Pinsel und Bürsten

Der Pinsel ist das älteste Malerwerkzeug.
Neuzeitliche Entwicklungen haben zum Teil die Anstrichtechnik verändert, sodass der Pinsel seine führende Rolle unter den Malerwerkzeugen zu verlieren droht:

- Farbroller haben zum Teil die Deckenbürste verdrängt.
- Schaumstoffroller verdrängen den Lackierpinsel.
- Spritzgeräte ermöglichen neue Techniken bei der Beschichtung innen und außen.

12.16.1 Aufbau von Pinseln

Man unterscheidet bei einem Pinsel folgende Bauteile:

- Pinselkopf mit Besteckung
- Fassung (Zwinge)
- Stiel

Das **Besteckmaterial** entscheidet über Eigenschaften wie Geschmeidigkeit, Flexibilität, Lösemittelbeständigkeit.

- Farbaufnahme: Der Anstrichstoff muss in ausreichendem Maße von dem Werkzeug aufgenommen werden. Dabei muss er transportiert werden, wobei möglichst wenig Material verloren gehen darf.
- Farbabgabe: Der Anstrichstoff muss möglichst gleichmäßig steuerbar auf dem Beschichtungsträger abgegeben werden.
- Verschlichtung: Die Fahne des Pinsels sollte die Farbe gut verschlichten, sodass der Pinsel möglichst keinen Ansatz (wenig Spuren) hinterlässt.
- Das Material der Besteckung besteht zumeist aus Borsten, Kunststoff oder Haaren.

Aufbau einer Borste:

- Die Borste ist konisch und in den Spitzen mehrfach fein aufgespleißt (Borstenfahnen).
- Ein Borstenhalm in Vergrößerung zeigt deutlich Schuppenstruktur. Die so strukturierte Oberfläche kann viel Anstrichstoff aufnehmen und gleichmäßig wieder abgeben. Das ist durch die Rauigkeit der Borste möglich. Einige Kunststoffborsten ahmen dies erfolgreich nach.
- Wasser allerdings öffnet diese Schuppen und nimmt der Borste so ihre Stabilität.

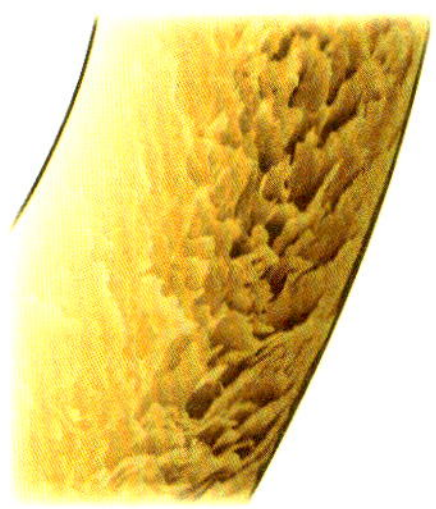

Borste

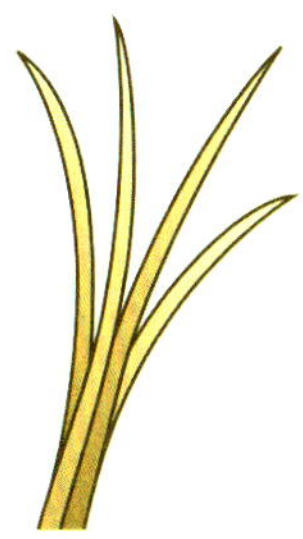

Borstenspitze (Fahne)

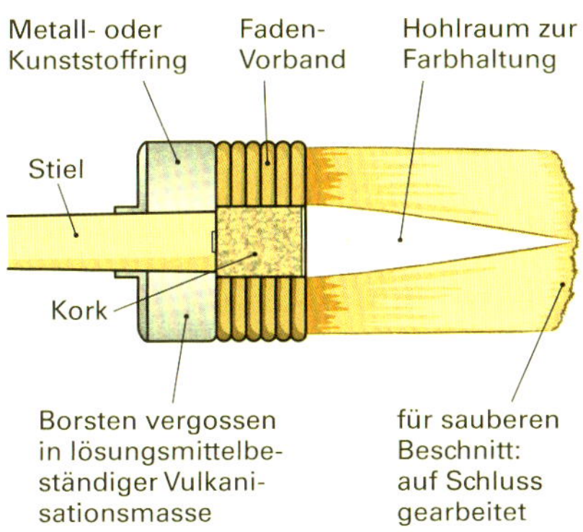

Ringpinsel-Konstruktion

Pinselgriffe aus Holz

Der **Pinselkopf** besteht aus den verschiedenen Besteckmaterialien, Farbkammern, Klebern und evtl. dem Fadenvorbund.

- Spezialkleber, meist auf Epoxidharzbasis zum Verkleben der Besteckung (Borsten, Haare, Kunstfasern)
- Einlagen in Form von Pappstreifen, Kork oder Kunststoff zur Bildung von Farbkammern im Pinselkopf
- Vorbindefäden für Ring- und Ovalpinsel

Die **Fassung (Zwinge)** umfasst und hält die Besteckung. Für die Fassung wird je nach Anforderung unterschiedlichstes Material verwendet:

- Edelstahlzwingen. Bei Verwendung wasserverdünnbarer Anstrichstoffe oder bei längerer Aufbewahrung gebrauchter Pinsel beginnen herkömmliche Metallfassungen leicht zu rosten und platzen ab.
- Kunststoffzwingen

Auch bei **Pinselgriffen** werden unterschiedliche Materialen verwendet:

- Holzgriffe, roh und lackiert. Profipinsel haben in der Regel rohe oder gewachste Holzgriffe. Pinsel mit rohen Holzstielen bleiben griffiger, weil sie die Handfeuchtigkeit aufnehmen. Bei Pinseln mit lackierten Griffen kann sich bei Verwendung von lösemittelhaltiger Farbe, Verdünner oder Pinselreiniger der Grifflack anlösen und abfärben.
- Kunststoffgriff

Übersicht 1: Bestandteile von Pinseln

12.16.2 Besteckmaterialien

Pinselfassungen werden besteckt mit natürlichen oder künstlichen

- Borsten
- Haaren
- Fasern

Chinaborsten sind robuste Naturborsten von chinesischen Schweinen. Die raue schuppenförmige Oberfläche der einzelnen Borste und das Kapillarsystem sorgen für ein sehr großes Aufnahmevermögen von Anstrichstoffen oder Lacken. Naturborsten sind nicht laugen- und säurebeständig. So kommt es zur Zerstörung bei Kalk- und Silikatanstrichen oder bei der Arbeit mit Ablaugemitteln.

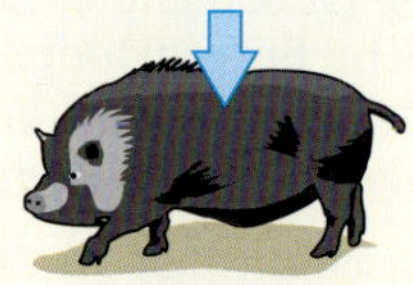
Chinaborsten

Synthetische Fasern wie z. B. **Chinex®** oder Orel wurden speziell für die Pinselindustrie entwickelt und sind von allerhöchster Qualität. Durch eine erheblich geringere Wasseraufnahme quellen diese Pinsel bei Wasserlacken kaum auf und lassen sich schneller und effizienter reinigen. Deshalb sind sie hervorragend geeignet für die Verarbeitung von wassergebundenen Farb- und Lacksystemen.

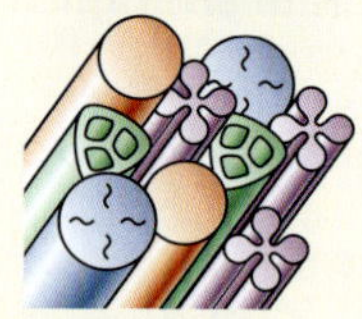
Chinex®

Rosshaar: Vorzugsweise werden das kräftige Schweif- und das schwächere Mähnenhaar verarbeitet. Rosshaar ist weitgehend zylindrisch und hat keine natürliche Spitze. Angespitzte und geschlitzte Materialien werden zur Herstellung hochwertiger Tapezier- und Deckenbürsten verwendet.

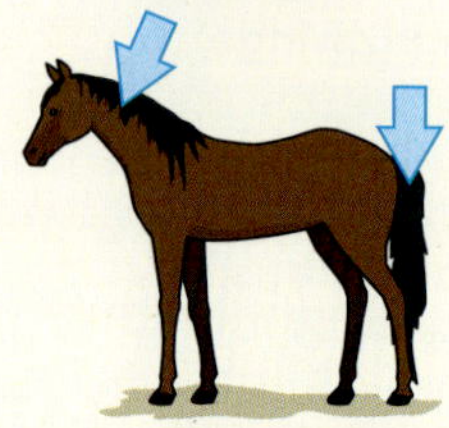
Rosshaar

Fibre: Diese pflanzliche Naturfaser wird aus den fleischigen Blättern verschiedener tropischer Agaven gewonnen. Pinsel und Bürsten mit Fibre-Fasern eignen sich

- zur Verarbeitung von Kalkanstrichen, weil sie alkalibeständig sind,
- für Bitumenanstrichen,
- zum Auftragen von Abbeizern und Ablaugern.

Fibre

Kolinsky-Rotmarder: Wertvolle Schweifgrannenhaare des sibirischen Kolinsky-Rotmarders sind das feinste Besteckmaterial für Künstlerpinsel von hervorragender Elastizität, mit langen, besonders feinen, flaumartigen und schimmernden Spitzen.

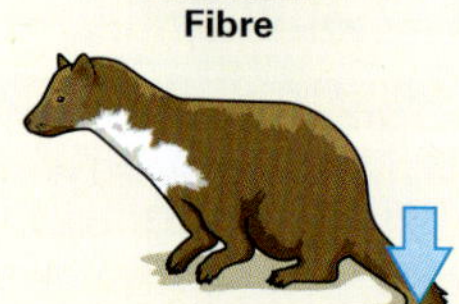
Kolinsky-Rotmarder

Toray-Haar: In Japan entwickeltes Kunsthaar aus Polyesterfasern, die für den europäischen Markt golden eingefärbt werden. Durch die richtige Mischung von verschiedenen Faserstärken und -längen zeichnet sich das Toray-Haar durch eine sehr gute Elastizität und Feinheit aus. Toray-Haar wird als preisgünstige Alternative zum Rotmarderhaar für die Herstellung von hochwertigen Künstlerpinseln verwendet.

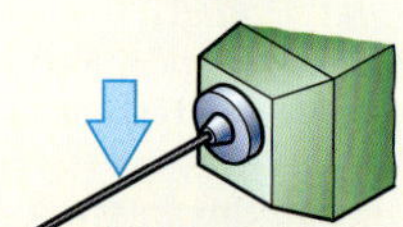
Toray-Haar

Rindshaar: Kräftiges, elastisches Haar mit feinen Spitzen. Für die Herstellung von Schriftpinseln (z. B. Plakatschreibern), Ölmal- und flachen Lackierpinseln.

Rindshaar

Iltishaar: Kräftiges, elastisches Haar mit feinen Spitzen, das nur in kurzen Längen vom Iltis anfällt. Iltishaar wird hauptsächlich für hochwertige Ölmal-, Porzellan- und Aquarellpinsel in Zwingen und Kielen verwendet. (Herkunft: Zentralasien und Deutschland).

Iltishaar

Dachshaar: Herkunft: Europa, Anatolien (Türkei) und China. Besonders langes, kräftiges und strapazierfähiges Haar. Es zeichnet sich durch eine gute Elastizität und eine feine Spitze aus. Dachshaar dient zur Herstellung hochwertiger Vertreiber und Rasierpinsel.

Dachshaar

Fehhaar: Eichhörnchen-Schweifgrannenhaar (Herkunft: Kanada, Russland und Skandinavien). Sehr fein, besonders geeignet für die Herstellung von Aquarell-Verwaschpinseln sowie feinster Lackier- und Vergolderpinsel und Anschießer.

Fehhaar

12.16.3 Pinsel im Malerhandwerk

Flachpinsel: Der Stiel (Griff) des Pinsels ist bei Profiqualitäten aus Holz, die Zwinge (Fassung) aus rostfreiem Edelstahl, die Besteckung variiert – mehrmals gekochte, reine, schwarze Chinaborste auf **Bild 1**.

Ringpinsel: Der Stiel ist meist aus rohem oder gewachstem Holz, die Fassung (Ring) bei Profipinseln aus Metall, die Besteckung ist mit Fadenvorband versehen (**Bild 2**).

Heizkörperpinsel: Heizkörperpinsel sind Flach- oder Plattpinsel mit einer Krümmung am Stielende, um schwer zugängliche Stellen (z.B. an Heizkörpern) besser erreichen zu können (**Bild 3**).

Flächenstreicher: Der Griff zum Aufschrauben besteht bei Profiqualitäten aus Holz, der Eimerhaken aus Metall oder Kunststoff, die Fassung aus Edelstahl, die Besteckung z.B. aus reinen Chinaborsten (**Bild 4**).

Deckenbürste: Der Griff zum Aufschrauben ist aus Holz oder Kunststoff, der Deckenbürstenkörper besteht aus Holz, Aluminium oder auch aus Kunststoff. Die Besteckung ist in Reihen oder als Bündel gesetzt, Eimerhaken aus Metall oder Kunststoff erleichtern das Ablegen bei der Arbeit. Die Stirnseiten sind offen oder geschlossen, die Besteckung variiert (**Bild 5 und 6**).

Ob Ring- oder Flachpinsel besser zu handhaben sind, muss der Maler selbst entscheiden. Ringpinsel werden zumeist bei Lackierungen von Türen und Fensterrahmen verwendet, da sich die Borsten besser führen lassen. Flachpinsel werden zumeist für großflächigere Arbeiten benutzt. Darüber hinaus gibt es zahlreiche Zwischenformen. Die Pinselgröße wird in Inch oder Zoll angegeben.

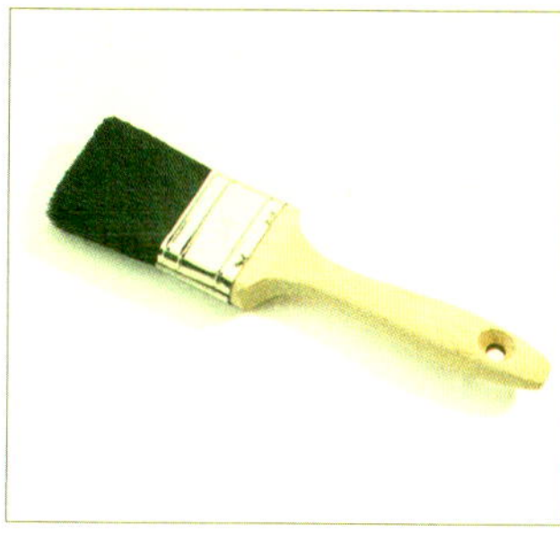
Bild 1: Flachpinsel

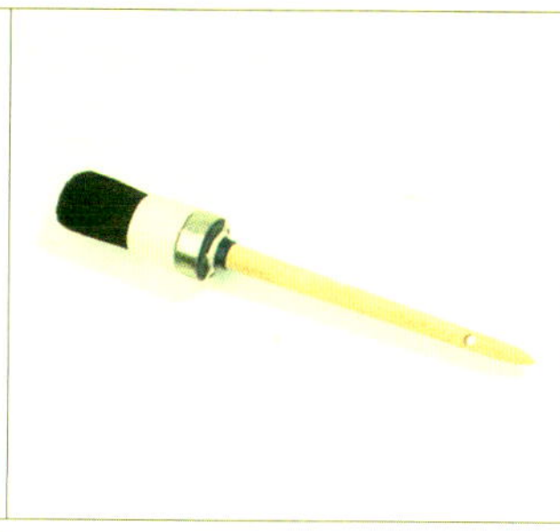
Bild 2: Ringpinsel

Bild 3: Heizkörperpinsel

Bild 4: Flächenstreicher

Bild 5: Deckenbürste oval

Bild 6: Deckenbürste gerade

12.16.4 Pinselpflege

Die Pflege von Streichwerkzeugen beendet den Arbeitstag von Malern und Lackierern. Ordentliche Reinigung, Sauberkeit und Lagerung der Streichwerkzeuge erhöhen deren Lebensdauer.

- Lackierpinsel müssen besonders gepflegt und zunächst mit dem Anstrichstoff, für den sie ausgewählt wurden, eingearbeitet werden. Eingearbeitete Lackierpinsel werden nicht verliehen!
- Pinsel und Bürsten, die für wasserverdünnbare Anstrichstoffe gebraucht wurden, sollen nach gründlichem Auswaschen und kräftigem Ausschlagen möglichst frei hängend aufbewahrt werden und trocknen. Es ist darauf zu achten, dass sie die Form behalten. Auf der Arbeitsstelle kann man die Bürsten hochkant stellen (**Bild 7**).
- „Schwalbenschwänze" entstehen, wenn man Pinsel beim Streichen nicht dreht. Pinsel nicht zu tief eintauchen, um die Elastizität nicht zu beeinträchtigen.
- Unvollständige Reinigung lässt Farbreste trocknen. Zu heiße Reinigung im Wasser und zu trockene Lagerung verursachen „Haaren".
- Bürsten und Pinsel dürfen nicht nass und verkrümmt gelagert, nicht im Eimer liegengelassen, nicht über Nacht im Anstrichstoff stehengelassen, nicht aufgestaucht oder gequetscht werden, denn so verlieren sie Form und Schuss.

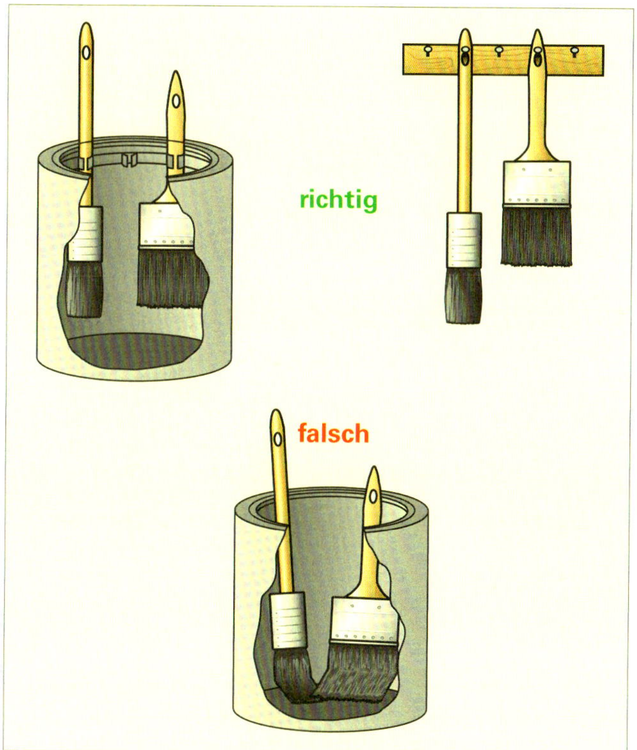

Bild 7: Pinselaufbewahrung – richtig und falsch

12.17 Rollen und Walzen

12.17.1 Walzenaufbau und Walzenarten

Farbroller/Farbwalzen eignen sich besonders zum gleichmäßigen Auftragen von Beschichtungsstoffen auf große Flächen (**Bild 1**).

Farbroller/Farbwalzen

Länge 18 bis 25 cm. Der Kerndurchmesser beträgt 30 bis 50 mm, dazu kommt der Bezug mit der Florhöhe. Je größer die Walze, umso höher ist die Flächenleistung, allerdings auch der Kraftaufwand. Je dicker die Walze, umso geringer die Fliehkräfte = weniger Spritzer.

Kleinflächenwalzen

Länge 5 bis 10 cm. Der Kerndurchmesser beträgt meist 17 mm, dazu kommt der Bezug mit der Florhöhe. Geeigneter für kleinere Bereiche.
Diese werden auch für Lackierarbeiten eingesetzt. Das Oberflächenergebnis ist jedoch nie so gut wie beim Spritzen.

Zubehör

Um schnell und sauber arbeiten zu können ist folgendes Zubehör wichtig:
- Abstreifgitter
- Teleskopstange
- Farbwanne mit Abstreifrillen

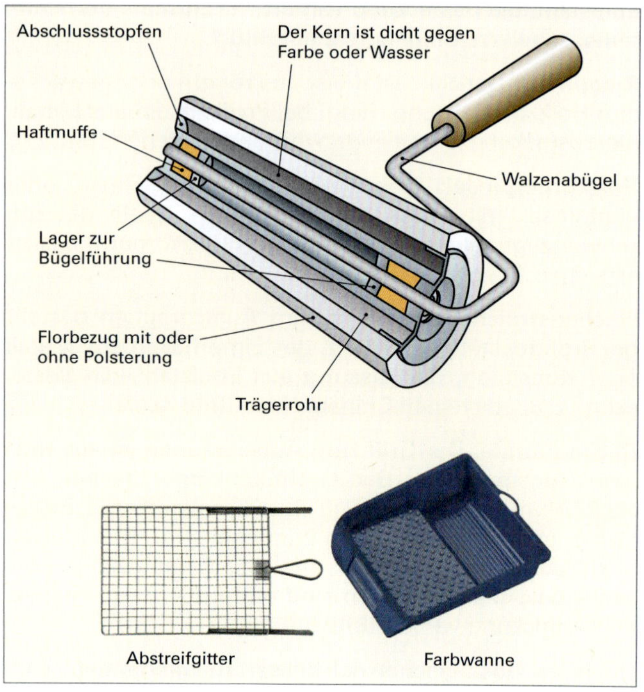

Bild 1: Walzenaufbau und Zubehör

Ungepolsterte Walze

Gepolsterte Walze

Ideal für alle Wandfarben, innen oder außen. Gepolsterte Walzen sind für grobe Strukturen vorteilhafter.

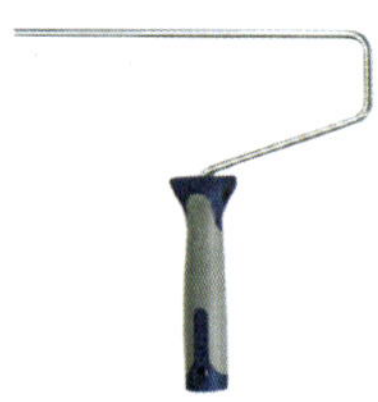

Walzenbügel

8 mm Rundstahl, korrosionsgeschützt Kunststoffgriff

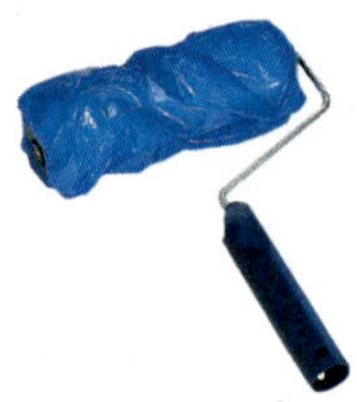

Deko-Walze

Der Deko-Effekt entsteht je nach Florstruktur.

Kleinwalze, Lammfell

Für Wandfarben. Relativ hoher Materialübertrag.

Kleinwalze, Schaumstoff Gerade Form

Klassische Schaumstoffwalzen-Form

Kleinwalze, Schaumstoff Gerundete Form

Die Rundung erleichtert ansatzfreies Walzen.

Erbslochwalze

Zun Strukturieren von Dekor-Putzen

Empfehlung: Lacke vorwalzen mit Lammfellflor, nachwalzen mit Schaumstoffwalze zum Glätten der Struktur

Übersicht 1: Walzenarten und Walzenformen

12.17.2 Florqualitäten

Oberflächenqualität und Flächenleistung einer Rolle hängen ab von der

- **Qualität der Faser:** Farbhaltevermögen, Wiederaufrichtverhalten, Abriebfestigkeit
- **Verarbeitung der Faser:** Web- oder Strickware
- **Neigung zum Flusen:** Teile der Faser lösen sich beim Rollen und verunreinigen das Lackierergebnis.
- **Aufrauung der Faserspitzen:** Geteilte Faserspitzen im Flor halten das Material länger.
- **Florlänge:** Je nach Untergrund lang oder kurz geeignet.

Es werden natürliche und synthetische Fasern verwendet, siehe Tabelle 1.

Naturfasern	Synthetische Fasern
Lamfell • handverlesene, spezialgegerbte Lammfelle aus der Rückenpartie von Schafen mit besonders dichtem und drahtigem Fell • sehr gute Farbaufnahme für große Flächenleistung • feinkörnige Rollstruktur • lösemittel- und laugenempfindlich **Mohair** • 100 % Ziegenhaar, Webware • sehr lösemittelbeständig • für lösemittelhaltige, zähflüssige Werkstoffe, z. B. für Versiegelungen, Grundierungen, Fußbodenbeschichtungen **Velour** • 100 % Wolle, Webware mit aufgeschnittenen Schlingen • lösemittelbeständig • für lösemittelhaltige, zähflüssige Werkstoffe, z. B. für Versiegelungen, Grundierungen und Fußbodenbeschichtungen	**Mikrofaser** • lösemittelbeständig • für dünnflüssige Materialien wie Lasuren und Grundierungen • für Dispersionen auf ebenen Untergründen **Polyamidfaser gezwirnt** **Polyamidfaser gekräuselte Webware** • strapazierfähig • lösemittelbeständig • für Lacke und Dispersionen **PUR-Schaum** • zum Modellieren von Rollputzen Spachtelmasse und Putzstrukturen **Vestan** • Polyester • hohe Saugfähigkeit • für einfache Beschichtungen

Tabelle 1: Natürliche und synthetische Fasern für Walzen

Polyamid

Höchste Qualitätsstufe für den professionellen Einsatz. Gleichmäßig hohe Farbaufnahme und -abgabe

Polyacryl

Mittlere Qualitätsstufe. Polyacryl nutzt sich leicht ab, die Rolle fusselt schneller.

Polyester (Vestan)

Günstig im Preis, schlecht in der Qualität und der Leistung. Einmalartikel für Hobbymaler

Übersicht 1: Einfluss von verschiedenen synthetischen Florqualitäten auf das Rollergebnis

Pflege von Rollen und Walzen

Vor Pausen, auch von einem Tag auf den anderen, müssen Rollen nicht unbedingt ausgewaschen werden. Werden sie luftdicht mit Folie umwickelt, so trocken sie in diesem Zeitraum nicht ein.

Ist eine Arbeit abgeschlossen, so müssen Rollen und Walzen

- **ausgewaschen werden.** Es wird solange ausgewaschen, bis kein gefärbtes Wasser mehr abläuft. Das Abwasser muss über ein Absetzbecken laufen und darf nicht in die Natur gelangen. Darum darf Auswaschwasser nicht in den Straßen-Gully gekippt werden, da dieses Wasser ohne Reinigung in den nächsten Bach fließt.
- **trocknen.** In Geräten mit Schleudereinrichtung wird das Wasser aus der Rolle geschleudert. Auf der Baustelle kann an einer Fläche schnell abgezogen werden. Es erfordert etwas Geschick, dabei keinen nassen Ärmel zu bekommen.
- **gelagert werden.** Nach dem Ausschleudern werden Rollen am Griff aufgespießt. Die Rolle darf nicht auf den Flor aufgelegt werden. In vielen Betrieben gibt es dafür eine Steckwand.

12.18 Farbauftrag mit Streich- und Rollwerkzeugen

Streichen mit dem Pinsel

Bei Pinseln und Bürsten nehmen die Borsten lediglich ⅓ des Raumes ein. ⅔ des Pinselkopfes sind Zwischenräume, die sich beim Eintauchen mit Anstrichstoff füllen. Die richtige Beschichtungstechnik zeigt **Bild 1**. Meist wird zum Abschluss die Fläche senkrecht, bei Holz in Faserrichtung durchgezogen.

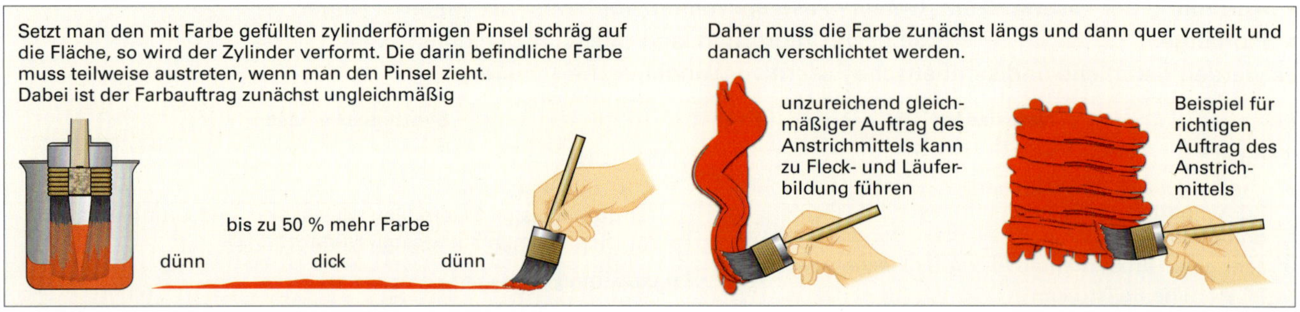

Bild 1: Farbaufnahme und Farbauftrag mit dem Pinsel

- Die Pinselgröße wird der zu beschichtenden Fläche angepasst. Meist hat der Maler und Lackierer beim Streichen neben dem Pinsel zum Streichen einen Plattpinsel für Ecken oder Falzen zur Hand.
- Nach dem Eintauchen des ersten Drittels der Borsten wird am Dosenrand ohne Druck überschüssiges Material abgestreift. Gelangt zu viel Lack auf eine senkrechte Fläche, so sind „Läufer“ oder „Tränen“ die Folge, unverzeihliche Lackierfehler (**Bild 2**).
- Während der Verarbeitung ist die Seite des Flachpinsels in Abständen zu wechseln, eines Rundpinsels leicht zu drehen. So nutzt sich der Pinsel gleichmäßig ab und behält seine Form.
- Nur bei liegenden Flächen kann annähernd ein Lackierergebnis wie beim Spritzen erzielt werden, da viel Material aufgetragen werden kann. Sonst sind immer Pinselspuren zu sehen.

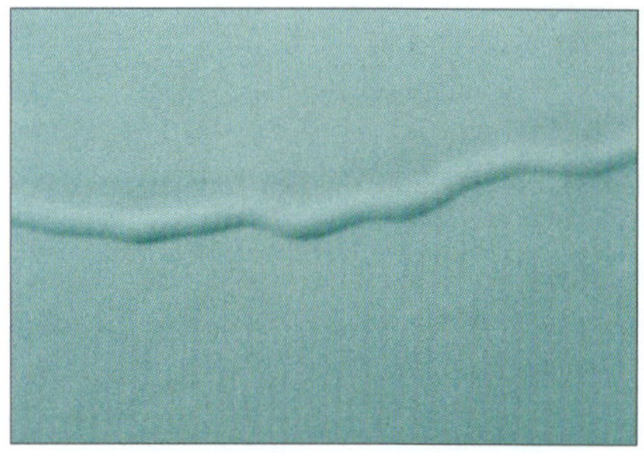

Bild 2: Läuferbildung durch Überschichtung an einer senkrechten Fläche

Beschichten von Wandflächen

Die Beschichtung von Wand- oder Fassadenflächen mit dem Farbroller oder der Bürste erfordert oft eine andere Auftragsweise des Materials (**Übersicht 1**).

- **Kreuzgang** (a)
- **Überlappend rollen** (b)
- **Ecken** (c)
  mit dem Flächenstreicher herausstreichen, nicht mit der Rolle
- **Kreuzschlag** (d)

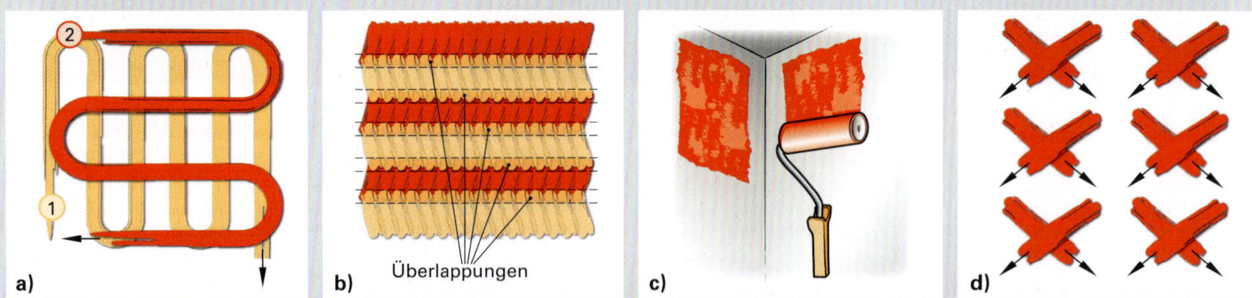

Kreuzgang	„Nass in nass“	Streichen von Ecken	Kreuzschlag
Für eine gleichmäßige Oberfläche wird die Farbe erst in Längsrichtung, dann Querrichtung (ohne neue Farbe aufzunehmen) beschichtet. Bahn neben Bahn, die letzte Streichrichtung „mit dem Licht“, d. h. weg vom Fenster zur gegenüberliegenden Wand.	Bei größeren Flächen muss zügig gearbeitet werden, damit der Anstrichstoff noch nicht trocken ist, wenn die angrenzende Fläche nahtlos beschichtet werden soll. Dabei sollte nie bei großer Wärme oder Zugluft gearbeitet werden, sonst entstehen Ansätze.	Die „volle“ Farbrolle darf nie direkt am Rand angesetzt werden, sondern immer etwas darunter oder darüber.	Zur gleichmäßigen Belebung und Strukturierung von Flächen wird mit der Streichbürste im Kreuzschlag gearbeitet. Die Streichbürste sollte oval geformt sein, um Ansätze zu vermeiden. Diese Technik wird vor allem bei Streichputz verwendet.

Übersicht 1: Anstricharbeiten auf Wänden

12.19 Lackieren mit wasserverdünnbaren Lacken

Lösemittelfreie wasserverdünnbare Lacke sind Dispersionen. Sie sind das Ergebnis der Weiterentwicklung von der Dispersionsfarbe zum Lack als Alternative zum lösemittelhaltigen Lack. Durch Vorgaben der VOC-Gesetzgebung und der Einsicht der Notwendigkeit Lösemittel zu reduzieren wurden für Fenster, Möbel, Holzverkleidungen usw. Dispersionsfarben weiterentwickelt.

Auf dem Markt war der Begriff „Dispersionsfarbe" bereits für Wandbeschichtungsstoffe besetzt, sodass der Begriff „Wasserlack" geprägt wurde.

Dies High-Tech-Dispersionsfarben mit Acryl oder PUR als Bindemittel weichen in ihren Verarbeitungseigenschaften von herkömmlichen Alkydharzlacken ab, siehe **Tabelle 1**.

Wasser/Wasserlack	Einfluss auf die Verarbeitung
Wasser, H_2O, ist ein sehr kleines Molekül, mit polaren Kräften zwischen den Molekülen.	Wasser verdunstet deutlich langsamer als Lösemittel (VZ Xylol = 14, VZ Wasser = 80). Bei hoher Luftfeuchte verdunstet Wasser noch langsamer.
Wasser ist umweltfreundlich und unschädlich.	Reinigung der Geräte mit Wasser. Achtung: Das Abwasser ist wg. der ausgewaschenen Bindemittel trotzdem umweltschädlich und muss gereinigt werden.
Wasser lässt Eisen und Stahl rosten.	Leichte alkalische Einstellung des Systems verhindert die Rostung. Es gibt Rostschutzgrundierungen auf Wasserbasis.
Wasser besitzt eine hohe Oberflächenspannung.	Wasserlacke benetzen den Untergrund schlechter, er muss besonders sauber und fettfrei sein.
Wasser gefriert bei 0 °C.	Gebinde frostfrei lagern. Die Verarbeitungstemperatur sollte bei 15 bis 25 °C liegen.
Wasserlack trocknet an der Oberfläche schneller an.	Zügig arbeiten
Wasserlacke trocknen langsamer durch.	Sie brauchen etwas länger bis zur Blockfestigkeit, d. h. ohne Klebeverhalten, wenn z. B. Fenster für längere Zeit geschlossen werden. Auftrag nicht über 150 µm in 1 Schicht, auch wenn dies möglich ist. Längere Wartezeit beim Überarbeiten.
„Wasserberg" **(Bild 1)**	Gibt man einem Lack eine Verdünnung zu, so sinkt üblicherweise die Viskosität (Lösemittelsystem). So verhalten sich auch Wasserlacke bei der Zugabe von Wasser. Durch die innere Struktur kommt jedoch eine Phase, in der bei Zugabe von Wasser die Viskosität wieder ansteigt, bevor bei weiterer Wasserzugabe die Viskosität wieder weiter sinkt. Der Lack wird also zeitweise dicker anstatt dünner (Wasserlack 2). Je mehr Wasser zugegeben wird, umso geringer wird der Festkörper des Lackes. Ein Nachteil für die Trockenschichtdicke bei gleichem Lackauftrag. Dies wird durch geringe Lösemittelanteile (bis 8 %) reduziert (Wasserlack 1). 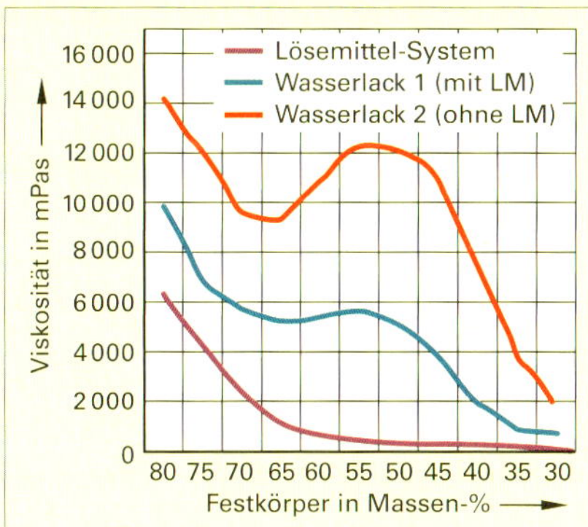 **Bild 1: Viskositätsverhalten von Lacken beim Verdünnen**
Für alle Verarbeitungsverfahren geeignet	Aufgrund besonderer Rezeptur der Lacke
Auch als 2K-Lacke im Handel	Aufgrund besonderer Rezeptur der Lacke

Tabelle 1: Besonderheiten der Verarbeitung von wasserverdünnbaren Lacken

Lackieren von großen Flächen, z. B. von Türblättern (Bild 2)

1. Beschichtung der Kanten
2. Lackauftrag in Bahnen mit dem Polyamidflorroller
3. Danach die ganze Fläche quer abrollen
4. Endgültiges senkrechtes Abrollen mit einer abgerundeten Schaumstoffrolle.

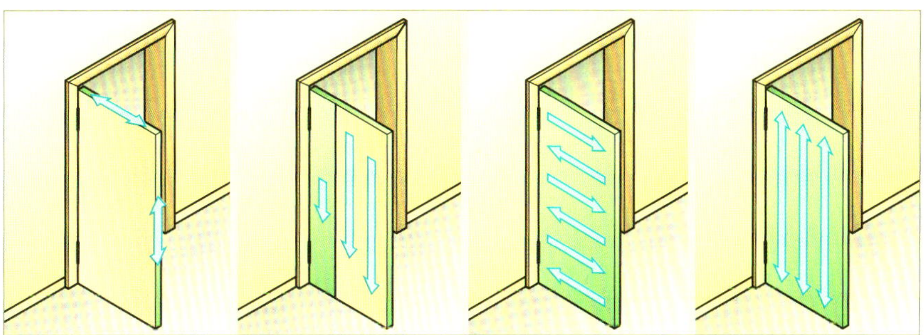

Bild 2: Vorgehensweise beim Beschichten eines Türblattes

12.20 Spritzverfahren

12.20.1 Einsatzmöglichkeiten von Spritzverfahren

Spritzverfahren sind für den Maler und Lackierer ein alternatives Applikationsverfahren, weil sich fast alle gebräuchlichen Beschichtungsstoffe (und Spritz-Putz) durch Spritzen auftragen lassen. Seit der Entwicklung von mobilen Geräten sind sie auch außerhalb von Lackierkabinen auf der Baustelle einsetzbar **(Übersicht 1)**.

Maschineller Putzauftrag

Lackieren von Objekten in Kabinen mit Hochdruck oder HVLP

Airlessbeschichtung

Beschichtungen auf der Baustelle mit Niederdruckgerät

Übersicht 1: Einsatzmöglichkeiten von Spritzverfahren für Maler und Lackierer

Gegenüber dem Streichen oder Rollen hat das Spritzen viele **Vorteile:**	aber auch **Nachteile:**
• Schnelles, rationelles Beschichten von größeren Flächen • Erzielen von glatten und gleichmäßigen Oberflächen • Beschichten von schwer zugänglichen Stellen oder profilierten Oberflächen • Verarbeiten von schnell trocknenden Anstrichstoffen	• Overspray – Abdecken nötig – Atemschutz nötig • Hoher Reinigungsaufwand • Höhere Kosten in der Anschaffung

Hochwertige Lackierungen sind das Ergebnis des richtigen Zusammenwirkens von 3 wichtigen Faktoren:

- Richtige Druckluftaufbereitung
- Optimal eingestellte Materialien
- Aufeinander abgestimmte Applikationsverfahren und Applikationstechniken

12.20.2 Overspray

Das Problem aller Spritzverfahren ist der sogenannte Overspray: Durch Druck und Zerstäubung prallen die Lackteilchen vom Objekt zurück oder fliegen am Objekt vorbei. Der Overspray schadet der Gesundheit, der Umwelt und bedeutet Geld- und Materialverlust **(Übersicht 2)**:

Gesundheitsgefährdung	Umweltbelastung	Material- und Geldverlust
Ohne Atemschutz atmet der Verarbeiter den Overspray ein. Die Lackteilchen sind so klein, dass sie bis in die kleinsten Verästelungen der Lunge gelangen. Die Verwendung der persönlichen Schutzausrüstung ist Pflicht. Am besten wird in einer professionellen Spritzkabine lackiert, in der entsprechende Zu- und Abluftkanäle mit Filtern eingebaut sind.	Zur Verarbeitung enthalten alle spritzfertigen Lacke Lösemittel/Verdünnungen, die der Umwelt schaden. Der Gesetzgeber hat die VOC-Richtlinien erlassen, um den Lösemittelverbrauch zu verringern (VOC = Volatile Organic Compounds = flüchtige organische Verbindungen). Je nach Spritzverfahren ergibt sich mehr oder weniger Overspray. Die VDI 3456 schreiben vor, dass die Übertragungsrate des Spritzsystems mindestens 65 % betragen muss. Dies bedeutet einen Overspray unter 35 %.	Beispiel: Bei einem Verbrauch von 1,2 l und einem Overspray von 40 % beim Spritzen eines Klarlackes (1 l = 40,00 €) werden 19,20 € in die Luft geblasen: 40,00 €/l · 1,2 l = 48,00 € 40 % von 48,00 € = 19,20 € Filter besitzen bei weniger Overspray eine längere Lebensdauer.

Übersicht 2: Probleme durch Overspray

12.20.3 Arten der Spritzverfahren

Bei Spritzverfahren unterscheidet man drei Verfahren der Materialförderung und Zerstäubung. Aus diesen drei Möglichkeiten ergeben sich die Verfahren, die heute vorwiegend im Maler- und Lackiererhandwerk eingesetzt werden. Die Verfahren können mit weiteren Techniken kombiniert werden, z. B. zum elektrostatischen Spritzen oder zum Heißspritzen. Reines Niederdruckspritzen ist technisch noch nicht ausgereift.

Druckluftverfahren	Airmix-Verfahren	Materialdruckverfahren
Transport und Zerstäubung des Beschichtungsstoffes erfolgen mittels Luftstrom. Durch die Geschwindigkeitsdifferenz von Material- und Luftstrom wird der Lack in Tröpfchen zerrissen. Je höher die Geschwindigkeitsdifferenz (und je höher der Unterdruck) desto kleiner ist die Tröpfchengröße, desto feiner ist das Spritzbild.	**= Kombination des Druckluft- und des Materialdruckverfahrens**	Der Beschichtungsstoff wird mittels einer Pumpe unter Druck gesetzt und durch eine Düse gepresst. Durch die Ausdehnung des Materials nach Austritt aus der Düse erfolgt die Zerstäubung. Vergleich: Verändern der Düseneinstellung beim Wässern mit einem Gartenschlauch.

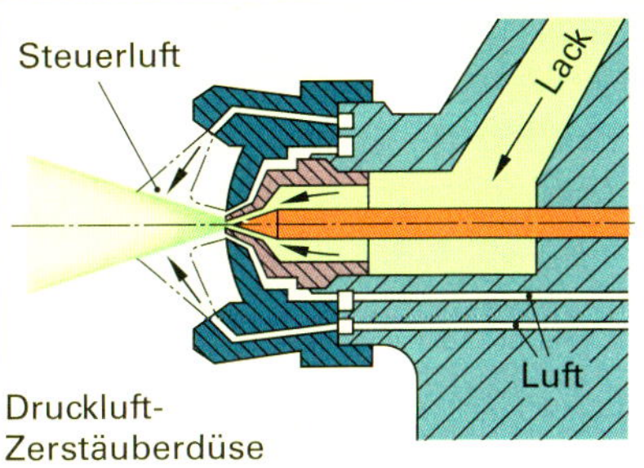

Druckluft-Zerstäuberdüse

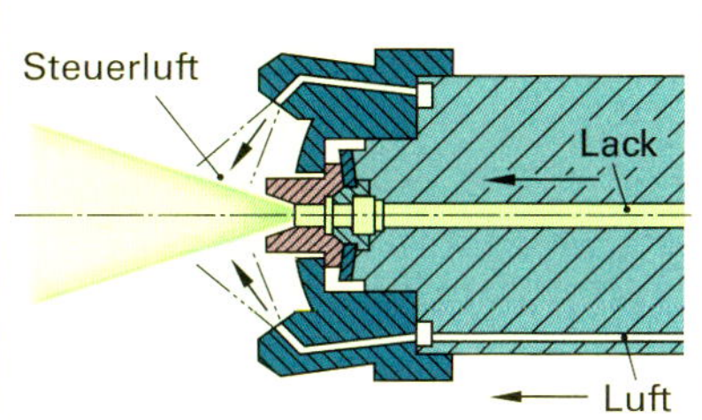

Airmix-Zerstäuberdüse

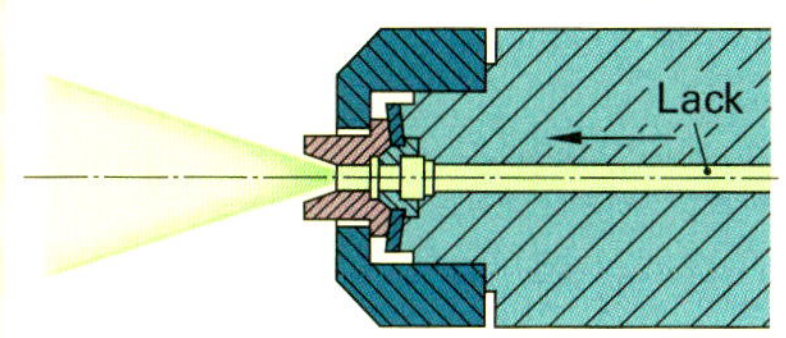

Airless-Spritzdüse

Hochdruckspritzen	Optimierter Hochdruck RP	Niederdruckspritzen HVLP	Airless luftunterstützt, Airmix	Airlessspritzen
Druck an der Düse = Eingangsdruck 4,0 bis 4,3 bar	RP = Reduced Pressure (Mitteldruck)	HVLP = High Volume Low Pressure	Zusätzliche Luftdruck-Zuführung an der Düse. Mehr Zerstäubung, mehr Spritznebel.	Keine Luftunterstützung. Druck bis 300 bar direkt auf das Material.
Sehr feine Zerstäubung sorgt für sehr gutes Spritzbild	Eingangsdruck 2 bis 3 bar, Druck an der Düse 2 bar	Eingangsdruck bis 5 bar, Druck an der Düse 0,5 bis 0,7 bar	Materialeingangsdruck 30 bis 80 bar.	Geringer Spritznebel
		Weniger Nebel		Hohe Flächenleistung
Abstand vom Objekt etwa 18 bis 23 cm	Abstand vom Objekt etwa 18 bis 23 cm	Abstand vom Objekt etwa 18 bis 23 cm	Der Luftdruck unter der Luftkappe beträgt 0,8 bis 2,5 bar Luftverbrauch (bei 2,5 bar) 220 l/min	Abstand vom Objekt etwa 15 bis 30 cm
Luftverbrauch 300 - 400 l/min	Luftverbrauch 295 l/min	Luftverbrauch 600 bis 2000 l/min		
Übertragungsrate				
ca. 90 %	ca. 90 %	ca. 75 bis 80 %	ca. 85 %	ca. 90 %
Oberflächenqualität				
++	++	++	+	+−

Übersicht 1: Materialförderung und Materialzerstäubung der Spritzverfahren

12.20.4 Spritzverfahren mit Druckluft

Bei diesen Verfahren wird der Lack im Luftstrom zerrissen/zerstäubt und gelangt so auf das Objekt. Dort verlaufen die Lacktröpfchen zur Beschichtung. Aufgrund des Spritznebels ist immer ein Atemschutz notwendig.

Niederdruck-Spritzverfahren
Der Druck von 0,2 bis 1,5 bar kann schon mit einem Schaufelradgebläse (z. B. Staubsaugerausgang) aufgebracht werden. Die Druckluft gelangt über einen Schlauch mit 4 cm Durchmesser zur Düse mit einem Durchmesser von 1,0 mm bis 1,5 mm. Der niedere Spritzdruck ergibt keine sehr feine Zerstäubung des Lackes. Bei schlecht verlaufenden Lacken und niederer Temperatur ergibt sich somit keine optimal glatte Oberfläche. Vorteil ist, dass grobe Zerstäubung weniger Spritznebel bedeutet. Das Niederdruckverfahren ist anwendbar, wo der Verlauf nicht die entscheidende Rolle spielt und niedrigviskose Lacke verarbeitet werden (**Bild 1**).
Da niederer Druck geringere Betriebskosten bedeutet, entwickeln alle führenden Spritzpistolenhersteller Niederdrucksysteme weiter.

HVLP-Pistole (high volume low pressure = hohes Volumen bei niederem Druck)
Nach dem heutigen Stand der Entwicklung kann eine HVLP-Pistole bei abgesenktem Spritzdruck am normalen Leistungsnetz betrieben werden.
Die Materialübertragungsrate beträgt mindestens 65 %. Dadurch wird die Obergrenze von 35 % Overspray nach VOC-Gesetzgebung eingehalten.
Düsenauswahl siehe **Tabelle 1**.

Hochdruck-Spritzverfahren
Dies ist das Spritzverfahren mit dem zurzeit besten Ergebnis (**Bild 2**). Der Druck von 4,0 bis 4,3 bar sorgt für sehr feine Zerstäubung und somit zu einem optimalen Verlauf. Damit ist ein hoher Overspray/Spritznebel verbunden. Spritzpistolen mit einem Overspray über 35 % entsprechen nicht der VOC-Gesetzgebung und sind nicht mehr im Handel.
Das Hochdruckspritzverfahren ist vielseitig umrüstbar und verwendbar.

Mitteldruck-Spritzverfahren
Spritzpistolen-Hersteller haben erreicht, die Vorteile des Niederdruckspritzens mit denen des Hochdruckspritzens zu kombinieren und dabei die VOC-Grenze von 35 % Overspray einzuhalten. Diese Zwischenstufe mit einem Druck von etwa 2 bar sorgt für feine Zerstäubung und guten Verlauf.

RP-Pistole (**r**educed **p**ressure = reduzierter Druck)
Mit dieser mit Mitteldruck betriebenen Spritzpistole erreicht der Fachmann ein gutes Spritzergebnis, mit gutem Verlauf bei weniger Spritznebel.
Düsenauswahl siehe **Tabelle 2**.

Bild 1: Einsatz eines Niederdrucksystems auf einer Baustelle

Bild 2: Lackieren eines Fahrzeuges in einer Lackierkabine

Düsen ø	HVLP-Spritzpistole
1,0	Beispritz- und Patinierarbeiten, Spot-Repair
1,2	Basislacke, Wasserbasislacke
1,3	Basis- und Klarlacke
1,4	Klarlacke
1,5	Basis-, Uni- und Klarlacke
1,7	Höherviskose Materialien bis 26 DIN/s

Tabelle 1: HVLP, Düsenübersicht

Düsen ø	RP-Spritzpistole
1,0	Beispritz- und Patinierarbeiten, Spot-Repair
1,2	Wasserbasislacke
1,3/1,4	Basis-, Uni- und Klarlacke
1,6 bis 1,8	Höherviskose Materialien z. B. Industrielacke, Nutzfahrzeuglackierung
1,9	Strukturlacke

Tabelle 2: RP, Düsenübersicht

12.20.5 Aufbau und Funktion von Spritzpistolen für Druckluftverfahren

Über den Abzughebel lässt sich sowohl die Luftzufuhr als auch der Lackzufluss steuern. Drückt man den Abzughebel nur wenig durch, öffnet sich das Luftsperrventil. Die Pistolennadel lässt die komprimierte Luft durch die Luftaustrittsdüsen ausströmen. Wird der Abzughebel ganz durchgedrückt, wird die Verschlussnadel weiter nach hinten gezogen und der Beschichtungsstoff kann in den Pistolenkopf fließen. Die strömende Luft erzeugt einen Sog (Injektorprinzip), der den Lack mit sich reißt. Beim Austritt aus der Düse dehnt sich die komprimierte Luft aus. Das ausfließende Spritzgut wird in feinste Tröpfchen (Nebel) zerteilt und in einem Strahl auf die zu lackierende Fläche geschleudert (**Bild 1**).

Die wichtigsten Teile der Spritzpistole sind das Luftventil, die Materialdüse, die Luftdüse und der Materialbecher. Die Materialdüse hat in der Regel einen Durchmesser von 0,8 mm bis 2,5 mm. Sie ist auswechselbar. Düsen mit kleinem Durchmesser verwendet man bei dünnflüssigem (niedrigviskosem) Spritzgut, solche mit großem Durchmesser bei dickflüssigem (hochviskosem) Spritzgut.

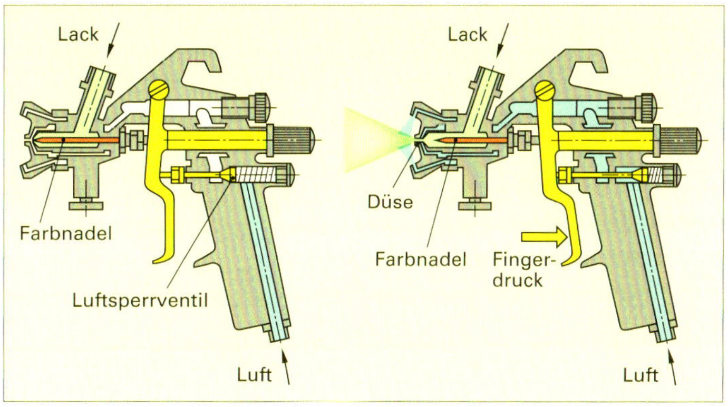

Bild 1: Luftwege in einer Spritzpistole

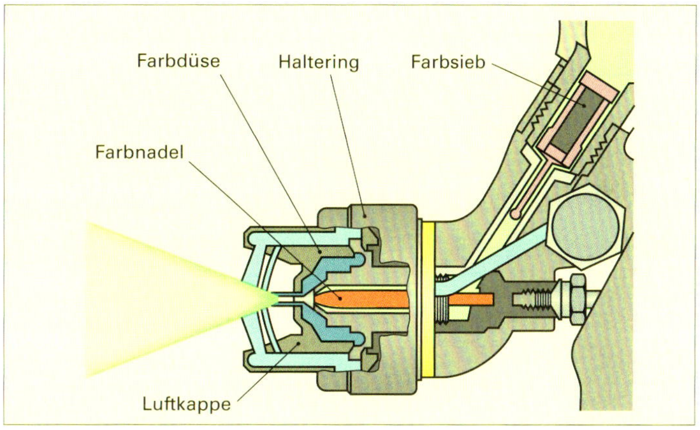

Bild 2: Luftwege an der Materialdüse

Einstellungen (Bild 3)

Form des Spritzstrahls. Um die Materialdüse sind zwei gegenüberliegende, als ringförmige Schlitze ausgebildete Luftaustrittsdüsen angeordnet (**Bild 2**). Durch Drehen der Luftkappe lässt sich der Strahl formen (flach, spitz und rund).

Materialmenge. Die Menge des Materialflusses kann durch Verstellen des Hubweges der Düsennadel eingestellt werden. Die Einstellschraube dazu befindet sich hinter der Düsennadel. Beim Austreten des Spritzgutes aus der Materialdüse entsteht ein Sog. Er saugt Lack aus dem Materialbecher in die Materialdüse.

Luftdruck. Durch Veränderung des Spritzluftdruckes kann der Zerstäubungsgrad stark verändert werden. Auf diese Weise lassen sich Lacke bis zur Vernebelung zerstäuben.

Druckluft und Luftfeuchte

Luft enthält Feuchte. Wird Luft zu Druckluft verdichtet, wird Wasserdampf in Wassertröpfchen abgeschieden. Gelangt dieses Wasser mit dem Spritznebel auf den Untergrund, so führt es zu Unsauberkeiten des Spritzergebnisses. Darum sind in Anlagen oder an Geräten zur Luftverdichtung Wasserabscheider angebracht, die regelmäßig geleert werden müssen.

Beispielrechnung:
Bei 20 °C und 70 % relativer Feuchte enthält 1 m³ Luft etwa 12 g Wasser.
Wird diese Luft auf 10 bar verdichtet, so kann sie nur noch 1,5 g Feuchte je m³ tragen.
Folglich müssen je Kubikmeter Luft 10,5 g Wasser durch den Wasserabscheider entfernt werden.

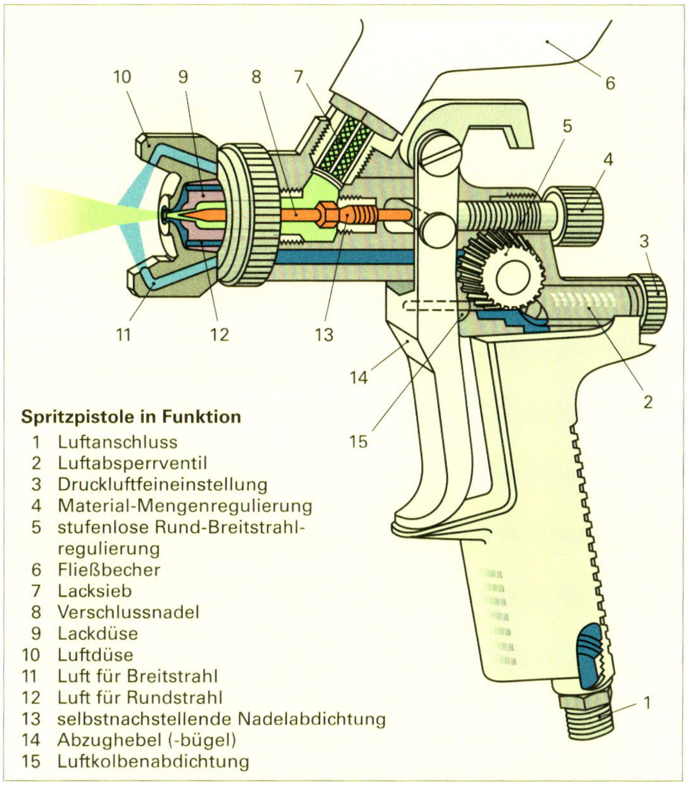

Bild 3: Funktionelle Bestandteile und Einstellmöglichkeiten an einer Hochdruck-Pistole

12.20.6 Lackiertechnik

Jedes Spritzverfahren erfordert besonderen Umgang mit Material und Gerät, damit das Spritzergebnis optimal ausfällt. Aus Technischen Merkblättern zum Beschichtungsstoff erfährt man folgende Angaben:

- Viskosität des Materials
- Düsendurchmesser
- Druck
- Umgebungstemperatur
- Luftfeuchte (bei wasserverdünnbaren Lacken)
- Ablüftzeit (bei Ofentrocknung)

Von großer Bedeutung ist die Erfahrung des ausführenden Lackierers.

Besonders beim **Hochdruckspritzen** von Lacken spielen die folgenden Punkte eine entscheidende Rolle:

Abstand
Der Abstand zwischen Pistole und Untergrund beträgt beim Spritzen mit der RP-Pistole etwa 18 bis 23 cm, beim Spritzen mit der HVLP-Pistole etwa 13 bis 21 cm. Die Ursache liegt im unterschiedlichen Spritzstrahl.
Auf dem Weg von der Düse zum Objekt verdunsten bereits Lösemittel. Bei zu großem Abstand kommt das Spritzgut schon ziemlich trocken an und verläuft nicht mehr ideal. Bei zu geringem Abstand neigt die Lackschicht zu Läufern, da in ihr noch zu viele Lösemittel enthalten sind.
Besonders an Rundungen liegt es am Können des Lackierers, den Abstand immer gleichmäßig einzuhalten (**Bild 1**), um nicht über-, aber auch nicht unterzubeschichten.

Spritzwinkel
Die Lackteilchen sollten im rechten Winkel auf die Fläche treffen.

Pistolenführung
Die Spritzpistole muss gleich schnell, immer parallel und Bahn für Bahn leicht überlappend geführt werden. Die Geschwindigkeit der Pistolenführung in Verbindung mit der Steuerung der Materialzufuhr erfordert Übung.
An der Objektgrenze wird die Pistole kurz darüber hinaus geführt, gleichzeitig die Materialzufuhr reduziert, bevor mit üblicher Materialzufuhr die nächste Bahn gespritzt wird.

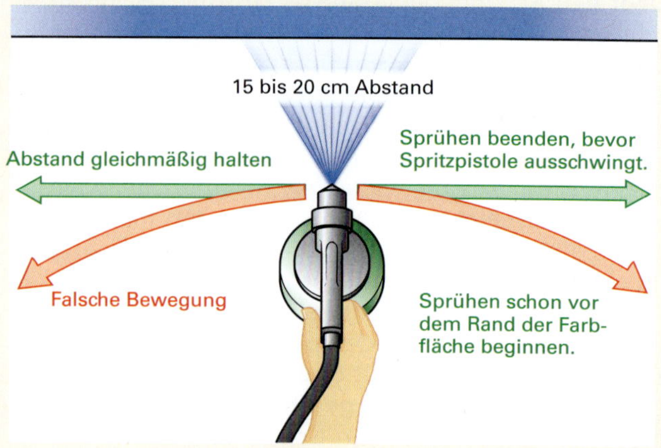

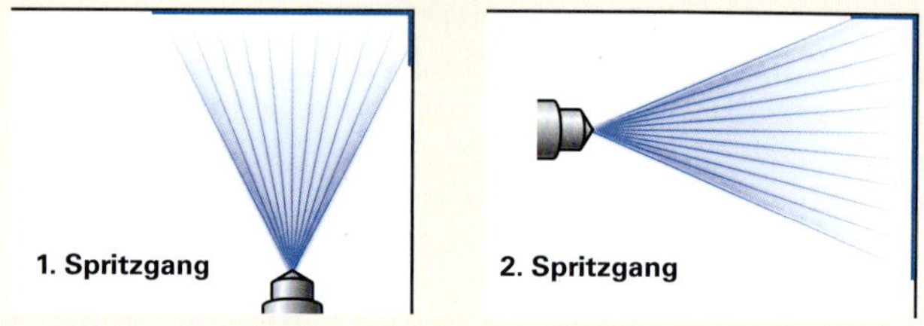

Lackieren von Innenkanten: Zuerst wird die eine Fläche bis in die Ecke hinein lackiert. Dann wird mit der anderen Wand fortgefahren, so lässt sich auch im Bereich der Innenkante eine gleichmäßige Schichtdicke erreichen.

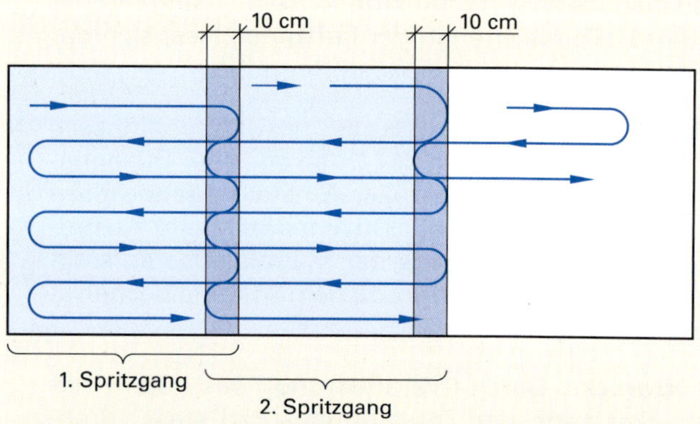

Arbeitsfolge beim Lackieren großer und zylindrisch gewölbter Flächen: Der Lackierer verändert seinen Standort, wenn er den nächsten Abschnitt beginnt. Beim Beginn eines neuen Abschnitts darf der alte noch nicht angetrocknet sein, weil es sonst Überlappungsprobleme gibt.

Bild 1: Pistolenführung

Spritzen im Kreuzgang
Gleichmäßige Schichtdicke auf großen Flächen erzielt man durch Spritzen im Kreuzgang. 1 Kreuzgang besteht aus einem horizontalen und einem vertikalen Spritzgang.

Ecken
In Ecken wird nicht hineingespritzt. Die Flächen werden einzeln gespritzt. Die Ecken bekommen dabei genug Lack ab.

Ursachen für Mängel am Spritzbild
Das Spritzergebnis, das Aussehen der lackierten Fläche, bezeichnet man als Spritzbild. Ein unsauberes Spritzbild kann folgende Ursachen haben:

- Mangelhafte und unzureichende Untergrundvorbereitung
- Unzureichende Befestigung des Werkstückes beim Spritzen
- Falsche Einstellung der Viskosität des Lackes
- Über- oder Unterbeschichtung, falsche Lackiertechnik (siehe oben)
- Mangelhafte Sauberkeit beim Spritzen (Objekt, Umfeld, Arbeitskleidung, Spritzpistole)
- Zu hohe Luftgeschwindigkeit in der Spritzkabine
- Persönliche Einflüsse des Lackierers (schlechte Laune, Stress ...)
- u. a.

Fehler, die sich durch die Spritzpistole ergeben, zeigt **Übersicht 1**:

Spritzbildfehler	Ursache	Beseitigung	Pistolenmangel	Ursache	Beseitigung
Sichelförmiges Spritzbild 	Hornbohrung oder Luftkreis verstopft	Luftdüse säubern und mit Düsenreinigungsnadel reinigen.	Farbaustritt an der Farbnadel	Defekte oder verlorene selbstnachstellende Nadelabdichtung	Nadelabdichtung austauschen
Ovaler oder tropfenförmiger Strahl 	Farbdüsenzapfen oder Luftkreis verschmutzt	Drehen der Luftdüse um 180°. Bei unverändertem Spritzbild Farbdüsenzäpfchen und Luftkreis reinigen.	Keine Materialströmung	Zugedrehte Farbregulierung. Verstopfte Düsenlöcher. Verstopfte Belüftungsbohrung im Becher	Einstellungen korrigieren, Düse reinigen/austauschen, Bohrung reinigen
Flattender Strahl 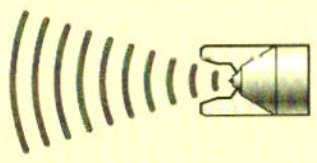	Zu wenig Material im Behälter, Farbdüse locker, selbstnachstellende Nadelabdichtung defekt, Düsensatz verunreinigt oder beschädigt	Material nachfüllen. Teile entsprechend anziehen. Teile reinigen oder auswechseln.	Pistole bläst in Ruhestellung	Beschädigte Ventilfeder oder beschädigter Ventilkegel. Schwergängiger Ventilschaft. Verschlissenes Dichtungspaket für die Luftkolbenstange.	Teile reinigen und mit Pistolenfett einschmieren. Luftkolben-Serviceeinheit einbauen.
Einseitiger Rundstrahl 	Verschmutzte oder beschädigte Mittelluftöffnung der Luft bzw. Farbdüse	Gründlich reinigen oder Düsensatz austauschen.	Pistole tropft	Fremdkörper zwischen Farbkanal und Farbdüse verhindert die Abdichtung.	Farbnadel und Farbdüse ausbauen, reinigen oder neuen Düsensatz einbauen
Ungleichmäßige Tropfen beim Zerstäuben 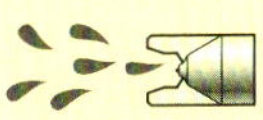	Falsche Einstellung von Farbnadel und/oder Düsensatz. Luftabnahme während der Anfangsöffnungsphase des Abzugsbügels, Packung für Luftkolben verschmutzt oder defekt	Einbau korrigieren und alles richtig einstellen. Reinigen oder Düsensatz austauschen.	Material sprudelt oder „kocht" im Becher	Zerstäubungsluft gelangt über den Farbkanal in den Farbbecher, Farbdüse ungenügend angezogen. Luftdüse nicht vollständig aufgeschraubt, Luftkreis verstopft. Sitz defekt oder Düseneinsatz beschädigt.	Teile reinigen, anziehen oder ersetzen.

Übersicht 1: Materialförderung und Materialzerstäubung der Spritzverfahren

12.20.7 Materialzuführung beim Druckluftverfahren

Man unterscheidet 4 verschiedene Möglichkeiten der Materialzufuhr (**Übersicht 2**).

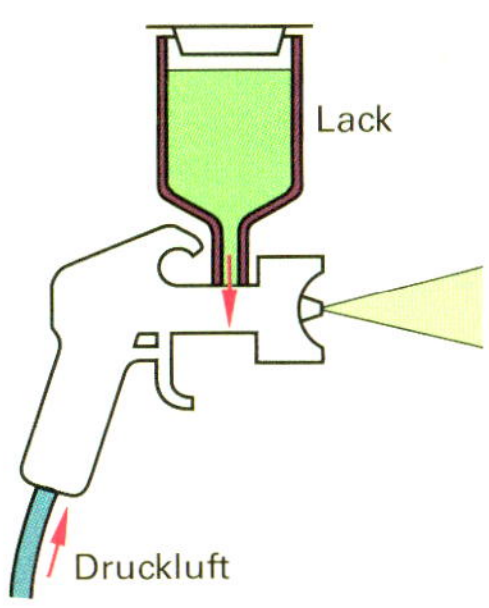

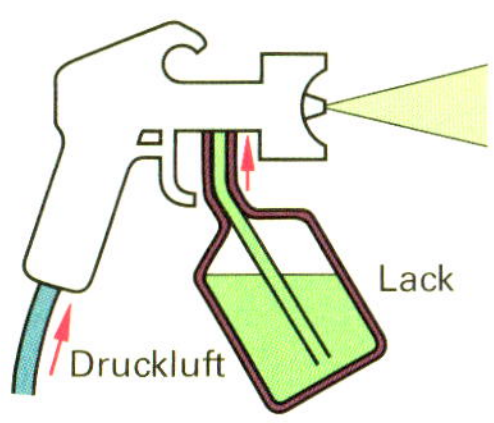

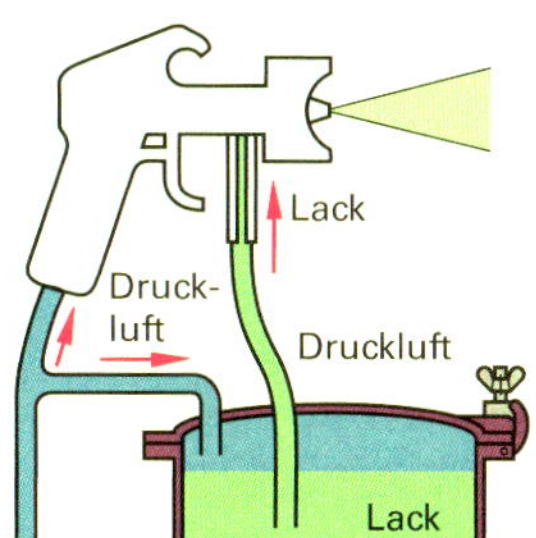

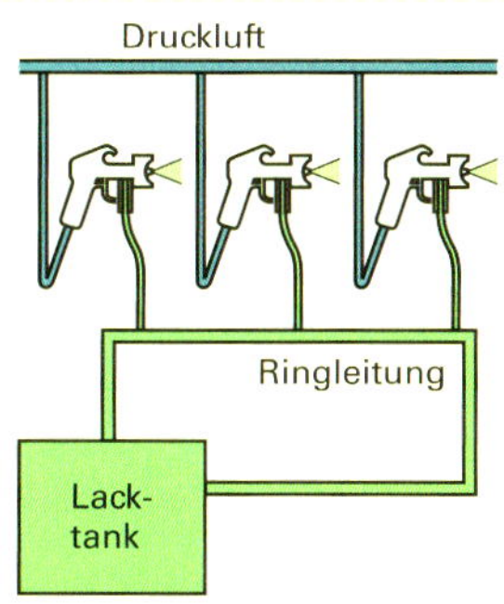

Fließbechersysteme	Saugbechersysteme	Drucksysteme	Umlaufsysteme
Farbbecher über der Spritzpistole	Farbbecher hängt unter der Spritzpistole	Farbzufuhr über Druckschlauch vom Druckkessel	Farbzufuhr über Ringleitung aus einem zentralen Tank
Sogwirkung der fließenden Druckluft (Injektorprinzip) als auch die Schwerkraft fördern den Lack zur Düse. Sehr präzise Materialregulierung möglich.	Sogwirkung der fließenden Druckluft (Injektorprinzip) fördert den Lack zur Düse.	Der Druck im Behälter fördert den Lack über einen Schlauch zur Spritzpistole, wo er durch Druckluft an der Düse zerstäubt wird.	Über Ventile wird bei mehreren Ringleitungen jeweils der benötigte Farbton zugeschaltet und über einen Schlauch zur Lackierpistole geführt.

Übersicht 2: Materialzufuhr der Spritzverfahren

12.20.8 Airless-Verfahren

Beim Airless-Spritzen mit Höchstdruck erfolgt die Lackzerstäubung luftlos.

Der Druck liegt nur auf dem Beschichtungsstoff, vergleichbar mit dem Druck auf dem Wasser im Wasserschlauch.

Der Druck wird durch hydraulische Pumpen oder Doppelaktionspumpen erzeugt und beträgt 100 bis 250 bar.

Der Düsendurchmesser liegt bei 0,25 bis 2 mm.

Beim Austritt des Materials durch die Düse dehnt es sich explosionsartig aus und wird dadurch sehr fein zerstäubt (wie auch bei Wasser beim Verkleinern der Düse).

Es entsteht ein Nebel aus Lackfarbe, der aufgrund seiner Transportgeschwindigkeit auf den Untergrund trifft oder infolge seines Gewichtes zu Boden sinkt und daher den Spritzraum kaum vernebelt.

Bild 1: Airless-Einsatz auf der Baustelle

Der Spritzstrahl ist scharf begrenzt, was für das Spritzen von Profilen und Kanten infolge des verringerten Oversprays vorteilhaft ist. Darum eignet sich das Airless-Verfahren zum Einsatz auf Baustellen. Bei der Beschichtung von Wänden ist es rationell, zu zweit zu arbeiten: der eine spritzt, der andere verschlichtet das Material mit dem Roller. **Bild 1** zeigt das Vorspritzen mit Dispersionskleber. Nachfolgend wird die Gewebetapete eingebettet.

Die wesentlichen Teile einer Airless-Anlage sind:

- **Materialpumpe.** Sie saugt das Material aus dem Behälter und setzt es unter hohen Druck.
- **Materialhochdruckschlauch.** Druckbeständiger Spezialschlauch, mehrere Meter lang und chemikalienbeständig.
- **Materialsieb.** Es ist äußerst feinmaschig, da kleinste Unsauberkeiten im Material die Düse verstopfen.
- **Spritzpistole.** Sie besteht aus Spezialstahl, ihre Düse aus Hartmetall.
- **Gebindestellfläche.** Das Material wird direkt aus dem Gebinde gesaugt.

Übersicht 1 listet die Vor- und Nachteile des Airless-Verfahrens auf.

Vorteile	Nachteile
• Spritzverfahren mit wenig Overspray, daher auch in schlecht belüfteten Räumen einsetzbar • Hohe Flächenleistung • Hohe Arbeitsgeschwindigkeit • Auch hochviskose Materialien lassen sich verarbeiten, dadurch sind hohe Schichtdicken in einem Arbeitsgang möglich. • Da kaum Spritznebel entstehen, ist der Materialverbrauch geringer als beim Druckluft-Spritzen. Da keine Druckluft beim Verfahren verwendet wird, entstehen keine Verwirbelungen und Rückprallerscheinungen, die die Qualität der Beschichtung beeinflussen könnten.	• Gröbere Zerstäubung als beim konventionellen Druckluftspritzen • Die Auftragsmenge und die Spritzstrahlbreite lassen sich in der Regel nur durch Düsenwechsel verändern. • Spritzstrahl neigt außer bei Fine-Finish-Düsen zu Randstreifen. • Nur bedingt geeignet für die Beschichtung von Kleinteilen • Es wird relativ viel Material für die Befüllung von Pumpe und Schlauch benötigt (mindestens 5 Liter). • Airless-Systeme sind teure Geräte, die sich nur bei ständigem Einsatz rentieren, großer Düsenverschleiß wegen hohen Materialdrucks.

Übersicht 1: Vor- und Nachteile des Airless-Verfahrens

Arbeitsschutz

Das Arbeiten mit dem Airless-Gerät erfordert höchste Aufmerksamkeit. Zwei Fehlerquellen können zu großen Schäden führen:

- Die Schlauchführung darf nicht über eine scharfe oder harte Kante laufen. Andauernde leichte Vibration scheuert den Schlauch durch, der hohe Druck verteilt das Material in weitem Umfeld.
- Am Gerät darf nur in ausgeschaltetem und druckfreiem Zustand montiert werden. Material unter Höchstdruck durchschießt Kleidung und Haut und pumpt die Hand zu Ballongröße auf. Dann muss amputiert werden.

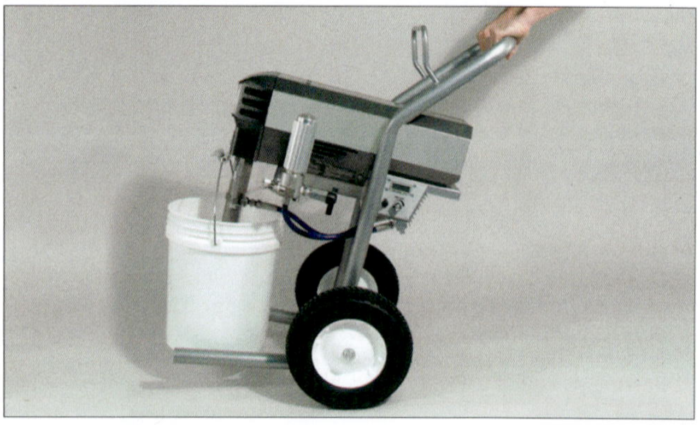

Bild 2: Airless-System

12.20.9 Airmix-Verfahren

Beim Airmix-Spritzen, auch als Spray-Mix oder Airless-plus-Verfahren bezeichnet, wird der Lack über hydraulisch erzeugten Druck von 20 bis 60 bar entsprechend dem Airless-Verfahren zerstäubt. Die Zerstäubung wird an der Zerstäuberdüse zusätzlich durch Luftdruck unterstützt (Bild 1).

Die relativ großen Lacktröpfchen werden durch die unterstützende Luft zerrissen und somit feiner. Der Spritzstrahl ist beim Airmix-Verfahren weich und weniger scharf begrenzt als beim Airless-Verfahren. Die Spritznebelbildung ist geringer.

Vor- und Nachteile des Airmix-Verfahrens zeigt Übersicht 1.

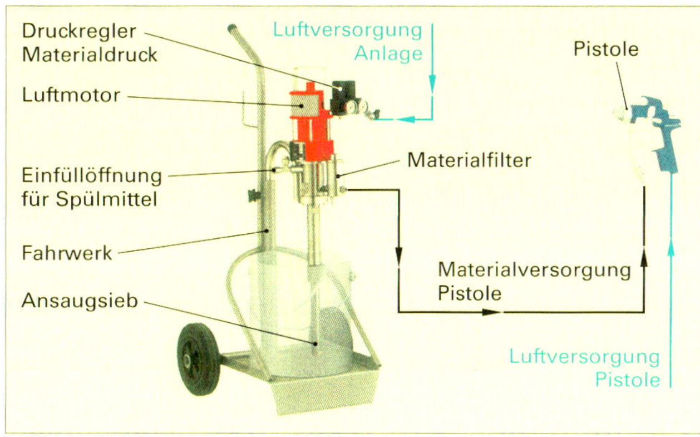

Bild 1: Aufbau eines Airmix-Systems

Vorteile	Nachteile
• Feinere Zerstäubung als beim reinen Airless-Spritzen • Die Auftragsmenge lässt sich durch Veränderung des Spritzdrucks regeln. • Die Spritzstrahlbreite lässt sich über die Unterstützungsluft verändern.	• Nur bedingt geeignet für die Beschichtung von Kleinteilen

Übersicht 1: Vor- und Nachteile des Airmix-Verfahrens

12.20.10 Elektrostatisches Lackieren

Für das elektrostatische Spritzen müssen die Lacke vom Lackhersteller mit einem Zusatzstoff zur elektrischen Leitfähkeit versehen werden.

Zwischen der lacksprühenden Zerstäuberdüse (Minuspol) und dem geerdeten Werkstück (Pluspol) wird ein elektrisches Feld mit hoher Gleichspannung zwischen 50 kV und 150 kV erzeugt.

Die negativ aufgeladenen Lackpartikel wandern auf den elektrischen Feldlinien zum geerdeten, positiven Werkstück (Bild 2).

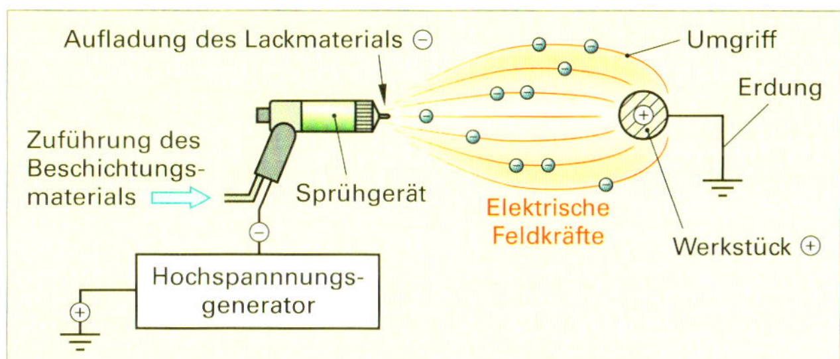

Bild 2: Elektrostatisches Sprühen

Die Feldlinien verlaufen auch zur Rückseite des Werkstückes (elektrostatischer Umgriff), sodass im Prinzip auch die dem Spritzgerät abgewandte Seite des Werkstückes beschichtet wird. Praktiker verlassen sich darauf lieber nicht und spritzen trotzdem umseitig, wenn auch mit weniger Aufmerksamkeit als beim Spritzen mit Druckluft. Die Lackausbeute reicht bis zu 95 %.

Durch den Teilchentransport auf den Feldlinien, ohne Beschleunigung der Teilchen durch Druckluft, spricht man besser vom elektrostatischen Sprühen.
Vor- und Nachteile des elektrostatischen Spritzens/Sprühens zeigt Übersicht 2.

Vorteile	Nachteile
• Spritzverfahren mit extrem wenig Overspray (~ 5 %) • Feinere Zerstäubung als beim reinen Airless-Spritzen • Hohe Flächenleistung, hohe Arbeitsgeschwindigkeit auch bei filigranen oder komplexen Objekten, bei denen es oftmals reicht, von einer Seite aus zu beschichten (bei Objekten aus Rohren wie Stühlen oder Gittern). • Sehr gute Kantenabdeckung	• Eventuell Fehlbeschichtungen durch Faraday´sche Käfige, d. h. Stellen, die vom elektrischen Feld nicht erreicht werden. • Es wird relativ viel Material für die Befüllung von Pumpe und Schlauch benötigt (sinnvoll ab ca. 5 Liter). • Abgesicherte Anlage nötig

Übersicht 2: Vor- und Nachteiles des elektrostatischen Sprühens

12.20.11 Spraydosen

Der Einsatz von Spraydosen (auch Sprühdosen genannt) hat sich im Handwerk etabliert. Man verwendet Sprühdosen z. B. zum Nachgrundieren von Durchschliffstellen und bei der Lackierung von Kleinflächen und Ausbesserungsstellen.
Gründe für das Sprayen zeigt **Tabelle 1**.

Schnelle, effektive und kostengünstige Lackreparatur kleiner Schäden	Mobiler und flexibler Einsatz	Weitgehend umweltfreundlich
Mit Spraydosen können Kleinflächen mit Lacken schnell ausgebessert oder beschichtet werden. Durch die Weiterentwicklung der Düsentechnologie kann inzwischen mit Rund- oder Breitstrahl gesprüht werden.	Spraydosen können unabhängig von Lackierkabinen, Lackierpistolen, Kompressoren und elektrischen Anschlüssen eingesetzt werden.	Obwohl Lösemittel beim Sprayen ohne Absaugung in die Luft gelangen, fällt die Umweltbilanz für Spraydosen günstig aus. Es fallen keine Reinigungsverdünnungen und Lackreste an, die entsorgt werden müssen. Anstelle der schädigenden FCKW-Treibmittel wird heute zur Druckerzeugung meist Butan-Gas verwendet.

Tabelle 1: Gründe für das Sprayen

Arbeiten mit Spraydosen

Spraydosen sind meist nur zu einem Drittel gefüllt, das Treibgas liegt als „Druckpolster" über dem Lack. Damit der Druck beim Sprayen immer gleich bleibt, muss das Druckpolster immer wieder nachgefüllt werden. Darum befindet sich durch Druck flüssiges Treibmittel im Inneren der Spraydose, vergleichbar der Gasfüllung in Gasfeuerzeugen. Wird der Sprühknopf betätigt, drückt das gasförmige Treibmittel auf den Inhalt. Durch den Innendruck der Spraydose (3 bis 6 bar) wird der Lack als Sprühnebel freigesetzt. Das flüssige Gas muss mit dem Lack verträglich sein, sonst „rotzt" die Spraydose **(Bild 1)**.

Sprayen. Es wird mit einem Abstand von 25 bis 30 cm gesprayt. Auf dem Weg des Spritznebels vom Sprühkopf zum Untergrund verflüchtigt sich das Treibgas und ein Teil des Lösemittels.

Besonders bei Spraydosen mit Lacken auf NC-Basis muss anders lackiert werden als mit anderen Spritzverfahren. Durch den geringen Festkörper und der damit verbundenem niedrigen Viskosität decken Sprühdosenlacke schlecht. Zu hoher Lackauftrag führt schnell zu Läufern. Darum sollte als erstes nur kurz angenebelt werden. So entsteht eine raue Oberfläche auf der die nächsten Spritzgänge, mit Zwischenablüftung, bis zur gewünschten Schicht aufgetragen werden.

Reinigung. Zur Reinigung wird die Spraydose umgedreht, dann in einen Lappen gesprüht. Wenn nur noch Treibgas austritt, ist das Ventil leergeblasen. Wird dieser Vorgang vergessen, so trocknet Lack in der Düse, die Spraydose wird unbrauchbar.

Entsorgung. Durch Einschlagen eines Nagels wird die Dose vom Druck befreit. Dann können leere Dosen als Restmüll entsorgt werden.

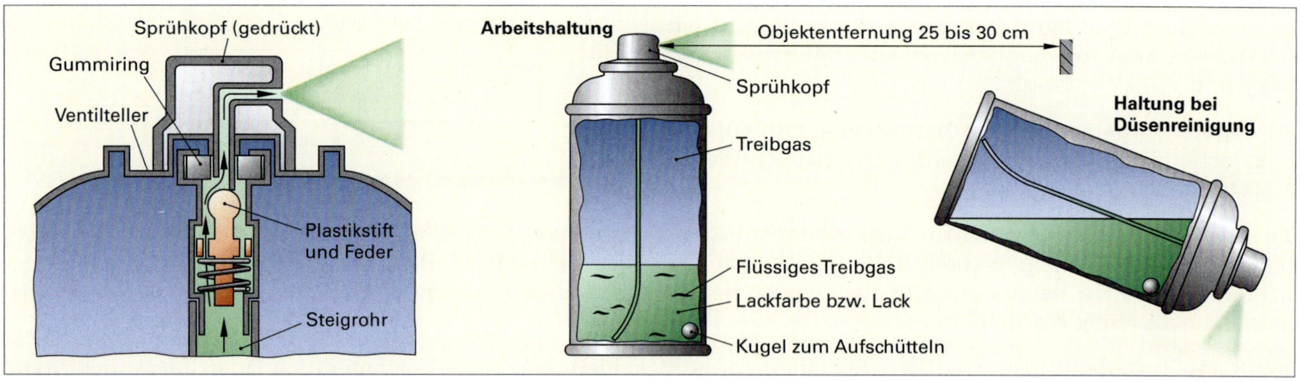

Bild 1: Funktionsweise von Spraydosen

Abfüllen von Spraydosen

Einige Produkte im Sortiment großer Lackhersteller werden als Spraydose geliefert. Der Maler und Lackierer kann aber auch selbst Lacke in Spraydosen abfüllen.

- Zuerst wird die Dose mit dem Lack befüllt, dann folgen die Ventileinsetzung und Ventilüberprüfung. Durch das anschließende dichte Verschließen der Dose mit dem Ventilteller entsteht eine dichte Verbindung zwischen Dose und Ventilteller. Erst dann erfolgt die Treibgasbefüllung mechanisch von Hand oder automatisch.
- Um Kunden eine Vielzahl von Farbtönen in Sprühdosen anbieten zu können, werden oft Sprühdosen benutzt, die bereits mit Treibmittel gefüllt sind, aber noch keine Farbe beinhalten **(Bild 2)**. Über das Ventil wird nur die vorher angemischte Farbe mechanisch von Hand oder automatisch in die Sprühdose gepresst.

  So müssen nicht alle Farbtöne in Sprühdosen auf Vorrat bereitgestellt werden.

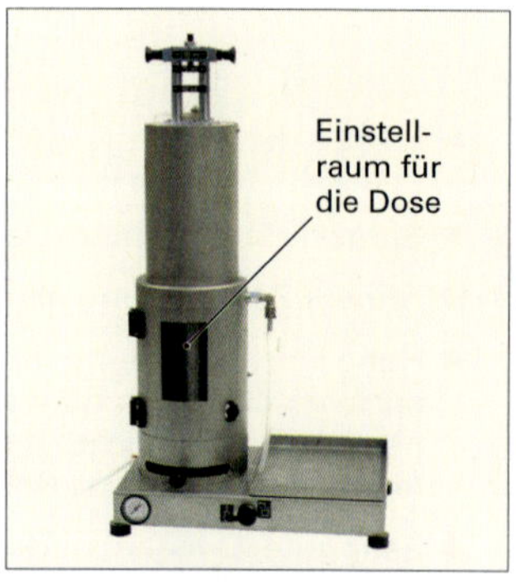

Bild 2: VitoMat III – Abfüllmaschine

12.21 Industrielle Beschichtungsverfahren

Industrielle Beschichtungsverfahren wurden meist aus dem Handwerk heraus entwickelt. Die wichtigsten industriellen Beschichtungsverfahren sind

- Fluten
- Tauchen
- Gießen
- Walzen
- Spritzen
- Pulverbeschichtung

Das Streichen ist im Vergleich das langsamste Verfahren (**Tabelle 1**). Da die Hauptkosten durch die Löhne verursacht werden, lohnen sich andere Verfahren, auch bei höherem Materialverbrauch.

Ohne Rüstzeiten	Zeit je m²	Verbauch je m²
Streichen	6 min	90 g
Spritzen	1,2 min	120 g
Fluten	2 min	100 g
Tauchen	1,4 min	105 g

Tabelle 1: Vergleich

Für große Serien gleicher Objekte wurden automatisierte Beschichtungsprozesse entwickelt, meist mit kontinuierlicher Bandförderung. Diese arbeiten

- schneller
- immer in gleicher Qualität und
- mit weniger Personaleinsatz

und sind dadurch wesentlich kostengünstiger.

Der enorme Kostenaufwand zur Einrichtung mancher Beschichtungsanlagen ist meist nur von kapitalstarken Industriebetrieben aufzubringen und erfordert im Vorfeld eine genaue Marktanalyse. Die hohen Investitionskosten lohnen sich

- bei hohen Stückzahlen und
- möglichst vollständiger Auslastung der Anlagen.

So ist z. B. die Fahrzeuglackierung im Werk vollständig automatisiert.

Fluten und Tauchen sind in einfacher Version mit Blechwannen auch im Malerhandwerk übliche handbetriebene Verfahren. Industrielle Anlagen zeigt **Tabelle 2**.

Tauchen	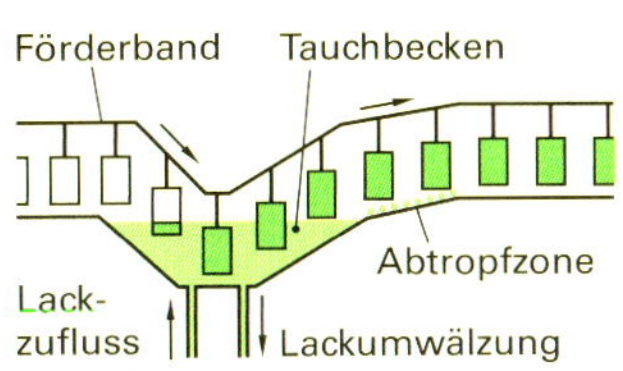	Das Objekt wird in das Überzugsmaterial eingetaucht und nach vollständiger Benetzung wieder herausgezogen. Dabei müssen die Lackviskosität, die Eintauchgeschwindigkeit und die Ablaufgeschwindigkeit aufeinander abgestimmt sein. Beim Eintauchen dürfen sich keine Luftkammern bilden. Beim Trocknen müssen Öffnungen rechtzeitig aufplatzen, damit keine Läufer entstehen. Die Viskosität ist laufend zu überprüfen.
Fluten	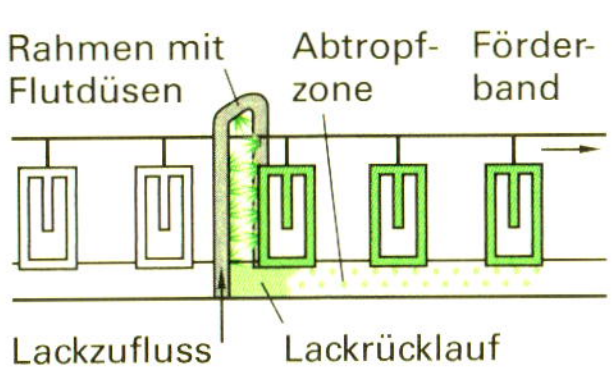	Das Werkstück wird mit Lack aus Flutdüsen übergossen. Der überschüssige Lack muss selbstständig ablaufen. Er wird in einem Auffangbecken gesammelt und wieder dem Lackfluss der Fluteinrichtung zugeführt. Die Viskosität ist laufend zu überprüfen.

Tabelle 2: Tauchen und Fluten

Walzen und Gießen sind rein industrielle Verfahren. Mit ihnen können nur glatte Flächen beschichtet werden (**Tabelle 3**).

Gießen	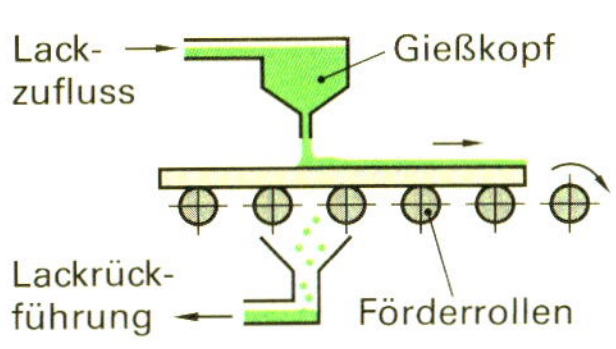	Aus einem schmalen Gießspalt läuft ein dünner Lackvorhang. Wird das Objekt durch ihn hindurchgeführt, so legt sich dieser Vorhang als Lackschicht auf das Objekt. Nur geeignet für plane Oberflächen. Die Schichtdicke ist von der Viskosität und der Durchlaufgeschwindigkeit des Objektes abhängig. Die Viskosität ist laufend zu überprüfen. Für Materialauftrag zwischen 50 und 500 g/m² geeignet.
Walzen	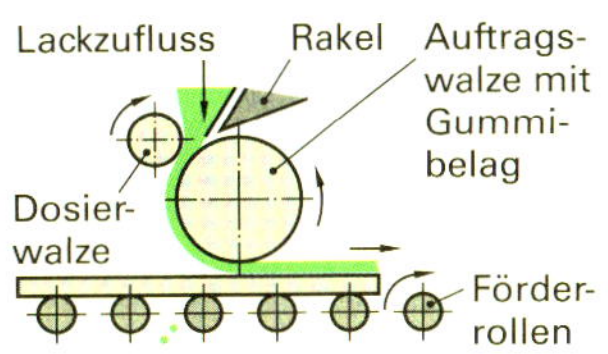	Durch einen definierten Spalt zwischen Dosier- und Auftragswalze wird der Lack direkt auf das plane Objekt gewalzt. Nur geeignet für absolut plane Oberflächen. Für Materialauftrag zwischen 10 und 40 g/m² geeignet. In diesem Verfahren werden Oberflächenimitationen aufgewalzt, z. B. die Maserung von Holz, da diese Schichten sehr dünn sind, ist es eher ein Druckverfahren.

Tabelle 3: Gießen und Walzen

Lack

Je höher die Anlagengeschwindigkeit, umso schneller muss der Lack trocknen.
Dafür wurden Lacke entwickelt, die in Trockenöfen in Minuten oder Sekunden härten, unterstützt durch UV- oder IR-Trocknung, d. h. unterstützt durch ultaviolette oder infrarote elektromagnetische Wellen.
Die Elektronenstrahlhärtung härtet sogar in Zehntelsekunden. Damit der Strahlenbeschuss die Moleküle des Bindemittels erreicht und dort die chemische Reaktion der Härtung auslöst, müssen diese Lacke transparent sein. Pigmente fangen die Strahlung ab.

Anlagenkonzeption

Der Produktionsprozess kann nur dann optimale Leistung erzielen, wenn alle Glieder einer Anlage aufeinander abgestimmt sind. Ziel: hohe Anlagengeschwindigkeit bei hervorragender Qualität. Siehe dazu **Bild 1**.

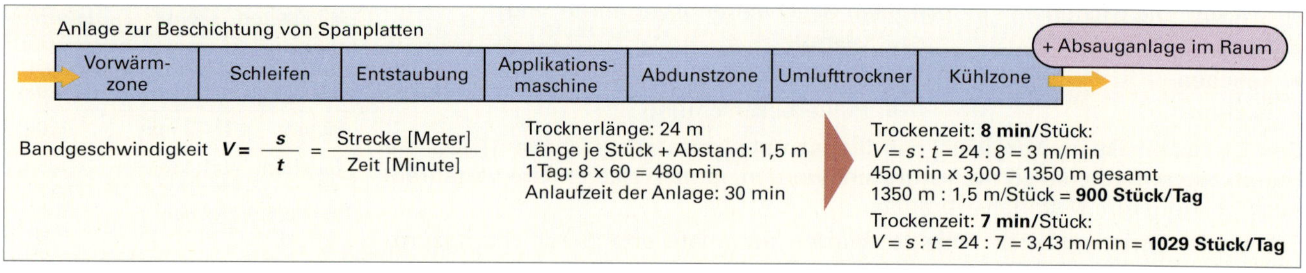

Bild 1: Beispiel einer Beschichtungsanlage

12.21.1 Coil Coating (Bandstahlbeschichtung)

Ein Coil ist eine Blechrolle aus Bandstahl oder Aluminium mit einer Länge von mehreren hundert Metern und Breite bis zu 2 m (**Bild 2**).

Der Coil wird mit einer Geschwindigkeit von bis zu 150 m pro Minute

- abgewickelt,
- beschichtet,
- getrocknet und
- aufgewickelt.

Eine aufkaschierte Folie schützt die Lackierung.

Dies erfordert vom Lack eine extrem kurze Härtungszeit.

Die beschichteten Bleche werden an weitere Industriefirmen geliefert, die diese Bleche nach Bedarf stanzen und biegen, z. B. zu Verkleidungen für Maschinen, Wohnwägen oder Fassadenverkleidungen.

Der Lack muss die Verformungen mitmachen.

Moderne Coil-Coating-Lacke bestehen in der Regel aus Polyesterharzen, die entweder mit Melaminharzen oder Isocyanaten vernetzt werden.

Die Härtung erfolgt < 1 min bei ca. 160 - 300 °C Metalltemperatur.

Bild 2: Coil Coating, Anlagenausschnitt

12.21.2 Pulverbeschichtung

Das Pulverbeschichten ist ein Beschichtungsverfahren für elektrisch leitfähige Untergründe, wie Bleche und Metallteile. Einige Malerbetriebe haben sich auf die Pulverbeschichtung spezialisiert. In entsprechenden Anlagen werden auch Teile des schweren Korrosionsschutzes beschichtet (**Bild 3 und 4**).
Vom Maler und Lackierer sind immer wieder pulverbeschichtete Objekte zu renovieren, z. B. Schaufensterrahmen aus Metall, Heizkörper oder Gestänge.

Prinzip der Pulverbeschichtung

Entgegengesetzte elektrische Ladungen ziehen sich an, hier das Beschichtungspulver und das Objekt. Das Pulver wird in entsprechender Tönung, Struktur und Qualität auf das Objekt aufgetragen und verschmilzt und vernetzt anschließend bei einer Temperatur von etwa 200 °C im Ofen zur Lackschicht. In der DIN 55 633 ist die Pulverbeschichtung normiert.

Das Verfahren der Pulverbeschichtung ist sehr umweltfreundlich, da keine Lösungsmittel benötigt werden und Overspray zurückgewonnen wird. Sehr gute Korrosionsschutzwirkung durch guten Kantenschutz. Hohe mechanische Widerstandsfähigkeit (kratzfest, abriebfest, schlagfest).

Obwohl ohne Lösemittel gearbeitet wird, gelten in Pulverbeschichtungsbetrieben hohe Sicherheitsauflagen. Ursache ist die Gefahr einer Pulverexplosion. Ein Funke genügt, um schlagartig in der Luft fliegendes Pulver zu verbrennen. Die Verbrennung setzt in Sekundenbruchteilen die Energie frei, die sonst durch langsames Verbrennen abgegeben wird, dies erlebt man als Explosion.

Bild 3: Pulverbeschichtete Pumpengehäuse

Bild 4: Pulverbeschichtete Felge

Das Pulver

Alle Bestandteile des Pulverlackes werden unter Wärme zu einer hochviskosen homogenen Masse verknetet. Nach dem Abkühlen der Schmelze erfolgt das Shreddern und die kleinen Stücke (Chips) werden zum Pulver mit einem Durchmesser von 1 bis 100 µm gemahlen. Alle Lackkomponenten liegen nun in jedem duromeren Pulverkorn im richtigen Anteil vor, auch die Pigmente **(Bild 1)**. Ein Nachpigmentieren und Nuancieren ist nicht möglich **(Tabelle 1)**. Additive verbessern die Oberflächenbeschaffenheit, z. B. Struktur, Glanz und Oberflächenhärte. Acrylate sorgen z. B. für kraterfreien und glatten Verlauf, durch Wachse wird die Oberfläche kratzunempfindlicher (Slip Effekt).

Duromer-Pulver	In jedem Pulverkorn liegen alle Bestandteile (2K-Bindemittel + Härter + Pigmente + Additive) beisammen **(Bild 4)**. Sie reagieren aber nicht bei Normaltemperatur miteinander, sondern erst im Ofen bei etwa 180 °C. Dann verschmilzt das Pulver und die chemische Reaktion setzt ein. • Epoxidpulver (für innen, kreidet außen) • Polyester-Pulver (sehr beständig, für außen, hohe Qualität) • Hybridpulver = EP + Polyester (Mittelweg, allgemein gute Eigenschaften) • Acrylatpulver (sehr gute Eigenschaften, seltener im Einsatz) • Polyurethanpulver (sehr gute Eigenschaften, sehr teuer)
Plastomer-Pulver	Bei etwa 180 °C verschmilzt das Pulver aus Polyamid, PVC oder PE zum Beschichtungsfilm. Es setzt keine chemische Reaktion ein.

Tabelle 1: Arten von Beschichtungspulvern

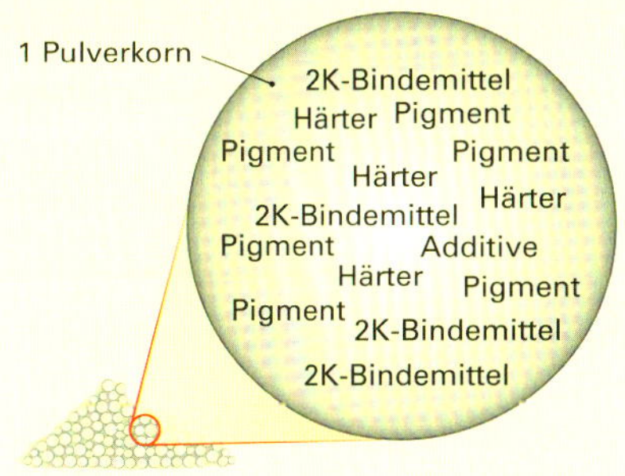

Bild 1: Zusammensetzung des Duromer-Pulvers

Die industrielle Beschichtung

Das Pulver wird mit Corona- oder Triboaufladung auf den zu beschichtenden Untergrund aufgesprüht. Das Corona-Verfahren ist das am meisten eingesetzte Verfahren **(Übersicht 1)**.

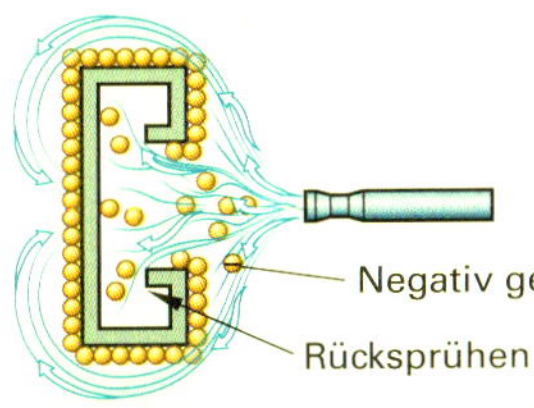

Vorteil: Guter Umgriff
Nachteil: Schlechtes Eindringvermögen (Faraday-Käfig)

Corona-Verfahren

Das Pulver-Luftgemisch wird durch einen Schlauch zur Pistole transportiert. Im Mündungskanal der Pistole liegt auf einer Koronanadel eine Gleichspannung zwischen 20 und 100 kV.
Hier wird das Pulver **negativ** polarisiert. Die aufgeladene Pulverwolke hat das Bestreben, ihre Ladung wieder abzugeben, fliegt auf den elektrischen Feldlinien zum Objekt und legt sich deshalb auf das positive, geerdete Werkstück.

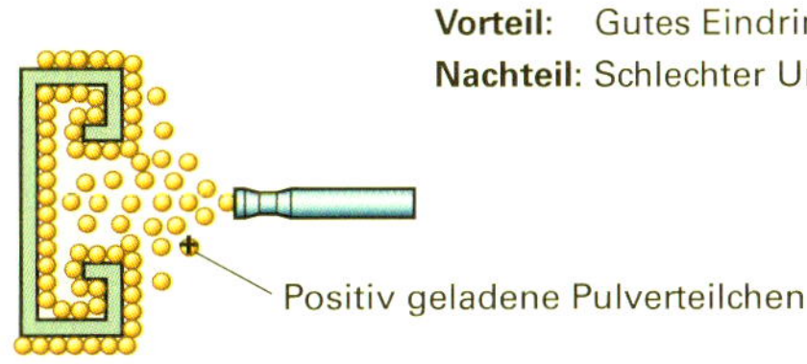

Vorteil: Gutes Eindringvermögen
Nachteil: Schlechter Umgriff

Tribo-Verfahren

Das Prinzip ist gleich dem Corona-Verfahren, es fehlt allerdings die Hochspannung. Das Pulver wird innerhalb der Pistole durch innigen Kontakt des Pulvers mit einem sogenannten Reibpartner geladen. Durch möglichst häufigen Kontakt des Pulvers mit den aus PTFE bestehenden Wandungen der Pistole, kommt es zu einer Ladungstrennung und damit zur **positiven** Aufladung des Pulvers. Es entsteht kein elektrisches Feld.

Übersicht 1: Verarbeitungsverfahren von Pulverlack

Pulverapplikation. Das Pulver wird zuerst fluidisiert, d. h. mit Luft verwirbelt. Die genaue und gleichmäßige Dosierung des Pulvers zur Förderung zur Pistole erfolgt über Präzisions- und Stabinjektoren. Die Applikation erfolgt im Corona- oder Triboverfahren **(Bild 2a und 2b)**.

Schichtbildung. Je höher der Pulverauftrag, umso mehr Pulver isoliert das Objekt. Wo noch kein Pulver anlagert, bleibt weiteres hängen, wo schon genug angelagert ist, wird es abgewiesen. So ergibt sich eine gleichmäßige Schichtdicke. Da die Pulverteilchen den Feldlinien folgen und deren Dichte an den Kanten höher ist, ist die Schichtdicke an den Kanten meist höher. Die übliche Schichtdicke liegt bei etwa 150 µm.

Das pulverbeschichtete Teil wird bei 140 bis 200 °C gehärtet. Overspray wird gesammelt, gereinigt und dem Frischpulver zugesetzt.

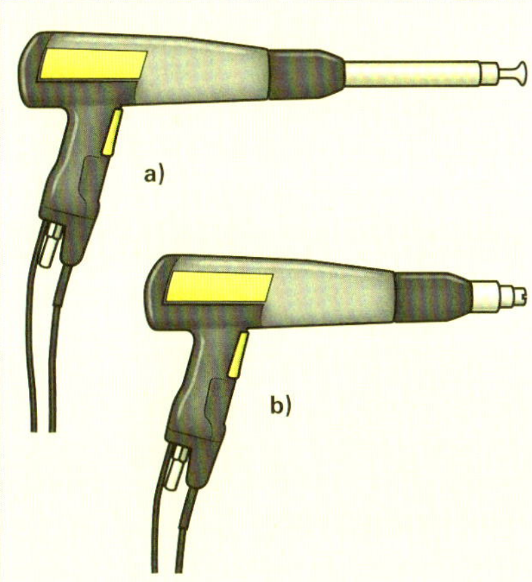

Bild 2: a) Tribopistole, b) Coronapistole

Ausbessern und Überarbeiten durch den Maler und Lackierer

Pulverlackbeschichtungen können nicht mit Pulverlack ausgebessert werden. Da Pulverbeschichtungen im Ergebnis eine 2K-Oberfläche darstellen, können sie mit üblichen 2K-Lacken ausgebessert und beschichtet werden.

Kleine Schadstellen werden punktuell vorbereitet und möglichst unauffällig in gleicher Farbe und Struktur ausgebessert, z. B. mit einem feinen Pinselchen.

Soll eine Überholungsbeschichtung erfolgen, dann ebenfalls mit 2K-Lack. Aufgrund der harten Oberfläche muss gründlich angeschliffen werden. Als Haftbrücke ist eine EP-Grundierung zu empfehlen.

Oberfläche und Schadstellen sind wie üblich vorzubereiten.

12.22 Kleben von Folien

Das Bekleben von Objekten am Bau und an Fahrzeugen mit Folie stellt eine Alternative zum Lackieren dar. Auf glatten Lackflächen, z. B. Türen, werden Schriften nur noch geklebt. Meist werden Folien für die Fahrzeugbeschriftung und für Gestaltungen am Fahrzeug eingesetzt. Es ist aber auch möglich, ganze Objekte oder Teile davon zu bekleben.

12.22.1 Aufbau und Eigenschaften einer Klebefolie

Folien zum Beschriften oder Gestalten bestehen immer aus 2 Schichten:

- Folie (mit Kleberschicht)
- Trägerpapier (gewachst)

Die meisten Folien bestehen aus PVC und besitzen eine Dicke zwischen 0,05 mm und 0,08 mm = 50 bis 80 µm. Dies entspricht einer oder zwei Lackschichten.

Folien, die am Fahrzeug verklebt werden, müssen von besonderer Qualität sein.

Dekorationsfolien werden meist nur kurze Zeit im Schauwerbebereich in Läden eingesetzt. Folien am Fahrzeug oder bei Außenanwendung werden wesentlich höher beansprucht und sollen auch nach Jahren noch „wie neu" aussehen.

Darum müssen hochwertige Folien folgende Anforderungen erfüllen:

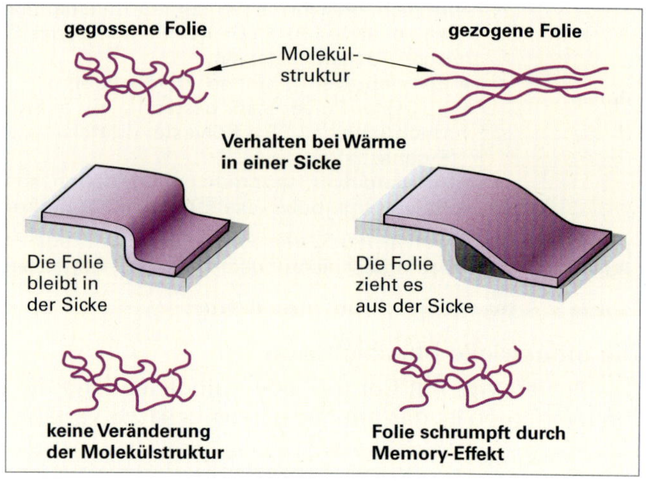

Bild 1: Gegossene und gezogene Folien

- **schrumpfbeständig**

Fachleute verwenden gegossene Folien (z. B. Scotchcal). Diese sind teurer als gezogene Folien (z. B. DC-fix), aber sie schrumpfen nicht. Dadurch zieht es bei Wärme die Folie nicht aus Sicken und Kanten heraus.

Erklärung:

Die Kunststoffmoleküle gezogener Folien erinnern sich an ihre alte Struktur und versuchen in diesen Zustand zurückzukehren (Memory-Effekt). Gegossene Folienmoleküle bleiben immer in ihrer Struktur gleich, sie ziehen sich nicht zusammen (**Bild 1**).

An billigen Aufklebern entstehen Schmutzränder, da durch das Schrumpfen der Folie der Kleber freiliegt und sich Schmutz festsetzt.

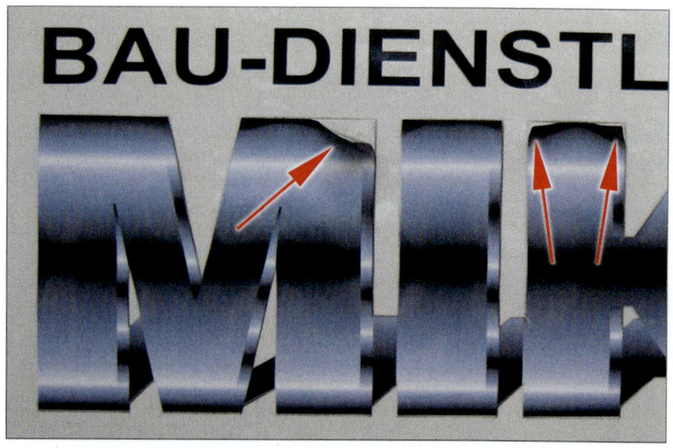

Bild 2: Gute Gestaltung – falsche Folie

- **sehr gutes Klebevermögen**

Das Klebevermögen hochwertiger Folien ist sehr gut, vorausgesetzt, der Untergrund ist sauber und glatt. Lack- und Glasflächen eignen sich sehr gut, da sich auf glattem Untergrund besonders gut Adhäsionskräfte aufbauen.

Die für Folien eingesetzten Kleber (meist Polyacrylate) besitzen auf Lackflächen ein so gutes Klebevermögen, dass sich auch kleine i-Punkte bei häufigem Reinigen nicht verschieben oder ablösen.

- **wetterbeständig**

Gute Folien sind wetterbeständig. Dies bedeutet UV-Beständigkeit und Reib-, Reiß- und Stoßfestigkeit.

Sie behalten bei Wetterbelastung Farbton und Glanz. Wetterbeständigkeit beinhaltet Lichtbeständigkeit.

Sie verspröden nicht, da der Weichmacher aus der Folie nicht so schnell entweicht.

Dauerhaft elastisch bleiben Folien eher bei innerer anstatt äußerer Weichmachung (**Übersicht 1**).

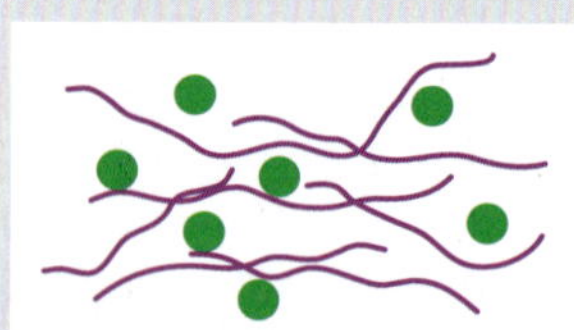	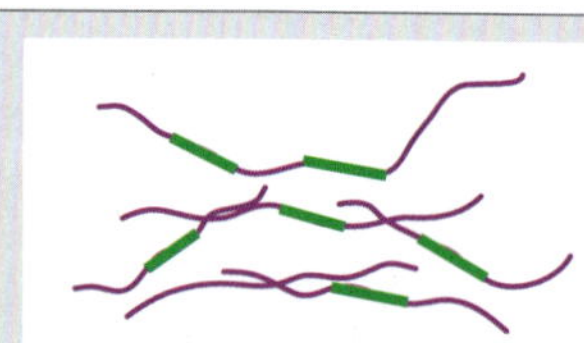
Äußere Weichmachung	**Innere Weichmachung**
Weichmacher (meist Phthalate) werden dem fertigen Werkstoff (Kunststoff oder Lack) zugegeben. Da sie nicht fest gebunden sind, entweichen sie mit der Zeit (Weichmacherwanderung). So verlieren Folien oder Lackfilme mit der Zeit ihre Elastizität.	Weichmachende Kunststoffe/Bindemittel werden in den Kunststoff oder das Bindemittel des Lackes fest eingebaut. Diese Stoffe bezeichnet man als Copolymere, im Gegensatz zu Polymeren, die aus einer einzigen Kunststoff- oder Bindemittelart bestehen.

Übersicht 1: Äußere und innere Weichmachung von Kunststoffen und Lacken

Bild 1: Bedruckte Folie am Fahrzeug

- **breites Angebot**

Die Farbtonpalette orientiert sich an den üblichen Farbsystemen (RAL, Pantone, HKS).

Wer selbst plottet, kann aus Lager- und Kostengründen kaum alle Farben auf Lager haben. Empfehlenswert ist, nur einige gängige Farben als Rolle zu beziehen und bei Bedarf besondere Folien von spezialisierten Firmen mit großem Lager schneiden zu lassen.

Je nach Pigmentzugabe besitzen Folien (wie Lacke) einen
- Uni-Farbton
- Effekt (Metalleffekt, Flip-Flop-Effekt, Hologrammeffekt ...)

Das Bedrucken von Folien mittels lösungsmittelbasierendem Inkjetdruck oder Siebdruck ist möglich. So kann eine Bäckerei auf ihren Fahrzeugen mit frischen Brötchen werben, wirklichkeitsgetreu und appetitlich dargestellt (Bild 1).

- **keine Beeinträchtigung der Verkehrssicherheit**

Es wurden Window-Graphics Folien entwickelt, die durch eine feine Perforation in der Folie den Durchblick aus dem Fahrzeuginneren nach außen ermöglichen, aber nicht umgekehrt.

Scheiben-Tönungsfolien sind nur für die Montage an den hinteren Seitenscheiben und der Heckscheibe zulässig, wenn gleichzeitig ein Außenspiegel an der Beifahrerseite vorhanden ist. Typ und Prüfzeichen der verwendeten Tönungsfolien müssen gut lesbar und dauerhaft an den am Fahrzeug verklebten Tönungsfolien vorhanden sein. An der Windschutzscheibe darf lediglich ein Blendstreifen angebracht werden, der eine Gesamtfläche von nicht mehr als 10 % der Windschutzscheibe bedeckt.

Folien in Tagesleuchtfarbe am Fahrzeug sind laut § 49a StVO genehmigungspflichtig.

Bild 2: Kleberrückstände lassen die Schrift wieder sichtbar werden

- **leicht entfernbar**

Durch Erwärmen lassen sich gute Folien rückstandslos entfernen. Billige, durch Wetter und Weichmacherwanderung versprödete Folien können meist nur mit hohem Zeitaufwand entfernt werden, da sie sich nicht im Stück abziehen lassen.

Nach dem Entfernen der Folie muss auch der Kleber restlos entfernt werden, da die Schrift durch Schmutz im Kleber wieder sichtbar wird (Bild 2). Anschließend ist die Fläche zu polieren.

12.22.2 Grundausstattung zum Arbeiten mit Folien

Das Verkleben von Folien erfordert eine Grundausstattung, siehe Übersicht 1.

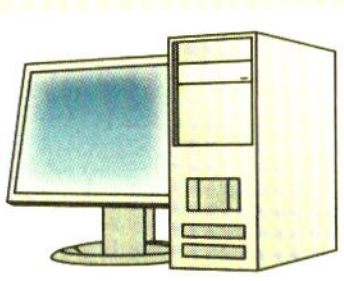		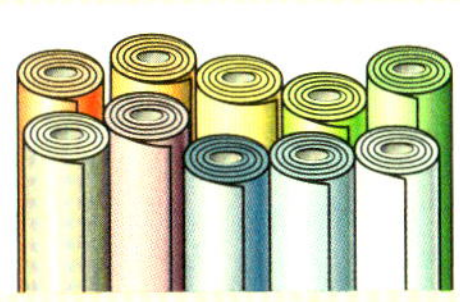	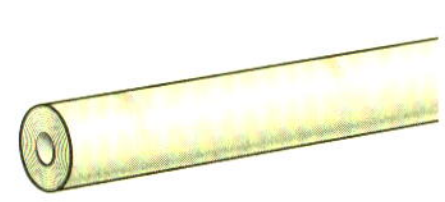	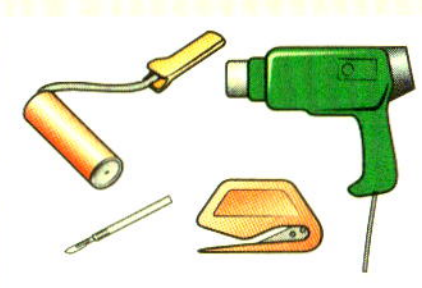
Computer	**Plotter**	**Folie**	**Übertragungsfolie**	**Werkzeug**
Das Motiv wird mittels geeigneter Software (Freehand, CorelDraw, Illustrator) entwickelt oder übernommen. Es muss als Vektorgrafik vorliegen und dann in das EPS-Format umgewandelt werden, da es sonst nicht geschnitten werden kann. Das Plotterprogramm erkennt und schneidet nur Linien, keine Pixel.	Der Schneideplotter führt ein Schneidemesser nach Vorgabe des Plotterprogrammes über die Folie und schneidet das Motiv. Das Trägerpapier darf nicht durchgeschnitten werden. Je nach Plottermodell wird beim Schneiden das Messer und die Folie oder nur das Messer bewegt.	Schneidefolien können in Rollen bis 50 m Länge und mit einer Breite bis 1,20 m bezogen werden. Die Wahl der Folienbreite ist von der Plotterbreite abhängig. Die Folie muss genau parallel in den Plotter eingeführt und festgestellt werden, damit sie beim Schneiden nicht aus der Spur läuft.	Das auf dem Trägerpapier freigelegte Motiv wird mittels Übertragungsfolie formgetreu auf das zu beklebende Objekt übertragen. Die Übertragungsfolie ist meist leicht transparent. Ihr Klebevermögen ist gering, da sie nach der Übertragung wieder abgezogen wird.	Zum Verkleben von Folien haben sich folgende Werkzeuge bewährt: ● Rakel aus Kunststoff ● Folienschneider ● Andruckrolle ● Skalpell mit Klinge ● Föhn Bei der Nassverklebung ist Übertragungsflüssigkeit unentbehrlich.

Einfache Motive können auch von Hand aus der Folie geschnitten werden.

12.22.3 Verfahren der Folienverklebung

Es gibt 2 Verfahren, wie mit Folie gearbeitet werden kann (**Übersicht 1**).

- Folie verkleben
- Folie als Schablone verwenden

Für beide Verfahren gibt es besondere Folien. Diese unterscheiden sich vor allem in der Klebekraft zwischen den Schichten. Die verklebte Folie muss dauerhaft haften, die Schablonenfolie muss nach dem Schablonieren wieder leicht entfernt werden können. Schablonierfolien besitzen immer den gleichen Farbton, da sie selbst nicht auf dem Fahrzeug verbleiben.

	Folie verkleben	**Arbeiten mit Schablonierfolie**
Verfahren	Die Folie wird in Form einer Schrift oder eines Zeichens direkt wie eine Lackschicht auf das Fahrzeug geklebt.	Die Folie ist Hilfsmittel, um eine Schrift oder ein Zeichen auf das Fahrzeug zu lackieren.
Beispiel	Eine Kreisfläche ist in roter Folie zu verkleben.	Eine Kreisfläche ist in Rot mit Übergang zu spritzen.
Schritt 1	—	Die Schablone muss ausreichend groß gewählt werden, um auch das Umfeld beim Spritzen abzudecken.
	Kreiszeichen in spezielles Plotter-Programm eingeben oder von Hand schneiden. Das Trägerpapier darf nicht mit durchgeschnitten werden.	
Schritt 2	Die Folie wird in Form einer Schrift oder eines Zeichens direkt wie eine Lackschicht aufgeklebt. 	Die Folie ist Hilfsmittel, um eine Schrift oder ein Zeichen zu lackieren. 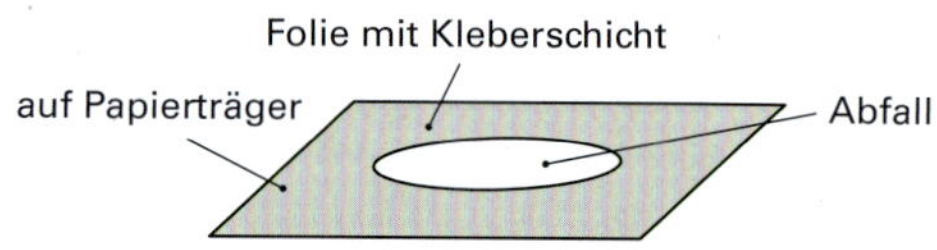
Schritt 3 + 4	Die Kreisfolie wird auf Übertragungsfolie übernommen (1), dann wird der Papierträger vorsichtig in schrägem Winkel abgezogen (2).	Die Schablonierfolie wird auf Übertragungsfolie übernommen (1), dann wird der Papierträger vorsichtig in schrägem Winkel abgezogen (2).
	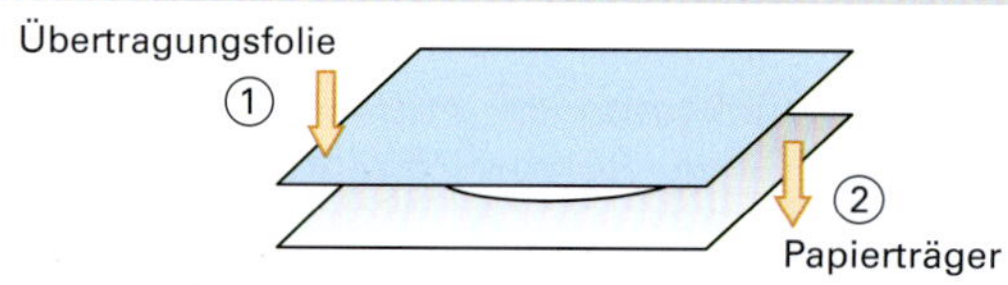 Die Kreisfläche wird während des folgenden Klebevorgangs durch die Übertragungsfolie in Form gehalten.	
Schritt 5	Die Kreisfläche wird am Objekt nach Vorgabe ausgerichtet und aufgeklebt. Siehe Nass- und Trockenverklebung (nächste Seite).	
Schritt 6	Die Kreisfolie wird mit Rakel oder feinem Lappen vorsichtig flächig angedrückt.	Die Schablonierfolie wird mit Rakel oder feinem Lappen vorsichtig im Randbereich des Kreises angedrückt.
Schritt 7	Die Übertragungsfolie wird vorsichtig in schrägem Winkel abgezogen.	
Schritt 8	—	Ausführen der Lackierarbeit. Umgebung vor Overspray schützen.
Schritt 9	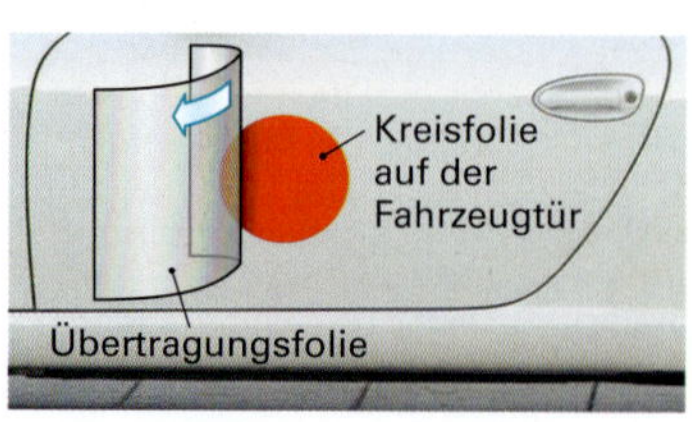	Nach der Auslackierung der Kreisform auf das Objekt wird die Schablonierfolie vorsichtig abgezogen. 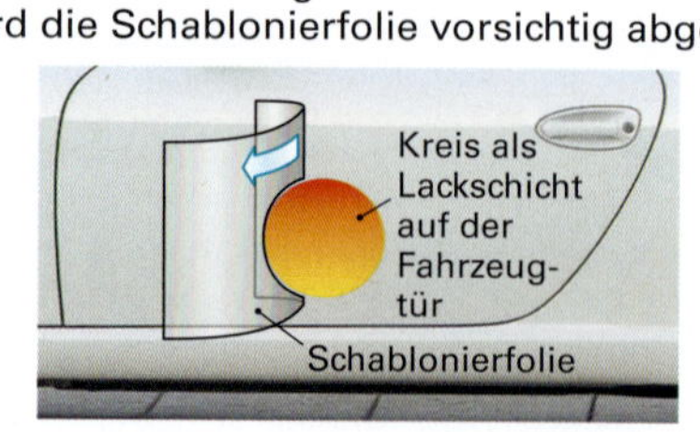
Schritt 10	Die Kreisfolie wird mit Rakel oder feinem Lappen nochmals vorsichtig flächig angedrückt.	Der Trocknungsvorgang wird abgewartet.
	fertig	

Übersicht 1: Mögliche Klebefolienanwendungen und deren Arbeitsschritte

Das Verkleben von farbigen oder bedruckten Folien für Beschriftungen und das Anbringen von Firmenlogos erfordert vom Maler und Lackierer besondere Fähigkeiten und Fertigkeiten, die in der Folge beschrieben werden.

12.22.4 Trocken- und Nassverklebung

Jeder Untergrund ist mehr oder weniger verschmutzt und muss vor der Verklebung nass mit fettlösender Reinigungsflüssigkeit gereinigt werden. Anschließend ist mit klarem Wasser nachzuwaschen und abzuledern. Man unterscheidet die Trocken- und die Nassverklebung (Übersicht 1). Vor der Trockenverklebung muss der Untergrund absolut trocken vorliegen.

Trockenverklebung

Dieses Verfahren wird von namhaften Herstellern grundsätzlich empfohlen.

Schritte: Nach dem Einmessen des Motives samt Übertragungsfolie und Trägerpapier wird alles mit Klebeband fixiert. Dann wird von einer Hälfte das Trägerpapier entfernt und das Motiv/die Schrift auf das Objekt übertragen. Es folgt dann die Übertragung der zweiten Hälfte. Zum Schluss wird die Übertragungsfolie abgezogen und das Motiv/die Schrift angedrückt, besonders an den Kanten und Ecken.

Einmessen und fixieren

Erste Hälfte des Trägerpapiers entfernen und Motiv/Schrift von innen nach außen andrücken.

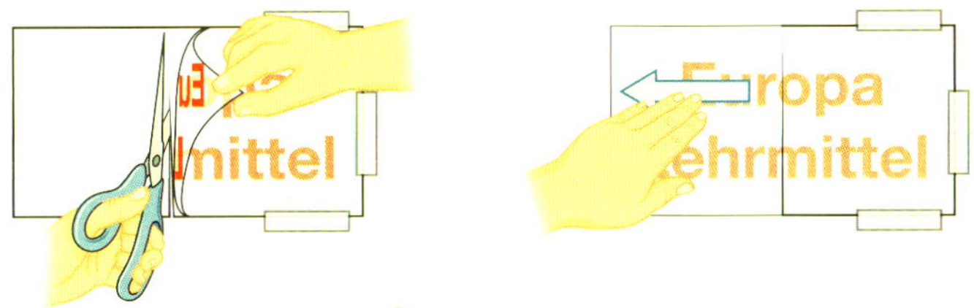

Zweite Hälfte des Trägerpapiers entfernen und Motiv/Schrift von innen nach außen andrücken.

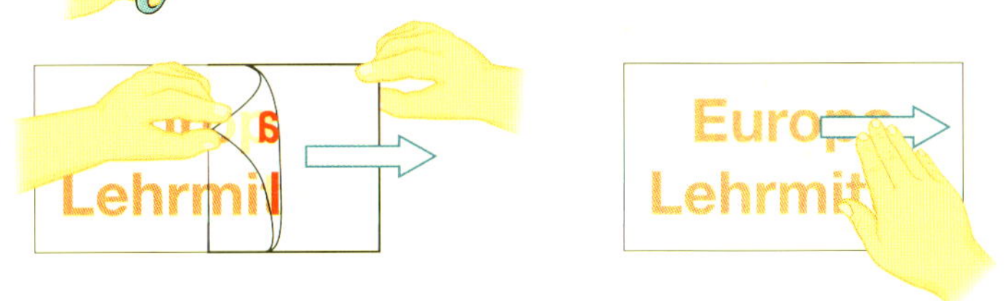

Übertragungsfolie abziehen und alles nochmal andrücken

Es ist riskant, nach Augenmaß zu verkleben, da die Folie bei der Trockenverklebung schon nach stellenweisen und kurzzeitigem Kontakt mit dem Untergrund nicht mehr korrigiert werden kann.

Vollflächige Verklebung erfolgt immer trocken.

Nassverklebung

Die zu beklebende Fläche wird mit Wasser oder einer Übertragungsflüssigkeit benetzt. Auch die klebende Seite der Folie wird reichlich besprüht. Man verwendet eine Zerstäuberflasche.

Die Flüssigkeit, meist enzymfreies Seifenwasser, darf keine rückfettenden Substanzen enthalten.

Die Folie (auf Übertragungsfolie, ohne Trägerpapier) schwimmt auf der Flüssigkeit und kann ausgerichtet werden. Das Wasser verhindert die vorzeitige Haftung, es muss immer genügend Wasser zwischen Untergrund und Folie vorliegen. Oft ist nachzusprühen.

Stimmt die Position, so wird mit einer Rakel oder Walze das Wasser zwischen Folie und Untergrund weggedrückt bis die Folie klebt.

Nach Verdunsten des Wassers (bis zu 24 Stunden) müssen die Folienkanten nochmals angepresst werden.

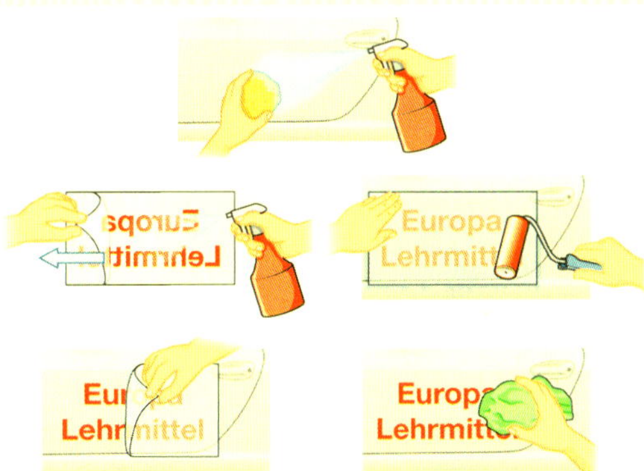

Übersicht 1: Trocken- und Nassverklebung

12.22.5 Hinweise zum Verkleben von Folien

Vorbereitung der Oberfläche

Die zu beklebende Fläche muss absolut sauber und fettfrei sein. Auch Oberflächen die sauber erscheinen, sollten vor dem Verkleben noch einmal mit einem nicht rückfettenden Reiniger gesäubert werden.

Untergründe am Fahrzeug, die beklebt werden, sind Glasscheiben oder das Blech der Karosserie.

Glas als Untergrund ist gründlich zu reinigen, dann wird direkt auf die Scheibe geklebt, nach Wunsch auch von innen, dann ist aber seitenverkehrt auszuplotten.

Wird eine Metallplatte oder Karosserie beklebt, so muss eine intakte, gut ausgehärtete Lackierung mit dem Aufbau Grundierung-Füller-Decklack vorliegen.

Bild 1: Car-Wrapping

Dies gilt auch bei **Car-Wrapping**, dem vollflächigem Verkleben von Fahrzeugteilen **(Bild 1)**. Man verklebt nicht vollflächig, um sich den Lackiervorgang zu sparen, sondern um später die Folie bei Nichtgefallen oder bei Verkauf wieder entfernen zu können.

Temperatur

Die ideale Temperatur für die Montage liegt bei 15 bis 20 °C. Bei zu großer Kälte löst sich die Folie beim Abziehen des Übertragungspapiers leicht vom Untergrund. Bei zu großer Hitze bleibt die Folie besser am Untergrund kleben, es können sich Blasen bilden.

Bei Klebearbeiten arbeitet man am besten mit einem Heißluftföhn. Mit Warmluft (45 bis 50 °C) lässt sich die Folie auf ungleichmäßigen Untergründen leichter anpassen. Der Fön darf nicht zu nahe an die Folie gehalten werden, da diese sonst schmilzt oder vergilbt. Die Arbeitshand sollte durch einen Handschuh geschützt werden.

Übliche Verklebung auf glattem Untergrund

Am Fahrzeug liegen in der Regel absolut glatte Lack- oder Glasflächen vor, sodass die Folie glatt aufgerakelt werden kann. Beim Verkleben dürfen keine Luftblasen oder Runzeln in der Folie entstehen. Größere Folienflächen werden mit dem Föhn erwärmt und über Rundungen gezogen. Das Muster oder die Schrift dürfen dabei nicht aus der Form geraten. Haben sich unter der Folie Luftblasen gebildet, so werden diese am Blasenrand mit einer Nadel punktiert und die Luft aus dem Loch herausgedrückt.

Bei Folienflächen, die aus mehreren Teilen bestehen, müssen die Folienkanten mindestens 4 mm und maximal 12 mm überlappt geklebt werden. Die Flächen werden so überlappt, dass Schmutz nicht in der Überlappung hängen bleiben kann, d. h. am Fahrzeug von hinten nach vorne oder von unten nach oben.

Karosseriespalten werden überklebt und vorsichtig wieder aufgeschnitten. Dann wird die Folie an den Kanten noch einmal mit besonderer Sorgfalt mit Heißluft und Rakel aufgearbeitet.

Strukturierte und profilierte Oberflächen

Auf strukturierten Oberflächen beginnt man an einer Kante mit dem Aufkleben und erwärmt die Folie mit dem Föhn. So lässt sich die Folie besser dehnen und damit leichter der Oberflächenstruktur anpassen. Auf grob strukturierten Oberflächen wird die Folie mit einer Bürste in den Untergrund eingearbeitet, auf regelmäßig und fein strukturierten Oberflächen kann ein Gummihandroller ausreichen.

Ist über Profile und Sicken zu kleben, so darf die Folie nicht über das Profil gelegt und dann unter Spannung in die Vertiefung eingedrückt werden. Die Folien würden sich nach kurzer Zeit wieder lösen.

Richtig ist es, die Folie anzusetzen und dann parallel zum Profil eine Profilreihe nach der anderen zu bekleben. Die Folie ist, dem Profil folgend, immer wieder kräftig anzudrücken, besonders in den Ecken **(Bild 2, 3 und 4)**.

Bild 2, 3 und 4: Klebearbeiten am Fahrzeug erfordern Erfahrung

Bei der Montage am Fahrzeug ist zu beachten, dass der Kleber erst nach 72 Stunden die endgültige Klebkraft besitzt. Mit dem nächsten Besuch einer Waschanlage ist ca. 1 Woche (bei kalten Umgebungstemperaturen eher 2 Wochen) zu warten. Bei Verwendung eines Dampfstrahlers sollten bei der Reinigung 50 cm Abstand nicht unterschritten werden und die Düse nicht direkt auf die Folienkante gehalten werden.

13
Dekorative Techniken

Lernfeld 4, 8, 12GI

13.1 Tapezieren

Schon Höhlenbewohner verschönerten ihre Behausung mit Tierfellen und Matten aus pflanzlichen Fasern, Die Entwicklung der Webtechnik ermöglichte die Verkleidung von Raumwänden mit textilen Wandbelägen.

Papiertapeten werden möglich mit der Erfindung des Papiers durch die Chinesen etwa 100 n. Chr. In Deutschland beginnt die erste Papierfertigung im 14. Jahrhundert.

Die ersten Papiertapeten werden in England im 18. Jahrhundert gefertigt, in der Folge in allen europäischen Ländern. Zunächst wurden Einzelpapiere zu langen Rollen zusammengeklebt und mit geschnitzten Holzstempeln bedruckt.

Bild 1: Historisches Motiv

Beliebte Muster sind Streifen, Ornamente, Blumen, aber auch historische Motive (Bild 1), je nach Stil der Zeit. In Frankreich entstehen Tapeten mit handgedruckten Städte- und Landschaftsmotiven sowie Jagd- und Kriegsszenen.

Mitte des 19. Jahrhunderts beginnt in England mit der Erfindung der Dampfmaschine die maschinelle Tapetenherstellung. Mit hölzernen Druckwalzen, die mit Metall- (Bild 2), Holz-, Gummi- oder Filzprofilen versehen waren, werden Leimfarben (Leimdruck) oder Öl- und Lackfarben (Öldruck) im Hochdruckverfahren auf lange Papierbahnen gedruckt. Wegen der aufwendigen Herstellung der Druckwalzen, der langsamen Druckgeschwindigkeit und der langen Trocknungszeiten spielt diese Drucktechnik keine Rolle mehr. Aber auch heute noch werden spezielle Wandbekleidungen aus Naturwerkstoffen handgefertigt.

Bild 2: Metallbeschlagene Hochdruckwalze

13.1.1 Moderne Tapetenherstellung

Heute werden Tapeten über folgende Drucktechniken hergestellt.

Flexodruck

Beim Flexodruck werden drei flexible Walzen verwendet:
1. Die Farbe führende Tiefdruckwalze, von der überschüssige Farbe mittels einer Rakel abgestreift wird.
2. Die Druckform, die eine Gummioberfläche besitzt, aus der alle nicht druckenden Flächen per Laser ausgeschnitten wurden und die somit nur die hoch druckenden Motivformen enthält.
3. Der Gegendruckzylinder, der die Papierbahnen gegen die Druckform presst.

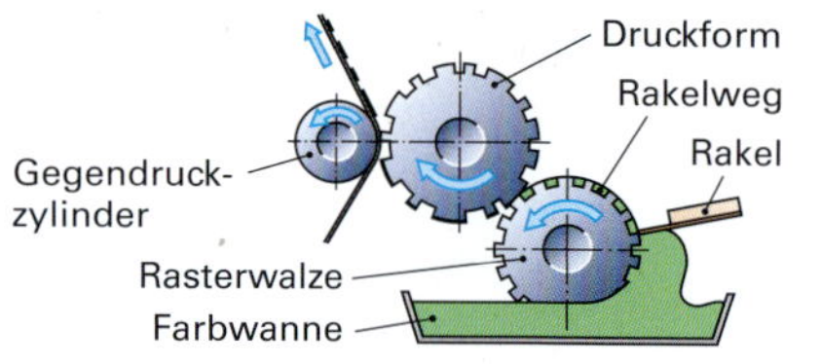

Tiefdruck

Ein weiteres in der Tapetenindustrie gebräuchliches Druckverfahren ist der Tiefdruck. Wie der Name schon sagt, drucken hier die Formen, die tiefer liegen als die eigentliche Druckwalzenoberfläche.

Die Druckwalze besteht aus mit Kupfer ummanteltem Stahl. In die Kupferoberfläche werden die Druckmotive in Form von Vertiefungen gefräst. Während des Druckvorgangs werden die Vertiefungen in einer Wanne mit Farbe gefüllt. Überschüssige Farbe wird maschinell mit einer Rakel abgestreift. Mit flexiblen Gegendruckwalzen wird die durchlaufende Papierbahn auf die rotierende Druckwalze (Formzylinder) gedrückt.

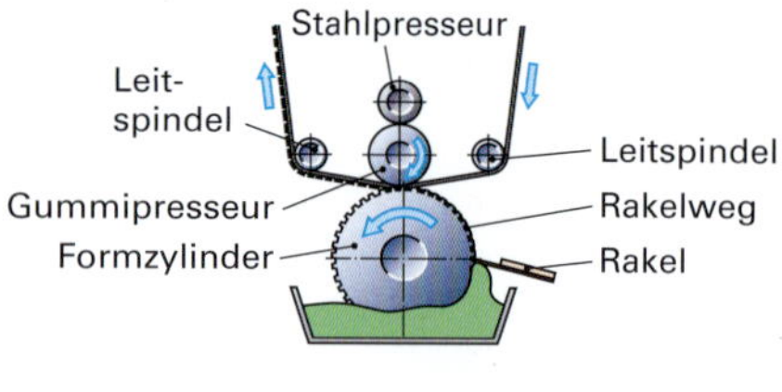

Siebdruck

Das Siebdruckverfahren hat sich insbesondere in der Herstellung von Tapeten mit geschäumter Beschichtung bewährt. Der Walzenkörper ist mit einem Gewebesieb umgeben, bei dem alle nicht druckenden Bereiche durch eine Filmschablone abgedeckt sind.
Die Druckfarbe wird vom Walzeninneren mit einer Rakel durch die freien Öffnungen des Gewebes auf die vorbeilaufende Papierbahn gedrückt. Der Siebdruck ist ein technisch sehr einfaches Druckverfahren, bei dem sich auch die Druckschablonen rationell durch Fotobelichtungs- bzw. Lasertechnik herstellen lassen.

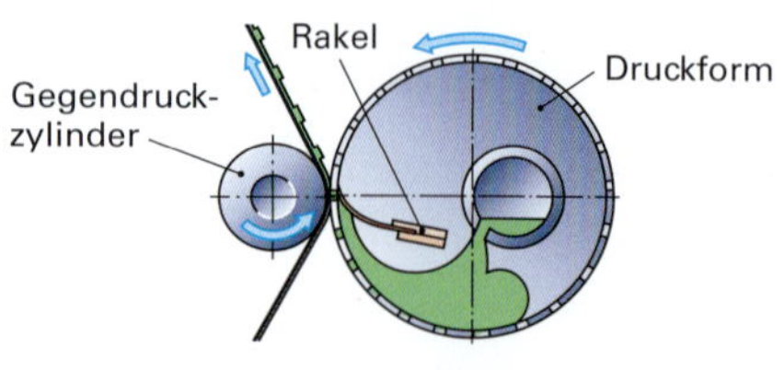

Prägedruck

Der Prägedruck verleiht Tapeten eine reliefartig strukturierte Oberfläche. Die Prägung erfolgt durch gegeneinanderrollende Stahlwalzen, von denen die eine das Muster positiv, d. h. erhaben, überträgt. Die andere Rolle enthält das gleiche Motiv in negativer Form, d. h. als Vertiefung im Walzenkörper. Die Farbprägewalze überträgt den gewünschten Farbton.
Hochwertige Prägedrucktapeten bestehen aus zwei bis drei miteinander verbundenen (kaschierten) Papieren, wodurch die Stabilität des Prägemusters erhöht wird.

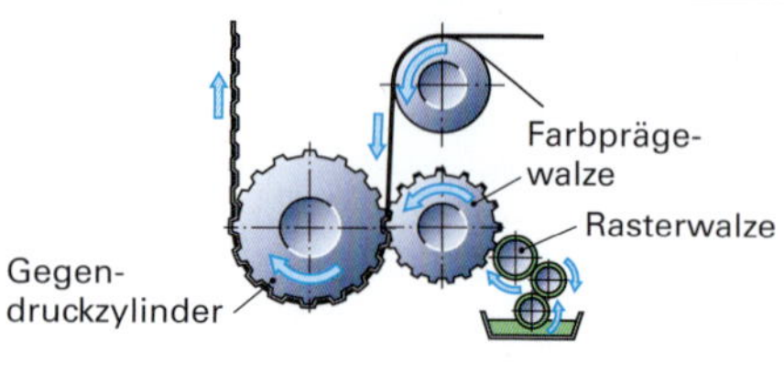

13.1.2 Einteilung von Tapeten

Tapeten können aus unterschiedlichen Werkstoffen bestehen. So gibt es Tapeten aus Zellulose (Papiertapeten), Zellulose mit Textilfasern (Vliestapete), Glasfasern, Kunststoff, Leder, Gras, Schilf, Leinwand. Die Bezeichnung nach Funktion (Isoliertapete) oder Aussehen (Wandbildtapete) ist ebenfalls möglich. Mit einem einheitlichen Grundton beschichtete Wandbekleidungen werden als Fondtapeten bezeichnet.

Nach der europäischen Norm für Wandbekleidungen in Rollen, der DIN EN 235, werden fertige Wandbekleidungen und überstreichbare Wandbekleidungen unterschieden. Die fertigen Wandbekleidungen gliedern sich, entsprechend des Materials aus dem sie bestehen, in acht Gruppen (Tabelle 1).

Papierwandbekleidung So heißen alle aus Papier bestehenden Tapeten. Dazu gehören leicht geprägte (gaufrierte), zweilagig geprägte (Duplextapeten) und glatte Papiertapeten. Das Papierrohgewicht bestimmt die Qualität: < 110 g/m² leichte Papiertapeten; 110 –140 g/m² mittlere Papiertapeten; > 140 g/m² schwere Papiertapeten.	
Kunststoffwandbekleidung (mit Papierträger/ohne Papierträger) Man unterscheidet Kunststoffwandbekleidungen mit Papierträger und ohne Papierträger. Zur ersten Gruppe gehören alle Tapeten auf Papierträger, die eine Kunststoffoberfläche besitzen, wie z. B. Flachvinyltapeten und Strukturprofiltapeten. Kunststoffwandbekleidungen ohne Papierträger benötigen keinerlei Träger.	
Vlieswandbekleidung Wandbekleidungen mit einem aus Zellstoff, textilen Fasern und Bindemittel bestehenden imprägnierten Trägermaterial, das sich durch hohe Dimensionsstabilität auszeichnet und luft- und wasserdurchlässig ist. Sie benötigen keine Weichzeit und sind in schwerer Ausführung rissüberbrückend. Auch Strukturtapeten auf Vliesträger gehören dazu.	
Textilwandbekleidung Sie gehören zu den traditionsreichen Wandbekleidungen. Sie bestehen aus synthetischen oder natürlichen Fasern bzw. Fäden, die nur in Längsrichtung (Kettfadentapete) oder als Gewebe aus gewobenen Fäden (Kettfäden – mit querschießenden Schussfäden) bestehen.	
Velourswandbekleidung Bei den Velourswandbekleidungen wird das Trägermaterial mit Leim beschichtet und anschließend mit kurzflorigen natürlichen oder synthetischen Fasern elektrostatisch beflockt. Die Verarbeitung sollte nur vom Fachmann ausgeführt werden, da die Tapeten sehr empfindlich sind.	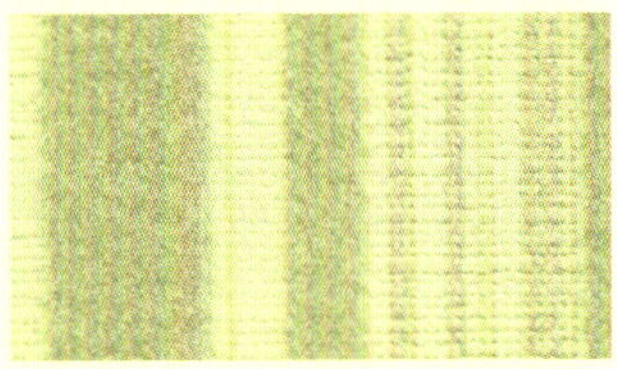
Metall-Effekt-Wandbekleidung Metalltapeten bestehen in der Regel aus Aluminiumfolie, die auf einen Träger aus Papier oder Vlies aufkaschiert ist. Bestimmte Metalleffekte werden durch lasierende Beschichtung oder Ätzen bzw. Oxidieren erzielt. Aus Metallfolie bestehende Tapeten sind relativ teuer. Durch Auftragen von metallischen Interferenz-Pigmenten lassen sich preisgünstigere Alternativen herstellen.	
Naturwerkstoffwandbekleidung Vorbehandelte Naturmaterialien wie Gras, Korkrinde oder Baumlaub werden auf Papierträger geleimt und schaffen so eine natürliche, lebhaft wirkende Oberfläche. Die Tapeten stammen ursprünglich aus Asien und spielen heute als Wandgestaltungselement eher eine untergeordnete Rolle. Sie sind empfindlich und verschmutzen leicht.	
Wandbildtapete Wandbildtapeten sind nicht genormt und gehören deshalb auch nicht zur DIN EN 235. Mit Wandbildtapeten können großformatige, fotografische Motive, bestehend aus Einzelbildern im Bahnenformat auf die Wand appliziert werden. In der Herstellung hat der Digitaldruck den Flach-Siebdruck und Fotoprint abgelöst.	

Tabelle 1: Fertige Wandbekleidungen

Wandbekleidungen für nachträgliche Behandlung werden nach dem Tapezieren mit geeigneten Anstrichstoffen beschichtet, in der Regel mit Innenwanddispersion. Bei Strukturvliestapeten werden mit Schaum oder Granulat strukturierte Oberflächen hergestellt, die sich für anschließende Effektlasuranstriche eignen. Die bekanntesten Vertreter der überstreichbaren Wandbekleidungen sind Raufaser und Glasgewebe **(Tabelle 1)**.
Durch die Struktur der Tapeten fallen hier kleinste Untergrundmängel, z. B. Haarrisse, weniger auf als bei fertigen Wandbekleidungen.

Raufastertapete			
Strukturvliestapete			
Glasgewebetapete			

Tabelle 1: Wandbekleidungen für nachträgliche Behandlung

13.1.3 Untergrundprüfung und Untergrundvorbereitung

Allgemeine Untergrundeigenschaften müssen immer erfüllt sein. Typische Tapezieruntergründe sind auf besondere Mängel zu untersuchen **(Tabelle 2)**.

Allgemein	Untergründe	Individuelle Anforderungen an die Untergründe
• Fest • Trocken • Gleichmäßig, normal saugend • Neutral • Sauber • Eben	Innenwandputz	• Gute Haftung des Putzes auf dem Putzträger • Frei von Sinterschichten • Keine Risse • Frei von Ausblühungen
	Sichtbetonflächen	• Frei von Schalöl • Frei von Lunkern
	Gipskartonflächen Gipsfaserplatten Spanplatten MDF-Platten	• Schwingungsfreie Montage • Planeben verspachtelte Kanten und Stöße • Leitungen und Anschlüsse dicht schließend mit den Platten

Tabelle 2: Tapezieruntergründe und Anforderungen

Beseitigung von Untergrundmängeln

Jegliche Art von **Verunreinigung** muss entfernt werden. Kugelschreiber-, Filzstiftschmierer, die durch die Tapetenoberfläche wandern können, sind besser auszukratzen als zu isolieren.

Einige Tapetenarten, z. B. Metalltapeten brauchen einen absolut **glatten Untergrund**. Dies kann zusätzliche Spachtel- und Schleifarbeiten erfordern.

Alkalität führt bei **Metalltapeten** zu Fleckenbildung. Gut ist es, wenn ein neutraler, glatter Gipsuntergrund vorliegt. Kalk- und zementhaltige Putze müssen fluatiert und wegen des Sandanteils im Putz geglättet werden.

Ausblühungen werden trocken abgebürstet.

Feuchte kann mit einem Isolieranstrich oder Isolierfolie abgesperrt werden. Besser ist es, die Ursache zu beseitigen.

Alttapeten müssen immer entfernt werden.

Bild 1: Mangelhaft vorbereiteter Untergrund kann zur Öffnung der Naht führen

Zu starkes oder ungleichmäßiges **Saugen** des Untergrundes erfordert das Vorstreichen mit wasserverdünnbarer Dispersion (Tiefgrund) oder Auftragen einer Makulatur.

Auf **glatte, dichte Untergründe** muss eine Beschichtung mit haftvermittelndem Dispersionskleber erfolgen.

13.1.4 Verarbeiten von Tapeten

Tapezieren gelingt mit Übung und mit Kenntnissen über...

Tapeten-bedarfs-Ermittlung | Werkzeuge Geräte | Untergrund-vorbereitung | Tapeten-kennzeichen | Tapeten-prüfung | Tapeten-zuschnitt | Einkleistern | Tapezier-praxis

Ermitteln des Tapetenbedarfs

Tapetenrollen werden in verschiedenen Rollenformaten geliefert, siehe Tabelle 1.

Es ist sicherzustellen, dass besonders bei Mustertapeten nicht zu wenig Rollen (umständliche Nachbestellung) oder zu viel Rollen (Kosten) bestellt werden.

Überschlägige Tapetenermittlung (ungenau)

$$\frac{\text{Zu tapezierende Fläche}}{\text{Rollenfläche der Tapete}} = \text{Anzahl der Rollen}$$

Diese Schätzmethoden berücksichtigen weder Rapport, Ansatz und Verschnitt noch Aufwand oder Einsparung durch Öffnungen wie Fenster und Türen.

Verschnitt

Nicht weiter verwendbare Tapetenreste der Rollen und Bahnen.

Rapport

Dies ist der vertikale Abstand im Tapetenmuster bis zur Wiederholung des Musters. Neben dem Tapetensymbol steht die Höhe des Rapports.

Ansatz der Tapete

Das Muster wiederholt sich auf verschiedenen Ebenen von Bahn zu Bahn. Man unterscheidet: ansatzfrei, gerader Ansatz, versetzter Ansatz (Bild 1).

Bezeichnung	Abmessung (m)	Flächenabdeckung
Europarolle	10,05 · 0,53	5,33 m²
Raufaser (normal)	33,50 · 0,53	17,76 m²
Raufaser (Großrolle)	125,00 · 0,75	93,75 m²
Glasfasergewebe	50,00 · 1,00	50,00 m²
Textiltapete	10,05 · 1,063	10,65 m²

Tabelle 1: Rollenformate von Wandbekleidungen

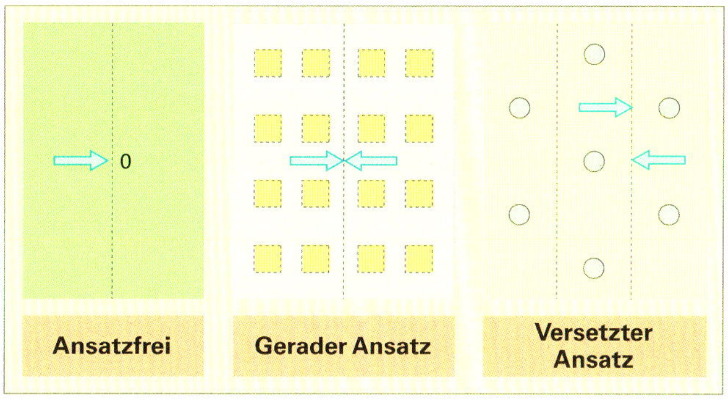

Bild 1: Ansatz und Rapport

Bei versetztem Ansatz steht neben dem Tapetensymbol z. B. 56/28. Die Zahl über dem Strich gibt den Rapport in cm an, die untere den Abstand, in dem benachbarte Bahnen im Muster versetzt werden müssen.

Genaue Tapetenermittlung am Beispiel:

Ein Raum ist zu tapezieren mit
a) Unitapete b) Mustertapete, Rapport 0,20 m

Benötigte Angaben
Raumhöhe 2,40 m — Rollenlänge 10,05 m
Raumumfang 22,90 m — Rollenbreite 0,53 m

Bahnenzahl für den Raum
= Raumumfang : Rollenbreite
22,90 m : 0,53 m
43,2 Bahnen
44 Bahnen aufgerundet

Uni-Tapete

Bahnenzahl aus 1 Rolle
Rollenlänge : Raumhöhe
10,05 m : 2,45 m
4,10 Bahnen je Rolle
4 Bahnen je Rolle abgerundet

Rollenbedarf
Bahnenzahl für den Raum:
Bahnenzahl aus 1 Rolle
44 : 4
11 Rollen aufgerundet

Muster-Tapete mit Rapport

Bahnenzahl aus 1 Rolle
Raumhöhe : Rapport
2,45 m : 0,20 m
12,25 Rapporte
13 Rapporte aufgerundet
13 Rapporte + 1 Rapport Zugabe
14 Rapporte
Bahnenlänge: 14 x 0,20 m = 2,80 m
10,05 m : 2,80 m
3,59 Bahnen je Rolle
3 Bahnen abgerundet

Rollenbedarf
Bahnenzahl für den Raum:
Bahnenzahl aus 1 Rolle
44 : 3
14,67 Rollen
15 Rollen aufgerundet

Nicht berücksichtigt wurden dabei Öffnungen oder die Verwendung von Reststücken, die Einsparungen ermöglichen. Nicht berücksichtigt wurden dabei Überstände, die nach dem Verkleben der Bahn abgeschnitten werden.

Tapezierwerkzeuge und Geräte bereitlegen

Nur die richtige Auswahl und die fachgerechte Anwendung der Tapezierwerkzeuge **(Übersicht 1)** gewährleisten eine einwandfreie Tapezierarbeit. Der Maler und Lackierer hat in seinem Tapezierkoffer die wichtigsten Werkzeuge griffbereit **(Bild 1)**.

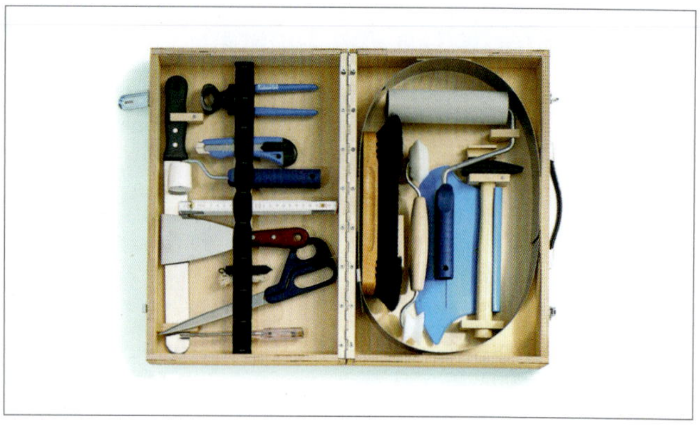

Bild 1: Tapezierkoffer

Mit der Kneifzange werden Nägel aus der Wand gezogen, mit dem Schraubendreher Schalter und Steckdosen abgeschraubt. Auf dem Tapeziertisch werden die Wandbekleidungen zugeschnitten und mit der Kleisterbürste eingekleistert. Ein stabiler Tapeziertisch kann auch das Kleistergerät aufnehmen. Mit der Farbrolle wird Kleister direkt auf die Wand aufgetragen (je nach Tapetenart). Wasserwaage und Senkblei helfen beim geraden Ausrichten der ersten Bahn.

Tapeziermesser und Tapezierschiene eignen sich zum Ablängen von Raufaserbahnen und -streifen. Zum Schneiden von Bekleidungsstoffen an der Wand werden heute fast nur noch Cuttermesser und Tapezierspachtel verwendet. Gleitfußmesser verhindern das Anritzen des Putzuntergrundes, z. B. bei Doppelnahtschnitten. Mit Andruckwalze, Tapezierspachtel und Tapezierbürste bzw. Tapezierwischer werden Wandbekleidungen faltenfrei auf die Wand appliziert. Dabei werden die verschiedenen Werkzeuge den unterschiedlichen Materialoberflächen gerecht.

Nahtroller dienen zum Andrücken der Stoßkanten im Nahtbereich. Mit dem Eckenroller kann die Tapete ohne Beschädigung in die Ecke gedrückt werden. Damit Tapezierarbeiten auch an unzugänglichen, höher gelegenen Stellen möglich sind, werden Steighilfen in Form von Stehleitern, Tapezierböcken oder Kleingerüsten benötigt.

Übersicht 1: Zum Tapezieren benötigte Hilfsmittel und Werkzeuge

Entfernen der Alttapeten

Alttapeten werden vor dem Tapezieren immer entfernt. Bei spaltbaren Tapeten kann das Trägermaterial auf der Wand verbleiben, wenn eine gute Haftung gewährleistet ist. Die Haftung wird durch Benetzen des Papiers getestet (ca. 15 Min. einwirken lassen). Es dürfen sich an keiner Stelle Blasen bilden, ansonsten wird die Tapete ganzflächig entfernt. Tapeten mit dichter Oberfläche oder mit Dispersionsfarben gestrichene Wandbekleidungen werden mit einer Igelwalze oder einem Tapetentiger (Bild 1) zerstört, damit die anschließend aufgetragene Ablöseflüssigkeit besser eindringen kann. Der Tapetenuntergrund wird mit einer Deckenbürste oder mit einem Sprühgerät (Bild 2) und Ablöseflüssigkeit immer wieder eingenässt.

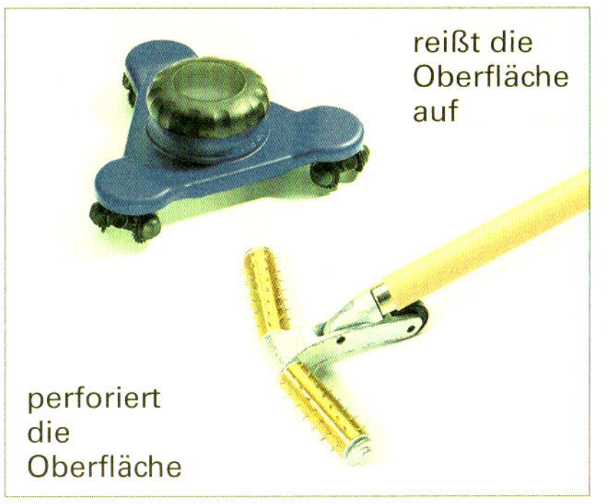

Bild 1: Igelwalze und Tapetentiger

Folgende Lösungen sind geeignet:

- Wasser mit speziellem Tapetenablöser (Mischungsverhältnis beachten)
- Wasser mit 5 % bis 10 % Normalkleister vermischt (als Verdunstungsverzögerer)
- Lauwarmes Wasser mit Netzmittel (Spüli, vermindert die Oberflächenspannung)

Vor dem Einweichen mit Wasser muss die Stromzufuhr am Sicherungskasten unterbrochen werden, denn nasse Wände leiten den Strom und können zu tödlichen Unfällen führen. Die offene Kante zum Estrich muss mit Lappen abgedeckt werden. Wasser, das beim Einweichen an der Tapete runterläuft, gelangt sonst unter den Estrich. Anschließend werden mit einer Stielspachtel die eingeweichten Tapeten von der Wand abgeschabt.

Bild 2: Heißdampfgerät

Herstellen eines homogenen Tapetenuntergrundes

Spachteln und Schleifen. Ein Tapezieruntergrund muss absolut planeben und glatt sein. Ist das nicht der Fall, wird eine Flächenspachtelung vorgenommen, um die Tapezierfähigkeit herzustellen. Grate werden durch Schaben mit einem Flächenschaber (Bild 2) entfernt. Bei hochwertigen Tapeten empfiehlt sich das ganzflächige Schleifen der Wände mit nicht zu grobem Schleifpapier.

Grundieren. Grundierungen haben die Funktion, den Untergrund zu festigen und eine zu starke Saugfähigkeit des Untergrundes zu vermindern. Je nach Untergrundbeschaffenheit kommt meist ein Tiefgrund zum Einsatz = eine niedrigviskose unpigmentierte Kunststoffdispersion.

Bei glatten, stark saugenden Untergründen reicht für das Tapezieren mit leichten Papiertapeten das Vorkleistern mit verdünntem Normal- oder Spezialkleister (Normalkleister 1 : 80, Spezialkleister 1 : 40).

Grundieranstrichstoffe dürfen den Untergrund nicht absperren, da ansonsten die Haftfestigkeit des Wandbelages auf dem Untergrund nicht gewährleistet ist.

Um das Entfernen der Tapeten für spätere Tapezierarbeiten zu erleichtern, muss auf kartonkaschierten Gipsplatten immer ein Tiefgrund aufgebracht werden.

Makulatieren. Für raue Putze und leichte bis mittelschwere Tapeten eignet sich zum Egalisieren des Untergrundes Streichmakulatur.

Bei durchscheinenden Wandbekleidungungen werden zunächst Unterlagsstoffe, in der Regel als Rollenmakulatur, aus Papier geklebt. Die Makulaturbahnen weichen in der Breite von der Tapeten-Euro-Norm ab, damit es nicht zu deckungsgleichen Nähten zwischen Makulatur und Wandbelag kommt.

Anstelle von Papiermakulatur kann auch ein glattes Renoviervlies zur Untergrundvorbereitung geklebt werden. Dem Vorteil der hohen Formstabilität der Vliesbekleidung, die ohne Weichzeit verarbeitet werden kann, steht als Nachteil der höhere Preis entgegen. Rollenmakulatur steht in verschiedenen Ausführungen zur Verfügung (Tabelle 1):

Makulatur	Zusammensetzung	Kleisteransatz
Makulaturpapier	Einfacher Unterlagsstoff aus Rohpapier	Normalkleister (1 : 50) + Dispersionskleber (ca. 10 – 20 %)
Spaltbare Makulatur	Unterlagsstoff, der aus zwei Papierschichten besteht. Bei einer Neutapezierung wird mit der Tapete die obere Schicht entfernt. Die untere verbleibt als Tapezieruntergrund auf der Wand.	Spezialkleber oder Kleister für Tapeziergeräte + 20 % Dispersionskleber
Stripmakulatur	Papierschicht mit kunststoffbeschichteter Oberfläche. Bei nachfolgenden Renovierungsarbeiten können Tapeten mehrfach abgezogen werden.	Wie bei spaltbarer Rollenmakulatur

Tabelle 1: Makulaturarten

Tapetenkennzeichnung

Die Tapetenkennzeichen sind nach DIN EN 235 genormt und gelten europaweit.

Standardisierte Piktogramme geben Hinweise zu den Eigenschaften, Verarbeitungs- und Anfertigungs-merkmalen der jeweiligen Tapete. Die Beipack- bzw. Kontrollzettel der Rollen informieren auch über Herkunft und Abmessungen der vorliegenden Tapete.

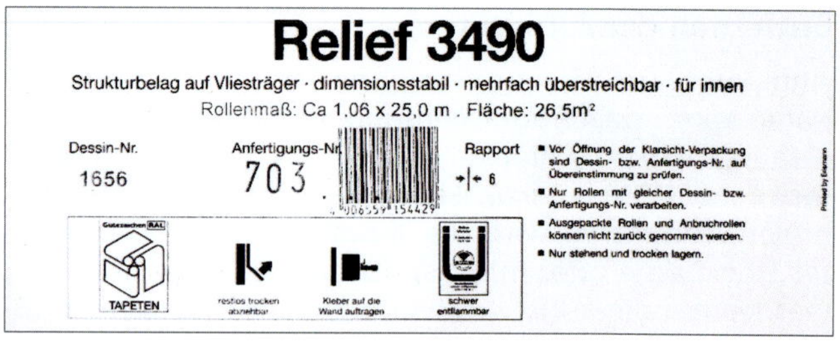

Bild 1: Einlegezettel

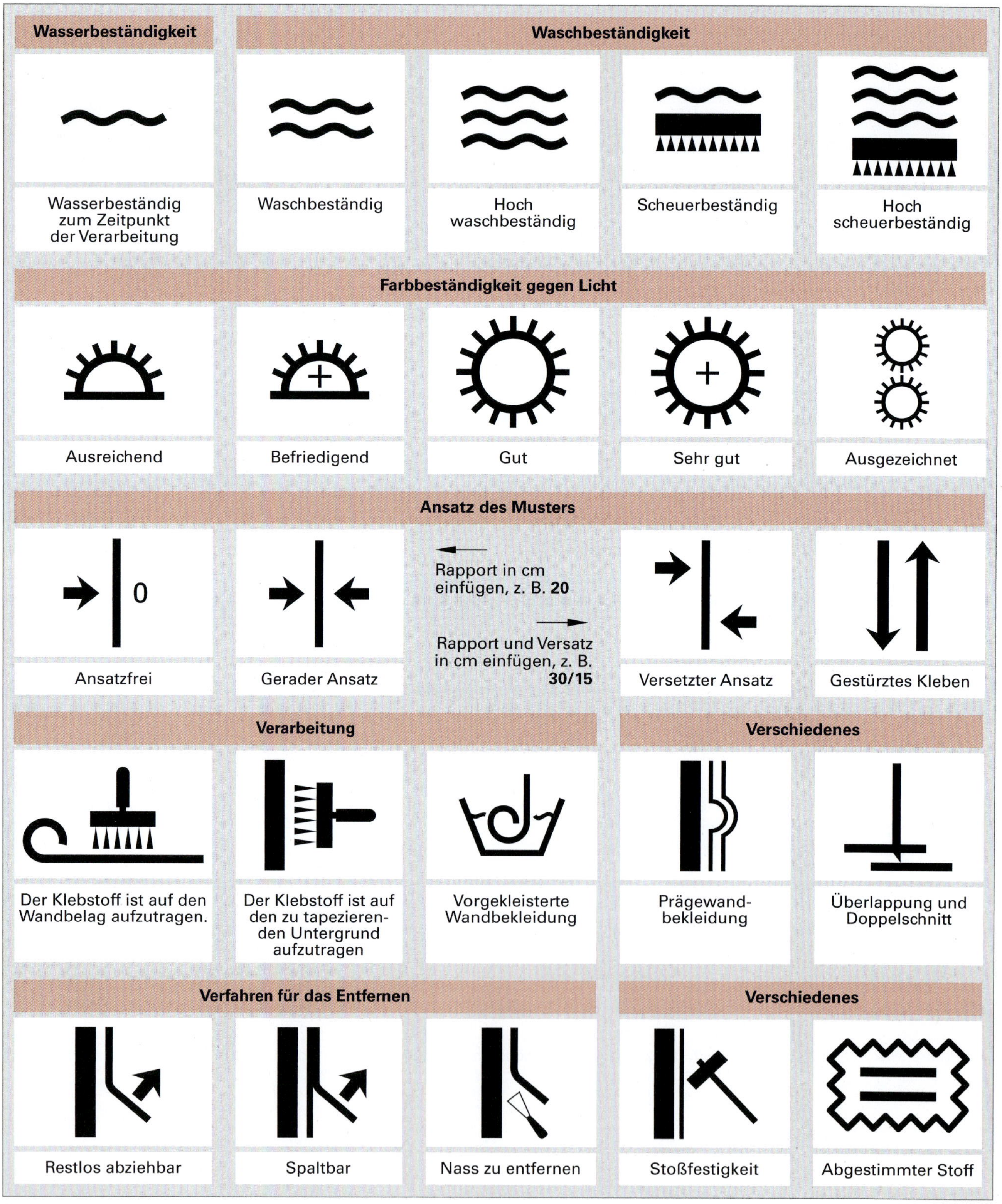

Übersicht 1: Kennzeichnung von Wandbekleidungen nach DIN EN 235

Tapeten prüfen

Bevor die Tapetenrollen der Folie entnommen werden, müssen die Anfertigungsnummern verglichen werden. Es sollten nur Rollen gleicher Anfertigungsnummer verarbeitet werden, weil sonst Farbton- und Strukturgleichheit nicht garantiert werden können. Da manche Fabrikationsfehler erst nach der Verarbeitung sichtbar werden, ist es ratsam, Restrollen und Beipackzettel bis zur vollständigen Abnahme der Tapezierarbeiten durch den Auftraggeber aufzubewahren.

Nach dem Öffnen der Packung muss ein Seitenvergleich und die Fächerprobe durchgeführt werden (**Tabelle 1**):

Seitenvergleich	**Fächerprobe**
Zur Überprüfung der Druckgleichheit zwischen linker und rechter Bahnenseite rollt man zwei Rollen auf 1,50 bis 2,00 m auf und legt sie zum Vergleich nebeneinander. Offensichtliche Fabrikationsfehler, die erst nach der Verarbeitung beanstandet werden, müssen vom Hersteller nicht mehr anerkannt werden.	Mehrere Rollen werden auf unterschiedliche Längen abgerollt, hintereinander gelegt und auf Farbtongleichheit verglichen. Bei Farbtonabweichung beim Hersteller reklamieren. Kann die Lieferung nicht aus ein und demselben Herstellungsgang erfolgen, werden Tapeten verschiedener Anfertigungen auf unterschiedlichen Wänden verarbeitet.

Tabelle 1: Tapetenprüfungen

Tapeten zuschneiden

Die Wandbekleidungen werden auf dem Tapeziertisch so ausgerollt, dass die bedruckte Seite nach oben zeigt. Regeln zum Zuschneiden nennt **Tabelle 2**.

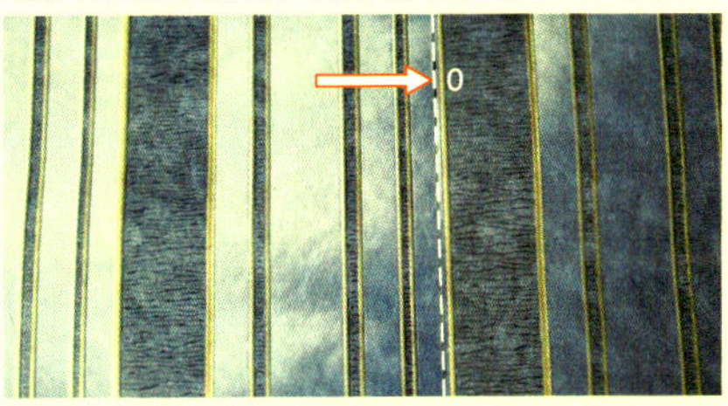	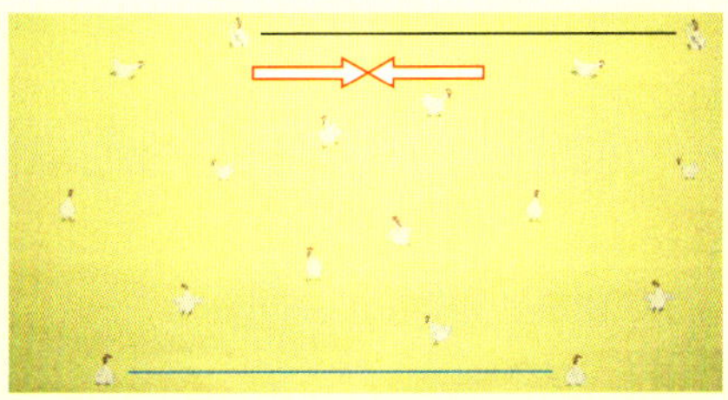	
Ansatzfrei	**Gerader Ansatz**	**Versetzter Ansatz**
Ansatzfreie Tapeten können fortlaufend ohne Berücksichtigung eines Musters zugeschnitten werden. Hierbei ist grundsätzlich auch das fortlaufende Zuschneiden von der abgerollten Tapetenrückseite möglich (z. B. bei Raufaser).	Bei geradem Musteransatz wird das jeweils gleiche Mustermotiv Bahn für Bahn nebeneinandergelegt. Bei dem weiteren Zuschneiden werden bereits zugeschnittene Bahnen untereinandergeschoben. Die Deckungsgleichheit der Motive muss beibehalten werden.	Bei versetztem Ansatz wird jede zweite Bahn um die halbe Rapportlänge versetzt zugeschnitten. Hierbei muss besonders sorgfältig gearbeitet werden, damit sich die Muster nicht verschieben.

Tabelle 2: Zuschneiden von Wandbekleidungen

Tapeten einkleistern

Tapeten werden mit Tapetenkleister vollflächig verklebt. Dazu wird zuvor pulverförmiger Kleister in einem sauberen Gefäß im vorgeschriebenen Ansatzverhältnis angerührt. Es darf nur kaltes Wasser verwendet werden, da ansonsten der Zelluloseanteil nicht aufquellen kann.

Das Wasser wird mit einem Rührholz in Bewegung gebracht, sodass sich mittig ein Sogtrichter bildet, in den das Kleisterpulver eingerührt wird. Dies muss zügig geschehen, damit es nicht zur Klumpenbildung kommt (**Bild 1**).

Nach einer Reifezeit von ca. 30 Minuten (Zeit, die die Zellulose zum Aufschließen braucht), wird der Kleister nochmals durchgerührt und kann dann verarbeitet werden. Instant-Kleister schließt schneller auf und ist schon nach wenigen Minuten verarbeitbar.

Bild 1: Anrühren von Tapetenkleister

Die Wahl des richtigen Kleisters hängt von der Wandbekleidung, dem Untergrund und dem Klebeverfahren ab (Tabelle 1). Das Klebeverfahren beschreibt die Methode des Kleberauftrags: Einkleistern des Wandbelags manuell oder maschinell bzw. Applikation des Klebers auf die Wand. Den Zusammenhang zwischen Klebemittel, Ansatzverhältnis (Verhältnis zwischen Kleister, Wasser bzw. Dispersionskleberzusatz) verdeutlicht Tabelle 1.

Klebemittel	Zusammensetzung	Ansatzverhältnis	Verwendung für Wandbekleidung
Normalkleister	Methylzellulose	1 : 70 1 : 60 1 : 50	Leichte Papiertapeten Normale Papiertapeten Schwere Papiertapeten
Spezialkleister	Methylzellulose mit Kunstharz	1 : 20 1 : 20 1 : 20 1 : 20 1 : 20	Raufaser Naturwerkstofftapeten Prägetapeten Vliestapeten mit glattem Rücken Restlos trocken abziehbare Tapeten
Instant-Kleister	Methylzellulose mit Kunstharz	1 : 20 1 : 15 1 : 15	Raufaser normal Raufaser extra nassfest Strukturtapeten
Tapeziergerätekleister	Methylzellulose und Kunstharz	1 : 35 1 : 35	Raufaser Tapeten
Strukturtapeten-, Textiltapeten-, Glasgewebe-Kleber	Methylzellulose mit Kunstharz und Klebeverstärkern	1 : 14 1 : 14 1 : 14 1 : 12	Tapeten Geprägte Vliestapeten Glasgewebe mit Papierkaschierung Glasgewebe
Dispersionskleber	Kunststoffdispersion: Je nach Verwendung ungefüllt (mittel- bis hochviskos) oder gefüllt (pastös)	In reiner Form oder zur Klebkraftverstärkung (10 bis 20 %) beigemischt, z. B. in Spezialkleister	Ungefüllt: Textil-Wandbekleidung Metalleffekt-Wandbekleidung Gefüllt: Hartschaum Kork

Tabelle 1: Tapetenklebemittel

Nach dem Anrühren des Kleisters werden die Tapeten eingekleistert (Übersicht 1). Formstabile, also nicht aus Papier bestehende Wandbekleidungen, z. B. Vliestapeten und Glasgewebe, können in ein direkt auf die Wand aufgebrachtes Kleisterbett eingelegt werden. Für dieses Verfahren werden von den Herstellern spezielle Klebemittel mit einer längeren Offenzeit angeboten. Es muss vorher sorgfältig grundiert werden, damit der Kleister nicht zu schnell in den Untergrund einzieht und dadurch die Klebkraft vermindert wird.

Beim **Einkleistern mit der Kleisterbürste** wird der Kleister von der Mitte aufgetragen und zu den Bahnenrändern hin ausgestrichen. Es ist auf vollfächigen Kleisterauftrag zu achten, besonders an den Tapetenkanten, damit sich die Nähte später nicht öffnen. Die beiden obersten Bahnen werden gegeneinander verschoben, sodass sie jeweils ca. 1 cm über die Tischkanten stehen, damit die darunter liegenden Bahnenkanten und auch der Tapetentisch nicht verschmutzt werden.

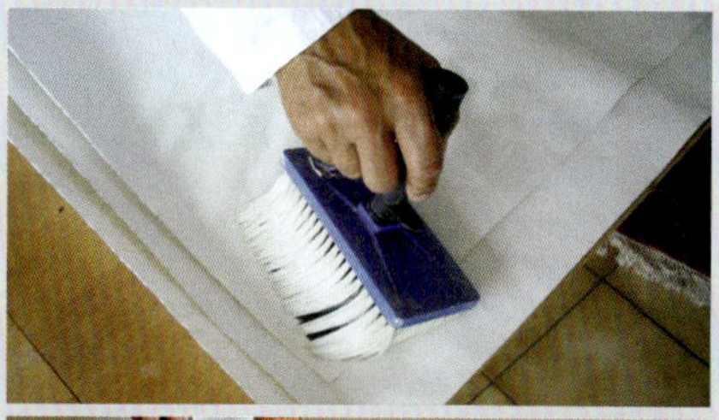

Mit dem Kleistergerät können Tapeten schnell und gleichmäßig eingekleistert werden. Die Kleisterauftragsmenge kann durch den Abstand einer Abstreifrakel zur Kleberauftragsrolle eingestellt werden. Die gewünschte Bahnenlänge wird von der eingespannten Tapetenrolle gezogen und mit einem Kreismesser abgelängt. Zur exakten Längenbestimmung kann ein Meterzähler befestigt werden. Kleistergeräte sind in unterschiedlichen Breiten erhältlich, abgestimmt auf verschiedene Rollenformate.

Nach dem Einkleistern wird jede Bahn im Verhältnis 2/3 zu 1/3 zusammengelegt, sodass Kleisterfläche auf Kleisterfläche liegt (Bild 3).
Der Nahtbereich muss exakt aufeinanderliegen (Bild 4), damit er nicht austrocknet. Knicke sind zu vermeiden, deshalb werden die zusammengelegten Tapetenbahnen anschließend locker eingerollt und zum Weichen beiseite gelegt.

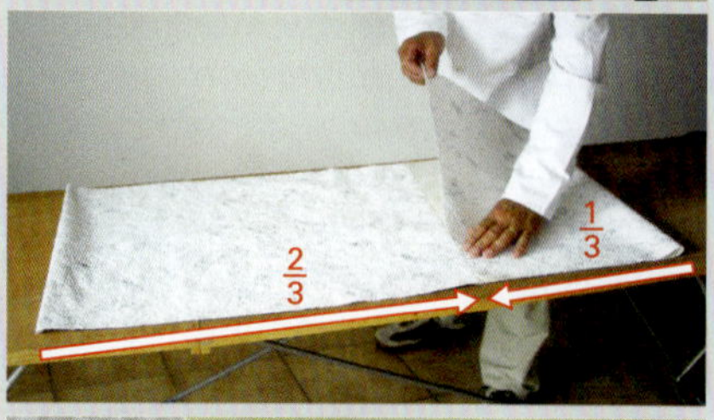

Durch die **Weichzeit** werden Papiertapeten geschmeidig und erreichen aufgrund des Quellvorgangs ihr größtes Volumen, sodass sie falten- und blasenfrei auf der Wand verarbeitet werden können. Zu kurze Weichzeit führt zur Blasenbildung, zu lange Weichzeit zu Strukturveränderungen und Musterverschiebungen. Deshalb muss auf eine gleichmäßige Weichzeit für alle eingekleisterten Bahnen geachtet werden.

Übersicht 1: Einkleistern von Tapeten

Tapezierpraxis

Der richtige Umgang mit der Tapete erleichtert das Tapezieren. Die Tapetenbahn wird so über den angewinkelten Arm gelegt, dass der längere Teil (2/3) zum Körper zeigt. Sie wird an der längeren Seite geöffnet. Durch leichte Pendelbewegungen zieht sie sich selbst auf. Anschließend wird entsprechend der Schritte von **Übersicht 1** verfahren:

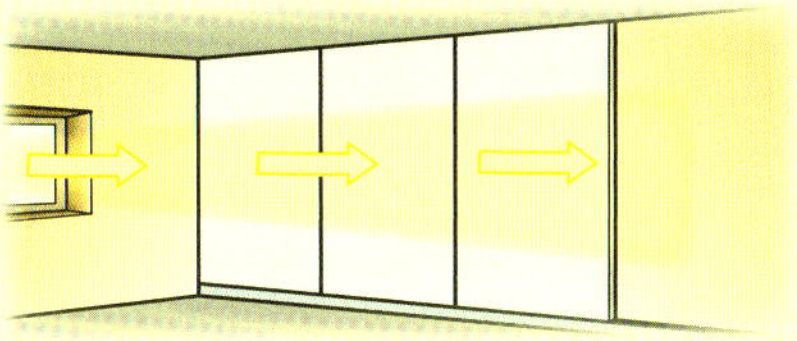

Lichteinfall beachten

Immer mit dem Lichteinfall tapezieren, da so die Nahtbereiche weniger sichtbar werden, auch wenn Tapeten ausschließlich auf „Stoß" geklebt werden.

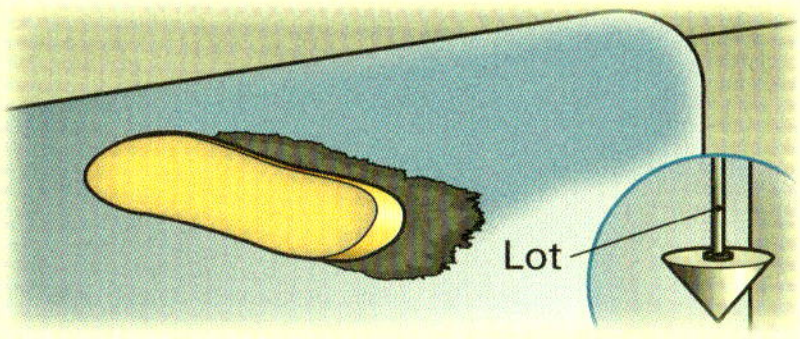

Ausloten

Die erste Bahn lotrecht mit dem Senkblei ausrichten oder an einer mit der Wasserwaage gezogenen Bleistiftlinie entlang kleben.

Andrücken

Die Bahnen werden mit geeignetem Werkzeug (Tabelle 1) von der Mitte zu den Seiten unter Ausstreichen von Lufteinschlüssen angedrückt.

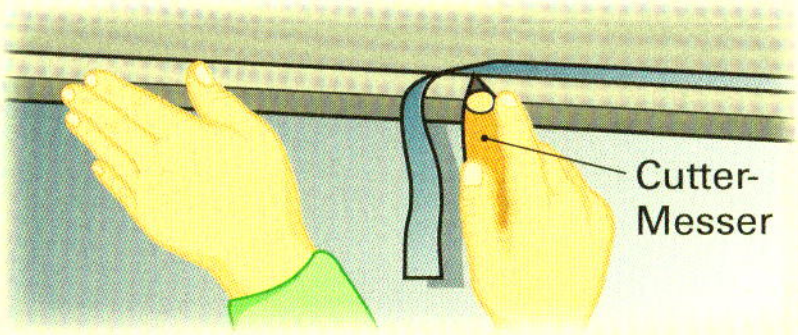

Kanten schneiden

Die überstehende obere und untere Kante wird mit dem Cuttermesser an der Tapezierspachtel entlang abgeschnitten. Bei rissempfindlichen Tapeten Schnittkante markieren und mit der Schere schneiden.

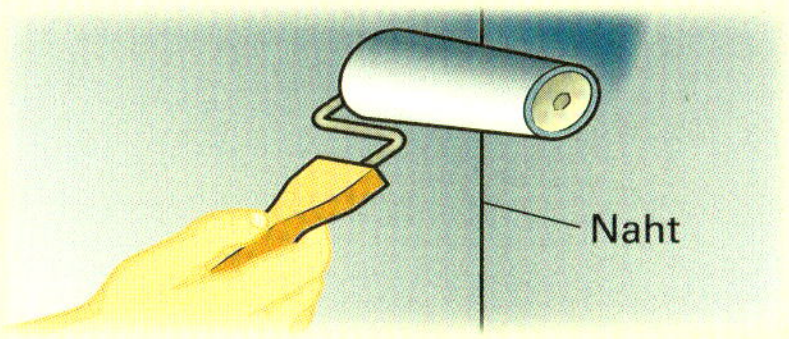

Nähte behandeln

Der Nahtbereich darf nur bei druckstabilen Tapeten mit einem konischen Nahtroller nachgearbeitet werden. Bei anderen keinesfalls, da Druckstellen zurückbleiben.

Fensterleibungen und Außenecken

Bahn 2 bis 3 cm um die Ecke kleben, oben und unten und ggfs. mehrfach quer über die Länge einschneiden und andrücken. Nächste Bahn überlappend ansetzen und Doppelnahtschnitt ausführen.

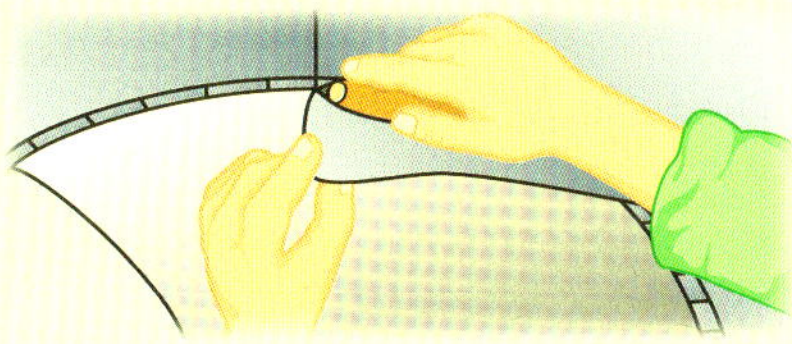

Rundbögen

Seitenbegrenzende Bahnen 2-3 cm überstehend tapezieren, mehrfach einschneiden und um die Ecke kleben. Anschließend Bahn in den Bogen als Leibungsbahn einpassen.

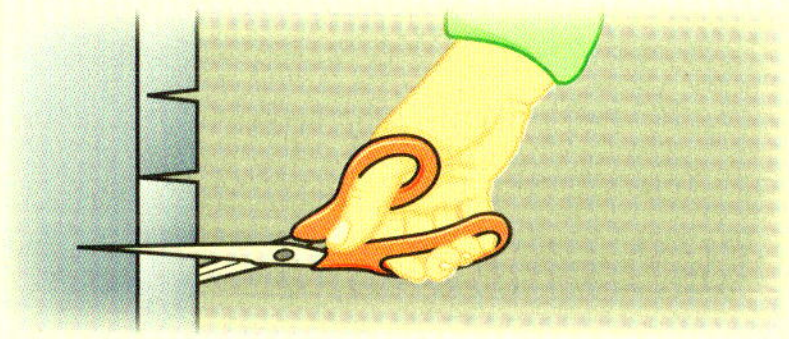

Innenecken

Bahn ca. 2 cm um die Ecke kleben und evtl. mehrfach einschneiden. Mustertapeten lassen sich nur um drei Ecken musterfortlaufend kleben. Deshalb Muster hinter der Tür als 4. Ecke auslaufen lassen.

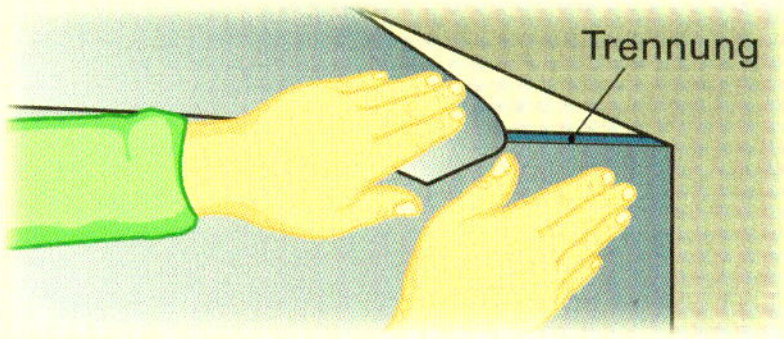

Dachschrägen

Die Bahn in voller Länge der Dachschräge zuschneiden und tapezieren. In der Ecke trennen und erneut ansetzen. Nicht durchgängig tapezieren, da sich ansonsten beim Trocknen Hohlstellen im Eckenbereich bilden.

Übersicht 1: Tapezieranleitung

Schalter und Steckdosen

Vor dem Tapezieren ist grundsätzlich der Strom abzuschalten. Schalter und Steckdosen werden abmontiert, die Öffnungen übertapeziert. Nach dem Trocknen der Tapete werden die Steckdosen- und Schaltereinsätze mit dem Cuttermesser exakt ausgeschnitten.

Borten

Auf glatten Tapetenoberflächen können Borten direkt mit speziellem Bortenkleber entlang einer markierten Bleistiftlinie geklebt werden. Bei Strukturtapeten wird die Bortenbreite mit Bleistift markiert und der Strukturtapetenstreifen mit dem Cuttermesser ausgeschnitten. Bei spaltbaren Tapeten wird nur die abziehbare Oberfläche entfernt. Eine weitere Variante ist, zuerst die Borte zu tapezieren und danach die Tapetenbahnen darüber und darunter anzusetzen.

Tapezierwerkzeug	Wandbekeidung
Tapezierwischer	Alle Arten von Prägetapeten, Papiertapeten, Raufaser
Tapezierbürste	Raufaser, Papiertapeten
Tapezierspachtel	Bekleidungen mit glatten Oberflächen: Vinyltapeten, Renoviervlies, Textiltapeten (Kettfaden), Glasgewebe
Moosgummi-Andruckwalze	Profiltapeten, Textiltapeten (Gewebe), Metall- und Kunststofftapeten, Papiertapeten

Tabelle 1: Verwendung von Andrückwerkzeugen

13.2 Gestaltungstechniken

13.2.1 Einführung und Übersicht

Moderne Werkstoffe bieten unbegrenzte gestalterische Möglichkeiten und kreative Freiheiten (**Bild 1**). Platten oder Kleinobjekte können mit Lacktechniken in der Regel frei gestaltet werden. Bei der Anwendung im Raum muss sich eine Gestaltung in das Gesamtbild des Raumes einfügen.

Tabelle 1 zeigt eine Auswahl von Techniken, die dem Maler und Lackierer heute zur Verfügung stehen. Für die meisten Techniken stehen Spezialprodukte und Spezialwerkzeuge bereit, sowie Informationen und Tipps zur Ausführung. Auch in diesem Bereich wird versucht, umweltfreundliche Werkstoffe einzusetzen. Manche Techniken entfalten jedoch gerade durch den Einsatz von Lösemitteln ihre reizvolle Wirkung.

Bild 1: Chinesische Lacktechnik

Gestaltungstechniken mit Spielraum für die individuelle, kreative Gestaltung durch den Ausführenden		
Abklatschtechniken	Kombinationstechniken	Sondertechniken
• Folientechnik • Wickeltechnik • Stupftechnik • Wischtechnik	• Verlauftechnik • Lack-in-Lack-Technik • Verblasetechnik • Spinnwebtechnik • Rußtechnik • Einstreuen/Einblasen von Pigmenten • Spiritustechnik • Lösemitteltechnik	• Schablonieren • Abdecktechnik • Einbetttechnik • Reißlacktechnik • Wassertropfentechnik • Kammzugtechnik • Spachteltechnik • Airbrushtechnik • Kleistertechnik
Schleiftechniken	Imitationstechniken	Einlegetechniken
• Durchschleiftechnik • Schleiflacktechnik	• Wurzelholzimitation • Steinimitation • Illusionsmalerei • Holzimitation (Maserieren)	• Gold, Silber oder andere Blattmetalle einlegen • Vergolden

Tabelle 1: Übersicht über die Lacktechniken

Wichtige Punkte, die bei der Planung und Ausrührung einer Gestaltungsidee zu berücksichtigen sind:

An Wänden muss die Technik auch auf stehenden Flächen und um Kanten ausführbar sein. Ist die Technik auf einer Platte vorgesehen, so sind auch Techniken möglich, die nur auf liegenden Flächen ausführbar sind.

Der **Untergrund** muss fachmännisch vorbereitet vorliegen. Häufig sind die Untergrundvorbereitung oder der Untergrundfarbon bereits für die Technik von Bedeutung.

Wer eine Technik anbietet, muss diese ausführen können. Darum sollte die **Musterplatte** für den Kunden vom Anbieter selbst und unter Praxisbedingungen erstellt worden sein.

Damit sich der Kunde eine Technik in der Anwendung vorstellen kann, dürfen **Musterplatten** nicht zu klein sein. Mit der Musterplatte 50 x 50 cm einer Wandtechnik hat der Kunde keine Vorstellung, wie die Technik im Raum wirken wird.

Die Technik muss sich für den vorgesehenen Untergrund eignen. Einige Techniken ergeben hohe Schichten. Bei **Untergrundbewegungen** neigen sie zur Rissbildung und sind so z. B. auf Holz nicht zu empfehlen.

Nicht jede Technik lässt sich so ausbessern, dass die **Schadstelle** nicht mehr sichtbar ist. Dann muss die gesamte Technik neu ausgeführt werden. Darauf sind Kunden unbedingt hinzuweisen.

Es ist genau zu kalkulieren. Der Kunde braucht Sicherheit über die entstehenden **Kosten**. Empfehlenswert ist, einen Pauschalpreis zu vereinbaren.

13.2.2 Abklatschtechniken

Diese Techniken decken den Untergrund nicht ab. Darum muss das Objekt vorher vollflächig deckend vorbereitet sein. Nach der Trocknung wird die Technik aufgebracht. Dies kann in einem Farbton mit hohem Kontrast zur Untergrundfarbe geschehen. Weniger auffällig ist die Technik in einem Farbton, der in geringem Kontrast zur Untergrundfarbe steht.

Jede dieser Techniken kann mehrmals überlagert werden. Dabei entstehen interessante Wirkungen, wenn z. B. mit Effektlacken gearbeitet wird.

Die Ausführung der Techniken erfolgt mit Gummihandschuhen, da die farbgetränkten Folien, Lappen oder Schwämme in die Hand genommen werden müssen.

Folientechnik

Die Fläche ist zuerst komplett zu lackieren. Nach der Trocknung wird die Fläche in einem anderen Farbton lackiert. In die nasse Fläche wird flächig eine dünne Folie (PE-Abdeckfolie) eingelegt. Die Folie kann nach Belieben im Lack verschoben werden. Der endgültige Effekt entsteht beim Abziehen der Folie. Dabei spielt eine Rolle, wie die Folie abgezogen wird. Je dünner das verwendete Material ist, umso feinere Strukturen sind zu erreichen, umgekehrt können mit dickeren und damit festeren Folien, die sich nicht so stark dem Untergrund anpassen, eher flächige Effekte erzielt werden (Bild 1).

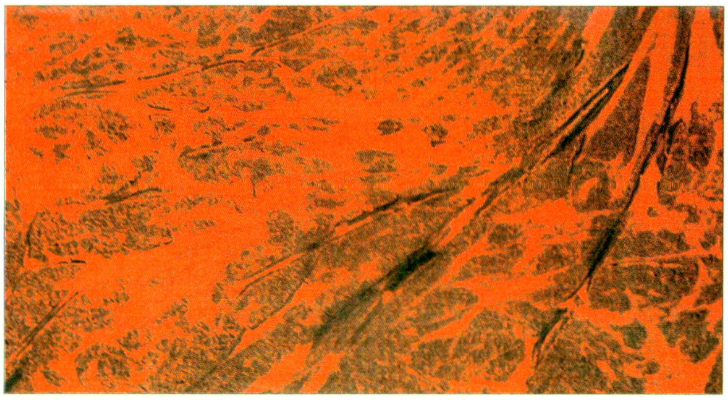

Bild 1: Folientechnik

Wickeltechnik

Dabei wird der Lack mit einem Lappen auf eine trockene, lackierte Fläche aufgetragen.

Nachdem ein lackgetränkter Lappen oder Schwamm zusammengewickelt oder zusammengeknüllt wurde, rollt man diesen zuerst auf einer Probefläche ab, um zu sehen, wie die Struktur sein wird. So kann auch die richtige Viskosität des Lackes herausgefunden werden. Erst dann wird auf der richtigen Fläche gearbeitet. Damit dabei keine Musterstreifen entstehen, ist kreuz und quer zu wickeln (Bild 2 und 3).

Wie in Lack beschrieben, kann diese Technik auch in Dispersionen auf Wandflächen aufgebracht werden.

Bild 2: Ausführung einer Wickeltechnik

Stupftechnik

Der mit Lack getränkte Schwamm/Lappen/Stoff wird im Vergleich zur Wickeltechnik auf der Fläche nicht abgewickelt, sondern immer wieder direkt aufgesetzt und ohne Verwischen wieder abgehoben. Um eine ausgeglichene Struktur zu erreichen, ist auf gleichmäßigen Farbauftrag und gleichmäßige Musterung zu achten. Darum beginnt man mit dem Stupfen nicht an einer Ecke, sondern hier und da. So verdichtet sich das Stupfbild immer mehr. Der Lappen ist mit jedem Aufsetzen etwas zu drehen, damit sich Fleckenformen nicht erkennbar wiederholen. Der Lack darf für das Stupfen nicht zu dünn eingestellt sein.

Auch diese Technik kann mit Dispersionen auf Wandflächen ausgeführt werden.

Bild 3: Wickeltechnik

Wischtechnik

Eine beliebte Technik für Wandflächen. Durch Auftragen und gesteuertes Abwischen werden Farbspuren lasierend übereinandergeschichtet und ergeben attraktive Effekte. Es erfordert Gefühl für die Trockenstufe der Wandfarbe oder des Lackes, um den erwünschten Effekt zu erhalten und nicht zu viel oder zu wenig abzuwischen.

Beim Wischen sind Wischstreifen zu vermeiden.
Ton-in-Ton gehalten ergibt sich ein interessanter Untergrund für weitere gestaltende Techniken (Bild 4).

Bild 4: Wischtechnik mit Vergoldung

13.2.3 Kombinationstechniken

Es werden meist Lacke, aber auch andere Werkstoffe in- oder übereinander kombiniert. Das Aussehen der Oberfläche lässt sich nur begrenzt steuern, der Effekt entsteht im Moment der Ausführung und ist kaum korrigierbar.

Verlauftechnik

Geichmäßiger Verlauf. Ein gleichmäßiger Übergang zwischen zwei Farbtönen lässt sich nur über das Spritzverfahren erreichen. Die handwerkliche Ausführung der Übergangszone, in der sich zwei Farben einander annähern, verlangt viel Fingerspitzengefühl im Umgang mit der Spritzpistole.

Ungleichmäßiger Verlauf. Farbverläufe ergeben sich auch ungewollt, wenn Lacke ineinander laufen und sich vermischen. Auf die gefüllerte Fläche werden verschiedene Lacke aufgegossen. Durch die gesteuerte Bewegung der Platte entstehen eher zufällig Muster und optisch reizvolle Übergangszonen zwischen den unterschiedlichen Farben (Bild 1).

Diese Technik ist sehr materialaufwendig, da der Lack die ganze Fläche bedecken muss, und dabei zwangsläufig auch über Kanten abläuft.

Vor der Ausführung auf großen Flächen sind Versuche zur geeigneten Viskosität der Lacke nötig.

Bild 1: Verlauftechnik

Lack-in-Lack-Techniken

Bei Verträglichkeit der Lacke. Gleiche Lacke in verschiedenen Farbtönen lassen sich durch Spritzen (Verlaufstechnik), aber auch Tropfen, Sprenkeln, Verwischen so miteinander kombinieren, dass je nach Viskosität der Lacke Verläufe oder auch grobe Abgrenzungen zwischen den Farben entstehen (Bild 3).

Reizvolle Adern entstehen, wenn mit Druckluft die Lacke ineinandergeblasen werden.

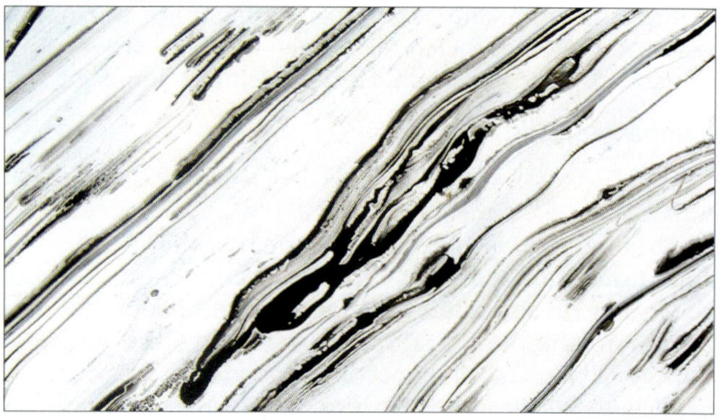

Bild 2: Lack-in-Lack-Technik (Wasserbasis + Lösemitelbasis)

Bei Unverträglichkeit der Lacke. Wasser und Lack vertragen sich nicht besonders gut, wenn beide Materialien beim Lackieren zusammentreffen. Nach dem Auftrag, z. B. mit dem Pinsel, entmischen sich beide Materialien zu interessanten Effekten. Dies fordert zu kreativen Experimenten geradezu heraus (Bild 2).

Durch Streichen ergeben sich andere Übergangszonen als durch Spritzen.

Verblasetechnik

Auf vorbereitetem Untergrund in ausreichender Menge aufgetragene Lacke oder Lasuren lassen sich mit Druckluft zu interessanten Formen und Farbübergängen gezielt verblasen (Bild 3 und 4).

Bild 3 und 4: Lack-in-Lack-Verblasetechnik

Spinnwebtechnik

Jeder Maler und Lackierer kennt das Spritzbild bei zu hochviskosem Lack. Der Lack „rotzt“, es entsteht ein dünner ungleichmäßiger Faden. Dies macht man sich bei dieser Technik zu Nutze.

Zuerst ist die Fläche mit einem 2K-Lack im Grundton zu lackieren. Über die geeignete Materialeinstellung und Düsen- und Druckwahl entscheiden Spritzversuche, bis das Spritzergebnis den Vorstellungen entspricht.

Dann wird der Spritzfaden gestaltend über die lackierte Fläche gezogen (Bild 5).

Um eine glatte Fläche zu erhalten muss unter Umständen mehrmals mit Klarlack beschichtet werden.

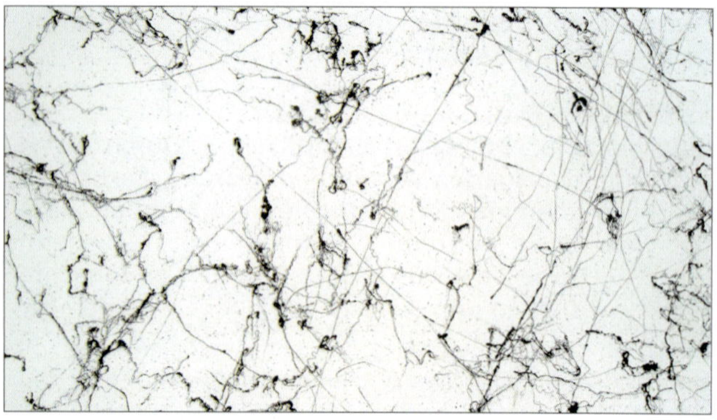

Bild 5: Spinnwebtechnik

Rußtechnik

Diese Technik lässt sich nur auf Flächen ausführen, die im nass lackierten Zustand umgedreht werden können. Eine brennende, rußende Kerze wird unter dem Objekt bewegt, sodass sich der Ruß nach Gestaltungsvorstellung in den (weißen) Lack einbettet (Bild 1 und 2). Der Abstand der Kerze beeinflusst das Ergebnis. Man kann direkt in eine nasse Lackierung einrußen. Wird eine trockene Fläche eingerußt, so muss unbedingt ein Schutz mit Klarlack erfolgen.

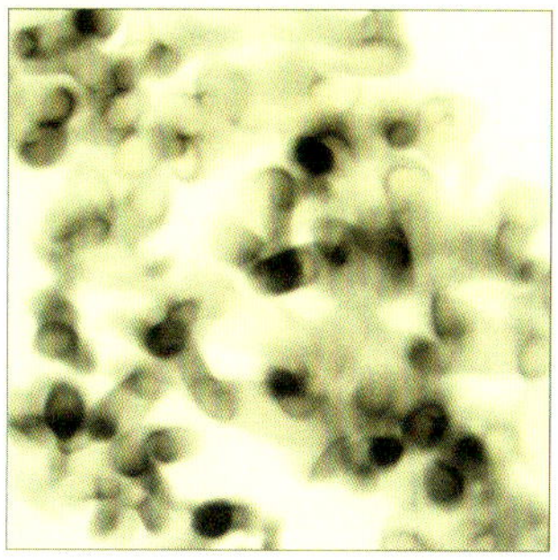

Bild 1 und 2: Rußtechnik. Ausführung und Ergebnis

Einstreuen, Einblasen von Pigmenten

In eine Klarlackschicht werden Pigmentpulver eingestreut, eingeblasen, eingesiebt, je nach erwünschtem Aussehen. Die Pigmente sind in diesem Zustand relativ grobkörnige Agglomerate. Eine nachfolgende Klarlackierung nach dem Trocknen glättet die Oberfläche. Zu vermeiden sind „Häufchen", die nicht durchgängig im Klarlack einsumpfen.

Spiritustechnik/Lösemitteltechnik

Spiritus = Ethylalkohol + Vergällungsmittel. Spritzer davon in eine frische Lackschicht lassen durch Unverträglichkeit eine interessante Oberfläche entstehen. Jede Farbkombination von Untergrund und Lacklasur ist wählbar, in Brauntönen entsteht ein Effekt wie Wurzelholz. Im Prinzip kann jedes Lösemittel ausprobiert werden. Je nach Verträglichkeit, Lackviskosität, Schichtdicke oder Lösemittelauftrag variiert das Ergebnis (Bild 3).

Bild 3: Spiritustechnik

13.2.4 Sondertechniken

Diese Techniken erfordern meist mehrere Arbeitschritte, die genau eingehalten werden müssen, sonst gelingt die Technik nicht wie gewünscht. Gerade darin liegt aber der Reiz dieser Techniken. Sie sind einerseits steuerbar, andererseits äußerst vielfältig in ihren Möglichkeiten. Techniken, die eine besonders hohe Schichtdicke ergeben, sind wegen der Gefahr der Rissbildung meist nur auf starren Untergründen geeignet.

Schablonieren, Abdecktechnik

Eine Schablone ist die ausgeschnittene Form eines Motivs, das auf dem Untergrund durch Spritzen oder Stupfen übertragen wird und dort positiv erscheint. Für mehrfarbige Motive werden mehrere Schablonen benutzt, für jede Farbe eine Schablone. Die einzelnen Schablonen eines Motivs werden mit Markierungen versehen, damit die einzelnen Schablonen passgenau übereinanderliegen. Schablonen kann man fertig kaufen oder aus Karton oder Kunststofffolie selbst anfertigen.

Eine Anwendungsbeispiel im Raum zeigt Bild 3 auf Seite 281.

Als Schablone können auch Lochbleche, Zahnräder, Fäden oder Spitzendeckchen ausprobiert werden (Bild 4).

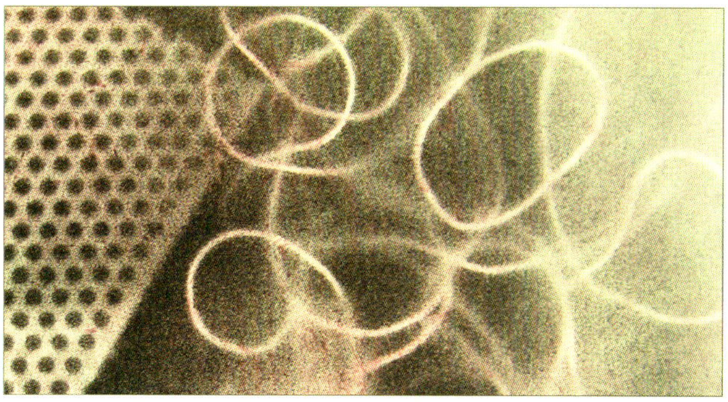

Bild 4: Versuche zum Schablonieren

Je größer der Abstand der Schablone vom Untergrund umso unschärfer wird die Begrenzung. Die Schablone muss glatt auf dem Untergrund anliegen. Raue Putze eignen sich darum nur begrenzt zum Schablonieren.

Papierstreifen, gerissen oder geschnitten, sind ein Mittel, um den Lacknebel in einigermaßen geordnete Bahnen zu lenken. Während sich üblicherweise Schablonen durch starre Formen auszeichnen, sind die Fransen und Kanten des Papiers beweglich und verändern ihre Position im Luftstrom der Pistole. So entsteht eine lebhafte Struktur aus einander überlagernden Farbstreifen.

Einbetttechnik

Durch Einbetten von Fasern, Stoffen u. a. Materialien in den Lackfilm enstehen interessante Strukturen. Die Oberfläche ist meist nicht mehr mit Klarlack zu glätten. Darum verschmutzen diese Oberflächen leichter (Bild 5).

Bild 5: Eingebettete, rot gespritzte Fasermatte

Reißlacktechnik

Für Maler und Lackierer gilt die Regel, dass beim Überarbeiten nicht härterer Lack auf weichen Lack aufgetragen werden soll, da sonst Rissbildung die Folge ist. Dies steuert man bei dieser Technik, um eine dekorativ mit Rissen strukturierte Fläche zu erhalten.

Reißlacksysteme sind im Handel erhältlich. Die Angaben der Hersteller müssen eingehalten werden.

Nach vollständiger Härtung des Füllers wird ein Grundlack aufgetragen. Dessen Farbe ergibt später den Rissfarbton. Der Grundlack ist die weichere Schicht. Sie darf noch nicht vollständig trocken sein, wenn eine gleichmäßige Schicht des Reißlackes (härtere Schicht) aufgetragen wird. Meist handelt es sich um einen Lack mit einzumischendem Reißlack-Konzentrat. Der Effekt der Rissbildung der Grundlackschicht entsteht nach mehreren Stunden bei der Trocknung des Reißlackes. Die Art der Rissbildung ist von dem Trocknungsgrad der Grundlackschicht und der Schichtdicke des Reißlackes abhängig; je trockener und dünner die Schicht aufgetragen wurde, umso feiner wird das Netz der Risse.

Die Reißlackierung muss über Nacht durchtrocknen. Die Risse erscheinen im Farbton der darunterliegenden Lackschicht **(Bild 1)**. In gleichem Farbton ergibt sich eine feine Oberflächenstruktur.

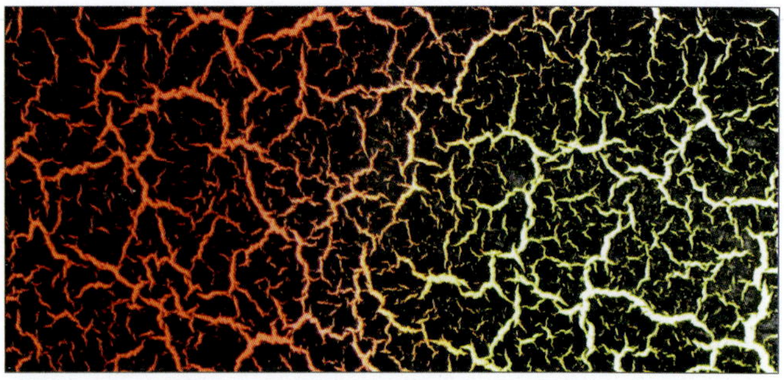

Bild 1: Reißlacktechnik mit unterlegtem Farbtonwechsel

Wassertropfentechnik

Nachdem der Untergrund lackiert und gut getrocknet vorliegt, wird Wasser aufgesprüht. Durch seine Oberflächenspannung entwickeln sich Tropfen wie auf einer polierten Oberfläche. Die Menge des Wassers entscheidet über das Tropfenbild. Im Anschluss wird in gleichem Winkel zuerst von links weiß, dann von rechts schwarz eingenebelt. Der Lacknebel legt sich über die Tropfen. Mit dem Verdunsten des Wassers sinkt der Lack auf den Untergrund, um schließlich eine zweidimensionale Abbildung des vorher plastischen Wassertropfens zu ergeben **(Bild 2)**. Der Effekt muss mit einem Klarlacküberzug geschützt werden.

Interessante Effekte ergeben sich, wenn diese Technik über eine andere Technik gelegt wird, wie **Bild 3** zeigt.

Bild 2: Wassertropfentechnik

Bild 3: Wassertropfentechnik mit darunterliegender Verblasetechnik

Kammzugtechnik

Das Prinzip der Kammzugtechnik ist einfach: Ein Kamm wird durch die nasse Lackschicht gezogen und hinterlässt eine Linienspur. Je nach Kammbreite, Zackenanzahl und Zackenbreite entsteht ein anderes Bild, aber immer bestehend aus Linien. Wie deutlich das Linienbild ausfällt, hängt von der Untergrundfarbe ab. Diese ist vorzulegen und muss gut trocken sein. Blanker Metalluntergrund ergibt besondere Effekte **(Bild 4)**. In Lack wird in der zweiten, diesmal nassen Lackschicht der Kamm gezogen. Es bleibt dem Anwender überlassen, ob er gerade oder geschwungene, lange oder kurze Kammzüge ausführt. Die Gestaltungsmöglichkeiten sind unbegrenzt. 1 bis 2 Klarlackschichten glätten anschließend die Fläche.

Zu beachten ist, dass bei der Kammzugtechnik, je nach verwendetem Kamm und je nach Arbeitsweise, tiefe Riefen und entsprechend hohe Grate entstehen können **(Bild 5)**. Zu hohe Materialschichten können zu Rissen führen.

Bild 4: Kammzugtechnik flächig

Bild 5: Kammzugtechnik plastisch

Spachteltechnik

Bei dieser Technik wird das Beschichtungsmaterial mit einem Spachtelwerkzeug aufgetragen und je nach Materialbeschaffenheit, Anzahl der Spachtelgänge und Anpressdruck raue bis sehr glatte Oberflächen geschaffen (**Bild 1**). Quarzgefüllte Werkstoffe ergeben einen eher rauen und rustikalen Charakter.

Eine besonders edle und anspruchsvolle Variante der Spachteltechnik ist die Glättetechnik, die schon im alten Pompeji bekannt war. Hierbei wird spachtelfähige Kalkmasse mit Marmormehlzuschlägen in mehreren Schichten unter Druck aufgetragen und verdichtet. Bekannt sind die venezianische Glättetechnik und der marokkanische Tadelakt.

Mittlerweile werden auch Spachtelmassen auf Dispersions- und Acrylbasis eingesetzt. Marmorglanz und Tiefenlicht, bedingt durch den hohen Lichtbrechungsindex des Kalks, lassen sich aber nur mit mineralischen Werkstoffen erreichen. Außerdem tragen mineralische Werkstoffe durch ihre Fähigkeit zur Diffusion und Feuchteregulierung zu einem gesunden Raumklima bei.

Spachteltechniken werden auf sorgfältig gespachtelten und geschliffenen Untergründen ausgeführt. Für die Wandgestaltung eignen sich Kalk- und Zementputze sowie glattes Vlies.

Die Arbeitstechnik und die verwendeten Werkzeuge beeinflussen die Qualität der Arbeit. Durch die individuelle Ausführung der Spachtelschläge, der Handschrift des Verarbeiters, wird das gestaltete Objekt zu einem Unikat. Damit sich keine stilistischen Brüche ergeben, sollte eine zusammenhängende Fläche nach Möglichkeit nur von einer Person bearbeitet werden.

Bei der Verarbeitung dispersionsbasierter Werkstoffe hat sich die offene Fleckspachtelung bewährt. Dabei werden die Spachtelschläge versetzt ausgeführt, sodass zunächst Überschneidungen vermieden werden. In weiteren Spachtelgängen werden die offenen Flächen geschlossen. Durch mehrmaliges Wiederholen dieser Arbeitsweise (mindestens 3 Lagen, **Bild 2**) erzielt man die individuelle Charakteristik der Glättetechnik. Spachtelgrate können nach dem Trocknen mit feinem Schleifpapier entfernt werden.

Kalkspachtelmassen mit Marmormehl werden nicht unbedingt in Fleckspachteltechnik verarbeitet. Die Arbeitsgänge können auch ohne lange Zwischentrocknung hintereinander ausgeführt werden. Der letzte Spachtelgang dient zum Verdichten der Fläche. Das Verpressen des Materials erzeugt den marmornen Oberflächenglanz (**Bild 3**).

Nach der Durchtrocknung (ansonsten kommt es zu milchigen Verfärbungen) kann zur Glanzverstärkung und zum Schutz gegen Feuchtigkeit eine Wachsemulsion aufgetragen werden, die auf Hochglanz aufpoliert wird. Die Schutzschicht ermöglicht die Ausführung der Kalkspachteltechnik auch in Feuchträumen, jedoch nicht im Spritzwasserbereich.

Je nach Objektfläche wird die Größe des Spachtelwerkzeugs gewählt. Zum Einsatz kommen Japanspachteln, auf besonders großen Flächen die Doppelblattspachtel. Für die Verarbeitung mineralischer Spachtelmassen hat sich die venezianische Glättkelle bewährt. Sie ist kleinformatiger als herkömmliche Glättkellen, mit abgerundeten Kanten und aus rostfreiem Edelstahl, wodurch Metallabrieb auf der Oberfläche vermieden wird.

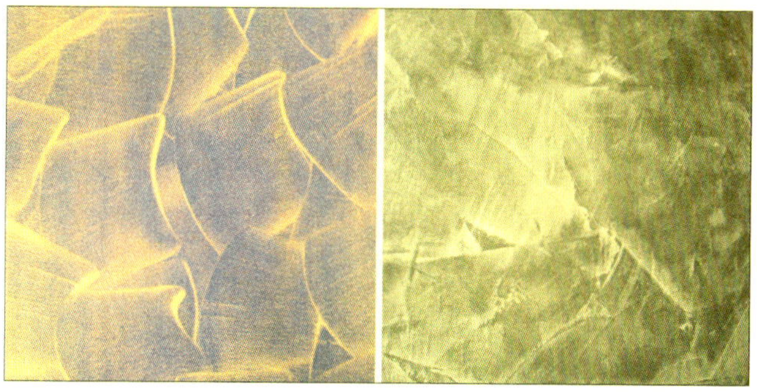

Bild 1: Spachteltechniken

Bild 2: Ausführung einer offenen Fleckspachtelung

Bild 3: Glanz einer venezianischen Glättetechnik (links)

Lack-Spachteltechnik

Eine Spachteltechnik in Lack gibt Farben wesentlich intensiver wieder als in Wandfarben.

Auf Stahlblech erfolgt zuerst eine Rostschutzgrundierung und ein Fülllerauftrag. Die hochviskose Lackmasse ist so dünn aufzutragen, dass im Anschluss noch eine glatte Fläche erreicht werden kann. Es dürfen keine dicken Schichten aufgetragen werden, da diese leicht reißen können.

Nimmt man verschiedene Anteile von Farben auf die Spachtel, so ergeben sich beim Auftrag interessante Tiefeneffekte **(Bild 1)**.

Bild 1: Spachteltechnik mit Lack

Airbrushtechnik

Unter Airbrush versteht man die Maltechnik mit einer kleinen Spritzpistole, ähnlich einem Kugelschreiber mit Farbzerstäubung, der an einen Kompressor angeschlossen ist **(Bild 2)**.

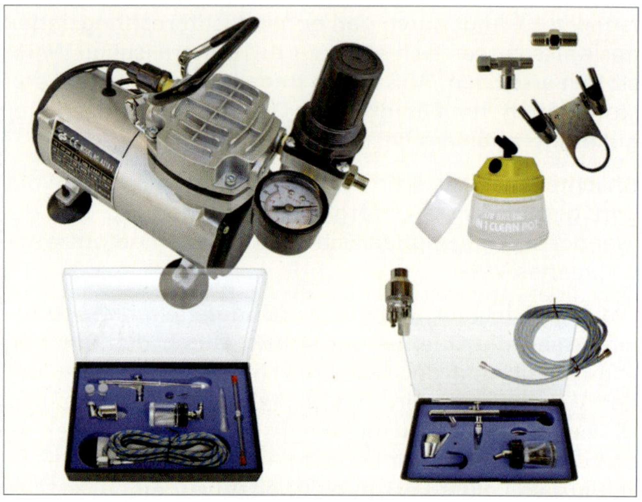

Bild 2: Airbrush-Ausrüstung

Von der üblichen Spritztechnik unterscheidet sich Airbrush durch den Farbauftrag. Der Farbnebel trifft bereits trocken auf den Untergrund auf. Darum wird der Untergrund nicht nass, die Farbe verläuft nicht, es entsteht kein glänzender Lackverlauf.

Mit dieser Technik sind feinste Farbverläufe möglich, Voraussetzung für fotorealistische Malerei.

Ein langsamer Einstieg in diese Technik führt von geometrischen Flächen und Körpern mit Farbverläufen zur Darstellung von Objekten **(Bild 3)** und Landschaftsmotiven. Erst dann sollte man sich an das Brushen von Darstellungen von Menschen und Tieren wagen. Es gibt viele verschiedene Techniken, die man nie alle gleichzeitig bis zur Vollendung beherrschen kann. Meist spezialisieren sich „Brusher" auf bestimmte Motive, Untergründe oder auch Farbarten.

Bild 3: Airbrush-Arbeit (Airbrush-Atelier T. Rachu, Berlin)

Die verbreitetste Airbrush-Farbe ist auf Acryl-Basis. Das Airbrush-Ergebnis ist nicht beanspruchbar und matt. Ein Klarlackauftrag schützt die Arbeit und sorgt für eine glänzende Oberfläche.

Je feiner die Pigmentierung, umso schöner ist das Ergebnis, umso feiner kann die Airbrush-Düse sein. Diese variiert zwischen 0,15 bis 1,2 mm. Auf Airbrushfarben ist die erforderliche Mindest-Düsengröße angegeben.

Mit einem Regeldruck zwischen 1,5 und 2,0 bar erhält man gute Ergebnisse.

Die Airbrush-Technik ist zeitaufwendig. Darum ist sie oft zu teuer. Eine Alternative ist die Betonung von Kleinobjekten oder Einzelteilen am Fahrzeug mit dieser Technik.

Beispiele:
Auf Türen, Füllungen, Handyschalen, Schmuckkästchen.

Am Fahrzeug:
Felgen, Tankdeckel, Seitenspiegel **(Bild 4)**.

Bild 4: Airbrush-Motiv auf einem Tankdeckel

Auch andere zeitaufwendige Techniken sind für Klein- oder Einzelteile zu empfehlen.

Kleistertechnik

Die zu gestaltende Oberfläche muss in einem Grundton vorbeschichtet sein. Dieser Grundton ist Teil der Technik. Außerdem darf der Untergrund nicht mehr saugen.

Der Kleister wird ziemlich dick angesetzt. Dann werden damit Linien oder Formen auf die Fläche gemalt. Motive sind weniger geeignet, da die Kleisterkontur nicht eindeutig ist. Nach der Durchtrocknung des Kleisters wird die ganze Fläche in einem anderen Farbton überspritzt. Ist diese Lackschicht getrocknet, so werden beim Abwaschen mit Wasser die Kleisterstellen wieder angelöst und der überspritzte Lack an diesen Stellen wieder entfernt, sodass das Muster der Linien oder Formen im Grundton erscheint (Bild 1).

Wird dieser Vorgang mehrmals wiederholt, so entsteht ein effektvolles Muster mit Tiefenwirkung.

Bild 1: Kleistertechnik

13.2.5 Schleiftechniken

Durch das Schleifen wird Lack abgetragen. Durchschliffstellen bis zum Untergrund sind zu vermeiden, es sei denn, dies gehört zum gewünschten Effekt. Schleifen führt zu matten Oberflächen.

Durchschleiftechnik

Die Untergrundvorbereitung ist der erste Arbeitsschritt. Das Durchschliffergebnis ist davon abhängig, ob eine Untergrundstruktur vorliegt, z. B. erstellt mit Polyesterspachtel, oder nicht (Bild 2 und 3).

Anschließend wird Lack mit unterschiedlichem Farbton gespritzt. Jede Schicht muss gut durchgetrocknet sein, bevor weiterlackiert wird. Auch der gesamte Schichtaufbau muss sehr gut durchtrocknen. Erst dann beginnt man mit dem Schleifen. Es wird immer feiner geschliffen bis zum gewünschten Ergebnis.

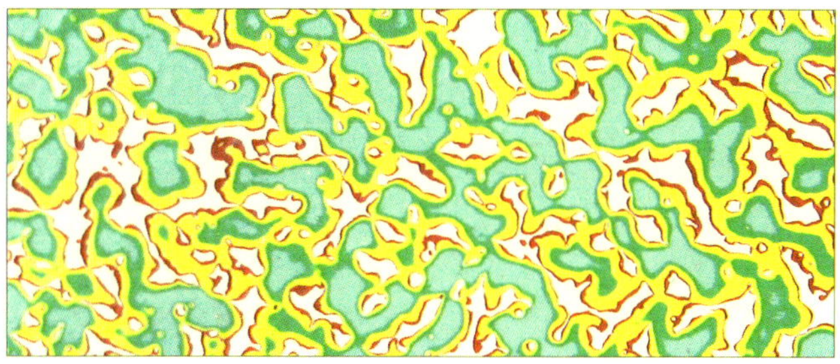

Bild 2: Durchschleiftechnik auf mit Spachtelmasse vorgearbeiteter Untergrundstruktur

Schleiflacktechnik

Früher gab es nur hochglänzende, auf Öl basierende Lacke. Die Technik des Schleiflacks entstand, da matte Flächen nur durch Schleifen erzielt werden konnten. Geschliffen wird mit feinem Bimsmehl und einem Modler (einem kurzborstigen, flachen, schmalen, pinselähnlichem Werkzeug) unter Zugabe von Wasser. Beim Schleifen muss peinlich genau darauf geachtet werden, dass nur geradlinig in einer Richtung unter leichtem Druck geschliffen wird. Der Modler muss dabei gerade gehalten werden. Nach Fertigstellung des Schliffs wird die gesamte Fläche gründlich mit Wasser abgewaschen und in Schleifrichtung trockengeledert.

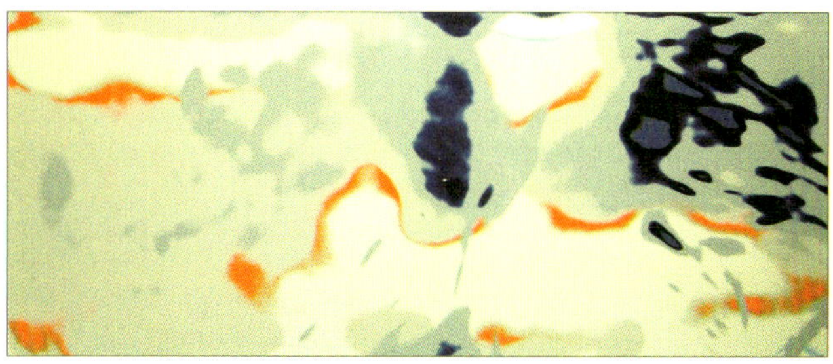

Bild 3: Durchschleiftechnik ohne Untergrundstruktur. Es entstehen weiche Farbtonübergänge.

Durch Folie geschützte Flächen, z. B. Ornamente oder Motive, bleiben nach dem Schleifen hochglänzend. Die herausgeschnittenen Flächen sind nach dem Schleifen im Kontrast matt. Dieser Kontrast ist umso größer, je dunkler der Lack ist (Bild 4). Es entsteht eine dezent gestaltete Fläche. Früher wurde anstatt der PVC-Folie eine dünne Bleifolie verwendet, was aber für den Schleifvorgang gleichbedeutend war. Nachdem ein gleichmäßiges Schleifbild erreicht wurde, wird die Folie entfernt. Eventuell vorhandene Kleberflecken können mit Spiritus oder Polierwasser entfernt werden.

Bild 4: Tribal in Schleiflacktechnik

13.2.6 Vergolden

Das Vergolden ist eine Anlegetechnik zur Veredelung von Oberflächen mit Blattgold. Auch andere hauchdünne Metallfolien aus Kupfer, Aluminium, Silber und deren Legierungen, z. B. Gold-Silber-Legierung (Weißgold), Kupfer-Zink-Legierung (Kompositionsgold oder Messing), Kupfer-Zinn-Legierung (Bronze) werden mit speziellen Klebemitteln und speziellen Werkzeugen angelegt (**Bild 1**).

Das Klebemittel entscheidet neben der Güte der Metallfolie über die Eigenschaften der Vergoldung, den Glanzgrad oder die Außenanwendbarkeit. Manche Klebemittel sind im Handel erhältlich, wie z. B. Mixtion, andere müssen aufwendig selbst hergestellt werden.

Bei Blattgold wird der Goldanteil in Karat gemessen. Reines Gold (100 %) entspricht 24 Karat und korrodiert nicht. Der Goldgehalt für Außenvergoldungen muss mindestens 23,5 Karat betragen. Goldlegierungen z. B. aus Silber und Kupfer sind wegen der Korrosionsneigung nur für die Innenvergoldung geeignet und müssen mit einem neutralen Schutzlack (z. B. Schellack) überzogen werden. Weißgold, eine Legierung aus Gold und Silber, hat einen Goldgehalt von 50 % entspricht 12 Karat.

Es werden folgende Vergoldetechniken unterschieden:

- Ölvergoldung
- Mordentvergoldung
- Polimentvergoldung
- Hinterglasvergoldung

Das Vergolden ist ein sehr altes Handwerk, das schon im antiken Ägypten vor 5 000 Jahren ausgeführt wurde. Prachtvolle Vergoldungen findet man in vielen Sakralbauten insbesondere des Barock (**Bild 2**). Die damaligen Handwerker waren in der Lage Gold zu hauchdünnen Folien auszuschlagen vergleichbar der Dicke, die heute in der modernen Blattgoldherstellung mit Maschinen erreicht wird.

Einlegen von Blattgold

Mit dem Anschießer, einem äußerst flachen und weichen Fehhaarpinsel, nimmt man das Blattgold auf. Durch mehrmaliges Streichen über die Gesichtshaut (Wange oder Stirn) wird der Pinsel elektrostatisch aufgeladen und leicht mit Hautfett versehen, wodurch die Aufnahme der federleichten Blattgoldblättchen erleichtert wird. Danach gibt man die hauchdünne Metallfolie auf das Vergolderkissen, wo nun mit dem Vergoldermesser die benötigte Stückgröße portioniert wird.

Anschließend wird mit dem Anschießer die entsprechende Blattgoldmenge in das Anlegeöl gelegt. Es muss leicht überlappend gearbeitet werden, damit keine Fehlstellen sichtbar bleiben.

Überschüssiges Gold wird mit dem Einkehrpinsel entfernt. Mit einem Achatstein kann die Oberfläche geglättet und durch Aufpolieren der Glanzgrad der Vergoldung erhöht werden.

Einlegen von Transfergold

Auf Seidenpapier gepresstes Blattgold nennt man Transfergold (oder Sturmgold). Das Seidenpapier wird erst nach dem Einlegen in Mixtion und dem Ausdrücken entfernt.

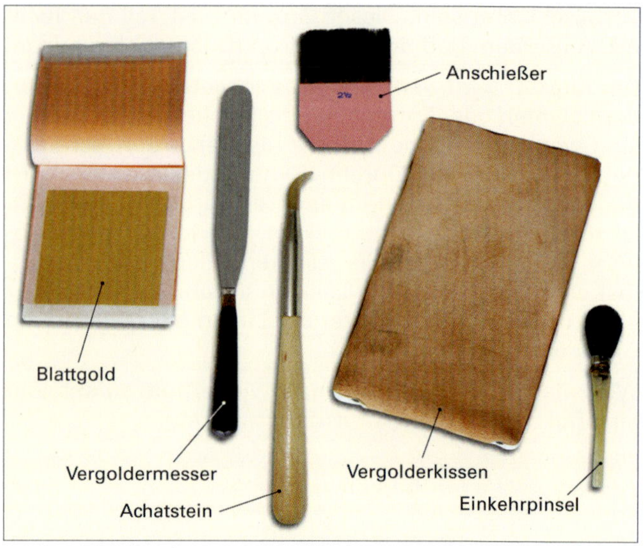

Bild 1: Werkstoff und Vergolderwerkzeuge

Bild 2: Vergoldung

Bild 3: Blattgoldverarbeitung

Ölvergoldung

Die Ölvergoldung wird auf glatten, dichten Untergründen ausgeführt. Es eignen sich lackierte Oberflächen, Kunststoffe und Glas. Die Ölvergoldung ist die bevorzugte Technik für die Außenvergoldung (Bild 1). Der Glanzgrad der Vergoldung hängt von der Oberflächenqualität des Untergrundes ab und von der Auftragsmenge des Klebemittels. Je dünner und gleichmäßiger die Klebemittelschicht, desto hochwertiger wirkt die Vergoldung.

Als Klebemittel wird Mixtion, ein spezielles Anlegeöl aus voroxidiertem Leinöl, verwendet. Je nach Trocknungszeit unterscheidet man Schnellmixtion, 3-Stunden-Mixtion und 12-Stunden-Mixtion. Die Zeitangaben beziehen sich auf die ungefähre Zeit, in der das Anlegeöl für das Einlegen des Blattmetalls vorbereitet ist. Ist das Öl noch feucht, sinkt die Folie ab, ist es zu trocken, lässt die Klebekraft nach. Den richtigen Zeitpunkt hat man erreicht, wenn beim Überstreichen mit dem Daumen ein leiser Pfeifton zu hören ist. Nach dem Trocknen bleibt die Klebkraft des Anlegeöls nur über einen begrenzten Zeitraum, die sogenannte Offenzeit, erhalten (Tabelle 1).

Mordentvergoldung

Die Mordentvergoldung wird hauptsächlich auf Putz, z. B. im Fresko angewandt. Sie hebt sich plastisch vom Untergrund ab. Als Mordent bezeichnet man eine Mischung aus Bienenwachs, Talg oder Leinöl und Terpentin. Durch Erhitzen wird die Mischung flüssig, sodass sie leicht aufgetragen werden kann. In die noch warme und klebrige Oberfläche wird das Blattgold geschossen, d. h. mit dem Anschießer angelegt. Durch die Temperatur beim Einschießen wird der spätere Glanz der Vergoldung bestimmt.

Polimentvergoldung

Die Polimentvergoldung sieht echtem Gold täuschend ähnlich. Sie ist die aufwendigste Vergoldertechnik, die überwiegend von Vergoldern und Restauratoren ausgeführt wird. Da die Polimentvergoldung nicht wasserbeständig ist, kommt sie nur in Innenräumen, vorzugsweise auf Gipsstuck und Holz, also eher saugfähigen Untergründen zum Einsatz. Die Polimentvergoldung besteht aus grundsätzlich drei verschiedenen Bestandteilen, der Leimtränke, dem Kreidegrund und dem Poliment, die z. T. in mehreren Schichten aufgetragen werden (Übersicht 1). Weitere Arbeitsgänge ergeben sich durch das Schleifen des Kreidegrunds und das Polieren der fertigen Vergoldung mit einem Achatstein oder Hämatit.

Hinterglasvergoldung

Auf Schaufenstern und Werbeschildern wird die Hinterglasvergoldung ausgeführt. Man unterscheidet Matt- und Glanzvergoldung. Die Mattvergoldung wird mit Mixtion, wie bei der Ölvergoldung, durchgeführt. Für die Glanzvergoldung benutzt man in entmineralisiertem Wasser gelöste Gelatine als Klebemittel. Die Lösung wird warm gefiltert und kalt auf das Glas aufgetragen. Das Gold wird in den feuchten Leim geschossen. Überschüssigen Leim nimmt man mit einem saugfähigen Papier auf. Nach der Trocknung kann die Vergoldung mit einem Wattebausch poliert werden (Bild 2).

Bild 1: Außenvergoldung

Anlegeöl	Trocknung	Offenzeit
Schnell-Mixtion	0,5 Std.	Bis 24 Std.
3-Stunden-Mixtion	2 bis 3 Std.	Bis zu 1 Std.
13-Stunden-Mixtion	12 bis 16 Std.	3 bis 4 Std.

Tabelle 1: Trocknungszeiten der Anlegeöle

Leimtränke

Verdünnter organischer Leim (Kochen-/Hautleim)

Kreidegrund

1. Steingrund (1 bis 2 Schichten)
Bestehend aus:
3 VT Steinkreide in 1,5 VT Wasser eingesumpft +
1 VT Hasenleim in 1,5 VT warmem Wasser

2. Weißgrund (4 bis 6 Schichten gestupft):
Bestehend aus:
1 VT Hasenleim + 4 VT warmem Wasser +
1 VT Champagnerkreide + 1 VT Bologneserkreide +
1 VT Chinakreide

Poliment

Gelbpoliment (für Mattvergoldung)
50 g Polimentleim (bestehend aus 8 g Hautleim + 250 g Wasser) + 15 g Boluspaste (bestehend aus zersetztem Kalk- und Basaltstein mit Hautleim und Eiweiß präpariert)

Rotpoliment (für Glanzvergoldung)
50 g Polimentleim + 20 g Boluspaste

Netze (zur Aktivierung des Leimanteils im Poliment)
1 VT Alkohol + 3 VT destilliertes Wasser

Übersicht 1: Schichten einer Polimentvergoldung

Bild 2: Hinterglasvergoldung

13.2.7 Steinimitation und Illusionsmalerei

Marmorieren

Beim Marmorieren (**Bild 1**) wird der Charakter des kristallinen Marmors nachgebildet, der durch großen Druck und hohe Temperatur entstanden ist und dessen Durchlässigkeit ein starkes Tiefenlicht erzeugt. Die Marmormalerei imitiert durch das Auftragen mehrerer Farblasurschichten und durch die Kombination von Tupf-, Wisch- und Sprenkeltechniken dieses Aussehen in mehreren Arbeitsschritten:

1. Herstellen eines glatten und nicht zu saugfähigen Untergrundes durch Spachteln, Schleifen und Grundieren.
2. Anlegen des Grundtons, evtl. mehrere Abstufungen des Farbtons nass in nass ineinander arbeiten.
3. Je nach Marmorart andersfarbige Lasuren mit einem Naturschwamm auftupfen und mit einem Pinsel breitere, abgedunkelte Bänder aufmalen.
4. In die Bänder mit einem langborstigen, feinhaarigen Pinsel (Schlepper) oder Flachpinsel dunklere Adern ziehen, indem der gezogene Pinsel den vorgegebenen Lasurstrukturen durch Drehen zwischen Daumen und Zeigefinger folgt.
5. Nach leichtem Antrocknen quer zum Aderverlauf deren Konturen brechen durch Abtupfen mit einem Schwamm oder trockenem Tuch oder durch Vertreiben mit einem Modler.

Bild 1: Marmorierungen

Steinnachbildung

Oberflächenstrukturen nicht geschliffener Steine lassen sich mit Spachtelmassen auf Gips- oder Dispersionsbasis herstellen (**Bild 2**). Dazu wird die Spachtelmasse dickschichtig aufgetragen und z. B. mit einer Stielspachtel durch Ritzen und Eindrücken strukturiert. Anschließend wird der noch feuchte Spachtelauftrag mit einem Flächenstreicher oberflächennah zu einer leicht modellierten Struktur geglättet. Quarzgefüllte Anstrichstoffe ergeben eine sandige Oberfläche, die mit farbigen Lasuren bearbeitet, Kunst- und Natursteine imitiert.

Mit der Stupftechnik lässt sich Granit imitieren. Der Trocknungsgrad der Untergrundfarbe bestimmt den Verlauf der Farbsprenkel. Arbeitet man nass in nass, so verlaufen die Ränder leicht, während sie auf trockenem Untergrund scharf konturiert stehen bleiben (**Bild 3**).

Bild 2: Mauerwerknachbildung

Bild 3: Granitimitation mit aufgemalten Bruchkanten

Illusionsmalerei / Trompe-l'œil

Der Begriff kommt aus dem Französischen und heißt soviel wie „das Auge täuschen" (tromper = täuschen; l'œil = Auge). Es handelt sich um eine Malform, bei der durch fotorealistische Darstellung die vorhandene Architektur optisch vergrößert wird. Gebäudeteile, Landschaften und Skulpturen werden täuschend echt dargestellt (**Bild 4**).

Die Technik geht auf die Renaissance zurück. Sie konnte sich erst mit der Entdeckung der Perspektive entwickeln. Nur wer neben der kreativen Malerei auch die Regeln der räumlichen Darstellung beherrscht, kann sie ausführen. Die Illusionsmalerei erstreckt sich nicht nur auf Innenräume, sondern wird auch auf Fassaden, z. B. zur optischen Aufwertung von Bausünden, angewendet. Sie eignet sich auch zur Herstellung von Filmkulissen. Alle der Zielsetzung dienlichen Techniken kommen zum Einsatz.

Bild 4: Illusionsmalerei

13.2.8 Holzimitation (Maserieren)

Die Kunst des Maserierens hatte ihre hohe Zeit um 1900 bis 1960. In diesem Zeitraum konnten sich nur Reiche Massivholz-Möbel aus edlen Hölzern leisten, Normalbürger mussten mit Kiefer oder Fichte vorlieb nehmen, wollten aber auch die Möbel in Eiche-, Nussbaum oder Birke-Optik.
Das Furnieren führte zum Rückgang des Maserierens. Heute sind gute Maserierer gesuchte Fachleute für die Restaurierung historischer Möbel.

Werkzeuge, Werkstoffe

Auch heute werden noch traditionelle Werkzeuge (Tabelle 1) und Werkstoffe verwendet, da mit ihnen ein natürlicheres Ergebnis erzielt werden kann als mit modernen Dispersionswerkstoffen.
Maseriert wird mit selbst hergestellten Lasuren.

Öllasur. 1:1-Mischung von Leinölfirnis und Terpentinöl und etwas Sikkativ. Diese Maserierungen sind nicht reversibel und können jederzeit weiter überlasiert werden.

Bierlasur: Verwendet wird abgestandenes Bier, das nicht mehr schäumen darf. Bierlasuren sind mit Wasser leicht anlösbar. Darum muss nach dem Maserieren ein lösemittelhaltiger Klarlack mit dem Pinsel aufgetragen werden. Die Maserierung verwischt dabei nicht. Erst dann kann überlasiert werden. Dann folgt eine weitere Klarlackschicht.

Mit Pigmenten, z. B. Terra di Siena, Kasslerbraun etc.) wird die Lasur bis zum gewünschten Holzfarbton gemischt.

Ausführung

Der Untergrund wird vorbereitet, grundiert und vorlackiert. Der Vorlack muss den hellsten Farbton der gewünschten Maserierung besitzen, da mit Lasuren das Ergebnis nur dunkler, aber nie heller werden kann. Für das Anlegen der Holzmaserung gibt es je nach Holzart verschiedene Vorgehensweisen.

Bild 3 zeigt die Arbeitsschritte der Imitation mit Öllasur von Pitch-Pine, einem amerikanischen Nadelholz:

1. Untergrund ganzflächig mit Lasur einstreichen
2. Die Maser mit abgedunkelter Lasur aufmalen.
3. Die Maser von innen mit verdünnter Lasur verstärken.
4. Mit trockenem Pinsel die Lasur verwischen.
5. Mit dem Zackenpinsel die Seitenbereiche beiziehen.
6. Mit dem Dachshaarvertreiber nach außen vertreiben.
7. Nach dem Durchtrocknen die Überlasur aufstreichen.
8. Seitenpartien mit dem Schläger quer durchschlagen.
9. Mit dem Dachshaarvertreiber nach außen vertreiben.

Heute wird häufig sehr vereinfacht maseriert. Eine Rakel mit Maserstruktur wird durch den aufgetragenen Lack gezogen. Durch weitere Effekte fallen die Mängel einer solchen Maserierung oft nur dem Fachmann auf (Bild 2).

Bild 1: Aufbau einer Nussbaum-Maserierung

Werkzeug	Erklärung und Verwendung
Modler	Flacher, kurzborstiger Pinsel zum Auftragen von Lasuren
Naturschwamm	Zum Tupfen ungleichmäßiger Wurzelholzstrukturen in die feuchte Lasur
Dachsvertreiber	Zum Vertreiben (Brechen bzw. Ausbilden von harten Konturen)
Schläger	Weicher, langborstiger Pinsel zum Schlagen von Strukturen
Zackenpinsel	Zum Einziehen von Adern
Malpinsel	Zum Malen von Maserlinien

Tabelle 1: Werkzeuge zum Maserieren

Bild 2: Maserierarbeit mit der Rakel in Verbindung mit Airbrushtechnik und Schabloniertechnik

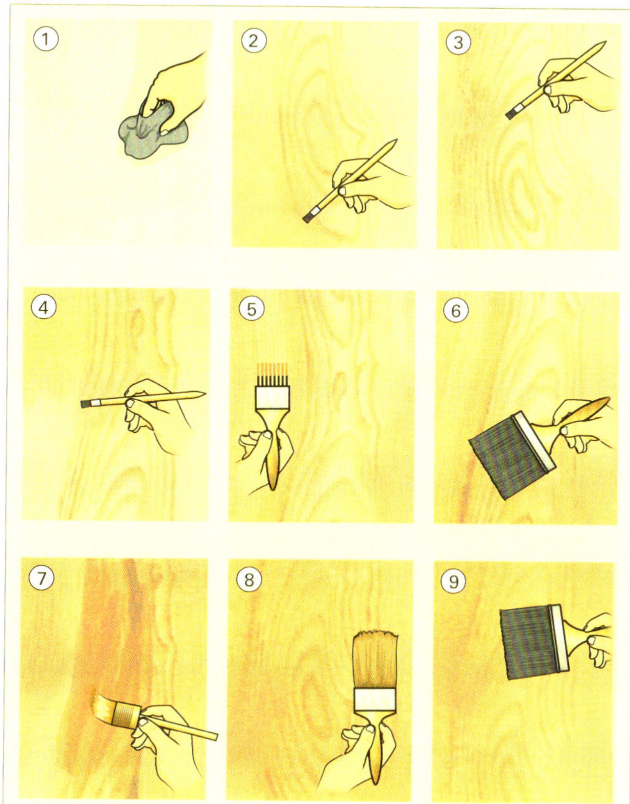

Bild 3: Arbeitsschritte des Maserierens von Pitch-Pine

13.3 Entwicklung einer neuen Gestaltungstechnik

Die meisten Gestaltungstechniken sind aus Zufällen und Fehlern entstanden (z. B. Reißlacktechnik) oder sind das Ergebnis langjährigen Experimentierens (z. B. Holzimitation, Airbrush).

Das Spiel mit der freien Kombination von Werkstoffen und Applikationstechniken kann jederzeit neue Techniken hervorbringen. **Tabelle 1** zeigt Möglichkeiten auf, die in Kombination denkbar sind.

Untergrund	Applikation	Werkzeug	Musterung
• Holz • Metall • Putz • Pappe • Folie • Saugend • Dicht • Abweisend • Glatt • Strukturiert	• Spritzen • Wischen • Stupfen • Gießen • Tröpfeln • Spachteln • Bestäuben • Sprenkeln • Stempeln • Wischen • Wickeln	• Spritzpistole • Lappen • Pinsel • Bürste • Finger • Spachtel • Feder • Wattestäbchen • Gabel • Kamm • Schwamm	• Punkte • Linien • Flächen • Gleichmäßig • Ungleichmäßig • Geordnet • Ungeordnet • Sauber • Mit Absicht unsauber • Klare Abgrenzung • Übergänge
Material	**Pigmentierung**	**Kombination**	**Zwischen- und/oder Schlussbehandlung**
• Lack • Dispersion • Wasserfarbe • Tinte • Schlagmetall • Hochviskos • Niedrigviskos	• Pigmentpulver • Pigmentpaste • Glimmer • Goldbronze • Sand • Gewürze	• Nass-in-nass • Trocken-in-nass • Nass-auf-trocken • Verträglich • Unverträglich • Farbtöne • Werkstoffe	• Bürsten • Schleifen • Festigen • Föhnen • Blasen • Ablaufen lassen • Übergießen • Schaben

Tabelle 1: Kombinationsmöglichkeiten für eine neue Gestaltungstechnik

Beispiel mithilfe der Tabelle
Es könnte interessant sein, welches Ergebnis sich aus folgender Kombination ergibt:

Auf einer weiß gefüllerten Metallplatte wird eine Wickeltechnik in mehreren reinen Farben ausgeführt und in nassem Zustand mit Lösemittel übergossen.

Wir haben es ausprobiert. Das Ergebnis ist in **Bild 2** zu sehen.

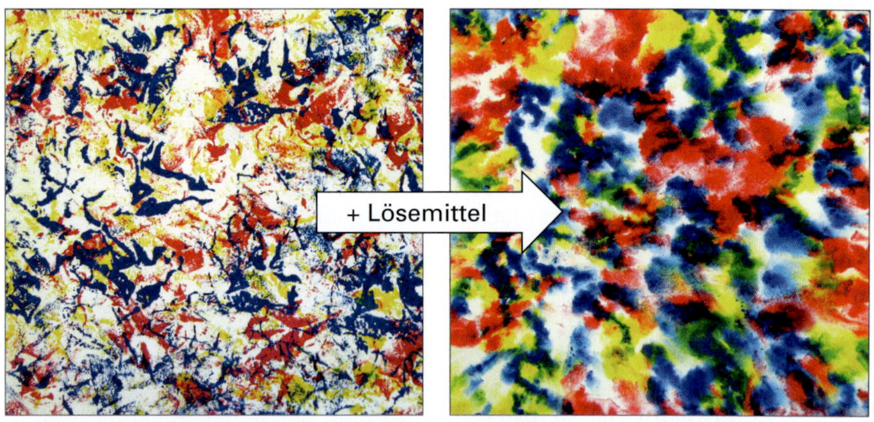

Bild 1 und 2: Wickeltechnik nass und mit Lösemittel übergossen

Beispiele aus der Natur
Wer mit offenen Augen durch die Natur geht, sieht eine unglaubliche Vielfalt von Oberflächen, die unnachahmlich von der Natur entwickelt wurden (**Bild 3 und 4**).

Es ist eine Herausforderung, diese Wunder der Natur in einer Lacktechnik umzusetzen.

Es sei schon vorhergesagt:
Es wird nur annähernd gelingen.
Dafür hatte die Natur aber auch einige Millionen Jahre Zeit.

Bild 3 und 4: Die Natur als Ideenlieferant für Gestaltungstechniken

14
Arbeits- und Umweltschutz

Lernfeld 1 – 12

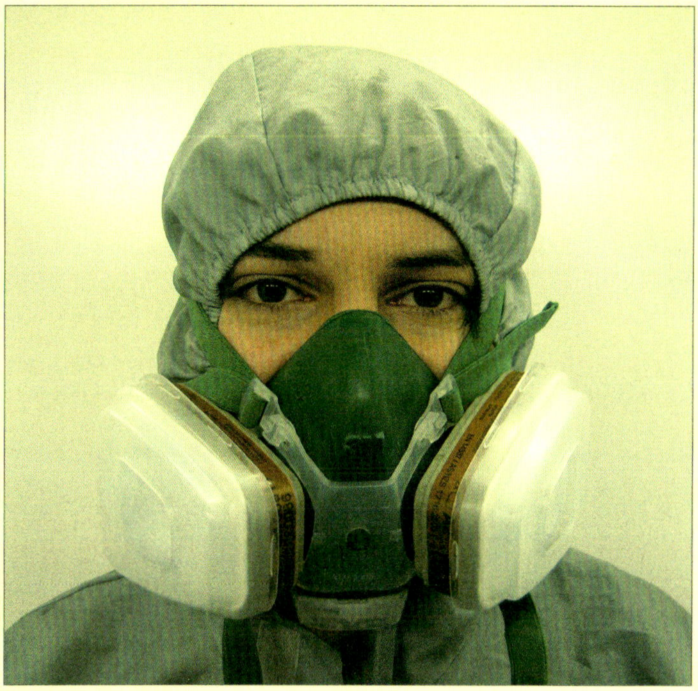

14.1 Arbeitsschutz und Umweltschutz bei Malerarbeiten
14.2 Umweltbelastung durch Maler und Lackierarbeiten
14.3 Gefährdungsbeurteilung
14.4 Umgang mit gefährlichen Stoffen
14.5 Regelungen, Gesetze und Vorschriften
14.6 Sicherheit im Betrieb, Betriebsanweisung
14.7 Sicherheitszeichen
14.8 Arbeiten auf Leitern und Gerüsten
14.9 Umgang mit elektrischen Geräten und Anlagen
14.10 Persönliche Schutzausrüstung
14.11 Vorbeugende Maßnahmen zur Unfallverhütung
14.12 Aktive Erste Hilfe

14.1 Arbeitsschutz und Umweltschutz bei Malerarbeiten

Bei vielen Arbeiten ist der Maler und Lackierer Gefahren ausgesetzt. Gesetzliche Regelungen und Empfehlungen helfen Schäden an der Gesundheit, Schäden an der Umwelt und Unfällen vorzubeugen (**Übersicht 1**).

Berufsgenossenschaft, BGV

Gesetze

Stand der Technik

Umweltschutz

Der Maler und Lackierer geht sorgsam mit umweltgefährdenden Stoffen um:

- Er vermeidet unnötige Abfälle.
- Er wählt umweltschonende Verfahren.
- Er entsorgt seine Abfälle fachgerecht.
- Er kennt die Vorschriften.

Umgang mit gefährlichen Stoffen

Der Maler und Lackierer geht häufig mit gefährlichen Stoffen um:

- Er lagert sie.
- Er verarbeitet sie.
- Er entsorgt sie.
- Er kennt die Vorschriften.

Sicherheitszeichen

Der Maler und Lackierer sieht jeden Tag viele Symbole, Piktogramme, Abkürzungen und Verweise auf Vorschriften:

- Er kennt die Verbote.
- Er kennt die Gebote.
- Er kennt die Hinweiszeichen.
- Er kennt die Vorschriften.

Brandschutz

Der Maler und Lackierer ist sich der Gefahren von Feuer bewusst und handelt danach:

- Er beugt Bränden vor.
- Er kennt die Symbole.
- Er weiß, was im Brandfalle zu tun ist.
- Er kennt die Vorschriften.

Arbeitsschutz und Umweltschutz

Persönliche Schutzausrüstung

Der Maler und Lackierer schützt sich bei gefährlichen Arbeiten:

- Er benutzt seine persönliche Schutzausrüstung.
- Er pflegt sie.
- Er kennt die Vorschriften.

Umgang mit elektrischen Geräten

Der Maler und Lackierer benutzt elektrische Geräte:

- Er kennt die Geräte
- Er kennt die Gefahren durch den elektrischen Strom.
- Er kennt die Vorschriften.

Arbeiten auf Leitern und Gerüsten

Der Maler und Lackierer überbrückt Höhen bei Arbeiten in Räumen und an Fassaden:

- Er kennt die Gefahren.
- Er handelt umsichtig.
- Er kennt die Vorschriften.

Das Verhalten im Team

Der Maler und Lackierer arbeitet im Team und achtet auf seine Kollegen:

- Er handelt verantwortungsbewusst.
- Er meidet Alkohol und Drogen.

Betriebsanweisungen vom Arbeitgeber für die Arbeitnehmer

Übersicht 1: Alle Bereiche des Arbeits- und Umweltschutzes

Gefahren bei Malerarbeiten

Der Umgang mit Maschinen und mit Gefahrstoffen birgt Gefahren in sich, die leicht zu Unfällen, Berufskrankheiten und arbeitsbedingten Krankheiten führen können. **Tabelle 1** gibt einen Überblick.

Mangelhafte Sicherheitsvorrichtungen und Vorkehrungen	Chemische und physikalische Einwirkungen	Hohe körperliche Belastung
• Sicherheitseinrichtungen fehlen oder sind außer Betrieb gesetzt • Persönliche Schutzausrüstung fehlt • Maschinen und Anlagen entsprechen nicht den Sicherheitsvorschriften	• Einatmen von Dämpfen und gesundheitsschädlichen Stoffen • Lärm • Vibrationen, z. B. durch Schleifarbeiten • Elektrischer Strom	• Ungünstige Körperhaltung beim Arbeiten • Heben von schweren Lasten • Vorzeitige körperliche und geistige Ermüdung bei der Arbeit • Überforderung des Mitarbeiters
Das Arbeitsschutzgesetz (ArbSchG) und die Betriebssicherheitsverordnung (BetrSichV) verpflichten den Arbeitgeber, die Gefährdung der Beschäftigten bei der Arbeit zu ermitteln und geeignete Maßnahmen des Arbeitsschutzes zu treffen.		

Tabelle 1: Ursachen für Unfälle und Krankheiten

14.2 Umweltbelastung durch Maler- und Lackierarbeiten

Maler und Lackierer belasten bei Ihrer Arbeit die Umwelt, wenn nicht entsprechende Maßnahmen getroffen werden. Da der Maler und Lackierer häufig unbeaufsichtigt auf Baustellen arbeitet, ist Eigenverantwortung genauso wichtig, wie vorgeschriebene Gesetze und Regelungen.

Beispiel: Was nützen Vorschriften zur Entsorgung von Lösemittelresten, wenn der Auszubildende nach dem Auswaschen des Pinsels auf der Baustelle im Neubaugebiet das schmutzige Lösemittel ungesehen ins Erdreich kippt.

Tabelle 1 nennt Umweltbelastungen und eine Auswahl von empfohlenen/vorgeschriebenen Maßnahmen.

Lärm	• Beim Gerätekauf auf den Lärmpegel achten • Gehörschutz tragen	• Rücksicht nehmen auf Anwohner (Ort, Tageszeit)
Staub	• Atemschutzmaske verwenden • Gefährliche Stäube nicht kehren, sondern absaugen	• Staub an der Quelle absaugen und über Filter reinigen z. B. im Staubsauger mit Taschenfiltern
Dämpfe	• Atemschutzmaske verwenden	• Dämpfe an der Quelle absaugen und über Aktivkohlefilter reinigen
Abwasser	• Einsatz von Reinigungsanlagen zur Wasserreinigung	• Trockenschliff statt Nassschliff
Abfall	• Abfälle möglichst vermeiden	• Sonderabfälle sind vorschriftsmäßig zu entsorgen

Tabelle 1: Auswahl von Umwelt- und Gesundheitsschutzmaßnahmen

14.2.1 Wasserreinhaltung

Wasser ist ein kostbares Gut. Der Wasserkreislauf, der Natur und Mensch immer wieder mit sauberem Wasser versorgt **(Bild 1)**, kann durch Verunreinigungen empfindlich gestört werden. Im Schadensfalle muss der Verursacher alle Kosten der Wiederaufbereitung von Erdreich und Natur tragen.

Wasser in Beschichtungsstoffen

Das Wasser in Dispersionen verdunstet und kehrt in den Wasserkreislauf zurück.

Reinigen von Werkzeugen und Geräten

Bestandteile von Beschichtungsstoffen, die ins Wasser gelangen, müssen später wieder aufwendig daraus entfernt werden. Kläranlagen können mit Malerfarbwasser schnell überlastet werden. Darum verfügt eine gut geführte Malerwerkstatt zur Wasservorreinigung über eine Absetzanlage unter dem Auswaschbecken. Der Farbschlamm ist regelmäßig zu entsorgen.

Großer Schaden an der Umwelt entsteht, wenn Maler Reinigungswasser in die Straßenkanalisation leiten. Das Wasser gelangt nicht in die Kläranlage, sondern direkt in die Natur. Eine Anzeige hat eine hohe Geldstrafe zur Folge.

Immer müssen Maler Säuren, Laugen, flüssige Farbreste, Löse- und Verdünnungsmittel, Abbeizmittel und andere gesundheitsschädliche Stoffe vorschriftsmäßig entsorgen. Die Stadtverwaltung gibt Auskunft.

Reinigen von Untergründen (Hochdruckreinigung)

Besonders bei der Reinigung von Fassaden fällt sehr viel verschmutztes Wasser an. Bei der Fassadenreinigung ab üblicherweise 300 m² muss das Schmutzwasser aufgefangen werden, je nach Regelung der Stadtverwaltung. Wird nur mit reinem Wasser gereinigt, so reicht ein wirksames Absetzbecken, um Farbreste etc. zu entfernen, bevor das Wasser über die Schmutzwasserkanalisation ins Klärwerk geleitet wird.

Die Einleitungen von Schmutzwasser in öffentliche Abwasseranlagen ist genehmigungspflichtig.

Erfolgt die Fassadenreinigung mit Wasser und chemischen Zusätzen, so muss das Schmutzwasser mit behördlich zugelassenen Abwasservorbehandlungsanlagen gereinigt werden **(Bild 2)**.

Ungereinigtes Wasser, auch ohne chemische Zusätze, darf auf keinen Fall in unbefestigtem Boden versickern oder in die Umwelt gelangen. Im Handel gibt es Folien, Rinnen und Absetzbecken für diese Zwecke.

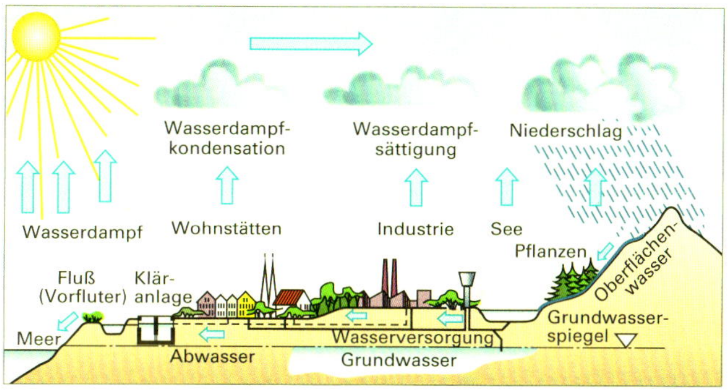

Bild 1: Wasserkreislauf

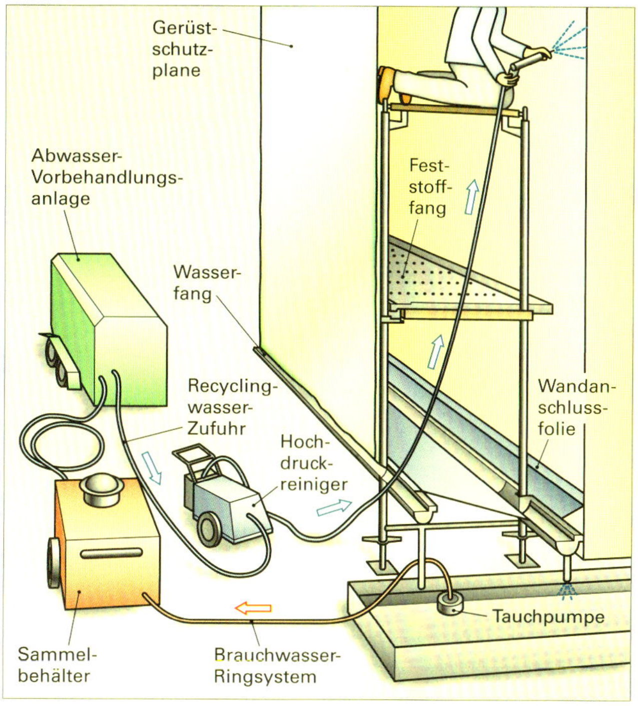

Bild 2: Maßnahmen zur Fassadenreinigung

14.2.2 Umweltschutz bei Lackierarbeiten

Bei Verarbeitung von lösemittelhaltigen Lacken verdunsten die Lösemittel und gelangen in die Luft. Sie schädigen dort nachhaltig die schützende Ozonschicht unseres Planeten.

Ist eine Absaugung und Luftreinigung nicht möglich, z. B. beim Lackieren von Fensterrahmen, so gibt es andere Möglichkeiten:

- Einsatz von lösemittelreduzierten Lacken mit hohem Festkörper (HS-Lack = HighSolid-Lack)
- Einsatz von „Wasserlacken" ohne Lösemittel auf Dispersionsbasis.
- Wahl eines Applikationsverfahrens, bei dem weniger Lack gebraucht wird. Beim Hochdruck-Spritzverfahren geht durch Overspray viel Material verloren.
- Behälter mit Lacken nicht offen stehen lassen.
- Wärme senkt die Viskosität, somit den nötigen Verdünnungsanteil. Heißspritzen erfolgt bei etwa 50 °C bis 60 °C.
- Nicht zu viel Zweikomponenten-Lack ansetzen
- Objekte nicht überbeschichten

14.2.3 Abfallentsorgung

Wo gearbeitet wird, entsteht Abfall. So auch bei Malerarbeiten. Verantwortungsbewusste Maler und Lackierer handeln in der Reihenfolge nach **Übersicht 1**.

Abfall ist	**zu vermeiden** um die Ressourcen zu schonen	**zum Beispiel**	• Verzicht auf unnötiges Abkleben • Beschichtungsstoffe aufbrauchen
wenn nicht möglich	**zu verwerten** durch Sammeln und Recycling		• Werkstoffe sammeln, sortieren, weitergeben • Sammelstoffe wieder einsetzen (Lösemittel)
wenn nicht möglich	**zu beseitigen** nach Entsorgungskonzept		• Farbreste eintrocknen lassen • Rücknahme und Wiederverwertung durch Hersteller

Übersicht 1: Grundgesetz der Abfallgesetzgebung und Beispiele aus dem Malerhandwerk

Bei Verstößen gegen Gesetze schützt Unkenntnis nicht vor Strafe. Informationen zur regionalen Abfallentsorgung können bei der Stadtverwaltung eingeholt werden. Immer müssen Gewerbeabfälle getrennt nach Wertstoffen, überwachungsbedürftigen Gewerbeabfällen und besonders überwachungsbedürftigen Gewerbeabfällen gesammelt werden:

- **Wertstoffe**. Entleerte und ausgetrocknete Gebinde, Holz und Metall können nach Wiederaufbereitung (Recycling) wiederverwendet werden.
- **Überwachungsbedürftige Gewerbeabfälle**. Diese werden gesammelt und durch Verbrennung zur Energiegewinnung verwendet. Unbrennbare Stoffe müssen auf Deponien gelagert werden, z. B. hart gewordene Pinsel, Rollen etc., eingetrocknete Farben oder mit Zement oder Sägemehl eingedickte Farbreste.
- **Besonders überwachungsbedürftige Gewerbeabfälle** (früher: Sonderabfälle). Sie müssen umweltverträglich und nach dem Stand der Technik entsorgt werden. Diese Stoffe dürfen weder in die Mülltonne noch in die Kanalisation gelangen, z. B. flüssige Lackreste, Kleber, Holzschutzmittel, Chemikalienreste oder teilentleerte Spraydosen. Diese Abfälle dürfen nur von autorisierten Entsorgungsunternehmen befördert, gelagert, behandelt, verbrannt oder auf Deponien gelagert werden.

Die Einordnung der Abfälle erfolgt nach dem Europäischen Abfallkatalog (EAK). Auszüge finden sich in **Tabelle 1**. Bei der Weitergabe von Abfällen muss sich der Unternehmer einen Entsorgungsnachweis ausstellen lassen.

Abfallschlüssel	Bezeichnung nach EAK	Beispiele
080111*	Farb- und Lackabfälle, die organische Lösemittel oder andere gefährliche Stoffe enthalten	Nicht ausgehärtete Altlacke und Altfarben oder sonst schadstoffhaltig (z. B. Schwermetallpigmente)
080112	Farb- und Lackabfälle mit Ausnahme derjenigen, die unter 080111 fallen	Ausgehärtete Altlacke und Altfarben, schadstofffrei
080117*	Abfälle aus der Farb- oder Lackentfernung, die organische Lösemittel oder andere gefährliche Stoffe enthalten	Beschichtungsstoffabfälle vom Abbeizen, Strahlen oder Schleifen, lösemittel- oder sonst schadstoffhaltig
080118	Abfälle aus der Farb- oder Lackentfernung, mit Ausnahme derjenigen, die unter 080117 fallen	Beschichtungsstoffabfälle vom Abbeizen, Strahlen oder Schleifen, vollständig ausgetrocknet und schadstofffrei
150202*	Aufsaug- und Filtermaterialien, Schutzkleidung, die durch gefährliche Stoffe verunreinigt ist	Schutzkleidung, Atemschutzmasken und Wischtücher, die bei der Schadstoffsanierung (z. B. PCB- oder Asbestsanierung) getragen bzw. benutzt wurden
200101	Papier und Pappe	Abgelöste Tapeten, Tapetenreste, Abdeckpapier ohne schädliche Anhaftungen

Tabelle 1: Abfallschlüssel nach dem Europäischen Abfallkatalog (Auszug). * Besonders überwachungsbedürftig

14.3 Gefährdungsbeurteilung

Nach dem Arbeitsschutzgesetz (ArbSchG) sind alle Arbeitgeber – unabhängig von der Anzahl der Mitarbeiterinnen und Mitarbeiter – dazu verpflichtet, eine Gefährdungsbeurteilung durchführen. Die Gefährdungsbeurteilung ist das zentrale Element im betrieblichen Arbeitsschutz.

Der Unternehmer ermittelt alle möglichen Gefährdungen im betrieblichen Geschehen, beurteilt sie, legt Arbeitsschutzmaßnahmen dazu fest und überprüft sie auf ihre Wirksamkeit (**Tabelle 1**). Besondere Personengruppen sind zu berücksichtigen, wie Jugendliche, Schwangere, Praktikanten u. a.

Jeder Mitarbeiter erhält die Dokumentation der Gefährdungsbeurteilung. Die Gefährdungsbeurteilung wird laufend überprüft und angepasst (**Bild 1**). Es liegt im Interesse aller Mitarbeiter, mit Ideen und Vorschlägen zur Arbeitssicherheit im Betrieb beizutragen. Die Dokumentation dieses Vorgehens beinhaltet zu jedem Arbeitsbereich:

- Das Ergebnis der Gefährdungsbeurteilung
- Festgelegte Maßnahmen
- Das Ergebnis der Überprüfung

Bild 1: Die Handlungsschritte bei der Gefährdungsbeurteilung

Ablauf	Arbeitsbereich Werkstatt	Arbeitsbereich Lager	Arbeitsbereich Baustelle	Arbeitsbereich Büro/Verwaltung
Verantwortliche einsetzen	Maier	Lütten	Magath	Schulze
Tätigkeiten erfassen	Werkstoffe bereitstellen Arbeitsplatz einrichten Beschichtungsarbeiten Schleifarbeiten u. a.	Lacke mischen Lacke abfüllen Lösemittel abfüllen u. a.	Arbeitsplatz einrichten Arbeiten auf Leitern und Gerüsten u. a.	Arbeiten am Schreibtisch Akten lagern u. a.
Gefährdungen ermitteln	Mechanische Gefährdung (schweres Gerät, herunterfallende Gegenstände ...) Gefährdung durch Stoffe (Lösemittel, wasserverdünnbare Lacke ...) Elektrische Gefährdung (elektrische Geräte, Entfernen von Lampen, Schaltern ...) Belastung bei der Arbeit (anstrengend, gefährlich, konzentriert ...) Arbeitsbedingungen (Lärm, Dämpfe, Licht)			
Gefährdungen beurteilen	Grenzwerte Rechtliche Vorschriften BGV Erfahrungswerte Nachfrage bei der Berufsgenossenschaft Messungen Expertenmeinung			
Aufstellen von Maßnahmen gegen die Gefährdungen	Vermeidung von Gefahrensituationen (Installationen, Unterweisung ...) Verhaltensregeln in der Gefahrensituation (Erste Hilfe, Meldung ...) Einsatz der PSA (Helm, Handschuhe ...)			
Durchführung	Genau festlegen: **Wer** macht **was** bis **wann**			
Überprüfung	Möglichst sofort nach dem Termin			
Weiterführung	Wenn Gefahren später erkannt werden (z. B. über Krankenstand ...) Wenn Gefahren neu dazukommen (neue Werkstoffe, Techniken ...) Erkentnisse aus Unfällen Neue Gesetze und Vorschriften			
Dokumentation	Ergebnis der Beurteilung Maßnahmen Ergebnis der Überprüfung			
Anpassung	In zeitlichen Abständen (halbjährlich, jährlich ...) Aus Anlass (neue Geschäftsbereiche, neue Mitarbeiter ...)			

Tabelle 1: Erstellung einer Gefährdungsbeurteilung in der Praxis

14.4 Umgang mit gefährlichen Stoffen

14.4.1 Gefahren durch Beschichtungsstoffe

Der Maler und Lackierer arbeitet mit Stoffen, die gefährliche Eigenschaften haben bzw. Gefahrstoffe freisetzen. Dabei werden folgende Eigenschaften unterschieden **(Tabelle1)**:

Akut toxische (giftige) Eigenschaften	Chronisch toxische (giftige) Eigenschaften	Physikalisch-chemische Eigenschaften	Ökologische Eigenschaften
• Sehr giftig • Giftig • Gesundheitsschädlich • Ätzend • Reizend • Sensibilisierend	• Krebs erzeugend (kanzerogen) • Fruchtbarkeitsgefährdend (reproduktionstoxisch) • Erbgutverändernd (mutagen)	• Explosionsgefährlich • Brandfördernd • Hochentzündlich • Leicht entzündlich • Entzündlich	• Umweltgefährdend Alle Menschen, Tiere und Pflanzen gehören zur Umwelt. Unser Aller Lebensraum ist auch für folgende Generationen zu erhalten.

Tabelle 1: Unterscheidung der Gefährlichkeitsmerkmale im ChemG

Chemisch erzeugte oder natürlich vorkommende Stoffe sowie chemische Verbindungen mit gefährlichen Eigenschaften nennt der Gesetzgeber **Gefahrstoffe**.

Gemische, Gemenge oder Lösungen, die gefährliche Stoffe enthalten, heißen **gefährliche Zubereitungen**.

Viele dieser Stoffe haben Langzeitwirkung und führen erst nach vielen Jahren zu gesundheitlichen Schäden, Krebs etc. Bei längerer Einwirkung auf den Körper können einzelne Bestandteile der Beschichtungsstoffe mit der Zeit auch Überempfindlichkeitsreaktionen (Allergien) auslösen. Dadurch kann es z. B. zu Hautreaktionen und Asthma kommen.

Um eine fachgerechte Handhabung von Anstrichstoffen zu gewährleisten, muss man sich mit den Sicherheitshinweisen auf den technischen Merkblättern der einzelnen Lackmaterialien vertraut machen. Ferner stellen die Lackhersteller Sicherheitsdatenblätter zur Verfügung. Darüber hinaus sind für das Arbeiten mit Gefahrstoffen eine Reihe gesetzlicher Vorschriften zu beachten.

Bild 1 zeigt einen Überblick über die Gefahren, die von Beschichtungsstoffen ausgehen und die Gesundheit des Menschen beeinträchtigen können.

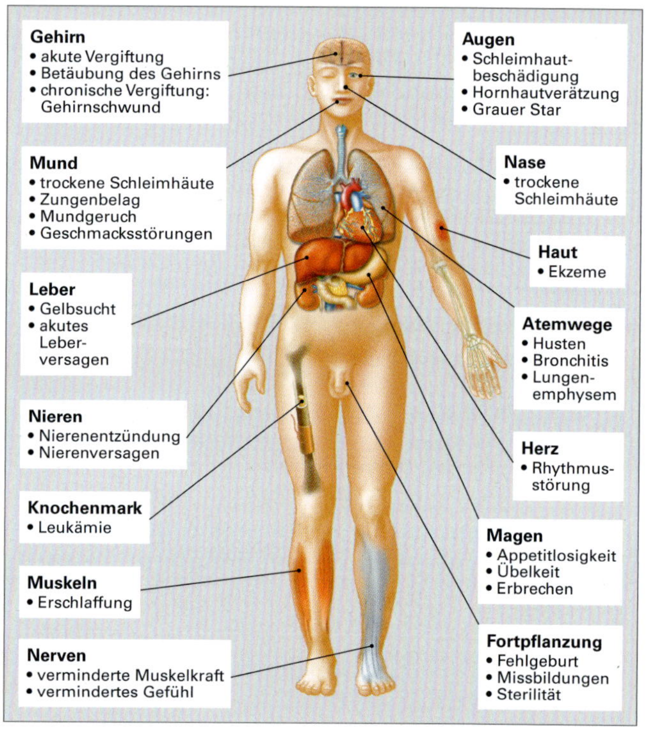

Bild 1: Gesundheitsrisiken durch Anstrichstoffe

14.4.2 Gefährliche Substanzen in Beschichtungsstoffen

Anstrichstoffe enthalten nach **Tabelle 2** Substanzen, die gefährdende Eigenschaften haben.

Bindemittel	Lösemittel	Pigmente	Zusatzstoffe
Für den Verarbeiter bestehen Gefahren • Beim Ansetzen von 2 K-Lacken. Der giftige Härter, Isocyanat bei PUR-, EP- und Acryllack, dringt durch die Haut in den Körper ein oder wird beim Verarbeiten eingeatmet. Gleiches gilt für die organischen Peroxide des Polyesters, die zusätzlich stark ätzend wirken. • Bindemittel gelangt beim Spritzen in feinster Tröpfchenform in die Lunge und verklebt diese. Liegt der Beschichtungsstoff ausgehärtet vor, so gehen vom Bindemittel keine Gefahren aus.	Kein organisches Lösemittel ist gesundheitsneutral. Besonders die Lösemittel auf Benzolbasis, die aromatischen Kohlenwasserstoffe, kurz Aromaten genannt, sind sehr gesundheitsschädlich bzw. krebserregend oder potenzschädigend. In Lacken werden oft Aromaten eingesetzt, z. B. Toluol oder Xylol.	Unter den Pigmenten gibt es Zink-, Blei-, Chromat- und andere Schwermetallverbindungen, die gesundheitsschädlich bzw. krebserregend oder potenzschädigend sind. Heute sind die giftigsten Pigmente verboten. Werden jedoch alte Lackschichten geschliffen, so werden diese Stoffe freigesetzt und ohne Atemschutz eingeatmet. Als Feinstaub gelangen sie dann über die Lunge ins Blut.	Zu den Zusatzstoffen, auch Additive genannt, zählen Weichmacher, Lichtschutzmittel, u. a. Diese können auch in kleinen Anteilen Allergikern und Personen mit Neigung zu Erkrankungen der Atemwege Probleme bereiten.

Tabelle 2: Gefährliche Bestandteile in Anstrichstoffen

14.5 Regelungen, Gesetze und Vorschriften

Der Arbeitsschutz ist durch Gesetze und Vorschriften geregelt. Dazu gehören sowohl europäische Normen und Gesetze wie auch die deutschen Umsetzungen der europäischen Normen. Wird auf Ebene der europäischen Union ein neues Gesetz, eine neue Verordnung verabschiedet, so **muss** es von den Ländern der EU umgesetzt werden.

Auf EU-Ebene ist der Prozess der Vereinheitlichung der Gesetze und Vorschriften im Gange, sodass einige bekannte Verordnungen (z. B. die VbF, Verordnung über brennbare Flüssigkeiten) noch in der Fachwelt kursieren, inzwischen aber in EU-Vorschriften eingebracht wurden und oft mit ähnlichem Inhalt, aber unter anderem Titel rechtswirksam sind. So ging z. B. die VbF in der BetrSichV (Betriebssicherheitsverordnung) auf.

Allgemeines Ziel ist es, den Schritt von der Überwachung und Genehmigung hin zur Meldepflicht aufgrund von Gesetzes- und Regelinhalten zu erreichen. In Zukunft tragen folglich die Betreiber von Einrichtungen (sprich Betriebsinhaber) mehr Risiko und Kosten bei Unfällen.

Wichtige Regelungen, Gesetze und Vorschriften

REACH

2006 wurde von Rat und Parlament der Europäischen Union die Chemikalienverordnung REACH (**R**egistration, **E**valuation and **R**estriction of **Ch**emikals) verabschiedet. Sie trat 2007 in Kraft. Zum ersten Mal betrifft eine Chemikalienverordnung nicht nur die Industrie, die chemische Produkte herstellt, sondern alle Unternehmen, die chemische Substanzen oder Zubereitungen verwenden.

GefStoffV **ChemG**

Die Verordnung zum Schutz vor gefährlichen Stoffen (Gefahrstoffverordnung, GefStoffV) und das Chemikaliengesetz (ChemG) regelt umfassend die Schutzmaßnahmen für Beschäftigte bei Tätigkeiten mit Gefahrstoffen. Die Gefahrstoffverordnung gilt für Unternehmen, die mit gefährlichen Stoffen nach § 2 GefStoffV umgehen, diese zubereiten, lagern oder in den Verkehr bringen. Es werden zum Schutz der Arbeitnehmer allgemeine Umgangsvorschriften festgelegt, die sowohl vom Arbeitgeber als auch vom Arbeitnehmer zu beachten sind. REACH ist die unmittelbar gültige und übergeordnete Verordnung.

GHS

Das „**G**lobally **H**armonised **S**ystem of Classifikation and Labelling of Chemikals“, in Deutsch: Global harmonisiertes System zur Einstufung und Kennzeichnung von Chemikalien (GHS), umfasst physikalische, gesundheitliche und umweltrelevante Gefahren und bietet eine vereinheitlichte Gefahreninformation.

VOC

In dieser Verordnung geht es um den Schutz vor **V**olatile **O**rganic **C**ompounds (VOC). Dies sind alle organischen Lösemittel, die als reines Lösemittel, in Verdünnungen oder in Lacken Gesundheit und Umwelt schädigen. Über einen Stufenplan wurden bisher Grenzwerte immer weiter heruntergesetzt, siehe Kap. 13.5.2.

TRGS

Die **T**echnischen **R**egeln für **G**efahr**s**toffe (TRGS) sind Regeln, keine Gesetze. Im Fall eines Unfalls kann der Arbeitgeber nachweisen, dass ihm keine Fahrlässigkeit vorzuwerfen ist. Die TRGS werden vom Bundesministerium für Arbeit und Soziales (BMAS) veröffentlicht. In der TRGS sind Arbeitsplatzgrenzwerte (AGW) festgelegt, bei welcher Konzentration eines Stoffes akute oder chronische schädliche Auswirkungen auf die Gesundheit im Allgemeinen am Arbeitsplatz nicht zu erwarten sind (§ 3 Abs. 6 GefStoffV).

BetrSichV

Die Betriebssicherheitsverordnung (BetrSichV) gilt seit 2003. Sie regelt in Deutschland die Bereitstellung von Arbeitsmitteln durch den Arbeitgeber, die Benutzung von Arbeitsmitteln durch die Beschäftigten bei der Arbeit sowie den Betrieb von überwachungsbedürftigen Anlagen im Sinne des Arbeitsschutzes.

BGV/UVV

Die Unfallverhütungsvorschriften (früher UVV, heute mit BGV gekennzeichnet = berufsgenossenschaftliche Vorschriften) sind Verordnungen und haben damit Gesetzescharakter. Sie werden von den **Berufsgenossenschaften (BG)**, dem Träger der gesetzlichen Unfallversicherung, erlassen. Dazu erscheinen zahlreiche Merkblätter und Vorschriften.

Dem Unternehmer wird eine besondere Verantwortung für seine Mitarbeiter zugewiesen, indem er diese entsprechend § 12 Abs. 2 Arbeitsschutzgesetz in die Arbeiten in verständlicher Weise einweisen muss. Er muss auf alle Gefahren hinweisen, erforderlichenfalls wiederholt, mindestens aber einmal jährlich, Auszubildende halbjährlich.

Die Berufsgenossenschaften beraten den Unternehmer und überwachen die Einhaltung und Umsetzung der Vorschriften durch Aufsichtspersonen, die mit hoheitlichen Befugnissen ausgestattet sind. Die von den Aufsichtspersonen angeordneten Maßnahmen, z. B. die Stilllegung einer sicherheitswidrig betriebenen Maschine, können notfalls mit Zwangsmitteln durchgesetzt werden.

14.5.1 Grenzwerte von Gefahrenstoffen

Der Maler und Lackierer ist bei seiner beruflichen Tätigkeit Schleifstäuben, gefährlichen Flüssigkeiten wie 2K-Bindemittel, Härter, organische Lösemittel und deren Dämpfen ausgesetzt.

Diese Gefahrstoffe gelangen in den Körper durch
- Einatmen (inhalativ)
- Verschlucken (oral)
- Hautkontakt (dermal)

Folgen während oder nach der Arbeit:
- Nachlassende Konzentration
- Schwindel
- Erbrechen
- Doppelbilder

Folgen nach Monaten oder Jahren, häufig bleibend (chronisch):
- Allergien
- Ausschläge
- Schäden an Organen
- Krebs
- Schäden im Gehirn und an Nerven

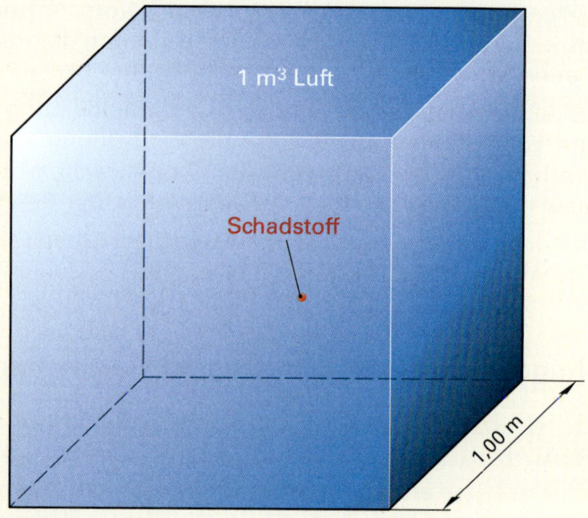

$$\frac{\text{Würfel 2}}{\text{Würfel 1}} = \frac{1\ \text{ml}}{1\ \text{m}^3} = \frac{1\ \text{ml}}{1000000\ \text{cm}^3} = 1\ \frac{\text{ml}}{\text{m}^3}$$

Darstellung nur näherungsweise

Bild 1: Gesundheitsrisiken durch Anstrichstoffe

Die **TRGS** (Technische Regeln für Gefahrstoffe) beschreibt Grenzwerte für gesunde Menschen in erwerbsfähigem Alter bei normaler Vollzeittätigkeit:

AGW (Arbeitsplatzgrenzwert)
= maximal zulässige Menge des Gefahrstoffes in ml (Gase und Dämpfe) oder mg (Stäube) je Volumeneinheit, z. B. m³ Luft.
Nachzuschlagen in der TRGS 900.

Beispiele:

Aceton	1200 mg/m³, 500 ml/m³
Xylol	440 mg/m³, 100 ml/m³
Testbenzin (Aliphaten)	600 mg/m³
Benzol	0,04 ml/m³

BGW (biologischer Grenzwert)
= maximale Menge des Gefahrstoffes in ml (Gase und Dämpfe) oder mg (Stäube) je Volumeneinheit, meist je Liter (Urin, Blut), die der Körper ohne gesundheitsschädliche Folgen aufnehmen kann.
Nachzuschlagen in der TRGS 903.

Beispiele:

Aceton	80 ml/l
Xylol	1,5 mg/l
Testbenzin (Aliphaten)	Grenzwerte nicht definiert
Benzol	0,3 µg/l

14.5.2 Die VOC-Verordnung

VOC (Volatile Organic Compounds) bezeichnet die flüchtigen organischen Verbindungen, die als Lösemittel in Lacken verwendet werden. Sie schädigen die Gesundheit des Menschen und die Umwelt.

Die **VOC-Verordnung** schreibt der Lackindustrie einen maximal zulässigen Grenzwert der verwendbaren Lösemittel in Beschichtungsstoffen vor, siehe **Tabelle 1**. Sie gliedert die wichtigsten Bautenanstrichmittel für Bauwerke, ihre Bauteile und dekorativen Bauelemente (innen und außen) in zwölf Produktkategorien, nochmals unterteilt in die Gruppen Wb (Wasserbasis) und Lb (Lösemittelbasis).

Der VOC-Gehalt der Farben und Lacke wird in Gramm pro Liter (g/l) angegeben. Dieser Wert bezieht sich auf das gebrauchsfertige Beschichtungsmaterial, also einschließlich jeglicher Farbpasten und Verdünnungen.

Durch diese EU-weit geltende gesetzliche Regelung haben die Hersteller von Farben und Lacken in den vergangenen Jahren die Entwicklung von wasserverdünnbaren Beschichtungsstoffen und HighSolid-Lacken enorm vorangetrieben.

Produktkategorie	Lösemittelbasis Lb	Wasserbasis Wb
Beschichtungsstoffe für Holz-, Metall- oder Kunststoffe	300 g/l	130 g/l
Absperrende Grundbeschichtungsstoffe	350 g/l	30 g/l
Ein- oder zweikomponentige Speziallacke	500 g/l	140 g/l
Beschichtungsstoffe für Dekorationseffekte	200 g/l	200 g/l

Produktkategorie	Werkstoff	VOC-Grenzwert
Vorbereitungs- und Reinigungsprodukte	Werkzeugreiniger	850 g/l
	Vorreiniger	200 g/l
Spachtel und Spritzspachtel	Alle Typen	250 g/l
Grundbeschichtungsstoffe	Füller, Grundierungen	540 g/l
	Washprimer	780 g/l
Decklacke	Alle Typen	420 g/l
Speziallacke	Alle Typen	840 g/l

Tabelle 1: Grenzwerte für den VOC-Höchstgehalt von Produkten für Maler und Lackierer, Fahrzeuglackierer (Auszug)

14.5.3 Kennzeichnung auf Gebinden

Das „Globally Harmonised System of Classifikation and Labelling of Chemikals" nennt physikalische, gesundheitliche und umweltrelevante Gefahren und verbindet diese mit Gefahrensymbolen.

Auf Gebinden, aber auch in Technischen Merkblätter werden diese Gefahrensymbole dargestellt, die somit schnell, unverwechselbar und ohne Leseaufwand über Gefahren informieren, wenn ihre Bedeutung erlernt wurde.

Je nach Gefahrenkategorie werden einem Stoff ein Gefahrensymbol, ein Signalwort („Gefahr", „Warnung") und ein Gefahrenhinweis zugewiesen. Gefahrensymbole nach GHS besitzen einen weißen Hintergrund mit rotem Rand.

Tabelle 1 zeigt die Kennzeichnungssymbole von Stoffen und erklärt diese. Da Altgebinde in Lagern und Kellern häufig noch die alten, orangenen Gefahrensymbole tragen, wurden sie in der Tabelle aufgenommen.

	Gefahren-bezeichnung/ Wirkung	Erläuterung	Kenn-buch-stabe	Gefahren-symbol nach EN (alt)	Gefahren-symbol nach GHS (neu)
Gesundheit / Toxizität	sehr giftig	Gefahrenstoffe sind „sehr giftig", wenn sie in sehr geringer Menge beim Einatmen, Verschlucken oder Aufnahme über die Haut zum Tode führen bzw. akute oder chronische Gesundheitsschäden verursachen können.	T+		
	giftig	Gefahrenstoffe sind „giftig", wenn sie in geringeren Mengen beim Einatmen, Verschlucken oder Aufnahme über die Haut zum Tode führen bzw. akute oder chronische Gesundheitsschäden verursachen können.	T		
	gesundheits-schädlich	Gefahrenstoffe sind „gesundheitsschädlich", wenn sie beim Einatmen, Verschlucken oder Aufnahme über die Haut zum Tode führen bzw. akute oder chronische Gesundheitsschäden verursachen können.	Xn		
	reizend	Gefahrenstoffe sind „reizend", wenn sie bei kurzzeitigem, länger anhaltendem oder wiederholtem Kontakt mit Haut oder Schleimhaut eine Entzündung hervorrufen.	Xi		
	ätzend	Gefahrenstoffe sind „ätzend", wenn sie lebendes Gewebe und Materialien bei Kontakt zerstören können.	C		
	gesundheits-gefährlich	CMR = cancerogen, mutagen, reproduktionstoxisch TOST = target organ systemic, toxicity = chronisch giftig			
Physik / Chemie	explosions-gefährlich	Gefahrenstoffe sind „explosionsgefährlich", wenn sie unter bestimmten Bedingungen explodieren können.	E		
	brand-fördernd	Stoffe, die eine Verbrennung unterstützen, aber selbst nicht brennbar sind, werden als Gefahrstoff **brandfördernd** eingestuft.	O		
	hochent-zündlich	Die Einstufung in „entzündliche" Gefahrstoffe erfolgt nach dem Flammpunkt.	F+		
	leicht entzündlich		F		
Umwelt	umwelt-gefährdend	Gefahrstoffe sind „umweltgefährdend", wenn sie auf aquatische und nicht aquatische (aqua = lateinisch: Wasser) Systeme eine akute oder langfristige Wirkung haben.	N		

Tabelle 1: Einstufung von Gefährdungsmerkmalen nach GHS

Die Gefahrstoffverordnung beschreibt, wie gefährliche Stoffe und Zubereitungen zu kennzeichnen sind. Ein nicht sachkundiger Verbraucher soll dadurch auf die von den jeweiligen Stoffen ausgehenden Gefahren aufmerksam werden. Beim Verpacken, Verwenden, Lagern und Inverkehrbringen von Gefahrstoffen müssen diese entsprechend ihrer Gefährlichkeitsmerkmale wie folgt gekennzeichnet werden **(Bild 1)**:

- Genaue Stoffbezeichnung
- Gefahrensymbole weisen auf die Hauptgefahren hin.
- Alle gefährlichen Inhaltsstoffe müssen aufgezählt werden.
- Risiko- und Sicherheitshinweise
- Name, Anschrift und Telefonnummer des Herstellers

Diese Informationen helfen dem Arzt bei der Einschätzung eines Unfalls und der Ergreifung von Maßnahmen. Bei Unfällen ist darum wichtig, das Gebinde mit zum Arzt zu nehmen.

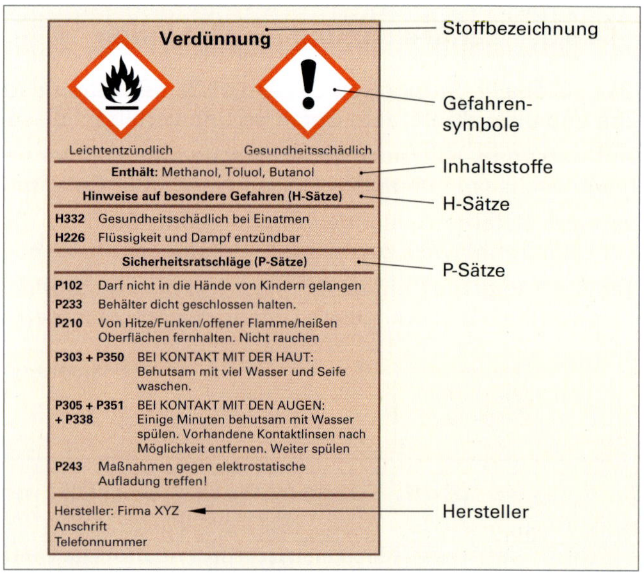

Bild 1: Kennzeichnung auf Gebinden

14.5.4 H-Sätze, hazard statements (Risikosätze)

H-Sätze sind standardisierte Bezeichnungen. Die alten R-Sätze werden schrittweise durch international vereinheitlichte H-Sätze ersetzt. Diese beschreiben Gefährdungen (engl. Hazard = Gefahr, Risiko, Gefährdung), die beim Umgang mit einem gefährlichen Stoff oder einer Zubereitung auftreten. **Tabelle 1** zeigt eine Auswahl.

H-Sätze	Alt: R-Sätze
H 200 – Reihe: Physikalische Gefahren	R 7 Kann Brand verursachen
z. B. H 200 Instabil, explosiv	R 10 Entzündlich
H 221 Entzündbares Gas	R 11 Leicht entzündlich
H 300 – Gesundheitsgefahren	R 12 Hochentzündlich
z. B. H 300 Lebensgefahr bei Verschlucken	R 17 Selbstentzündlich an der Luft
H 318 Verursacht schwere Augenschäden	R 23 Giftig beim Einatmen
H 326 Kann Fruchtbarkeit beeinträchtigen	R 27 Sehr giftig bei Berührung mit der Haut u. a.

Tabelle 1: Auswahl einiger Hinweise auf besondere Risiken

14.5.5 P-Sätze, precautionary statements (Sicherheitssätze)

P-Sätze sind ebenfalls standardisierte Bezeichnungen. Die alten S-Sätze werden schrittweise durch international vereinheitlichte P-Sätze ersetzt. Diese beschreiben Sicherheitsvorkehrungen (engl. Precaution = Sicherheitsmaßnahme) beim Umgang mit chemischen Stoffen oder Zubereitungen. **Tabelle 2** zeigt eine Auswahl.

P-Sätze	Alt: S-Sätze
P 200 – Reihe: Prävention (Vorbeugung)	S1 Unter Verschluss aufbewahren
z. B. 234 Nur in Originalbehältern aufbewahren	S2 Darf nicht in die Hände von Kindern gelangen
270 Bei Gebrauch nicht essen, trinken oder rauchen	S3 Kühl aufbewahren
P 300 – Reihe: Reaktion (Maßnahme)	S7 Behälter dicht geschlossen halten
z. B. P 301 Bei Verschlucken: ...	S9 Behälter an einem gut gelüfteten Ort aufbewahren
P 304 Bei Einatmen: ...	S24 Berührung mit der Haut vermeiden
P 331 Kein Erbrechen herbeiführen	S25 Berührung mit den Augen vermeiden
P 400 – Reihe: Aufbewahren	S29 Nicht in die Kanalisation gelangen lassen
z. B. P 402 An einem trockenen Ort aufbewahren	S30 Niemals Wasser hinzugießen
P 410 Vor Sonnenbestrahlung schützen	R34 Verursacht Verätzungen
P 500 – Reihe: Entsorgen	S36 Bei der Arbeit geeignete Schutzkleidung tragen
z. B. P 501 Inhalt/Behälter ... zuführen	S38 Bei unzureichender Belüftung Atemschutzgerät anlegen

Tabelle 2: Auswahl einiger Hinweise auf besondere Sicherheitsratschläge

Die EU hat zu den international geltenden H- und P-Sätzen noch die sogenannten EUH (EU Hazard Statements) eingeführt, siehe **Tabelle 3**.

EUH-Sätze
EUH 006 Mit oder ohne Luft explosionsfähig
EUH 066 Wiederholter Kontakt kann zu spröder oder rissiger Haut führen
EUH 202 Cyanacrylat. Gefahr. Klebt innerhalb von Sekunden Haut und Augenlider zusammen. Darf nicht in die Hände von Kindern gelangen.

Tabelle 3: Auswahl einiger EUH-Sätze

14.5.6 E-Sätze

E-Sätze geben Ratschläge für die sachgemäße Entsorgung von Chemikalien und gefährlichen Stoffen.

E-Sätze	
E 2	Neutralisieren, in den Ausguß geben
E 6	Nicht in den Hausmüll geben

Tabelle 1: Auswahl einiger E-Sätze

14.5.7 Sicherheitsdatenblatt

Vor dem Einsatz eines neuen Produktes (Lack, Verdünnung, Abbeizer ...) hat sich der Unternehmer zu informieren, ob es sich bei diesem Produkt um einen Gefahrstoff handelt. Eine erste Information erhält man durch Lesen des Etikettes auf dem Gebinde.

Eine weitere, wesentlich ausführlichere Informationsquelle ist das Sicherheitsdatenblatt. Jeder Hersteller muss nach § 6 der Gefahrstoffverordnung seinem Kunden auf Verlangen spätestens mit der Lieferung kostenlos ein Sicherheitsdatenblatt übermitteln.

Bild 1 zeigt den Aufbau eines Sicherheitsdatenblattes, mit den Angaben, die nach TRGS enthalten sein müssen. Alle Sicherheitsdatenblätter sind darum gleich gegliedert mit gleichlautenden Überschriften.

Die meisten Sicherheitsdatenblätter lassen sich leicht im Internet finden.

14.6 Sicherheit im Betrieb, Betriebsanweisung

Unfallversicherung/Berufsgenossenschaft

Das System der sozialen Sicherung in Deutschland verlangt von jedem Unternehmer, dass er seine Mitarbeiter in der gesetzlichen Unfallversicherung versichert. Die gesetzliche Unfallversicherung ist die einzige Sozialversicherung, für die der Arbeitgeber alleine die Beiträge bezahlt.

Versichert sind
- Arbeitsunfälle
- Wegeunfälle
- Berufskrankheiten

Träger, d. h. verantwortliche Stelle, der gesetzlichen Unfallversicherung sind die Berufsgenossenschaften. Fahrzeuglackierbetriebe gehören als Teil des Berufsfeldes Farbe zur BG Bau.

Aufgaben der Berufsgenossenschaften sind:
- Arbeitnehmer vor Unfall- und Gesundheitsgefahren am Arbeitsplatz bewahren.
- Wirksame Erste-Hilfe-Maßnahmen erstellen.
- Nach einem Arbeitsunfall oder einer Berufskrankheit die Gesundheit des Verletzten wiederherzustellen.
- Verletzte, wenn möglich, beruflich wieder einzugliedern.
- Durch Geldleistungen für die soziale Sicherung des Versicherten und seiner Familie zu sorgen.

Von der Berufsgenossenschaft werden die Berufsgenossenschaftlichen Vorschriften (BGV) herausgegeben und deren Einhaltung überwacht.

Der Unternehmer muss diese Vorschriften im Betrieb aushängen.

Sicherheitsdatenblatt
gemäß 1907/2006/EG, Artikel 31

Druckdatum — Datum der Überarbeitung

1 Bezeichnung des Stoffes/der Zubereitung und des Unternehmes

Angaben zum Produkt
Handelsname: z. B. IR Spachtelmasse
Verwendung des Stoffes/der Zubereitung
Hersteller/Lieferant
Auskunft/Notrufnummer

2 Mögliche Gefahren

Einstufung des Stoffs oder Gemischs
Kennzeichnungselemente/R-Sätze/S-Sätze

3 Zusammensetzung/Angaben zu Bestandteilen

Stoff/Gemisch

4 Erste-Hilfe-Maßnahmen

Beschreibung
Symptome (Anzeichen)
Ärztliche Soforthilfe oder Spezialbehandlung

5 Maßnahmen zur Brandbekämpfung

Löschmittel/Hinweise zur Brandbekämpfung
Besondere Gefahren im Brandfall

6 Maßnahmen bei unbeabsichtigter Freisetzung

Personenbezogene Vorsichtsmaßnahmen
Schutzausrüstungen
Umweltschutzmaßnahmen
Methoden für Rückhaltung und Reinigung

7 Handhabung und Lagerung

Schutzmaßnahmen, Lagerbedingungen

8 Expositions (Ausgesetztsein)begrenzung und persönliche Schutzausrüstung

Zu überwachende Parameter (Größen, Punkte)
Begrenzung und Überwachung

9 Physikalische und chemische Eigenschaften

Angaben zu grundlegenden Eigenschaften

10 Stabilität und Reaktivität

Reaktivität/Chemische Stabilität
Mögliche chemische Reaktionen
Zu vermeidende Bedingungen
Unverträgliche Materialien
Gefährliche Zersetzungsprodukte

11 Toxikologische Angaben

Toxikologische (giftige) Wirkungen

12 Umweltbezogene Angaben

Toxizität (Giftigkeit)
Persistenz (Beständigkeit) und Abbaubarkeit
Bioakkumulationspotential (Ansammlung im Organismus)
Andere schädliche Wirkungen

13 Hinweise zur Entsorgung

Verfahren zur Abfallbehandlung

14 Angaben zum Transport

Versandbezeichnung
Gefahrenklasse(n) Transport
Umweltgefahren

15 Rechtsvorschriften

Nationale Vorschriften/Internationale Vorschriften

16 Sonstige Angaben

Literatur/Schulungshinweise

Bild 1: Sicherheitsdatenblatt

Verantwortung im Betrieb

Im Betrieb trägt jeder Verantwortung für sich und die Mitarbeiter.

Unternehmer und Leitungspersonal

Der Unternehmer ist für den gesamten Betrieb verantwortlich nach Innen (Mitarbeiter) und nach Außen (Kunden, Gesellschaft, Staat). Er wählt bewährte Mitarbeiter für besondere Aufgaben aus, z. B. als Abteilungsleiter, als Vorarbeiter. Er gibt einen Teil seiner Verantwortung weiter, muss diese Mitarbeiter aber einweisen und schulen. Die Übertragung der Verantwortung lässt er sich schriftlich bestätigen.

Vorgesetzte tragen Verantwortung für die ihnen unterstellten Personen. Sie unterweisen ihre Mitarbeiter regelmäßig in Sicherheitsfragen. Ein Vorgesetzter kann wiederum mit einer schriftlichen Weisung Verantwortung auf Mitarbeiter übertragen.

Sicherheitsfachkraft

Es ist meist ein Meister oder Vorarbeiter, der speziell für Sicherheitsfragen ausgebildet wurde und den Unternehmer in Sicherheitsfragen berät und unterstützt.

Sicherheitsbeauftragter

Er ist für Betriebe mit mehr als 20 Mitarbeitern zu bestellen. Die Ausbildung zum Sicherheitsbeauftragten erfolgt durch die Teilnahme an Lehrgängen der Berufsgenossenschaft. Er berät und unterstützt den Unternehmer.

Auch ohne besondere Vorschriften sind von allen Personen Regeln zu beachten, die nicht nur die eigene Gesundheit, sondern auch die Gesundheit Anderer schützen.

- Mitdenken bei der Arbeit mit Anderen. Immer mögliche Fehler der Mitarbeiter vorhersehen.
  Beispiel: Reicht man ein Messer, dann immer mit dem Griff nach vorn.
- Bei Unkenntnis nachfragen.
- Immer, auch unter Zeitdruck, verantwortungsbewusst arbeiten.
- Keine gefährdenden Scherze, z. B. mit Druckluft, Lösemittel, Feuer etc.
- Arbeitsplatz immer sichern, ordentlich und sauber halten, nach der Arbeit aufräumen.
- Alle Abfälle umweltgerecht entsorgen.
- Vermeidung von Lärm, Schmutz, Staub.
- Funktionelle und saubere Arbeitskleidung tragen.
- Die persönliche Schutzausrüstung pflegen und bereits im Risikofall einsetzen.
- Nur in Arbeitspausen rauchen, essen, trinken.
- Gefahrstoffe immer in geschlossenen, gekennzeichneten, unverwechselbaren Behältern an sicherem Ort aufbewahren.
- Kunden, insbesondere Kinder, sind in der Werkstatt am falschen Platz.

- Dauert nur 5 Minuten.
- Mit meiner 15 Jahre alten Spritzpistole kann ich am besten umgehen.
- Mir ist noch nie was passiert.
- Zu teuer.
- Ich muss meine alten Sandalen auftragen.
- Unter der Atemschutzmaske schwitze ich immer so sehr.
- So ein gebrochener Arm hat auch seine Vorteile ... Urlaub.
- Mein Chef hat was dagegen.
- Ich merke schon, wenn's gefährlich wird.
- Was uns nicht umbringt, macht uns härter.
- Woher soll ich das wissen?
- Ich mache das schon immer so.
- Das hält schon.
- Das weiß doch jeder, dass er hier aufpassen muss.
- Langsam nervt mich dein Sicherheitsfimmel.
- Mach du das. Aber gleich!

Es gibt keine Argumente gegen Schutzmaßnahmen!

Betriebsanweisung

Nach Erstellung der Gefährdungsbeurteilung sind die ermittelten Gefährdungen den Mitarbeitern zu erläutern, auch wie sie mit diesen Gefahren umgehen und sich davor schützen. Die Anordnungen, die der Unternehmer für seinen Betrieb festlegt, beschreibt er in einer Betriebsanweisung, die er selbst erstellt oder häufig vorgefertigt übernehmen kann **(Übersicht 1)**. Betriebsanweisungen betreffen ein eingegrenztes Arbeitsfeld, d. h., für jede Maschine und jeden Gefahrstoff muss eine eigene Betriebsanweisung erstellt werden.

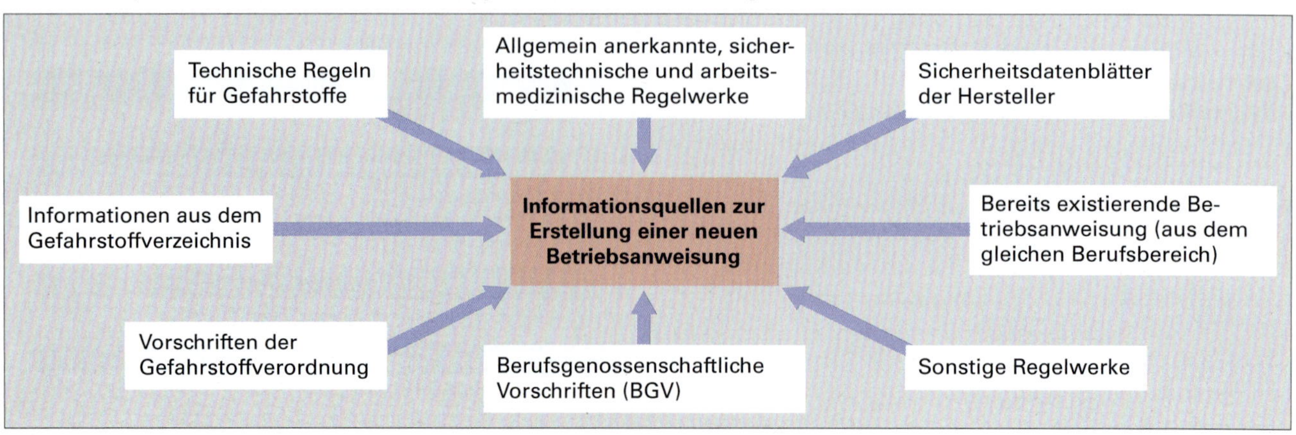

Übersicht 1: Informationsquellen, die bei der Erstellung einer Betriebsanweisung helfen

Um für die Beschäftigten verständliche Informationen zum Umgang mit gefährlichen Stoffen bereitzustellen, muss der Unternehmer besonders auf klar formulierte Betriebsanweisungen achten (**Bild 1**).

Firma:

Arbeitsplatz:

Betriebsanweisung
gemäß § 14 GefStoffV
Tätigkeit:

Arbeitsbereich:

Stand:

Verantwortlich:
Unterschrift

Gefahrstoffbezeichnung

Lösemittelhaltige Lacke
(Inhaltsstoffe: Toluol, Xylol, Ester, Ketone)

Gefahren für Mensch und Umwelt

- Beim Umgang mit Lacken und Lösemittel besteht Brand- und Explosionsgefahr.
- Gesundheitsgefahren durch Einatmen von Dämpfen und Lacknebeln.
- Hauterkrankung, Hautentfettung und Allergie bei Hautkontakt mit Lacken und Lösemitteln möglich.
- Lackspritzer können Augen reizen.
- Lack- und Lösemittelreste nicht ins Abwasser gelangen lassen.

Reizend

Schutzmaßnahmen und Verhaltensregeln

- Rauchen und Umgang mit Feuer verboten.
- Aufbewahrung und Verzehr von Nahrungs- und Genussmittel im Lackierbereich verboten.
- Vor Arbeitsbeginn mit Hautschutzsalbe ______ Hände einreiben.
- Zur Pause und Schichtende mit Hautschutzreiniger ______ Hände reinigen
- Lösemittel nicht zur Hautreinigung verwenden.
- Verdunstende Lösemittel nicht einatmen.
- Lack- und Lösemittelvorrat nur Tagesbedarf am Arbeitsplatz vorrätig halten.
- Lack- und Lösemittelbehälter geschlossen halten, wenn nicht gestrichen oder gereinigt wird.

Augenschutz: Schutzbrille
Handschutz: Lösungsmittelbeständige Schutzhandschuhe
Hautschutz: Schutzcreme verwenden

Verhalten im Gefahrenfall

Zuständiger Arzt/Klinik:

Unfalltelefon:

Bei Brand: Pulverlöscher vom Standort ______ verwenden.
Löschmittel: Pulver, Kohlendioxid
nicht verwenden: Wasserstrahl

Bei Brand entsteht dicker, schwarzer Rauch, nicht einatmen. Gefährliche Brandzersetzungsprodukte nicht einatmen.

Erste Hilfe

Ersthelfer:

Hautkontakt: Getränkte Kleidung sofort ausziehen. Haut mit Reiniger, nicht mit Lösemittel reinigen.
Nach Augenkontakt: Augenspülflasche oder 10 Minuten mit Wasser spülen, Augenarzt aufsuchen
Nach Verschlucken: Betroffenen ruhig halten, kein Erbrechen einleiten, Arzt aufsuchen.
Einatmen: Frischluftzufuhr, stabile Seitenlage, warm halten. Ärztlichen Rat einholen

Sachgerechte Entsorgung

Der betrieblichen Abfallentsorgung zuführen; zuständig: ______

Dieser Entwurf muss durch arbeitsplatz- und tätigkeitsbezogene Angaben ergänzt werden.

Bild 1: Betriebsanweisung (Beispiel)

14.7 Sicherheitszeichen

Auf der Baustelle und in der Werkstatt müssen Hinweisschilder auf Unfall- und Gesundheitsgefahren sowie Sicherheitshinweise leicht erkennbar sein. Deshalb müssen nach den Unfallverhütungsvorschriften Sicherheitskennzeichnungen am Arbeitsplatz angebracht werden. Die Sicherheitskennzeichen sind mit genormten Farbtönen (RAL-Farben), den Sicherheits- und Kennfarben, gestaltet. Als Kontrastfarben werden Weiß und Schwarz eingesetzt (**Tabelle 1**).

Farbe	RAL-Nr.	Bedeutung
Rot	(RAL 3001)	Verbot! Halt!
Gelb	(RAL 1003)	Gefahr! Achtung!
Blau	(RAL 5005)	Gebote! Hinweise!
Grün	(RAL 6032)	Rettung! Hilfe!

Tabelle 1: Sicherheitsfarben nach DIN EN ISO 7010

14.7.1 Verbots- und Gebotszeichen

Verbotszeichen sind Piktogramme. Sie weisen wenig oder gar keinen Text auf, da sie auch unabhängig von Sprachkenntnissen verstanden werden sollen. Sie weisen auf Verbote hin. Die Zeichen sind schwarz und befinden sich auf einem runden, weißen Hintergrund. Sie sind rot umrandet und werden durch einen dicken roten Querbalken durchstrichen. Dieser verläuft von oben links nach unten rechts. Einige Verbotsschilder, die besonders für Maler und Lackierer von Bedeutung sind, zeigt **Bild 1**.

Verbot	Rauchen verboten	Feuer, offenes Licht und Rauchen verboten	Mit Wasser löschen verboten	Essen und Trinken verboten	Zutritt für Unbefugte verboten

Bild 1: Verbotszeichen

Die wichtigsten Gebotszeichen, die den Maler und Lackierer zum Gebrauch seiner persönlichen Schutzausrüstung verpflichten, zeigt **Bild 2**. Die Zeichen sind weiß und befinden sich auf einem runden blauen Hintergrund mit weißem Rand.

Augenschutz benutzen	Kopfschutz benutzen	Fußschutz benutzen	Atemschutz benutzen	Gehörschutz benutzen	Handschutz benutzen

Bild 2: Gebotszeichen

14.7.2 Warnzeichen

Auch **Warnzeichen** sind Piktogramme. Mit ihnen werden Hindernisse und Gefahrstellen gekennzeichnet (**Bild 3**).

Warnung vor einer Gefahrenstelle	Warnung vor feuergefährlichen Stoffen	Warnung vor explosionsgefährlichen Stoffen	Warnung vor giftigen Stoffen	Warnung vor ätzenden Stoffen	Warnung vor gefährlicher elektrischer Spannung

Warnung vor brandfördernden Stoffen	Warnung vor radioaktiven Stoffen oder ionisierenden Stoffen	Warnung vor einem Stoff, der eine Gesundheitsgefahr darstellt	Warnung vor Absturzgefahr	Warnung vor Stolpergefahr	Warnung vor Rutschgefahr

Bild 3: Warnzeichen

14.7.3 Brandschutzzeichen

Brandschutzzeichen sind Piktogramme, die auf Einrichtungen oder Geräte hinweisen, die für den Brandschutz von Bedeutung sind. Die Zeichen sind weiß und befinden sich auf einem eckigen roten Hintergrund mit weißem Rand (Bild 1).

Bild 1: Brandschutzzeichen

14.7.4 Rettungszeichen

Rettungszeichen sind Piktogramme, die auf Einrichtungen, Wege oder Geräte hinweisen, die für die Rettung von Personen wichtig sind. Diese Zeichen sind immer weiß auf einem eckigen grünen Hintergrund mit weißem Rand (Bild 2).

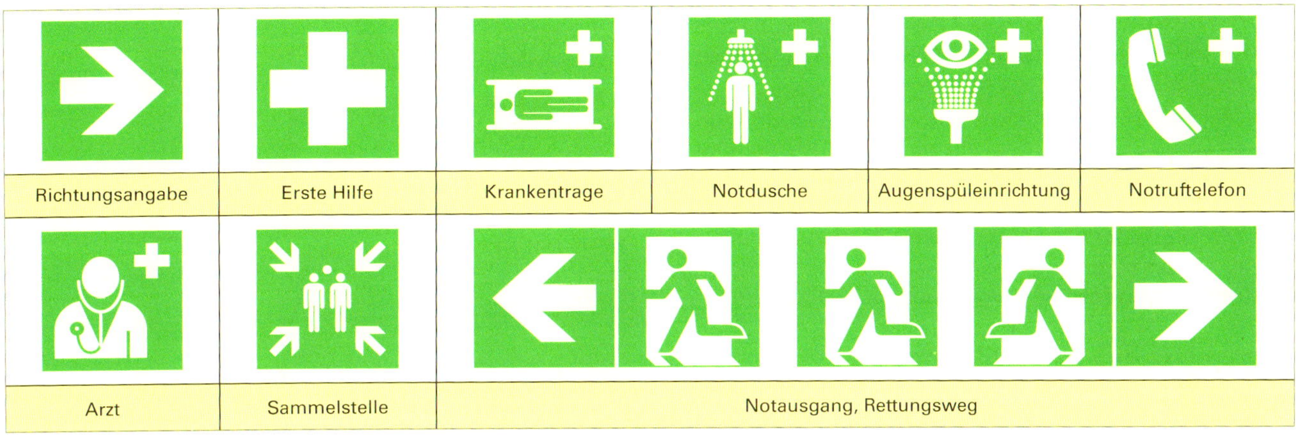

Bild 2: Rettungszeichen

14.7.5 Farbkennzeichnung von Rohrleitungen

Rohrleitungen werden durch farbige Anstriche gekennzeichnet. Jedem Stoff, der durch Leitungen fließt, wurde eine Farbe zugeordnet. So erkennt man am Farbton der Leitung, welches Gas, welche Flüssigkeit durch diese Leitung fließt. So weiß man, wie man sich beim Öffnen von Ventilen etc. zu verhalten hat und welchen Gefahren man sich aussetzt. Die Kennfarben werden auch an Behältern wie z. B. Gasflaschen eingesetzt und dienen auch dort als Hinweis, zur Orientierung und um nötige Vorsichtsmaßnahmen beim Umgang treffen zu können (Tabelle 1).

Durchflussstoff	Farbe/Schriftfarbe		RAL-Nr.
Wasser	Grün	Weiß	6032
Säuren	Orange	Schwarz	2010
Wasserdampf	Rot	Weiß	3001
Laugen	Violett	Weiß	4008
Sauerstoff	Blau	Weiß	5005
Brennbare Gase	Gelb	Schwarz	1003/3001
Nicht brennbare Gase	Gelb	Schwarz	1003/9004
Brennbare Flüssigkeiten	Braun	Weiß	8002/3001
Nicht brennbare Flüssigkeiten	Braun	Weiß	8002/9004
Luft	Grau	Weiß	7004

Tabelle 1: Kennfarben von Rohrleitungen nach DIN 2403

14.8 Arbeiten auf Leitern und Gerüsten

Vorschriften und Gesetze regeln den Einsatz von
- Anlegeleitern
- Stehleitern
- Rahmengerüsten
- Fahrgerüsten
- Arbeitsbühnen (mit oder ohne Hub)

Benutzt ein Maler und Lackierer Hocker, Kisten, Stühle oder andere obskure Konstruktionen, so verliert er den Schutz der Unfallversicherung.

Allzu oft wird vergessen, dass auch ein Sturz aus geringer Höhe oder bei nur kurzer Arbeitsdauer tödlich ausgehen kann (**Bild 1**). Immer ist umsichtig und unter Einhaltung der Vorschriften zu handeln.

Bild 1: Gefährliches Arbeiten (Originalaufnahme an einer Rot-Kreuz-Station)

14.8.1 Anlegeleitern

Anlegeleitern bestehen aus zwei parallel verlaufenden Holmen, zwischen denen Sprossen eingesetzt sind. Als Leitermaterialien werden hauptsächlich Holz und Aluminium verwendet. Die Holme bei Holzleitern bestehen in der Regel aus astfreiem Kiefernholz, die Sprossen aus Esche.

Obwohl Holzleitern schwerer sind als Aluminiumleitern, haben sie dennoch den Vorteil, sich bei Kälte scheinbar wärmer anzufühlen. Da Holz arbeitet, kann es zu Rissen und losen Sprossen kommen. Daher dürfen Holzleitern nicht farbig lackiert werden. Aluminiumleitern sind einfacher in der Lagerung und Pflege, jedoch leiten sie im Gegensatz zu trockenem Holz elektrischen Strom.

Bild 2: Ellbogenprobe

Sicherheitsregeln für Anlegeleitern

- Leitern müssen mit einer dauerhaft angebrachten Betriebsanleitung ausgestattet sein, aus der die wichtigsten Verhaltensregeln hervorgehen. Diese ist oft in Form von Piktogrammen an der Leiter angebracht.
- Anlegeleitern dürfen nur gemäß ihrer Bestimmung verwendet werden.
- Vor Benutzung der Leiter ist eine Sichtprüfung durchzuführen. Schadhafte Leitern dürfen nicht verwendet werden. Die Reparatur führt der Fachbetrieb durch.
- Anlegeleitern dürfen nur an sichere Stützpunkte angelehnt werden. Der Anlegewinkel muss 65° bis 75° betragen (Ellbogenprobe, **Bild 2**).
- Der Stand ist durch Gummifüße, Spitzen, eine zweite Person oder die Auswahl geeigneter Leiterfüße gegen Wegrutschen zu sichern.
- Auf Treppen ist ein Stufenausgleich bzw. eine Holmverlängerung zu verwenden.
- Leitern im Verkehrsbereich müssen durch eine Absperrung gesichert werden.
- Wird die Leiter als Hilfe zum Übersteigen auf Gerüste genutzt, muss sie mindestens einen Meter über die Austrittsstelle hinausragen.
- Beim Arbeiten auf der Leiter müssen beide Füße auf einer Sprosse stehen. Die beiden obersten Sprossen dürfen nicht betreten werden.
- Die maximale Standhöhe auf Leitern beträgt 7 m ohne Absturzsicherung.
- Um ein Umkanten zu vermeiden, darf man sich seitlich nicht hinauslehnen.
- Über zwei Meter Höhe darf nicht länger als zwei Stunden von der Leiter aus gearbeitet werden.
- Mitgeführtes Material und Werkzeug darf maximal 10 kg wiegen.
- Leitern müssen einmal jährlich durch einen Sachkundigen geprüft werden. Das Ergebnis ist im Prüfbuch (Leiternbuch) festzuhalten. Die Leiter kann optisch durch einen entsprechenden Aufkleber gekennzeichnet werden.
- Anlegeleitern dürfen nicht zur Überbrückung von Gräben oder Schächten verwendet werden.

14.8.2 Stehleitern

Stehleitern werden frei stehend benutzt. Sie bestehen aus zwei Schenkeln mit Sprossen oder Stufen und können entweder von einer oder von beiden Seiten aus bestiegen werden. Eine Spreizsicherung gewährleistet sicheren Stand. Dazu werden Gurte, Ketten, Stahlseile oder Gelenkstäbe zum Einrasten verwendet. In zusammengeklapptem Zustand sind Stehleitern einfach zu transportieren und platzsparend abstellbar.
Nach der Bauart werden Stehleitern unterschieden in Stufenleitern, Sprossenleitern und Podestleitern.

Früher wurden Stehleitern oft aus Holz gefertigt. Da Holz arbeitet, kann es zu Rissen und losen Sprossen kommen. Heute werden Stehleitern überwiegend aus Aluminium oder Stahl hergestellt.

Sicherheitsregeln für Stehleitern

- Stehleitern dürfen nur gemäß ihrer Bestimmung verwendet werden (und nicht als Anlegeleiter).
- Es dürfen nur vollständig ausgeklappte Stehleitern mit fest angebrachter Spreizsicherung betreten werden.
- Oberhalb der Scharniere darf kein Widerlager sein, denn sonst besteht die Gefahr des Einklemmens und des Verlusts von Fingern.
- Höhenverstellbare Sprossenstehleitern (mehrteilige Stehleitern) dürfen nur betreten werden, wenn die Spreizsicherung druck- und zugfest wirksam ist.
- Schadhafte Leitern wie z. B. mit angebrochenen Holmen und Sprossen bei Holzleitern oder verbogene bzw. abgeknickte Metallleitern müssen ausgesondert werden.
- Unsachgemäßes Instandsetzen durch Aufnageln von Ersatzsprossen oder durch Bandagieren gebrochener Holme ist verboten.
- Stehleitern dürfen nur auf festem Untergrund aufgestellt werden.
- In Treppenhäusern ist ein Stufenausgleich zu verwenden.
- Stehleitern dürfen nicht als Anlegeleitern oder zum Übersteigen benutzt werden.
- Die oberste Sprosse bzw. Stufe darf nicht bestiegen werden. Ausnahmen bilden Stehleitern mit Plattform und Haltevorrichtung sowie Podestleitern. Letztere bieten dem Benutzer die beste Sicherheit.
- Die oberen vier Sprossen bei Stehleitern mit aufgesetzter Schiebeleiter dürfen nicht betreten werden.
- Leitern und Gerüstteile aus Holz dürfen nur lasierend gestrichen werden, um Schäden rechtzeitig erkennen zu können.

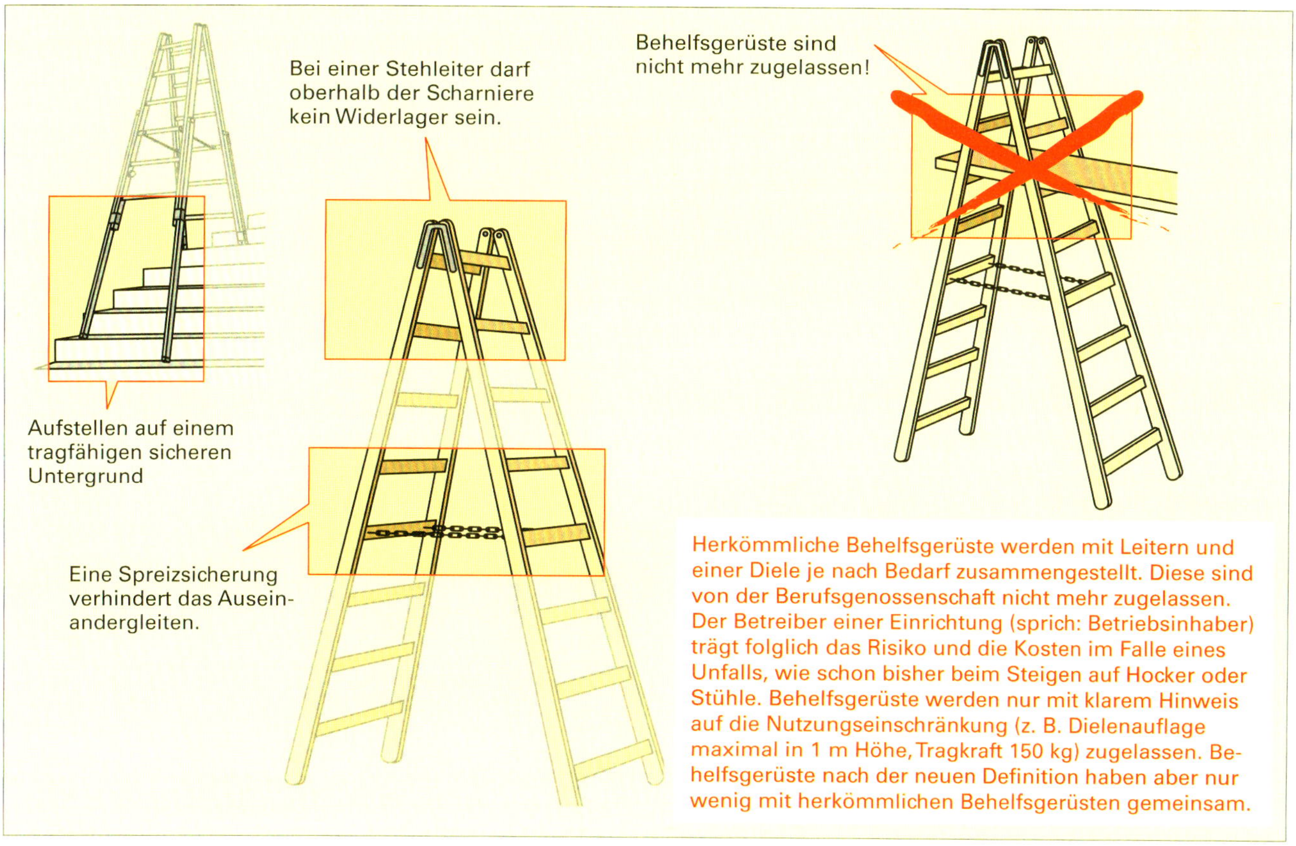

Bild 1: Einsatz von Stehleitern

14.8.3 Rahmengerüste

Gerüste (DIN 4420) sind Einrichtungen, von denen aus Arbeiten an einem Bauwerk ausgeführt werden können. Gerüste werden an der Arbeitsstelle aus Einzelteilen zusammengesetzt und nach Beendigung der Arbeiten wieder abgebaut. Arbeitsgerüste dienen als Arbeitsplatz. Sie müssen den beschäftigten Personen, deren Arbeitsmitteln und -materialien Platz bieten und diese tragen.

Ein Rahmengerüst besteht aus Stahl- oder Aluminiumrohren, die zu stabilen Vertikalrahmen zusammengeschweißt sind. Zum Aufbau werden sie zusammengesteckt und mit weiteren Gerüstbauteilen verbunden **(Bild 1)**.

- **Unterlagsbohlen** verteilen das Gewicht des Gerüstes auf eine größere Fläche und verhindern dadurch das Einsinken.
- Um Bodenunebenheiten auszugleichen, werden **Spindelfüße** eingesetzt. Auf diese werden die Vertikalrahmen gesetzt, die die senkrecht wirkenden Kräfte aufnehmen und auf den Untergrund übertragen.
- Längsriegel halten die **Vertikalrahmen** auf Abstand und richten das Gerüst in Längsrichtung aus.
- Mithilfe von **Diagonalen** wird verhindert, dass sich das Gerüst in Längsrichtung verschieben lässt. Zusammen mit Längsriegel bzw. Belagtafel und Vertikalrahmen entsteht ein stabiles Dreieck.
- Die **Belagtafeln** aus Holz, Stahl oder Aluminium werden in entsprechende Halterungen zug- und druckfest an den Vertikalrahmen eingehängt. Sie dienen zur waagerechten Aussteifung des Gerüstes.
- **Bordbrett, Zwischenholm** und **Geländerholm** bilden zusammen den dreiteiligen Seitenschutz. Er verhindert das Abstürzen von Personen und das Herunterfallen von Arbeitsmaterial.
- Der **Stirnseitenschutz** hat dieselbe Aufgabe wie der dreiteilige Seitenschutz und wird an den Gerüstenden (Stirnseiten) angebracht.
- Die **Verankerung** muss zug- und druckfest an der Fassade angebracht sein, um zu verhindern, dass das Gerüst nach innen oder außen wegkippt (je nach Fassade mit Gerüstankern oder Ringschrauben: Herstellerangaben beachten!).
- Als **Gerüstfeld** wird der Abstand zwischen zwei Vertikalrahmen bezeichnet. Ab einer Belaghöhe von vier Metern ist ein innerer Aufstieg vorgeschrieben. Dazu werden spezielle Belagtafeln mit Durchstiegsklappe und integrierter Leiter verwendet.

Entscheidend ist der Aufbau der ersten Gerüstlage.
- Sie muss auf sicherem Grund stehen.
- Sie muss im richtigen Abstand zur Fassade stehen.
- Sie muss absolut horizontal stehen.

Der weitere Gerüstaufbau fällt dann leicht.

Die Abnahme eines erstellten Gerüstes erfolgt durch den **Auftraggeber** (am besten mit Hilfe eines Protokolls).

Jeder **Unternehmer (Malermeister)**, der Gerüste benutzen lässt, trägt für den ordnungsgemäßen Zustand des Gerüstes die Verantwortung. Er ist für die Sicherheit seiner Beschäftigten verantwortlich.

Stellt der **Arbeiter** auf dem Gerüst Mängel fest, sind diese unverzüglich zu melden, die Arbeit einzustellen.

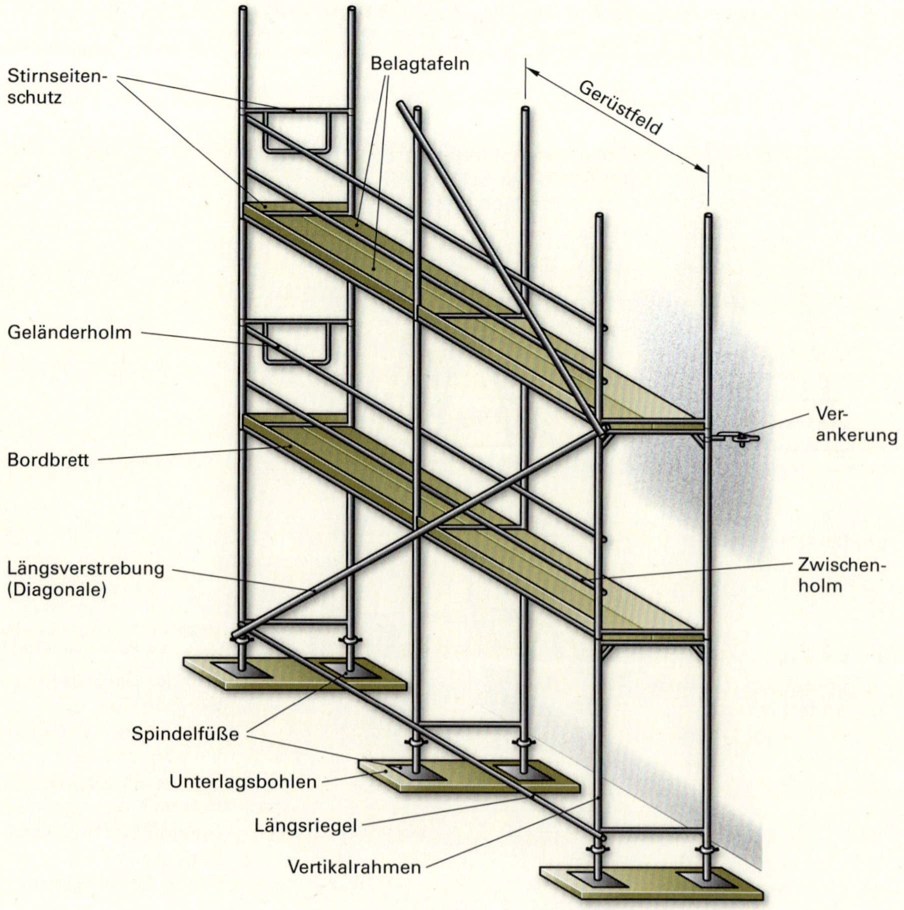

Bild 1: Rahmengerüst

Der dreiteilige Seitenschutz ist bei Gerüsten ab 2 Meter Belaghöhe (Absturzhöhe) über dem Boden an der Gerüstaußenseite und an den Gerüststirnseiten vorgeschrieben (Bild 1). Er verhindert das Abstürzen von Personen und das Herabfallen von Material.

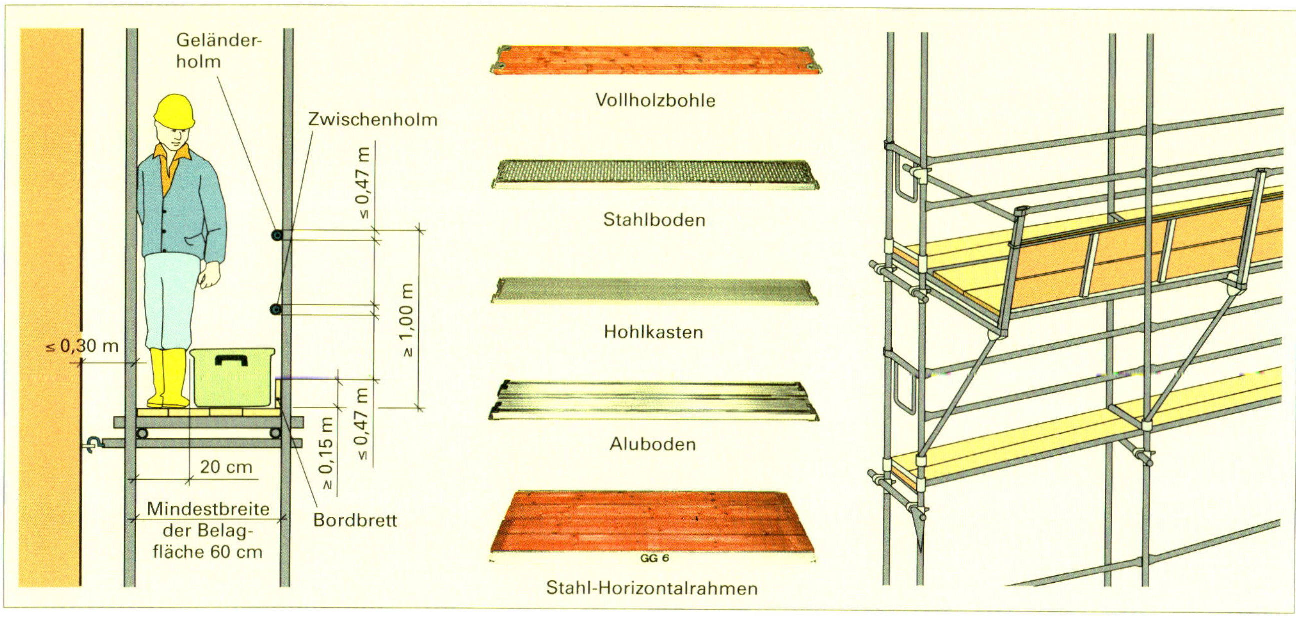

Bild 1: Gerüsteteile und Schutzmaßnahmen auf Gerüsten

Diese Absturzsicherung besteht aus den drei Teilen Bordbrett, Zwischenholm und Geländerholm mit einem lichten Abstand von höchstens 47 cm. Das Bordbrett muss mindestens 15 cm hoch sein. Die Gesamthöhe des dreiteiligen Seitenschutzes beträgt mindestens 1 Meter. Ist der Abstand zwischen Fassade und Gerüst größer als 30 cm, muss auch an der Gerüstinnenseite ein dreiteiliger Seitenschutz angebracht werden.

Gerüste für Wärmedämmverbundsystem-Arbeiten

Um auf dem Gerüst ein sicheres Umgehen der WDVS-Platten zu ermöglichen, reicht die übliche Belagbreite von 60 cm nicht aus. Aus diesem Grund ist für diese Arbeiten eine Belagbreite von 90 cm (Breitenklasse W09) erforderlich. Säcke oder Big-Bags zur Vorhaltung von Dämmstoffen dürfen grundsätzlich nicht an den Seitenschutz gehängt werden.

Sicherheitsregeln für Rahmengerüste:

- Gerüste müssen entsprechend ihrer Aufbauanleitung aufgestellt werden. Sie dürfen nicht baulich verändert werden.
- Bei Arbeiten in der Nähe von spannungsführenden Leitungen sind die vorgeschriebenen Sicherheitsabstände einzuhalten.
- Vor ihrer Fertigstellung dürfen Gerüste nicht benutzt werden. Arbeitstäglich muss vor der Benutzung eine Sichtprüfung durchgeführt werden, besonders nach längerer Arbeitsunterbrechung und Stürmen.
- Mangelhafte Gerüste nicht betreten! Mängel sind dem Vorgesetzten sofort zu melden!
- Gerüste dürfen nur über dafür vorgesehene Aufstiege betreten werden. Nicht von oben auf Gerüstbeläge springen oder von Gerüsten abspringen! Auf Gerüsten dürfen nur die für die auszuführende Tätigkeit erforderlichen Materialien gelagert werden. Das Gerüst darf nicht überlastet werden! Von Gerüsten darf kein Material abgeworfen werden.
- Verankerungen dürfen nicht ausgebaut werden.
- Gerüste auf öffentlichen Verkehrswegen müssen bei Dunkelheit beleuchtet werden.
- Öffentliche Anlagen wie z. B. Feuermelder, Hydranten oder Kabelschächte müssen jederzeit zugänglich sein. Gegebenenfalls müssen Gitterträger anstelle von Vertikalrahmen eingebaut werden.
- Werden Netze oder Planen an den Gerüsten angebracht, sind zusätzliche Verankerungen notwendig (Segelwirkung).
- Bei Gerüsten sind die Anordnungen (Anzahl und Höchstabstände) und Verankerungsart der Montageanweisung zu entnehmen.
- Nach der Fertigstellung sind Gerüste deutlich erkennbar zu kennzeichnen (Bild 2).

Bild 2: Kennzeichnung an einem Gerüst

14.8.4 Fahrgerüste

Fahrgerüste (DIN 4422) bestehen aus Rahmen oder Leitern und weiteren Gerüstbauteilen.

Neben den bereits beim Rahmengerüst beschriebenen Bauteilen besitzt ein Fahrgerüst **(Bild 1)** Fahrrollen. Diese müssen so befestigt sein, dass sie sich nicht lösen können. Nach dem Verschieben müssen die Fahrrollen durch Bremshebel festgesetzt werden.

Zur Erhöhung der Standsicherheit können Ausleger angebracht werden, die die Grundfläche des Fahrgerüstes vergrößern und damit das Verhältnis zwischen Schmalseite und Belaghöhe begünstigen.

Ausleger können aus waagerechten, z. T. ausziehbaren Traversen mit Spindeltellern oder aus schrägen Stützstreben bestehen.

Die Standsicherheit eines Fahrgerüstes ergibt sich aus dem Verhältnis der Schmalseite zur Belaghöhe. Dabei ist zu beachten, dass für Fahrgerüste, die im Außenbereich eingesetzt werden, eine maximale Belaghöhe von 8 Metern und im Innenbereich eine maximale Belaghöhe von 12 Metern vorgeschrieben ist.

Das Verhältnis von Schmalseite zur Belaghöhe beträgt im Außenbereich maximal 1 : 3 und im Innenbereich 1 : 4. Fahrgerüste, die im Innenbereich eingesetzt werden, dürfen höher und schmaler sein als im Außenbereich, da davon ausgegangen wird, dass innen keine Windlasten auftreten.

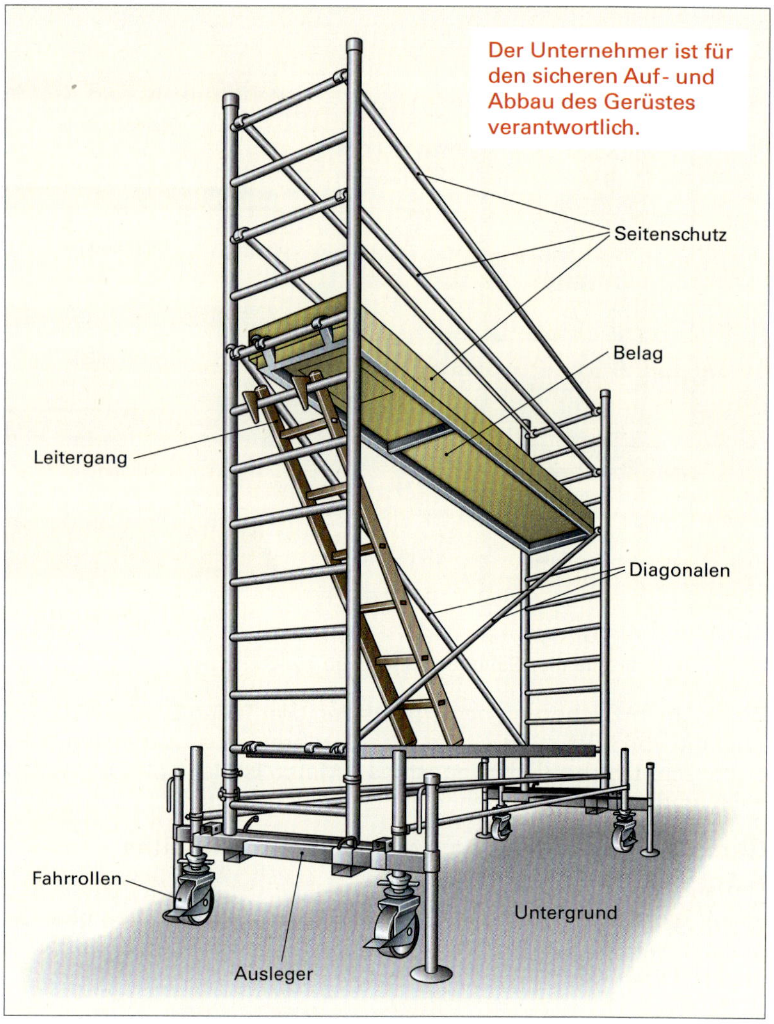

Bild 1: Schema eines Fahrgerüstes

Um ein sicheres Arbeiten auf Fahrgerüsten zu gewährleisten, sind folgende Regeln zu beachten:

Beim Verfahren	Beim Arbeiten
• Es darf sich niemand auf dem Gerüst befinden. • Vor dem Verfahren Werkzeuge und Material gegen Herabfallen sichern. • Gerüst nur langsam in Längsrichtung oder über Eck verfahren. • Das Gerüst nicht an andere Objekte aufprallen lassen. • Gerüst nur auf ebener Fläche verfahren, dabei die Fußspindeln leicht hochstellen. • Gegebenenfalls lastverteilende Unterlagsbohlen verwenden.	• Vor Benutzung sind die Fahrrollen festzustellen. • Gerüst gegebenenfalls verankern. • Nicht gegen den Seitenschutz stemmen (Kippgefahr). • Nicht von Belagsflächen abspringen. • Durchstiegsklappen nach Benutzung schließen. • Fahrgerüst nicht überlasten. • Bei Sturm (ab Windstärke 6) und nach Arbeitsende Gerüst gegen Umstürzen sichern.

Tabelle 1: Regeln beim Verfahren und Arbeiten auf Fahrgerüsten

Zur Stabilisierung kann das Fahrgerüst für die Dauer der Arbeit mit besonderen Auslegestangen gesichert werden.

Beim Verfahren von hohen Fahrgerüsten im Freien ist besonders auf Stromleitungen zu achten. Dann muss das Fahrgerüst abgebaut und nach dem Durchschieben wieder aufgebaut werden.

14.9 Umgang mit elektrischen Geräten und Anlagen

Arbeiten mit Schleifgeräten, Rührgeräten u. a., aber auch das Abmontieren einer Lampe oder das Entfernen einer Steckdose gehört heute zum Arbeitsalltag des Malers. Dafür wird elektrischer Strom benötigt. Elektrischer Strom ist Elektronenfluss in leitenden Stoffen.

Leiter sind Stoffe mit einzelnen (freien) Elektronen auf der äußersten Schale des Atoms, die sich verschieben lassen, z. B. Wasser, Metalle **(Bild 1)**.

Nichtleiter oder Isolatoren sind Stoffe mit vollen Atomschalen, aus denen sich Elektronen nicht verschieben lassen, z. B. Kunststoffe. Siehe dazu **Kap. 19.6 Elektrizitätslehre auf Seite 418**.

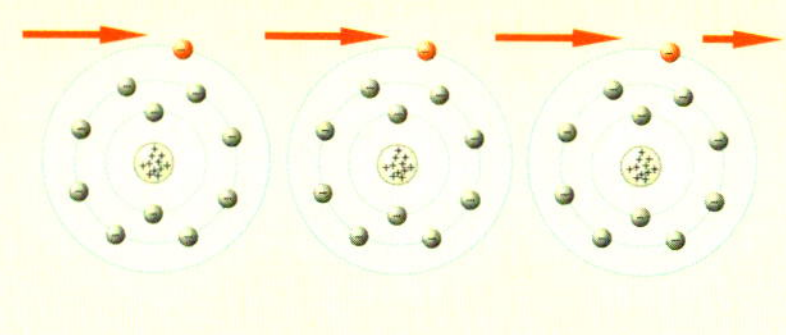

Können im Atom freie Elektronen auf der äußersten Schale verschoben werden, so kann elektronischer Strom fließen.

Bild 1: Elektronenfluss in leitenden Stoffen

Gefahren durch elektrischen Strom

Herzschlag, Bewegung, Denken, alles im Menschen wird elektrisch gesteuert. Allerdings fließen im Menschen sehr geringe Ströme. Gerät der menschliche Organismus in einen elektrischen Stromkreis, so übertrifft dieser in der Regel die schwachen Impulse im Menschen bei Weitem.

Es besteht Lebensgefahr.

Die Gefährlichkeit des elektrischen Stroms hängt ab vom Weg des Stroms durch den Köper (besondere Gefahr bei Stromfluss über das Herz), der Dauer (über 0,2 sec) und der Amperezahl **(siehe Tabelle 2, Seite 418)**.

Gefahren, vor denen man sich schützen muss, gehen aus

- vom Gerät (Amperezahl, Gerätezulassung, Gerätezustand).
- vom Arbeitsplatz (Ordnung am Arbeitsplatz, Arbeiten in der Nähe von Freileitungen).
- vom Mitarbeiter (Verantwortungsbewusstsein, Kenntnis von Kurzzeichen und Symbolen) **(Bild 2)**.

Schutzklassen

Schutzklassen	I	II	III
Kennzeichen		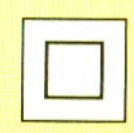	
Schutzmaßnahme	Schutzleiter	Schutzisolierung	Schutzkleinspannung
Beispiele	Elektromotoren	Leuchten, Haushaltsgeräte	Kleingeräte bis 50 V

Bild 2: Kurzzeichen und Symbole auf elektrischen Betriebsmitteln

Man sieht ihn nicht,
man hört ihn nicht.
Aber man spürt ihn.

Arbeiten mit elektrischen Geräten

- Immer zuerst einweisen lassen, oder nach Gebrauchsanweisung handeln.
- Vor Gebrauch elektrische Geräte kurz durchchecken.
- Elektrische Gerätekabel nie über scharfe Kanten leiten.
- Mehrfachsteckdosen nicht überlasten.
- Lampen nur in ausgeschaltetem Zustand wechseln.
- Nur Handleuchten mit Schutzglas und Schutzkorb verwenden, die schutzisoliert und strahlwassergeschützt sind.
- Nur mit druckluftangetriebenen Schleifmaschinen nass schleifen.

Reparatur defekter elektrischer Geräte

Schadhafte Geräte dürfen nie notdürftig geflickt oder verlängert werden, z. B. durch Zusammenzwirbeln der Leitungen und Umwickeln mit Isolierband. Im Qualitätsmanagement-Handbuch des Betriebs sollte klar beschrieben sein,

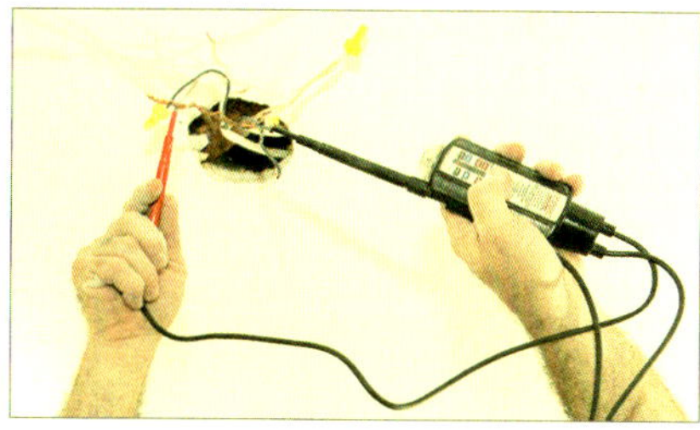

Bild 3: Demontage einer Lampe

- wer im Betrieb für elektrische Geräte zuständig ist und diese in Abständen kontrolliert und wartet (mit Protokoll).
- wie man sich verhält, wenn ein Gerät nicht mehr wie gewünscht funktioniert (sofort aus dem Verkehr ziehen und deutlich als fehlerhaft kennzeichnen).
- wer Geräte reparieren darf. Am sichersten durch eine elektrotechnische Fachkraft.

Tätigkeiten an und in der Nähe elektrischer Anlagen

Lebensgefährliche elektrotechnische Tätigkeiten an Anlagen sind grundsätzlich Elektrofachkräften vorbehalten, eventuell sogar mit besonderer Qualifikation, z. B. das Trennen eines Herdes vom Starkstrom oder das Versehen einer Freileitung mit Isolierhülle. Einfache elektrotechnische Tätigkeiten dürfen von Maler- und Lackierergesellen ausgeführt werden, wenn die Arbeit in Verbindung mit dem Hauptarbeitsauftrag steht (§5 HWO). Die vielen Verordnungen und Richtlinien (VDS, VDE, VBG) sind zwar keine Gesetze, besitzen letztendlich aber Gesetzescharakter. Kommt ein Mensch zu Schaden, kann die Existenz der Firma gefährdet sein. Malerbetriebe sollten ihren Mitarbeitern einen Kurs zur Elektrotechnisch unterwiesenen Person (EuP) ermöglichen.

Ab- und Anmontieren von Lampen, Steckdosen, Schaltern

Vor Beginn der Arbeit ist im Verteilerkasten des Hauses die Sicherung für das betroffene Zimmer zu entfernen. Mit dem Phasenprüfer muss überprüft werden, ob die richtige Sicherung entfernt wurde. Frei liegende elektrische Leitungsenden müssen immer mit einer Lüsterklemme versehen werden **(Bild 3)**.

Tapezierarbeiten, Leimfarbe abwaschen

Immer beim Nässen der Wand Sicherung für die Elektrik des Raumes entfernen. Wasser, das an leitende Kabel gerät, kann die ganze Wand unter Strom setzen.

Bohren von Löchern in Wohnraumwände

Über den Verteiler (oft erkennbar unter der Tapete) wird dem Raum Strom zugeführt. Jede Verzweigung braucht einen neuen Verteiler **(Bild 1)**.

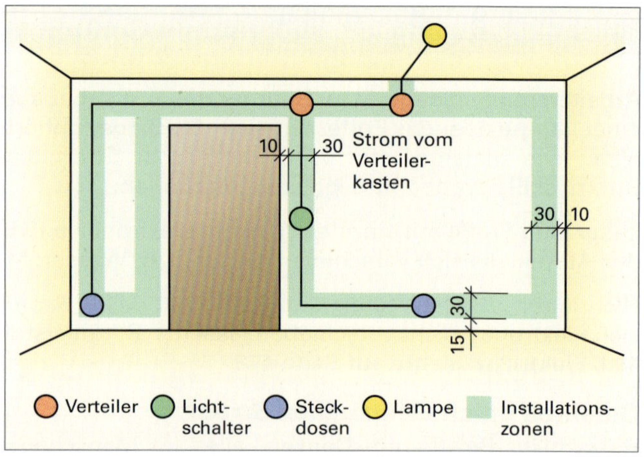

Bild 1: Vorgeschriebener Kabelverlauf in der Wand

Elektrische Leitungen dürfen nach DIN 18015 nur in vorgeschriebenen Installationszonen verlegt werden. Die wichtigsten Regeln:

- Elektrische Leitungen werden immer im rechten Winkel verlegt. Sie verlaufen senkrecht und waagerecht (nie diagonal!).
- Waagerechte Kabel dürfen ausschließlich in einem 30 cm schmalen Streifen oberhalb des Fußbodens bzw. unterhalb der Decke verlaufen (Mindestabstand zu Decke/Boden = 15 cm). Senkrecht verlegte Kabel in der Wand müssen einen Abstand von 15 cm zur Wandkante einhalten. Zu Fenster- und Türöffnungen und an Ecken muss zu beiden Seiten ein Mindestabstand von 10 cm eingehalten werden.

Zur Sicherheit kann ein Ortungsgerät verwendet werden, welches elektrische Leitungen anzeigt.

Arbeiten an Fassaden und im Dachbereich

Verlaufen in der Nähe des Arbeitsbereiches Freiluftleitungen, müssen sie vor dem Arbeiten vom Stromlieferanten mit einer Isolierhülle versehen werden. Darüber hinaus ist ein Mindestabstand von mindestens 3,00 m einzuhalten.

Elektrischer Strom auf der Baustelle

Handwerker brauchen elektrischen Strom bereits in Neubauten ohne eingerichtetes elektrisches Netz. Dafür steht in der Regel ein Baustromverteilerkasten bereit. Dieser wurde beim örtlichen Versorgungsunternehmer vom Bauträger beantragt und von einer Elektrofachkraft aufgestellt. Der beauftragte Elektriker ist dafür verantwortlich, den Baustromkasten den Vorschriften entsprechend anzubringen, zu sichern und zu erden **(Bild 2)**.

Auf Baustellen geht es oft rau zu. Bei Zweifeln am sicheren Funktionieren sind die Mängel sofort beim Bauträger zu melden. Immer bis zur Überprüfung durch die Elektrofachkraft die Anschlüsse nicht benutzen.

Blaue Steckdosen: für Schukostecker. Sie sind für elektrische Maschinen und Geräte mit 230 V Wechselstrom geeignet, z. B. Bohrmaschinen, Schleifmaschinen und Baustellensauger.

Rote Steckdosen: für 5-poligen Stecker nach CEE-Norm. Sie sind für elektrische Maschinen und Geräte geeignet, die mit Kraft- bzw. Drehstrom (380 V) betrieben werden, z. B. manche Putzmaschinen, Tischkreissägen, Betonmischer und Hochleistungs-Sauger. Auch zum Heizen von Neubauten im Winter oder zum Anheizen und Belüften in der Estrichtrockenphase oder zur umfangreichen Baubeleuchtung werden die roten Steckdosen mit Kraftstrom benötigt.

Zur Sicherheit der Arbeiter liegen im Baustellenverteilerkasten folgende Sicherungen vor:

- Fehlerstromschutzschalter (RCD, früher FI-Schutzschalter genannt). Dieser reagiert bereits nach einem Fehlerstrom von 0,03 Ampere nach etwa 0,2 Sekunden.
- Niederspannungs-Hochleistungstrenner (NH-Trenner)
- Schmelzsicherungen und Leitungsschutzschalter

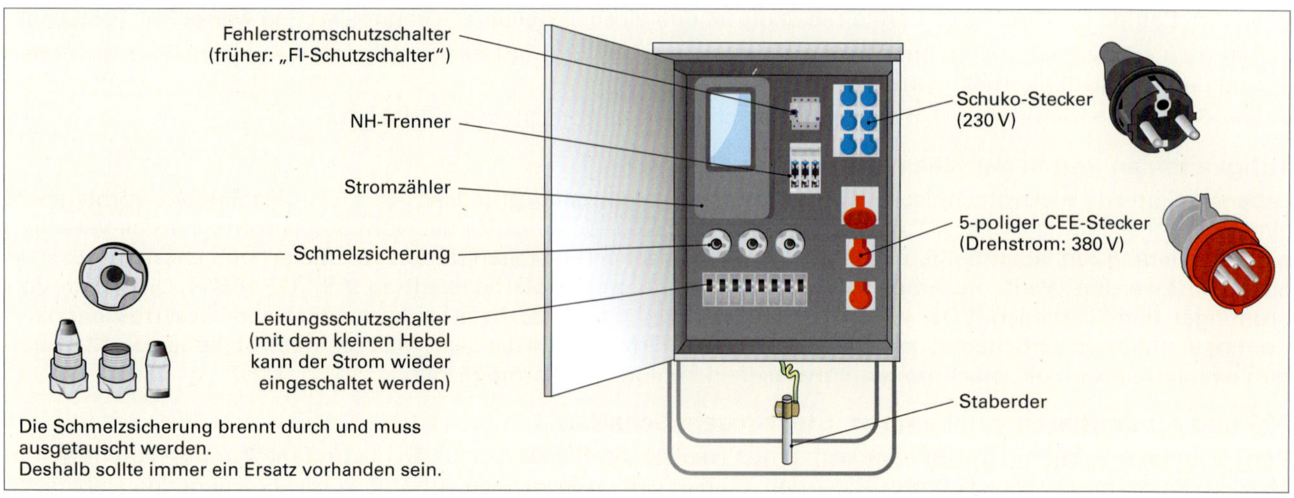

Bild 2: Baustromverteilerkasten

14.10 Persönliche Schutzausrüstung

Der Maler und Lackierer arbeitet an Arbeitsplätzen mit besonderem Gefährdungspotential. Er verarbeitet viele Werkstoffe, die als Gefahrstoffe einzustufen sind.

Viele Gefahren wurden durch gesetzliche Auflagen und dem Verantwortungsbewusstsein der heutigen Unternehmer reduziert, aber nicht vollständig beseitigt.

Die selbstständige Auftragsabwicklung durch den Mitarbeiter stellt diesen oft vor die Entscheidung, ob die gerade ausgeführte Arbeit seiner Gesundheit schadet. Kann er die Gefahr nicht beseitigen, so muss er sich davor schützen können.

Darum verfügt jeder Mitarbeiter über eine **persönliche Schutzausrüstung (PSA)**. Dazu gehören:

- Atemschutzmaske
- Schutzbrille
- Schutzhandschuhe und Handcreme
- Sicherheitsschuhe
- Gehörschutz
- Schutzhelm

Diese Gegenstände befinden sich in seinem Besitz. So kann er sie ohne großen Zeitaufwand verwenden, außerdem wäre es nicht gerade hygienisch, diese Gegenstände mit anderen zu teilen.

Die **Berufsgenossenschaft verpflichtet den Unternehmer**, persönliche Schutzausrüstungen zur Verfügung zu stellen. Die Teile der PSA müssen in ordnungsgemäßem Zustand gehalten werden. Jeder neue Mitarbeiter wird vom Arbeitgeber eingewiesen

- in das Erkennen der entsprechenden Gefahrensituation.
- in die bestimmungsmäßige Nutzung der PSA.
- in Aufbewahrung und Pflege der PSA.

Die **Berufsgenossenschaft verpflichtet den Mitarbeiter**, die PSA im Gefährdungsfalle zu benutzen. Es sollte aber im Interesse des Einzelnen liegen, auch ohne Aufforderung schon bei Risikoverdacht PSA-Teile zu benutzen.

Gebotszeichen verpflichten zum Einsatz der persönlichen Schutzausrüstungs-Gegenstände.

14.10.1 Atemschutz

Schadstoffe

Beim Schleifen, Strahlen und Spritzen geraten über die Atmung Schadstoffe in den Körper (**Bild 1**).

Verdunstende organische Lösemittel. Organische Lösemittel werden als Dämpfe eingeatmet. Sie stören das zentrale Nervensystem.

Feinstzerstäubte Bindemittel. Geraten diese Aerosole in die feinen Kapillaren der Lunge, so verringert sich die Lungenoberfläche, indem sie diese verkleben.

Stäube und Partikel. Neben Grobstaub fällt gleichzeitig immer ein Anteil an Feinstaub an, der lungengängig ist und sich in der Lunge ablagert.
Auch beim Fegen werden Partikel aufgewirbelt. Der Staub darf nicht eingeatmet werden. Anstelle des Fegens ist Saugen mit einem geeigneten Industriesauger vorzuziehen.

Eine gesunde Lunge

hat eine aktive Lungenoberfläche von 100 m^2 = 1 Tennisplatz. Hier wird Kohlendioxid gegen frischen Sauerstoff ausgetauscht.

Dafür braucht der Mensch täglich 20 000 Liter Luft. Täglich zirkulieren 5 000 bis 10 000 Liter Blut durch die Lunge. Dies entspricht der Abfüllung von 1 000 Bierkästen.

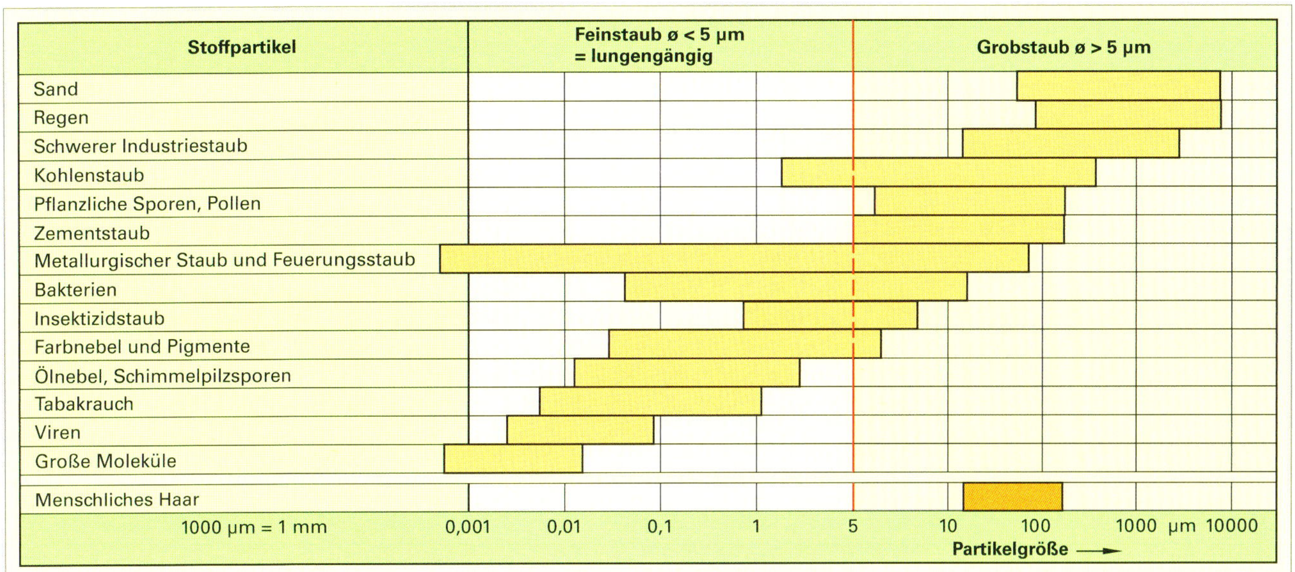

Bild 1: Lungengängigkeit von Stoffpartikeln

Stäube bei Sanierungsarbeiten

Ein besonderes Risiko besteht bei der Altbausanierung. Welche Gifte in der Vergangenheit z. B. in Dachbalken von 1900 n. Chr. verarbeitet wurden, die beim Schleifen frei werden, weiß niemand. Bei der Schimmelsanierung schädigen die Schimmelsporen sowie die Verwesungsprodukte des Schimmels immer die Gesundheit. Ob es sich bei Dämmmaterial an Altbauten um Asbest handelt, sollte vor Arbeitsbeginn untersucht werden. Aber auch die Verarbeitung von Mineralwollen zur Dämmung setzt Fasern frei, die über Stunden in der Luft schweben, bevor sie zu Boden sinken. Da sie lungengängig sind, piksen sie sich in der Lunge fest, verbleiben dort und können zu Zellenwucherung (Krebs) führen.

Atemschutzgeräte ergänzen die Luftreinigung mittels Absaugung in der Spritzanlage oder am Schleifplatz. Atemschutzgeräte sind als Bestandteil der persönlichen Schutzausrüstung vom Arbeitgeber bereitzustellen. Aus Hygienegründen hat jeder Mitarbeiter seine eigene Schutzmaske. Atemschutzgeräte sind in geschlossenen Behältern zu lagern. Aktivkohlefilter sättigen sich in Lösemittelumgebung und verlieren ihre Wirkung. Die Filter sind zu wechseln, sobald man etwas durchriecht, spätestens aber nach 6 Monaten (**Tabelle 1**).

Atemschutzgeräte			
Umgebungsluftabhängig Die Umgebungsluft wird von Schadstoffen über Filter gereinigt		Unabhängig von der Umgebungsluft Zuführung von Frischluft in die Maske oder Haube	
Staubmaske	Lackiermaske für Teilschutz	Druckluftversorgte Lackiermaske für Teilschutz	Lackierhaube für Vollschutz
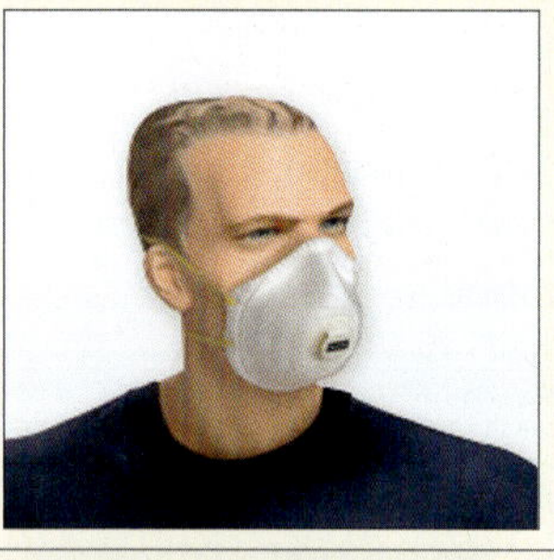	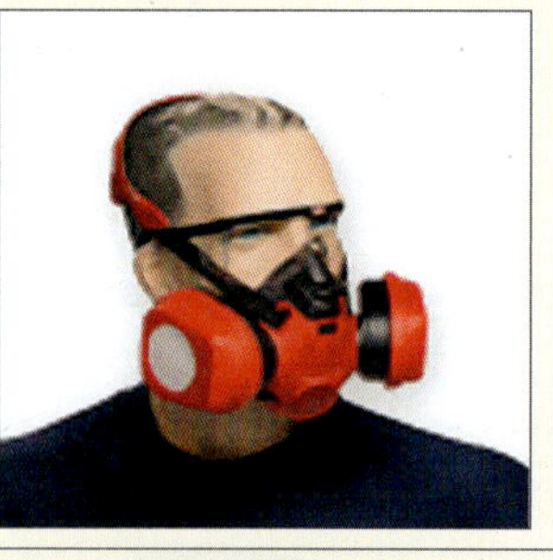	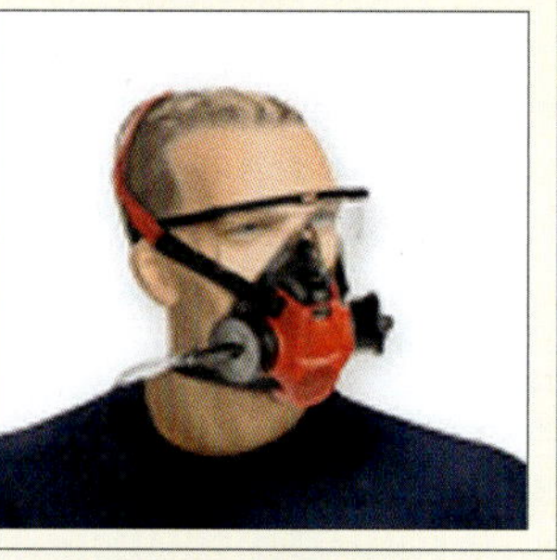	
Zur einmaligen Nutzung für maximal 1 Arbeitstag von acht Stunden.	Tragezeit max. 120 min	Tragezeit max. 150 min	Keine zeitliche Begrenzung der Tragezeit.
Partikelfiltrierende Halbmasken bieten keinen Schutz vor Gasen und Dämpfen, selbst dann nicht, wenn sie mit einer Einlage aus Aktivkohle versehen sind. Die Wirkung der Staubmasken ist davon abhängig, wie dicht sie im Atmungsbereich anliegen.	Nur für Lackierarbeiten geringen Umfangs, d. h. wenn die verarbeitete Lackmenge kleiner als 0,5 l je Arbeitstag oder wenn weniger als 1 Stunde je Arbeitstag lackiert wird. Hohe Betriebskosten. Filterwechsel mindestens 1x pro Woche. Der Einatmungswiderstand der Filter ermüdet auf Dauer. Eine arbeitsmedizinische Vorsorgeuntersuchung ist vorgeschrieben.	Die Atemluft wird über einen Kompressor zunächst in einen Filter geleitet. Der Filter kann entweder an einem Gurt getragen oder an die Wand gehängt werden. Weil durch den Kompressor keine Atemwiderstände entstehen, ist keine Vorsorgeuntersuchung vorgeschrieben. Eine einmalige Eignungsuntersuchung ist jedoch zu empfehlen.	Die Lackierhaube bietet den höchsten Schutz und kann uneingeschränkt genutzt werden. Es bestehen keine Atemwiderstände, weil die Luft durch einen Kompressor und einen vorgehängten Filter in die Haube gelangt. Deshalb ist keine Vorsorgeuntersuchung vorgeschrieben. Eine einmalige Eignungsuntersuchung ist jedoch zu empfehlen.
Kein Schutz der Augen, Haare und des Gesichts. Problematisch für Bart- und Brillenträger.	Geeignet für Brillenträger. Kein Schutz der Haare und des Gesichts.	Geeignet für Brillenträger. Problematisch für Bartträger. Kein Schutz der Haare und des Gesichts.	Geeignet für Bart- und Brillenträger. Vollständiger Schutz der Haare und des Gesichts.

Tabelle 1: Übersicht über die Atemschutzgeräte

Umgebungsluftunabhängige Filtergeräte

Diese Systeme schützen am zuverlässigsten.
Die Masken werden mit gründlich gefilterter, angewärmter und angefeuchteter Druckluft versorgt (**Bild 1**). Man spricht auch von Frischluftmasken. Durch das Anfeuchten der Atemluft wird ein Austrocknen der Nasenschleimhäute verhindert. Das Anwärmen der Atemluft ist vor allem im Winter und bei Druckluft, die mit dem Kältetrockner getrocknet wurde, angenehm.

In der Maske herrscht ein geringer Überdruck, der das Eindringen von gefährlichen Dämpfen verhindert. Gleichzeitig entfällt der Einatmungswiderstand wie bei Filtergeräten.

Die zugeführte Atemluft muss frei von schädlichen Beimengungen sein und der DIN EN 132 entsprechen. Dazu wird die Kompressorluft über einen Öl- und Wasserabscheider (Mikrofilter) geführt. Anschließend wird die Luft noch mit einem Aktivkohlefilter gereinigt. Der Luftverbrauch liegt bei ca. 150 l/min.

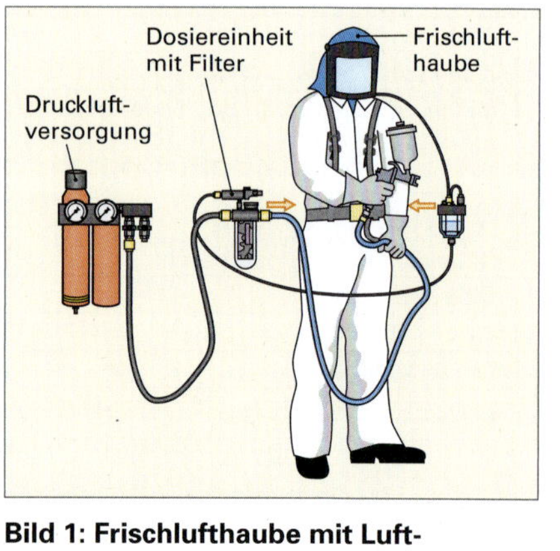

Bild 1: Frischlufthaube mit Luftversorgung

Umgebungsluftabhängige Filtergeräte

Die Atemluft wird bei diesen Geräten über einen Filter eingeatmet. Dadurch ist man nicht ortsgebunden. Die Preise für die Masken sind gering. Nachteilig ist das höhere Gewicht der Masken, da der Filter direkt an der Maske angebracht ist. Die kurzen Standzeiten führen dazu, dass die Filter oft gewechselt werden müssen, so dass hohe Betriebskosten entstehen.

- **Staubmasken** (Bild 1). Sie werden bei Schleifarbeiten eingesetzt. Die Atemluft wird durch einen Filter aus Schwamm, Kunststoffschaum oder Watte angesaugt (Kennbuchstabe P, Kennfarbe weiß). Dabei handelt es sich um Halbmasken, d.h. nur Mund und Nase werden geschützt. Beim Schleifen chromathaltiger Altlackierungen verwendet man die Filterklasse P3 (Tabelle 1) in Verbindung mit einer normgerechten Vollmaske. Sonst reicht für Schleifarbeiten in der Regel P2. Staubmasken (Partikelfilter) schützen vor festen Gefahrstoffen aus der Luft. Sie sind unwirksam gegen Gase und Dämpfe. Wird der Atemwiderstand zu groß, sind sie zu wechseln.
- **Gasfiltrierende Halb- und Vollmasken**. Die Filterpatronen sind mit Aktivkohle gefüllt. Sie schützen vor gefährlichen Gasen und Dämpfen. Gasfilter (Filterpatronen) müssen in den vorgeschriebenen Abständen gewechselt werden, spätestens jedoch beim ersten Geruchsdurchschlag (wenn man das Lösungsmittel riecht). Sie dürfen nur noch bei Lackierarbeiten geringen Umfangs eingesetzt werden.
- **Kombinationsfilter** (Bild 2). Diese Filter haben sowohl partikel- als auch gasfiltrierende Eigenschaften, z.B. A2/P2 oder A2/P3 (höchste Schutzstufe).

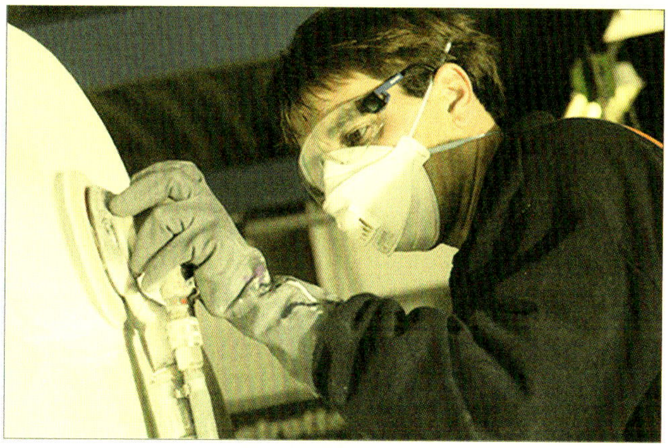

Bild 1: Staubmasken beim Schleifen

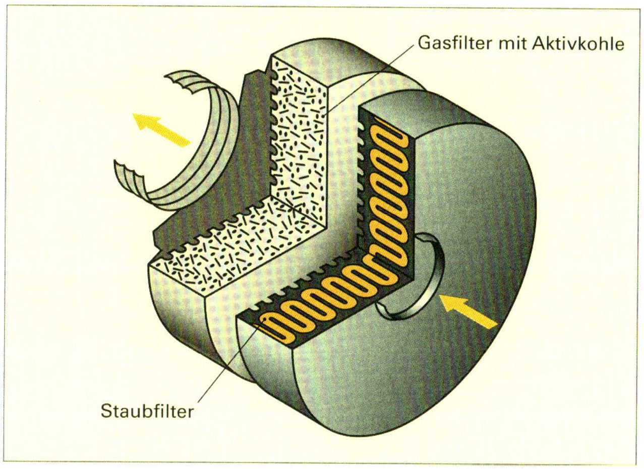

Bild 2: Kombinationsfilter

Anwendungsgebiete	Kenn-buchstabe	Kennfarbe	Filter-stufen	Schutzwirkung gegen...
Partikel (Stäube, Rauch, Nebel)	P	Weiß	P1 P2 P3	Mindergiftige feste Stoffe Mindergifitige feste und flüssige Stoffe Giftige feste und flüssige Stoffe
Organische Gase und Dämpfe	A	Braun	A1 Ax	Organische Gase und Dämpfe, wie z.B. Lösemittel mit Siedepunkten über 65 °C S. o. mit Siedepunkten unter 65 °C
Anorganische Gase und Dämpfe	B	Grau	B	z.B. Chlor, Schwefelwasserstoff, Blausäure Kein Schutz gegen Kohlenstoffmonoxid!
Saure Gase, Schwefeldioxid, Hydrogenchlorid	E	Gelb	E	Schwefeldioxid, Chlorwasserstoff und andere saure Gase
Ammoniak und organische Ammoniak-Derivate	K	Grün	K	Ammoniak und organische Ammoniak-Derivate
Kohlenstoffmonoxid	CO	Schwarz	CO	Kohlenstoffmonoxid

Tabelle 1: Kennzeichnung von Filtern

14.10.2 Kopfschutz

Schutzhelme sind Kopfbedeckungen aus widerstandsfähigem Material mit spezieller Konstruktion. In Europa ist der Arbeitsschutzhelm nach Norm EN 397 geformt. Ein Schutzhelm ist immer dann zu tragen, wenn mit herabfallenden Gegenständen zu rechnen ist.

Auf Baustellen und bei Arbeiten auf dem Gerüst ist das Tragen eines Schutzhelmes Pflicht.

In auffallenden Farben gehalten, weisen sie dazu auch auf den Arbeiter mit Schutzhelm hin, der sich in einem Gefahrenbereich aufhält. So können Mitarbeiter besonders darauf achten, dass erst gar keine Werkzeuge etc. vom Gerüst fallen, oder darauf hinweisen, den Gefahrenbereich unverzüglich zu verlassen. An vielen Helmen können Zubehörteile, wie ein Kapselgehörschutz oder ein Gesichtsschutz (z.B. für die Arbeit mit Trennscheiben) befestigt werden.

14.10.3 Hautschutz

Gefährdung der Haut bei Malerarbeiten

Gesunde Haut wird durch einen Säureschutzmantel mit einem ph-Wert von ca. 5,5 weitgehend vor Keimen und deren Vermehrung geschützt. Der natürliche Fettgehalt der Haut hält diese geschmeidig und verhindert, dass diese spröde und rissig wird.

Dieser Schutz ist durch Arbeiten des Malers gefährdet:

- Mineralische Untergründe (Kalk-, Zementputz) und Bindemittel (Kalk, Zement, Wasserglas) sind alkalisch. Alkalien verseifen das in der Haut enthaltene Fett.
- Lösemittel in Anstrichstoffen und Verdünnungen entfetten die Haut.
- Längeres Arbeiten mit feuchten Händen, z.B. bei Reinigungsarbeiten, lässt die Haut aufquellen, die Verletzungsgefahr nimmt zu. Da gleichzeitig Fette ausgewaschen werden, neigt die Haut nach dem Trocknen zum Reißen.
- Der Kontakt mit Chemikalien, z.B. Härter für 2K-Lacke, kann Allergien auslösen.

Bis zu 30 % aller Berufskrankheiten entfallen auf Hauterkrankungen. Besonders betroffen sind fast immer die Hände.

Hautschutz beruht auf 3 Säulen:

Hautschutz		Hautreinigung		Hautpflege
Hautschutzmittel und Schutzhandschuhe, abgestimmt auf die gefährdenden Stoffe	+	Abgestimmt auf den Grad und die Art der Verschmutzung	+	Unterstützt die Regeneration (Erholung) der Haut

Was? Warum?	Wann?	Womit?	Wie?
Hautschutzmittel Hält Einflüsse temporär von der Haut fern. Verhindert, dass sich Lack in den Hautporen festsetzt.	• Vor Arbeitsbeginn • Nach Pausen • Nach der Handreinigung	„Lindolan – Schutzcreme" Nur silikonfreie Produkte verwenden	• Gleichmäßig auf gereinigte und trockene Hände auftragen • Haut zwischen den Fingern und um die Fingernägel nicht vergessen • Einziehen lassen
Hautreinigung Entfernt die Verschmutzung. Jede Hautreinigung belastet die Haut	• Bei Bedarf • Vor Verwendung des Hautschutz- oder Hautpflegemittels	„Lindolan – forte" Nie sandhaltige Reiniger oder konzentrierte Lösemittel/Verdünnungen verwenden	• Hautreinigungsmittel sparsam verwenden und gründlich mit lauwarmem Wasser abspülen • Hände sorgfältig und schonend abtrocknen • Anschließend Haut- und Pflegemittel verwenden
Hautpflege Die Schutzwirkung der Haut wird wieder hergestellt	• Zu Beginn der Pausen • Bei Arbeitsende • Nach Bedarf Hinweis: auch zu Hause und in der Freizeit die Hände pflegen!	„Lindolan – Pflegelotion" Nur silikonfreie Produkte verwenden	• Gleichmäßig auf gereinigte und trockene Hände auftragen • Haut zwischen den Fingern und um die Fingernägel nicht vergessen • Einziehen lassen
Schutzhandschuhe Halten Einflüsse über lange Zeit von der Haut fern	• Bei Arbeiten, z. B. beim Farbenmischen, beim Lackieren. • Bei der Reinigung von Werkzeugen und Geräten	Wahl der Handschuhe mit der GISBAU-Handschuhdatenbank	• Hände vor dem Tragen der Schutzhandschuhe mit Hautpflegemittel pflegen. • Auf Tragedauer und Tauglichkeit der Schutzhandschuhe achten • Nach Gebrauch auf weitere Einsatztauglichkeit prüfen

Tabelle 1: Hautschutzplan

Hautschutzplan

Wird durch die Gefährdungsbeurteilung eine schädigende Hautbelastung im Betrieb erkannt, so ist ein Hautschutzplan **(Tabelle 1)** mit geeigneten Schutz- und Reinigungsprodukten zu erstellen und im Betrieb auszuhängen. Der Inhalt des Hautschutzplans ist Bestandteil der regelmäßigen Unterweisung. Hautreinigungs- und -pflegemittel sowie Schutzhandschuhe müssen kostenlos bereitgestellt werden.

Schutzhandschuhe

Bei Arbeiten, die den Hautschutz gefährden, sind Schutzhandschuhe zu tragen. Dies liegt meist in der Eigenverantwortung des Arbeiters, kann aber auch durch Kennzeichnung vorgeschrieben sein. Es gibt keine Universalschutzhandschuhe, die Berufsgenossenschaften beraten. Zu Schutzhandschuhen ist die Tragedauer angegeben. Beim Tragen über längere Zeit können z.B. die Hände schwitzen und diese Feuchte schadet wiederum der Haut **(Bild 1)**.

Bild 1: Einsatz von Schutzhandschuhen beim Arbeiten mit Polyesterspachtel

14.10.4 Schutzkleidung

Bild 1: Arbeitskleidung des Malers

Der Maler und Lackierer trägt bei seiner Arbeit einen Arbeitsanzug aus Baumwollfaser. Er muss nicht unbedingt weiß sein, sollte aber auf jeden Fall funktionell (große Taschen, bequemes Tragen, geringes Schwitzen) und immer möglichst sauber sein (Bild 1). Bei üblichen Arbeiten stört das Fusseln von Baumwolle kaum.
Für Lackierarbeiten gibt es Mehrweg- oder Einmalanzüge aus synthetischen Fasern.
Gefährliche Arbeiten erfordern je nach Gefahr besondere Schutzkleidung. Bei Strahlarbeiten oder Arbeiten mit dem Hochdruckreiniger gehört neben Schutzmaske, Kopf-, Fußschutz, Gehörschutz und Schutzhandschuhen ein wasserundurchlässiger Overall. Dieser Schutz ist vom Unternehmer bereitzustellen.

Unverhofft kommt oft

14.10.5 Augenschutz

Normale Brillen schützen Augen nur begrenzt. Schutzbrillen für Handwerker müssen beidseitig gut schließen. Sie sind robust und lösemittelbeständig (Bild 2).

Besonders in folgenden Situationen ist das Tragen einer Schutzbrille wichtig:

- **Verspritzen von Flüssigkeiten.** Kalk-, Zement- und Silikatfarben sind alkalisch, folglich stark ätzend. Besonders beim Beschichten von Decken sind die Augen weit geöffnet für Spritzer. Längere Einwirkung führt zur Trübung der Sicht bis zum Erblinden. Auch Lösemittelspritzer schädigen die Netzhaut.
- **Wegfliegende Teilchen.** Bei der Untergrundvorbereitung, z. B. beim Arbeiten mit Geräten mit Trenn- oder Schleifscheiben fliegen Teilchen mit hoher Geschwindigkeit auch ins Auge. Blinzeln hilft nicht. Ins Auge schlagende Partikel können zu dauerhaften und schmerzhaften Augenschäden führen. Besonders gefährlich sind glühende Metallspäne beim Flexen. Sie brennen sich in die Netzhaut. Geraten beim Arbeiten mit Glaswolle Glasfaserbruchstücke ins Auge, so lassen sich diese vom Augenarzt nicht mit dem Magnet entfernen. Er muss im Auge bohren.
- **Gefährliche Strahlen.** Anderen Handwerkern darf man ohne Augenschutz nicht beim Schweißen zusehen. Beim Streichen einer weißen Fassade im Sonnenlicht sollte immer eine Schutzbrille mit Tönung, zumindest eine Sonnenbrille getragen werden.

Geraten Schadstoffe ins Auge, so sollte das Auge unverzüglich bei geöffnetem Lid mehrere Minuten mit klarem Wasser gespült werden. Eine entsprechende Augenspülflasche muss immer griffbereit sein.

Auch eine Vollmaske oder ein Gebläsesystem kann, neben der Atemluft, das Gesicht und die Augen schützen.

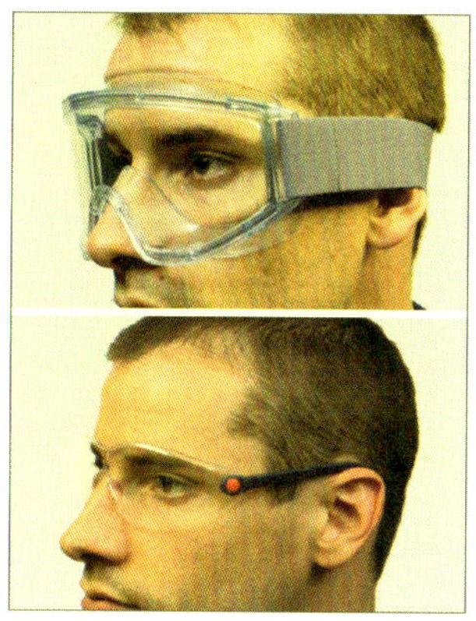

Bild 2: Schutzbrillen

14.10.6 Fußschutz

Arbeitsschuhe schützen den Maler und Lackierer, wenn sie wie folgt ausgerüstet sind:

- **Stahlkappe:** Schutz vor fallenden, schweren Gegenständen und vor hohem Druck
- **Dichte Sohle:** Schutz vor Nägeln oder Scherben
- **Griffige Sohle:** Schutz vor Aus- oder Abrutschen
- **Tragekomfort:** Unbequeme Arbeitsschuhe werden nicht getragen.

Für manche Malerarbeiten mag das Tragen von Arbeitsschuhen nicht notwendig erscheinen, der Unternehmer sollte jedoch darauf bestehen, denn: Unverhofft kommt oft.

Beim Hochdruckreinigen sollte man sich beim Absenken der Pistole nicht auf die Wirksamkeit des Fußschutzes verlassen. Trifft der Wasserstrahl mit 500 bar hinter die Stahlkappe, so wird der Fuß regelrecht aufgepumpt. Entzündungen bis zur Amputation sind die Folge.

14.10.7 Gehörschutz

Immer wenn gehörschädigender Lärm auf die Beschäftigten einwirkt, muss Gehörschutz getragen werden. Es gibt keinen festen Wert, ab dem Lärm als störend betrachtet wird. Wohl aber kann man aus arbeitsmedizinischer Sicht sagen, ab welchen Werten Lärm schädigend auf das Gehör und die Psyche eines Menschen wirkt. Durch Lärm entstehen folgende Gefahren für den Beschäftigten:

- **Hörschäden.** Arbeitsmedizinische Untersuchungen haben gezeigt, dass ab einem Schallpegel von 85 dB(A) Schäden für das Ohr entstehen können. Dabei schadet nicht nur die Einflussdauer, sondern auch die Intensität. Hörschäden sind die mit Abstand häufigsten Berufskrankheiten in Deutschland.
- Wenn man gleich mehreren Geräuschquellen ausgesetzt ist, so steigt die Gefahr eines Hörschadens. Deshalb dient der sogenannte Lärmbelastungspegel $L_{EX,8h}$ als Maß für die Gefährlichkeit einer Schallquelle.
- **Psychische Schäden.** Lärm macht krank. Wer längere Zeit Lärm ausgesetzt ist, wird nervös und bekommt Kopfschmerzen. Lärmstress kann sogar Magengeschwüre verursachen. Hoher Blutdruck und Herz-Kreislauf-Erkrankungen können die weiteren Folgen sein.

An Lärm gewöhnt man sich nicht, sondern man wird taub.

Maßnahmen zum Lärmschutz

Die Maßnahmen zum Lärmschutz umfassen nicht nur die Pflicht, dass ab einer bestimmten Lärmbelastung (Lärmexposition) ein persönlicher Gehörschutz zu tragen ist **(Tabelle 1)**, sondern der Arbeitgeber muss die Lärmquellen identifizieren, Maßnahmen erarbeiten und die Lärmentwicklung dauerhaft verringern.

Bei Überschreitung der ...	Arbeitgeber	Arbeitnehmer
... unteren Auslösewerte Dauerbelastung: $L_{EX,8h}$ = 80 dB (A) bzw. Spitzenbelastung: $L_{C,peak}$ = 135 dB	• Belehrt die Arbeitnehmer über die Risiken des Lärms • Gewährt den Arbeitnehmern auf Verlangen vorbeugende Untersuchungen des Gehörs • Stellt den Arbeitnehmern persönlichen Gehörschutz zur Verfügung	• Kann, muss aber nicht die angebotenen Maßnahmen wahrnehmen
... oberen Auslösewerte Dauerbelastung: $L_{EX,8h}$ = 85 dB (A) bzw. Spitzenbelastung: $L_{C,peak}$ = 137 dB	• Erarbeitet auf Basis einer Risikobeurteilung ein Lärmminderungsprogramm und führt es durch • Kennzeichnet die Lärmbereiche und schränkt (falls es technisch möglich ist) den Zugang ein • Sorgt dafür, dass der persönliche Gehörschutz auch eingesetzt wird	• Hat Anspruch auf eine arbeitsmedizinische Vorsorgeuntersuchung • Muss den bereitgestellten persönlichen Gehörschutz tragen

Tabelle 1: Maßnahmen zum Lärmschutz

Gehörschutzarten

Gehörschutz gibt es für verschieden große Lärmbelastungen (Lärmeinstufung) und für unterschiedliche Lärmfrequenzen. Die Lärmdämpfung kann bis über 30 dB betragen.

Bügelgehörschützer sind schnell und einfach aufzusetzen und sind gut für den zeitweiligen Einsatz geeignet. Die Stöpsel dringen nicht tief in den Gehörgang ein und sind deshalb bequem zu tragen.

Wiederverwendbare, vorgeformte Gehörschutzstöpsel. Sie bestehen aus flexiblen Materialien und sind vorgeformt. Sie sind kaum sichtbar.

Vorzuformende PU-Gehörschutzstöpsel. Sie werden zwischen den Fingern zusammengerollt und in den Gehörgang eingesetzt, wo sie sich ausdehnen und den Gehörgang verschließen.

Kapselgehörschützer (Bild 1). Die gepolsterten Ohrmuscheln sind mit einem Bügel verbunden. Sie haben in der Regel hohe Dämmwerte und sind bequem auch über längere Zeit zu tragen, da sie keinen Druck auf den Gehörgang ausüben.

Otoplastiken. Das sind individuell auf das jeweilige Ohr angepasste Ohrstöpsel.

Bild 1: Kapselgehörschutz

14.11 Vorbeugende Maßnahmen zur Unfallverhütung

Für mögliche Unfälle sind Vorbereitungen zu treffen, um die Folgen gering zu halten und eine schnelle Abwicklung zu ermöglichen. Die folgende Übersicht zeigt entsprechende Maßnahmen:

Schadensbegrenzung bei Unfällen			
Unfallpläne liegen vor	Erste Hilfe ist eingerichtet	Die Rettungskette funktioniert	Unfallbearbeitung erfolgt reibungslos

Unfallplan

Im Falle eines Unfalls muss jeder wissen, was er zu tun hat. Dafür sind Pläne zu erstellen **(Tabelle 1)**.

Unfallalarmplan	Wer muss informiert werden? Wie ist er zu erreichen?
Rettungswegeplan	Deutlich sichtbare Pläne informieren über das schnelle Verlassen des Gebäudes **(Bild 1)**.
Feuerwehrplan	Informiert die Einsatzkräfte z. B. über Lage der Räume, Gefahrgut, Energieversorgung, Löschanlagen u. a.

Tabelle 1: Unfallpläne

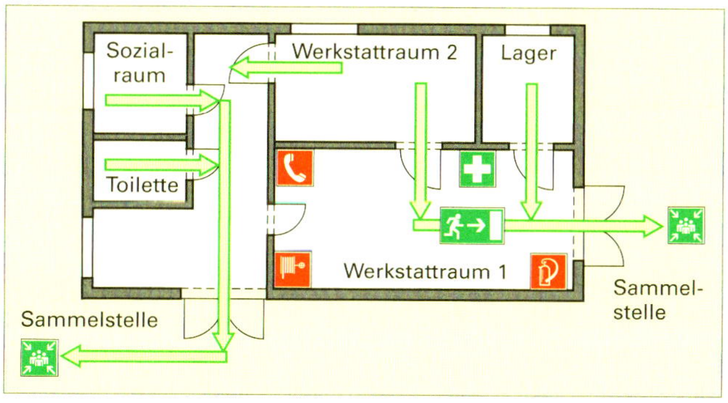

Bild 1: Rettungswegeplan

Erste Hilfe

In jedem Maler- und Lackierer-Betrieb müssen Erste-Hilfe-Maßnahmen organisiert sein.

Meldeeinrichtungen. Eine zentrale Meldestelle oder eine Notrufzentrale stellt sicher, dass unter der Notrufnummer 110 unverzüglich Hilfe herbeigerufen und zum Einsatzort geleitet werden kann.

Erste-Hilfe-Anleitung. Die von der Berufsgenossenschaft herausgegebenen „Anleitungen zur Ersten Hilfe bei Unfällen" müssen gut sichtbar aushängen.

Erste-Hilfe-Einrichtungen. Der Erste-Hilfe-Schrank muss leicht zugänglich, gekennzeichnet und aktuell bestückt sein. Schutzdecken und Rettungstransportmittel sind einzurichten. Ein Sanitätsraum ist erst für Betriebe über 100 Mitarbeiter von Bedeutung.

Ersthelfer. Dies sind in Erster Hilfe ausgebildete Personen. Ihre Anzahl richtet sich nach der Betriebsart und -größe. Sie müssen laufend fortgebildet werden, bzw. Übungen durchführen. Ab 500 Mitarbeitern ist ein Betriebssanitäter vorgeschrieben.

Rettungskette

Im Notfall ist jeder verpflichtet, einer verletzten Person beizustehen und Hilfe zu leisten, wenn dies den Umständen nach möglich ist und die Maßnahmen zumutbar sind.

	Glieder der Rettungskette	Ziel	Maßnahmen
Unfall	Sofortmaßnahmen	Lebenswichtige Funktionen wieder herstellen oder aufrecht erhalten	• Rettung aus der Gefahrenzone • Atemspende • Blutung stillen • Schock bekämpfen • Sachgerechte Lagerung
	Notruf	Rettungsstelle herbeirufen. Erst auflegen, wenn die Rettungsstelle das Gespräch beendet.	• Wo ist der Unfallort? • Was ist geschehen? • Wie viele Verletzte? • Welche Verletzungen? • Wer ruft an?
	Erste Hilfe	Maßnahmen ergreifen, bis das Rettungspersonal eintrifft	Siehe „Anleitung zur Ersten Hilfe bei Unfällen", die in jedem Betrieb gut sichtbar aushängen muss.
	Rettungsdienst	Er übernimmt die weitere Betreuung des Patienten	Nach Situation
	Krankenhaus	Fortführung der Maßnahmen	Nach Situation

Tabelle 1: Die Rettungskette

Unfallbearbeitung

Der Ersthelfer/der Betrieb führt ein Verbandsbuch, in dem alle Vorkommnisse dokumentiert werden. So lässt sich z. B. beweisen, dass eine Entzündung auf einen betrieblichen Unfall zurückzuführen ist.

Der Durchgangsarzt entscheidet, ob eine kassenärztliche Behandlung ausreicht, oder ob eine berufsgenossenschaftliche Behandlung erforderlich ist.

Alle Unfälle mit einer Ausfallzeit von mehr als 3 Tagen sind vom Betrieb der Berufsgenossenschaft und dem Gewerbeaufsichtsamt zu melden.

14.12 Aktive Erste Hilfe

Stabile Seitenlage

Die stabile Seitenlage dient zur Sicherstellung, dass eine bewusstlose Person vor dem Ersticken bewahrt wird. Weil der Kopf in der stabilen Seitenlage den tiefsten Punkt des Körpers bildet, können Flüssigkeiten, die sich in der Lunge befinden (wie zum Beispiel Erbrochenes oder Blut), problemlos abfließen.

Sie wird immer dann angewendet, wenn Personen bewusstlos sind, aber noch atmen. Dies kann zum Beispiel der Fall sein, wenn ein Mitarbeiter versehentlich einen Gefahrstoff eingeatmet hat und davon bewusstlos wurde.

Bei der stabilen Seitenlage liegt das Unfallopfer auf der Seite. Der obere Arm wird angewinkelt, sodass die Hand unter den Kopf gelegt werden kann. Zur zusätzlichen Stabilisierung wird das obere Bein angewinkelt **(Bild 1)**. Dadurch kann die Person nicht mehr auf den Rücken oder auf den Bauch zurückrollen.

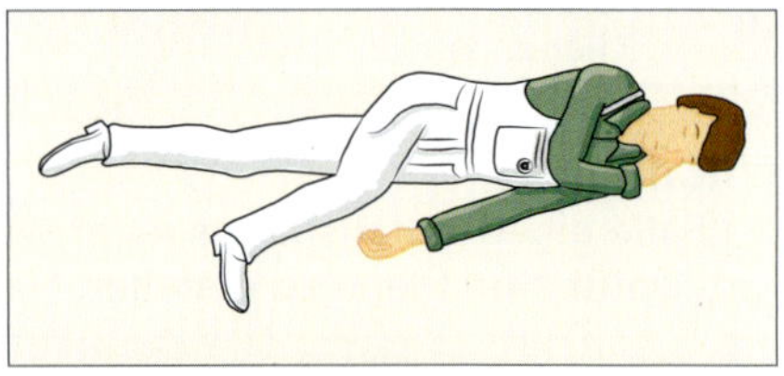

Bild 1: Stabile Seitenlage

Atemspende

Die Atemspende dient dazu, dass das Unfallopfer wieder anfängt zu atmen. Wenn eine Person nicht mehr eigenständig atmet, ist die Ursache häufig ein Herzstillstand. Aus diesem Grund wird die Atemspende meistens in Verbindung mit der Herzdruckmassage durchgeführt.

Sie wird immer dann angewendet, wenn Personen nicht mehr atmen. Dies kann zum Beispiel der Fall sein, wenn ein Mitarbeiter versehentlich einen Stromschlag der Gefahrenklasse III erlitten hat.

Bei der Atemspende muss zunächst der Mundraum entleert werden (zum Beispiel wenn sich darin Erbrochenes befindet). Anschließend legt der Ersthelfer eine Hand unter das Kinn des Unfallopfers und drückt dessen Kopf leicht nach hinten. Dadurch werden der Rachen und die Lunge für die Atemspende geöffnet. Mit der anderen Hand wird die Nase des Unfallopfers zugehalten, um sicherzustellen, dass die Luft in den Lungenflügeln ankommt und nicht wieder aus der Nase entweicht **(Bild 2)**. Nun kann die Atemspende durchgeführt werden, indem der Ersthelfer seinen Mund luftdicht auf den Mund des Unfallopfers legt und so fest ausatmet, dass sich der Brustkorb des Unfallopfers leicht hebt. Um den direkten Mundkontakt zu vermeiden, kann ein Taschentuch über den Mund des Unfallopfers gelegt werden.

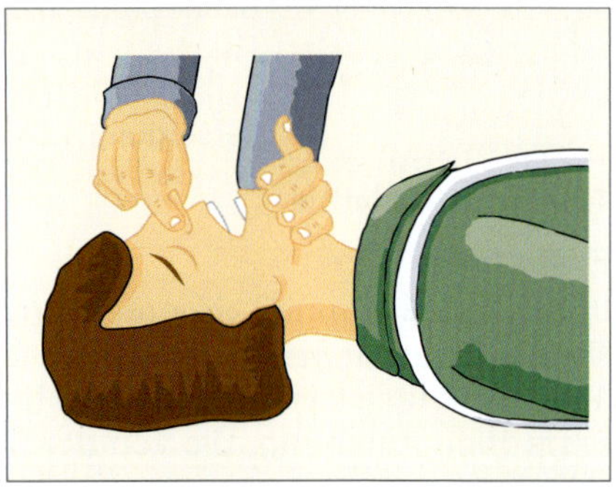

Bild 2: Atemspende

Herzdruckmassage

Die Herzdruckmassage dient in Verbindung mit der Atemspende dazu, dass das Unfallopfer wieder anfängt zu atmen. In Erste-Hilfe-Kursen üben angehende Ersthelfer an speziellen Puppen die sogenannte Herz-Lungen-Wiederbelebung, die aus abwechselnder Atemspende (zweimal) und Herzdruckmassage (30 Stöße) besteht.

Sie wird immer dann angewendet, wenn Personen keinen Puls mehr haben. Dies kann zum Beispiel der Fall sein, wenn ein Mitarbeiter versehentlich einen Stromschlag der Gefahrenklasse III erlitten hat und dadurch sein Herzschlag aussetzt.

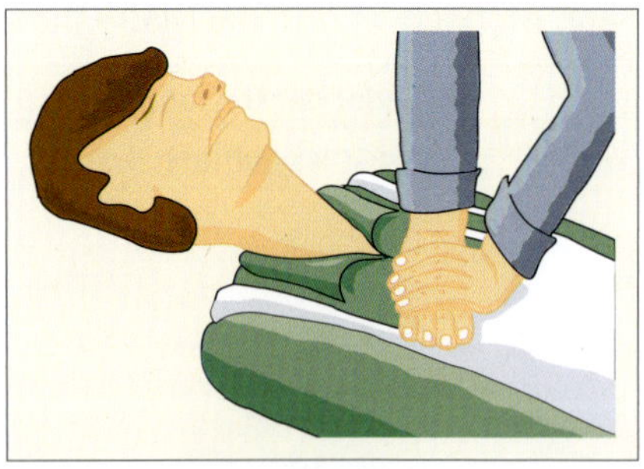

Bild 3: Herzdruckmassage

In vielen großen, öffentlichen Gebäuden wie zum Beispiel Flughäfen oder Einkaufzentren stehen selbsterklärende Defibrillationsgeräte (AED) zur Verfügung. Sie sind mit dem in **Bild 3** dargestellten Sicherheitszeichen gekennzeichnet. Über einfach durchführbare Sprachanweisungen im Defibrillationsgerät wird der Ersthelfer zum erfolgreichen Einsatz des Gerätes angeleitet. Die Herzdruckmassage erfolgt dann immer im Wechsel mit zwei Atemspenden.

Steht kein Defibrillationsgerät zur Verfügung, muss die Herz-Lungen-Wiederbelebung manuell durchgeführt werden. Hierzu werden beide Handballen übereinander in die Mitte des Brustkorbes (das ist bei Männern direkt zwischen den beiden Brustwarzen) gelegt. Die Arme bleiben bei der Herzdruckmassage gerade ausgestreckt. Nun wird der Brustkorb des Unfallopfers in kurz aufeinanderfolgenden Stößen (ca. 100 bis 120 Stöße pro Minute) fünf bis maximal sechs Zentimeter tief eingedrückt.
Nicht zu schnell beenden. Möglichst erst, wenn die Person wieder atmet oder hustet, oder ein Arzt die medizinische Versorgung übernimmt.

Bild 4: Hinweis auf ein Defibrillationsgerät (Rettungszeichen)

15 Mathematik

Lernfeld 1 – 12

12,8 Liter · 34,50 €/Liter = 441,60 €

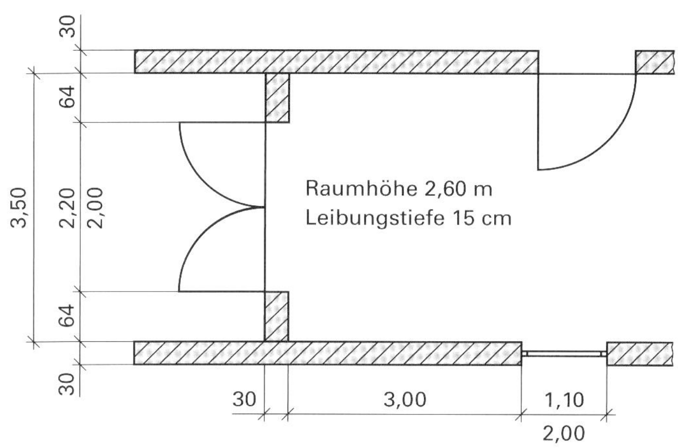

15.1 Grundlagen

Für den Maler und Lackierer gehört das Lösen mathematischer Aufgaben zur täglichen Arbeit. Um für geleistete Arbeit die Rechnung stellen zu können, müssen Maße, Mengen, Zeiten ermittelt, Flächen und Körper sowie Kosten für Material- und Zeitaufwand berechnet werden. Auch die Erstellung der korrekten Rechnung enthält mathematische Probleme. Das Beherrschen der Umwandlung von Maßen, Dreisatz- und Prozentrechnen ist dabei unverzichtbar. Dazu kommen einige weitere spezielle Themen. So sollte jeder Mitarbeiter in der Lage sein, seinen Verdienst überprüfen zu können.

15.1.1 Umwandlung von Einheiten

Das Ergebnis einer Berechnung ist immer nur dann richtig, wenn Maße in gleichen Einheiten eingesetzt werden. Die Multiplikation von 3 Metern mal 70 Zentimetern führt nur zum richtigen Ergebnis, wenn entweder die Meter in Zentimeter umgewandelt oder die Zentimeter in Meter umgewandelt werden.
Auch ein Ergebnis, z. B. 23 700 cm^2 muss umgewandelt werden können. 2,37 m^2 vermitteln eine klare Vorstellung dieser Fläche. Dies gilt für viele Bereiche, z. B. die Berechnung von Längen, Flächen, Volumen, Gewichten, Zeiten und Preisen.

		Maßeinheit			
Strecke Bezeichnung: *l, b, r*		m ↔ 5,12	dm ↔ 51,2	cm ↔ 512	mm 5 120
		Die Kommaverschiebung erfolgt jeweils um **1 Stelle.**			
Fläche Bezeichnung: *A*		m^2 ↔ 0,34	dm^2 ↔ 34	cm^2 ↔ 3 400	mm^2 340 000
		Die Kommaverschiebung erfolgt jeweils um **2 Stellen.**			
Volumen Rauminhalt Bezeichnung: *V*	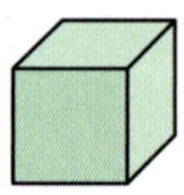	m^3 ↔ 1,62	dm^3 ↔ 1 620	cm^3 ↔ 1 620 000	mm^3 16 200 000 00
		Die Kommaverschiebung erfolgt jeweils um **3 Stellen.**			

Tabelle 1: Umwandlung von Maßzahlen

Schichtdicken werden in µm gemessen. Umwandlung: 1 mm = 1 000 µm (Mikrometer).

Rauminhalte werden auch in Liter beschrieben. Es können m^3 in Liter umgerechnet werden und umgekehrt.
1 l = 1 dm^3. Flüssige Werkstoffe werden meist in Liter angegeben (**Tabelle 2**).

		m^3	1 dm^3 = 1 l	1 cm^3 = 1 ml	
Volumen, Rauminhalt	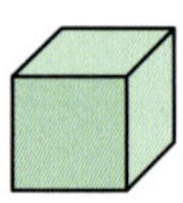	↔ 4,234	Liter l ↔ 4 234	ml ↔ 4 2340 00	
		Die Kommaverschiebung erfolgt jeweils um **3 Stellen.**			
		Tonne	**Kilogramm**	**Gramm**	
Masse Gewicht		t ↔ 0,567	kg ↔ 567	g ↔ 567 000	mg 567 000 000
		Die Kommaverschiebung erfolgt jeweils um **3 Stellen.**			

Tabelle 2: Umwandlung von Volumen und Gewichten

Bei der Ermittlung von Zeiten liegt das Ergebnis häufig in Minuten vor und muss in Stunden und Minuten umgewandelt werden. Es werden die enthaltenen ganzen Stunden berechnet. Übrig bleiben die restlichen Minuten (**Tabelle 3**).

		Tage	Stunden	Minuten	Sekunden
Zeit		↔ 0,5 Tage 15 min	h ↔ 12 h 15 min	min ↔ 735 min 735 min : 60 = 12 h + 15 min	s –
		Umrechnungszahl = 24		Umrechnungszahl = 60	

Tabelle 3: Umwandlung von Zeiten

15.1.2 Bruchrechnen

Der Bruchstrich entspricht dem Zeichen „geteilt durch :“. Ein Bruch beschreibt den Anteil an einem Ganzen. So ist z. B. der fünfte Teil eines Ganzen 1/5. Davon sind 2 Teile vom Ganzen 2/5.

Das was auf dem Bruchstrich steht, bezeichnet man als Zähler, was unter dem Bruchstrich steht, als Nenner.

$$\frac{2}{3} \qquad \frac{\text{Zähler}}{\text{Nenner}}$$

Erweitern und Kürzen von Brüchen	Ein Bruch verändert seinen Wert nicht, wenn Nenner und Zähler mit der gleichen Zahl multipliziert oder dividiert werden. Vor dem Kürzen muss die Zahl gefunden werden, durch die Zähler und Nenner teilbar sind.	kürzen $\frac{51:3}{9:3} = \frac{17}{3}$ erweitern $\frac{7 \cdot 3}{3 \cdot 3} = \frac{21}{9}$
Umwandeln gemischter Zahlen in Brüche	Besteht eine Zahl aus einer ganzen Zahl und einem Bruch, so kann die ganze Zahl in den Bruch umgewandelt und zum vorliegenden Bruchteil addiert werden.	$2\frac{3}{4} = 2 \cdot \frac{4}{4} + \frac{3}{4} = \frac{8}{4} + \frac{3}{4} = \frac{8+3}{4} = \frac{11}{4}$
Umwandeln von Brüchen in gemischte Zahlen	Ein Bruch kann in eine gemischte Zahl umgewandelt werden, indem man durch Teilung bis zum Komma rechnet und den Rest als Bruch beibehält	$\frac{11}{4}$ = 11 : 4 = 2 Ganze + Rest 3 Viertel = $2\frac{3}{4}$
Addieren von Brüchen	Brüche können nur addiert werden, wenn der gleiche Nenner vorliegt, d. h. wenn sie gleichnamig sind. Ungleichnamige Brüche müssen durch Erweitern gleichnamig gemacht werden. Der einfachste Weg, den gemeinsamen Nenner zu finden, ist die Multiplikation aller Nenner. Addiert werden dann die Zähler der gleichnamigen Brüche.	$\frac{2}{3} + \frac{4}{5} = \frac{2 \cdot 5}{3 \cdot 5} + \frac{4 \cdot 3}{5 \cdot 3} = \frac{10}{15} + \frac{12}{15} = \frac{10+12}{15} = \frac{22}{15} = 1\frac{7}{15}$
Subtrahieren von Brüchen	Brüche können nur subtrahiert werden, wenn der gleiche Nenner vorliegt, d. h. wenn sie gleichnamig sind. Ungleichnamige Brüche müssen durch Erweitern gleichnamig gemacht werden. Oft ist der einfachste Weg, den gemeinsamen Nenner zu finden, die Multiplikation aller Nenner. Subtrahiert werden dann die Zähler der gleichnamigen Brüche.	$\frac{2}{3} - \frac{2}{5} = \frac{2 \cdot 5}{3 \cdot 5} - \frac{2 \cdot 3}{5 \cdot 3} = \frac{10}{15} - \frac{6}{15} = \frac{10-6}{15} = \frac{4}{15}$
Multiplikation von Brüchen	Man multipliziert Brüche, indem man Nenner mit Nenner und Zähler mit Zähler multipliziert. Es ist von Vorteil, gemischte Zahlen wie z. B. 2 ¾, in einen Bruch umzuwandeln ($^{11}/_{4}$) und das Ergebnis wieder in eine gemischte Zahl umzuwandeln.	$\frac{4}{6} \cdot \frac{2}{3} = \frac{4 \cdot 2}{6 \cdot 3} = \frac{8}{18}$ gekürzt = $\frac{4}{9}$
Division von Brüchen	Man dividiert Brüche, indem man den Nenner des einen mit dem Zähler des anderen Bruches multipliziert und den Zähler mit dem Nenner des anderen Bruches (Kehrwert). Es ist von Vorteil, gemischte Zahlen wie z. B. 2 ¾ in einen Bruch umzuwandeln ($^{11}/_{4}$) und das Ergebnis wieder in eine gemischte Zahl umzuwandeln.	$\frac{4}{6} : \frac{2}{3} = \frac{4 \cdot 3}{6 \cdot 2} = \frac{12}{12}$ gekürzt = 1

Tabelle 1: Rechenregeln

Umrechnung eines Bruches in eine Dezimalzahl	Jeder Bruch kann in eine Dezimalzahl umgewandelt werden, indem man den Zähler durch den Nenner teilt.	$\frac{3}{4}$ = 3 : 4 = 0,75
Umrechnung einer Dezimalzahl in einen Bruch	Die Dezimalzahl ist der Anteil von 1. So kann sie als Bruch geschrieben werden. Durch Erweiterung erhält man einen reinen Bruch, der eventuell noch gekürzt werden kann.	$0{,}8 = \frac{0{,}8}{1} = \frac{8}{10} = \frac{4}{5}$

Tabelle 2: Umrechnungsmöglichkeiten

15.1.3 Rechenregeln

Rechenregel	Berechnung	Beispiel
Regel 1: Punktrechnung geht vor Strichrechnung	Zuerst wird die linke Fläche und dann die rechte Fläche berechnet. Anschließend werden beide Flächen addiert.	**Rechenansatz 1:** $1{,}30 \cdot 0{,}70 + 0{,}50 \cdot 0{,}70 =$ $0{,}91 + 0{,}35 = 1{,}26\ m^2$ 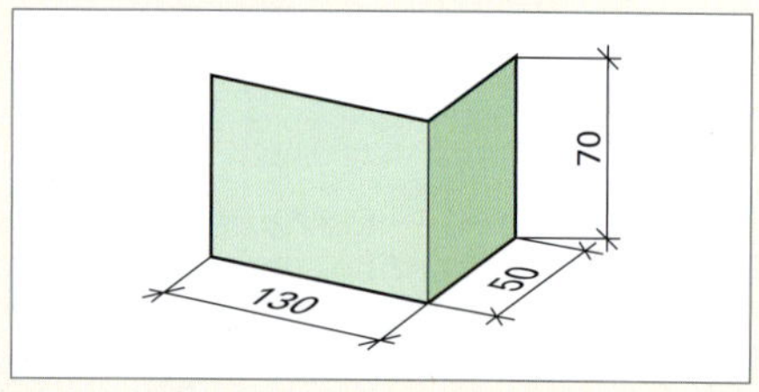
Regel 2: Klammern haben immer Vorrang.	Die Klammer hebt Regel 1 auf. Ist eine Klammer gesetzt, muss immer zuerst der Wert in der Klammer ausgerechnet werden, d. h. die Klammer muss aufgelöst werden. Das Multiplikationszeichen vor oder hinter der Klammer kann entfallen. Alle anderen Zeichen müssen geschrieben werden. Befinden sich Klammern innerhalb einer Klammer, so sind diese zuerst aufzulösen.	**Rechenansatz 2:** $(1{,}30 + 0{,}50) \cdot 0{,}70 =$ $1{,}80 \cdot 0{,}70 = 1{,}26\ m^2$

Tabelle 1: Rechenregeln

15.1.4 Verhältnisrechnen mit dem Dreisatz

Häufig stehen Zahlen im Verhältnis zueinander. Die Anzahl der Dosen im Verhältnis zum Preis, die Anzahl der Arbeiter im Verhältnis zum Zeitaufwand. Liegt eine bekannte Aussage vor (z. B. für 30 m² wurden 6 Liter verbraucht), so kann über den Mittelsatz (Verbrauch für 1 m²) ein neuer Schluss gezogen werden **(Bild 1)**.

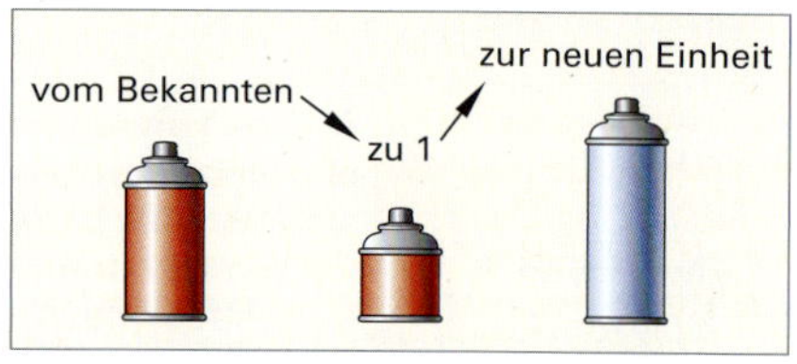

Bild 1: Prinzip des Dreisatzrechnens

Dreisatz mit geradem Verhältnis

Ein gerades Verhältnis liegt immer dann vor, wenn beide Werte gleichzeitig zunehmen oder abnehmen **(Bild 2)**. Dies ist bei folgenden Beziehungen der Fall: Arbeitszeit – Lohn, Menge – Preis, m² – Verbrauch.
Bei geradem Verhältnis verläuft die Linie im Diagramm stets gerade aufwärts.

Die Rechenschritte am Beispiel:
3 Dosen Lack kosten 68,00 €. Wie teuer sind 11 Dosen Lack?

1. **Schritt:**
   3 Dosen kosten 68,00 €
2. **Schritt:**
   1 Dose kostet 68,00 € : 3
3. **Schritt:**
   11 Dosen kosten 68,00 € : 3 · 11
   = 249,33 €

vereinfacht dargestellt:

3
1 $\quad \frac{68{,}00 \cdot 11}{3}$
11

= 249,33 €

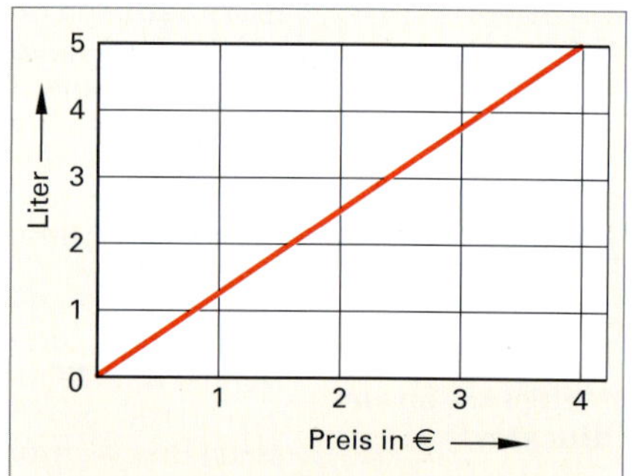

Liter	1	2	3	4	5
Preis in €	0,8	1,6	2,4	3,2	4,0

Bild 2: Gerades Verhältnis

Dreisatz mit umgekehrtem Verhältnis

Entwickeln sich beide Werte gegenläufig (je mehr, umso weniger – je weniger, umso mehr), so spricht man von einem umgekehrtem Verhältnis. Dies ist bei folgender Beziehung der Fall: Arbeiter – Zeitaufwand.
Bei umgekehrtem Verhältnis verläuft die Linie im Diagramm stets abwärts **(Bild 3)**.

Die Rechenschritte am Beispiel:
6 Arbeiter benötigen für eine Arbeit 15 Stunden.
Wie lange benötigen 9 Arbeiter?

1. **Schritt:**
   6 Arbeiter benötigen 15 Stunden
2. **Schritt:**
   1 Arbeiter benötigt 15 Stunden · 6
3. **Schritt:**
   9 Arbeiter benötigen 15 Stunden · 6 : 9
   = 10 Stunden

vereinfacht dargestellt:

6
1 $\quad \frac{15 \cdot 6}{9}$
9

= 10 Stunden

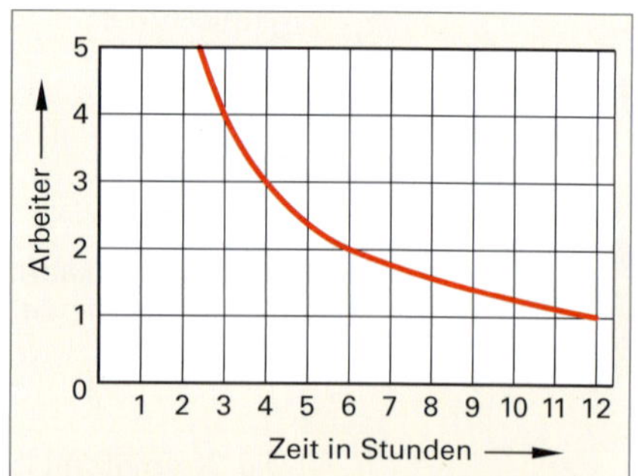

Arbeiter	1	2	3	4	5
Zeit in Stunden	12	6	4	3	2,4

Bild 3: Umgekehrtes Verhältnis

15.1.5 Mischungsrechnen

Zweikomponentenlacke müssen im richtigen Verhältnis zusammengerührt (angesetzt) werden. Die benötigten Mengen an Stammlack, Härter und Verdünnung können nach vorgegebenen Schritten des Dreisatzrechnens berechnet werden (Tabelle 1).

Beispiel:

Es sind 16 l Zweikomponentenlack anzusetzen. Das Mischungsverhältnis zwischen Stammlack, Härter und Verdünnung beträgt 3 : 2 : 0,5.

a) Welche Einzelmengen werden benötigt?

b) Wie viel kostet 1 Liter angesetzter Lack, wenn 1 Liter Stammlack 35,50 €, 1 Liter Härter 27,10 € und 1 Liter Verdünnung 15,40 € kostet?

Schritt 1	Addition der Einzelmengen 3 + 2 + 0,5 = 5,5		
Schritt 2	Ermittlung des Malnehmers 16 : 5,5 = 2,909090 = aufgerundet 2,91		
Schritt 3	Berechnung der Anteile		
	Stammlack:	3,0 · 2,91 l	= 8,730 l
	Härter:	2,0 · 2,91 l	= 5,820 l
	Verdünnung:	0,5 · 2,91 l	= 1,455 l
	Summe		**= 16,005 l**
Schritt 4	Berechnung der Preise der Anteile		
	Stammlack:	8,730 l · 35,50 €	= 309,92 €
	Härter:	5,820 l · 27,10 €	= 157,72 €
	Verdünnung:	1,455 l · 15,40 €	= 22,41 €
	Preis von 16 l		**= 490,05 €**
Schritt 5	**Preis von 1 Liter** 490,05 € : 16 = 30,63 €		

Tabelle 1: Schritte des Mischungsrechnens

15.1.6 Prozentrechnen

Prozentangaben bedeuten immer den Bezug zu 100. Da sich nicht jeder Wert in Wirklichkeit auf 100 bezieht, muss mit dem Prozentrechnen der Bezug zu 100 erst errechnet werden.

Ein Preisnachlass von 3,00 € auf 60,00 € ist erst mit dem Preisnachlass von 4,80 € auf 70,00 € vergleichbar, wenn in beiden Fällen der Nachlass in Prozent, bezogen auf 100,00 €, vorliegt.

Beispiel:

Von **60,00 €**	sind **3,00 €**	genau **5 %**
Grundwert *g* = der Wert, auf den man sich bezieht	**Prozentwert *w*** = Teil des Grundwertes, der dem Prozentsatz entspricht	**Prozentsatz *p*** = Anzahl der Hundertstel = %

Bild 1: Beispiel mit Prozentangaben

Berechnungen an Beispielen:

Grundwert: Auf eine Rechnung bekommt man 12 % Rabatt = 20,00 €. Wie hoch ist der Rechnungsbetrag ohne Rabatt?

12 %
1 %
100 %

$$\frac{20{,}00\,€ \cdot 100\,\%}{12\,\%} = \underline{\underline{166{,}67\,€}}$$

Prozentwert: Laut Merkblatt müssen einem Lack vor der Verarbeitung 5 % Verdünnung zugegeben werden. Wie viel Liter Verdünnung brauchen Sie für 65 l Lack?

100 %
1 %
5 %

$$\frac{65\,l \cdot 5\,\%}{100\,\%} = \underline{\underline{3{,}25\,l}}$$

Prozentsatz: Der Preis eines Anstrichstoffes ist von 20,65 € auf 21,27 € erhöht worden. Wie viel Prozent beträgt die Preissteigerung?

20,65 €
1,00 €
0,62 €

$$\frac{100\,\% \cdot 0{,}62\,€}{20{,}65\,€} = \underline{\underline{3\,\%}}$$

Vermehrter und verminderter Grundwert
In üblichen Prozentaufgaben wird von 100 % ausgegangen. Lauten jedoch Aufgaben wie folgt: „Vor/nach einem Abzug von ...". „Vor/nach einer Preiserhöhung von ...", so ist nicht von 100 % als Grundwert auszugehen, sondern von dem vermehrten oder verminderten Grundwert.

Nach einem Abzug von 23 % werden 1 925,00 € ausbezahlt. Wie hoch war der Lohn ursprünglich?

77 %
1 %
100 %

$$\frac{1\,925{,}00\,€ \cdot 100\,\%}{77\,\%} = \underline{\underline{2\,500{,}00\,€}}$$

Nach einer Preiserhöhung von 6 % kostet eine Schleifmaschine 477,00 €. Wie teuer war das Gerät vorher?

106 %
1 %
100 %

$$\frac{477{,}00\,€ \cdot 100\,\%}{106\,\%} = \underline{\underline{450{,}00\,€}}$$

15.1.7 Rabatt, Skonto, Mehrwertsteuer

Vom Listenpreis bis zu dem zu bezahlenden Preis müssen Prozente für Rabatt, Skonto und Umsatzsteuer in der richtigen Reihenfolge berechnet werden.
Zuerst wird vom Listenpreis der Rabatt abgezogen, denn Rabatte für Treue, Mengen usw. liegen in der Entscheidung des Händlers.
Auf den neuen Preis wird die Mehrwertsteuer aufgeschlagen, das Ergebnis ist der Rechnungsbetrag. Wird vom Händler Skonto angeboten, ein Abzug von meist 2 % bis 3 % bei Barzahlung oder raschem Bezahlen, so liegt es am Kunden, ob er dieses Angebot annimmt. Der Skontoabzug erfolgt somit vom Rechnungspreis (**Tabelle 1**).

		Beispiel
Listenpreis	100 %	568,00 €
– Rabatt	z. B. 10 %	56,80 €
= Angebotspreis (Netto)	neu 100 %	511,20 €
+ Umsatzsteuer	19 %	97,13 €
= Rechnungspreis (Brutto)	neu 100 %	608,33 €
– Skonto	z. B. 3 %	18,25 €
Überweisungsbetrag		**590,08 €**

Tabelle 1: Rechenschritte vom Listen- bis zum Überweisungsbetrag

15.1.8 Rechnen mit Formeln

In einer **Gleichung** sind beide Seiten identisch. **Formeln** sind Gleichungen, um eine unbekannte Zahl zu finden. Die Unbekannte wird häufig mit *x* eingesetzt. Die Berechnung einer Formel führt nur zum richtigen Ergebnis, wenn
- die richtigen Zahlen eingesetzt werden,
- die Zahlen in den richtigen Einheiten geschrieben werden.

$x = 6{,}00 \cdot 5{,}00$ $x = \mathrm{m} \cdot \mathrm{m}$

Befindet sich eine unbekannte Größe innerhalb der Formel, so kann sie durch Umstellung isoliert und dann berechnet werden. Die Unbekannte wird isoliert, indem man auf beiden Seiten die gleiche Rechenoperation vornimmt, sodass die Vorgabe erhalten bleibt, dass beide Seiten der Gleichung/der Formel identisch sind. Bei komplexen Formeln kann das Umformen sehr kompliziert sein. Dann ist es sinnvoller, in der Formelsammlung die bereits umgestellten Versionen zu gebrauchen.

Beispiel: Formelumstellung am Rechteck.
Gesucht ist *l*:

$$A = l \cdot b \;\rightarrow\; \frac{A}{b} = \frac{l \cdot b}{b} \;\rightarrow\; \frac{A}{b} = l \;\rightarrow\; l = \frac{A}{b}$$

mit *b* kann gekürzt werden

Aus *A* und *b* kann die Länge berechnet werden

15.1.9 Zinsberechnung

Zinsen sind Kosten für geliehenes Geld oder Einkünfte für verliehenes Geld. Bei der Berechnung von Zinsen handelt es sich um Dreisatzrechnen mit mehreren Einflussgrößen (**Übersicht 1**):

Ge- oder verliehene Geldsumme	*k*
Vereinbarter Zinsfuß (in %)	*p*
Laufzeit in Tagen (1 Monat = 30 Tage, 1 Jahr = 360 Tage)	*t* (Tage)
Zinsen	*z*

Die Tage der Auszahlung und der Rückzahlung werden zur Laufzeit gezählt.

$$z = \frac{k \cdot p \cdot t}{100 \cdot 360} \qquad k = \frac{z \cdot 100 \cdot 360}{p \cdot t}$$

$$t = \frac{z \cdot 100 \cdot 360}{k \cdot p} \qquad p = \frac{z \cdot 100 \cdot 360}{k \cdot t}$$

Übersicht 1: Formeln zur Zinsberechnung

15.2 Flächenberechnung

Maler und Lackierer müssen Flächen berechnen können. Aus funktionellen Gründen weisen Gebäude und Räume rechteckige Flächen auf oder andere einfache geometrische Grundformen wie Dreieck oder Kreis. Auch die ungeometrischen Flächen am Fahrzeug lassen sich in Annäherung als einfache geometrische Formen darstellen.

Name	Fläche/Bezeichnungen	Fläche A	Umfang U
Rechteck	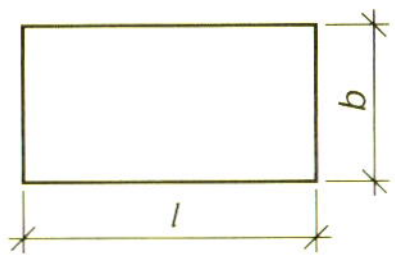	$A = l \cdot b$ l = Länge b = Breite	U = Summe aller Seiten
Dreieck	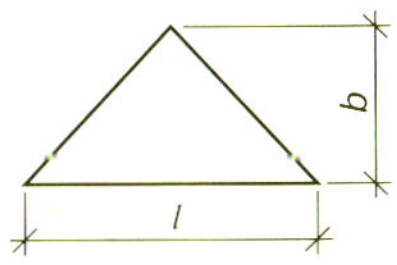	$A = \frac{l \cdot b}{2}$	
Parallelogramm	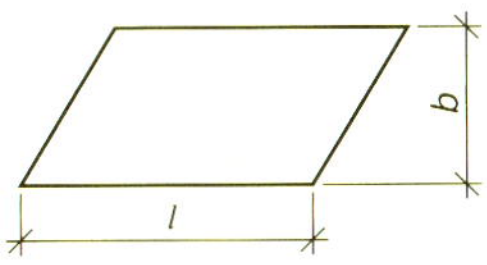	$A = l \cdot b$	
Trapez	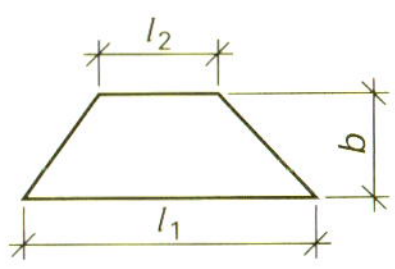	$A = \frac{l_1 + l_2}{2} \cdot b$	
Kreis	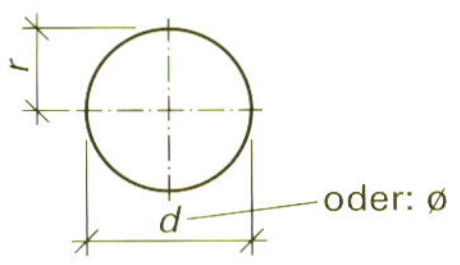	$A = r \cdot r \cdot \pi$ oder: $A = d \cdot d \cdot 0{,}785$	$U = d \cdot \pi$ r = Radius d = Durchmesser π = Pi ≈ 3,14
Ellipse	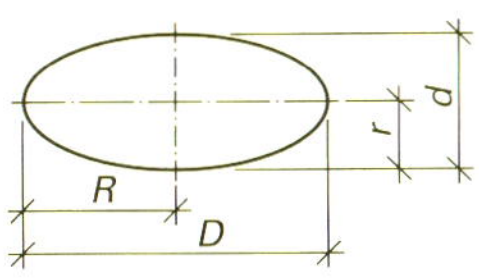	$A = R \cdot r \cdot \pi$ oder: $A = D \cdot d \cdot 0{,}785$	$U \approx \frac{D + d}{2} \cdot \pi$
Kreisausschnitt	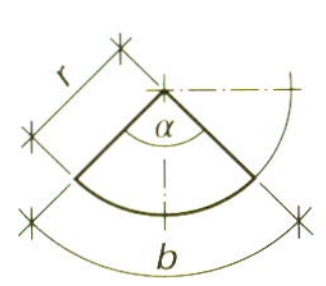	$A = \frac{b \cdot r}{2}$ oder $A = \frac{r \cdot r \cdot \pi \cdot \alpha}{360°}$	$U = 2 \cdot r + b$ $b = \frac{d \cdot \pi \cdot \alpha}{360°}$ b = Bogenlänge α = Winkel Alpha
Kreisabschnitt	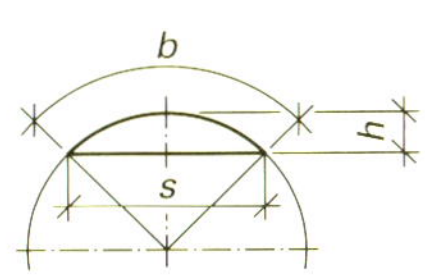	$A = \frac{s \cdot h \cdot 2}{3}$	$U = s + b$ s = Sehne h = Höhe

Tabelle 1: Formelsammlung Flächen

Häufig müssen Flächen berechnet werden, die sich aus verschiedenen geometrischen Formen zusammensetzen. Diese Flächen müssen zuerst in berechenbare geometrische Grundformen zerlegt werden. Dabei ist die Teilung zu wählen, nach der möglichst wenig Teilflächen entstehen (Bild 1).

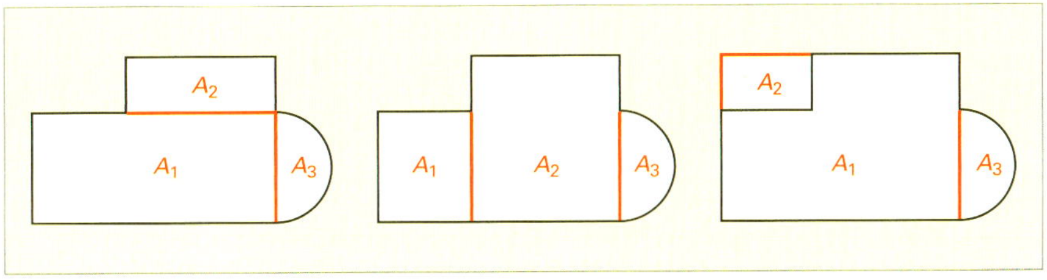

Bild 1: Mögliche Flächenteilungen am Beispiel eines Grundrisses

15.3 Körperberechnung

Bei der Berechnung von Körpern geht es für den Maler und Lackierer vorwiegend um die Berechnung der Oberflächen der Körper. Nur in wenigen Fällen muss der Maler und Lackierer den Rauminhalt eines Körpers berechnen können, z. B. zur Berechnung des Inhaltes einer Dose (**Tabelle 1**).

Name	Fläche/Bezeichnungen	Fläche A	Volumen V
Quader Zylinder (Alle Körper mit gleicher Grund- und Deckfläche)	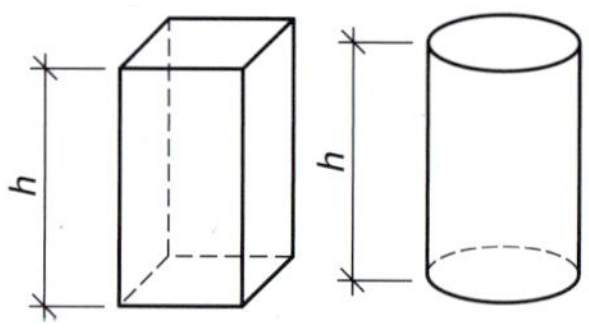 Grundfläche = Rechteck Kreis	A = Grundfläche + Deckfläche + Mantel Mantel = Umfang der Grundfläche · h oder: jede Mantelseite einzeln berechnen + addieren	V = Grundfläche · h
Pyramide	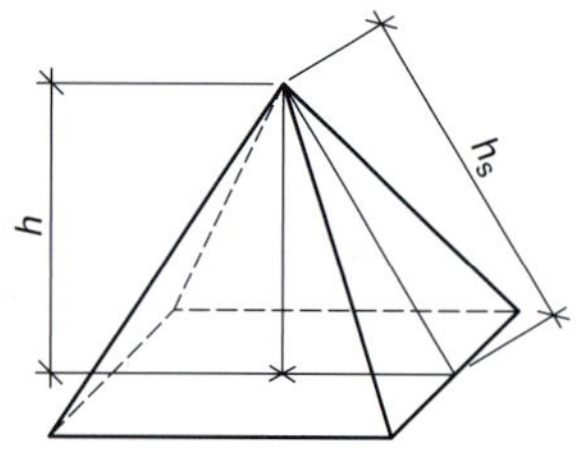	A = Grundfläche + 4 Dreieckflächen Jede Dreieckfläche = $\frac{\text{Seitenlänge der Grundfläche} \cdot h_s}{2}$	$V = \frac{\text{Grundfläche} \cdot h}{3}$
Pyramidenstumpf	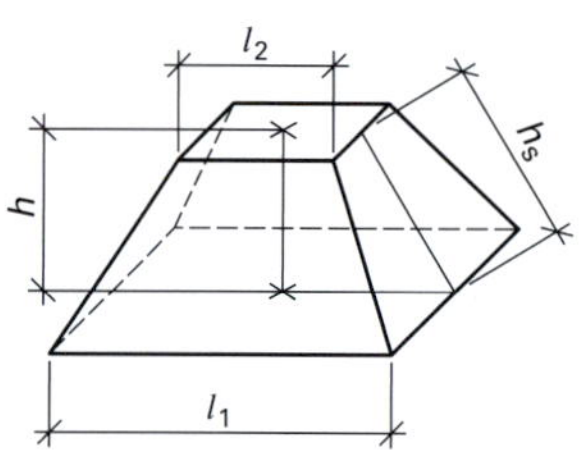	A = Grundfläche + Deckfläche + 4 Trapezflächen Jede Trapezfläche = (Länge l_1 der Grundfläche + Länge l_2 der Deckfläche) : 2 · h_s	$V = \frac{\text{Grundfläche + Deckfläche}}{2} \cdot h$
Kegel	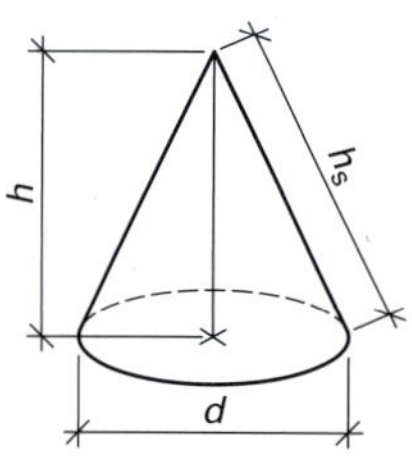	A = Grundfläche + Mantel Mantel = Umfang der Grundfläche · h_s : 2	$V = \frac{\text{Grundfläche} \cdot h}{3}$
Kegelstumpf	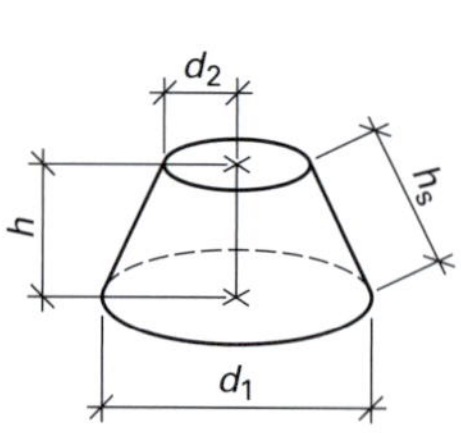	A = Grundfläche + Deckfläche + Mantel Mantel = $\frac{d_1 + d_2}{2} \cdot \pi \cdot h_s$	$V \approx \frac{\text{Grundfläche + Deckfläche}}{2} \cdot h$
Kugel	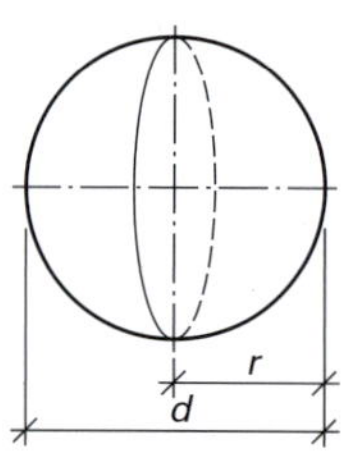	$A = d \cdot d \cdot \pi$ oder: $A = 4 \cdot r \cdot r \cdot \pi$	$V = \frac{4 \cdot r \cdot r \cdot r \cdot \pi}{3}$

Tabelle 1: Formelsammlung Körper

15.4 Aufmaßrechnen

Zur rechtlich und sachlich einwandfreien Abrechnung eines Auftrages gibt es für das Maler- und Lackiererhandwerk das Aufmaß.

Man versteht darunter:

- Regeln und Vorschriften nach VOB
- Ein Dokument, das nachträglich nicht abgeändert werden darf
- Die Schreibweise für Berechnungen am Bau nach den Aufmaßregeln

15.4.1 Regeln und Vorschriften nach VOB

Die VOB (Vergabe- und Vertragsordnung für Bauleistungen) ist die rechtliche Grundlage für alle Bauleistungen, also für alle Arbeiten zur Herstellung, Instandhaltung, Änderung oder Beseitigung von baulichen Anlagen.

Die VOB ist in 3 Abschnitte unterteilt (Tabelle 1).

VOB Teil A	Teil A bezieht sich auf die Auftragsvergabe, d. h. wie der Handwerker zu dem Auftrag kommt.
VOB Teil B	Dieser Teil behandelt allgemeine Vertragsbedingungen, die das Werkvertragrecht des BGB (Bürgerliches Gesetzbuch) um besondere Bedingungen für das Bauhandwerk ergänzen. Dazu gehören z. B. Vergütung, Vertragsstrafen, Gewährleistung, Abrechnung.
VOB Teil C	Dieser Teil beinhaltet die allgemeinen technischen Vertragsbedingungen für die verschiedenen Bauberufe. Er beschreibt in den Allgemeinen Technischen Vertragsbedingungen (ATV) Grundregeln für Maler- und Lackierarbeiten, u. a. **Regeln zur Abrechnung, das Aufmaß**.

Tabelle 1: Inhalt der VOB

15.4.2 Das Aufmaß

Es ist eine Forderung der VOB, dass alle am Auftrag Beteiligten (Auftragnehmer, Auftraggeber, Architekt und andere) jederzeit die Berechnungen des Malers und Lackierers nachprüfen können. Darum muss sich dieser an eine bestimmte Schreibweise seiner Berechnungen halten. So dürfen nur Maße geschrieben werden, die am Objekt nachprüfbar oder in der Bauzeichnung wiederzufinden sind.

Zahlen und Rechengänge sind sauber, übersichtlich, eindeutig und klar erkennbar zu schreiben. Maler und Lackierer benutzen darum heute meistens das Aufmaßformular.

Da Maler und Lackierer in Metern rechnen, erscheinen im Aufmaß nur Angaben in der Einheit des Meters. Dabei ist, ganz gleich, ob Dezimeter oder Zentimeter folgen, das Maß ist mit zwei Stellen nach dem Komma zu schreiben. Zahlen ohne Komma weisen auf eine Stückzahl oder Flächenanzahl des Objektes hin.
Das Endergebnis der Position ist mit der Angabe der Einheit zu schreiben.

Alle Aufmaßformulare sind im Aufbau gleich. Jede Zeile muss nach den Aufmaßregeln geschrieben werden, um Fehler zu vermeiden. In diesem Buch wird die Spalte der Maßerfassung etwas vereinfacht, da sich nicht alle Flächen durch Länge, Breite und Höhe beschreiben lassen (z. B. die Kreisfläche) (Tabelle 2).

Beispiel: Fünf ganzflächige Türblätter mit einer Breite von 1,00 m und einer Höhe von 2,00 m sind beidseitig zu lackieren. Wie groß ist die Beschichtungsfläche in m²?

Position	Bezeichnung	Stückzahl +	Stückzahl –	Abmessungen/Berechnung Länge Breite Höhe	Messgehalt	Abzug	Reiner Maßgehalt
Pos. 1	Türen lackieren	5		1,00 · 2,00 · 2	20,00		20,00 m²
	Benennung der Arbeit, zu der die Fläche berechnet wird.	Eintrag der direkten Stückzahl, d. h. der Anzahl der Objekte. Unter Minus (–) sind Abzüge zu schreiben. Diese Zahl geht in die Berechnung mit ein.		Eintrag der am Objekt gemessenen oder dem Plan entnommenen Maße und der indirekten Stückzahl, d. h. der Flächenanzahl eines Objektes.	Zwischenergebnisse zu + und zu –. Zu jeder Zeile ein Zwischenergebnis. addieren	addieren	Endergebnis zur Position in m, m². In dieser Spalte erscheint pro Position nur 1 Angabe.
					subtrahieren		

Tabelle 2: Schreibweise im Aufmaßformular

Die Schreibweise ohne Formular ist gleich: 5 · 1,00 · 2,00 · 2 = 20,00 m².
Bei komplexen Aufträgen mit langen Zahlenkolonnen ist diese Schreibweise unübersichtlich, da auch kleine Einzelmaße geschrieben werden müssen und nicht im Kopf addiert werden dürfen.

15.4.3 Aufmaßregeln

Ziel der Aufmaßregelung nach ATV DIN 18363 (VOB Teil C, Maler- und Lackiererarbeiten) in der Fassung von 2006 ist, mit möglichst geringem Aufwand Ergebnisse zu erhalten, mit deren Hilfe Material- und Zeitaufwand praxisgerecht und nachprüfbar ermittelt werden können. Der Ermittlung der Leistung sind die Maße der tatsächlich zu behandelnden Fläche zugrunde zu legen. Dabei spielt es keine Rolle, ob sie nach Zeichnung oder nach Aufmaß vor Ort erfolgt.

Liegende und stehende Flächen

Im Aufmaß wird zwischen liegenden und stehenden Flächen unterschieden **(Bild 1)**.
Liegende Flächen werden wie üblich berechnet:

(größere) Länge · (kleinere) Breite

Liegende Flächen sind Flächen wie z. B. Tischplatten, Regalbretter und Balkonuntersichten, die keiner Raumbegrenzung unterliegen. Decken und Fußböden sind somit keine liegenden Flächen.
Stehende Flächen stehen auf einer ihrer Kanten, z. B. Wände, Fenster, Türen.

Aufmaßregel: Grundlinie · Höhe

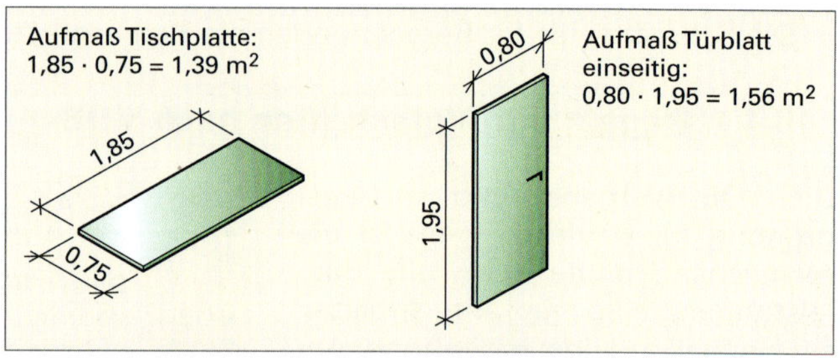

Bild 1: Beispiel für liegende und stehende Flächen

Zusammengesetzte Flächen

Sind zu berechnende Flächen aus mehreren geometrischen Formen zusammengesetzt, so sind sie in Teilflächen zu zerlegen, sodass man sie mithilfe der Formelsammlung berechnen kann.

Beispiel: Giebelseite Fassade = Rechteck + Dreieck

Öffnungen, Nischen, Aussparungen und Leibungen (Bild 2 und 3)

Nach VOB versteht man unter **Öffnungen** konstruktionsbedingte Durchbrüche in Decken, Wänden oder Fußböden, z. B. Türen oder Fenster. Dies gilt für Räume wie auch für Fassaden.
Nischen sind Vertiefungen innerhalb von Wänden, z. B. Heizkörpernischen.
Aussparungen sind Flächen, die entweder gar nicht oder in einer anderen Technik bearbeitet werden. Aussparungen an Wänden können fliesenbelegte Flächen sein, an Decken kann es sich um die Deckflächen von Kaminen, Pfeilern oder Mauervorsprüngen handeln.
Aussparungen und Öffnungen, die um eine Raumecke herumlaufen, z. B. ein gefliester Küchenteil, werden in getrennt zu berechnende Teilflächen untergliedert.
Leibungen sind Begrenzungsflächen von Öffnungen und Nischen innerhalb der Wanddicke eines Bauteils, z. B. Fensterleibungen.

Öffnungen und Aussparungen mit einer Einzelgröße bis 2,50 m² werden übermessen, d.h. nicht abgezogen.
Öffnungen und Aussparungen über 2,50 m² werden abgezogen.

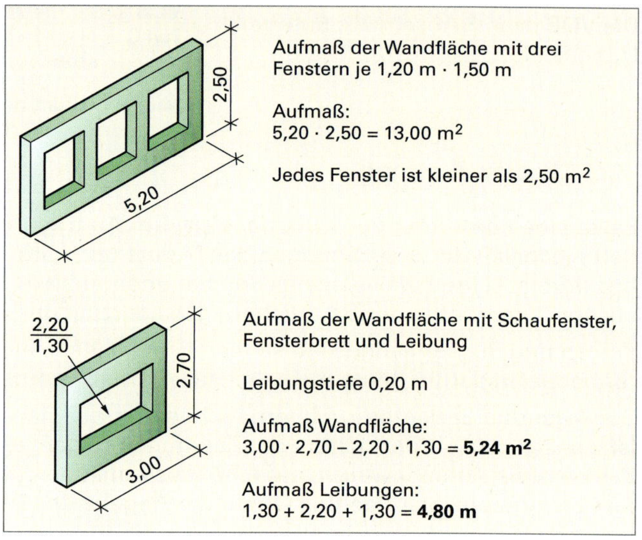

Bild 2: Beispiele für Wandöffnungen mit und ohne Leibung

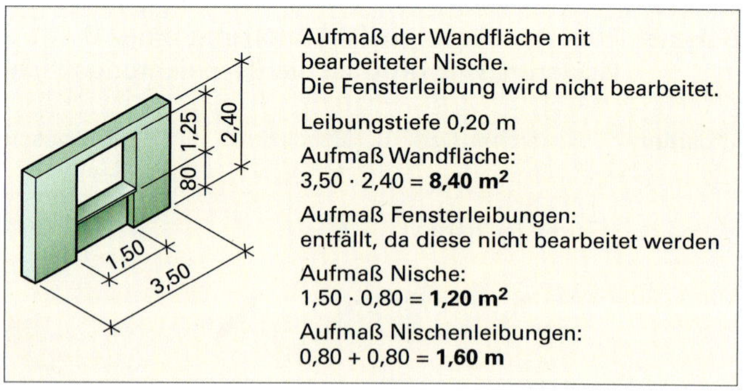

Bild 3: Beispiel Fenster mit Nische

Besitzen diese Öffnungen eine Leibung, so wird die Leibungsfläche, wenn sie bearbeitet wird, in m gesondert berechnet. Sieht das Leistungsverzeichnis selbstständige Positionen für Leibungen vor, sind diese nach dem Längenmaß unter Angabe der Breite abzurechnen.

In einer Deckenfläche werden Aussparungen bis 0,50 m² übermessen, über 0,50 m² abgezogen.

Anders als bei einer Fensteröffnung wird an Nischen der Nischenhintergrund bearbeitet. Darum werden Rückflächen von Nischen sowie Leibungen unabhängig von ihrer Einzelgröße mit ihren Maßen gesondert berechnet.

Unmittelbar zusammenhängende, verschiedenartige Aussparungen, z. B. Öffnung mit angrenzender Nische, werden getrennt berechnet.

Gesimse, Lisenen, Eckverbände, Umrahmungen und Faschen von Füllungen oder Öffnungen werden unabhängig davon, ob sie behandelt werden, beim Ermitteln der Fläche übermessen.

Unterbrechungen in der zu beschichtenden Fläche durch Bauteile (Fachwerkteile, Stützen, Unterzüge, Vorlagen und andere) mit einer Einzelbreite unter 0,30 m werden übermessen, ab 0,30 m werden sie abgezogen.

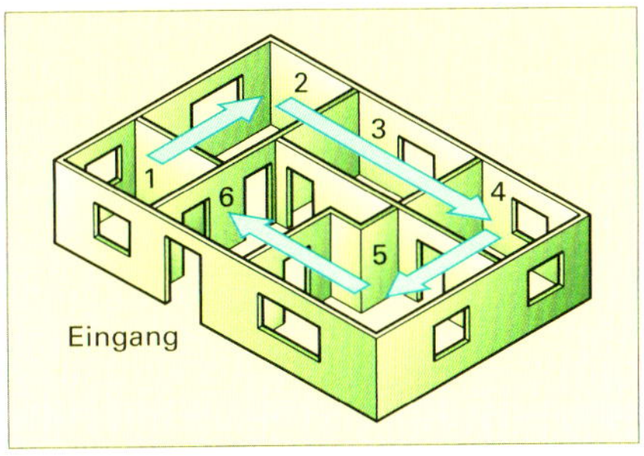

Bild 1: Raumfolge im Aufmaß

Räume, Wohnungen

Bei einzelnen Räumen wird das Maß der Straßenseite (Fensterseite) zuerst geschrieben.
Beim Aufmaß mehrerer Räume wird links von der Eingangstüre begonnen und die Räume werden im Uhrzeigersinn nacheinander aufgemessen. Der Flur wird zuletzt aufgemessen **(Bild 1)**.
In mehrgeschossigen Gebäuden beginnt man im obersten Stockwerk mit dem Aufmaß.

Deckenflächen

Deckenflächen sind im Aufmaß als selbstständige Position zu behandeln. Es ist mit den Maßen bis zur Wand zu rechnen, auch bei abgehängten Decken oder Decken mit Stuckgesims.
Unterzüge sind waagerechte Balken oder Träger. Werden sie mitbearbeitet, so sind zur durchgemessenen Deckenfläche die Seitenflächen des Trägers/Balkens hinzuzurechnen.
Schräge Decken sind in Schrägrichtung zu messen.

Wandflächen

Überwiegend haben Räume eine waagerechte Decke, es sind somit Wandflächen mit gleicher Höhe zu berechnen. Fußleisten, Sockel und Ähnliches bis 0,10 m Höhe werden übermessen, darüber hinaus sind sie von der Raumhöhe abzuziehen.

Die Berechnung der Wandflächen kann erfolgen:

- Für jede Wand einzeln
- Durch Zusammenfassung von Wänden
- Für alle Wände gemeinsam durch Raumabwicklung

Dies hängt vom jeweiligen Raum ab. Grundsätzlich ist für die Berechnung die übersichtlichste und rationellste Form des Aufmaßes zu wählen. Die Maße müssen im Plan zu finden sein.

Abwicklung von Raumflächen

Unter Abwicklung versteht man die Aneinanderreihung von Wandflächen auf der Grundlinie. Dabei ergibt sich bei einheitlicher Raumhöhe als gesamte Fläche ein Rechteck **(Bild 2)**.
Dies geschieht durch Addition der Maße der Grundlinien.
Das gesamte Rechteck kann nun nach der Regel: „Grundlinie mal Höhe" berechnet werden **(Bild 3)**.
Alle Grundlinienmaße müssen im Aufmaß geschrieben werden.

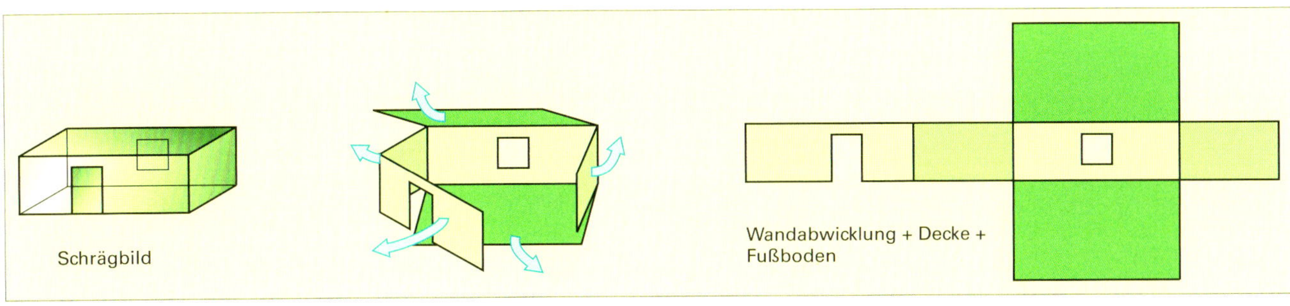

Bild 2: Aufklappung eines Raumes

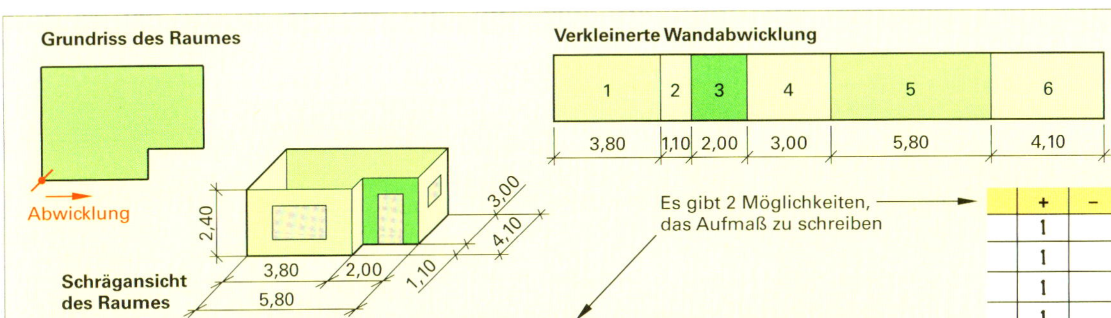

Pos	Bezeichnung	Stückzahl +	Stückzahl –	Abmessungen/Berechnung Länge Breite Höhe	Messgehalt	Abzug	Reiner Messgehalt
1	Wände	1		(3,80 + 1,10 + 2,00 + 3,00 + 5,80 +			
				4,10) · 2,40	47,52		47,52 m²

+	–	
1		3,80 · 2,40
1		1,10 · 2,40
1		2,00 · 2,40
1		3,00 · 2,40
1		5,80 · 2,40
1		4,10 · 2,40
		+ Messgehalt etc.

Bild 3: Beispiel zur Berechnung von Wandflächen

Türen (Bild 1)

- Ist ein Blendrahmen (eine Stockzarge) an einem Maueranschlag befestigt, sodass die Tür innen und außen unterschiedliche Abmessungen besitzt, so sind Tür und Blendrahmen in einem zu messen. Darum ist jede Seite extra aufzumessen, jeweils Gesamtbreite · Gesamthöhe.
- Bei Türen mit Futter und Bekleidung (Umfassungszarge) werden Türblatt und Rahmen getrennt aufgemessen. Das Türblatt wird mit Breite · Höhe gerechnet. Die Rahmenfläche errechnet sich aus Rahmenumfang · Rahmenabwicklung.
  Für den Rahmenumfang gilt das lichte Konstruktionsmaß. Die Rahmenabwicklung ist die Summe von Futterbreite, Bekleidungsdicke und Bekleidungsbreite, rundum ermittelt.

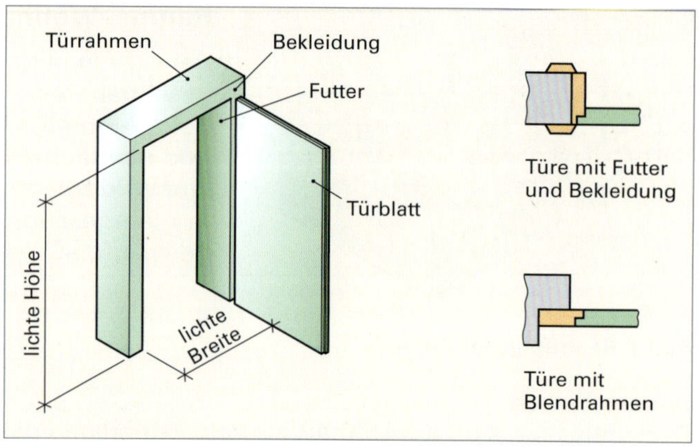

Bild 1: Schnittzeichnungen von Türen

Fenster

Bild 2 zeigt einige Beispiele verschiedener Fensterarten. Am Fenster ist die eigentliche Beschichtungsfläche gering, der Aufwand liegt im Beschneiden, d. h. im sauberen Streichen an den Scheiben entlang und Streichen der Falze.
Die Berechnung erfolgt je beschichtete Seite nach Fläche, ohne Abzug der Scheiben.
Bei Erschwernis durch Konstruktion oder Sprosseneinteilung wird der Einheitspreis pro m² mit einem Schwierigkeitsfaktor multipliziert.

Bild 2: Wichtige Fensterarten

Fensterläden, Roll- und Klappläden

Die Berechnung erfolgt mit den Maßen der Fensteröffnung. Paarweise angeordnete Läden werden als eine durchgehende Fläche angesehen. Bei schwer zu bearbeitenden Konstruktionen, z. B. bei Stülpbrettchen, wird der Preis pro m² mit einem Schwierigkeitsfaktor multipliziert.

Heizkörper, Radiatoren

Radiatoren sind genormte Stahlheizkörper. Die Heizfläche entspricht der Anstrichfläche. Sie wird wie folgt berechnet:
Fläche eines Heizkörpergliedes = Tiefe · Höhe · 2 + 10 %
Fläche des gesamten Heizkörpers = Fläche eines Heizkörpergliedes · Gliederzahl.
Die berechnete Fläche ist meist kleiner als die wahre Fläche. Darum erfolgt die Berechnung in der Regel nach Tabellen (Tabelle 1).
Für Stahlröhrenradiatoren gibt es ebenfalls Tabellen.
Die Abrechnung der Zuleitungen erfolgt nach Metern.

Nabenabstand mm	Bauhöhe mm	Bautiefe mm	Anstrichfläche je Glied in m²
900	1 000	72	0,183
900	1 000	110	0,240
900	1 000	160	0,345
900	1 000	220	0,480
600	662	72	0,124
500	600	72	0,100
500	600	110	0,140
500	600	160	0,205
500	600	220	0,285
400	480	72	0,080
350	450	160	0,155
350	450	220	0,210
200	300	250	0,160

Tabelle 1: Abmessungen und Oberfläche von Stahlradiatoren

Treppenhaus

Es wird jeweils die Wandfläche einer Etage berechnet. Diese wird mit der Anzahl der Etagen multipliziert.
Mit dem Auftraggeber kann vereinbart werden, dass die Wandfläche durchgehend über alle Etagen berechnet wird, ohne Berücksichtigung der Podeste und Treppenangrenzung.

Treppen

In der Abwicklung der Stufen sind alle Teilflächen zu erfassen. Einfacher ist die Abrechnung nach Stückzahl der Stufen: Stufenbreite · (Trittstufentiefe + Setzstufenhöhe + Unterschneidung) (Bild 3).
Treppenwangen sind nach ihrer Fläche zu berechnen = Länge · Breite.
Die Wangenbreite ist die größte Breite senkrecht zur Länge. Hinzu kommt die Fläche der Wangendicke.

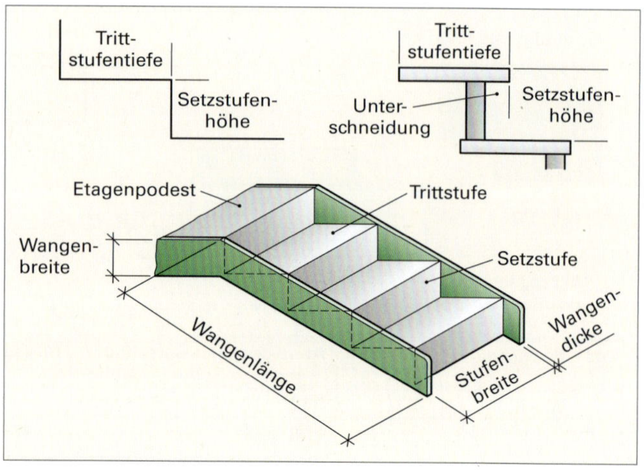

Bild 3: Bezeichnungen an Treppen

Fassaden

Die Berechnung der Gesamtfassadenfläche erfolgt durch Abwicklung (Bild 1). Für Außenwände gelten dieselben Aufmaßregeln wie für die Berechnung von Innenwänden.

Gesimse, Brüstungen, Vor- und Rücksprünge an Fassaden werden nach Möglichkeit in der Abwicklung mit aufgenommen, wenn sie mitbearbeitet werden. Ansonsten erfolgt deren Berechnung nach Metern.

Eckverbände, d. h. Mauergefüge an den Gebäudekanten, werden unabhängig von ihrer Größe übermessen. Grundsätzlich werden auch Gesimse, Lisenen, Umrahmungen und Faschen übermessen.

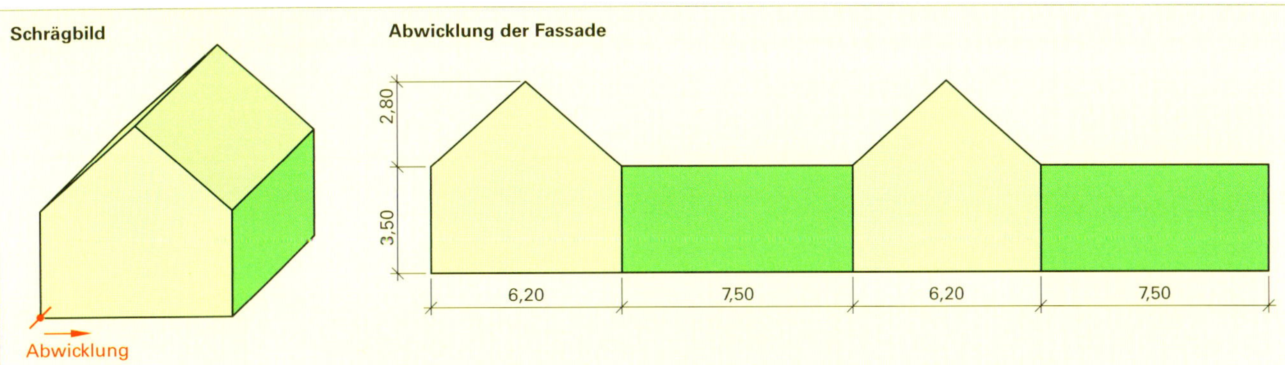

Schreibweise Aufmaß

Pos	Bezeichnung	Stückzahl +	Stückzahl –	Abmessungen/Berechnung Länge Breite Höhe	Messgehalt	Abzug	Reiner Messgehalt
1	Fassade	1		(6,20 + 7,50 + 6,20 + 7,50) · 3,50	95,90		
		2		6,20 · 2,80 : 2	17,36		113,26 m²

oder

Schreibweise Aufmaß

Pos	Bezeichnung	Stückzahl +	Stückzahl –	Abmessungen/Berechnung Länge Breite Höhe	Messgehalt	Abzug	Reiner Messgehalt
1	Fassade	2		(6,20 · 3,50) + (6,20 · 2,80 : 2)	60,76		
		2		7,50 · 3,50	52,50		113,26 m²

Bild 1: Abwicklung einer Fassade und Aufmaß

Wärmedämm-Verbundsysteme

Wie bei allen Fassadenarbeiten gilt das Fertigmaß, d. h. das Maß, welches nach dem Anbringen der Dämmung entsteht. Eckschutzschienen, Sockelschienen und Profile werden nach dem Längenmaß abgerechnet. Unterbrechungen unter 1,00 m werden übermessen.

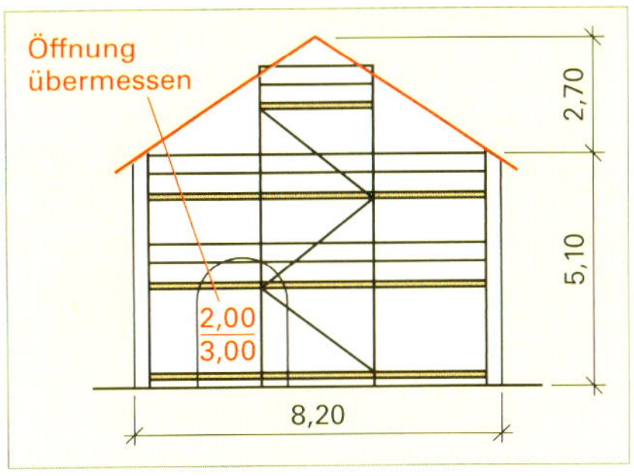

Bild 2: Fassadengerüst

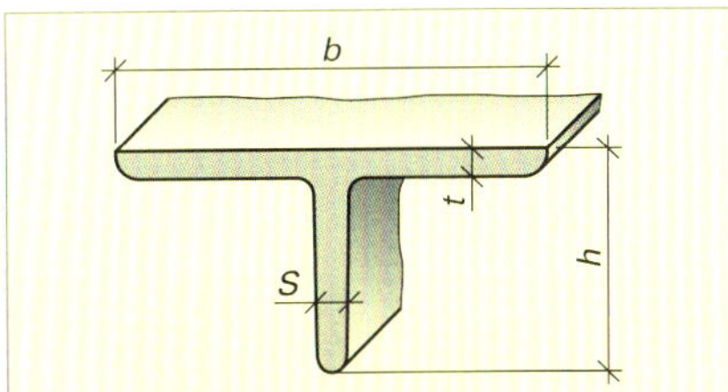

Kurz-zeichen	Höhe h [mm]	Breite b [mm]	Mantelfläche [m²/m]
TB 30	30	60	0,171
TB 35	35	70	0,201
TB 40	40	80	0,233
TB 50	50	100	0,287
TB 60	60	120	0,345

Übersicht 1: Maße am Stahlträger

Gerüstbau

Es gelten die Maße der eingerüsteten Fläche, für deren Bearbeitung das Gerüst erstellt wird. Öffnungen in der eingerüsteten Fläche werden nicht berücksichtigt (Bild 2).

Metallbauteile

Träger, Rohre und Profile aus Metall werden entweder berechnet (Fläche = Umfang · Länge) oder die Flächenermittlung erfolgt nach Tabellen (Übersicht 1).

Abrechnung nach dem Längenmaß

Nach VOB werden im Längenmaß abgerechnet:

- Fuß- und Deckenleisten
- Leibungen, die gesondert berechnet werden müssen
- Deckenbalken
- Rohre bis 0,30 m Umfang
- Gesimse
- Umrahmungen
- Faschen
- Fachwerkhölzer
- Dachsparren
- Dachrinnen
- Treppengeländer

usw.

Unterbrechungen der Fußleiste bis zu 1,00 m, z. B. durch Türen, werden übermessen. Bei allen Berechnungen nach dem Längenmaß muss die Höhe, Breite oder Abwicklung mit angegeben werden. Sie sind von Bedeutung für den Preis je Meter.

15.5 Materialberechnung

Verbrauch eines Anstrichstoffes

Dies ist die Menge des Materials, die für 1 m² benötigt wird. Darüber informiert die Dosenaufschrift oder das Technische Merkblatt.

Beispiel:
Angabe im Technischen Merkblatt: Verbrauch 200 ml/m².
Wie viel Dispersionsfarbe ist für die Beschichtung einer Fassade mit 247 m² notwendig?
Merke: 1 ml = 1/1 000 l = Kommaverschiebung um 3 Stellen.
$200\ \text{ml/m}^2 \cdot 247\ \text{m}^2 = 49\,400\ \text{ml}$ = **49,400 Liter**
Es werden 49,4 Liter Dispersionsfarbe benötigt.

Wie viel Material wird für die Fläche der Fassade gebraucht?

Ergiebigkeit eines Anstrichstoffes

Man versteht darunter die Fläche in m², die mit 1 l des Materials beschichtet werden kann. Angaben zur Ergiebigkeit befinden sich ebenfalls im Aufdruck auf der Dose oder im Technischen Merkblatt.

Beispiel:
Dosenaufschrift: Ergiebigkeit 6 m²/l.
Es sind 26,50 m² Türfläche zu beschichten. Dafür muss der Lack bestellt werden. Wie viele 3-Liter-Dosen und 1-Liter-Dosen sind nötig?
$26{,}50\ \text{m}^2 : 6\ \text{m}^2/\text{l}$ = **4,417 l**
Es müssen eine 3-Liter-Dose und zwei 1-Liter-Dosen bestellt werden.

Welche Fläche kann damit beschichtet werden?

Nassschicht-Dicke, Trockenschicht-Dicke

Jeder Beschichtungsstoff besteht aus Bindemittel, Pigment, Lösemittel und Zusatzstoffen, alles zusammen 100 % **(siehe Kap. 6.1)**.
Den trockenen Anstrichfilm bilden jedoch nur z. B. 60 % Festkörper, da das Lösemittel, die restlichen 40 %, während der Trocknung verdunstet.
Folglich ist die Nassschicht immer größer als die Trockenschicht.
Sie wird in µm (sprich Mikrometer) gemessen. 1 µm = 1/1 000 mm.

Beispiel:
Laut Angabe verfügt ein Alkydharzlack über einen Festkörper von 60 %. Am Objekt wird eine Nassschicht von 90 µm gemessen. Wie dick ist die Trockenschicht?
Nassschicht = 90 µm = 100 %, Festkörper = 60 %
Trockenschicht = 60 % von 90 µm = **54 µm**

Wie dick ist die nasse Schicht? Wie dick ist die trockene Schicht?

Verbrauchs- und Schichtdickenumrechnung

Merke: Verbrauch in ml = Schichtdicke in µm pro m² (nass).

Beispiel:
Die Trockenschichtdicke einer Beschichtung ist mit 50 µm vorgeschrieben. Für 12 m² werden 600 ml verbraucht. Der Festkörper des 2K-Lackes beträgt 90 %. Wurde die geforderte Schichtdicke eingehalten?
600 ml : 12 m² = 50 ml/m² (nass)
90 % von 50 ml = 45 ml/m² (trocken) = **45 µm** Trockenschichtdicke
Das Material wurde in zu geringer Schichtdicke aufgetragen.

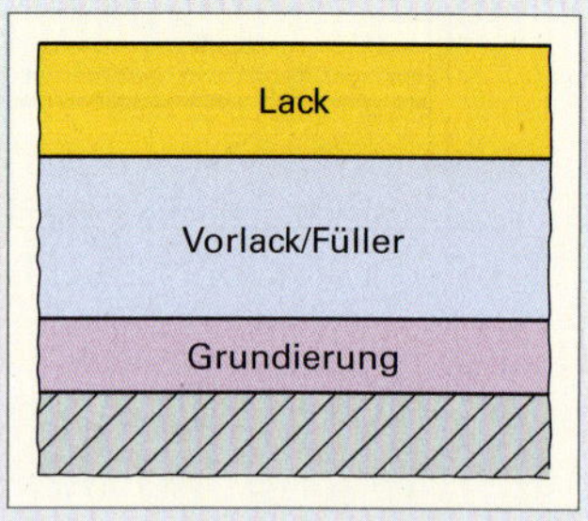

Wurde genügend Material aufgetragen?

Preis

Der Literpreis oder der Gebindepreis ist über Preislisten oder andere Händlerangaben bekannt. Außerdem muss die benötigte Menge bekannt sein.
Mithilfe des Dreisatzes kann der Gesamtpreis errechnet werden.

Beispiel:
Eine 3-Liter-Dose Hammerschlaglack kostet 39,00 €. Es werden 28 Liter verarbeitet. Wie hoch sind die Materialkosten?
3 l kosten 39,00 €
1 l kostet 39,00 € : 3 = 13,00 €
28 l kosten 13,00 € · 28 = **364,00 €**

Wie viel kostet das verbrauchte Material?

15.6 Lohnberechnung

15.6.1 Tarifverträge und Lohnvereinbarungen

Grundlage des Zeitlohns für Maler und Lackierer ist der **Rahmentarifvertrag** (RTV) zwischen dem Bundesverband Farbe, Gestaltung, Bautenschutz – dem Bundesinnungsverband des deutschen Maler- und Lackiererhandwerks (Fachverband) und der Industriegewerkschaft Bauen-Agrar-Umwelt (Gewerkschaft).

Der Rahmentarifvertrag regelt unter anderem
- den Lohn vor und nach abgeschlossener Berufsausbildung (Tabelle 1),
- die Erschwerniszuschläge (Tabelle 2),
- die Zuschläge für Mehrarbeit, Nachtarbeit, Sonn- und Feiertagsarbeit (Tabelle 3).

Entlohnung	
Facharbeiter mit abgeschlossener Berufsausbildung	
Geselle nach zweijähriger tatsächlicher Tätigkeit im Maler- und Lackierhandwerk	100 % **(Ecklohn)**
Geselle nach einjähriger tatsächlicher Tätigkeit im Maler- und Lackierhandwerk	95 %
Geselle nach bestandener Gesellenprüfung	90 %
Facharbeiter mit abgeschlossener Berufsausbildung	
Ab 5 Jahren Betriebszugehörigkeit	85 %
Ab 5 Jahren Gewerbezugehörigkeit	80 %
Im 3. oder 4. Jahr der Gewerbezugehörigkeit	70 %
Im 1. oder 2. Jahr der Gewerbezugehörigkeit	60 %
Ausbildungsvergütung	
Im 3. Ausbildungsjahr	nach gültigem Tarifvertrag
Im 2. Ausbildungsjahr	nach gültigem Tarifvertrag
Im 1. Ausbildungsjahr	nach gültigem Tarifvertrag

Tabelle 1: Regelung der Entlohnung im Rahmentarifvertrag

Erschwerniszuschläge (Auszug)	
Ablaugen, Abbeizen, Abbrennen alter Anstriche	10 %
Arbeiten mit außergewöhnlicher Staubentwicklung und Verschmutzung	10 %
Auf- und Abbau von Gerüsten für die 1 Stunde pro Tag überschreitende Zeit	10 %
Arbeit auf Gerüst über 20 m Höhe, auf beweglichen Hängegerüst.	15 %
Arbeit mit Schutzmaske	20 %
Bei mehreren Zuschlägen beträgt die Obergrenze 30 %.	

Tabelle 2: Erschwerniszuschläge im Rahmentarifvertrag

Lohnzuschläge	
Mehrarbeit, Überstunden	25 %
Nachtarbeit (zwischen 20.00 und 6.00 Uhr)	25 %
Sonntag (zwischen 0:00 und 24 Uhr)	50 %
Gesetzlicher Feiertag, auch wenn dieser auf einen Sonntag fällt.	125 %
Oster- und Pfingstmontag, auch wenn dieser auf einen Sonntag fällt.	200 %
Fallen in der Nachtarbeit Überstunden an, sind beide Zuschläge zu zahlen. Fällt Nachtarbeit an Sonn- und Feiertagen an und sind diese Stunden Mehrarbeit, so gelten damit drei Zuschläge.	

Tabelle 3: Lohnzuschläge im Rahmentarifvertrag

Ecklohn

Der Ecklohn ist der im Lohntarifvertrag vereinbarte Lohn, den ein Facharbeiter oder Geselle mit abgeschlossener Berufsausbildung nach zweijähriger, tatsächlicher Tätigkeit im Maler- und Lackiererhandwerk für eine Arbeitsstunde bekommt.

Mindestlohn

Ein einheitlicher Mindestlohn kann durch Staat oder Tarifpartner für alle **Arbeitnehmer** oder begrenzt auf **eine Branche** eingeführt werden. Durch die untersten Entgeltgruppen in Tarifverträgen bestehen bereits faktisch Mindestlöhne. Der Organisationsgrad der Gewerkschaften in Deutschland beträgt aber mittlerweile weniger als 70 %, Tendenz fallend. Viele Branchen in Deutschland unterliegen heute gar keinem Tarifvertrag mehr oder er wird durch Ausnahmeregelungen unterlaufen.
Der Mindestlohn gilt für alle in diesem Handwerk Tätigen, auch für Leiharbeiter.

15.6.2 Zeitlohn

Unabhängig von der Arbeitsleistung wird der Arbeitnehmer nach der Dauer der abgeleisteten Arbeitszeit entlohnt. Der Arbeitgeber erwartet dafür eine normale Leistung, eine Durchschnittsleistung.

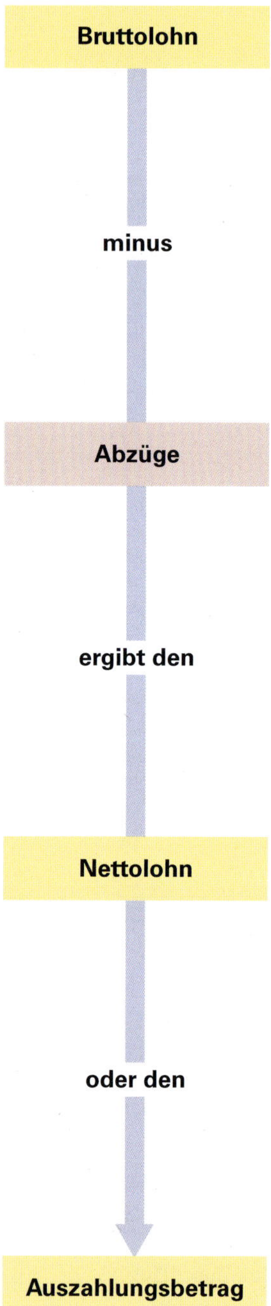

Der **Bruttolohn** setzt sich zusammen aus Stunden · Stundenlohn, Zuschlägen und der Entlohnung der Überstunden.

Die **Abzüge** setzen sich zusammen aus

- Lohnsteuer, je nach Steuerklasse und Lohnbetrag **(Tabelle 1)**
- Solidaritätszuschlag (5,5 %). Durch die Anhebung der Freigrenze 2021 zahlen nur noch 3,5 % der Steuerpflichtigen den Solidaritätsbeitrag in voller Höhe.
- Kirchensteuer (je nach Bundesland 8 % oder 9 % von der Lohnsteuer)
- den Beiträgen zu den Sozialversicherungen **(Tabelle 2)**.

Lohn/ Gehalt		LSt	Lohn/ Gehalt		LSt	Lohn/ Gehalt		LSt	Lohn/ Gehalt		LSt
1 283,85	I, IV	87,51	**1 914,27**	I, IV	266,81	**2 160,46**	I, IV	340,05	**2 995,65**	I, IV	618,79
	II	30,97		II	199,49		II	268,81		II	534,17
	III	-,-		III	49,68		III	100,21		III	318,70
	V	309,08		V	549,04		V	657,09		V	1058,93
	VI	338,30		VI	585,51		VI	696,46		VI	1100,21
1 286,15	I, IV	88,07	**1 916,57**	I, IV	267,49	**2 291,61**	I, IV	380,74	**2 997,95**	I, IV	619,60
	II	31,53		II	200,12		II	307,37		II	534,94
	III	-,-		III	50,70		III	130,64		III	319,89
	V	309,84		V	549,98		V	718,11		V	1060,08
	VI	339,16		VI	586,53		VI	758,84		VI	1101,36
1 288,45	I, IV	88,66	**2 063,82**	I, IV	310,82	**2 293,91**	I, IV	381,46	**3 000,25**	I, IV	620,45
	II	32,04		II	241,11		II	308,05		II	535,75
	III	-,-		III	77,72		III	130,64		III	319,89
	V	301,52		V	613,72		V	719,21		V	1061,19
	VI	339,92		VI	651,98		VI	759,95		VI	1102,47

Tabelle 1: Auszug aus der Lohnsteuertabelle

Versicherungsart	%-Satz	wer zahlt?
Rentenversicherung	18,6 %	Arbeitgeber (AG) und Arbeitnehmer (AN) zahlen je die Hälfte.
Krankenversicherung	14,6 %	AG und AN zahlen je die Hälfte. Folglich beträgt der AG-Anteil 7,3 % und der AN-Anteil 7,3 % +individuelle Zusatzbeiträge.
Arbeitslosenversicherung	2,6 %	AG und AN zahlen je die Hälfte.
Pflegeversicherung	3,6 %	AG und AN zahlen je die Hälfte (außer in Sachsen). Kinderlose ab 23 Jahre zahlen zusätzlich 0,25 %.

Tabelle 2: Versicherungsbeiträge 2025

Der **Nettolohn** ist der ausgezahlte Lohn, wenn kein Vorschuss oder sonstige Zahlungen erfolgten, die der Arbeitgeber einbehält.

Der **Auszahlungsbetrag** ist der Betrag, den der Arbeitgeber nach Abzug von gewährten Vorschüssen, nach Addieren eines Fahrtkostenzuschusses oder sonstigen Verbindlichkeiten oder Zahlungen vom Arbeitgeber erhält. Der ausgezahlte Betrag kann folglich vom Nettolohn abweichen.

Beispiel 1 zur Lohnberechnung:

Ein Geselle arbeitet im Monat August 190 Stunden. Darin sind 20 Überstunden eingeschlossen. Von den Überstunden wurden 10 Arbeitsstunden nachts gearbeitet.

Stundenlohn: 19,35 €

Abzüge: Lohnsteuer (LS): 274,30 €
Kirchensteuer: 8 % von der LS
Sozialversicherung: 580,44 €

Wie hoch ist der Nettolohn?

Zur Berechnung eignet sich das Schema der **Tabelle 3**.

Entlohnung	Stunden	Std.-Lohn (€)	Lohn (€)
100 %	190	19,35	3.676,50
25 %	20	4,84	96,80
25 %	10	4,84	48,40
		Bruttolohn	**3.821,70**
Abzüge: Lohnsteuer		274,30	
Abzüge: Kirchensteuer		21,95	
Abzüge: Soz.-Versicherung		580,44	– 876,69
		Nettolohn	**2.945,01**

Tabelle 3: Berechnung des Beispiels 1

Beispiel 2 zur Lohnberechnung:

Eine Gesellin, verheiratet, kein Kind, Steuerklasse III, konfessionslos, arbeitete im Monat 185 Stunden. Darin inbegriffen sind 8 Überstunden an einem Sonntag.

Stundenlohn: 18,60 €

Abzüge: Lohnsteuer (LS): 168,30 €
Sozialversicherung: 556,56 €

Wie hoch ist der Nettolohn?

Entlohnung	Stunden	Std.-Lohn (€)	Lohn (€)
100 %	185	18,60	3.441,00
75 %	8	13,95	111,60
		Bruttolohn	**3.552,60**
Abzüge	Lohnsteuer	168,30	
	Soz.-Versicherung	556,56	– 724,86
		Nettolohn	**2.827,74**

Tabelle 1: Berechnung des Beispiels 2

Beispiel 3 zur Lohnberechnung:

Ein Geselle, ledig, evangelisch, Steuerklasse I, arbeitete im Monat März 186 Stunden. Darin sind 12 Überstunden eingeschlossen. 7 Stunden war er mit dem Aufbau eines Gerüstes beschäftigt.

Stundenlohn: 19,10 €

Abzüge: Lohnsteuer (LS): 380,50 €
Kirchensteuer: 8 % von der LS
Rentenversicherung: 339,72 €
Krankenversicherung: 266,66 €
Arbeitslosenversicherung: 47,49 €
Pflegeversicherung: 62,10 €

Wie hoch ist der Nettolohn?

Entlohnung	Stunden	Std.-Lohn (€)	Lohn (€)
100 %	186	19,10	3.552,60
25 %	12	4,78	
10 %	7	1,91	13,87
		Bruttolohn	**3.565,97**
Abzüge	Lohnsteuer	380,50	
	Rentenversicherung	331,64	
	Krankenversicherung	260,32	
	Arbeitslosenvers.	42,46	
	Pflegeversicherung	60,62	– 1.075,54
		Nettolohn	**2.490,43**

Tabelle 2: Berechnung des Beispiels 3

15.6.3 Leistungslohn, Akkordlohn

Bei der Bezahlung nach Akkordlohn (**Tabelle 3**) wird für die zu leistende Arbeit ein fester Betrag vereinbart. Das Risiko liegt nun beim Arbeitnehmer. Arbeitet er schnell, verdient er mehr als bei der Bezahlung nach Zeitlohn, arbeitet er langsam, verdient er weniger. Grundgedanke ist: Wer mehr leistet, bekommt mehr Lohn.

Es empfiehlt sich für Arbeitnehmer, angebotenen Akkordlohn daraufhin zu überprüfen, ob bei realistischer Ausführung mindestens der übliche Zeitlohn erreicht wird.

Geldakkord	Zeitakkord
Bezahlung nach m^2, Stückzahl oder Leistungseinheit **Geldakkord =** **Menge · Lohnsatz je Einsatz**	Für die Leistung werden festgelegt: Vorgabezeit und Geldfaktor (1/60 des Akkordrichtsatzes plus 15 %). **Zeitakkord =** **Menge · Vorgabezeit · Geldfaktor** **Geldfaktor =** **(Tarifstundenlohn: 60) + 15 %** **Lohn pro Leistungseinheit =** **Vorgabezeit · Geldfaktor**
Beispiel: Für das Streichen von Fensterläden bekommt der Maler und Lackierer je Fensterladen 6,20 €. Es sind 64 Fensterläden zu bearbeiten. Er braucht dafür 17 Stunden. Wie hoch ist der Stundenlohn des Gesellen? Entspricht der Verdienst dem Tariflohn von 18,87 €/h? Lösung: Bruttolohn = 64 × 6,20 € = 396,80 € 396,80 € : 17 h = 23,34 € Std.lohn **Sein Verdienst liegt über dem derzeitigen Tariflohn.**	**Beispiel:** Ein Geselle beschichtet 650,00 m^2 Deckenfläche in 30 Stunden. Die Vorgabezeit betrug 2,2 min pro m^2. Sein Stundenlohn (Zeitlohn) beträgt üblicherweise 18,95 €. Liegt der Verdienst des Gesellen über oder unter seinem üblichen Zeitlohn? **Lösung:** Geldfaktor: 18,95 € : 60 min = 0,3158 €/min 15 % von 0,3158 € = 0,0474 € 0,3158 € + 0,0474 € = 0,3632 €/min Lohn pro Leistungseinheit: 2,2 min × 0,3632 €/min = 0,7990 € Gesamtverdienst: 650,00 m^2 × 0,7990 € = 519,35 € Verdienst pro Stunde: 519,35 € : 30 h = 17,31 €/h **Der Geselle hätte schneller arbeiten müssen, um über seinen Zeitlohn zu kommen.**

Tabelle 3: Berechnung des Leistungslohns

15.6.4 Die Lohn- und Gehaltsabrechnung

In der Lohnsteuertabelle werden Tages- und Monatslöhne gestaffelt aufgelistet. Von der entsprechenden Bruttolohnhöhe ausgehend, kann in der jeweiligen Steuerklasse, auch unter Berücksichtigung möglicher Kinderfreibeträge, die Lohnsteuer abgelesen werden. Gleichzeitig sind die Abzüge für die Kirchensteuer und für den Solidaritätszuschlag angeführt.

Heute erfolgt die Lohn- und Gehaltsberechnung in der Regel über ein Computerprogramm. Es ist wichtig, dass der Arbeitnehmer imstande ist, den Computerausdruck lesen und verstehen zu können **(siehe Abrechnungsbeispiel Bild 1)**.

Der Arbeitnehmer muss über seine geleisteten Stunden Buch führen. Nur so kann er die Abrechnung auf Richtigkeit überprüfen.

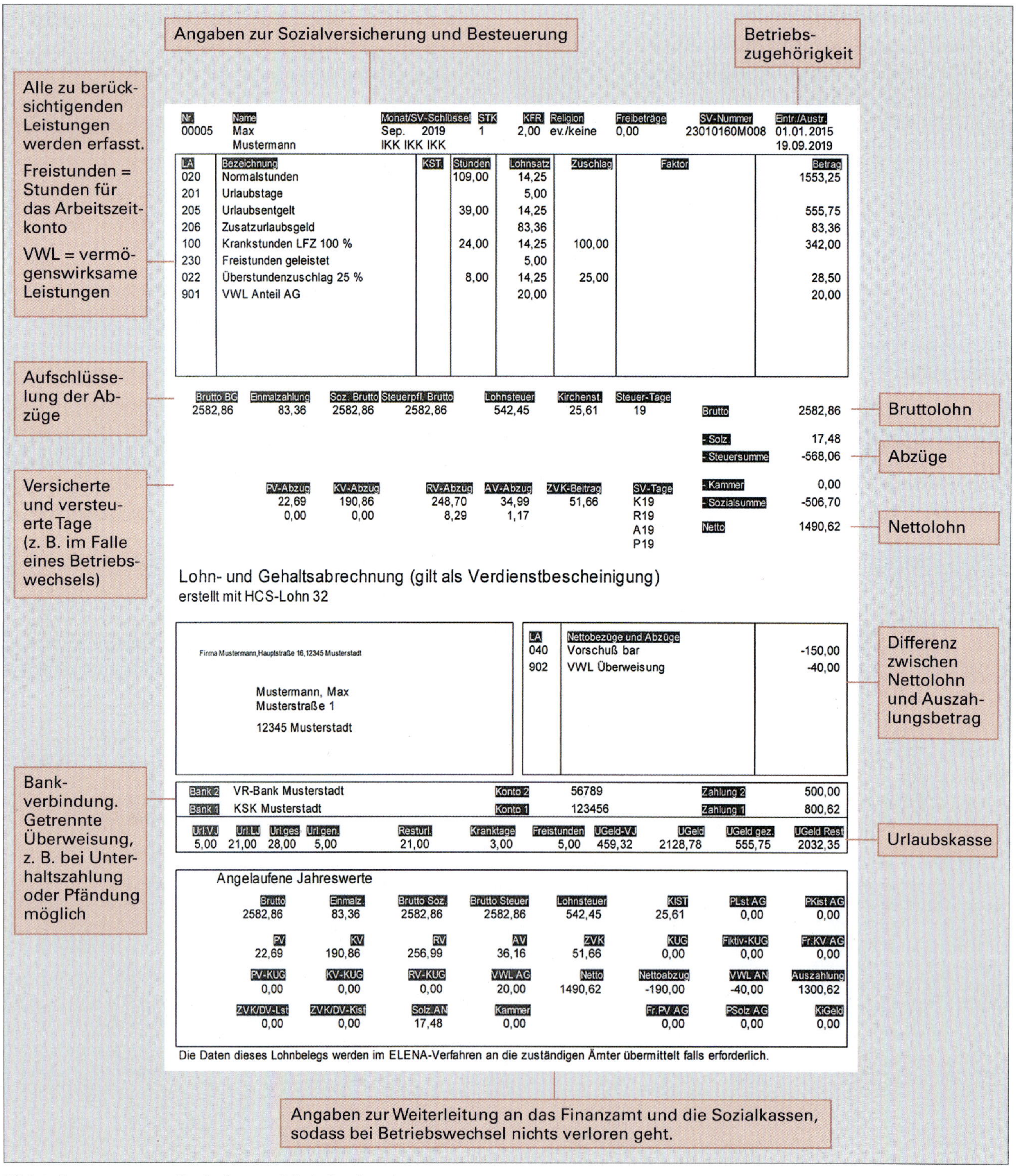

Nr.	Name	Monat/SV-Schlüssel	STK	KFR	Religion	Freibeträge	SV-Nummer	Eintr./Austr.
00005	Max Mustermann	Sep. 2019 IKK IKK IKK	1	2,00	ev./keine	0,00	23010160M008	01.01.2015 19.09.2019

LA	Bezeichnung	KST.	Stunden	Lohnsatz	Zuschlag	Faktor	Betrag
020	Normalstunden		109,00	14,25			1553,25
201	Urlaubstage			5,00			
205	Urlaubsentgelt		39,00	14,25			555,75
206	Zusatzurlaubsgeld			83,36			83,36
100	Krankstunden LFZ 100 %		24,00	14,25	100,00		342,00
230	Freistunden geleistet			5,00			
022	Überstundenzuschlag 25 %		8,00	14,25	25,00		28,50
901	VWL Anteil AG			20,00			20,00

Brutto BG	Einmalzahlung	Soz. Brutto	Steuerpfl. Brutto	Lohnsteuer	Kirchenst.	Steuer-Tage
2582,86	83,36	2582,86	2582,86	542,45	25,61	19

PV-Abzug	KV-Abzug	RV-Abzug	AV-Abzug	ZVK-Beitrag	SV-Tage
22,69	190,86	248,70	34,99	51,66	K19
0,00	0,00	8,29	1,17		R19
					A19
					P19

Brutto	2582,86
- Solz.	17,48
- Steuersumme	-568,06
- Kammer	0,00
- Sozialsumme	-506,70
Netto	1490,62

Lohn- und Gehaltsabrechnung (gilt als Verdienstbescheinigung)
erstellt mit HCS-Lohn 32

Firma Mustermann,Hauptstraße 16,12345 Musterstadt

Mustermann, Max
Musterstraße 1
12345 Musterstadt

LA	Nettobezüge und Abzüge	
040	Vorschuß bar	-150,00
902	VWL Überweisung	-40,00

Bank 2	VR-Bank Musterstadt	Konto 2	56789	Zahlung 2	500,00
Bank 1	KSK Musterstadt	Konto 1	123456	Zahlung 1	800,62

Url.VJ	Url.LJ	Url.ges.	Url.gen.	Resturl.	Kranktage	Freistunden	UGeld-VJ	UGeld	UGeld gez.	UGeld Rest
5,00	21,00	28,00	5,00	21,00	3,00	5,00	459,32	2128,78	555,75	2032,35

Angelaufene Jahreswerte

Brutto	Einmalz.	Brutto Soz.	Brutto Steuer	Lohnsteuer	KIST	PLst AG	PKist AG
2582,86	83,36	2582,86	2582,86	542,45	25,61	0,00	0,00
PV	**KV**	**RV**	**AV**	**ZVK**	**KUG**	**Fiktiv-KUG**	**Fr.KV AG**
22,69	190,86	256,99	36,16	51,66	0,00	0,00	0,00
PV-KUG	**KV-KUG**	**RV-KUG**	**VWL AG**	**Netto**	**Nettoabzug**	**VWL AN**	**Auszahlung**
0,00	0,00	0,00	20,00	1490,62	-190,00	-40,00	1300,62
ZVK/DV-Lst	**ZVK/DV-Kist**	**Solz AN**	**Kammer**		**Fr.PV AG**	**PSolz AG**	**KiGeld**
0,00	0,00	17,48	0,00		0,00	0,00	0,00

Die Daten dieses Lohnbelegs werden im ELENA-Verfahren an die zuständigen Ämter übermittelt falls erforderlich.

Bild 1: Computererstellte Lohn- und Gehaltsabrechnung

15.7 Kalkulation

15.7.1 Preisberechnung

Alle Kosten, die durch die Führung eines Betriebes anfallen, müssen von den Kunden bezahlt werden, da sie sonst vom Unternehmer aus eigener Tasche gezahlt werden und somit den Gewinn schmälern. Ein Teil der Kosten kann jedem Kunden direkt zugeordnet werden. Anfallende Lohnkosten und Materialkosten können direkt zu jedem Auftrag ermittelt und damit abgedeckt werden. Schwieriger ist die Zuordnung allgemeiner Kosten, wie die Kosten für Strom, Miete, Fuhrpark usw. der sogenannten Gemeinkosten. Diese Kosten werden von allen Kunden je nach Auftragsgröße als prozentualer Anteil auf die direkt verrechenbaren Kosten des Auftrags zugeschlagen. Diese Art der Kalkulation nennt man Zuschlagskalkulation.

Der Rechnungspreis beinhaltet dazu noch einen prozentualen Anteil, den der Unternehmer für sein unternehmerisches Risiko den Selbstkosten zuschlägt, sowie die aktuelle Umsatzsteuer (Übersicht 1).

Die Umsatzsteuer (USt) ist eine Steuer, die den Austausch von Leistungen (= Umsatz) besteuert. Die Umsatzsteuer wird umgangssprachlich auch Mehrwertsteuer genannt (MwSt.).

Direkt verrechenbare Kosten = Jeder Kunde zahlt seinen Verbrauch.	• Löhne für die geleistete Arbeit • Kosten für verbrauchte Materialien	Lohnkosten Materialkosten
Gemeinkosten = Kosten, die von allen Kunden gemeinsam getragen werden.	• Lagermiete, • Urlaubskasse, • Stromkosten, • Fuhrpark, • und viele andere • Versicherungen, • Heizkosten, • Briefmarken, • Müllabfuhr,	Lohnabhängige Gemeinkosten Werkstoffabhängige Gemeinkosten
Bezahlung des unternehmerischen Risikos		Gewinn und Wagnis
Anteil für den Staat		Umsatzsteuer

Übersicht 1: Anfallende Kosten, die der Kunde zu zahlen hat

Kalkulationsschema
Die Prozentsätze der Gemeinkosten ermittelt jeder Unternehmer für seinen Betrieb individuell.

Mit den Lohn- und Werkstoffkosten des Auftrags kann der Rechnungsbetrag nach dem Schema der Übersicht 2 berechnet werden.

Beispiel:
Bei einem Auftrag fallen 2580,00 € Lohnkosten und 712,50 € Werkstoffkosten an. Der Betrieb rechnet mit folgenden Werten:

Lohnabhängige Gemeinkosten	120 %
Werkstoffabhängige Gemeinkosten	30 %
Gewinn und Wagnis	10 %
Umsatzsteuer	19 %

Zu berechnen ist der Rechnungspreis.

Lohn		2 580,00	
+ Lohnabh. Gemeinkosten	120 %	3 096,00	
= Gesamt-Lohnkosten		Summe →	5 676,00
Werkstoffe		712,50	
+ Werkstoffabh. Gemeinkosten	30 %	213,75	
= Gesamt-Werkstoffkosten		Summe →	926,25
Selbstkosten			6 602,25
Gewinn + Wagnis		10 %	660,23
Nettopreis			7 262,48
Umsatzsteuer		19 %	1 379,87
Bruttopreis = Rechnungspreis			**8 642,35**

Übersicht 2: Berechnung des Beispiels

15.7.2 Stundenverrechnungssatz

Der Stundenverrechnungssatz ist der Betrag, den ein Kunde für eine Arbeitsstunde bezahlen muss. Dieser Betrag ist für jeden Auftrag gültig. Er unterscheidet sich von Betrieb zu Betrieb wegen unterschiedlicher Kostenstruktur durch Lage, Größe und Belegschaftszusammensetzung, Betriebsausstattung und anderer Punkte. Von Zeit zu Zeit muss der Stundenverrechnungssatz an neue Gegebenheiten angepasst werden.

Nicht darin enthalten sind Materialkosten. Diese sind je nach Auftrag verschieden. Nicht darin enthalten ist die Umsatzsteuer: Diese kann erst bei der Rechnungsstellung mitsamt den Materialkosten ermittelt werden.

15.7.3 Maschinenkosten

Bild 1: Wattangaben zu Elektrogeräten

Stromkosten

Stromkosten hängen von der Leistung eines Gerätes, von seiner Einsatzdauer und von den Kosten einer Kilowattstunde (Stromtarif) ab. Abgerechnet werden die verbrauchten Kilowattstunden nach dem geltenden Stromtarif. Die Berechung erfolgt nach **Tabelle 1**.

Berechnung der verbrauchten Kilowattstunden					
Formel	Elektrische Arbeit	=	Leistung	·	Zeit
Einheit	kWh	=	kW	·	h (Stunden)
Berechnung der Stromkosten					
Formel	Stromkosten	=	Elektrische Arbeit	·	Stromtarif
Einheit	€	=	kWh (Verbrauch)	·	€/kWh

Tabelle 1: Berechnung der Stromkosten

Beispiel

Das Schleifgerät mit der Nennleistung von 250 Watt **(Bild 1)** wird für den Kunden am Montag 5 Stunden und am Dienstag 3 Stunden eingesetzt. Wie hoch sind die Stromkosten, wenn 1 kWh 31 Cent kostet?

Berechnung Zeiteinsatz: 5 h + 3 h = 8 h
Umwandlung Watt: 250 Watt = 0,250 Kilowatt (kW)
Berechnung Kilowattstunden: 0,250 kW · 8 h = 2,000 kWh
Berechnung Strompreis: 2,000 kWh · 0,31 €/kWh = **0,62 €**

Maschinenstundensatz

Wird eine Maschine, z. B. ein Hochdruckreiniger oder ein Airlessgerät, längere Zeit eingesetzt, so bezahlt der Kunde den Einsatz nach Stunden mal dem Maschinenstundensatz. Der Maschinenstundensatz umfasst alle Kosten des Maschineneinsatzes eines Jahres außer den Bedienungskosten. Zur Erstellung des Maschinenstundensatzes müssen folgende Punkte bekannt sein oder ermittelt werden **(Tabelle 2 und 3)**.

	Erklärung	**Beispiel: Airless-Spritzgerät mit Elektromotor**	**Rechenbeispiel**
Kaufpreis	Er ist durch die Einkaufsrechnung bekannt	4 670,00 €	
Energieverbrauch	Der Energiebedarf einer Maschine kann durch Benzin gedeckt werden, in der Regel heute aber mit elektrischem Strom. Der Energiebedarf richtet sich nach der Nennleistung der Maschine. Die Kosten pro Kilowattstunde legen die Energielieferanten fest.	Verbrauch: 1,0 kWh Preis: 0,31 €/kWh	
Betriebszeit	Die Betriebszeit ist die Zeit, die die Maschine voraussichtlich im Jahr in Betrieb sein wird. Diese Stundenzahl beruht auf Erfahrung oder sie muss geschätzt werden.	200 Tage im Jahr je 5 Stunden = 1 000 Stunden Betriebszeit	1,0 × 0,31 × 1 000 = 310,00 €
Prozentsätze	Durch die Anschaffung der Maschine fallen Kosten an, die mit dem eingesetzten Kapital erzielt hätten werden können, oder es fallen Gewinne weg. Diese Kosten werden über Prozentsätze auf alle Kunden verteilt.	Prozentsätze, bezogen auf den Kaufpreis:	
	Abschreibung: In der voraussichtlichen Lebenszeit der Maschine muss der Anschaffungspreis von den Kunden bezahlt, d. h. abgeschrieben worden sein.	Abschreibung auf 5 Jahre = je Jahr 20 %	20 % von 4 670,00 € = 934,00 €
	Verzinsung: Durch die Anschaffung der Maschine entfallen die Zinseinnahmen, die man erzielt hätte, wenn das Geld zur Bank gebracht worden wäre. Diese entgangenen Zinsen werden auf die Kunden verteilt.	Verzinsung 6 %	6 % von 4 670,00 € = 280,20 €
	Gemeinkosten: Dieser Prozentsatz deckt Aufwendungen wie z. B. Lagerkosten ab.	Gemeinkosten 10 %	10 % von 4 670,00 € = 467,00 €
	Instandhaltung: Auch voraussichtliche Reparaturen und Instandhaltungsaufwendungen werden auf die Kunden übertragen.	Instandhaltungskosten 10 %	10 % von 4 670,00 € = 467,00 €

Tabelle 2: Einflüsse auf den Maschinenstundensatz mit Beispiel

Kosten für 1 000 Maschinenstunden im Jahr = 310,00 € + 934,00 € + 280,20 € + 467,00 € + 467,00 €	2 458,20 €
Kosten für 1 Maschinenstunde = 2 458,20 € : 1 000 Stunden	2,458 €

Tabelle 3: Berechnung des Maschinenstundensatzes des Airless-Spritzgerätes zum Beispiel aus Tabelle 2

16 Gestaltung

Lernfeld 4, 8, 11, 12GI

16.1 Grundlagen der Formenlehre

Form, Farbe und Material bestimmen das Aussehen aller Dinge.
Der Maler und Lackierer beeinflusst mit seiner Arbeit die bestehende Form eines Objektes in ihrem Aussehen, er gestaltet sie. Er kann sie verdeutlichen, verändern oder mit einer neuen Aussage versehen.
Die Entscheidung, die Wände eines Raumes weiß zu streichen, ist ebenso Gestaltung wie die Auswahl einer dekorativen Mustertapete oder die Applikation einer Werbebotschaft mit Schrift und Logo auf eine neutrale Platte. Dem Maler und Lackierer als Gestalter stehen dafür die Gestaltungselemente Form, Farbe und Material zur Verfügung.

16.1.1 Formen und Formelemente

Alle Formen bestehen aus den Formelementen Punkt, Linie und Fläche. Diese bilden alleine oder in Kombination die Formenbereiche Strukturen, Zeichen, Muster oder Ornamente.

Der Punkt (Bild 1 und 2)
Der einzelne Punkt ist in der Gestaltung unbedeutend. Der vergrößerte Punkt wird gefüllt zur Fläche, oder als Umrandung zur Linie. Als Umrisslinie oder Fläche ist er rund.
Gestaltungsideen:
- Unterschiedliche Größe
- Verdichtung/Häufung
- Anordnung, Reihung, Überschneidung, unsystematisch, systematisch

Techniken des Malers und Lackierers mit Punkt-Charakter: Stupftechnik, Spritztechnik, Wassertropfentechnik.

Bild 1 und 2: Gestaltungsbeispiele mit dem Punkt (Schülerarbeiten)

Die Linie (Bild 3 und 4)
Die Linie entsteht durch die Aneinanderreihung von Punkten. Die einzelne Linie kann eine selbstständige Bewegungsform sein oder als Kontur oder Umriss eine Form umschreiben.
Gestaltungsideen:
- Unterschiedliche Dichte
- Unterschiedliche Dicke
- Verdichtung (gestreut, nebeneinander, hintereinander)
- Unterschiedliche Länge
- Linienführung (gerade, gebogen, geknickt, senkrecht, waagerecht, diagonal, konstruiert, frei)

Techniken des Malers und Lackierers mit Linien-Charakter: Kammzugtechnik, Wischtechnik, Spinnwebentechnik, Kratztechnik, Reißlack. Außerdem Linien und Bänder als Decken- oder Wanddekor sowie Einrahmungen.

Bild 3 und 4: Gestaltungsbeispiele mit der Linie (Schülerarbeiten)

Die Fläche (Bild 5 und 6)
Die Fläche ist eine Erscheinung der Ebene und braucht eine Begrenzung, Abgrenzung. Mit unbestimmter, frei verlaufender Begrenzung ist es ein Fleck. Die Begrenzung tritt in Erscheinung, wenn die Formbildung durch Linien erfolgt. Sie tritt nicht in Erscheinung, wenn eine Linie zur Seite verschoben wird.
Gestaltungsideen:
- Unterschiedliche Größe
- Realistische, abstrakte oder geometrische Darstellung
- Ausdruck (geometrische Grundform, amorphe Form, organische Form)
- Anordnung einer Formenart
- Kombination von Formen
- Kombination mit anderen Gestaltungselementen

Techniken des Malers und Lackierers mit Flächen-Charakter: Spachteltechnik, Wickeltechnik, Schablonier-technik.

Bild 5 und 6: Gestaltungsbeispiele mit der Fläche (Schülerarbeiten)

Der Körper
Die räumliche Verbindung von Flächen bildet einen Körper mit geometrischen Grundformen wie Quader, Würfel etc. und deren Kombination mit den Ausdehnungen Länge, Breite, Höhe. Die Gestaltung von Räumen als Baukörper ist für den Maler und Lackierer in der Regel Gestaltung von Wänden, folglich Flächen. Arbeiten des Malers und Lackierers am und im Körper: Innenausbau, Möblierung von Räumen, Anbringen von Profilleisten und Stuck.

16.1.2 Formbeziehungen

Gestaltet der Maler und Lackierer eine Fläche, so ergeben sich eigenständige Ausdrucksweisen je nach Anordnung der Gestaltungselemente.

Raster

Das Raster unterteilt eine Fläche in gleichmäßig angeordnete Einheiten, es ist ein normorientiertes System. Die Gestaltung einer Rastereinheit ist bereits mit einfachen Grundformen wirkungsvoll, da durch die Summierung und Anordnung komplexe Gestaltungen mit Eigenwirkung entstehen.
Durch Reihung, Drehung, symmetrische oder freie Anordnung sowie den Einsatz von Graustufen (Bild 1), Farbe und Struktur kann die Wirkung verändert werden.

Flächenteilung

Über die Rasterteilung entsteht ein Grundgerüst mit Eck- und Schnittpunkten, die durch Kreise und/oder Geraden mit System oder frei gestaltet werden können. Je nach Anordnung entstehen eigenständige Wirkungen (Bild 2). Teilungen können weiter bearbeitet werden:

- Durch die Linien der Teilung
- Durch Füllen der entstandenen Flächen (regelmäßig/unregelmäßig, mit System/ohne System, durch den Einsatz von Farben)

Symmetrie, Asymmetrie

Durch Spiegelung von Formelementen an einer Achse entsteht Symmetrie. Symmetrisch gestaltete Flächen wirken ausgeglichen. Achsenlage und Achsenzahl beeinflussen die Wirkung.
Asymmetrische Anordnungen unterliegen keinem Konzept. Je nach Idee und Disziplin des Gestalters werden interessante oder auch spannungsgeladene Ergebnisse erzielt (Bild 3).

Goldener Schnitt

Der Goldene Schnitt ist eine Besonderheit im Maßverhältnis des einzelnen Teils zum Ganzen. Er teilt eine Strecke in zwei ungleich große Teile. Der kleinere Teil steht zum großen Teil im selben Verhältnis wie der größere Teil zur gesamten Strecke. In der Konstruktion (Bild 4) gilt dies für DB : AD.
Goldene Reihe: 3 : 5 : 8 : 13 : 21 ...
Dieses Maßverhältnis wird vom Menschen als harmonisch empfunden. Es kommt auch in Bereichen der Natur im Wachstum von Pflanzen und am Fruchtstand der Sonnenblume vor und findet in Kunst und Architektur Anwendung. So verhält sich an griechischen Tempeln die Breite zur Höhe im Goldenen Schnitt (siehe Kap. 17.1.4).

Struktur

Strukturen erhält man durch den Aufbau eines Gefüges aus Punkten, Linien etc. Mit Strukturen lassen sich Flächen gestalten, je nach Ziel geometrisch oder bewegt (Bild 5).
Materialstrukturen ergeben sich aus der Untergrundbeschaffenheit oder dem eingesetzten Material. Schräg einfallendes Licht lässt die Materialstruktur durch Schattenbildung stärker zur Geltung kommen. So lebt die weiß gestrichene Rauputz-Fläche allein durch ihre Materialstruktur (Bild 5).

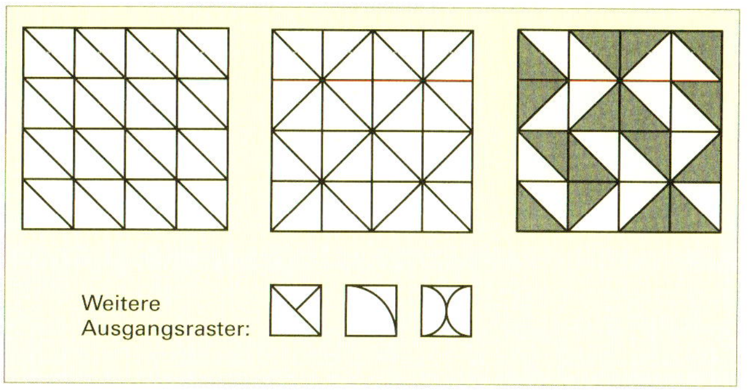

Bild 1: Raster, Gestaltungsmöglichkeiten

Bild 2: Teilung, Gestaltungsmöglichkeiten

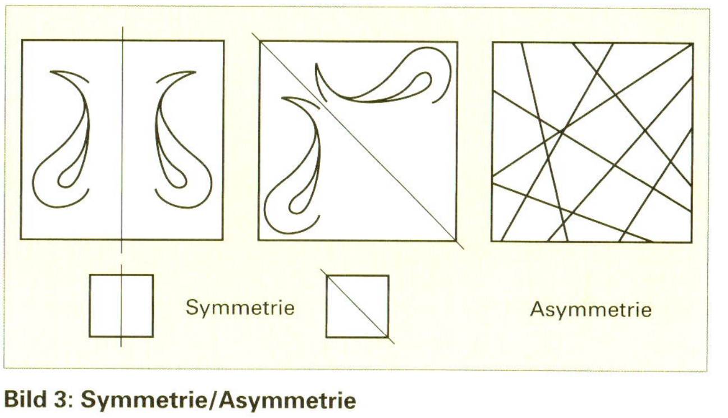

Bild 3: Symmetrie/Asymmetrie

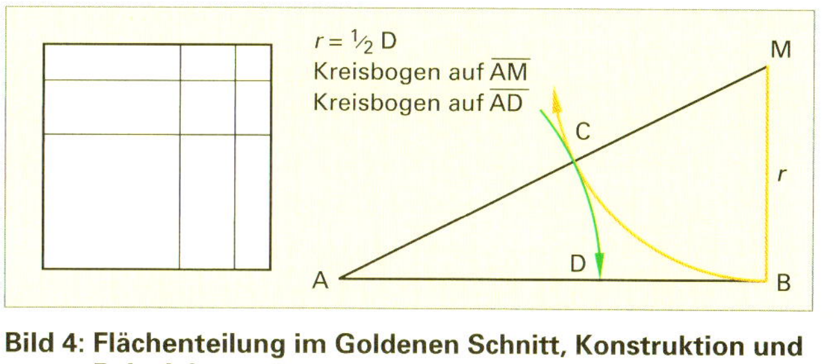

Bild 4: Flächenteilung im Goldenen Schnitt, Konstruktion und Beispiel

Bild 5: Flächenstruktur, Materialstruktur

16.2 Grundlagen der Farbenlehre

Der Mensch lebt in farbiger Umgebung. Im Licht werden Gegenstände sichtbar, deren Farbigkeit unseren Lebensraum entscheidend mitprägt **(siehe Kap. 19.3)**. Farben warnen, heben hervor, beleben, um nur einige ihrer Wirkungen auf den Menschen zu nennen. Der Maler und Lackierer benötigt diese Kenntnisse, um kundengerecht beraten zu können.

16.2.1 Wirkungen von Farben

Exakte Farbwahrnehmung gehört nicht zur Grundausstattung des Menschen. Jeder Mensch nimmt mit den Augen den Farbreiz über sichtbare Lichtwellen weitgehend gleich auf. Da der Farbton jedoch vom Menschen erst im Gehirn gebildet wird, führt die Farbtonbildung im Gehirn bei verschiedenen Personen vermutlich zu unterschiedlichen Farberlebnissen.

Genaue Farbwahrnehmung und Farbzuordnung erfordert vom Maler und Lackierer ständige Schulung des Sehens und Erfahrung beim Mischen und Abtönen. Ohne fortwährende Übung verkümmert die Farbwahrnehmung.

Die Entwicklung des Menschen wurde immer von Farben begleitet. Die Farben der Natur prägten sein Farbempfinden. Nicht zufällig wird Grün eine beruhigende Wirkung zugesprochen und klärende Gespräche erfolgen am „grünen Tisch“. Rot sucht Aufmerksamkeit, wirkt dynamisch bis aggressiv **(Bild 1)**.

Alle Kulturen ordnen den Farben bestimmte Charakterzüge, aber auch Stimmungen und symbolische Bedeutung zu **(Tabelle 1)**. So war über Jahrhunderte Purpur die Farbe der Mächtigen und Reichen. Die Ursache lag ursprünglich in der Schwierigkeit der Gewinnung und dem hohen Preis dieser Farbe.

Auch die symbolischen Bedeutungen können in Kulturen voneinander abweichen. Schwarz ist im europäischen Kulturkreis die Farbe der Trauer, in anderen Kulturen ist es z. T. die Farbe Weiß. **Tabelle 1** zeigt, wie vielschichtig die psychologische Wirkung der Farben auf den Menschen ist.

Bild 1: Wer startet schneller?

Farbe	Wirkt optisch...	Erscheint synästhetisch... Wird empfunden...	Bedeutet symbolisch (in Europa)...	
Weiß	licht, weit, hell, überstrahlend	leicht, locker, vollkommen	Anfang, Unschuld, Wahrhaftigkeit, Reinheit	
Schwarz	eng, hart, dunkel, dicht	fest, schwer, elegant	Trauer, Abkehr, Schuld, Macht, Reaktion	
Rot	sehr nah, ausstrahlend	aggressiv, alarmierend, wärmend, erregend	Gefahr, Zorn, Dynamik, Lebensfreude, Liebe	
Grün	fern	angenehm, ausgleichend, wärmend, erregend	Entspannung, Hoffnung, Sicherheit, Leben	
Gelb	hell, nah, verstrahlend, raumauflösend	angenehm, ausgleichend, natürlich, beruhigend	Neid, Geiz, Optimismus, Sonne	
Blau	dunkel, fern	heiter, schwerelos, anregend, lebhaft	Sehnsucht, Weite, Leistung, Kälte	
Braun	dunkel, vordergründig	kühl, zurückhaltend, ruhig	Spießigkeit, Faulheit	
Violett	düster, fern	unklar, geheimnisvoll, schwer, unsachlich	Eitelkeit, Extravaganz, Frömmigkeit, Glaube	
Rosa	zart, leicht	mild, süßlich, schwächlich	Weiblichkeit	
Grau	unbestimmt	neutral, angepasst	Gleichgültigkeit, Nachdenklichkeit	
Orange	hell, nah, vordergründig	warm, lebensvoll, festlich, laut, aktivierend	Vergnüglichkeit, Energie	

Tabelle 1: Psychologische Wirkungen der Farben

Farbbezeichnungen wie Gletscherweiß, Lindgrün, Moosgrün, Nachtblau usw. ordnen die Farben den Erlebnisbereichen der Menschen zu. So spiegeln diese Farbbezeichnungen Farbeindrücke wider, die sich der Mensch nach eigenem Erleben vorstellen kann. Farben wie Pink, Reseda, Maroon sind Farben des Zeitgeistes und bleiben dem Menschen in seiner Farbvorstellung über die Farbbezeichnung nicht dauerhaft verständlich.

Unter Fachleuten besitzt deshalb ein Farbton neben einem Namen eine Farbnummer, z. B. nach RAL oder nach dem Farbordnungssystem des Herstellers, über die der Farbton genau definiert ist.

16.2.2 Farbwahrnehmung

Farben können vom Menschen nur wahrgenommen werden, wenn Lichtstrahlen über das Auge zum Gehirn gelangen. Der Sehvorgang ist ein komplexer Vorgang, der von mehreren Faktoren beeinflusst wird (Bild 1).

Die Lichtwellen gelangen direkt ins Auge oder über die Reflexion an einem Gegenstand, werden von dort ans Gehirn weitergeleitet und dort zum Sinneseindruck (Übersicht 1).

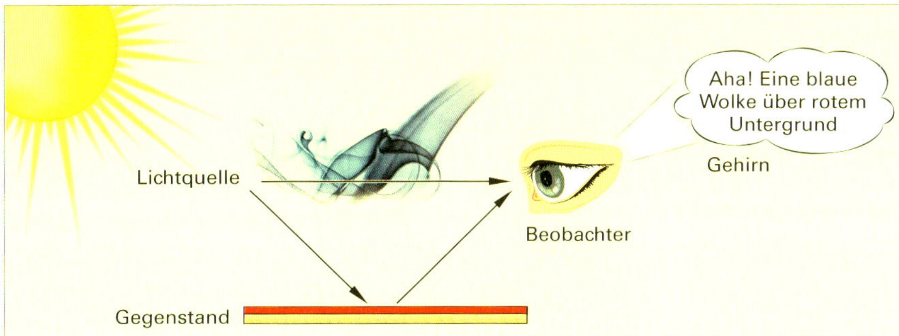

Bild 1: Der Sehvorgang

Licht

Lichtwellen werden von natürlichen Lichtquellen (Sonne, Kerze, Feuer) oder künstlichen Lichtquellen (Glühlampe, Neonröhre, Halogenstrahler) ausgesendet.

Je nach Lichtquelle/Beleuchtungsart variiert das Lichtspektrum (alle sichtbaren Lichtwellen mit individueller Intensität). Das Lichtspektrum künstlicher Lichtquellen bleibt immer gleich, das Lichtspektrum des Tageslichtes variiert im Laufe des Tages/des Jahres. Das Abendlicht enthält mehr Rotanteile, deutlich erkennbar am Abendrot.

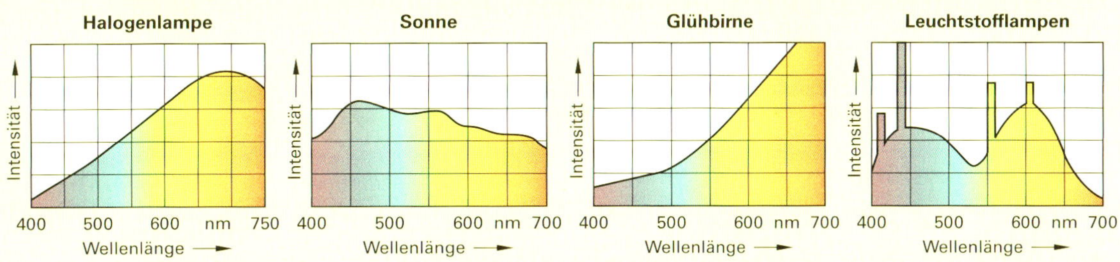

Objekt

Treffen die Lichtstrahlen auf ein Objekt, so werden sie über das Pigment oder den Farbstoff ganz oder teilweise absorbiert (geschluckt) oder reflektiert (zurückgeworfen). So sieht der Mensch den Gegenstand in einer Farbe, abhängig vom der herrschenden Beleuchtung.

Metamerie: Das Pigment im Lack kann nur die Wellen reflektieren, die im Lichtspektrum enthalten sind. Fehlen im Lichtspektrum z. B. rote Anteile (siehe Leuchtstofflampe), so erscheint ein roter Farbton nicht so rot wie im Licht einer Glühbirne. Siehe Kap. 19.3.5

Auge

Die reflektierten Lichtwellen gelangen ins Auge. Die Pupille mit der Linse bündelt die Wellen. Auf der Rückwand des Augenkörpers regt das Licht Stäbchen (Helligkeitsreiz) und Zäpfchen (Farbreiz) an. Diese Signale werden an das Gehirn weitergeleitet. Die Stäbchen sind empfindlicher als die Zäpfchen. Darum sehen wir bei wenig Licht nicht mehr Farben, sondern Grautöne (Nachts sind alle Katzen grau).

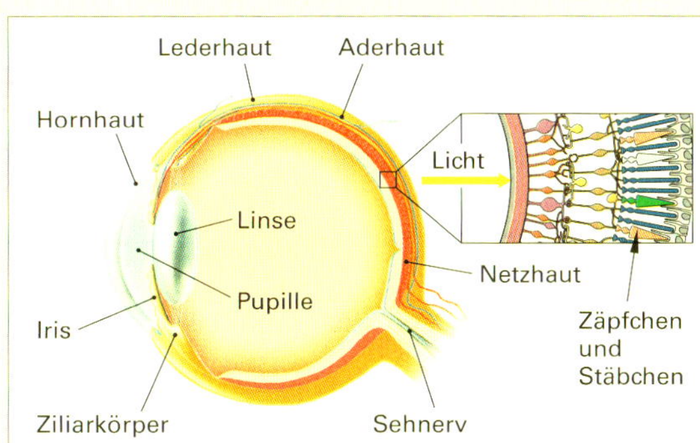

Gehirn

Im Gehirn werden die optischen Informationen zusammengefügt, verarbeitet und als bestimmtes Objekt mit einer bestimmten Farbe erkannt. Wird dieser Teil des Gehirns geschädigt, kann nicht begriffen werden, was man sieht, auch wenn die Signale vom Auge im Gehirn eintreffen.

Übersicht 1: Farbwahrnehmung durch den Menschen

16.2.3 Die drei Merkmale einer Farbe

Grundsätzlich ist der Begriff „Farbe“ ein Oberbegriff für alle Qualitäten der visuellen Erscheinungen. Maler und Lackierer sollten imstande sein, einen Farbton so präzise wie möglich beschreiben zu können. Begriffe wie Bordeauxrot oder Gletscherblau helfen dem Fachmann nicht weiter, selbst eine Beschreibung wie Dunkelgrün oder Lilablassblau sind zwar in der Tendenz vorstellbar, aber eben nicht präzise.

Jede Farbe lässt sich über die folgenden 3 Merkmale exakt beschreiben **(Übersicht 1)**:

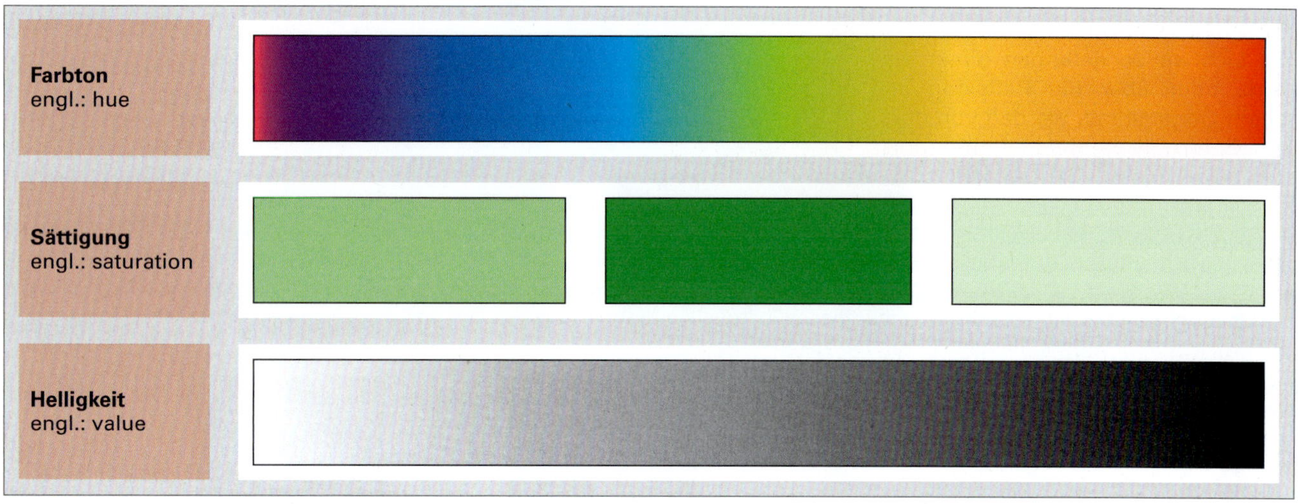

Übersicht 1: Die drei Merkmale einer Farbe

Farbton

Farbton ist die Bezeichnung für reine bunte Farben wie Gelb, Orange, Rot usw., aber auch die Zwischenfarben Gelborange, Orangegelb usw. Man kann sie einem bestimmten Wellenbereich zuordnen, wie z. B. Grün: 497– 530 nm, Orange: 585 – 595 nm.

Diese Vollfarben haben in fast allen Kulturkreisen einen Namen. Sie lassen sich in einem Farbtonkreis darstellen **(Bild 1)**.

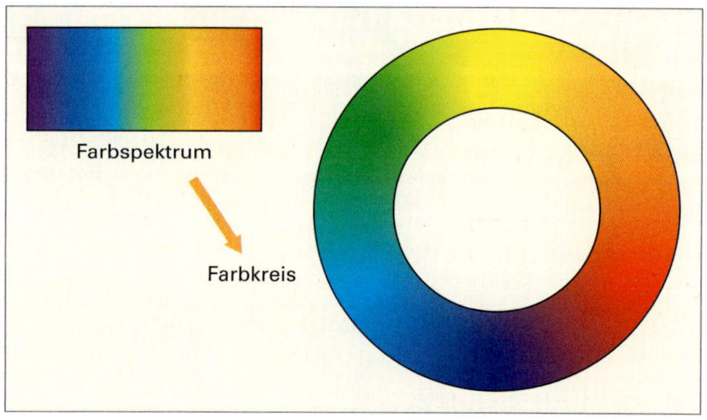

Bild 1: Vom Farbspektrum zum Farbkreis

Sättigung

Die Sättigung sagt aus, wie stark die Spektralfarbe in einer Farbe noch vorhanden ist. Sättigung beschreibt also die Qualität der Farbwirkung.

Eine Farbe ist umso weniger gesättigt, je höher der Anteil an Schwarz, Grautönen und Weiß ist. Diese haben keine Sättigung. Mischreihen von einem reinen Farbton hin zu Schwarz, Grau oder Weiß verlaufen immer von 100 % gesättigt = die reine Farbe hin zu 0 % gesättigt = Grau.

Auf dem Farbkreis nimmt die Sättigung vom Rand zur Mitte (Grau) ab.

Die Sättigung wird demnach vermindert durch Zumischen von

- Schwarzanteilen/Weißanteilen
- Grauanteilen
- Anteilen anderer Farben

Bild 2 zeigt, wie der Farbton Blau in seiner Sättigung verändert werden kann.

Das menschliche Auge kann etwa 130 verschiedene Farbsättigungen wahrnehmen.

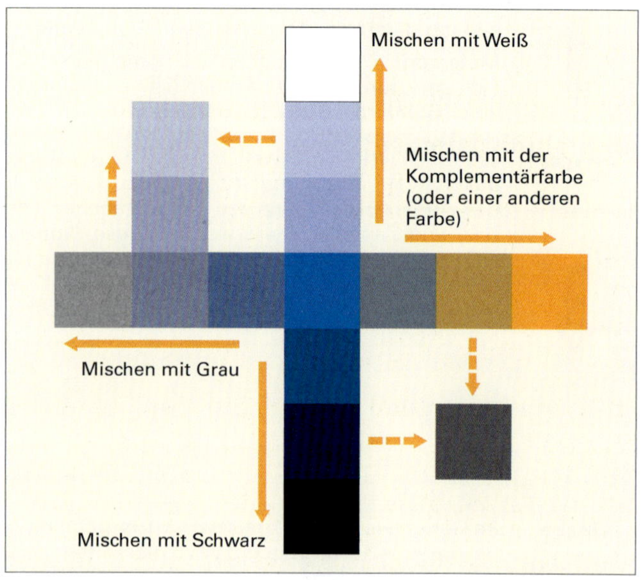

Bild 2: Änderung der Sättigung am Beispiel des Farbtones Blau (Mitte)

Helligkeit

Jede Farbe besitzt eine Eigenhelligkeit. Gelb ist fast weiß, violett ist fast schwarz. Dies ist erkennbar an **Bild 1** durch Wegnahme jeder Farbsättigung über Computerbearbeitung der farbigen Gestaltung.
Die Einschätzung der Helligkeit bezieht sich auf die meist subjektive Lichtempfindung des Menschen. Werden Helligkeitsstufen benannt, so meist mit ungenauen Begriffen, wie Hell-, Mittel- oder Dunkel-.
Jeder Mensch kann die Helligkeit eines Farbtons beurteilen, wenn er die Farbe mit fast zusammengekniffenen Augen betrachtet. Dadurch verlieren die für das Farbensehen zuständigen Zäpfchen im Auge ihre Reaktionsfähigkeit und die Stäbchen können nun besser die Helligkeit einschätzen (**siehe Seite 343**).

Bild 1: Entfernen der Farbsättigung durch Computerbearbeitung der farbigen Gestaltung (Schülerarbeit)

Hellbezugswert (HBW)

Der Hellbezugswert ist ein Maß für die Helligkeit von farbigen Oberflächen. Er beschreibt den Anteil des auf eine Oberfläche auftreffenden sichtbaren Lichts, der von dieser Oberfläche zurückgeworfen (reflektiert) wird. Je mehr sichtbare, farbige Lichtwellen (= Wellen zwischen 380 und 740 nm) aufgrund des Farbtons zurückgestrahlt werden, umso höher ist der HBW.
Reines Weiß besitzt den HBW 100, tiefstes Schwarz den HBW 0. Weißpigmente erreichen maximal einen Wert von 90, Schwarzpigmente von 3 bis 4.

TSR-Wert (Total Solar Reflectance)

Der TSR-Wert trifft eine Aussage über das Aufheizverhalten einer Oberfläche, da er das gesamte elektromagnetische Wellenlängenspektrum der Sonnenstrahlung beachtet. Außer dem sichtbaren Licht wird auch die Reflexion der unsichtbaren Strahlung, z. B. UV-Strahlung berücksichtigt. Das bedeutet: Je geringer der TSR-Wert einer Oberfläche ist, umso mehr Solarstrahlung wird reflektiert, umso kühler ist die Oberfläche.

Beide Werte sind auch für die handwerkliche Arbeit des Maler und Lackierers wichtig:

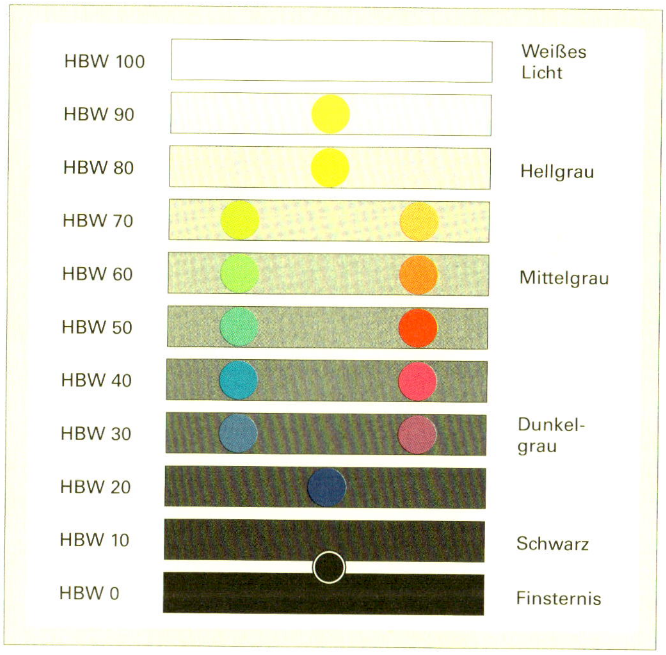

Bild 2: Hellbezugswerte von Schwarz bis Weiß und Zuordnung einiger Farben

WDVS-Putzfassaden

Hohe Aufheizung verursacht Schäden wie Rissbildungen, Verformungen oder Abrisse in Wärmedämmverbundsystemen. Untersuchungen zeigen, dass ein TRS-Wert größer als 25 ein sicheres System gewährleistet. Aus diesem Grund wurde dieser Grenzwert in die Norm 55966 übernommen. Danach misst der Handwerker zuerst den HBW. Ist dieser geringer als 20, muss zusätzlich der TRS-Wert hinzugezogen werden. Dieser muss über 25 liegen. Aus Gründen der Gewährleistung ist es ratsam, den TSR-Wert der Schlussbeschichtung beim Hersteller nachzufragen und zu dokumentieren.

Kunststofffenster und -teile

Plastomere Kunststoffe (PVC, PE) neigen bei Oberflächentemperaturen über 70 °C zum Verformen. Darum sind hier nur helle Farbtöne zu empfehlen.

Farbwirkung an abgewinkelten Flächen

Die gemessene Helligkeit entspricht nur begrenzt dem Helligkeitserlebnis. Zum Boden geneigte Flächen wirken durch Reflexion dunkler, gen Himmel gerichtete Flächen heller (**Bild 3**).

Farbwirkung von und auf Lackierungen in Metalleffekt

Bei metallic-lackierten Flächen ist die eindeutige Beurteilung der Helligkeit nicht möglich. Durch den Effekt-Flop variiert die Helligkeit je nach Betrachtungswinkel sehr stark.
Zwei nebeneinanderliegende Farben in gleicher Helligkeit flimmern (**Seite 351**). Darum ist der Einsatz einer Beschriftungsfarbe auf Metalleffektlack immer sehr hell oder sehr dunkel zu wählen. Dann ist der Helligkeitsabstand zwischen Schrift und Metallicgrund auf jeden Fall ausreichend.

Bild 3: Ein Farbton, aber viele Helligkeitseindrücke

16.2.4 Farbordnungssysteme

Schon lange wurde versucht, alle Farben zu ordnen. **Bild 1** zeigt vier Beispiele von Farbordnungssystemen seit dem 17. Jhdt.

Farbentafel nach Athanasius Kircher (1671)

Über Halbkreise werden Weiß, Schwarz, Gelb und Blau durch Halbkreisbögen verbunden. So erhält man die Mischfarben.

Farbenkörper nach Chevreul (1861)

Auf dem Radius der Grundebene der fächerartigen Halbkugel befinden sich die reinen Farben. Zur Mitte hin nähern sich alle Farben dem Weiß, nach oben hin dem Schwarz.

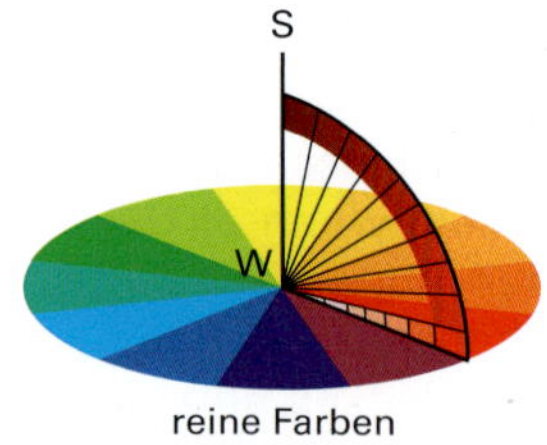

Farbenkugel von Ph. Otto Runge (1810)

Auf dem Äquator befinden sich die reinen Farben, oben Weiß, unten Schwarz. Im Innern liegen die trüben, ausgemischten Farben.

S: Schwarz W: Weiß
G: Gelb R: Rot
B: Blau V: Violett
O: Orange Gr: Grün

1000-Farbwürfel zur Farbenordnung Hickethier (1940)

Rot, Gelb und Blau sind an den Ecken so untergebracht, dass sie in 10 Stufen vom Vollton (9) zu farblos (0) gemischt sind. Es ergeben sich Farbtöne mit den Kennzahlen 000 bis 999.

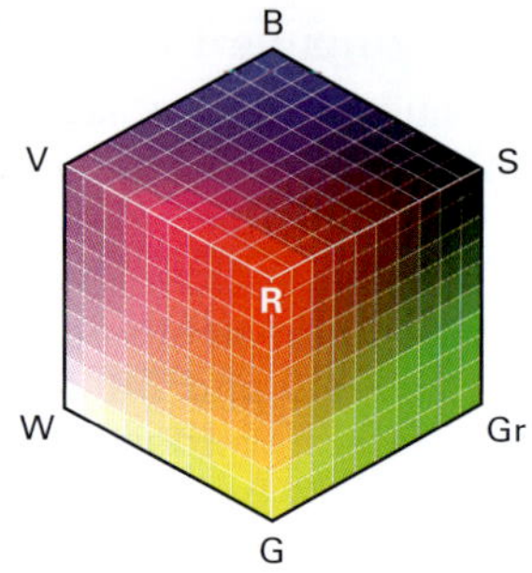

Bild 1: Historische Farbordnungssysteme

Farbkreis nach Itten

Johannes Itten erstellte 1961 mit wenigen Farben in einfacher geometrischer Darstellung den Farbkreis, der die Zusammenhänge der Farben zeigt. Sein Modell baut auf 12 Farben auf, die im Kreis angeordnet sind, einem geschlossenen Farbspektrum entsprechend **(Bild 2)**.

- Gelb steht im Farbkreis oben, im Winkel von 120° dazu die Grundfarben Rot und Blau.
- Genau dazwischen liegen die entsprechenden Sekundärfarben Grün, Orange, Violett, ermischt aus den Grundfarben.
- Die Tertiärfarben liegen nicht auf dem Farbkreis. Auf dem Farbkreis befinden sich nur Ausmischungen aus den nebeneinanderstehenden Farben.

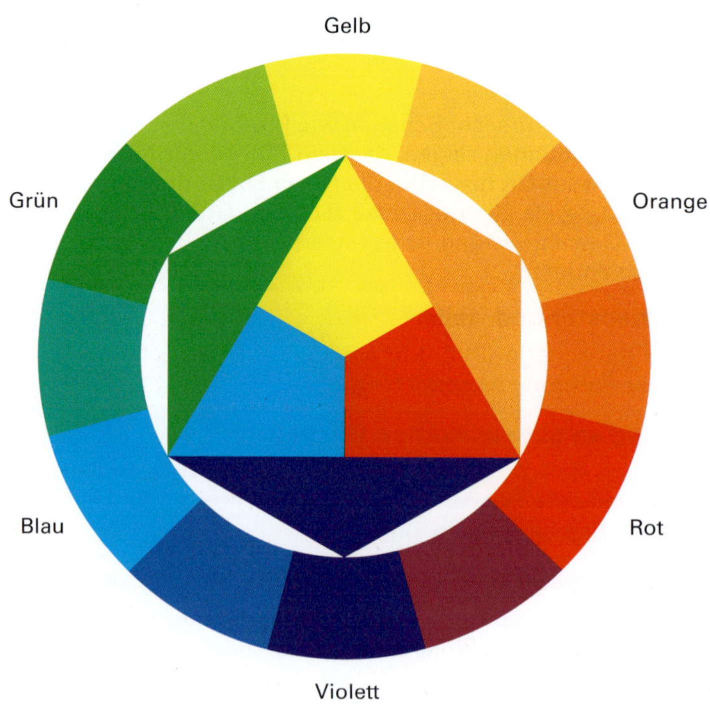

Bild 2: Farbkreis nach Johannes Itten

16.2.5 Farbmischung

Werden Lichtwellen gemischt oder Farbmittel (Pigmente, Farbstoffe) so ist das Mischergebnis unterschiedlich. Siehe **Tabelle 1**. Die Abläufe der Farbmischung werden in **Kap. 19.3.4** genauer beschrieben.

Mischung	Begriff	Erklärung	Grundfarben
Mischung von Körperfarben	**Subtraktive Farbmischung**	Pigmente absorbieren vom einfallenden Licht Anteile bestimmter Lichtwellenlängen. Die Subtraktion aller Lichtwellen ergibt in der Wahrnehmung Schwarz.	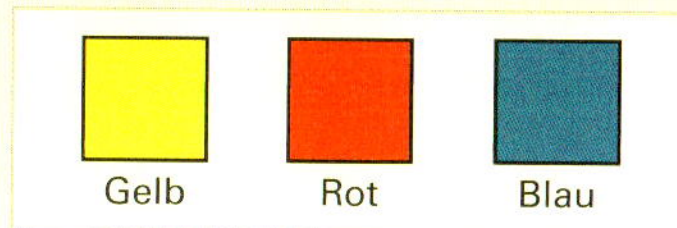
Mischung von Lichtfarben	**Additive Farbmischung**	Reine Lichtwellen, von einer oder mehreren Lichtquellen, erreichen den Untergrund/das Auge. Die Addition der Lichtwellen ergibt in der Wahrnehmung Weiß.	

Tabelle 1: Additive und subtraktive Farbmischung

16.2.6 Theorie und Praxis des Farbenmischens

Viele gehen heute noch beim Mischen von pigmentierten Lacken von den 3 Grundfarben aus, aus denen sich alle anderen Farben mischen lassen. Davon wurde die Einteilung in Primär-, Sekundär- und Tertiärfarben abgeleitet.

Die Problematik des Farbenmischens in der Praxis liegt in den Eigenschaften der Pigmente.

Nur in der Theorie erhält der Maler und Lackierer beim Mischen den Farbkreis nach Itten. Nur in der Theorie behalten die Sekundärfarben die Leuchtkraft, wie wir sie von den Primärfarben kennen.

In **Tabelle 2** werden die Idealergebnisse, wie sie z. B. der Computer darstellt, den Mischergebnissen pigmentierter Lacke und Abtönpasten gegenübergestellt.

Theorie des Farbenmischens	Praxis des Farbenmisches
Primärfarben = Rot, Gelb, Blau Diese Farben lassen sich nicht durch Mischen anderer Farben erzeugen. Sie werden auch Grundfarben oder Farben 1. Ordnung genannt. **Sekundärfarben** = Grün, Orange, Violett Dies sind die Mischergebnisse aus jeweils zwei Primärfarben. **Tertiärfarben** Dies sind die Mischergebnisse aus jeweils zwei Sekundärfarben. Tertiärfarben befinden sich im Innern des Farbkreises, nicht auf dem Äquator. 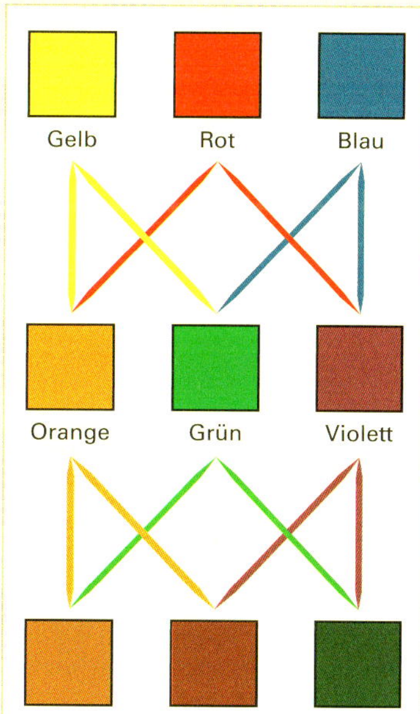 Den Tertiärfarben sind keine eindeutigen Namen zugeordnet.	Beschränkt man sich auf nur 3 Farben als Grundtöne, so lassen sich nicht alle Farben in der gewünschten Reinheit/Intensität mischen, vielmehr ergeben sich trübe Farben. Ursache: Die Intensität eines Pigmentes liegt immer unter 1. Intensitäten addieren sich nicht, sie multiplizieren sich. Daraus ergibt sich die neue Farbe. Beispiel: Rot: Intensität 0,9, Blau: Intensität 0,9 $0{,}9 \times 0{,}9 = 0{,}81$ Folgerung: Eine original hergestellte Farbe (vorliegend als Pigment) ist immer reiner als seine Mischung aus anderen Farben. Der Farbkreis verformt sich beim Mischen aus den drei Primärfarben auf Pigmentbasis. 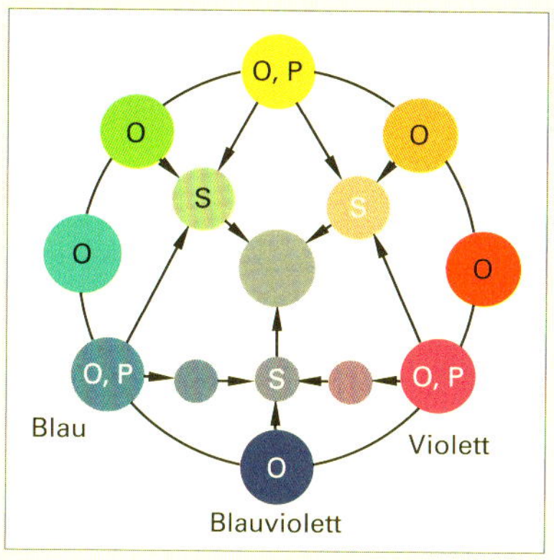 P = Primärfarben S = Sekundärfarben, ermischt O = Industriell hergestellte Farbe aus der Tube oder Dose

Tabelle 2: Theorie und Praxis des Farbenmischens

Der Farbkreis, allein mithilfe industriell hergestellter Farben (Pigmente) erstellt, lässt sich nur ermischen, wenn man nicht von den 3 Grundfarben Rot, Gelb, Blau, sondern von mindestens 9 Pigmentfarben als Grundfarben ausgeht (**Bild 1**).

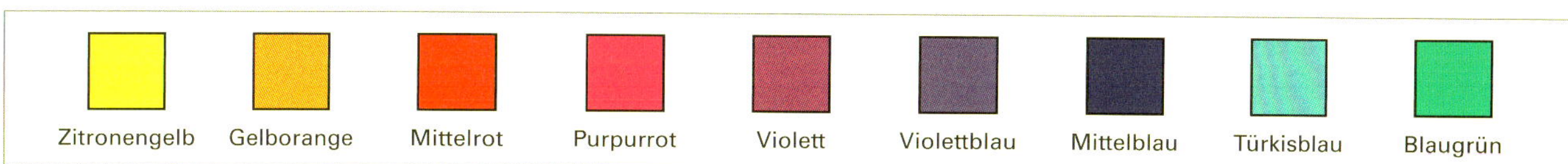

Bild 1: Mindest-Mischfarbpalette für Maler und Lackierer

16.2.7 Farbfächer, Farbregister

Farbfächer, Farbregister und Farbvorlagen erleichtern dem Maler und Lackierer die Beratung und die Wahl geeigneter Farben für Raum, Fassade oder Objekt.
Ein Farbfächer oder Farbregister zeigt das grundlegende Farbangebot einer Firma oder Institution in Form von Aufstrichen oder Druck auf Papier. Den Farbtönen im Fächer liegt meist eine definierte Rezeptur zugrunde, mit deren Hilfe sich die Farbtöne aus einzelnen Basisfarben gut nachmischen lassen. Über die Klassifizierung werden Farben als Nummer beschrieben, die z. B. von München nach Hamburg per Mail übermittelt wird und dort zum gleichen Farbton gemischt werden kann.

Bekannte Farbsysteme sind:

<table>
<tr><td>NCS-Sytem</td><td>
NCS = Natural Color System. NCS ist ein eingetragenes Warenzeichen des Skandinavischen Farbinstitutes (Scandinavian Colour Institute).
Das NCS-System geht von den vier bunten Grundfarben aus, die vom Menschen als „rein" empfunden werden – Gelb (Y), Grün (G), Rot (R) und Blau (B).
Werden die Farbpaare als Gegenfarben im Kreis gegenüberliegend angeordnet und kommen die unbunten Farben Schwarz und Weiß nach oben und unten dazu, entsteht ein dreidimensionales Modell, der sog. NCS-Farbraum. Schneidet man den NCS - Farbraum wie ein Tortenstück vertikal durch, erhält man ein NCS-Farbdreieck (Bild 1).
Aktuell umfasst das NCS-System 1950 NCS-Farben, durch Buchstaben und Zahlen benannt.
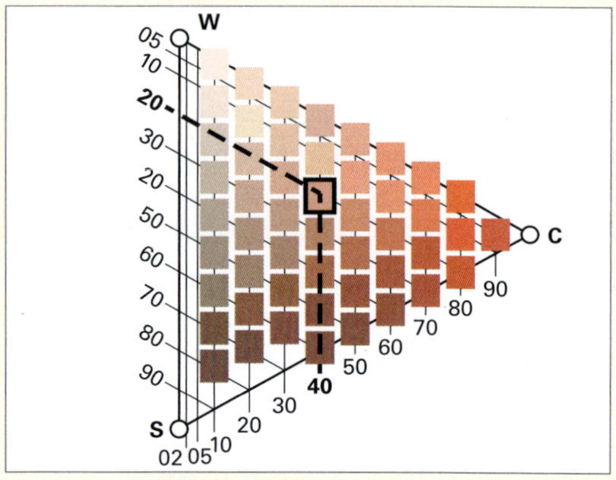

Bild 1: Farbtonbestimmung im NCS-Farbsystem
</td></tr>
<tr><td>RAL-Farbfächer</td><td>
Als RAL-Farben bezeichnet man normierte Farben, die von der RAL GmbH vertrieben werden. Die erste Normung umfasste eine Tabelle von 40 Farben, die 1927 vom Reichsausschuss für Lieferbedingungen erstellt wurde. Um 1940 wurden die RAL-Farben auf eine vierstellige Ordnung umgestellt, das heute noch gebräuchlich ist.
Reine Farbkataloge sind RAL Classic und RAL Effect. Das RAL-Design-System weist eine Systematik auf. Die auf dem Markt erhältlichen Farbfächer der Sammlung enthalten 1625 Farben.
Die Farben sind in der Reihenfolge des 6-teiligen Farbkreises von 1 bis 6 (tausend) sortiert. Besondere Farbtongruppen besitzen die Nummer 7, 8 und 9 (Bild 2). Jeder Farbton besitzt eine individuelle Tausendernummer (Bild 3).
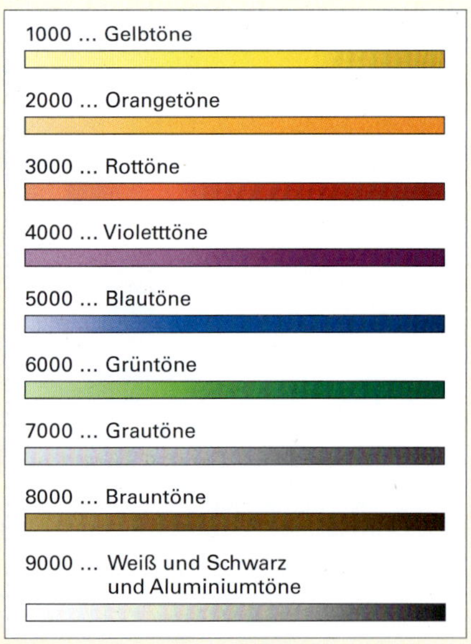

Bild 2: RAL-Farbtongruppen
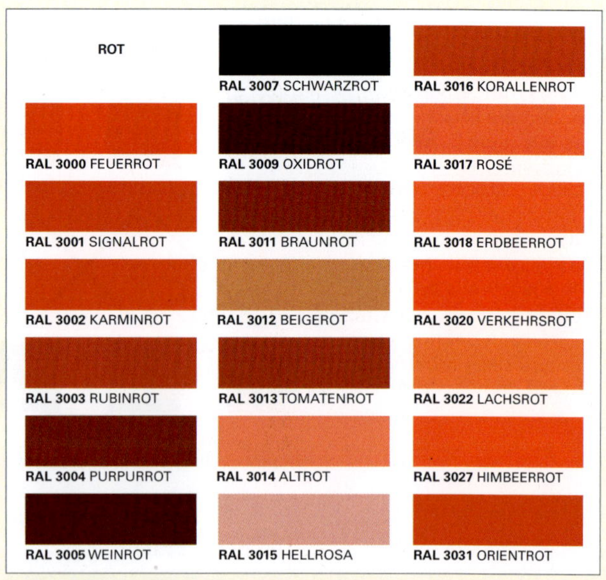

Bild 3: Farbtöne der Gruppe RAL 3000
</td></tr>
<tr><td>DB-Farbkontraste</td><td>Sie stellt Farben dar, die vorwiegend bei Stahlbauteilen (Stahlbrücken, Geländer, Bahnsteigdächer, etc.) im Bereich der Deutschen Bahn verwendet werden. Die Farben enthalten im Gegensatz zu den Farben des RAL-Farbsystems das Effektpigment Eisenglimmer.</td></tr>
<tr><td>Pantone Matching System</td><td>Besonders entwickelt für den Grafik- und Modebereich.
Es wurde 1963 von der Pantone LLC, einem amerikanischen Unternehmen, entwickelt. Zurzeit liegen 1950 Farbmuster vor, alle strikt organisiert.</td></tr>
</table>

HKS-Farbfächer

Einsatz vor allem für die Druckproduktion. In Deutschland sehr verbreitet. HKS ist die Abkürzung für die Druck- bzw. Künstler-Farbenhersteller ***H**ostmann-Steinberg Druckfarben*, ***K**ast + Ehinger Druckfarben* und *H. **S**chmincke & Co.* und deren Warenzeichen bzw. Marke.

Stocolor-System

(Fa. Sto, Stühlingen)

Die Fa. Sto entwickelte das Stocolor-System ihres Farbfächers an der visuellen menschlichen Farbwahrnehmung, statt einer strengen farbmetrischen Logik zu folgen. Sechs Bereiche bilden die Basis. Sie bestehen aus den Primär- und Sekundärfarben Gelb, Rot, Blau, Orange, Violett und Grün. Differenziert in je vier Farbtonstufen entsteht ein 24-teiliger Farbtonkreis (Bild 1): die Basisfarbtöne.

Aus diesen Basistönen wurden die Farbtonreihen nach Bild 2 erstellt.

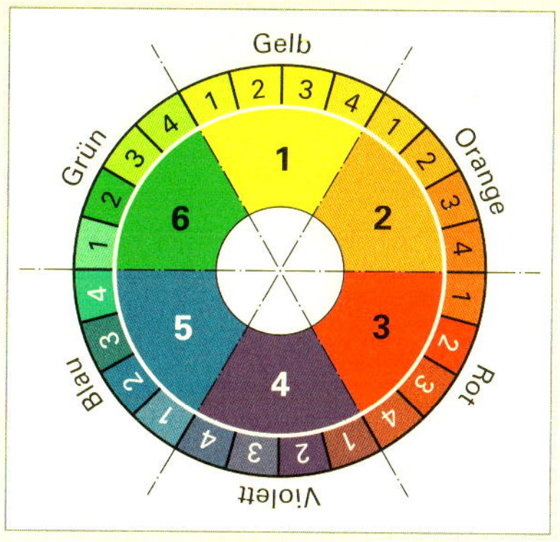

Bild 1: Farbtonkreis

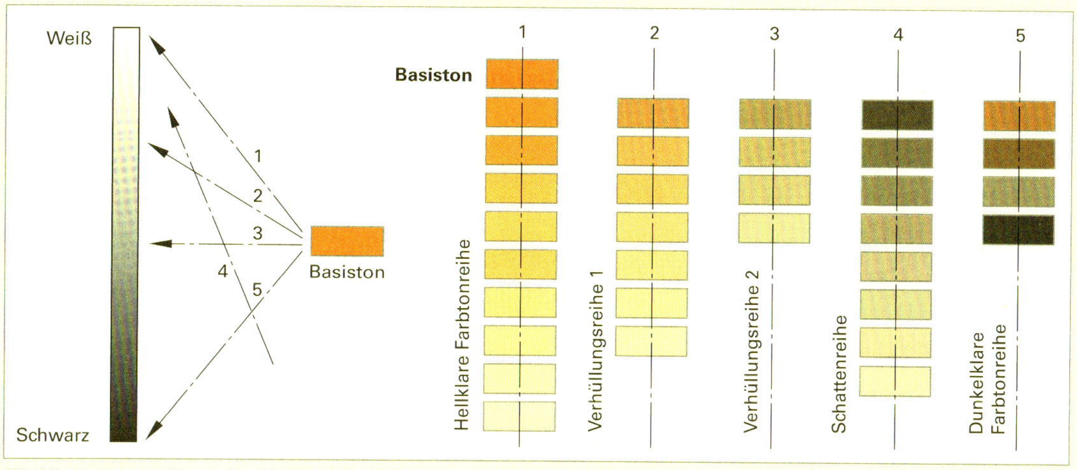

Bild 2: Farbtonreihen der Fa. Sto, Stühlingen, ausgehend vom 6-teiligen Farbkreis

Brillux-Scala

(Fa. Brillux, Münster)

Brillux Scala bietet ein Spektrum von 1 514 Farbtönen, die nach praxisrelevanten Gesichtspunkten ausgewählt wurden. Klassisch-historische Farbtöne für die Gestaltung von Stilgebäuden sind ebenso vertreten wie Nuancen für die Gestaltung von moderner Architektur. Einzigartig: Auch die Standard-Farbtöne von RAL Classic wurden integriert.

Die Darstellung von Scala Farbtönen basiert auf den Normen der Farbmetrik, die Farben nach den Koordinaten Farbton, Sättigung und Helligkeit auswählt und ordnet. Dieses im Grunde genommen streng messtechnische System modifiziert Brillux Scala unter wahrnehmungsbezogenen Aspekten.

Für jede Gestaltungsaufgabe bieten die Scala Arbeitsmittel die richtigen Werkzeuge:

- Scala Farbbox (Bild 3)
- Scala Farbmusterboxen
- Scala Farbfächer (z. B. Fassade und Detail, Lasuren und Deckfarben)
- Scala Farbkarten
- Scala Musterservice

Bild 3: Farbbox und Farbfächer

Alle Scala Farbtöne stehen auch in einer digitalen Farbtonbibliothek zur Verfügung (Bild 4).

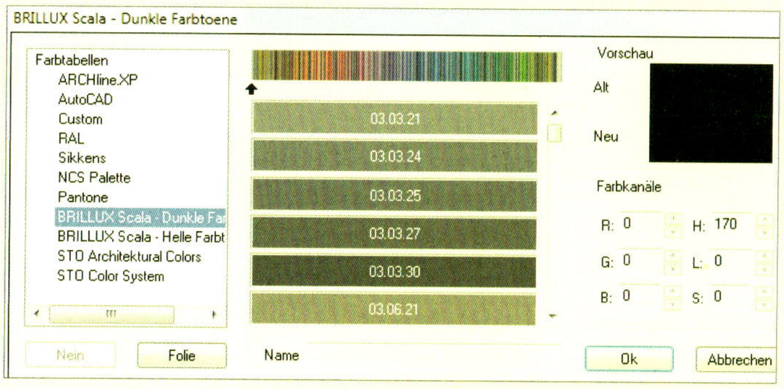

Bild 4: Dunkle Farbtöne aus dem Farbsystem Brillux Scala

16.3 Farbkontraste

Treffen zwei Farbflächen aufeinander, so heben sie sich, je nach Farbton, mehr oder weniger voneinander ab. Der Gegensatz zwischen zwei Farben wird als „Farbkontrast“ bezeichnet **(Bild 1 und 2)**.

Aufgrund der charakteristischen Wirkungsweise der Farben unterscheidet man verschiedene Farbkontraste **(Tabelle 1)**.

Bild 1: Kleiner Kontrast

Bild 2: Großer Kontrast

Farbtonkontraste	Farbe-an-sich-Kontrast		Dessen Wirkung entsteht zwischen reinen, unvermischten Farben. Der größte Kontrast entsteht zwischen den Primärfarben Gelb, Rot und Blau.
	Komplementär-Kontrast		Gegenüberliegende Farben im Farbkreis steigern sich in ihrer Wirkung.
Helligkeitskontraste	Hell-Dunkel-Kontrast		Kontrast aufgrund von Unterschieden in der Helligkeit der Farben, z. B. zwischen • Schwarz und Weiß • Farben, z.B. Gelb und Violett • Helligkeitsstufen innerhalb einer Farbe
Sättigungskontraste	Qualitätskontrast (Bunt-Unbunt-Kontrast)		Kontrastwirkung zwischen reinen und getrübten Farben. Das Schwächen der Leuchtkraft erfolgt durch Brechen, d. h. durch Vermischen mit einer anderen Farbe. Reine Farben leuchten in getrübter Umgebung stärker.
Kontraste aufgrund weiterer Farbwirkungen	Quantitätskontrast	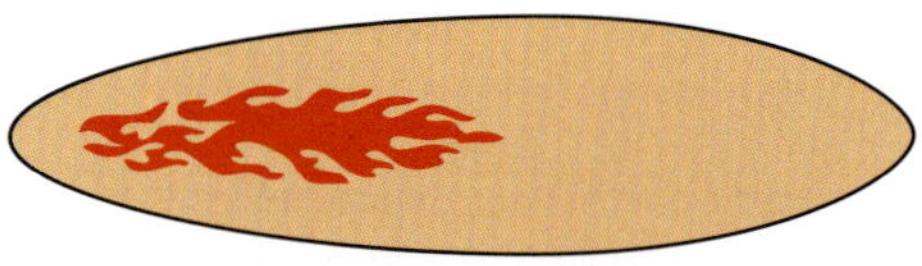	Liegen verschieden große Farbflächen (Quantitätsunterschied) nebeneinander, so dominiert üblicherweise die Farbe mit dem größeren Flächenanteil. Dabei ist jedoch ihre Sättigung (Leuchtkraft) zu berücksichtigen.
	Kalt-Warm-Kontrast		Orange + Blau entsprechen dem menschlichen Empfinden von warm und kalt. Dies gilt auch für deren aufgehellte und abgedunkelte Töne.
	Flimmer-Kontrast		Die Abgrenzung zwischen zwei Farben verschwimmt, wenn die Helligkeit beider Farben gleich ist. Dies ist bei reinem Grün und Rot der Fall, kann aber auch bei jedem anderen Farbpaar ermischt werden.
	Simultan-Kontrast		Die dominierende Farbe verschiebt optisch die schwächere hin zur Gegenfarbe im Farbkreis. Beispiel: Orange wirkt neben Violett gelber. Orange wirkt neben Gelb rötlicher. Dieser Vorgang läuft im Gehirn ab und ist nicht beeinflussbar.

Tabelle 1: Farbkontraste

Häufig überschneiden sich die Farbwirkungen. Die dominierende Farbwirkung, d. h. die uns am auffälligsten erscheint, führt zur Bezeichnung des Kontrastes. Fast alle Kontraste lassen sich in Bezug auf die Möglichkeiten der Farbenwahl über den Farbkreis erklären.

16.3.1 Farbe-an-sich-Kontrast

Dieser Farbton-Kontrast beschreibt Farbwirkungen zwischen Volltonfarben, d. h. zwischen den Farben, die im Farbkreis angeordnet sind. Je weiter die Farben im Farbkreis voneinander entfernt liegen, umso größer ist der Kontrast zwischen den Farben. Der größte Abstand besteht zwischen Komplementärfarben, auch Gegenfarben genannt (Tabelle 1). Je geringer der Abstand der Farben im Farbkreis, umso undifferenzierter wirken Farben.

Kleine Farbtonkontraste	Mittlere Farbtonkontraste	Große Farbtonkontraste
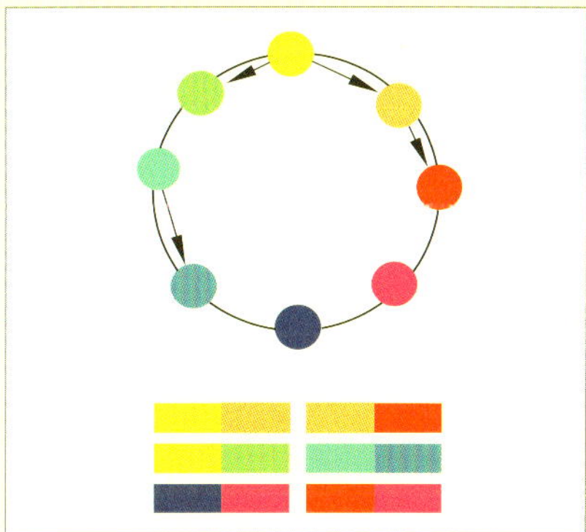	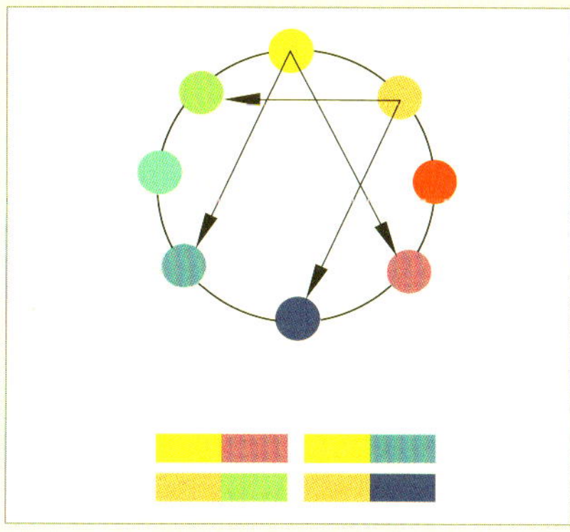	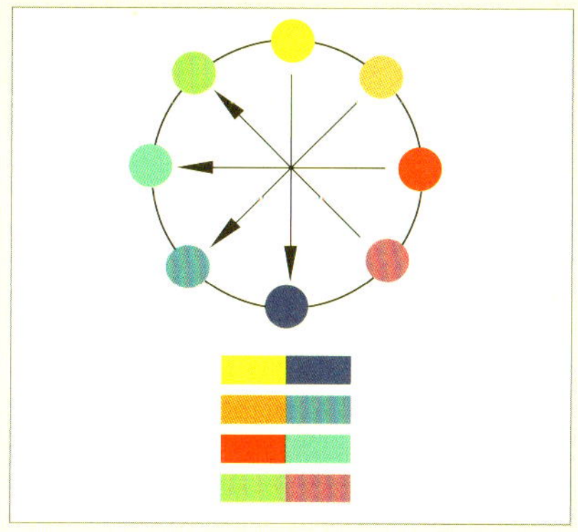

Tabelle 1: Farbtonkontraste

Farbtonkontraste wirken in reiner Form bunt, oft laut und bestimmen ihre Umgebung. In der Werbung und bei dekorativen Gestaltungen werden meist bewusst reine Farbtöne gewählt.
Bei Beschriftungen können Farbtonkontraste gut eingesetzt werden. Allerdings ist das Ergebnis in seiner Wirkung zu überprüfen (z. B. poppig, bunt, flimmernd) (Bild 1).

Bild 1: Anwendungsbeispiel Farbe-an-sich-Kontrast

16.3.2 Komplementär-Kontrast

Diese Farben liegen sich im Farbkreis gegenüber (Bild 2).
Kein Mensch kann verhindern, dass sich beim Betrachten einer Farbe im Gehirn die Gegenfarbe bildet. Dadurch steigern sich im Farbkreis gegenüberliegende Farben gegenseitig (siehe Simultankontrast). Ein Beispiel zeigt Bild 4.
Das Flimmern zwischen den gleichhellen Farben Rot und Grün lässt sich vermeiden, wenn man eine der beiden Farben aufhellt oder abdunkelt (siehe Flimmerkontrast).
Der Kontrast wirkt auch bei Aufhellung oder Abdunklung der reinen Farben. Es ist zu vermeiden, dass gleiche Helligkeiten ermischt werden, weil dann auch dieses Farbpaar flimmert (Bild 3).

Bild 2: Komplementäre Farbpaare

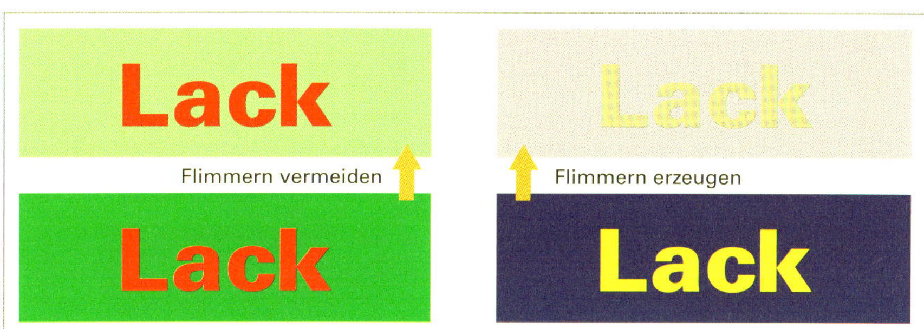

Bild 3: Komplementärkontrast und Farbflimmern

Bild 4: Größter Hell-Dunkel- und Farbabstand

16.3.3 Hell-Dunkel-Kontrast

Um die Helligkeitsbeziehungen zwischen Farben erklären zu können, wird der Farbkreis zur Farbkugel (oder zum Doppelfarbkegel) **(Bild 1)** erweitert. Dabei muss der Äquator mit den reinen Farben allerdings verschoben werden, da auch innerhalb der reinen Farben unterschiedliche Helligkeiten vorliegen. Bei gleichmäßigen Helligkeitsabständen liegt Violett näher am Schwarz, Gelb näher am Weiß.

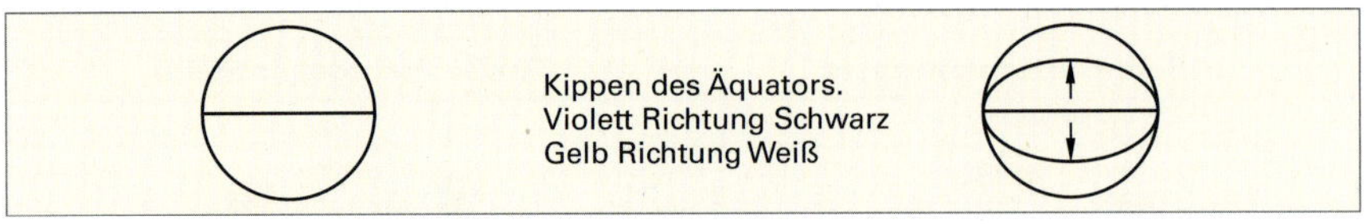

Helligkeitskontraste spielen eine relativ große Rolle. Sie ergeben sich

- zwischen Weiß und Schwarz und deren Zwischentönen.
- zwischen reinen Farben. In der Regel tritt der Farbe-an-sich-Kontrast in den Vordergrund.
- zwischen aufgehellten, abgedunkelten und reinen Tönen einer Farbe.
- durch Licht und Schatten am räumlichen Objekt.

Im Raum entstehen Hell-Dunkel-Effekte durch die unterschiedliche Lage der Flächen zu Fenstern und Lichtquellen.

Werden helle und dunkle Farben an Objekten eingesetzt, so liegt der menschlichen Empfindung nach die dunkle Farbe besser im unteren Bereich (sie wirkt schwerer), die hellere Farbe im oberen Bereich (sie wirkt leichter). An Häusern ist deshalb der Sockel immer dunkler zu gestalten als die Fassade **(Bild 2)**. Auch Fußböden werden als Grundfläche das Raumes meist dunkel gehalten.

Je größer der Abstand der Helligkeit zwischen Untergrund und Schrift, umso besser ist die Lesbarkeit **(Bild 3)**.

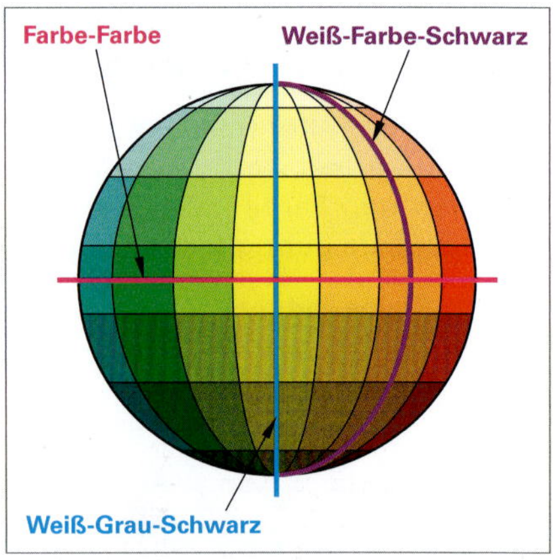

Bild 1: Helligkeitsbeziehungen, erklärt an der Farbkugel

Bild 2: Hell-Dunkel-Kontrast am Haus

Bild 3: Hell-Dunkel-Abstände

16.3.4 Qualitätskontrast

Der Qualitätskontrast wird auch Intensitätskontrast oder Sättigungskontrast genannt. Es handelt sich um den Kontrast zwischen gesättigten, leuchtenden Farben und stumpfen, trüben und gebrochenen Farben. Er entsteht durch Unterschiede in der Farbqualität.

Zwischen Primärfarben sowie Sekundärfarben besteht kein Reinheitskontrast, sondern nur ein Helligkeitskontrast.

Der größte Reinheitskontrast besteht zwischen unbunten Farben wie Weiß, Grau, Schwarz und einer Primärfarbe oder Sekundärfarbe **(Bild 4)**.

Es lassen sich Farbkombinationen erstellen, die auffällig, dezent oder zurückhaltend wirken **(Bild 5)**.

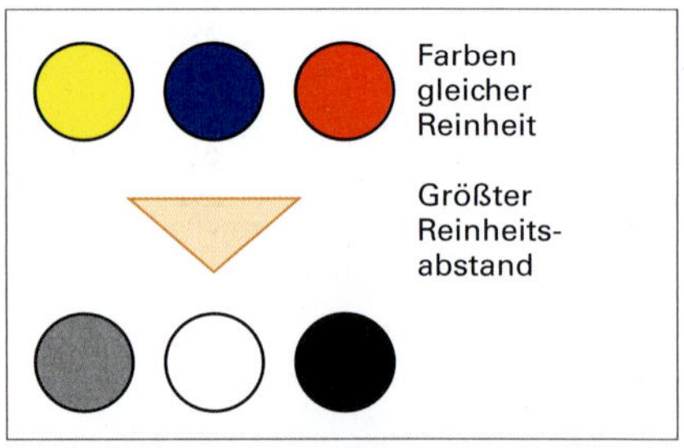

Bild 4: Reinheit der Farben

Bild 5: Reinheitsabstände

Die Farbqualität kann durch vier verschiedene Vorgehensweisen verändert werden (Bild 1).

- **Mischen mit Weiß:**
  Hellklare Reihe, Pastelltöne
  Es ergeben sich meist kältere, immer aber hellere Farben.
- **Mischen mit Schwarz:**
  Dunkelklare Reihe
  Schwarz nimmt den Farben ihr Leuchten.
- **Mischen mit Grau (Weiß und Schwarz):**
  Verhüllungsreihe
  Man erhält gleich helle, hellere oder dunklere, aber immer trübere Farbtöne. Farben werden mehr oder weniger neutralisiert und blind.
- **Mischt man 2 Komplementärfarben**, so ergibt sich im Idealfall ein mittleres Grau, bei wenig Zugabe der Komplementärfarbe eine gedämpfte Version des ursprünglichen Tons.
  Es kann auch mit jeder anderen reinen Farbe gemischt werden.

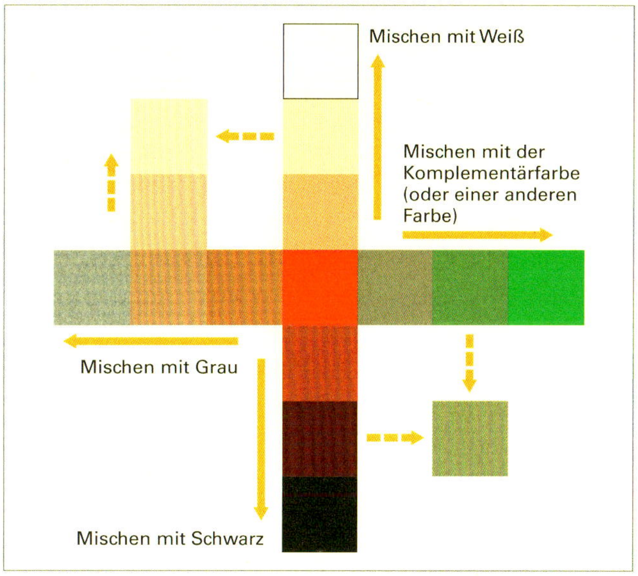

Bild 1: Mischungsmöglichkeiten mit 1 Farbton

Weitere Mischungsreihen ergeben sich mit weiteren Ausmischungen (➔).

16.3.5 Quantitätskontrast

Üblicherweise wirkt eine Farbe umso stärker auf den Menschen, je größer ihre Fläche ist. Der Quantitätskontrast (Mengenkontrast) beruht, im Gegensatz zum Qualitätskontrast, auf der Gegenüberstellung verschieden großer Farbflächen. Wenn diese Farben in einem bestimmten Verhältnis vorliegen, ist die optische Wirkung der Farben gleich intensiv. Sie wird dadurch als harmonisch empfunden. Beispielsweise entspricht 1 Teil Gelb etwa 3 Teilen Violett (Bild 2). Liegen Farben nicht in reiner Farbe vor, so müssen die harmonischen Anteile nach Gefühl ermittelt werden (Bild 3). Ziel kann auch sein, durch Abweichung von der Harmonie interessante Spannungen zu erzeugen.

Meist sind für den Anwender die Flächen am Objekt in ihrer Größe vorgegeben.

Bild 2: Harmonische Mengen reiner Farben

Bild 3: Harmonische Mengen vermischter Farben

Die folgenden Effekte und Kontraste entstehen durch die Psyche des betrachtenden Menschen, d. h. seine Emotionen, Erfahrungen und Gefühle.

16.3.6 Minimax-Effekt

Minimax: Minimale Form- oder Farbabweichung – maximaler Effekt.

Ein geübtes Auge kann auch geringste Abweichungen von der idealen Form oder dem umgebenden Farbton erkennen (Bild 4).

Wird in der Fläche ausgebessert, so mag ein abweichender Farbton kaum auffallen.

Wird der geringe Unterschied jedoch wahrgenommen, so kehrt das Auge immer wieder dorthin zurück.

Solche Unstimmigkeiten in der Lackierung werden als sehr störend empfunden.

Dies gilt auch an Fassaden, wenn Gerüsthakenlöcher unzureichend ausgebessert werden.

Bild 4: Durch Lichtspiegelung fällt diese sehr kleine Delle besonders ins Auge

16.3.7 Kalt-Warm-Kontrast

Ein in Orange lackiertes Objekt wird sehr viel wärmer empfunden, als ein blaues. Es ist unklar, ob diese Temperatureinschätzung von Farben genetisch oder psychologisch durch Erfahrung (Feuer, Wasser) und Konditionierung bedingt ist.

Allgemein gelten

- Gelb-, Orange-, Rottöne als warm.
- Blau-, Violett-, Grüntöne als kalt (**Bild 1**).

Befinden sich in einer Gestaltung warme und kalte Farben nebeneinander, so ergibt sich der Kalt-Warm-Kontrast (**Bild 2**).

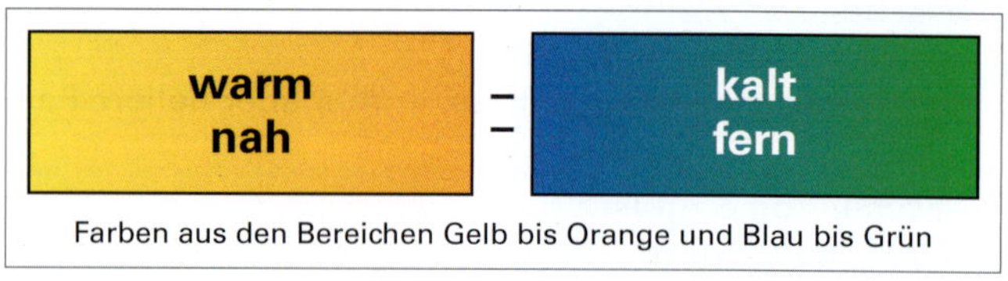

Bild 1: Warme und kalte Farben

Bild 2: Anwendung kalter und warmer Farben

16.3.8 Flimmerkontrast

Stehen farbige Flächen in gleicher Helligkeit zueinander, so kann sie das Auge nicht eindeutig voneinander trennen, es kommt zum Flimmern.

Dieser Effekt zwischen Farben gleicher Helligkeit ist in der Regel nicht erwünscht. Er kann vermieden werden, wenn eine der Farben durch Aufhellen oder Abdunkeln in ihrer Helligkeit verschoben wird (**Bild 3**).

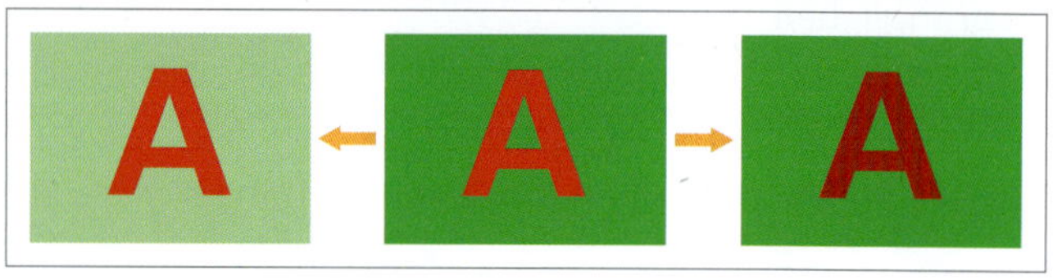

Bild 3: Flimmern von Farben gleicher Helligkeit und mögliche Maßnahmen

Da eine Metallic-Lackierung durch den Flop besonders im mittleren Helligkeitsbereich variiert, muss die Beschriftungsfarbe sehr hell oder sehr dunkel gewählt werden.

16.3.9 Simultankontrast

Wenn verschiedene Farbflächen gleichzeitig nebeneinander betrachtet werden, ist eine gleichzeitig (simultan) ausgelöste Kontraststeigerung die Folge. Der geringere Farbanteil wird in seiner Wirkung zur Gegenfarbe verschoben.

- Eine graue Schrift wirkt auf weißem Hintergrund dunkler als vor schwarzem Hintergrund.
- Orange wirkt vor Grün roter, vor Violett gelber.
- Farben werden zur Komplementärfarbe der größeren Fläche hin verschoben.

In den Beispielen in **Bild 4** sind der braune und der graue Farbton der Schrift immer genau die gleichen. Das Firmenlogo wirkt auf weißem Untergrund nicht nur dunkler, sondern auch kleiner als auf schwarzem Untergrund.

Bild 4: Simultankontrast

16.3.10 Sukzessivkontrast

Sukzession, lat. = Nachfolge, daher auch die Bezeichnung Nacheffekt oder Nachbild.

Das lange Schauen auf eine Farbfläche überlastet die Sehzellen des Auges. Beim Wechseln des Blickes auf eine leere Fläche entsteht das Nachbild in der Komplementärfarbe.

Versuch (**Bild 5**):

Das gelbe Feld auf schwarzem Grund ist aus etwa 20 cm Entfernung starr zu betrachten. Wechselt man dann den Blick auf das weiße Feld, so erscheint das violette Nachbild.

Gleichzeitig erscheint vom Betrachter unbeabsichtigt im unteren weißen Feld das Nachbild des orangenen Feldes in Türkis.

Bild 5: Übung Sukzessivkontrast

16.4 Harmonisierende Farben

16.4.1 Farbklang

So wie sich mehrere akustische Töne zu einem Klang verbinden, so verbinden sich Farben zu einem Farbklang. Farbklänge besitzen eine ästhetische (angenehme, ansprechende) Wirkung auf den Betrachter.

Aus dem Farbkreis lassen sich Farbkombinationen ableiten, die auf den Menschen harmonisch wirken **(Bild 1 und Tabelle 1)**.

Man unterscheidet folgende Farbklänge:

- Zweiklang
- Dreiklang
- Vierklang

An Fassaden und in Räumen sind Drei- oder Vierklänge selten zu finden. Dies bedeutet den Einsatz von drei oder vier verschiedenen Farben, was in der Regel nicht sinnvoll ist, es sei denn in geringerem Anteil als Akzent. Farbklänge spielen eine Rolle bei der Beschriftung von Werbetafeln und bei der Beschriftung am Fahrzeug **(Bild 2)**.

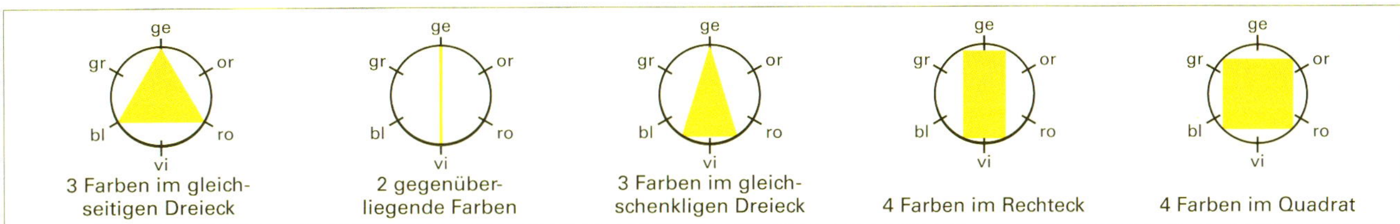

Bild 1 und Tabelle 1: Farbklänge im Farbkreis

Bild 2: Beispiele für Farbklänge in der Schriftanwendung

16.4.2 Farbharmonie

Leben in Harmonie bedeutet: kein Stress, keine Aufregung, Wohlfühlen, Ausgeglichenheit, gute Stimmung. Diesem Wunsch nach Harmonie entsprechen bestimmte Farbkombinationen – oder auch nicht. Dann spricht man von Disharmonie. Individuelles Farbempfinden beeinflusst die Gesamtwirkung **(Tabelle 2)**. Es gibt auch Kundenschichten, die eher Disharmonie wünschen.

Monochrome Farbharmonie	Bereich einer Farbempfindung	Benachbarte Farben im Farbkreis	Farben gleicher Sättigung
Z. B. Blau mit aufgehellten und abgedunkelten Farbtönen	Z. B. warme, kalte, leichte (helle), schwere (dunkle) Farben	Z. B. das Grün des 12-teiligen Farbkreises und Farben links und rechts der Hauptfarbe im Farbkreis	Z. B. Primärfarben, Sekundärfarben. Diese besitzen gleiche Intensität

Tabelle 2: Farbharmonien

16.5 Raum- und Objektbeeinflussung durch Farbe

Maler sind zuständig für die Gestaltung von Innenräumen und Fassaden. Relativ selten sind Werbeträger zu gestalten, an denen der Einsatz reiner Farben und in kontrastreichen Farbkombinationen gewünscht wird. Da Räume und Fassaden große Flächen aufweisen (mit kleineren und akzentuierenden Flächenanteilen), muss der Maler für diese dominierenden, raum- und straßenraumbestimmenden Flächen geeignete Farben empfehlen und in der Folge auch mischen können.

16.5.1 Einflüsse von Farben im Innen- und Außenraum

Jede Farbe besitzt eine Helligkeit, die dem Betrachter Nähe-Ferne, Leichtigkeit-Schwere vermittelt. Allein über die Gestaltung in Grautönen lässt sich das Raumerlebnis beeinflussen. Darum sind die folgenden Beispiele in Grautönen gehalten und können in Raumfarbtöne oder Fassadenfarbtöne umgesetzt werden.

Innenraum

Jeder Mensch hat seine eigene Vorstellung von Wohnen. Auch wenn sich aufgrund bestimmter Gemeinsamkeiten (Alter, Beruf, ...) Zielgruppen mit ähnlichem Verhalten und Wünschen bilden lassen, muss der Maler individuelle Kundenwünsche erfragen und berücksichtigen.
Nach heutiger Bauweise sind rechteckige, quaderförmige Räume die Regel. Unabhängig von deren Nutzung lassen sich Gestaltungserkentnisse zur Farbgebung aufstellen:

Wände bilden den Raum. Leicht getönte, helle, gering gesättigte Farben lassen Wände erleben und vermitteln das Raumgefühl ohne einzuengen.

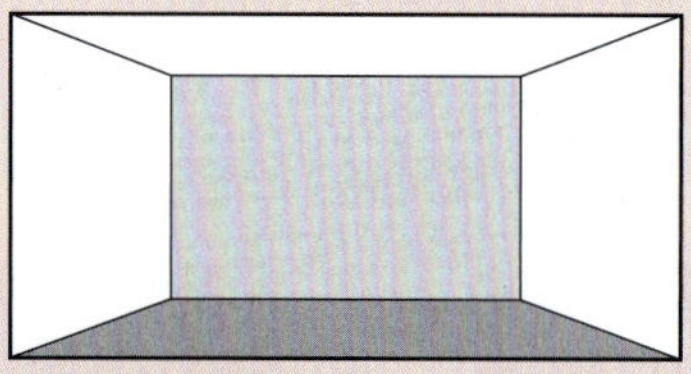

Da heute die Raumhöhen meist nicht über 2,50 m hinausgehen, wirkt der Raum allein als Baukörper schon geschlossen. Die Decke kann sehr hell gehalten werden, oft weiß.

Ein dunkler Farbton vermittelt Schwere und Stabilität. Es ist immer passend, den Boden im dunkelsten Farbton des Raumes zu gestalten. Der Boden ist schon immer die stabile Basis, auf der wir stehen.

Die Raumwirkung verändert sich durch gezielten Helligkeitseinsatz.

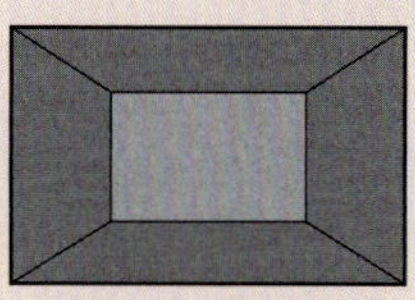

Beengendes Raumgefühl

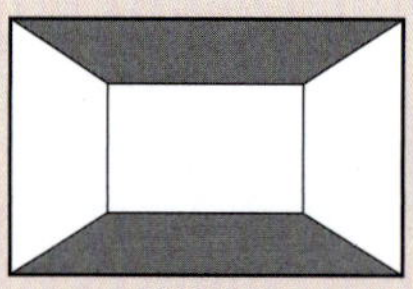

Der Raum wirkt niedriger

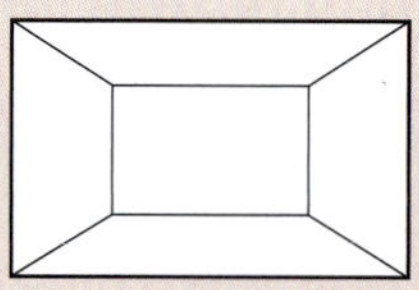

Geringe Raumbildung

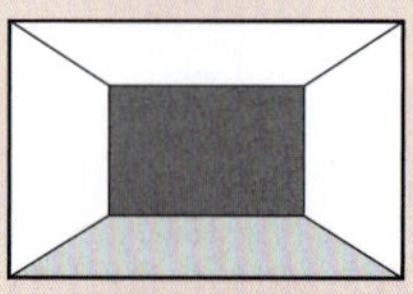

In der Tiefe wirkt der Raum kürzer

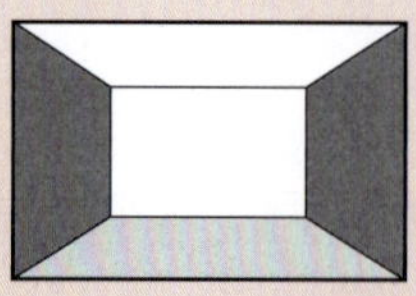

Der Raum wirkt schmaler

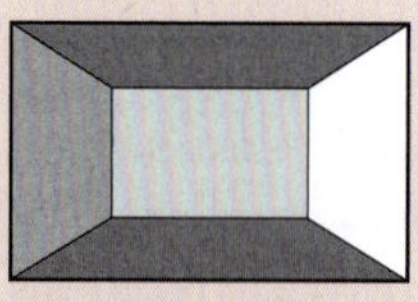

Raumverschiebung nach rechts

Auch Muster verändern den Raum in seiner Wirkung z. B. durch Mustertapeten

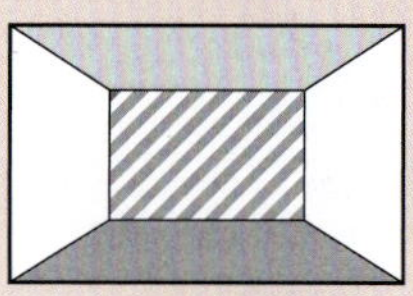

Der Raum „kippt"

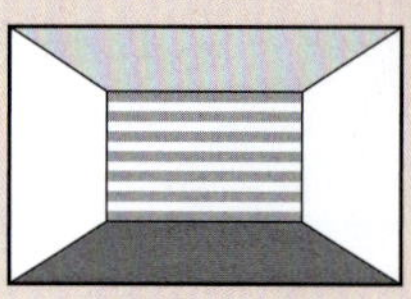

Der Raum wirkt breiter

Große Muster verkleinern den Raum

Außenraum/Fassade

Fassadengestaltung wird von allen Vorübergehenden wahrgenommen, nicht nur vom Bewohner. Darum ist sie auch Sache der Allgemeinheit. Manche Gemeinden haben deshalb Farbleitpläne erstellt. Der Maler kann helfen, Farbsünden zu vermeiden.

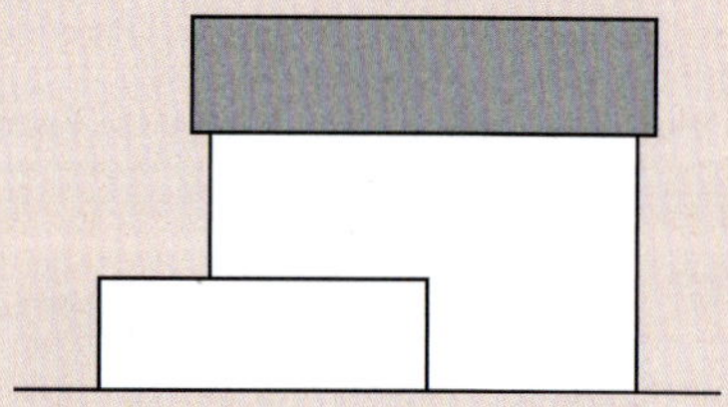

An Gebäuden sind in der Regel senkrechte Flächen zu gestalten. Kein Farbwechsel an Körperkanten!

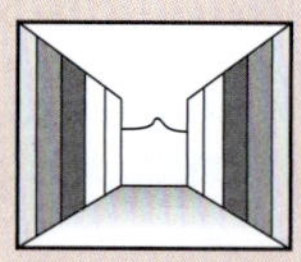

Straßenzüge werden im Ablauf strukturiert, erweitert, eingeengt, begrenzt.

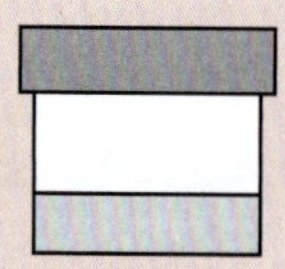

Dunkle Farben wirken schwer und als stabile Basis. Das Dach begrenzt nach oben.

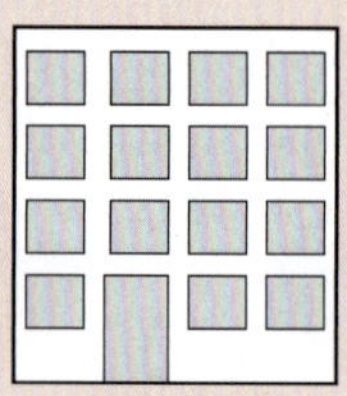

Gliederung durch Öffnungen

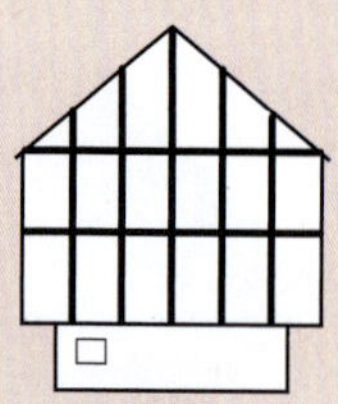

Gliederung durch Fachwerk

Kennt der Maler diese Helligkeitswirkungen, so kann er ungünstige Objektformen beeinflussen.

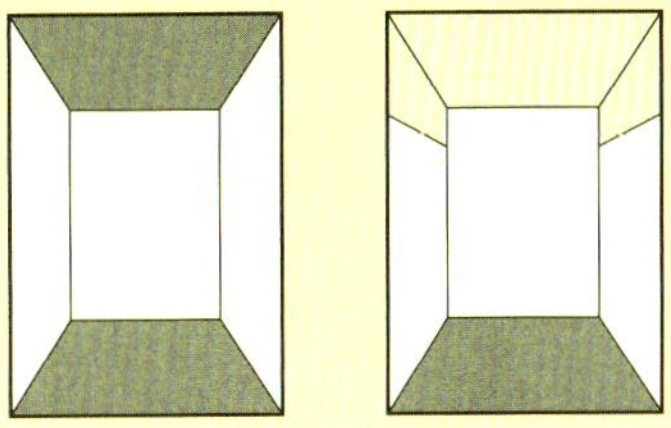

Die Decke wird heruntergezogen

Der Raum wird verkleinert, aber nach oben geöffnet

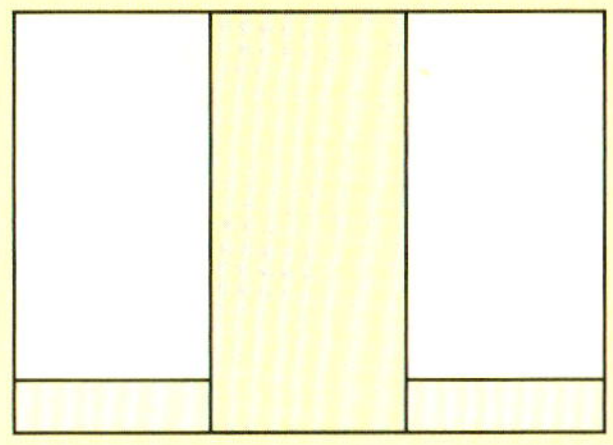

Eine große Baumasse wird zerlegt

Immer ist zu berücksichtigen, welche Flächen in Farbton, Helligkeit und Sättigung bereits vorgegeben sind.

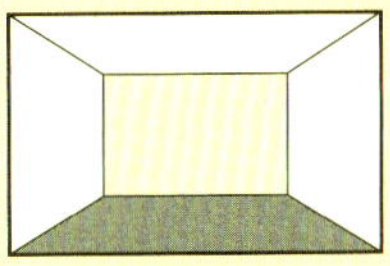

Fußboden, Parkett, Eiche, dunkel

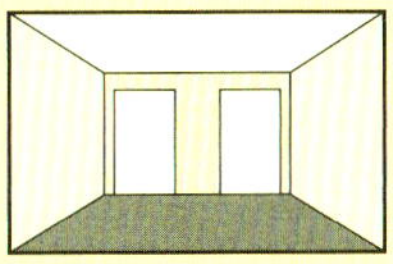

Türen weiß lackiert

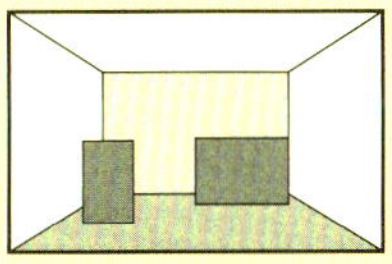

Mobiliar in Kirschbaum (rötlich, relativ dunkel)

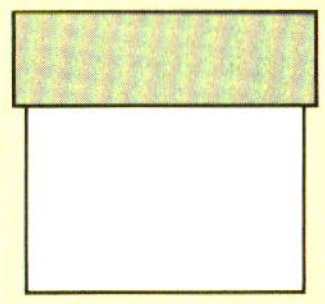

Dach in Ziegelrot oder Schiefergrau

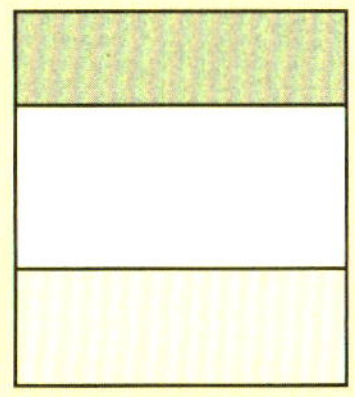

Bis zur 1. Etage in Naturstein, z. B. gelben Sandstein

16.5.2 Vom Farbton zum Raum- und Außenraumfarbton

Große Flächen wirken intensiver auf Menschen ein als kleine Flächen. Ist die persönliche Lieblingsfarbe z. B. ein kräftiges Rot, so gefällt dieser Farbton in der Regel auf kleinen Flächen (Krawatte, Tischdecke), von denen der Blick auch immer wieder abgewendet werden kann. In Räumen ist der Mensch während der Anwesenheit im Farbton „gefangen“. Bei kurzem Aufenthalt, z. B. in einer Eingangshalle, kann hohe Farbigkeit an der Wand durchaus als interessant empfunden werden. Im Wohnraum wären die gleichen Farben auf Dauer kaum zu ertragen.
Ebenso verhält es sich mit der Wirkung von Farben an Gebäuden. Was an der Fassade eines Supermarktes gut aussieht, gefällt noch lange nicht auch am eigenen Reihenhaus.
Darum muss der Maler reine Farben brechen, nachdem er die gewünschte Helligkeit mit Weiß und/oder Schwarz bereits ermischt hat.

Farben brechen = Ein Farbton wird durch Zumischen einer anderen Farbe, meist Gegenfarbe, in seiner Farbtonwirkung reduziert.

Ermischung einer Farbverteilung im Raum mit 2 Ausgangsfarben:

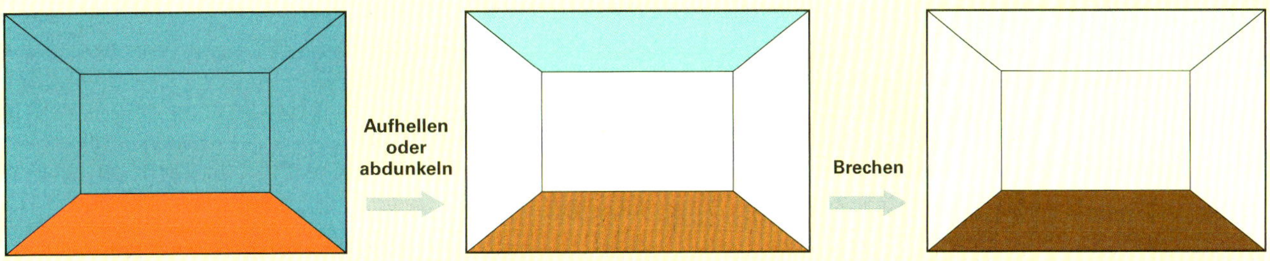

Für Räume (und Fassaden) sind reine Farben absolut ungeeignet

Die Helligkeit ist geeignet, aber der Farbton ist noch zu farbintensiv

Nun stimmen Farbton, Helligkeit und Sättigung. Nun liegt es am Kunden, ob ihm dieser Entwurf gefällt.

Je kleiner die Flächen sind, umso kräftiger können sie in Farbe gesetzt werden. Sie setzen Akzente im Raum und an der Fassade.

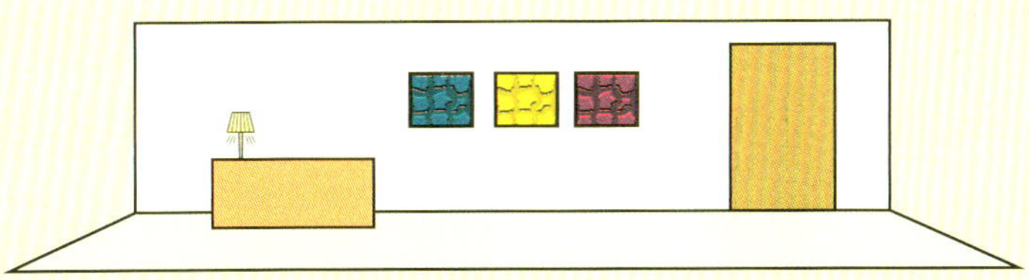

Kleinmöbel, Lampen, Bilder

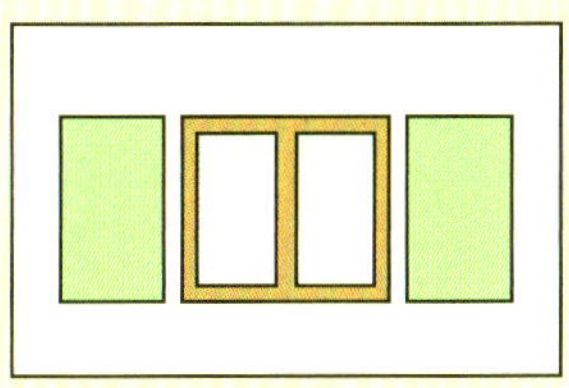

Fensterläden

16.6 Farbanwendung in Innenräumen

Innenraum entsteht durch Abgrenzung, denn Raum an sich ist überall. Die Abgrenzung des Innenraumes erfolgt durch Wände, Decken und Boden. Kontakt zum Außenraum wird über Fenster und Türen hergestellt. Wie wir den Raum wahrnehmen, ist abhängig von Form, Größe und Anordnung der begrenzenden Flächen.

Das Erlebnis eines genutzten Raumes ist aber wesentlich komplexer. Man sieht nicht die Wand, den Schrank, die Lampe, sondern erlebt einen zusammenhängenden Eindruck aller Einflüsse, wie Möblierung, Farbgebung, Nutzung, Bewohner, Gerüche, Licht. So entsteht die Vielfalt der Raumerlebnisse vom Kinderzimmer bis zum Festsaal **(Tabelle 1)**.

Bei seiner Gestaltungsarbeit im Innenraum muss der Maler die Interessen und Bedürfnisse der Menschen, die sich darin aufhalten werden, berücksichtigen.

Bilden mehrere Räume eine Einheit, so ist dies in die Farbplanung mit einzubeziehen.

Wohnräume	Wohnzimmer Schlafzimmer Jugendzimmer Küche Kinderzimmer u. a.	Diese Räume nutzt der Mensch oder eine Gruppe nach eigenen Vorstellungen. Für Familien ist die Zuordnung der Räume in einer Wohnung weitgehend etabliert, andere Wohnformen können zu anderen Nutzungsformen führen. Immer geht es darum, dass sich der Mensch diese Räume weitgehend selbst nach seinen eigenen Vorstellungen gestalten und einrichten kann.
Arbeitsräume	Werkstatt Büro	In Arbeitsräumen gehen Menschen einer beruflichen Tätigkeit nach. Farben sollen dabei positiv auf den arbeitenden Menschen einwirken. So kann durch eine freundliche Farbgebung das Arbeitsklima verbessert werden, durch Signalfarben auf Gefahrenstellen hingewiesen werden.
Verkaufsräume	Ladengeschäfte	Farben können den Kunden lenken und beeinflussen.
Räume für Erziehung und Lehre	Kindergarten Schulräume Gruppenräume	Sollen sich Menschen in diesen Räumen konzentrieren, so dürfen Farben nicht von diesem Ziel ablenken. Anders in Räumen, in denen Kreativität und Zusammenarbeit gewünscht wird. Hier können Farben anregend wirken.
Räume des Gesundheitswesens	Krankenzimmer Arztpraxen	Farben beeinflussen den Menschen und so auch indirekt Heilungsprozesse.
Kulturstätten	Theater Sportstätten Museen	Einerseits dienen diese Räume der Präsentation, andererseits dienen sie einem bestimmten Zweck. So wirken in Museen Gemälde nur vor neutralem Hintergrund. Farben im Eingangsbereich sind möglich.
Übergangsräume	Empfangsbereich Flur Treppenhaus	Auch diese Bereiche werden in ihrer Wirkung positiv oder negativ wahrgenommen. Farbe kann dabei der Orientierung dienen, z. B. durch Betonung der Türen.

Tabelle 1: Arten von Innenräumen

Die Vielfalt an Räumen und Raumnutzungen zeigen die folgenden Beispiele **(Bild 1)**.

Bild 1: Beispiele unterschiedlicher Innenräume

16.7 Schritte der Farbgestaltung von Innenräumen

Die Beratung des Kunden zur Farbgebung eines Raumes gehört zum Service des Malers. Dem Kunden fällt es oft schwer, sich vorzustellen, wie sich sein Farbwunsch z. B. seine Lieblingsfarbe, auf sein Wohnen und seine Befindlichkeit im Raum auswirkt, Farbkonzepte sind ihm weitgehend unbekannt.
Der Maler muss zuerst genau über die Raum-/Wohnungssituation informiert sein. Das Gespräch mit dem Kunden und Analysen helfen ihm dabei.
Der Farbvorschlag entsteht aus den gewonnenen Erkenntnissen sowie der Kenntnis über die Möglichkeiten der Raumbeeinflussung und Raumgestaltung sowie der Umsetzung von Gestaltungskonzepten für Räume und Wohnungen. Unter Umständen sind mehrere Gestaltungskonzepte als Entwurf durchzuspielen, um den optimalen Entwurf zu finden.
Da nur selten der Zeitaufwand dafür in Rechnung gestellt werden kann, können erste Entwürfe in Grautönen mit Bleistift aber auch in Filzstift ausgeführt werden, um Wirkungen zu erkennen.
Erst dann sind Entwürfe realitätsnah in Farbe umzusetzen und dem Kunden vorzulegen (Visualisierung).

Der systematische Vorgang vom ersten Kundengespräch bis zur Vorlage von Farbentwürfen wird in Tabelle 1 vorgestellt. Übung und Erfahrung können dieses Verfahren verkürzen.

Analyse erstellen	
Bewohner, Auftraggeber	Junge Familie, Jugendlicher, Schüler, Rentner, Kind... Der Kunde soll sich später im Raum wohlfühlen (nicht nur der Gestalter).
Raumnutzung	Wohnzimmer, Schalterhalle, Büro, Flur, Gaststätte...
Anmutung/Ziel der Raumwirkung	wohnlich, dekorativ, gemütlich, funktionell, jung, modern...
Preisvorstellung, Qualitätsanspruch	preiswert, hochwertig, exklusiv...
Raumanalyse (Bild 1)	• Raumgröße, Raumhöhe, Raumform • Fenster, Lichtquellen, Lage, Möblierung • Bereiche (Tag-, Nacht-/Ruhe-, Naß-, Aktionsbereiche...) • Verbindungen, Wege, Engpässe, Achsen... • Grad der Nutzung der Zentren, Wege, Bereiche (in der Regel bei Tage) • Entsprechung Raumwirkung – Raumfunktion
Gestaltungsziel	• Der Raum soll optisch verändert werden z. B. ein zu hoher Raum, ein zu schmaler Raum... (Bild 3). • Der Raum soll nicht optisch verändert werden z. B. ein Raum mit ausgeglichenen Proportionen Raumbereiche sind zu trennen, zu verbinden, zu betonen...
Sind Flächen im Farbton vorgegeben?	Holz, Sichtbeton, Naturstein, Kalksandstein, Ziegel u. a.
Entwurfsarbeit vorbereiten	
Zeichnung erstellen (Bild 2)	Die perspektivische Darstellung des Raumes sollte einen repräsentativen Ausschnitt des Raumes darstellen. Unter Umständen sind mehrere Ansichten nötig. Ausführung • frei Hand • Reißbrettzeichnung • Computerdarstellung (über Gestaltungssoftware)
Mehrere Gestaltungsideen entwickeln	
Konzepte vergleichen und auswählen (siehe Beispiele Bild 1 bis Bild 3 auf der nächsten Seite)	**Betonung der Horizontalen:** z. B. Boden, Tischplatte, Decke... Der Raum wirkt niedriger und weiter/größer.
	Betonung der Vertikalen: z. B. Wände, Vorhänge... Der Raum wirkt höher und weiter/größer.
	Betonung von architektonischen Raumteilen: z. B. Nischen, Stützen... Der ursprüngliche Raum bleibt erhalten. Die betonten Raumelemente wirken wie hineineingestellt, sie trennen und/oder gliedern.
	Betonung von Funktionen, Bildung von Gruppen: z. B. Thekenbereich, Sitzgruppe, Treppe, Fluchtweg... Die Grundzone des Raumes wird betont, ebenso die Funktionsachsen.

Tabelle 1: Arbeitsschritte der Erstellung eines Farbvorschlags

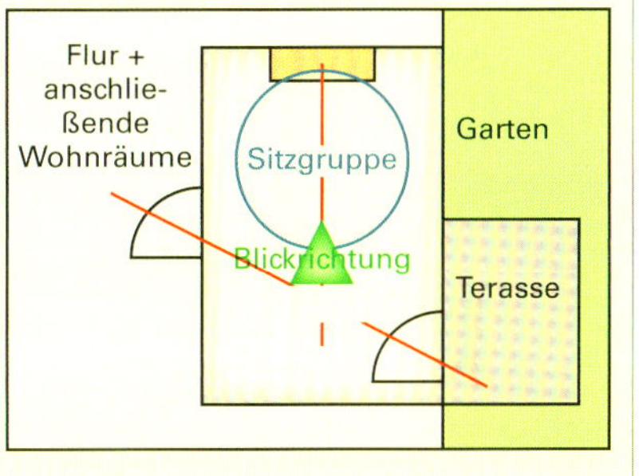

2 Achsen:
a) Türe-Balkon (Bewegung)
b) durch Raumformen, Sitzanordnung, Fernsehstandplatz (Ruhe)
Erholungsbreich (Sitzgruppe)
Decke recht hoch und gegliedert

Ziel:
- Gliederung aufgreifen
- Decke niedriger wirken lassen
- Erholungsbereich betonen

Bild 1: Raumanalyse

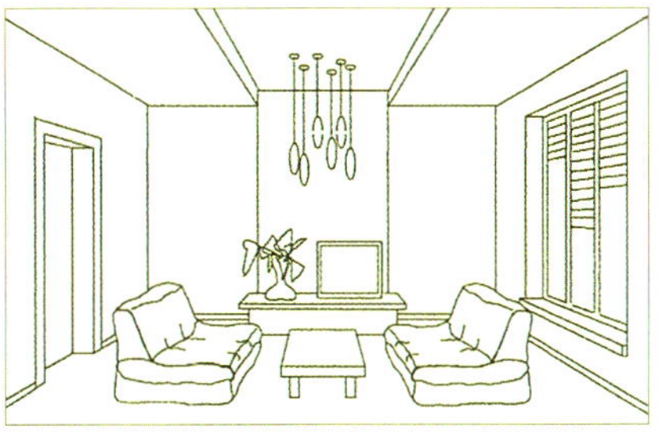

Bild 2: Perspektivische Darstellung

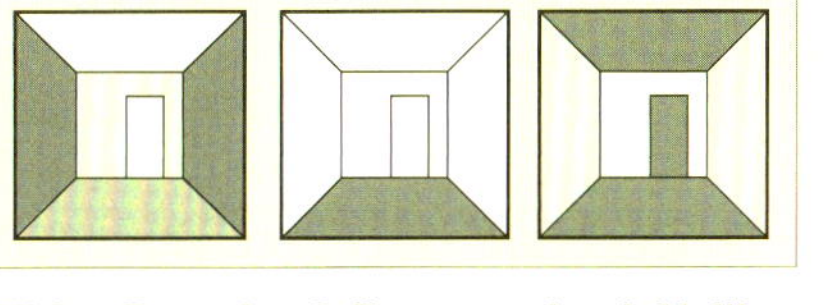

Bild 3: Raumbeeinflussung durch Helligkeitsstufen in der Farbgebung

	Auflösen/optische Veränderung von Flächen und Körpern im Raum: z. B. farbliche Überlagerung von Raumflächen, Irritationen durch Spiegel, Illusionsmalerei ... Der Raum wird zum Erlebnis. Dies erfordert vom Gestalter hohe Sensibilität und hohes Können. Selten.
Umsetzung des Gestaltungskonzeptes rein oder in Kombination	**durch Farbeinsatz:** z. B. flächig, akzentuiert, wegweisend ... z. B. glatt, strukturiert ... z. B. deckend, lasierend, farblos (Farbigkeit des Untergrundes) ...
	durch Formeneinsatz: Interpretierend, überlagernd ... geometrisch (Punkt, Linie, Fläche), frei ...
	durch Lichteinsatz: Tageslicht durch Fenster oder andere Raumöffnungen. Je nach Art und Anordnung der Leuchtkörper: direkt, indirekt ... ausleuchtend, inselbildend ... warm, kalt ...
	durch Schrifteinsatz: Schriftart, Schriftgröße, Kontrast ...
	durch Werkstoffeinsatz: Holz, Glas, Teppiche, Metall ...
Erste Entwürfe in Helligkeitsstufen anfertigen	
	Übertragen der Gestaltungskonzepte in Bleistift, besser Kohle
Farbkonzept umsetzen	
Konzepte vergleichen und auswählen	**Monochrom** (Bild 4): Verwendung der Farben eines Farbtonbereiches • z. B. gelb bis grün • in verschiedenen Helligkeits- und Sättigungsstufen (siehe Qualitätskontrast, Quantitätskontrast)
	Polychrom (Bild 5): Ein Farbkontrast liegt zugrunde (z. B. Kalt-Warm-Kontrast) Eine Farbe bestimmt den Raum (Dominante), für große Flächen. Die weitere Farbe setzt Akzente (Subdominante), z. B. Teilflächen, Möblierung, Dekor ... • in verschiedenen Helligkeits- und Sättigungsstufen (siehe Qualitätskontrast, Quantitätskontrast, je nach weiterer Farbe Komplementärkontrast, Kalt-Warm-Kontrast, etc.)
Farbvorschläge kundengerecht visualisieren	
Ein Favorit + Alternativen	Ausführung möglichst zeitsparend, aber sauber und aussagefähig. Holz wirkt lebendiger, wenn es lasierend angelegt wird. Die Imitation einer Technik im Entwurf oder die Anordnung der Ziegel einer Wand unterliegen ebenfalls den perspektivischen Gesetzen. Alle Vorschläge müssen ausführbar sein.
Präsentation beim Kunden	
Möglichst im/am Objekt	Jeder Farbvorschlag muss sachlich begründet werden können. Farbmuster, Musterplatten von Techniken ergänzen die Präsentation.

Tabelle 1: Arbeitsschritte der Erstellung eines Farbvorschlags

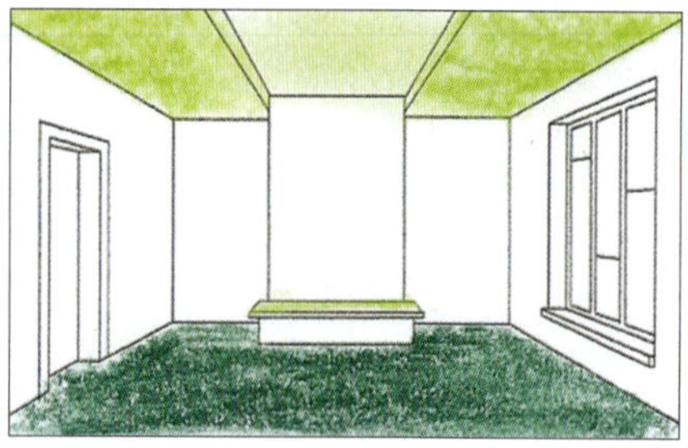

Bild 1: Betonung der Horizontalen

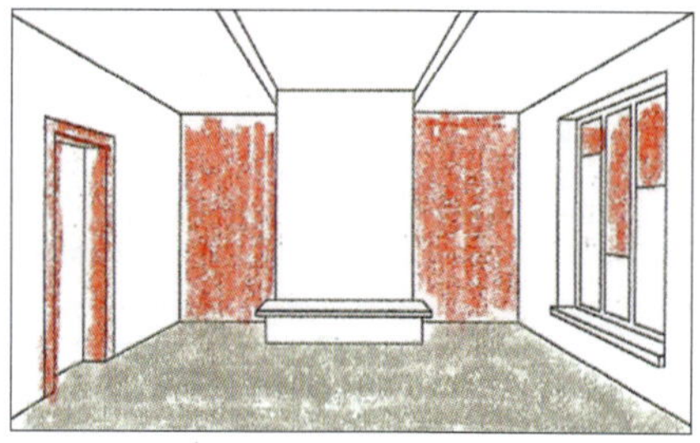

Bild 2: Betonung der Vertikalen

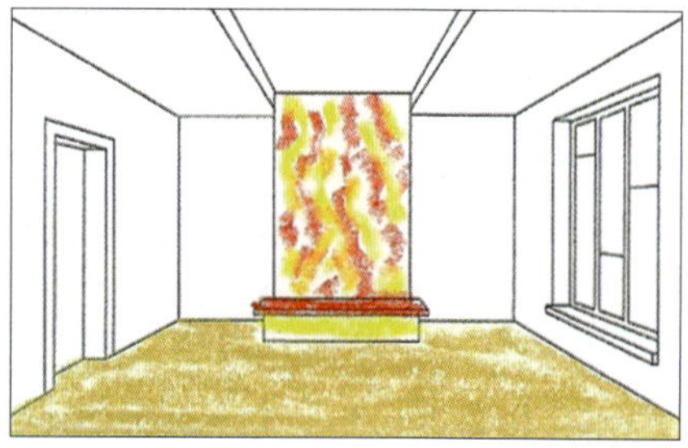

Bild 3: Betonung architektonischer Raumteile

Bild 4: Monochromer Farbvorschlag mit Akzenten

Bild 5: Polychromer Farbvorschlag mit Akzenten

Musterplatten von Gestaltungstechniken beim Kunden sollten vom Betrieb erstellt worden sein, um sicher zu sein, dass diese auch wie vorgesehen ausgeführt werden können. Am besten ist es, der Betrieb kann auf Referenzobjekte verweisen, d. h. auf Objekte in gleicher Technik mit zufriedenen Kunden. Darum ist zu empfehlen, nach Abschluss einer guten Arbeit, diese fotografisch festzuhalten. Zur weiteren Verwendung dieser Bilder, z. B. auf der Website, ist unter Umständen die Genehmigung des Kunden erforderlich.

Die letzte Entscheidung liegt beim Kunden. In Innenräumen kann der Kunde sich letztendlich verwirklichen, wie er will. Es ist seine Privatangelegenheit.

16.8 Farbanwendung an Fassaden

Fassaden sind Bestandteil des öffentlichen Raumes. Jeder kann sie sehen, muss sie sehen. Es ist Aufgabe des Maler und Lackierers, den Auftraggeber davon zu überzeugen, dass sehr viele Einflüsse auf die Farbgestaltung von Fassaden zu berücksichtigen sind (Tabelle 1), Erst bei Berücksichtigung aller Faktoren ist die optimale Einbindung der Fassade in ihre Umgebung möglich. Ziel ist, dass der Kunde als zahlender Auftraggeber dem Farbvorschlag zustimmt, unter Umständen entgegen seiner ursprünglichen Farbvorstellung.

Welche Rolle es spielt, die Fassade als Teil des Straßenzuges, des Ortsbildes, der Siedlung zu gestalten, erlebt der Maler, wenn er für seine Arbeit von anderen gelobt (oder getadelt) wird. Somit werben Fassaden, sie prägen das Ansehen des Maler- und Lackierer-Betriebes im Ort.

Eigentümer	Kundenwunsch
Funktion	Wohnhaus, Fabrik, Verwaltungsgebäude u. a.
Lage	In natürlicher Umgebung, im Stadtgebiet, im Industriegebiet u. a.
Einbindung	Freistehendes Gebäude, Reihenhaus, Einbindung in eine Häuserzeile (Ensemble) u. a.
Baustil	Historisch klarer Baustil (z. B. Barock), Historismus, Moderne, im Konzept oder durch Umbauten im Laufe der Zeit undefinierbar u. a.
Gebäudeform	Betont vertikal (Hochaus), betont horizontal mit Flachdach, in der Straßenzeile giebelständig oder traufständig
Fassadengliederung	Symmetrie, Asymmetrie, Tendenz vertikal, Tendenz horizontal
Fassadenstrukturierung	Simse, Fenster, Erker, Sockel, Schaufenster, Anbauten u. a.
Baustoffe, Werkstoffe	Putz, Klinker, Naturstein, Glas, Stahl, vorgehängte Elemente u. a.
Oberfläche des Baustoffes	Rau, glatt, strukturiert, glänzend, stumpf u. a.
Farbvorgaben	Umgebende Natur, angrenzende Gebäudefarben, Dachdeckung, Naturstein am Gebäude
Vorschriften/Anweisungen	Denkmalschutz, Farbleitplan der Stadt
Temporäre Einflüsse	Tageszeit mit verschiedenen Lichtspektren, Jahreszeit mit verschiedenen Umgebungsfarben

Tabelle 1: Einflüsse auf die Farbgebung von Fassaden

Wie sich diese Einflüsse überlagern und das individuelle „Gesicht" der Fassade prägen, ist an folgenden Beispielen zu erkennen (Bild 1).

Bild 1: Beispiele unterschiedlicher Fassaden

16.9 Schritte der Farbgestaltung von Fassaden

Vor Auftragsausführung sind unter Umständen mehrere Gestaltungskonzepte als Entwurf durchzuspielen, um den optimalen Entwurf zu finden.

Da nur selten der Zeitaufwand dafür in Rechnung gestellt werden kann, können erste Entwürfe in Grautönen mit Bleistift aber auch in Filzstift ausgeführt werden, um Wirkungen zu erkennen. Erst dann sind Entwürfe realitätsnah in Farbe umzusetzen und dem Kunden vorzulegen (Visualisierung).

Der systematische Vorgang vom ersten Kundengespräch bis zur Vorlage von Farbentwürfen wird in **Tabelle 1** und **Tabelle 2** vorgestellt. Übung und Erfahrung kann dieses Verfahren verkürzen.

Erfassen der Gesamtsituation					
Der Kundenauftrag		Baustrukturanalyse (Mikroanalyse)		Einfügung in die Umgebung (Makroanalyse)	
Aspekt	Beispiel, Anregung	Aspekt	Beispiel, Anregung	Aspekt	Beispiel, Anregung
Auftraggeber	Privatperson, Firma, Behörde	Baustil	reiner Baustil, Baustilelemente am neutralen Bau	Farben der Natur	Villa im Park, Siedlungswohnhaus mit Garten
Objektnutzung	Wohnhaus, Verwaltungsgebäude, Gaststätte ...	Gebäudetyp	Hochhaus Wohnhaus u. a.	Farben angrenzender Gebäude	Einbindung in die bestehende Farbigkeit
Anmutung/Ziel	vornehm, auffällig repräsentativ	Proportionen	Breite: Höhe Fläche: Öffnungen	Kontur, Dachverlauf	giebel- oder traufständiger Straßenzug
Preisvorstellung, Qualitätsanspruch	preiswert, hochwertig, exklusiv ...	Struktur	Fenster, Simse, Lisenen Faschen u. a.	Funktion im Straßenbild	Gebäudefunktion als Riegel, als Unterbrechung
		Plastische Gliederung und Ornamentik	Erkennen der Qualität der Einzelelemente		
		Öffnungen	Größen, symmetrische – asymmetrische Anordnung		
		Werkstoffe	Putz, Glas, Holz ...		
		vorgegebene Farben	Naturstein Dachfarbe		

Tabelle 1: Arbeitsschritte der Erstellung eines Farbvorschlags

Die Gesamtsituation lässt sich am besten durch eine Objektbesichtigung erfassen, möglichst zusammen mit dem Kunden (und Architekten). Bei Neubauten muss auf Planzeichnungen zurückgegriffen werden.

Entwurfsarbeit vorbereiten	
Zeichnung erstellen	In der Regel Vorderansicht des Gebäudes mit • Anteile angrenzender Gebäude • angrenzende Natur Ausführung • frei Hand • Reißbrettzeichnung • Computerdarstellung (über Gestaltungssoftware)
Mehrere Gestaltungsideen entwickeln auf der Grundlage der Ergebnisse der Baustrukturanalyse (Mikro- und Makroanalyse)	
Farbrichtung festlegen Farbspektrum festlegen	• Wahl der Grundfarbigkeit • Farbton • Helligkeit • Sättigung **Dominante** Der vorherrschende Farbton der Grundfläche, also der Fläche mit dem größten Flächenanteil. **Subdominante** Der vorherrschende Farbton der Grundfläche (Dominante), aufgehellt oder abgedunkelt. **Akzent** Betonender Farbton, wird gezielt eingesetzt bei Details oder schmückendem Beiwerk, kleinster Flächenanteil.

Tabelle 2: Fortsetzung Arbeitsschritte

Bild 1: Einfache Baustrukturanalyse

Bild 2: Objekt

Bild 3: Zeichnung vom Objekt

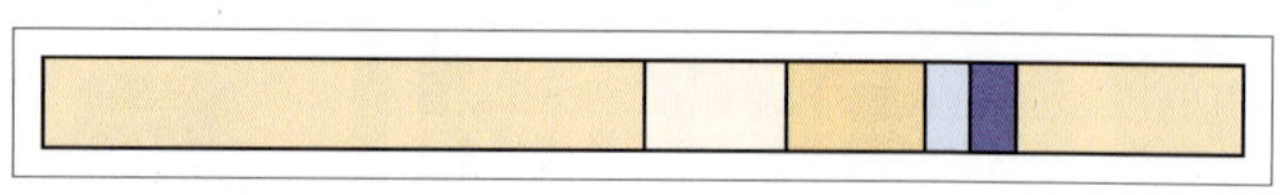

Bild 4: Farbvorschlag, bestehend aus Dominante – Subdominante – Akzent

Farbkonzept umsetzen	
Gestaltungs-konzept festlegen	**Betonung der Fassadenfläche als Ganzes** Flächenwirkung **Betonung zusammengesetzter Bauelemente** Der Gesamtbau wird optisch zerlegt, gut bei Großobjekten mit großer Baumasse. Die Grundlage eines verbindenden Farbtons (Dominante) hält das Ensemble zusammen. **Betonung der Vertikalen** Die Fassade wirkt schmaler und höher **Betonung der Horizontalen** Die Fassade wirkt breiter und niederer. **Horizontale und vertikale Teilung** Abgeschwächte Richtungs- und Flächenwirkung **Überlagerung der Baukörper mit Farbgliederungen, Motiven etc.** Gewagt. Das Ergebnis muss über langen Zeitraum erträglich sein.
Ziel überprüfen	
Berücksichti-gung von Gestaltungs-empfehlungen	Je dunkler der Farbton, je kontrastreicher die Fassade, umso auffälliger wirkt das Gebäude. Je größer das Haus, umso geringer darf die Farbigkeit sein. Je kleinteiliger die Fassade gegliedert ist, umso höher kann die Farbigkeit sein. Reine und volle Farben äußerst sparsam einsetzen. Eckgebäude eignen sich für höhere Farbigkeit als Zeilenabschluss. **Sockel** Abgedunkelte Fassadenfarbe erhält die Einheit in der Fassade und bildet eine gefühlte Basis für das Gebäude. **Balkon/Loggia** Die Brüstung kann die Wand durch Farbe gliedern. Dunkle Farben schließen den Balkonraum/Loggiaraum ab. Balkone belassen die Fassade in ihrer Farbigkeit. Eine Loggia sollte wegen der Verschattung hell gehalten werden **Fenster** Glasflächen erscheinen von außen dunkelgrau. Helle Fensterrahmen bilden ein „Gitter" und trennen Innen von Außen. Je größer die Rahmenfläche im Verhältnis zur Glasfläche umso geringerer Kontrast ist zu empfehlen. **Fensterladen** Fensterläden können als farbiger, sich wiederholender Akzent die Fassade gliedern. **Erker** Ein heller Erker gehört eher zum Bau, ein dunkler Erker trennt sich von der Fassade. **Gliedernde Elemente** Horizontale und vertikale Elemente sind in gleicher Farbe zu halten. Nur so bilden sie eine stabile Fassung der Fassade. Bei ausgewogenem Verhältnis zur Fassadenfläche ist ein hoher Helligkeitskontrast möglich, bei ungleichem Verhältnis ist ein schwächerer Kontrast zu empfehlen. In der Regel ist die Fassade dunkler gehalten als die gliedernden Elemente. So wirken diese plastischer. Dunkler gehaltene Elemente wirken bautragender.
Farbvorschläge kundengerecht visualisieren	
Ein Favorit + Alternativen (Bild 1 bis 3)	Die Ausführung der Vorschläge sollte möglichst zeitsparend, aber sauber und aussagefähig sein. Alle Vorschläge müssen technisch und im Preisrahmen ausführbar sein.
Präsentation beim Kunden	
Möglichst im/am Objekt	Jeder Farbvorschlag muss sachlich begründet werden können. Farbmuster, Musterplatten ergänzen die Präsentation. Farb- und Materialmuster sind dem Kunden in geeigneter Größe, z. B. 0,40 × 0,80 cm vorzulegen. Ideal ist das Anlegen von Farbmusterflächen am Objekt. So ist es dem Kunden möglich, bis zur Zusage sich einige Zeit mit einem Farbvorschlag vertraut zu machen.

Bild 1: Der Turm wird in seiner Eckfunktion betont. Die Farben binden den Bau in die Umgebung ein. Der Eingang wird betont.

Bild 2: Turm und Gebäude bilden eine Einheit. Der Eingang wird betont. Das gebrochene Weiß fügt sich gut in die historische Farbigkeit der Stadt (Tübingen).

Bild 3: Turm und Gebäude werden voneinander getrennt. Das Gebäude gewinnt an Bedeutung.

Auch Fassaden sollten nach Abschluss einer guten Arbeit als Referenzobjekte fotografiert werden. Zur weiteren Verwendung dieser Bilder, z. B. auf der Website, ist unter Umständen die Genehmigung des Kunden erforderlich.

16.10 Mischen und Abtönen von Farben

Mischpraxis

Regel 1: Es ist immer der helle Farbton vorzulegen und der dunkle Farbton zuzumischen.
Das Mischen der Farben von Lacken, Wand- oder Fassadenfarben erfolgt immer nach dem optischen Eindruck und nicht nach Menge. Ein mittleres Grau erhält man nicht durch Mischen gleicher Anteile von Weiß und Schwarz. Dunkle Farben färben intensiver als helle.

Regel 2: Den Farbton nie sofort am Objekt anlegen. Musterbleche oder -tafeln in realistischer Größe erstellen. Selten stimmt der Farbton beim ersten Mischen. Vielleicht will es der Kunde dann doch anders.

Regel 3: Man tastet sich immer langsam mit kleinen Dosierungen an den gewünschten Farbton heran.
Ist zu viel einer Farbe zugemischt worden, ist die Korrektur aufwendig.

Regel 4: Nach dem Mischen ist das Muster erst zu trocknen, dann mit der Vorlage zu vergleichen.
Durch das Lösemittel ergibt sich eine Abweichung zwischen nassem Farbton und trockenem Farbton.

Regel 5: Fachleute mischen Farben bei Tageslicht.
Je nach Lichtquelle sind andere Farbanteile im Licht enthalten. Anderes Licht kann einen Farbtonunterschied bewirken (Metamerie, **siehe Kap. 19.3.5**).

Abtönen/Nachmischen/Nuancieren

Ist ein Farbton nachzumischen, z. B zum Überstreichen eines Graffitis an der Fassade, so helfen Kenntnissse über die Regeln des Mischens von Farben. Fahrzeuglackierer sprechen beim genauen Abtönen vom Nuancieren.
Zwei Farben können sich nur unterscheiden

- im Farbton
- in der Helligkeit
- in der Sättigung **(Bild 1)**.

Reinheitsabweichungen

Werden zwei pigmentierte Lacke in reinen Farben gemischt, so multiplizieren sich die Intensitäten. Da die Intensität eines Pigments immer unter 1 liegt, ist das Ergebnis immer ein weniger reiner Farbton (z. B. $0{,}8 \times 0{,}9 = 0{,}72$). **Siehe Kap. 16.2.6.**
Reinheitskorrektur: Mischt man einem Lack die Farbe zu, die im Farbkreis gegenüber liegt (Komplementärfarbe), so erhält man eine getrübten Farbton.
Beispiel: Ist ein grauer Lack zu gelblich gemischt worden, so kann der Gelbstich durch Zumischung von Violett oder Blau beseitigt werden.

Farbtonabweichungen

Durch Zumischen von reinen Farben, die im Farbkreis links oder rechts eines Farbtons liegen, wird dieser in diese Richtung verschoben. Dabei behält er weitgehend seine Reinheit.
Farbtonkorrektur: Ein Rot mit Gelbstich kann durch Zumischen von Violett oder Blau korrigiert werden

Helligkeitsabweichung

Eine Helligkeitskorrektur muss vorgenommen werden, wenn der Farbton stimmt, aber zu hell oder zu dunkel ist.
Helligkeitskorrektur: Es kann abgedunkelt oder aufgehellt werden. Farbtöne werden mit Schwarz oder Weiß verändert.
Metallicfarben werden mit Metallicsilber aufgehellt. Mit Weiß würde der Effekt verdeckt werden.

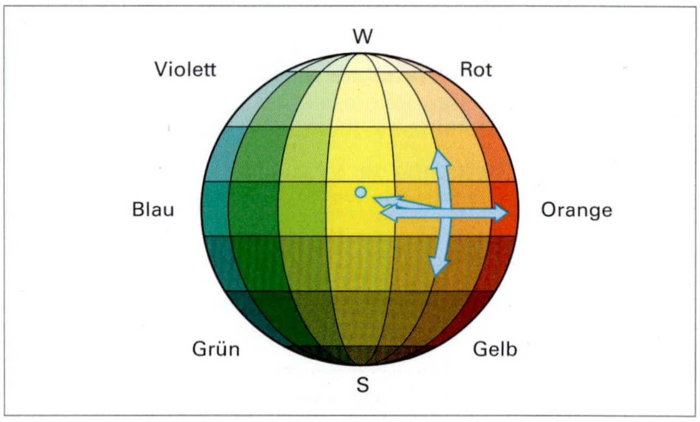

Bild 1: Analyse der Farbtonabweichung

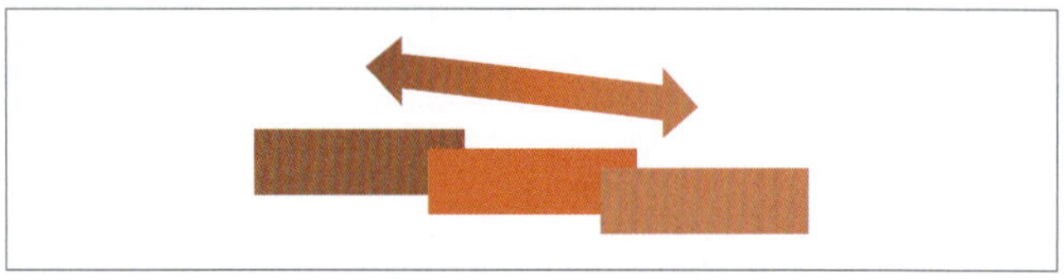

Bild 2: Korrektur der Reinheit eines Farbtons

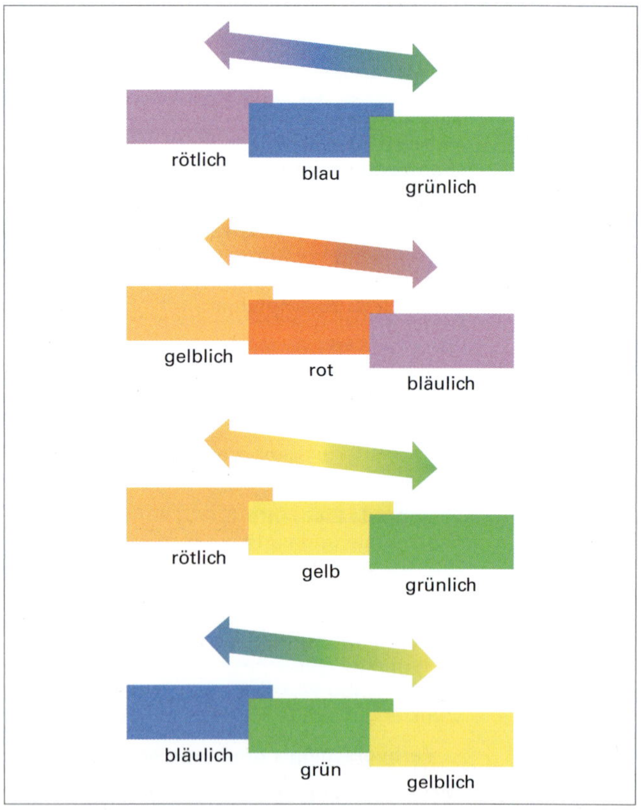

Bild 3: Korrektur der Farbabweichung eines Farbtons

Alle schauen wie gebannt.
Der Meister mischt den Lack von Hand.

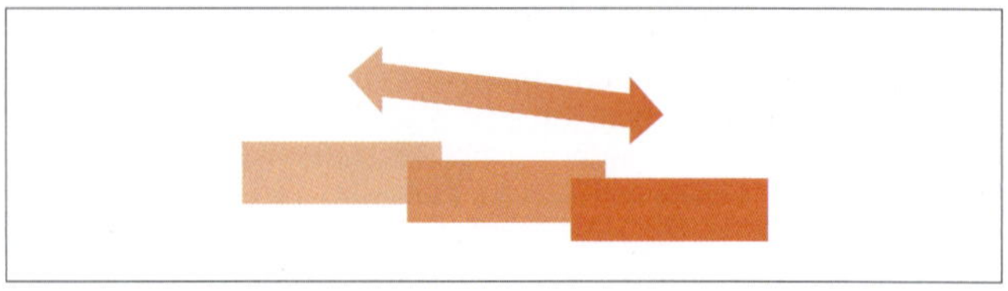

Bild 4: Korrektur der Helligkeit eines Farbtons

Mischen beim Hersteller oder im Fachhandel

Oft werden große Mengen eines Farbtons gebraucht, z. B. zum Beschichten einer Fassade. Nach Vorlage eines Farbmusters aus Farbkarten wird beim Hersteller oder im Fachhandel der Farbton computergesteuert in der gewünschten Menge gemischt.

Die Rezeptur des Farbtons wird beim Hersteller im Computer gespeichert. Es kann jederzeit nachgemischt werden, falls mehr Material benötigt wird.

16.11 Farbentwürfe mit Software

Neben konventionellen Methoden (Probeanstrich, Handskizze) werden Gestaltungsvorschläge häufig mithilfe von Farbdesign- und Objektgestaltungs-Software veranschaulicht.

Für den Maler und Lackierer bedeutet der Einsatz von Gestaltungssoftware Zeitersparnis bei der Erstellung von Farbentwürfen.

Der Kunde bekommt einen realistischen Eindruck vom neu beschichteten Gebäude. Diesen kann er mit beeinflussen, da Änderungen im Farbton sofort per Mausclick erfolgen können.

Liegen geeignete Fotos vor, kann auch Detailproblemen wie Eckausbildungen und Anschlüssen auf den Grund gegangen werden. Das ganze Objekt lässt sich, schon bevor das erste Gerüst steht, auf Problembereiche virtuell am Computer überprüfen.

Bild 1: Programm FAMOS (Farb- und Objektgestaltung) der Firma Moser mit Integration von Farbkarten, hier NCS

In die Software sind die Farbkarten der Hersteller integriert (Bild 1), Texturen können simuliert werden (Putz in verschiedenen Körnungen, Beton etc.).

Die Entwicklung eines Farbvorschlags geschieht in vier Schritten:

1. Das Objekt wird in verschiedenen Ansichten fotografiert.
2. Die Bereiche, welche farblich abgesetzt werden sollen, müssen als Maske angelegt werden.
3. Bereiche des Objekts werden eingefärbt und mit Oberflächenstrukturen versehen.
4. Präsentieren des Entwurfs bei einem Kundengespräch (Bild 2).

Die Farbverbindlichkeit der jeweiligen Ausdrucke kann nur annähernd durch ein Farbmanagement der Hard- und Software erreicht werden (Monitorkalibrierung, Druckerkalibrierung etc.). Den wahren Eindruck einer lackierten Fläche kann ein Druck nicht wiedergeben.

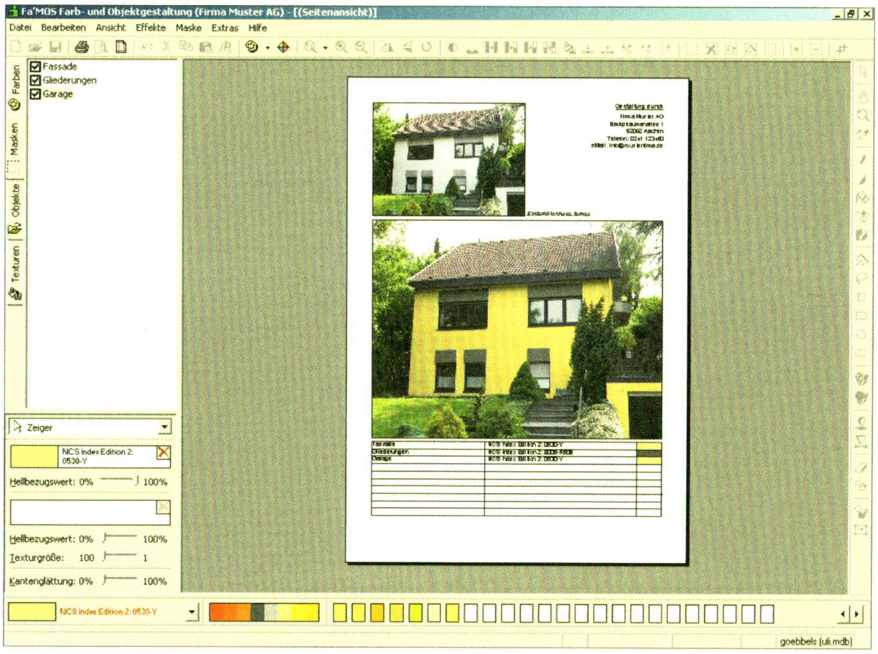

Bild 2: Farbentwürfe zur Präsentation

16.12 Logo und Beschriftung

Ein Maler und Lackierer ist kein Grafiker und Werbetexter. Er sollte aber ein kompetenter Partner des Grafikbüros sein, wenn es um Logos und Beschriftungen geht, sei es ein Fremdauftrag oder für die eigene Firma im Zuge des Corporate Design (der visuellen Darstellung des Betriebes auf dem Markt).

Logo, Firmenname und Beschriftung

Firmenlogo und Firmenname gehören in der Regel zusammen. Die Schrift unterstützt durch gleiche Ausstrahlung das Logo **(Bild 1 bis 4)**. Nach außen wird ein erster Eindruck der Firma vermittelt.

Bild 1 bis 3: Beispiele von Schrift mit Bezug zum Logo

Die Kombination der Elemente soll ein Ensemble ergeben, bei dem die Einzelelemente im Stil zusammenpassen Bild, Schrift und Zeichen bilden eine z. B. harmonische, dynamische, exklusive, naturverbundene, technische Einheit, je nach Berufszweig.

Wort, Thema	Schrift, Linie	Bild, Logo	Farben	Beispiel
Blumenladen	Bewegt Schwungvoll Schreibschrift	Blume Blumenstrauß Blatt	Grün Gelb Farben der Natur	Kuck mal Blumen mit Herz
Laufsport	Dynamisch Schrift kursiv Schreibschrift Serifenlose Linearantiqua	Laufschuhe Läufer Schuhabdrücke	Reine Farben	SPORTLIFE DER Sportladen in Ihrer Stadt!
Anwaltskanzlei	Ruhig Seriös Antiqua Serifenlose Linearantiqua	Logo aus Punkt, Linie, Fläche Paragraphenzeichen	Farben im Hell-Dunkel-Kontrast, Graustufen	ANWALTKANZLEI BALAUCH
Juwelier	Edel Seriös Antiqua Serifenlose Antiqua schmal Schreibschrift	Schmuck Perlen Goldkette	Violett, Grau, Weiß, Gold, Silber	Juwelier Blink
Maler und Lackierer	individuell, kreativ, aber auch seriös, sauber und klar Alle Schriften	Farbflächen Pinsel (bitte keine Farbflecken!)	Alle Farben Diese sollten harmonieren.	Daniel Neumann Malermeister

Tabelle 1: Überlegungen zu Entwicklung eines Firmenzeichens mit Beschriftung von Unternehmen

Schriftmischung

Häufig gehört zum Firmenzeichen und dem Firmennamen ein Slogan. Eine einfache, treffende Aussage verankert sich im Gedächtnis **(Bild 4)**.

Schriften aus **einer** Schriftfamilie sind problemlos kombinierbar (fett, kursiv, mager ...). Werden verschiedene Schriftarten kombiniert, dann sollte im Formcharakter der Schriften ein deutlicher Kontrast bestehen. Geringe Unterschiede wirken auf den Betrachter unausgewogen.

Bild 4: Beispiel Schriftmischung

16.13 Technisches Zeichnen

16.13.1 Der Maßstab

Der Maßstab (M) ist das Verhältnis eines gezeichneten Objektes zu seiner wirklichen Größe. Jede technische Zeichnung ist in einem bestimmten Maßstab erstellt, in dem die gemessenen Maße durch Teilen umgerechnet worden sind. Aus der Zeichnung können durch Malnehmen der Zeichnungsmaße die wirklichen Maße ermittelt werden (Übersicht 1).

Maßstab 1 : 100		
1 cm im Plan	=	100 cm in der Wirklichkeit
Plan		**Wirklichkeit**
0,75 m	=	75,00 m
35 cm	=	3 500 cm = 35,0 m
2,82 cm	=	282 cm = 2,82 m

Übersicht 1: Maßstab

Übliche Maßstäbe für Planzeichnungen sind 1 : 20, 1 : 50, 1 : 100.
Auch jede Umrechnung eines Entwurfes auf die Größe einer vorgegebenen Fläche mit einem Malnehmer (Multiplikator) entspricht einem Maßstab.

Berechnung des Zeichenmaßes:
Zeichenmaß =
Wirkliches Maß : Verhältniszahl
Beispiel:
Zu zeichnen sind
12,20 m im Maßstab 1 : 20
12,20 m : 20 = 0,61 m = 61 cm

Berechnung des wirklichen Maßes:
Wirkliches Maß =
Zeichenmaß · Verhältniszahl
Beispiel:
Maßstab 1 : 100,
Länge von 2 cm im Plan
2 cm · 100 = 200 cm = 2,00 m

Berechnung des Maßstabes:
Verhältniszahl =
wirkliches Maß : Zeichenmaß
Beispiel:
Zeichenmaß 1,3 cm = 0,013 m,
wirkliches Maß 6,50 m
6,50 m : 0,013 m = 500.
Der Maßstab ist demzufolge 1 : 500.

16.13.2 Vergrößern von Entwurfszeichnungen

Der Maler und Lackierer muss seinen Entwurf auf eine große Fläche maßstäblich übertragen können. In allen Verfahren besteht zwischen dem Entwurfs- und der Ausführungsgröße ein Maßstab, der beim Vergrößern mittels Malnehmer und Raster ausgerechnet werden muss.

Maßstabsermittlung über den Entwurf an den Beispielen Bild 1 und 2:
In der Entwurfszeichnung (Bild) beträgt die Länge der waagerechten Seite 5,4 cm. Für die Gestaltungen stehen Platten mit 0,81 m Breite und 2,00 m Höhe zur Verfügung. Die volle Plattenbreite ist zu nutzen. Berechnung des Maßstabes:
Wirkliches Maß : Zeichenmaß = Verhältniszahl

81 cm : 5,4 cm = 15 = Maßstab 1 : 15

Die gesamte Plattenfläche kann nicht genutzt werden, da die Form des Entwurfes von der Form der Platte abweicht.

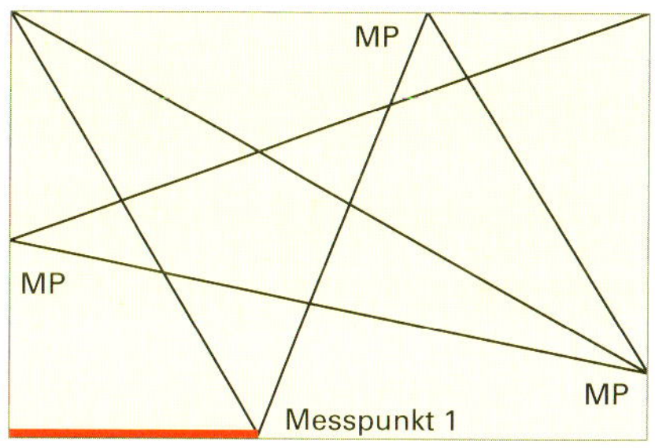

Bild 1: Vergrößerungsbeispiel

Vergrößern mit dem Malnehmer (Bild 1)

Das gesamte Rechteck: Breite 5,4 cm × 15 = 81 cm, Höhe 4,2 × 15 = 63 cm
Messpunkt 1 = 1,8 cm × 15 = 27 cm, von links unten eingemessen. In dieser Weise werden auch die anderen Messpunkte (MP) ermittelt. Dann werden die Messpunkte verbunden. Freie Entwurfszeichnungen lassen sich nur begrenzt über Messpunkte vergrößern.

Vergrößern mit dem Raster (Bild 2)

Zuerst ist der Entwurf (Bild 2) in ein Raster mit 0,5 cm Seitenlänge zu unterteilen. Bei Vergrößerung im Maßstab 1:15 wird jedes Rasterfeld 7,5 × 7,5 cm groß:

Breite des Entwurfsrasters × Malnehmer
0,5 cm × 15 = 7,5 cm.

Die Zeichnung wird nun kästchenweise übertragen.
Je kleiner die Rasterteilung des Entwurfes, umso genauer kann übertragen werden. Empfehlenswert ist die Kennzeichnung der Felder durch Zahlen am Entwurf und an der Vergrößerung.

Vergrößern mit dem Beamer, Diaprojektor oder Episkop

Man kann das Motiv mit einem Projektor auf die Fläche werfen und nachzeichnen. Der verwendete Maßstab muss dafür nicht bekannt sein. Es ist wichtig, dass die Projektion genau im rechten Winkel erfolgt. Nur so lassen sich Verzerrungen vermeiden.

Bild 2: Vergrößertes Rasterfeld

16.13.3 Lesen von Planzeichnungen

Für die Erstellung von Planzeichnungen gelten Regeln, die der Übersichtlichkeit im Plan dienen und zusätzliche Informationen liefern. Wer Pläne richtig lesen will, muss die Bedeutung von Linien, Flächenmustern und Bezeichnungen kennen. Eine Auswahl zeigen **Tabelle 1, 2** und **3**.

Darstellung	Bezeichnung	Anwendung
	Volllinie, mittelbreit	Sichtbare Kanten von Bauteilen
	Strichlinie, mittelbreit	Unsichtbare Kanten von Bauteilen
	Volllinie, breit	Begrenzung von Flächen geschnittener Bauteile
	Volllinie, schmal	Maßlinien, Maßhilfslinien, Schraffuren
	Strichpunktlinie, breit	Schnittebenen
	Freihandlinie	Schnitt- und Bruchlinien bei Holz

Tabelle 1: Liniendarstellung nach DIN 1356

Darstellung	Bezeichnung
	Mauerwerk aus künstl. Stein
	Unbewehrter Beton
	Stahlbeton
	Putz, Mörtel
	Dämmschicht
	Holz im Schnitt

Tabelle 2: Materialdarstellung nach DIN 1356

Abkürzung	Bezeichnung
OK	Oberkante
UK	Unterkante
FFB	Fertigfußboden
RFB	Rohfußboden
BRH	Brüstungshöhe

Tabelle 3: Höhenangaben nach DIN ISO 128-20

16.13.4 Bemaßung von Skizzen, Entwürfen und Planzeichnungen

Planzeichnungen werden im Maßstab gezeichnet und zusätzlich bemaßt **(Übersicht 1)**. Es gilt vorrangig die Bemaßung. Häufig werden neben Planzeichnungen auch Skizzen und Entwürfe bemaßt. DIN 406 und 1356 geben Auskunft, wie zu bemaßen ist.

Maßlinien

Diese verlaufen parallel zum Baukörper.

Maßhilfslinien

Sie begrenzen die Maßlinie im rechten Winkel.

Maßbegrenzungszeichen

Die Maßzahl gilt von Maßbegrenzungszeichen bis zum nächsten Maßbegrenzungszeichen, auch wenn sich Linien überschneiden.

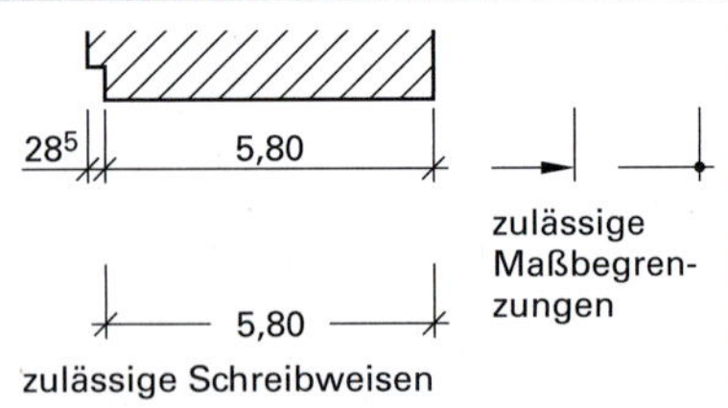

Maßzahlen

Maßzahlen können auf oder zwischen den Maßlinien stehen, aber nie unterhalb der Maßlinie (außer Höhenmaße bei Fenstern und Türen). Maßzahlen müssen deutlich lesbar und in ihrer Größe der Zeichnungsart angepasst sein. Ihre Mindesthöhe beträgt 2,5 mm. Die Bemaßung erfolgt in m, geschrieben auf 2 Stellen nach dem Komma, auch bei ganzen Meterangaben. Bei Maßen unter 1,00 m wird die Zahl in cm ohne Komma geschrieben.

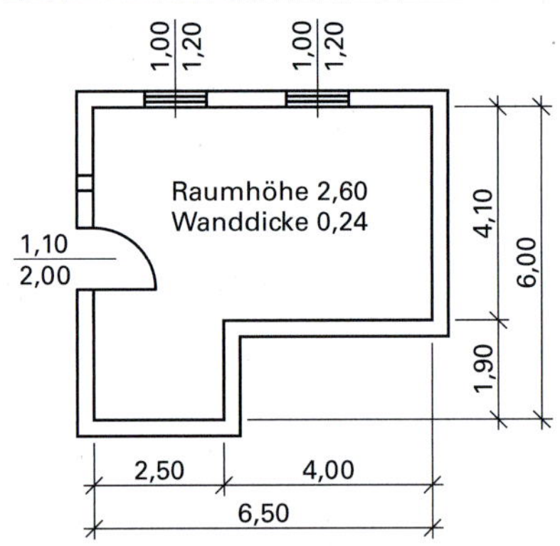

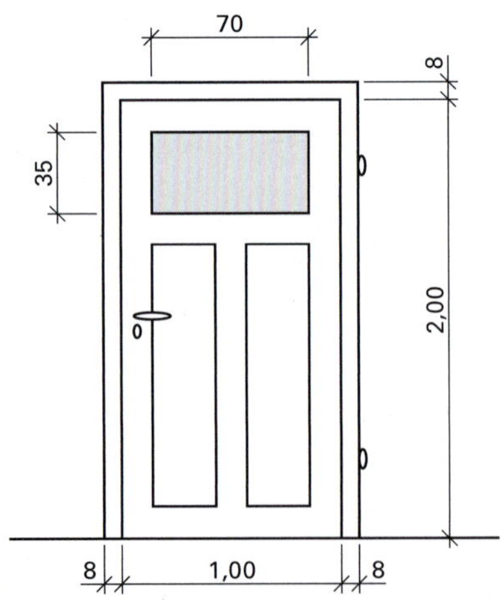

Beispiele

Millimeterzahlen werden hochgestellt hinter die cm geschrieben.
Alle Maßzahlen müssen von unten oder von rechts lesbar sein.
Ist der Platz für die Maßzahl zu eng, so sollte sie möglichst rechts darüber eingetragen werden.

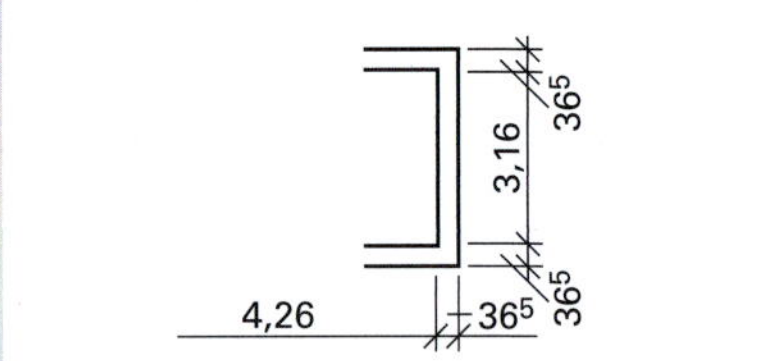

Maßketten

Diese bauen sich von den Detailmaßen zum Gesamtmaß auf. Die Abstände richten sich nach den Maßzahlen, lieber größer als zu klein.

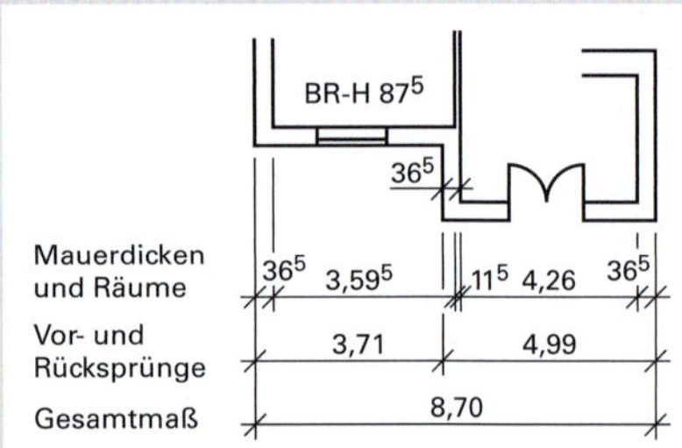

Grundsätzlich sind Bemaßungen sauber, gut lesbar und eindeutig zu erstellen.

Übersicht 1: Bemaßung von Bauzeichnungen

Die Darstellung einer Fläche gibt in maßstäblicher Zeichnung genau diese Fläche in ihrer Form wieder.

Für die Darstellung eines Körpers, z. B. eines Gebäudes oder Möbels, muss ein dreidimensionales Objekt zweidimensional so dargestellt werden, dass Form und Maße für den Betrachter eindeutig sind.

Dafür gibt es mehrere Möglichkeiten im technischen Zeichnen:

- Darstellung in rechtwinkliger Parallelprojektion
- Darstellung in schräger Parallelprojektion
- Darstellung in Zentralperspektive
- Darstellung mit zwei und/oder mehreren Fluchtpunkten

16.13.5 Darstellung von Objekten in rechtwinkliger Parallelprojektion

Durch die rechtwinklige Parallelprojektion, auch Dreitafel-Projektion genannt, werden Körper in der Vorderansicht, Seitenansicht und der Draufsicht erfasst.

Vorteil dieser Darstellung ist, dass alle Maße ablesbar sind. Nachteil ist, dass der Laie sich das Objekt aus den drei Ansichten „zusammenbauen" muss und sich somit das Objekt schlecht vorstellen kann. Dafür braucht es Übung und räumliches Vorstellungsvermögen (Bild 1).

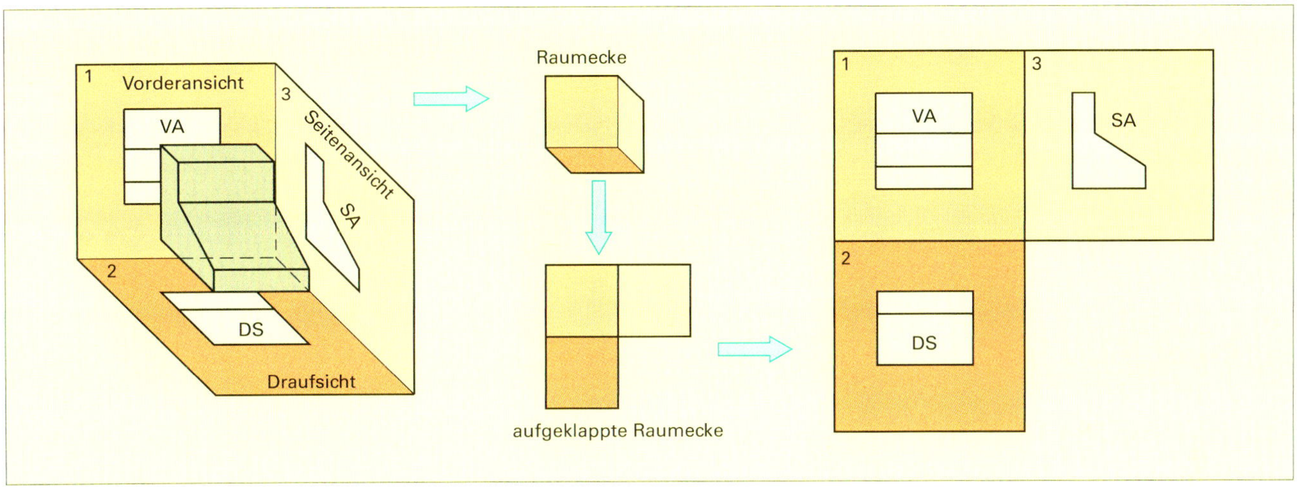

Bild 1: Prinzip der rechtwinkligen Parallelprojektion

Konstruktion (Bild 2)

1. Die Achsen x und y sind im rechten Winkel zueinander zu zeichnen.
2. Die Vorderansicht (VA) wird in einem festgelegten Abstand zu den Achsen gezeichnet.
3. Aus der Vorderansicht lassen sich mit den Maßen der Körpertiefe die Seitenansicht links (SA) und die Draufsicht (DS) konstruieren.
   Der Abstand zu den Achsen bleibt bei jeder Ansicht gleich.
   Bei der Übertragung der Maße hilft die 45°-Linie.
   Breiten-, Höhen- und Tiefenmaße müssen in allen drei Ansichten übereinstimmen.
4. Aus der Betrachtung des Objekts im Raum ergeben sich sichtbare und unsichtbare Kanten, die nach den Regeln liniert werden.

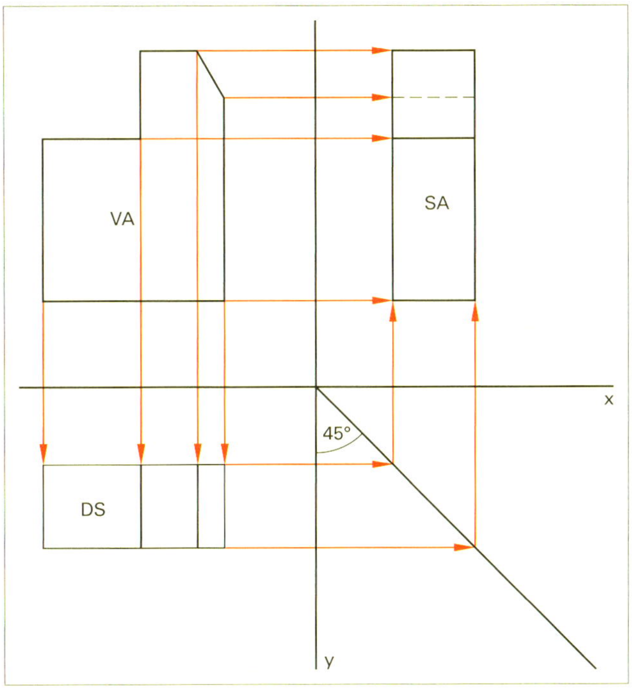

Bild 2: Konstruktion

16.13.6 Darstellung von Objekten in schräger Parallelprojektion

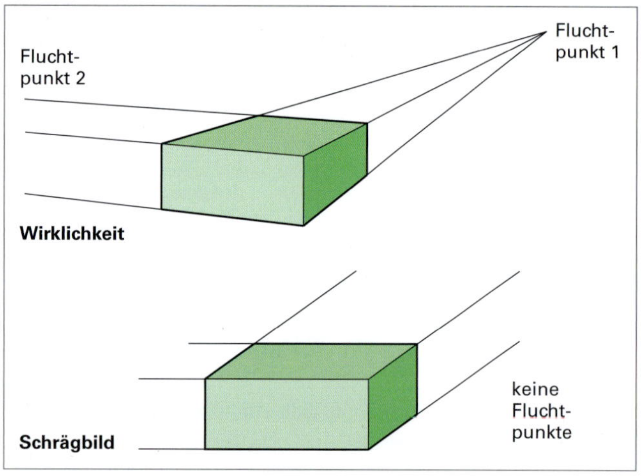

Bild 1: Das Schrägbild vereinfacht die Wirklichkeit

Betrachtet man einen Körper von schräg oben, so laufen alle horizontalen Linien in Fluchtpunkten zusammen, auch wenn sie in Wirklichkeit am Objekt parallel sind. Es ist schwierig und häufig nicht sinnvoll, die Wirklichkeit so genau wiederzugeben. Aus einer solchen Zeichnung können z. B. keine Maße entnommen werden **(Bild 1)**.

Schräge Parallelprojektionen stellen das Objekt so dar, dass der Betrachter es beinahe realistisch sieht, aber auch Maße aus der Zeichnung entnommen werden können.

Die wichtigsten Arten der schrägen Parallelprojektion sind nach **Tabelle 1**:

- Schrägbild (Kavalierperspektive)
- Isometrie
- Dimetrie

Schrägbild	**Isometrie**	**Dimetrie**
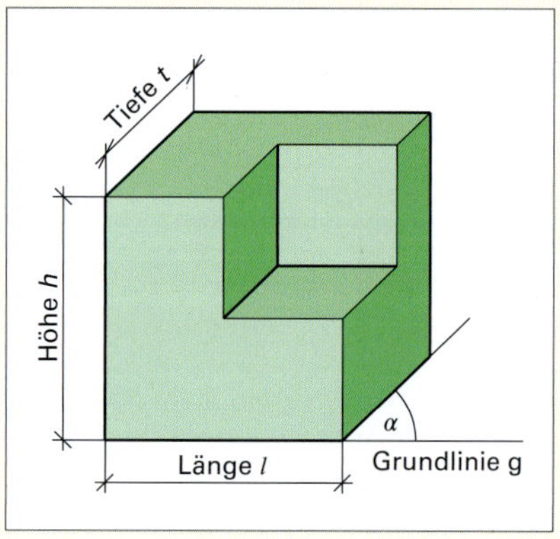	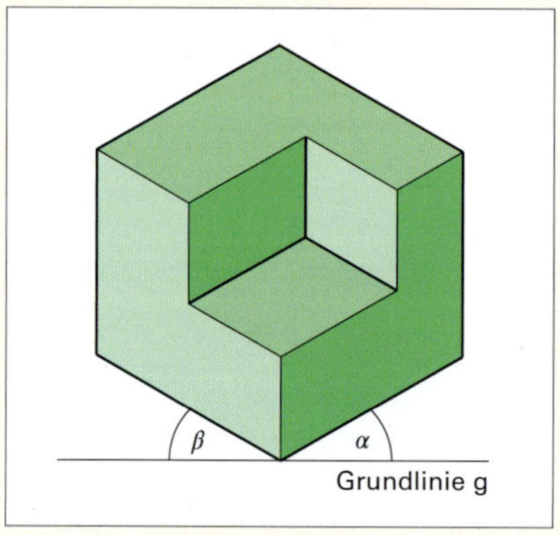	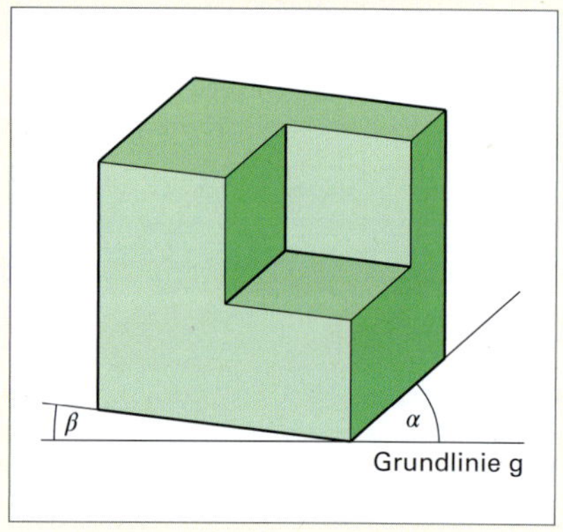
Winkel zur waagerechten Grundlinie		
Winkel $\alpha = 45°$	Winkel $\alpha = 30°$, Winkel $\beta = 30°$	Winkel $\alpha = 42°$, Winkel $\beta = 7°$
Hauptansichtsfläche		
Sie bleibt unverändert.	Sie verändert sich.	Sie verändert sich.
Körpermaße		
h = nicht verkürzt l = nicht verkürzt t = verkürzt auf die Hälfte der wahren Tiefe	h = nicht verkürzt l = nicht verkürzt t = nicht verkürzt	h = nicht verkürzt l = nicht verkürzt t = verkürzt auf die Hälfte der wahren Tiefe

Tabelle 1: Arten der Darstellung von Körpern in schräger Parallelprojektion

Soll die Zeichnung nur der Vorstellung dienen, kann von den drei Darstellungsarten abgewichen werden. Entscheidend für die Darstellung sind die Winkel α und β. Je größer sie gewählt werden, umso mehr sieht man das Objekt von oben.

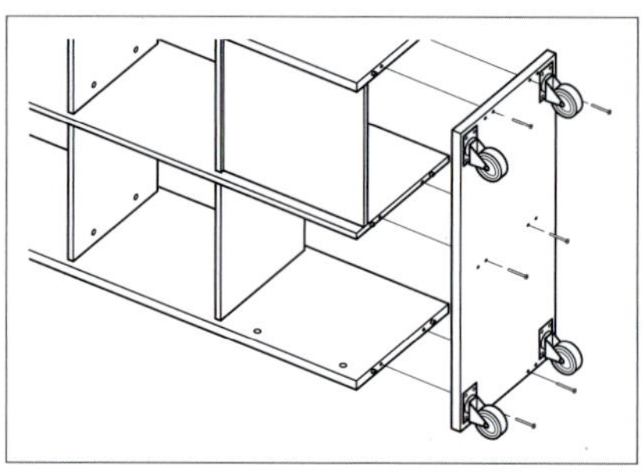

Bild 2: Beispiel Aufbauanleitung

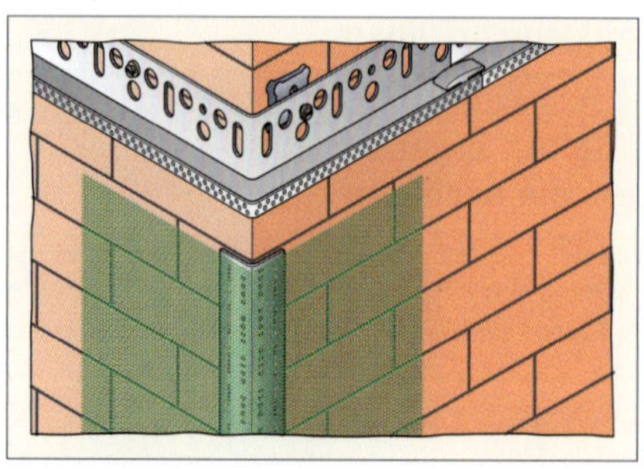

Bild 3: Beispiel WDVS

Konstruktionsdetails werden häufig in schräger Parallelprojektion dargestellt, damit Partner am Bau sie besser verstehen **(Bild 2 und 3)**.

Die Zeichnung eines Körpers in Schrägansicht kann nach **Bild 1** wie folgt begonnen werden:

- Ausgehend vom Grundriss
- Ausgehend von der Vorderansicht. Dies ist nur beim Schrägbild möglich, da hier die Vorderansicht in ihrer wahren Form dargestellt wird.

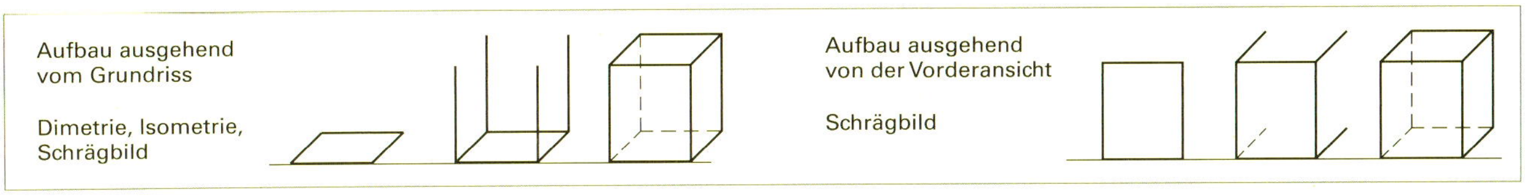

Bild 1: Konstruktionsschritte zum Schrägbild

Gebäude, Räume und Objekte bestehen in der Regel nicht nur aus einer kubischen Form (Kiste), sondern aus mehreren geometrischen Formen. Man unterscheidet zwei Methoden beim Erstellen einer Zeichnung (**Übersicht 1**).

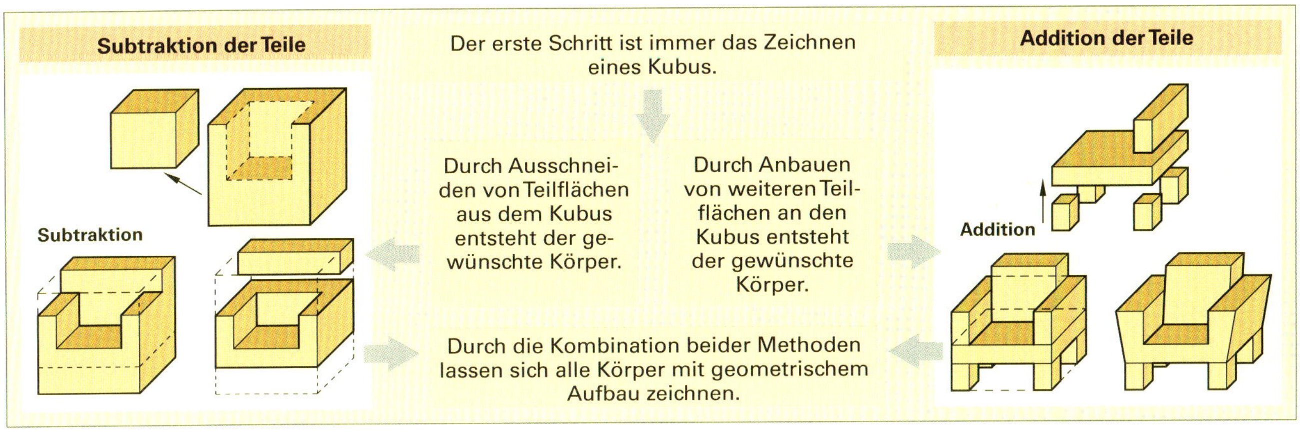

Übersicht 1: Durch Subtraktion und Addition von Grundformen zum Zeichenobjekt

Die Zeichnung kann weiterentwickelt werden (**Bild 2**):

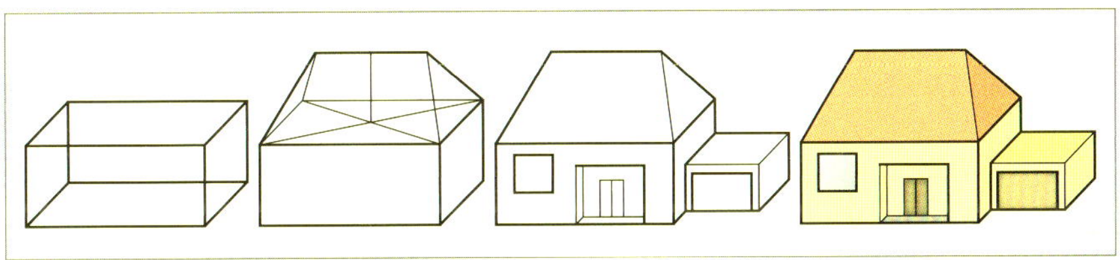

16.13.7 Grundlagen des perspektivischen Zeichnens

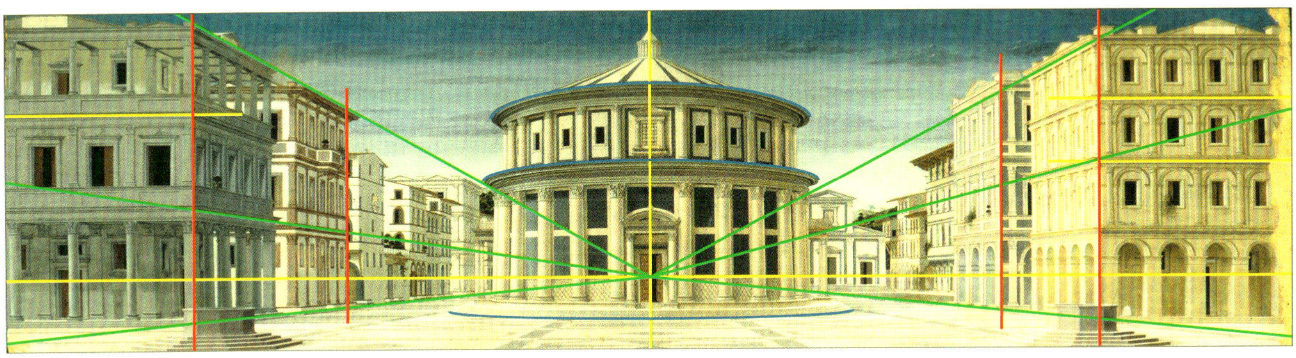

Bild 3: Bildaufbau über die Perspektive (Citta ideale, Scuola della Piero della Francesca 1475)

Es war schon lange der Wunsch des Menschen, Raum und räumliche Objekte auf der Fläche (Papier oder Wandfläche) als Zeichnung darzustellen. Dies erfolgte oft nach unterschiedlichen Gesichtspunkten, die mit der Wirklichkeit des räumlichen Sehens häufig nur wenig gemeinsam hatten. Ägyptische Wandmalereien wirken seltsam flächig, Bilder des Mittelalters sind selten perspektivisch korrekt. So wurden z. B. Teile, die der Künstler für bedeutend hielt, gegen die Regeln des räumlichen Sehens größer als normal dargestellt (Bedeutungsperspektive). Erst die Künstler der Renaissance erkannten die Gesetzmäßigkeiten der Perspektive und schufen Bilder, die dem menschlichen Sehen in einen Raum hinein entsprachen (**Bild 3**).

Heute steht anstelle der exakten perspektivischen Zeichnung häufig das Foto. Für eine perspektivische Zeichnung kann es aber nicht einfach überzeichnet werden, da durch die Optik des Fotoapparates oder Smartphones fast immer Verzerrungen entstehen.

16.13.8 Raumdarstellung in Zentralperspektive

Bild 1: Zentralperspektive bedeutet die Sicht in den Raum direkt auf eine Wand im 90°-Winkel

Bild 2: Alle horizontalen Linien in der Raumflucht treffen sich im Fluchtpunkt. Hier befinden sich die Augen des Betrachters

Bild 3: Horizontale Linien im rechten Winkel zum Betrachter bleiben horizontal und parallel.

Bild 4: Alle senkrechten Linien bleiben senkrecht und parallel.

Wichtige Begriffe:

Bildebene	BE
Standort	S
Augenhöhe	A
Fluchtpunkt	F

Begriffe

Die perspektivische Darstellung eines Raumes erfolgt aus dem Grundriss heraus.

Der Betrachter wird so positioniert, dass sein Blick die Raumteile erfasst, die in der perspektivischen Darstellung sichtbar sein sollen.

Die Linie der Bildebene steht für die Projektionsfläche, eine Fläche wie eine Glasscheibe, durch die der Betrachter blickt und auf die er diese Ansicht zeichnet.

Diese Ansicht wird als perspektivische Darstellung direkt unter dem Grundriss angeordnet.
Der Rahmen des Einblickes entspricht dem Maßstab des Grundrisses.

Aus Standort und Augenhöhe ergibt sich der Fluchtpunkt.

Die Konstruktionsschritte werden auf den folgenden Seiten erklärt.

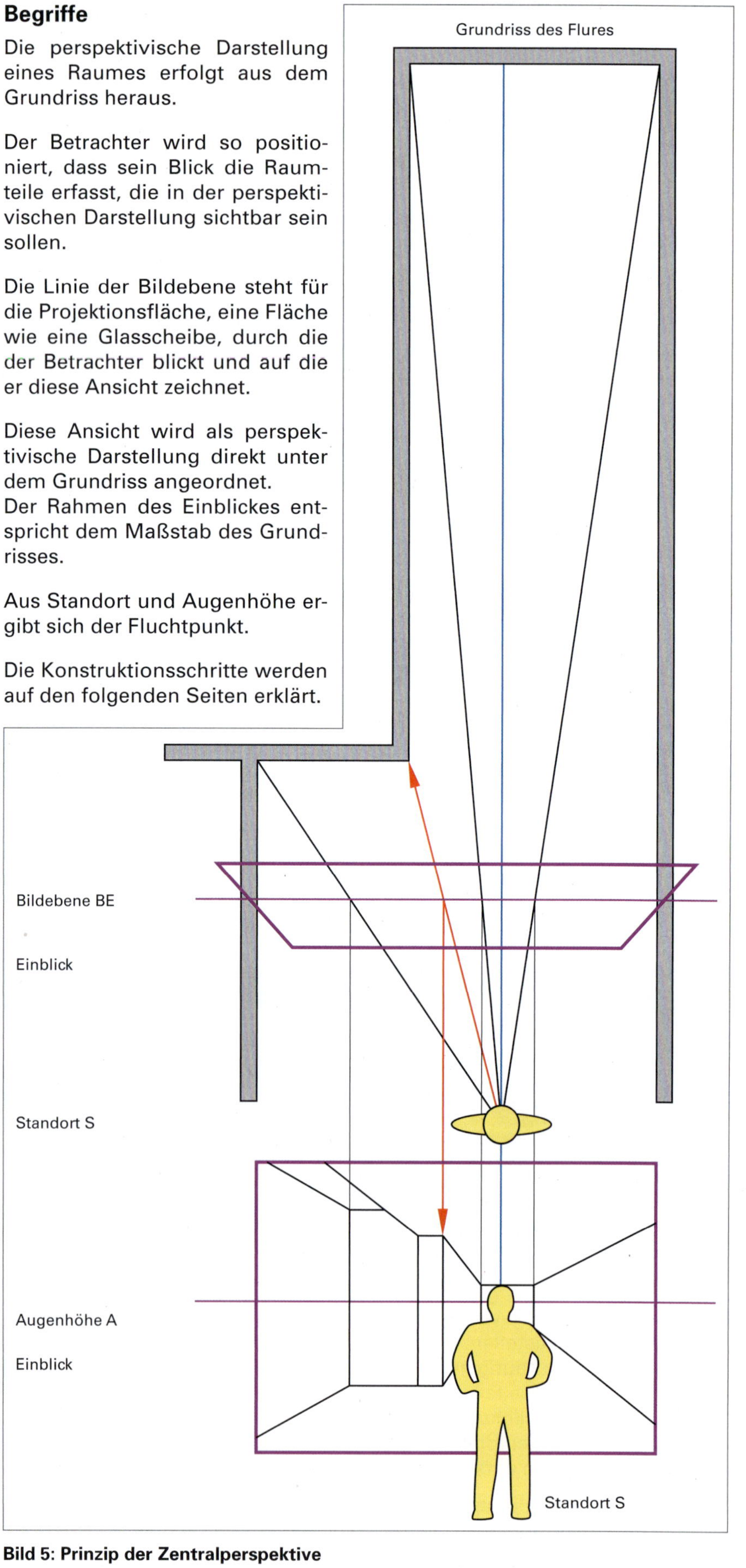

Bild 5: Prinzip der Zentralperspektive

Arbeitsschritte bei der Konstruktion einer Raumdarstellung in Zentralperspektive

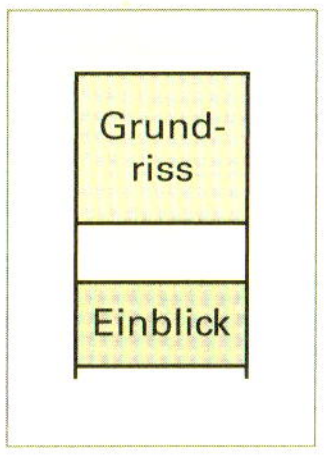

Schritt 1
Der Grundriss wird auf dem Zeichenblatt so angeordnet, dass der Einblick darunter konstruiert werden kann. Die Raumhöhe wird im Einblick im Maßstab übertragen.

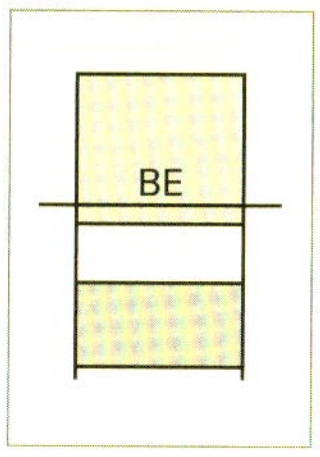

Schritt 2
Die Bildebene BE ist einzuzeichnen. Sie darf nicht zu weit hinten im Grundriss liegen, da nur gezeichnet wird, was hinter der Bildebene sichtbar ist.

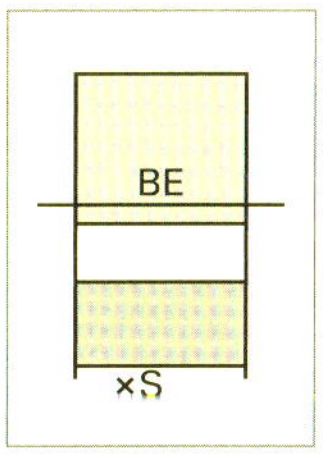

Schritt 3
Der Standort S wird festgelegt. Damit möglichst keine Verzerrungen in der Zeichnung auftreten, sollte er möglichst weit vor der Bildebene liegen (1,2- bis 1,5-fache Breite des Raumes = Erfahrungswert). Der Standort kann unterhalb des Einblicks liegen.

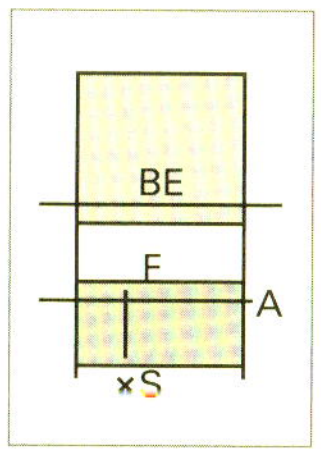

Schritt 4
In den Einblick wird die Augenhöhe A des Betrachters eingezeichnet. Aus Augenhöhe und Standort ergibt sich der Fluchtpunkt F im Einblick.

Schritt 5 und weitere Schritte
Konstruktion der Raumansicht

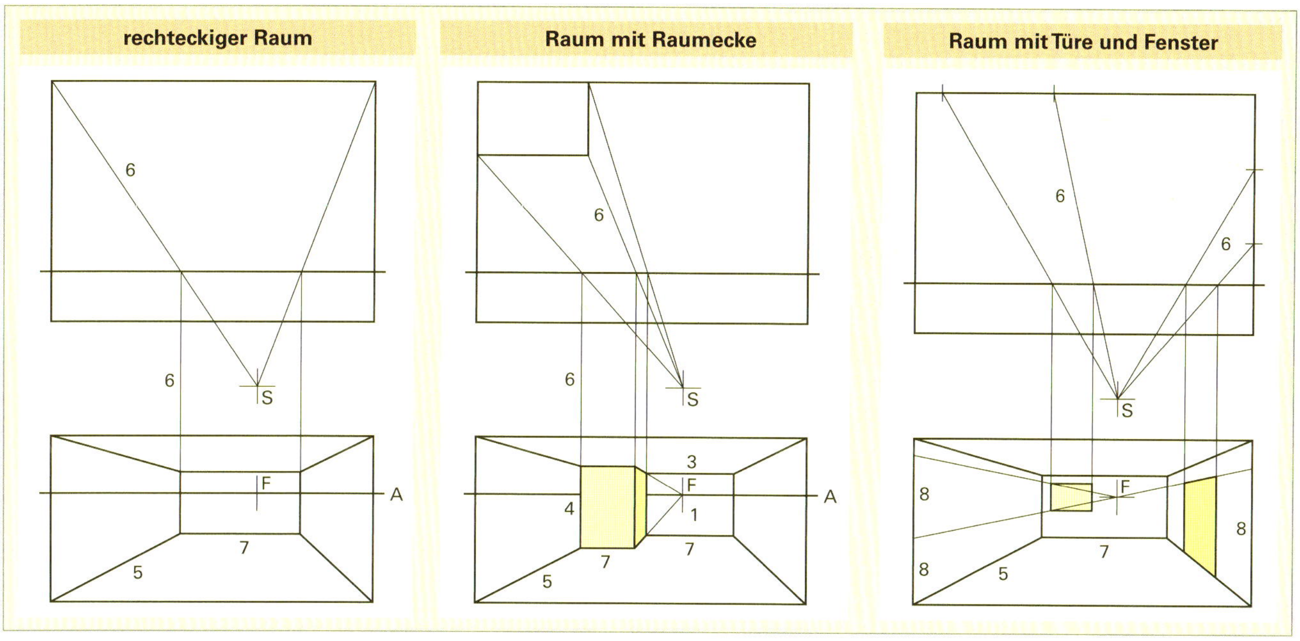

Übersicht 1: Raumkonstruktion

5. Die Raumecken des Einblickes werden mit dem Fluchtpunkt verbunden. Man erhält einen Tunnel ohne Begrenzung in der Tiefe.
6. Vom Standort des Betrachters aus werden die Raumecken im Grundriss angepeilt. Der Betrachter sieht diesen Eckpunkt im Einblick genau im Schnittpunkt mit der Bildebene. Dieser Schnittpunkt wird in den Einblick übertragen.
7. Horizontale Begrenzungen werden horizontal ergänzt.
8. Höhen im Raum, z. B. Fensterhöhen, Türhöhen etc., können am Rahmen des Einblickes im Maßstab des Grundrisses angetragen werden. Über den Fluchtpunkt und die Horizontale können diese Höhen in den Raum hinein übertragen werden. Die Begrenzungen in der Breite ergeben sich aus dem Grundriss heraus nach Schritt 2.

Einfluss der Wahl des Fluchtpunktes

Die Raumansicht verändert sich mit der Wahl des Fluchtpunktes. Wird er mehr links oder rechts angeordnet, ist jeweils die gegenüberliegende Wand besser sichtbar.

In der Höhe verschoben ergibt ein Fluchtpunkt in Bodennähe die Betrachtungsweise eines Frosches (Froschperspektive, Bild 1), über der Raumhöhe die Betrachtungsweise eines Vogels (Vogelperspektive).

Da die Bildebene im Raummaßstab gezeichnet ist, kann die Augenhöhe individuell genau eingezeichnet werden, z. B. Kind, sitzende Person, liegende Person, Zweimeter-Mann.

Bild 1: Raumansicht Froschperspektive

Zentralperspektive eines Raumes mit Möblierung

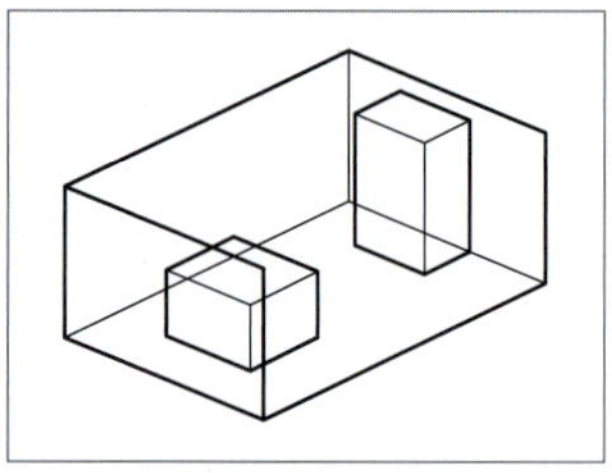

Bild 1: Schrägbild der Raumsituation

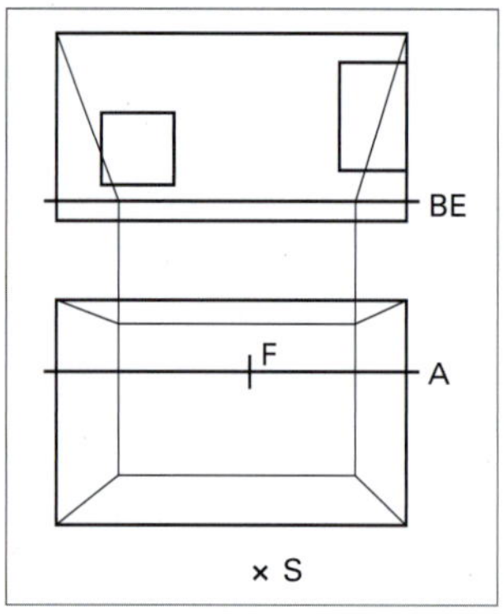

Bild 2: Grundriss und Einblick dieses Raumes

Befinden sich im Raum Möbel, so kann deren Lage nach den Konstruktionsregeln in die zentralperspektivische Zeichnung genau eingezeichnet werden.

Beispiel:

Von einem Raum **(Bild 1)** ist der Grundriss im Maßstab vorgegeben. Der Einblick ist bereits konstruiert. Dafür wurden Standort und Augenhöhe (etwa 1,70 m) bereits berücksichtigt **(Bild 2)**.

Im Raum steht ein Schrank mit der Höhe 2,00 m und ein frei stehender Raumkörper mit der Höhe 0,80 m. Weitere Maße zu den Körpern ergeben sich aus dem Grundriss im Maßstab.

Konstruktion

Die Konstruktion der Möblierung baut auf der Konstruktion des Raumes auf. Erst nach der Konstruktion des Einblickes in den Raum **(Bild 2)** wird mit der Konstruktion der eingestellten Gegenstände begonnen.

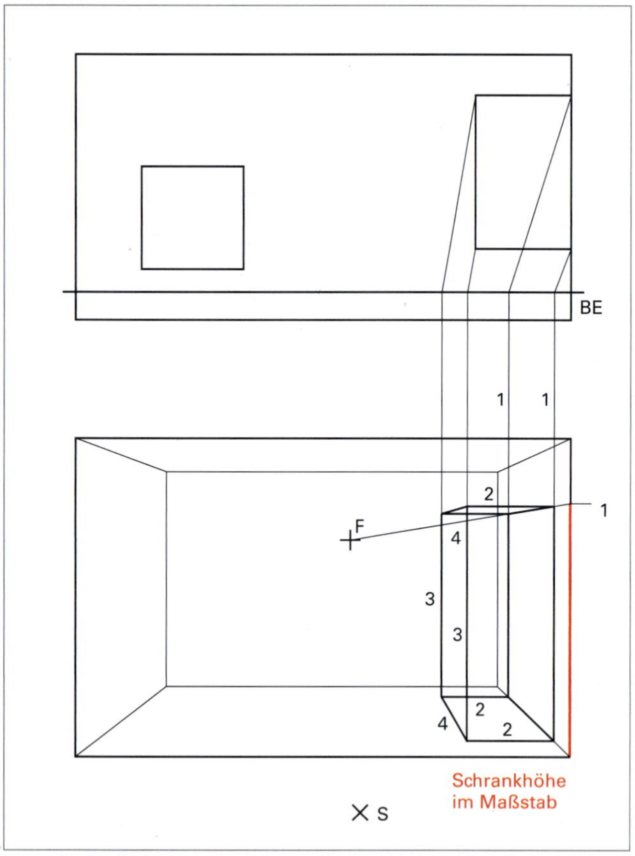

Bild 3: Schritt A

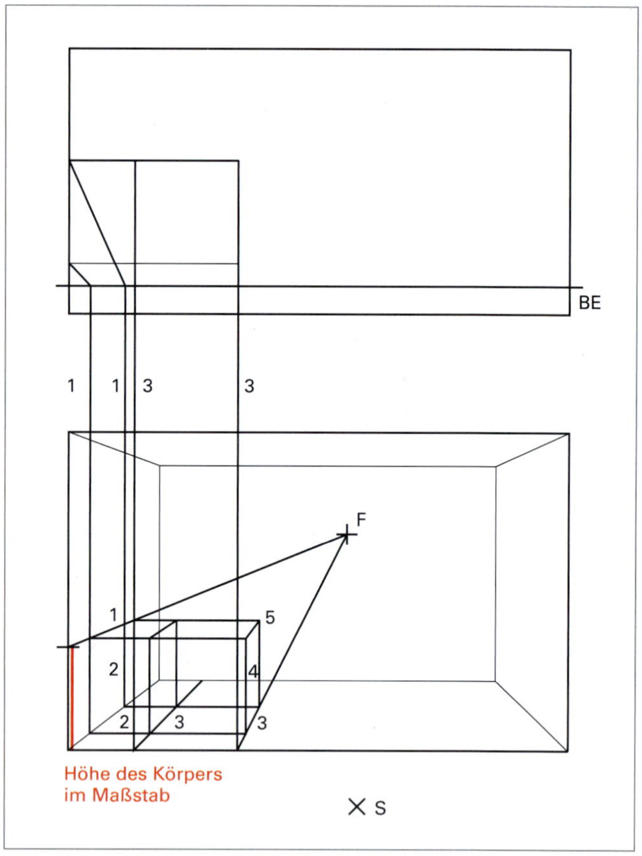

Bild 4: Schritt B

Schritt A (Schrank)

1. Zuerst wird die Schrankrückwand auf die Wand konstruiert.
   Die Schrankhöhe wird auf der Bildebene im Maßstab angetragen. Aus der Verbindung mit dem Fluchtpunkt ergibt sich die Höhenbegrenzung des Schranks.
2. Die horizontalen Begrenzungslinien der Schrankseiten werden waagerecht in den Raum gezogen.
3. Die senkrechte Begrenzung der Seiten erfolgt durch die Konstruktion der vorderen Kantenlage des Schranks.
4. Die Verbindung der Eckpunkte ergibt den Schrank. Diese Linien weisen auf den Fluchtpunkt.

Schritt B (eingestellter Körper)

1. Der Körper wird zuerst auf die Seitenwand im Einblick konstruiert.
2. Die horizontalen Begrenzungslinien der Körpers werden waagerecht in den Raum gezogen.
3. Die Maße der Bodenfläche werden an der Bildebene angetragen und zur Konstruktion der Bodenfläche benutzt.
4. Auf der Grundfläche wird der Körper aufgebaut.
5. Die Eckpunkte werden zum Körper verbunden.

Zentralperspektive eines Raumes mit Schräge

Auch Dachschrägen können in die zentralperspektivische Zeichnung genau eingezeichnet werden.

Beispiel:

Von einem Dachzimmer (Bild 1) ist der Grundriss im Maßstab vorgegeben. Standort und Augenhöhe (etwa 0,80 m) sind bekannt.

In der Schräge befindet sich ein Dachfenster. Die Seitenansicht zeigt die Lage des Dachfensters (Bild 2).

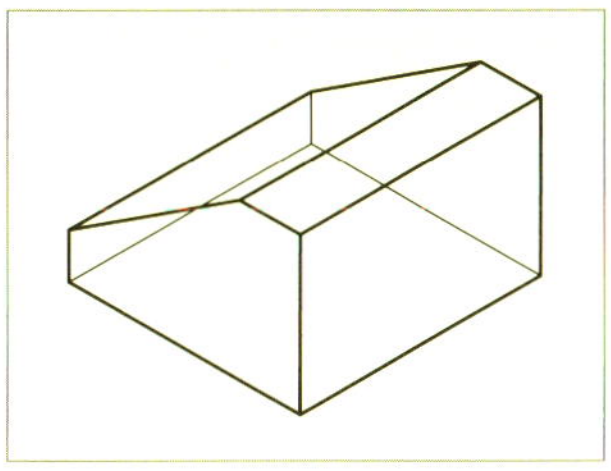

Bild 1: Schrägbild der Raumsituation

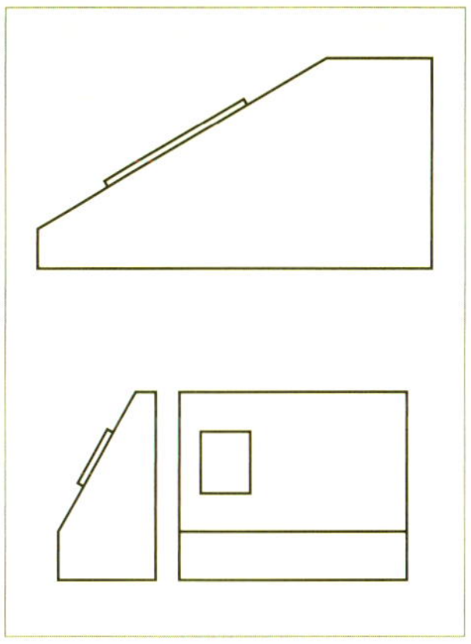

Bild 2: Seitenansicht der Dachschräge und Grundriss des Raumes im Maßstab

Konstruktion

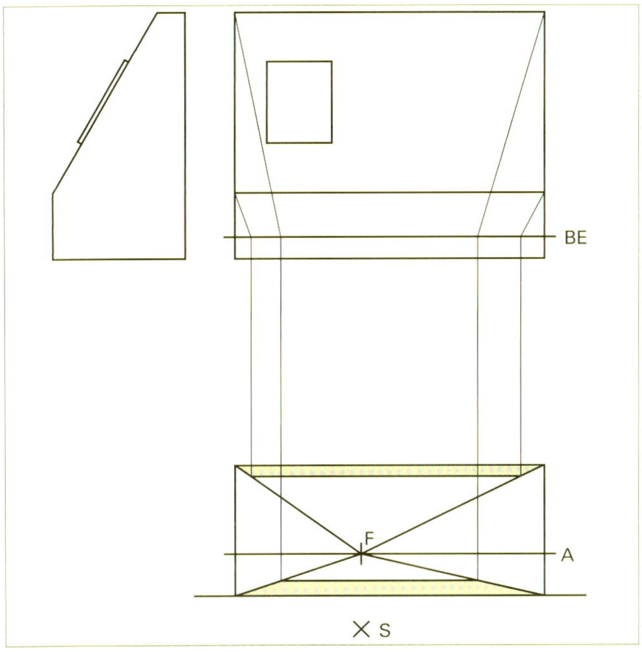

Bild 3: Schritt A

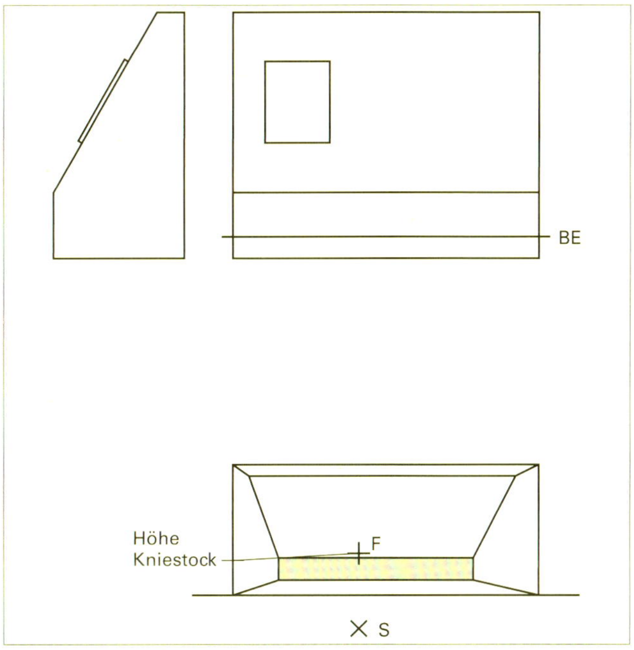

Bild 4: Schritt B

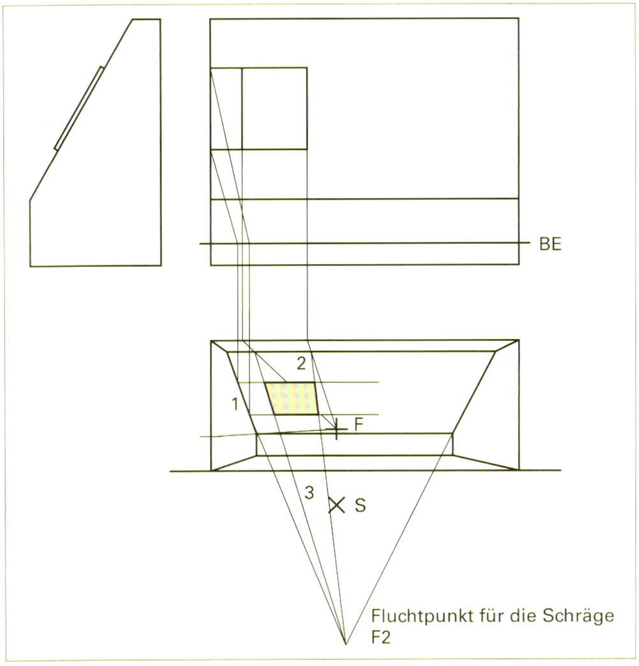

Bild 5: Schritt C

Schritt A (Bild 3)

Zuerst ist der Raum ohne Schräge zu konstruieren. Die Kante, an der die Decke in die Schräge übergeht, begrenzt die Decke.

Schritt B, Dachschräge (Bild 4)

Der Kniestock wird konstruiert. Der Raum ohne Dachfenster wäre somit schon fertig.

Schritt C, Dachfenster (Bild 5)

Wichtig: Mit der Verlängerung der Seitenbegrenzung der Dachschräge ergibt sich ein weiterer Fluchtpunkt F2 für Flächen in der Schräge!

1. Aus der Seitenansicht des Raumes können die horizontalen Begrenzungen des Dachfensters übernommen werden.
2. Die Breite des Fensters wird über die Decke und über F bis an die Kante der Schräge gezeichnet.
3. Von der Deckenkante wird die Breite des Fensters in die Schräge auf F2 übertragen.

Zentralperspektive eines Raumes mit Rundbogen

Rundungen im Raum besitzen keine Eckpunkte, die miteinander verbunden werden könnten, um die Raumfläche zu beschreiben. Ihre Konstruktion ist daher etwas aufwendiger.

Beispiel:
Von einem Kellerraum **(Bild 1)** ist der Grundriss im Maßstab vorgegeben. Standort und Augenhöhe (etwa 1,60 m) sind bekannt.

Im Raum befinden sich zwei Türen mit Rundbögen **(Bild 2)**. Der Standort wurde weit rechts gewählt. So wird die linke Tür deutlicher sichtbar.

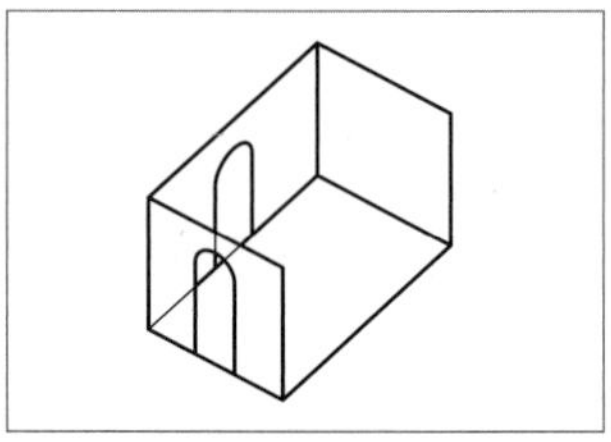

Bild 1: Schrägbild der Raumsituation

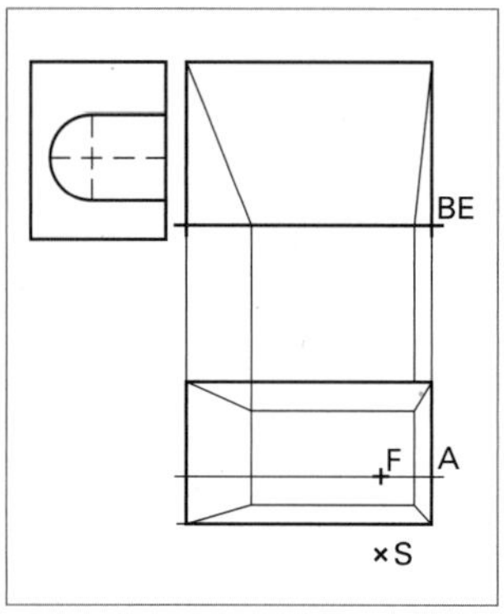

Bild 2: Seitenansicht, Grundriss und konstruierter Einblick (Schritt A)

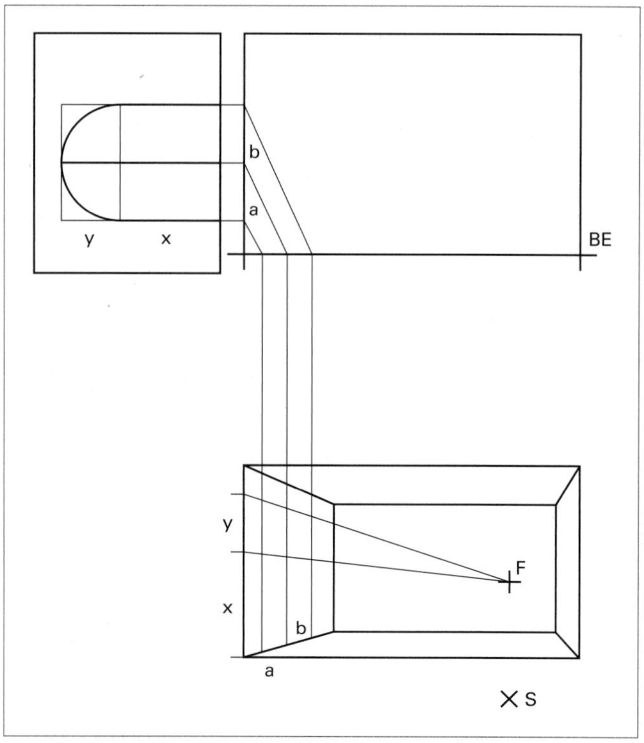

Bild 3: Schritt B

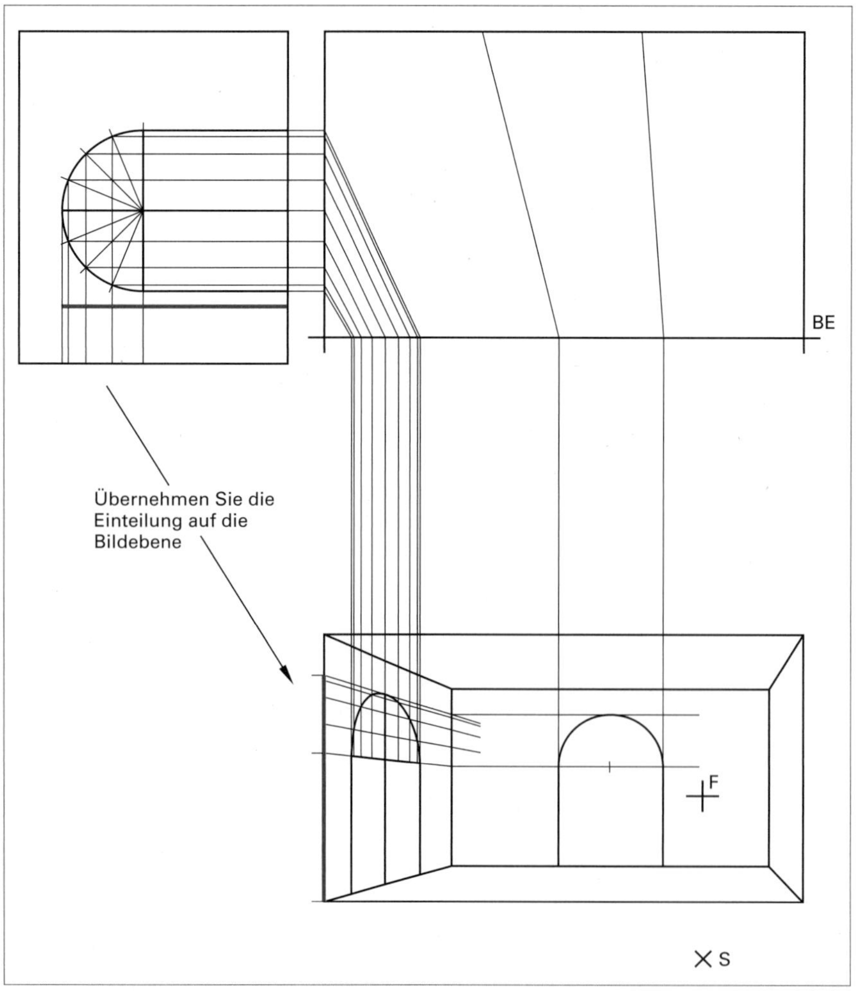

Bild 4: Schritt C

Konstruktion

Schritt A (Bild 2)

Zuerst ist der Raum ohne Türen zu konstruieren.

Schritt B (Bild 3)

Die Tür ist in Rechtecke/Quadrate (a, b/x, y) zu unterteilen.
Dann erfolgt die Konstruktion in den Einblick.

Schritt C (Bild 4)

1. Der Halbkreis des Türbogens wird in der Seitenansicht in Abschnitte unterteilt. Die Schnittpunkte in der Seitenansicht ergeben nach Übertragung in den Einblick wieder Schnittpunkte.
2. Diese werden zur perspektivischen Ansicht verbunden.

Die Tür in der Rückwand ist wesentlich einfacher zu konstruieren. Der Bogen kann als Halbkreis eingezeichnet werden.

16.13.9 Die Lage der Bildebene

Die Konstruktion des Raumes erfolgt im Einblick hinter der Bildebene. Es besteht die Möglichkeit, auch vor der Bildebene den Raum darzustellen. Immer ist die Bildebene die Ebene, an der Maße im Maßstab angetragen werden können.

Die Größe der Raumdarstellung lässt sich beim Zeichnen vor der Bildebene aber schwer kontrollieren. Besonders bei der Konstruktion von Fenstern etc. bereitet die ungünstige Lage der Bildebene Schwierigkeiten. Die Ansicht franst aus.

Es gelten grundsätzlich die bereits bekannten Regeln der Konstruktion.

Beim freien Skizzieren einer Raumansicht ist es aber sinnvoll, als Bildebene die Rückwand zu wählen und vor der Bildebene zu zeichnen.

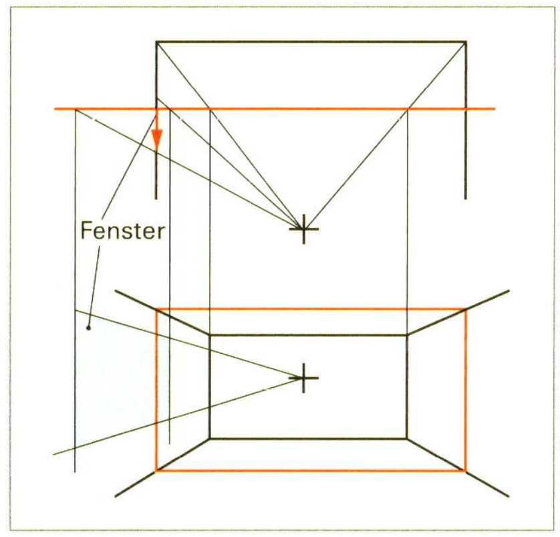

Bild 1: Zeichen vor und hinter der Bildebene

16.13.10 Freies Zeichnen von Räumen in Zentralperspektive

Es ist nicht immer möglich und auch nicht immer nötig, Räume in Perspektive zu konstruieren. Das freie Zeichnen setzt aber unbedingt Kenntnisse der Gesetzmäßigkeiten der Konstruktion voraus.

Zuerst ist der Standort zu wählen. Am besten sitzt man auf einem Stuhl. So kann man bequem mit einer Zeichenunterlage arbeiten. Der Standort darf während des Zeichnens nicht verändert werden (Bild 2).

Es sind Papier, Bleistift und Radiergummi bereitzulegen. Ein Lineal sollte nicht zum Zeichnen der Linien verwendet werden. Es kann jedoch zur Überprüfung eines langen, geraden Striches angelegt werden. Der freie, gerade Strich erfordert Übung.

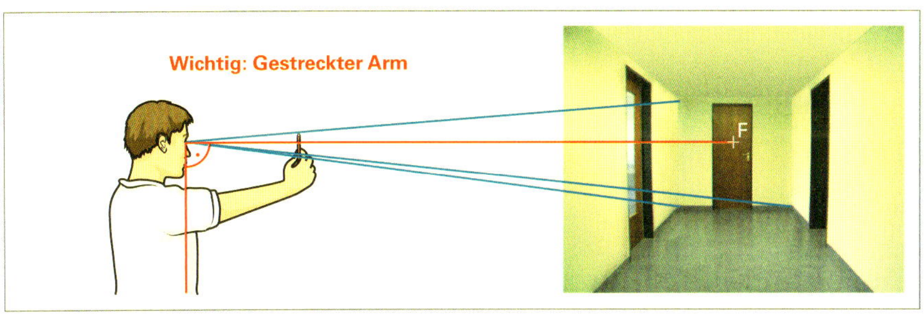

Bild 2: Positionierung beim freien Zeichnen

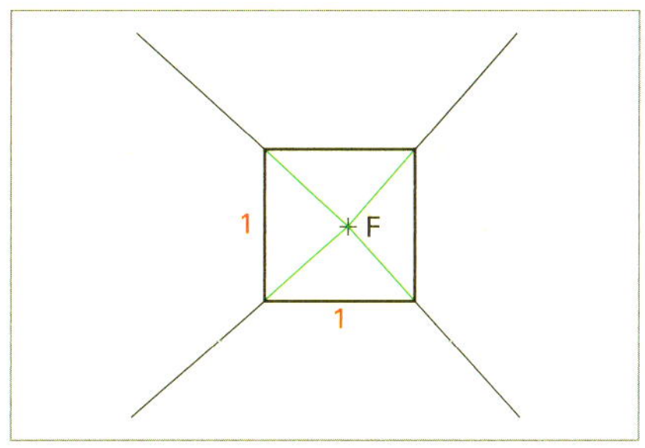

Bild 3: Schritt 1

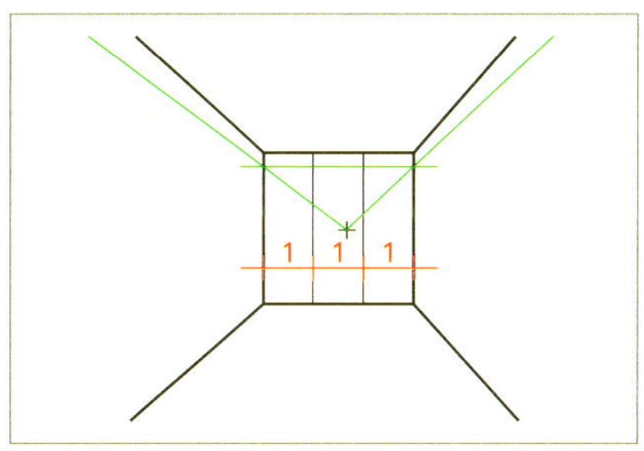

Bild 4: Schritt 2

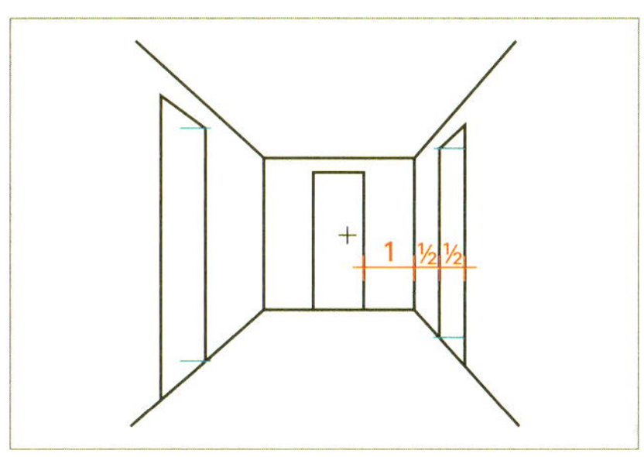

Bild 5: Schritt 3

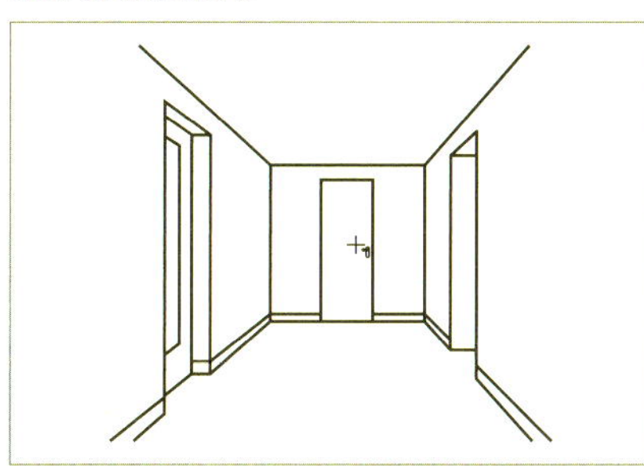

Bild 6: Schritt 4

Schritt 1 (Bild 3)
Die Rückwand ist die Bildebene.
Als Erstes werden die Augenhöhe und der Fluchtpunkt eingezeichnet. Ein gedachtes Kreuz wird auf die Wand des Raumes gesetzt und im Zeichenblatt eingezeichnet. Über einen Bleistift wird eine markante Strecke als Ausgangsmaß gewählt und über ihn angepeilt. Im Beispiel ist die Raumbreite gleich der Raumhöhe. Vom Fluchtpunkt aus werden die weiteren Raumbegrenzungen gezeichnet.

Schritt 2 (Bild 4)
Maßverhältnisse werden optisch abgemessen und übertragen, am Beispiel Wand : Türe : Wand 1 : 1 : 1
Die Türhöhe wird an der Rückwand eingezeichnet und, bei einheitlicher Türhöhe, auf die Seitenwandflächen übertragen.

Schritt 3 (Bild 5)
Nun wird die senkrechte Türbegrenzung eingezeichnet. Im Beispiel zum Grundmaß 1 jeweils ½ und ½. Es handelt sich hier nicht um an der Wand gemessene Maße! Die Türenfutter liegen parallel zur Rückwand und werden parallel und horizontal eingezeichnet.
In gleicher Weise wird die Deckenbeleuchtung gezeichnet.

Schritt 4 (Bild 6)
Die Raumansicht wird mit Details versehen, z. B. Türklinke, Verglasung usw.

16.13.11 Raumkonstruktion in Übereckperspektive

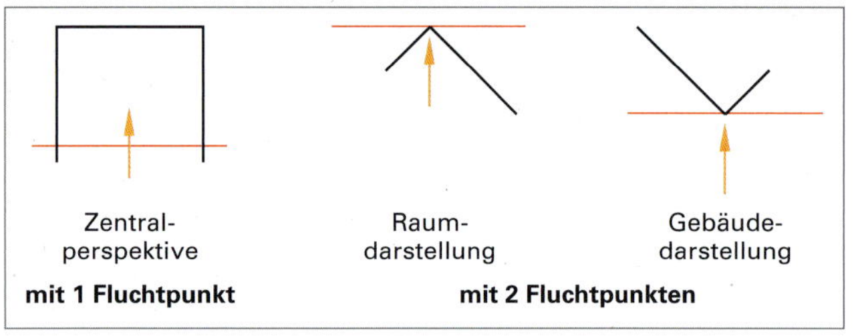

Bild 1: Arten der Perspektive und empfohlene Lage der Bildebene

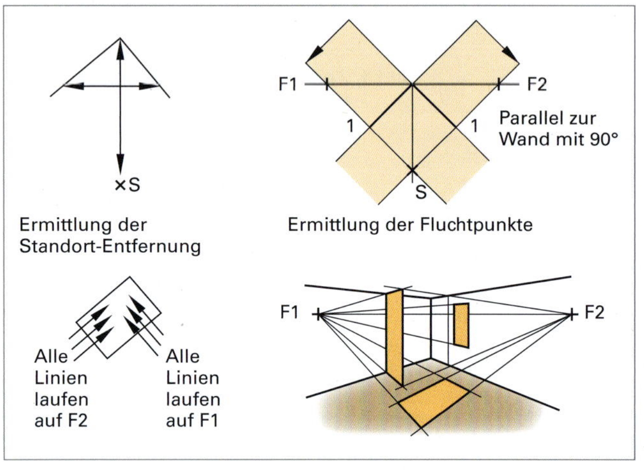

Bild 2: Wichtiges zur Übereckperspektive

Schon bei der Konstruktion der Dachschräge in Zentralperspektive ergab sich ein weiterer Fluchtpunkt.

Wird eine Raumecke oder ein Gebäude über Eck perspektivisch konstruiert, so liegt keine Linie parallel oder im rechten Winkel zum Betrachter. Die Konstruktion erfordert zwei Fluchtpunkte. Diese Art der Perspektive nennt man Übereckperspektive.

Die Bildebene, an der die wahren Maße im Maßstab angetragen werden können, ist jetzt nur noch eine Kante im Raum oder am Gebäude **(Bild 1)**.

Die Darstellung von Gebäuden wird im Rahmen dieses Buches nicht weiter behandelt. Maler und Lackierer benötigen Fassadendarstellungen eher in der Frontalansicht.

Wichtiges zur Übereckperspektive

- Die Standortentfernung beträgt etwa das 1- bis 1,5-fache der Einblickbreite.
- Durch Parallelverschiebung der Wände durch den Standort ergeben sich die Fluchtpunkte F1 und F2 auf der Bildebene. Liegen die beiden Fluchtpunke näher beisammen, so ergeben sich Verzerrungen.
- Es gibt keine parallelen Linien. Alle Linien laufen entweder auf den Fluchtpunkt F1 oder den Fluchtpunkt F2. **(Bild 2)**.

Konstruktion am und im Raum

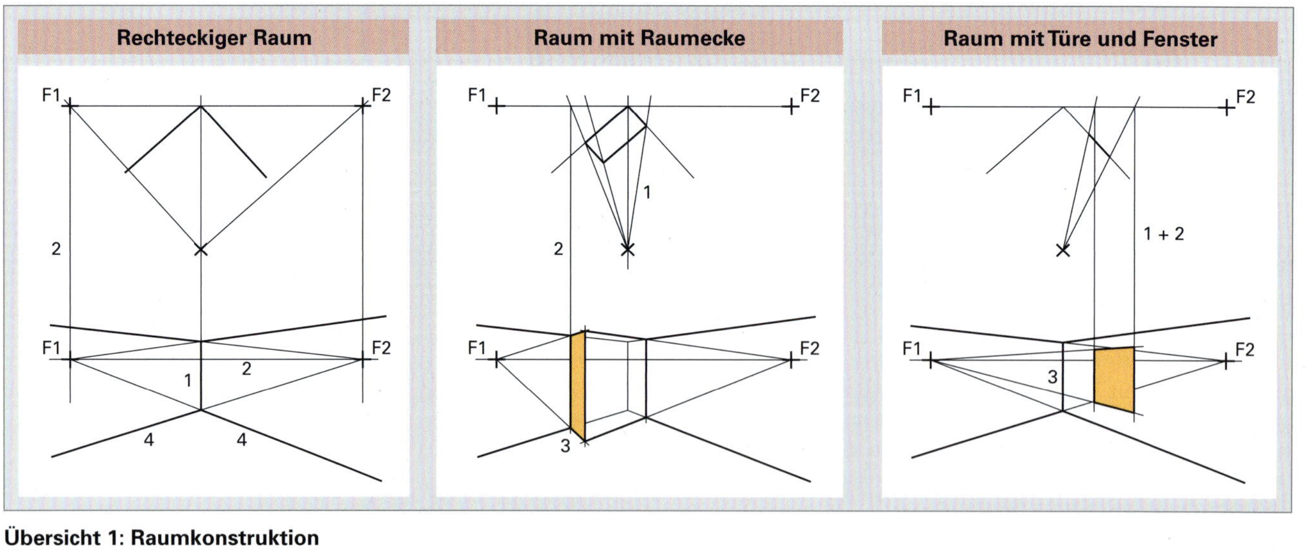

Übersicht 1: Raumkonstruktion

1. Die Raumeckenlinie wird im Maßstab übertragen.
2. An der Raumkante wird die Augenhöhe/der Horizont angetragen.
3. F1 und F2 werden über den Standort festgelegt.
4. Wird über die Raumecken-Enden auf die entsprechenden Fluchtpunkte die Verbindung gezogen, so entsteht der Raum.

1. Über die senkrechten Kanten der Raumecke lässt sich deren Begrenzung ermitteln.
2. Von diesen Schnittpunkten ist auf den entsprechenden Fluchtpunkt zu ziehen. Die Raumecke entsteht.

1., 2. Die Höhe des Fensters kann im Maßstab an der Raumeckenlinie auf der Bildebene angetragen werden. Von dort ist auf den richtigen Fluchtpunkt zu ziehen.

3. Die senkrechte Begrenzung erfolgt über die Bildebene.

17
Stilkunde

Lernfeld 11, 12GI, 12KD

17.1 Grundlagen, Anfänge im Mittelmeerraum

Unser heutiges Wissen und Können beruht auf der langen kulturellen Entwicklung der Menschheit. Die Entwicklung verlief regional unterschiedlich. Unsere mitteleuropäische Kultur äußert sich in Gemeinsamkeiten wie Sprache, Religion, Wissenschaft und Kunst.
Kultur und Kunst entwickelten sich nie eigenständig, sondern immer in Wechselbeziehung zu Staatsaufbau und Sozialstruktur. Auch das Bauen steht in Bezug zu den Gegebenheiten der Zeit.
Maler und Lackierer, die Stilmerkmale am Bau kennen und über die Stilepochen des Bauens informiert sind, können Kunden bei der Instandsetzung historischer Bausubstanz kompetent beraten und werden als Partner von Architekten und Denkmalpflegern geschätzt.

17.1.1 Wichtige Begriffe zur Architektur

Gebäude, Baukörper
Ein Gebäude ist umbauter Raum. Im Idealfall folgt die Form der Funktion. Jede Epoche besitzt neben den Wohngebäuden ihre speziellen Gebäudegattungen, wie Kirchen, Museen, Burgen, Schlösser, Verwaltungsgebäude usw. Für Wohngebäude hat sich in Mitteleuropa der geradlinige, quaderförmige Baukörper mit Steildach bewährt. Materialwirkung, Bauweise und Farbgebung beeinflussen die Formqualität.

Konstruktionssystem
Die Werkstoffe, die sich zum Bauen eignen, besitzen unterschiedliche Eigenschaften. Das Bauen eines Holzhauses erfordert ein anderes Vorgehen beim Bauen, ein anderes Konstruktionssystem, als ein Gebäude aus Ziegeln. Wichtige Konstruktionssysteme sind die Mauerwerkkonstruktion (z. B. Naturstein, Ziegel), der Skelettbau (z. B. Stahlträger, Betonträger, Holzbalken) **(Bild 1 und 2)** und der Stahlbetonbau (Beton mit Stahlmatteneinlage) **(Bild 3)**. Bei der Mauerwerkkonstruktion und dem Stahlbetonbau tragen Wände die Baulast, beim Skelettbau trägt das Skelett. Dieses muss mit der Wand und den Geschosstrennungen „gefüllt" werden.

Fassade
Von den senkrechten Begrenzungsflächen des Gebäudes stellt meist eine Seite „das Gesicht" dar. Die anderen Seiten des Gebäudes werden oft vernachlässigt **(Bild 4)**.
In der Regel weist die Fassade zur Straße, zum Verkehrsweg. Dies kann regional unterschiedlich der Giebel oder die Traufseite sein. Straßenräume mit giebelständigen Fassaden wirken aufgelockerter, mit traufständigen Fassaden wirken sie geschlossener **(Bild 5 und 6)**.
Die Wirkung der Fassade ergibt sich aus Größe, Form, Material, Öffnungen, Anbauten und dem Dekor.
Risalit: Dies ist ein Bauteil, welches über die gesamte Gebäudehöhe vorspringt.
Erker: Fassadenanbau ohne Bodenverbindung **(Bild 7)**
Balkon: Offener, außen am Baukörper angebrachter Anbau
Loggia: Innen, im Baukörper liegender Balkon.
Gesims: Aus der Wand hervortretender Streifen zur Fassadengliederung und Betonung der Etagen.
Lisene: Lisenen gliedern die Wandfläche durch schmale, flache, senkrechte Mauerbänder.
Pilaster: Diese sind ähnlich den Lisenen, besitzen aber zusätzlich eine Basis und ein Kapitell (Säulenabschluss unten, oben) und wirken so als der Fassade vorgesetzte Säulen **(Bild 8)**.
Fasche: Dieser Begriff bezeichnet eine in Struktur oder Farbe abgesetzte Umrandung von Fassadenöffnungen. Fenster werden damit optisch vergrößert, die Fassade wird aufgewertet.

Bild 1: Fachwerk mit Mauerwerk

Bild 2: Stahlträgerkonstruktion

Bild 3: Stahlbetonbauweise

Bild 4: „Alles nur Fassade"

Bild 5 und 6: Giebel- und traufständige Fassaden

Bild 7: Erker

Bild 8: Fassade mit Gesims, Pilaster und Baudekor

Baudekor
Ornamente, Figuren, Malereien schmücken den Bau ohne direkte Funktion, tragen jedoch wesentlich zur äußeren Erscheinung eines Gebäudes bei.

Bild 1: Satteldach

Bild 2: Mansarddach

Bild 3: Fenster der Gotik

Bild 4: Fenster am Hochhaus heute

Bild 5: Rathausfassade mit Mansarddach, Freitreppe, Portal und Baudekor
Altes Rathaus, Bonn, erbaut 1737, ein Bauwerk des Rokoko, infolge von Kriegsschäden 1949 neu aufgebaut

Bild 6: Wohnraum, Biedermeier

Bild 7: Klosterkirche Zwiefalten

Dach und Dachform
Das Dach hält das Wetter ab und schließt den Baukörper nach oben. In der Regel trägt ein Holzskelett (der Dachstuhl) die Dacheindeckung und gibt die Neigung. Flachdächer sind in ihrer Technik schwieriger und erfordern kürzere Reparaturintervalle.
Für die Eindeckung eines Schrägdaches kommen meist anthrazitfarbige Schieferplatten oder rotbraune Ziegel in Frage, regional begrenzt auch Dachschindeln aus Holz oder Dachschauben aus Schilf oder Stroh.
Je nach Ziegeldeckung unterscheidet man Klosterziegeldach, Biberschwanzziegeldach und Pfannenfalzziegeldach. Je nach Art des Dachstuhls unterscheidet man Dachformen, wie Satteldach, Pultdach, Walmdach, Krüppelwalmdach, Zeltdach, Mansarddach oder Sheddach (**Bild 1 und 2**).

Portal und Außentreppe
Der Begriff Portal steht für einen repräsentativen Eingang. Manche Bauwerke haben nur Portalfunktion, z. B. Triumphbogen, Stadttor.
Außentreppen dienen häufig nicht nur der Funktion, sondern weisen auf den Eingang hin, führen zum Bau hin und wirken in Verbindung mit dem Portal repräsentativ (**Bild 5**).

Fenster
Dies sind die Licht- und Luftöffnungen des Gebäudes, die „Augen". Sie unterbrechen und gliedern die Fassade (**Bild 3 und 4**). Problematisch ist die Begrenzung nach oben, gelöst durch Bogen, Sturz oder durch kleine Fenster. Das Fenster soll das Gebäude öffnen und trotzdem Schutz bieten.

Baustil
Bringt ein Zeitabschnitt Bauwerke mit gleichen Merkmalen hervor, so entsteht ein die Epoche prägender Baustil (**Bild 5**). Zeittypische Bauweisen entstehen nicht willkürlich sondern entwickeln sich aus dem Zeitgeist der Epochen und regional unterschiedlich.
In einigen Epochen beschränkt sich die Ausprägung des Stils vorwiegend auf den Innenraum. So ist das Biedermeier (etwa 1815 bis 1848) ein **Innenraumstil** ohne Auswirkungen auf die Architektur seiner Zeit (**Bild 6**).

Innenraum
Ob Küche, Wohnzimmer, Büro, Flur, Klassenzimmer usw., die Raumform folgt meist der Funktion. Innen ist eine größere Materialvielfalt als außen möglich, da keine Wetterbeständigkeit gefordert wird. Innenräume werden durch Sehen, Riechen und Tasten erlebt. Die Gestaltung des Innenraumes ist alleinige Sache des Bewohners.
Räume, die für weltliche Zwecke genutzt werden, bezeichnet man als Profanräume.
Sakralräume sind Räume in Kirchen (**Bild 7**) und Tempeln. Diese Räume sind nicht auf den Menschen ausgerichtet, sondern auf den Altar oder das Allerheiligste. Der Sakralraum dient als Versammlungsraum von Gläubigen (z. B. Kirche, Moschee, Synagoge) oder er ist „Wohnort" der Gottheit (Tempel).

Einrichtung
Zur Einrichtung von Wohnräumen gehören Gebrauchsgegenstände zur Raumnutzung, aber auch dekorative Gegenstände. Die Einrichtung erfolgt je nach Wohnform und Geschmack des Bewohners, beeinflusst vom Zeitgeist.

17.1.2 Der Maler in der Denkmalpflege von Bauwerken

Historischer Baubestand ist als Zeugnis schöpferischer Leistung unserer Vorfahren erhaltens- und schützenswert.

Wenn Bauobjekte, die unter Denkmalschutz stehen, instand gesetzt werden sollen, müssen die Auflagen der Denkmalschutzbehörde des Landes eingehalten werden. Die Zusammenarbeit mit privaten und öffentlichen Besitzern sowie der Denkmalsschutzbehörde erfolgt über Restauratoren, Architekten und Gutachter. Dies erfordert vom Maler hohe Kompetenz in der Ausführung historischer Renovierungsarbeiten und in der Beratung.

Maler und Lackierer, die nicht mit Restauratoren zusammenarbeiten, müssen ebenfalls über Baustile und Farbgebung Bescheid wissen, da auch an üblichen, nicht denkmalgeschützten Gebäuden durch Fehlentscheidungen des Malers große stilistische und sachliche Schäden angerichtet werden können.

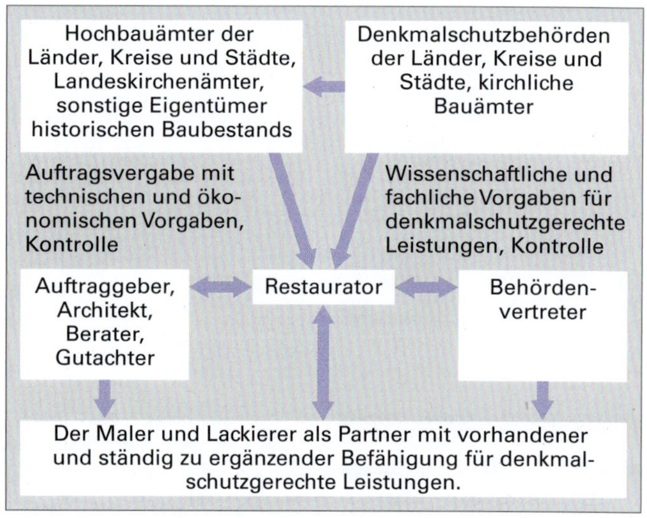

Übersicht 1: Bedeutung des Malers und Lackierers in der Denkmalpflege

17.1.3 Erste Hochkulturen

Im Mittelmeerraum sowie im südöstlich angrenzenden Gebiet des Euphrat und Tigris entwickelten sich ab 3000 v. Chr. staatsähnliche Organisationen. Gründe waren beste Handelsbedingungen sowie fruchtbares Schwemmland und mildes Klima. Ackerbau erforderte eine komplexe Organisation zur Verwaltung der Ernte.

Zu den ersten Kulturen gehörten die wechselnden Reiche in Mesopotamien, die Hochkultur der Ägypter mit Pyramiden **(Bild 1)** und Tempelanlagen sowie weitere Reiche im Mittelmeerraum (Minoisches Reich, Mykenisches Reich, Hethitisches Reich) und Stadtstaaten (Ugarit, Troja, Tyros).

Um 1200 v. Chr. gingen innerhalb von 20 bis 30 Jahren fast alle diese Kulturen unter, die Ursachen sind noch nicht vollständig geklärt.

Wichtige Bauweisen wie der Ziegelbau, der Gewölbebau und das Bauen mit Lehm wurden an später folgende Generationen weitergegeben.

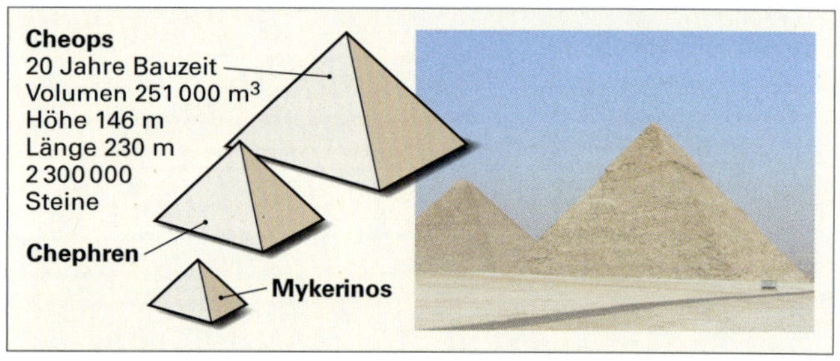

Bild 1: Ägypten, Pyramiden von Giseh

17.1.4 Die Griechen (1000 v. Chr. bis 25 n. Chr.)

Die Anfänge der kulturellen Entwicklung in Griechenland werden als Archaik bezeichnet (700 bis 500 v. Chr.), die Blüte als Klassik (500 bis 330 v. Chr.) und das Ende als Hellenismus (330 bis 25 n. Chr.).

Griechische Baukunst findet man aufgrund der Handelsbeziehungen im gesamten Mittelmeerraum. Mit der Eingliederung Griechenlands in das Römische Reich ging die griechische Kultur zu Ende.

Das Schönheitsideal der Griechen lag in der Proportion, d.h. dem Maß der Dinge zueinander und dem Maß der Dinge zum Menschen. Es entstanden Werke, die sich durch Schönheit, Harmonie und Ausgewogenheit auszeichneten.

Griechische Baukunst zeigt sich besonders im Tempelbau **(Bild 2)**. Der Tempelbau erfolgte immer nach gleichem Schema: Unterbau, Säulen, Giebel. Die Cella, der Raum, in dem die Gottheit wohnte, durfte nur vom Priester betreten werden. Griechische Tempelbauten und Statuen wirkten in der Kunstgeschichte immer wieder nach (Renaissance, Klassizismus, Historismus). Schon die Römer kopierten griechische Kunst. Viele Bezeichnungen für Bauglieder am Tempel haben bis heute Bedeutung **(Bild 2)**.

Bild 2: Aufbau und Merkmale des griechischen Tempels

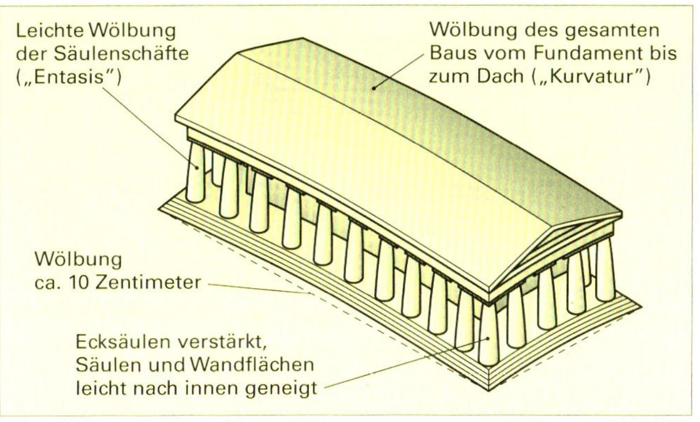

Bild 1: „Unsichtbare" Gestaltungselemente am griechischen Tempel

Bild 2: Dorische, ionische und korinthische Säulenordnung

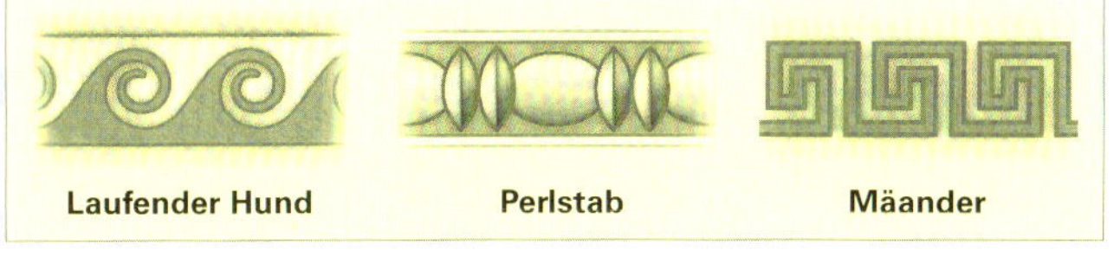

Bild 3: Griechische Ornamente

Viele architektonische Feinheiten am griechischen Tempel sind „unsichtbar", bewirken jedoch die Vollkommenheit des Bauwerkes **(Bild 1)**. Dazu gehören die Zugrundelegung eines Malnehmers (Moduls), die Anwendung des Goldenen Schnittes (siehe **Kapitel 16.1.2**), die leichte Bauchung der Säulen in Sehhöhe (Entasis), eine sanfte Wölbung im Fundament (Kurvatur), sowie verstärkte Ecksäulen mit leichter Säulenneigung nach innen. Fehlen Kurvatur, Entasis usw., so wirkt der Bau leblos.

Tempel und Figuren waren bunt bemalt. Die Farben haben sich jedoch nicht gehalten.

Die Cella war je nach Zeit und Aufwand von Säulenkränzen umgeben. Stilprägend waren die drei Säulenordnungen der Griechen **(Bild 2)**. Diese wurden zeitgleich, aber nicht am gleichen Gebäude verwendet.

Gestalter greifen auch heute noch gerne auf Ornamente der Griechen zurück **(Bild 3)**. Griechische Bildhauer kamen der Darstellung der Idealform des Menschen sehr nahe. Die Freifiguren sind mit Leben erfüllt.

Beispiele griechischer Kunst:

- Akropolis in Athen: der Tempelberg Athens mit Pantheon und Niketempel
- Olympia: Sportstätten
- Delphi: Orakel
- Freifiguren des Phidias

Die griechische Baukunst ist Ausgangspunkt der Architektur in Süd- und Mitteleuropa. Auch Theater, Philosophie, Mathematik, Politik und mitteleuropäisches Denken wurden von den Griechen geprägt.

Heute befinden sich viele Beispiele griechischer Kunst in Museen in England, Deutschland und Frankreich. Archäologen sicherten so um 1900 erhaltenswerte Objekte.

17.1.5 Die Römer (500 v. Chr. bis 476 n. Chr.)

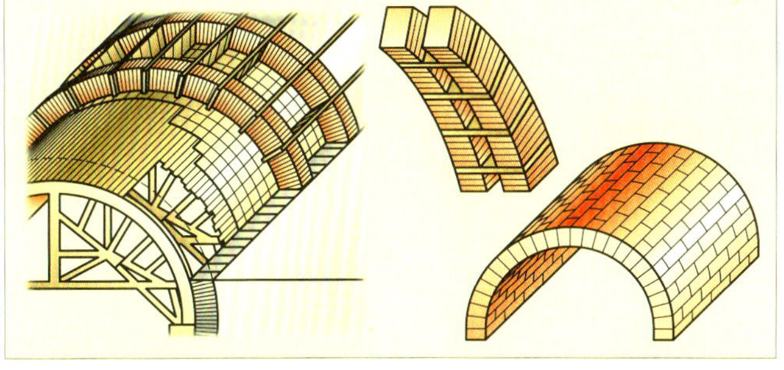

Bild 4: Römischer Gewölbebau

Bild 5: Rom, Colosseum

Dem Aufstieg Roms ging in Italien die Herrschaft und Kultur der Etrusker voraus, die um 1000 bis 800 v. Chr. ältestes Kulturgut von Kleinasien und Mesopotamien nach Italien und somit nach Europa brachten.

Rom war Militärmacht mit Stärken in der Technik und im ingenieurmäßigen Bauen. Ideen der Gestaltung wurden weitgehend von den Griechen übernommen, ja regelrecht kopiert.

Die Römer entwickelten den Gewölbebau der Etrusker weiter **(Bild 4)**.

Sie schufen die Grundlagen des heutigen Bauens mit Beton. Anders als heute wurde die Verschalung mit Ziegeln gemauert. Nach dem Füllen mit Beton blieb alles stehen. Die damalige Zusammensetzung des Werkstoffes nannte man „opus caementitium".

Durch das Bauen mit Beton und Ziegel und den Gewölbebau waren monumentale Bauwerke mit großen Rundbögen und dicken Mauern möglich.

Beispiele römischer Kunst:

- Colosseum: Amphitheater in Rom **(Bild 5)**
- Forum Romanum: ehemaliges Stadtzentrum Roms
- Pantheon in Rom: größter antiker Kuppelbau mit einer Spannweite von 43 m
- Thermen: Badeanlagen mit angeschlossenen Konferenzräumen und Freizeitmöglichkeiten

- Triumphbögen: Heimkehrende Feldherren wurden von der Siegesgöttin über dem Bogen beim Durchzug gesegnet.
- Basiliken: Sie dienten als Markthallen, als Raum für öffentliche Versammlungen und als Gerichtsgebäude **(Bild 1)**.
- Aquädukte: Wasserleitungen hatten über viele Kilometer konstantes Gefälle. Mit Bogenkonstruktionen überbrückte man Täler **(Bild 1)**.
- Wohnhäuser: Rom war eine Großstadt mit mehr als einer Million Einwohner. Je nach finanziellen Mitteln wohnte man im Landhaus (Villa), Stadthaus (Domus), Mietshaus (Insula) oder in slumähnlichen Verhältnissen.

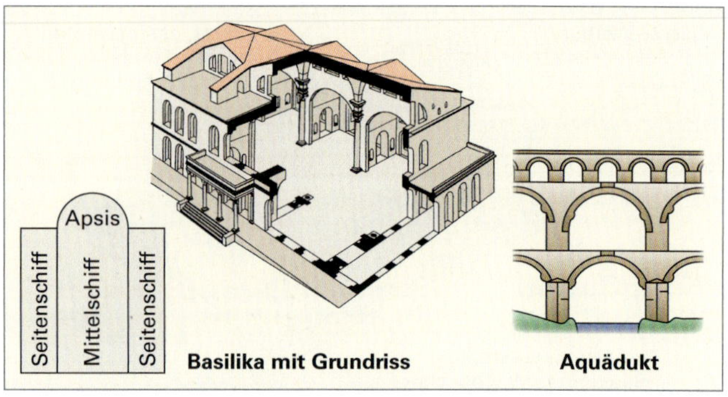

Bild 1: Beispiele römischer Baukunst

17.1.6 Frühe Christen (ab 25 n. Chr.)

In der Zeit bis etwa 60 nach Christus entwickelte sich das Christentum über Hausgemeinden zur eigenständigen gesellschaftlichen Gruppe. Unter einigen Kaisern wurden die Christen verfolgt (z. B. Nero, Diokletian). Im Durchschnitt kamen auf dreißig Jahre Duldung zwei Jahre Verfolgung. 380 n. Chr. wurde das Christentum zur römischen Staatsreligion.

Die Christen lehnten den Tempelbau als Wohnstätte der Gottheit ab. Kirchen wurden Treffpunkt der Gemeinde, die Bauweise der römischen Markthalle (Basilika) übernommen. Die ersten Kirchen waren Langhäuser mit Seitenschiffen, Apsis, Säulenreihen und dem Grundriss des Kreuzes **(Bild 2)**. Glockentürme wurden bei bestehendem Bau danebengesetzt.

Beispiele frühchristlicher Kunst:

- Mosaiken in Ravenna: Ausschmückungen des Grabmals der Galla Placidia und der Kirche San Vitale **(Bild 3)**.
- Katakomben: Unterirdische Grabanlagen, in denen auch Gedenkfeiern und Gottesdienste stattfanden. Sie dienten nicht der Zuflucht bei Verfolgung.
- Ehemalige Peterskirche in Rom: Dieser frühchristliche Baukomplex stand ursprünglich an der Stelle des heutigen Vatikans.

Bild 2: Frühchristlicher Kirchenbau

Bild 3: Ravenna, frühchristliches Mosaik

17.1.7 Mitteleuropa (vor 500 n. Chr)

Erste kulturelle Funde stammen aus der Zeit vor etwa 25000 Jahren, der Steinzeit. Die indogermanische Völkergruppe der Kelten bevölkerte ab etwa 1200 v. Chr. Mitteleuropa. Die Kelten hatten bereits eine hochstehende Kultur **(Bild 4)** und trieben regen Handel. Paris, Wien und Marseille entwickelten sich wahrscheinlich aus Handelsstützpunkte. Um 200 v. Chr. wurden die Kelten von Germanenstämmen verdrängt (Goten, Sachsen, Alemannen u. a.).

Die Römer eroberten ab 57 v. Chr. Gallien (Frankreich), Teile Britanniens (England) und bis 15 v. Chr. Mitteleuropa bis zum Rhein und zur Donau. Sie mussten sich aber ab 250 n. Chr. nach massivem Widerstand der Germanenstämme zurückziehen. Noch heute zeugen Bauwerke von der Zeit der Römer in Deutschland. Durch die römische Besiedelung verbreitete sich christliches Gedankengut in Mitteleuropa.

Entwicklung im mitteleuropäischen Raum

Bild 4: Keltische Ornamentik

Entwicklung im Mittelmeerraum

Bild 5: Porta Nigra in Trier

Beginn einer hohen kulturellen Entwicklung in Mitteleuropa

Beispiele keltischer Kunst und römischer Kunst in Deutschland:

- Keltische Ornamentik: Als Bänder und Knoten **(Bild 4)** in der Buchmalerei und in Stein gehauen an vielen Kirchen.
- Limes: Schutzwall gegen die germanischen Stämme
- Porta Nigra: römisches Stadttor in Trier **(Bild 5)**

Von 200 v. Chr. bis 500 n. Chr. führte die Völkerwanderung zu tiefgreifenden Veränderungen.

17.2 Stilepochen im mitteleuropäischen Raum

17.2.1 Frühes Mittelalter (500 bis 1000)

Bild 1: Reichenau, Kirche St. Georg

Während der Wirrnisse der Völkerwanderung und dem Zerfall des römischen Reiches gelang es den Franken ein Reich zu gründen, dem Dauer beschieden war. 800 n. Chr. erneuerte Karl der Große das römische Kaisertum.
Aus der Zeit der Merowinger und Karolinger sind nur wenige Kirchen, Kaiserpfalzen und Klosteranlagen erhalten. Die Bauwerke wirken schwer und gedrungen. Sie verfügen über massive Mauern mit kleinen Fenstern (Bild 1).

Die Klöster waren Träger des kulturellen Erbes. Mönche schrieben antike Schriften ab und übersetzten sie. Als Lehrer und Berater waren Mönche häufig den weltlichen Herrschern an Macht überlegen.

17.2.2 Romanik (1000 bis 1250)

Bild 2: Kloster Maria Laach

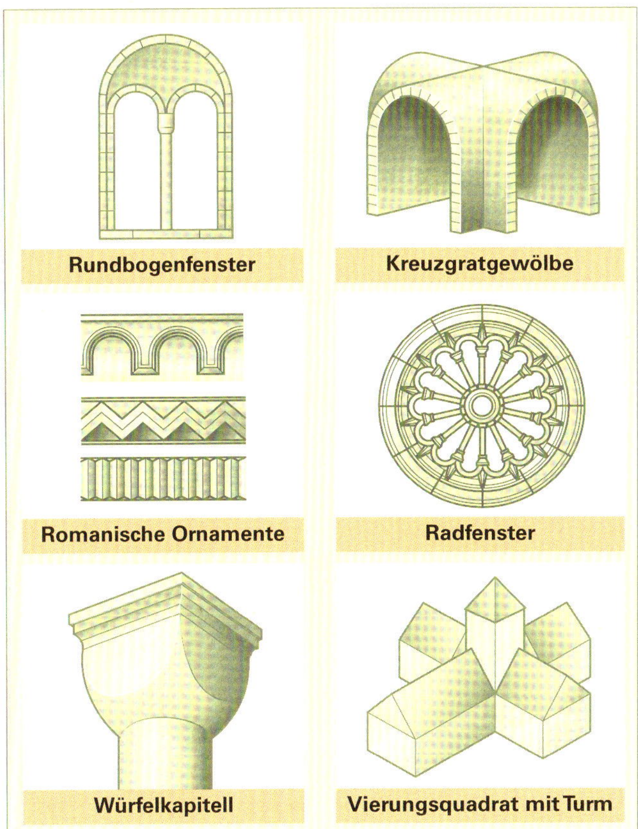

Übersicht 1: Beispiele romanischen Bauens

Mönche übernahmen das frühchristliche Vorbild der Basilika und des Kreuzganges. Die Kaiserdome der Romanik repräsentierten den Staat. Sie waren deshalb größer und mächtiger als die Klosterkirchen.
Der Grundriss romanischer Kirchen war das Kreuz. Konsequent ergab sich der romanische Grundriss aus dem Vierungsquadrat. Dies ist das entstehende Quadrat von Längs- und Querschiff (Übersicht 1). Durch Vervielfältigung der Vierung entstand die Kreuzform. Die Teilung ergab das Maß der Seitenschiffe.

Merkmale und Ausdruck (Übersicht 1):
- Rundbogen
- Kreuzgratgewölbe
- Radfenster
- wuchtige Mauern mit kleinen Fenstern

So entstand die schwere, wehrhafte und erdverbundene Wirkung der Bauwerke.

Rundbogen:
Über den Bogen wurde die Last des Gebäudes zur Mauer und dort zum Boden abgeleitet. Darum waren die Mauern meist sehr dick.

Kreuzgratgewölbe:
Anfangs wurden die Decken als freier Dachstuhl belassen, dann flach gebaut. Erst ab dem 12. Jhdt. baute man sie gewölbt. Aus der Durchdringung der Gewölbekappen ergab sich das Kreuzgratgewölbe.

Ornamentik:
Ornamente wurden bereits beim Bauen in verschiedenfarbigen Sandsteinarten einbezogen.

Säulen und Stützen:
Das wichtigste Kapitell der Romanik war das Würfelkapitell. Kapitelle zeigen geometrische Formen, Pflanzenformen, Tiermotive und auch Fabelwesen.
Die runden Säulen sind meist massiv und glatt. In Ermangelung massiver Säulen setzte man auch gemauerte Pfeiler mit quadratischer Grundform ein.

Wandmalerei:
Auf den weißen, geputzten Wandflächen war Platz für die Darstellung biblischer Szenen. Freskotechnik war üblich, aber auch Kaseintechnik war gebräuchlich.

Beispiele romanischer Baukunst:
- Kloster Maria Laach (Bild 2)
- Kloster Alpirsbach, Kloster Maulbronn
- Kaiserdom zu Speyer, Worms und Mainz
- Kirche St. Michael, Hildesheim

17.2.3 Gotik (1250 bis 1500)

Die Gotik war eine Zeit höchsten religiösen Einflusses auf den Menschen, die Zeit der Ritter und des beginnenden Bürgertums in den Städten. Der gotische Baustil war eine nordische Neuschöpfung, ausgehend von Frankreich, weitgehend frei von antiken Einflüssen.

Im handwerklichen Verbund, sogenannten Bauhütten, errichteten Architekten und Handwerker gemeinsam den Kirchenbau. An großen Kirchenbauten gibt es noch heute Bauhütten.

Aufgrund der immensen Kosten blieben die Bauwerke häufig unvollendet, z. B. ohne Turmhelm. Oft wurde der Bau über viele Jahre eingestellt und später in einem anderen Stil weitergeführt.

Das Bauprinzip hatte sich geändert. Nicht mehr Wände trugen die Last des Baus. Ein Skelett leitete das Gewicht ab (Übersicht 1). So waren dicke Mauern nicht mehr nötig und große Fenster erhellten den Raum. Stützbögen und Strebepfeiler hatten statische Bedeutung, wurden aber auch in das Gestaltungskonzept der Gotik einbezogen. Die Vierung war nun rechteckig und ließ andere Grundrisse zu.

Bild 1: Kölner Dom, Fassade

Bild 2: Kölner Dom, Innenraum

Backsteingotik:
In Norddeutschland wurde mangels Naturstein häufig mit Backsteinen (gebrannten, massiven Ziegeln) gebaut.

Merkmale und Ausdruck (Übersicht 1):
- Spitzbogen, Maßwerk
- Kreuzrippengewölbe
- Strebewerk
- Betonung der Senkrechten
- Rosettenfenster über dem Eingang

Die Wirkung war feierlich und schwerelos, dem Himmel zugewandt. Mauern wirkten aufgelöst.

Kreuzrippengewölbe:
Zuerst wurde das Skelett erstellt, welches dann gefüllt wurde. So blieben Rippen sichtbar, nicht wie in der Romanik scharfe Grate. Im Kreuzrippengewölbe laufen alle Bögen spitz zu. Der Spitzbogen ist ein typisches Merkmal der Gotik. Die Last des Gebäudes wurde über die Rippen zum Boden geleitet. Der Stein, der über die Tragfähigkeit des Gewölbeskeletts entscheidet, ist der Schlussstein.

Spitzbogen, Maßwerk:
Der Spitzbogen ließ schmale hohe Fenster zu. In Fenstern wurde das Bogenfeld häufig mit geometrischen oder pflanzlichen Formen, dem Maßwerk, gefüllt.

Strebewerk, Betonung der Senkrechten:
Als Strebewerk bezeichnet man vorgesetzte Säulen und Säulchen, welche die noch vorhandene Wandflächen optisch auflösten und zur Betonung der Senkrechten, der Hinwendung zu Gott, beitrugen.

Ornamentik und Freifiguren:
Steinornamente mit pflanzlichen oder geometrischen Figuren zierten den Bau. Besonders an der Fassade und am Portal dienten Figuren und Szenen mit religiöser Bedeutung der Belehrung des Volkes.

Glasfenster:
Die bildhafte Darstellung verlagerte sich von der Wand auf die Fensterfläche. Hochfarbige Glasmosaiken beeinflussten das Licht im gotischen Sakralraum.

Beispiele gotischer Baukunst:
- Kölner Dom (Bild 1 und 2)
- Münster in Ulm, Straßburg, Freiburg
- Französische Kathedralen
- Rathaus in Münster

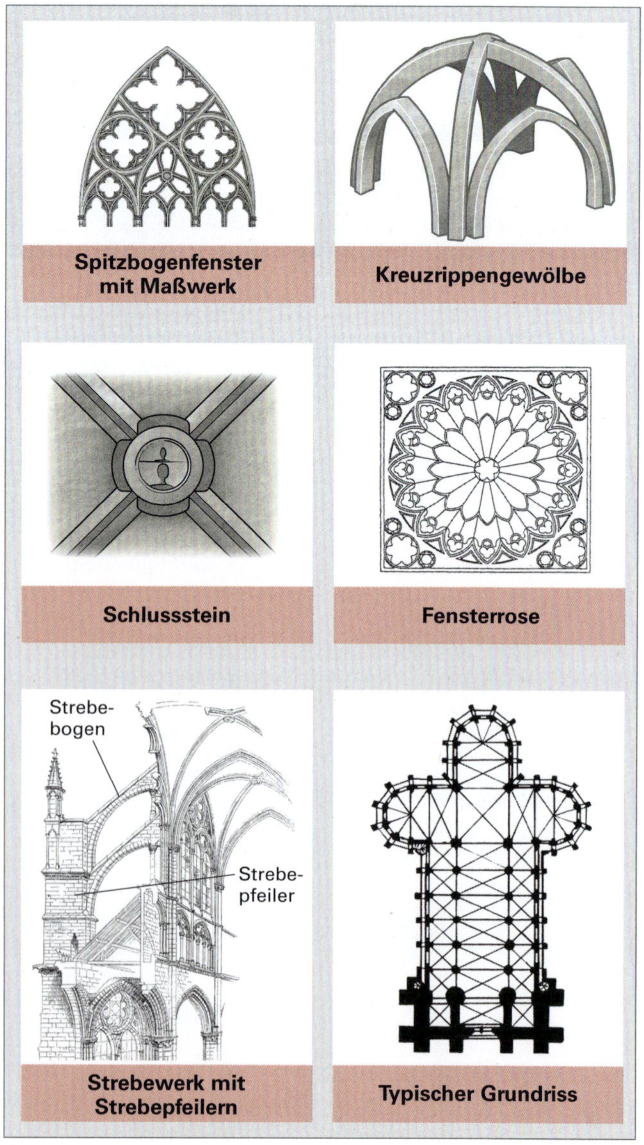

Übersicht 1: Beispiele gotischen Bauens

17.2.4 Renaissance (1450 bis 1600)

Bild 1: Stuttgart, Innenhof des Alten Schlosses

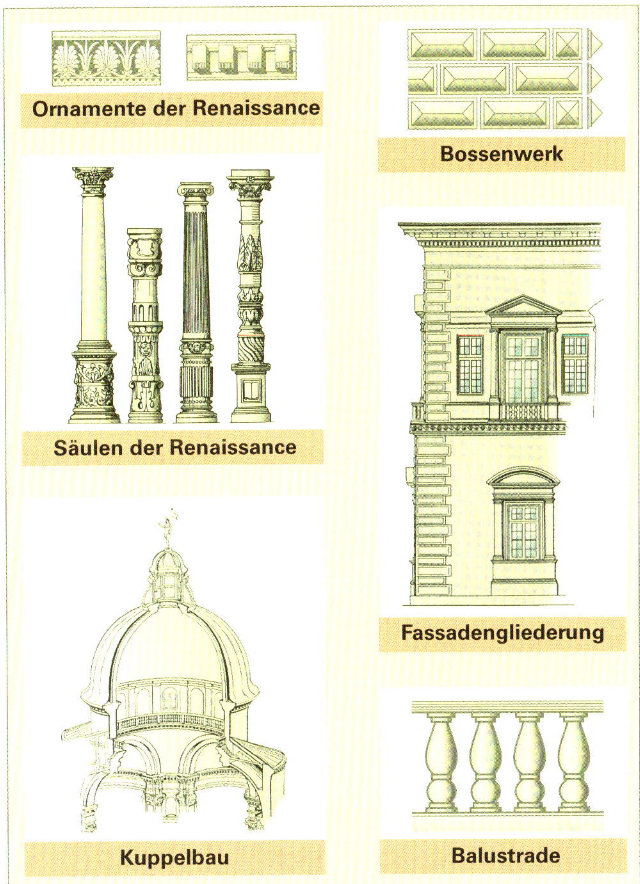

Übersicht 1: Beispiele des Bauens in der Renaissance

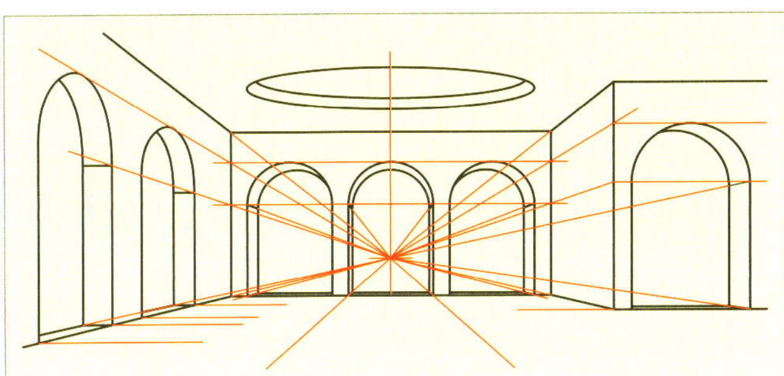

Bild 2: Entwicklung der Raumperspektive

Durch Entdeckungen und Erfindungen veränderte sich das Weltbild. Kaiser- und Rittertum verloren an Bedeutung. Der Mensch mit seinem Denken und Handeln wurde zum Mittelpunkt. Der Einfluss der Kirche schwand, das Bürgertum erstarkte. Es war die Zeit der Reformation, aber auch die Zeit der Hexenverbrennungen.

In Rückbesinnung auf die antiken Ursprünge entstand, ausgehend von Italien, die neue Bauweise der Renaissance. Italien hatte zur Zeit der Renaissance außergewöhnlich viele Genies: Michelangelo, Leonardo da Vinci, Botticelli, Tizian und andere, darunter auch große Baumeister wie Palladio, Alberti und Peruzzi.

Die deutschen Baumeister hielten lange an der Gotik fest. Als man sich endlich umstellte, wurden schon die ersten frühbarocken Elemente berücksichtigt. Neben Wohn- und Gesellschaftsbauten in Städten entstanden in den landesfürstlichen Residenzen prachtvolle Schlösser.

Die Bauelemente (Dreiecksgiebel, Säulen) und Harmoniegesetze der Griechen erlebten eine Wiedergeburt (dies ist die Bedeutung des Wortes rinascita, Renaissance). Der Baustil der Griechen wurde aber nicht einfach kopiert, sondern in Gebäude mit eigener Formensprache umgesetzt.

Merkmale und Ausdruck **(Übersicht 1)**:

- Simse zur Fassadengliederung
- Symmetrische Bauweise
- Wiederholung antiker Säulenordnungen
- Harmonie der Proportionen
- Bossenwerk im Sockelbereich

Die Wirkung war ruhig, harmonisch und etwas streng. Durch Symmetrie und die Betonung der Waagerechten erhielten die Gebäude eine festliche, weltliche Ausstrahlung.

Kuppelbau:

Neu war der Kuppelbau, ein Kompromiss zwischen der antiken und der gotischen Gewölbetechnik. Meist handelte es sich um zentrale Kuppelbauten auf symmetrischem Grundriss. Die Kuppeln wurden meist zweischalig gebaut.

Dekor und Verzierung:

Die Wände wurden durch Säulen, Dreiecksgiebel und Simse gegliedert. Fenster bekamen Dreiecksgiebel oder Bogengiebel. Säulen bekamen dekorativen Schmuck. An die Stelle der Basis traten Sockel in vielen Variationen, häufig Bossenwerk.

Balustraden an Balkonen und Treppenaufgängen sowie schräge Treppenaufgangsfenster sind typische Merkmale der Renaissance.

Beispiele der Baukunst der Renaissance:

- Peterskirche und Vatikan in Rom
- Stadtansicht Florenz (Italien)
- Loire-Schlösser (Frankreich)
- Rathaus Augsburg, Tübingen
- Schloss Heidelberg, Tübingen, Aschaffenburg
- Altes Schloss, Innenhof, Stuttgart **(Bild 1)**

Perspektivische Darstellung:

Frühchristliche und mittelalterliche Malerei zeigt häufig die umgekehrte Perspektive oder die Bedeutungsperspektive, d. h., die Bedeutung der Dinge wird durch Größe zum Ausdruck gebracht. Erst in der Renaissance ist der betrachtende Mensch Ausgang der Darstellung mit Fluchtpunkt, Augenhöhe, Standort usw. **(Bild 2, siehe auch Kapitel 16.13.8 und Kapitel 16.13.9)**

17.2.5 Barock (1600 bis 1770)

Nach dem 30-jährigen Krieg 1618 – 1648 war die deutsche Kultur weitgehend zerstört. Zehn Millionen Deutsche (von 24 Millionen) starben. Deutschland bestand aus 300 kleinen Ländchen, in denen Landesfürsten uneingeschränkt und selbstherrlich absolutistisch regierten. Die katholische Kirche reagierte auf den Protestantismus und erstarkte. Die französische Lebensart wurde zum Vorbild. Besonders im süddeutschen Raum findet man sehr viele barocke Kunstschätze, meist reizvoll in die Landschaft gestreute Kirchen und Klöster.
Landesfürsten errichteten nach ihren Vorstellungen ganze Städte um ihre Residenz. Karlsruhe, Ludwigsburg, Bruchsal und Dresden sind Beispiele dafür.
In protestantischen Landesteilen stieß diese Verschwendungssucht auf Unverständnis, dort wurde kaum im barocken Stil gebaut.
Das Barock brachte kein neues Architektursystem hervor, sondern fußte auf der Renaissance. Jedoch stand nun nicht harmonische Ausgeglichenheit im Vordergrund, sondern höchste Steigerung aller Wirkungen. Klare Gliederungen waren überholt.
Dazu kamen das reiche Formenspiel und der gekonnte Einsatz neuer, typisch barocker Gestaltungselemente.

Merkmale und Ausdruck (Übersicht 1)

- Werkstoffe wie Marmor, Gold, Silber
- Licht schaffte Kontraste und modellierte.
- Ornamente waren Teil des Gesamtkonzeptes.
- Raum- und Illusionswirkung durch Konzentrierung und Steigerung. Stuckarbeiten gingen in Malerei über.
- Bewegung durch Kreise, Kurven, Wellen. Neu in der Formensprache war die Ellipse.

Die Wirkung war bewegt, häufig überladen und übertrieben. Sie wurde in der Spätphase des Barock, dem Rokoko, übersteigert.

Beispiele barocker Baukunst:

- Schloss Versailles (Frankreich)
- Schloss Ludwigsburg
- Zwinger und Frauenkirche in Dresden
- Residenz in Würzburg (Bild 1)
- Theatinerkirche München
- Wieskirche in Bayern
- Kloster Andechs

Prunktreppen
Prunktreppen wurden für absolutistische Herrscher in ihren Schlössern Aktionsraum zur Selbstdarstellung.

Gewölbeformen
Neue Gewölbeformen ergaben ungewöhnliche Gewölbeüberschneidungen und verlangten von Architekten und Baumeistern höchstes Können.

Gesamtensemble
Residenzen waren eingebunden in ein Gesamtensemble aus Parkanlagen, Pavillons, Dienerwohnungen u. a. Gärten wurden nach ornamentalen Mustern angelegt, sodass häufig von ursprünglicher Natur wenig übrig blieb.

Rokoko, 1735 – 1770
In der Schlussphase des Barock wurden die Bauformen und Ornamente spielerisch übersteigert. Zu den Formen des Barock kam die Muschelform als neue Form dazu. Die Muschel, französisch: Rocaille, wurde bald zum Namensgeber dieses Stils. Am deutlichsten kam dieser Umschwung zum Zierlichen in der Innenraumgestaltung zum Ausdruck.

Bild 1: Würzburg, Residenz

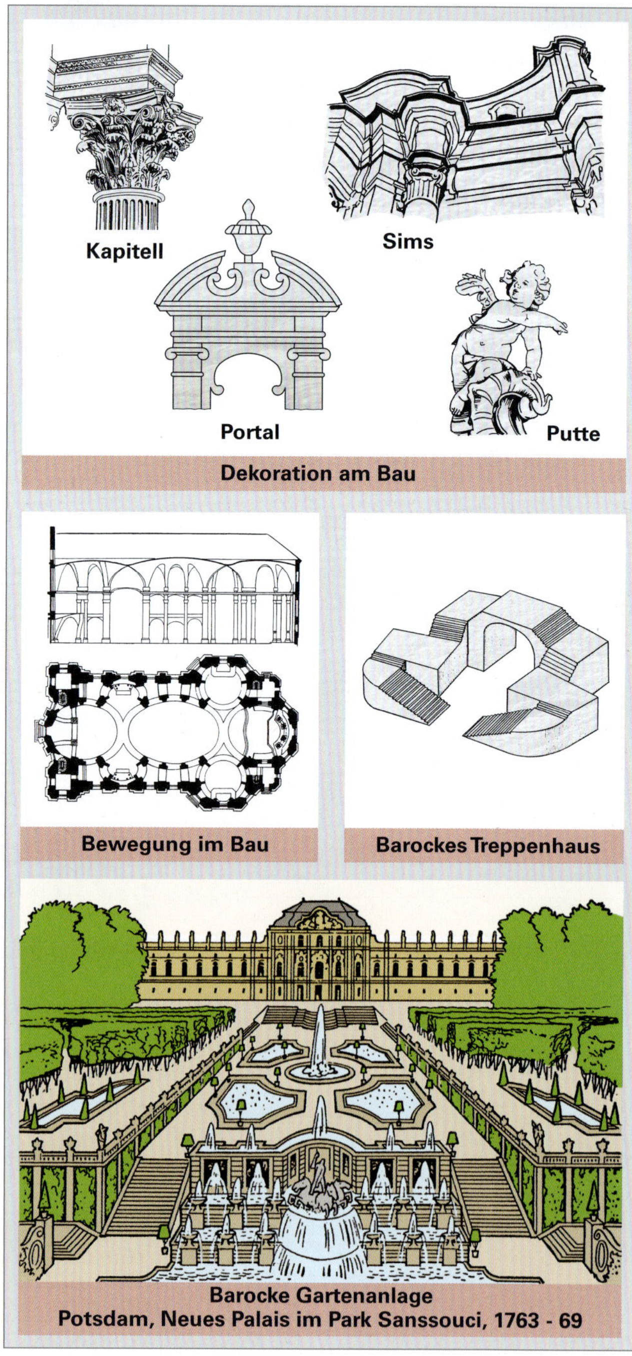

Übersicht 1: Beispiele des Bauens im Barock

17.2.6 Klassizismus (1750 bis 1830)

Nach dem ausufernden Barock, mit Niedergang des Absolutismus und wachsendem Nationalbewusstsein erfolgte die neuerliche Rückbesinnung auf die antike, insbesondere die griechische Bauform.

Bild 1: Berlin, Neue Wache

An Objekten der Baustile bis zum Klassizismus ist der Maler und Lackierer in der Regel Ausführender unter Anleitung.
Gebäude ab dem Klassizismus sind in allen Städten zu finden, meist ohne Denkmalschutz.
Der Maler und Lackierer muss die Farbgebung in eigener Verantwortung festlegen können.

Adel und Kirche vergaben in dieser Zeit kaum größere Aufträge, dies geschah mehr und mehr durch das Bürgertum. Der neue Gebäudebedarf bestand daher in Theatern, Akademien, Museen, Börsen u. a.
Einige Architekten prägten durch den Bau repräsentativer Gebäude noch heute das Bild ihrer Stadt.

Berlin – Karl Friedrich Schinkel
München – Leo von Klenze, Friedrich von Gärtner
Karlsruhe – Friedrich Weinbrenner

Merkmale und Ausdruck

- Einfache Baukörper (Prismen, Zylinder)
- Klare Linien – glatte Mauerfugen – Kaum Dekor
- Säulen und Dreiecksgiebel

Im Vergleich zur griechischen Bauweise sind klassizistische Bauwerke größer, wuchtiger und massiver. Es fehlen die griechischen architektonischen Feinheiten (Kurvatur, Entasis, menschliches Maß u. a.). **(Siehe Kap. 17.1.4)**

Beispiele des Bauens im Klassizismus

- Reichstagsgebäude, Brandenburger Tor und Neue Wache **(Bild 1)**, Berlin
- Walhalla bei Regensburg
- Glyptothek und Propyläen, München

Bürgerlicher Wohnstil dieser Zeit war das Biedermeier.

17.2.7 Historismus (1830 bis 1900)

Bild 2: Häuserzeile, erbaut zur Zeit des Historismus

Bild 3 und 4: Historismus, Baudetails

Die beginnende Industrialisierung führte zum rasanten Anwachsen der Städte. Wer reich war, ließ sich prunkvolle Villen bauen, Arme wohnten dagegen häufig in menschenverachtender Architektur. Es entwickelten sich das kapitalistische Wirtschaftssystem und die Idee des Kommunismus.

Zu den neuen Bauaufgaben gehörten Arbeitersiedlungen, Mietshäuser, Fabrikantenvillen, Fabriken, Brücken und Bahnhöfe.
Nach dem griechischen Baustil wurden nach und nach alle historischen Baustile wieder aufgenommen. Die Vorsilbe „Neo-" als Ergänzung der Stilbezeichnung bedeutet „Neu-".

Gotik – Neogotik **(Bild 3)**
Renaissance – Neorenaissance
Barock – Neobarock

Neue Materialien wie Glas, Stahl, Gusseisen und Stahlbeton boten neue Möglichkeiten der Gestaltung. Ein neuer Berufsstand, der Ingenieur, griff in das Bauen ein. Neben der Ästhetik gewannen die Funktionalität und Wirtschaftlichkeit an Bedeutung.

Merkmale und Ausdruck

- Abhängig vom übernommenem Baustil
- Häufig war nur die Fassade im Stil gestaltet.
- Figuren trugen und verzierten Hauseingänge und Erker **(Bild 4)**.

Beispiele des Bauens in der Zeit des Historismus

- Rathaus München
- Eiffelturm in Paris
- Straßenzüge in den Randgebieten unsere Stadtzentren **(Bild 2)**
- Herrschaftliche Villen

17.3 Baukunst im 20. Jahrhundert

In den Städten fehlte Wohnraum. Repräsentatives Bauen und Wohnen war teuer. Sozialistisch denkende Architekten zweifelten am herkömmlichen Bauen von Villen für die Reichen und menschenunwürdigem Wohnen für die Arbeiter. Staat und Gesellschaft waren jedoch noch weitgehend konservativ ausgerichtet, sodass historisches Bauen trotz neuer Ansätze auch weiterhin weit verbreitet und beliebt war.
So existierten Anfang des Jahrhunderts die drei Strömungen **Historismus**, **Jugendstil** und **Moderne** über Jahre zeitgleich, wenn auch mit unterschiedlichen Bauanteilen.

17.3.1 Jugendstil (1900 bis 1920)

Um 1900 entstand eine Bewegung, welche die Kunst von historischer Nachahmung befreien wollte: der Jugendstil.

Diese Bewegung betraf zuerst das Kunstgewerbe und war auf die Erneuerung des Ornaments gerichtet. Pflanzliche Ornamente wie Seerosen und Sonnenblumen, von der japanischen Kunst beeinflusste Flächengliederungen sowie später auch klare geometrische Formen bestimmten den Jugendstil.

In Frankreich wurde die Bewegung als „Art Nouveau", in England als „Modern Style" und in Österreich als „Sezessionsstil" bezeichnet.

Der Ruhm des Jugendstils als Baustil war kurz. Die Baukosten waren extrem hoch. Dekorative Jugendstilelemente am historischen Bau sind häufiger zu finden.

Merkmale und Ausdruck
- Pflanzliche Ornamente
- Geometrische Formen

Die Wirkung war spannungsreich und bewegt (Bild 1).

Beispiele der Baukunst des Jugendstils
- Jugendstilgebäude in Darmstadt
- Gebäude von Gaudi in Barcelona (Spanien)

Bild 1: Baudetail des Jugendstils

17.3.2 Bauhaus und Moderne (1910 bis 1933)

Der Zweck und die Funktion bestimmten die Bauform der Moderne. Das Bauen erfolgte unter Verwendung genormter Bauelemente, klarer, geometrischer Baukörper und dem weitgehenden Verzicht auf Dekoration. So wurde Bauen preiswerter. Die Form folgt der Funktion („Form follows function").

Erste Architektengruppen und Architekten:
- Werkbund (Deutschland): Walter Gropius, Peter Behrens, Josef Maria Olbrich u. a.
- Künstlergruppe „De Stijl" (Niederlande): Piet Mondrian, Gerrit Rietveld u. a.
- Le Corbusier: bedeutender französischer Architekt
- Frank Lloyd Wright: bedeutender amerikanischer Architekt

Bauhaus
1919 gründete Walter Gropius das Staatliche Bauhaus Weimar. Es wurde 1925 nach Dessau verlegt. Das Bauhaus strebte die Vereinigung von Theorie, handwerklicher Praxis und künstlerischem Schaffen an. Ihm gehörten namhafte Architekten an, z. B. Hannes Meyer, Ludwig Mies van der Rohe u.a. Maler der Zeit ergänzten den Bereich Form und Farbe, z. B. Paul Klee, Wassily Kandinsky, Oskar Schlemmer, Johannes Itten. 1933 erfolgte die Selbstauflösung des Bauhauses unter dem Druck der Nationalsozialisten.

Le Corbusier
Der französische Architekt experimentierte mit Wohnanlagen, in denen alles zum Leben Notwendige vorhanden war, vom Kindergarten bis zum Restaurant. Er ging beim Bauen vom Mensch als Maß der Dinge aus (Bild 2).

Bild 2: Haus Le Corbusier, Weißenhofsiedlung Stuttgart

Bild 1: Das Bauhaus in Dessau

Weißenhofsiedlung Stuttgart

1926 veranlasste die Stadt Stuttgart eine Ausstellung von Gebäuden, erstellt in den neuen Formen, mit neuen Baumethoden und Materialien. Fast alle führenden Architekten bauten auf dem Areal das Haus ihrer Vorstellung, darunter Walter Gropius, Ludwig Mies van der Rohe, Jacobus Johannes Pieter Oud, Hans Scharoun, Peter Behrens und Le Corbusier.

Merkmale und Ausdruck

- Beton, Stahl, Glas
- Einfache geometrische Formen
- Bezug zum Menschen

Die Gebäude und Objekte wirkten meist sehr zweckbestimmt.

Beispiele des Baustils der Moderne

- Weißenhofsiedlung Stuttgart
- Bauhaus in Dessau (Bild 1)
- Kapelle in Ronchamp (Frankreich)

17.3.3 1933 bis 1945 und danach

Bild 2: Säulen zu einem nicht ausgeführten Bauobjekt des Nationalsozialismus

Bild 3: Hochhaus der Nachkriegszeit

Das Bauen diente als Stütze des Regimes. Öffentliche Bauten von Partei und Staat hatten Vorrang.
Die überdimensionalen Bauten in historischen Stilen strahlten eine herrische und kultische Wirkung aus (Bild 2).
Erste Einfamilienhäuser, meist mit steilem Dach und ohne Balkon, wurden gebaut.
Bedeutende Architekten hatten Deutschland verlassen und verbreiteten die Ideen der Moderne weltweit.

Bis in die 1960er-Jahre blieb es in Deutschland weitgehend beim alten Bauen. In großer Zahl entstanden Vorortsiedlungen mit aufgereihten Wohnblöcken, um neuen Wohnraum zu schaffen, der durch die Kriegseinwirkungen zerstört worden war (Bild 3).

17.3.4 1960 bis heute

Bild 4: Postmoderne, Staatsgalerie Stuttgart

Bild 5 und 6: Baudetails

Führende Bauhaus-Architekten lehrten an Instituten im Ausland, z. B. Walter Gropius an der „Graduate School of Design" der Harvard-Universität in Cambridge, Massachusetts (USA), und verbreiteten die Lehre der Moderne. Durch die Internationalisierung wurden im Laufe der Jahre viele Gebäude nach gleichen Regeln erstellt, sodass sich die Architektur von London, Tokio, Frankfurt usw. heute nicht mehr wesentlich unterscheidet.
Die Bauweise der Moderne setzte sich durch. Auch der normale Wohnhausbau entwickelte sich aus der Moderne.
Für besondere Objekte wie Stadthallen, Museen, Kaufhäuser und Kulturzentren haben sich drei Strömungen herausgebildet:

- Postmoderne
- Moderner Klassizismus
- Hightech-Architektur

Postmoderne

Die Postmoderne entspricht der Moderne, will aber ein Baustil sein, der nicht nur aus Kuben, Platten und Achsen besteht. Historische Details oder kontrastierende Elemente zum Baukörper lockern die Einfachheit der Moderne am Bau auf, meist im Sinne des „Scheins", der „Illusion".
Wirkung: ironisch, lustig, belebend.
Beispiel: J. Stirling, Staatsgalerie Stuttgart (Bild 4, 5 und 6)

Moderner Klassizismus
Es handelt sich um die Weiterentwicklung des Klassizismus, reduziert auf die klaren Grundformen von Kubus, Säule und Bogen unter Einsatz moderner Materialien.
Wirkung: mächtig, ernst, repräsentativ
Beispiel: M. Botta, Bank für internationalen Zahlungsausgleich, Basel **(Bild 1)**

Bild 1: M. Botta, BIZ-Bank, Basel

Hightech-Architektur
An den flexiblen und demontierbaren Funktionsbauten sind alle konstruktiven Elemente erkennbar, die ideale Bauweise für Fabriken, Sportanlagen, Supermärkte und Kulturzentren. Hightech-Bauten sollen funktionieren ohne den Anspruch eines Baustils auf Ästhetik.
Wirkung: sehr technisch, funktionell
Beispiel: Rogers & Piano, Centre Pompidou, Paris **(Bild 2)**

Bild 2: Rogers & Piano, Centre Pompidou, Paris

Seltener sind Objekte zu folgenden Architektur-Richtungen der heutigen Zeit anzutreffen:

Öko-Architektur
Diese rückt Mensch und Umweltschutz in den Mittelpunkt des Bauens. Der Wunsch nach Energieeinsparung und/oder gesetzliche Auflagen zwingen immer mehr zu umweltbewusstem Bauen.
Begrünte Dachflächen und Anlagen zur Sonnenenergiegewinnung sind sichtbare Teile der Öko-Architektur. Wesentliches des ökologischen Bauens bleibt eher unsichtbar, z. B. Aufbau dämmender Wandflächen, Einbau von Wärmepumpen etc.

Avantgardistische Architektur/Architekten
Bedeutende repräsentative Objekte sind einer Gruppe international agierender Architekten mit eigener Formensprache vorbehalten. Heute werden Aufträge für Bauvorhaben, die das ganze Stadtbild prägen können, in der Regel über Wettbewerbe vergeben.

Es gibt einige Architekten mit individueller Formensprache, die mit Bauwerken in den Hauptstädten der Welt neue architektonische Akzente setzen.

Zwei Beispiele:

- Frank O. Gehry **(Bild 3)**
- Jacques Herzog und Pierre de Meuron **(Bild 4)**

Der Architekt am Ort, der für Aufträge für den Maler und Lackierer sorgt, darf an dieser Stelle nicht vergessen werden **(Bild 5)**.

Bild 3: F. O. Gehry, Guggenheim-Museum, Bilbao

Bild 4: Herzog & de Meuron, Allianz-Arena, München

Bild 5: Wohnhaus, Auftragsobjekt des Malers und Lackierers

17.4 Baustil und Farbgebung

Bild 1: Mittelalterliche Stadtansicht, Beispiel Miltenberg

Die Farbigkeit mittelalterlicher Städte

Über die Farbigkeit im Straßenbild aus dieser frühen Zeit gibt es kaum Informationen. Alte Gemälde und Putzproben lassen auf sichtbaren Stein und weiße Kalkputzfarbe mit schwachen Farbtönungen durch Ziegelmehl und Ruß schließen.

An besonderen Gebäuden wurden vom Maler bestimmte Architekturteile wie Eckquader, Gesimse oder Steineinfassungen an Türen oder Fenstern, sowie Holzwerk teilweise oder ganz farbig gestaltet.

Farbige Fassaden waren damals selten und so bemerkenswert, dass sie sogar nach ihrer Farbe eigene Hausnamen hatten wie z. B. „Grünes Eck“ oder „Rothaus“.

Das Stadtbild war vorwiegend geprägt vom Rot der Ziegel und der weißen Kalkfarbe sowie durch die grafische Struktur des Fachwerks (Bild 1).

Bild 2: Barocke Farbigkeit, Beispiel Dresden

Baustil und Fassadenfarbton (Tabelle 1)

In der Gotik und Renaissance war der großflächige farbige Anstrich noch weitgehend auf Schlösser, Rathäuser, Kirchen oder Häuser der Patrizier beschränkt. Sie wurden nach den Vorlieben der jeweiligen Stilepoche in Farbe gesetzt. Besondere Schmuckformen, wie in der Renaissance graue Eckbossierungen oder im Barock rot abgefasste Lisenen, unterstrichen mit ihrer Farbigkeit die Architektur des Baustils (Bild 2).

Die regionale Vielfalt der Befunde sowie unterschiedliche Farbauffassungen im Norden und Süden Deutschlands lassen allgemeingültige Gestaltungsregeln für einzelne Stilepochen nicht zu. Während im süddeutschen Barock zur Zeit der Gegenreformation eine Farbenfreude einsetzte, war man in pietistisch geprägten Landesteilen eher zurückhaltend.

Erst im Klassizismus setzte sich eine einheitliche Richtung durch, welche in eine helle, kühle und wenig differenzierte Farbskala mündete.

	Putzflächen	Einfassungen Verzierungen	Weitere Farben am Bau
Romanik, Gotik	Weiß, Graustufen	Ocker, Englischrot. Satte Farben waren beliebter als helle und gebrochene Farben.	In allen Epochen wurde Naturstein verbaut und in seiner natürlichen Farbigkeit erhalten. Der Steinfarbton bestimmte die Farbigkeit der Epochen mit, je nach Ausprägung. Abhängig vom Vorkommen in der Region kamen gelber Sandstein, roter Sandstein, Granit u. a. zum Einsatz, vorwiegend im Sockelbereich und für Fenster- und Türeinfassungen. Die Backsteingotik war mangels Naturstein in ihrer Verbreitung und Farbigkeit auf Norddeutschland begrenzt. Mit der Moderne kommt der Beton mit seiner grauen Farbigkeit dazu. Heute werden Fassaden auch mit Metall verkleidet.
Renaissance	Weiß, Graustufen	Ornamente ordnen sich in die Farbigkeit ein, Grautöne, aber auch Blau, Rot, Purpur, Grün, Gelb	
Barock	Helle Pastelltöne in Gelb, Rosa, Grün oder Blau	Weißer Stuck, Vergoldungen, Marmor-Imitationen	
Klassizismus	Weiß, Graustufen oder Ocker, Farbpalette von Kieselsteinen	Farblich dezentes Dekor	
Historismus	In den Farben der imitierten Baustile	Naturstein	
Jugendstil	Grün- und Rosatöne, Violett, Ocker, Rotbraun	Metall, Gold, Glas. Reine Farben, Farben, die nicht in der Natur vorkommen, z. B. Violetttöne	
Moderne	Weiß	Reine Farben	
Heute	Weiß	Alle Farben – rein, gebrochen, pastell etc.	

Tabelle 1: Farben in den Stilepochen

Bild 1: Restauriertes Gebäude der Neorenaissance, München

Farbbefund

Über einen Farbbefund lassen sich an Denkmälern und Altbauten die Fassadenfarben früherer Anstriche ermitteln. Dafür wird mit dem Skalpell die oberste Beschichtung abgeschabt und beim Erscheinen weiterer Farben verkürzt weitergeschabt, bis die gesamte Farbstaffelung über die Epochen sichtbar ist. Dies erfolgt am besten an wettergeschützten Stellen wie unter Dachvorsprüngen. Auch an Gesimsen, Balken etc. lohnt sich eine Freilegung.

Die Neubeschichtung muss keinesfalls in den Farben der ältesten oder untersten Schicht vorgenommen werden. Andere Faktoren bestimmen die Auswahl: spätere bauliche oder stilistische Veränderungen am Baukörper, die Qualität des Farbtons oder die Farben der Umgebung. Es sollte alles zusammenpassen **(Bild 1, 2, 3 und 5)**. Nicht auszuschließen ist dabei der gestalterische Widerspruch historischer Farbbefunde zur modernen Farbleitplanung. Hier spricht in der Regel der Denkmalpfleger das letzte Wort.

Farbleitplan

In den 1960er-Jahren wollte man durch Farbe die Innenstädte wieder attraktiver machen. Dabei wurde häufig die Schwelle von Farbigkeit zur Buntheit überschritten. Die Farbplanung ganzer Straßenzüge oder Stadtviertel durch Baubehörde, Maler und Lackierer sowie Denkmalpfleger führte zu Farbleitplänen, die der Orientierung von Hausbesitzern dienen. So kann vermieden werden, dass ein einziges Haus im „falschen" Farbton den Zusammenklang vieler optimal gestalteter Einzelgebäude zerstört **(Bild 4)**.

Bild 2: Farben des Jugendstils, Beispiel

Bild 3: Moderne Farbigkeit, Beispiel von Le Corbusier

Bild 4: Ausschnitt eines Farbleitplans

Bild 5: Farbigkeit der Nachkriegszeit, Beispiel Stuttgart

18
Schrift und Typografie

Lernfeld 11, 12KD

18.1 Schriftentwicklung bis heute

Menschen verständigen sich nicht nur durch Sprache, sondern schon immer auch durch Bildzeichen. Jeder versteht den Pfeil als Richtungshinweis oder die Strichzeichnung eines Hauses. 3000 v. Chr. entstand etwa zeitgleich in Ägypten die Hieroglyphenschrift und in Mesopotamien die Keilschrift. Unbekannt ist der Zeitpunkt der Erfindung der Lautschrift. 1300 v. Chr. kannte man in Ugarit, einem Stadtstaat am Mittelmeer, 29 Schriftzeichen. 1000 v. Chr. entwickelten die Griechen ein Alphabet mit Konsonanten und Vokalen.

Die Römer entwickelten daraus die Basis unserer Schriften, die **römische Kapitalis**. Es handelte sich um eine reine Großbuchstabenschrift.	ABCD
Den täglichen Schreibbedarf erledigten die Römer mit der **Capitalis Rustica**. Sie wurde mit der Rohrfeder geschrieben.	LFRSVNLCON
Um 400 n. Chr. wurde daraus die Schrift der frühen Christen, die Unziale, ebenfalls eine Großbuchstabenschrift. Um 600 n. Chr. kam mit der **Halbunziale** eine Kleinbuchstabenschrift dazu.	BERSCRIBITU hominirurderer

Tabelle 1: Erste Schritte der Schriftentwicklung

Jede Information, das ganze Wissen dieser Zeit, musste von Mönchen von Hand geschrieben werden. Exakte Vervielfältigungen waren nicht möglich. Dabei wurden in den Klöstern im Laufe der Zeit Buchstaben individuell abgeändert, sodass im Reiche Karls des Großen eine Vielzahl an Varianten geschrieben wurde und Niederschriften dadurch nicht mehr überall lesbar waren. Bis zum 16. Jh. entwickelten sich daraus die sogenannten gebrochenen Schriften, seit dem 15. Jh. die auf der römischen Kapitalis basierenden Antiquaschriften.

Gebrochene Schriften Beim Schreiben mit Feder oder Pinsel muss bei Buchstaben im senkrechten Strich abgesetzt werden, es entstand ein „Bruch". Später wurden ursprünglich geschriebene Schriften auch gedruckt.	**Entwicklung in den Stilepochen**	**Antiquaschriften** Drucktypen
autem mendic	**Romanik** Karl der Große führte zur Vereinheitlichung der vielen handgeschriebenen Schriftvarianten die **karolingische Minuskel** ein.	
mehr hohe und er tritt Mibiverbn et mana	**Gotik** Wie im Baustil der Gotik wurde auch in der Schrift die Senkrechte betont. Sie erscheint eckig. Rundere Formen werden in Spanien und Italien geschrieben.	
Schwabacher Schwabacher Fraktur abc Fraktur	**Renaissance** Die Schriften wurden wieder runder geschrieben. 1450 erfand Johannes Gutenberg den Druck mit beweglichen Lettern. Neben den gebrochenen Schriften wurden erste Antiquaschriften für den Druck entwickelt.	ABCD abcd Venezian. Renaiss.-Antiqua (Bembo) ABCD abcdefg Französ. Renaiss.-Antiqua (Garamond)
RLM stuvw Kanzlei	**Barock** Nun gab es viel Bewegung in der Schrift durch Wechsel der Schaftstärken und Vermeidung von Geraden. Bei Druckbuchstaben wird die Arbeit mit dem Stichel deutlich.	SPECIM Barock-Antiqua (Baskerville) Quelle nouvelle force ce handschriftliche Barock-Antiqua
	Klassizismus Die Senkrechte wurde stärker betont. Sehr feine Querstriche und Serifen.	ABCD abcd Bodoni ABCD abcd Walbaum

Tabelle 2: Entwicklung der Schriften

Gebrochene Schriften	Weitere historische Entwicklung	Antiquaschriften Drucktypen
	Ab 1800 Mit zunehmender Industrialisierung und wachsender Produktion gewann die Werbung immer mehr an Bedeutung. Die Reklame in Zeitungen und auf Plakaten an Litfaßsäulen forderte Schriften, die sich den Menschen aufdrängten. Neuheiten; Ab 1815: serifenbetonte Schriften Ab 1816: serifenlose Schriften Nach 1850 erfolgte keine Weiterentwicklung der Schriften. Nun werden historische Schriften verziert, variiert und verschnörkelt	ABCDEFGHI fette Antiqua The Types manufacture Egyptienne LETTERFOUND CENOR Porträtmalerei ABCDEFG Grotesk ORNEES
	Jugendstil Handschriftliche Umsetzung der Antiqua in die Formensprache des Jugendstils.	ABCDEF abcdef
	Bauhaus Kreationen verschiedener serifenloser, unverzierter Schriften aus den Grundformen Quadrat, Rechteck, Dreieck und Kreis.	ABCDEF abcdefg Futura
Germania	**1933 – 1945** Einsatz gebrochener Schriften als Ausdruck der damaligen Denkweise. Ab 1941 mussten alle staatlichen Schreiben aus Gründen der Lesbarkeit in Normalantiqua erscheinen.	Mitteilung

Tabelle 2: Entwicklung der Schriften

Nach 1945 bis etwa 1980

Grotesk- und Antiquaformen gewannen wieder an Bedeutung.

Schriftenmaler entwarfen Schreibschriften frei aus dem Handgelenk oder konstruierten Schriften über das Raster (Bild 1).

In der Hippiezeit der 1970er-Jahre wurden verspielte Schriften entworfen (Bild 1).

Bild 1: Beispiele für die Schriftanwendung um 1950 und 1970

Heute

In der Zeit des DTP, des Desktop-Publishing, können am Computer Schriften beliebig gewählt, gestaltet und abgeändert werden (Bild 2).

Das Problem besteht nicht mehr in der Erstellung der Schriften, sondern in der richtigen Anwendung. Allzu verführerisch sind die Möglichkeiten der Schriftveränderung am Computer.

Garamond, Bodoni, Walbaum – die alten Stempelschneider entwickelten Schriften, die nach wie vor in allen Bereichen angewendet werden. Es dauerte Jahre, bis eine neue Schrift auf den Markt kam. Dann ergab aber auch jede Buchstabenkombination ein schönes Schriftbild, die Schrift war leicht und flüssig zu lesen.

Am Computer vom Amateur verzerrte und gebogene Eigenkreationen sind meist hässlich und schlecht lesbar.

Bild 2: Heutige Schriftenvielfalt

Gute Schriften

Gute Schriften sind zeitlos und altern nicht. Antiquaschriften aus der Zeit der Römer sind heute genauso aktuell wie neue Schriftkreationen. Renommierte Firmen, ob Autohersteller oder Brauereien, setzen in der Schriftauswahl auf die Wirkung der Schriftart, die das Alter der Schrift aber nicht erkennen lässt.

18.2 Schrift als Mittel der Kommunikation

Alles, was der Mensch sieht, hört, riecht oder spürt, teilt ihm etwas mit. Bilder, Geräusche, Gerüche und Erfühltes werden über Nervenbahnen zum Gehirn geleitet. Im Gehirn werden die Einflüsse mit Erfahrungen verglichen und als „Erlebnis" erfasst. Nur dadurch ist die Welt „da draußen" dem Menschen zugänglich. Das Sehen ist eine spezifische Form des Denkens. Das Bild entsteht im Gehirn. Jedes Bild bewirkt eine gefühlsmäßige Reaktion. Viele Zeichen haben keine besondere Bedeutung, der Mensch kann sie aber sehr treffend Gefühlen zuordnen (**Bild 1**).

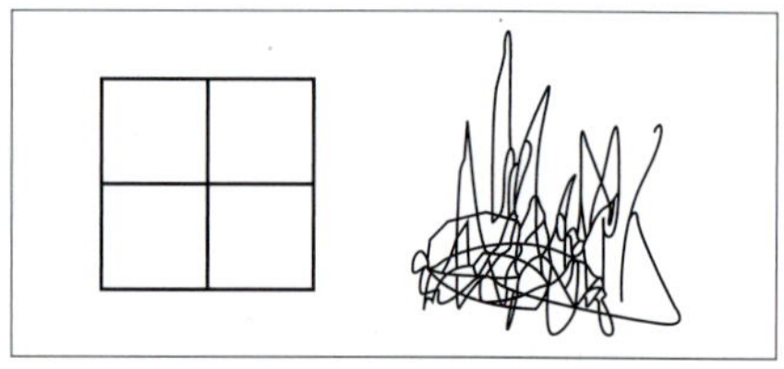

Bild 1: Ruhige und unruhige Linienführung

Schrift

Die Schrift ist ein Mittel der Übertragung von Informationen von Mensch zu Mensch. Dabei sind Raum und Zeit von geringerer Bedeutung als bei der Sprache. Schrift hält Informationen fest. Ein Buch, das vor 500 Jahren geschrieben wurde, vermittelt uns auch heute, was der Autor damals mitteilen wollte.

Schrift besteht in unserem Kulturkreis aus Zeichen und Zeichenkombinationen. Diese Zeichen werden erlernt. Menschen, die nicht Lesen gelernt haben, sehen nur Strichkombinationen, ohne deren Sinn zu begreifen, denn zum Lesen gehört auch die Kenntnis der Bedeutung (**Bild 2**).

Bild 2: Zeichenkenntnis beim Lesen

Wörter bis zu etwa acht Buchstaben werden als Gesamteindruck wahrgenommen, als Bild. Erst darüber hinaus beginnen wir im Wort zu lesen. Wir reihen Silben, Wortteile oder die Buchstaben, jedem ein Laut zugeordnet, aneinander (**Bild 3**).

Bild 3: Unterschiedliche Leseweise

Die Information kann durch eine entsprechende Schriftart unterstrichen und verdeutlicht werden. Sie kann aber auch in ihrer Bedeutung verändert werden. Besonders in der Werbung versucht man, den Menschen nicht nur über Text und Bild, sondern auch über die Schrift zu manipulieren (**Bild 4**).

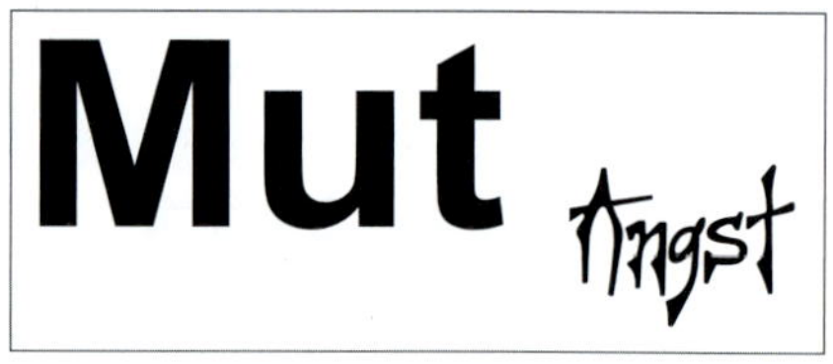

Bild 4: Schrift und Wortaussage

Typografie

Wörter, Texte, Beschriftungen von Fahrzeugen und Werbeträgern lassen sich durch eine gute Anordnung, die richtige Größe und/oder durch Kombination mit Bildern, Farben etc. in der gewünschten Aussage unterstreichen. Dabei sind Einflüsse zu beachten, die weit über die übliche Schriftkenntnis hinausgehen (**Übersicht 1**).

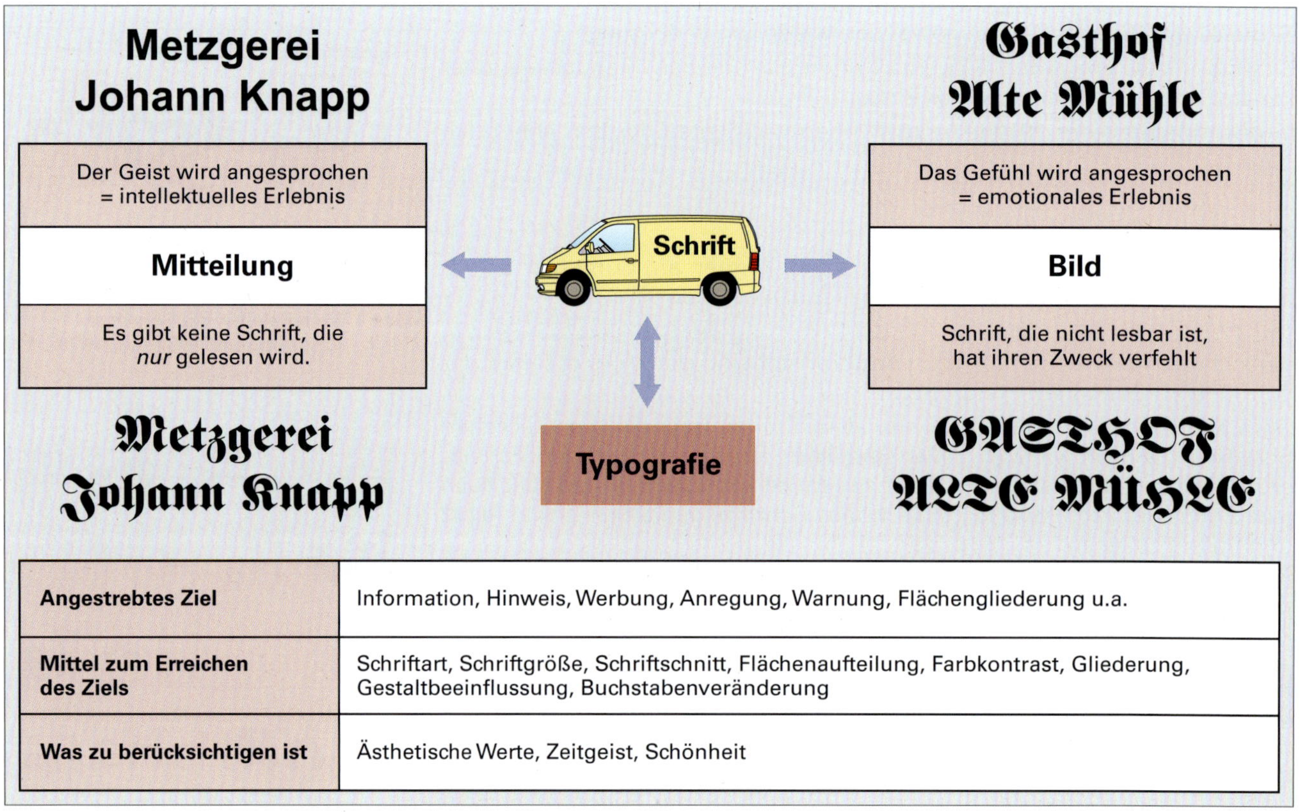

Angestrebtes Ziel	Information, Hinweis, Werbung, Anregung, Warnung, Flächengliederung u.a.
Mittel zum Erreichen des Ziels	Schriftart, Schriftgröße, Schriftschnitt, Flächenaufteilung, Farbkontrast, Gliederung, Gestaltbeeinflussung, Buchstabenveränderung
Was zu berücksichtigen ist	Ästhetische Werte, Zeitgeist, Schönheit

Übersicht 1: Schrift und Typografie

18.3 Beschreibung einer Schrift

Dem Anwender stehen heute unzählige Schriften zur Verfügung. All diese Schriften lassen sich anhand von Merkmalen erkennen, beschreiben und in Gruppen ordnen, d. h. klassifizieren.

18.3.1 Merkmale einer Schrift

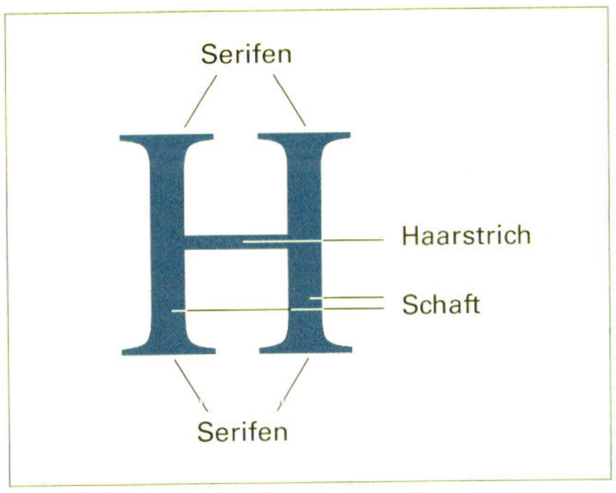

Bild 1: Serife, Schaft und Haarstrich

Bild 2: Besonderheiten an Buchstaben

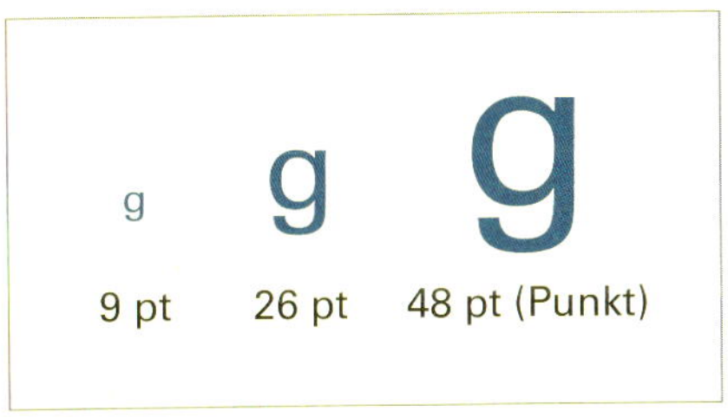

Bild 3: Schriftgröße in Punkt

Bild 4: Mittel-, Ober- und Unterlänge

Bild 5: Schriftfamilie

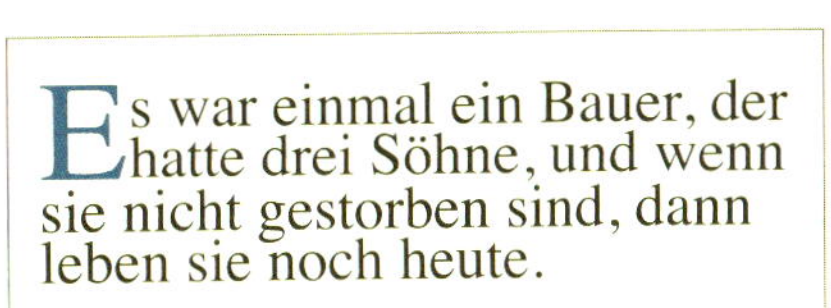

Bild 6: Initiale

Unterschiede am Buchstaben

Auch scheinbar gleiche Schriften unterscheiden sich oft im Detail.

- **Serifen**

So bezeichnet man die Ausläufe am Ende eines Buchstabenstriches oder Schaftes. Sie stehen bei Großbuchstaben am Fuß (Schaft unten) und auch am Kopf (Schaft oben), bei Kleinbuchstaben nur am Fuß. Ihre Basis ist waagerecht oder leicht gewölbt (Bild 1).

Die obere Serife wird manchmal als Dachansatz bezeichnet. Auch der Begriff Anstrich ist gebräuchlich.

- **Schaft und Haarstrich**

Aus der Führung eines Flachpinsels oder einer Breitfeder ergeben sich beim Schreiben unterschiedliche Strichstärken. Als Schaft bezeichnet man die breiten, senkrechten Striche, als Haarstrich die dünneren Querstriche (Bild 1).

- **Symmetrie-Achse**

Bei einigen Buchstaben scheint die Form symmetrisch vorzuliegen. Je nach Schriftart kann sie auch nach links geneigt sein.

- **Besonderheiten am Buchstaben**

Am Kleinbuchstaben, z. B. e, kann im Vergleich erkannt werden, ob es sich um die gleiche Schriftart handelt. So kann der Querstrich am e waagerecht, aber auch schräg liegen (Bild 2).

Beim kleinen a und kleinen g gibt es zwei verschiedene Formen. Grundsätzlich eignen sich alle Buchstaben zum Vergleich.

Unterschiede im Schriftbild

Dass Schriften sich unterscheiden, erkennt man nicht nur über die Betrachtung der Buchstaben, sondern auch über das Schriftbild und Besonderheiten der Anwendung.

- **Schriftgröße, Gradation**

Das kleinste Maß einer Schrift ist der Punkt (pt). 1 Punkt = 0,353 mm. Diese Einheit basiert auf der Längeneinheit Inch und ist im Druckgewerbe üblich. Auch in den meisten Computerprogrammen werden Schriftgrößen in Punkt angegeben (Bild 3). Bei großen Schriften wird in Millimetern gerechnet.

- **Mittel-, Ober-, Unterlänge**

Alle Schriften lassen sich durch vier Linien horizontal begrenzen. Mittel- und Oberlänge werden heute immer mehr angeglichen (Bild 4).

- **Schriftfamilie, Schriftschnitt**

Zu einer Schrift ergeben sich bei unterschiedlicher Strichstärke und Strichrichtung bei gleichen Höhen viele Buchstabenbilder (Bild 5),

z. B.:
- Eng, normal, extrabreit
- Mager, halbfett, fett
- Kursiv (schräg gestellt)
- Konturiert

- **Groß- und Kleinbuchstaben**

Großbuchstaben bezeichnet man auch als Versalien oder Majuskeln, Kleinbuchstaben als Gemeine oder Minuskeln. In der Schriftgeschichte gibt es reine Majuskelschriften (römische Schriften) oder Minuskelschriften (einige Schriften des Mittelalters).

- **Initialen**

So bezeichnet man in Form und Farbe betonte Anfangsbuchstaben (Bild 6).

18.3.2 Schriftgruppen nach DIN 16518

In DIN 16 518 sind alle Schriften in 11 Gruppen klassifiziert. Auch wenn diese Klassifizierung Schwächen in einzelnen Zuordnungen aufweist, ist sie doch eine gute Orientierungshilfe.

Schriftgruppe nach DIN 16 518	Beispiele am Schriftartnamen
Gruppe 1 und 2: Renaissance-Antiqua **Venezianische Renaissance-Antiqua:** Der Querstrich im kleinen e liegt schräg. Haar- und Grundstriche unterscheiden sich nur wenig. Die Achse der Rundungen ist nach links geneigt. Die Serifen sind ein wenig ausgerundet. **Französische Renaissance-Antiqua:** Es bestehen größere Unterschiede in der Strichdicke. Der Querstrich im kleinen e liegt waagerecht.	Bembo Garamond
Gruppe 3: Barock-Antiqua Es gibt größere Unterschiede in den Strichstärken als bei den Renaissance-Schriften. Die Achse der Rundungen ist fast senkrecht. Die Serifen der Kleinbuchstaben sind oben schräg, unten waagerecht angesetzt.	Caslon Times Baskerville
Gruppe 4: Klassizistische Antiqua Die Serifen sind waagerecht angesetzt. Der Serifenansatz ist gering oder gar nicht gerundet. Haarstriche unterscheiden sich sehr stark vom Schaft. Die Achse der Rundungen steht senkrecht.	BODONI Walbaum
Gruppe 5: Serifenbetonte Linear-Antiqua Geringe Unterschiede zwischen den Grund- und Haarstrichen. Die Serifen sind auffällig betont.	Clarendon **Rockwell**
Gruppe 6: Serifenlose Linear-Antiqua (Grotesk-Schriften) Vorwiegend einheitlich. Groß- und Kleinbuchstaben besitzen keine Serifen. Nüchterner, sachlicher Ausdruck.	Helvetica Futura Buch
Gruppe 7: Antiqua-Varianten In dieser Gruppe befinden sich alle Antiqua-Schriften, die nicht den Gruppen 1 bis 6 zugeordnet werden können. Den Kern der Gruppe bilden Versalschriften für dekorative Zwecke.	FILETTE ORNEES
Gruppe 8: Schreibschriften Diese Druckschriften sollen den Eindruck einer geschriebenen Schrift vermitteln.	*Künstler*
Gruppe 9: Handschriftliche Antiqua Diese sind in persönlicher Weise abgewandelte Antiqua-Schriften.	*abcdefghijk*
Gruppe 10: Gebrochene Schriften Gemeinsam ist diesen Schriften die unterbrochene Linienführung. So ist die Gotisch eng und hochstrebend, die Rundgotisch grob gerundet, die Schwabacher relativ breitlaufend und geschwungen, die Fraktur besitzt gegabelte Oberlängen.	Gotisch Fraktur Schwabacher
Gruppe 11: Fremde Schriften Schriften, die nicht römischen Ursprungs sind.	АБВГДЕЖЗИ رطخظمنابل

18.4 Schrift und Lesbarkeit

Schrift dient der Vermittlung von Informationen mittels Zeichen, die von den Menschen verstanden werden. Zeichen, die anders aussehen als die erlernten, können nicht „gelesen" werden. Sie können durchaus schön gestaltet sein, wie z. B. manche Graffiti (Übersicht 1), aber eine Schrift, die nicht gelesen werden kann, verliert ihren Sinn. Es ist für den Schriftanwender wichtig, zu wissen, welche Faktoren die Lesbarkeit beeinflussen, um Unleserlichkeit vorbeugen zu können.

Bild 1: Lesbarkeit und Schriftart

Bild 2: Zerlegung von Wortmonstern

Bild 3: Spationierungsbeispiel

Bild 4: Lesbarkeit und Kontrast

Das Wort, der Text

Es gibt Wörter und Namen, die sich nicht ändern lassen, aber gut lesbar auf Fassade oder Fahrzeug angebracht werden sollen. Je klarer das Schriftbild ist, umso leichter kann ein solches Wort gelesen werden. Wortmonster können durch Bindestriche in besser lesbare Abschnitte getrennt werden (Bild 2).

Schriftart, Schriftschnitt

Nicht jede Schriftart ist gleich gut lesbar (Bild 1). Für Texte und lange Wörter sind gut lesbare Schriften zu wählen. Ein grober Fehler ist der Einsatz nur von Großbuchstaben bei Schreibschriften und gebrochenen Schriften.

Schriftgröße

Auf Fassaden gehen Passanten zu. Fahrzeuge bewegen sich. In beiden Fällen muss zum angenommenen Abstand des Lesens die geeignete Schriftgröße gefunden werden. Auch zu große Schrift ist nicht mehr gut lesbar.

Buchstabenabstand

Ist er im Wort optisch ausgeglichen, so wirkt es in sich einheitlich geschlossen. Den Vorgang, die Abstände auszugleichen, nennt man Spationieren (Bild 3).

Der Ausgleich wird nach Gefühl vorgenommen. Er ist kaum zu berechnen.

Farbe, Kontrast

Jede Farbe besitzt eine Helligkeit, mit der sie sich vom Untergrund abhebt. Ist dieser Kontrast zu schwach, kann die Schrift nicht mehr gelesen werden. Die Untergrundfarbe beeinflusst die Farbe der Schrift (Bild 4).

Qualität der Ausführung

Liderliche Ausführung, bei der die Buchstaben nicht sauber konturiert sind, führt zur Unleserlichkeit.

Typografische Gestaltung

In Europa wird Schrift von links nach rechts geschrieben. Die Beschriftung von oben nach unten entspricht nicht dem hiesigen Lesefluss, eher noch von rechts zu lesende senkrechte Schrift wie auf den Bücherrücken im Regal.

Die Möglichkeiten des Computers zur Schriftgestaltung sind sehr vorsichtig einzusetzen. Verzerrte Schriften wirken zwar als Blickfang. Sie sind aber sehr schlecht lesbar. Sie lenken auch von der Information des Geschriebenen ab (Bild 5). An Fassaden und Fahrzeugen muss darauf geachtet werden, ob dort, wo die Schrift angebracht wird, der typografisch beste Platz ist.

Wortabstand, Zeilenabstand, Zeilenlänge, Textanordnung

Diese Einflüsse auf die Lesbarkeit betreffen weniger den Maler und Lackierer, eher den Drucker bei der Gestaltung von Zeitungstexten.

Bild 5: Beispiele schlechter Gestaltung

Graffiti-Sprayer spielen mit Schriftelementen. Ziel ist die gestalterische Wirkung. Gute Graffitis sind künstlerisch akzeptabel, sofern sie mit Einwilligung von Hausbesitzern auf deren Fassade angebracht werden.

Auf diesem Fahrzeug dient die Schrift in Verbindung mit dem Fahrzeug als Blickfang. Die Lesbarkeit ist gering, die Werbewirkung hoch.

Übersicht 1: Nicht immer muss die Lesbarkeit einer Schrift im Vordergrund stehen

18.5 Gestaltung mit Schrift

Eine Gebrauchsschrift drängt sich nicht auf. Sie ist flüssig und ermüdungsfrei zu lesen. Die Informationsvermittlung steht im Vordergrund (**Bild 1**). In der Regel handelt es sich um Schriften der Gruppe der serifenlosen Linear-Antiqua.

Für Gestaltung mit Schrift kann man die Vielfalt der Schriften nutzen.

Bei jeder Schriftanwendung sind folgende Punkte zu bedenken:

Duktus, Größe, Proportionen, Strichstärke, Farbe, Kontrast und Schriftbild (**Tabelle 1**).

Dies ist eine übliche Gebrauchs-schrift

Bild 1: Gut lesbare Gebrauchsschrift

Es können aber auch absichtlich typografische Veränderungen am Wortbild vorgenommen werden. In vielen Bereichen kann sehr kreativ mit Schrift umgegangen werden. Abweichungen vom Üblichen können die Wortaussage verstärken, manipulieren oder verändern.

Zu viele Ideen in einer Anwendung schaden jedoch. Mehr als zwei bis drei Punkte sollten nicht kombiniert werden.

Duktus	Größe	Proportionen	Strichstärke
Unter Duktus versteht man die Linienführung. Die hat Einfluss auf den Lesefluss. Normalerweise entsprechen die Buchstabenzwischenräume den freien Flächen im einzelnen Buchstaben.	Eine Gebrauchsschrift ist bei normaler Sehschärfe flüssig zu lesen. Am Gebäude und Fahrzeug ändert sich der Abstand des Lesers. Auch Gebrauchsschriften können dann oft nur schlecht gelesen werden, da sie nur in einer Größe vorliegen können.	In einer Gebrauchsschrift ist das H ein optisches Quadrat, etwas höher als breit. Das Verhältnis von Groß- zu Kleinbuchstaben entspricht etwa 7 : 5. 7 Ha 5 1	Die Schaftstärke steht bei Gebrauchsschriften im gleichwertigen Verhältnis zum Untergrund. Das Schwarz der Schrift entspricht dem Weiß des Untergrundes zwischen den Buchstaben des Wortes.
DUKTUS Duktus Duktus Duktus g e s p e r r t	Größe Größe Grö	Hallo Hallo Hallo Hallo Hallo HALLO Hallo	Stärke Stärke Stärke Stärke

Farbe	Kontrast	Schriftbild
Gedruckt wird üblicherweise Schwarz auf Weiß. Schriftgestalter haben die Möglichkeit, mit Farbe die Wortaussage zu beeinflussen.	Je besser die Trennung der Schrift vom Untergrund, umso besser die Lesbarkeit und umso höher die erreichte Aufmerksamkeit.	In einer guten Schrift wirken Buchstaben, Wörter und Texte immer in sich harmonisch. Dabei spielt auch die Bedeutung des Wortes oder des Textes eine Rolle.
Farbe Farbe Farbe Farbe	Kontrast Kontrast Kontrast Kontrast Kontrast	Die neue Frühlingsmode ACTION IM URLAUB Heute Ruhetag Badespaß im Wellenbad Besondere Gestaltungsideen erwecken Aufmerksamkeit. Di bstahl ver2felt

Tabelle 1: Gestaltungsmöglichkeiten mit Schrift

18.6 Schriftausführung

Einen Brief schreiben, einen Ausdruck am Computer erstellen..., einige Formen der Schriftausführung sind jedem geläufig. Andere betreffen spezielle Berufsgruppen. Leuchtschriften-Hersteller formen Glasröhren, Mediengestalter drucken Werbung. Auch der Maler und Lackierer braucht als Fachmann für Schriftanwendung am Bau und am Fahrzeug spezielle Kenntnisse.

Bild 1: Konstruktion von Buchstaben

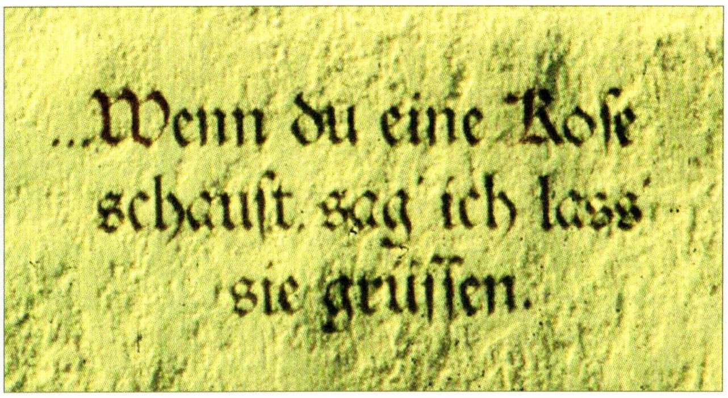

Bild 2: Geschriebener Text

Konstruieren

Über Konstruktionsanleitungen kann der Maler und Lackierer selbst Schriften konstruieren **(Bild 1)**. Am Computer stehen heute aber so viele Schriften zur Verfügung, dass dies nicht mehr notwendig ist.

Selbst konstruierte Schriften sind einfach und grob in der Form und können mit der Qualität einer professionell entwickelten Schrift nicht konkurrieren. Je eleganter die Form, umso schwieriger die Konstruktion.

Viele Schriften, z. B. Schreibschriften, lassen sich nicht konstruieren. Lediglich zur Kundenberatung ist das Konstruieren einer Schrift zu aufwendig und kostet viel Zeit.

Schreiben mit dem Flachpinsel

Ist ein geschriebener Text nach einer Untergrundrenovierung neu zu schreiben, so muss die alte Beschriftung vorher mit Transparentpapier abgepaust werden. Bevor auf die Fassade geschrieben wird, ist auf Papier 1:1 zu üben. Das beste Ergebnis wird am Objekt über das einlinierte Schriftfeld geheftet. Schreibt der Maler nun jeden Buchstaben genau unter die Vorlage, so stimmen Buchstabenabstände und Wortlänge.

Durch geringe Unregelmäßigkeiten „lebt" die geschriebene Schrift **(Bild 2)**.

Kleben

Schnelle Beschriftung erfolgt durch Kleben von Folienschriften. In **Kapitel 12.22** wird dieses Verfahren genau beschrieben. Ungeeignet sind im Allgemeinen mineralische Untergründe aufgrund ihrer Rauigkeit. Sehr gut geeignet sind Lackflächen. Das Angebot an Farbtönen umfasst die gesamte Farbpalette.

Schablonieren

Heute werden Schriftschablonen meist über Computerprogramme geplottet, d. h. digital und maschinell geschnitten, mit einer Übertragungsfolie auf den Untergrund übertragen und farbig angelegt. Das Schablonieren eignet sich auch für Ornamente und Zeichen.
Schriftschablonen mit Stegen, z. B. beim O, werden nur noch selten eingesetzt.

Zeichnen/Skizzieren

Dem Kunden kann ein Beschriftungsvorschlag nur schwer mit Worten erklärt werden. Einfacher gelingt dies über eine gezeichnete Schriftskizze. Es erfordert einige Übung, mit freiem Strich zu zeichnen und dabei die Schrift mit ihren wesentlichen Merkmalen zu erfassen.

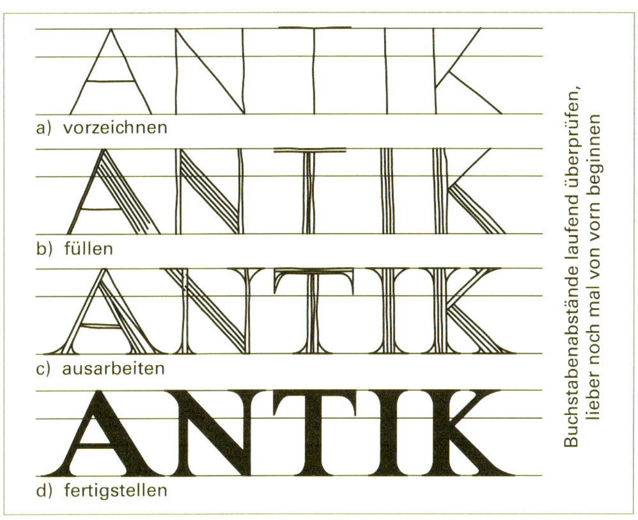

Bild 3 a bis d: Arbeitsschritte des Schriftskizzierens

Bild 3a: Zuerst sind Hilfslinien zur Höhenbegrenzung zu ziehen und soweit nötig Hilfslinien zum Winkel der Schrift. Dies erleichtert die Arbeit besonders bei Kursiv- und Schreibschriften.
Mit einfachem Strich wird das Wort vorgeschrieben.

Bild 3b: Die Schrift wird locker mit freiem Strich ausgearbeitet. Auf einheitliche Strichstärke ist zu achten.

Bild 3c: Es folgt die genaue Ausarbeitung der Serifen und anderer Merkmale. Als Skizze ist diese Darstellung bereits ausreichend.

Bild 3d: Je nach Anspruch erfolgt die Fertigstellung.

Jeder Schritt kann durch Überarbeitung mit Transparentpapier korrigiert werden. Das Transparentpapier wird aufgelegt und die Schrift geändert durchgezeichnet. Anschließend wird die Schrift von hinten geschwärzt und übertragen.

18.7 Schriftanwendung an Gebäuden im Stadtkern

Bild 1: Harmonie zwischen Gebäude und Schrift

Bild 2: Montierte und aufgemalte Schrift

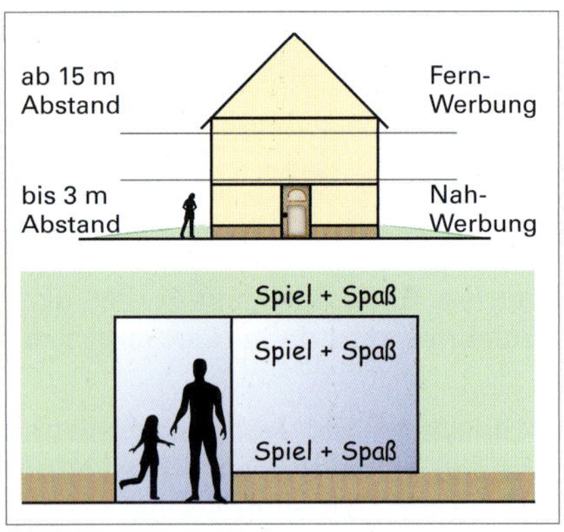

Bild 3: Schriftbereich an Fassaden

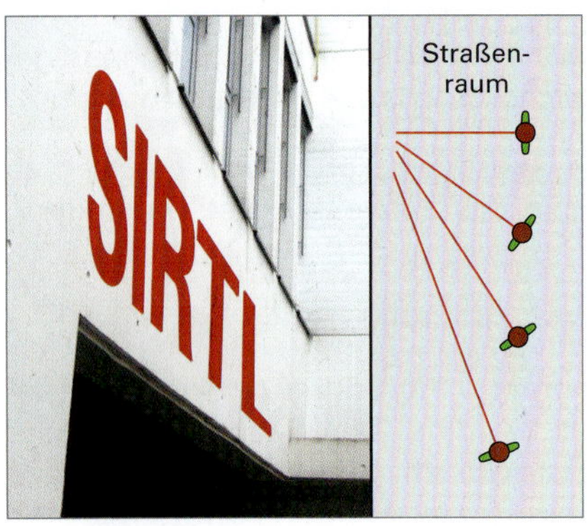

Bild 4: Schrift in engen Straßen

Schrift ist in der Stadt allgegenwärtig. Sie wirbt für Geschäfte und Unternehmen, kündigt auf Plakatwänden Ereignisse an und wirbt für Produkte. Schrift markiert Gebäude, z. B. das Rathaus oder die Bibliothek, und weist auf etwas hin, z. B. auf Wegweisern und Verkehrszeichen.
Bei Schriftanwendung an Gebäuden im Straßenraum müssen weitreichendere Kriterien berücksichtigt werden als bei der typografischen Gestaltung einer Zeitung oder eines Blattes Papier.

Jedes Gebäude besitzt einen eigenen Ausdruck.
Gebäude, ob alt oder neu, ob in historischem Baustil oder Plattenbau, groß oder klein, besitzen eigenen Charakter **(Bild 1)**.
Schrift hat sich diesem Charakter unterzuordnen. Sie darf das Straßenbild nicht dominieren. Sonst wird man ihrer überdrüssig, wenn der erste Effekt verflogen ist.

Beim Laufen ändern sich der Winkel und die Entfernung zur Schrift.
Im Straßenraum erlebt man Schrift aus der eigenen Bewegung heraus. Die Schrift wird größer, je näher man kommt, und verschwindet beim Nähern aus dem Blickfeld, wenn die Schrift über Kopfhöhe angebracht ist. Der Winkel im engen Straßenraum verzerrt Schrift bei größerem Abstand bis zur Unleserlichkeit **(Bild 4)**.

Gestaltungshinweise

Schriftausführung
Mit dem Flachpinsel geschriebene oder schablonierte Schriften stören die Bauform des Gebäudes weniger als montierte Leuchtschriften und Aussteller, die vom Bau abstehen **(Bild 2)**.
Auch die Lesbarkeit direkt auf die Fassade gemalter oder schablonierter Schriften ist besser, wie in **Bild 2** zu erkennen ist. Das Problem der Werbewirksamkeit bei Nacht kann mit Strahlern gelöst werden.

Lesbarkeit
Drei Zonen sind am Gebäude als Werbeträger geeignet. An Gebäuden, die der Mensch aus größerem Abstand erlebt, z. B. die Bebauung eines Marktplatzes oder ein Gebäuderiegel am Ende einer geraden Straße, ist Fernwerbung durch Anbringung einer Schrift im Giebelbereich möglich. Schrift hat am Giebel jedoch keine Bedeutung, wenn im engen Straßenraum der Giebel der Bebauung gar nicht wahrgenommen werden kann. In den engen Straßen einer Altstadt verliert zu hoch angebrachte Schrift ihren Sinn **(Bild 3)**.
Im Nahbereich ist die ideale Zone in Augenhöhe. Der Mensch läuft nahe an den Gebäuden entlang. Schrift kann leicht an Schaufenstern angebracht werden, hat jedoch häufig einen unruhigen Hintergrund.
Über den Gebrauch der Fläche zwischen Schaufensterbereich und Giebel, dem Übergangsbereich, muss individuell entschieden werden. Es ist nun mal üblich, Geschäftsnamen über den Schaufenstern oder dem Eingang anzubringen **(Bild 3)**.

Schriftart und Baustil
An historischen Gebäuden sind Schriften aus der gleichen Epoche am besten geeignet.
Am Fachwerk eignen sich besonders gebrochene Schriftarten aus der entsprechenden Stilepoche. Sie wirken wie das Gebäude rustikal und bodenständig. Eine weitere Möglichkeit ist der Einsatz einer völlig neutralen Schrift, z. B. einer serifenlosen Linear-Antiqua. Die Schrift wird dann zum Informationsvermittler ohne Bezug zum Baustil.
Bestehende Firmenlogos sind dem Baukörper in Größe, Ausführung, Farbe und Platzierung anzupassen. Unter Umständen muss die Schrift von einem Träger vom Bau getrennt werden, wenn das historische Gebäude in seiner architektonischen Wirkung erhalten bleiben soll.

Schriftart
An Fassaden gelten die allgemeinen Regeln zur Wahl von Schriftart und Wortinhalt nur begrenzt. Häufig ist der Schriftzug vom Ladenbesitzer in Schriftart und Farbe vorgegeben und kann nicht geändert werden. In vielen Einkaufsstraßen wird in der Erdgeschoss-Etage vom Ladenbesitzer bei der Anbringung der Beschriftung auf das Gebäude wenig Rücksicht genommen.

Untergrund
Auf groben Putzen kann bei aufgemalten Schriften keine scharfe Schriftkontur erreicht werden. Je glatter der Untergrund ist, umso sauberer kann die Schrift auf die Fassade geschrieben werden.

Schrift und Fassadengliederung
Fassaden bieten entweder eine symmetrische oder eine asymmetrische Ansicht (**Bild 1 und 2**). Symmetrische Fassaden wirken harmonisch und ausgeglichen. Die Schrift sollte ebenfalls symmetrisch angebracht werden. An asymmetrischen Fassaden kann Schrift meist wirkungsvoller angebracht werden. Durch die Anordnung kann mit der Schrift auch auf den Eingang hingewiesen werden (**Bild 1 und 3**).

Schriftgröße
Diese ergibt sich aus der Forderung nach harmonischer Beziehung zwischen Fassade und Schrift und der Lesbarkeit aus erwünschter Entfernung.

Bild 1: Symmetrische Schriftanordnung

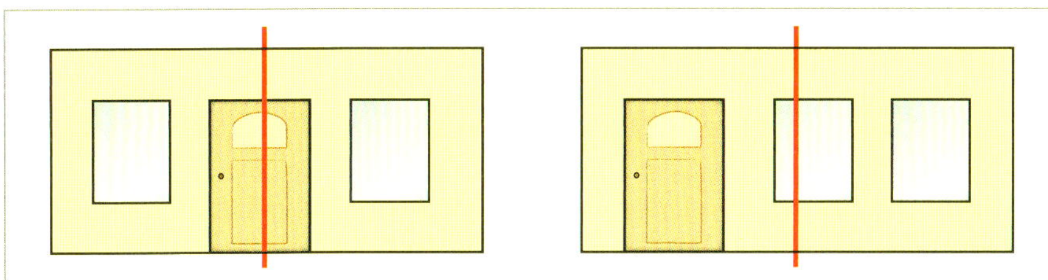

Bild 2: Symmetrische und asymmetrische Gebäudegliederung

Bild 3: Asymmetrische Schriftanordnung

18.8 Schriftanwendung am Industriebau

Gewerbegebiete werden von Besuchern nicht direkt erlebt. Sie werden durchfahren oder tangiert. Besucher des Gewerbegebietes haben meist ein klares Ziel: Firma X, Supermarkt Y (**Bild 4**).
Die Gebäude verschiedener Firmen stehen selten so nahe beieinander, dass sie sich in Farbgebung, Baustil und Beschriftung gegenseitig beeinflussen. Es muss in der Regel nicht auf die Eingliederung in einen Straßenraum geachtet werden, im Gegenteil, jede Firma ist bestrebt, ihr Gebäude von der Umgebung abzuheben.
Je nach Alter, Funktion, Kapitaleinsatz und Firmenphilosophie findet man ausdruckslose Bauten, aber auch individuell entworfene Firmengebäude.

Bild 4: Industriegebiet

Gestaltungshinweise

Schrift und Fern-/Nahwirkung
Ziel des Schrifteinsatzes ist die Fernwirkung hin zu Schnellstraßen und Zubringern. So wird Kunden und Lieferanten der Weg gewiesen. Es wird für die Firma und das Produkt geworben.
Leuchtschriften, große Schriften, hochfarbige Schriften, gut lesbare Schriften werden meist im oberen Teil des Gebäudes angebracht, unter Umständen mit einer überhöhten Werbekonstruktion (**Bild 5**).
Im Eingangsbereich des Gebäudes wird mit kleinerer Beschriftung geworben. Zur Information darüber, dass das Ziel erreicht wurde, ist die Beschriftung meist im Eingangsbereich angebracht.

Bild 5: Fern- und Nahwirkung

Schrift und Firmenimage
Bestandteil der Firmenziele ist das einheitliche Erscheinungsbild der Firma nach außen. Dazu gehören der Name, die Schriftart, das Firmenzeichen und Firmenfarben. Es ist ein langwieriger Prozess, diese Vorgaben zu ändern. Für die Schriftanwendung können diese Parameter nicht geändert werden. Die Farben der Firma sind bereits bei der Farbwahl zur Fassade zu berücksichtigen. Ist das nicht möglich oder gehören Schrift- und Untergrundfarbe zusammen, so kann eine frei stehende Schrifttafel eine Lösung sein (**Bild 6**).

Bild 6: Schrift am Industriebau

Schrift und Ausführung
Große Firmen mit Filialen schreiben die Beschriftung genau vor. Der Maler und Lackierer ist lediglich Ausführender. Für kleine und mittlere Betriebe kann er jedoch kompetenter Partner für die Schriftanwendung sein.

18.9 Schriftanwendung am Fahrzeug

Bild 1: Je prägnanter das Fahrzeug, umso dezenter die Beschriftung

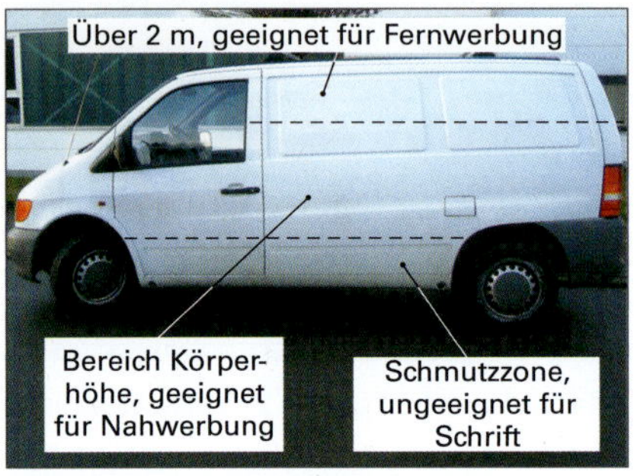

Bild 2: Zonen am Fahrzeug

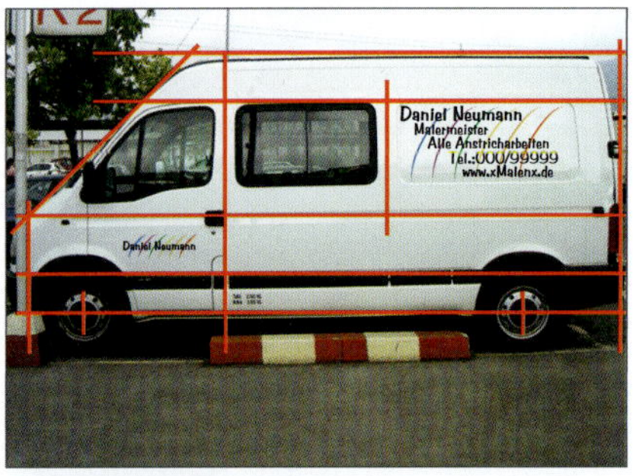

Bild 3: Fahrzeuggliederung

Bild 4: Fahrzeuggestaltung und Beschriftung

Werbung am Geschäftsfahrzeug

Schrift am Fahrzeug dient der Werbung. In der Regel findet sich eine Beschriftung an Fahrzeugen, die im Auftrag eines Unternehmens fahren: Pkw, Kleinbus, Lastwagen.
Sport- und Rennwagen sind reine Werbeträger. Das Zusammenspiel von Fahrzeug, Farbe und Schrift steht an diesen Fahrzeugen nicht im Vordergrund.

Pkw

Bei der Entwicklung von Pkws spielt eine später mögliche Beschriftung keine Rolle. Deshalb eignen sich die Flächen an einem Geschäftswagen kaum für eine Beschriftung. Die einzige größere Fläche, die Haube ist durch den Sehwinkel kaum nutzbar.
Für Privatfahrzeuge gilt: Je individueller und ausgefallener das Design ist, umso störender wirkt der Einfluss einer Beschriftung. Wenn Schrift gewünscht wird, dann sollte sie möglichst klein ausfallen (**Bild 1**).

Kleinbus, Lastwagen

Bei meist eindeutig geschäftsmäßiger Nutzung werden diese Fahrzeuge als Werbeträger genutzt. Größere Flächen können beschriftet werden. Über Airbrushtechnik, Bilderfolien etc. kann das gesamte Fahrzeug in die Gestaltung einbezogen werden. Auf freie Sicht aus dem Fahrzeug ist zu achten.

Gestaltungsempfehlungen

Lesbarkeit

Am Fahrzeug können drei Zonen für eine Beschriftung genutzt werden (**Bild 2**). Eine Beschriftung in der Schmutzzone wird vom Betrachter kaum gesehen und ist nicht zu empfehlen. Körperhöhe ist für Nahwerbung, über zwei Meter Höhe für Fernwerbung geeignet. In einer Höhe über zwei Meter ist die Schrift über PKWs hinweg sichtbar.
Es gelten die Hinweise zur Lesbarkeit. Zu große oder zu kleine Schrift verliert an Lesbarkeit. Es sollte von einem Leseabstand von etwa 20 m ausgegangen werden.
Auf Glasscheiben sind nur sehr helle Beschriftungen zu empfehlen (weiß, gelb, orange).

Schriftart

Prinzipiell können am Fahrzeug, anders als am Gebäude, alle Schriftarten verwendet werden. Die Werbebotschaft ist wichtiger als der Bezug der Werbung zum Fahrzeug. Serifenlose Linear-Antiqua-Schriften sind besser lesbar als übliche Antiqua-Schriften oder Schmuckschriften. Dagegen wirkt eine serifenhaltige Antiqua edler und vornehmer.
Damit auch am fahrenden Fahrzeug alle Informationen wahrgenommen werden, sind sie auf das Wesentliche zu beschränken. Zusätzliche Informationen werden oft in kleinerer Schrift auf der Fahrertür angebracht.

Anordnung auf dem Fahrzeug

Wie Schrift auf dem Fahrzeug platziert wird, steht im Bezug zur Werbebotschaft (**Bild 3 und 4**):
Ruhig, konservativ: gerade, horizontale Schriftanordnung mit Rücksicht auf die Fahrzeuggliederung
Auffallend, modern: von der Horizontalen abweichende Schriftanordnung ohne Rücksicht auf die Fahrzeuggliederung

Bild 5 und 6: Unterschiedlicher Schriftverlauf auf beiden Fahrzeugseiten

In der Entwurfsarbeit ist zu berücksichtigen, dass ein Fahrzeug zwei Seiten besitzt (**Bild 5 und 6**). Der Leseablauf, die Lage von Diagonalen und der Fluss kursiver Schriften ist nicht auf beiden Seiten gleich.

Werben mit dem Fahrzeug kann man auch durch
- ein sauberes Fahrzeug,
- gepflegte Insassen,
- anständigen Fahrstil.

19
Physik
Lernfeld 1 – 12

19.1 Grundbegriffe

Der Maler und Lackierer bearbeitet eine Vielzahl von Untergründen und verwendet dabei Beschichtungsstoffe. Grundlagen dafür bieten die beiden Naturwissenschaften Physik und Chemie.

Die Physik beschäftigt sich mit der Lage, der Form und dem Zustand von Stoffen. Bei physikalischen Vorgängen ändert sich der Stoff selbst nicht.

Teilgebiete der Physik sind
- Mechanik: Lehre von der Bewegung und von Kräften
- Optik: Lehre vom Licht, vom Sehen und der farblichen Wahrnehmung
- Akustik: Lehre vom Schall
- Kalorik: Wärmelehre
- Elektrizitätslehre: Lehre vom elektrischen Strom

Bild 1: Physikalische Vorgänge

19.1.1 Zustandsformen der Stoffe (Aggregatzustand)

Gäbe es in der Natur keine Kräfte, so würde nichts zusammenhalten – kein Untergrund, keine Dose, kein Lack, aber auch kein Mensch. Je nach Ausprägung dieser Kräfte zwischen den kleinsten Bausteinen eines Stoffes, den Atomen und Molekülen, unterscheidet man zwischen festen, flüssigen und gasförmigen Stoffen. Die Zustandsform eines Stoffes bezeichnet man auch als Aggregatzustand **(Tabelle 1)**.

Zustandform	Fest	Flüssig	Gasförmig
Beispiele	Stein, Pigment, Eis	Lösemittel, Lack, Wasser	Lösemittel, Erdgas, Dampf
Kräfte zwischen dem Molekülen	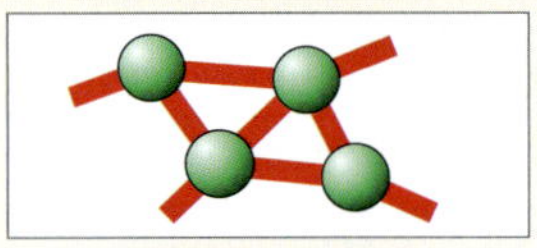	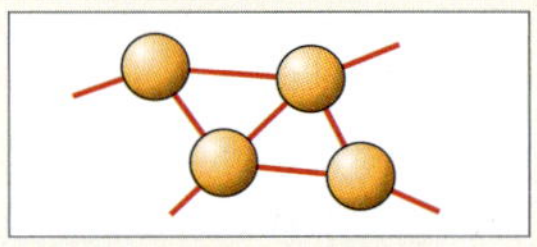	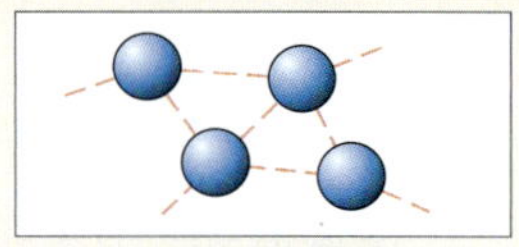
Form	Sie bleibt bestehen 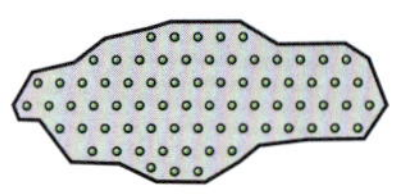	Sie passt sich Gefäßen an 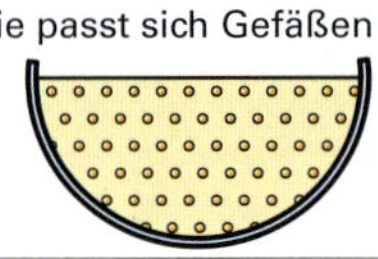	Sie passt sich Räumen an 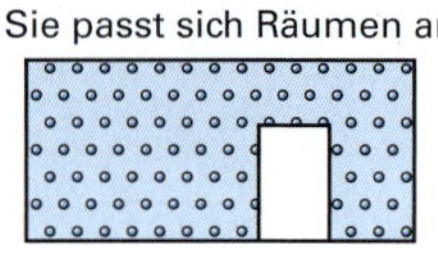

Tabelle 1: Aggregatzustände

Einflüsse auf den Aggregatzustand

Temperatur

Sie kann den Aggregatzustand eines Stoffes verändern.

Flüssige Lösemittel verdunsten bei Wärme als Gas. Der feste Zustand der organischen Lösemittel kommt bei Temperaturen der Natur nicht vor.

Stoffe dehnen sich bei Wärme aus. Bei Wärme verringern sich die Kräfte zwischen den Molekülen. Diese rücken auseinander und brauchen mehr Platz.

Bei Kälte ziehen sich Stoffe zusammen. Ausnahme ist das Wasser durch Umlagerung der Wassermoleküle bei Kälte.

Druck

Der Luftdruck der Umgebung hat Einfluss auf den Aggregatzustand. In Sprühdosen gepresstes Treibgas liegt unter Druck im Lack flüssig vor und muss hier mit ihm verträglich sein, damit es den Lack feinteilig versprühen kann.

Übergangsformen

Stoffe lassen sich in ihrer Zustandsform ändern **(Übersicht 1)**. Geschieht dies bei einer bestimmten Temperatur, so spricht man vom Schmelzpunkt, Siedepunkt usw. Erfolgt die Zustandsänderung langsam, wie z. B. bei vielen Kunststoffen, so spricht man von Schmelzbereich, Siedebereich usw.

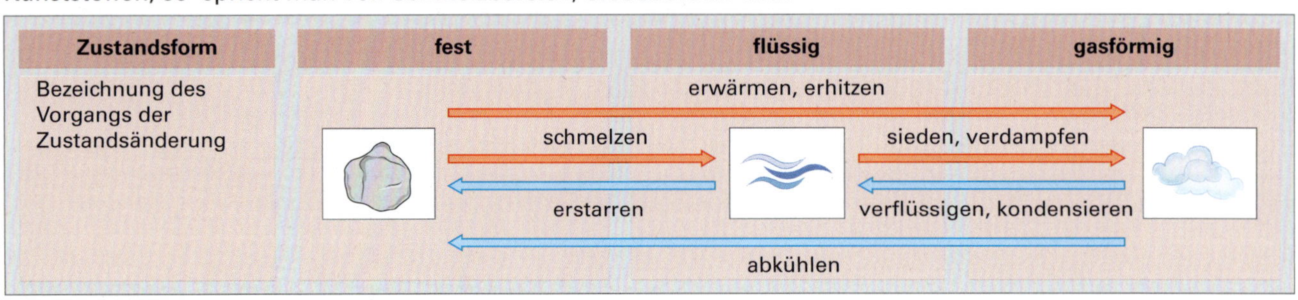

Übersicht 1: Änderungsmöglichkeiten der Aggregatzustände

19.1.2 Masse, Volumen und Dichte

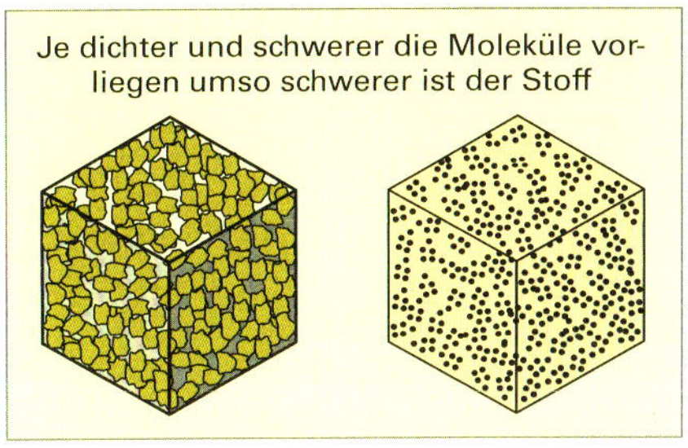

Bild 1: Ursachen für die unterschiedliche Dichte von Stoffen

Stoff	kg/dm³
Blei	11,3
Kupfer	8,9
Stahl	7,85
Glas	2,6
Mauervollziegel	1,8
Dispersionsfarbe	etwa 1,5
Lack	etwa 1,3
Wasser	1,0
Toluol	0,8669
Butanol	0,8098
Porenbeton	0,8
Testbenzin	0,774 – 0,785
Polystyrolhartschaum	0,02

Tabelle 1: Dichte ausgewählter Stoffe

Masse

Was üblicherweise als Gewicht eines Körpers bezeichnet wird, ist seine Masse. Diese wird in Kilogramm (kg), Gramm (g) oder Milligramm (mg) gemessen.
Die kleinsten Bausteine eines Stoffes sowie die Moleküle sind unterschiedlich schwer und unterscheiden sich in ihrer unterschiedlichen Packungsdichte. Liegen die Moleküle nicht so dicht beieinander oder bestehen im Stoff Hohlräume, so ist dieser Stoff leichter als ein dichter, kompakter Stoff **(Bild 1)**.
Die Masse wird durch Wiegen ermittelt.

Volumen

Die zu vergleichenden Lacke müssen mit gleichem Volumen, also mit gleichem Rauminhalt, vorliegen. Das Volumen ist der Raum, den ein Stoff einnimmt. Er wird in Kubikmeter (m³) und seinen Untereinheiten gemessen, bei Flüssigkeiten in Liter (l) und seinen Untereinheiten.

$1\ m^3 = 1000\ dm^3$
$1\ dm^3 = 1000\ cm^3$ $\quad$ $1\ dm^3 = 1\ l$ (bei 4 °C)
$1\ cm^3 = 1000\ mm^3$ $\quad$ $1\ l = 1000\ ml$

Bei Pulvern, z. B. Pigmenten, unterscheidet man zwischen Schütt- und Stampfvolumen.
Das Volumen wird mit dem Messbecher gemessen (Flüssigkeiten und Pulver) oder aus seinen Maßen berechnet (feste Stoffe).

Dichte

Die Dichte ϱ (sprich rho) eines Stoffes ist das Gewicht von 1 dm³ oder 1 l des Stoffes. Sie ist das Verhältnis seiner Masse zu seinem Volumen.
Jeder Stoff hat seine charakteristische Dichte **(Tabelle 1)**.

$$\text{Dichte } \varrho = \frac{\text{Masse}}{\text{Volumen}} \left[\frac{kg}{l}\right]\left[\frac{g}{ml}\right] \qquad \text{Masse } m = \text{Volumen} \cdot \text{Dichte} \qquad \text{Volumen } V = \frac{\text{Masse}}{\text{Dichte}} \left[l, ml = dm^3, cm^3\right]$$

Übersicht 1: Formeln zur Dichteberechnung

19.1.3 Kohäsionskräfte und Adhäsionskräfte

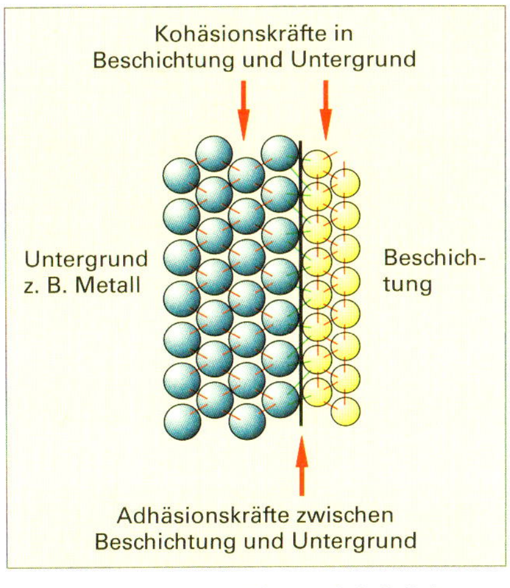

Bild 2: Kohäsionskräfte und Adhäsionskräfte beim Beschichten

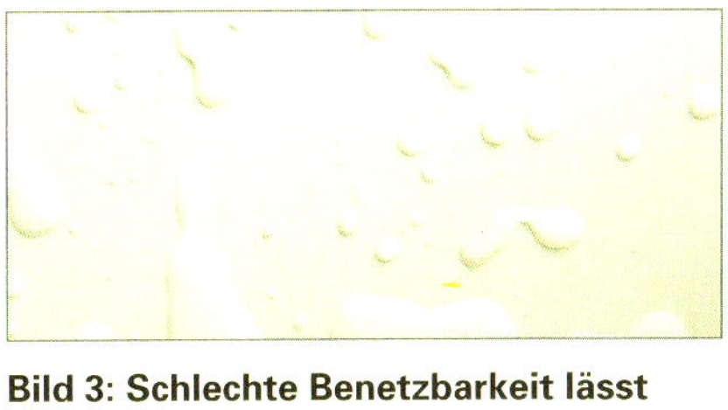

Bild 3: Schlechte Benetzbarkeit lässt Wasser abperlen

Kohäsionskräfte

Jeder Stoff besteht aus Molekülen, die für ihn typisch sind. Im Stoff wirken zwischen den Molekülen Kohäsionskräfte.
Sie bestimmen die Zustandsform und wichtige physikalische Eigenschaften,

- **z. B. in festen Stoffen:**
  - Härte
  - Zähigkeit
  - Sprödigkeit
  - Dehnbarkeit
- **z. B. in Flüssigkeiten:**
  - Viskosität
  - Thixotropie
  - Oberflächenspannung
- **z. B. in Gasen:**
  - Diffusion
  - Osmose

Diese Kräfte wirken nur auf sehr kurze Entfernung im Stoff. Bricht z. B. ein Holzstab, so ist der Abstand zwischen den Molekülen so riesengroß, dass sich diese Kräfte nicht von selbst wieder aufbauen können.

Kohäsionskräfte entscheiden über die

- Untergrundeigenschaften von Putzen, Holz, Kunststoffen usw.
- Eigenschaften des trockenen Anstrichfilms. Diese sind wesentlich von der Bindemittelart und dem Bindemittelanteil abhängig.
- Verarbeitungseigenschaften des flüssigen Beschichtungsstoffes.

Adhäsionskräfte

Zwischen den Molekülen verschiedener Stoffe wirken Adhäsionskräfte, die auch Anhangskräfte genannt werden. Sie bewirken, dass ein Stoff auf einem anderen Stoff haftet. Je nach Ausprägung kann dies die geringe Haftung von Staub auf einem Kunststoffuntergrund sein oder die hohe Haftung eines Klebers zum Zusammenfügen von Teilen.

Sie bestimmen wichtige physikalische Eigenschaften zwischen Stoffen,

- z. B. Haftung
- z. B. Saugwirkung
- z. B. Benetzbarkeit

19.1.4 Stoffgemische

Ein reiner Stoff besteht aus nur einer Stoffart. Sind alle Atome im Stoff gleich, so spricht man von einem Element. Besteht er aus einheitlichen Molekülen, die sich aus verschiedenen Atomarten zusammensetzen, so liegen chemische Verbindungen vor. Diese reinen Stoffe sind in ihren Eigenschaften immer gleich.

Stoffgemische liegen vor, wenn zwei oder mehrere reine Stoffe miteinander gemischt werden. Da die Eigenschaften der einzelnen Stoffe erhalten bleiben, lassen sich die Reinstoffe physikalisch wieder zurückgewinnen, z. B. durch Sieben, Abdampfen, Destillieren oder Zentrifugieren.

Unter dem Begriff **Dispersion** versteht man die feinste Verteilung eines Stoffes in einem anderen Stoff (Bild 1), ohne sich zu lösen.

Man unterscheidet zwischen

- dem Stoff, in dem der andere Stoff verteilt ist (äußere Phase),
- dem Stoff, der in dem anderen Stoff verteilt ist (innere Phase).

Viele Dispersionen gehören zum täglichen Leben (Tabelle 1). Für den Maler sind besonders Emulsionen und Suspensionen von Bedeutung.

Dispersionsfarbe ist aufgrund der festen Kunststoffteilchen in Wasser eine Suspension.

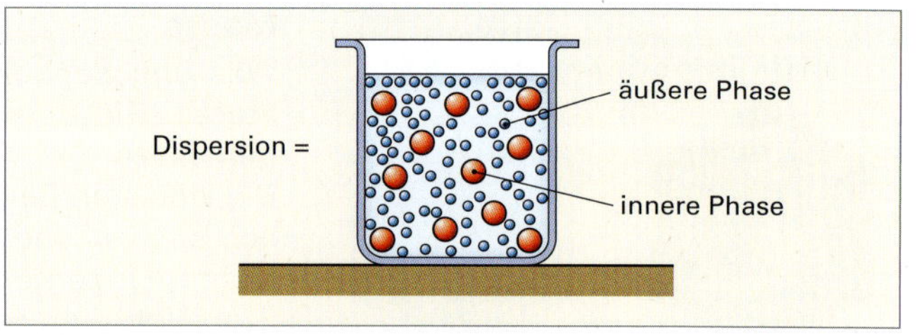

Bild 1: Aufbau eines dispersen Systems

Aggregatzustand		Name des dispersen Systems	Beispiel
Äußere Phase	**Innere Phase**		
Fest	Fest	Legierung	Messing, Bronze
Flüssig	Fest	Suspension, Lösung	Dispersionsfarbe, Salzlösung
Gasförmig	Fest	Rauch	Luftstaub
Fest	Flüssig	Gel	Schmierseife
Flüssig	Flüssig	Emulsion, Lösung	Milch, Alkohol in Wasser
Gasförmig	Flüssig	Dampf, Nebel	Nebel
Fest	Gasförmig	Poröser Stoff	Tuffstein
Flüssig	Gasförmig	Schaum	Badeschaum
Gasförmig	Gasförmig	Gasgemisch	Luft

Tabelle 1: Dispersionen

19.1.5 Lösungen

Lösen bedeutet, dass sich Lösemittelmoleküle zwischen die Moleküle eines Stoffes schieben und dadurch die Kohäsionskräfte zwischen den Molekülen verringern. Nicht immer lösen sich Stoffe bis zu ihrer molekularen Verteilung (Bild 2).

Liegt ein Stoff bereits flüssig vor, so wird das weitere Lösen als **Verdünnen** bezeichnet.

Der Lösevorgang lässt sich durch Zerkleinern des zu lösenden Stoffes, durch Umrühren oder Erwärmen beschleunigen.

Voraussetzung für den Lösevorgang ist ein geeignetes Lösemittel. Es gibt kein Universallösemittel.

Jedes Lösemittel eignet sich mehr oder weniger zum Lösen einer bestimmten Stoffgruppe (siehe Kap. 11.7).

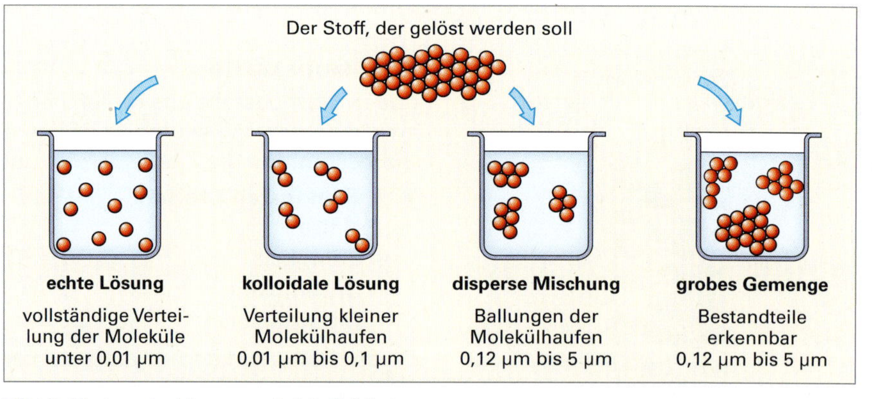

Bild 2: Unterscheidung nach Löslichkeit

„Gleiches löst Gleiches." Dieser Grundsatz bezieht sich auf die elektrische Ladungsverteilung im Molekül. Im Wassermolekül ist aufgrund seines Aufbaus die elektrische Ladung nicht überall gleich, man spricht von Polen, von einem **polaren** Lösemittel.

In organischen Lösemitteln ist die elektrische Ladung meist gleichmäßig verteilt. Der Stoff ist **unpolar**. Da fast alle harzartigen Bindemittel ebenfalls unpolar sind, können sie in unpolaren Lösemitteln gelöst werden, nicht aber in polaren Lösemitteln. Die Übereinstimmung in der Polarität entscheidet, wie gut der Stoff im Lösemittel löslich ist (Tabelle 2).

	Ladungsverteilung (Polarität)	
	Polar	**Unpolar**
Lösemittelmolekül	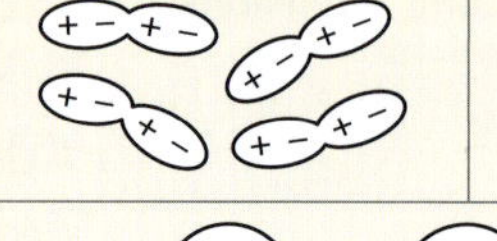	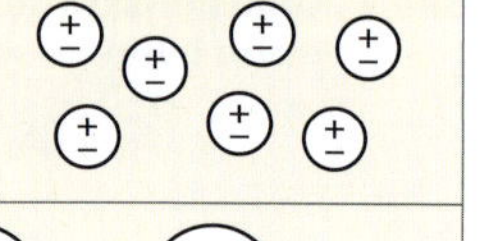
Bindemittelmolekül	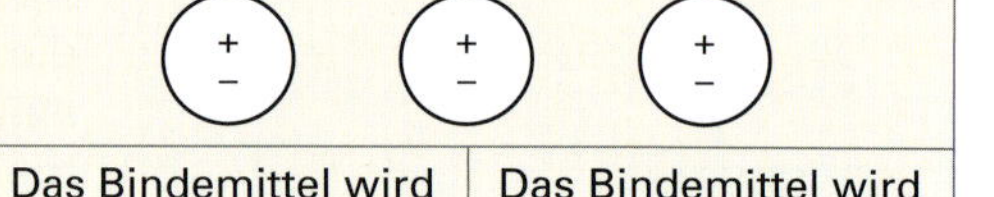	
Ergebnis	Das Bindemittel wird nicht gelöst.	Das Bindemittel wird gelöst.

Tabelle 2: Einfluss der Ladungsverteilung im Molekül auf die Löslichkeit

19.2 Physikalische Eigenschaften von Stoffen

Zur Beurteilung des vorliegenden Untergrundes, zur Planung der Vorarbeiten und der Auswahl des geeigneten Beschichtungssystems sowie des Verarbeitungsverfahrens helfen dem Maler und Lackierer Kenntnisse der Stoffeigenschaften, die vorwiegend von Adhäsions- und Kohäsionskräften bestimmt werden.

Mineral	Mohs-Härte	Bis 6: ritzbar mit
Talk	1	
Gips	2	Fingernagel
Kalkspat	3	Kupfermünze
Flussspat	4	Messer
Apatit	5	Messer
Feldspat	6	Stahlfeile
Quarz	7	ritzt Fensterglas
Topas	8	ritzt Glas
Korund	9	ritzt Topas
Diamant	10	Alle Materialien

Tabelle 1: Mohs´sche Härteskala

19.2.1 Härte

Unter Härte versteht man den Widerstand eines Stoffes gegen das Eindrücken oder Einritzen seiner Oberfläche.
Die Mohs'sche Härteskala unterscheidet die Härtegrade 1 (weich) bis 10 (hart). Den Härtegraden sind Mineralien zugeordnet, die jeweils mit dem nächstfolgenden angeritzt werden und das vorhergehende anritzen können. Nach diesem Prinzip entstand die **Tabelle 1**.
Schleifmittel müssen immer eine höhere Härte als der zu schleifende Untergrund besitzen, um wirksam zu sein.
Eine spezielle Form der Beanspruchung der Beschichtungen kann diese geforderte Eigenschaft besonders betonen, z. B.
Maschinengehäuse: Stoß- und Schlagfestigkeit
Fußböden, Sitzflächen, Handläufe: Abriebbeständigkeit
Fahrzeugbeschichtung: Steinschlagbeständigkeit

Bild 1: Abblättern eines versprödeten Anstrichfilms

19.2.2 Zähigkeit

Bei Beanspruchung durch Schlag, Stoß oder Biegen geben zähe Stoffe zwar nach, aber sie reißen oder brechen nicht.

19.2.3 Sprödigkeit

Spröde Stoffe verformen sich bei Schlag, Stoß oder Biegebelastung nicht, sondern brechen. Die meisten Anstrichfilme verspröden im Laufe der Zeit und neigen dann zur Rissbildung.

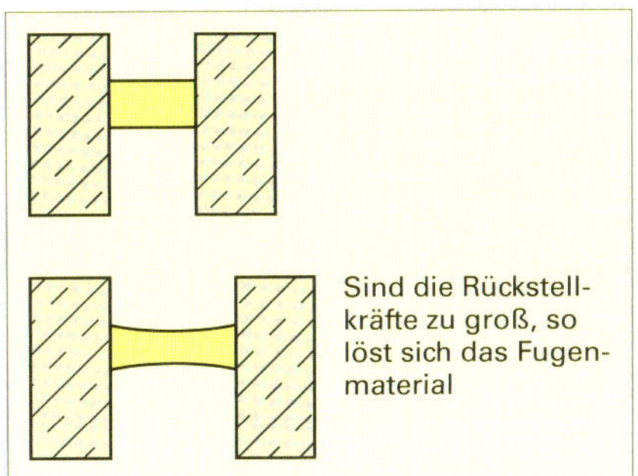

Bild 2: Verhalten von Dichtungsmasse in Fugen

19.2.4 Dehnbarkeit

Ein Beschichtungsstoff sollte möglichst alle Untergrundbewegungen mitmachen **(Bild 2)**. Sonst reißt er oder verliert seine Haftung auf dem Untergrund und blättert ab **(Bild 1)**.
Ein Stoff, der gedehnt wird, verhält sich

- **plastisch**, wenn er die neue Form widerstandslos beibehält.
- **elastisch**, wenn er bestrebt ist, die Ausgangsform wieder einzunehmen.

Übergangsstufen sind möglich. Der Stoff ist dann elastoplastisch oder plastoelastisch.
Die Dehnbarkeit eines Stoffes ist temperaturabhängig. Bei Kälte nimmt die Dehnbarkeit ab.

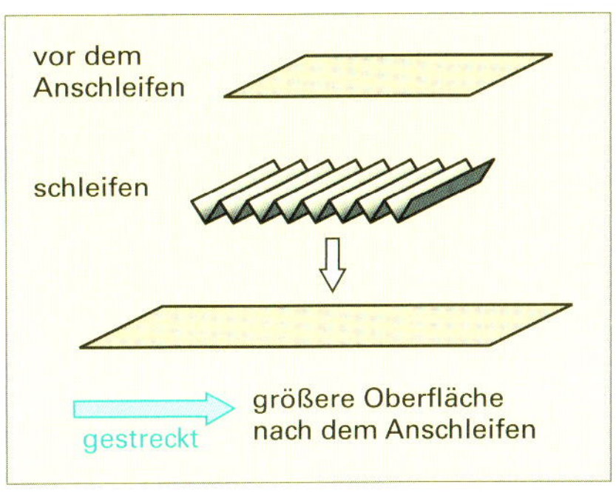

Bild 3: Oberflächenvergrößerung durch Schleifen

19.2.5 Haftung und Benetzbarkeit

Die Haftung ist eine der wichtigsten Eigenschaften eines Beschichtungsstoffes. Zwischen Beschichtung und Untergrund müssen dazu möglichst hohe Adhäsionskräfte aufgebaut werden. Dies ist vom chemischen Aufbau der Moleküle des Beschichtungsstoffes sowie des Untergrundes abhängig.
Die baustellenübliche Prüfung der Haftung von Altbeschichtungen erfolgt durch den Gitterschnitt **(siehe Kap. 11.12.1)**.
Stören Fette, Öle oder Schmutz den Kontakt beider Stoffe, so müssen diese vor der Beschichtung entfernt werden.
Durch Anschleifen lässt sich die Haftung auf glatten Oberflächen verbessern. Durch das Schleifen erhält man eine Oberflächenvergrößerung des Untergrundes und somit viel mehr Kontaktmöglichkeiten zum Aufbau von Adhäsionskräften **(Bild 3)**.
Ist die Kohäsionskraft im Beschichtungsstoff größer als die Adhäsionskraft zum Untergrund, so ist der Untergrund schlecht benetzbar.
Haftung und Benetzbarkeit sind verwandte Eigenschaften, abhängig von zwei Stoffen. Sie können also nicht als Materialeigenschaft eines einzelnen Beschichtungsstoffes gelten, sondern sind immer in Zusammenhang mit einem zweiten Stoff, auf dem der Werkstoff haften oder den er benetzen soll, zu bewerten.

19.2.6 Luftfeuchte

Luft kann Wasser in Form von Wasserdampf aufnehmen. Die Luftfeuchte wird mit einem Hygrometer gemessen.

Absolute Luftfeuchte
Dies ist die in 1 m^3 enthaltene Wasserdampfmenge in g.

Maximale Luftfeuchte
Die Feuchteaufnahmefähigkeit der Luft hängt von ihrer Temperatur ab. Je niedriger die Temperatur ist, umso weniger Feuchte kann die Luft speichern, je höher die Temperatur, umso mehr. So kann Luft bei einer Temperatur von 10 °C maximal 9,4 g Wasserdampf je m^3 speichern, bei einer Temperatur von 24 °C maximal 21,8 g/m^3, abzulesen in **Tabelle 1**.

Relative Luftfeuchte
Enthält die Luft nicht die maximal mögliche Feuchte, also 100 %, sondern weniger, so gibt das Verhältnis der absoluten Luftfeuchte zur maximalen Luftfeuchte in % die relative Luftfeuchte an. Sind bei einer Lufttemperatur von 24 °C in der Luft je m^3 10,9 g Wasserdampf enthalten, so beträgt die relative Luftfeuchte 50 %, ebenfalls abzulesen in Tabelle 1.

Taupunkt
Der Taupunkt ist diejenige Temperatur, auf die Luft abkühlen kann, bevor sie Wasserdampf in Tropfenform abgibt (Kondensation). Der Taupunkt beschreibt die maximale Luftfeuchte bei einer bestimmten Temperatur.

Berechnung:

$$\text{Relative Luftfeuchte} = \frac{\text{absolute Luftfeuchte} \cdot 100\ \%}{\text{maximale Luftfeuchte}}$$

Relative und absolute Luftfeuchte									
Temperatur °C	Relative Feuchte in %								
	20	30	40	50	60	70	80	90	100
	Absolute Feuchte in g/m^3								
0	1,0	1,5	1,9	2,4	2,9	3,4	3,9	4,3	4,8
2	1,1	1,7	2,2	2,8	3,3	3,9	4,4	5,0	5,6
4	1,3	1,9	2,5	3,2	3,8	4,5	5,1	5,7	6,4
6	1,5	2,2	2,9	3,6	4,4	5,1	5,8	6,5	7,3
8	1,7	2,5	3,3	4,1	5,0	5,8	6,6	7,4	8,3
10	1,9	2,9	3,8	4,7	5,6	6,5	7,5	8,5	9,4
12	2,1	3,2	4,3	5,3	6,4	7,4	8,5	9,6	10,7
14	2,4	3,6	4,8	6,0	7,3	8,5	9,7	10,9	12,1
16	2,7	4,1	5,5	6,8	8,2	9,5	10,9	12,3	13,6
18	3,1	4,6	6,2	7,7	9,2	10,7	12,3	13,8	15,4
20	3,5	5,2	6,9	8,6	10,4	12,1	13,8	15,6	17,3
22	3,9	5,9	7,8	9,7	11,7	13,6	15,5	17,5	19,4
24	4,4	6,5	8,7	10,9	13,1	15,3	17,4	19,6	21,8
26	4,9	7,4	9,8	12,2	14,6	17,1	19,6	22,0	24,4
28	5,5	8,2	10,9	13,6	16,3	19,1	21,8	24,5	27,3
30	6,1	9,2	12,1	15,2	18,2	21,3	24,3	27,4	30,4
32	6,7	10,1	13,5	16,9	20,3	23,7	27,1	30,5	33,8
34	7,5	11,3	15,0	18,8	22,6	26,3	30,1	33,9	37,7
36	8,3	12,5	16,7	20,9	25,0	29,2	33,4	37,6	41,7
38	9,2	13,9	18,6	23,2	27,8	32,4	37,0	41,6	46,2
40	10,2	15,3	20,4	25,6	30,7	35,8	40,9	46,0	51,1

Die Feuchte wird meistens mit einem Hygrometer gemessen, das die relative Feuchte in % der Sättigung (= 100 %) für die jeweilige Raumtemperatur angezeigt. Aus der Tabelle kann die absolute Feuchte in g/cm^3 bei gegebener Temperatur und gegebener relativer Feuchte entnommen werden.

Tabelle 1: Rel. und absolute Luftfeuchte

19.2.7 Feuchteverhalten von Untergründen

Wasser im Untergrund führt zu Bau- und Anstrichschäden. Die Aufnahme von Flüssigkeiten kann aber auch genutzt werden, um die Haftung von Beschichtungen zu verbessern.

Kapillarität
Viele Stoffe sind durchzogen von feinsten Haarröhrchen, den Kapillaren. Je feiner die Kapillaren sind, umso größer sind an der Grenzfläche zwischen Flüssigkeit und festem Haarröhrchen die Adhäsionskräfte. In der Flüssigkeit wirken dagegen Kohäsions- und Schwerkräfte. In den besonders feinen Kapillaren z. B. mineralischer Untergründe und von Holz überwiegen die Adhäsionskräfte und die Flüssigkeit wird vom Stoff aufgesaugt, gegen die Schwerkraft. Je feiner die Kapillaren sind, umso größer ist das Saugvermögen **(Bild 1)**.

Porosität
Entstehen bei der Herstellung von Stoffen Gase, so bilden sich Hohlräume, z. B. in Putzen. Nach dem Verbauen können sich die Hohlräume mit Feuchte füllen, wenn sie miteinander verbunden sind oder durch Kapillarität Wasser leiten **(Bild 2)**.

Wasserdampf-Diffusion
Wasserdampf kann feste Stoffe durchdringen (= diffundieren), wenn der innere Aufbau eines Stoffes dies zulässt. Wichtig ist dabei, dass nur der Wasserdampf diffundieren kann, nicht aber Wasser in flüssiger Form. Ein Wassertropfen besitzt mindestens den Durchmesser von 1 mm, das Wasserdampfmolekül dagegen von etwa 1/25 000 mm. Es kann durch mikroporöse Baustoffe und Beschichtungen diffundieren.

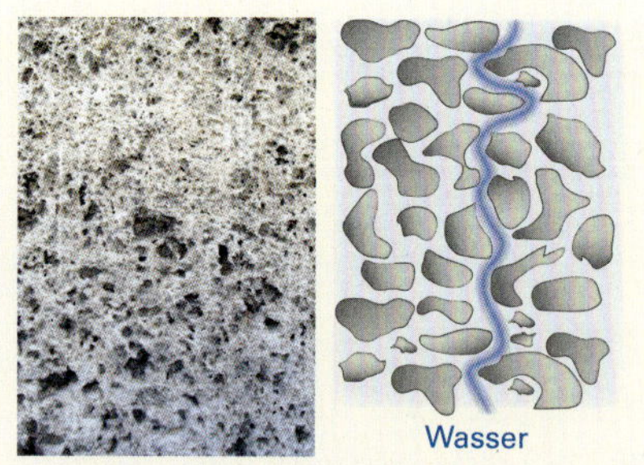

Bild 1: Hohlräume in Untergründen

19.2.8 Viskosität und Thixotropie

Das Fließverhalten von Flüssigkeiten nennt man Viskosität. Beim Fließen gleiten die Moleküle aneinander vorbei. Widerstand beim Fließen ergibt sich aus Kohäsionskräften und der inneren Reibung.
Je nach Fließverhalten unterscheidet man
- hochviskose Stoffe = langsam fließend (Kleber, Kleister),
- mittelviskose Stoffe = normal fließend (Lack, Öl),
- niedrigviskose Stoffe = schnell fließend (Wasser, Lösemittel).

Die Viskosität ist temperaturabhängig. Je wärmer, umso niedrigviskoser ist die Flüssigkeit. Gemessen wird die Viskosität mit dem DIN-Auslaufbecher. Da diese Messung aufwendig ist, bevorzugt der Maler und Lackierer die Messung der Viskosität mit dem Tauchauslaufbecher **(siehe Kap. 11.12.2)**.

Thixotropie
Durch geringe Kräfte zwischen den Molekülen sind thixotrope Anstrichstoffe im Ruhezustand gelartig eingedickt. Beim Verarbeiten brechen diese Kräfte zusammen und der Anstrichstoff lässt sich leicht verarbeiten. In Ruhe, nach dem Aufbringen, bauen sich diese Kräfte wieder auf. Thixotrope Beschichtungsstoffe bilden in der Dose kaum Bodensatz, sind weitgehend tropffrei und in hoher Schicht auftragbar.

19.3 Optik

19.3.1 Licht und Sehen

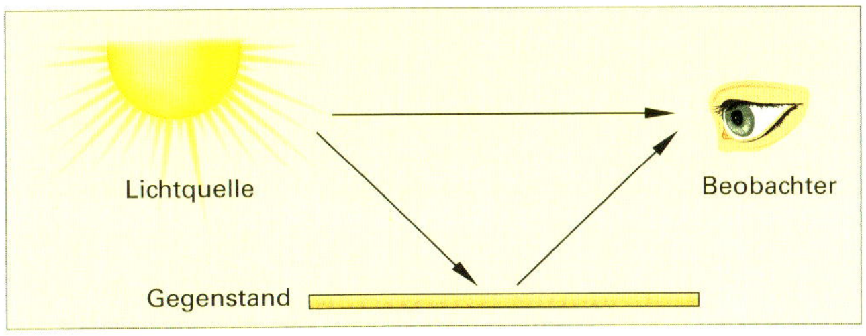

Bild 1: Der Strahlengang des Lichts zum Auge

Zum Sehen ist Licht notwendig.
Natürliche Lichtquellen sind Körper, die Licht aussenden, wie die Sonne, Feuer oder Kerzenlicht.
Künstliche Lichtquellen sind Neonröhre, Glühlampe, Halogenlampe und andere.
Gelangen Lichtstrahlen von der Lichtquelle direkt in das Auge, so sieht der Mensch die Lichtquelle. Treffen Lichtstrahlen auf einen Gegenstand und werden von dort ins Auge gelenkt, so sieht der Menschen den Gegenstand (Bild 1).

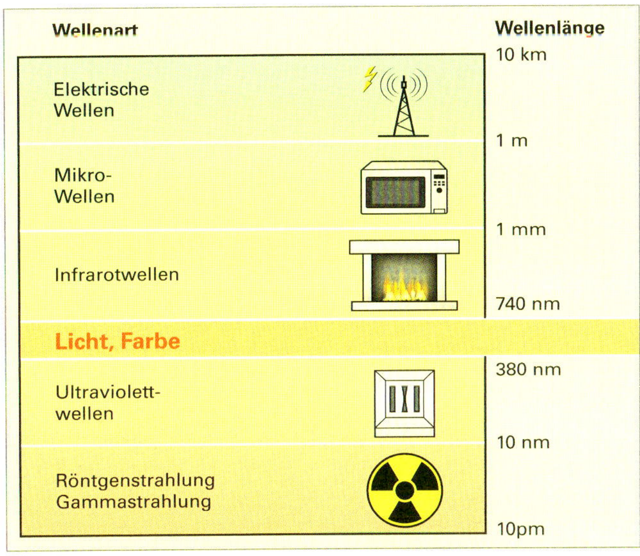

Bild 2: Elektromagnetische Wellenbereiche

Lichtstrahlen breiten sich von der Lichtquelle nach allen Seiten geradlinig aus. So entstehen Schatten an Stellen, die vom Licht nicht erreicht werden.
Die Geschwindigkeit des Lichts beträgt 300 000 km pro Sekunde. Sichtbares Licht besteht aus elektromagnetischen Wellen. Diese Wellen sind reine Energie ohne Masse.

Nicht alle elektromagnetischen Wellen sind für den Menschen sichtbar (Bild 2). Nur zwei „Empfänger“, die

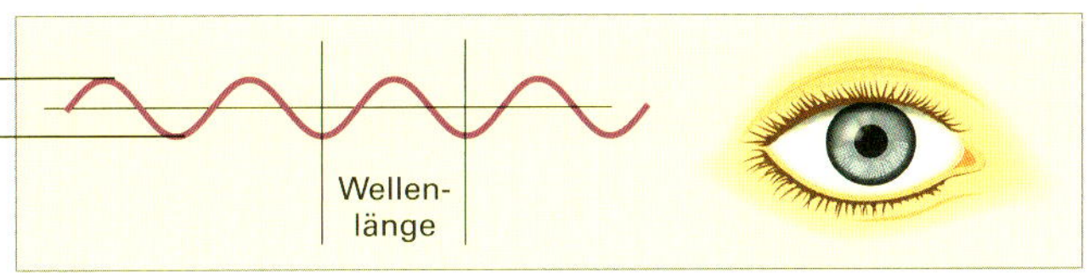

Augen, können einen geringen Wellenbereich (380 – 740 nm) als „Sehen“ an das Gehirn weiterleiten.
Die Wellenlänge wird in Nanometern gemessen. Ein Nanometer (nm) ist ein Millionstel mm. So viel wächst ein Haar in 1/10 sec.

19.3.2 Optische Gesetze und ihre Bedeutung für den Maler

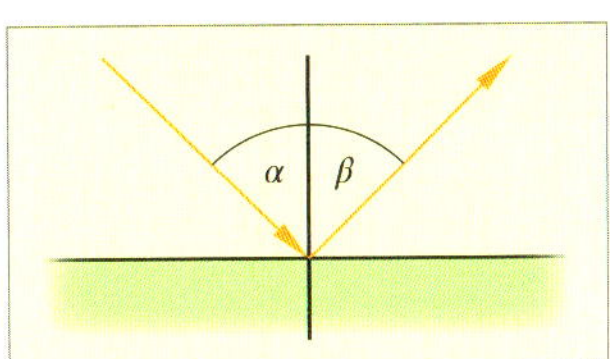

Bild 3: Reflexionsgesetz

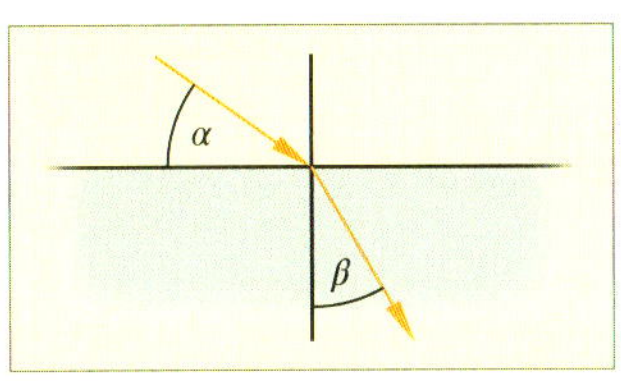

Bild 4: Lichtbrechung

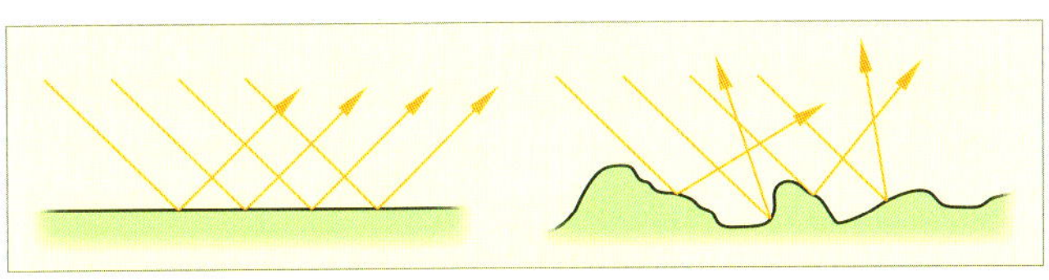

Bild 5: Gerichtete und diffuse Reflexion

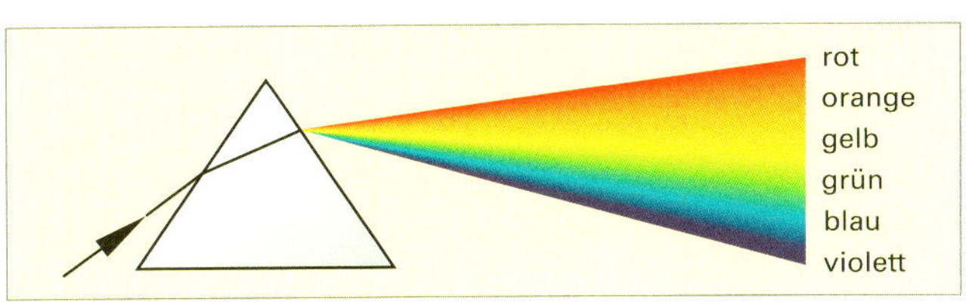

Bild 6: Lichtbrechung am Prisma

Reflexion und Glanz

Alle Lichtstrahlen werden von Flächen im gleichen Winkel zurückgeworfen, wie sie einfallen.
Das Reflexionsgesetz (Bild 3) lautet:
Einfallswinkel α (alpha) = Ausfallswinkel β (beta).
Werden alle Lichtwellen von einer Fläche im gleichen Winkel reflektiert, so spricht man von gerichteter Reflexion. Dafür muss die Oberfläche völlig glatt sein. Werden die Lichtwellen durcheinander zurückgeworfen, spricht man von diffuser Reflexion (Bild 5). Dafür muss die Oberfläche rau sein. Die Oberflächenbeschaffenheit entscheidet folglich darüber, ob man eine Oberfläche glänzend (gerichtete Reflexion) oder matt (diffuse Reflexion) wahrnimmt. Matte, also raue Oberflächen bekommen durch Polieren oder durch eine Beschichtung mit Klarlack wieder eine glatte Oberfläche und glänzen.

Lichtbrechung

Das Gesetz zur Lichtbrechung lautet:
Fällt ein Lichtstrahl auf einen durchsichtigen Stoff, so dringt er durch diesen hindurch. Ist er dichter als die umgebende Luft, so wird er an der Grenzfläche zur Mittelachse hin gebrochen (Bild 4). Ein Lichtstrahl wird nicht als Ganzes gebrochen. Lenkt man ihn durch ein Glasprisma, so wird der Lichtstrahl in alle Farben zerlegt, die in ihm enthalten sind. Im Tageslicht sind dies die Spektralfarben (Bild 6). Ebenso wirken Wassertröpfchen in der Luft und erzeugen den Regenbogen.

19.3.3 Farbiges Sehen

Lichtquelle – Lichtstrahl

Jede weiße Lichtquelle, z. B. die Sonne, sendet unzählige Strahlen aus, die sich geradlinig in alle Richtungen ausbreiten.

Die Untersuchung eines einzigen Lichtstrahls zeigt, dass es sich um ein ungeordnetes Bündel verschiedener elektromagnetischer Wellen handelt. Jede elektromagnetische Welle besitzt einen eigenen Farbton, der von der jeweiligen Wellenlänge abhängt **(Bild 1)**. Dies bedeutet, dass im Sonnenlicht alle Farben enthalten sind.

Mit bloßem Auge ist es dem Menschen nicht möglich, die einzelnen Wellen im Lichtstrahl zu unterscheiden. Der Mensch sieht immer die Summe der Wellen, die im Idealfall das Weiß ist. Elektromagnetische Wellen unter 380 Nanometer oder über 740 Nanometer werden vom Menschen nicht als Farbton wahrgenommen.

Treffen alle Lichtstrahlen über die Reflexion auf einem Untergrund in das Auge, so wird der Untergrund weiß gesehen. Darum spricht man auch vom „weißen" Licht oder von einer „weißen" Lichtquelle.

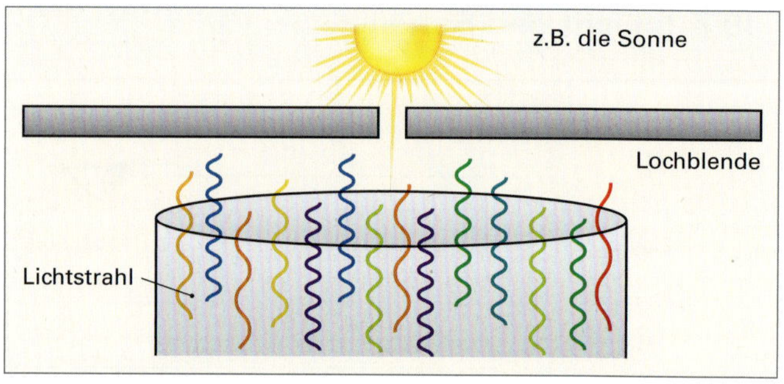

Bild 1: Im Lichtstrahl befinden sich alle Farben

Farbspektrum

Werden die Farben nach ihrer Wellenlänge geordnet, so erhält man ein Farbband, das als Farbspektrum bezeichnet wird. Es entsteht durch Lichtbrechung. Die enthaltenen Farben nennt man Spektralfarben **(Bild 2)**.

In der Natur ergeben sich durch Lichtbrechung der Regenbogen oder die Rottöne des Sonnenuntergangs.

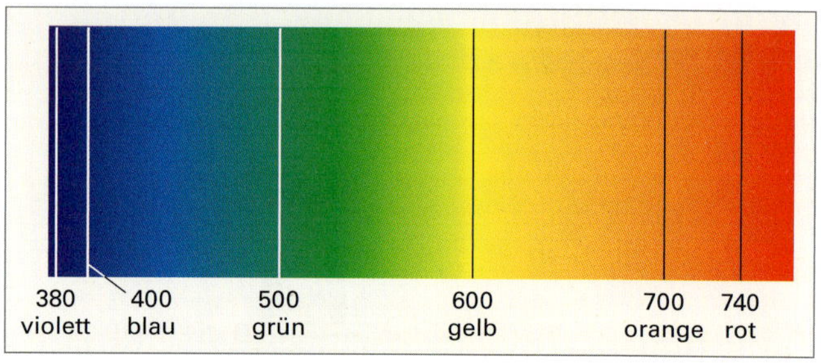

Bild 2: Das Farbspektrum

Farbiges Sehen von Objekten und Beschichtungen

Es sind entweder natürliche Stoffe im Untergrund oder Pigmente und Farbstoffe in der Beschichtung, welche die Gegenstände farbig erscheinen lassen **(Bild 3 und 4)**.

Pigmente bewirken im Beschichtungsstoff den Farbton. Damit kann die Eigenfarbe der Untergründe abgedeckt werden **(Tabelle 1)**.

Bild 3: Pigment für den Einsatz im Anstrichstoff

Bild 4: Natürliche Farbstoffe färben das Holz

Absorption	Reflexion	Beides gleichzeitig
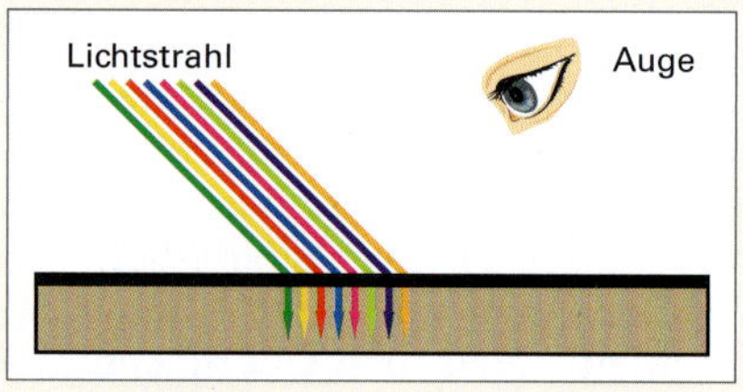	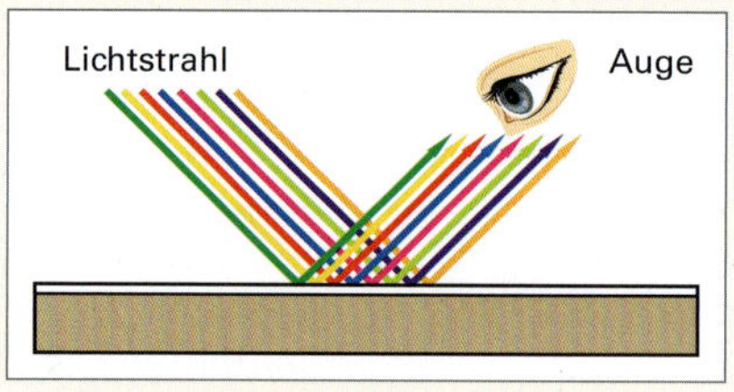	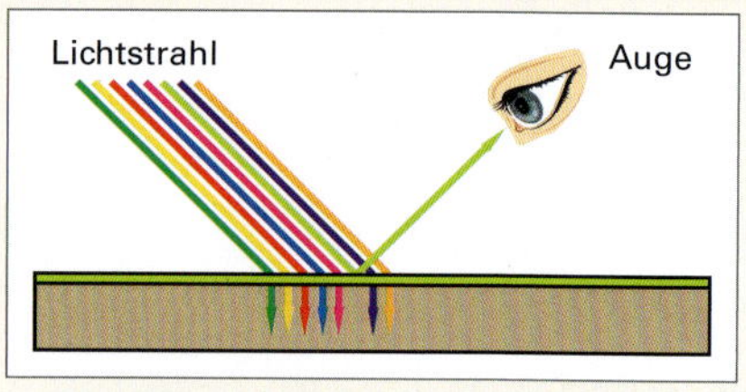
Der Untergrund erscheint schwarz.	Der Untergrund erscheint weiß.	Der Untergrund erscheint rot, grün ...
Alle Lichtwellen werden absorbiert (verschluckt). Es gelangen keine Lichtwellen ins Auge, somit kann auch nichts gesehen werden.	Alle Lichtwellen werden reflektiert (zurückgeworfen). Alle Wellen gelangen ins Auge und ergeben Weiß.	Farbton, je nach absorbierten und reflektierten Lichtwellen. Nur die reflektierten Wellen werden gesehen.

Tabelle 1: Absorption und Reflexion der Lichtwellen

Unter farbigem Licht ist der farbige Eindruck anders als unter weißem Licht. Eine grüne Beschichtung eines Fahrzeuges erscheint unter dem orangenen Licht der Natriumdampflampe (589 nm, Straßenlampe, z. B. an Fußgängerüberwegen) im Idealfall schwarz, da das grüne Pigment die roten Lichtwellen absorbiert und grüne Lichtwellen nicht vorhanden sind.

19.3.4 Additive und subtraktive Farbmischung

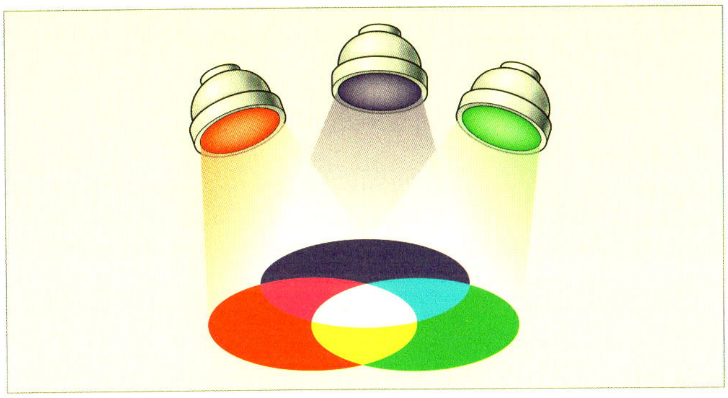

Bild 1: Additive Farbmischung

Bild 2: Subtraktive Farbmischung

Additive Farbmischung

Das Licht verschiedenfarbiger Lampen kann miteinander vermischt werden, indem man die Lichtkegel übereinanderstrahlt. Jede Lichtquelle strahlt einen Teil des Farbspektrums ab. Das Auge empfängt die Summe der Farbwellen. Die Überstrahlung zweier Lichtkegel ergibt eine neue Farbe, die Summe der Überstrahlungen ergibt Weiß (Bild 1).

Grün + Violett = Cyanblau
Grün + Orangerot = Gelb
Orangerot + Violett = Magentarot

Die Mischung von Lichtfarben ist für den Maler und Lackierer kaum von Bedeutung.

Subtraktive Farbmischung

Die Farbwirkung pigmentierter Beschichtungsstoffe entsteht durch Absorption. Vom weißen Licht werden Lichtwellen abgezogen, subtrahiert. Die Mischung von Rot, Gelb, Cyanblau und Magentarot absorbiert alle Lichtwellen, sodass keine Lichtwellen ins Auge reflektiert werden. Das Ergebnis ist Schwarz (Bild 2). Ist in der Praxis das Ergebnis ein dreckiges Braun, so liegt dies an der Qualität der Pigmente.

Gelb + Cyanblau = Grün
Gelb und Magentarot = Orangerot
Magentarot + Cyanblau = Violett

Gelb, Cyanblau und Magentarot werden Grundfarben oder Primärfarben genannt. Sie sind aus anderen Farben nicht mischbar.

19.3.5 Spektralkurven und Metamerie

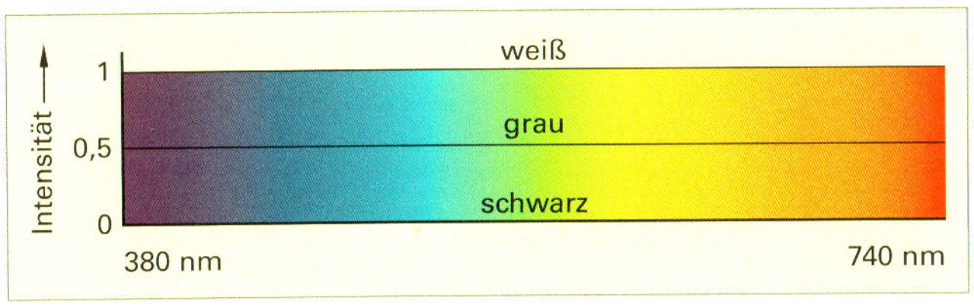

Bild 3: Intensität und Farbton

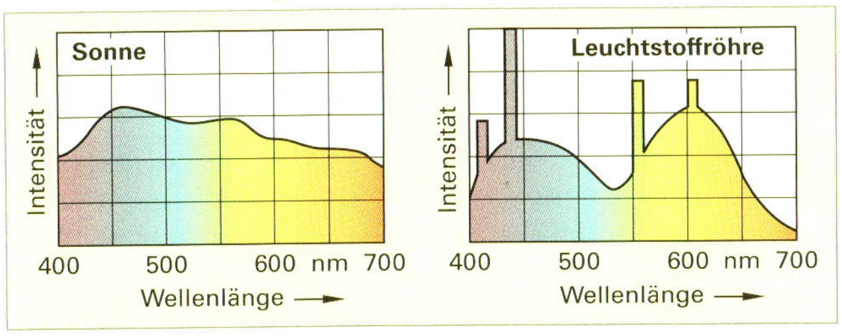

Bild 4: Spektralkurven

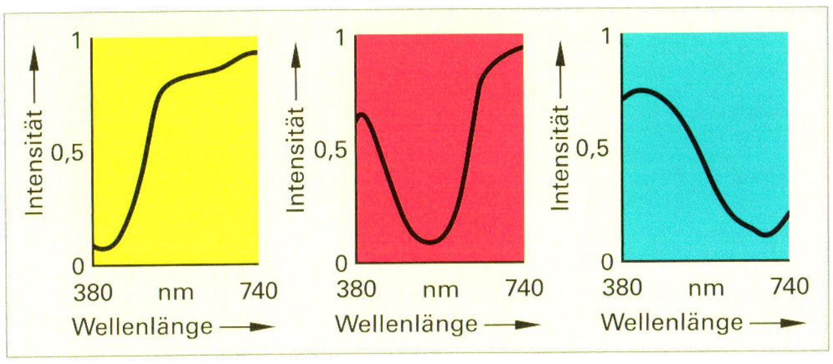

Bild 5: Reflexionskurven

Spektralkurven

Die ideale Lichtquelle sendet alle Farben des Spektrums mit der Intensität 1 aus. Dies ergibt in der Darstellung eine gerade Linie bei 1 mit dem Farbton Weiß. Ein mittleres Grau liegt als gerade Linie bei 0,5 (Bild 3).

In der Wirklichkeit geben die natürlichen und künstlichen Lichtquellen nicht alle Wellen gleich intensiv ab. So ergeben sich charakteristische Kurven der Lichtquellen (Bild 4).

Der typische Farbton eines Pigmentes bezieht sich auf Tageslicht. Die dargestellten Reflexionskurven (Bild 5) zeigen die Wellen, die den Farbton des Pigments beschreiben.

Strahlt eine andere Lichtquelle einen Teil dieser Wellen nicht ab, so fehlen sie im Farbton des Pigments. Der Farbton ist ein anderer geworden. Der Farbton ist folglich keine Eigenschaft eines Stoffes.

Der erfahrene Maler und Lackierer mischt und vergleicht Farbtöne deshalb bei Tageslicht oder unter Tageslichtlampen.

Metamerie

Muss für eine Farbtonausbesserung nachgemischt werden, so darf das Nachmischen nur mit Pigmenten des Originallackes erfolgen.

Ansonsten kann die ausgebesserte Stelle unter einer anderen Lichtquelle sichtbar werden. Dies versteht man unter Metamerie.

19.4 Wärmelehre (Kalorik)

19.4.1 Wärme

Wesen der Wärme

Atome und Moleküle sind immer in Bewegung. Die Bewegungsenergie der Moleküle eines Stoffes bezeichnet man als Wärme. In Gasen bewegen sich die Moleküle ungeordnet durcheinander, in festen Stoffen schwingen sie in ihrer Ruhelage hin und her. Wird Energie zugeführt, so nimmt die Molekülbewegung zu, der Stoff wird erwärmt **(Bild 1)**.

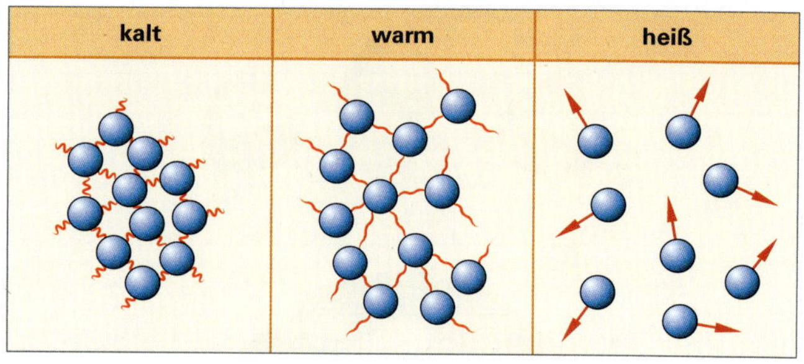

Bild 1: Wärme und Molekülbewegung

Wärmewirkung in Stoffen

Erwärmung lässt die Moleküle eines Stoffes heftiger schwingen. Sie benötigen dafür mehr Platz. Der Stoff dehnt sich aus. Er vergrößert sein Volumen und verkleinert dadurch seine Dichte. Bei Energieentzug zieht er sich zusammen, verkleinert sein Volumen und vergrößert seine Dichte.

Eine Ausnahme bildet Wasser. Bei Abkühlung verkleinert sich sein Volumen bis + 4 °C, vergrößert dann aber sein Volumen durch die Bildung von Eiskristallen bis 0 °C. Darum hat gefrierendes Wasser in Rissen Sprengwirkung.

Wärmemessung

Die Temperatur gibt den jeweiligen Wärmezustand eines Körpers an. Sie wird mit dem Thermometer gemessen in Kelvin (K) oder Grad Celsius (°C). Bei 0 °C gefriert Wasser, bei 100 °C siedet es bei normalem Luftdruck.

Die tiefste Temperatur liegt bei – 273 °C. Diese Temperatur bezeichnet man als den absoluten Nullpunkt. Bei dieser Temperatur gibt es keine Molekülbewegung mehr. Alle Stoffe sind in festem Zustand erstarrt.

Die Einheit Kelvin beginnt am absoluten Nullpunkt. 0 K entsprechen – 273 °C. 373 K entsprechen dem Siedpunkt von Wasser (373 K – 273 K ergeben 100 °C).

19.4.2 Wärmetransport

Es wird zwischen drei Formen des Wärmetransports unterschieden **(Tabelle 1)**:

Wärmeleitung

In festen Stoffen wird die Molekülbewegung durch Anstoßen danebenliegender Moleküle weitergegeben.

Wärmeströmung

In Flüssigkeiten und Gasen verringert sich in den erwärmten Bereichen die Dichte. Die Flüssigkeit oder das Gas (die Luft) wird teilweise leichter und steigt nach oben. Kalte Flüssigkeit bzw. Gas strömt nach.

Wärmestrahlung

Einige Energiequellen geben elektromagnetische Strahlung ab, die erst nach dem Auftreffen auf einen Untergrund in Wärme umgewandelt wird.

Wärmeleitung	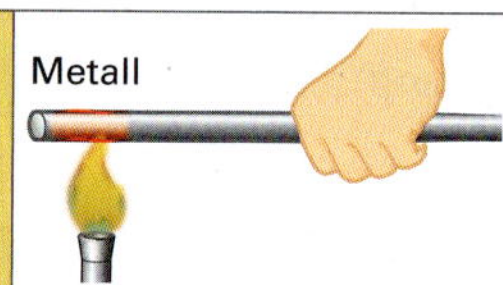	Dichte Stoffe leiten sehr gut, da in ihnen die Moleküle eng beeinanderliegen.
Wärmeströmung	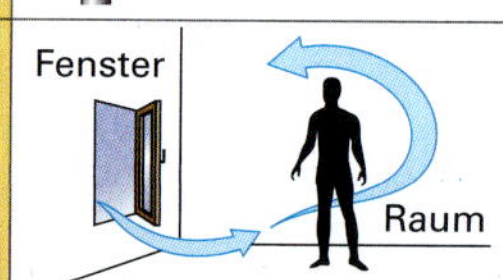	Kalte Luft fällt, warme Luft steigt aufgrund veränderter Dichte. Es kommt zur Luftzirkulation im Raum.
Wärmestrahlung	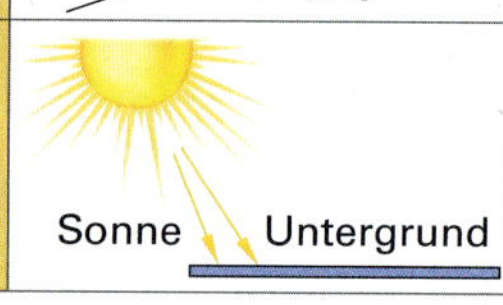	Umwandlung von Strahlung in Wärme beim Auftreffen auf einen Untergrund. Beispiel: Sonne, Infrarotstrahler

Tabelle 1: Wärmetransport

19.4.3 Wärmedämmung

Wärmedämmung soll Wärmetransport in Baustoffen verhindern oder vermindern. Der Wärmetransport erfolgt nach dem Prinzip der Wärmeleitung **(Tabelle 1)**. Je dichter der Baustoff, umso schlechter ist die Wärmedämmung. Je weiter die Moleküle auseinanderliegen, umso besser ist die Dämmung, da die Molekülbewegung verzögert und unter Energieverlust weitergegeben wird.

Wärmedämmmaßnahmen können durch den Einsatz wärmedämmender Baustoffe oder, nach erfolgter Bauerstellung, durch Anbringung eines Wärmedämmsystems erfolgen. Das Wärmedämmverhalten wichtiger Baustoffe zeigt **Bild 2** im Vergleich. Der λ-Wert bezeichnet die Wärmeleitfähigkeit und ist eine spezifische Eigenschaft des jeweiligen Baustoffes. Je größer der λ-Wert, umso schlechter ist die Wärmedämmung.

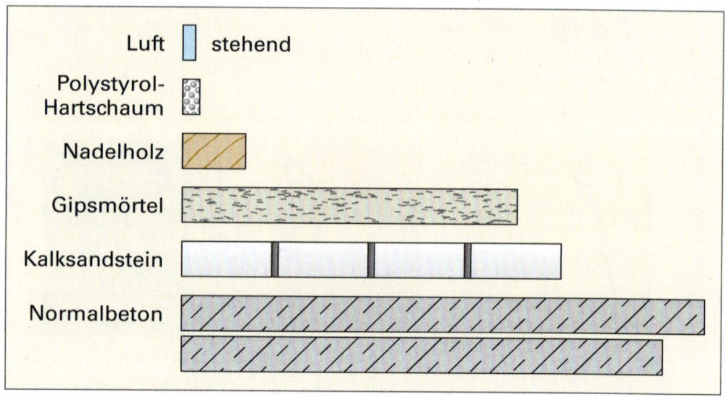

Bild 2: Erforderliche Dicke von Stoffen bei gleicher Wärmedämmung im Vergleich

Wärmedämmung ist nur dann wirksam, wenn keine Kältebrücken bestehen, über die die Wärme durch die Dämmung hindurch abgeleitet wird **(siehe Kap. 9)**.

19.5 Akustik

19.5.1 Schall

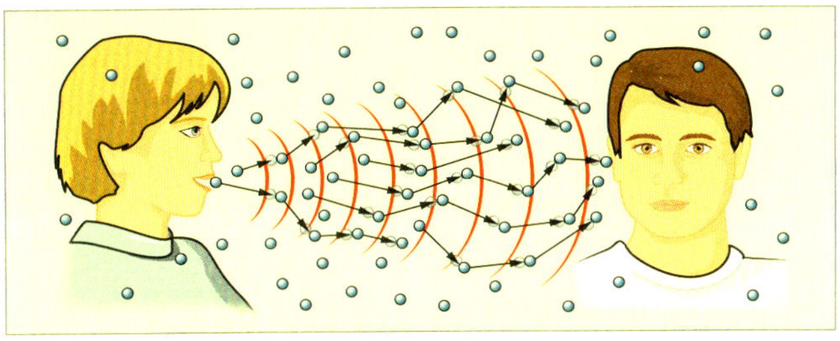

Bild 1: Von der Schallerzeugung zur Wahrnehmung

Schall wird durch Schallquellen erzeugt, z. B. im Kehlkopf des Menschen, im Motor eines Fahrzeugs oder im Lautsprecher. Schall entsteht durch Schwingungen und Vibrationen. Moleküle der Umgebung werden angestoßen und leiten die erzeugten Schallwellen weiter (Bild 1). Dies können die Moleküle eines festen, flüssigen oder gasförmigen Stoffes sein. Gelangt der Schall in das Ohr, so wird er vom Menschen über das Trommelfell im Ohr als Sprache, als Musik, als Geräusch oder Lärm usw. wahrgenommen.

Schallintensität in dB (A)		
schädigender Bereich	140	Düsentriebwerk
	130	Niethammer
	120	Propellermaschine
	110	Bohrmaschine
	100	Autohupe, Diskothek
	90	Schweres Fahrzeug
belästigender Bereich	80	Starker Straßenverkehr
	70	Personenwagen
angenehmer Bereich	60	Normales Gespräch
	50	Wohnstraße
	40	Leise Radiomusik
	30	Flüstern
	20	Ticken einer Uhr
	10	Blätterrauschen
Die Steigerung um 10 dB (A) bedeutet eine Verdoppelung der Lautstärke		

Tabelle 1: Schallquellen und ihre Lautstärke

Leitender Stoff	Geschwindigkeit der Schallausbreitung
Luft	340 m/sec
Wasser	1480 m/sec
Mauerwerk	3000 – 4000 m/sec
Kork	540 m/sec

Tabelle 2: Schallgeschwindigkeit in Stoffen

Frequenz

Als Frequenz bezeichnet man die Schallschwingungen pro Sekunden. Die Einheit der Frequenz ist das Hertz (Hz). Mit zunehmender Frequenz steigt die Tonhöhe an. Der Hörbereich des Menschen liegt im Bereich von 16 Hz, einem sehr tiefen Ton, bis etwa 16 000 Hz, einem sehr hohen Ton. Nicht alle hörbaren Frequenzbereiche werden gleich empfunden.

Lautstärke

Sie wird in Dezibel A angegeben, als db(A), und bezeichnet die Lautstärke, die im Ohr ankommt und empfunden wird. Wohngeräusche liegen meist im Bereich von 30 bis 40 db(A). Geräusche über 90 db(A) gelten als gesundheitsschädlich, auch wenn dies, wie im Falle eines Disko-Besuchs, nicht immer so empfunden wird. Gehörschäden können schon bei kurzer Einwirkung entstehen und sind nicht heilbar (Tabelle 1)!

Schallgeschwindigkeit

Die Übertragung von Schall benötigt Zeit, da immer wieder Moleküle angestoßen werden müssen, die wiederum die nächsten Moleküle anstoßen. Je dichter der Stoff, umso enger sind die Moleküle beieinander. Der Stoßimpuls wird schneller weitergegeben (Tabelle 2). Dies erklärt, warum Stoffe mit höherer Dichte den Schall besser leiten. Durch die direkte Weiterleitung des Impulses in diesen Stoffen geht unterwegs weniger Schall verloren, d. h. der Schall wird weniger abgeschwächt als an der Luft.

19.5.2 Schall und Schallschutz im Raum

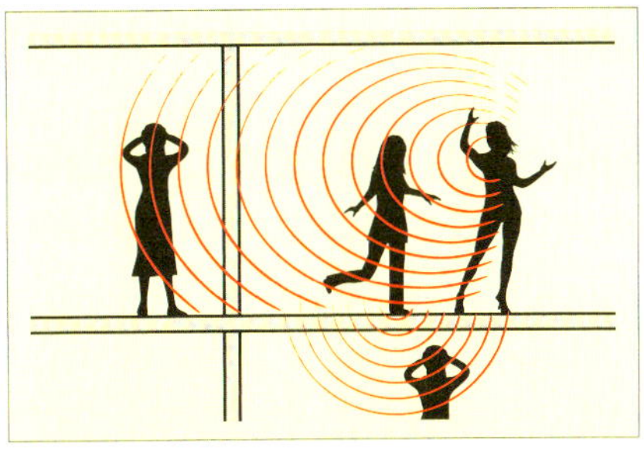

Bild 2: Schallausbreitung

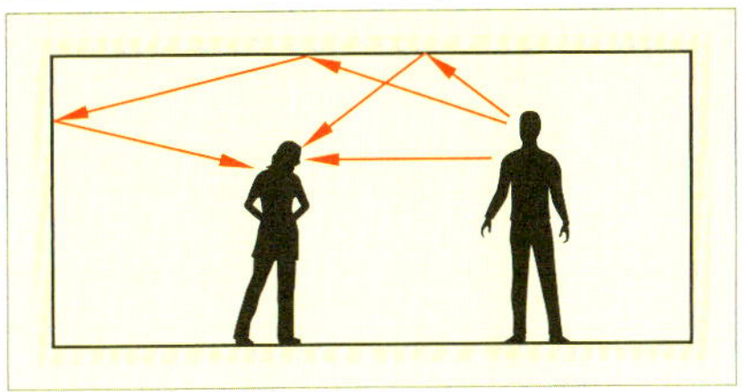

Bild 3: Hall und Echo im Raum

Lärm stört besonders, wenn man ihm nicht entkommen kann, in der Wohnung (Bild 2). Dies erfordert bauliche Schallschutzmaßnahmen gegen

- Luftschall: Schallausbreitung über die Luft.
- Körperschall: Schallausbreitung über die Bausubstanz.
- Trittschall: Der Körperschall, der beim Gehen entsteht, wird als Luftschall in den darunterliegenden Raum geleitet.

Schalldämmung

Die Weiterleitung des Schalls wird z. B. durch zweischaliges Mauerwerk oder „schwimmenden" Estrich abgeschwächt.

Schallbrücke

Ein raumverbindendes, dichtes Bauteil, z. B. ein Eisenträger, vermindert die Wirkung einer gedämmten Wand wesentlich, da über den Eisenträger der Schall ungehindert in den Nebenraum geleitet wird.

Schallschluckung

Gegen Hall und Echo im Raum helfen schallabsorbierende Oberflächenmaterialien, z. B. Teppiche, Mobiliar, Vorhänge sowie Schallschutzwände und -decken. Durch ihre raue oder porige Oberfläche verhindern sie die Reflexion des Schalls. So kommt nur der gerichtete Schall beim Hörer an und nicht zeitverzögert nochmals das Gleiche als Hall (Bild 3).

19.6 Elektrizitätslehre

19.6.1 Wesen des elektrischen Stroms

Atome der Metalle besitzen auf ihrer äußersten Schale freie Elektronen, die sich frei im Metall bewegen können, sie können fließen. Elektrischer Strom ist Elektronenfluss. Schlechte Leiter oder Nichtleiter, z. B. Kunststoffe, haben wenige oder keine freien Elektronen auf ihrer äußersten Schale.

Spannung *U*, gemessen in Volt (V)
Durch einen Generator wird an einem Anschluss (Minuspol) ein Elektronenüberschuss, am anderen Anschluss (Pluspol) ein Elektronenmangel erzeugt. Dadurch entsteht ein Elektronendruckunterschied, den man elektrische Spannung nennt. Wird ein elektrisches Gerät eingeschaltet, so fließt durch diese Spannung elektrischer Strom. Die vom Elektrizitätswerk über die Steckdose bereitgestellte Spannung ist meist 230 Volt.

Stromstärke *I*, gemessen in Ampere (A)
Sie besagt, wie viele Elektronen je Zeiteinheit durch den Leiter fließen. Erhöhter Energiebedarf beim Gebrauch eines leistungsstarken Gerätes oder mehrerer angeschlossener Geräte kann die Leitung überlasten. Der übermäßige Elektronenfluss erhitzt die Leitung, Isolierungen können schmelzen, ein Brand kann entstehen. Damit Leitungen nicht überlastet werden, ist in den Stromkreis eine Sicherung eingebaut. Bevor die Leitung durch Überlastung beschädigt wird, unterbricht die Sicherung den Stromfluss. Übliche Haushalte sind mit 16 A abgesichert.

Widerstand *R*, gemessen in Ohm (O)
Elektrische Leitungen und Geräte setzen dem elektrischen Strom durch Reibung beim Elektronenfluss mehr oder weniger Widerstand entgegen.

Es besteht folgender Zusammenhang:
$U = R \cdot I$ $\quad I = U : R$ $\quad R = U : I$

19.6.2 Stromkreis

Steckt man den Stecker eines Gerätes in die Steckdose und schaltet das Gerät ein, so wird damit ein Stromkreis geschlossen. Nur im geschlossenen Stromkreis fließt Strom. Der bereitgestellte Strom fließt vom Elektrizitätswerk ins Gerät (Hinleitung, schwarz), verrichtet dort Arbeit (Licht, Hitze, Kraft ...) und fließt wieder zurück (Rückleitung, blau). Der grün-gelbe Schutzleiter ist leitend mit der Erde verbunden (Bild 1).

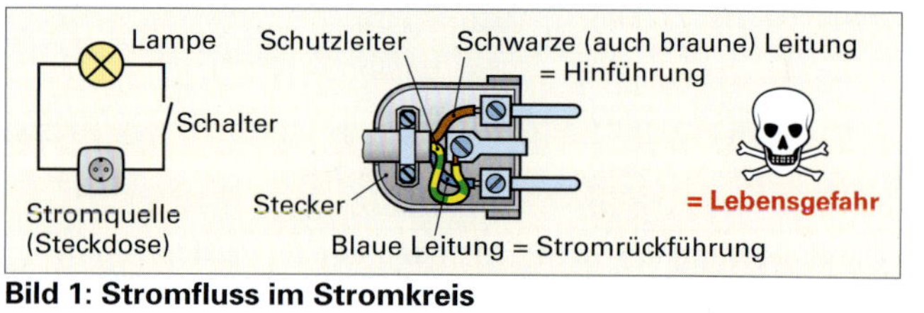

Bild 1: Stromfluss im Stromkreis

19.6.3 Elektrische Nennleistung

Die elektrische Nennleistung eines Gerätes wird in **Watt** angegeben. Die Wattzahl gibt Auskunft über die Leistungsfähigkeit des Gerätes, z. B. eines Hochdruckreinigers. Je höher die Wattzahl, umso höher der Energiebedarf (Tabelle 1). Sie ist meist auf dem Gerät angegeben. Sie kann auch berechnet werden:

Berechnung: elektrische Nennleistung = Stromstärke · Spannung $P = I \cdot U$
Einheiten: Watt = Ampere · Volt

Die meiste Energie wird durch die Erzeugung von Wärme verbraucht, es folgt der Verbrauch für die Erzeugung von Bewegung. Gering fällt dagegen der Energieverbrauch von Licht und Ton aus.

Max. Druck in bar	Übliche Wattzahl
10	1 600
130	2 200
180	2 700
215	5 000
380	15 000

Tabelle 1: Beispiel Hochdruckreiniger

19.6.4 Gefahren

Herzschlag, Bewegung, Denken, alles im Menschen wird elektrisch gesteuert. Allerdings fließen im Menschen sehr geringe Ströme. Gerät der menschliche Organismus in einen elektrischen Stromkreis, so übertrifft dieser in der Regel die schwachen Impulse im Menschen bei weitem. Die Gefährlichkeit des elektrischen Stroms hängt ab vom Weg des Stroms durch den Körper (besondere Gefahr bei Stromfluss über das Herz), der Dauer (über 0,2 s) und der Amperezahl (Tabelle 2). Gefahren, vor denen man sich schützen muss, gehen aus

- vom **Gerät** (Amperezahl, Gerätezulassung, Gerätezustand),
- vom **Arbeitsplatz** (Unordnung am Arbeitsplatz),
- vom **Mitarbeiter** (Verantwortungslosigkeit, Schlamperei).

Gefahrenbereich I bis 0,025 Ampere Stromstärke	Kann zur schreckhaften Reaktion führen, z. B. zum Herunterfallen von der Leiter. Ab 0,01 Ampere erlaubt die Muskelverkrampfung kein Loslassen mehr.
Gefahrenbereich II 0,025 bis 0,080 Ampere Stromstärke	Fließt Strom über das Herz, kann es zu Herzstillstand, Atemlähmung und Muskelverkrampfung führen. Wiederbelebungsmaßnahmen sind sofort erforderlich.
Gefahrenbereich III 0,080 bis 5 Ampere Stromstärke	Herzkammerflimmern schon nach 0,3 Sekunden. Falls nicht durch Herzmassage und Atemspende ein wirksamer Notkreislauf entsteht, tritt nach kurzer Zeit der Tod ein.

Tabelle 2: Gefahren durch elektrischen Strom

20
Chemie
Lernfeld 1 – 12

20.1 Grundbegriffe

Die Chemie ist neben der Physik die Naturwissenschaft, die zum Verständnis der verschiedenen Untergründe sowie der vielfältigen Beschichtungsstoffe und deren Einsatz beiträgt.

Die Chemie beschäftigt sich mit den Stoffen an sich, woraus sie zusammengesetzt sind und wie es zum Ergebnis bei chemischen Vorgängen kommt **(Bild 1)**. Bei chemischen Vorgängen ändert sich der Stoff, so dass ein neuer Stoff mit neuen Eigenschaften entsteht.

Teilgebiete der Chemie sind:

- **Anorganische Chemie**. Sie beschäftigt sich mit Stoffen aus dem Bereich der Mineralien, d. h. dem Bereich der Erde, Steine, Metalle und Salze.
- **Organische Chemie**. Alle Stoffe aus dem Tier- und Pflanzenbereich besitzen ein Grundgerüst aus Kohlenstoff. Die organische Chemie beschäftigt sich mit Kohlenstoff und Kohlenstoffverbindungen, z. B. Erdöl, Kohle, Holz und Kunststoff.

Bild 1: Chemische Vorgänge

20.1.1 Vom Stoff zum kleinsten Baustein

Stoffe	Moleküle	Atome	Elemente
Der Mensch spürt, sieht und riecht eine Vielzahl von Stoffen, letztendlich fast alle Stoffe, die es auf unserer Erde gibt. Einige Stoffe lassen sich durch menschliche Sinne nicht wahrnehmen.	Der kleinste Baustein eines Stoffes ist sein Molekül. Es bestimmt die Eigenschaften des Stoffes. Wird es verändert, entsteht ein neuer Stoff mit neuen Eigenschaften.	Moleküle bestehen aus wenigen bis unzähligen kleiner Bausteine, den Atomen. Diese sind mehr oder weniger fest zum Molekül miteinander verbunden. Es gibt etwa z. Z. 118 verschiedene Arten von Atomen, einige davon sehr häufig, andere dagegen sehr selten und instabil.	Besteht ein Stoff nur aus einer Sorte von Atomen, so nennt man ihn ein Element. Es kann nur so viele Elemente geben, wie es Atomarten gibt. Die 80 stabilen Elemente kommen alle in der Natur vor.
Salzsäure	HCl	H, Cl	Wasserstoff, Chlor
Kalkstein	$CaCO_3$	Ca, C, O	Calcium, Kohlenstoff, Sauerstoff
Rost	$Fe(OH)_2$, $Fe(OH)_3$, FeOOH	Fe, O, H	Eisen, Sauerstoff, Wasserstoff
Stoffe bekamen ihren Namen meist lange bevor der innere Aufbau der Stoffe bekannt war	Chemiker benennen die Stoffe oft nach dem Molekülaufbau $CaCO_3$ = Calciumcarbonat	In der Chemie steht für jedes Atom ein Buchstabenkürzel. Fe = Ferrum	Häufig vorkommende Elemente besitzen bekannte Namen Fe = Ferrum = Eisen

Tabelle 1: Beispiele chemischer Bezeichnungen von Stoffen, Molekülen und Atomen

20.1.2 Aufbau der Atome

Alle Atome bestehen aus einem Kern und einer Hülle.

Im **Kern** befinden sich die **Protonen**, kleinste positiv geladene Teilchen. Vorhandene Teilchen ohne Ladung nennt man Neutronen.

Die **Hülle** besteht aus Bahnen, auf denen die Elektronen, negativ geladene Teilchen, unvorstellbar schnell kreisen.

Im Atom ist die Anzahl der Protonen im Kern und der Elektronen auf der Hülle gleich.

Der Aufbau aller verschiedenen Atome ist immer der gleiche. Die Atome unterscheiden sich lediglich in der Anzahl ihrer Protonen und Elektronen, z. B. Sauerstoff je 8, Eisen je 26, Gold je 79 **(Bild 2)**.

Aus diesem Aufbau ergeben sich alle Eigenschaften der Atome und Elemente.

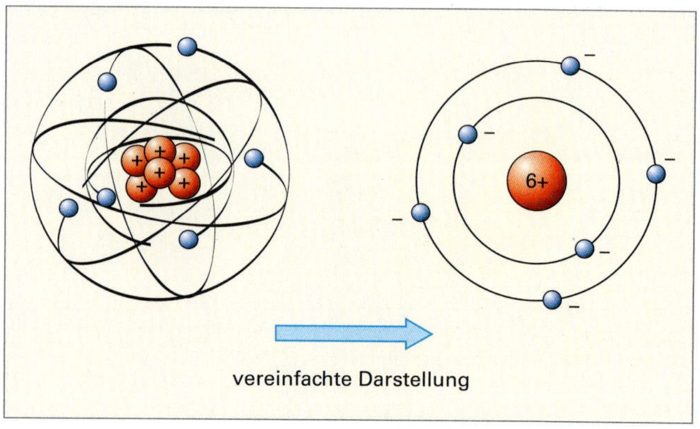

Bild 2: Aufbau der Atome am Beispiel des Kohlenstoffs nach dem Bohr´schen Atommodell

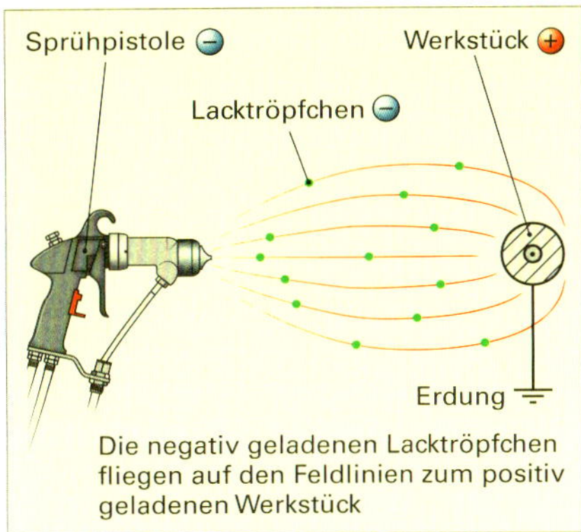

Bild 1: Elektrostatisches Spritzen

Atome sind äußerst klein. In einen Apfel passen etwa so viel Atome wie Kirschen in den Erdball.
Kein Mensch hat je ein Atom im Aufbau einzeln gesehen. Es handelt sich um Vorstellungen, wie es sein könnte. So entstanden verschiedene Atom-Modelle, die im Versuch bestätigt wurden. Das bekannteste ist das Bohr'sche Atommodell (Bild 2 auf Seite 420).

Ionen
Ein Ion ist ein Atom mit ungleicher Anzahl von Protonen und Elektronen.
Bei Elektronenüberschuss ist das Atom ein **Anion**, ein negativ geladenes Ion. Im elektrischen Feld wird es von der positiv geladenen Anode angezogen.
Bei Elektronenmangel ist das Atom ein **Kation**, ein positiv geladenes Ion. Im elektrischen Feld wird es von der negativ geladenen Katode angezogen.
Dies ist für den Maler und Lackierer beim elektrostatischen Spritzen von Bedeutung (Bild 1).

20.1.3 Moleküle und ihre Zusammensetzung

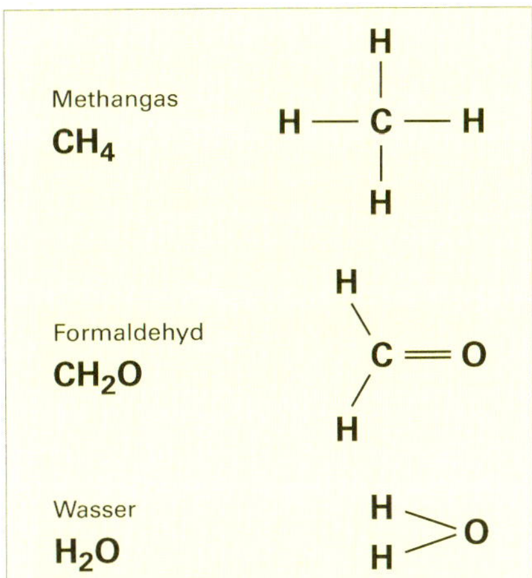

Bild 2: Summen- und Strukturformeln am Beispiel

Gehen Atome miteinander Verbindungen ein, so entstehen Moleküle. Aus dem Aufbau der Atome ergeben sich die Möglichkeiten dazu.

Wertigkeit
Man versteht darunter die Anzahl der Verbindungen, die ein Atom mit anderen Atomen eingehen kann. Vergleichbar ist die Wertigkeit mit Armen beim Menschen, mit denen er sich festhalten kann.

Beispiele:	Kohlenstoff C	besitzt 4 Arme	= 4-wertig.
	Wasserstoff H		= 1-wertig.
	Sauerstoff O		= 2-wertig.

Jede Bindungsmöglichkeit muss abgedeckt sein. Dies kann durch Einfachbindungen, Doppelbindungen oder sogar Dreifachbindungen erfolgen.

Chemische Formeln
Formeln lassen erkennen, aus welchen Atomen die Moleküle aufgebaut sind. Summenformeln geben aneinandergereiht die enthaltenen Atome an. Strukturformeln zeigen darüber hinaus, wie die Atome miteinander verbunden sind (Bild 2).

20.1.4 Chemische Reaktionen

Bild 3: Endotherme Reaktion bei der Alkydharzherstellung

Die Verbindung und Zerlegung von Atomen und Molekülen vollzieht sich über chemische Reaktionen. Lange liefen chemische Reaktionen nur von der Natur bestimmt ab. Die in der Natur vorkommenden Bedingungen, z. B. Druck und Temperatur, sind immer weitgehend gleich. So entstand im Laufe von Jahrmillionen die Vielfalt der chemischen Verbindungen, die unsere Welt darstellen.
Chemiker können heute viele Moleküle künstlich zusammenbauen, aber auch zerlegen. Sie schaffen neue Bedingungen (hoher Druck, extreme Temperatur) und bringen Stoffe zusammen, die in der Natur nicht zusammenfinden würden.

Synthese
Es handelt sich dabei um die künstliche Herstellung einer chemischen Verbindung.

Analyse
Dabei wird eine chemische Verbindung in einzelne Bestandteile zerlegt. Die durch Analyse von Naturstoffen gewonnenen Kenntnisse ermöglichen häufig die synthetische Herstellung eines ähnlichen oder neuen Stoffes.

Endotherme Raktion
Läuft eine chemische Reaktion erst ab, wenn ihr Wärmeenergie zugeführt wird, so handelt es sich um eine endotherme Reaktion (Bild 3).

Exotherme Reaktion
Wird bei der chemischen Reaktion Wärmeenergie frei, so spricht man von einer exothermen Reaktion. Dies geschieht z. B. beim Verbrennen, beim Löschen von Kalk und bei der Härtung von 2K-Material. Der gemischte Ansatz von Stammlack und Härter wird warm bis heiß, wenn die chemische Härtung einsetzt (Bild 4).

Bild 4: Exotherme Reaktion bei der Verbrennung

20.2 Chemische Reaktionen wichtiger Stoffe

20.2.1 Luft und Sauerstoff

Die uns umgebende natürliche Luft ist im Normalfall ein Gemisch aus 78 % Stickstoff, 21 % Sauerstoff, etwa 1 % Edelgasen einschließlich Verunreinigungen durch Abgase, Feuchte, Staub etc. **(Bild 1)**.

Sauerstoff (chem. Zeichen O) ist der wichtigste Bestandteil in der Luft. Er ist an vielen chemischen Reaktionen beteiligt, da er sich leicht mit anderen Stoffen verbindet.

Er ist ein geruchsfreies, geschmackloses und farbloses Gas, in dem immer zwei Sauerstoffatome als gemeinsames Paar, also O_2 vorliegen. Sobald sich eine Möglichkeit bietet, reagiert der Sauerstoff lieber mit anderen Stoffen.

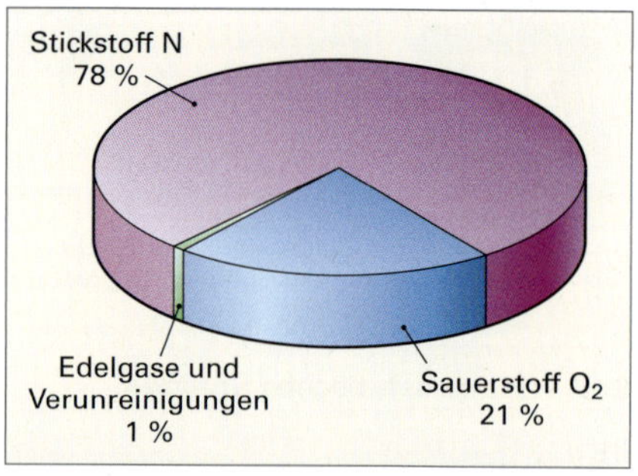

Bild 1: Zusammensetzung der Luft

20.2.2 Oxidation und Reduktion

Oxidation

Eine chemische Reaktion, bei der Sauerstoff von anderen Stoffen aufgenommen wird, bezeichnet man als Oxidation.

Das Ergebnis einer Oxidation ist ein neuer Stoff, ein Oxid. Durch die Aufnahme von Sauerstoff wird der Stoff schwerer.

Bei Oxidationsvorgängen wird Wärmeenergie frei **(siehe Kap. 20.1.4)**.

Kohlenstoff + Sauerstoff

$$C + O_2$$

$$\Downarrow$$

$$CO_2$$

Kohlendioxid + Wärmeenergie

Bild 2: Beispiel einer Oxidation

Oxidationsvorgänge

- Verbrennung, Explosion
  Beim Brennen von Holz, Kunststoff, aber auch bei der Verbrennung von Nahrung im Körper, wird Sauerstoff verbraucht – kein Sauerstoff, keine Verbrennung. Dieser Vorgang läuft langsam ab, die Wärmeenergie wird langsam abgegeben **(Bild 2)**.
  Bei einer Explosion z. B. eines Gases erfolgt die gesamte Verbrennung im Bruchteil einer Sekunde. Schlagartig wird die gesamte Energie frei.
- Korrosion von Metall
  Damit Eisen rostet, müssen Sauerstoff und Wasser vorliegen. Die eintretenden chemischen und elektrochemischen Abläufe führen zum Rost in verschiedenen Varianten. Da Teile des Wassermoleküls im Rostmolekül enthalten sind, ist Rost kein Oxid, sondern ein Hydroxid. Rost ist wasser- und sauerstoffdurchlässig, sodass die Rostung immer weiter abläuft.
- Die Oxidation von Aluminium ergibt eine wasser- und sauerstoffundurchlässige Oxidschicht. Die Oxidation läuft nur an der obersten Schicht ab und bleibt dann stehen.
  Edelmetalle wie Gold, Chrom und Nickel werden nicht von Sauerstoff angegriffen.
- Chemische Trocknung
  Trocknende Öle nehmen Sauerstoff aus der Luft auf und bilden den Beschichtungsfilm. Dabei verbinden sich die kleinen Ölmoleküle zu einem großen Makromolekül.

Bild 3: Die Pigmente Eisenoxidrot, Eisenoxidgelb, Eisenoxidschwarz

Oxide

Das Ergebnis der Oxidation ist ein Oxid. Einige wichtige Pigmente sind Oxide, z. B. Titandioxid, Zinkoxid und Eisenoxide **(Bild 3)**.

Oxide mit Wasserstoffanteil nennt man Hydroxide, so z. B. die üblichen Rostarten FeOOH, $Fe(OH)_2$, $Fe(OH)_3$. Eisenoxid als Pigment enthält keinen Wasserstoff.

Reduktion

Man versteht darunter den Entzug von Sauerstoff aus einer chemischen Verbindung. Dabei wird Energie verbraucht. Die Herstellung reinen Eisens aus Eisenerz ist ein Reduktionsvorgang. Durch das Brennen im Hochofen wird dem Eisenerz Sauerstoff entzogen **(Bild 4)**.

Wärmeenergie +
Eisenoxid + Kohlenmonoxid

$$Fe_2O_3 + 3\ CO$$

$$\Downarrow$$

$$2\ Fe + 3\ CO_2$$

Eisen + Kohlendioxid

Bild 4: Beispiel einer Reduktion

20.2.3 Säuren

Eine Säure entsteht, wenn ein Nichtmetalloxid in Wasser gelöst wird.
Beispiel:

$$SO_2 \quad + H_2O \quad \Rightarrow \quad H_2SO_3$$

Schwefeldioxid Wasser schweflige Säure

Das Ergebnis ist eine Säure. Diese reagiert sauer.

Säuren färben Indikatorpapier rot. Je nach Stärke besitzen Sie einen pH-Wert von 0 bis 7.

20.2.4 Laugen

Eine Lauge entsteht, wenn ein Metalloxid in Wasser gelöst wird.
Beispiel:

$$CaO \quad + H_2O \quad \Rightarrow \quad Ca(OH)_2$$

Calciumoxid Wasser Calciumhydroxid

Das Ergebnis ist eine Base. Wird diese mit Wasser verdünnt, nennt man sie Lauge. Diese reagiert alkalisch.

Laugen färben Indikatorpapier blau. Je nach Stärke besitzen sie einen pH-Wert von 7 bis 14.

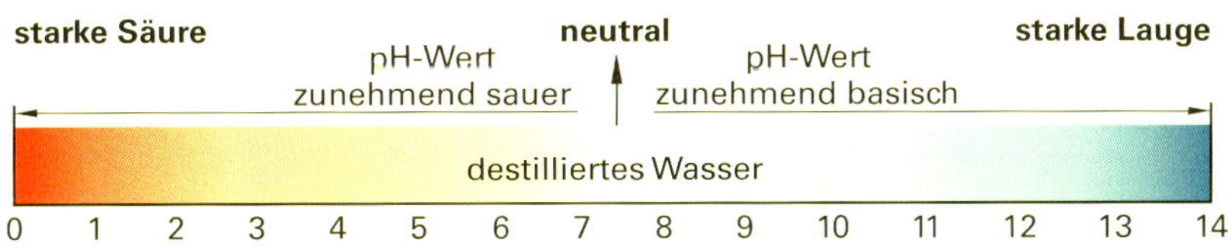

Bild 1: pH-Wert-Skala

pH-Wert
Säuren und Laugen liegen weitgehend nicht als vollständiges Molekül vor. Sie bestehen aus positiven und negativen Ionen. Der pH-Wert gibt die Ionenkonzentration an.
Achtung: Lösemittel sind weder Säuren noch Laugen, sondern organische Verbindungen. Sie verhalten sich neutral, sind dadurch aber nicht ungefährlicher!

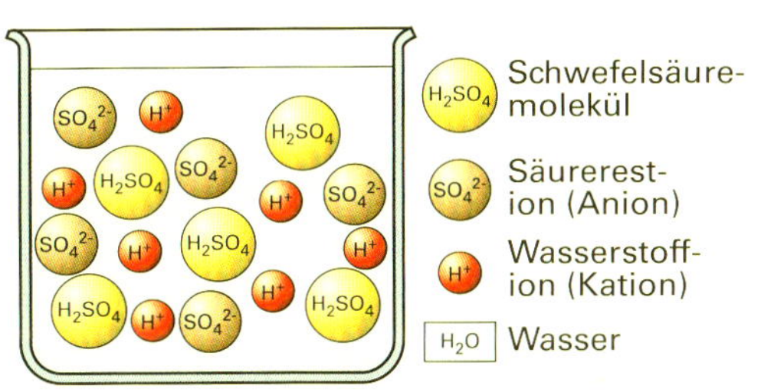

Bild 2: Zusammensetzung der Schwefelsäure

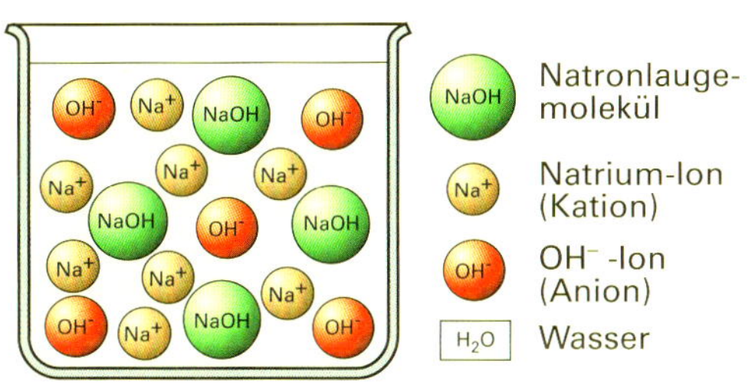

Bild 3: Zusammensetzung der Natronlauge

Säuren
- zerstören Mauerwerk und Putz und führen zu Bauschäden,
- ätzen die Haut und zerstören Gewebe,
- greifen die meisten Metalle an,
- fördern die Rostung des Eisens.

Wichtige Säuren:
- Salzsäure (HCl) zum Anrauen von Lackoberflächen (stark verdünnt)
- Schwefelsäure (H_2SO_4)
- Kieselflusssäure H_2SiF_6 ist Bestandteil im Fluat
- Salpetersäure (HNO_3)
- Essigsäure (CH_3COOH) (organische Säure)

Laugen
- ätzen die Haut und zerstören Gewebe,
- wirken fettlösend, zerstören Öle und Borstenpinsel,
- greifen einige Metalle an, z. B. Aluminium,
- schützen Eisen vor Rost.

Wichtige Laugen:
- Natronlauge (NaOH) für Ablaugarbeiten
- Kalkmilch ($Ca(OH)_2$ als Anstrichstoff
- Kalilauge (KOH) für Ablaugarbeiten
- Ammoniak (NH_3) ist ein Gas. Ammoniakgas mit Wasser ergibt Salmiakgeist (NH_4OH) für Reinigungsarbeiten

Wichtige Bindemittel und Untergründe sind alkalisch:
- Kalk, Kalkfarbe
- Zement, Zementfarbe, Beton
- Wasserglas, Silikatfarbe

Beim Umgang mit Säuren und Laugen ist größte Vorsicht geboten. Säuren und Laugen ätzen und greifen Gewebe an. Die Haut, insbesondere die Augen, sind zu schützen. Werden Säuren und Laugen verdünnt, so muss immer Säure/Lauge in Wasser hineingegeben werden, nie umgekehrt.

Übersicht 1: Säuren und Laugen

20.2.5 Neutralisation und Salzbildung

Neutralisation

Werden Säuren und Laugen zusammengegeben, so neutralisieren sich beide. Die Lösung ist dann weder sauer noch alkalisch.

Wirkt sich z. B. die Alkalität im Untergrund auf die Beschichtung nachteilig aus, so muss der Untergrund vor der Beschichtung neutralisiert werden.

Salzbildung

Es gibt wasserlösliche und wasserunlösliche Salze.

Bei der Neutralisation entstehen ein Salz und Wasser **(Bild 1)**. Salze entstehen auch aus der Verbindung von bestimmten Metallen mit Säuren **(Bild 2)**. An der chemischen Bezeichnung erkennt man, aus welchen Säuren und Metallen sie entstanden sind **(Tabelle 1)**.

Ein Salz spaltet sich in wässriger Lösung wie Säuren und Laugen weitgehend in Ionen auf und leitet daher elektrischen Strom.

Säuren	Salze	Beispiele
Schwefelsäure H_2SO_4	Sulfate	Zinksulfat $ZnSO_4$
Salzsäure HCl	Chloride	Zinkchlorid $ZnCl_2$
Kohlensäure H_2CO_3	Karbonate	Calciumkarbonat $CaCO_3$
Salpetersäure HNO_3	Nitrate	Silbernitrat $AgNO_3$
Kieselsäure H_2SiO_3	Silikate	Aluminiumsilikat Al_2SiO_5
Phosphorsäure H_3PO_4	Phosphate	Calciumphosphat $Ca_3(PO_4)_2$

Tabelle 1: Bezeichnung von Salzen

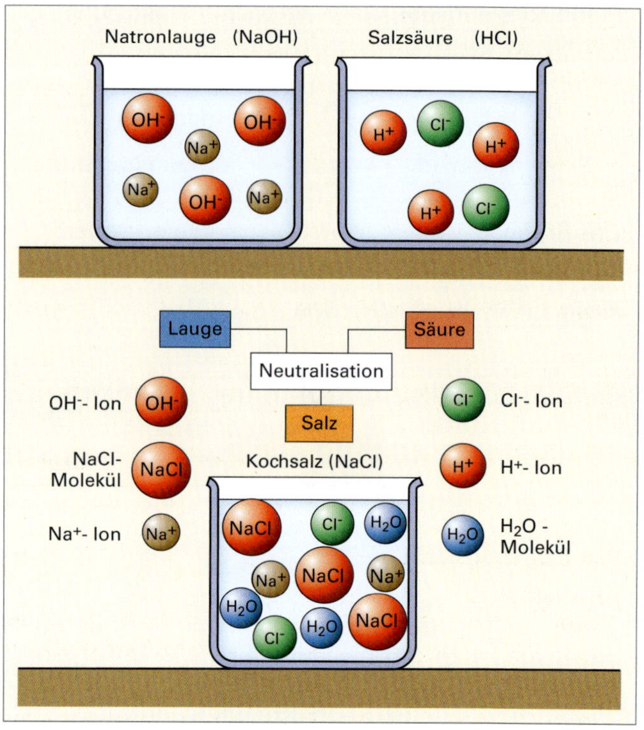

Bild 1: Neutralisation und Salzbildung

Zn	+	H_2SO_4	⇒	$ZnSO_4$	+	H_2
Zink		Schwefelsäure		Zinksulfat		Wasserstoff

Bild 2: Salzbildung aus Metall und Säure

Eigenschaften von Salzen

- Salze bilden Kristalle, wenn das Wasser aus ihrer Lösung verdunstet.
- Salze können wasserlöslich und wasserunlöslich sein. Wasserlösliche Salze wirken meist hygroskopisch, d. h., sie ziehen Wasser an. Dadurch kommt es häufig zu Putz- und Beschichtungsschäden **(Bild 3, siehe Kap. 2.4.2)**.
- Wasserunlösliche Salze werden zum Teil als Pigmente verwendet, z. B. Lithopone oder Chromgelb.
- Salzlösungen können alkalisch, sauer oder neutral sein.
- Saure Salzlösungen wirken besonders korrosionsfördernd.
- Alkalische Salzlösungen können Anstriche auf Ölbasis durch Verseifung zerstören.

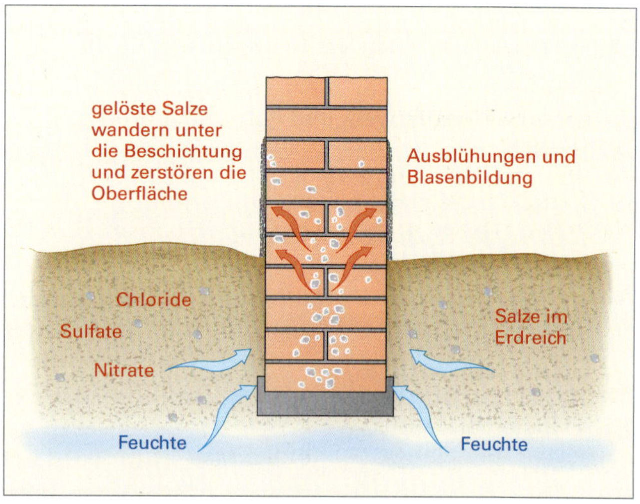

Bild 3: Salztransport im Mauerwerk

20.2.6 Kohlenstoff und Kohlenstoffverbindungen

Kohlenstoff kommt in reiner Form in der Natur als Graphit und als Diamant vor. Seine besondere Eigenschaft ist seine Reaktionsträgheit. Wenn er Verbindungen eingeht, so sind diese ziemlich stabil.

Alle Lebewesen bestehen aus Stoffen mit einem Grundgerüst aus Kohlenstoff. Die Chemie der Kohlenstoffe, ausgehend von ehemals lebenden Stoffen wie Erdöl und Kohle, ist ein wichtiger Teilbereich der Chemie, die organische Chemie.

C

Bild 4: Chemisches Zeichen für Kohlenstoff

Aliphaten	Aromaten
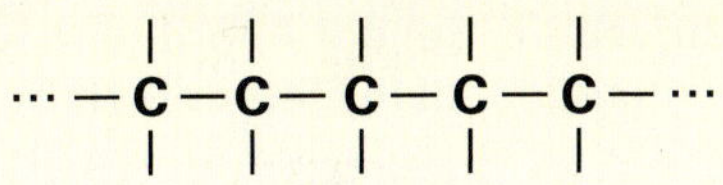	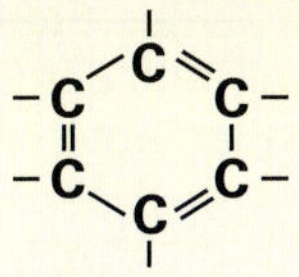 Benzolring im Molekül
• Kunststoffe (PE, PVC) • Lösemittel (Testbenzin) • Bindemittel	• Kunststoffe (PS) • Lösemittel (Xylol, Toluol) • Bindemittel • Farbstoffe

Tabelle 1: Kohlenstoffverbindung, die der Maler und Lackierer einsetzt

Viele Stoffe, die der Maler und Lackierer verwendet, besitzen ein Grundgerüst aus Kohlenstoffatomen (Tabelle 1).
Diese können als Kette oder Ring angeordnet sein. Im Allgemeinen nennt man diese Moleküle **Aliphaten**.
Ringförmige Moleküle mit Doppelbindungen nennt man **Aromaten**. Diese stammen in der Regel vom Benzol ab und sind viel gesundheitsschädlicher als Aliphaten.
Beide Formen können auch in einem einzigen Molekül vorkommen.

20.2.7 Chemische Reaktionen am Kohlenstoffmolekül

Name der Stoffgruppe	Funktionelle Gruppe
Alkohole	— OH
Organische Säure	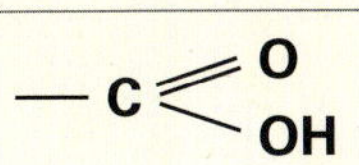
Aldehyde	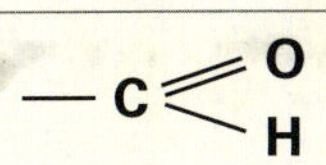
Äther	— O —
Amine	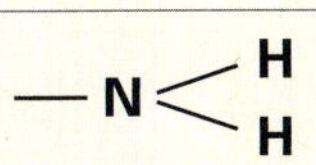
Ester	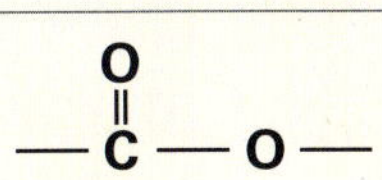
Ketone	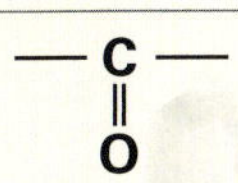

Tabelle 2: Funktionelle Gruppen

Beim Ablauf einer chemischen Reaktion verbinden sich zwei Stoffe zu einem neuen Stoff. Dabei erfolgt an Kohlenstoffketten die Verbindung der Moleküle nicht am gesamten Molekül, sondern über **funktionelle Gruppen**.

Diese funktionellen Gruppen geben einer ganzen Stoffgruppe den Namen und sind Grundlage der Systematik der organischen Chemie (Tabelle 2).

Am Namen des Stoffes erkennt der Chemiker, aber auch der Maler und Lackierer die Stoffgruppe mit ihren Eigenschaften.

Beispiele: Poly***ester***, Form***aldehyd***, Methylisobutyl***keton***, Diäthyl***äther***.

Je größer ein Molekül ist, umso schwerer ist es und umso fester ist der Stoff.
Verbinden sich zwei Moleküle mit nur je einer funktionellen Gruppe, so bleibt das Ergebnis klein. Es entsteht z. B. ein Lösemittel, das noch verdunsten kann.

—X + Y— ⇨ —XY—

Verbinden sich zwei Moleküle mit jeweils zwei oder mehr funktionellen Gruppen, so bilden sich Ketten oder Raumgitter. Es entsteht z. B. ein fester Kunststoff.

Y—X + Y—X + Y—X ⇨ —XY—XY—XY—

Werden chemische Stoffe verbrannt, so werden die Kohlenstoffketten unkontrolliert zerbrochen. Die verbleibenden Molekülreste können sehr gefährliche Substanzen sein, z. B. Dioxin, die nicht in die Umwelt gelangen dürfen. Darum sind Restbindemittel, Kunststoffe, Lösemittel etc. als Sondermüll zu entsorgen.

20.2.8 Bildung von Makromolekülen

Polymerisation	Polykondensation	Polyaddition
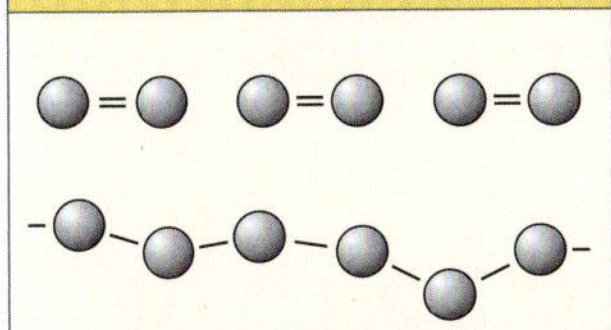	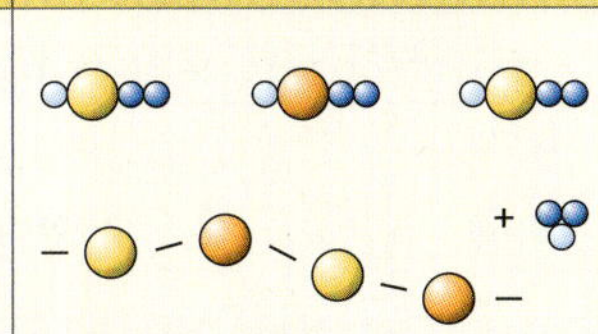	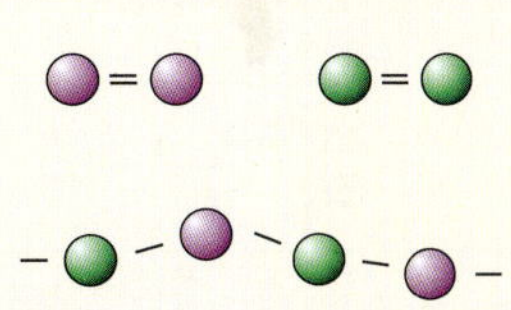
Gleiche Moleküle verbinden sich über vorhandene Doppelbindungen. z. B. PE, PVC.	Zwei verschiedene Molekülarten verbinden sich und spalten dabei Wasser ab. z. B. Alkydharz	Zwei verschiedene Molekülarten werden in sich so umgebaut, dass sich die Moleküle verbinden. z. B. EP, PUR

Tabelle 3: Herstellungsverfahren von Makromolekülen

Makromoleküle sind Großmoleküle. Alle Bindemittel und Kunststoffe bestehen aus Makromolekülen, spätestens nach der Härtung.
Für die künstliche Herstellung gibt es nur drei Verfahrensmöglichkeiten (Tabelle 3):

- Polymerisation
- Polykondensation
- Polyaddition

Die Ausgangsstoffe können Gase oder Flüssigkeiten sein, deren Moleküle sich verbinden lassen.

20.3 Periodensystem der Elemente

Das Periodensystem vermittelt übersichtlich Informationen zu den **Eigenschaften** von Elementen und zum **Bau** der Atome. Das PSE ist nach steigender **Ordnungszahl** (Protonenzahl) der Elemente aufgebaut. Bei der Anordnung wird der Bau der **Elektronenhülle** der Atome berücksichtigt. Die Elemente werden mit internationalen **Elementsymbolen** abgekürzt, wie zum Beispiel **O** für **Sauerstoff**.

Das Periodensystem der Elemente (PSE)

Kurzzeichen; kursive Schrift: künstliches Element
Zustand bei 273 K (0°C) und 1,013 bar:
fest: Schwarze Schrift
flüssig: Braune Schrift
gasförmig: Blaue Schrift

Beispiel: 94 *Pu* Plutonium (244)
- Ordnungszahl (= Protonenzahl): 94
- Elementname: Plutonium
- Relative Atommasse: (244) — ( ) Klammer: stabilstes Isotop; rote Schrift: alle Nuklide radioaktiv

Periode	1 IA (Hauptgruppen)	2 IIA	3 IIIB (Nebengruppen)	4 IVB	5 VB	6 VIB	7 VIIB	8	9 VIIIB	10	11 IB	12 IIB	13 IIIA (Hauptgruppen)	14 IVA	15 VA	16 VIA	17 VIIA	18 VIIIA
1	1 H Wasserstoff 1,008																	2 He Helium 4,002
2	3 Li Lithium 6,941	4 Be Beryllium 9,012											5 B Bor 10,81	6 C Kohlenstoff 12,011	7 N Stickstoff 14,007	8 O Sauerstoff 15,999	9 F Fluor 18,998	10 Ne Neon 20,1797
3	11 Na Natrium 22,99	12 Mg Magnesium 24,305											13 Al Aluminium 26,982	14 Si Silicium 28,085	15 P Phosphor 30,974	16 S Schwefel 32,06	17 Cl Chlor 35,45	18 Ar Argon 39,948
4	19 K Kalium 39,098	20 Ca Calcium 40,078	21 Sc Scandium 44,956	22 Ti Titan 47,867	23 V Vanadium 50,942	24 Cr Chrom 51,996	25 Mn Mangan 54,938	26 Fe Eisen 55,845	27 Co Cobalt 58,933	28 Ni Nickel 58,693	29 Cu Kupfer 63,546	30 Zn Zink 65,38	31 Ga Gallium 69,732	32 Ge Germanium 72,630	33 As Arsen 74,922	34 Se Selen 78,971	35 Br Brom 79,904	36 Kr Krypton 83,798
5	37 Rb Rubidium 85,468	38 Sr Strontium 87,62	39 Y Yttrium 88,906	40 Zr Zirconium 91,224	41 Nb Niob 92,906	42 Mo Molybdän 95,95	43 *Tc* Technetium (98)	44 Ru Ruthenium 101,07	45 Rh Rhodium 102,906	46 Pd Palladium 106,42	47 Ag Silber 107,868	48 Cd Cadmium 112,414	49 In Indium 114,818	50 Sn Zinn 118,710	51 Sb Antimon 121,760	52 Te Tellur 127,60	53 I Iod 126,904	54 Xe Xenon 131,293
6	55 Cs Cäsium 132,905	56 Ba Barium 137,33	57 La Lanthan 138,905	72 Hf Hafnium 178,49	73 Ta Tantal 180,948	74 W Wolfram 183,84	75 Re Rhenium 186,207	76 Os Osmium 190,23	77 Ir Iridium 192,217	78 Pt Platin 195,084	79 Au Gold 196,967	80 Hg Quecksilber 200,592	81 Tl Thallium 204,38[1]	82 Pb Blei 207,2	83 *Bi* Bismut 208,980	84 Po Polonium (209)	85 At Astat (210)	86 Rn Radon (222)
7	87 Fr Francium (223)	88 Ra Radium (226)	89 Ac Actinium 227,028	104 *Rf* Rutherfordium (267)	105 *Db* Dubnium (268)	106 *Sg* Seaborgium (271)	107 *Ns* Bohrium (272)	108 *Hs* Hassium (270)	109 *Mt* Meitnerium (276)	110 *Ds* Darmstadtium (281)	111 *Rg* Roentgenium (280)	112 *Cn* Copernicium (285)	113 *Uut* Ununtrium (284)	114 *Fl* Flerovium (289)	115 *Uup* Ununpentium (288)	116 *Lv* Livermorium (293)	117 *Uus* Ununseptium (288)	118 *Uuo* Ununoctium (288)

Lanthanoide:

58 Ce Cer 140,116	59 Pr Praseodym 140,907	60 Nd Neodym 144,242	61 Pm Promethium 145	62 Sm Samarium 150,36	63 Eu Europium 151,964	64 Gd Gadolinium 157,25	65 Tb Terbium 158,925	66 Dy Dysprosium 162,500	67 Ho Holmium 164,930	68 Er Erbium 167,259	69 Tm Thulium 168,934	70 Yb Ytterbium 173,054	71 Lu Lutetium 174,967

Actinoide:

90 Th Thorium 232,038	91 Pa Protactinium 231,036	92 U Uran 238,029	93 *Np* Neptunium 237	94 *Pu* Plutonium (244)	95 *Am* Americum (243)	96 *Cm* Curium (247)	97 *Bk* Berkelium 247	98 *Cf* Californium (251)	99 *Es* Einsteinium (252)	100 *Fm* Fermium (257)	101 *Md* Mendelevium (258)	102 *No* Nobelium (259)	103 *Lr* Lawrencium (262)

Legende: Nichtmetalle · Halbmetalle · Leichtmetalle · Schwermetalle · Edelmetalle · Halogene · Edelgase

Sachwortverzeichnis

E

F

G

U

V

W

Z

Bildquellenverzeichnis und Dank

Die Autoren danken den unten genannten Personen, Firmen, Verlagen, Verbänden, Innungen und Museen, die sie bei der Bearbeitung der einzelnen Themen durch Beratungen, Druckschriften, Fotos und Retuschen unterstützt haben. Bilder ohne Bildquellenangabe wurden von den Autoren und dem Zeichenbüro des Verlags Europa-Lehrmittel, Ostfildern, bearbeitet und erstellt.

3m Deutschland, Neuss: 315/2

Adobe Systems Software Irland Ltd., Adobe Stock, IRL-Dublin: 16/1 © AGDER, 24/6 © hainichfoto, 67/1 © Dmitry Naumov, 82/1 © luna, 108/3 © Bernard MAURIN, 109/1 © Ingo Bartussek, 110/1 © tournee, 111/2 © Ingo Bartussek, 149/1 © Udo Bojahr, 170/2 © mariesacha, 228/1 © khunaspix, 237/1 © BG, 240/1 © Stefan Körber, 266/1 © juli_goncharova, 267/T1h © JiSIGN, 284/2 © rparys, 284/3a-d © contrastwerkstatt, 285/1 © gianliguori, 309/3 © Lisa F. Young, 343/Ü1a © NatUlrich, 358/1a © stefanfister, 358/1b © fischer-cg.de, 358/1g © Martina Berg, 358/1h © antoha713, 358/1i © arbaes, 384/5 © Vitamin_B

AIR LIQUIDE: 88/2

akg-images, Berlin: 371/3, 384/3

AKURIT Putztechnik, Osnabrück: 163/1 © Ingo Jensen/ Akurit Putztechnik

Alfred Clouth Lackfabrik GmbH & Co KG., Offenbach: 63/1+2

Bayrisches Staatsministerium für Ernährung, Landwirtschaft und Forsten: 48/Ü1b © Paul Dimke

Beeck GmbH & Co KG, Stuttgart und Laichingen: 177/1

Bildarchiv Monheim, Meerbusch: 385/2, 386/1, 389/1

BMW AG, München: 42/1b

Brillux GmbH & Co KG, Münster: 104/1-3, 105/1-4, 157/Ü1, 349/3+4

Bundesverband Farbe Gestaltung Bautenschutz, Frankfurt: 12/5-7,13/3

Bühler AG, Uzwil, Schweiz: 173/3

Caparol, Fürstenwalde: 222/2

Daimler AG, Stuttgart: 41/1, 42/T1a, 42/T1c

DEKRA Automobil GmbH, Reutlingen: 405/5

DGB Bundesvorstand, Berlin: 13/1

Diaf, Slagelse, Dänemark: 173/2

Dipl.-Ing. S. Stubenitzky, Göttingen

dpa Picture-Alliance GmbH, Frankfurt a. M.: 12/1, 391/1, 392/2+4

Dr. Astrid Grote-Wolff, Nottuln: 288/3

dt-druckluft-technik GmbH, Reutlingen: 406/5+6

Eichner Verbundplatten-Vertriebs-GmbH, Altomünster-Pipinsried: 159/3

Euramax Coated Products BV, Roermond, The Netherlands: 258/2

Falch GmbH, Merklingen: 88/1, 89/1+2

Festool GmbH, Wendlingen: 56/3, 233/Ü1a-e

Forbo Flooring GmbH, Paderborn: 134/1+2, 134/Ü1a+b

FSC-Deutschland (Forest Stewardship Council), Freiburg: 47/1

Gatkowsky, Gerd, IKSA, BYCK-IKSA, Halle/Saale: 58/1

GUT e. V., Aachen: 132/1

Haehnel, Jochen, Berlin: 12/2

Heidi Weber-Centre Le Corbusier, Pavillon Le Corbusier, Spröckhövel: 394/3

Henkel AG & Co. KgaA, Thomsit Fußbodentechnik, Düsseldorf: 129/Ü1a-d, 130/2+3, 139/3+4

Ingenieurbüro Peter Rauch, Leipzig: 58/2

Isocell GmbH & Co KG, A-Neumarkt am Wallersee: 157/2

IQ-Oberflächentechnik, Hattingen/Ruhr: 258/3+4

Jackon Insulation GmbH, Steinhagen: 156/1

KEIMFARBEN GmbH & CoKG, Diedorf: 87/T2g

Kemmler & Riehle GmbH, Reutlingen: 405/6

Knauf Gips KG, Iphofen: 126/3

Knauf Insulation GmbH, Simbach am Inn: 156/2

Krautzberger GmbH, Eltville am Rhein: 12/4

Lang, Dr. Klaus J.; Neufahrn: 58/5

Maler Schäffer, GmbH, Kusterdingen-Wankheim: 130/1

Maschinenbau SCHOLZ GmbH & Co.KG, Coesfeld: 107/2

Minimax GmbH & Co KG, Bad Oldesloe: 66/1+2

MOTIP DUPLI GmbH, Haßmersheim: 256/2

Museum Bischofszell, Schweiz: 358/1e, 381/6

Nassal, Markus, Leinfelden: 279/1

PAVATEX by Soprema, Mannheim: 157/1

Pehle, Wolfgang, Radebeul: 345/2

Reutlingen, Stadtbauamt: 394/4

SAPI-Sandstrahl- und Anlagenbau GmbH, Möttingen: 33/1

SATA GmbH & Co KG, Kornwestheim: 250/2, 312/T1a-d

Schäfer Renn- und Bikesport, Lichtenstein: 406/4

Scheidel GmbH & Co. KG, Hirschaid: 56/5

Schenk, Manfred: 385/1, 388/1

SIKA Deutschland GmbH, Stuttgart: 31/1-7

Sto AG, Stühlingen: 87/T2a, 87/T2f, 129/1+2, 129/Ü1e, 139/1, 140/1, 349/1+2,

Storch Malerwerkzeuge & Profigeräte GmbH, Wuppertal: 86/T2a+b, 88/3+4, 89/3, 97/Ü2a-i, 133/3-6, 140/2, 270/1, 270/Ü1a-l, 271/1+2, 274/Ü1a-d, 281/1-3

Torsten Rachu, Airbrush-Atelier, Berlin: 282/3

Tourismusgesellschaft Miltenberg – Bürgstadt – Kleinheubach: 393/1

UNIEP, Brüssel: 13/2

Variotec GmbH & Co KG, Neumarkt: 156/3

Verband der chemischen Industrie, e.V., Frankfurt: 41/2

Verlag Fachblatt der Maler GmbH, Hamburg: 12/3

Weber, Werner Munderkingen: 277/2

Wladyslaw Sojka: 392/1